Non-Stop High-Pass

소방설비기사실기
(전기분야)

소방기술사/소방시설관리사/전기안전기술사

김상현 저

동일출판사

Preface ● 머리말

산업의 급격한 발전, 일상생활의 풍요함과 안락함을 추구하는 인간 본능에 따라 모든 설비가 첨단화되고 복잡해졌으며 또한 건물도 고층화 및 밀집화가 되었습니다. 따라서 이러한 주변 환경 속에서 사소한 실수나 설비의 결함은 대규모의 인명피해와 재산상의 피해로 이어지는 경우가 많이 발생하게 되었으며 이러한 대규모의 피해를 사전에 방지하기 위하여서는 소방분야에서 보다 유능한 인력이 많이 필요하게 되었습니다.

이에 본 저자는 다년간의 강의경험과 실무경험을 바탕으로 하여 수험생들이 최단시간 내에, 효율적으로 소방설비기사 자격증을 취득할 수 있도록 다음 사항에 중점을 두고 본 도서를 집필하였습니다.

남과는 다른! 남보다 앞서가는! 눈부신 미래를 위한 첫걸음! 함께 하겠습니다.

본서의 특징

- 출제경향을 철저히 분석하여 집필한 소방설비기사 Non-Stop-High-Pass 시리즈
- 본문에 굵은 글씨체와 출제년도를 표시하여 중요사항을 정리하였으며, 2013년 이전에 기출된 문제를 출제예상문제로 수록하였습니다.
- 최근 10개년(2016~2025년) 기출문제를 수록하였습니다.
- 과년도 문제에는 **출제년도와 출제빈도(★★★, ★★, ★)**를 표시하여 수험생 스스로 **중요문제를 구별**할 수 있도록 하였습니다.
- **최근에 개정된 화재안전기준(NFPC, NFTC) 및 소방관계법령**에 준하여 기 출제된 문제를 수정·보완 하였습니다.
- 해설을 상세하게 수록함으로서 설령 문제가 조금 바뀌어 출제되더라도 수험생들이 충분히 해결할 수 있는 능력을 배양할 수 있도록 하였습니다.

본 교재에 대한 오타신고, 개선사항 및 질의사항은 아래 홈페이지에 올려주시면 감사하겠습니다. 또한, 교재 정오표는 아래 홈페이지의 정오표 란에 게시하도록 하겠습니다.

동일출판사 홈페이지 : www.dongilbok.co.kr
유료동영상 홈페이지 : www.baeulhak.com

본 수험서가 소방설비기사 시험에 합격하는데 많은 도움이 되었으면 하는 바람을 가져 봅니다. 최적의 수험서가 될 수 있도록 최선의 노력을 다하겠습니다.

끝으로 본 교재가 출판되기까지 도움을 주신 동일출판사 관계자 분들과 물심양면으로 도움을 준 사랑하는 아내와 두 아이에게 미안함과 고마움을 전합니다.

저자 김상현 드림
(현) 배울학 소방분야 대표교수
11회 소방시설관리사
91회 소방기술사
92회 전기안전기술사

Contents • 목 차

제1장 경보설비

1. 경보설비의 분류 ·· 2
2. 비상경보설비 및 단독경보형감지기 ·· 2
3. 비상방송설비 ·· 5
4. 자동화재탐지설비 및 시각경보장치 ·· 7
5. 자동화재속보설비 ··· 43
6. 누전경보기 ·· 44
7. 가스누설경보기 ··· 48
8. 자동화재탐지설비의 가닥수 산정(P형) ·· 51
• 출제예상문제 • ·· 54

제2장 피난구조설비

1. 유도등 및 유도표지 ··· 144
2. 비상조명등 설비 ··· 151
3. 피난구조설비 ·· 154
• 출제예상문제 • ·· 155

제3장 소화활동설비

1. 제연설비 ··· 164
2. 연결송수관설비 ·· 173
3. 비상콘센트설비 ·· 175
4. 무선통신 보조설비 ·· 177
• 출제예상문제 • ·· 181

제4장 소화설비의 부대전기설비

1. 옥내소화전설비 ·· 200
2. 스프링클러설비 ·· 203
3. 이산화탄소 소화설비 ·· 210
4. 할로겐화합물 및 불활성기체 소화설비 ·· 213
• 출제예상문제 • ·· 218

제5장 비상전원

1. 비상전원의 종류 ··· 256
2. 자가발전설비 ··· 256
3. 비상전원수전설비 ··· 257
4. 축전지설비 ··· 259
5. 무정전 전원장치 ··· 264
• 출제예상문제 • ··· 266

제6장 동력설비

1. 전동기 ··· 284
2. 역률개선 ··· 291
3. 변압기 ··· 292
4. 배선용 차단기(Molded Case Circuit Breaker) ···················· 292
5. 전압강하 계산 ··· 293
6. 저압전로의 절연저항(기술기준 제52조) ································· 294
7. 변류기 ··· 294
• 출제예상문제 • ··· 296

제7장 시퀀스

1. 불대수의 기본정리 및 응용 ··· 308
2. 무접점 논리회로 및 유접점 회로 ··· 309
3. 인터록 회로 ··· 313
4. 신입신호 우선회로 ··· 313
5. 동작우선회로 ··· 314
6. 시한회로(on delay timer) ··· 315
7. 시한복구회로(off delay timer) ·· 315
8. 단안정회로 ··· 316
9. 전동기 운전회로 ··· 316
• 출제예상문제 • ··· 321

제8장 옥내배선

1. 심벌 …………………………………………… 370
2. 전선 약어표 …………………………………… 375
3. 배선도 및 전선접속도 ………………………… 376
4. 금속관 공사 …………………………………… 377
5. 설비별 배선공사 ……………………………… 380
6. 전기요소 측정 ………………………………… 382
7. 4각박스와 8각박스의 사용처 ………………… 383
8. 소방시설 도시기호 …………………………… 383
• 출제예상문제 • ………………………………… 385

제9장 기타

1. 도로터널의 화재안전기준 …………………… 418
2. 고층건축물의 화재안전기준 ………………… 420
3. 화재알림설비의 화재안전성능기준 ………… 421
4. 공동주택의 화재안전성능기준 ……………… 424
5. 창고시설의 화재안전성능기준 ……………… 425
• 출제예상문제 • ………………………………… 428

2016년 기출문제

2016년 기사 제1회 실기시험 ………………… 438
2016년 기사 제2회 실기시험 ………………… 455
2016년 기사 제4회 실기시험 ………………… 472

2017년 기출문제

2017년 기사 제1회 실기시험 ………………… 502
2017년 기사 제2회 실기시험 ………………… 520
2017년 기사 제4회 실기시험 ………………… 538

2018년 기출문제

2018년 기사 제1회 실기시험 ………………… 558
2018년 기사 제2회 실기시험 ………………… 580
2018년 기사 제4회 실기시험 ………………… 599

2019년 기출문제	2019년 기사 제1회 실기시험	616
	2019년 기사 제2회 실기시험	632
	2019년 기사 제4회 실기시험	648

2020년 기출문제	2020년 기사 제1회 실기시험	664
	2020년 기사 제2회 실기시험	678
	2020년 기사 제3회 실기시험	694
	2020년 기사 제4회 실기시험	710

2021년 기출문제	2021년 기사 제1회 실기시험	730
	2021년 기사 제2회 실기시험	746
	2021년 기사 제4회 실기시험	762

2022년 기출문제	2022년 기사 제1회 실기시험	782
	2022년 기사 제2회 실기시험	797
	2022년 기사 제4회 실기시험	810

2023년 기출문제	2023년 기사 제1회 실기시험	830
	2023년 기사 제2회 실기시험	842
	2023년 기사 제4회 실기시험	856

2024년 기출문제	2024년 기사 제1회 실기시험	874
	2024년 기사 제2회 실기시험	886
	2024년 기사 제3회 실기시험	901

2025년 기출문제	2025년 기사 제1회 실기시험	918
	2025년 기사 제2회 실기시험	932
	2025년 기사 제3회 실기시험	946

Information ● 소방설비기사 실기 시험정보

직무분야	안전관리	중직무분야	안전관리	자격종목	소방설비기사(전기분야)	적용기간	2023.1.1 ~ 2025.12.31

○ **직무내용**
 소방시설(전기)의 설계, 공사, 감리 및 점검업체 등에서 설계 도서류를 작성하거나, 소방설비 도서류를 바탕으로 공사 관련 업무를 수행하고, 완공된 소방설비의 점검 및 유지관리업무와 소방계획수립을 통해 소화, 화재통보 및 피난 등의 훈련을 실시하는 소방안전관리자로서의 주요사항을 수행하는 직무

○ **수행준거**
 1. 소방전기 설비 시공을 위하여 작업분석을 할 수 있다.
 2. 건물의 화재예방을 위하여 경보설비 등을 설치 할 수 있다.
 3. 소방전기 설비를 설계, 시공할 수 있다.
 4. 소방전기시설의 조작, 유지 보수 및 시험·점검 등을 할 수 있다.

실기검정방법	필답형	시험시간	3시간

실기과목명	주요항목	세부항목	세세항목
소방전기시설 설계 및 시공 실무	1. 소방전기시설 설계	1. 작업분석하기	1. 현장 여건, 요구사항 분석을 할 수 있다. 2. 기본계획 수립, 기본설계서, 실시설계서를 작성할 수 있다. 3. 공사시방서, 공사내역서를 작성할 수 있다.
		2. 소방전기시설 구성하기	1. 재료의 상호 연관성에 대해 설명할 수 있다. 2. 소방전기시설의 기기 및 부품을 조작할 수 있다. 3. 소방전기시설의 기능 및 특성을 설명할 수 있다.
		3. 소방전기시설 설계하기	1. 물량 및 공량을 산출할 수 있다. 2. 전기기구의 용량을 산정할 수 있다. 3. 회로방식 설정 및 회로용량을 산정할 수 있다. 4. 도면작성 및 판독을 할 수 있다. 5. 시방서의 작성 등을 할 수 있다.
		4. 소방시설의 배치계획 및 설계서류 작성하기	1. 계통도를 작성할 수 있다. 2. 평면도를 작성할 수 있다. 3. 상세도를 작성할 수 있다. 4. 소방전기시설의 시공 계획수립 및 실무 작업을 수행할 수 있다.
	2. 소방전기시설 시공	1. 설계도서 검토하기	1. 설계도서상의 누락, 오류, 문제점을 검토하여 설계 도서 검토서를 작성할 수 있다. 2. 설계도면, 시공 상세도, 계산서를 검토하여 시공상의 문제점을 파악하고 조치할 수 있다.

실기과목명	주요항목	세부항목	세세항목
		2. 소방전기시설 시공하기	1. 자동화재탐지설비를 할 수 있다. 2. 자동화재속보설비를 할 수 있다. 3. 누전경보기설비를 할 수 있다. 4. 비상경보설비 및 비상방송설비를 할 수 있다. 5. 제연설비부대 전기설비를 할 수 있다. 6. 비상콘센트설비를 할 수 있다. 7. 무선통신보조설비를 할 수 있다. 8. 가스누설경보기설비를 할 수 있다. 9. 유도등 및 비상조명등설비를 할 수 있다. 10. 상용 및 비상 전원설비를 할 수 있다. 11. 종합방재센터설비를 할 수 있다. 12. 소화설비의 부대 전기설비를 할 수 있다. 13. 기타 소방전기시설 관련설비를 할 수 있다.
		3. 공사서류 작성하기	1. 시공된 시설을 검사하여 설계도서와 일치여부를 판단할 수 있다. 2. 시공된 시설을 검사하여 관련 서류를 작성할 수 있다. 3. 공정관리 일정을 계획하여 공사일지를 작성할 수 있다.
	3. 소방전기시설 유지관리	1. 소방전기시설 운용관리 하기	1. 전기기기 점검 및 조작를 할 수 있다. 2. 회로점검 및 조작를 할 수 있다. 3. 재해방지 및 안전관리를 할 수 있다. 4. 자재관리를 할 수 있다. 5. 기술공무관리를 할 수 있다.
		2. 소방전기시설의 유지 보수 및 시험·점검하기	1. 전기기기 보수 및 점검을 할 수 있다. 2. 시험 및 검사를 할 수 있다. 3. 계측 및 고장요인 파악을 할 수 있다. 4. 유지보수관리 및 계획수립을 할 수 있다. 5. 설치된 소방시설을 정상 가동하고, 자체점검 사항을 기록할 수 있다. 6. 기록 사항을 분석하여 보수·정비를 할 수 있다.

Engineer
Fire Protection System

제 1 장

경보설비

Engineer Fire Protection System

제1장 경보설비

1 경보설비의 분류

화재발생 사실을 통보하는 기계·기구 또는 설비
가. 단독경보형 감지기
나. 비상경보설비
   1) 비상벨설비　　　2) 자동식사이렌설비
다. 자동화재탐지설비
라. 시각경보기
마. 화재알림설비
바. 비상방송설비
사. 자동화재속보설비
아. 통합감시시설
자. 누전경보기
차. 가스누설경보기

2 비상경보설비 및 단독경보형감지기

2.1 비상경보설비를 설치하여야 할 특정소방대상물 ★★★

1) 연면적 400 m² 이상인 것은 모든 층
2) 지하층 또는 무창층의 바닥면적이 150 m²(공연장의 경우 100 m²) 이상인 것은 모든 층
3) 지하가 중 터널로서 길이가 500 m 이상인 것
4) 50명 이상의 근로자가 작업하는 옥내 작업장
5) 건축물의 지하에 차고·주차장이 설치된 경우로서 차고 또는 주차장으로 사용되는 면적의 합계가 200 m² 미만인 경우에는 해당 건축물의 모든 층

2.2 단독경보형 감지기를 설치하여야 하는 특정소방대상물 ★★★

1) 교육연구시설 내에 있는 기숙사 또는 합숙소로서 연면적 2천 m² 미만인 것
2) 수련시설 내에 있는 기숙사 또는 합숙소로서 연면적 2천 m² 미만인 것

3) 수련시설(숙박시설이 있는 것만 해당한다)
4) 연면적 400 m² 미만의 유치원
5) 공동주택 중 연립주택 및 다세대주택
6) 건축물의 지하에 차고·주차장이 설치된 경우로서 차고 또는 주차장으로 사용되는 면적의 합계가 200 m² 미만인 경우에는 해당 차고·주차장 부분

2.3 비상경보설비 및 단독경보형감지기

1. 정의
1. "비상벨설비"란 화재발생 상황을 경종으로 경보하는 설비를 말한다.
2. "자동식사이렌설비"란 화재발생 상황을 사이렌으로 경보하는 설비를 말한다.
3. "**단독경보형감지기**"란 화재발생 상황을 단독으로 감지하여 자체에 내장된 음향장치로 경보하는 감지기를 말한다.

2. 신호처리방식
화재신호 및 상태신호 등(이하 "화재신호 등"이라 한다)을 송수신하는 방식은 다음 각 호와 같다.
1. "**유선식**"은 화재신호 등을 배선으로 송·수신하는 방식
2. "**무선식**"은 화재신호 등을 전파에 의해 송·수신하는 방식
3. "**유·무선식**"은 유선식과 무선식을 겸용으로 사용하는 방식

3. 비상벨설비 또는 자동식사이렌설비
① 비상벨설비 또는 자동식사이렌설비는 부식성가스 또는 습기 등으로 인하여 부식의 우려가 없는 장소에 설치하여야 한다.
② 지구음향장치는 특정소방대상물의 **층**마다 설치하되, 해당 특정소방대상물의 각 부분으로부터 하나의 음향장치까지의 **수평거리가 25 m 이하**가 되도록 하고, 해당층의 각 부분에 유효하게 경보를 발할 수 있도록 설치하여야 한다.
③ 음향장치는 **정격전압의 80 % 전압**에서 음향을 발할 수 있도록 하여야 한다. 다만, 건전지를 주전원으로 사용하는 음향장치는 그러하지 아니하다.
④ 음향장치의 음량은 부착된 음향장치의 중심으로부터 **1 m** 떨어진 위치에서 **90 dB 이상**이 되는 것으로 하여야 한다.
⑤ 발신기는 다음 각 호의 기준에 따라 설치하여야 한다. ★★★
  1. 조작이 쉬운 장소에 설치하고, 조작스위치는 바닥으로부터 **0.8 m 이상 1.5 m 이하**의 높이에 설치할 것
  2. 특정소방대상물의 **층**마다 설치하되, 해당 특정소방대상물의 각 부분으로부터 하나의 발신기까지의 **수평거리가 25 m 이하**가 되도록 할 것. 다만, 복도 또는 별도로 구획된 실

로서 **보행거리가 40 m 이상**일 경우에는 추가로 설치하여야 한다.
3. 발신기의 위치표시등은 **함의 상부**에 설치하되, 그 불빛은 부착 면으로부터 **15° 이상**의 범위 안에서 부착지점으로부터 **10 m 이내**의 어느 곳에서도 쉽게 식별할 수 있는 **적색등**으로 할 것

⑥ 비상벨설비 또는 자동식사이렌설비의 상용전원 설치기준 ★★
1. 전원은 전기가 정상적으로 공급되는 **축전지설비**, **전기저장장치**(외부 전기에너지를 저장해 두었다가 필요한 때 전기를 공급하는 장치) 또는 **교류전압의 옥내 간선**으로 하고, 전원까지의 배선은 **전용**으로 할 것
2. 개폐기에는 "비상벨설비 또는 자동식사이렌설비용"이라고 표시한 표지를 할 것

⑦ 비상벨설비 또는 자동식사이렌설비에는 그 설비에 대한 감시상태를 **60분간** 지속한 후 유효하게 **10분 이상** 경보할 수 있는 **축전지설비**(수신기에 내장하는 경우를 포함한다) 또는 **전기저장장치**(외부 전기에너지를 저장해 두었다가 필요한 때 전기를 공급하는 장치)를 설치하여야 한다. 다만, 상용전원이 **축전지 설비**인 경우 또는 **건전지**를 주전원으로 사용하는 무선식 설비인 경우에는 그러하지 아니하다.

⑧ 비상벨설비 또는 자동식사이렌설비의 배선 기준
1. 전원회로의 배선은 **내화배선**에 의하고 그 밖의 배선은 내화배선 또는 내열배선에 따를 것
2. 부속회로의 전로와 대지 사이 및 배선 상호간의 절연저항은 **1경계구역**마다 **직류 250 V의 절연저항측정기**를 사용하여 측정한 절연저항이 **0.1MΩ** 이상이 되도록 할 것
3. 배선은 다른 전선과 별도의 **관·덕트**(절연효력이 있는 것으로 구획한 때에는 그 구획된 부분은 별개의 덕트로 본다)·**몰드** 또는 **풀박스** 등에 설치할 것. 다만, **60 V 미만**의 약전류회로에 사용하는 전선으로서 각각의 전압이 같을 때에는 그러하지 아니하다.

4. 단독경보형감지기 ★★★

1. 각 실(이웃하는 실내의 바닥면적이 각각 **30 m² 미만**이고 벽체의 상부의 전부 또는 일부가 개방되어 이웃하는 실내와 공기가 상호유통되는 경우에는 이를 1개의 실로 본다)마다 설치하되, 바닥면적이 **150 m²**를 초과하는 경우에는 **150 m²**마다 1개 이상 설치할 것
2. 최상층의 계단실의 천장(외기가 상통하는 계단실의 경우를 제외한다)에 설치할 것
3. **건전지**를 주전원으로 사용하는 단독경보형감지기는 정상적인 작동상태를 유지할 수 있도록 **건전지**를 교환할 것
4. 상용전원을 주전원으로 사용하는 단독경보형감지기의 **2차 전지**는 제품검사에 합격한 것을 사용할 것

3 비상방송설비

3.1 비상방송설비를 설치하여야 하는 특정소방대상물
1) 연면적 3천5백 m² 이상인 것
2) 지하층을 제외한 층수가 11층 이상인 것
3) 지하층의 층수가 3층 이상인 것

3.2 비상방송설비의 화재안전기준(성능기준, 기술기준)

1. 정의
   1. "확성기"란 소리를 크게 하여 멀리까지 전달될 수 있도록 하는 장치로써 일명 스피커를 말한다.
   2. "**음량조절기**"란 가변저항을 이용하여 전류를 변화시켜 음량을 크게 하거나 작게 조절할 수 있는 장치를 말한다.
   3. "**증폭기**"란 전압전류의 진폭을 늘려 감도를 좋게 하고 미약한 음성전류를 커다란 음성전류로 변화시켜 소리를 크게 하는 장치를 말한다.

2. 음향장치★★★
   1. 확성기의 음성입력은 **3 W(실내에 설치하는 것에 있어서는 1 W)** 이상일 것
   2. 확성기는 **각층마다** 설치하되, 그 층의 각 부분으로부터 하나의 확성기까지의 수평거리가 **25 m 이하**가 되도록 하고, 해당층의 각 부분에 유효하게 경보를 발할 수 있도록 설치할 것
   3. 음량조정기를 설치하는 경우 **음량조정기**의 배선은 **3선식**으로 할 것

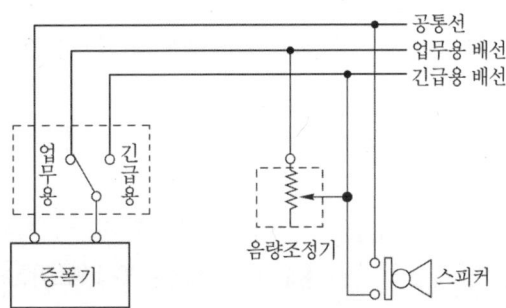

4. 조작부의 조작스위치는 바닥으로부터 **0.8 m 이상 1.5 m 이하**의 높이에 설치할 것
5. 조작부는 기동장치의 작동과 연동하여 해당 기동장치가 작동한 층 또는 구역을 표시할 수 있는 것으로 할 것
6. 증폭기 및 조작부는 **수위실 등 상시 사람이 근무하는 장소**로서 점검이 편리하고 방화상 유효한 곳에 설치할 것
7. 층수가 **11층(공동주택인 경우에는 16층) 이상**의 특정소방대상물 → 우선경보방식

발화층	경보
2층 이상의 층에서 발화	발화층 및 그 직상 4개층에 경보
1층에서 발화	발화층·그 직상 4개층 및 지하층에 경보
지하층에서 발화	발화층·그 직상층 및 기타의 지하층에 경보

8. 다른 방송설비와 공용하는 것에 있어서는 화재 시 비상경보외의 방송을 차단할 수 있는 구조로 할 것
9. 다른 전기회로에 따라 **유도장애**가 생기지 아니하도록 할 것
10. 하나의 특정소방대상물에 2 이상의 조작부가 설치되어 있는 때에는 각각의 조작부가 있는 장소 상호간에 동시통화가 가능한 설비를 설치하고, 어느 조작부에서도 해당 특정소방대상물의 전 구역에 방송을 할 수 있도록 할 것
11. 기동장치에 따른 화재신고를 수신한 후 필요한 음량으로 화재발생 상황 및 피난에 유효한 방송이 자동으로 개시될 때까지의 소요시간은 **10초 이하**로 할 것
12. 음향장치 구조 및 성능
    가. 정격전압의 **80 % 전압**에서 음향을 발할 수 있는 것을 할 것
    나. **자동화재탐지설비**의 작동과 연동하여 작동할 수 있는 것으로 할 것

3. **배선**
   1. 화재로 인하여 하나의 층의 확성기 또는 배선이 **단락** 또는 **단선**되어도 다른 층의 화재통보에 지장이 없도록 할 것
   2. 전원회로의 배선은 **내화배선**에 따르고, 그 밖의 배선은 **내화배선** 또는 **내열배선**에 따라 설치할 것
   3. 부속회로의 전로와 대지 사이 및 배선 상호간의 절연저항은 **1경계구역마다 직류 250 V**의 절연저항측정기를 사용하여 측정한 절연저항이 **0.1 MΩ 이상**이 되도록 할 것 ★★★

4. 비상방송설비의 배선은 다른 전선과 별도의 관·덕트(절연효력이 있는 것으로 구획한 때에는 그 구획된 부분은 별개의 덕트로 본다) 몰드 또는 풀박스등에 설치할 것. 다만, **60 V 미만**의 약전류회로에 사용하는 전선으로서 각각의 전압이 같을 때에는 그러하지 아니하다.

4. 전원★★★
① 비상방송설비의 상용전원
    1. 전원은 전기가 정상적으로 공급되는 **축전지설비, 전기저장장치**(외부 전기에너지를 저장해 두었다가 필요한 때 전기를 공급하는 장치) 또는 **교류전압의 옥내 간선**으로 하고, 전원까지의 배선은 **전용**으로 할 것
    2. 개폐기에는 "비상방송설비용"이라고 표시한 표지를 할 것
② 비상방송설비에는 그 설비에 대한 감시상태를 **60분**간 지속한 후 유효하게 **10분 이상** 경보할 수 있는 **축전지설비**(수신기에 내장하는 경우를 포함한다) 또는 **전기저장장치**(외부 전기에너지를 저장해 두었다가 필요한 때 전기를 공급하는 장치)를 설치하여야 한다.

4 자동화재탐지설비 및 시각경보장치

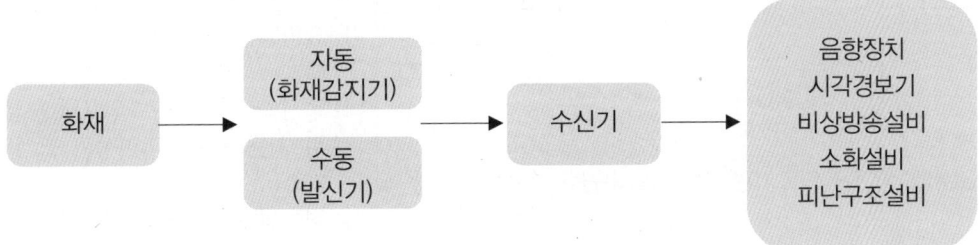

4.1 자동화재탐지설비를 설치하여야 하는 특정소방대상물★★★

특정소방대상물	비고
근린생활시설(목욕장은 제외), 의료시설(정신의료기관 및 요양병원은 제외한다), 위락시설, 장례시설 및 복합건축물	연면적 600 m² 이상인 경우에는 모든 층
근린생활시설 중 목욕장, 문화 및 집회시설, 종교시설, 판매시설, 운수시설, 운동시설, 업무시설, 공장, 창고시설, 위험물 저장 및 처리 시설, 항공기 및 자동차 관련 시설, 교정 및 군사시설 중 국방·군사시설, 방송통신시설, 발전시설, 관광 휴게시설, 지하가(터널은 제외한다)	연면적 1천 m² 이상인 경우에는 모든 층
교육연구시설(교육시설 내에 있는 기숙사 및 합숙소를 포함), 수련시설(수련시설 내에 있는 기숙사 및 합숙소를 포함, 숙박시설이 있는 수련시설은 제외), 동물 및 식물 관련 시설(기둥과 지붕만으로 구성되어 외부와 기류가 통하는 장소는 제외), 자원순환 관련시설, 교정 및 군사시설(국방·군사시설은 제외) 또는 묘지 관련 시설	연면적 2천 m² 이상인 경우에는 모든 층
지하가 중 터널	길이가 1천 m 이상
지하구, 발전시설 중 전기저장시설, 판매시설 중 전통시장	-
연면적 400 m² 이상인 노유자시설 및 숙박시설이 있는 수련시설	수용인원 100명 이상인 경우에는 모든 층
공장 및 창고시설	지정수량의 500배 이상의 특수가연물을 저장·취급
의료시설 중 정신의료기관 또는 요양병원	가) 요양병원(의료재활시설은 제외한다) 나) 정신의료기관 또는 의료재활시설로 사용되는 바닥면적의 합계가 300 m² 이상인 시설 다) 정신의료기관 또는 의료재활시설로 사용되는 바닥면적의 합계가 300 m² 미만이고, 창살이 설치된 시설
공동주택 중 아파트 등·기숙사 및 숙박시설, 층수가 6층 이상인 건축물, 노유자생활시설	모든 층
건축물의 지하에 차고·주차장이 설치된 경우로서 차고 또는 주차장으로 사용되는 면적의 합계가 200 m² 이상인 경우	해당 건축물의 모든 층

4.2 시각경보기를 설치하여야 하는 특정소방대상물★★

1) 근린생활시설, 문화 및 집회시설, 종교시설, 판매시설, 운수시설, 의료시설, 노유자시설

2) 운동시설, 업무시설, 숙박시설, 위락시설, 창고시설 중 물류터미널, 발전시설 및 장례시설
3) 교육연구시설 중 도서관, 방송통신시설 중 방송국
4) 지하가 중 지하상가
5) 리튬1차 전지공장(리튬을 주요 전극재료로 사용하며, 재충전이 불가능한 1차전지를 제조·가공·조립·보관 또는 충전 등을 하는 공장을 말한다)

4.3 감지기의 분류

검출원리	기능상		이용상	용도별
열감지기	차동식		스포트형	공기팽창식
				열기전력식(반도체식)
			분포형	공기관식
				열전대식
				열반도체식
	정온식		스포트형	
			감지선형	
	보상식		스포트형	
연기감지기	광전식		스포트형	산란광식
			분리형	감광식
			공기흡입형	산란광식
	이온화식		스포트형	
복합형감지기	열복합형			
	연복합형			
	불꽃복합형			
	열·연기복합형			
	연기·불꽃복합형			
	열·불꽃복합형			
	열·연기·불꽃복합형			
불꽃감지기	자외선식			
	적외선식			
	자외선·적외선복합식			
Analog식 감지기	열식			
	연기식			

4.4 감지기의 형식승인 및 제품검사의 기술기준

1. 제3조(감지기의 구분)

1) 열감지기 구분★★★
   가. "**차동식스포트형**"이란 주위온도가 일정 상승율 이상이 되는 경우에 작동하는 것으로서 일국소에서의 열 효과에 의하여 작동되는 것을 말한다.
   나. "**차동식분포형**"이란 주위온도가 일정 상승율 이상이 되는 경우에 작동하는 것으로서 넓은 범위 내에서의 열 효과의 누적에 의하여 작동되는 것을 말한다.
   다. "**정온식감지선형**"이란 일국소의 주위온도가 일정한 온도 이상이 되는 경우에 작동하는 것으로서 외관이 전선으로 되어 있는 것을 말한다.
   라. "**정온식스포트형**"이란 일국소의 주위온도가 일정한 온도 이상이 되는 경우에 작동하는 것으로서 외관이 전선으로 되어 있지 아니한 것을 말한다.
   마. "**보상식스포트형**"이란 차동식스포트형과 정온식스포트형의 성능을 겸한 것으로서 차동식스포트형의 성능 또는 정온식스포트형의 성능중 어느 한 기능이 작동되면 작동신호를 발하는 것을 말한다.

2) 연기감지기 구분
   가. "**이온화식스포트형**"이란 주위의 공기가 일정한 농도의 연기를 포함하게 되는 경우에 작동하는 것으로서 일국소의 연기에 의하여 이온전류가 변화하여 작동하는 것을 말한다.
   나. "**광전식스포트형**"이란 주위의 공기가 일정한 농도의 연기를 포함하게 되는 경우에 작동하는 것으로서 일국소의 연기에 의하여 광전소자에 접하는 광량의 변화로 작동하는 것을 말한다.
   다. "**광전식분리형**"이란 발광부와 수광부로 구성된 구조로 발광부와 수광부 사이의 공간에 일정한 농도의 연기를 포함하게 되는 경우에 작동하는 것을 말한다.
   라. "**공기흡입형**"이란 감지기 내부에 장착된 공기흡입장치로 감지하고자 하는 위치의 공기를 흡입하고 흡입된 공기에 일정한 농도의 연기가 포함된 경우 작동하는 것을 말한다.

3) 불꽃감지기 구분
   가. "불꽃 자외선식"이란 불꽃에서 방사되는 자외선의 변화가 일정량 이상 되었을 때 작동하는 것으로서 일국소의 자외선에 의하여 수광소자의 수광량 변화에 의해 작동하는 것을 말한다.
   나. "불꽃 적외선식"이란 불꽃에서 방사되는 적외선의 변화가 일정량 이상 되었을 때 작동하는 것으로서 일국소의 적외선에 의하여 수광소자의 수광량 변화에 의해 작동하는 것을 말한다.

다. "**불꽃 자외선 · 적외선겸용식**"이란 불꽃에서 방사되는 불꽃의 변화가 일정량 이상 되었을 때 작동하는 것으로서 자외선 또는 적외선에 의한 수광소자의 수광량 변화에 의하여 1개의 화재신호를 발신하는 것을 말한다.

라. "**불꽃 영상분석식**"이란 불꽃의 실시간 영상이미지를 자동 분석하여 화재신호를 발신하는 것을 말한다.

4) 복합형감지기 구분

가. "**열복합형**"이란 **차동식스포트형** 및 **정온식스포트형**의 성능이 있는 것으로서 두 가지 성능의 감지기능이 함께 작동될 때 화재신호를 발신하거나 또는 두개의 화재신호를 각각 발신하는 것을 말한다.

나. "**연복합형**"이란 **이온화식스포트형** 및 **광전식스포트형**의 성능이 있는 것으로서 두 가지 성능의 감지기능이 함께 작동될 때 화재신호를 발신하거나 또는 두 개의 화재신호를 각각 발신하는 것을 말한다.

다. "**불꽃복합형**"이란 **불꽃 자외선식**, **불꽃 적외선식** 및 **불꽃 영상분석식**의 성능 중 두 가지 이상 성능을 가진 것으로서 두가지 이상의 감지기능이 함께 작동될 때 화재신호를 발신하거나 또는 두개의 화재신호를 각각 발신하는 것을 말한다.

라. "**열 · 연기 복합형**"이란 **열감지기** 및 **연기감지기**의 성능이 있는 것으로 두 가지 성능의 감지기능이 함께 작동될 때 화재신호를 발신하거나 또는 두 개의 화재신호를 각각 발신하는 것을 말한다.

마. "**연기 · 불꽃 복합형**"이란 **연기감지기** 및 **불꽃 감지기**의 성능이 있는 것으로 두 가지 성능의 감지기능이 함께 작동될 때 화재신호를 발신하거나 또는 두 개의 화재신호를 각각 발신하는 것을 말한다.

바. "**열 · 불꽃 복합형**"이란 **열감지기** 및 **불꽃 감지기**의 성능이 있는 것으로 두 가지 성능의 감지기능이 함께 작동될 때 화재신호를 발신하거나 또는 두 개의 화재신호를 각각 발신하는 것을 말한다.

사. "**열 · 연기 · 불꽃 복합형**"이란 **열감지기**, **연기감지기** 및 **불꽃감지기**의 성능이 있는 것으로 세 가지 성능의 감지기능이 함께 작동될 때 화재신호를 발신하거나 또는 세 개의 화재신호를 각각 발신하는 것을 말한다.

5) 화재알림형감지기의 구분

가. "**화재알림형 열 · 연기 복합형**"이란 주위의 온도 또는 연기의 량의 변화에 따른 화재정보신호값의 출력을 발하고, 자체 내장된 음향장치에 의하여 경보하는 감지기를 말한다.

나. "**화재알림형 열 · 연기 · 불꽃 복합형**"이란 주위의 온도 또는 연기의 량의 변화에 따른 화재정보신호값의 출력을 발하고, 제3호(불꽃감지기)의 성능을 가지며 자체 내장된 음향장치에 의하여 경보하는 감지기를 말한다.

2. 제4조(감지기의 형식)

① 감지기 형식은 방수형 유무에 따라 **방수형** 및 **비방수형**으로, 내식성 유무에 따라 **내산형**, **내알카리형** 및 **보통형**으로, 재용성 유무에 따라 **재용형** 및 **비재용형**으로, 연기·온도의 축적에 따라 **축적형** 및 **비축적형**으로, 방폭구조 여부에 따라 **방폭형** 및 **비방폭형**으로, 화재신호의 발신방법에 따라 **단신호식**, **다신호식** 또는 **아날로그식**, 화재신호 전달방법에 따라 **무선식**, **유선식**으로, 화재알림설비 적용여부에 따라 화재알림형, 비화재알림형으로 연기 감도 보정 기능 유무에 따라 보정식, 비보정식으로, 식별신호 발신 유무에 따라 주소형, 비주소형으로 구분한다. 또한 불꽃감지기는 설치장소에 따라 **옥내형**, **옥내·옥외형**, **도로형**으로 구분한다.

② 감지기의 형식별 특성
1. "**다신호식**"이란 이란 1개의 감지기 내에서 다음 각 목과 같다. 〈개정 2024. 4. 9.〉
   가. 각 서로 다른 종별 또는 감도 등의 기능을 갖춘 것으로서 일정시간 간격을 두고 각각 다른 2개 이상의 화재신호를 발하는 감지기를 말한다.
   나. 동일 종별 또는 감도를 갖는 2개이상의 센서를 통해 감지하여 화재신호를 각각 발신하는 감지기를 말한다.
2. "**방폭형**"이란 폭발성가스가 용기내부에서 폭발하였을 때 용기가 그 압력에 견디거나 또는 외부의 폭발성가스에 인화될 우려가 없도록 만들어진 형태의 감지기
3. "**방수형**"이란 그 구조가 방수구조로 되어 있는 감지기
4. "**재용형**"이란 다시 사용할 수 있는 성능을 가진 감지기
5. "**축적형**"이란 일정농도·온도 이상의 연기 또는 온도가 일정 시간(공칭축적시간) 연속하는 것을 전기적으로 검출함으로써 작동하는 감지기(다만, 단순히 작동시간만을 지연시키는 것은 제외한다)를 말한다. 〈개정 2024. 4. 9.〉
6. "**아날로그식**"이란 주위의 온도 또는 연기의 량의 변화에 따라 각각 다른 전류치 또는 전압치 등의 출력을 발하는 방식의 감지기★★★
7. "**연동식**"이란 단독경보형감지기가 작동할 때 화재를 경보하며 유·무선으로 주위의 다른 감지기에 신호를 발신하고 신호를 수신한 감지기도 화재를 경보하며 다른 감지기에 신호를 발신하는 방식의 것을 말한다.
8. "**무선식**"이란 전파에 의해 신호를 송·수신하는 방식의 것을 말한다.
9. "**보정식**"이란 일정농도 이상의 연기가 일정시간 이상 연속하는 것을 전기적으로 검출하여 작동 감도를 자동적으로 보정하는 방식의 감지기를 말한다. 〈신설 2024. 4. 9.〉
10. "**주소형**"이란 감지기의 식별정보가 있어 감지기의 작동 시 설치지점의 감지기 식별신호를 발신하는 것을 말한다. 〈신설 2024. 4. 9.〉

3. **제5조(구조 및 기능)**
1. 차동식분포형감지기로서 공기관식 또는 이와 유사한 것은 다음에 적합하여야 한다.
   가. 리이크저항 및 접점수고를 쉽게 시험할 수 있어야 한다.
   나. 공기관의 누출 및 폐쇄여부를 쉽게 시험할 수 있고, 시험 후 시험장치를 정위치에 쉽게 복귀할 수 있는 적당한 방법이 강구되어야 한다.
   다. 공기관은 하나의 길이(이음매가 없는 것)가 **20 m 이상**의 것으로 안지름 및 관의 두께가 일정하고 홈, 갈라짐 및 변형이 없어야하며 부식되지 아니하여야 한다.★★★
   라. 공기관의 **두께는 0.3 mm 이상, 바깥지름은 1.9 mm 이상**★★★
2. **작동표시장치를 설치하지 않을 수 있는 감지기의 종류**
   ① 방폭구조인 감지기
   ② 수신기에 작동한 내용이 표시되는 감지기(무선식 감지기는 제외)
   ③ 차동식분포형감지기
   ④ 정온식감지선형감지기
3. **스포트형인 감지기의 표시등**은 다음 각 목의 색상계열이어야 하며 점등 또는 점멸방식으로 표시하여야 한다. 〈신설 2024. 4. 9.〉
   가. 작동표시장치의 표시등 : **적색**
   나. 전원표시등(해당되는 경우에 한함) : **녹색** 또는 **백색**
   다. 고장표시등(보정식에 한함) : **황색**
4. 제3호가목의 점멸방식인 경우에는 분당 **60회** 이상 점멸되어야 하며 제3호나목·다목의 점멸방식인 경우에는 분당 **12회** 이상 점멸하여야 한다. 다만, 단독경보형감지기는 그러하지 아니하다. 〈신설 2024. 4. 9.〉
5. 감지기 초기화를 위하여 스위치를 사용하는 경우 자동복귀형 스위치를 사용하여야 한다. 다만, 스위치 작동에 의해 수신기에 음향신호를 발신하는 경우에는 자동복귀형 스위치를 사용하지 않을 수 있다. 〈신설 2024. 4. 9.〉
6. 광전식스포트형감지기 또는 이온화식스포트형감지기(보정식에 한한다)는 보정된 값을 접속가능한 수신기에서 확인이 가능하여야 한다. 〈신설 2024. 4. 9.〉
7. 다신호식감지기는 감도시험시에 적용하는 각 해당 감도별 온도 및 연기농도에서 규정한 시간 내에 각 신호를 발할 수 있어야 하며, 동일 종별 또는 감도를 갖는 다신호식감지기는 다음 각 목에 적합하여야 한다. 〈개정 2024. 4. 9.〉
   가. 화재신호 별 **작동표시장치**를 각각 설치하여야 한다. 〈신설 2024. 4. 9.〉
   나. 각 센서별 회로는 **전기적**으로 분리하여야 한다. 〈신설 2024. 4. 9.〉

4. **제16조(정온식감지기의 공칭작동온도의 구분, 감도시험 및 화재정보신호)**
   1. 정온식감지기(아날로그식 제외)의 공칭작동온도는 60 ℃에서 150 ℃까지의 범위로 하

되, 60 ℃에서 80 ℃인 것은 **5** ℃ 간격으로, 80 ℃ 이상인 것은 **10** ℃ 간격으로 한다.

5. **제18조(이온화식감지기의 공칭축적시간의 구분, 화재정보신호 및 감도시험)**
   1. 이온화식감지기(축적형에 한한다)의 축적시간은 **5초 이상 60초 이하**로 하고 공칭축적시간은 **10초 이상 60초**의 범위에서 **10초** 간격으로 한다.

6. **제19조(광전식감지기의 공칭축적시간의 구분, 공칭감시거리, 화재정보신호 및 감도시험)**★★
   1. 분리형의 경우 공칭감시거리는 **5 m 이상 100 m 이하**로 하며 **5 m 간격**으로 한다.
   2. 아날로그식 분리형광전식감지기의 공칭감시거리는 **5 m 이상 100 m 이하**로 하여 5 m 간격으로 한다.
   3. 공기흡입형광전식감지기의 공기흡입장치는 공기배관망에 설치된 가장 먼 샘플링지점에서 감지부분까지 **120초 이내**에 연기를 이송할 수 있어야 한다.

7. **제19조의2(불꽃감지기의 유효감지거리의 구분, 감도시험, 시야각)**
   1. 유효감지거리 범위는 20 m 미만은 **1 m 간격**으로, 20 m 이상은 **5 m 간격**으로 설정하여야 하며, 단일 유효감시거리, 복수 유효감지거리, 단일 유효감지거리 범위 또는 복수 유효감시거리 범위로 설정할 수 있다.
   2. 시야각은 **5° 간격**으로 설정한다.

8. **제35조(절연저항시험)**★★★
   감지기의 절연된 단자간의 절연저항 및 단자와 외함간의 절연저항은 직류 500 V의 절연저항계(절연저항측정기)로 측정한 값이 50 ㏁(정온식감지선형감지기는 선간에서 1 m당 1,000 ㏁) 이상이어야 한다.

9. **제36조(절연내력시험)**
   감지기의 단자와 외함간의 절연내력은 60 Hz의 정현파에 가까운 실효전압 500 V(정격전압이 60 V를 초과하고 150 V 이하인 것은 1,000 V, 정격전압이 150 V를 초과하는 것은 그 정격전압에 2를 곱하여 1,000 V를 더한 값)의 교류전압을 가하는 시험에서 1분간 견디는 것이어야 한다.

10. **제7조(전원전압변동시의 기능)**
    ① 외부로부터 전원을 공급받는 방식의 감지기
       1. 공급되는 전원전압이 정격전압의 **±20 %** 범위에서 변동하는 경우 기능에 이상이 생

기지 아니하여야 한다. 〈신설 2024. 4. 9.〉
2. 정격전압의 **120 %**에서 분당 **6회**의 비율로 **50회**의 전원공급 및 전원차단을 반복하는 경우 기능에 이상이 생기지 아니하여야 한다. 〈신설 2024. 4. 9.〉

4.5 차동식 스포트형 감지기

주위온도가 일정 상승율 이상이 되는 경우에 작동하는 것으로서 일국소에서의 열 효과에 의하여 작동되는 것

1) 공기팽창식 ★★★

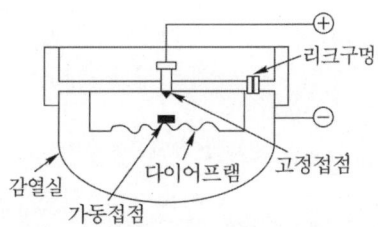

(1) 감열실 : 열을 유효하게 받을 수 있는 것
(2) 다이어프램
(3) leak 구멍 : 난방 등에 따른 실내온도가 완만하게 변화할 때에는 leak 구멍의 공기 압력 조절 작용에 따라 외부압력과 평형을 유지하여 화재신호를 발하지 않도록 하여 **오작동을 방지**한다.
(4) 전기신호 전송에 필요한 접점과 배선

2) 작동원리

화재가 발생하여 감지기가 급격한 온도상승을 받게 되면 감열실내의 온도가 일정한 온도상승률 이상으로 상승되어 공기가 팽창되면 다이어프램을 밀어올리게 되어 가동접점이 고정접점에 접촉하여 전기회로를 만들게 되며 이에 따라 수신기로 신호를 발신하게 된다.

4.6 차동식 분포형감지기

주위온도가 일정 상승율 이상이 되는 경우에 작동하는 것으로서 넓은 범위 내에서의 열 효과의 누적에 의하여 작동되는 것으로서 감열부의 종류에 따라 분류하면 공기관식, 열전대식, 열반도체식으로 구분된다.

1) 공기관식

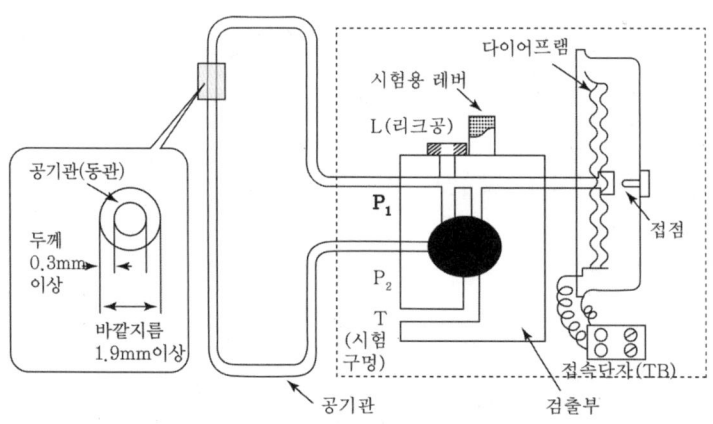

(1) 공기관식 감지기의 구성요소
① 다이어프램
② 리크공(리크구멍)
③ 공기관
④ 접점
⑤ 시험장치

(2) 작동원리
경계구역에 화재가 발생하면 실내의 천장면에 설치한 공기관이 가열되고 이에 따라 공기관내의 공기가 급격하게 팽창되어 압력이 증가하므로 리크(Leak) 구멍으로 유출되지 못한 팽창된 공기가 다이어프램을 밀어올리면 접점이 서로 닿아 수신기에 화재신호를 발신하게 된다.

(3) 작동순서
열 → 공기관내 공기팽창 → 다이어프램 팽창 → 접점폐로 → 화재신호

(4) **공기관식 차동식 분포형 감지기의 기능시험★★**
① 화재작동시험
② 작동계속시험
③ 접점수고시험(다이어프램시험)
④ 유통시험
⑤ 리크저항시험

(5) 공기관식 차동식 분포형 감지기의 유통시험

① **유통시험 목적★★★**

> ㉠ 공기관의 누설, 변형, 막힘 등의 확인
> ㉡ 공기관의 유통 상태
> ㉢ 공기관 길이의 적합여부 확인

② **시험에 필요한 장비★★**
㉠ 공기주입시험기(또는 테스트펌프)
㉡ 마노미터
㉢ 초시계

③ 시험방법

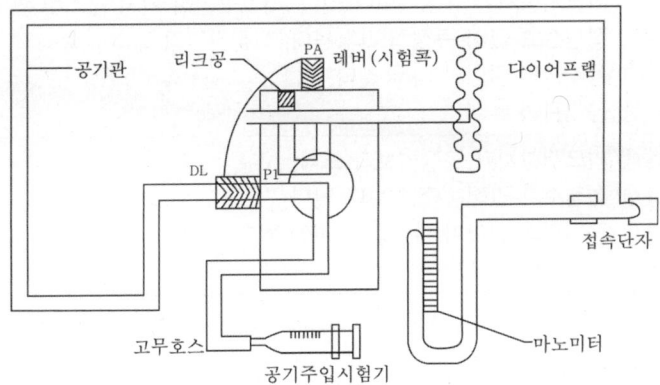

㉠ 검출부의 P1단자에서 공기관을 분리한다.
㉡ 분리한 공기관의 일단에 마노미터를 접속하고 시험구멍에 공기주입시험기를 연결한다.
㉢ 검출부의 레버(시험콕)를 중단(PA)에 위치
㉣ 공기주입시험기로 공기를 주입하여 마노미터의 수위를 100 mm까지 상승시킨 후 공기주입을 멈춘다.
  – 마노미터의 수위가 정지되지 않는 경우 : 공기관의 누설
  – 마노미터의 수위가 올라가지 않을 경우 : 공기관의 변형 또는 막힘
㉤ 레버(시험콕)을 하단에 위치시켜 수위가 50 mm까지 하강하는 시간을 측정한다.
㉥ 시험완료 후 레버(시험콕)을 상단에 위치
㉦ 수신기 복구

(6) 화재작동시험

구분	화재작동 시험(공기주입 시험)
목적	공기를 투입하고 작동시까지의 시간 및 경계구역의 적정여부 확인
시험 방법	① 주경종을 ON, 지구경종을 ON ② 자동복구 스위치를 누른다. ③ 검출부의 시험용 레버를 중단(P.A)위치에 놓는다. ④ 공기주입시험기를 시험구멍에 접속하여 공기량을 공기관에 투입한다. ⑤ 초시계로 시간을 측정한다. ⑥ 공기주입시험기를 분리한다. ⑦ 시험용 레버를 상단(N)위치에 놓고 수신기를 복구시킨다.
판정 방법	① 작동시간은 검출부 제원표에 의한 수치범위일 것 ② 경계구역의 표시가 적정할 것
기준치 이상 ★★★	① 리크저항치가 규정치보다 작다.(리크구멍이 커서 공기누설이 잘 된다.) ② 접점수고 값이 규정치보다 높다.(접점간격이 넓다.) ③ 공기관의 길이가 너무 길다. ④ 공기관의 누설
기준치 미달 ★★★	① 리크저항치가 규정치보다 크다. ② 접점수고 값이 규정치보다 낮다. ③ 공기관의 길이가 주입량에 비해 짧다. ④ 공기관의 폐쇄, 변형

(7) 접점수고시험
　① 시험방법
　　㉠ 검출부의 공기관 P1단자에서 공기관을 분리하고 검출부에 마노미터와 공기주입시험기를 접속한다.
　　㉡ 레버를 하단에 위치시키고, 공기주입시험기로 공기를 주입한다.
　　㉢ 접점이 붙는 순간 마노미터의 수위를 확인한다.
　② **기준치 이하 및 기준치 이상**
　　㉠ 기준치 이하 : 오작동(비화재보)
　　㉡ 기준치 이상 : 지연작동(실보)

(8) 리크(leak)저항시험
　① 시험목적
　　㉠ 리크저항이 작으면 실보의 원인
　　㉡ 리크저항이 크면 비화재보의 원인

② 시험방법
  ㉠ 검출부의 공기관 P2단자에서 공기관을 분리하고 검출부에 마노미터와 공기주입시험기를 접속한다.
  ㉡ 시험레버를 하단에 위치시킨다.
  ㉢ 공기주입시험기로 공기를 주입하여 마노미터의 수위를 100 mm까지 상승시킨 후 공기 주입을 중단한다.
  ㉣ 마노미터의 수위가 50 mm까지 하강하는 시간을 측정한다.

(9) 공기관식 감지기의 리크구멍(리크공) 기능
  ① 비화재보의 방지
  ② 작동속도의 조절
  ③ 공기유통에 대해 저항을 가짐

2) 열전대식
(1) 구성요소

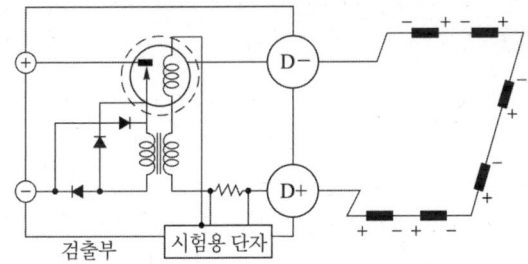

  ① 감열부 : 열반도체 소자, 수열판
  ② 검출부 : 미터릴레이(meter relay)

(2) 작동원리
  서로 다른 2종류의 금속을 접합 시키고 그 접합점에 열을 가하면 열기전력이 발생하고(제어백효과) 그 열기전력을 Meter relay를 통해서 수신기로 신호를 전달하는 방식

3) 열반도체식

(1) 작동원리

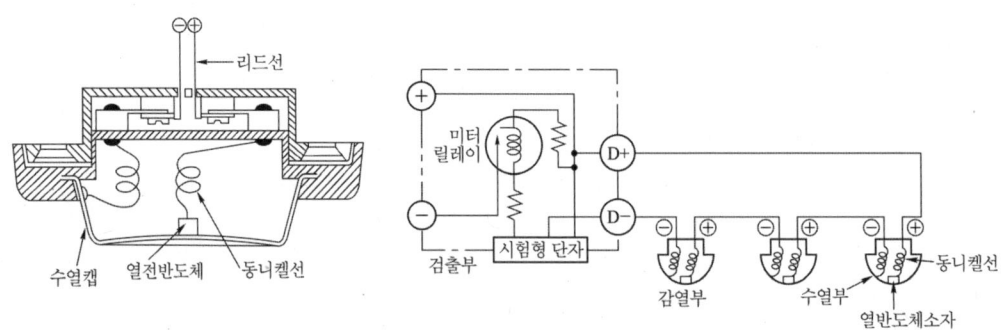

감열부가 열전류를 받게 되어 수열 캡의 온도가 상승하면 이것에 밀착한 반도체 소자에 제어백 효과에 의한 열기전력이 발생한다. 한편, 동니켈선에는 반도체와 역방향의 열기전력이 발생하여 반도체 소자에서 발생하는 열기전력은 억제된다. 이러한 작용은 화재와 같이 급격한 온도 상승에 대하여는 감지기의 출력전압을 크게 하여 릴레이를 작동시키고 완만한 온도상승에는 극히 작아지므로 감지기의 오작동을 방지할 수 있다.

4.7 정온식 감지기

1) 정온식 스포트형

일국소의 주위온도가 일정한 온도 이상이 되는 경우에 작동하는 것으로서 외관이 전선으로 되어 있지 아니한 것

(1) 종류★

정온식 스포트형 감지기는 일국소의 주위온도가 일정한 온도 이상이 되었을 경우에 작동하는 것으로 종류는 다음과 같다.

① 바이메탈의 활곡을 이용한 것
② 금속의 팽창계수를 이용한 것
③ 액체의 팽창을 이용한 것
④ 바이메탈의 반전을 이용한 것
⑤ 가용절연물을 이용한 것
⑥ 감열반도체 소자를 이용한 것

(2) 정온식 감지기의 공칭작동온도 : 60 [℃]~150 [℃]

2) 정온식 감지선형 감지기

일국소의 주위온도가 일정한 온도 이상이 되는 경우에 작동하는 것으로서 외관이 전선으로 되어 있는 것

(1) 개요

정온식 감지선형 감지기는 일국소의 주위온도가 일정한 온도 이상이 되었을 때 가용절연물이 녹아 2가닥의 전선이 서로 접촉하면 작동하여 화재신호를 수신기에 발신하는 것으로 감지기의 외관이 전선과 같이 생긴 것을 말하며 전선 전체가 감열부인 것과 전선에 부분적으로 감열부가 점재해 있는 것이 있다.

(2) 공칭작동온도에 따른 감지기의 색상 ★

공칭작동온도	색상
80 ℃ 미만	백색
80 ℃ 이상 120 ℃ 미만	청색
120 ℃ 이상	적색

4.8 보상식스포트형 감지기

차동식 열 감지기가 작동하지 않는 온도상승속도에 대하여 일정한 온도가 되면 반드시 작동할 수 있는 정온특성으로 그 기능을 보상할 수 있도록 되어있는 감지기로 공기팽창과 금속팽창을 병용한 방식이다.

4.9 연기감지기

1) 이온화식 스포트형

주위의 공기가 일정한 농도의 연기를 포함하게 되는 경우에 작동하는 것으로서 일국소의 연기에 의하여 이온전류가 변화하여 작동하는 것

(1) 동작원리

이온화식 감지기는 공기가 자유롭게 유통할 수 있는 외부 이온실과 외기로부터 독립된 밀폐된 내부 이온 실이 있으며 각 이온 실에는 미량의 방사선원(아메리슘[Am241])이 있고 이 방사선원에 의해 알파선이 조사되면 이온실 내부의 공기가 이온화되어 이온전류가 발생하여 화재를 감지한다.

(2) 이온화식 연기감지기의 구조

연기가 흘러들어가는 외부 이온실과 밀폐된 내부 이온실로 구성되고 양 이온실은 직렬로 연결되어 있으며 감시상태에서는 내부 이온실 +극, 외부 이온실 −극에 정

전압이 인가되어 있다.

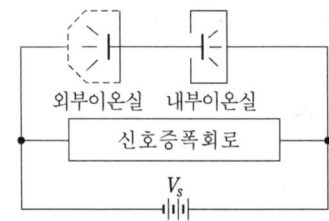

2) 광전식스포트형

주위의 공기가 일정한 농도의 연기를 포함하게 되는 경우에 작동하는 것으로서 일국소의 연기에 의하여 광전소자에 접하는 광량의 변화로 작동하는 것

3) 광전식분리형

발광부와 수광부로 구성된 구조로 발광부와 수광부 사이의 공간에 일정한 농도의 연기를 포함하게 되는 경우에 작동하는 것

4) 공기흡입식

감지기 내부에 장착된 공기흡입장치로 감지하고자 하는 위치의 공기를 흡입하고 흡입된 공기에 일정한 농도의 연기가 포함된 경우 작동하는 것

4.10 불꽃감지기

1) 불꽃 자외선식

불꽃에서 방사되는 자외선의 변화가 일정량 이상 되었을 때 작동하는 것으로서 일국소의 자외선에 의하여 수광소자의 수광량 변화에 의해 작동하는 것을 말한다.

2) 불꽃 적외선식

불꽃에서 방사되는 적외선의 변화가 일정량 이상 되었을 때 작동하는 것으로서 일국소의 적외선에 의하여 수광소자의 수광량 변화에 의해 작동하는 것을 말한다.

3) 불꽃 자외선·적외선겸용식

불꽃에서 방사되는 불꽃의 변화가 일정량 이상 되었을 때 작동하는 것으로서 자외선 또는 적외선에 의한 수광소자의 수광량 변화에 의하여 1개의 화재신호를 발신하는 것을 말한다.

4.11 자동화재탐지설비 및 시각경보장치의 화재안전기준

1. 정의

구분	정의
경계구역	특정소방대상물 중 화재신호를 발신하고 그 신호를 수신 및 유효하게 제어할 수 있는 구역
수신기	감지기나 발신기에서 발하는 화재신호를 직접 수신하거나 중계기를 통하여 수신하여 화재의 발생을 표시 및 경보하여 주는 장치
중계기	감지기·발신기 또는 전기적접점 등의 작동에 따른 신호를 받아 이를 수신기의 제어반에 전송하는 장치
감지기	화재시 발생하는 열, 연기, 불꽃 또는 연소생성물을 자동적으로 감지하여 수신기에 발신하는 장치
발신기	화재발생 신호를 수신기에 수동으로 발신하는 장치
시각경보장치	자동화재탐지설비에서 발하는 화재신호를 시각경보기에 전달하여 청각장애인에게 점멸형태의 시각경보를 하는 것

2. 경계구역

① 자동화재탐지설비의 경계구역 설정기준★★★
  1. 하나의 경계구역이 2개 이상의 건축물에 미치지 아니하도록 할 것
  2. 하나의 경계구역이 2개 이상의 층에 미치지 아니하도록 할 것. 다만, **500 m^2 이하**의 범위안에서는 2개의 층을 하나의 경계구역으로 할 수 있다.
  3. 하나의 경계구역의 면적은 **600 m^2 이하**로 하고 한 변의 길이는 **50 m 이하**로 할 것. 다만, 해당 특정소방대상물의 주된 출입구에서 그 내부 전체가 보이는 것에 있어서는 한 변의 길이가 **50 m**의 범위 내에서 **1,000 m^2 이하**로 할 수 있다.

② 계단(직통계단외의 것에 있어서는 떨어져 있는 상하계단의 상호간의 수평거리가 5 m 이하로서 서로 간에 구획되지 아니한 것에 한한다. 이하 같다)·경사로(에스컬레이터경사로 포함)·엘리베이터 승강로(권상기실이 있는 경우에는 권상기실)·린넨슈트·파이프 피트 및 덕트 기타 이와 유사한 부분에 대하여는 별도로 경계구역을 설정하되, **하나의 경계구역은 높이 45m 이하(계단 및 경사로에 한한다)**로 하고, 지하층의 계단 및 경사로(지하층의 층수가 1일 경우는 제외한다)는 별도로 하나의 경계구역으로 해야 한다.

③ 외기에 면하여 상시 개방된 부분이 있는 **차고·주차장·창고** 등에 있어서는 외기에 면하는 각 부분으로부터 **5m 미만**의 범위 안에 있는 부분은 경계구역의 면적에 산입하지 않는다.

차고 · 주차장 · 창고	← 경계구역
외기에 면하는 부분	← 경계구역 제외부분

④ **스프링클러설비 · 물분무등소화설비 또는 제연설비**의 화재감지장치로서 화재감지기를 설치한 경우의 경계구역은 해당 소화설비의 방사구역 또는 제연구역과 동일하게 설정할 수 있다.

3. 수신기
① 자동화재탐지설비의 수신기 적합 설치기준

[그림] P형 1급 수신기

1. 해당 특정소방대상물의 경계구역을 각각 표시할 수 있는 **회선수 이상**의 수신기를 설치할 것
2. 해당 특정소방대상물에 가스누설탐지설비가 설치된 경우에는 가스누설탐지설비로부터 가스누설신호를 수신하여 가스누설경보를 할 수 있는 수신기를 설치할 것(가스누설탐지설비의 수신부를 별도로 설치한 경우에는 제외한다)

② 자동화재탐지설비의 수신기는 특정소방대상물 또는 그 부분이 **지하층 · 무창층 등으로서 환기가 잘되지 아니하거나 실내면적이 40 m² 미만인 장소, 감지기의 부착면과 실내바닥과의 거리가 2.3 m 이하인 장소**로서 일시적으로 발생한 열 · 연기 또는 먼지 등으로 인하여 감지기가 화재신호를 발신할 우려가 있는 때에는 **축적기능 등이 있는 것**(축적형감지기가 설치된 장소에는 감지기회로의 감시전류를 단속적으로 차단시켜 화재를 판단하는 방식 외의 것을 말한다)으로 설치해야 한다.

③ 수신기 설치기준★★
  1. 수위실 등 **상시 사람이 근무하는 장소**에 설치할 것. 다만, 사람이 상시 근무하는 장소가 없는 경우에는 **관계인이 쉽게 접근할 수 있고 관리가 용이한 장소**에 설치할 수 있다.
  2. 수신기가 설치된 장소에는 **경계구역 일람도**를 비치할 것. 다만, 모든 수신기와 연결되어 각 수신기의 상황을 감시하고 제어할 수 있는 수신기를 설치하는 경우에는 주수신기를 제외한 기타 수신기는 그러하지 아니하다.
  3. 수신기의 **음향기구**는 그 음량 및 음색이 다른 기기의 소음 등과 명확히 구별될 수 있는 것으로 할 것
  4. 수신기는 **감지기·중계기** 또는 **발신기**가 작동하는 경계구역을 표시할 수 있는 것으로 할 것
  5. 화재·가스 전기등에 대한 종합방재반을 설치한 경우에는 해당 조작반에 수신기의 작동과 연동하여 감지기·중계기 또는 발신기가 작동하는 경계구역을 표시할 수 있는 것으로 할 것
  6. 하나의 경계구역은 하나의 **표시등** 또는 하나의 **문자**로 표시되도록 할 것
  7. 수신기의 조작 스위치는 바닥으로부터의 높이가 **0.8 m 이상 1.5 m 이하**인 장소에 설치할 것
  8. 하나의 특정소방대상물에 **2 이상**의 수신기를 설치하는 경우에는 수신기를 상호간 연동하여 **화재발생** 상황을 각 수신기마다 확인할 수 있도록 할 것
  9. 화재로 인하여 하나의 층의 **지구음향장치 배선**이 단락되어도 다른 층의 화재통보에 지장이 없도록 각 층 **배선상**에 유효한 조치를 할 것

4. 중계기★★★
  자동화재탐지설비의 중계기는 다음 각 호의 기준에 따라 설치하여야 한다.
  1. 수신기에서 직접 감지기회로의 도통시험을 행하지 않는 것에 있어서는 **수신기와 감지기** 사이에 설치할 것
  2. 조작 및 점검에 편리하고 화재 및 침수등의 재해로 인한 피해를 받을 우려가 없는 장소에 설치할 것
  3. 수신기에 따라 감시되지 않는 배선을 통하여 전력을 공급받는 것에 있어서는 전원입력 측의 배선에 **과전류 차단기**를 설치하고 해당 전원의 정전이 즉시 수신기에 표시되는 것으로 하며, **상용전원** 및 **예비전원**의 시험을 할 수 있도록 할 것

[표] 집합형 중계기와 분산형 중계기의 설치장소

집합형	분산형
전기 피트실(EPS 실) 등에 설치	① 소화전함 및 단독 발신기세트 내부 ② 방화셔터, 배연창 연동제어기 내부 ③ 스프링클러설비 접속박스 및 슈퍼비조리판넬(SVP) 내부 ④ 제연댐퍼 수동조작함 및 조작스위치함 내부 ⑤ 할론 패키지 및 판넬 내부

5. 감지기★★★

① 자동화재탐지설비의 감지기는 부착높이에 따라 다음 표에 따른 감지기를 설치하여야 한다. 다만, **지하층·무창층 등으로서 환기가 잘되지 아니하거나 실내면적이 40 m² 미만인 장소, 감지기의 부착면과 실내바닥과의 거리가 2.3 m 이하인 곳으로서 일시적으로 발생한 열·연기 또는 먼지 등으로 인하여 화재신호를 발신할 우려가 있는 장소**(축적기능이 있는 수신기를 설치한 장소를 제외한다)에는 다음 각 호에서 정한 감지기중 적응성 있는 감지기를 설치하여야 한다.

> 교차회로방식을 적용하지 않아도 되는 감지기의 종류
> 1. 불꽃감지기
> 2. 정온식감지선형감지기
> 3. 분포형감지기
> 4. 복합형감지기
> 5. 광전식분리형감지기
> 6. 아날로그방식의 감지기
> 7. 다신호방식의 감지기
> 8. 축적방식의 감지기

② **연기감지기 설치 장소**
1. 계단·경사로 및 에스컬레이터 경사로
2. 복도(30 m 미만의 것을 제외한다)
3. 엘리베이터 승강로(권상기실이 있는 경우에는 권상기실)·린넨슈트·파이프 피트 및 덕트 기타 이와 유사한 장소
4. 천장 또는 반자의 높이가 15m 이상 20m 미만의 장소
5. 다음 각 목의 어느 하나에 해당하는 특정소방대상물의 취침·숙박·입원 등 이와 유사한 용도로 사용되는 거실

가. 공동주택·오피스텔·숙박시설·노유자시설·수련시설
나. 교육연구시설 중 합숙소
다. 의료시설, 근린생활시설 중 입원실이 있는 의원·조산원
라. 교정 및 군사시설
마. 근린생활시설 중 고시원

부착높이	감지기의 종류
4 m 미만	차동식(스포트형, 분포형) 보상식 스포트형 정온식(스포트형, 감지선형) 이온화식 또는 광전식(스포트형, 분리형, 공기흡입형) 열복합형 연기복합형 열연기복합형 불꽃감지기
4 m 이상 8 m 미만	차동식(스포트형, 분포형) 보상식 스포트형 정온식(스포트형, 감지선형) 특종 또는 1종 이온화식 1종 또는 2종 광전식(스포트형, 분리형, 공기흡입형) 1종 또는 2종 열복합형 연기복합형 열연기복합형 불꽃감지기
8 m 이상 15 m 미만 ★★	**차동식 분포형** 이온화식 1종 또는 2종 광전식(스포트형, 분리형, 공기흡입형) 1종 또는 2종 연기복합형 불꽃감지기
15 m 이상 20 m 미만 ★★★	이온화식 1종 광전식(스포트형, 분리형, 공기흡입형) 1종 연기복합형 불꽃감지기
20 m 이상 ★★★	불꽃감지기 광전식(분리형, 공기흡입형)중 아날로그방식

비고)
1) 감지기별 부착높이 등에 대하여 별도로 형식승인 받은 경우에는 그 성능 인정범위내에서 사용할 수 있다.
2) **부착높이 20 m 이상**에 설치되는 광전식 중 아날로그방식의 감지기는 공칭감지농도 하한값이 **감광율 5 %/m 미만**인 것으로 한다.

③ 감지기 설치기준★★★

> **축적기능이 없는 것으로 설치하여야 하는 감지기**
> ① 교차회로방식에 사용되는 감지기
> ② 급속한 연소 확대가 우려되는 장소에 사용되는 감지기
> ③ 축적기능이 있는 수신기에 연결하여 사용하는 감지기

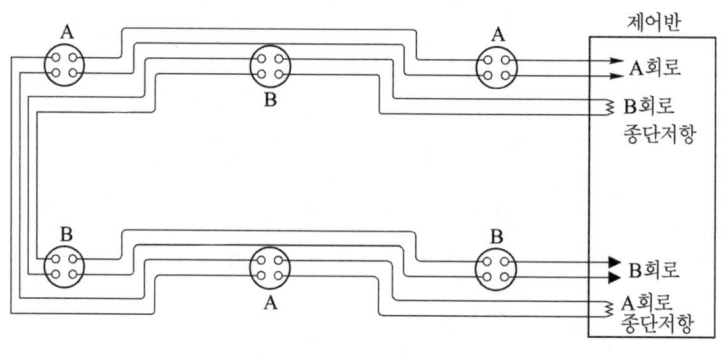

[그림] 교차회로방식

1. 감지기(차동식분포형의 것을 제외한다)는 실내로의 공기유입구로부터 **1.5 m 이상** 떨어진 위치에 설치할 것
2. 감지기는 천장 또는 반자의 **옥내**에 면하는 부분에 설치할 것
3. 보상식스포트형감지기는 정온점이 감지기 주위의 평상시 최고온도보다 **20℃ 이상** 높은 것으로 설치할 것
4. **정온식감지기**는 주방·보일러실 등으로서 다량의 화기를 취급하는 장소에 설치하되, 공칭작동온도가 최고주위온도보다 **20 ℃ 이상** 높은 것으로 설치할 것
5. **차동식스포트형·보상식스포트형 및 정온식스포트형 감지기**는 그 부착 높이 및 특정소방대상물에 따라 다음 표에 따른 바닥면적마다 1개 이상을 설치할 것 ★★★

(단위 m²)

부착높이 및 특정소방대상물의 구분		감지기의 종류						
		차동식 스포트형		보상식 스포트형		정온식 스포트형		
		1종	2종	1종	2종	특종	1종	2종
4 m 미만	주요구조부를 내화구조로 한 특정소방대상물 또는 그 부분	90	70	90	70	70	60	20
	기타 구조의 특정소방대상물 또는 그 부분	50	40	50	40	40	30	15
4 m 이상 8 m 미만	주요구조부를 내화구조로 한 특정소방대상물 또는 그 부분	45	35	45	35	35	30	—
	기타 구조의 특정소방대상물 또는 그 부분	30	25	30	25	25	15	—

6. 스포트형감지기는 **45° 이상** 경사되지 아니하도록 부착할 것
7. 공기관식 차동식분포형감지기 설치기준
   가. 공기관의 노출부분은 감지구역마다 **20 m 이상**이 되도록 할 것

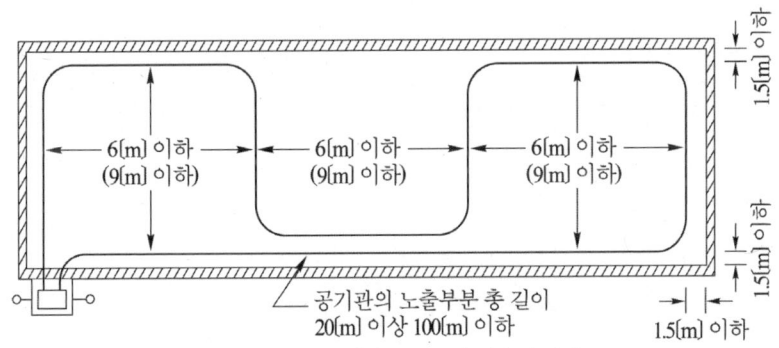

( ) : 주요구조부를 내화구조로 한 경우의 거리

   나. 공기관과 감지구역의 각 변과의 수평거리는 **1.5 m 이하**가 되도록 하고, 공기관 상호간의 거리는 **6 m**(주요구조부를 **내화구조**로 한 특정소방대상물 또는 그 부분에 있어서는 **9 m**) 이하가 되도록 할 것
   다. 공기관은 도중에서 분기하지 아니하도록 할 것
   라. 하나의 검출부분에 접속하는 공기관의 길이는 **100 m 이하**로 할 것
   마. 검출부는 **5°** 이상 경사되지 아니하도록 부착할 것
   바. 검출부는 바닥으로부터 **0.8 m 이상 1.5 m 이하**의 위치에 설치할 것

> **보충설명** 공기관
> 1. 공기관은 하나의 길이(이음매가 없는 것)가 **20 m 이상**의 것으로 안지름 및 관의 두께가 일정하고 흠, 갈라짐 및 변형이 없어야하며 부식되지 아니하여야 한다.
> 2. 공기관의 **두께는 0.3 mm 이상**, 바깥지름은 **1.9 mm 이상**이어야 한다.

8. 열전대식 차동식분포형감지기 설치기준

가. 열전대부는 감지구역의 바닥면적 18 m²(주요구조부가 **내화구조**로 된 특정소방대상물에 있어서는 22 m²)**마다 1개 이상**으로 할 것. 다만, 바닥면적이 72 m²(주요구조부가 **내화구조**로 된 특정소방대상물에 있어서는 88 m²) **이하**인 특정소방대상물에 있어서는 **4개 이상**으로 하여야 한다.

나. 하나의 검출부에 접속하는 열전대부는 **20개 이하**로 할 것.

9. 열반도체식 차동식분포형감지기 설치기준

가. 감지부는 그 부착높이 및 특정소방대상물에 따라 다음 표에 따른 바닥면적마다 1개 이상으로 할 것. 다만, 바닥면적이 다음 표에 따른 면적의 2배 이하인 경우에는 2개(부착높이가 8 m 미만이고, 바닥면적이 다음 표에 따른 면적 이하인 경우에는 1개) 이상으로 하여야 한다.

(단위 m²)

부착높이 및 특정소방대상물의 구분		감지기의 종류	
		1종	2종
8 m 미만	주요구조부가 내화구조로된 특정소방대상물 또는 그 구분	65	36
	기타 구조의 특정소방대상물 또는 그 부분	40	23
8 m 이상 15 m 미만	주요구조부가 내화구조로 된 특정소방대상물 또는 그 부분	50	36
	기타 구조의 특정소방대상물 또는 그 부분	30	23

나. 하나의 검출기에 접속하는 **감지부는 2개 이상 15개 이하**

10. 연기감지기 설치기준 ★★★

가. 감지기의 부착높이에 따라 다음 표에 따른 바닥면적마다 1개 이상으로 할 것

(단위 m²)

부착 높이	감지기의 종류	
	1종 및 2종	3종
4 m 미만	150	50
4 m 이상 20 m 미만	75	

나. 감지기는 **복도 및 통로**에 있어서는 **보행거리 30 m**(3종에 있어서는 20 m)마다, **계단 및 경사로**에 있어서는 **수직거리 15 m**(3종에 있어서는 10 m)마다 1개 이상으로 할 것

다. 천장 또는 반자가 낮은 실내 또는 좁은 실내에 있어서는 **출입구**의 가까운 부분에 설치할 것

라. 천장 또는 반자부근에 **배기구**가 있는 경우에는 그 부근에 설치할 것

마. 감지기는 벽 또는 보로부터 <u>0.6 m</u> 이상 떨어진 곳에 설치할 것

11. 정온식감지선형감지기 설치기준 ★★★

가. **보조선**이나 **고정금구**를 사용하여 감지선이 늘어지지 않도록 설치할 것

나. 단자부와 마감 고정금구와의 설치간격은 **10 cm 이내**로 설치할 것

다. 감지선형 감지기의 굴곡반경은 **5 cm 이상**으로 할 것

라. 감지기와 감지구역의 각 부분과의 수평거리가 내화구조의 경우 **1종 4.5 m 이하, 2종 3 m 이하**로 할 것. **기타 구조**의 경우 **1종 3 m 이하, 2종 1 m 이하**로 할 것

마. 케이블트레이에 감지기를 설치하는 경우에는 케이블트레이 받침대에 마감금구를 사용하여 설치할 것

바. 지하구나 창고의 천장 등에 지지물이 적당하지 않는 장소에서는 **보조선**을 설치하고 그 보조선에 설치할 것

사. **분전반** 내부에 설치하는 경우 접착제를 이용하여 돌기를 바닥에 고정시키고 그 곳에 감지기를 설치할 것

12. 불꽃감지기 설치기준

가. **공칭감시거리** 및 **공칭시야각**은 형식승인 내용에 따를 것

나. 감지기는 공칭감시거리와 공칭시야각을 기준으로 **감시구역**이 모두 포용될 수 있도록 설치할 것

다. 감지기는 화재감지를 유효하게 감지할 수 있는 **모서리** 또는 **벽** 등에 설치할 것

라. 감지기를 천장에 설치하는 경우에는 감지기는 바닥을 향하여 설치할 것

마. 수분이 많이 발생할 우려가 있는 장소에는 **방수형**으로 설치할 것

13. 광전식분리형감지기 설치기준
    가. 감지기의 **수광면**은 햇빛을 직접 받지 않도록 설치할 것
    나. 광축(송광면과 수광면의 중심을 연결한 선)은 나란한 벽으로부터 **0.6 m** 이상 이격하여 설치할 것
    다. 감지기의 송광부와 수광부는 설치된 뒷벽으로부터 **1 m 이내** 위치에 설치할 것
    라. 광축의 높이는 천장 등 높이의 **80 %** 이상일 것
    마. 감지기의 광축의 길이는 공칭감시거리 범위이내 일 것

④ 감지기 설치제외 장소기준 ★★
1. 천장 또는 반자의 높이가 **20 m** 이상인 장소. 다만, 부착높이에 따라 적응성이 있는 장소는 제외한다.
2. 헛간 등 외부와 기류가 통하는 장소로서 감지기에 따라 **화재발생**을 유효하게 감지할 수 없는 장소
3. **부식성가스**가 체류하고 있는 장소
4. **고온도** 및 **저온도**로서 감지기의 기능이 정지되기 쉽거나 감지기의 유지관리가 어려운 장소
5. **목욕실·욕조**나 샤워시설이 있는 화장실·기타 이와 유사한 장소
6. 파이프덕트 등 그 밖의 이와 비슷한 것으로서 2개층마다 **방화구획**된 것이나 수평단면적이 **5 m²** 이하인 것
7. **먼지·가루** 또는 **수증기**가 다량으로 체류하는 장소 또는 주방 등 평시에 연기가 발생하는 장소(연기감지기에 한한다)
8. 프레스공장·주조공장 등 **화재발생의 위험이 적은 장소**로서 감지기의 유지관리가 어려운 장소

6. 음향장치 및 시각경보장치

① 자동화재탐지설비의 음향장치 설치기준
1. **주음향장치**는 수신기의 내부 또는 그 직근에 설치할 것
2. **층수가 11층(공동주택의 경우에는 16층) 이상의 특정소방대상물 → 우선경보방식**

발화층	경보
2층 이상의 층에서 발화	발화층 및 그 직상 4개층
1층에서 발화	발화층·그 직상 4개층 및 지하층에 경보
지하층에서 발화	발화층·그 직상층 및 기타의 지하층에 경보

3. 지구음향장치는 특정소방대상물의 **층마다** 설치하되, 해당 특정소방대상물의 각 부분으로부터 하나의 음향장치까지의 수평거리가 **25 m 이하**
4. 음향장치의 구조 및 성능기준
   가. 정격전압의 **80 % 전압**에서 음향을 발할 수 있는 것으로 할 것. 다만, 건전지를 주전원으로 사용하는 음향장치는 그러하지 아니하다.
   나. 음량은 부착된 음향장치의 중심으로부터 **1 m** 떨어진 위치에서 **90 dB 이상**이 되는 것으로 할 것
   다. **감지기 및 발신기의 작동과 연동**하여 작동할 수 있는 것으로 할 것

② **청각장애인용 시각경보장치** 설치기준★★★
1. 복도 · 통로 · 청각장애인용 객실 및 공용으로 사용하는 거실(로비, 회의실, 강의실, 식당, 휴게실, 오락실, 대기실, 체력단련실, 접객실, 안내실, 전시실, 기타 이와 유사한 장소를 말한다)에 설치하며, 각 부분으로부터 유효하게 경보를 발할 수 있는 위치에 설치할 것
2. **공연장 · 집회장 · 관람장** 또는 이와 유사한 장소에 설치하는 경우에는 시선이 집중되는 **무대부** 부분 등에 설치할 것
3. 설치높이는 바닥으로부터 **2 m 이상 2.5 m 이하**의 장소에 설치할 것 다만, 천장의 높이가 **2 m 이하**인 경우에는 천장으로부터 **0.15 m** 이내의 장소에 설치해야 한다.
4. 시각경보장치의 광원은 전용의 **축전지설비** 또는 **전기저장장치**(외부 전기에너지를 저장해 두었다가 필요한 때 전기를 공급하는 장치)에 의하여 점등되도록 할 것. 다만, 시각경보기에 작동전원을 공급할 수 있도록 형식승인을 얻은 수신기를 설치 한 경우에는 그렇지 않다.

7. 발신기

1. **발신기의 종류**

   (1) P형 1급 발신기

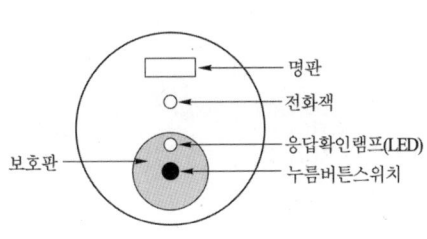
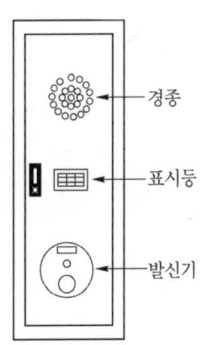

1) 용도 : P형 1급 수신기 또는 R형 수신기에 접속하여 사용
2) 구성
 ① 누름버튼 스위치 : 화재를 발견한 자가 수동으로 화재신호를 발신하는 스위치
 ② 응답확인램프 : 발신자가 발신한 신호를 수신기가 수신한 것을 확인할 수 있는 표시등
 ③ 전화잭 : 수신기와 발신기간 상호 연락할 수 있는 전화장치인 전화잭 → 현재 미사용
 ④ 보호판 : 내부의 스위치를 보호하기 위한 판
3) P형 1급 수동발신기와 수신기와의 접속 회로도 ★★★

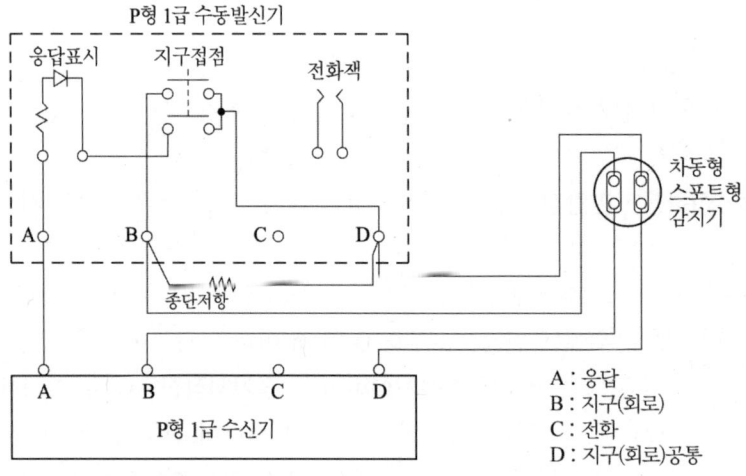

(2) P형 2급 발신기

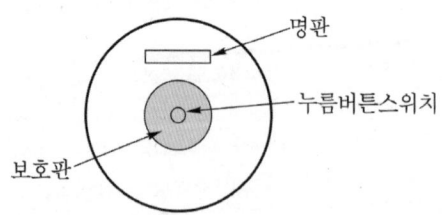

1) 용도 : P형 2급 수신기에만 연결하여 사용 가능
2) 구성
 ① 누름버튼 스위치 : 화재를 발견한 자가 수동으로 화재신호를 발신하는 스위치
 ② 보호판 : 내부의 스위치를 보호하기 위한 판

3) P형 1급, 2급 발신기의 기능비교

종별	누름버튼 스위치	응답장치	접속 수신기
P형 1급	○	○	P형 1급, R형
P형 2급	○	×	P형 2급

2. 발신기 설치기준 ★

① 자동화재탐지설비의 발신기 설치기준
1. 조작이 쉬운 장소에 설치하고, **스위치**는 바닥으로부터 **0.8 m 이상 1.5 m 이하**의 높이에 설치할 것.
2. 특정소방대상물의 층마다 설치하되, 해당 특정소방대상물의 각 부분으로부터 하나의 발신기까지의 수평거리가 **25 m** 이하가 되도록 할 것. 다만, 복도 또는 별도로 구획된 실로서 보행거리가 **40 m** 이상일 경우에는 추가로 설치해야 한다.
3. 제2호에도 불구하고 제2호의 기준을 초과하는 경우로서 기둥 또는 벽이 설치되지 아니한 대형공간의 경우 발신기는 설치 대상 장소의 가장 가까운 장소의 벽 또는 기둥 등에 설치 할 것

② 발신기의 위치를 표시하는 표시등은 함의 **상부**에 설치하되, 그 불빛은 부착면으로 부터 15°이상의 범위 안에서 부착지점으로부터 **10 m** 이내의 어느 곳에서도 쉽게 식별할 수 있는 **적색등**으로 해야 한다.

8. 전원★★★

① 자동화재탐지설비의 상용전원 설치기준
1. 상용전원은 전기가 정상적으로 공급되는 **축전지설비, 전기저장장치**(외부 전기에너지를 저장해 두었다가 필요한 때 전기를 공급하는 장치) 또는 **교류전압의 옥내 간선**으로 하고, 전원까지의 배선은 전용으로 할 것
2. 개폐기에는 "자동화재탐지설비용"이라고 표시한 표지를 할 것

② 자동화재탐지설비에는 그 설비에 대한 감시상태를 **60분간** 지속한 후 유효하게 **10분 이상** 경보할 수 있는 **축전지설비**(수신기에 내장하는 경우를 포함한다) 또는 **전기저장장치**(외부 전기에너지를 저장해 두었다가 필요한 때 전기를 공급하는 장치)를 설치해야 한다. 다만, 상용전원이 **축전지설비**인 경우 또는 건전지를 주전원으로 사용하는 무선식 설비인 경우에는 그렇지 않다.

9. 배선★★★

1. 전원회로의 배선은 **내화배선**에 따르고, 그 밖의 배선(감지기 상호간 또는 감지기로부터 수신기에 이르는 감지기회로의 배선을 제외한다)은 **내화배선** 또는 **내열배선**에 따라 설치할 것

2. 감지기 상호간 또는 감지기로부터 수신기에 이르는 감지기회로의 배선은 다음 각목의 기준에 따라 설치할 것.
   가. **아날로그식, 다신호식 감지기나 R형수신기용**으로 사용되는 것은 전자파 방해를 받지 아니하는 **쉴드선** 등을 사용해야 하며, 광케이블의 경우에는 전자파 방해를 받지 아니하고 내열성능이 있는 경우 사용할 것. 다만, 전자파 방해를 받지 않는 방식의 경우에는 그렇지 않다.
   나. 일반배선을 사용할 때는 **내화배선** 또는 **내열배선**으로 사용할 것

3. **감지기회로의 도통시험을 위한 종단저항**은 다음의 기준에 따를 것★★★
   가. 점검 및 관리가 쉬운 장소에 설치할 것
   나. 전용함을 설치하는 경우 그 설치 높이는 바닥으로부터 **1.5 m 이내**로 할 것
   다. **감지기 회로의 끝부분**에 설치하며, 종단감지기에 설치할 경우에는 구별이 쉽도록 해당감지기의 기판 및 감지기 외부 등에 별도의 표시를 할 것

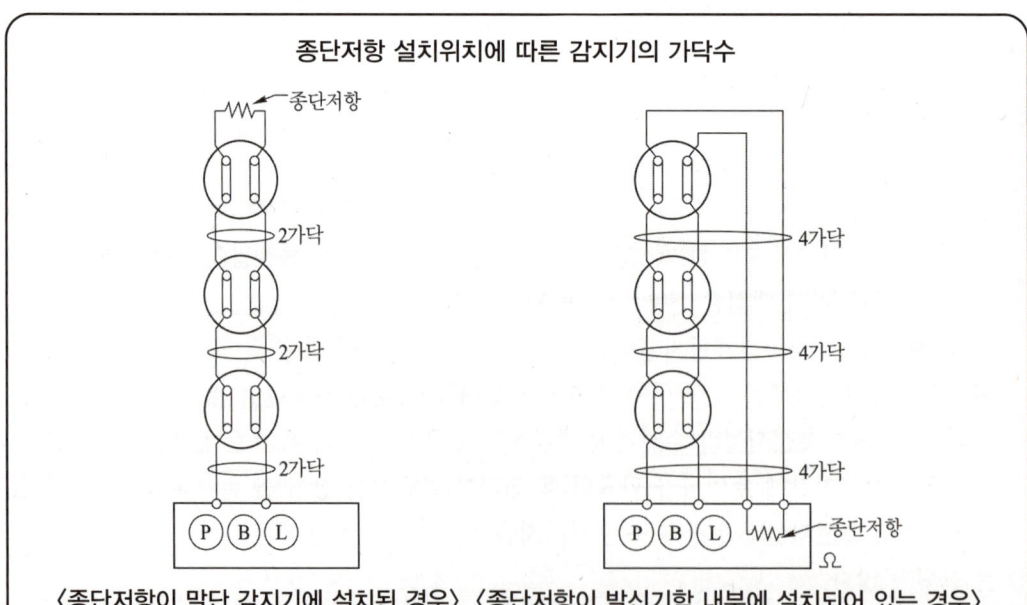

〈종단저항 설치위치에 따른 감지기의 가닥수〉
〈종단저항이 말단 감지기에 설치된 경우〉 〈종단저항이 발신기함 내부에 설치되어 있는 경우〉

4. 감지기 사이의 회로의 배선은 **송배선식**으로 할 것

[송배선식]★★★
수신기 2차측 외부배선의 도통시험 시 누락된 부분 없이 하기 위하여 배선의 도중에서 분기하지 않도록 하는 배선방식

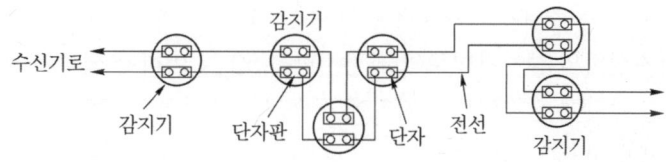

[교차회로방식]★★★
1. 정의

    하나의 방호구역 내에 2 이상의 화재감지기회로를 설치하고 인접한 2 이상의 화재감지기가 동시에 감지되는 때에는 소화설비가 작동하여 소화약제가 방출되는 방식

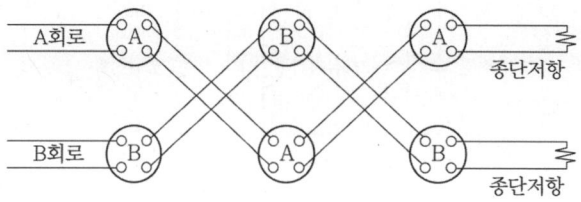

2. 적용설비
    (1) 준비작동식 스프링클러설비
    (2) 일제살수식 스프링클러설비
    (3) 이산화탄소소화설비
    (4) 할론 소화설비
    (5) 분말소화설비
    (6) 할로겐화합물 및 불활성기체 소화설비
    (7) 미분무소화설비
    (8) 물분무소화설비

5. **감지기회로 및 부속회로의 전로와 대지 사이 및 배선 상호간의 절연저항**은 1경계구역마다 **직류 250 V**의 절연저항측정기를 사용하여 측정한 절연저항이 **0.1 MΩ** 이상이 되도록 할 것

6. 자동화재탐지설비의 배선은 다른 전선과 별도의 관·덕트(절연효력이 있는 것으로 구획한 때에는 그 구획된 부분은 별개의 덕트로 본다)·몰드 또는 풀박스 등에 설치할 것. 다만, **60 V** 미만의 약 전류회로에 사용하는 전선으로서 각각의 전압이 같을 때에는 그렇지 않다.
7. 피(P)형 수신기 및 지피(G.P.)형 수신기의 감지기 회로의 배선에 있어서 하나의 공통선에 접속할 수 있는 경계구역은 **7개** 이하로 할 것
8. 자동화재탐지설비의 감지기회로의 전로저항은 **50 Ω** 이하가 되도록 해야 하며, 수신기의 각 회로별 종단에 설치되는 감지기에 접속되는 배선의 전압은 감지기 정격전압의 **80 % 이상**이어야 할 것

10. 감시전류와 작동전류★★★

1. 감시전류

  1) 등가 회로도

  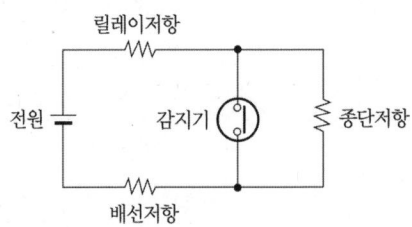

  2) 감시전류 = $\dfrac{\text{회로전압}}{\text{배선회로저항 + 종단저항 + 릴레이저항}}$

2. 작동전류 = $\dfrac{\text{회로전압}}{\text{배선회로저항 + 릴레이저항}}$

(1) **감지기 작동 전**

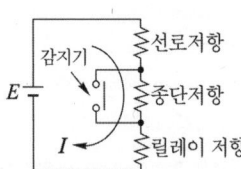

합성저항 = 선로저항 + 종단저항 + 릴레이 저항

(2) **감지기 작동 후**

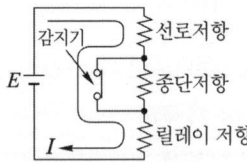

합성저항 = 선로저항 + 릴레이 저항

11. 수신기의 종류

1. P형 1급 수신기

(1) P형 1급 수신기의 각 부 명칭

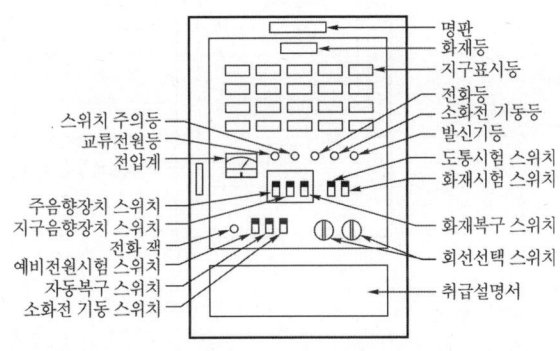

(2) P형 1급 수신기의 기능검사 종류

① 화재표시 작동시험　② 회로도통 시험
③ 공통선 시험　　　　④ 예비전원 시험
⑤ 동시작동 시험　　　⑥ 저전압 시험
⑦ 회로 저항시험　　　⑧ 비상전원 시험
⑨ 지구음향장치의 작동시험　⑩ 절연저항 시험

(3) 도통시험 시 선로의 이상유무 판별법

전압계의 지시	상　태
2~6[V] 또는 4~8[V]	해당 경계구역의 감지기의 선로접속 상태는 정상
2[V] 이하	종단저항 값이 너무 크다.
0[V]	감지기 선로의 단선
24 ± 3[V]	단락
표시등 점등	정상 : 녹색등,　단선 : 적색등

2. P형 2급 수신기
(1) 각 부 명칭

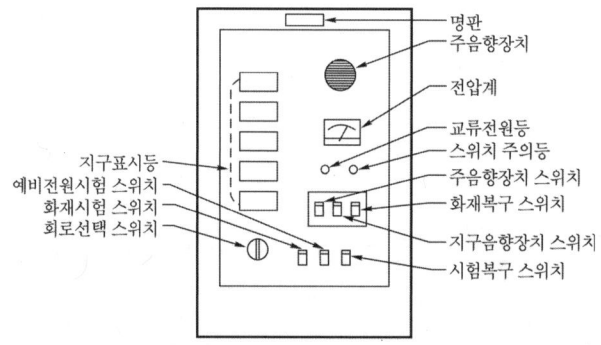

(2) P형 2급 수신기의 특징
① 접속 가능한 회로 수 : 5회로 이하
② 기능
㉠ 회로수가 1회선인 경우 : 화재표시
㉡ 회로수가 2회선 이상인 경우 : 예비전원, 지구표시등, 지구음향장치

3. P형 수신기의 비교

항목	P형 1급	P형 2급
접속 회로수	회로 제한 없음	5회로 이하
신호전송 방식	1:1 접점방식	1:1 접점방식
화재 표시등 설치	필 요	필 요
발신기 응답표시	있 음	없 음
전화 통화 장치	있 음	없 음

4. P형 1급 수신기의 기능시험
(1) 회로 도통시험
① 목적
감지기회로의 단선유무와 기기 등의 접속 상황을 확인
② 시험방법
㉠ 회로 도통시험스위치를 시험의 위치에 놓는다.
㉡ 회로선택스위치를 차례로 회전시킨다.
③ 가부판정의 기준
단선여부를 표시등(**정상 : 녹색, 단선 : 적색**) 또는 전압계로 확인한다.

(2) 공통선 시험
　① 목적
　　공통선이 담당하고 있는 경계구역의 적정여부 확인
　② 시험방법
　　㉠ 수신기 내 접속단자의 공통선을 1선 제거한다.
　　㉡ 회로도통시험을 한다.(회로 도통시험스위치를 시험의 위치에 놓는다. 회로 선택스위치를 차례로 회전시킨다.)
　　㉢ 시험용 계기의 지시등이 단선을 지시한 경계구역의 회선을 조사한다.
　③ 가부판정의 기준
　　단선을 지시한 경계구역의 회선을 조사하여, 공통선이 담당하고 있는 경계구역의 수가 7 이하이면 정상
(3) 화재표시 작동시험
　① 목적
　　화재시 수신기의 화재표시등, 지구표시등, 주경종, 지구경종의 작동상태를 확인
　② 시험방법
　　㉠ 화재표시 작동시험스위치를 시험의 위치에 놓는다.
　　㉡ 회로선택스위치를 차례로 회전시킨다.
　　㉢ 자동복구스위치를 누르거나, 복구스위치를 회로별로 눌러주면서 테스트 한다.
　③ 가부판정의 기준
　　수신기의 화재표시등, 지구표시등, 주경종, 지구경종의 작동여부를 확인
(4) 동시작동시험
　① 목적
　　감지기가 동시에 수회선 작동하더라도 수신기의 기능에 이상이 없는가를 확인
　② 시험방법
　　㉠ 화재표시 작동시험스위치를 시험의 위치에 놓는다.
　　㉡ 회로선택스위치를 차례로 회전시킨다.
　　㉢ 복구시킴 없이 5회선을 동시에 작동시킨다.
　③ 가부판정의 기준
　　5회선을 동시에 작동시켰을 때 화재표시등, 지구표시등, 주경종, 지구경종의 작동여부를 확인한다.
(5) 회로저항시험
　① 목적
　　감지기회로의 1회선의 선로저항치가 수신기의 기능에 이상을 가져오는지의 여

　　　　　　부 확인
　　② 시험방법
　　　　⊙ 저항계를 사용하여 감지기회로의 공통선과 표시선 사이의 전로에 대해 측정한다.
　　　　ⓒ 항상 개로식인 것에 있어서는 회로의 말단상태를 도통 상태로 하여 측정한다.
　　③ 가부판정의 기준
　　　　하나의 감지기 회로의 합성저항치가 50[Ω] 이하일 것
(6) 지구음향장치의 작동시험
　　① 목적
　　　　감지기의 작동과 연동하여 해당 지구음향장치가 정상적으로 작동하는지의 여부 확인
　　② 시험방법
　　　　임의의 감지기 또는 발신기를 작동시킨다.
　　③ 가부판정의 기준
　　　　해당 지구음향장치가 작동하고 음량이 정상일 것
(7) 예비전원을 시험
　　① 시험방법
　　　　⊙ 예비전원 시험 스위치를 누른다. (보통 30초 이상 누름 상태를 지속한다).
　　　　ⓒ 전압계의 지시치가 지정치의 범위 내에 있을 것
　　　　ⓒ 교류전원을 개로하고 자동절환 릴레이의 작동상황을 조사한다.
　　② 양부판단의 기준
　　　　⊙ 예비전원의 전압이 정상일 것
　　　　ⓒ 예비전원의 용량이 정상일 것
　　　　ⓒ 예비전원의 절환상황이 정상일 것
　　　　ⓔ 예비전원의 복구작동이 정상일 것

5. R형 수신기의 특징

① 선로수가 적어 경제적이다.
② 증설 또는 이설이 비교적 쉽다.
③ 신호의 전달이 정확하다.
④ 선로 길이를 길게 할 수 있다.
⑤ 반드시 중계기가 필요하다.
⑥ 중계기의 고장이나 퓨즈단선 등을 즉각 알 수 있는 감시회로가 있어 신뢰성이 높다.

6. P형 수신기와 R형 수신기의 비교

구분	P형	R형
신호전송방식	1:1 접점방식	다중전송방식
신호의 종류	공통신호(접점신호)	고유신호(통신신호)
중계기	불필요	필요
자기진단기능	없다	있다
화재표시	경계구역 표시	화재발생 위치 표시
유지관리	어렵다	쉽다
선로수	많다	적다

7. 비화재보 발생시 확인사항
    ① 감지기 설치 장소에 급격한 온도상승을 가져올 수 있는 감열체가 있는지 확인
    ② 수신기 내부 계전기 접점의 이상유무 점검
    ③ 감지기 회로의 배선 및 절연상태 확인
    ④ 표시회로의 절연상태

5 자동화재속보설비

5.1 정의
1. "속보기" 화재신호를 통신망을 통하여 음성 등의 방법으로 소방관서에 통보하는 장치를 말한다.
2. "통신망"이란 유선이나 무선 또는 유무선 겸용 방식을 구성하여 음성 또는 데이터 등을 전송할 수 있는 집합체를 말한다.

5.2 설치기준★★
1. **자동화재탐지설비**와 연동으로 작동하여 자동적으로 화재발생 상황을 소방관서에 전달되는 것으로 할 것. 이 경우 부가적으로 특정소방대상물의 관계인에게 화재발생상황을 전달되도록 할 수 있다.
2. 조작스위치는 바닥으로부터 **0.8 m 이상 1.5 m 이하**의 높이에 설치할 것
3. 속보기는 소방관서에 **통신망**으로 통보하도록 하며, **데이터** 또는 **코드전송방식**을 부가적으로 설치할 수 있다.

4. 문화재에 설치하는 자동화재속보설비는 제1호의 기준에도 불구하고 **속보기에 감지기를 직접 연결하는 방식**(자동화재탐지설비 1개의 경계구역에 한한다)으로 할 수 있다.

5.3 자동화재 속보설비의 속보기의 성능인증 및 제품검사의 기술기준

1. 제5조(기능)
1. 작동신호를 수신하거나 수동으로 동작시키는 경우 **20초 이내**에 소방관서에 자동적으로 신호를 발하여 통보하되, **3회 이상** 속보할 수 있어야 한다.
2. 주전원이 정지한 경우에는 자동적으로 예비전원으로 전환되고, 주전원이 정상상태로 복귀한 경우에는 자동적으로 예비전원에서 주전원으로 전환되어야 한다.
3. 화재신호를 수신하거나 속보기를 수동으로 동작시키는 경우 자동적으로 **적색 화재표시등**이 점등되고 음향장치로 화재를 경보하여야 하며 화재표시 및 경보는 수동으로 복구 및 정지시키지 않는 한 지속되어야 한다.
4. 예비전원은 감시상태를 60분간 지속한 후 10분이상 동작(화재속보 후 화재표시 및 경보를 10분간 유지하는 것을 말한다)이 지속될 수 있는 용량이어야 한다.
5. 속보기는 연동 또는 수동 작동에 의한 다이얼링 후 소방관서와 전화접속이 이루어지지 않는 경우에는 최초 다이얼링을 포함하여 **10회 이상** 반복적으로 접속을 위한 다이얼링이 이루어져야 한다. 이 경우 매회 다이얼링 완료 후 호출은 **30초** 이상 지속되어야 한다.

2. 제10조(절연저항시험)
① 절연된 **충전부**와 외함간의 절연저항은 직류 500V의 절연저항계로 측정한 값이 **5 MΩ**(교류 입력측과 외함간에는 **20 MΩ**) 이상
② 절연된 선로간의 절연저항은 직류 500 V의 절연저항계로 측정한 값이 **20 MΩ** 이상

6 누전경보기

6.1 누전경보기의 구성요소와 기능 ★★

구성요소	기능
변류기	경계전로의 누설전류를 자동으로 검출
수신기	누설전류를 증폭
음향장치	누전발생 시 음향으로 관계인에게 경보
차단기(차단릴레이 포함)	누전발생 시 전원을 차단

6.2 수신기 구성도

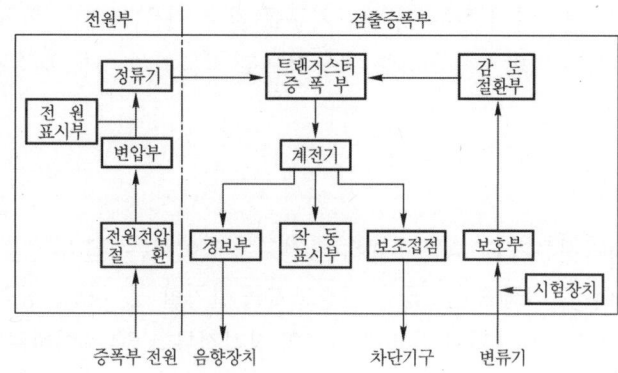

6.3 전원부의 회로구성

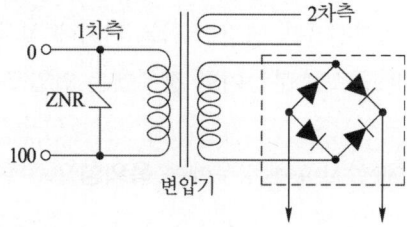

누전경보기 전원부에 ZNR 설치 목적
① 충격파로부터 부품 보호
② 수신기 보호
③ 오작동 보호
※ ZNR(산화아연 전압 비선형 저항체, Zinc oxide Nonlinear Resistor)
  : 바리스터의 한 종류로서 전압에 의해 저항값이 변화

6.4 누전감지기의 감도조정 ★★★
① 공칭작동 전류치 : 200 [mA] 이하
② 감도조정 범위 : 200 [mA], 500 [mA], 1,000 [mA] (1 [A])

6.5 누전경보기의 화재안전기준
1. 정의
1. "누전경보기"란 내화구조가 아닌 건축물로서 벽, 바닥 또는 천장의 전부나 일부를 불연재료 또는 준불연재료가 아닌 재료에 철망을 넣어 만든 건물의 전기설비로부터 누설전류를 탐지하여 경보를 발하며 **변류기와 수신부**로 구성된 것

2. **"수신부"**란 변류기로부터 검출된 신호를 수신하여 누전의 발생을 해당 특정소방대상물의 관계인에게 경보하여 주는 것(차단기구를 갖는 것을 포함한다)
3. **"변류기"**란 경계전로의 누설전류를 자동적으로 검출하여 이를 누전경보기의 수신부에 송신하는 것

2. 설치방법 등

1. 경계전로의 정격전류가 **60 A를 초과**하는 전로에 있어서는 **1급 누전경보기**를, **60 A 이하**의 전로에 있어서는 **1급 또는 2급** 누전경보기를 설치할 것. 다만, 정격전류가 60 A를 초과하는 경계전로가 분기되어 각 분기회로의 정격전류가 60 A 이하로 되는 경우 당해 분기회로마다 2급 누전경보기를 설치한 때에는 당해 경계전로에 1급 누전경보기를 설치한 것으로 본다.
2. 변류기는 특정소방대상물의 형태, 인입선의 시설방법 등에 따라 옥외 인입선의 제1지점의 **부하측** 또는 **제2종** 접지선측의 점검이 쉬운 위치에 설치할 것. 다만, 인입선의 형태 또는 특정소방대상물의 구조상 부득이한 경우에는 인입구에 근접한 옥내에 설치할 수 있다.
3. 변류기를 옥외의 전로에 설치하는 경우에는 **옥외형**으로 설치할 것

3. 수신부

① 누전경보기의 수신부는 **옥내의 점검에 편리한 장소**에 설치하되, 가연성의 증기・먼지 등이 체류할 우려가 있는 장소의 전기회로에는 해당 부분의 전기회로를 차단할 수 있는 차단기구를 가진 수신부를 설치해야 한다. 이 경우 차단기구의 부분은 해당 장소 외의 안전한 장소에 설치해야 한다.
② 누전경보기의 수신부 설치제외★★★
   1. 가연성의 증기・먼지・가스 등이나 부식성의 증기・가스 등이 다량으로 체류하는 장소
   2. 화약류를 제조하거나 저장 또는 취급하는 장소
   3. 습도가 높은 장소
   4. 온도의 변화가 급격한 장소
   5. **대전류회로・고주파 발생회로** 등에 따른 영향을 받을 우려가 있는 장소
③ 음향장치는 **수위실 등 상시 사람이 근무하는 장소**에 설치해야 하며, 그 음량 및 음색은 다른 기기의 소음 등과 명확히 구별할 수 있는 것으로 해야 한다.

4. 전원★★★

1. 전원은 분전반으로부터 전용회로로 하고, 각극에 **개폐기** 및 **15 A 이하의 과전류차단기**(**배선용 차단기**에 있어서는 **20 A 이하**의 것으로 각극을 개폐할 수 있는 것)를 설치할 것

2. 전원을 분기할 때에는 다른 차단기에 따라 전원이 차단되지 않도록 할 것
3. 전원의 개폐기에는 누전경보기용임을 표시한 표지를 할 것

6.6 누전경보기의 형식승인 및 제품검사의 기술기준

1. **제4조(부품의 구조 및 기능)**
   1) 표시등
      가. 전구는 사용전압의 **130 %**인 교류전압을 **20시간** 연속하여 가하는 경우 단선, 현저한 광속변화, 흑화, 전류의 저하 등이 발생하지 아니하여야 한다.
      나. 소켓은 접촉이 확실하여야 하며 쉽게 전구를 교체할 수 있도록 부착하여야 한다.
      다. 전구는 2개 이상을 병렬로 접속하여야 한다. 다만, 방전등 또는 발광다이오드의 경우에는 그러하지 아니한다.
      라. 전구에는 적당한 보호카바를 설치하여야 한다. 다만, 발광다이오드의 경우에는 그러하지 아니하다.
      마. 누전화재의 발생을 표시하는 표시등(이하 "**누전등**"이라 한다)이 설치된 것은 등이 켜질 때 **적색**으로 표시되어야 하며, 누전화재가 발생한 경계전로의 위치를 표시하는 표시등(이하 "지구등"이라 한다)과 기타의 표시등은 다음과 같아야 한다.
         ① 지구등은 적색으로 표시되어야 한다. 이 경우 누전등이 설치된 수신부의 지구등은 적색외의 색으로도 표시할 수 있다.
         ② 기타의 표시등은 적색외의 색으로 표시되어야 한다. 다만, 누전등 및 지구등과 쉽게 구별할 수 있도록 부착된 기타의 표시등은 적색으로도 표시할 수 있다.
      바. 주위의 밝기가 **300 lx**인 장소에서 측정하여 앞면으로부터 **3 m** 떨어진 곳에서 켜진 등이 확실히 식별되어야 한다.
   2) 경보기구에 내장하는 음향장치
      가. 사용전압의 **80 %**인 전압에서 소리를 내어야 한다.
      나. 사용전압에서의 음압은 무향실내에서 정위치에 부착된 음향장치의 중심으로부터 1 m 떨어진 지점에서 누전경보기는 **70 dB** 이상이어야 한다. 다만, **고장표시장치용** 등의 음압은 **60 dB** 이상이어야 한다.

2. **제6조(변류기 및 수신부의 종류)**
   ① 변류기는 구조에 따라 **옥외형과 옥내형**으로 구분하고 수신부와의 상호호환성(이하 "호환성"이라 한다) 유무에 따라 **호환성형 및 비호환성형**으로 구분한다.
   ② 수신부는 정격전류가 60 A 이하의 경계전로에 한하여 사용하는 것을 2급, 60 A 초과의 경계전로에 한하여 사용하는 것을 1급으로 구분하고, 변류기와의 호환성유무에 따라 호환성형 및 비호환성형으로 구분한다.

3. 제7조(공칭작동전류치)
① 누전경보기의 공칭작동전류치(누전경보기를 작동시키기 위하여 필요한 누설전류의 값으로서 제조자에 의하여 표시된 값)는 **200 mA 이하**

4. 제8조(감도조정장치)
감도조정장치의 조정범위는 최대치가 **1 A**, 최소치는 200 mA

5. 제19조(절연저항시험)
   산업 : 13-1회

   변류기는 **DC 500 V의 절연저항계**로 시험을 하는 경우 절연저항은 **5 MΩ 이상**
   1) 절연된 1차권선과 2차권선간의 절연저항
   2) 절연된 1차권선과 외부금속부간의 절연저항
   3) 절연된 2차권선과 외부금속부간의 절연저항

6. 제35조(절연저항시험)
   수신부는 **절연된 충전부와 외함간 및 차단기구의 개폐부의 절연저항**을 DC 500 V의 절연저항계로 측정하는 경우 **5 MΩ 이상**

7 가스누설경보기

7.1 가스누설경보기의 형식승인 및 제품검사의 기술기준

1. 제2조(용어의 정의)
   1. "**탐지부**"란 가스누설경보기(이하"경보기"라 한다)중 가스누설을 검지하여 중계기 또는 수신부에 가스누설의 신호를 발신하는 부분 또는 가스누설을 검지하여 이를 음향으로 경보하고 동시에 중계기 또는 수신부에 가스누설의 신호를 발신하는 부분을 말한다.
   2. "**수신부**"란 경보기 중 탐지부에서 발하여진 가스누설신호를 직접 또는 중계기를 통하여 수신하고 이를 관계자에게 음향으로서 경보하여 주는 것을 말한다.

2. 제3조(경보기의 분류) ★★★
   경보기는 **구조에 따라 단독형과 분리형**으로 구분하며, **용도에 따라 단독형은 가정용으로, 분리형은 영업용과 공업용**으로 구분한다. 이 경우 영업용은 1회로용으로 하며 공업용은 1회로 이상의 용도로 한다.

3. 제8조(부품의 구조 및 기능)
   1. 표시등
      가. 전구는 사용전압의 130 %인 교류전압을 20시간 연속하여 가하는 경우 단선, 현저한 광속변화, 흑화, 전류의 저하 등이 발생하지 아니하여야 한다.
      나. **가스의 누설을 표시하는 표시등**(이하 이 기준에서 "누설등"이라 한다) 및 가스가 누설된 경계구역의 위치를 표시하는 표시등(이하 이 기준에서 "지구등"이라 한다)은 등이 켜질 때 **황색**으로 표시되어야 한다. 다만, 누설등을 설치한 수신부의 지구등 및 수신기와 병용하지 아니하는 지구등은 그러하지 아니하다.

4. 제27조(절연저항시험)
   ① 경보기의 **절연된 충전부와 외함간의 절연저항은 DC 500 V의 절연저항계**로 측정한 값이 **5 MΩ**(교류입력측과 외함간에는 20 MΩ) 이상이어야 한다. 다만, 회선수가 10이상인 것 또는 접속되는 중계기가 10 이상인 것은 교류입력측과 외함간을 제외하고는 1회선당 50 MΩ 이상이어야 한다.
   ② **절연된 선로간의 절연저항은 DC 500 V의 절연저항계**로 측정한 값이 **20 MΩ 이상**이어야 한다.

7.2 가스누설경보기의 화재안전기술기준(NFTC 206)

1. 용어의 정의

가연성가스 경보기	보일러 등 가스연소기에서 액화석유가스(LPG), 액화천연가스(LNG) 등의 가연성 가스가 새는 것을 탐지하여 관계자나 이용자에게 경보하여 주는 것을 말한다. 다만, 탐지소자 외의 방법에 의하여 가스가 새는 것을 탐지하는 것, 점검용으로 만들어진 휴대용탐지기 또는 연동기기에 의하여 경보를 발하는 것은 제외한다.
일산화탄소 경보기	일산화탄소가 새는 것을 탐지하여 관계자나 이용자에게 경보하여 주는 것을 말한다. 다만, 탐지소자 외의 방법에 의하여 가스가 새는 것을 탐지하는 것, 점검용으로 만들어진 휴대용탐지기 또는 연동기기에 의하여 경보를 발하는 것은 제외한다.
탐지부	가스누설경보기(이하"경보기"라 한다) 중 가스누설을 탐지하여 중계기 또는 수신부에 가스누설 신호를 발신하는 부분을 말한다.
수신부	경보기 중 탐지부에서 발하여진 가스누설 신호를 직접 또는 중계기를 통하여 수신하고 이를 관계자에게 음향으로서 경보하여 주는 것을 말한다.
분리형	탐지부와 수신부가 분리되어 있는 형태의 경보기를 말한다.
단독형	탐지부와 수신부가 일체로 되어 있는 형태의 경보기를 말한다.

2. 가연성가스 경보기

(1) 분리형 경보기의 수신부 설치기준
   ① 가스연소기 주위의 경보기의 상태 확인 및 유지관리에 용이한 위치에 설치할 것
   ② 가스누설 경보음향의 음량과 음색이 다른 기기의 소음 등과 명확히 구별될 것
   ③ 가스누설 경보음향의 크기는 수신부로부터 **1 m** 떨어진 위치에서 음압이 **70 dB** 이상일 것
   ④ 수신부의 조작 스위치는 바닥으로부터의 높이가 **0.8 m 이상 1.5 m 이하**인 장소에 설치할 것
   ⑤ 수신부가 설치된 장소에는 관계자 등에게 신속히 연락할 수 있도록 **비상연락번호**를 기재한 표를 비치할 것

(2) 분리형 경보기의 탐지부 설치기준
   ① 탐지부는 가스연소기의 중심으로부터 직선거리 **8 m**(공기보다 무거운 가스를 사용하는 경우에는 **4 m**) 이내에 1개 이상 설치해야 한다.
   ② 탐지부는 천장으로부터 **탐지부 하단**까지의 거리가 **0.3 m 이하**가 되도록 설치한다. 다만, **공기보다 무거운 가스**를 사용하는 경우에는 바닥면으로부터 **탐지부 상단**까지의 거리는 **0.3 m 이하**로 한다.

(3) 단독형 경보기 설치기준
   ① 가스연소기 주위의 경보기의 상태 확인 및 유지관리에 용이한 위치에 설치할 것
   ② 가스누설 경보음향의 음량과 음색이 다른 기기의 소음 등과 명확히 구별될 것
   ③ 가스누설 경보음향장치는 수신부로부터 **1 m** 떨어진 위치에서 음압이 **70 dB** 이상일 것
   ④ 단독형 경보기는 가스연소기의 중심으로부터 직선거리 **8 m**(**공기보다 무거운 가스**를 사용하는 경우에는 **4 m**) 이내에 1개 이상 설치해야 한다.
   ⑤ 단독형 경보기는 천장으로부터 경보기 하단까지의 거리가 **0.3 m 이하**가 되도록 설치한다. 다만, 공기보다 무거운 가스를 사용하는 경우에는 바닥면으로부터 단독형 경보기 상단까지의 거리는 **0.3 m 이하**로 한다.
   ⑥ 경보기가 설치된 장소에는 관계자 등에게 신속히 연락할 수 있도록 비상연락번호를 기재한 표를 비치할 것

3. 설치제외 장소

분리형 경보기의 탐지부 및 단독형 경보기는 다음의 장소 이외의 장소에 설치해야 한다.
① **출입구** 부근 등으로서 외부의 기류가 통하는 곳
② 환기구 등 공기가 들어오는 곳으로부터 **1.5 m 이내**인 곳
③ 연소기의 **폐가스**에 접촉하기 쉬운 곳
④ 가구·보·설비 등에 가려져 **누설가스**의 유통이 원활하지 못한 곳
⑤ **수증기** 또는 **기름 섞인 연기** 등이 직접 접촉될 우려가 있는 곳

4. 전원

경보기는 **건전지** 또는 **교류전압의 옥내간선**을 사용하여 상시 전원이 공급되도록 해야 한다.

8 자동화재탐지설비의 가닥수 산정(P형)

8.1 발신기세트 단독형

1. 일제경보방식 중 경종단락보호장치를 발신기세트 마다 설치하는 경우

구분	내용	추가	비고
1	응답선		발신기 응답선=발신기선
2	지구선	*	– 회로선=표시선=감지기선 – 경계구역수 증가분만큼 추가

3	지구공통선	*	– 회로공통선=표시공통선
			  = 감지기공통선
			  = 발신기공통선
			– 7경계구역마다 1선 추가

4	경종선		
5	표시등선		
6	경종·표시등 공통선		

※ 기본 가닥수 : 6선
※ 지구경종선=경종선, 지구경종·표시등 공통선=경종·표시등 공통선

2. 우선경보방식, 일제경보방식 중 경종단락보호장치를 수신기에 내장 또는 설치하는 경우

구분	내용	추가	비고
1	응답선		발신기응답선=발신기선
2	지구선	*	- 회로선=표시선=감지기선 - 경계구역수 증가분만큼 추가
3	지구공통선	*	- 회로공통선=표시공통선 　=감지기공통선=발신기공통선 - 7경계구역마다 1선 추가
4	경종선	*	- 층마다 추가
5	표시등선		
6	경종·표시등공통선		

※ 기본 가닥수 : 6선
※ 우선경보방식 : 11층(공동주택은 16층) 이상
　 일제경보방식 : 11층(공동주택은 16층) 미만

8.2 발신기세트 옥내소화전 내장형

1. 일제경보방식 중 경종단락보호장치를 발신기세트마다 설치하는 경우

구분	내용	추가	비고	자동방식(기동용수 압개폐장치)	수동방식 (ON-OFF)
1	응답선		발신기 응답선 = 발신기선		
2	지구선	*	-회로선 = 표시선 = 감지기선 -경계구역수 증가분만큼 추가		
3	지구공통선	*	- 회로공통선 　=표시공통선=감지기공통선 　=발신기공통선 -7경계구역마다 1선 추가		
4	경종선				
5	표시등선				
6	경종·표시등공통선				
7	소화전함↔수신기 소화전함↔소화전함			소화전 기동확인 표시등 2	기동(ON), 정지(OFF), 공통, 소화전기동확인 표시등 2

※ 기본 가닥수 : 6선+[자동(2선), 수동의 경우(5선)]
※ 소화전 기동확인 표시등 = 소화전 기동확인 = 기동확인표시등 = 펌프기동표시등
　 =운전표시등

2. 우선경보방식, 일제경보방식 중 경종단락보호장치를 수신기에 내장 또는 설치하는 경우

구분	내용	추가	비고	자동방식(기동용수 압개폐장치)	수동방식 (ON-OFF)
1	응답선		발신기 응답선 = 발신기선		
2	지구선	*	- 회로선=표시선=감지기선 - 경계구역수 증가분만큼 추가		

3	지구공통선	*	- 회로공통선
			   =표시공통선=감지기공통선
			   =발신기공통선
			- 7경계구역마다 1선 추가		

4	경종선	*	- 층마다 추가		
5	표시등선				
6	경종·표시등공통선				
7	소화전함↔수신기 소화전함↔소화전함			소화전 기동확인 표시등 2	기동(ON), 정지(OFF), 공통, 소화전 기동확인 표시등 2

※ 기본 가닥수 : 6선+[자동(2선), 수동의 경우(5선)]
※ 소화전 기동확인 표시등 = 소화전 기동확인 = 기동확인표시등 = 펌프기동표시등
   = 운전표시등

출제예상문제
Expected problems

문제 01 출제년도 「98. 99. 01. 04. 06. 19.」 •점수 : 4점

공통선을 시험하는 목적과 그 방법을 설명하시오.
- 목적 :
- 방법 :

답안작성

(1) 시험목적 : 1개의 공통선이 부담하고 있는 경계구역수가 7이하인지 확인하기 위하여
(2) 시험방법
  ① 수신기내 접속단자의 공통선 1선을 제거 한다.
  ② 회로도통시험의 예에 따라 회로선택스위치를 차례로 회전시킨다.
  ③ 시험용 계기의 지시등이 "단선"을 지시한 경계구역의 회선수를 조사한다.

문제 02 출제년도 「97. 99. 00. 03. 04.」 •점수 : 6점

자동화재탐지설비의 중계기 설치기준 3가지를 쓰시오.

답안작성

(1) 수신기에서 직접 감지기회로의 도통시험을 행하지 아니하는 것에 있어서는 수신기와 감지기 사이에 설치할 것
(2) 조작 및 점검에 편리하고 화재 및 침수 등의 재해로 인한 피해를 받을 우려가 없는 장소에 설치할 것
(3) 수신기에 따라 감시되지 아니하는 배선을 통하여 전력을 공급받는 것에 있어서는 전원 입력 측의 배선에 과전류 차단기를 설치하고 당해 전원의 정전이 즉시 수신기에 표시되는 것으로 하며, 상용전원 및 예비전원의 시험을 할 수 있도록 할 것

문제 03 출제년도 「96. 97.」 •점수 : 9점

자동화재탐지설비의 종단저항 설치목적과 설치기준 3가지를 쓰시오.

답안작성

(1) 설치목적 : 감지기회로의 도통시험을 용이하게 하기 위해
(2) 설치기준
  ① 점검 및 관리가 쉬운 장소에 설치할 것
  ② 전용함을 설치하는 경우 그 설치 높이는 바닥으로부터 1.5 [m] 이내로 할 것
  ③ 감지기 회로의 끝부분에 설치하며, 종단감지기에 설치할 경우에는 구별이 쉽도록 해당감지기의 기판 등에 별도의 표시를 할 것

문제 04

출제년도 「96. 97.」 •점수 : 3점

자동화재탐지설비의 배선, 설치기준 중 상시개로식의 배선에는 그 회로의 끝부분에 종단저항을 설치하여야 하는 데 그 설치목적은 무엇 때문인가?

답안작성

감지기 회로의 도통시험을 용이하게 하기 위하여

▼해설

감지기회로의 도통시험을 위한 종단저항 설치기준
(1) 점검 및 관리가 쉬운 장소에 설치할 것
(2) 전용함을 설치하는 경우 그 설치 높이는 바닥으로부터 1.5 [m] 이내로 할 것
(3) 감지기 회로의 끝부분에 설치하며, 종단감지기에 설치할 경우에는 구별이 쉽도록 해당 감지기의 기판 등에 별도의 표시를 할 것

문제 05

출제년도 「97.」 •점수 : 10점

자동화재탐지설비 수신기의 설치기준에 대하여 5가지만 쓰시오. 단, 수신기의 성능별 설치기준은 제외하고, 설치장소, 음향기구, 경계구역, 종합방재반, 표시등, 조작스위치의 위치, 2 이상의 수신기 등에 관하여 5가지만 쓰도록 한다.

답안작성

(1) 수위실 등 상시 사람이 근무하는 장소에 설치할 것. 다만, 사람이 상시 근무하는 장소가 없는 경우에는 관계인이 쉽게 접근할 수 있고 관리가 용이한 장소에 설치할 수 있다.
(2) 수신기의 음향기구는 그 음량 및 음색이 다른 기기의 소음 등과 명확히 구별될 수 있는 것으로 할 것
(3) 수신기는 감지기·중계기 또는 발신기가 작동하는 경계구역을 표시할 수 있는 것으로 할 것
(4) 화재·가스 전기등에 대한 종합방재반을 설치한 경우에는 해당 조작반에 수신기의 작동과 연동하여 감지기·중계기 또는 발신기가 작동하는 경계구역을 표시할 수 있는 것으로 할 것
(5) 하나의 경계구역은 하나의 표시등 또는 하나의 문자로 표시되도록 할 것
(6) 수신기의 조작 스위치는 바닥으로부터의 높이가 0.8 m 이상 1.5 m 이하인 장소에 설치할것
(7) 하나의 특정소방대상물에 2 이상의 수신기를 설치하는 경우에는 수신기를 상호 간 연동하여 화재발생 상황을 각 수신기마다 확인할 수 있도록 할 것
중 5가지 선택

▼해설

(1) 수위실 등 상시 사람이 근무하는 장소에 설치할 것. 다만, 사람이 상시 근무하는 장소가 없는 경우에는 관계인이 쉽게 접근할 수 있고 관리가 용이한 장소에 설치할 수 있다.
(2) 수신기가 설치된 장소에는 경계구역 일람도를 비치할 것. 다만, 모든 수신기와 연결되어 각 수신기의 상황을 감시하고 제어할 수 있는 수신기(이하 "주수신기"라 한다)를 설치하는 경우에는 주수신기를 제외한 기타 수신기는 그렇지 않다.

(3) 수신기의 음향기구는 그 음량 및 음색이 다른 기기의 소음 등과 명확히 구별될 수 있는 것으로 할 것
(4) 수신기는 감지기·중계기 또는 발신기가 작동하는 경계구역을 표시할 수 있는 것으로 할 것
(5) 화재·가스 전기등에 대한 종합방재반을 설치한 경우에는 해당 조작반에 수신기의 작동과 연동하여 감지기·중계기 또는 발신기가 작동하는 경계구역을 표시할 수 있는 것으로 할 것
(6) 하나의 경계구역은 하나의 표시등 또는 하나의 문자로 표시되도록 할 것
(7) 수신기의 조작 스위치는 바닥으로부터의 높이가 0.8 m 이상 1.5 m 이하인 장소에 설치할 것
(8) 하나의 특정소방대상물에 2 이상의 수신기를 설치하는 경우에는 수신기를 상호 간 연동하여 화재발생 상황을 각 수신기마다 확인할 수 있도록 할 것
(9) 화재로 인하여 하나의 층의 지구음향장치 배선이 단락되어도 다른 층의 화재통보에 지장이 없도록 각 층 배선 상에 유효한 조치를 할 것

문제 06

출제 년도 「97.」 •점수 : 6점

자동화재탐지설비를 유지 관리하는 데 반드시 확인되어야 할 사항을 4가지만 쓰시오.

답안작성

(1) 수신기 작동에 지장을 주는 장애물 유무
(2) 스위치 정위치(자동) 여부
(3) 변형·손상·탈락·현저한 부식 등의 유무
(4) 구획된 실마다 감지기 설치 여부

▼해설

자동화재탐지설비 외관점검표
(1) 수신기 작동에 지장을 주는 장애물 유무
(2) 스위치 정위치(자동) 여부
(3) 변형·손상·탈락·현저한 부식 등의 유무
(4) 구획된 실마다 감지기 설치 여부
(5) 속보세트 내 발신기, 경종, 표시등의 변형·손상·단선·현저한 부식 등의 유무
(6) 비상전원의 방전 여부

문제 07

출제 년도 「99.」 •점수 : 6점

자동화재탐지설비의 음향장치에 대한 구조 및 성능기준을 3가지 쓰시오.

답안작성

(1) 정격전압의 80 [%] 전압에서 음향을 발할 수 있는 것으로 할 것. 다만, 건전지를 주전원으로 사용하는 음향장치는 그러하지 아니하다.
(2) 음량은 부착된 음향장치의 중심으로부터 1 [m] 떨어진 위치에서 90 [dB] 이상이 되는 것

으로 할 것
(3) 감지기·발신기 작동과 연동하여 작동할 수 있는 것으로 할 것

문제 08

출제년도 「98.」 •점수 : 6점

자동화재탐지설비의 배선 방법에 대한 다음 각 물음에 답하시오.
(1) 감지기 회로 및 부속회로의 전로와 대지 사이 및 배선 상호간의 절연저항은 1 경계구역마다 직류 250 [V]의 절연저항측정기를 사용하여 측정하였을 때 몇 [MΩ] 이상이 되어야 하는가?
(2) P형 수신기의 감지기회로 배선에서 하나의 공통선에 접속할 수 있는 경계구역은 몇 개 이하로 하여야 하는가?
(3) 감지기 회로의 도통시험을 위한 종단저항의 설치기준을 2가지만 쓰시오. 단, 설치장소, 전용함 안에 설치할 경우의 설치높이, 설치위치 등에 대하여 상세히 설명할 것

답안작성

(1) 0.1 [MΩ] 이상   (2) 7개 이하
(3) ① 점검 및 관리가 쉬운 장소에 설치할 것
    ② 전용함을 설치하는 경우 그 설치 높이는 바닥으로부터 1.5 [m] 이내로 할 것

▼해설

자동화재탐지설비의 배선
(1) 전원회로의 배선은 내화배선에 따르고, 그 밖의 배선(감지기 상호간 또는 감지기로부터 수신기에 이르는 감지기회로의 배선을 제외한다)은 내화배선 또는 내열배선에 따라 설치할 것
(2) 감지기 상호간 또는 감지기로부터 수신기에 이르는 감지기회로의 배선은 다음 각목의 기준에 따라 설치할 것
    ① 아날로그식, 다신호식 감지기나 R형수신기용으로 사용되는 것은 전자파 방해를 받지 아니하는 쉴드선 등을 사용하여야 하며, 광케이블의 경우에는 전자파 방해를 받지 아니하고 내열성능이 있는 경우 사용할 수 있다. 다만, 전자파 방해를 받지 아니하는 방식의 경우에는 그렇지 않다.
    ② 일반배선을 사용할 때는 내화배선 또는 내열배선으로 사용할 것
(3) 감지기회로의 도통시험을 위한 **종단저항은 다음의 기준에 따를 것**
    ① **전용함**을 설치하는 경우 그 설치 높이는 바닥으로부터 1.5 [m] 이내로 할 것
    ② 감지기 회로의 끝부분에 설치하며, 종단감지기에 설치할 경우에는 구별이 쉽도록 해당감지기의 기판 등에 별도의 표시를 할 것
    ③ **점검 및 관리가 쉬운 장소에 설치할 것**
(4) 감지기회로 및 부속회로의 전로와 대지 사이 및 배선 상호간의 절연저항은 1경계구역마다 직류 250 [V]의 절연저항측정기를 사용하여 측정한 **절연저항이 0.1 [MΩ] 이상**이 되도록 할 것
(5) 자동화재탐지설비의 배선은 다른 전선과 별도의 관·덕트(절연효력이 있는 것으로 구획한 때에는 그 구획된 부분은 별개의 덕트로 본다)·몰드 또는 풀박스 등에 설치할 것

다만, 60 [V] 미만의 약전류 회로에 사용하는 전선으로서 각각의 전압이 같을 때에는 그렇지 않다.
(6) 피(P)형 수신기 및 지피(G.P.)형 수신기의 감지기 회로의 배선에 있어서 **하나의 공통선에 접속할 수 있는 경계구역은 7개 이하**로 할 것
(7) 자동화재탐지설비의 감지기회로의 전로저항은 50 [Ω] 이하가 되도록 하여야 하며, 수신기의 각 회로별 종단에 설치되는 감지기에 접속되는 배선의 전압은 감지기 정격전압의 80 [%] 이상이어야 할 것

문제 09 출제년도 「96.」 •점수 : 3점

그림과 같은 건물 평면도의 경우 자동화재탐지설비의 최소 경계구역 수는? 단, 주된 출입구에서 내부 전체가 보이지 않는 것으로 하고 계단, 경사로 등은 고려하지 않는다.

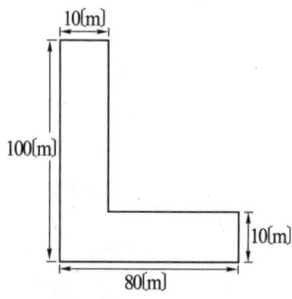

답안작성

하나의 경계구역은 면적 600 [m²] 이하, 한 변의 길이는 50 [m] 이하가 되도록 산정하여야 하므로 최소경계구역 수는
① 50 [m] × 10 [m] = 500 [m²] (600 [m²] 이하)
② 50 [m] × 10 [m] = 500 [m²] (600 [m²] 이하)
③ 20 [m] × 10 [m] = 200 [m²] (600 [m²] 이하)
④ 50 [m] × 10 [m] = 500 [m²] (600 [m²] 이하)
4 경계구역

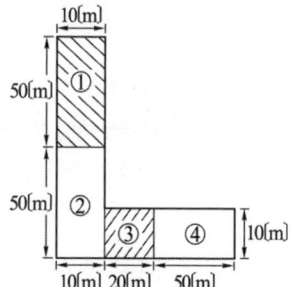

▼해설

(1) **경계구역 산정기준**
  ① 하나의 경계구역이 2개 이상의 건축물에 미치지 아니하도록 할 것
  ② 하나의 경계구역이 2개 이상의 층에 미치지 아니하도록 할 것. 다만, 500 [m²] 이하의 범위 안에서는 2개의 층을 하나의 경계구역으로 할 수 있다
  ③ **하나의 경계구역의 면적은 600[m²] 이하**로 하고 **한 변의 길이는 50 [m] 이하**로 할 것. 다만, 당해 소방대상물의 **주된 출입구에서 그 내부 전체가 보이는 것에 있어서는 한 변의 길이가 50 [m] 범위내에서 1,000 [m²] 이하**로 할 수 있다.
  ④ 계단·경사로(에스컬레이터 경사로 포함)·엘리베이터권상기실(권상기실이 없는 경우 승강로)·린넨슈트·파이프피트 및 덕트 기타 이와 유사한 부분에 대하여는 별도로 경계구역을 설정하되, 하나의 경계구역은 **높이 45 [m] 이하** (계단 및 경사로에 한한다)로 하고, 지하층의 계단 및 경사로(지하층의 층수가 1일 경우는 제외한다)는 별도로 하나의 경계구역으로 해야 한다.
  ⑤ 외기에 면하여 상시 개방된 부분이 있는 차고·주차장·창고 등에 있어서는 외기에 면하는 각 부분으로부터 5 [m] 미만의 범위 안에 있는 부분은 경계구역의 면적에 산입하지 아니한다.

문제 10

출제년도 「97. 00. 03.」 • 점수 : 9점

지하 4층, 지상 6층인 건물에 연기감지기(2종)를 설치할 경우 다음 물음에 답하시오.
(1) 감지기의 부착높이가 3 [m]이고, 바닥면적이 310 [m²]인 경우 각 층에 설치되는 감지기의 최소 설치 개수는?
(2) 복도의 길이(보행거리)가 53 [m]인 경우 몇 개 이상을 설치하여야 하는가?
(3) 지하 4층, 지상 6층, 층고 3 [m]인 건축물의 계단에 연기감지기를 설치할 경우 몇 개 이상을 설치하여야 하는지 단면도를 그리고 설명하시오.

답안작성

(1) 3개   (2) 2개
(3) 3개

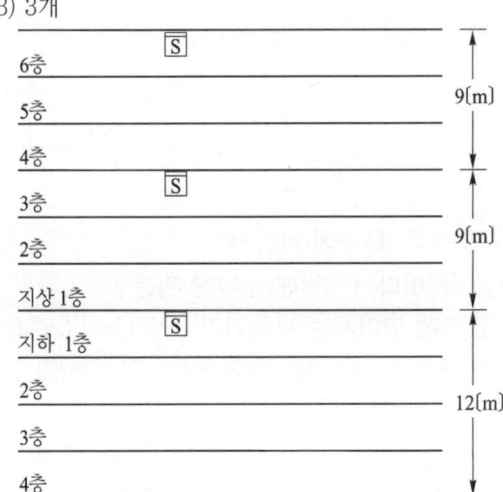

해설

(1) ① 감지기의 부착높이에 따라 다음 표에 따른 바닥면적마다 1개 이상으로 할 것

(단위 : [m²])

부착높이	연기감지기의 종류	
	1종 및 2종	3종
4 [m] 미만	150	50
4 [m] 이상 20 [m] 미만	75	

② 각 층에 설치되어야 할 감지기 수량 $N = \dfrac{310}{150} = 2.07[개] \Rightarrow 3[개]$

(2) ① 거리별 감지기의 설치개수

설치장소	복도 및 통로	
	1종, 2종	3종
설치거리	보행거리 30 [m]	보행거리 20 [m]

② 감지기 수량 $N = \dfrac{53}{30} = 1.77\,[개] \Rightarrow 2\,[개]$

(3) ① 거리별 감지기의 설치개수

설치장소	계단 및 경사로 (에스컬레이터 경사로 포함)	
	1종, 2종	3종
설치거리	수직거리 15 [m]	수직거리 10 [m]

② 감지기 수량

지하층과 지상층은 별개의 경계구역으로 하여야 하고 수직거리 15 [m]마다 설치해야 하므로

- 지하층 : $N = \dfrac{3[\text{m}] \times 4[\text{층}]}{15} = 0.8[\text{개}] \Rightarrow 1[\text{개}]$

- 지상층 : $N = \dfrac{3[\text{m}] \times 6[\text{층}]}{15} = 1.2[\text{개}] \Rightarrow 2[\text{개}]$

총 설치개수 = 지하층 설치개수 + 지상층 설치개수 = 1 + 2 = 3 [개]

문제 11 출제년도 「96.」 •점수 : 5점

다음은 감지기 설치 기준이다. 물음에 답하시오.

(1) 연기감지기의 설치 기준이다. ( )안에 알맞은 말은?
감지기는 복도 및 통로에 있어서는 보행거리 (①) [m] (3종에 있어서는 20 [m])마다, 계단 및 경사로에 있어서는 수직거리 (②) [m](3종에 있어서는 10 [m])마다 1개 이상으로 할 것

(2) 스포트형 감지기는 몇 도 이상 경사되지 아니하도록 부착하여야 하는가?

(3) 공기관식 차동식분포형 감지기의 공기관의 노출부분은 감지구역마다 몇 [m] 이상이 되도록 하여야 하는가?

답안작성

(1) ① 30 ② 15
(2) 45°
(3) 20 [m]

▼해설

(1) 연기감지기 설치기준
① 감지기의 부착높이에 따라 다음 표에 따른 바닥면적마다 1개 이상으로 할 것

(단위 : [m²])

부착 높이	감지기의 종류	
	1종 및 2종	3종
4 [m] 미만	150	50
4 [m] 이상 20 [m] 미만	75	

② 거리별 감지기의 설치개수

설치장소	복도 및 통로		계단 및 경사로 (에스컬레이터 경사로 포함)	
	1종, 2종	3종	1종, 2종	3종
설치거리	보행거리 30 [m]	보행거리 20 [m]	수직거리 15 [m]	수직거리 10 [m]

③ 천장 또는 반자가 낮은 실내 또는 좁은 실내에 있어서는 출입구의 가까운 부분에 설치할 것
④ 천장 또는 반자부근에 배기구가 있는 경우에는 그 부근에 설치할 것
⑤ 감지기는 벽 또는 보로부터 0.6 [m] 이상 떨어진 곳에 설치할 것
⑥ 엘리베이터권상기실·린넨슈트, 파이프피트 및 덕트 기타 이와 유사한 장소
⑦ 천정 또는 반자의 높이가 15 [m] 이상 20 [m] 미만의 장소

(2) 스포트형 감지기 설치기준
① 감지기(차동식 분포형의 것을 제외)는 실내의 공기유입구로부터 1.5[m] 이상 떨어진 곳에 설치
② **보상식 스포트형 감지기는** 정온점이 감지기 주위의 평상시 **최고온도보다 20[℃] 이상 높은 것**을 설치하여야 한다.
③ 스포트형 감지기는 45°이상 경사되지 아니하도록 부착할 것
④ 감지기는 천장 또는 반자의 옥내에 면하는 부분에 설치할 것
⑤ 정온식감지기는 주방·보일러실 등으로서 다량의 화기를 취급하는 장소에 설치하되, 공칭작동온도가 **최고주위온도보다 20 [℃] 이상 높은 것**으로 설치할 것

(3) 공기관식 차동식분포형 감지기 설치기준
① **공기관의 노출부분은** 감지구역마다 20 [m] 이상이 되도록 할 것
② 공기관과 감지구역의 각변과의 **수평거리는 1.5 [m] 이하**가 되도록 하고, **공기관 상호간의 거리는 6 [m]**(주요구조부를 내화구조로 한 특정소방대상물 또는 그 부분에 있어서는 9 [m]) 이하가 되도록 할 것

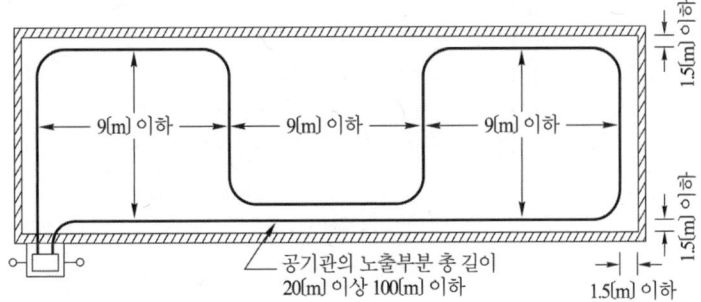

〈내화구조인 경우〉

③ 공기관은 도중에서 분기하지 아니하도록 할 것
④ **하나의 검출 부분에** 접속하는 **공기관의 길이는 100 [m] 이하**로 할 것
⑤ **검출부는 5° 이상 경사되지 아니하도록 부착할 것**
⑥ **검출부는** 바닥으로부터 **0.8 [m] 이상 1.5 [m] 이하의 위치**에 설치할 것

⑦ 공기관의 규격
- 외경 : 1.9 [mm] 이상
- 두께 : 0.3 [mm] 이상

⑧ 리크(leak) 저항 및 접점수고를 쉽게 시험할 수 있어야 한다.

문제 12

출제년도 「97. 04.」 ·점수 : 8점

주요구조부가 내화구조인 특정소방대상물에 자동화재탐지설비용 공기관식 차동식분포형감지기를 설치하려고 한다. 다음 각 물음에 답하시오.

(1) 공기관의 노출부분은 감지구역마다 몇 [m] 이상이 되도록 하여야 하는가?
(2) 공기관과 감지구역의 각 변과의 수평거리는 몇 [m] 이하가 되어야 하는가?
(3) 하나의 검출부분에 접속하는 공기관의 길이는 몇 [m] 이하로 하여야 하는가?
(4) 공기관 상호간의 거리는 몇 [m] 이하이어야 하는가?
(5) 검출부는 몇 도 이상 경사되지 아니하도록 부착하여야 하는가?

답안작성

(1) 20 [m]   (2) 1.5 [m]   (3) 100 [m]   (4) 9 [m]   (5) 5도

해설

공기관식 차동식 분포형 감지기의 설치기준

(1) 공기관의 노출부분은 감지구역마다 20 [m] 이상이 되도록 할 것
(2) 공기관과 감지구역의 각변과의 수평거리는 1.5 [m] 이하가 되도록 하고, **공기관 상호간의 거리는 6 [m]** (주요구조부를 내화구조로 한 특정소방대상물 또는 그 부분에 있어서는 9 [m]) **이하**가 되도록 할 것

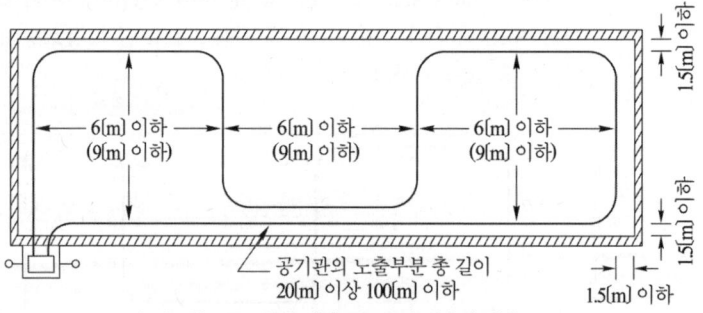

( ) : 주요구조부를 내화구조로 한 경우의 거리

〈공기관 설치 예〉

(3) 하나의 검출부분에 접속하는 공기관의 길이는 100 [m] 이하로 할 것
(4) 검출부는 5° 이상 경사되지 아니하도록 부착할 것
(5) 공기관은 도중에서 분기하지 아니하도록 할 것
(6) 공기관의 규격
  ① 외경 : 1.9 [mm] 이상
  ② 두께 : 0.3 [mm] 이상
(7) 리크(leak) 저항 및 접점수고를 쉽게 시험할 수 있어야 한다.

문제 13 공기관식 차동식 분포형 감지기를 설치하고 공기관에서 공기가 새어나오는가의 여부를 시험하려고 한다. 이 시험에서 사용하는 측정기를 쓰시오.

답안작성

마노미터

해설

(1) **유통시험 목적** : 공기를 유입시켜 **공기관이 새거나, 깨어지거나, 줄어들음 등의 유무 및 공기관의 길이를 확인**하는 시험
(2) 사용되는 기구 : 마노미터 (공기관 누설여부 측정기기)가 주된 시험기(측정기구)이고, 이외에도 테스트 펌프, 고무관, 초시계(stop watch)가 필요하다.
(3) 시험방법
① 테스트 펌프로 공기를 공기관에 주입하여 약 100 [mm] 정도 수위를 상승시킨 후 공기의 주입을 멈추고 수위가 정지하는지의 여부를 확인한다. 이때 만약 수위가 떨어진다면 공기관 어딘가에서 누설이 되고 있는 것이다.
② 수위가 정지 후 레버핸들을 조작하여 송기구를 열고 공기를 뺀다. 이 경우 마노미터의 수위가 1/2 정도 저하하는 시간을 측정하고 이때 측정한 시간으로부터 공기관 유통곡선을 이용하여 공기관 길이를 산출하며 이 길이가 100 [m] 이하이면 합격이다. 이때 만약 공기관내에 막힌 곳이 있거나 찌그러진 부분이 있으면 강하 시간이 길어져 마치 공기관 길이가 긴 것 같이 나타나게 된다.

문제 14 다음 그림을 보고 물음에 답하시오.
(1) 감지기의 명칭은 무엇인가?
(2) ①~③의 명칭은 각각 무엇인가?
(3) ②의 역할은 무엇인가?
(4) 이 감지기의 작동원리를 설명하시오.

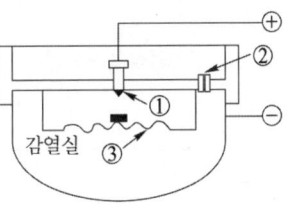

답안작성

(1) 차동식 스포트형 감지기(공기 팽창식)
(2) ① 접점 ② 리크구멍 ③ 다이아프램
(3) 오작동 방지
(4) 화재의 발생으로 온도가 급격히 상승하면 감열실의 공기가 팽창하여 다이아프램이 올려지므로 접점이 작동하여 수신기로 화재신호를 보낸다.

해설

공기팽창식 차동식 스포트형 감지기
(1) 공기팽창식 차동식 스포트형 감지기의 구성
① **감열실** : 열을 유효하게 받을 수 있는 것
② **다이어프램**

③ leak 구멍 : 난방 등에 따른 실내온도가 완만하게 변화할 때에는 leak 구멍의 공기압력조절 작용에 따라 외부압력과 평형을 유지하여 화재신호를 발하지 않도록 하여 오작동을 방지한다.
④ 전기신호 전송에 필요한 **접점과 배선**

(2) 작동원리
화재가 발생하여 감지기가 급격한 온도상승을 받게 되면 감열실내의 온도가 일정한 온도상승률 이상으로 상승되어 공기가 팽창되면 다이어프램을 밀어올리게 되어 가동접점이 고정접점에 접촉하여 전기회로를 만들게 되며 이에 따라 수신기로 신호를 발신하게 된다.

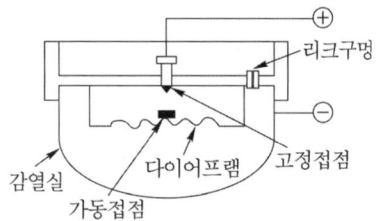

문제 15 「96. 98. 01.」 ·점수 : 4점

콘크리트 라멘조(concrete rahmen)로 된 어느 빌딩의 사무실 면적이 1,000 [m²]이고, 천장 높이가 5 [m]이다. 이 사무실에 차동식 스포트형 감지기를 설치하려고 한다. 최소 몇 개가 필요한지 주어진 표를 이용하여 구하시오.

감지기 1개당 최대 경계면적

종 별	구 분 취부면의 높이 [m]	구조물의 종류	최대경계면적 [m²]
차동식 스포트형	4 [m] 미만	내화	70
		기타	40
	4~8 [m] 미만	내화	35
		기타	25

• 계산   • 답

답안작성

계산 : 최소 감지기 개수 = $\dfrac{\text{전체면적}}{\text{기준면적}} = \dfrac{1000 \, m^2}{35 \, m^2} = 28.57 = 29$개

감지기 개수 = $\dfrac{\text{적용면적}}{\text{기준면적}} = \dfrac{500 \, m^2}{35 \, m^2} (≒ 14.29 = 15) + \dfrac{500 \, m^2}{35 \, m^2} (≒ 14.29 = 15)$
= 30개

답 : 30 [개]

▼해설

- 하나의 경계구역의 면적이 600 m² 이하이므로 600 m²을 넘지 않는 범위내에서 감지기의 최소 수량을 산정한다.
- 천정높이가 5 m이고 콘크리트 구조는 내화구조에 해당되므로 차동식 스포트형 감지기 1개가 담당하는 면적은 35 m²
- 계산결과에서 소수점 이하는 절상하여 정수로 답한다.

문제 **16** 출제년도 「97. 00. 03.」 •점수 : 15점

다음 그림은 이온화식 연기감지기에 대한 것이다. 각 물음에 답하시오.

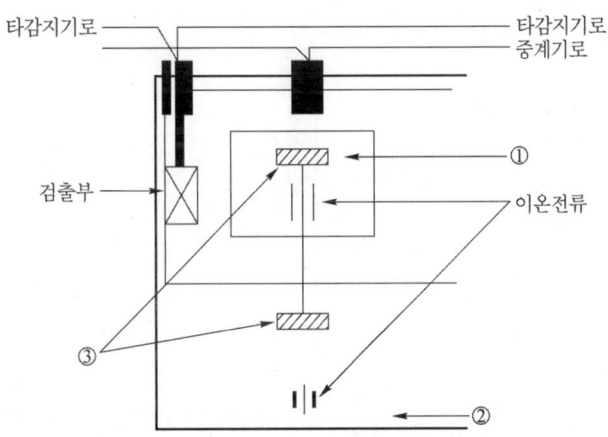

(1) ①~③의 명칭은?
(2) 이 감지기에서 방출하는 방사선은 α선이다. 방사선원은 무엇인가?
(3) 감지기를 천장에 설치한 경우 벽면으로부터 최소 몇 [m] 이상 이격시켜야 하는가?
(4) 감지기를 천장면에 부착할 경우 감지기의 하단은 부착면 아래를 몇 [m] 이내의 위치에 설치하여야 하는가?
(5) 감지기는 외부로부터 실내로의 공기가 들어오는 유입구가 있을 경우 유입구로부터 몇 [m] 이상 이격시켜야 하는가?
(6) 감지기는 다음 표에 의한 바닥면적 [m^2]마다 1개 이상으로 해야 한다. ①~④에 해당하는 바닥면적은? 단, 기준이 없는 경우는 X로 표기하시오.

부착높이	연기감지기의 종류	
	1종 및 2종	3종
4[m] 미만	①	②
4[m] 이상 20[m] 미만	③	④

답안작성

(1) ① 내부이온실 ② 외부이온실 ③ 방사선원
(2) 아메리슘 241 (Am^{241})
(3) 0.6 [m]
(4) 0.6 [m]
(5) 1.5 [m]
(6) ① 150[m^2] ② 50 [m^2] ③ 75 [m^2] ④ X

▼해설

(1) 이온화식 감지기의 각부 명칭

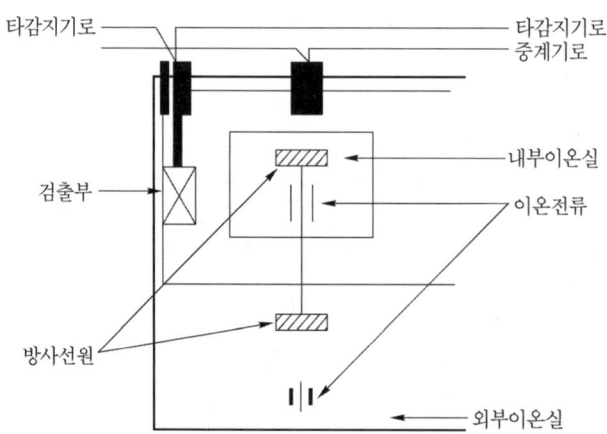

(2) ① **이온화식 연기 감지기의 작동원리**
　　이온화식 감지기는 공기가 자유롭게 유통할 수 있는 외부 이온실과 외기로부터 독립된 밀폐된 내부 이온 실이 있으며 각 **이온 실에는 미량의 방사선원(아메리슘[Am^{241}])이 있고 이 방사선원에 의해 알파선이 조사**되면 이온실 내부의 공기가 이온화되어 이온전류가 발생하여 화재를 감지한다.

② 이온화식 연기감지기의 구조
　　연기가 흘러들어가는 외부 이온실과 밀폐된 내부 이온실로 구성되고 양 이온실은 직렬로 연결되어 있으며 감시상태에서는 내부 이온실 +극, 외부 이온실 −극에 정전압이 인가되어 있다.

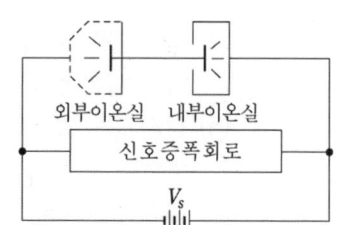

(3) 연기감지기는 벽 또는 보로부터 0.6 [m] 이상 떨어진 곳에 설치하여야 한다.

(4) 감지기를 천장면에 부착할 경우 감지기의 하단은 부착면 아래쪽 0.6 [m] 이내의 위치에 설치하여야 한다.

(5) 감지기(차동식 분포형의 것은 제외한다)는 실내로의 공기유입구로부터 1.5 [m] 이상 떨어진 위치에 설치하여야 한다.

(6) ① 감지기의 부착높이에 따라 다음 표에 따른 바닥면적마다 1개 이상으로 할 것

(단위 : [m^2])

부착높이	연기감지기의 종류	
	1종 및 2종	3종
4 [m] 미만	150	50
4 [m] 이상 20 [m] 미만	75	×

② 거리별 감지기의 설치개수

설치장소	복도 및 통로		계단 및 경사로 (에스컬레이터 경사로 포함)	
	1종, 2종	3종	1종, 2종	3종
설치거리	보행거리 30 [m]	보행거리 20 [m]	수직거리 15 [m]	수직거리 10 [m]

문제 17 출제년도 「97.」 •점수 : 4점

정온식 스포트형 감지기(2종)와 연기감지기(광전식 1종)가 유효하게 감지할 수 있는 감지기의 최대 부착높이는 몇 [m] 미만이어야 하는가?

답안작성

(1) 정온식 스포트형 감지기(2종) : 4 [m] 미만
(2) 연기감지기(광전식 1종) : 20 [m] 미만

▼해설●●

층고에 따른 감지기 선정기준

부착높이	감지기의 종류
4 [m] 미만	• 차동식 (스포트형, 분포형) • 보상식 스포트형 • 정온식 (스포트형, 감지선형) • 이온화식 또는 광전식 (스포트형, 분리형, 공기흡입형) • 열복합형 • 연기복합형 • 열연기복합형 • 불꽃감지기
4 [m] 이상 8 [m] 미만	• 차동식 (스포트형, 분포형) • 보상식 스포트형 • 정온식 (스포트형, 감지선형) 특종 또는 1종 • 이온화식 1종 또는 2종 • 광전식(스포트형, 분리형, 공기흡입형) 1종 또는 2종 • 열복합형 • 연기복합형 • 열연기복합형 • 불꽃감지기
8 [m] 이상 15 [m] 미만	• 차동식 분포형 • 이온화식 1종 또는 2종 • 광전식(스포트형, 분리형, 공기흡입형) 1종 또는 2종 • 연기복합형 • 불꽃감지기
15 [m] 이상 20 [m] 미만	• 이온화식 1종 • 광전식(스포트형, 분리형, 공기흡입형) 1종 • 연기복합형 • 불꽃감지기
20 [m] 이상	• 불꽃감지기 • 광전식(분리형, 공기흡입형)중 아날로그방식

[비고] 1. 감지기별 부착높이 등에 대하여 별도로 형식승인 받은 경우에는 그 성능 인정범위 내에서 사용할 수 있다
2. 부착높이 20 [m] 이상에 설치되는 광전식 중 아날로그방식의 감지기는 공칭감지농도 하한값이 감광율 5 [%/m] 미만인 것으로 한다.

문제 18 〔출제년도 96.02.〕 •점수 : 3점

감지기의 부착높이가 바닥으로부터 7.5 [m], 바닥면적이 1,200 [m²]인 내화구조로 된 보일러실에 자동화재탐지설비용으로 정온식 스포트형 1종 감지기를 설치할 때 필요한 감지기의 최소 개수는?

•계산 •답

답안작성

계산 : 경계구역의 수 $= \dfrac{\text{전체면적}}{\text{기준면적}} = \dfrac{1,200\,\text{m}^2}{600\,\text{m}^2} = 2$개

감지기 개수 $= \dfrac{\text{적용면적}}{\text{기준면적}} = \dfrac{600\,\text{m}^2}{30\,\text{m}^2} + \dfrac{600\,\text{m}^2}{30\,\text{m}^2} = 40$개

답 : 40 [개]

▼해설

(1) 특정소방대상물에 따른 감지기 필요수량

(단위 : [m²])

부착높이 및 특정소방대상물의 구분		감지기의 종류				
		차동식, 보상식 스포트형		정온식 스포트형		
		1종	2종	특종	1종	2종
4 [m] 미만	주요구조부를 내화구조로 한 특정소방대상물 또는 그 부분	90	70	70	60	20
	기타 구조의 특정소방대상물 또는 그 부분	50	40	40	30	15
4 [m] 이상 8 [m] 미만	주요구조부를 내화구조로 한 특정소방대상물 또는 그 부분	45	35	35	30	
	기타 구조의 특정소방대상물 또는 그 부분	30	25	25	15	

(2) 감지기 최소설치 개수

부착높이 7.5 [m], 내화구조, 정온식 스포트형 1종 감지기는 바닥면적 30 [m²]마다 1개 이상 설치하여야 하므로

∴ 감지기 최소설치 개수 $= \dfrac{\text{바닥면적}}{\text{기준면적}} = \dfrac{1200}{30} = 40$개

문제 19 〔출제년도 97. 98. 99. 00. 03. 04. 05. 06.〕 •점수 : 6점

차동식 스포트형, 보상식 스포트형 및 정온식 스포트형 감지기는 부착높이 및 특정소방대상물에 따라 다음 표에 의한 바닥면적마다 1개 이상을 설치하여야 한다. 표의 빈칸 ①~⑫에 해당되는 면적기준을 쓰시오.

(단위 : [m²])

부착높이 및 특정소방대상물의 구분		감지기의 종류						
		차동식 스포트형		보상식 스포트형		정온식 스포트형		
		1종	2종	1종	2종	특종	1종	2종
4[m] 미만	주요구조부를 내화구조로 한 특정소방대상물 또는 그 부분	90	70	①	②	③	60	20
	기타 구조의 특정소방대상물 또는 그 부분	50	④	⑤	⑥	⑦	30	15
4[m] 이상 8[m] 미만	주요구조부를 내화구조로 한 특정소방대상물 또는 그 부분	45	⑧	⑨	⑩	⑪	⑫	
	기타 구조의 특정소방대상물 또는 그 부분	30	25	30	25	25	15	

답안작성

① 90 ② 70 ③ 70 ④ 40 ⑤ 50 ⑥ 40
⑦ 40 ⑧ 35 ⑨ 45 ⑩ 35 ⑪ 35 ⑫ 30

▼해설

소방대상물의 **부착높이**에 따른 감지기의 종류

(단위 : [m²])

부착높이 및 특정소방대상물의 구분		감지기의 종류						
		차동식 스포트형		보상식 스포트형		정온식 스포트형		
		1종	2종	1종	2종	특종	1종	2종
4[m] 미만	주요구조부를 내화구조로 한 특정소방대상물 또는 그 부분	90	70	90	70	70	60	20
	기타 구조의 특정소방대상물 또는 그 부분	50	40	50	40	40	30	15
4[m] 이상 8[m] 미만	주요구조부를 내화구조로 한 특정소방대상물 또는 그 부분	45	35	45	35	35	30	
	기타 구조의 특정소방대상물 또는 그 부분	30	25	30	25	25	15	

출제년도 「96.」 •점수 : 3점

문제 20 정온식 스포트형 특종 감지기를 부착면의 높이가 7[m]인 내화구조로 된 특정소방대상물에 설치하고자 한다. 이 경우 특정소방대상물의 바닥면적이 110[m²]이라면 몇 개 이상 설치해야 하는가?

• 계산   • 답

답안작성

계산 : 감지기 수량 = $\dfrac{\text{바닥면적}}{\text{기준면적}} = \dfrac{110}{35} = 3.14$

답 : 4 [개]

▼해설

특정소방대상물에 따른 감지기 필요수량

(단위 : [m²])

부착높이 및 특정소방대상물의 구분		감지기의 종류				
		차동식, 보상식 스포트형		정온식 스포트형		
		1종	2종	특종	1종	2종
4[m] 미만	주요구조부를 내화구조로 한 특정소방대상물 또는 그 부분	90	70	70	60	20
	기타 구조의 특정소방대상물 또는 그 부분	50	40	40	30	15
4[m] 이상 8[m] 미만	주요구조부를 내화구조로 한 특정소방대상물 또는 그 부분	45	35	35	30	
	기타 구조의 특정소방대상물 또는 그 부분	30	25	25	15	

- 특종감지기의 부착높이가 7[m]이고
- 내화구조이므로 정온식 스포트형 특종 감지기 1개가 담당하는 면적은 바닥면적 35 [m²] 이므로
- 감지기 수량 = $\dfrac{\text{바닥면적}}{\text{기준면적}} = \dfrac{110}{35} = 3.14 \Rightarrow 4$ [개]

출제년도 「97. 98. 99. 00. 03. 04. 05. 06.」 •점수 : 6점

문제 21

감지기의 종류가 표와 같을 때 부착높이 및 특정소방대상물의 구분에 따라 1개 이상 설치하여야 하는 바닥면적의 기준을 빈 칸에 써 넣으시오.

(단위 : [m²])

부착높이 및 특정소방대상물의 구분		감지기의 종류						
		차동식 스포트형		보상식 스포트형		정온식 스포트형		
		1종	2종	1종	2종	특종	1종	2종
4[m] 미만	주요구조부를 내화구조로 한 특정소방대상물 또는 그 부분	90	70				60	20
	기타 구조의 특정소방대상물 또는 그 부분	50	40				30	15
4[m] 이상 8[m] 미만	주요구조부를 내화구조로 한 특정소방대상물 또는 그 부분	45	35				30	
	기타 구조의 특정소방대상물 또는 그 부분	30	25				15	

답안작성

(단위 : [m²])

부착높이 및 특정소방대상물의 구분		감지기의 종류						
		차동식 스포트형		보상식 스포트형		정온식 스포트형		
		1종	2종	1종	2종	특종	1종	2종
4[m] 미만	주요구조부를 내화구조로 한 특정소방대상물 또는 그 부분	90	70	90	70	70	60	20
	기타 구조의 특정소방대상물 또는 그 부분	50	40	50	40	40	30	15
4[m] 이상 8[m] 미만	주요구조부를 내화구조로 한 특정소방대상물 또는 그 부분	45	35	45	35	35	30	
	기타 구조의 특정소방대상물 또는 그 부분	30	25	30	25	25	15	

문제 22 출제년도「00.」 •점수 : 5점

다음은 감지기의 설치기준에 관한 사항이다. ( )안에 알맞은 것은?
(1) 감지기(차동식 분포형의 것을 제외한다)는 실내의 공기유입구로부터 ( )[m] 이상 떨어진 위치에 설치할 것
(2) 감지기는 ( ) 또는 반자의 옥내에 면하는 부분에 설치할 것
(3) 보상식 스포트형 감지기는 정온점이 감지기 주위의 평상시 최고온도보다 ( )[℃] 이상 높은 것으로 설치하여야 한다.
(4) 연기감지기는 벽 또는 보로부터 ( )[m] 이상 떨어진 곳에 설치할 것
(5) 스포트형 감지기는 ( )도 이상 경사되지 아니하도록 부착할 것

답안작성

(1) 1.5　　(2) 천장　　(3) 20　　(4) 0.6　　(5) 45

해설

(1) 감지기 설치기준
① 감지기(차동식 분포형의 것을 제외)는 실내의 **공기유입구로부터 1.5[m] 이상 떨어진 곳**에 설치
② 보상식 스포트형 감지기는 정온점이 감지기 주위의 평상시 **최고온도보다 섭씨 20[℃] 이상 높은 것**을 설치하여야 한다.
③ 스포트형 감지기는 **45° 이상 경사되지 아니하도록** 부착할 것
④ 차동식 분포형감지기의 **검출부(공기관)는 5° 이상 경사되지 아니하도록** 부착
⑤ 감지기는 **천장 또는 반자의 옥내에 면하는 부분**에 설치할 것
⑥ 정온식감지기는 주방·보일러실 등으로서 다량의 화기를 취급하는 장소에 설치하되, **공칭작동온도가 최고주위온도보다 20[℃] 이상 높은 것**으로 설치할 것

(2) 연기감지기 설치기준
① 천장 또는 반자가 낮은 실내 또는 좁은 실내에 있어서는 출입구의 가까운 부분에 설치할 것
② 천장 또는 반자부근에 배기구가 있는 경우에는 그 부근에 설치할 것
③ 감지기는 **벽 또는 보로부터 0.6 [m] 이상 떨어진 곳**에 설치할 것

문제 23 「99. 01.」 •점수 : 6점

연기감지기의 설치기준에 대한 다음 각 물음에 답하시오.

(1) 감지기의 부착 높이에 따라 다음 표에 의한 바닥면적마다 1개 이상으로 하여야 한다. ①~③에 해당되는 면적은 몇 [m²]인가?

부착높이	감지기의 종류	
	1종 및 2종	3종
4 [m] 미만	①	②
4 [m] 이상 20 [m] 미만	③	–

(2) 감지기는 벽 또는 보로부터 몇 [m] 이상 떨어진 곳에 설치하여야 하는가?
(3) 감지기 3종은 복도 및 통로에 있어서는 보행거리 몇 [m]마다 1개 이상 설치하여야 하는가?

답안작성

(1) ① 150 [m²]   ② 50 [m²]   ③ 75 [m²]
(2) 0.6 [m] 이상
(3) 20 [m]

▼해설

연기감지기의 설치기준
(1) 감지기의 부착높이에 따라 다음 표에 따른 **바닥면적**마다 1개 이상으로 할 것

(단위 : [m²])

부착높이	감지기의 종류	
	1종 및 2종	3종
4 [m] 미만	150	50
4 [m] 이상 20 [m] 미만	75	–

(2) **거리별** 감지기의 설치개수

설치장소	복도 및 통로		계단 및 경사로 (에스컬레이터 경사로 포함)	
	1종, 2종	3종	1종, 2종	3종
설치거리	보행거리 30 [m]	보행거리 20 [m]	수직거리 15 [m]	수직거리 10 [m]

(3) 천장 또는 반자가 낮은 실내 또는 좁은 실내에 있어서는 출입구의 가까운 부분에 설치할 것
(4) 천장 또는 반자부근에 배기구가 있는 경우에는 그 부근에 설치할 것
(5) 감지기는 **벽 또는 보로부터 0.6 [m] 이상 떨어진 곳**에 설치할 것

문제 24 〔출제년도〕「98. 01.」 ・점수 : 5점

P형 1급 수신기의 예비전원을 시험하는 방법과 양부판단의 기준에 대하여 설명하시오.

[답안작성]

(1) 시험방법
　① 예비전원 시험 스위치를 누른다.
　② 전압계의 지시치가 지정치의 범위 내에 있을 것
　③ 교류전원을 개로하고 자동절환 릴레이의 작동상황을 조사한다.
(2) 양부판단의 기준
　예비전원의 전압, 용량, 절환상황 및 복구작동이 정상일 것

[해설]

예비전원시험은 상용전원 및 비상전원이 사고 등으로 정전된 경우, 자동적으로 예비전원으로 절환되고, 또 정전복구 시에 자동적으로 상용전원으로 절환되는지의 여부를 확인하기 위한 시험

문제 25 〔출제년도〕「96. 01. 06.」 ・점수 : 6점

P형 1급 수신기와 감지기와의 배선회로에서 감지기가 작동할 때의 전류(작동전류)는 몇 [mA]인가? 단, 감시전류는 1.15 [mA], 릴레이 저항은 500 [Ω], 종단저항은 20 [kΩ]이다.

・계산　　　　　　　　　　　　　　　・답

[답안작성]

계산 : ① 감시전류 $I = \dfrac{E}{R} = \dfrac{회로전압}{릴레이\ 저항 + 선로저항 + 종단저항}$

　　　　합성저항 $R = \dfrac{E}{I} = \dfrac{24}{1.15 \times 10^{-3}} = 20869.57\ [\Omega]$

선로저항 r = 합성저항 − 릴레이 저항 − 종단저항
$$= 20869.57 - 500 - 20000 = 369.57\,[\Omega]$$

② 작동전류 $I = \dfrac{E}{R} = \dfrac{\text{회로전압}}{\text{릴레이 저항} + \text{선로저항}}$

$$= \dfrac{24}{500 + 369.57} = 0.0276\,[\text{A}] = 27.6\,[\text{mA}]$$

답 : 27.6 [mA]

▼해설

(1) 감지기 작동 전

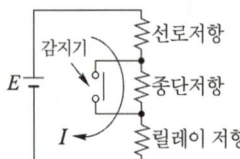

(2) 감지기 작동 후

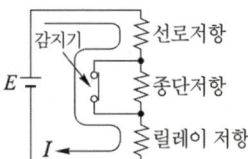

합성저항 = 선로저항 + 종단저항 + 릴레이 저항   합성저항 = 선로저항 + 릴레이 저항

문제 26 「98. 01. 05.」 •점수 : 6점

감지기회로의 말단에 종단저항의 설치 목적과 감지기 회로를 송배선방식으로 하는 이유는 무엇인가?

▣답안작성

(1) 종단저항 설치 이유 : 회로 도통시험을 용이하게 하기 위하여
(2) 송배선방식으로 시공하는 이유 : 회로 도통시험 시 누락된 부분 없이 하기 위하여

▼해설

(1) 종단저항 : 감지기 회로의 말단에 설치하여 도통시험을 용이하게 하기 위하여 설치한다.
(2) 송배선방식 : 수신기 2차측 외부배선의 도통시험 시 누락된 부분 없이 하기 위하여 배선의 도중에서 분기하지 않도록 하는 배선방식

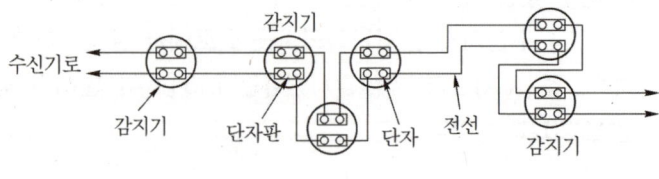

송배선 방식

문제 27 회로에 상시감시전류를 흘리려면 말단에 종단저항을 설치하는데 그 이유는 무엇인가?

답안작성

감지기 회로의 도통시험을 용이하게 하기 위하여

▼해설

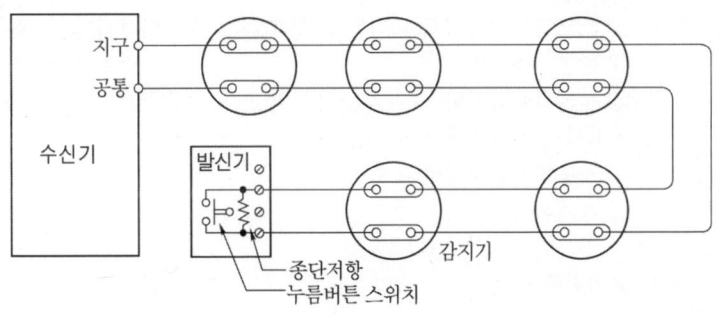

문제 28 교차회로방식으로 감지기를 설치하고자 한다. 다음 물음에 답하시오.
(1) 교차회로방식으로 감지기를 설치하여야 하는 소화설비의 종류 3가지를 쓰시오.
(2) 교차회로방식을 설치하는 이유를 쓰고, 간단하게 그림을 그리고 설명하시오.

답안작성

(1) 종류
　　① 스프링클러설비 (준비작동식, 일제살수식)
　　② 이산화탄소소화설비
　　③ 할론 소화설비
(2) ① 설치이유 : 감지기 오작동에 의한 소화설비의 오작동을 방지하기 위하여
　　② 회로도

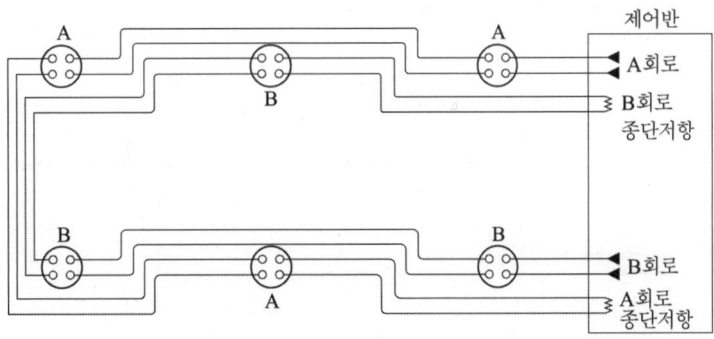

③ 작동설명 : 하나의 방호구역 내에 2개 이상의 화재감지기 회로를 설치하고, 1개 회로의 감지기가 작동되었을 때에는 그와 연동되는 소화설비가 작동되지 아니하고 2개 회로 즉, 감지기가 회로별로 각각 1개씩 2개 이상의 감지기가 작동되어야만 수신반에서 소화설비를 작동시키는 방법으로 1개 회로만의 감지에 의한 방식보다 오(誤)작동의 확률을 훨씬 감소시킬 수 있는 방식이다.

▼해설

(1) 교차회로 적용설비
   ① 스프링클러설비 (준비작동식, 일제살수식) ② 이산화탄소소화설비
   ③ 할론 소화설비   ④ 분말소화설비
   ⑤ 물분무소화설비, 미분무소화설비   ⑥ 할로겐화합물 및 불활성기체 소화설비
(2) 교차회로 적용제외 설비
   ① 자동화재탐지설비
   ② 제연설비
   ③ 자동방화문, 배연창설비
(3) 교차회로 방식
   ① 개념 : 교차회로방식은 감지기와 연동하여 작동하는 설비의 오작동을 방지하기 위한 방식
   ② 작동설명 : 감지기가 화재를 감지하는 것은 송·배전방식의 자동 화재탐지설비와 기능은 같으나 1개 회로의 감지기가 작동되었을 때에는 그와 연동되는 소화설비가 작동되지 아니하고 2개 회로 즉, 감지기가 회로별로 각각 1개씩 2개 이상의 감지기가 작동되어야만 수신반에서 소화설비를 작동시키는 기동출력을 발신하게 되므로 1개 회로만의 감지에 의한 방식보다 오(誤)작동의 확률을 훨씬 감소시킬 수 있는 방식이다.

출제 년도「96.」 •점수 : 6점

문제 29 다음 그림은 자동화재탐지설비 감지기의 회로(송배선 방식)를 잘못 결선한 그림이다. 송배선 방식이 무엇인지를 설명하고 잘못 결선된 부분을 바로 잡아 옳은 결선도를 그리시오.

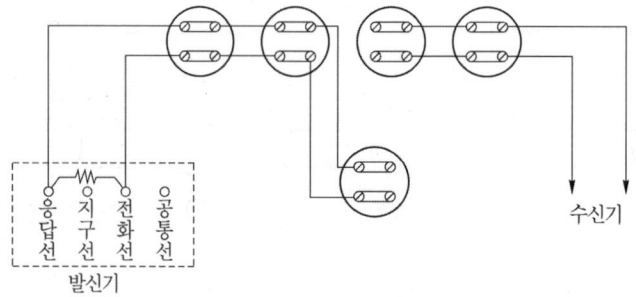

답안작성

(1) 송배선 방식 : 수신기에서 감지기 배선의 도통시험 시 누락된 부분 없이 하기 위하여 배선의 도중에서 분기하지 않도록 하는 배선방식이다.

(2) 결선도

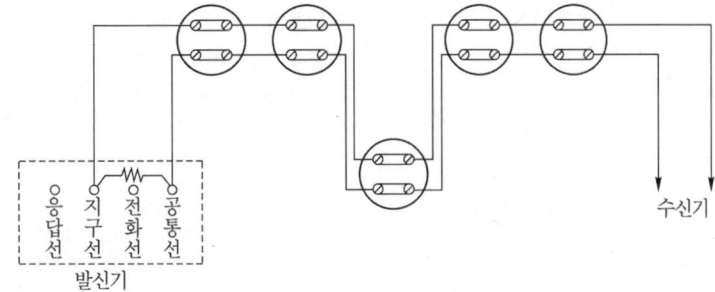

▼해설●●
(1) 감지기의 단자는 발신기의 지구선과 공통선 단자에 연결.
(2) 상시개로식의 회로에서는 감지기회로의 끝부분에 일반적으로 10 [kΩ] 정도의 종단저항을 설치해야 한다.

문제 30 출제년도「00.」 •점수 : 6점

자동화재탐지설비의 송배선식에 대하여 간략하게 설명하고 적응감지기 3가지를 쓰시오.

답안작성
(1) 송배선식 : 수신기에서 2차측의 외부배선의 도통시험 시 누락된 부분 없이 하기 위하여 배선의 도중에서 분기하지 않는 배선방식
(2) 송배선식 적응감지기
 ① 차동식 스포트형 감지기
 ② 보상식 스포트형 감지기
 ③ 정온식 스포트형 감지기

▼해설●●
(1) ① **송배선식** : 수신기에서 2차측의 외부배선의 **도통시험시 누락된 부분 없이** 하기 위하여 **배선의 도중에서 분기하지 않는 배선 방식**

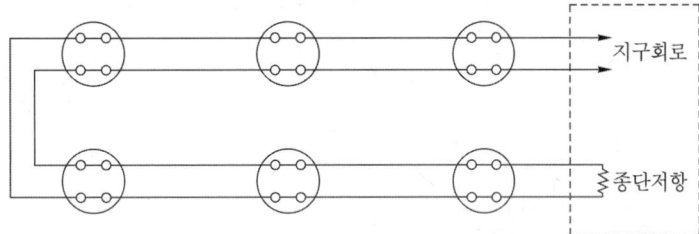

② 적용설비
 ㉠ 제연설비
 ㉡ 자동화재탐지설비
 ㉢ 방화셔터, 자동방화문, 배연창설비

(2) ① **교차회로 방식** :
   ㉠ 개념 : 교차회로방식은 감지기와 연동하여 작동하는 설비의 오작동을 방지하기 위한 방식
   ㉡ 작동설명 : 감지기가 화재를 감지하는 것은 송·배전방식의 자동 화재탐지설비와 기능은 같으나 1개회로의 감지기가 작동되었을 때에는 그와 연동되는 소화설비가 작동되지 아니하고 2개회로 즉, **감지기가 회로별로 각각 1개씩 2개 이상의 감지기가 작동되어야만 수신반에서 소화설비를 작동시키는 기동출력을 발신**하게 되므로 1개 회로만의 감지에 의한 방식보다 오(誤)작동의 확률을 훨씬 감소시킬 수 있는 방식이다.

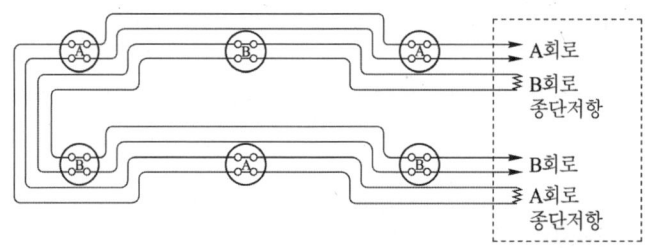

② 적용설비
   ㉠ 스프링클러설비 (준비작동식, 일제살수식)   ㉡ 이산화탄소소화설비
   ㉢ 할론 소화설비   ㉣ 분말소화설비
   ㉤ 물분무소화설비, 미분무소화설비
   ㉥ 할로겐화합물 및 불활성기체 소화설비

문제 31 〔출제 년도 「99. 01.」 •점수 : 8점〕

다음은 누전 경보기의 점검 및 정비 시에 행하는 시험 및 측정사항이다. 이들 시험에 필요한 시험기 또는 측정기로 적당한 것을 쓰시오.

(1) 누전전류의 검출시험
(2) 배선 및 충전부와 대지간의 절연상태의 측정
(3) 경보 부저(Buzzer)의 음압시험
(4) 수신기에 의한 외부배선 및 fuse, 표시등, 외부 부저(Buzzer)등의 도통시험

답안작성
(1) 영상변류기   (2) 메거
(3) 음량계   (4) 회로시험기

문제 32 〔출제 년도 「99.」 •점수 : 3점〕

다음은 P형 1급 수동발신기의 외형을 나타낸 그림이다. ①, ②에 대한 명칭을 쓰고, 그 용도를 간략하게 설명하시오.

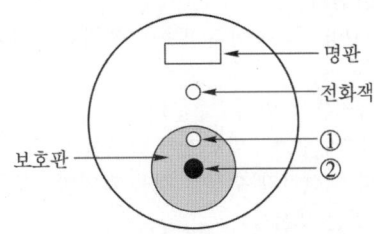

답안작성
① 응답확인램프 : 발신자가 발신한 신호를 수신기가 수신한 것을 확인할 수 있는 응답확인램프
② 누름버튼 스위치 : 화재를 발견한 자가 수동으로 화재신호를 발신하는 스위치

▼해설
(1) 응답확인램프 : 발신자가 발신한 신호를 수신기가 수신한 것을 확인할 수 있는 응답확인램프
(2) 누름버튼 스위치 : 화재를 발견한 자가 수동으로 화재신호를 발신하는 스위치
(3) 전화잭 : 수신기와 발신기간 상호 연락을 하기위한 전화장치인 전화잭
(4) 투명플라스틱 보호판 : 내부의 스위치를 보호하기 위한 판

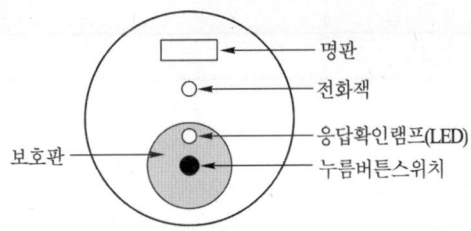

출제 년도 「97.」 •점수 : 4점

문제 33 P형 1급 발신기와 P형 2급 발신기에 대하여 서로를 비교하시오.

답안작성
(1) P형 1급 발신기
    ① P형 1급 수신기 또는 R형 수신기에 접속하여 사용
    ② 응답확인램프, 누름버튼스위치, 전화잭, 보호판 등으로 구성
(2) P형 2급 발신기
    ① P형 2급 수신기에 접속하여 사용
    ② 누름버튼스위치와 보호판으로만 구성

▼해설
P형 발신기
수동으로 각 발신기의 공통신호를 수신기 또는 중계기에서 발신하는 것으로 발신과 동시에 통화가 되지 않는 것

(1) P형 1급 발신기
   ① 용도 : P형 1급 수신기 또는 R형 수신기에 접속하여 사용
   ② 구성
      ㉠ 누름버튼 스위치
      ㉡ 응답확인램프 : 발신자가 발신한 신호를 수신기가 수신한 것을 확인할 수 있는 표시등
      ㉢ 전화잭 : 수신기와 발신기간 상호 연락할 수 있는 전화장치인 전화잭
      ㉣ 보호판

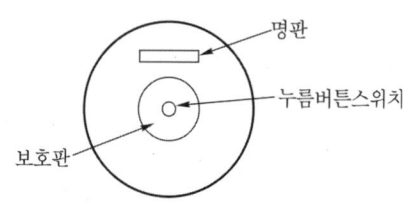

(2) P형 2급 발신기
   ① 용도 : P형 2급 수신기에만 연결하여 사용 가능
   ② 구성
      ㉠ 누름버튼 스위치
      ㉡ 보호판

(3) P형 1급, 2급 발신기의 기능비교

종별	누름버튼 스위치	응답장치	접속수신기
P형 1급	○	○	P형 1급, R형
P형 2급	○	×	P형 2급

문제 34

출제년도 「98.」 •점수 : 6점

자동화재속보설비의 속보기에 대한 다음 각 물음에 답하시오.
(1) 속보기의 절연된 충전부와 외함간의 절연저항은 직류 500 [V]의 절연저항계로 측정한 값이 몇 [MΩ] 이상이어야 하는가?
(2) 상기 (1)번 문항과 같은 방법으로 교류입력측과 외함간을 측정할 때에는 몇 [MΩ] 이상이어야 하는가?
(3) 사용되는 변압기(전자기기용 소형변압기)의 정격 1차 전압을 몇 [V] 이하로 하여야 하는가?

답안작성

(1) 5 [MΩ]
(2) 20 [MΩ]
(3) 300 [V]

▼해설

⑴, ⑵ 자동화재속보기의 절연저항 시험
   ① 측정계기 : 직류 500 [V] 절연저항계

② 절연저항값
　　㉠ 충전부와 외함간 : 5 [MΩ] 이상
　　㉡ 교류입력측과 외함간 : 20 [MΩ] 이상
　　㉢ 절연된 선로간 : 20 [MΩ] 이상
(3) 변압기
　① 정격 1차 전압은 300 [V] 이하로 한다.
　② 변압기의 외함에는 접지단자를 설치하여야 한다.
　③ 변압기의 용량은 최대사용전류에 연속하여 견딜 수 있는 크기 이상이어야 한다.

문제 35 출제년도 「99.」 •점수 : 4점

답안지의 그림을 이용하여 P형 1급 수동발신기의 내부결선과 발신기, 감지기, 수신기간의 결선도를 완성하시오. (단, 적당한 개소에 종단저항을 설치하여 회로를 구성하도록 한다.)

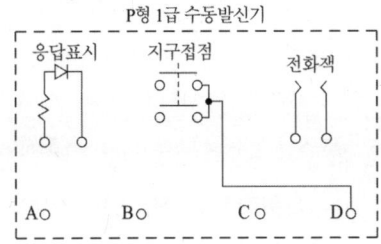

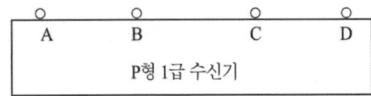

답안작성

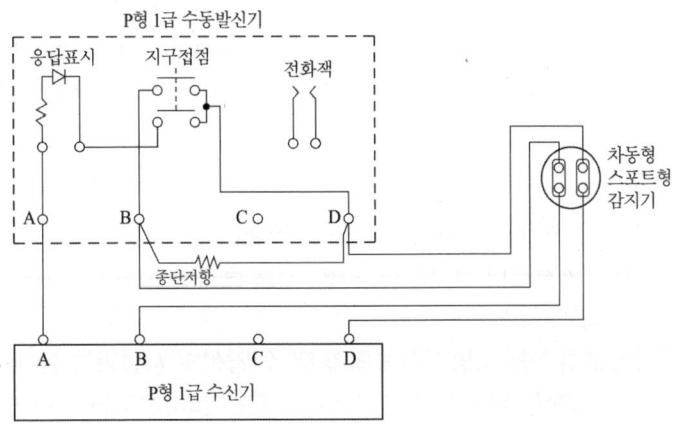

▼해설
(1) P형 1급 수동 발신기 : 지구회로 접점, 전화, 응답표시로 구성
(2) 종단 저항은 발신기 공통과 지구회로접점에 접속

문제 36 출제년도「97. 00.」 •점수 : 5점

누전경보기의 수신부에 대한 절연저항시험은 어떻게 하는지 다음과 같이 구분하여 구체적으로 답하시오.
(1) 측정개소
(2) 측정계기
(3) 절연저항의 적정성 판단의 정도

답안작성
(1) 절연된 충전부와 외함간 및 차단기구의 개폐부(열린 상태에서는 같은 극의 전원 단자와 부하측 단자와의 사이, 닫힌 상태에서는 충전부와 손잡이 사이)
(2) 500 [V]의 절연저항계
(3) 5 [MΩ] 이상

문제 37 출제년도「96.」 •점수 : 5점

1급 누전경보기의 수신부에는 시험장치가 설치되어 있다. 이것으로 무엇을 시험할 수 있는지 2가지로 구분하여 설명하시오.

답안작성
(1) 작동시험 : 누전경보기의 각 구역의 정상적인 작동유무를 시험
(2) 도통시험 : 변류기와의 접속이상 유무를 점검

▼해설
(1) **작동시험** : 스위치를 시험위치에 두고 회로시험 선택스위치로 각 구역을 선택하면 **누전시와 같은 작동**이 행하여지는지를 시험하는 것
(2) **도통시험** : 스위치를 시험위치에 두고 회로시험 선택스위치로 각 구역을 선택하여 **변류기와의 접속 이상 유무를 점검**하는 시험으로 이상 시에는 도통감시등이 점등된다.

문제 38 출제년도「00. 06.」 •점수 : 6점

누전경보기의 설치기준에 관한 내용이다. 다음 각 물음에 답하시오.
(1) 경계전로의 정격전류가 몇 [A]를 초과하는 전로에 1급 누전경보기를 설치하는가?
(2) 변류기는 소방대상물의 형태, 인입선의 시설방법 등에 따라 옥외 인입선의 제1지점의 부하측에 설치하거나 또는 접지선측의 점검이 쉬운 위치에 설치하는데 이는 제 몇 종 접지선측의 점검이 쉬운 위치를 말하는가?

답안작성

(1) 60 [A]
(2) 제2종 접지선측

해설

누전경보기의 설치기준

(1) 경계전류 및 누전 경보기의 전로

정격전류	60 [A] 초과	60 [A] 이하
경보기의 종류	1급	1급 또는 2급

(2) 정격전류가 60 [A]를 초과하는 경계전로가 분기되어 각 분기회로의 정격전류가 60 [A] 이하로 되는 경우 당해 분기회로마다 2급 누전경보기를 설치한 때에는 당해 경계전로에 1급 누전경보기를 설치한 것으로 본다.
(3) **변류기**는 특정소방대상물의 형태, 인입선의 시설방법 등에 따라 **옥외 인입선의 제1지점의 부하측 또는 제2종의 접지선측의 점검이 쉬운 위치에 설치**할 것. 그러나 인입선의 형태 또는 특정소방대상물의 구조상 부득이한 경우에는 인입구에 근접한 옥내에 설치할 수 있다.
(4) 누전경보기에 사용되는 변압기의 정격 1차 전압 : 300 [V] 이하
(5) 누전경보기의 경계전로에서의 전압강하 : 0.5 [V] 이하
(6) 누전경보기의 변류기는 직류 500 [V]의 절연저항계로 측정한 절연저항 값이 5 [MΩ] 이상일 것
(7) 누전경보기의 전원은 분전반으로부터 전용회로로 하고 각 극에 개폐기 및 15 [A] 이하의 과전류 차단기(배선용 차단기는 20 [A] 이하)를 설치한다.

문제 39 출제 년도 「97. 99. 02. 04.」 •점수 : 5점

그림과 같은 전로에 누전경보기를 설치하고자 한다. 다음 요구사항대로 누전경보기를 설치하시오. (누전경보기는 ⊂⊃ 로 표현할 것)

(1) 1급 누전경보기로 설치하시오.

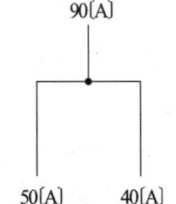

(2) 2급 누전경보기로 설치하시오.

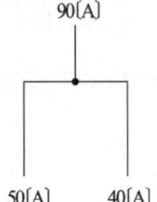

답안작성

(1) 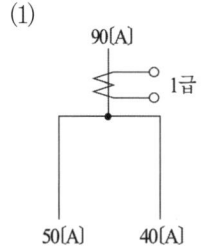 (2)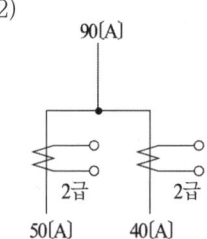

▼해설

누전경보기의 설치기준
(1) 경계전류 및 누전 경보기의 전로

정격전류	60 [A] 초과	60 [A] 이하
경보기의 종류	1급	1급 또는 2급

(2) 정격전류가 60 [A]를 초과하는 경계전로가 분기되어 각 분기회로의 정격전류가 60 [A] 이하로 되는 경우 당해 **분기회로마다 2급 누전경보기를 설치한 때에는** 당해 경계전로에 1급 누전경보기를 설치한 것으로 본다.
(3) 변류기는 특정소방대상물의 형태, 인입선의 시설방법 등에 따라 **옥외 인입선의 제1지점의 부하측 또는 제2종의 접지선측의 점검이 쉬운 위치에 설치**할 것. 그러나 인입선의 형태 또는 특정소방대상물의 구조상 부득이한 경우에는 인입구에 근접한 옥내에 설치할 수 있다.
(4) 누전경보기에 사용되는 변압기의 정격 1차 전압 : 300 [V] 이하
(5) 누전경보기의 경계전로에서의 전압강하 : 0.5 [V] 이하
(6) 누전경보기의 변류기는 직류 500 [V]의 절연저항계로 측정한 **절연저항 값이 5 [MΩ] 이상**일 것
(7) 누전경보기의 전원은 분전반으로부터 전용회로로 하고 각 극에 **개폐기 및 15 [A] 이하의 과전류 차단기(배선용 차단기는 20 [A] 이하)** 를 설치한다.

문제 40 출제 년도 「96. 02. 05.」 •점수 : 9점

그림은 단상 3선식 전기회로에 누전경보기를 설치한 예이다. 이 그림을 보고 다음 각 물음에 답하시오.
(1) 그림에서 잘못 도해된 부분을 2가지만 지적하고 잘못된 사유를 설명하시오.
(2) 그림에서 Ⓐ부분의 접지공사 종류는 무엇이며, 그 접지저항값은 몇 [Ω] 이하이어야 하는가?
(3) 단상 3선식의 중성선에서 퓨즈를 설치하지 않고 동선으로 직결한다. 그 이유를 밝히시오.

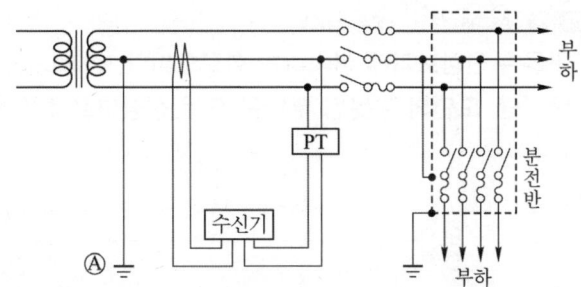

답안작성

⑴ ① 영상변류기에 중성선만 관통 : 중성선에 부하전류가 흐르게 되면 누전경보기가 오작동을 하게 되므로 3선 모두 영상변류기를 관통시켜야 한다.
② 중성선 접지와 분전반 외함의 접지선을 접속 : 분전반 외함접지를 단독으로 시공
⑵ ① 접지공사 종류 : 제2종 접지공사
② 접지저항값 $R_G = \dfrac{150}{1\text{선 지락전류}}[\Omega]$ 이하
⑶ 퓨즈가 작동하면 임피던스가 높은 한쪽 부하에 높은 전압이 인가되어 기기를 소손할 우려가 있다.

해설

⑴ 누전경보기 설치 도면

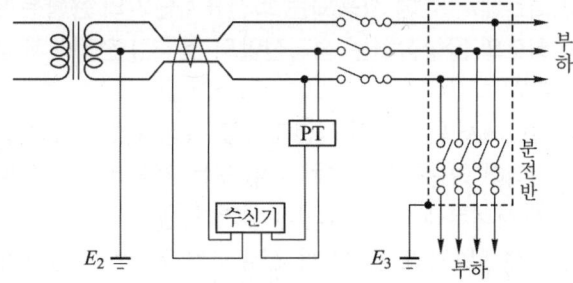

⑵ 제2종 접지저항(2021.1.1. 한국전기설비규정이 시행됨에 따라 현재기준에는 맞지 않습니다.)
⑶ 중성선의 퓨즈 작동시 부하에 걸리는 전압

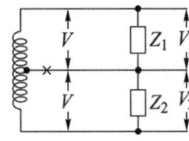

① $V_1 = \dfrac{Z_1}{Z_1 + Z_2} \times V$

② $V_2 = \dfrac{Z_2}{Z_1 + Z_2} \times V$

따라서, 중성선의 퓨즈가 작동하면 임피던스가 높은 한쪽 부하에 높은 전압이 인가되어 기기를 소손시킬 수 있으므로 중성선에는 퓨즈를 넣지 않는다.

문제 41

출제년도 「98. 06. 17.」 •점수 : 12점

도면은 누전경보기에 설치하는 회로도이다. 이 회로를 보고 다음 각 물음에 답하시오. (단, 도면의 잘못된 부분은 모두 정상회로로 수정한 것으로 가정하고 답할 것)

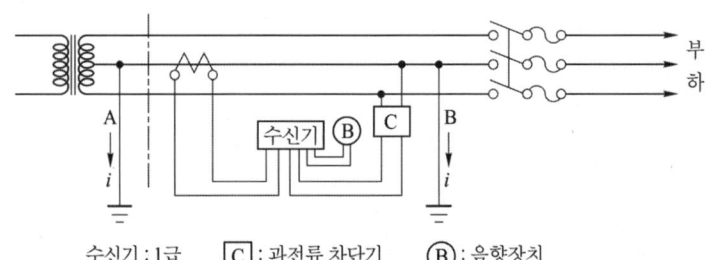

수신기 : 1급   C : 과전류 차단기   B : 음향장치

(1) 회로에서 틀린 부분을 2가지만 지적하여 바른 방법을 설명하시오.
(2) A의 접지선에 접지하여야 할 접지의 종류는 무엇이며, 또 이때의 접지저항값의 계산식은 무엇인가?
(3) 회로에서 1급 수신기는 경계전로의 전류가 몇 [A] 초과의 것이어야 하는가?
(4) 회로의 음향장치에서 음량은 장치의 중심으로부터 1[m] 떨어진 위치에서 몇 [dB] 이상이 되어야 하는가?
(5) 회로에서 C에 사용되는 과전류차단기의 용량은 몇 [A] 이하이어야 하는가?
(6) 회로의 음향장치는 정격전압의 몇 [%] 전압에서 음향을 발할 수 있어야 하는가?
(7) 회로에서 변류기의 절연저항을 측정하였을 경우 절연저항값은 몇 [MΩ] 이상이어야 하는가? 단, 1차 코일 또는 2차 코일과 외부 금속부와의 사이는 차단기의 개폐부에 DC 500[V] 메거 사용
(8) 누전경보기의 공칭작동 전류치는 몇 [mA] 이하이어야 하는가?

답안작성

(1) ① • 틀린 부분 : 단상 3선식 변압기 저압측의 전로에 설치된 영상변류기가 1선만 관통되어 있다.
　　• 바른 방법 : 영상변류기에 3선 모두 관통시킨다.
② • 틀린 부분 : 저압측 전로의 제2종 접지선이 영상변류기의 전원측(A)과 부하측(B)에 설치되어 있다.
　　• 바른 부분 : 영상변류기의 부하측에 설치된 제2종 접지선(B)을 제거한다.
(2) ① 접지종류 : 제2종 접지공사
② 제2종 접지공사의 접지저항값 $R_2 = \dfrac{150}{1선\ 지락전류}$ [Ω] 이하

(3) 60[A] 초과　　　　　　　(4) 70[dB] 이상
(5) 15[A] 이하　　　　　　　(6) 80[%]
(7) 5[MΩ] 이상　　　　　　　(8) 200[mA] 이하

▼해설
(1) 정정회로

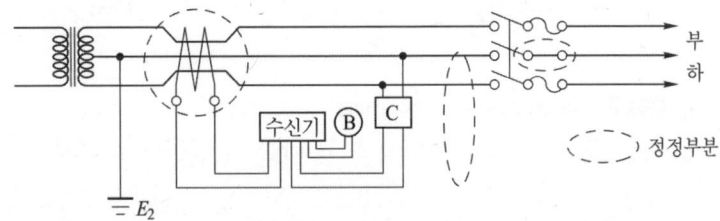

(2) 접지공사의 종류 (2021.1.1 한국전기설비규정이 시행됨에 따라 현재기준에는 맞지 않습니다.)

접지공사의 종류	접지 저항	용 도
제1종 접지공사	10 [Ω] 이하	• 특고압계기용 변압기의 2차측 전로 • 고압전로에 시설하는 피뢰기 • 고압용 기계기구의 철대 및 금속제 외함
제2종 접지공사	$\dfrac{150}{1선\ 지락전류}$ [Ω] 이하	• 고압 및 특고압 전로와 저압전로를 결합하는 변압기 저압측 중성점 또는 1단자
제3종 접지공사	100 [Ω] 이하	• 고압계기용 변압기의 2차측 전로 • 400 [V] 미만인 저압용 기계기구의 철대 및 금속제 외함
특별 제3종 접지공사	10 [Ω] 이하	• 400 [V] 이상인 저압용 기계기구의 철대 및 금속제 외함

(3) 누전경보기 경계전로의 정격전류

정격전류	60 [A] 초과	60 [A] 이하
경보기의 종류	1급	1급 또는 2급

(4) 음향장치의 **중심으로부터 1 [m] 떨어진 지점에서 70 [dB] 이상**일 것(단, 고장표시장치용의 음압은 60 [dB] 이상)
(5) **누전경보기의 전원**
  ① 전원은 분전반으로부터 전용회로로 하고, **각 극에 개폐기 및 15 [A] 이하의 과전류 차단기(배선용 차단기에 있어서는 20 [A] 이하의 것**으로 각 극을 개폐할 수 있는 것)를 설치할 것
  ② 전원을 분기할 때에는 다른 차단기에 따라 전원이 차단되지 아니하도록 할 것
  ③ 전원의 개폐기에는 누전경보기용임을 표시한 표지를 할 것
(6) 음향장치는 **정격전압의 80 [%]인 전압에서 음향을 발할 수 있어야 한다.**
(7) 변류기의 절연저항
직류 500 [V]의 절연저항계로 다음 각호에 의한 시험을 하는 경우 그 절연저항이 5 [MΩ] 이상이 되어야 한다.
  ① 절연된 1차 권선과 2차 권선간의 절연저항
  ② 절연된 1차 권선과 외부금속부간의 절연저항
  ③ 절연된 2차 권선과 외부금속부간의 절연저항

(8) 누전감지기의 감도조정
① 공칭작동 전류치 : 200 [mA] 이하
② 감도조정 범위 : 200 [mA], 500 [mA], 1,000 [mA]

출제년도 「96. 98. 00. 03.」 •점수 : 10점

문제 42 누전경보기에 대한 그림을 보고 다음 각 물음에 답하시오.

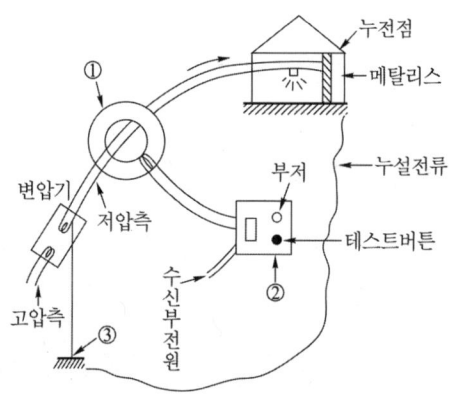

(1) ①~③에 대한 명칭을 쓰되 ③은 종별까지 상세히 쓰시오.
(2) 누전경보기는 사용전압 몇 [V] 이하인 경계전로의 누설전류를 검출하는가?
(3) 누전경보기의 공칭작동 전류치는 몇 [mA] 이하이어야 하는가?
(4) 전원은 각 극에 개폐기 및 몇 [A] 이하의 과전류 차단기를 설치하여야 하는가? 또한 배선용 차단기로 할 경우 몇 [A] 이하의 것으로 각 극의 개폐가 가능하여야 하는가?

답안작성

(1) ① 영상변류기   ② 수신기   ③ 제2종 접지선
(2) 600 [V]이하
(3) 200 [mA] 이하
(4) ① 과전류 차단기 : 15 [A]
    ② 배선용 차단기 : 20 [A]

▼해설

(1) 누전경보기의 구성
① 변류기 : 경계전로의 누설전류를 자동적으로 검출하여 수신기에 송신하는 것
② 수신부 : 변류기로부터 검출되는 전류를 기준값에 대한 차이의 신호로 수신하여 계전기를 작동시킬 수 있도록 증폭한 다음 계전기를 작동시켜 음향장치를 울리게 하여 줌으로써 누설전류의 발생을 소방대상물의 관계자에게 통보
(2) **누전경보기는 600 [V] 이하인 경계전로의 누설전류를 검출**하여 이 값이 일정값 이상이면 당해 특정소방대상물의 관계인에게 경보를 발하는 설비이다.

(3) 누전감지기의 공칭작동 전류 및 감도조정 범위
  ① **공칭작동 전류치 : 200 [mA] 이하**
  ② **감도조정 범위** : 200 [mA], 500 [mA], **1,000 [mA] (1 [A])**
(4) 누전경보기의 설치기준
  ① 경계전로의 정격전류가 **60 [A]를 초과**하는 전로 : **1급 누전경보기**를
  ② 경계전로의 정격전류가 **60 [A] 이하**의 전로 : **1급 또는 2급 누전경보기**
  ③ 정격전류가 60 [A]를 초과하는 경계전로가 분기되어 각 분기회로의 정격전류가 60 [A] 이하로 되는 경우 당해 분기회로마다 2급 누전경보기를 설치한 때에는 당해 경계전로에 1급 누전경보기를 설치한 것으로 본다.
  ④ **변류기**는 특정소방대상물의 형태, 인입선의 시설방법 등에 따라 **옥외 인입선의 제1지점의 부하측 또는 제2종의 접지선측의 점검이 쉬운 위치에 설치**할 것. 그러나 인입선의 형태 또는 특정소방대상물의 구조상 부득이한 경우에는 인입구에 근접한 옥내에 설치할 수 있다.
  ⑤ 누전경보기에 사용되는 변압기의 정격 1차 전압 : 300 [V] 이하
  ⑥ 누전경보기의 경계전로에서의 전압강하 : 0.5 [V] 이하
  ⑦ 누전경보기의 변류기는 직류 500 [V]의 절연저항계로 측정한 절연저항 값이 5 [MΩ] 이상일 것
  ⑧ **누전경보기의 전원**은 분전반으로부터 전용회로로 하고 **각 극에 개폐기 및 15 [A] 이하의 과전류 차단기(배선용 차단기는 20 [A] 이하)**를 설치한다.
  ⑨ 변류기의 절연저항 : 직류 500 [V]의 절연저항계로 다음 각호에 의한 시험을 하는 경우 그 절연저항이 5 [MΩ] 이상이 되어야 한다.
    ㉠ 절연된 1차 권선과 2차 권선간의 절연저항
    ㉡ 절연된 1차 권선과 외부금속부간의 절연저항
    ㉢ 절연된 2차 권선과 외부금속부간의 절연저항

문제 43

출제년도 「98.」 •점수 : 4점

다음 그림은 3상 3선식 전기회로에 변류기를 설치하고 이의 작동원리를 표시한 것이다. 누전되고 있다고 할 때 다음 각 물음에 답하시오.

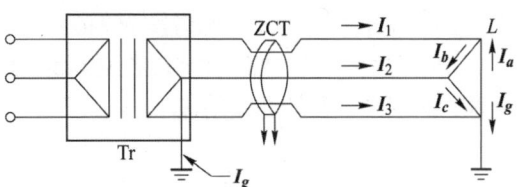

(1) 전류값 I_1, I_2, I_3 는?
(2) $I_1 + I_2 + I_3$ 의 값은 얼마인가?

답안작성

(1) $I_1 = I_b - I_a$, $I_2 = I_c - I_b$, $I_3 = I_a - I_c + I_g$
(2) I_g

▼해설 ●●

(1) 각 점에서 키르히호프의 전류법칙을 적용하면
① $I_1 + I_a - I_b = 0$ 에서 $I_1 = I_b - I_a$
② $I_2 + I_b - I_c = 0$ 에서 $I_2 = I_c - I_b$
③ $I_3 + I_c - I_a - I_g = 0$ 에서 $I_3 = I_a - I_c + I_g$

(2) $I_1 + I_2 + I_3 = I_b - I_a + I_c - I_b + I_a - I_c + I_g = I_g$

문제 44

출제 년도 「97. 00.」 •점수 : 14점

누전경보기의 수신기 내부구조를 블록도로 나타낸 것이다. 다음 각 물음에 답하시오.

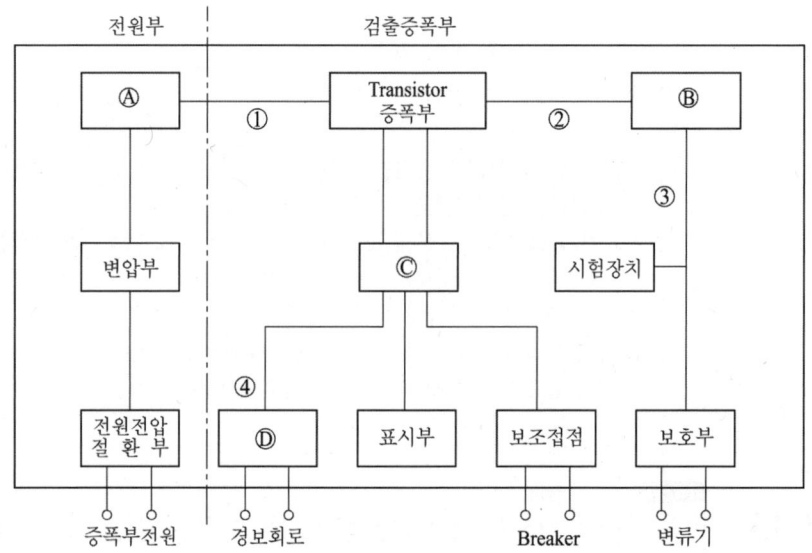

수신기의 내부구조

(1) Ⓐ~Ⓓ에 들어갈 각각의 장치명을 쓰시오.
(2) ①~④의 신호전달방향을 화살표로 표시하시오.
(3) 전원부의 회로구성은 그림과 같다.

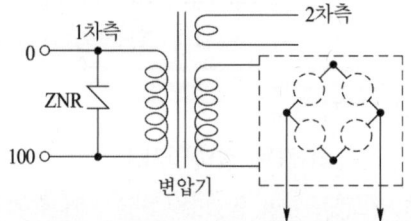

① 전류가 흐를 수 있도록 ◯에 Diode를 사용하여 접속하시오.
② 1차측에 설치된 ZNR의 목적은 무엇인가?

(4) ⓑ는 조작부분이 상자외면에 노출되지 않도록 하는 구조이어야 하는바 조정 범위의 상한전류는 몇 [A] 이하로 하여야 하는가?
(5) 다음 그림과 같이 구성되는 장치는 무엇인가?

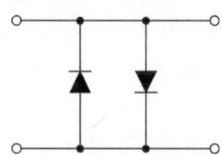

답안작성

(1) Ⓐ 정류부   Ⓑ 감도절환부   Ⓒ 계전기   Ⓓ 경보부
(2)

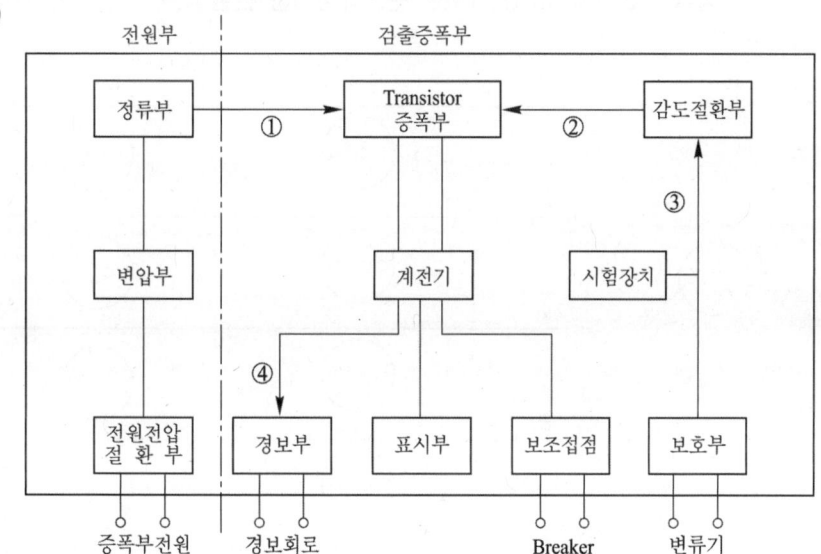

(3) ①

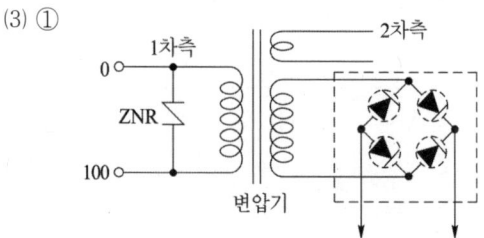

② 이상전압으로부터 기기(수신기)를 보호
(4) 1 [A] 이하
(5) 과입력 보호용 다이오드

해설

(3) 누전경보기 전원부에 ZNR 설치 목적
  ① 충격파로부터 부품보호
  ② 수신기보호
  ③ 오작동 보호

(4) 누전경보기의 감도조정
   ① 공칭작동 전류치 : 200 [mA] 이하
   ② 감도조정 범위 : 200 [mA], 500 [mA], 1,000 [mA] (1 [A])
(5) 누전경보기의 신호입력 회로에 사용되는 바리스터(varistor)
   다이오드 2개를 역방향으로 연결해 놓은 것으로서 교류입력전압이 과대해지는 것을 방지하기 위한 것이다.

문제 45 출제 년도 「96. 98. 99. 01.」 •점수 : 9점

P형 1급 5회로 수신기와 수동발신기, 경종, 표시등 사이를 결선하시오. 단, 방호대상물은 2,500 [m²]인 지하 1층, 지상 3층 건물임.

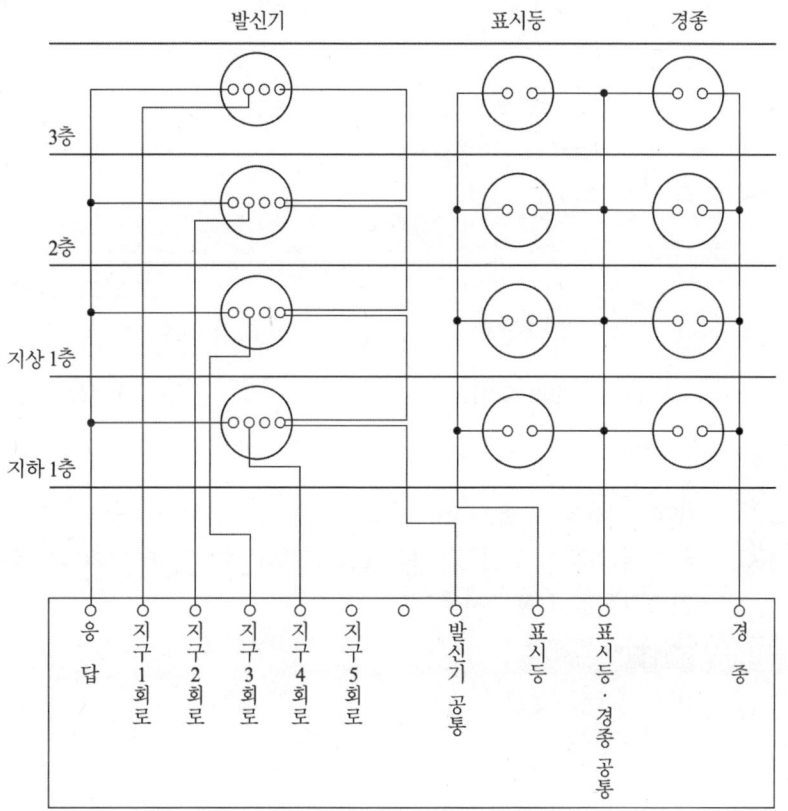

▼해설

① 일제경보방식 적용 특정소방대상물 규모 : 11층(공동주택인 경우 16층) 미만
   ※ 방호대상물은 지상 3층 이므로 일제경보 방식을 적용
② 경보방법 : 화재 발생시 모든 층에 동시에 경보하는 방식
③ 일제경보방식의 최소 전선 가닥수 : 기본 6가닥 + 추가 1가닥 (지구선 1)
   (단, 경종단락보호장치를 발신기세트마다 설치하는 경우임)

전선	내용	추가	비 고
1	응답선		
2	지구선(회로선)	*	경계구역 수 증가분만큼 추가
3	지구 공통선		
4	지구 경종선		
5	표시등선		
6	지구경종, 표시등 공통선		

④

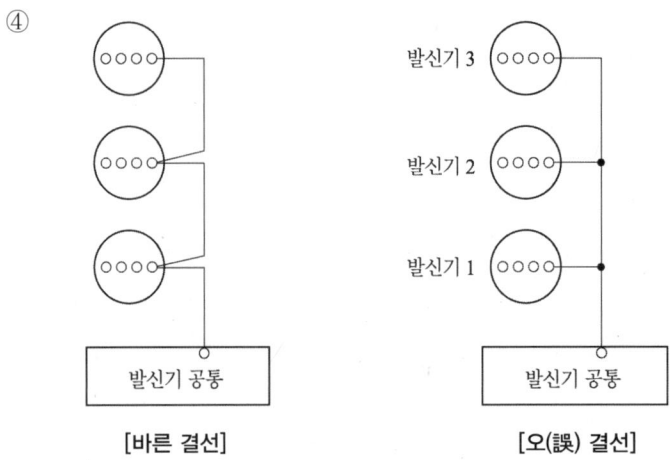

[바른 결선]　　　　　　　　　[오(誤) 결선]

문제 46 출제년도「00. 04.」 •점수 : 8점

P형 1급 5회로 수신기가 설치된 건물이 있다. 각 수신회로의 성능을 검사하는 방법 8가지를 기술하시오.

답안작성

(1) 화재표시작동시험　　(2) 회로도통시험
(3) 공통선시험　　　　　(4) 예비전원시험
(5) 동시작동시험　　　　(6) 저전압시험
(7) 회로저항시험　　　　(8) 비상전원시험

문제 47 출제년도「98. 00. 05.」 •점수 : 6점

P형 수신기와 R형 수신기의 특성을 다음 표에 비교하여 설명하시오.

형 식	P형 시스템	R형 시스템
신호전달방식(전송)		
배관배선공사	• •	• •
유 지 관 리		
수신반 가격		

답안작성

형 식	P형 시스템	R형 시스템
신호전달방식(전송)	1 : 1 접점방식	다중전송방식
배관배선공사	• 선로수가 많아 복잡하다. • 공사비가 많이 소요된다.	• 선로수가 적어 간단하다. • 공사비가 저렴하다.
유지 관리	어렵다.	쉽다.
수신반 가격	저가	고가

▼해설

P형 수신기와 R형 수신기의 비교

항목	P형 수신기	R형 수신기
신호전달방식	1 : 1 접점방식	다중전송방식
선로 수	많이 필요하다	적게 필요하다
회로방식	반도체 및 릴레이	컴퓨터 처리
자기진단기능	없 음	있 음
중계기	불필요	필 요
신호의 종류	공통신호	고유신호
표시방법	• 창구식 • 지도식	• 창구식　　• 지도식 • 디지털식　• CRT식
화재표시기구	램프	액정표시장치
도통시험	감지기 말단까지	중계기까지 또는 감지기 말단까지
설치공간	많이 필요	적게 필요
유지관리	선로수가 많고 수신기에 자기 진단기능이 없으므로 관리가 어렵다.	선로수가 적고 자기진단기능에 의해 고장발생을 자동으로 경보 및 표시 하므로 관리가 쉽다.

▼해설

P형 1급 수신기의 성능시험

(1) 화재표시작동시험　　　　(2) 회로도통시험
(3) 공통선시험　　　　　　　(4) 예비전원시험
(5) 동시작동시험　　　　　　(6) 저전압시험
(7) 회로저항시험　　　　　　(8) 비상전원시험
(9) 지구음향장치의 작동시험　(10) 절연저항시험

문제 48 출제년도 「97.04.」 •점수 : 4점

비상방송설비의 확성기(speaker) 회로에 음량조정기를 설치하고자 한다. 결선도를 그리시오.

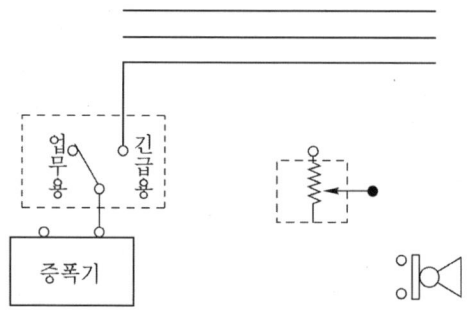

답안작성

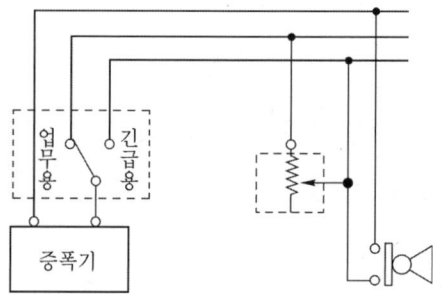

▼해설

비상방송설비 설치기준

(1) 확성기의 음성입력은 3 [W](실내에 설치하는 것에 있어서는 1 [W]) 이상일 것
(2) 확성기는 각층마다 설치하되, 그 층의 각 부분으로부터 하나의 확성기까지의 **수평거리가 25 [m] 이하**가 되도록 하고, 당해층의 각 부분에 유효하게 경보를 발할 수 있도록 설치할 것
(3) 음량조정기를 설치하는 경우 **음량조정기의 배선은 3선식**으로 할 것
(4) 조작부의 **조작스위치**는 바닥으로부터 **0.8 [m] 이상 1.5 [m] 이하의 높이에 설치**할 것
(5) 다른 방송설비와 공용하는 것에 있어서는 화재 시 비상경보외의 방송을 차단할 수 있는 구조로 할 것
(6) 다른 전기회로에 따라 유도장애가 생기지 아니하도록 할 것
(7) 하나의 소방대상물에 2 이상의 조작부가 설치되어 있는 때에는 각각의 조작부가 있는 장소 상호간에 동시통화가 가능한 설비를 설치하고, 어느 조작부에서도 당해 소방대상물의 전구역에 방송을 할 수 있도록 할 것
(8) 기동장치에 따른 **화재신고를 수신한 후** 필요한 음량으로 화재발생 상황 및 피난에 유효한 방송이 자동으로 개시될 때까지의 **소요시간은 10초 이하**로 할 것
(9) 음향장치는 다음 각목의 기준에 따른 구조 및 성능의 것으로 하여야 한다.
 ① **정격전압의 80 [%] 전압에서 음향을 발할 수 있는 것을 할 것**
 ② 자동화재탐지설비의 작동과 연동하여 작동할 수 있는 것으로 할 것

문제 49

출제년도「97. 04.」 •점수 : 6점

비상방송설비의 설치기준에 대한 다음 각 물음에 답하시오.
(1) 기동장치에 의한 화재신고를 수신한 후 필요한 음량으로 방송이 개시될 때까지의 소요시간은 몇 초 이하로 하여야 하는가?
(2) 10층 건물의 5층에서 화재가 발생할 때에 우선적으로 경보를 발하여야 할 층은?
(3) 확성기를 실내에 설치할 때 그 음성입력은 몇 [W] 이상이어야 하는가?

답안작성

(1) 10초
(2) 모든 층
(3) 1 [W]

해설

(1) 비상방송설비를 설치해야 하는 특정소방대상물
  ① 연면적 3천5백 m^2 이상인 것은 모든 층
  ② 층수가 11층 이상인 것은 모든 층
  ③ 지하층의 층수가 3층 이상인 것은 모든 층

(2) **화재발생시 비상방송설비의 경보방식**
  ① 11층(공동주택의 경우 16층) 미만
     일제경보방식이므로 모든 층에 경보
  ② 11층(공동주택의 경우 16층) 이상

화재층	경보층
1층	발화 층, 그 직상 4개층, 지하층
2층 이상	발화 층, 그 직상 4개층
지하층	발화 층, 그 직상 층, 기타의 지하층

(3) 비상방송설비의 설치기준
  ① **확성기의 음성입력**
     • 실외 : 3 [W] 이상
     • 실내 : 1 [W] 이상
  ② 확성기는 각 층 마다 설치하고 그 층의 각 부분으로부터 하나의 확성기까지의 **수평거리가 25 [m] 이하**가 되도록 하여야 한다.
  ③ 음량조정기를 설치하는 경우 **음량조정기의 배선은 3선식**으로 하여야 한다.
  ④ 조작부의 **조작스위치**는 바닥으로부터 **0.8 [m] 이상 1.5 [m] 이하**의 높이에 설치한다.
  ⑤ 기동장치에 의한 화재신고를 수신한 후 필요한 음량으로 **방송이 개시될 때까지의 소요시간은 10초 이하**로 하여야 한다.
  ⑥ 1경계구역마다 직류 250 [V] 절연저항계로 측정한 절연저항이 0.1 [MΩ] 이상이 되어야 한다.

문제 50

출제 년도 「96. 00. 05. 06.」 · 점수 : 5점

비상방송설비에 대한 설치기준의 ( ) 안에 알맞은 것은?
- 확성기의 음성입력은 (①) [W] (실내에 설치하는 것에 있어서는 1 [W] 이상일 것)
- 음량 조정기를 설치하는 경우 음량 조정기의 배선은 (②)으로 할 것
- 기동장치에 의한 화재신고를 수신한 후 필요한 음량으로 방송이 개시될 때까지의 소요시간은 (③)초 이하로 할 것
- 조작부의 조작스위치는 바닥으로부터 (④) [m] 이상 (⑤) [m] 이하의 높이에 설치할 것

답안작성

① 3   ② 3선식   ③ 10   ④ 0.8   ⑤ 1.5

해설

비상방송설비의 설치기준
(1) 확성기의 음성입력
   ① 실외 : 3 [W] 이상   ② 실내 : 1 [W] 이상
(2) 확성기는 각 층 마다 설치하고 그 층의 각 부분으로부터 **하나의 확성기까지의 수평거리가 25 [m] 이하**가 되도록 하여야 한다.
(3) 음량조정기를 설치하는 경우 **음량조정기의 배선은 3선식**으로 하여야 한다.
(4) 조작부의 **조작스위치는 바닥으로부터 0.8 [m] 이상 1.5 [m] 이하**의 높이에 설치한다.
(5) 조작부는 기동장치의 작동과 연동하여 당해 기동장치가 작동한 층 또는 구역을 표시할 수 있는 것으로 한다.
(6) 증폭기 및 조작부는 수위실 등 상시 사람이 근무하는 장소로서 점검이 편리하고 방화상 유효한 곳에 설치한다.
(7) 다른 방송설비와 공용하는 것에 있어서는 화재 시 비상경보 외의 방송을 차단할 수 있는 구조로 하여야 한다.
(8) 기동장치에 의한 **화재신고를 수신한 후** 필요한 음량으로 방송이 개시될 때까지의 **소요시간은 10초 이하**로 하여야 한다.
(9) 1경계구역마다 직류 250 [V] 절연저항계로 측정한 절연저항이 0.1 [MΩ] 이상이 되어야 한다.
(10) **증폭기의 전면**에는 주회로의 전원이 정상인지의 여부를 표시할 수 있는 **표시등 및 전압계**를 설치한다.

문제 51

출제 년도 「98. 99. 00 06..」 · 점수 : 6점

어떤 고층건축물에 비상방송설비를 설치하려고 한다. 설치기준에 대하여 물음에 답하시오.
(1) 경보방식은 어떤 방식으로 하여야 하는지 그 방식을 쓰고, 그 방식의 발화층에 대한 경보층의 구체적인 경우를 3가지로 구분하여 설명하시오.
(2) 확성기의 설치 층과 그 설치 위치에 대한 기준을 설명하시오.

(3) 조작부의 조작스위치는 어느 위치에 설치하여야 하는지 그 위치를 설명하시오.

답안작성

(1) ① 경보방식 : 우선경보방식
② 고층 건축물

화재 층	경보층
1층	발화층, 그 직상 4개층, 지하층
2층 이상	발화층, 그 직상 4개층
지하층	발화층, 그 직상층, 기타의 지하층

(2) ① 설치층 : 각 층
② 설치위치 : 그 층의 각 부분으로부터 하나의 확성기까지의 수평거리가 25 [m] 이하가 되도록 하고 당해 층의 각 부분에 유효하게 경보를 발할 수 있도록 설치
(3) 바닥으로부터 0.8 [m] 이상 1.5 [m] 이하의 높이에 설치

해설

(1) 비상방송설비를 설치해야 하는 특정소방대상물
① 연면적 3천5백 m^2 이상인 것은 모든 층
② 층수가 11층 이상인 것은 모든 층
③ 지하층의 층수가 3층 이상인 것은 모든 층
(2) 화재발생시 비상방송설비의 경보 대상물
① **우선경보방식**
㉠ 경보방법 : 화재발생시 안전하고 신속한 대피를 위하여 **화재가 발생한 층과 그 직상층**부터 우선하여 별도로 경보하는 방식

화재 층	경보층
1층	발화층, 그 직상 4개층, 지하층
2층 이상	발화층, 그 직상 4개층
지하층	발화층, 그 직상층, 기타의 지하층

㉡ 특정소방대상물 규모 : **11층(공동주택의 경우 16층) 이상**
② **일제경보방식**
㉠ 경보방법 : 화재 발생시 **모든층에 동시에 경보**하는 방식
㉡ 소방대상물 규모 : **11층(공동주택의 경우 16층) 미만**
(3) 비상방송설비의 설치기준
① 확성기의 음성입력
㉠ 실외 : 3 [W] 이상
㉡ 실내 : 1 [W] 이상
② 확성기는 각 층 마다 설치하고 그 층의 각 부분으로부터 하나의 **확성기까지의 수평거리가 25 [m] 이하**가 되도록 하여야 한다.
③ 음량조정기를 설치하는 경우 **음량조정기의 배선은 3선식**으로 하여야 한다.
④ 조작부의 **조작스위치는 바닥으로부터 0.8 [m] 이상 1.5 [m] 이하의 높이**에 설치한다.

⑤ 조작부는 기동장치의 작동과 연동하여 당해 기동장치가 작동한 층 또는 구역을 표시할 수 있는 것으로 한다.
⑥ 증폭기 및 조작부는 수위실 등 상시 사람이 근무하는 장소로서 점검이 편리하고 방화상 유효한 곳에 설치한다.
⑦ 다른 방송설비와 공용하는 것에 있어서는 화재 시 비상경보 외의 방송을 차단할 수 있는 구조로 하여야 한다.
⑧ 기동장치에 의한 화재신고를 수신한 후 필요한 음량으로 방송이 개시될 때까지의 소요시간은 10초 이하로 하여야 한다.
⑨ 1경계구역마다 직류 250 [V] 절연저항계로 측정한 절연저항이 0.1 [MΩ] 이상이 되어야 한다.
⑩ 증폭기의 전면에는 주회로의 전원이 정상인지의 여부를 표시할 수 있는 표시등 및 전압계를 설치한다.

문제 52

출제년도「96.」 ·점수 : 5점

비상경보설비에 사용되는 축전지 설비의 절연저항 시험은 직류 500[V]의 절연저항계로 측정하여 다음의 경우 몇 [MΩ] 이상이어야 하는가?
(1) 축전지 설비의 절연된 충전부와 외함간의 절연저항
(2) 축전지 설비의 교류입력측과 외함간의 절연저항
(3) 축전지 설비의 절연된 선로간의 절연저항

답안작성
(1) 5[MΩ]
(2) 20[MΩ]
(3) 20[MΩ]

문제 53

출제년도「98. 02.」 ·점수 : 8점

비상경보설비 및 비상방송설비에 대한 다음 각 물음에 답하시오.
(1) 비상벨설비 또는 자동식 사이렌설비는 부식성가스 또는 습기 등으로 인하여 부식의 우려가 없는 장소에 설치하되, 발신기의 조작스위치는 바닥으로부터 몇 [m] 이상 몇 [m] 이하의 높이에 설치하여야 하는가?
(2) 비상방송설비에서 음량조정기를 설치하는 경우 음량조정기의 배선은 어떻게 하여야 하는가?
(3) 단독경보형 화재경보기는 소방대상물의 각 실마다 설치하여야 한다. 바닥면적이 600[m^2]인 경우에는 최소 몇 개를 설치하여야 하는가?
(4) 지하 2층, 지상 7층 건물에서 5층의 확성기 또는 배선이 단락 또는 단선되었다. 화재통보에 지장이 없어야 할 층을 모두 적으시오.

답안작성

(1) 0.8[m] 이상 1.5[m] 이하
(2) 3선식 배선
(3) 4개
(4) 지하 1층, 지하 2층, 지상 1층, 지상 2층, 지상 3층, 지상 4층, 지상 6층, 지상 7층

해설

(1), (2) 비상방송설비의 설치기준
① 확성기의 음성입력
  ㉠ 실외 : 3[W]   ㉡ 실내 : 1[W]
② 확성기는 각 층 마다 설치하고 그 층의 각 부분으로부터 하나의 확성기까지의 **수평거리가 25[m] 이하**가 되도록 하여야 한다.
③ 음량조정기를 설치하는 경우 **음량조정기의 배선은 3선식**으로 하여야 한다.
④ 조작부의 **조작스위치**는 바닥으로부터 **0.8[m] 이상 1.5[m] 이하의 높이에 설치**한다.
⑤ 조작부는 기동장치의 작동과 연동하여 당해 기동장치가 작동한 층 또는 구역을 표시할 수 있는 것으로 한다.
⑥ 증폭기 및 조작부는 수위실 등 상시 사람이 근무하는 장소로서 점검이 편리하고 방화상 유효한 곳에 설치한다.
⑦ 다른 방송설비와 공용하는 것에 있어서는 화재 시 비상경보 외의 방송을 차단할 수 있는 구조로 하여야 한다.
⑧ 기동장치에 의한 **화재신고를 수신한 후** 필요한 음량으로 **방송이 개시될 때까지의 소요시간은 10초 이하**로 하여야 한다.
⑨ 1경계구역마다 직류 250[V] 절연저항계로 측정한 절연저항이 0.1[MΩ] 이상이 되어야 한다.
⑩ **증폭기의 전면에는** 주회로의 전원이 정상인지의 여부를 표시할 수 있는 **표시등 및 전압계를 설치**한다.

(3) 단독경보형감지기 설치기준
① 각 실마다 설치하되, 바닥면적이 150 [m²]를 초과하는 경우에는 **150 [m²]마다 1개 이상 설치**할 것
② 최상층의 계단실의 천장(외기가 상통하는 계단실의 경우를 제외한다)에 설치할 것
③ 건전지를 주전원으로 사용하는 단독경보형감지기는 정상적인 작동상태를 유지할 수 있도록 건전지를 교환할 것
④ 상용전원을 주전원으로 사용하는 단독경보형감지기의 2차전지는 법 제39조 규정에 따른 성능시험에 합격 한 것을 사용할 것
⑤ 단독경보형감지기 필요수량

$$단독경보형감지기 = \frac{바닥면적}{기준면적} = \frac{600}{150} = 4개$$

(4) 화재로 인하여 하나의 층의 확성기 또는 배선이 단락 또는 단선되어도 다른 층의 화재통보에는 지장이 없어야 한다.

출제년도 「96.」 •점수 : 10점

문제 54 다음 그림은 자동화재탐지설비의 미완성 결선도이다. 경종단락보호장치를 수신기에 내장할 때 범례를 참고하여 결선도를 완성하시오.

【범례】
A : 발신기선(응답선)
B :
C : 공통(−)선
D : 지구회로선
1 : 표시등선
2 : 벨·표시등 공통선
3 : 벨·표시등 공통선
4 : 벨선

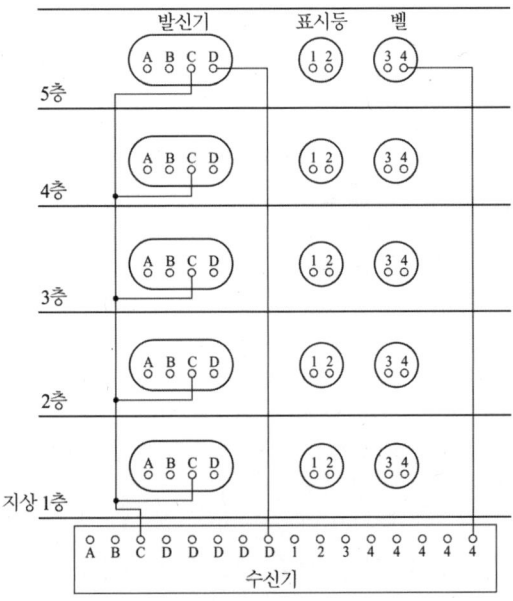

답안작성

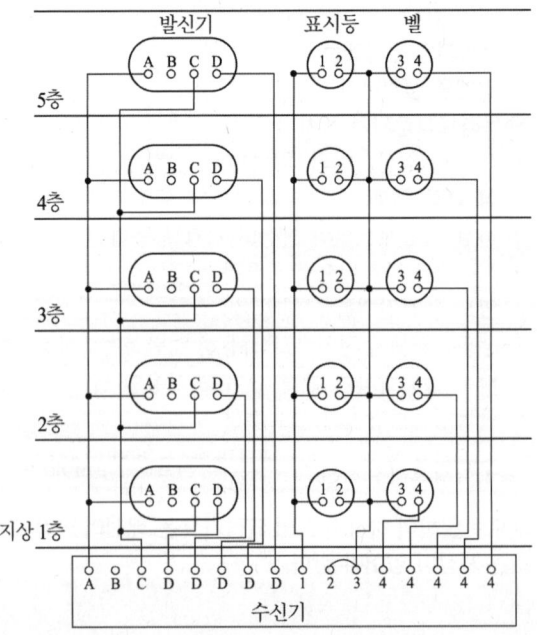

▼해설

(1) **우선경보방식**
   ① 경보방법 : 화재발생시 안전하고 신속한 대피를 위하여 **화재가 발생한 층과 그 직상층**부터 우선하여 별도로 경보하는 방식

화재층	경보층
1층	발화층, 그 직상 4개층, 지하층
2층 이상	발화층, 그 직상 4개층
지하층	발화층, 그 직상층, 기타의 지하층

   ② 소방대상물 규모 : **11층(공동주택의 경우 16층) 이상**
   ③ 경종단락보호장치를 수신기에 내장하는 경우 : 기본 6가닥 + 추가 2가닥(지구선 1, 벨(경종) 1)

전선	내용	추가	비고
1	응답선		
2	지구선(회로선)	*	경계구역 수 증가분만큼 추가
3	지구 공통선		
4	지구 경종선	*	층마다 추가
5	표시등선		
6	지구경종·표시등 공통선		

(2) **일제경보방식**
   ① 경보방법 : 화재 발생시 **모든층에 동시에 경보**하는 방식
   ② 소방대상물 규모 : **11층(공동주택의 경우 16층) 미만**
   ③ 경종단락보호장치를 발신기세트마다 설치하는 경우 : 기본 6가닥 + 추가 1가닥(지구선 1)

전선	내용	추가	비고
1	응답선		
2	지구선(회로선)	*	경계구역 수 증가분만큼 추가
3	지구 공통선		
4	지구 경종선		
5	표시등선		
6	지구경종·표시등 공통선		

(3) 발신기 결선도

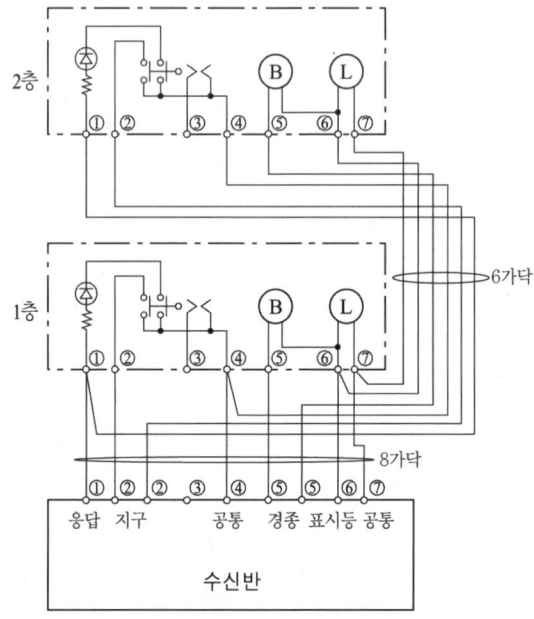

경종단락보호장치를 수신기에 내장하는 경우

문제 55 출제년도 「98. 01.」 •점수 : 8점

다음 그림은 P형 1급 수신기의 미완성 결선도이다. 이 결선도를 보고 각 물음에 답하시오. (단, 전화선을 사용하는 조건임)

(1) 결선도의 경보방식은 무슨 경보방식이라 하는가?
(2) ⓐ~ⓔ의 각 전선의 용도별 명칭은 무엇인가?
　　ⓐ　　　　　　　ⓑ　　　　　　　ⓒ
　　ⓓ　　　　　　　ⓔ
(3) 미완성으로 남아있는 ③번 회로의 결선을 완성하시오.

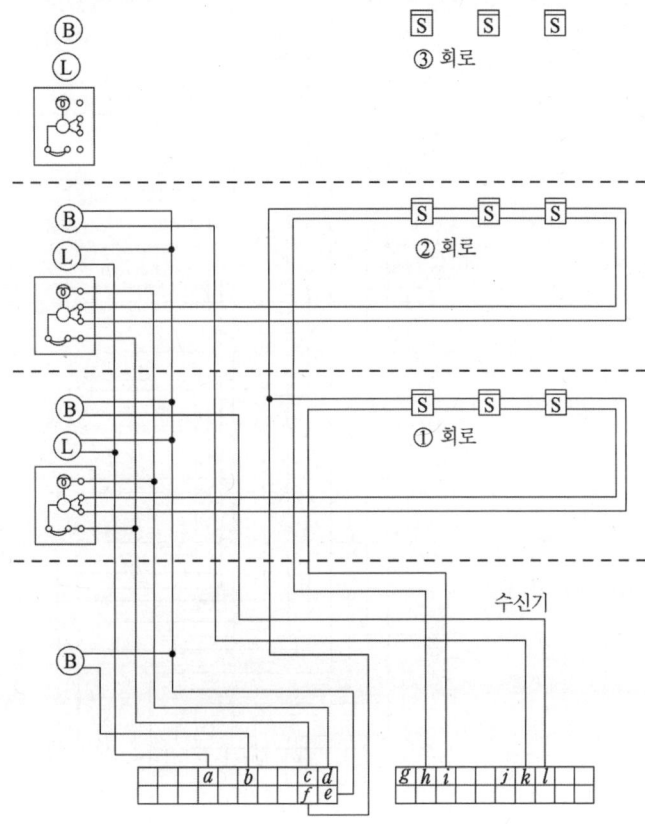

답안작성

(1) 일제경보방식
(2) ⓐ 표시등선
　　ⓑ 주경종선
　　ⓒ 전화선
　　ⓓ 응답선
　　ⓔ 경종표시등 공통선

(3)

▼해설●●

(1) 전선 가닥수 산정
   ① 일제경보방식중 경종단락보호장치를 발신기세트마다 설치 시 : 기본 6가닥 + 추가 1가닥 (지구선 1)
   ② 경종단락보호장치를 수신기 내부에 설치 : 기본 6가닥 + 추가 2가닥(지구선 1, 벨(경종) 1)
   ③

내 용	기본가닥수	회로 추가 시 추가 전선 가닥수	
		일제경보방식	우선경보방식
응 답 선	1		
지구선(회로선)	1	*	*
지구 공통선	1		
지구 경종선	1		*(경종단락보호장치가 수신기 내부 설치)
표시등선	1		
지구경종·표시등 공통선	1		
합 계	6		

(2) 전선의 명칭

기 호	전선의 명칭
ⓐ	표시등선
ⓑ	주경종선
ⓒ	전 화 선
ⓓ	응 답 선
ⓔ	지구경종·표시등 공통선
ⓕ	지구공통선
ⓖ	지구선 3
ⓗ	지구선 2
ⓘ	지구선 1
ⓙ	경종선 3
ⓚ	경종선 2
ⓛ	경종선 1

문제 56 출제년도 「97. 00. 05.」 •점수 : 5점

지상 5층의 자동화재탐지설비에서 수신기를 1층에 설치할 때 입상계통도를 그리고 입상전선의 최소 가닥수를 표시하시오. 단, 경보방식은 일제경보방식으로 하고 수신기는 P형 1급 5회로용으로 한다. 발신기세트마다 경종단락보호장치를 설치한다.

5층 ──────────────

4층 ──────────────

3층 ──────────────

2층 ──────────────

1층 ──────────────

답안작성

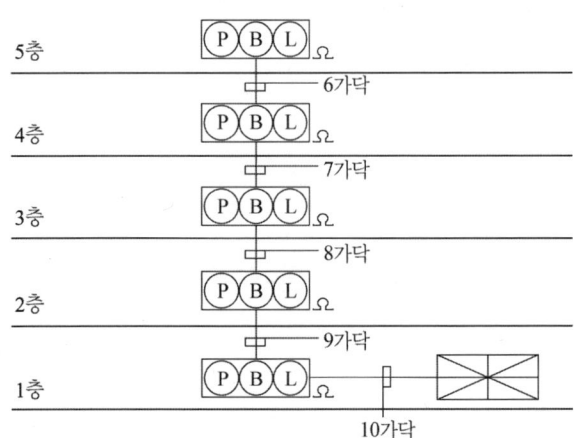

[간선계통도 및 최소 전선 수]

해설

내 용	추가	4층	3층	2층	1층	수신기
응답선		1	1	1	1	1
지구선(회로선)	*	1	2	3	4	5
지구 공통선		1	1	1	1	1
지구 경종선		1	1	1	1	1
표시등선		1	1	1	1	1
지구경종, 표시등 공통선		1	1	1	1	1
합 계		6	7	8	9	10

* 회로 증가시 마다 일제 경보방식에서는 지구선(회로선)만 1가닥씩 추가

문제 57 자동화재탐지설비의 조건을 보고 다음 각 물음에 답하시오.

출제년도 「96.」 •점수 : 16점

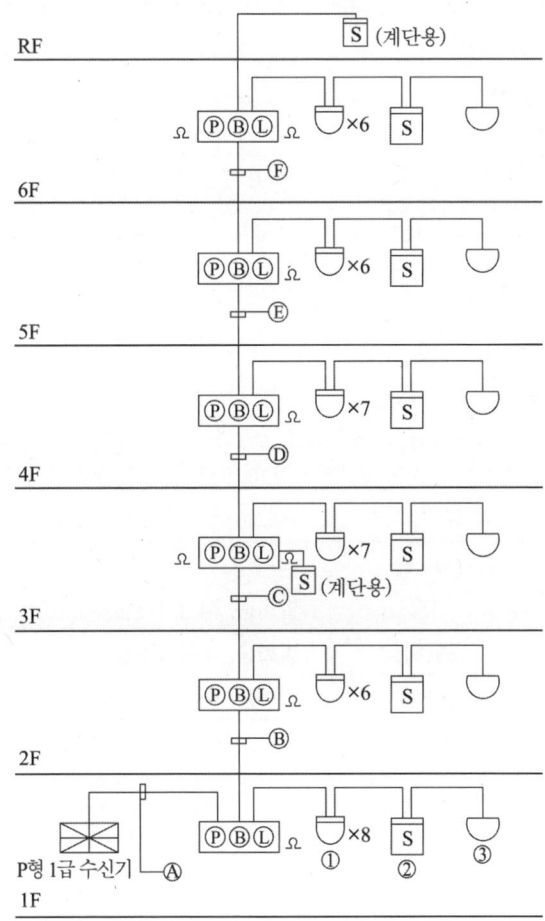

조건

- 설비의 설계는 경제성을 고려하여 선정한다.
- 건물의 연면적은 5,500 [m²] 이다.
- 공통선은 상층에서부터 기준으로 시작하여 회로를 설정한다.
- 벨과 표시등의 공통선은 회로 공통선과 별도로 하되 최소의 전선수로 한다.
- 경종단락보호장치를 수신기 내부에 설치한다.

(1) 계통도상의 Ⓐ~Ⓕ의 전선가닥수는 최소 몇 가닥이 필요한가?
(2) 계통도상의 발신기 세트에 내장되어 있는 주요 부분 3가지를 쓰시오.
(3) 그림기호 ①은 어떤 감지기의 그림기호인가?

(4) 그림기호 ②는 연기감지기이다. 이 감지기를 "매입형"으로 공사할 때의 그림기호를 그리시오.
(5) 그림기호 ③은 정온식 스포트형이다. "방수"인 것을 표시한 때의 그림기호를 그리시오.

답안작성

(1) Ⓐ 19가닥   Ⓑ 16가닥   Ⓒ 14가닥   Ⓓ 11가닥   Ⓔ 9가닥   Ⓕ 7가닥
(2) ① 발신기   ② 경종   ③ 표시등
(3) 차동식 스포트형 감지기
(4) ⊡S⊡
(5) ▽

▼해설

(1) 전선의 가닥수
  ① 소방대상물 규모 : 11층(공동주택의 경우 16층) 미만이므로 일제경보방식
  ② 경보방법 : 화재발생시 안전하고 신속한 대피를 위하여 화재가 발생한 층을 포함한 모든 층이 경보

화재층	경보층
1층	발화층, 직상 4개층, 지하층
2층 이상	발화층, 직상 4개층
지하층	발화층, 직상층, 기타의 지하층

  ③ 경종단락보호장치를 수신기 내부에 설치 시 최소 전선 가닥수 :

내 용	추가	F	E	D	C	B	A
응 답 선		1	1	1	1	1	1
지구선(회로선)	*	2(계단)	3	4	6(계단)	7	8
지구 공통선		1	1	1	1	1	1+1
지구 경종선	*	1	2	3	4	5	6
표시등선		1	1	1	1	1	1
지구경종, 표시등 공통선		1	1	1	1	1	1
합 계		7	9	11	14	16	19

• Ⓕ 에는 RF층의 계단용 연기감지기의 지구선 1가닥 추가
• Ⓒ 에는 계단용 연기감지기의 지구선 1가닥 추가
• Ⓐ 에는 **경계구역(지구선)이 8개소로 7개소를 초과 하므로 지구 공통선 1가닥 추가**
• * 표시 중 지구선은 추가 회로 수만큼, 경종은 층수만큼 전선가닥수 추가

(2) 발신기 세트 : 발신기, 경종, 표시등으로 구성

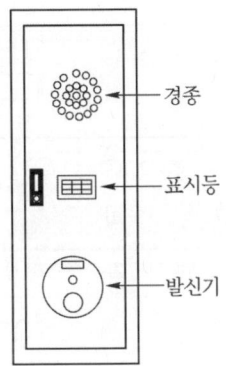

(3)~(5) 옥내배선용 그림기호(자동화재탐지설비)

명칭	그림기호	적요
차동식 스포트형 감지기	⌒	필요에 따라 종별을 표기한다.
보상식 스포트형 감지기	⌒	필요에 따라 종별을 표기한다.
정온식 스포트형 감지기	⌒	(1) 필요에 따라 종별을 표기한다. (2) 방수인 것은 ⌒ 로 한다. (3) 내산인 것은 ⌒ 로 한다. (4) 내알칼리인 것은 ⌒ 로 한다. (5) 방폭인 것은 EX를 표기한다.
연기 감지기	S	(1) 필요에 따라 종별을 표기한다. (2) 점검 박스 붙이인 경우는 S 로 한다. (3) 매입인 것은 S 로 한다.

문제 58 〔출제년도「97. 00. 03. 04.」 •점수 : 8점〕

그림과 같은 자동화재탐지설비 계통도를 보고 다음 각 물음에 답하시오. 단, 설치 대상 건물의 연면적은 5,000 [m²]이다. 경종단락보호장치를 수신기 내부에 설치

(1) ㉠~㉤의 전선가닥수는 각각 몇 개인가? 단, 종단저항은 감지기 말단에 설치한 것으로 한다.
(2) ㉥의 명칭은 무엇인가?
(3) 계통도상에 주어져 있는 전선 내역을 참조하여 ㉤ 전선의 내역을 쓰시오.
(4) 계통도상에 주어져 있는 전선 내역을 참조하여 ㉠ 전선의 내역을 쓰시오.

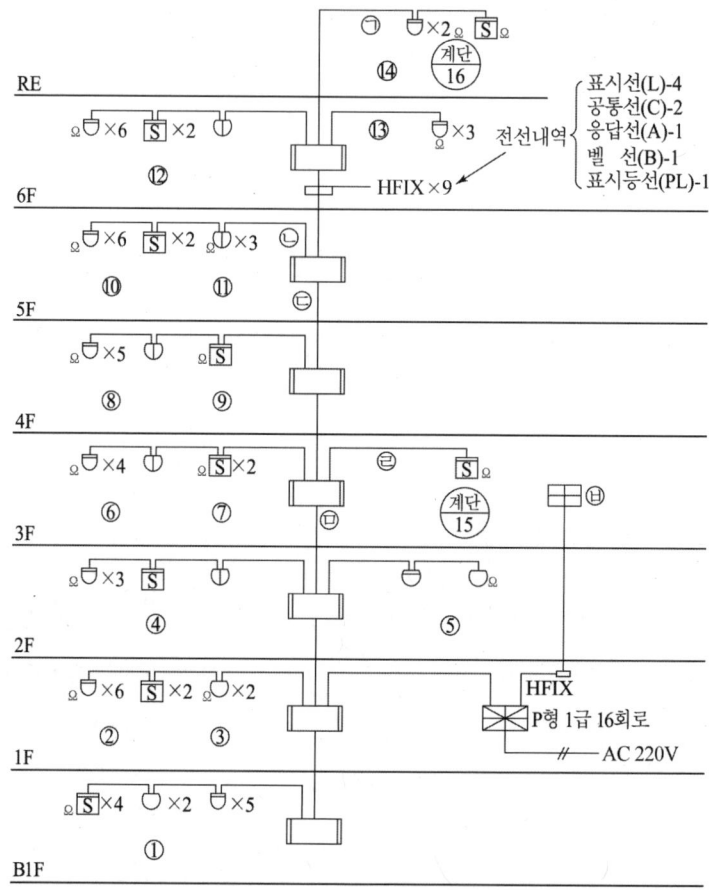

답안작성

(1) ㉠ 4가닥   ㉡ 4가닥   ㉢ 12가닥   ㉣ 2가닥   ㉤ 20가닥
(2) 부수신기
(3) 표시선(지구선) 11, 공통선 3, 응답선 1, 전화선 1, 벨선 4, 표시등선 1
(4) 표시선(지구선) 2, 공통선 2

▼해설

(1) **우선경보방식**

① 경보방법 : 화재발생시 안전하고 신속한 대피를 위하여 **화재가 발생한 층과 그 직상층**부터 우선하여 별도로 경보하는 방식

화재층	경보층
1층	발화층, 그 직상 4개층, 지하층
2층 이상	발화층, 그 직상 4개층
지하층	발화층, 그 직상층, 기타의 지하층

② 소방대상물 규모 : **11층(공동주택의 경우 16층) 이상**
③ 우선경보방식의 최소 전선 가닥수 : 기본 6가닥 + 추가 2가닥(지구선 1, 벨(경종) 1)

전선	내용	추가	비고
1	응답선		
2	지구선(회로선)	*	경계구역 수 증가분만큼 추가
3	지구 공통선		
4	지구 경종선	*	층마다 추가
5	표시등선		
6	지구경종·표시등 공통선		

(2) **일제경보방식**
① 경보방법 : 화재 발생시 **모든층에 동시에 경보**하는 방식
② 소방대상물 규모 : **11층(공동주택의 경우 16층) 미만**
③ 일제경보방식의 최소 전선 가닥수 : 기본 6가닥 + 추가 1가닥 (지구선 1)

전선	내용	추가	비고
1	응답선		
2	지구선(회로선)	*	경계구역 수 증가분만큼 추가
3	지구 공통선		
4	지구 경종선		
5	표시등선		
6	지구경종·표시등 공통선		

(3) 종단저항을 감지기 말단에 설치

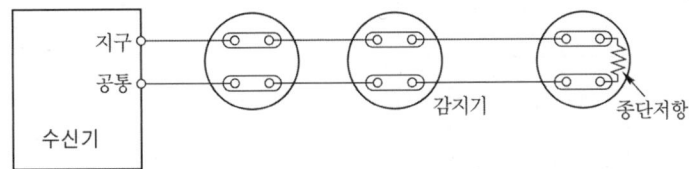

(4) 층별 경계구역 수

층 별	번호	경계구역 수
RE	⑭, 계단⑯	2
6F	⑫, ⑬	2
5F	⑩, ⑪	2
4F	⑧, ⑨	2
3F	⑥, ⑦, 계단⑮	3
2F	④, ⑤	2
1F	②, ③	2
B1F	①	1
합 계		16회로

(5) 감지기 회로 공통선은 경계구역 7개 이하에 접속
(6) 전선 가닥수 산정
경종단락보호장치를 수신기 내부에 설치하는 경우 : 기본 6가닥 + 추가 2가닥(지구(회로)1, 벨(경종) 1)

내용	추가	㉠	㉡	㉢	㉣	㉤
응답선(A)				1		1
표시선(L)	*	2	2	6	1	11
표시 공통선(C)		2	2	1	1	2
지구 경종선(B)	*			2		4
표시등 선(PL)				1		1
지구경종, 표시등 공통선(C)				1		1
합 계		4	4	12	2	20

* ㉠, ㉡의 표시공통선이 2선이어야 하는 이유 : 표시 공통선이 단선된 경우 도통시험 때 2개 경계구역이 동시에 "단선"으로 표시되어 마치 1개 경계구역인 것처럼 나타나기 때문임.

제1장 | 경보설비

(7) 옥내배선 기호

명 칭	그림기호	적 요
수 신 기	⊠	다른 설비의 기능을 가진 경우는 필요에 따라 해당 설비의 그림기호를 같이 적는다. 【예】가스누설 경보설비와 일체인 것 ⊠▽ 가스누설 경보설비 및 방배연 연동과 일체인 것 ⊠▽
부 수신기 (표시기)	▭	
경계구역번호	○	(1) ○ 에 경계구역 번호를 넣는다. (2) 필요에 따라 ⊖로 하고, 상부에 필요사항, 하부에 경계구역 번호를 넣는다.
차동식 스포트형 감지기	▽	필요에 따라 종별을 표기한다.
정온식 스포트형 감지기	▽	(1) 필요에 따라 종별을 표기한다. (2) 방수인 것은 ▽로 한다.
연기감지기	S	(1) 필요에 따라 종별을 표기한다. (2) 점검 박스 붙이인 경우는 S 로 한다. (3) 매입인 것은 S 로 한다.

문제 59 출제년도「97. 01. 02.」 •점수 : 15점

도면은 어느 사무실 건물의 1층 자동화재탐지설비의 미완성 평면도를 나타낸 것이다. 이 건물은 지상 3층으로 각 층의 평면은 1층과 동일하다고 할 경우 평면도 및 주어진 조건을 이용하여 다음 각 물음에 답하시오.

(1) 도면의 P형 1급 수신기는 최소 몇 회로용을 사용하여야 하는가?
(2) 수신기에서 발신기 세트까지의 배선가닥수는 몇 가닥이며, 여기에 사용되는 후강전선관은 몇 [mm]를 사용하는가?
  • 전선가닥수 :
  • 배관 :
(3) 연기감지기를 매입인 것으로 사용한다고 하면 그림기호는 어떻게 표시하는가?
(4) 배관 및 배선을 하여 자동화재탐지설비의 도면을 완성하고 배선가닥수를 표기하도록 하시오.

(5) 간선계통도를 그리시오.

조건

- 계통도 작성 시 각층 수동발신기는 1개씩 설치하는 것으로 한다.
- 계단실의 감지기는 설치를 제외한다.
- 간선의 사용전선은 HFIX 전선 2.5[mm^2]이며, 공통선은 발신기 공통 1선, 경종·표시등 공통 1선을 각각 사용한다.
- 경종단락보호장치를 발신기세트마다 설치하는 조건임.
- 계통도 작성 시 전선수는 최소로 한다.
- 전선관 공사는 후강전선관으로 콘크리트 내 매입 시행한다.
- 각 실은 이중천장이 없는 구조이며, 천장에 감지기를 바로 취부한다.
- 각 실의 바닥에서 천장까지 높이는 2.8[m]이다.
- 후강전선관의 굵기 표는 다음과 같다.

도체 단면적 [mm^2]	전선 본 수									
	1	2	3	4	5	6	7	8	9	10
	전선관의 최소 굵기 [mm]									
2.5	16	16	16	16	22	22	22	28	28	28
4	16	16	16	22	22	22	28	28	28	28
6	16	16	22	22	22	28	28	28	36	36
10	16	22	22	28	28	36	36	36	36	36

[도면]

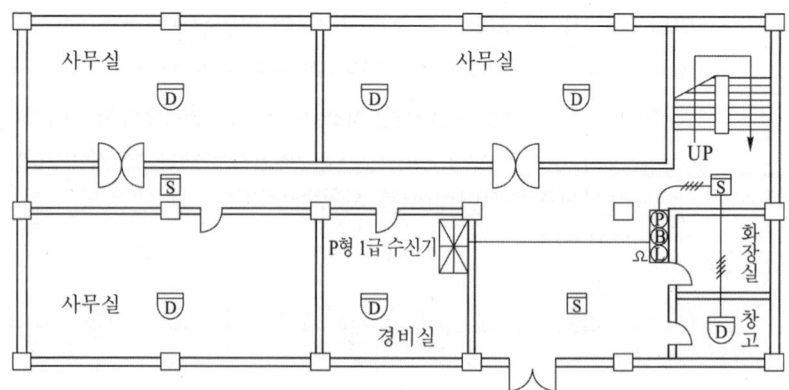

답안작성

(1) 5회로
(2) ① 8가닥   ② 28[mm]
(3) ⟨S⟩

(4)

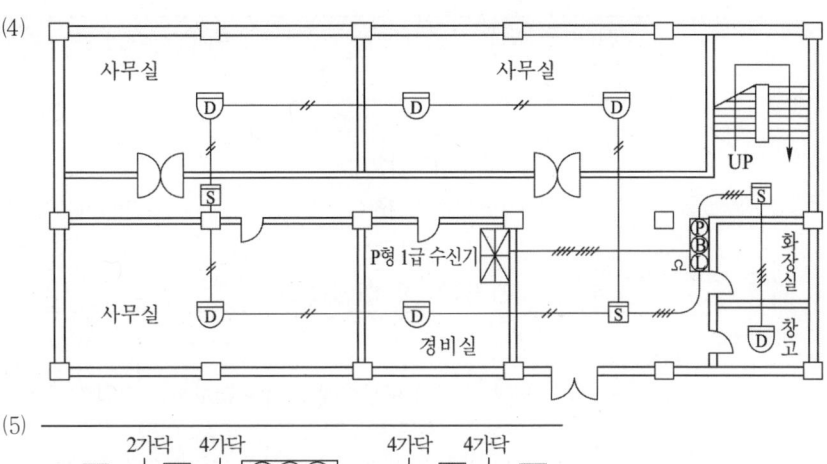

(5)

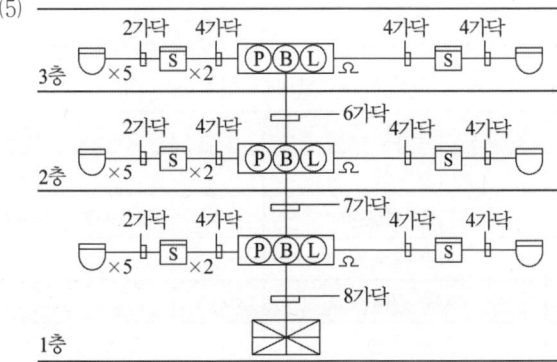

▼해설

(1) 각 층에 수동발신기를 1개 설치하므로 최소 3회로용(지상 3층)의 P형 1급 수신기를 사용하여야 하나 P형 1급 수신기의 최소 회로수인 5회로용을 선정

(2) 1) **우선경보방식**
  ① 경보방법 : 화재발생시 안전하고 신속한 대피를 위하여 **화재가 발생한 층과 그 직상층**부터 우선하여 별도로 경보하는 방식

화재층	경보층
1층	발화층, 그 직상 4개층, 지하층
2층 이상	발화층, 그 직상 4개층
지하층	발화층, 그 직상층, 기타의 지하층

  ② 소방대상물 규모 : **11층(공동주택의 경우 16층) 이상**
  ③ 경종단락보호장치를 수신기 내부에 설치하는 경우 : 기본 6가닥 + 추가 2가닥(지구선 1, 벨(경종) 1)

전선	내용	추가	비고
1	응답선		
2	지구선(회로선)	*	경계구역 수 증가분만큼 추가
3	지구 공통선		
4	지구 경종선	*	층마다 추가
5	표시등선		
6	지구경종·표시등 공통선		

2) **일제경보방식**
　① 경보방법 : 화재 발생시 **모든층에 동시에 경보**하는 방식
　② 소방대상물 규모 : **11층(공동주택의 경우 16층) 미만**
　③ 일제경보방식의 최소 전선 가닥수 : 기본 6가닥 + 추가 1가닥 (지구선 1)
　※ 경종단락보호장치를 발신기세트마다 설치하는 경우

전선	내용	추가	비고
1	응답선		
2	지구선(회로선)	*	경계구역 수 증가분만큼 추가
3	지구 공통선		
4	지구 경종선		
5	표시등선		
6	지구경종·표시등 공통선		

3) HFIX 전선 2.5[mm^2] 8가닥이므로 후강전선관 표에서 28[mm] 선정

(3) **옥내배선기호**

명　칭	그림기호	적　요
차동식 스포트형 감지기	⌔	필요에 따라 종별을 표기한다.
보상식 스포트형 감지기	⌒	필요에 따라 종별을 표기한다.
정온식 스포트형 감지기	⌣	(1) 필요에 따라 종별을 표기한다. (2) 방수인 것은 ⌣로 한다. (3) 내산인 것은 ⌣로 한다. (4) 내알칼리인 것은 ⌣로 한다. (5) 방폭인 것은 EX를 표기한다.
연기 감지기	[S]	(1) 필요에 따라 종별을 표기한다. (2) 점검 박스 붙이인 경우는 [S]로 한다. (3) 매입인 것은 [S]로 한다.

(4) ① 감지기회로 방식 : 송배선 방식
    ② 종단저항을 발신기 함에 취부

문제 60 출제년도「96, 99.」 •점수 : 10점

다음 도면은 자동화재탐지설비의 평면도를 나타낸 것이다. 이 도면을 보고 다음 각 물음에 답하시오. 단, 모든 배관은 슬라브 내 매입배관이며 이중 천장이 없는 구조이다.

(1) 도면의 잘못된 부분(배관 및 배선)을 고쳐서 올바른 도면으로 그리시오. 단, 배관 및 배선 가닥수는 최소화하여 적용한다.

【자동화재탐지설비 평면도 (축척 : 없음)】

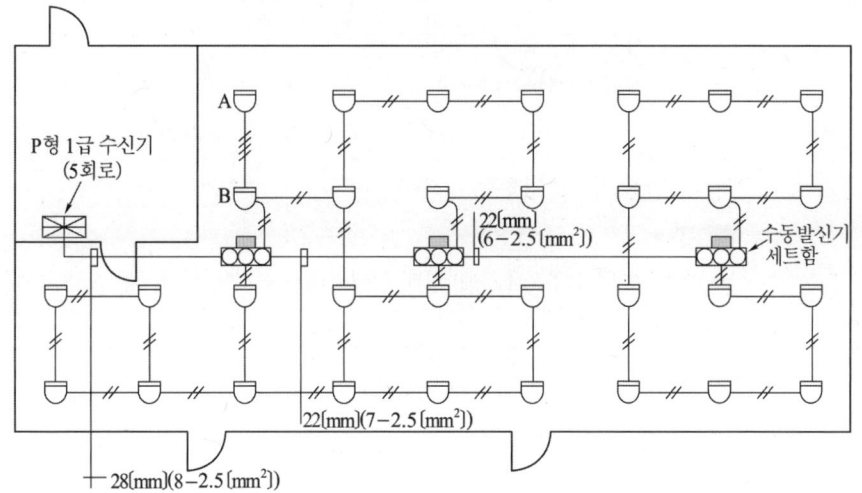

	범 례
⌒	차동식 스포트형 감지기(2종)
⬚⬚⬚⬚	수동발신기 세트함
⊠ 5회로	수신기 P형 1급 (5회로)

(2) A-B 사이의 전선관은 최소 몇 [mm]를 사용하면 되는가?
(3) 수동 발신기 세트함에는 어떤 것들이 내장되는가?

답안작성

(1)
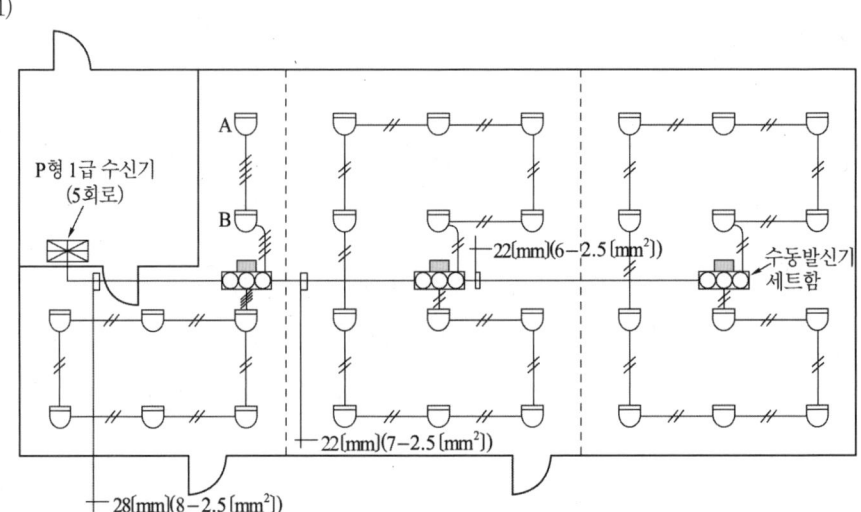

(2) 16 [mm]
(3) ① 발신기   ② 경종   ③ 표시등

▼해설

(1) 경계구역별로 루프(Loop) 형태로 배관배선을 하면 된다. 즉, 도면의 점선과 같이 3개의 경계구역으로 나눌 수 있다.
(2) HFIX 1.5 [mm²] 전선 4가닥은 16[mm] 후강전선관을 사용하면 된다.
(3) 발신기 세트 단독형 : 발신기, 경종, 표시등으로 구성

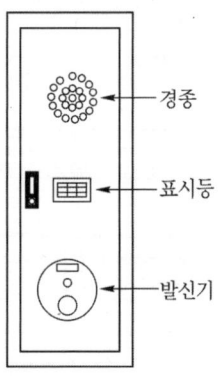

출제년도 「98. 19.」 •점수 : 12점

문제 61 도면은 지하 3층, 지상 7층으로 연면적 5,500 [m²]인 건물에 자동화재탐지설비를 시설한 계통도이다. 도면을 보고 다음 각 물음에 답하시오. 단, 지상층 각 층의 높이는 3 [m]이고, 지하층 각 층의 높이는 3.1 [m]이다. 경종단락보호장치를 수신기 내부에 설치하는 조건임.

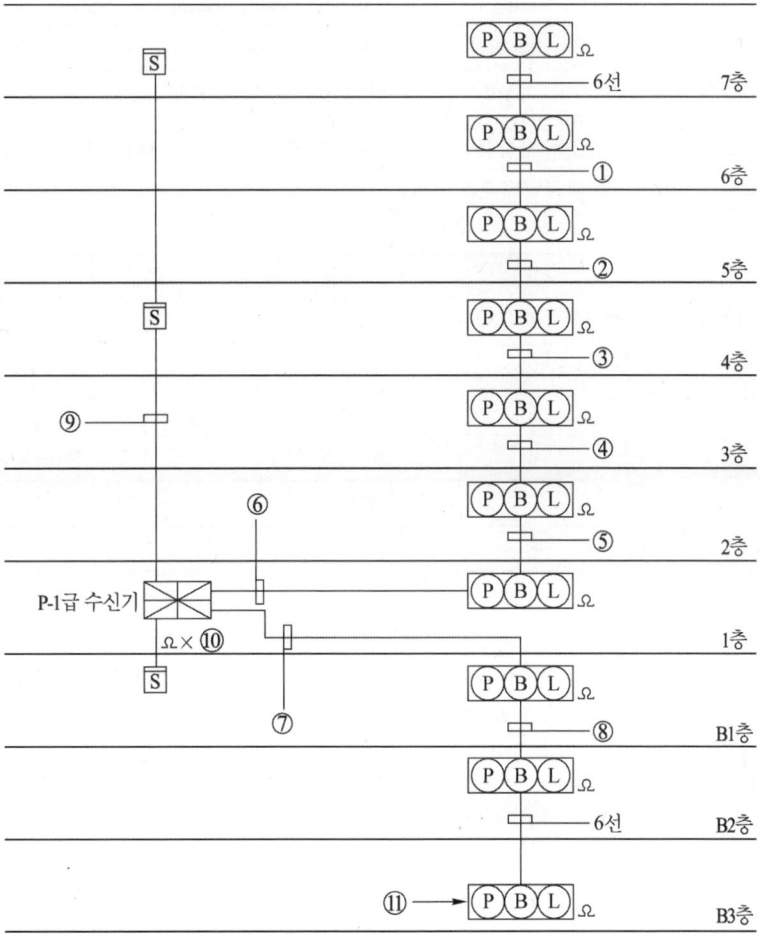

(1) ①~⑨까지에 배선되는 가닥수는 최소 몇 가닥이 필요한가?
(2) ⑩ 에는 종단저항이 몇 개가 필요한가?
(3) ⓅⒷⓁ는 무엇인가?

답안작성

(1) ① 8가닥   ② 10가닥   ③ 12가닥   ④ 14가닥   ⑤ 16가닥
   ⑥ 18가닥   ⑦ 10가닥   ⑧ 8가닥   ⑨ 4가닥
(2) 2개
(3) 발신기 세트 단독형

▼해설

(1) ① **우선경보방식**
　㉠ 경보방법 : 화재발생시 안전하고 신속한 대피를 위하여 **화재가 발생한 층과 그 직상층**부터 우선하여 별도로 경보하는 방식

화재층	경보층
1층	발화층, 그 직상층, 지하층
2층 이상	발화층, 그 직상층
지하층	발화층, 그 직상층, 기타의 지하층

　㉡ 소방대상물 규모 : **11층(공동주택의 경우 16층) 이상**
　㉢ 경종단락보호장치를 수신기 내부에 설치하는 경우 : 기본 6가닥 + 추가 2가닥(지구선 1, 벨(경종) 1)

전선	내용	추가	비고
1	응답선		
2	지구선(회로선)	*	경계구역 수 증가분만큼 추가
3	지구 공통선		
4	지구 경종선	*	층마다 추가
5	표시등선		
6	지구경종·표시등 공통선		

② **일제경보방식**
　㉠ 경보방법 : 화재 발생시 **전층에 동시에 경보**하는 방식
　㉡ 소방대상물 규모 : **11층(공동주택의 경우 16층) 미만**
　㉢ 일제경보방식의 최소 전선 가닥수 : 기본 6가닥 + 추가 1가닥 (지구선 1)
　　(경종단락보호장치를 발신기세트마다 설치하는 경우)

전선	내용	추가	비고
1	응답선		
2	지구선(회로선)	*	경계구역 수 증가분만큼 추가
3	지구 공통선		
4	지구 경종선		
5	표시등선		
6	지구경종·표시등 공통선		

③ 전선가닥수 산정

조건에 따라 전화선, 경종단락보호장치를 수신기 내부에 설치하는 경우이므로 지구 경종선은 층마다 1선 추가

내용	①	②	③	④	⑤	⑥	⑦	⑧	⑨
응답선	1	1	1	1	1	1	1	1	
지구선(회로선)	2	3	4	5	6	7	3	2	4
지구 공통선	1	1	1	1	1	1	1	1	
지구 경종선	2	3	4	5	6	7	3	2	
표시등선	1	1	1	1	1	1	1	1	
지구경종, 표시등 공통선	1	1	1	1	1	1	1	1	
합계	8	10	12	14	16	18	10	8	4

(2) **경계구역**

계단·경사로(에스컬레이터 경사로 포함)·엘리베이터권상기실·린넨슈트·파이프 피트 및 덕트 기타 이와 유사한 부분에 대하여는 별도로 경계구역을 설정하되, **하나의 경계구역은 높이 45 [m] 이하** (계단 및 경사로에 한한다)로 하고, 지하층의 계단 및 경사로(지하층의 층수가 1일 경우는 제외한다)는 별도로 하나의 경계구역으로 하여야 한다. 그러므로 지상층 1경계구역과 지하층1 경계구역을 합하여 2경계구역으로 한다.

(3) 발신기 세트 : 단독형과 옥내소화전내장형

발신기세트 단독형	ⓟⒷⓛ (세로)
발신기세트 옥내소화전내장형	ⓟⒷⓛ (사각형 안에 대각선)

문제 62

출제년도 「97.」 •점수 : 8점

그림과 같은 공기관식 차동식 분포형 감지기의 설치도면을 보고 다음 각 물음에 답하시오.

단, • 하나의 공기관의 총길이는 52 [m]이다.
  • 전체의 경계구역을 1경계구역으로 한다.
  • 본 건물은 내화구조이다.

(1) ⊠의 명칭은?
(2) 공기관의 설치와 배선의 가닥수 표시가 잘못된 부분이 있다. 잘못된 부분을 수정하여 전체 도면을 올바르게 작성하시오.
(3) △3의 공기관 표시는 어느 경우에 하는 것인가?

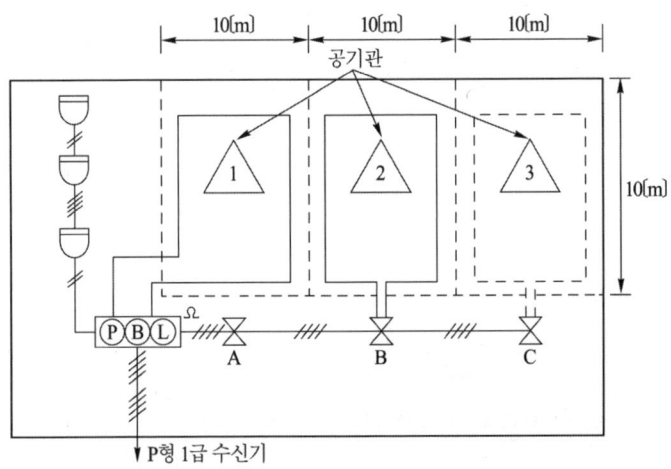

답안작성

(1) 차동식 분포형 감지기의 검출부
(2)
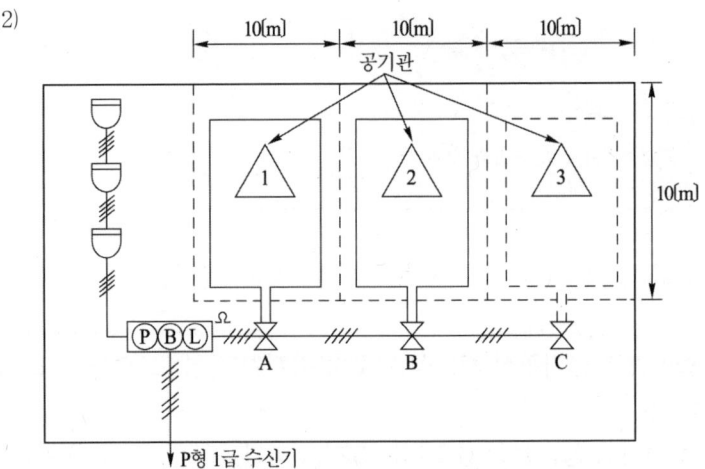
(3) 가건물 및 천장 안에 시설하는 경우

제1장 | 경보설비

▼해설

(1) 자동화재탐지설비

명칭	그림기호	적요
감지선	─⊙─	(1) 필요에 따라 종별을 같이 적는다. (2) 감지선과 전선의 접속점은 ──●── 로 한다. (3) 가건물 및 천장 안에 시설한 경우는 ──⊙── 로 한다. (4) 관통장소는 ─○─○─ 로 한다.
공기관	───	(1) 배선용 그림기호보다 굵게 한다. (2) 가건물 및 천장 안에 시설한 경우는 ────── 로 한다. (3) 관통장소는 ─○─○─ 로 한다.
열전대	■■■	가건물 및 천장 안에 시설하는 경우는 ─[ ]─ 로 한다.
차동식 분포형 감지기의 검출부	⋈	필요에 따라 종별을 같이 적는다.

(2) ① A 검출부 : 공기관은 차동식 분포형 감지기의 검출부에 연결되어야 한다.
② 감지기회로 : 송배선식으로 종단저항이 발신기에 설치되므로 감지기와 발신기 사이의 전선 가닥수는 4가닥이 되어야 한다.
(3) P형 수신기와 발신기 세트간 간선내역 :
6선(응답선, 지구선, 지구공통선, 지구 경종선, 표시등선, 지구경종 · 표시등 공통선)

문제 63 출제년도 「96. 04.」 •점수 : 16점

주어진 도면은 어떤 12층 건물에 대한 자동화재탐지설비의 평면도이다. 이 평면도를 보고 다음 각 물음에 답하시오. 발신기세트마다 경종단락보호장치를 설치함.
(1) 도면의 배관 배선이 잘못된 곳이 3개소(누락 또는 연결오류) 있다. 이곳을 지적하여 올바른 방법을 설명하시오. 단, 감지기 기호를 이용하여 답을 할 것
(2) ①~⑲까지는 최소 몇 가닥의 전선이 필요한가? 단, 수동 발신기간 배선은 처음 6선으로부터 결선 시작하는 것으로 한다.
(3) 소요되는 부싱은 최소 몇 개가 필요한가? 단, 크기에 관계없이 개수만 답하도록 한다.
(4) 도면에서 ㉠, ㉡은 어떤 감지기의 그림기호인가?

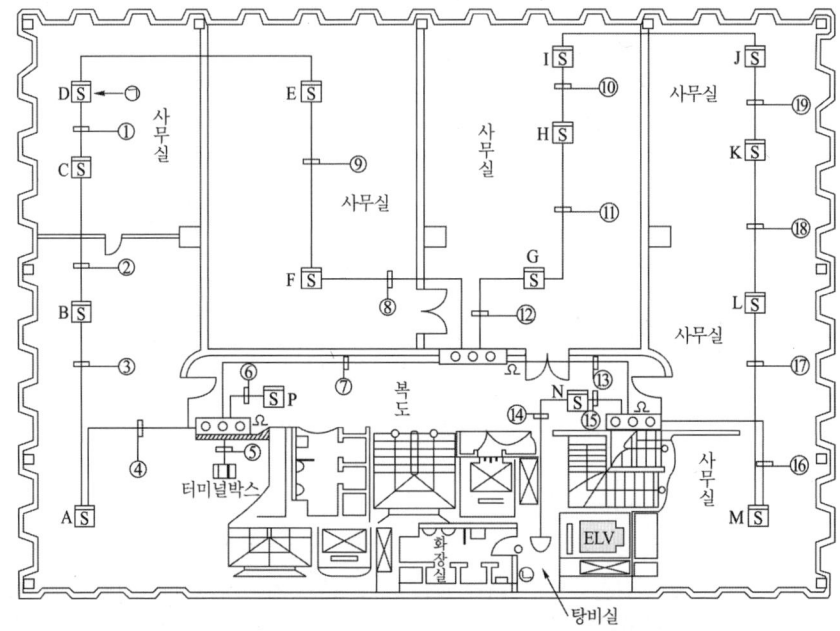

답안작성

(1)

잘못된 곳	올바른 방법
연기감지기 D와 E 사이에 배관배선이 연결	배관배선을 해체
연기감지기 E와 I 사이에 배관배선이 없다	배관배선을 연결
연기감지기 I와 J 사이에 배관배선이 연결	배관배선을 해체

(2) ① 4가닥   ② 4가닥   ③ 4가닥   ④ 4가닥   ⑤ 8가닥   ⑥ 4가닥   ⑦ 7가닥
    ⑧ 2가닥   ⑨ 2가닥   ⑩ 2가닥   ⑪ 2가닥   ⑫ 2가닥   ⑬ 6가닥   ⑭ 4가닥
    ⑮ 4가닥   ⑯ 4가닥   ⑰ 4가닥   ⑱ 4가닥   ⑲ 4가닥

(3) 40개

(4) ㉠ 연기감지기
    ㉡ 정온식 스포트형 감지기

▼해설

(1) ① 경계구역의 경계선은 복도, 통로, 방화벽 등을 기준
    ② 종단저항은 발신기 함에 내장, 종단저항이 3개이므로 경계구역의 수는 3이 된다.

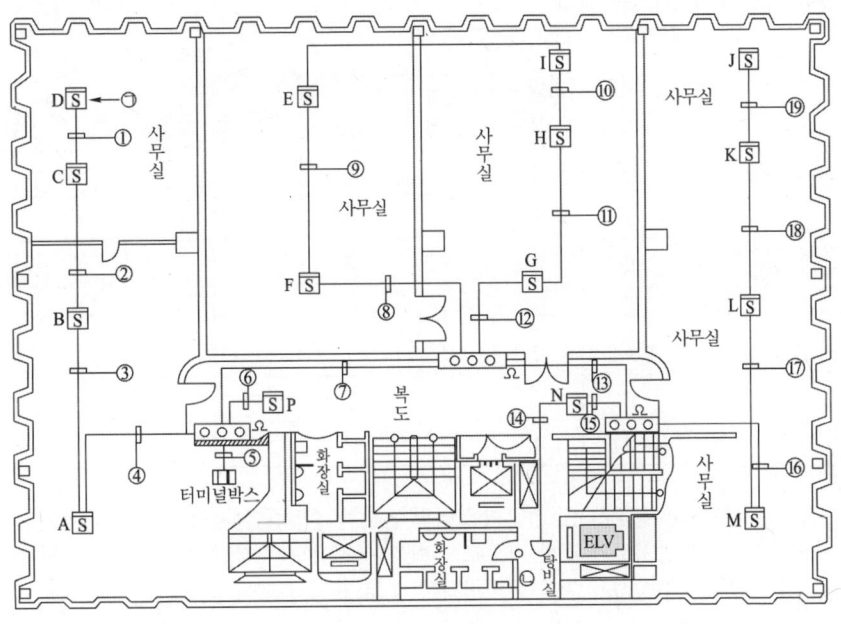

③ 감지기 배선도

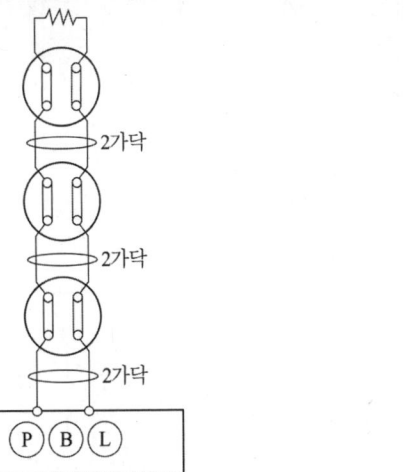
⟨종단저항이 말단 감지기에 설치된 경우⟩

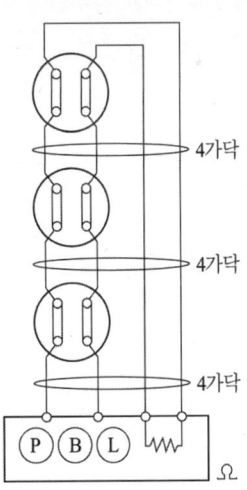
⟨종단저항이 발신기함 내부에 있는 경우⟩

(2) 가닥수 산정

기호	가닥수	배선의 용도						계
		회로공통	지구회로	응답	경종	표시등	경종표시공통	
①~④	4	2	2					4
⑤	8	1	3	1	1	1	1	8
⑥	4	2	2					4
⑦	7	1	2	1	1	1	1	7
⑧~⑫	2	1	1					2
⑬	6	1	1	1	1	1	1	6
⑭~⑲	4	2	2					4

(3) 부싱(Bushing) : 박스내의 전선관 종단에 설치되어 전선의 절연피복이 손상되는 것을 방지하기 위한 것으로서 박스에 접속되는 전선관의 수량과 동일
부싱설치 위치를 도면상에 ※ 로 표시하면 아래 도면과 같다.

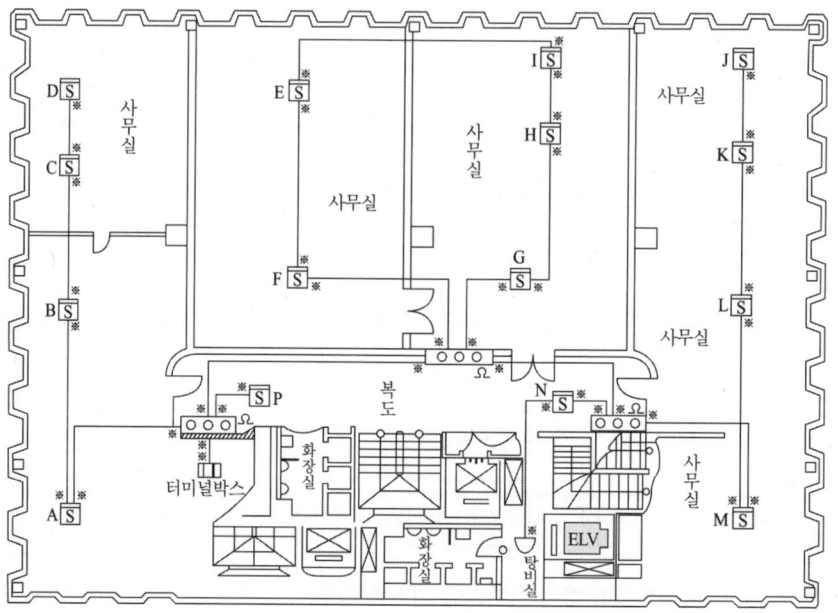

(4) 옥내배선 기호

명칭	그림기호	적요
차동식 스포트형 감지기	⌒	필요에 따라 종별을 표기한다.
보상식 스포트형 감지기	⌒	필요에 따라 종별을 표기한다.
정온식 스포트형 감지기	⌒	(1) 필요에 따라 종별을 표기한다. (2) 방수인 것은 ⌒로 한다. (3) 내산인 것은 ⌒로 한다. (4) 내알칼리인 것은 ⌒로 한다. (5) 방폭인 것은 EX를 표기한다.
연기 감지기	S	(1) 필요에 따라 종별을 표기한다. (2) 점검 박스 붙이인 경우는 S로 한다. (3) 매입인 것은 S로 한다.

출제년도 「97.」 •점수 : 11점

문제 64 그림은 자동화재탐지설비의 수신기와 수동발신기 세트함 간의 결선을 나타낸 약식도면이다. 이 도면을 보고 다음 각 물음에 답하시오.

(1) 발화직상 경보를 할 수 있도록 하기 위한 평면도의 ①~③에 배선되어야 할 전선가닥수는 최소 몇 가닥인가?
(2) 간선계통도를 그리고 입상 입하하는 간선수를 도면에 명기하시오.

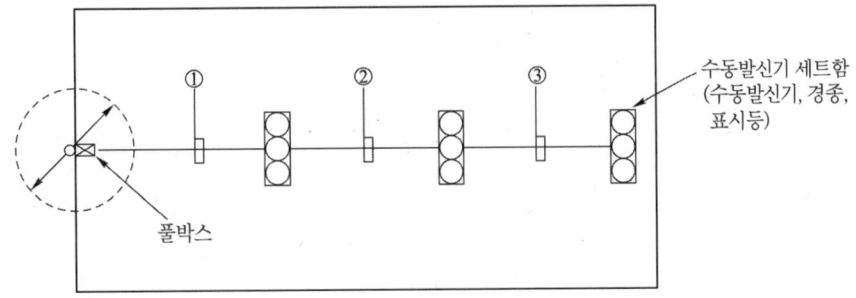

─── 조건 ───

• 건물은 지상 6층, 지하 1층인 건물이다.
• 배선은 최소 선수로 표시한다.
• 수동발신기 및 경종표시등 공통선은 6경계구역 초과시 별도로 결선한다.
• 수신기는 P형 1급 30회로이며, 지상 1층에 설치한다.
• 경종단락보호장치를 수신기 내부에 설치하는 경우임.

답안작성

(1) ① 8가닥 ② 7가닥 ③ 6가닥
(2)

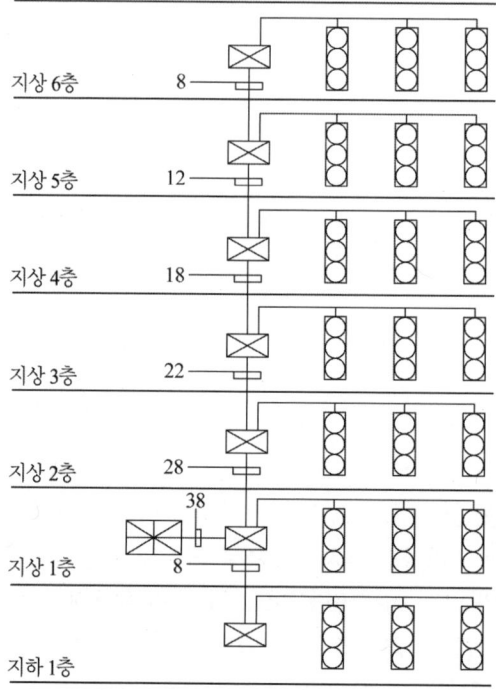

▼해설

(1) **전선가닥수 산정**
① 경종단락보호장치를 수신기 내부에 설치하는 경우 : 기본 6가닥 + 추가 2가닥(지구선 1, 벨(경종) 1)
② 같은 층의 발신기에 연결되는 전선 가닥수 산정 : 기본 6가닥 + 추가 1가닥(지구선 1) 같은 층에서 벨(경종)은 동시작동
③ 간선내역

내용	추가	③	②	①
응 답 선		1	1	1
지구선(회로선)	*	1	2	3
지구 공통선		1	1	1
지구 경종선		1	1	1
표 시 등 선		1	1	1
지구경종·표시등 공통선		1	1	1
합 계		6	7	8

(2) 조건에 의한 입상입하 간선수

* 문제의 조건에 의하면 공통선은 6경계구역 초과 시 별도로 1선 추가한다.

내용	추가	6층	5층	4층	3층	2층	지하 1층	수신반
응답선		1	1	1	1	1	1	1
지구선(회로선)	*	3	6	9	12	15	3	21
지구 공통선		1	1	2	2	3	1	4
지구 경종선	*	1	2	3	4	5	1	7
표시등선		1	1	1	1	1	1	1
지구경종·표시등 공통선		1	1	2	2	3	1	4
합계		8	12	18	22	28	8	38

문제 65 출제 년도 「98. 01. 05.」 ·점수 : 10점

각 층에 수동발신기 1회로, 알람밸브 1회로, 제연댐퍼 1회로가 설치되어 있고, R형 중계기가 1대 설치되어 있는 지상 6층 지하 1층인 소방대상물이 있다. 이 건물의 소방설비 간선계통도를 그리고 전선수를 표시하시오. 단, R형 수신기는 지상 1층에 설치하며, R형 수신기 1대에는 R형 중계기 10대를 연결할 수 있으며, R형 중계기와 수신기간의 선로는 신호선 2선, 전원선 2선을 연결하며 이 선들은 층간중계기의 증가에 따라 회선이 증가하지 않는다.

범례

⋈ : R형 수신기   ● : 알람밸브
⌀╱╱ : 제연댐퍼   ▭ : R형 중계기
⋈ : 사이렌   ⋈⋈⋈ : 수동발신기세트

답안작성

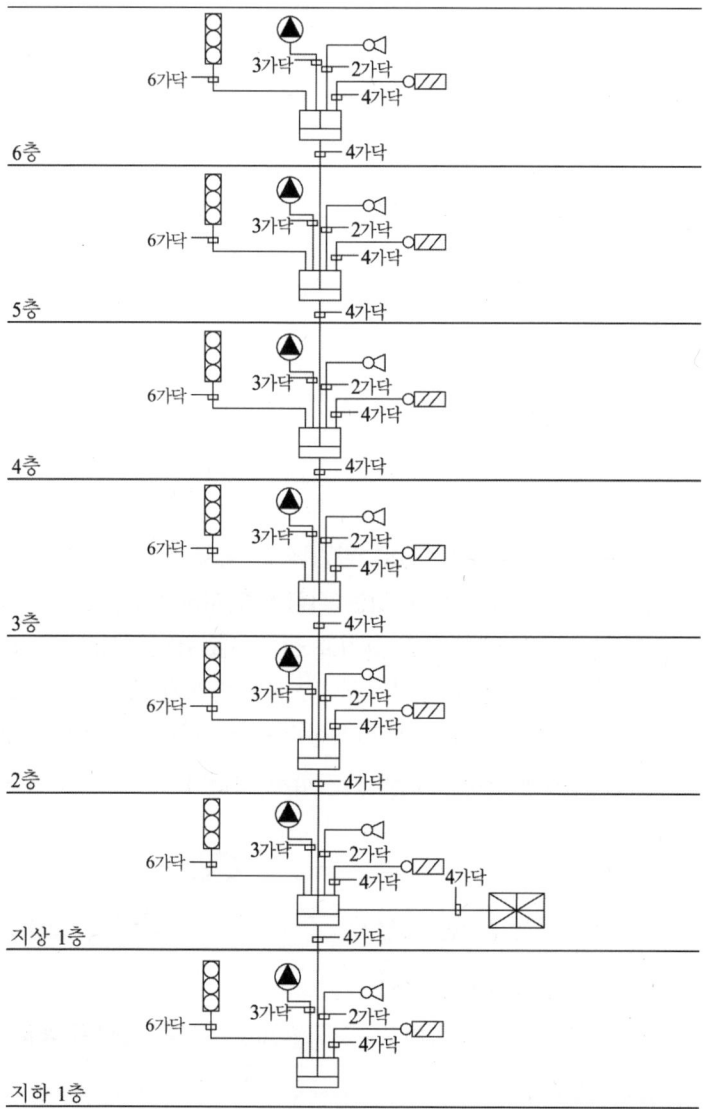

해설

기기명	가닥수	배선의 용도
알람밸브	3	압력스위치, 탬퍼스위치, 공통
제연댐퍼	4	전원 ⊕·⊖, 기동, 댐퍼개방확인
중계기	4	신호선 2, 전원선 2
수동발신기	6	응답선, 지구선, 지구공통선, 경종선, 표시등선, 경종표시등 공통선
사이렌	2	사이렌 2

문제 66

출제년도 「98.」 •점수 : 7점

도면은 자동화재탐지설비의 수동발신기, 경종, 표시등과 수신기와의 간선연결을 나타낸 도면이다. ( )안에 최소 전선수를 각각 표시하시오. 단, 경종단락보호장치를 수신기 내부에 설치하는 방식

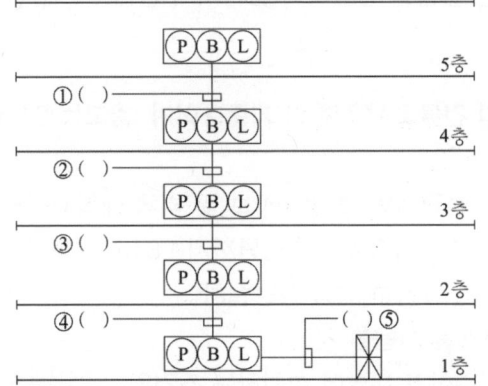

답안작성

① 6가닥 ② 8가닥 ③ 10가닥 ④ 12가닥 ⑤ 14가닥

해설

가닥수 내역

내용	추 가	①	②	③	④	⑤
응답선		1	1	1	1	1
지구선(회로선)	*	1	2	3	4	5
지구 공통선		1	1	1	1	1
지구 경종선	*	1	2	3	4	5
표시등선		1	1	1	1	1
지구경종·표시등 공통선		1	1	1	1	1
합 계		6	8	10	12	14

문제 67 도면은 자동화재탐지설비의 간선계통도 및 평면도이다. 도면 및 유의사항을 보고 다음 각 물음에 답하시오.

출제년도 「98. 00. 02. 05.」 •점수 : 13점

(1) 도면의 ①~④에 필요한 전선의 최소 수는 얼마인가?
(2) 본 공사에 소요되는 물량을 산출하여 답안지의 빈칸 ①~⑯를 채우시오.

[유의사항]
• 지하 1층, 지상 5층의 건물로서 전층이 기준층이며, 층고는 3 [m], 이중천장은 천장면으로부터 0.5 [m]임
• 모든 파이프는 후강전선관이며, 천장슬라브 및 벽체 매입배관임
• 주수신반 및 소화전함은 바닥으로부터 상단까지 1.8 [m]이며, 벽체 매입으로 함
• 발신기, 표시등, 경종은 소화전 위의 상단설치
• 3방출 이상은 4각 박스를 사용할 것
• 경종단락보호장치를 수신기 내부에 설치하는 조건임.

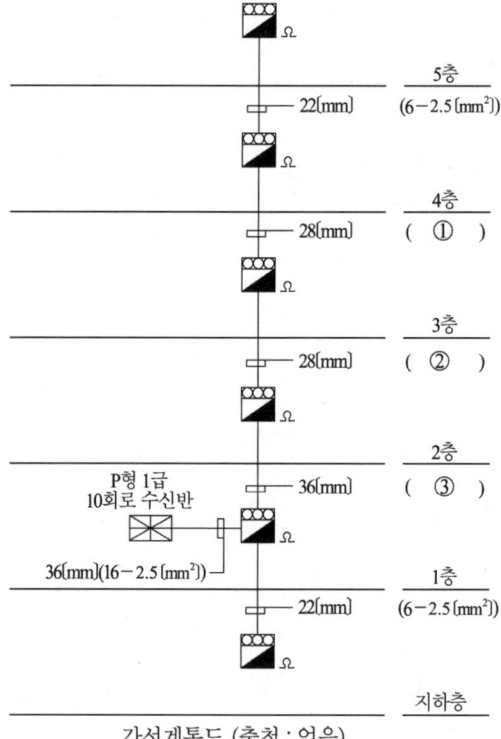

간선계통도 (축척 : 없음)

[평면도]

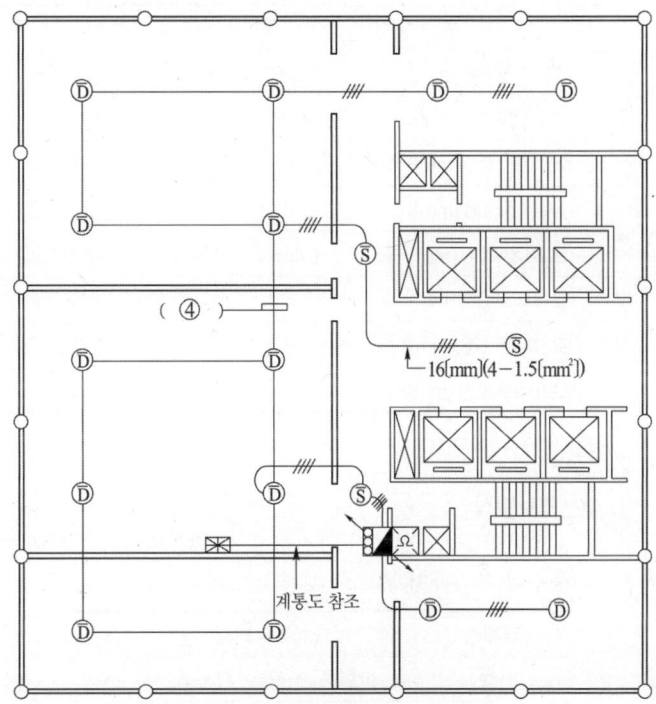

표기없는 배관배선은 16[mm](2−1.5[mm²])임

종 류	수 량	종 류	수 량
부 싱 (16 [mm])	(①)	노멀밴드	(⑨)
부 싱 (22 [mm])	(②)	8각 박스	(⑩)
부 싱 (28 [mm])	(③)	4각 박스	(⑪)
부 싱 (36 [mm])	(④)	발신기함	(⑫)
로크너트 (16 [mm])	(⑤)	수신기함	(⑬)
로크너트 (22 [mm])	(⑥)	차동식 스포트형 감지기	(⑭)
로크너트 (28 [mm])	(⑦)	연기감지기	(⑮)
로크너트 (36 [mm])	(⑧)	경종	(⑯)

답안작성

(1) ① 8선　　② 10선　　③ 12선　　④ 4선

(2)

종 류	수 량	종 류	수 량
부 싱 (16 [mm])	(228)	노멀밴드	(56)
부 싱 (22 [mm])	(4)	8각 박스	(78)
부 싱 (28 [mm])	(4)	4각 박스	(24)
부 싱 (36 [mm])	(4)	발신기함	(6)
로크너트 (16 [mm])	(456)	수신기함	(1)
로크너트 (22 [mm])	(8)	차동식 스포트형 감지기	(84)
로크너트 (28 [mm])	(8)	연기감지기	(18)
로크너트 (36 [mm])	(8)	경종	(7)

▼해설

(1) **우선경보방식**

① 경보방법 : 화재발생시 안전하고 신속한 대피를 위하여 **화재가 발생한 층과 그 직상층**부터 우선하여 별도로 경보하는 방식

화재층	경보층
1층	발화층, 직상층, 지하층
2층 이상	발화층, 직상층
지하층	발화층, 직상층, 기타의 지하층

② 소방대상물 규모 : **11층(공동주택의 경우 16층) 이상**
③ 경종단락보호장치를 수신기 내부에 설치하는 경우 : 기본 6가닥 + 추가 2가닥(지구선 1, 벨(경종) 1)

전선	내용	추가	비고
1	응답선		
2	지구선(회로선)	*	경계구역 수 증가분만큼 추가
3	지구 공통선		
4	지구 경종선	*	지상층 증가분만큼 추가
5	표시등선		
6	지구경종·표시등 공통선		

(2) **일제경보방식**

① 경보방법 : 화재 발생시 **모든 층에 동시에 경보**하는 방식
② 소방대상물 규모 : **11층(공동주택의 경우 16층) 미만**
③ 일제경보방식의 최소 전선 가닥수 : 기본 6가닥 + 추가 1가닥 (지구선 1)
  (경종단락보호장치를 발신기세트 내부에 설치하는 경우)

전선	내용	추가	비고
1	응답선		
2	지구선(회로선)	*	경계구역 수 증가분만큼 추가
3	지구 공통선		
4	지구 경종선		
5	표시등선		
6	지구경종・표시등 공통선		

(3) 전선가닥수 산정

내용	4층	3층	2층	1층	지하	수신반
응 답 선	1	1	1	1	1	1
지구선(회로선)	1	2	3	4	1	6
지구 공통선	1	1	1	1	1	1
지구 경종선	1	2	3	4	1	6
표시등선	1	1	1	1	1	1
지구경종, 표시등 공통선	1	1	1	1	1	1
합 계	6	8	10	12	6	16

(4) 자재산출

① 부싱(16[mm]), 로크너트 수량

방출	개소	부싱 수량	로크너트 수량
4방출	1	4 × 1 = 4	4 × 1 × 2 = 8
3방출	3	3 × 3 = 9	3 × 3 × 2 = 18
2방출	11	2 × 11 = 22	2 × 11 × 2 = 44
1방출	3	1 × 3 = 3	1 × 3 × 2 = 6
1개층 합계		38	76
총 합계		38 × 6개 층 = 228	76 × 6개 층 = 456

②, ③, ④, ⑥, ⑦, ⑧ 부싱, 로크너트 수량(간선계통도에서 산정)

종류 및 규격	지하	수신반	1층	2층	3층	4층	5층	합계
부싱 22[mm]	1		1			1	1	4
부싱 28[mm]				1	2	1		4
부싱 36[mm]		1	2	1				4
로크너트 22[mm]	2		2			2	2	8
로크너트 28[mm]				2	4	2		8
로크너트 36[mm]		2	4	2				8

⑨ 노멀밴드

감지기와 감지기 사이(5개 × 6층) + 발신기와 감지기 사이 (4개 × 6층) + 발신기와 수신기 사이 (2개) = 56개

* 평면도상에 나타나 있지 않으나 발신기 설치높이와 감지기 설치높이가 서로 다르므로 1개층당 2개 필요
* 1층의 발신기와 수신반 사이의 설치높이가 다르므로 2개 필요

⑩ 8각 박스 : 1방출, 2방출에는 8각 박스 사용

　　1개 층에 (1방출 + 2방출)은 13개 있으므로 6개 층 전체에는

　　13 × 6개 층 = 78개가 필요

⑪ 4각 박스 : 3방출 이상에는 4각 박스 사용

　　1개 층에 (3방출 + 4방출)은 4개 있으므로 6개 층 전체에는

　　4 × 6개 층 = 24개가 필요

⑭ 차동식스포트형 감지기 : 14개/층 × 6개 층 = 84개

⑮ 연기감지기 : 3개/층 × 6개 층 = 18개

⑯ 경종 : 발신기 세트 내 지구경종 6, 수신기 부근 주경종 1

문제 68 〔출제년도「98. 01.」 •점수 : 10점〕

답안지 도면은 지하 1층 및 지하 2층에 대한 자동화재탐지설비의 평면도이다. 이 도면을 보고 다음 각 물음에 답하시오. 단, 도면에는 잘못된 부분과 미완성 부분이 있을 수 있으며 감지기의 설치 높이는 2.8 [m]로 한다.

(1) 본 도면에 설치될 감지기는 차동식 스포트형 2종 감지기를 사용하였고 건물구조는 주요구조부를 내화구조로 한 소방대상물이다. 감지기의 설치수량이 옳은지의 여부와 그 이유를 설명하시오.

(2) 배선의 상승, 인하, 소통은 ⚊, ⚊, ⚊ 로 표현한다. 케이블의 방화구획 관통부는 어떻게 나타내는가?

(3) 도면에 표시된 그림기호 ▭ 과 Ⓟ 의 명칭은 무엇인가?

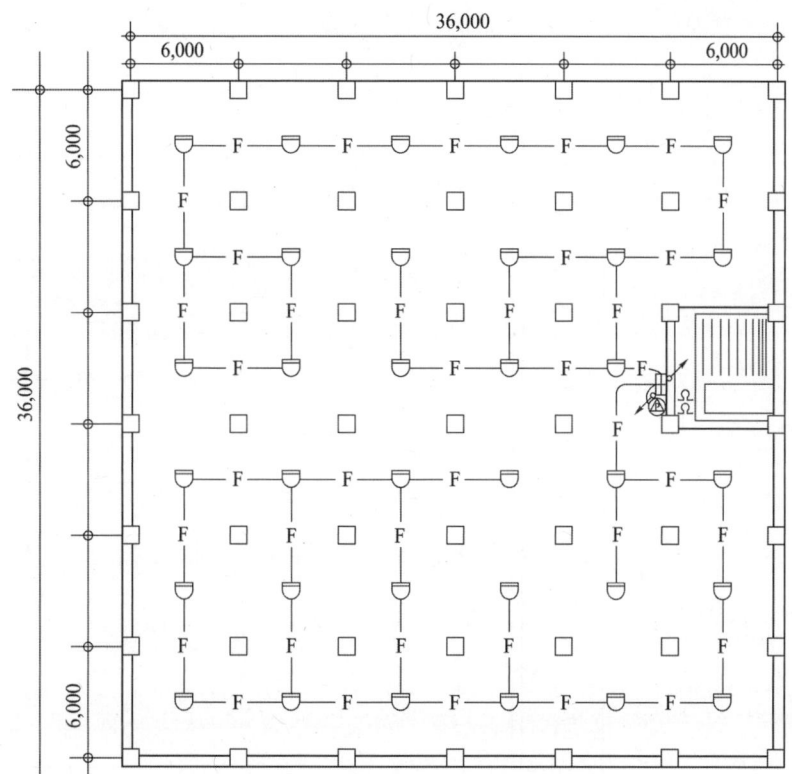

(4) 도면의 잘못된 부분과 미완성 부분이 있을 경우, 이 부분들을 보완하여 도면을 작성하시오. 단, 배관배선 부분만 수정 보완하되, 배관배선을 삭제할 때에는 F 부분을 Ⓕ로 표시하고, 배관배선을 연결할 때에는 선으로 직접 연결하여 표현할 것. 즉, 감지기의 개수 및 설치는 옳은 것으로 간주하고 답안을 작성한다.

답안작성

(1) 옳은지의 여부 : 옳지 않다.

이유 : 감지기의 설치수량 $\dfrac{36m \times 36m - 6m \times 6m}{70m^2} = 18$개,

18개×2회로=36개 이상이 필요하나 도면에 35개가 설치되어 있으므로 옳지 않다.

(2) 상승 :   인하 :   소통 :

(3) ① 부수신기   ② 프리액션 밸브

(4)

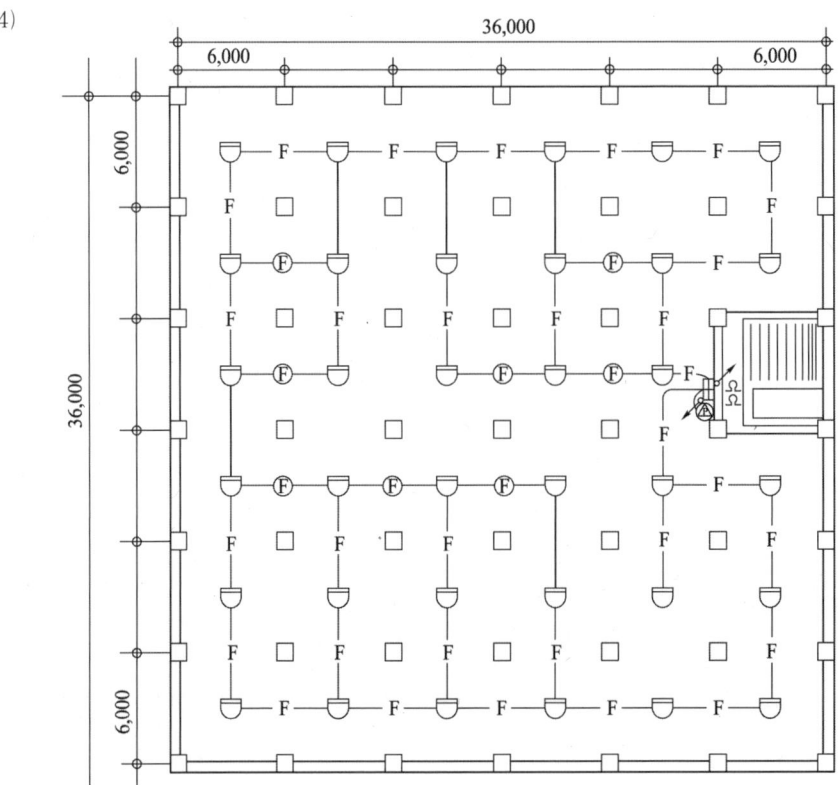

▼해설

(1) ① 특정소방대상물의 면적 : $(36 \times 36) - (6 \times 6) = 1,260 [m^2]$
② 특정소방대상물의 구분 : 내화구조
③ 감지기 부착높이 : 2.8 [m]
④ 특정소방대상물에 따른 감지기의 종류   (단위 : $[m^2]$)

부착높이 및 특정소방대상물의 구분		감지기의 종류				
		차동식·보상식 스포트형		정온식 스포트형		
		1종	2종	특종	1종	2종
4[m] 미만	내화구조	90	70	70	60	20
	기타구조	50	40	40	30	15
4[m] 이상 8[m] 미만	내화구조	45	35	35	30	–
	기타구조	30	25	25	15	–

⑤ 감지기의 최소설치수량 $\dfrac{36m \times 36m - 6m \times 6m}{70m^2} = 18개$

준비작동식스프링클러설비는 교차회로방식을 적용해야 하므로 18개×2회로=36개 이상이 필요하다.

(2) 옥내배선용 심벌

명칭	그림기호	적요
상승 인하 소통		(1) 동일층의 상승, 인하는 특별히 표시하지 않는다. (2) 관, 선의 굵기를 명기한다. 다만, 명백한 경우는 기입하지 않아도 좋다. (3) 필요에 따라 공사종별을 표기한다. (4) 케이블의 방화구역 관통부는 다음에 따라 표시한다. 상승 : 인하 : 소통 :
부수신기		
수신기		다른 설비의 기능을 갖는 경우는 필요에 따라 해당설비의 그림기호를 표기한다.
중계기		
프리액션밸브	(P)	

(4) **경계구역 설정**
  ① 하나의 경계구역이 2개 이상의 건축물에 미치지 아니하도록 할 것
  ② **하나의 경계구역이 2개 이상의 층에 미치지 아니하도록 할 것**. 다만, 500 [m²] 이하의 범위 안에서는 2개의 층을 하나의 경계구역으로 할 수 있다
  ③ **하나의 경계구역의 면적은 600 [m²] 이하**로 하고 **한 변의 길이는 50 [m] 이하**로 할 것. 다만, 해당 특정소방대상물의 주된 출입구에서 그 내부 전체가 보이는 것에 있어서는 한 변의 길이가 50 [m]의 범위내에서 1,000 [m²] 이하로 할 수 있다.
  ④ 계단·경사로(에스컬레이터 경사로 포함)·엘리베이터권상기실(권상기실이 없는 경우 승강로)·린넨슈트·파이프피트 및 덕트 기타 이와 유사한 부분에 대하여는 별도로 경계구역을 설정하되, 하나의 **경계구역은 높이 45 [m] 이하** (계단 및 경사로에 한한다)로 하고, 지하층의 계단 및 경사로(지하층의 층수가 1일 경우는 제외한다)는 별도로 하나의 경계구역으로 해야 한다.
  ⑤ 외기에 면하여 상시 개방된 부분이 있는 차고·주차장·창고 등에 있어서는 외기에 면하는 각 부분으로부터 5 [m] 미만의 범위 안에 있는 부분은 경계구역의 면적에 산입하지 아니한다.
  ⑥ 스프링클러설비·물분무등소화설비 또는 제연설비의 화재감지장치로서 화재감지기를 설치한 경우의 경계구역은 해당 소화설비의 방호구역 또는 제연구역과 동일하게 설정할 수 있다.

Engineer
Fire Protection System

제 2 장

피난구조설비

제 2 장 피난구조설비

1 유도등 및 유도표지

1.1 유도등 및 유도표지의 화재안전기준

1. 정의

1. "유도등"이란 화재 시에 피난을 유도하기 위한 등으로서 정상상태에서는 **상용전원**에 따라 켜지고 상용전원이 정전되는 경우에는 **비상전원**으로 자동전환되어 켜지는 등
2. "피난구유도등"이란 피난구 또는 피난경로로 사용되는 출입구를 표시하여 피난을 유도하는 등

[그림] 피난구유도등

3. "통로유도등"이란 피난통로를 안내하기 위한 유도등으로 **복도통로유도등, 거실통로유도등, 계단통로유도등**

 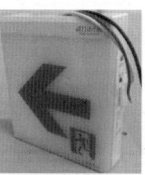 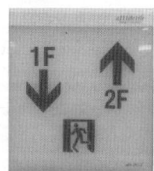 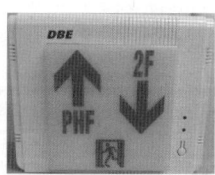

[그림] 통로유도등

4. "복도통로유도등"이란 피난통로가 되는 복도에 설치하는 통로유도등으로서 피난구의 방향을 명시하는 것

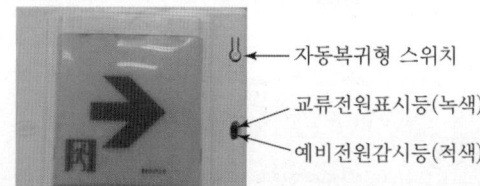

5. "거실통로유도등"이란 거주, 집무, 작업, 집회, 오락 그 밖에 이와 유사한 목적을 위하여 계속적으로 사용하는 거실, 주차장 등 개방된 통로에 설치하는 유도등으로 피난의 방향을 명시하는 것
6. "계단통로유도등"이란 피난통로가 되는 계단이나 경사로에 설치하는 통로유도등으로 바닥면 및 디딤 바닥면을 비추는 것
7. "객석유도등"이란 **객석의 통로, 바닥 또는 벽**에 설치하는 유도등
8. "피난구유도표지"란 피난구 또는 피난경로로 사용되는 출입구를 표시하여 피난을 유도하는 표지
9. "통로유도표지"란 피난통로가 되는 복도, 계단등에 설치하는 것으로서 피난구의 방향을 표시하는 유도표지
10. "피난유도선"이란 **햇빛**이나 **전등불**에 따라 축광(이하 "축광방식"이라 한다)하거나 **전류**에 따라 빛을 발하는(이하 "광원점등방식"이라 한다) 유도체로서 어두운 상태에서 피난을 유도할 수 있도록 띠 형태로 설치되는 피난유도시설
11. "입체형"이란 유도등 표시면을 2면 이상으로 하고 각 면마다 피난유도표시가 있는 것
12. "3선식 배선"이란 평상시 유도등을 소등상태로 유도등의 비상전원을 충전하고, 화재등 비상시 점등신호를 받아 유도등을 자동으로 점등되도록 하는 방식의 배선

2. 유도등 및 유도표지의 종류

설 치 장 소	유도등 및 유도표지의 종류
1. 공연장·집회장(종교집회장 포함)·관람장·운동시설	• 대형피난구유도등 • 통로유도등 • 객석유도등
2. 유흥주점영업시설(「식품위생법 시행령」 제21조제8호라목의 유흥주점영업 중 손님이 춤을 출 수 있는 무대가 설치된 캬바레, 나이트클럽 또는 그밖에 이와 비슷한 영업시설만 해당한다)	
3. 위락시설·판매시설·운수시설·「관광진흥법」 제3조제1항제2호에 따른 관광숙박업·의료시설·장례식장·방송통신시설·전시장·지하상가·지하철역사	• 대형피난구유도등 • 통로유도등
4. 숙박시설(제3호의 관광숙박업 외의 것을 말한다)·오피스텔	• 중형피난구유도등 • 통로유도등
5. 제1호부터 제3호까지 외의 건축물로서 지하층·무창층 또는 층수가 11층 이상인 특정소방대상물	
6. 제1호부터 제5호까지 외의 건축물로서 근린생활시설·노유자시설·업무시설·발전시설·종교시설(집회장 용도로 사용하는 부분 제외)·교육연구시설·수련시설·공장·교정 및 군사시설(국방·군사시설 제외)·자동차정비공장·운전학원 및 정비학원·다중이용업소·복합건축물	• 소형피난구유도등 • 통로유도등
7. 그 밖의 것	• 피난구유도표지 • 통로유도표지

3. 피난구유도등

1. 피난구유도등의 설치장소★★★
   1) 옥내로부터 직접 지상으로 통하는 출입구 및 그 부속실의 출입구
   2) 직통계단·직통계단의 계단실 및 그 부속실의 출입구
   3) 제1)호와 제2)호에 따른 출입구에 이르는 복도 또는 통로로 통하는 출입구
   4) 안전구획된 거실로 통하는 출입구
2. 피난구유도등은 피난구의 바닥으로부터 **높이 1.5 m 이상**으로서 출입구에 인접하도록 설치해야 한다.
3. 피난층으로 향하는 피난구의 위치를 안내할 수 있도록, 출입구 인근 천장에 설치된 피난구유도등의 면과 수직이 되도록 피난구유도등을 추가로 설치해야 한다.

4. 통로유도등 설치기준

1. 복도통로유도등 설치기준★★★
   가. 복도에 설치하되, 피난구 유도등이 설치된 출입구의 맞은편 복도에는 입체형으로 설치하거나 바닥에 설치할 것.
   나. 구부러진 모퉁이 및 가목에 따라 설치된 통로유도등을 기점으로 보행거리 **20 m** 마다 설치할 것

$$수량 = 구부러진\ 모퉁이 + (\frac{보행거리(m)}{20m} - 1)(소수점\ 이하\ 절상)$$

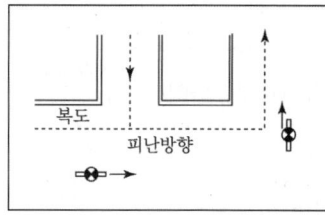 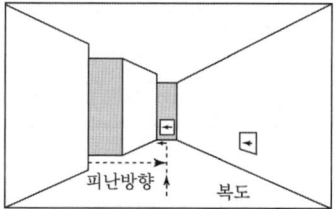

   다. 바닥으로부터 높이 **1 m 이하**의 위치에 설치할 것. 다만, 지하층 또는 무창층의 용도가 도매시장·소매시장·여객자동차터미널·지하역사 또는 지하상가인 경우에는 복도·통로 중앙부분의 바닥에 설치하여야 한다.

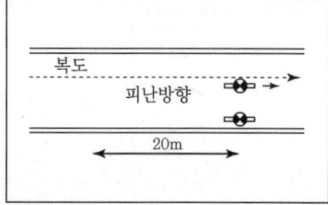 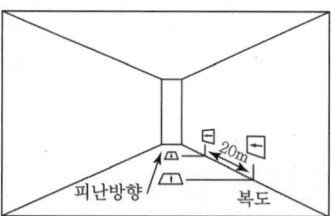

라. 바닥에 설치하는 통로유도등은 하중에 따라 파괴되지 아니하는 강도의 것으로 할 것
2. 거실통로유도등 설치기준
　　가. 거실의 통로에 설치할 것. 다만, 거실의 통로가 벽체 등으로 구획된 경우에는 복도통로유도등을 설치하여야 한다.
　　나. 구부러진 모퉁이 및 보행거리 **20 m** 마다 설치할 것

$$수량 = 구부러진\ 모퉁이 + \left(\frac{보행거리(m)}{20m} - 1\right)(소수점\ 이하\ 절상)$$

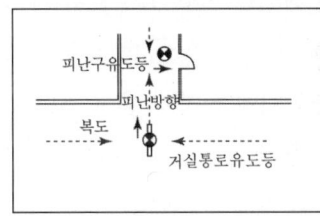
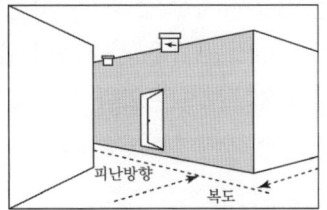

　　다. 복도바닥으로부터 높이 **1.5 m** 이상의 위치에 설치할 것. 다만, 거실통로에 기둥이 설치된 경우에는 기둥부분의 바닥으로부터 높이 **1.5 m 이하**의 위치에 설치할 수 있다.
3. 계단통로유도등 설치기준
　　가. 각층의 경사로 참 또는 **계단참**마다(1개층에 경사로 참 또는 계단참이 2 이상 있는 경우에는 **2개**의 계단참마다)설치할 것

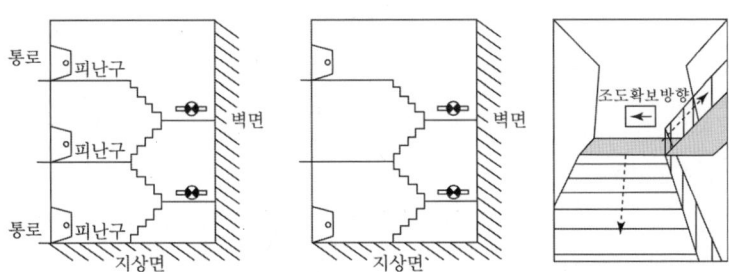

　　나. 바닥으로부터 높이 **1 m** 이하의 위치에 설치할 것

5. 객석유도등 설치기준★★★
1. 객석유도등은 객석의 **통로, 바닥 또는 벽**에 설치
2. 객석유도등의 수량(객석내의 통로가 경사로 또는 수평로로 되어 있는 부분)

$$설치개수 = \frac{객석의\ 통로의\ 직선부분의\ 길이(m)}{4} - 1$$

3. 객석내의 통로가 옥외 또는 이와 유사한 부분에 있는 경우에는 해당 통로 전체에 미칠 수 있는 개수의 유도등을 설치

6. 유도표지 설치기준

1. 유도표지 설치기준

1) 계단에 설치하는 것을 제외하고는 각층마다 복도 및 통로의 각 부분으로부터 하나의 유도표지까지의 **보행거리가 15 m 이하**가 되는 곳과 구부러진 모퉁이의 벽에 설치할 것
2) 피난구유도표지는 **출입구 상단**에 설치하고, 통로유도표지는 **바닥으로부터 높이 1 m 이하**의 위치에 설치할 것
3) 주위에는 이와 유사한 등화·광고물·게시물 등을 설치하지 아니할 것
4) 유도표지는 부착판 등을 사용하여 쉽게 떨어지지 아니하도록 설치할 것
5) 축광방식의 유도표지는 **외광** 또는 **조명장치**에 의하여 상시 조명이 제공되거나 **비상조명등**에 의한 조명이 제공되도록 설치할 것

7. 피난유도선 설치기준

1. 축광방식의 피난유도선 설치기준★★

1) 구획된 각 실로부터 주출입구 또는 비상구까지 설치할 것
2) 바닥으로부터 높이 **50 cm 이하**의 위치 또는 바닥 면에 설치할 것
3) 피난유도 표시부는 **50 cm 이내**의 간격으로 연속되도록 설치

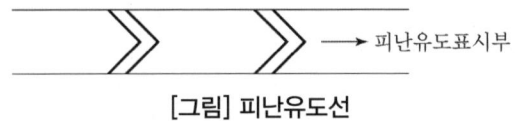

[그림] 피난유도선

4) 부착대에 의하여 견고하게 설치할 것
5) **외광** 또는 **조명장치**에 의하여 상시 조명이 제공되거나 **비상조명등**에 의한 조명이 제공되도록 설치 할 것

2. 광원점등방식의 피난유도선 설치기준★★★

1) 구획된 각 실로부터 주출입구 또는 비상구까지 설치할 것
2) 피난유도 표시부는 바닥으로부터 높이 **1 m 이하**의 위치 또는 바닥 면에 설치할 것
3) 피난유도 표시부는 **50 cm 이내**의 간격으로 연속되도록 설치하되 실내장식물 등으로 설치가 곤란할 경우 **1m 이내**로 설치할 것

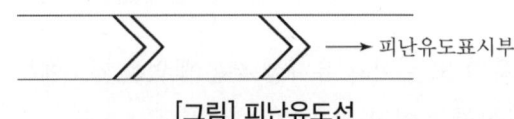

[그림] 피난유도선

4) 수신기로부터의 **화재신호** 및 **수동조작**에 의하여 광원이 점등되도록 설치할 것

5) 비상전원이 상시 충전상태를 유지하도록 설치할 것

6) 바닥에 설치되는 피난유도 표시부는 매립하는 방식을 사용할 것

7) 피난유도 제어부는 조작 및 관리가 용이하도록 바닥으로부터 **0.8[m] 이상 1.5[m] 이하**의 높이에 설치할 것

8. 유도등의 전원

1. 유도등의 상용전원은 전기가 정상적으로 공급되는 **축전지설비, 전기저장장치** 또는 **교류전압의 옥내간선**으로 하고, 전원까지의 배선은 **전용**으로 해야 한다.

2. 비상전원은 다음 각 호의 기준에 적합하게 설치하여야 한다.
   1) **축전지**로 할 것
   2) 유도등을 **20분 이상** 유효하게 작동시킬 수 있는 용량으로 할 것. 다만, 다음의 특정소방대상물의 경우에는 그 부분에서 피난층에 이르는 부분의 유도등을 **60분 이상** 유효하게 작동시킬 수 있는 용량으로 해야 한다. ★★★
      가. 지하층을 제외한 층수가 11층 이상의 층
      나. 지하층 또는 무창층으로서 용도가 도매시장·소매시장·여객자동차터미널·지하역사 또는 지하상가

3. 배선기준
   1) 유도등의 **인입선**과 옥내배선은 직접 연결할 것
   2) 유도등은 전기회로에 점멸기를 설치하지 아니하고 항상 **점등상태**를 유지할 것. 다만, 특정소방대상물 또는 그 부분에 사람이 없거나 다음의 어느 하나에 해당하는 장소로서 **3선식 배선에 따라 상시 충전되는 구조인 경우**에는 그렇지 않다. ★★★
      가. 외부광(光)에 따라 피난구 또는 피난방향을 쉽게 식별할 수 있는 장소
      나. 공연장, 암실(暗室) 등으로서 어두워야 할 필요가 있는 장소
      다. 특정소방대상물의 관계인 또는 종사원이 주로 사용하는 장소
   3) 3선식 배선은 **내화배선** 또는 **내열배선**으로 사용할 것

4. **3선식 배선으로 상시 충전되는 유도등의 전기회로에 점멸기를 설치하는 경우**에는 다음 각 호의 어느 하나에 해당되는 경우에 점등★★★
   1) 자동화재탐지설비의 감지기 또는 발신기가 작동되는 때
   2) 비상경보설비의 발신기가 작동되는 때
   3) 상용전원이 정전되거나 전원선이 단선되는 때

4) 방재업무를 통제하는 곳 또는 전기실의 배전반에서 수동으로 점등하는 때
5) 자동소화설비가 작동되는 때

5. 배선방식

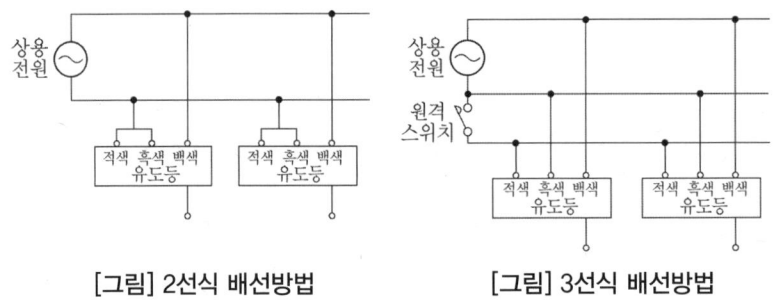

[그림] 2선식 배선방법   [그림] 3선식 배선방법

9. 유도등 및 유도표지의 제외
　1. 피난구유도등 설치제외★★
　　1) 바닥면적이 **1,000 m² 미만**인 층으로서 옥내로부터 직접 지상으로 통하는 출입구(외부의 식별이 용이한 경우에 한한다)
　　2) 대각선 길이가 15m 이내인 구획된 실의 출입구
　　3) 거실 각 부분으로부터 하나의 출입구에 이르는 **보행거리가 20 m 이하**이고 **비상조명등**과 **유도표지**가 설치된 거실의 출입구
　　4) 출입구가 3 이상 있는 거실로서 그 거실 각 부분으로부터 하나의 출입구에 이르는 보행거리가 **30 m** 이하인 경우에는 주된 출입구 2개소외의 출입구(유도표지가 부착된 출입구를 말한다). 다만, 공연장·집회장·관람장·전시장·판매시설·운수시설·숙박시설·노유자시설·의료시설·장례식장의 경우에는 그렇지 않다.

　2. 통로유도등의 설치제외
　　1) 구부러지지 아니한 복도 또는 통로로서 길이가 **30 m 미만**인 복도 또는 통로
　　2) 구부러진 복도 또는 통로로서 보행거리가 **20 m 미만**이고 그 복도 또는 통로와 연결된 출입구 또는 그 부속실의 출입구에 피난구유도등이 설치된 복도 또는 통로

　3. 객석유도등의 설치제외★★
　　1. 주간에만 사용하는 장소로서 채광이 충분한 객석
　　2. 거실 등의 각 부분으로부터 하나의 거실출입구에 이르는 보행거리가 20 m 이하인 객석의 통로로서 그 통로에 통로유도등이 설치된 객석

1.2 유도등의 형식승인 및 제품검사의 기술기준

1. 유도등의 표시면 색상은 **피난구유도등인 경우 녹색바탕에 백색문자**로, **통로유도등인 경우는 백색바탕에 녹색문자**를 사용

2. 식별도 및 시야각시험
   ① **피난구유도등 및 거실통로유도등**은 **상용전원**으로 등을 켜는 경우에는 **직선거리 30 m**의 위치에서, **비상전원**으로 등을 켜는 경우에는 **직선거리 20 m**의 위치에서 각기 보통시력으로 피난유도표시에 대한 식별이 가능하여야 한다.
   ② **복도통로유도등**에 있어서 상용전원으로 등을 켜는 경우에는 **직선거리 20 m**의 위치에서, 비상전원으로 등을 켜는 경우에는 **직선거리 15 m**의 위치에서 보통시력에 의하여 표시면의 화살표가 쉽게 식별되어야 한다.

2 비상조명등 설비

2.1 비상조명등의 화재안전기준

1. 정의
1. "**비상조명등**"이란 화재발생 등에 따른 정전시에 안전하고 원활한 피난활동을 할 수 있도록 거실 및 피난통로 등에 설치되어 자동 점등되는 조명등
2. "**휴대용비상조명등**"이란 화재발생 등으로 정전시 안전하고 원할한 피난을 위하여 피난자가 휴대할 수 있는 조명등

2. 설치기준
① 비상조명등 설치기준
   1. 특정소방대상물의 각 거실과 그로부터 지상에 이르는 **복도·계단** 및 그 밖의 **통로**에 설치할 것
   2. 조도는 비상조명등이 설치된 장소의 각 부분의 바닥에서 **1 lx 이상**이 되도록 할 것
   3. 예비전원을 내장하는 비상조명등에는 평상시 점등여부를 확인할 수 있는 **점검스위치**를 설치하고 해당 조명등을 유효하게 작동시킬 수 있는 용량의 **축전지와 예비전원 충전장치**를 내장할 것. ★★★

[그림] 예비전원을 내장하는 비상조명등

4. 예비전원을 내장하지 아니하는 비상조명등의 비상전원은 **자가발전설비, 축전지설비** 또는 **전기저장장치**(외부 전기에너지를 저장해 두었다가 필요한 때 전기를 공급하는 장치)를 다음의 기준에 따라 설치해야 한다.
   가. 점검에 편리하고 화재 및 침수 등의 재해로 인한 피해를 받을 우려가 없는 곳에 설치할 것
   나. 상용전원으로부터 전력의 공급이 중단된 때에는 자동으로 **비상전원**으로부터 전력을 공급받을 수 있도록 할 것
   다. 비상전원의 설치장소는 다른 장소와 **방화구획** 할 것. 이 경우 그 장소에는 비상전원의 공급에 필요한 기구나 설비외의 것(열병합발전설비에 필요한 기구나 설비는 제외한다)을 두어서는 아니 된다.
   라. 비상전원을 실내에 설치하는 때에는 그 실내에 **비상조명등**을 설치할 것
5. 비상전원은 비상조명등을 **20분 이상** 유효하게 작동시킬 수 있는 용량으로 할 것. 다만, 다음의 특정소방대상물의 경우에는 그 부분에서 피난층에 이르는 부분의 비상조명등을 **60분 이상** 유효하게 작동시킬 수 있는 용량으로 해야 한다. ★★★
   가. 지하층을 제외한 층수가 11층 이상의 층
   나. 지하층 또는 무창층으로서 용도가 도매시장·소매시장·여객자동차터미널·지하역사 또는 지하상가
6. 비상조명등의 설치면제 요건에서 "그 유도등의 유효범위안의 부분"이란 유도등의 조도가 바닥에서 **1 lx 이상**이 되는 부분

② 휴대용비상조명등 적합기준

[그림] 휴대용비상조명등

1. 다음 각 목의 장소에 설치할 것
    가. **숙박시설** 또는 **다중이용업소**에는 객실 또는 영업장안의 구획된 실마다 잘 보이는 곳(외부에 설치시 출입문 손잡이로부터 **1 m** 이내 부분)에 **1개 이상** 설치
    나. **대규모점포**(지하상가 및 지하역사는 제외)와 **영화상영관**에는 보행거리 **50 m** 이내마다 **3개 이상** 설치
    다. **지하상가 및 지하역사**에는 보행거리 **25 m** 이내마다 **3개 이상** 설치
2. 설치높이는 바닥으로부터 **0.8 m 이상 1.5 m 이하**의 높이에 설치할 것
3. 어둠속에서 위치를 확인할 수 있도록 할 것
4. 사용 시 **자동**으로 점등되는 구조일 것
5. 외함은 **난연성능**이 있을 것
6. 건전지를 사용하는 경우에는 방전 방지조치를 해야 하고, 충전식 배터리의 경우에는 상시 충전되도록 할 것
7. 건전지 및 충전식 밧데리의 용량은 **20분 이상** 유효하게 사용할 수 있는 것으로 할 것

3. 비상조명등의 제외
① **비상조명등 설치제외**
    1. 거실의 각 부분으로부터 하나의 출입구에 이르는 보행거리가 **15 m** 이내인 부분
    2. 의원 · 경기장 · 공동주택 · 의료시설 · 학교의 거실
② **휴대용비상조명등 설치제외**
    지상 1층 또는 피난층으로서 복도나 통로 또는 창문 등의 개구부를 통하여 피난이 용이한 경우와 숙박시설로서 복도에 비상조명등을 설치한 경우에는 휴대용비상조명등을 설치하지 않을 수 있다.

2.2 등수 산정

$N = \dfrac{EAD}{FU}$ (소수가 발생하면 무조건 절상)	A : 단면적 [m²], E : 조도 [lx], D : 감광보상률, F : 광속 [lm], U : 조명률, N : 등의 수

2.3 분기회로 수 산정

분기회로 수 $N = \dfrac{\text{설비용량[VA]}}{\text{전압[V]} \times \text{분기회로전류[A]}}$ (소수가 발생하면 반드시 절상)

※ 분기회로의 최소 전류값 : 16[A]

3 피난구조설비

3.1 정의
화재가 발생할 경우 피난하기 위하여 사용하는 기구 또는 설비

3.2 종류
가. 피난기구
　　1) 피난사다리
　　2) 구조대
　　3) 완강기
　　4) 간이완강기
　　5) 그 밖에 화재안전기준으로 정하는 것

나. 인명구조기구
　　1) 방열복, 방화복(안전모, 보호장갑 및 안전화를 포함한다)
　　2) 공기호흡기
　　3) 인공소생기

다. 유도등
　　1) 피난유도선
　　2) 피난구유도등
　　3) 통로유도등
　　4) 객석유도등
　　5) 유도표지

라. 비상조명등 및 휴대용비상조명등

출제예상문제
Expected problems

문제 01 〔출제년도「97. 98. 99. 00.」 •점수 : 10점〕

피난구유도등에 대한 다음 각 물음에 답하시오.
(1) 피난구유도등은 피난구의 바닥으로부터 높이 몇 [m] 이상의 곳에 설치하여야 하는가?
(2) 피난구유도등은 어떤 장소에 반드시 설치하여야 하는지 그 설치기준을 3가지 쓰시오. 단, 유사한 장소 또는 내용별로 묶어서 답하도록 한다.

답안작성
(1) 1.5 [m] 이상
(2) ① 옥내로부터 직접 지상으로 통하는 출입구 및 그 부속실의 출입구
② 직통계단·직통계단의 계단실 및 그 부속실의 출입구
③ 안전구획된 거실로 통하는 출입구

▼해설

피난구유도등
(1) **피난구유도등**은 다음의 장소에 **설치하여야 한다.**
① 옥내로부터 직접 지상으로 통하는 출입구 및 그 부속실의 출입구
② 직통계단·직통계단의 계단실 및 그 부속실의 출입구
③ 안전구획된 거실로 통하는 출입구
④ 제①호, ②에 따른 출입구에 이르는 복도 또는 통로로 통하는 출입구
(2) 피난구유도등은 피난구의 **바닥으로부터 높이 1.5 [m] 이상의 곳에 설치**해야 한다.

문제 02 〔출제년도「97. 98. 99. 00.」 •점수 : 9점〕

피난구유도등에 대한 다음 각 물음에 답하시오.
(1) 피난구유도등을 반드시 설치하여야 할 장소를 4가지로 구분하여 쓰시오.
(2) 피난구유도등은 피난구의 바닥으로부터 높이 몇 [m] 이상의 곳에 설치하여야 하는가?
(3) 피난구유도등 표시면의 색상은?

답안작성
(1) ① 옥내로부터 직접 지상으로 통하는 출입구 및 그 부속실의 출입구
② 직통계단·직통계단의 계단실 및 그 부속실의 출입구
③ 제①호, ②에 따른 출입구에 이르는 복도 또는 통로로 통하는 출입구
④ 안전구획된 거실로 통하는 출입구
(2) 1.5 [m] 이상
(3) 녹색바탕에 백색문자

▼해설

"**피난구유도등**"이라 함은 피난구 또는 피난경로로 사용되는 출입구를 표시하여 피난을 유

도하는 등을 말한다.
(1) 피난구유도등은 다음 각호의 장소에 설치해야 한다.
  ① 옥내로부터 직접 지상으로 통하는 출입구 및 그 부속실의 출입구
  ② 직통계단·직통계단의 계단실 및 그 부속실의 출입구
  ③ 제①호, ②에 따른 출입구에 이르는 복도 또는 통로로 통하는 출입구
  ④ 안전구획된 거실로 통하는 출입구
(2) **피난구유도등**은 피난구의 바닥으로부터 **높이 1.5 [m] 이상의 곳에 설치**해야 한다.
(3) 유도등의 표시면의 색상은 피난구유도등인 경우 녹색바탕에 백색문자로, 통로유도등인 경우 백색바탕에 녹색문자를 사용한다.

문제 03 「예상」 •점수 : 8점

객석유도등에 대한 다음 각 물음에 답하시오.

(1) 다음과 같은 건축물의 평면도에 객석유도등을 설치하고자 한다. 필요한 객석유도등의 최소수량을 산출하고, 객석유도등을 평면도에 표시하시오.(단, 객석유도등은 ●로 표시한다.)

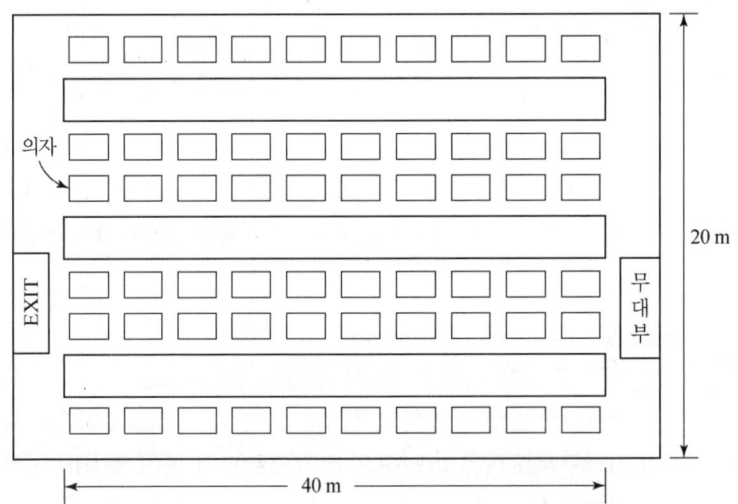

(2) 객석유도등의 설치를 제외할 수 있는 경우 2가지를 쓰시오.

답안작성

(1) 설치개수 : $\dfrac{\text{객석의 통로의 직선부분의 길이}}{4} - 1 = \dfrac{40\,\text{m}}{4} - 1 = 9개$

통로별 9개×3개의 통로 = 27개

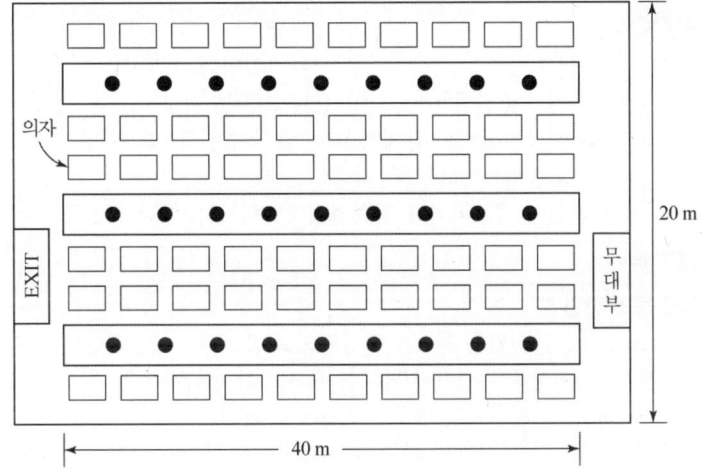

　　(2) ① 주간에만 사용하는 장소로서 채광이 충분한 객석
　　　　② 거실 등의 각 부분으로부터 하나의 거실출입구에 이르는 보행거리가 20 m 이하인
　　　　　 객석의 통로로서 그 통로에 통로유도등이 설치된 객석

문제 04

출제년도 「96. 00. 01. 04.」 •점수 : 6점

3선식 배선에 의하여 상시 충전되는 유도등의 전기회로에 점멸기를 설치하는 경우에는 어느 때에 점등되도록 하여야 하는지 그 기준을 3가지만 쓰시오.

답안작성

(1) 자동화재탐지설비의 감지기 또는 발신기가 작동되는 때
(2) 비상경보설비의 발신기가 작동되는 때
(3) 상용전원이 정전되거나 전원선이 단선되었을 때

▼해설

그 외에도
(4) 방재업무를 통제하는 곳 또는 전기실의 배전반에서 수동으로 점등하는 때
(5) 자동소화설비가 작동되는 때

문제 05

출제년도 「96. 98. 99. 01.」 •점수 : 5점

유도등의 전원에 대한 다음 각 물음에 답하시오.

(1) 유도등의 상용전원으로 사용할 수 있는 전원의 종류 2가지 쓰시오.
(2) 비상전원은 어느 것으로 하며 그 용량은 해당 유도등을 유효하게 몇 분 이상 작동시킬 수 있어야 하는가?(단, 지하층으로서 도매시장의 경우이다.)
(3) 3선식 배선에 의하여 상시 충전되는 유도등의 전기회로에 점멸기를 설치하는 경우에는 어떤 때에 유도등이 반드시 점등 되도록 하여야 하는지 그 경우를 3가지만 쓰시오.

답안작성

(1) ① 축전지설비　　② 교류전압의 옥내간선
(2) ① 비상전원 : 축전지　　② 용량 : 60분 이상
(3) ① 자동화재탐지설비의 감지기 또는 발신기가 작동되는 때
　　② 비상경보설비의 발신기가 작동되는 때
　　③ 상용전원이 정전되거나 전원선이 단선되었을 때

▼해설

유도등의 전원

(1) 유도등의 **상용전원**은 전기가 정상적으로 공급되는 **축전지설비, 전기저장장치**(외부 전기 에너지를 저장해 두었다가 필요한 때 전기를 공급하는 장치) 또는 **교류전압의 옥내 간선**으로 하고, 전원까지의 배선은 **전용**으로 해야 한다.

(2) **비상전원**은 다음 각호의 기준에 적합하게 설치해야 한다.
① **축전지**로 할 것
② 유도등을 20분 이상 유효하게 작동시킬 수 있는 **용량**으로 할 것. 다만, 다음의 특정소방대상물의 경우에는 그 부분에서 피난층에 이르는 부분의 유도등을 **60분 이상 유효하게 작동시킬 수 있는 용량**으로 해야 한다.
　㉠ **지하층을 제외한 층수가 11층 이상의 층**
　㉡ **지하층 또는 무창층**으로서 용도가 **도매시장·소매시장·여객자동차터미널·지하역사 또는 지하상가**

(3) 배선기준
① **유도등의 인입선과 옥내배선은 직접 연결**할 것
② **유도등**은 전기회로에 점멸기를 설치하지 아니하고 **항상 점등상태를 유지**할 것. 다만, 특정소방대상물 또는 그 부분에 사람이 없거나 다음의 어느 하나에 해당하는 장소로서 3선식 배선에 따라 상시 충전되는 구조인 경우에는 그렇지 않다.
　㉠ 외부광(光)에 따라 피난구 또는 피난방향을 쉽게 식별할 수 있는 장소
　㉡ 공연장, 암실(暗室) 등으로서 어두어야 할 필요가 있는 장소
　㉢ 소방대상물의 관계인 또는 종사원이 주로 사용하는 장소

(4) 3선식 배선으로 상시 충전되는 유도등의 전기회로에 점멸기를 설치하는 경우에는 다음의 어느 하나에 해당되는 경우에 자동으로 점등되도록 해야 한다.
① 자동화재탐지설비의 **감지기 또는 발신기가 작동되는 때**
② 비상경보설비의 **발신기가 작동되는 때**
③ 상용전원이 **정전되거나 전원선이 단선되는 때**
④ 방재업무를 통제하는 곳 또는 전기실의 배전반에서 **수동으로 점등하는 때**
⑤ **자동소화설비가 작동되는 때**

문제 06　출제년도 「96. 05.」　•점수 : 4점

길이 18 [m]의 통로에 객석유도등을 설치하려고 한다. 이때 필요한 객석유도등의 수량은 몇 개인가?

• 계산　　　　　　　　　　　　　　• 답

답안작성

계산 : 객석유도등의 수량 = $\dfrac{\text{객석통로의 직선부분의 길이}\,[m]}{4} - 1$

객석유도등의 수량 = $\dfrac{18}{4} - 1 = 3.5$

답 : 4개

▼해설

계산결과 중 **소수점 이하는 절상**하여 정수로 답한다.

문제 07 〔출제년도 「00.」 ·점수 : 4점〕

길이 15 [m], 폭 10 [m]인 방재센터의 조명률은 50 [%], 전광속도 2400 [lm]의 40 [W] 형광등이 몇 등 있어야 400 [lx] 조도가 될 수 있는가? (단, 층고 3.6 [m]이며, 조명유지율은 80 [%]이다.)

· 계산   · 답

답안작성

계산 : $N = \dfrac{AE}{FUM} = \dfrac{(15 \times 10) \times 400}{2400 \times 0.5 \times 0.8} = 62.5\,[\text{등}]$

답 : 63 [등]

▼해설

비상조명등의 수

등수 $N = \dfrac{AED}{FU} = \dfrac{AE}{FUM}$

여기서, A : 단면적, E : 조도, D : 감광보상률
F : 광속, U : 조명율, M : 조명유지율

∴ 등의 수 $N = \dfrac{AE}{FUM} = \dfrac{(15 \times 10) \times 400}{2400 \times 0.5 \times 0.8} = 62.5 \Rightarrow 63\,[\text{등}]$

※ 등수는 소수 발생시 무조건 절상한다.

문제 08 〔출제년도 「98.」 ·점수 : 4점〕

바닥면적이 150 [m²]인 사무실에 비상조명등(광속 2500 [lm], 40 [W])을 시설하여 50 [lx]로 하고자할 때 설치하여야 할 비상조명등의 수는 몇 개가 필요한가? (단, 조명률은 50 [%]이고, 감광보상률은 1.25이다.)

· 계산   · 답

답안작성

계산 : 등수 $N = \dfrac{AED}{FU} = \dfrac{150 \times 50 \times 1.25}{2500 \times 0.5} = 7.5\,[\text{등}]$

답 : 8 [등]

▼해설

비상조명등의 수

등수 $N = \dfrac{AED}{FU}$

여기서, A : 단면적 [m²], E : 조도 [lx], D : 감광보상률
F : 광속 [lm], U : 조명률, N : 등의 수

∴ 등수 $N = \dfrac{AED}{FU} = \dfrac{150 \times 50 \times 1.25}{2500 \times 0.5} = 7.5 \Rightarrow 8$ [등]

※ 등수 산정 시 소수가 발생하면 무조건 절상하여야 한다.

답 : 8 [등]

문제 09 출제예상 ·점수 : 4점

다음은 유도등 및 유도표지의 화재안전성능기준(NFPC 303) 제10조(유도등의 전원)에 대한 내용이다. 괄호 안의 번호에 알맞은 답을 쓰시오.

> 유도등의 상용전원은 전기가 정상적으로 공급되는 (①), (②) 또는 (③)으로 하고, 전원까지의 배선은 (④)으로 해야 한다.

답안작성

① 축전지설비
② 전기저장장치
③ 교류전압의 옥내 간선
④ 전용

문제 10 출제예상 ·점수 : 4점

다음은 유도등 및 유도표지의 화재안전성능기준(NFPC 303) 제10조(유도등의 전원)에 대한 내용이다. 괄호 안의 번호에 알맞은 답을 쓰시오.

> 비상전원은 유도등을 (①) 이상 유효하게 작동시킬 수 있는 용량의 (②)로 설치해야 한다. 다만, 지하층을 제외한 층수가 (③) 이상의 층이나 특정소방대상물의 지하층 또는 무창층의 경우에는 그 부분에서 피난층에 이르는 부분의 유도등을 (④) 이상 유효하게 작동시킬 수 있는 용량으로 해야 한다.

답안작성

① 20분
② 축전지
③ 11층
④ 60분

문제 11

출제예상 •점수 : 6점

다음은 유도등 및 유도표지의 화재안전성능기준(NFPC 303) 제10조(유도등의 전원)에 대한 내용이다. 괄호 안의 번호에 알맞은 답을 쓰시오.

> ○ 배선은 「전기사업법」 제67조에 따른 「전기설비기술기준」에서 정한 것 외에 다음 각 호의 기준에 따라야 한다.
>   1. 유도등의 (①)과 옥내배선은 직접 연결할 것
>   2. 유도등은 전기회로에 (②)를 설치하지 않고 항상 점등상태를 유지할 것
>   3. 3선식 배선은 (③) 또는 (④)으로 사용할 것
> ○ 3선식 배선으로 상시 충전되는 유도등의 전기회로에 점멸기를 설치하는 경우에는 (⑤) 및 (⑥), 정전 또는 단선, 자동소화설비의 작동 등에 의해 자동으로 점등되도록 해야 한다.

답안작성

① 인입선
② 점멸기
③ 내화배선
④ 내열배선
⑤ 화재신호
⑥ 수동조작

제 3 장

Engineer Fire Protection System

소화활동설비

제3장 소화활동설비

1 제연설비

화재가 발생한 거실의 연기를 배출함과 동시에 옥외의 신선한 공기를 공급하여 거주자들이 안전하게 피난하고, 소방대가 원활한 소화활동을 할 수 있도록 연기를 제어하는 설비

1.1 제연설비의 화재안전기준

1. **제연설비**

   제연설비의 설치장소는 제연구역으로 구획★★★
   1. 하나의 제연구역의 면적은 **1,000 m²**이내로 할 것
   2. **거실과 통로**(복도를 포함한다. 이하 같다)는 각각 제연구획 할 것
   3. 통로상의 제연구역은 보행중심선의 길이가 **60 m**를 초과하지 아니할 것
   4. 하나의 제연구역은 직경 **60 m** 원내에 들어갈 수 있을 것
   5. 하나의 제연구역은 **2 이상** 층에 미치지 아니하도록 할 것. 다만, 층의 구분이 불분명한 부분은 그 부분을 다른 부분과 별도로 제연구획 해야 한다.

2. **제연설비의 전원 및 기동**
   1. 비상전원의 종류 : **자가발전설비, 축전지설비** 또는 **전기저장장치**
   2. 비상전원 설치제외

      2이상의 변전소에서 전력을 동시에 공급받을 수 있거나 하나의 변전소로부터 전력의 공급이 중단되는 때에는 자동으로 다른 변전소로부터 전원을 공급받을 수 있도록 상용전원을 설치한 경우
   3. 비상전원의 설치기준(제연설비의 화재안전성능기준)
      1) 점검에 편리하고 화재 및 침수 등의 재해로 인한 피해를 받을 우려가 없는 곳에 설치할 것
      2) 제연설비를 유효하게 **20분** 이상 작동할 수 있도록 할 것
      3) 상용전원으로부터 전력의 공급이 중단된 때에는 자동으로 **비상전원**으로부터 전력을 공급받을 수 있도록 할 것
      4) 비상전원의 설치장소는 다른 장소와 **방화구획** 할 것.
      5) 비상전원을 실내에 설치하는 때에는 그 실내에 **비상조명등**을 설치할 것

4. 제연설비의 작동은 해당 제연구역에 설치된 **화재감지기**와 연동되어야 하며, 예상제연구역(또는 인접장소)마다 설치된 **수동기동장치 및 제어반**에서 **수동**으로 기동이 가능하도록 해야 한다.
5. 제연설비의 작동에는 다음의 사항이 포함되어야 하며, 예상제연구역(또는 인접장소)마다 설치되는 **수동기동장치**는 바닥으로부터 **0.8 m 이상 1.5 m 이하**의 높이에 문 개방 등으로 인한 위치 확인에 장애가 없고 접근이 쉬운 위치에 설치해야 한다.
   ① 해당 제연구역의 구획을 위한 **제연경계벽 및 벽의 작동**
   ② 해당 제연구역의 **공기유입 및 연기배출 관련 댐퍼의 작동**
   ③ **공기유입송풍기 및 배출송풍기의 작동**

3. 제연구역의 구획

   보·제연경계벽(이하 "제연경계"라 한다) 및 벽(화재 시 자동으로 구획되는 가동벽·방화셔터·방화문을 포함한다. 이하 같다)으로 하되, 다음의 기준에 적합해야 한다.
   1. 재질은 **내화재료, 불연재료** 또는 **제연경계벽**으로 성능을 인정받은 것으로서 화재 시 쉽게 변형·파괴되지 아니하고 연기가 누설되지 않는 **기밀성** 있는 재료로 할 것
   2. 제연경계는 제연경계의 폭이 **0.6미터 이상**이고, 수직거리는 **2미터 이내**일 것
      다만, 구조상 불가피한 경우는 2 m를 초과할 수 있다.
   3. 제연경계벽은 배연 시 기류에 따라 그 하단이 쉽게 흔들리지 않고, 가동식의 경우에는 급속히 하강하여 인명에 위해를 주지 않는 구조일 것

1.2 특별피난계단의 계단실 및 부속실 제연설비의 화재안전기준

1. 적용범위

   특별피난계단의 계단실(이하 "계단실"이라 한다) 및 부속실(비상용승강기의 승강장과 겸용하는 것 또는 비상용승강기·피난용승강기의 승강장을 포함한다. 이하 "부속실"이라 한다)

2. 제연구역의 선정
   1. 계단실 및 그 부속실을 동시에 제연하는 것
   2. 부속실을 단독으로 제연하는 것
   3. 계단실을 단독으로 제연하는 것

1.3 전실 제연설비

1. 계통도

   종단저항이 급기댐퍼 내부에 설치
   급기·배기 댐퍼기동은 층별로 동시 기동

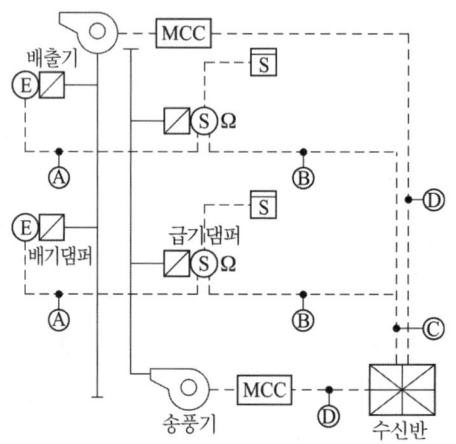

2. 구성기기의 기능

1. 수동조작함 : 화재발생시 수동으로 급·배기댐퍼를 기동시키기 위한 조작반
2. 급기댐퍼 : 화재발생시 전실 내에 건물 밖의 신선한 공기를 공급하기 위한 댐퍼
3. 배기댐퍼 : 화재발생시 전실 내에 유입된 연기를 배출시키기 위한 댐퍼
4. 지구공통선을 전원 ⊖ 선과 공통으로 사용하는 경우 전선가닥수 산정
   (수신반에서 수동기동 확인이 되는 경우)

> 수동기동 확인 = 수동기동, 급기댐퍼 기동확인 = 급기확인, 급기댐퍼확인
> 회로 = 지구 = 감지기, 배기댐퍼 기동확인 = 배기확인, 배기댐퍼확인
> 전원감시표시등 = 전원표시등 = 정지표시등

기호	구분	배선수	배선굵기	배선의 용도
Ⓐ	배기댐퍼 ↔ 급기댐퍼	4	2.5 [mm^2]	전원 ⊕,⊖, 기동, 배기댐퍼기동확인
Ⓑ	급기댐퍼 ↔ 수신반	7	2.5 [mm^2]	전원 ⊕,⊖, 기동, 급기댐퍼기동확인, 배기댐퍼기동확인, 지구, 수동기동확인,
Ⓒ	2 ZONE일 경우	12	2.5 [mm^2]	전원 ⊕,⊖, (기동, 급기댐퍼기동확인, 배기댐퍼기동확인, 지구, 수동기동확인) × 2,
Ⓓ	MCC ↔ 수신반	5	2.5 [mm^2]	기동, 정지, 공통, 기동확인표시등, 전원감시표시등

5. 지구공통선을 전원 ⊖ 선과 별도로 하는 경우 전선가닥수 산정
   (수신반에서 수동기동 확인이 되는 경우)

기호	구분	배선수	배선굵기	배선의 용도
Ⓐ	배기댐퍼 ↔ 급기댐퍼	4	2.5 [mm²]	전원 ⊕, ⊖, 기동, 배기댐퍼기동확인
Ⓑ	급기댐퍼 ↔ 수신반	8	2.5 [mm²]	전원 ⊕, ⊖, 기동, 급기댐퍼기동확인, 배기댐퍼기동확인, 지구, 수동기동확인, 지구공통
Ⓒ	2 ZONE일 경우	13	2.5 [mm²]	전원 ⊕, ⊖, (기동, 급기댐퍼기동확인, 배기댐퍼기동확인, 지구, 수동기동확인) × 2, 지구공통
Ⓓ	MCC ↔ 수신반	5	2.5 [mm²]	공통, 기동, 정지, 기동확인표시등, 전원감시표시등

※ MCC와 수신반 사이 : 4가닥인 경우 전원감시표시등 제외
　　　　　　　　　　5가닥인 경우 전원감시표시등 포함

6. 전실제연설비 작동 흐름도

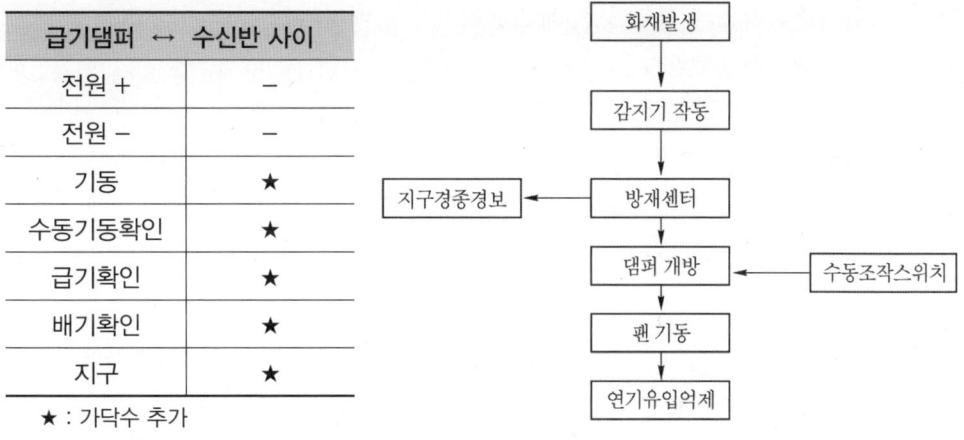

급기댐퍼 ↔ 수신반 사이	
전원 +	–
전원 –	–
기동	★
수동기동확인	★
급기확인	★
배기확인	★
지구	★

★ : 가닥수 추가

1.4 상가제연설비(개방형)

1. 작동설명

백화점과 같이 매장전체가 개방되어 있는 경우에는 1,000 [m²] 이내로 제연구획을 설정하기 위하여 고정식 또는 전동식 제연커텐을 설치한다. 만약 ZONE A에서 화재가 발생하였다면 감지기가 작동되어 수신반으로 신호를 송출함으로써 ZONE A의 배기댐퍼가 작동되어 배출기를 통하여 연기를 건물 외부로 배출한다. 이때 ZONE B의 급기댐퍼가 동작되어 외부의 공기를 송풍기에 의하여 공급하게 되면 공기의 흐름은 ZONE B에서 ZONE A로 이동하면서 효과적인 제연기능을 발휘하게 되어 ZONE B 구역으로의 연기유입을 억제함

과 동시에 ZONE A 구역 내의 연기를 계속적으로 배출시킬 수 있다.

2. 계통도 및 전선 가닥수 산정
(1) 계통도

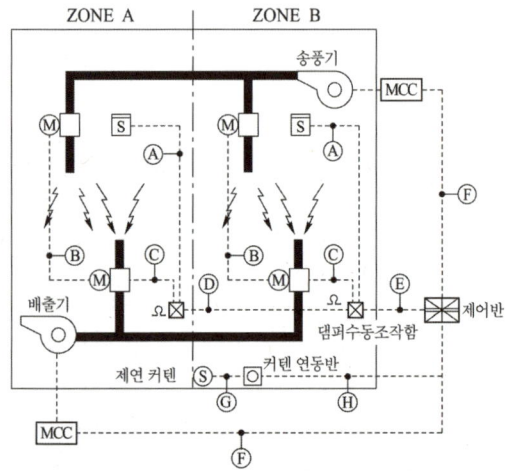

제어반 ↔ 수동조작함 사이 가닥수	
전원 +	
전원 −	
급기기동	★
배기기동	★
급기확인	★
배기확인	★
지구	★

★ : 가닥수 추가

급기댐퍼기동 = 급기기동, 배기댐퍼기동 = 배기기동
급기댐퍼개방확인 = 급기확인 = 급기댐퍼확인
배기댐퍼개방확인 = 배기확인 = 배기댐퍼확인
지구 = 회로 = 감지기, 지구공통 = 회로공통 = 감지기공통
전원감시표시등 = 전원표시등 = 정지표시등 = 원격감시표시등

(2) 전선 가닥수 산정

기호	구 분	배선수	배선굵기	배선의 용도
Ⓐ	감지기 ↔ 수동조작함	4	1.5 [mm²]	지구2, 지구공통2
Ⓑ	급기댐퍼 ↔ 배기댐퍼	4	2.5 [mm²]	전원 ⊕, ⊖, 급기기동, 급기확인
Ⓒ	배기댐퍼 ↔ 수동조작함	6	2.5 [mm²]	전원 ⊕, ⊖, 급기기동, 배기기동, 급기확인, 배기확인
Ⓓ	수동조작함 ↔ 수동조작함	7	2.5 [mm²]	전원 ⊕, ⊖, 급기기동, 배기기동, 급기확인, 배기확인, 지구
Ⓔ	수동조작함 2 ZONE	12	2.5 [mm²]	전원 ⊕, ⊖, 급기기동 2, 배기기동 2, 급기확인 2, 배기확인 2, 지구 2
Ⓕ	MCC ↔ 수신기	5	2.5 [mm²]	공통, 기동, 정지, 기동확인표시등, 전원감시표시등
Ⓖ	제연 커텐 SOL ↔ 연동제어반	3	2.5 [mm²]	기동, 확인, 공통
Ⓗ	연동제어반 ↔ 수신기	4	2.5 [mm²]	기동 2, 확인 2 (AC 전원 2선은 별도)

※ 복구형 댐퍼를 사용할 경우 복구선이 구역당 1선씩 추가된다.
　감지기 공통선을 별도로 사용하는 조건의 경우 감지기 공통선 1을 추가할 것
　자동복구방식의 경우 복구선 추가 없다.
※ MCC와 수신반 사이 : 4가닥인 경우 전원감시표시등 제외
　　　　　　　　　　 5가닥인 경우 전원감시표시등 포함

1.5 상가제연설비(밀폐형)

1. 작동설명

매장마다 천장 면까지 구획되어 있는 경우에는 화재가 발생한 매장의 배기 댐퍼가 작동되고 이와 연동으로 배출기가 가동되어 연기를 외부로 배출하게 된다. 아래의 그림과 같이 복도와 매장으로 구분된 공간의 제연방식으로 송풍기가 동시에 가동되어 복도에 외부 공기를 유입시키면 화재 발생구역의 연기가 복도측으로 새어나오는 것을 방지함과 동시에 복도측에서 화재발생지역으로 공기를 유입시킴으로써 신속하게 연기를 제거시킬 수 있다.

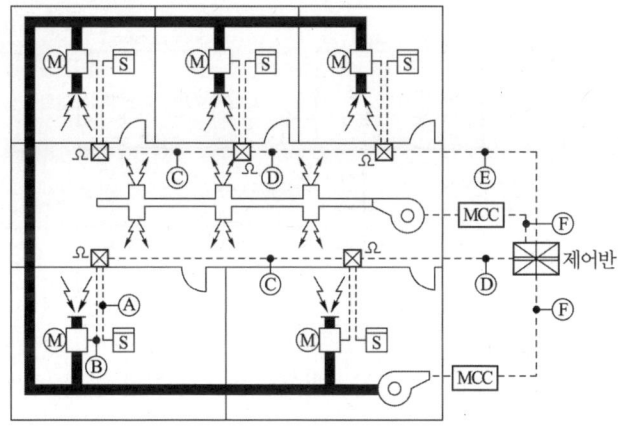

2. 전선 가닥수 산정

기호	구분	배선수	배선굵기	배선의 용도
Ⓐ	감지기 ↔ 수동조작함	4	1.5 [mm^2]	지구2, 지구공통2
Ⓑ	댐퍼 ↔ 수동조작함	4	2.5 [mm^2]	전원 ⊕, ⊖, 배기기동, 배기확인
Ⓒ	수동조작함 ↔ 수동조작함	5	2.5 [mm^2]	전원 ⊕, ⊖, 배기기동, 배기확인, 지구
Ⓓ	수동조작함 ↔ 수동조작함	8	2.5 [mm^2]	전원 ⊕, ⊖, 배기기동 2, 배기확인 2, 지구 2
Ⓔ	수동조작함 ↔ 수동조작함	11	2.5 [mm^2]	전원 ⊕, ⊖, 배기기동 3, 배기확인 3, 지구 3
Ⓕ	MCC ↔ 제어반	5	2.5 [mm^2]	공통, 기동, 정지, 기동확인표시등, 전원감시표시등

※ 복구형 댐퍼를 사용할 경우 복구선이 구역당 1선씩 추가된다.
배기댐퍼 개방확인 = 배기확인 = 배기댐퍼확인
지구 = 회로 = 감지기

1.6 자동방화문 설비

1. 작동설명
화재의 발생으로 인한 연기가 계단측으로 유입되면 피난활동에 막대한 지장을 초래하게 된다. 따라서, 피난계단 전실 등의 출입문을 상시 사용하기 위하여 열어 놓았다가 화재발생 신호와 연동으로 문을 폐쇄시켜 연기가 유입되지 않도록 하기 위하여 설치되는 것이 방화문 자동폐쇄기이다.

2. 자동폐쇄기(Door Release) 회로도

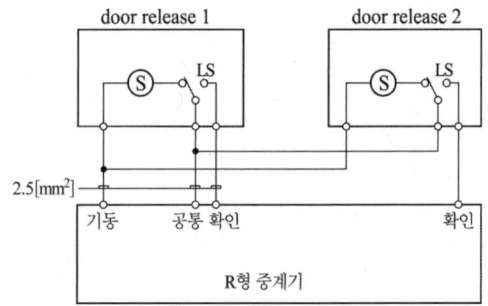

도어릴리즈(Door Release)의 설치목적 : 화재발생으로 인한 연기가 계단측으로 유입되는 것을 방지하기 위함

3. 전선가닥수 산정

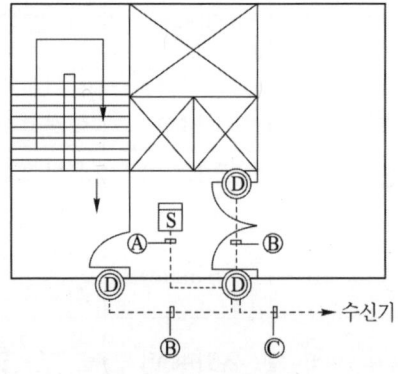

기호	구분	배선 수	전선의 종류	용도
Ⓐ	감지기 ↔ 자동폐쇄기	4	2.5 [mm²]	지구 2, 지구공통 2
Ⓑ	자동폐쇄기 ↔ 자동폐쇄기	3	2.5 [mm²]	기동 1, 확인 1, 공통 1
Ⓒ	자동폐쇄기 ↔ 수신기	9	2.5 [mm²]	지구 2, 지구공통 2, 기동 1, 확인 3, 공통 1

※ 방화문마다 기동확인이 표시되어야 하므로 Ⓒ는 방화문 수가 3개이므로 확인이 3가닥이 된다. 그림에서 전실 제연구역이 1개이므로 방화문 수에 관계없이 동시 기동되어야 하므로 기동은 1가닥이 된다.

※ 확인 = 자동방화문 확인 = 자동방화문 폐쇄확인

4. 자동방화문 설비의 계통도

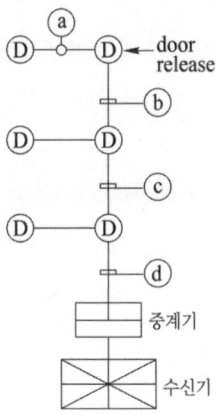

기호	배선수	배선굵기	용 도
ⓐ	3	2.5 [mm²]	공통, 기동, 확인
ⓑ	4	2.5 [mm²]	공통, 기동, 확인 2
ⓒ	7	2.5 [mm²]	공통, (기동, 확인 2) × 2
ⓓ	10	2.5 [mm²]	공통, (기동, 확인 2) × 3

1.7 배연창 설비의 전기적 계통도

1. 배연창 설치대상

배연창은 **6층 이상**의 건축물에 시설하는 설비로서 화재발생에 의한 연기를 신속하게 외부로 유출시켜 피난 및 소화활동에 지장이 없도록 하기 위한 것

2. 배연설비(배연창) 설치기준

① 건축물이 방화구획으로 구획된 경우에는 그 구획마다 **1개소** 이상의 배연창을 설치하되, 배연창의 상변과 천장 또는 반자로부터 수직거리가 **0.9미터** 이내일 것. 다만, 반자높이가 바닥으로부터 **3미터 이상**인 경우에는 배연창의 하변이 바닥으로부터 **2.1미터 이상**의 위치에 놓이도록 설치하여야 한다.

② 배연창의 유효면적은 산정기준에 의하여 산정된 면적이 **1제곱미터 이상**으로서 그 면적의 합계가 당해 건축물의 바닥면적(방화구획이 설치된 경우에는 그 구획된 부분의 바닥면적)의 **100분의 1이상**일 것. 이 경우 바닥면적의 산정에 있어서 거실바닥면적의 20분의 1 이상으로 환기창을 설치한 거실의 면적은 이에 산입하지 아니한다.

③ 배연구는 **연기감지기** 또는 **열감지기**에 의하여 자동으로 열 수 있는 구조로 하되, 손으로도 열고 닫을 수 있도록 할 것

④ 배연구는 **예비전원**에 의하여 열 수 있도록 할 것

⑤ 기계식 배연설비를 하는 경우에는 소방관계법령의 규정에 적합하도록 할 것

3. 배연창의 가닥수

(1) 모터방식

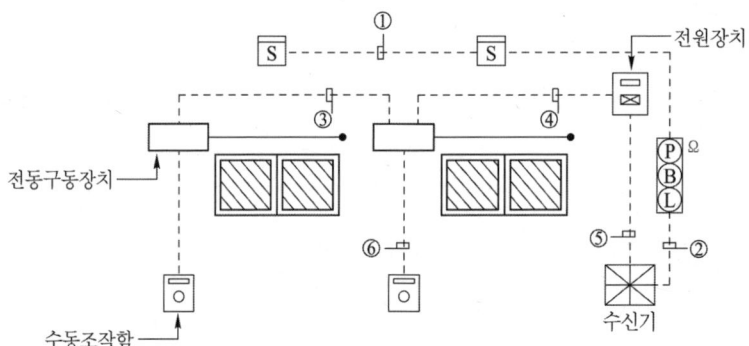

※ 전원장치의 AC 전원공급은 수신기에서 공급된다.(단, 전원장치의 AC 전원공급이 현장의 분전반에서 이루어지는 경우 가닥 수 산정에서 교류전원 2가닥은 제외)

① 동시기동방식(동시복구의 경우) ★★★

기호	내 역	용 도
①	16C(HFIX 1.5mm²-4)	지구, 지구공통 각 2가닥
②	22C(HFIX 2.5mm²-6)	지구, 지구공통, 응답, 경종, 표시등, 경종 및 표시등 공통
③	22C(HFIX 2.5mm²-5)	전원 +, 전원 -, 기동, 복구, 동작확인
④	22C(HFIX 2.5mm²-6)	전원 +, 전원 -, 기동, 복구, 동작확인2
⑤	28C(HFIX 2.5mm²-8)	전원 +, 전원 -, 기동, 동작확인2, 복구, 교류전원 2
⑥	22C(HFIX 2.5mm²-5)	전원 +, 전원 -, 기동, 정지, 복구

※ 동작확인 = 기동확인 = 배연창 확인

② 문제에서 별도의 조건이 없는 경우에는 회로의 그림상 감지기회로가 1회로이므로 동시기동방식(동시복구)으로 답안을 작성하여야 한다.

③ 상기 배선수 및 용도는 제조사의 사양에 따라 다르다.

(2) 솔레노이드 방식

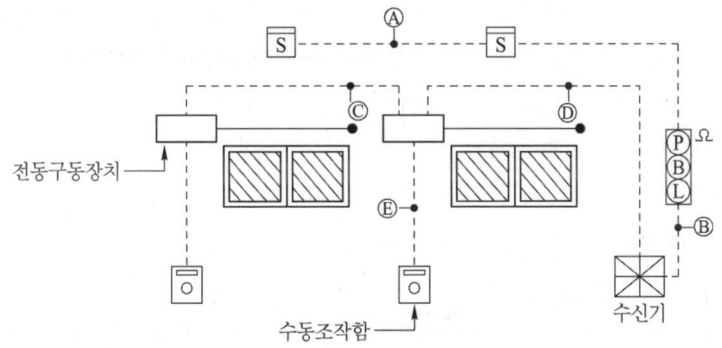

※ 전원은 현장의 분전반에서 공급한다.

별도기동방식

기호	구간	배선수	배선굵기	용도
Ⓐ	감지기 ↔ 감지기	4	1.5 mm²	지구2, 지구공통2
Ⓑ	발신기 ↔ 수신기	6	2.5 mm²	응답1, 지구1, 지구공통1, 경종1, 표시등1, 경종표시등 공통1
Ⓒ	전동구동장치 ↔ 전동구동장치	3	2.5 mm²	기동1, 기동확인1, 공통1
Ⓓ	전동구동장치 ↔ 수신기	5	2.5 mm²	기동2, 기동확인2, 공통1
Ⓔ	전동구동장치 ↔ 수동조작함	3	2.5 mm²	기동1, 기동확인1, 공통1

※ 지구 = 회로, 지구공통 = 회로공통

2 연결송수관설비

2.1 가압송수장치

지표면에서 최상층 방수구의 높이가 **70 m 이상**의 특정소방대상물에는 가압송수장치를 설치해야 한다.

1. 가압송수장치는 방수구가 개방될 때 자동으로 기동되거나 수동스위치의 조작에 따라 기동되도록 할 것. 이 경우 **수동스위치는 2개 이상**을 설치하되, 그 중 1개는 다음의 기준에 따라 송수구의 부근에 설치해야 한다.
   가. 송수구로부터 **5 m**이내의 보기 쉬운 장소에 바닥으로부터 **높이 0.8 m 이상 1.5 m 이하**로 설치할 것
   나. **1.5 mm 이상**의 강판함에 수납하여 설치하고 "연결송수관설비 수동스위치"라고 표시한 표지를 부착할 것. 이경우 문짝은 **불연재료**로 설치할 수 있다.
   다. 접지하고 빗물등이 들어가지 아니하는 구조로 할 것
2. 내연기관을 사용하는 경우에는 다음의 기준에 적합한 것으로 할 것
   가. 내연기관의 기동은 기동장치의 기동을 명시하는 **적색등**을 설치할 것
   나. 제어반에 따라 내연기관의 자동기동 및 수동기동이 가능하고, 상시 충전되어 있는 **축전지설비**를 갖출 것
   다. 내연기관의 연료량은 펌프를 **20분 이상** 운전할 수 있는 용량일 것

2.2 전원 등

① 가압송수장치의 상용전원회로의 배선 및 비상전원 기준
  1. **저압수전인 경우** : 인입개폐기의 직후에서 분기하여 전용배선으로 할 것
  2. **특별고압수전 또는 고압수전일 경우** : 전력용 변압기 2차측의 주차단기 1차측에서 분기하여 전용배선으로 하되, 상용전원회로의 배선기능에 지장이 없을 경우에는 주차단기 2차측에서 분기하여 전용배선으로 할 것.
② 비상전원은 **자가발전설비, 축전지설비**(내연기관에 따른 펌프를 사용하는 경우에는 내연기관의 기동 및 제어용 축전지를 말한다) 또는 **전기저장장치**(외부 전기에너지를 저장해 두었다가 필요한 때 전기를 공급하는 장치) → 연결송수관설비의 화재안전기술기준
  1. 점검에 편리하고 화재 및 침수 등의 재해로 인한 피해를 받을 우려가 없는 곳에 설치할 것
  2. 연결송수관설비를 유효하게 **20분 이상** 작동할 수 있어야 할 것
  3. 상용전원으로부터 전력의 공급이 중단된 때에는 자동으로 **비상전원**으로부터 전력을 공급받을 수 있도록 할 것
  4. 비상전원의 설치장소는 다른 장소와 **방화구획** 할 것. 이 경우 그 장소에는 비상전원의 공급에 필요한 기구나 설비외의 것(열병합발전설비에 필요한 기구나 설비는 제외한다)을 두어서는 아니 된다.
  5. 비상전원을 실내에 설치하는 때에는 그 실내에 **비상조명등**을 설치할 것

3 비상콘센트설비

3.1 정의★★
1. 저압 : **직류는 1500 V 이하, 교류는 1000 V 이하**
2. 고압 : **직류는 1500 V를, 교류는 1000 V를 초과하고, 7 kV 이하**
3. 특고압 : 7 kV를 초과하는 것

3.2 전원 및 콘센트 등

① 전원 설치기준
   1. 상용전원회로의 배선은 **저압수전인 경우에는 인입개폐기의 직후**에서, **고압수전 또는 특고압수전인 경우에는 전력용변압기 2차측의 주차단기 1차측 또는 2차측**에서 분기하여 전용배선으로 할 것
   2. 지하층을 제외한 층수가 **7층** 이상으로서 연면적이 **2,000 m² 이상**이거나 지하층의 바닥면적의 합계가 **3,000 m² 이상**인 특정소방대상물의 비상콘센트설비에는 **자가발전설비, 비상전원수전설비, 축전지설비** 또는 **전기저장장치**를 비상전원으로 설치할 것
   3. 자가발전설비 설치기준(비상콘센트설비의 화재안전성능기준)
      가. 점검에 편리하고 화재 및 침수 등의 재해로 인한 피해를 받을 우려가 없는 곳에 설치할 것
      나. 비상콘센트설비를 유효하게 **20분** 이상 작동시킬 수 있는 용량으로 할 것
      다. 상용전원으로부터 전력의 공급이 중단된 때에는 자동으로 **비상전원**으로부터 전력을 공급받을 수 있도록 할 것
      라. 비상전원의 설치장소는 다른 장소와 **방화구획** 할 것.
      마. 비상전원을 실내에 설치하는 때에는 그 실내에 **비상조명등**을 설치할 것

② 비상콘센트설비의 전원회로 설치기준★★★
   1. 비상콘센트설비의 **전원회로는 단상교류 220 V**인 것으로서, 그 **공급용량은 1.5 kVA 이상**인 것으로 할 것
   2. 전원회로는 각층에 **2 이상**이 되도록 설치할 것. 다만, 설치해야 할 층의 비상콘센트가 1개인 때에는 하나의 회로로 할 수 있다.
   3. 전원회로는 **주배전반**에서 전용회로로 할 것. 다만, 다른 설비의 회로의 사고에 따른 영향을 받지 아니하도록 되어 있는 것은 그렇지 않다.
   4. 전원으로부터 각 층의 비상콘센트에 분기되는 경우에는 **분기배선용 차단기**를 보호함안에 설치할 것
   5. 콘센트마다 **배선용 차단기**를 설치하여야 하며, **충전부**가 노출되지 아니하도록 할 것

[그림] 비상콘센트

    6. 개폐기에는 "비상콘센트"라고 표시한 표지를 할 것
    7. 비상콘센트용의 **풀박스** 등은 방청도장을 한 것으로서, 두께 **1.6 mm 이상**의 철판으로 할 것
    8. 하나의 전용회로에 설치하는 비상콘센트는 **10개 이하**로 할 것. 이 경우 전선의 용량은 각 비상콘센트(**비상콘센트가 3개 이상인 경우에는 3개**)의 공급용량을 합한 용량 이상의 것으로 해야 한다.

$$\text{전선의 용량 } I = \frac{1.5\,\text{kVA} \times \text{수량(3개이상은 3개)}}{220\,\text{V}}\,[\text{A}]$$

③ 비상콘센트의 플러그접속기는 **접지형2극** 플러그접속기(KS C 8305)를 사용하여야 한다.
④ 비상콘센트의 플러그접속기의 칼받이의 접지극에는 **접지공사**를 하여야 한다.
⑤ 비상콘센트의 설치기준
    1. 바닥으로부터 높이 **0.8 m 이상 1.5 m 이하**의 위치
    2. 비상콘센트의 배치
        바닥면적이 1,000 m² 미만인 층은 계단의 출입구(계단의 부속실을 포함하며 계단이 2 이상 있는 경우에는 그중 1개의 계단을 말한다)로부터 **5 m** 이내에, 바닥면적 1,000 m² 이상인 층은 각 계단의 출입구 또는 계단부속실의 출입구(계단의 부속실을 포함하며 계단이 3 이상 있는 층의 경우에는 그중 2개의 계단을 말한다)로부터 **5 m** 이내에 설치하되, 그 비상콘센트로부터 그 층의 각 부분까지의 거리가 다음의 기준을 초과하는 경우에는 그 기준 이하가 되도록 비상콘센트를 추가하여 설치할 것
        가. 지하상가 또는 지하층의 바닥면적의 합계가 **3,000 m² 이상**인 것은 수평거리 **25 m**
        나. 기타 : 수평거리 50 m

⑥ 비상콘센트설비의 전원부와 외함 사이의 절연저항 및 절연내력★★★
    1. 절연저항은 전원부와 외함 사이를 **500 V 절연저항계**로 측정할 때 **20 MΩ 이상**일 것
    2. 절연내력은 전원부와 외함 사이에 정격전압이 **150 V 이하**인 경우에는 **1,000 V**의 실효전압을, 정격전압이 **150 V 초과**인 경우에는 그 정격전압에 2를 곱하여 1,000을 더한 실효전압을 가하는 시험에서 **1분 이상** 견디는 것으로 할 것

① 정격전압이 150V 이하인 경우 : 1,000V의 실효전압을 가하는 시험에서 1분 이상
② 정격전압이 150V 초과인 경우 : 그 정격전압×2+1,000V의 실효전압을 가하는 시험에서 1분 이상

3.3 보호함★★★

1. 보호함에는 쉽게 개폐할 수 있는 **문**을 설치할 것
2. 보호함 **표면**에 "비상콘센트"라고 표시한 표지를 할 것
3. 보호함 상부에 **적색**의 **표시등**을 설치할 것. 다만, 비상콘센트의 보호함을 옥내소화전함 등과 접속하여 설치하는 경우에는 **옥내소화전함** 등의 표시등과 겸용할 수 있다.

4 무선통신 보조설비

4.1 정의

1. "**누설동축케이블**"이란 동축케이블의 외부도체에 가느다란 홈을 만들어서 전파가 외부로 새어나갈 수 있도록 한 케이블

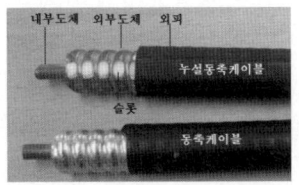

[그림] 동축케이블과 누설동축케이블

2. "**분배기**"란 신호의 전송로가 분기되는 장소에 설치하는 것으로 임피던스 매칭(Matching)과 신호 균등분배를 위해 사용하는 장치

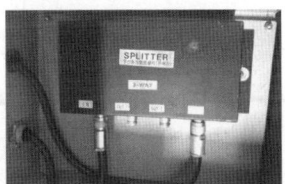

[그림] 분배기

3. "**분파기**"란 서로 다른 주파수의 합성된 신호를 분리하기 위해서 사용하는 장치

4. **"혼합기"**란 두개 이상의 입력신호를 원하는 비율로 조합한 출력이 발생하도록 하는 장치
5. **"증폭기"**란 신호 전송 시 신호가 약해져 수신이 불가능해지는 것을 방지하기 위해서 증폭하는 장치
6. "무선중계기"란 안테나를 통하여 수신된 무전기 신호를 증폭한 후 음영지역에 재방사하여 무전기 상호 간 송수신이 가능하도록 하는 장치
7. "옥외안테나"란 감시제어반 등에 설치된 무선중계기의 입력과 출력포트에 연결되어 송수신 신호를 원활하게 방사·수신하기 위해 옥외에 설치하는 장치

4.2 설치제외
지하층으로서 특정소방대상물의 바닥부분 **2면 이상**이 지표면과 동일하거나 지표면으로부터의 깊이가 **1m 이하**인 경우에는 해당층에 한하여 무선통신보조설비를 설치하지 아니할 수 있다.

4.3 누설동축케이블 등
① 무선통신보조설비의 누설동축케이블 등의 설치기준
  1. 소방전용주파수대에서 전파의 전송 또는 복사에 적합한 것으로서 **소방전용**의 것으로 할 것. 다만, 소방대 상호간의 무선연락에 지장이 없는 경우에는 다른 용도와 겸용할 수 있다.
  2. 누설동축케이블과 이에 접속하는 안테나 또는 동축케이블과 이에 접속하는 안테나로 구성할 것
  3. 누설동축케이블 및 동축케이블은 **불연** 또는 **난연성**의 것으로서 습기에 따라 전기의 특성이 변질되지 아니하는 것으로 하고, 노출하여 설치한 경우에는 피난 및 통행에 장애가 없도록 할 것

  4. 누설동축케이블 및 동축케이블은 화재에 따라 해당 케이블의 피복이 소실된 경우에 케이블 본체가 떨어지지 아니하도록 **4m이내**마다 **금속제** 또는 **자기제**등의 지지금구로 벽·천장·기둥 등에 견고하게 고정시킬 것. 다만, **불연재료**로 구획된 반자 안에 설치하는 경우에는 그렇지 않다.
  5. 누설동축케이블 및 안테나는 금속판 등에 따라 전파의 복사 또는 특성이 현저하게 저하되지 아니하는 위치에 설치할 것

6. 누설동축케이블 및 안테나는 고압의 전로로부터 **1.5m** 이상 떨어진 위치에 설치할 것. 다만, 해당 전로에 **정전기 차폐장치**를 유효하게 설치한 경우에는 그렇지 않다.
7. 누설동축케이블의 끝부분에는 **무반사 종단저항**을 견고하게 설치할 것

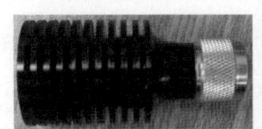

[그림] 무반사종단저항

② 누설동축케이블 또는 동축케이블의 임피던스는 **50 Ω**으로 하고, 이에 접속하는 안테나·분배기 기타의 장치는 해당 임피던스에 적합한 것으로 해야 한다.
③ 무선통신보조설비는 다음의 기준에 따라 설치해야 한다.
  1. 누설동축케이블 또는 동축케이블과 이에 접속하는 안테나가 설치된 층은 모든 부분(계단실, 승강기, 별도 구획된 실 포함)에서 유효하게 통신이 가능할 것
  2. 옥외 안테나와 연결된 무전기와 건축물 내부에 존재하는 무전기 간의 상호통신, 건축물 내부에 존재하는 무전기 간의 상호통신, 옥외 안테나와 연결된 무전기와 방재실 또는 건축물 내부에 존재하는 무전기와 방재실 간의 상호통신이 가능할 것

4.4 옥외안테나

1. 건축물, 지하가, 터널 또는 공동구의 출입구(「건축법 시행령」 제39조에 따른 출구 또는 이와 유사한 출입구를 말한다) 및 출입구 인근에서 통신이 가능한 장소에 설치할 것
2. 다른 용도로 사용되는 안테나로 인한 통신장애가 발생하지 않도록 설치할 것
3. 옥외안테나는 견고하게 설치하며 파손의 우려가 없는 곳에 설치하고 그 가까운 곳의 보기 쉬운 곳에 "무선통신보조설비 안테나"라는 표시와 함께 통신 가능거리를 표시한 표지를 설치할 것
4. 수신기가 설치된 장소 등 사람이 상시 근무하는 장소에는 옥외 안테나의 위치가 모두 표시된 옥외안테나 위치표시도를 비치할 것

4.5 분배기 등

분배기·분파기 및 혼합기 등의 설치기준
1. **먼지·습기** 및 **부식** 등에 따라 기능에 이상을 가져오지 아니하도록 할 것
2. 임피던스는 **50Ω**의 것으로 할 것
3. 점검에 편리하고 화재 등의 재해로 인한 피해의 우려가 없는 장소에 설치할 것

4.6 증폭기 등

1. 상용전원은 전기가 정상적으로 공급되는 **축전지설비, 전기저장장치**(외부 전기에너지를 저장해 두었다가 필요한 때 전기를 공급하는 장치) 또는 **교류전압 옥내간선**으로 하고, 전원까지의 배선은 **전용**으로 할 것
2. 증폭기의 전면에는 주 회로의 전원이 정상인지의 여부를 표시할 수 있는 **표시등** 및 **전압계**를 설치할 것
3. 증폭기에는 비상전원이 부착된 것으로 하고 해당 비상전원 용량은 무선통신보조설비를 유효하게 **30분 이상** 작동시킬 수 있는 것으로 할 것
4. 증폭기 및 무선중계기를 설치하는 경우에는 「전파법」 제58조의2에 따른 적합성평가를 받은 제품으로 설치하고 임의로 변경하지 않도록 할 것
5. 디지털 방식의 무전기를 사용하는데 지장이 없도록 설치할 것

출제예상문제
Expected problems

문제 01 출제년도 「96. 99. 04.」 •점수 : 6점

비상콘센트를 보호하기 위하여 비상콘센트 보호함을 설치하여야 한다. 이 보호함에 반드시 설치 또는 조치하여야 할 시설기준을 3가지로 쓰시오.

답안작성

비상콘센트 보호함의 설치기준
(1) 보호함에는 쉽게 개폐할 수 있는 문을 설치할 것
(2) 보호함 표면에는 "비상콘센트"라고 표시할 것
(3) 보호함 상부에 적색의 표시등을 설치해야 한다.
　　(단, 비상콘센트의 보호함을 옥내소화전함 등과 접속하여 설치하는 경우에는 옥내소화전함 등의 표시등과 겸용할 수 있다.)

문제 02 출제년도 「99.」 •점수 : 4점

비상콘센트설비에 대한 다음 각 물음에 답하시오.
(1) 하나의 전용회로에 설치하는 비상콘센트가 7개이었다. 이 경우 전선의 용량은 비상콘센트 몇 개의 공급용량을 합한 용량 이상의 것으로 하여야 하는가? (단, 각 비상콘센트의 공급용량은 모두 같다고 한다.)
(2) 비상콘센트의 그림기호를 그리시오.

답안작성

(1) 3개
(2) ⊙⊙

▼해설

비상콘센트
(1) 설치대상
　① 층수가 11층 이상인 특정소방대상물의 경우에는 11층 이상의 층
　② 지하층의 층수가 3층 이상이고 바닥면적 합계가 1천 m^2 이상인 것은 지하층의 모든 층
　③ 지하가 중 터널로서 길이가 500 m 이상인 것
(2) 설치기준
　① 비상콘센트설비의 전원회로

전원회로의 종류	전 압	공급용량	플러그 접속기
단상 교류	220 [V]	1.5 [kVA] 이상	접지형 2극

② 바닥으로부터 높이 0.8 [m] 이상 1.5 [m] 이하의 위치에 설치
③ 당해 층의 각 부분으로부터 하나의 비상콘센트까지의 **수평거리가 50 [m]** (지하상가 또는 지하층의 바닥면적의 합계가 3,000 [m²] 이상인 경우는 25 [m]) 이하가 되도록 배치
④ 하나의 전용회로에 설치하는 **비상콘센트는 10개 이하**로 할 것
　이때 전선의 용량은 각 비상콘센트(**비상콘센트가 3개 이상인 경우에는 3개**)의 공급용량을 합한 용량 이상의 것으로 하여야 한다.
⑤ 비상콘센트 설비의 전원부와 외함 사이의 절연저항은 500 [V] 절연저항계로 측정할 때 그 **절연저항값이 20 [MΩ] 이상**이 되어야 한다.
⑥ 전원회로는 각 층에 **2이상**이 되도록 설치할 것
⑦ 전원회로의 배선은 내화배선으로 그 밖의 배선은 내화배선 또는 내열배선으로 하여야 한다.

(3) **비상콘센트 보호함**의 설치기준
① 보호함에는 쉽게 개폐할 수 있는 문을 설치할 것
② 보호함 표면에는 "비상콘센트"라고 표시한 표지를 할 것
③ 보호함 상부에 적색의 표시등을 설치할 것. 다만, 비상콘센트의 보호함을 옥내소화전함 등과 접속하여 설치하는 경우에는 옥내소화전함 등의 표시등과 겸용할 수 있다.

문제 03　「96. 00. 03.」 ・점수 : 4점

비상콘센트 설비에 대한 다음 각 물음에 답하시오.
(1) 전원회로의 배선은 어떤 종류의 배선으로 하는가?
(2) 전원으로부터 각 층의 비상콘센트에 분기되는 경우에 보호함 안에 반드시 설치되어야 할 보호용 설비는?

답안작성
(1) 내화배선
(2) 분기 배선용 차단기

▼해설
(1) **비상콘센트 설치대상**
① 층수가 11층 이상인 특정소방대상물의 경우에는 11층 이상의 층
② 지하층의 층수가 3층 이상이고 바닥면적 합계가 1천 m² 이상인 것은 지하층의 모든 층
③ 지하가 중 터널로서 길이가 500m 이상인 것

(2) 비상콘센트 설치기준
 ① 바닥으로부터 **높이 0.8 [m] 이상 1.5 [m] 이하**의 위치에 설치
 ② 당해 층의 각 부분으로부터 하나의 비상콘센트까지의 **수평거리가 50 [m]** (지하상가 또는 지하층의 바닥면적의 합계가 3,000 [m²] 이상인 경우는 25 [m]) 이하가 되도록 배치
 ③ 비상콘센트 설비의 공급용량

전원회로의 종류	전 압	공급용량	플러그 접속기
단상 교류	220 [V]	1.5 [kVA] 이상	접지형 2극

 ④ 하나의 전용회로에 설치하는 **비상콘센트는 10개 이하**로 할 것
  이때 전선의 용량은 각 비상콘센트 (비상콘센트가 3개 이상인 경우에는 3개)의 공급용량을 합한 용량 이상의 것으로 해야 한다.
 ⑤ 비상콘센트 설비의 전원부와 외함 사이의 절연저항은 500 [V] 절연저항계로 측정할 때 그 **절연저항값이 20 [MΩ] 이상**이 되어야 한다.
 ⑥ 풀 박스는 방청도장을 한 두께 1.6 [mm] 이상의 철판을 사용
 ⑦ 전원회로는 각 층에 **2이상**이 되도록 설치할 것
 ⑧ 전원회로의 배선은 내화배선으로 그 밖의 배선은 내화배선 또는 내열배선으로 해야 한다.
 ⑨ 전원으로부터 각 층의 비상콘센트에 분기되는 경우에는 **분기배선용 차단기를 보호함 안에 설치**할 것

문제 04

출제년도 「98.」 · 점수 : 9점

비상콘센트 설비의 설치기준이다. 다음 각 물음에 답하시오.
(1) 비상콘센트 전원의 구성용량에 대해 설명하시오.
(2) 단상의 공급용량은 몇 [kVA] 이상인가?
(3) 비상콘센트의 심벌을 그리시오.

답안작성

(1) 220 [V]
(2) 1.5 [kVA] 이상
(3) ⊙⊙

해설

(1), (2) 비상콘센트의 전원회로

전원회로의 종류	전 압	공급용량	플러그 접속기
단상 교류	220 [V]	1.5 [kVA] 이상	접지형 2극

문제 05

비상콘센트 설비의 전원 및 콘센트 등에 대한 다음 각 물음에 답하시오.

(1) 상용전원회로의 배선은 다음의 경우에 어느 곳에서 분기하여 전용배선으로 하여야 하는가?
  ① 저압수전이 경우
  ② 고압수전인 경우
  ③ 특고압수전인 경우
(2) 비상콘센트 설비의 전원부와 외함 사이의 절연저항은 전원부와 외함 사이를 500볼트 절연저항계로 측정할 때 몇 [MΩ] 이상이어야 하는가?
(3) 하나의 전용회로에 설치하는 비상콘센트는 몇 개 이하로 하여야 하는가?
(4) 비상콘센트의 그림기호를 그리시오.

답안작성

(1) ① 저압수전인 경우 : 인입개폐기의 직후
  ② 고압수전인 경우 : 전력용 변압기 2차측의 주차단기 1차측 또는 2차측
  ③ 특고압수전인 경우 : 전력용 변압기 2차측의 주차단기 1차측 또는 2차측
(2) 20 [MΩ] 이상
(3) 10개
(4) ⊙⊙

해설

비상콘센트

(1) **설치대상**
  ① 층수가 11층 이상인 특정소방대상물의 경우에는 11층 이상의 층
  ② 지하층의 층수가 3층 이상이고 바닥면적 합계가 1천 m² 이상인 것은 지하층의 모든 층
  ③ 지하가 중 터널로서 길이가 500m 이상인 것

(2) **설치기준**
  ① 콘센트마다 배선용차단기를 설치해야 하며, 충전부가 노출되지 않도록 할 것
  ② 바닥으로부터 **높이 0.8 [m] 이상 1.5 [m] 이하**의 위치에 설치
  ③ 당해 층의 각 부분으로부터 하나의 비상콘센트까지의 **수평거리가 50 [m]** (**지하상가 또는 지하층의 바닥면적의 합계가 3,000 [m²] 이상인 경우는 25 [m]**) 이하가 되도록 배치
  ④ 비상콘센트 설비의 공급용량

전원회로의 종류	전 압	공급용량	플러그 접속기
단상 교류	220 [V]	1.5 [kVA] 이상	접지형 2극

  ⑤ 하나의 전용회로에 설치하는 **비상콘센트는 10개 이하**로 할 것
    이때 전선의 용량은 각 비상콘센트 (비상콘센트가 3개 이상인 경우에는 3개)의 공급용량을 합한 용량 이상의 것으로 하여야 한다.

⑥ 비상콘센트 설비의 전원부와 외함 사이의 절연저항은 500 [V] 절연저항계로 측정할 때 그 절연저항값이 20 [MΩ] 이상이 되어야 한다.
⑦ 전원회로는 각 층에 있어서 **전압별로 2이상이 되도록 설치**할 것
⑧ **전원회로의 배선은 내화배선**으로 그 밖의 배선은 내화배선 또는 내열배선으로 하여야한다.

문제 06

출제 년도「00. 03.」 •점수 : 6점

비상콘센트설비에 대한 다음 각 물음에 답하시오.
(1) 500 [V] 절연저항계로 어디를 측정할 때 20 [MΩ] 이상이어야 하는가?
(2) 비상콘센트는 층수가 몇 층 이상의 각 층마다 설치하여야 하는가?
(3) 3상회로의 검상시험방법과 판정기준을 쓰시오.

답안작성

(1) 전원부와 외함 사이
(2) 11층
(3) ① 검상시험방법 : 검상기의 3단자를 3상 콘센트에 접속
    ② 판정기준 : 원판의 회전방향이 시계 방향일 것

해설

(1) 비상콘센트설비의 전원부와 외함 사이의 **절연저항 및 절연내력**은 다음 각호의 기준에 적합하여야 한다.
    ① **절연저항은 전원부와 외함 사이를 500 [V] 절연저항계로 측정할 때 20 [MΩ] 이상일 것**
    ② 전원부와 외함 사이의 절연내력 시험
        ㉠ **정격전압이 150 [V] 이하인 경우 : 1,000 [V]의 실효전압**
        ㉡ **정격전압이 150 [V] 초과인 경우 : 정격전압 × 2 + 1,000 [V]의 실효전압**을 가하는 시험에서 **1분 이상** 견디는 것으로 할 것
(2) **비상콘센트 설치대상**
    ① 층수가 11층 이상인 특정소방대상물의 경우에는 11층 이상의 층
    ② 지하층의 층수가 3층 이상이고 바닥면적 합계가 1천 m^2 이상인 것은 지하층의 모든 층
    ③ 지하가 중 터널로서 길이가 500m 이상인 것
(3) ① 검상 : 3상에서 검상이란 전원의 상회전 방향이 정확한지 파악하는 것
    ② 시험방법 : 검상기의 3단자를 3상 콘센트에 접속
    ③ 판정기준 : 원판의 회전방향이 시계 방향일 것
    ④ 상회전방향이 반대인 경우 : 회전기기의 회전방향이 반대로 된다.
    ⑤ 회전기기의 회전방향이 반대인 경우 : 회전방향을 바꾸기 위해서는 전원 3선중 임의의 2선을 서로 바꾸면 된다.

문제 07

출제년도 「99.」 •점수 : 2점

비상콘센트설비의 전원회로 공급용량은 얼마인가?

구 분	용 량
단상 교류	(㉮) [kVA] 이상

답안작성

㉮ 1.5

▼해설

전원회로의 종류	전 압	공급용량	플러그 접속기
단상 교류	220 [V]	1.5 [kVA] 이상	접지형 2극

문제 08

출제년도 「96. 97.」 •점수 : 4점

비상콘센트 설비의 전원 회로에 대한 표를 완성하시오.

전원회로의 종류	전 압	공급용량
단상		

답안작성

전원회로의 종류	전 압	공급용량
단상	220 [V]	1.5 [kVA] 이상

▼해설

비상콘센트 설비의 전원회로 종류

전원회로의 종류	전 압	공급용량	플러그 접속기
단상 교류	220 [V]	1.5 [kVA] 이상	접지형 2극

문제 09

출제년도 「98. 01.」 •점수 : 8점

비상콘센트설비를 하려고 한다. 다음의 경우에는 어떻게 하여야 하는가?

(1) 비상콘센트의 플러그 접속기는 구체적으로 어떤 형(종류)의 플러그접속기를 사용하여야 하는가?

(2) 하나의 전용회로에 설치하는 비상콘센트가 7개 이다. 이 경우에 전선의 용량은 비상콘센트 몇 개의 공급용량을 합한 용량 이상의 것으로 하여야 하는가?

(3) 비상콘센트설비의 전원부와 외함 사이의 절연저항의 측정방법 및 절연내력의 시험방법에 대하여 설명하고 그 적합한 기준은 무엇인지를 설명하시오.

답안작성

(1) 접지형 2극
(2) 3개
(3) ① 절연저항의 측정방법 : 전원부와 외함 사이를 500〔V〕 절연저항계로 측정할 때 20〔MΩ〕 이상일 것
　② 절연내력의 시험방법 : 전원부와 외함 사이에 다음과 같은 실효전압을 가하여 1분 이상 견딜 것
　　㉠ 정격전압이 150〔V〕 이하 : 1,000〔V〕의 실효전압
　　㉡ 정격전압이 150〔V〕 초과 : (그 정격전압 × 2) + 1,000

해설

(1) **비상콘센트의 전원회로**

전원회로의 종류	전압	공급용량	플러그 접속기
단상 교류	220〔V〕	1.5〔kVA〕 이상	접지형 2극

(2) **비상콘센트용 전선용량**
　하나의 전용회로에 설치하는 **비상콘센트는 10개 이하**로 할 것. 이 경우 전선의 용량은 각 비상콘센트(**비상콘센트가 3개 이상인 경우에는 3개**)의 공급용량을 합한 용량 이상의 것으로 해야 한다.

(3) 절연저항 및 절연내력의 기준
　① **절연저항** : 전원부와 외함 사이를 500〔V〕 절연저항계로 측정할 때 **20〔MΩ〕 이상**일 것
　② **절연내력** : 전원부와 외함 사이에 다음과 같은 **실효전압**을 가하여 1분 이상 견딜 것
　　㉠ **정격전압이 150〔V〕 이하** : **1,000〔V〕의 실효전압**
　　㉡ **정격전압이 150〔V〕 초과** : (그 정격전압×2) + 1,000

출제년도「97.」・점수 : 6점

문제 10

비상콘센트 설비의 상용전원회로의 배선은 다음의 경우에 어디에서 분기하여 전용배선으로 하는지를 설명하시오.
(1) 저압수전인 경우
(2) 특고압수전 또는 고압수전인 경우

답안작성

(1) 인입개폐기 직후
(2) 전력용변압기 2차측의 주차단기 1차측 또는 2차측

해설

비상콘센트설비의 전원
(1) 상용전원회로의 배선
　① **저압수전인 경우** : 인입개폐기의 직후에서 분기하여 전용배선으로 할 것

② 특고압수전 또는 고압수전인 경우 : 전력용 변압기 2차측의 주차단기 1차측 또는 2차측에서 분기하여 전용배선으로 할 것
(2) 지하층을 제외한 층수가 7층 이상으로서 연면적이 2,000[m²] 이상이거나 지하층의 바닥면적의 합계가 3,000[m²] 이상인 특정소방대상물의 비상콘센트설비에는 자가발전설비, 비상전원수전설비, 축전지설비 또는 전기저장장치(외부 전기에너지를 저장해 두었다가 필요한 때 전기를 공급하는 장치)를 비상전원으로 설치할 것. 다만, 2이상의 변전소에서 전력을 동시에 공급받을 수 있거나 하나의 변전소로부터 전력의 공급이 중단되는 때에는 자동으로 다른 변전소로부터 전력을 공급받을 수 있도록 상용전원을 설치한 경우에는 비상전원을 설치하지 아니할 수 있다.

문제 11

출제 년도 「96.」 •점수 : 10점

비상콘센트 설비에 대한 다음 각 물음에 답하시오.
(1) 전원회로의 종류, 전압 및 그 공급용량을 쓰시오.
(2) 하나의 전용회로에 설치하는 비상콘센트는 몇 개 이하로 하여야 하는가?
(3) 비상콘센트의 그림기호(심벌)를 그리시오.
(4) 비상콘센트 설비는 몇 층 이상의 각 층에 설치하여야 하는가?
(5) 비상콘센트 설비에는 제 몇 종 접지공사를 하여야 하는가?

답안작성

(1) 전원회로의 종류, 전압 및 공급용량

전원회로의 종류	전압	공급용량
단상 교류	220 [V]	1.5 [kVA] 이상

(2) 10개
(3) ⊙⊙
(4) 11층 이상의 각층
(5) 제3종 접지공사

▼해설

(1) **비상콘센트 설치대상**
① 지하층을 포함한 층수가 11층 이상인 것은 11층 이상의 층
② 지하층의 층수가 3층 이상이고 바닥면적 합계가 1000 [m²]이상이면 지하층의 모든 층
③ 지하가 중 터널로서 길이가 500m 이상인 것

(2) **전원용량**

전원회로의 종류	전 압	공급용량	플러그 접속기
단상 교류	220 [V]	1.5 [kVA] 이상	접지형 2극

(3) 설치기준
① 바닥으로부터 **높이 0.8 [m] 이상 1.5 [m] 이하**의 위치에 설치
② 해당 층의 각 부분으로부터 하나의 비상콘센트까지의 **수평거리가 50 [m]** (지하상가 또는 지하층의 바닥면적의 합계가 3,000 [m^2] 이상인 경우는 25 [m]) 이하가 되도록 배치
③ **하나의 전용회로에 설치하는 비상콘센트는 10개 이하**로 할 것
이때 전선의 용량은 각 비상콘센트 (비상콘센트가 3개 이상인 경우에는 3개)의 공급 용량을 합한 용량 이상의 것으로 해야 한다.
④ 비상콘센트 설비의 전원부와 외함 사이의 절연저항은 500 [V] 절연저항계로 측정할 때 그 **절연저항값이 20 [MΩ] 이상**이 되어야 한다.
⑤ 풀 박스는 방청도장을 한 두께 1.6 [mm] 이상의 철판을 사용
⑥ **전원회로**는 각 층에 **2이상**이 되도록 설치할 것
⑦ **전원회로의 배선은 내화배선**으로 그 밖의 배선은 내화배선 또는 내열배선으로 해야 한다.

(4) 과거에는 제3종 접지공사 이었으나 현재는 "보호접지"가 타당하다.

문제 12

출제년도「98. 00. 03.」 •점수 : 6점

무선통신보조설비의 증폭기를 설치하려고 한다. ( )안에 알맞은 것은?
(1) 전원은 전기가 정상적으로 공급되는 (①) 또는 (②)으로 하고, 전원까지의 배선은 (③)으로 할 것
(2) 증폭기의 전면에는 주회로의 전원이 정상인지의 여부를 표시할 수 있는 (④) 및 (⑤)를 설치할 것
(3) 증폭기에는 비상전원이 부착된 것으로 하고 당해 비상전원용량은 무선통신보조설비를 유효하게 (⑥)분 이상 작동시킬 수 있는 것으로 할 것

답안작성
(1) ① 축전지설비, 전기저장장치 ② 교류전압 옥내간선 ③ 전용
(2) ④ 표시등 ⑤ 전압계
(3) ⑥ 30

▼해설
증폭기 및 무선중계기를 설치하는 경우에는 다음 각 호의 기준에 따라 설치하여야 한다.
(1) **전원**은 전기가 정상적으로 공급되는 **축전지설비, 전기저장장치 또는 교류전압 옥내간선**으로 하고, **전원까지의 배선은 전용**으로 할 것
(2) **증폭기의 전면**에는 주 회로의 전원이 정상인지의 여부를 표시할 수 있는 **표시등 및 전압계**를 설치할 것
(3) **증폭기에는 비상전원이 부착된 것으로 하고 당해 비상전원 용량은 무선통신보조설비를 유효하게 30분 이상 작동시킬 수 있는 것으로 할 것**

문제 13

출제년도 「96. 97. 00. 01. 06.」 •점수 : 6점

무선통신보조설비의 증폭기를 설치하는 경우의 증폭기 설치기준 3가지를 쓰시오.

답안작성

(1) 전원은 전기가 정상적으로 공급되는 축전지설비, 전기저장장치 또는 교류전압 옥내간선으로 하고, 전원까지의 배선은 전용으로 할 것
(2) 증폭기의 전면에는 주회로의 전원이 정상인지의 여부를 표시할 수 있는 표시등 및 전압계를 설치할 것
(3) 증폭기에는 비상전원이 부착된 것으로 하고 당해 비상전원용량은 무선통신 보조설비를 유효하게 30분 이상 작동시킬 수 있는 것으로 할 것

▼해설

무선통신보조설비의 화재안전기준
증폭기 및 무선중계기를 설치하는 경우에는 다음 각 호의 기준에 따라 설치하여야 한다.
(1) 전원은 전기가 정상적으로 공급되는 **축전지설비, 전기저장장치 또는 교류전압 옥내간선**으로 하고, 전원까지의 배선은 전용으로 할 것
(2) **증폭기의 전면**에는 주 회로의 전원이 정상인지의 여부를 표시할 수 있는 **표시등 및 전압계**를 설치할 것
(3) 증폭기에는 비상전원이 부착된 것으로 하고 당해 **비상전원 용량**은 무선통신보조설비를 유효하게 **30분 이상 작동**시킬 수 있는 것으로 할 것

문제 14

출제년도 「98.」 •점수 : 8점

무선통신보조설비에 대한 다음 각 물음에 답하시오.
(1) 누설동축케이블은 화재에 의하여 당해 케이블의 피복이 소실될 경우에 케이블 본체가 떨어지지 않도록 하기 위하여 어떻게 시설하여야 하는가? (불연재료로 구획된 반자 안에 설치하는 경우가 아니라고 한다.)
(2) 누설동축케이블 및 안테나는 고압의 전로로부터 몇 [m] 이상 떨어진 위치에 설치하여야 하는가?
(3) 상기 (2)항의 거리기준에 관계없이 누설동축케이블 및 안테나를 설치하였다면 당해 전로에 어떤 장치를 유효하게 설치한 경우인가?

답안작성

(1) 4[m] 이내마다 금속제 또는 자기제등의 지지금구로 벽·천장·기둥 등에 견고하게 고정
(2) 1.5 [m] 이상
(3) 정전기 차폐장치

▼해설

무선통신보조설비의 누설동축케이블 설치기준
(1) 소방전용주파수대에서 전파의 전송 또는 복사에 적합한 것으로서 소방전용의 것으로 할 것. 다만, 소방대 상호간의 무선연락에 지장이 없는 경우에는 다른 용도와 겸용할 수 있다.

(2) 누설동축케이블과 이에 접속하는 안테나 또는 동축케이블과 이에 접속하는 안테나에 따른 것으로 할 것
(3) 누설동축케이블 및 동축케이블은 불연 또는 난연성의 것으로서 습기에 따라 전기의 특성이 변질되지 아니하는 것으로 하고, 노출하여 설치한 경우에는 피난 및 통행에 장애가 없도록 할 것
(4) 누설동축케이블 및 동축케이블은 화재에 따라 해당 케이블의 피복이 소실된 경우에 케이블 본체가 떨어지지 아니하도록 4 [m]이내마다 금속제 또는 자기제등의 지지금구로 벽·천장·기둥 등에 견고하게 고정시킬 것. 다만, 불연재료로 구획된 반자 안에 설치하는 경우에는 그렇지 않다.
(5) 누설동축케이블 및 안테나는 금속판 등에 따라 전파의 복사 또는 특성이 현저하게 저하되지 아니하는 위치에 설치할 것
(6) 누설동축케이블 및 안테나는 **고압의 전로로부터 1.5 [m] 이상** 떨어진 위치에 설치할 것. 다만, 해당 전로에 **정전기 차폐장치**를 유효하게 설치한 경우에는 그렇지 않다.
(7) 누설동축케이블의 끝부분에는 **무반사 종단저항을 견고하게 설치**할 것
(8) 누설동축케이블 또는 동축케이블의 **임피던스는 50 [Ω]**으로 하고, 이에 접속하는 안테나·분배기 기타의 장치는 해당 임피던스에 적합한 것으로 해야 한다.

문제 15

무선통신보조설비에 대한 각 물음에 답하시오.

(1) 누설동축케이블은 화재에 의하여 당해 케이블의 피복이 소실된 경우에 케이블 본체가 떨어지지 아니하도록 4 [m] 이내마다 금속제 또는 자기제 등의 지지금구로 벽, 천장, 기둥 등에 견고하게 고정시켜야 한다. 다만, 어떤 경우에 그렇게 하지 않아도 되는가?
(2) 증폭기의 전면에는 주회로의 전원이 정상인지의 여부를 표시할 수 있는 것으로 어떤 것을 설치하여야 하는가?

답안작성
(1) 불연재료로 구획된 반자 안에 설치하는 경우
(2) 표시등 및 전압계

해설
(1) 동축케이블 설치기준
① 소방전용의 것을 사용할 것
② 누설동축케이블 및 동축케이블은 불연 또는 난연성의 것으로서 습기에 의해 전기적 특성이 변질되지 아니하는 것으로 할 것
③ 누설동축케이블 및 동축케이블은 **고압의 전로로부터 1.5 [m] 이상** 떨어진 위치에 설치할 것
④ 누설동축 케이블의 끝부분에는 **무반사 종단저항을 견고하게 설치**할 것
⑤ 동축케이블의 **임피던스는 50 [Ω]**으로 할 것
⑥ 4 [m] 이내마다 금속제 또는 자기제 등의 지지금구로 벽, 천정, 기둥 등에 **견고하게 고정시켜야 한다**. 단, 불연재료로 구획된 반자 안에 설치하는 경우에는 제외

⑦ 소방전용 주파수대에서 전파의 전송 또는 복사에 적합한 것으로서 소방전용의 것으로 할 것 (단, 소방대 상호간의 무선연락에 지장이 없는 경우에는 다른 용도와 겸용 가능)

⑧ 누설동축케이블 및 동축케이블은 화재에 의하여 당해 케이블의 피복이 소실된 경우에 케이블 본체가 떨어지지 않도록 4 [m] 이내마다 금속제 또는 자기제등의 지지금구로 고정시킬 것

(2) **증폭기의 전면**에는 주회로의 전원이 정상인지의 여부를 표시할 수 있는 **표시등 및 전압계**를 설치할 것

문제 16

출제년도 「97. 04.」 •점수 : 8점

무선통신보조설비에 대한 다음 각 물음에 답하시오.

(1) 누설동축케이블의 끝부분에는 어떤 것을 견고하게 설치하여야 하는가?
(2) 증폭기를 설치할 때 비상전원이 부착된 것으로 하여야 한다. 이때 당해 비상전원 용량은 무선통신보조설비를 유효하게 몇 분 이상 작동시킬 수 있어야 하는가?
(3) 증폭기의 전면에는 주회로의 전원이 정상인지의 여부를 표시할 수 있는 것으로서 어떤 것을 설치하여야 하는가?

답안작성

(1) 무반사 종단저항
(2) 30분 이상
(3) ① 표시등 ② 전압계

해설

(1) **용어설명**
① **무반사 종단저항** : 전송로로 전송되는 **전자파 신호가 전송로의 종단에서 반사되어 교신을 방해하는 것을 방지**하기 위하여 누설동축케이블의 끝부분에 설치하는 저항
② 누설동축케이블 : 동축케이블의 외부도체에 가느다란 홈을 만들어서 전파가 외부로 새어나갈 수 있도록 한 케이블을 말한다.
③ 분배기 : 신호의 전송로가 분기되는 장소에 설치하는 것으로 임피던스 매칭(Matching)과 신호 균등분배를 위해 사용하는 장치를 말한다.
④ 분파기 : 서로 다른 주파수의 합성된 신호를 분리하기 위해서 사용하는 장치를 말한다.
⑤ 혼합기 : 두 개 이상의 입력신호를 원하는 비율로 조합한 출력이 발생하도록 하는 장치를 말한다.
⑥ 증폭기 : 신호 전송시 신호가 약해져 수신이 불가능해지는 것을 방지하기 위해서 증폭하는 장치를 말한다.

(2) **누설동축케이블 설치기준**
① 소방전용주파수대에서 전파의 전송 또는 복사에 적합한 것으로서 소방전용의 것으로 할 것. 다만, 소방대 상호간의 무선연락에 지장이 없는 경우에는 다른 용도와 겸용할 수 있다.

② 누설동축케이블과 이에 접속하는 안테나 또는 동축케이블과 이에 접속하는 안테나로 구성할 것
③ 누설동축케이블 및 동축케이블은 불연 또는 난연성의 것으로서 습기에 따라 전기의 특성이 변질되지 아니하는 것으로 하고, 노출하여 설치한 경우에는 피난 및 통행에 장애가 없도록 할 것
④ 누설동축케이블 및 동축케이블은 화재에 따라 해당 케이블의 피복이 소실된 경우에 케이블 본체가 떨어지지 아니하도록 **4 [m] 이내마다 금속제 또는 자기제등의 지지금구로 벽·천장·기둥 등에 견고하게 고정시킬 것**. 다만, 불연재료로 구획된 반자안에 설치하는 경우에는 그렇지 않다.
⑤ 누설동축케이블 및 안테나는 금속판 등에 따라 전파의 복사 또는 특성이 현저하게 저하되지 아니하는 위치에 설치할 것
⑥ 누설동축케이블 및 안테나는 **고압의 전로로부터 1.5 [m] 이상 떨어진 위치에 설치할 것**. 다만, 해당 전로에 정전기 차폐장치를 유효하게 설치한 경우에는 그렇지 않다.
⑦ **누설동축케이블의 끝부분에는 무반사 종단저항을 견고하게 설치할 것**
⑧ 누설동축케이블 또는 동축케이블의 임피던스는 50 [Ω]으로 하고, 이에 접속하는 안테나·분배기 기타의 장치는 해당 임피던스에 적합한 것으로 해야 한다.

(3) 분배기·분파기 및 혼합기 등의 설치기준
① 임피던스는 50 [Ω]의 것으로 할 것
② 점검에 편리하고 화재 등의 재해로 인한 피해의 우려가 없는 장소에 설치할 것

(4) 증폭기 및 무선중계기 설치기준
① 전원은 전기가 정상적으로 공급되는 축전지설비 또는 교류전압 옥내간선으로 하고, 전원까지의 배선은 전용으로 할 것
② 증폭기의 전면에는 주 회로의 전원이 정상인지의 여부를 표시할 수 있는 표시등 및 전압계를 설치할 것
③ 증폭기에는 비상전원이 부착된 것으로 하고 당해 비상전원 용량은 무선통신보조설비를 유효하게 30분 이상 작동시킬 수 있는 것으로 할 것
④ 디지털방식의 무전기를 사용하는데 지장이 없도록 설치할 것

문제 17

출제년도 「96.」 •점수 : 8점

무선통신보조설비의 누설동축케이블 등의 설치기준에 대한 다음 각 물음에 답하시오.

(1) 누설동축케이블은 화재에 의하여 당해 케이블의 피복이 소실될 경우에 케이블 본체가 떨어지지 아니하도록 4 [m] 이내마다 금속제 또는 자기제 등의 지지금구로 벽, 천장, 기둥 등에 견고하게 고정시켜야 한다. 다만 어떤 경우에 그렇게 하지 않아도 되는가?

(2) 누설동축케이블의 끝부분에는 어떤 종류의 종단저항을 견고하게 설치하여야 하는가?

(3) 누설동축케이블 및 안테나는 고압의 전로로부터 몇 [m] 이상 떨어진 위치에 설치하여야 하는가?
(4) 누설동축케이블 또는 동축케이블의 임피던스는 몇 [Ω]으로 하는가?

답안작성

(1) 불연재료로 구획된 반자 안에 설치하는 경우
(2) 무반사 종단저항
(3) 1.5 [m]
(4) 50 [Ω]

해설

동축케이블 설치기준
(1) 소방전용의 것을 사용할 것
(2) 누설동축 케이블은 불연 또는 난연성의 것으로서 습기에 의해 전기적 특성이 변질되지 아니하는 것으로 할 것
(3) 누설동축 케이블은 **고압의 전로로부터 1.5 [m] 이상** 떨어진 위치에 설치할 것
(4) 누설동축 케이블의 끝부분에는 **무반사 종단저항**을 견고하게 설치할 것
(5) 동축케이블의 **임피던스는 50 [Ω]**으로 할 것
(6) 누설동축케이블 및 동축케이블은 화재에 의하여 해당 케이블의 피복이 소실될 경우에 케이블 본체가 떨어지지 아니하도록 **4 [m] 이내마다** 금속제 또는 자기제 등의 지지금구로 벽, 천장, 기둥 등에 견고하게 **고정시킬 것**. 단, 불연재료로 구획된 반자안에 설치하는 경우에는 제외
(7) 소방전용 주파수대에서 전파의 전송 또는 복사에 적합한 것으로서 소방전용의 것으로 할 것 (단, 소방대 상호간의 무선연락에 지장이 없는 경우에는 다른 용도와 겸용 가능)

문제 18

출제년도 「96. 00. 03. 05.」 · 점수 : 9점

다음 도면은 전실 급·배기 댐퍼를 나타낸 것이다. 다음 각 물음에 답하시오. 단, 댐퍼는 모터식이며 복구는 자동복구이고 전원은 제연설비반에서 공급하고 기동은 동시에 기동하는 것이다.
(1) Ⓐ, Ⓑ, Ⓒ의 명칭을 쓰시오.
(2) ①, ②, ③, ④의 전선가닥수를 쓰시오.
(3) Ⓑ의 설치 높이는?

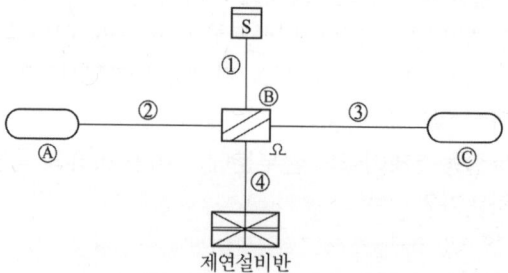

제3장 | 소화활동설비

답안작성

(1) Ⓐ : 배기댐퍼   Ⓑ : 단자반(접속함)   Ⓒ : 급기댐퍼
(2) ① 4가닥   ② 4가닥   ③ 4가닥   ④ 6가닥
(3) 바닥으로부터 0.8[m] 이상 1.5[m] 이하

▼해설

(1) Ⓐ : 배기댐퍼 또는 급기댐퍼   Ⓑ : 단자반(접속함)   Ⓒ : 급기댐퍼 또는 배기댐퍼
   ※ 도면상으로는 Ⓐ와 Ⓒ중 어느 것이 급기댐퍼인지 배기댐퍼인지 구별할 수 없음

(2) 소요전선 수 산정
   [조건]
   • 감지기 배선방식(송배선식) : 교차회로 적용제외 설비
   • 자동복구 방식
   • 전원은 제연설비반에서 공급
   • 기동은 급기댐퍼와 배기댐퍼가 동시기동

기호	구분	가닥수	용도
①	단자반 ↔ 감지기	4	• 지구선 2 • 공통 2
②	단자반 ↔ 배기댐퍼	4	• 전원⊕ • 전원⊖ • 기동 • 배기댐퍼 기동확인
③	단자반 ↔ 급기댐퍼	4	• 전원⊕ • 전원⊖ • 기동 • 급기댐퍼 기동확인
④	단자반 ↔ 제연설비반	6	• 전원⊕ • 전원⊖ • 지구 • 기동 • 급기댐퍼 기동확인 • 배기댐퍼 기동확인

※ 급기댐퍼와 배기댐퍼의 구분이 없어 가닥수 산정시 수동기동확인은 제외한다.

문제 19 〔출제년도 「97. 99. 03. 05.」 • 점수 : 8점〕

그림은 6층 이상의 사무실 건물에 시설하는 배연창설비의 전기적 계통도이다. 그림을 보고 답안지의 Ⓐ~Ⓓ까지의 배선수와 각 배선의 용도를 쓰시오.

• 전원장치의 AC 전원 공급은 수신기에서 공급하지 않고 현장 분전반에서 공급한다.
• 사용전선은 450/750[V] 저독성 난연 가교 폴리올레핀 절연 전선이다.
• 배선수는 운전 조작상 필요한 최소전선수를 쓰도록 한다.
• 전동구동장치는 솔레노이드식이다.
• 화재감지기가 작동되거나 수동조작함의 스위치를 ON시키면 배연창이 동작되어 수신기에 동작상태를 표시하게 된다.
• 배연창은 동시기동방식이다.

기호	구간	배선수	배선굵기	
Ⓐ	감지기 ↔ 감지기		1.5 [mm²]	
Ⓑ	발신기 ↔ 수신기		2.5 [mm²]	
Ⓒ	전동구동장치 ↔ 전동구동장치		2.5 [mm²]	
Ⓓ	전동구동장치 ↔ 수신기		2.5 [mm²]	
Ⓔ	전동구동장치 ↔ 수동조작함	3	2.5 [mm²]	공통1, 기동1, 기동확인1

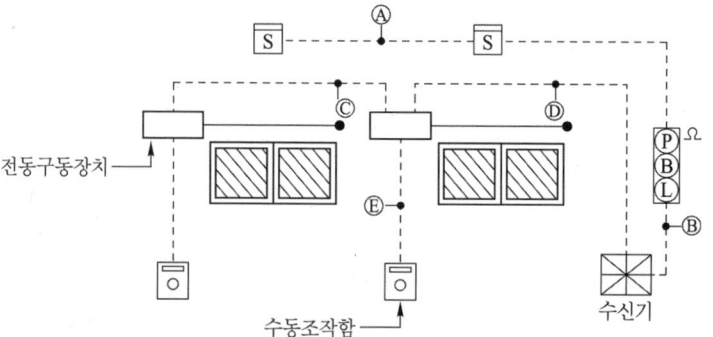

답안작성

기호	구간	배선수	배선 굵기	
Ⓐ	감지기 ↔ 감지기	4	1.5 [mm²]	지구 2, 지구공통 2
Ⓑ	발신기 ↔ 수신기	6	2.5 [mm²]	응답 1, 지구 1, 지구공통 1, 경종 1, 표시등 1, 경종표시등 공통 1
Ⓒ	전동구동장치 ↔ 전동구동장치	3	2.5 [mm²]	공통 1, 기동 1, 기동확인 1
Ⓓ	전동구동장치 ↔ 수신기	4	2.5 [mm²]	공통 1, 기동 1, 기동확인 2
Ⓔ	전동구동장치 ↔ 수동조작함	3	2.5 [mm²]	공통 1, 기동 1, 기동확인 1

▼해설

(1) 배연창설비 : 화재발생시 연기를 외부로 배출시켜 질식으로 인한 인명피해 및 연소확대를 방지하기 위한 설비로 SOLENOID식과 MOTOR식이 있다.

(2) 배선가닥수 산정

내용	Ⓐ	Ⓑ
응답선		1
지구선	2	1
지구 공통선	2	1
지구 경종선		1
표시등 선		1
지구경종, 표시등 공통선		1
합계	4	6

(3) 별도기동방식인 경우 Ⓓ구간의 가닥수는 5가닥이 된다. (공통1, 기동2, 기동확인2)

문제 20 상가매장에 설치되어 있는 제연설비의 전기적인 계통도이다. Ⓐ~Ⓕ까지의 배선 수와 각 배선의 용도를 쓰시오.

단, 1) 모든 댐퍼는 모타 구동방식이며, 별도의 복구선은 없는 것으로 한다.
    2) 배선수는 운전조작상 필요한 최소전선수를 쓰도록 한다.

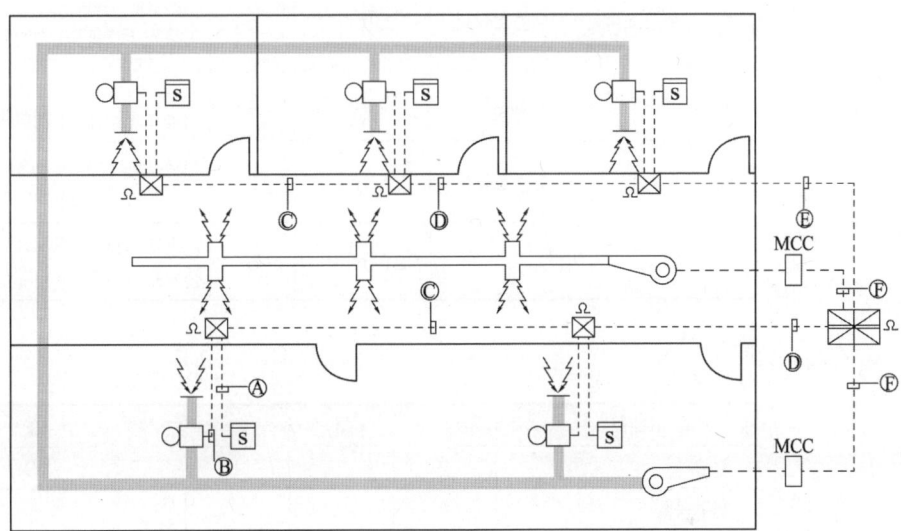

기호	구 분	배선의 굵기	배선수	배선의 용도
Ⓐ	감지기 ↔ 수동조작함			
Ⓑ	댐퍼 ↔ 수동조작함			
Ⓒ	수동조작함 ↔ 수동조작함			
Ⓓ	수동조작함 ↔ 수동조작함			
Ⓔ	수동조작함 ↔ 수동조작함			
Ⓕ	MCC ↔ 제어반	2.5 [mm²]	5	기동 1, 정지 1, 공통 1, 기동표시등 1, 전원표시등 1

답안작성

기호	구 분	배선의 굵기	배선수	배선의 용도
Ⓐ	감지기 ↔ 수동조작함	1.5 [mm^2]	4	지구 2, 지구공통 2
Ⓑ	댐퍼 ↔ 수동조작함	2.5 [mm^2]	4	전원 ⊕, 전원 ⊖, 배기댐퍼기동 1, 배기댐퍼 개방확인 1
Ⓒ	수동조작함 ↔ 수동조작함	2.5 [mm^2]	5	전원 ⊕, 전원 ⊖, 지구 1, 배기댐퍼기동 1, 배기댐퍼 개방확인 1
Ⓓ	수동조작함 ↔ 수동조작함	2.5 [mm^2]	8	전원 ⊕, 전원 ⊖, (지구 1, 배기댐퍼기동 1, 배기댐퍼 개방확인 1)×2
Ⓔ	수동조작함 ↔ 수동조작함	2.5 [mm^2]	11	전원 ⊕, 전원 ⊖, (지구 1, 배기댐퍼기동 1, 배기댐퍼 개방확인 1)×3
Ⓕ	MCC ↔ 제어반	2.5 [mm^2]	5	기동 1, 정지 1, 공통 1, 기동표시등 1, 전원표시등 1

▼해설

전선 가닥수 산정

내용	Ⓐ	Ⓑ	Ⓒ	Ⓓ	Ⓔ	Ⓕ
지구	2		1	2	3	
지구공통	2					
전원 ⊕ · ⊖		2	2	2	2	
배기댐퍼기동		1	1	2	3	
배기댐퍼 개방확인		1	1	2	3	
(전동기)기동						1
(전동기)정지						1
(전동기)기동표시등						1
전원표시등						1
(기동 · 정지) 공통						1
합계	4	4	5	8	11	5

※ 급기댐퍼기동 = 급기기동, 배기댐퍼기동 = 배기기동
급기댐퍼 개방확인 = 급기댐퍼확인 = 급기확인
배기댐퍼 개방확인 = 배기댐퍼확인 = 배기확인
기동표시등 = 기동확인표시등
전원표시등 = 전원감시표시등 = 정지표시등

Engineer Fire Protection System

제 **4** 장

소화설비의 부대전기설비

제4장 소화설비의 부대전기설비

1 옥내소화전설비

1.1 옥내소화전설비의 화재안전기준

1. 내화배선 및 내열배선

1) 사용하는 전선의 종류

> 1. 450/750V 저독성 난연 가교 폴리올레핀 절연 전선
> 2. 0.6/1KV 가교 폴리에틸렌 절연 저독성 난연 폴리올레핀 시스 전력 케이블
> 3. 6/10kV 가교 폴리에틸렌 절연 저독성 난연 폴리올레핀 시스 전력용 케이블
> 4. 가교 폴리에틸렌 절연 비닐시스 트레이용 난연 전력 케이블
> 5. 0.6/1kV EP 고무절연 클로로프렌 시스 케이블
> 6. 300/500V 내열성 실리콘 고무 절연전선(180℃)
> 7. 내열성 에틸렌-비닐아세테이트 고무 절연 케이블
> 8. 버스덕트(Bus Duct)

2) 내화배선 공사방법★★★

금속관·2종 금속제 가요전선관 또는 합성 수지관에 수납하여 내화구조로 된 벽 또는 바닥 등에 벽 또는 바닥의 표면으로부터 **25 mm 이상**의 깊이로 매설하여야 한다. 다만 다음 각목의 기준에 적합하게 설치하는 경우에는 그러하지 아니하다.

가. 배선을 내화성능을 갖는 배선전용실 또는 배선용 샤프트·피트·덕트 등에 설치하는 경우

나. 배선전용실 또는 배선용 샤프트·피트·덕트 등에 다른 설비의 배선이 있는 경우에는 이로 부터 **15 cm** 이상 떨어지게 하거나 소화설비의 배선과 이웃하는 다른 설비의 배선사이에 배선지름(배선의 지름이 다른 경우에는 가장 큰 것을 기준으로 한다)의 **1.5배** 이상의 높이의 불연성 격벽을 설치하는 경우

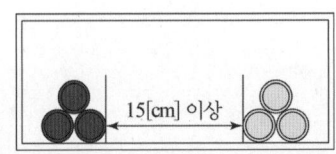

3) 내열배선 공사방법★★

금속관 · 금속제 가요전선관 · 금속덕트 또는 케이블(불연성덕트에 설치하는 경우에 한한다.) **공사방법**에 따라야 한다. 다만, 다음 각목의 기준에 적합하게 설치하는 경우에는 그러하지 아니하다.

가. 배선을 내화성능을 갖는 배선전용실 또는 배선용 샤프트 · 피트 · 덕트 등에 설치하는 경우

나. 배선전용실 또는 배선용 샤프트 · 피트 · 덕트 등에 다른 설비의 배선이 있는 경우에는 이로부터 **15cm 이상** 떨어지게 하거나 소화설비의 배선과 이웃하는 다른 설비의 배선사이에 배선지름(배선의 지름이 다른 경우에는 지름이 가장 큰 것을 기준으로 한다)의 **1.5배** 이상의 높이의 불연성 격벽을 설치하는 경우

2. 옥내소화전설비의 비상전원★★

(1) 비상전원의 종류 : 자가발전설비, 축전지설비, 전기저장장치

(2) 비상전원 설치기준

1. 점검에 편리하고 화재 및 침수 등의 **재해**로 인한 피해를 받을 우려가 없는 곳에 설치할 것
2. 옥내소화전설비를 유효하게 **20분** 이상 작동할 수 있어야 할 것
3. 상용전원으로부터 전력의 공급이 중단된 때에는 자동으로 **비상전원**으로부터 전력을 공급받을 수 있도록 할 것
4. 비상전원(내연기관의 기동 및 제어용 축전기를 제외한다)의 설치장소는 다른 장소와 **방화구획** 할 것. 이 경우 그 장소에는 비상전원의 공급에 필요한 기구나 설비외의 것(열병합발전설비에 필요한 기구나 설비는 제외한다)을 두어서는 아니 된다.
5. 비상전원을 실내에 설치하는 때에는 그 실내에 **비상조명등**을 설치할 것

[그림] 자가발전설비

3. 옥내소화전함
   1) 문의 면적은 **0.5m² 이상**(짧은변의 길이가 500 mm 이상)
   2) 소화전함의 재료
      ① 1.5 mm 이상의 강판
      ② 합성수지를 사용하는 것은 두께 4.0 mm 이상

4. 감시제어반의 기능에 대한 적합기준★★
   1. 각 펌프의 작동여부를 확인할 수 있는 **표시등** 및 **음향경보기능**이 있어야 할 것
   2. 각 펌프를 **자동 및 수동**으로 작동시키거나 중단시킬 수 있어야 할 것
   3. 비상전원을 설치한 경우에는 상용전원 및 비상전원의 공급여부를 확인할 수 있어야 할 것
   4. 수조 또는 물올림수조가 **저수위**로 될 때 표시등 및 음향으로 경보할 것
   5. 각 확인회로(기동용수압개폐장치의 압력스위치회로 · 수조 또는 물올림수조의 감시회로, 개폐밸브의 폐쇄상태 확인회로)마다 **도통시험** 및 **작동시험**을 할 수 있어야 할 것
   6. 예비전원이 확보되고 **예비전원**의 적합여부를 시험할 수 있어야 할 것

5. 상용전원회로의 배선
   1) 저압수전인 경우에는 **인입개폐기**의 직후에서 분기하여 전용배선으로 할 것
   2) 특고압수전 또는 고압수전인 경우에는 전력용 변압기 **2차측의 주차단기 1차측**에서 분기하여 전용배선으로 할 것

6. 옥내소화전 설비의 전기적 계통도

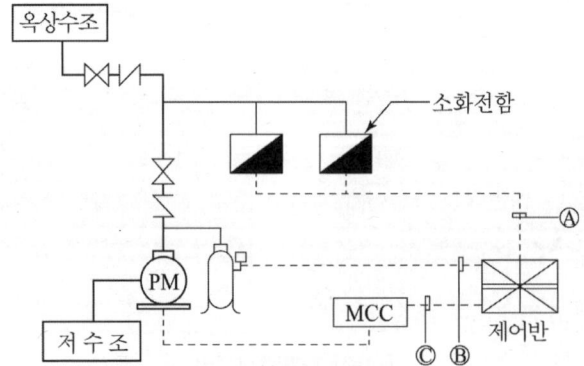

기호	구분		배선수	배선굵기	배선의 용도
Ⓐ	소화전함 ↔ 수신반	ON, OFF식	5	2.5 [mm²]	기동(ON), 정지(OFF), 공통, 기동표시등 2
		수압개폐식	2	2.5 [mm²]	기동표시등 2
Ⓑ	압력탱크 ↔ 제어반		2	2.5 [mm²]	압력스위치 2
Ⓒ	MCC ↔ 제어반		5	2.5 [mm²]	기동(ON), 정지(OFF), 공통, 기동표시등1, 정지표시등1

※ 기동표시등 = 기동확인표시등 = 운전표시등
  정지표시등 = 전원감시표시등

2 스프링클러설비

2.1 스프링클러설비의 화재안전기준

1. **스프링클러설비의 음향장치★★★**
   1. 음향장치는 유수검지장치 및 일제개방밸브 등의 담당구역마다 설치하되 그 구역의 각 부분으로부터 하나의 음향장치까지의 수평거리는 **25 m 이하**
   2. 주 음향장치는 수신기의 내부 또는 그 직근에 설치
   3. 층수가 **11층(공동주택의 경우 16층) 이상**인 특정소방대상물 → 우선경보방식

발화층	경보층
2층 이상의 층에서 발화	발화층 및 그 직상 4개층
1층에서 발화	발화층·그 직상 4개층 및 지하층
지하층에서 발화	발화층·그 직상층 및 기타의 지하층

   4. 음향장치 구조 및 성능
      1) 정격전압의 **80% 전압**에서 음향을 발할 수 있는 것으로 할 것
      2) 음량은 부착된 음향장치의 중심으로부터 1 m 떨어진 위치에서 **90 dB 이상**
   5. 발신기 설치기준
      1) 스위치는 바닥으로부터 **0.8 m 이상 1.5 m 이하**의 높이
      2) 층마다 설치, 하나의 발신기까지의 수평거리가 **25 m 이하**. 다만, 복도 또는 별도로 구획된 실로서 보행거리가 40 m 이상일 경우에는 추가로 설치
      3) 발신기의 위치를 표시하는 표시등은 함의 **상부**에 설치하되, 그 불빛은 부착 면으로부터 **15° 이상**의 범위 안에서 부착지점으로부터 **10 m 이내**의 어느 곳에서도 쉽게 식별할 수 있는 **적색등**으로 할 것

2. 동력제어반 설치기준
1. 앞면은 **적색**으로 하고 "**스프링클러설비용 동력제어반**"이라고 표시한 표지를 설치할 것
2. 외함은 두께 **1.5mm 이상**의 강판 또는 이와 동등 이상의 강도 및 내열성능이 있는 것으로 할 것

[그림] 동력제어반

3. 감시제어반과 동력제어반으로 구분하여 설치하지 않아도 되는 경우★★
1. 다음의 어느 하나에 해당하지 아니하는 특정소방대상물에 설치되는 스프링클러설비
   1) 지하층을 제외한 층수가 **7층** 이상으로서 연면적이 **2,000 m²** 이상인 것
   2) 지하층의 바닥면적의 합계가 **3,000 m²** 이상인 것
2. **내연기관**에 따른 가압송수장치를 사용하는 스프링클러설비
3. **고가수조**에 따른 가압송수장치를 사용하는 스프링클러설비
4. **가압수조**에 따른 가압송수장치를 사용하는 스프링클러설비

4. 탬퍼스위치(Tamper switch)
1. 설치목적 : 급수배관에 설치되어 급수를 차단할 수 있는 개폐밸브에는 그 **밸브의 개폐상태를 감시제어반에서 확인**
2. 설치기준
   1) 급수개폐밸브가 잠길 경우 탬퍼 스위치의 동작으로 인하여 감시제어반 또는 수신기에 표시되어야 하며 경보음을 발할 것
   2) 탬퍼 스위치는 감시제어반 또는 수신기에서 **동작의 유무확인**과 **동작시험, 도통시험**을 할 수 있을 것
   3) 급수개폐밸브의 작동표시 스위치에 사용되는 전기배선은 **내화전선** 또는 **내열전선**으로 설치할 것

5. 비상전원 설치기준★

자가발전설비, 축전지설비(내연기관에 따른 펌프를 설치한 경우에는 내연기관의 기동 및 제어용축전지를 말한다)또는 **전기저장장치**(외부 전기에너지를 저장해 두었다가 필요한 때 전기를 공급하는 장치) 설치기준

1. 점검에 편리하고 화재 및 침수 등의 재해로 인한 피해를 받을 우려가 없는 곳에 설치할 것
2. 스프링클러설비를 유효하게 **20분** 이상 작동할 수 있어야 할 것
3. 상용전원으로부터 전력의 공급이 중단된 때에는 **자동**으로 **비상전원**으로부터 전력을 공급받을 수 있도록 할 것
4. 비상전원(내연기관의 기동 및 제어용 축전지를 제외한다)의 설치장소는 다른 장소와 **방화구획** 할 것. 이 경우 그 장소에는 비상전원의 공급에 필요한 기구나 설비외의 것(열병합발전설비에 필요한 기구나 설비는 제외한다)을 두어서는 아니 된다.
5. 비상전원을 실내에 설치하는 때에는 그 실내에 **비상조명등**을 설치할 것

6. 감시제어반의 기능 적합 설치기준★★

1. 각 펌프의 작동여부를 확인할 수 있는 **표시등 및 음향경보기능**이 있어야 할 것
2. 각 펌프를 **자동 및 수동**으로 작동시키거나 중단시킬 수 있어야 한다.
3. 비상전원을 설치한 경우에는 **상용전원** 및 비상전원의 **공급여부**를 확인할 수 있어야 할 것
4. 수조 또는 물올림수조가 저수위로 될 때 **표시등 및 음향**으로 경보할 것
5. 예비전원이 확보되고 **예비전원**의 적합여부를 시험할 수 있어야 할 것

7. 감시제어반에서 다음의 각 확인회로마다 도통시험 및 작동시험★★
   1. 기동용수압개폐장치의 압력스위치회로

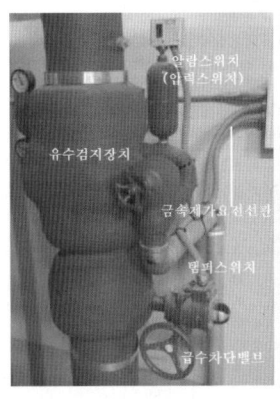

   2. 수조 또는 물올림수조의 저수위감시회로
   3. 유수검지장치 또는 일제개방밸브의 압력스위치회로
   4. 일제개방밸브를 사용하는 설비의 화재감지기회로
   5. 개폐밸브의 폐쇄상태 확인회로(탬퍼스위치 회로)

8. 스프링클러설비의 배선
   1. **비상전원으로부터 동력제어반 및 가압송수장치**에 이르는 전원회로배선은 **내화배선**으로 할 것.
   2. 상용전원으로부터 동력제어반에 이르는 배선, 그 밖의 스프링클러설비의 감시·조작 또는 표시등회로의 배선은 내화배선 또는 내열배선으로 할 것.

2.2 습식스프링클러설비(Wet Pipe System)
1. 작동설명

   배관 내에 물을 채워두고 있다가 화재가 발생하여 헤드가 파열되면 펌프측의 소화수가 헤드 쪽으로 이동하게 되면, 물의 흐름을 감지하는 유수검지장치(alarm valve)가 작동하여 사이렌 경보를 울림과 동시에 수신반에 밸브 개방신호를 표시하게 된다.

제4장 | 소화설비의 부대전기설비

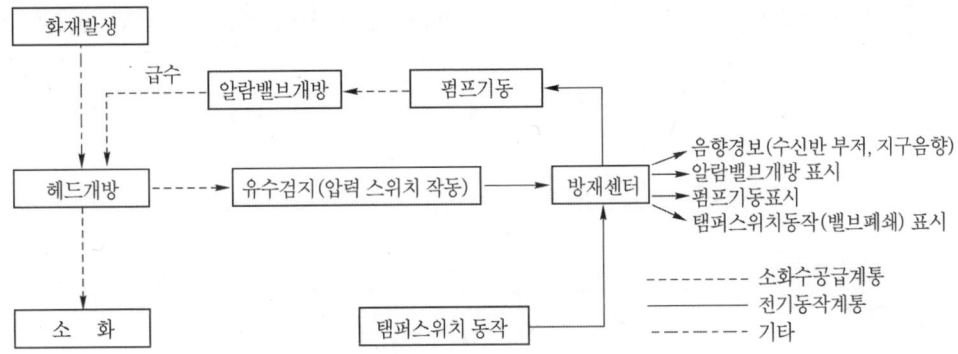

2. 습식 계통도 및 사용전선내역

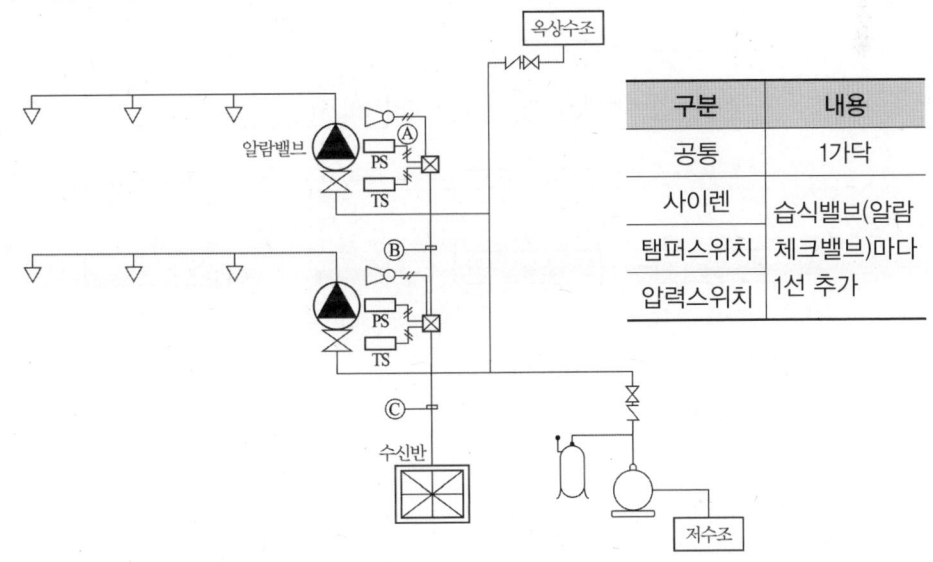

기호	구 분	배선수	배선굵기	배선의 용도
Ⓐ	압력스위치 ↔ 4각 BOX	2	2.5 [mm²]	압력스위치 2
Ⓑ	4각 BOX ↔ 4각 BOX	4	2.5 [mm²]	사이렌 1, 압력스위치 1, 공통 1, 탬퍼스위치 1
Ⓒ	4각 BOX ↔ 수신반	7	2.5 [mm²]	사이렌 2, 압력스위치 2, 공통 1, 탬퍼스위치 2

※ 유수검지스위치 = 압력스위치(PS), 탬퍼스위치(TS)=밸브주의, 밸브개폐 감시용스위치

2.3 준비작동식 스프링클러설비(preaction system)

1. 작동설명

헤드의 방호구역에 감지기를 설치하여 복수회로(A, B회로)를 구성한 후 1개의 감지회로가

작동하였을 경우에는 밸브가 개방되지 않고 2개회로가 동시에 작동하게 되면 밸브가 개방된다. 밸브를 중심으로 펌프 측에는 물이 채워져 있고 헤드 측에는 대기압 상태를 유지하다가 다음과 같이 감지기가 작동되면 밸브가 개방되어 헤드측으로 소화수를 공급하게 된다.

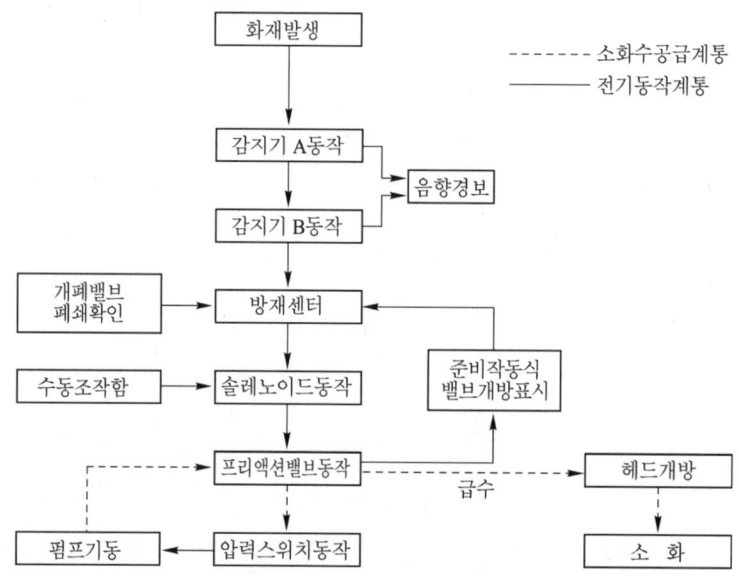

2. 준비작동식 계통도 및 사용전선내역

감시제어반(수신반)과 슈퍼비조리판넬(SVP) 사이 기본가닥수		
전원 +	/	1가닥
전원 −	/	1가닥
감지기A	★	준비작동식 밸브마다 추가
감지기B	★	
사이렌	★	
밸브기동(SOL)	★	
밸브주의(TS)	★	
밸브개방확인(PS)	★	
전화	/	1가닥

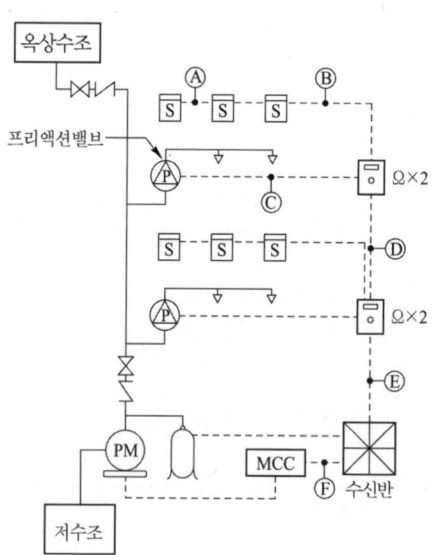

※ 감지기 공통선은 전원 ⊖와 공통으로 사용하는 조건임
  감지기 공통선을 별도로 사용하는 조건의 경우에는 감지기 공통선을 1선 추가할 것

기호	구분	배선수	배선굵기	배선의 용도
Ⓐ	감지기 ↔ 감지기	4	1.5 [mm^2]	지구, 지구공통 각 2가닥
Ⓑ	감지기 ↔ SVP	8	1.5 [mm^2]	지구, 지구공통 각 4가닥
Ⓒ	프리액션밸브 ↔ SVP	4	2.5 [mm^2]	밸브기동1, 밸브개방확인1, 밸브주의1, 공통선1
Ⓓ	SVP ↔ SVP	9	2.5 [mm^2]	전원 ⊕, 전원 ⊖, 전화, 감지기 A, B, 밸브기동, 밸브개방확인, 밸브주의, 사이렌
Ⓔ	2 ZONE일 경우	15	2.5 [mm^2]	전원 ⊕, 전원 ⊖, 전화,(감지기 A, B, 밸브기동, 개방확인, 밸브주의, 사이렌)×2
Ⓕ	MCC ↔ 수신반	5	2.5 [mm^2]	공통, ON, OFF, 운전표시등, 정지표시등

※ 밸브기동(SOL) = 솔레노이드 밸브, 운전표시등 = 기동표시등
　밸브개방확인(PS) = 압력스위치, 정지표시등 = 전원감시표시등
　밸브주의(TS) = 탬퍼스위치
※ 답안작성 시 전화선을 제외할 경우에는 답안지에 "전화선을 제외함"과 같이 명시하고 답안들 작성할 것

3. 슈퍼비조리 판넬(Supervisory panel) 결선도

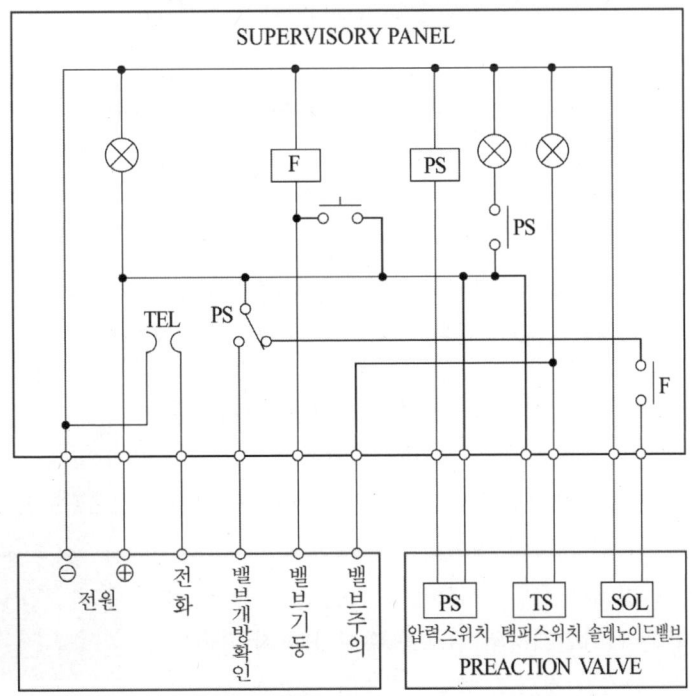

3 이산화탄소 소화설비

3.1 이산화탄소소화설비의 화재안전기준

1. **수동식 기동장치 설치기준★★★**

    이 경우 수동식 기동장치의 부근에는 **소화약제의 방출을 지연시킬 수 있는 방출지연스위치** (자동복귀형 스위치로서 수동식 기동장치의 타이머를 순간 정지시키는 기능의 스위치를 말한다)를 설치하여야 한다.

    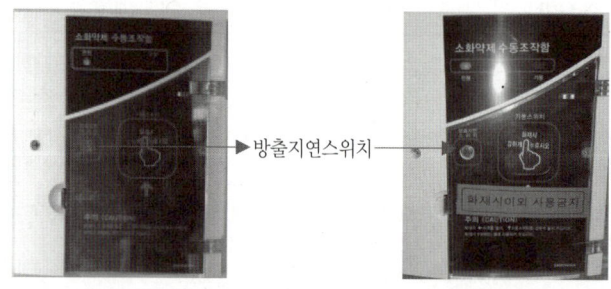

    [그림] 수동조작함

    1. 전역방출방식은 **방호구역**마다, 국소방출방식은 **방호대상물**마다 설치할 것
    2. 해당방호구역의 출입구 부근 등 조작을 하는 자가 쉽게 피난할 수 있는 장소에 설치할 것
    3. 기동장치의 조작부는 바닥으로부터 높이 **0.8 m 이상 1.5 m 이하**의 위치에 설치하고, 보호판 등에 따른 보호장치를 설치할 것
    4. 기동장치 인근의 보기 쉬운 곳에 "이산화탄소소화설비 수동식 기동장치"라는 표지를 할 것
    5. 전기를 사용하는 기동장치에는 **전원표시등**을 설치할 것
    6. 기동장치의 **방출용 스위치**는 음향경보장치와 연동하여 조작될 수 있는 것으로 할 것

2. **이산화탄소소화설비의 제어반 및 화재표시반 설치기준**

    1. 제어반은 **수동기동장치** 또는 **화재감지기**에서의 신호를 수신하여 음향경보장치의 작동, 소화약제의 방출 또는 지연 기타의 제어기능을 가진 것으로 하고, 제어반에는 전원표시등을 설치할 것
    2. 화재표시반은 제어반에서의 신호를 수신하여 작동하는 기능을 가진 것으로 하되, 다음의 기준에 따라 설치할 것

    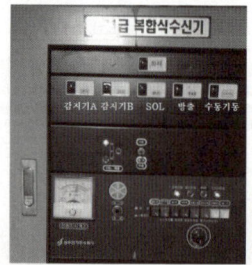

    [그림] 제어반 및 화재표시반

가. 각 **방호구역**마다 음향경보장치의 조작 및 **감지기**의 작동을 명시하는 표시등과 이와 연동하여 작동하는 벨·버저 등의 경보기를 설치할 것. 이 경우 음향경보장치의 조작 및 감지기의 작동을 명시하는 표시등을 겸용할 수 있다.
나. 수동식 기동장치는 그 **방출용스위치**의 작동을 명시하는 표시등을 설치할 것
다. 소화약제의 **방출**을 명시하는 표시등을 설치할 것
라. 자동식 기동장치는 자동·수동의 절환을 명시하는 표시등을 설치할 것
3. 제어반 및 화재표시반의 설치장소는 화재에 따른 영향, 진동 및 충격에 따른 영향 및 부식의 우려가 없고 점검에 편리한 장소에 설치할 것
4. 제어반 및 화재표시반에는 **해당 회로도** 및 **취급설명서**를 비치할 것
5. **수동잠금밸브**의 개폐여부를 확인할 수 있는 표시등을 설치할 것

3. 음향경보장치

① 이산화탄소소화설비의 음향경보장치 설치기준
  1. 수동식 기동장치를 설치한 것은 그 기동장치의 조작과정에서, 자동식 기동장치를 설치한 것은 화재감지기와 연동하여 자동으로 경보를 발하는 것으로 할 것
  2. 소화약제의 방사개시 후 **1분** 이상 경보를 계속할 수 있는 것으로 할 것
  3. 방호구역 또는 방호대상물이 있는 **구획안**에 있는 자에게 유효하게 경보할 수 있는 것으로 할 것

② 방송에 따른 경보장치를 설치할 경우에는 기준
  1. 증폭기 재생장치는 화재시 연소의 우려가 없고, 유지관리가 쉬운 장소에 설치할 것
  2. 방호구역 또는 방호대상물이 있는 구획의 각 부분으로부터 하나의 확성기까지의 수평거리는 **25m 이하**가 되도록 할 것
  3. 제어반의 **복구스위치**를 조작하여도 경보를 계속 발할 수 있는 것으로 할 것

4. 비상전원

(1) 비상전원의 종류 : **자가발전설비, 축전지설비**(제어반에 내장하는 경우를 포함한다) 또는 **전기저장장치**(외부 전기에너지를 저장해 두었다가 필요한 때 전기를 공급하는 장치)
(2) 비상전원의 설치제외
  2 이상의 변전소에서 전력을 동시에 공급받을 수 있거나 하나의 변전소로부터 전력의 공급이 중단되는 때에는 자동으로 다른 변전소로부터 전력을 공급받을 수 있도록 상용전원을 설치한 경우
(3) 비상전원 설치기준
  1. 점검에 편리하고 화재 및 침수 등의 재해로 인한 피해를 받을 우려가 없는 곳에 설치할 것

2. 이산화탄소소화설비를 유효하게 **20분 이상** 작동할 수 있어야 할 것
3. 상용전원으로부터 전력의 공급이 중단된 때에는 자동으로 비상전원으로부터 전력을 공급받을 수 있도록 할 것
4. 비상전원의 설치장소는 다른 장소와 **방화구획** 할 것. 이 경우 그 장소에는 비상전원의 공급에 필요한 기구나 설비외의 것(열병합발전설비에 필요한 기구나 설비는 제외한다)을 두어서는 아니 된다.
5. 비상전원을 실내에 설치하는 때에는 그 실내에 **비상조명등**을 설치할 것

3.2 결선도 및 전선 가닥수

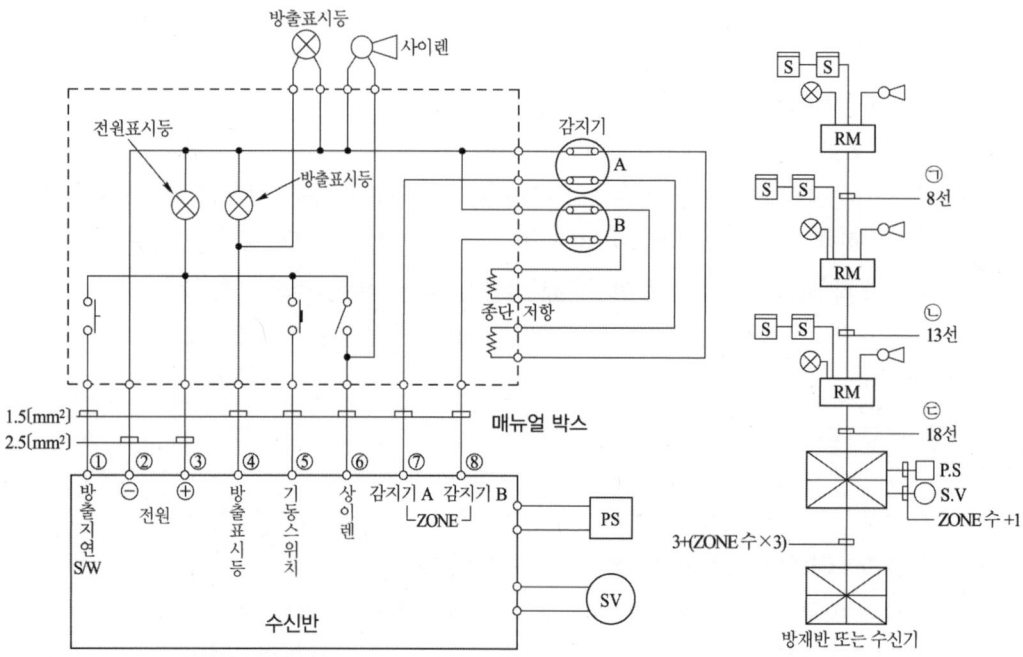

내 용	추 가	전선 가닥수		
		㉠	㉡	㉢
전원⊕, 전원⊖		2	2	2
방출지연 스위치(비상스위치)		1	1	1
감지기 A	*	1	2	3
감지기 B	*	1	2	3
기동 스위치(SV)	*	1	2	3
사 이 렌	*	1	2	3
방출표시등	*	1	2	3
합 계		8	13	18

* : 회로 및 기기 증가 시 마다 전선 1가닥 증가

4 할로겐화합물 및 불활성기체 소화설비

4.1 할로겐화합물 및 불활성기체 소화설비의 화재안전기준

1. **기동장치**
   1. 수동식 기동장치 설치기준
      이 경우 수동식 기동장치의 부근에는 **소화약제의 방출을 지연시킬 수 있는 방출지연스위치**(자동복귀형 스위치로서 수동식 기동장치의 타이머를 순간 정지시키는 기능의 스위치를 말한다)를 설치하여야 한다.
      가. **방호구역**마다 설치
      나. 해당 방호구역의 **출입구부근** 등 조작을 하는 자가 쉽게 피난할 수 있는 장소에 설치할 것
      다. 기동장치의 조작부는 바닥으로부터 **0.8 m 이상 1.5 m 이하**의 위치에 설치하고, 보호판 등에 따른 보호장치를 설치할 것
      라. 기동장치 인근의 보기 쉬운 곳에 "할로겐화합물 및 불활성기체 소화설비 수동식기동장치"라는 표지를 할 것
      마. 전기를 사용하는 기동장치에는 **전원표시등**을 설치할 것
      바. 기동장치의 **방출용스위치**는 음향경보장치와 연동하여 조작될 수 있는 것으로 할 것
      사. 50 N 이하의 힘을 가하여 기동할 수 있는 구조로 설치
   2. 자동식 기동장치는 자동화재탐지설비의 감지기의 작동과 연동하는 것으로서 다음의 기준에 따라 설치할 것.
      가. 자동식 기동장치에는 수동으로도 기동할 수 있는 구조로 할 것
      나. 전기식 기동장치로서 7병 이상의 저장용기를 동시에 개방하는 설비는 2병 이상의 저장용기에 전자개방밸브를 부착할 것
   3. 할로겐화합물 및 불활성기체 소화설비가 설치된 구역의 출입구에는 소화약제가 방출되고 있음을 나타내는 표시등을 설치할 것

2. **비상전원**
   (1) 비상전원의 종류 :
      자가발전설비, 축전지설비(제어반에 내장하는 경우를 포함한다) 또는 전기저장장치(외부 전기에너지를 저장해 두었다가 필요한 때 전기를 공급하는 장치)
   (2) 비상전원의 설치제외
      2 이상의 변전소에서 전력을 동시에 공급받을 수 있거나 하나의 변전소로부터 전력의 공급이 중단되는 때에는 자동으로 다른 변전소로부터 전력을 공급받을 수 있도록 상용

전원을 설치한 경우

(3) 비상전원 설치기준
1. 점검에 편리하고 화재 및 침수 등의 재해로 인한 피해를 받을 우려가 없는 곳에 설치할 것
2. 할로겐화합물 및 불활성기체 소화설비를 유효하게 **20분** 이상 작동할 수 있어야 할 것
3. 상용전원으로부터 전력의 공급이 중단된 때에는 자동으로 비상전원으로부터 전력을 공급받을 수 있도록 할 것
4. 비상전원의 설치장소는 다른 장소와 **방화구획** 할 것. 이 경우 그 장소에는 비상전원의 공급에 필요한 기구나 설비외의 것(열병합발전설비에 필요한 기구나 설비는 제외한다)을 두어서는 아니 된다.
5. 비상전원을 실내에 설치하는 때에는 그 실내에 **비상조명등**을 설치할 것

4.2 전역방출방식

1. **작동설명**

   화재가 발생하여 감지기가 작동되거나 수동조작함의 스위치를 동작시키면 이 신호는 할로겐화합물 및 불활성기체 소화설비 수신반에 표시됨과 동시에 해당구역의 경보 사이렌을 울려 인명을 대피시킨다. 이때 지연회로에 의해 방출 설정시간(약 30초) 경과한 후 기동용기의 솔레노이드에 전기 신호를 가하여 가스용기에 저장된 소화약제가 화재 발생지역에 방출된다. 이때 해당 압력스위치가 방사압에 의하여 작동되어 방출표시등을 점등시킨다.

2. **계통도 및 전선내역**

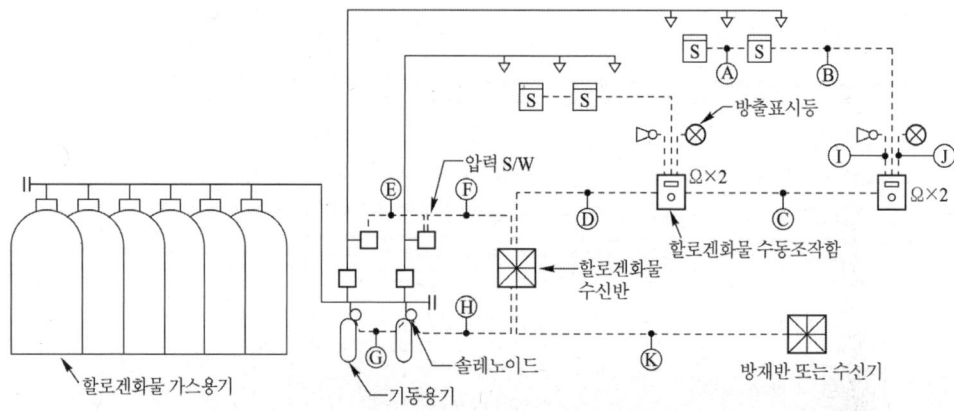

기호	구분	배선수	배선굵기	배선의 용도
Ⓐ	감지기 ↔ 감지기	4	1.5 [mm^2]	지구, 지구공통 각 2가닥
Ⓑ	감지기 ↔ 수동조작함	8	1.5 [mm^2]	지구, 지구공통 각 4가닥
Ⓒ	수동조작함 ↔ 수동조작함	8	2.5 [mm^2]	전원 ⊕, ⊖, 감지기 A, B, 기동 S/W, 사이렌, 방출표시등, 방출지연 S/W
Ⓓ	2 ZONE일 경우	13	2.5 [mm^2]	전원 ⊕, ⊖, (감지기 A, B, 기동 S/W, 사이렌, 방출표시등)×2, 방출지연 S/W
Ⓔ	압력 S/W ↔ 압력 S/W	2	2.5 [mm^2]	압력스위치
Ⓕ	압력 S/W ↔ 수신반	3	2.5 [mm^2]	압력스위치2, 공통1
Ⓖ	솔레노이드 밸브 ↔ 솔레노이드 밸브	2	2.5 [mm^2]	기동스위치(솔레노이드 밸브)
Ⓗ	솔레노이드 밸브 ↔ 수신반	3	2.5 [mm^2]	기동스위치2, 공통1
Ⓘ	사이렌 ↔ 수동조작함	2	2.5 [mm^2]	사이렌
Ⓙ	방출표시등 ↔ 수동조작함	2	2.5 [mm^2]	방출표시등
Ⓚ	수신반 ↔ 방재반 또는 수신기	9	2.5 [mm^2]	(감지기 A, 감지기 B, 방출표시등)×2 + 지구공통, 화재, 전원감시 ※ 수신반용 AC 전원공급선은 별도배관, 배선

4.3 간선계통도 및 설비별 위치

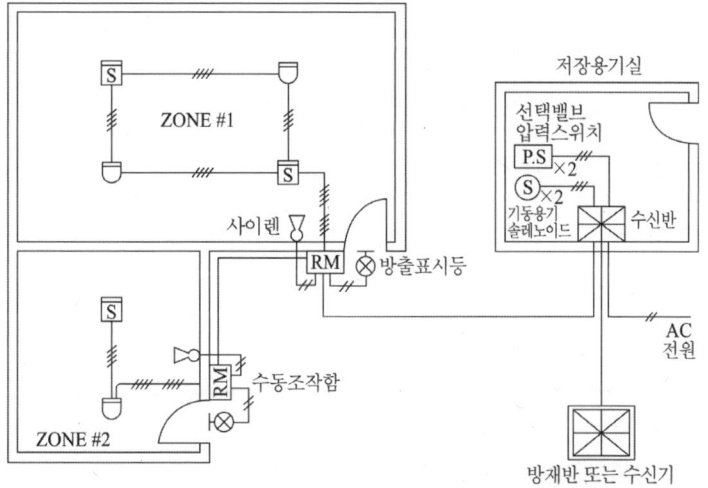

설 비	설 치 위 치	이 유
사이렌	방호구역 내부 상부 부근	실내에 있는 인명을 대피시키기 위해 실내에 설치
수동조작함	방호구역 출입구 부분(주로 외부에 설치함)	화재 발생시 유효하게 조작하고 조작자의 안전을 위하여 실외에 설치
방출표시등	방호구역 외부 출입구 부근 상부	출입구 개방에 의한 소화약제의 실외 유출 방지 및 안전을 위하여 사람의 진입을 금지시키기 위해 설치
압력스위치	저장용기실 선택밸브 2차측	소화약제 방출을 검출하여 방출표시등을 점등

4.4 할로겐화합물 및 불활성기체 소화설비 결선도

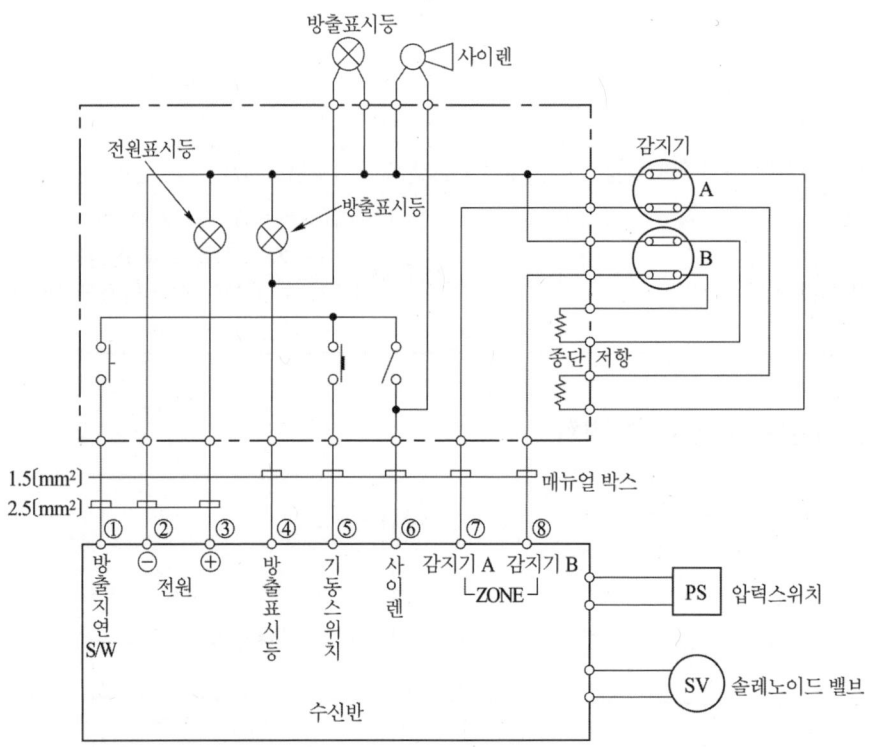

4.5 Package system

1. 작동설명

   제어반과 가스용기를 하나의 캐비넷에 수납하여 두고 감지기나 수동조작함의 작동에 의하여 해당구역에 가스를 분출하는 시스템이다.

2. 계통도 및 전선내역

   ※ 수동조작함에 사이렌이 연결되지 않은 경우에는 제어반 내 사이렌이 설치된 것으로 가닥수 산정에서 제외

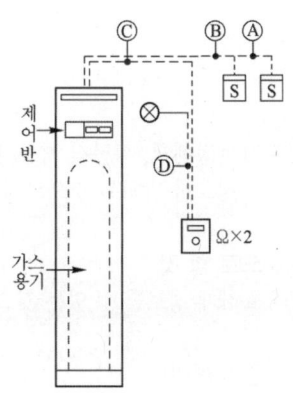

기호	구분	배선수	배선굵기	배선의 용도
Ⓐ	감지기 ↔ 감지기	4	1.5 [mm²]	지구2, 지구공통2
Ⓑ	PACKAGE ↔ 감지기	8	1.5 [mm²]	지구4, 지구공통4
Ⓒ	PACKAGE ↔ 수동조작함	7	2.5 [mm²]	전원 ⊕, 전원 ⊖, 감지기 A, 감지기 B, 기동 S/W, 방출표시등, 방출지연 S/W
Ⓓ	수동조작함 ↔ 방출표시등	2	2.5 [mm²]	방출표시등

출제예상문제
Expected problems

문제 01 출제년도 「99. 02.」 •점수 : 4점

이산화탄소 소화설비에 음향경보장치를 설치하려고 할 때 방호구역 또는 방호대상물이 있는 구획의 각 부분으로부터 하나의 확성기까지의 수평거리는 몇 [m] 이하로 하여야 하며, 또 소화약제의 방사 개시 후 음향경보장치는 몇 분 이상 경보를 계속할 수 있게 하여야 하는가?

답안작성

(1) 수평거리 : 25 [m]
(2) 경보시간 : 1분

▼해설

이산화탄소소화설비의 음향경보장치 기준
(1) 수동식 기동장치를 설치한 것에 있어서는 그 기동장치의 조작과정에서, 자동식 기동장치를 설치한 것에 있어서는 화재감지기와 연동하여 자동으로 경보를 발하는 것으로 할 것
(2) 소화약제의 **방사개시 후 1분 이상 경보를 계속할 수 있는 것으로 할 것**
(3) 방호구역 또는 방호대상물이 있는 구획 안에 있는 자에게 유효하게 경보할 수 있는 것으로 할 것
(4) 방송에 따른 경보장치를 설치할 경우에는 다음 각 호의 기준에 따라야 한다.
　① 증폭기 재생장치는 화재시 연소의 우려가 없고, 유지관리가 쉬운 장소에 설치할 것
　② 방호구역 또는 방호대상물이 있는 구획의 각 부분으로부터 하나의 **확성기까지의 수평거리는 25 [m] 이하**가 되도록 할 것
　③ 제어반의 복구스위치를 조작하여도 경보를 계속 발할 수 있는 것으로 할 것

문제 02 출제년도 「96. 99. 01. 05.」 •점수 : 4점

3ϕ, 380 [V], 60 [Hz], 2P, 75 [HP]의 스프링클러 펌프와 직결된 전동기가 있다. 이 전동기의 동기속도를 구하시오.

• 계산　　　　　　　　　　　　　　　　　• 답

답안작성

• 계산 : $N_s = \dfrac{120f}{P} = \dfrac{120 \times 60}{2} = 3600\,[\text{rpm}]$　　• 답 : 3600 [rpm]

▼해설

동기속도 $N_s = \dfrac{120f}{P}$

여기서, f : 주파수 [Hz], P : 극수

∴ 동기속도 $N_s = \dfrac{120f}{P} = \dfrac{120 \times 60}{2} = 3600\,[\text{rpm}]$

문제 **03** 출제 년도 「99. 03.」 •점수 : 10점

답안지의 도면은 준비작동식 스프링클러소화설비에 사용되는 Supervisory panel에서 수신기까지의 내부결선도이다. 결선도를 완성시키고 ①~⑨에 이용되는 전선의 용도에 관한 명칭을 쓰시오.

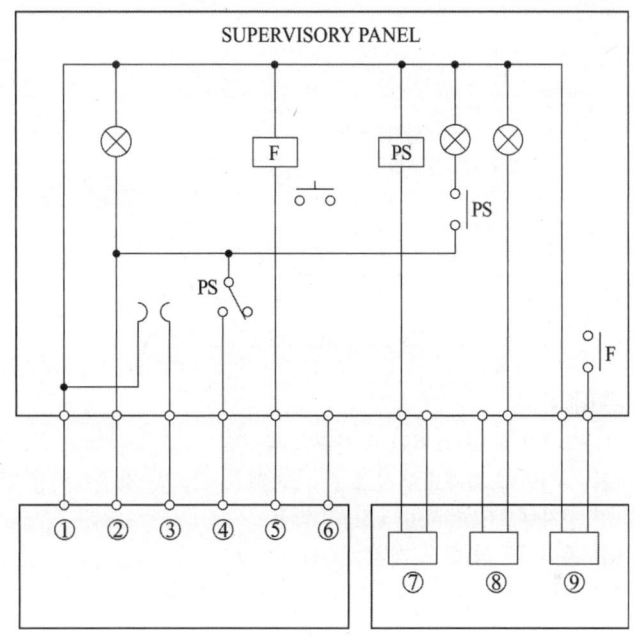

답안작성

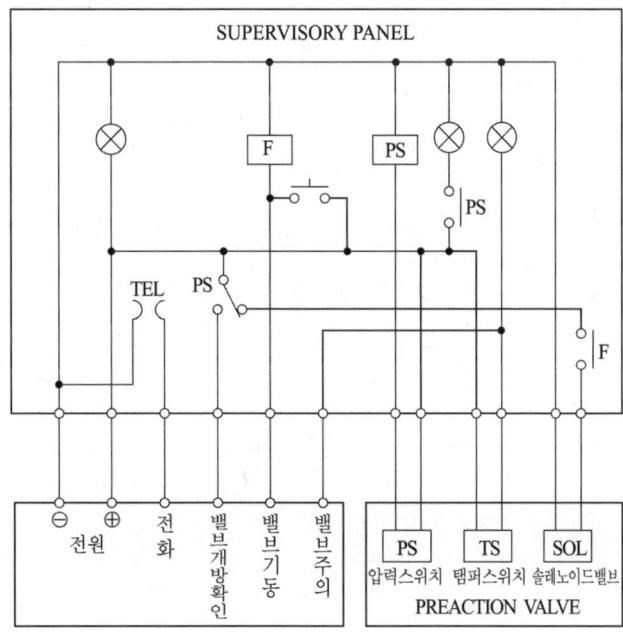

문제 04

출제년도 「98. 01. 06.」 •점수 : 4점

다음 도면은 어떤 준비작동식 스프링클러설비의 계통을 나타낸 도면이다. 화재가 발생하였을 때 화재감지기, 소화설비반의 표시부, 전자밸브(solenoid valve), 준비작동식밸브 및 압력 스위치들간의 작동연계성(operation sequence)을 요약 설명하여라.

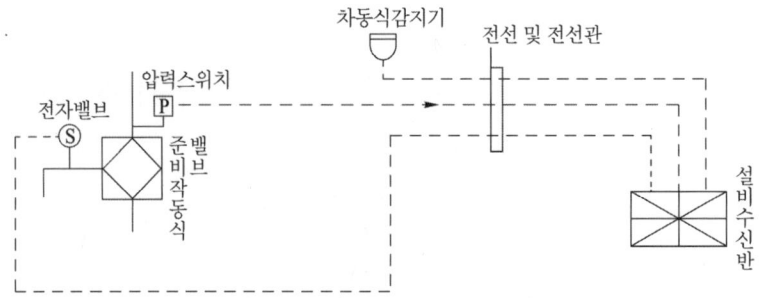

답안작성

(1) 감지기 A 및 감지기 B 작동
(2) 수신반에 화재발생신호 전송(화재표시등 및 지구표시등 점등)
(3) 전자밸브(solenoid valve) 작동
(4) 준비작동식 밸브 개방
(5) 압력스위치 작동
(6) 펌프 작동
(7) 수신반에 펌프기동, 전자밸브기동 및 준비작동식 밸브개방 표시

▼해설

준비작동식 스프링클러 작동흐름도

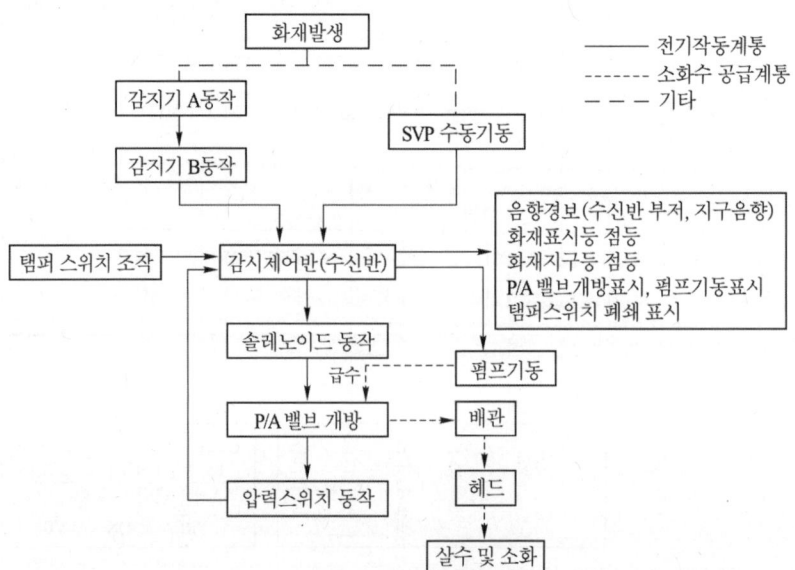

제4장 | 소화설비의 부대전기설비

문제 05
출제년도 「96. 02. 05.」 •점수 : 8점

그림은 습식 스프링클러설비의 전기적 계통도이다. 그림을 보고 답란표의 Ⓐ~Ⓓ까지의 배선수와 각 배선의 용도를 쓰시오.

[조건]
① 각 유수검지장치에는 밸브 개폐 감시용 스위치는 부착되어 있지 않는 것으로 한다.
② 사용전선은 HFIX 전선이다.
③ 배선 수는 운전조작 상 필요한 최소 전선수를 쓰도록 한다.

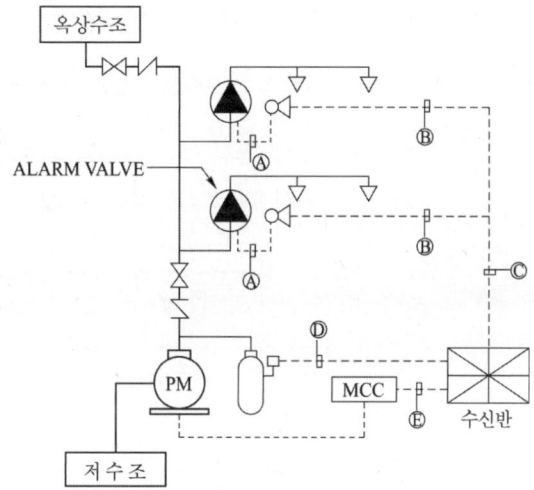

기호	구분	배선 수	배선 굵기	배선의 용도
Ⓐ	알람밸브 ↔ 사이렌		2.5 [mm²] 이상	
Ⓑ	사이렌 ↔ 수신반		〃	
Ⓒ	2개 구역일 경우		〃	
Ⓓ	압력탱크 ↔ 수신반		〃	
Ⓔ	MCC ↔ 수신반	5	〃	공통, ON, OFF, 운전표시, 정지표시

답안작성

배선수와 각 배선의 용도

기호	구분	배선수	배선 굵기	배선의 용도
Ⓐ	알람밸브 ↔ 사이렌	2	2.5 [mm²] 이상	압력(유수검지) 스위치 2
Ⓑ	사이렌 ↔ 수신반	3	〃	압력(유수검지) 스위치 1, 사이렌 1, 공통 1
Ⓒ	2개 구역일 경우	5	〃	압력(유수검지) 스위치 2, 사이렌 2, 공통 1
Ⓓ	압력탱크 ↔ 수신반	2	〃	압력 스위치 2
Ⓔ	MCC ↔ 수신반	5	〃	공통, ON, OFF, 운전표시, 정지표시

▼해설

(1)

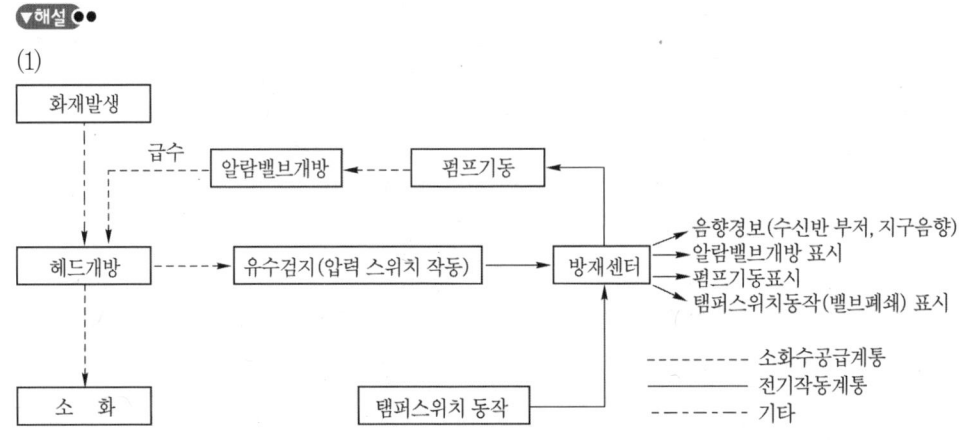

〈습식 스프링클러 설비 작동 흐름도〉

(2)

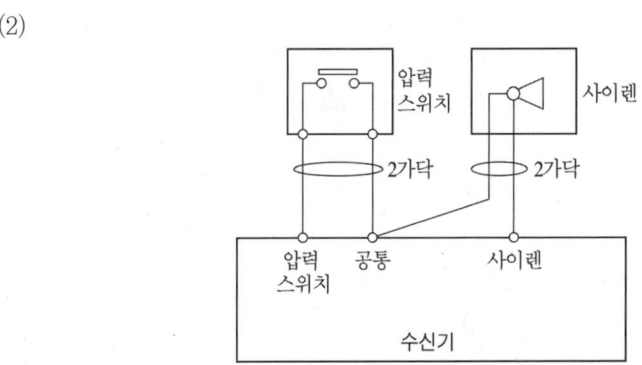

〈압력스위치 및 사이렌 결선도〉

문제 06 출제 년도 「97. 99.」 •점수 : 9점

그림은 옥내소화전 설비의 전기적 계통도이다. 그림을 보고 답란표의 Ⓐ∼Ⓑ까지의 배선수와 각 배선의 용도를 쓰시오. 단, 사용전선은 HFIX 전선이며, 배선수는 운전조작상 필요한 최소 전선수를 쓰도록 한다.

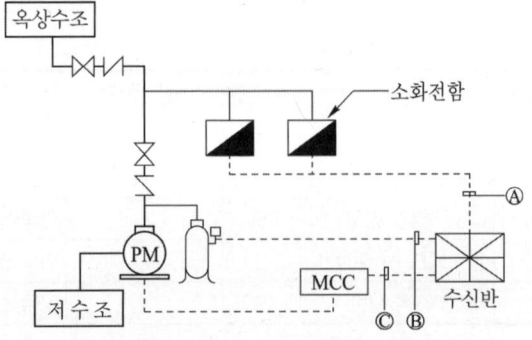

기호	구분		배선수	배선굵기	배선의 용도
Ⓐ	소화전함 ↔ 수신반	ON, OFF식		2.5 [mm²]	
		수압개폐식		2.5 [mm²]	
Ⓑ	압력탱크 ↔ 수신반			2.5 [mm²]	
Ⓒ	MCC ↔ 수신반		5	2.5 [mm²]	기동, 정지, 공통, 기동표시등, 정지표시등

답안작성

기호	구 분		배선수	배선굵기	배선의 용도
Ⓐ	소화전함 ↔ 수신반	ON, OFF식	5	2.5 [mm²]	기동, 정지, 공통, 기동표시등 2
		수압개폐식	2	2.5 [mm²]	기동표시등 2
Ⓑ	압력탱크 ↔ 수신반		2	2.5 [mm²]	압력스위치 2
Ⓒ	MCC ↔ 수신반		5	2.5 [mm²]	기동, 정지, 공통, 기동표시등, 정지표시등

※ 기동표시등 = 운전표시등 = 기동확인표시등
  정지표시등 = 전원감시표시등

문제 07 출제년도 「96.」 •점수 : 4점

11층 이상인 건물의 특정소방대상물에 옥내소화전 설비를 하였다. 이 설비를 작동시키기 위한 전원 중 비상전원으로 설치할 수 있는 설비의 종류를 2가지를 쓰시오.

답안작성

(1) 자가발전설비
(2) 축전지 설비
(3) 전기저장장치 중 2가지 선택

▼해설

(1) 다음 각호의 1에 해당하는 소방대상물의 **옥내소화전설비에는 비상전원을 설치**하여야 한다. 다만, 2 이상의 변전소에서 전력을 동시에 공급받을 수 있거나 하나의 변전소로부터 전력의 공급이 중단되는 때에는 자동으로 다른 변전소로부터 전원을 공급받을 수 있도록 상용전원을 설치한 경우와 가압수조방식에서는 그러하지 아니하다.
  ① 지하층을 제외한 **층수가 7층 이상으로서 연면적이 2,000 [m²] 이상**인 것
  ② 지하층의 바닥면적의 합계가 3,000 [m²] 이상인 것.
(2) **비상전원은 자가발전설비, 전기저장장치 또는 축전지설비**로서 다음 각호의 기준에 따라 설치하여야 한다.
  ① 점검에 편리하고 **화재 및 침수 등의 재해로 인한 피해를 받을 우려가 없는 곳에 설치할 것**
  ② 옥내소화전설비를 **유효하게 20분 이상 작동**할 수 있어야 할 것
  ③ 상용전원으로부터 전력의 공급이 중단된 때에는 **자동으로 비상전원으로부터 전력을 공급**받을 수 있도록 할 것

④ **비상전원(내연기관의 기동 및 제어용 축전지를 제외한다)의 설치장소는 다른 장소와 방화구획 할 것**. 이 경우 그 장소에는 비상전원의 공급에 필요한 기구나 설비외의 것 (열병합발전설비에 필요한 기구나 설비는 제외한다)을 두어서는 아니된다.
⑤ 비상전원을 실내에 설치하는 때에는 그 실내에 비상조명등을 설치할 것

문제 08

출제년도 「96.」 •점수 : 8점

그림은 준비작동식(Preaction) 스프링클러설비 부대전기설비 평면도이다. ①~④ 까지의 배선 수는 몇 가닥인가?

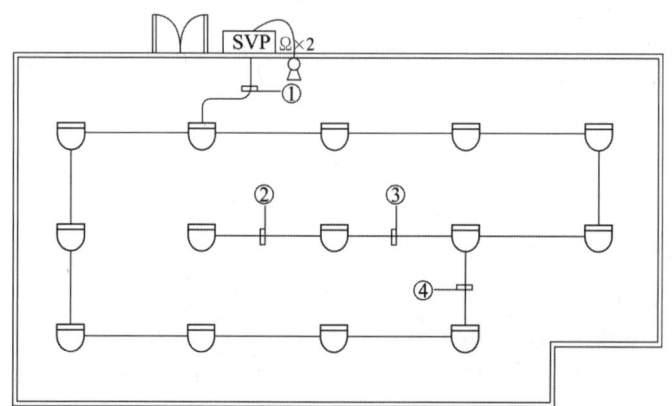

답안작성

① 8가닥   ② 4가닥   ③ 8가닥   ④ 4가닥

해설

(1) 교차회로 적용설비
  ① 스프링클러설비 (준비작동식, 일제살수식)
  ② 이산화탄소소화설비
  ③ 할론 소화설비
  ④ 분말소화설비
  ⑤ 물분무소화설비
  ⑥ 할로겐화합물 및 불활성기체 소화설비
  ⑦ 미분무소화설비

(2) 교차회로 적용제외 설비
  ① 자동화재탐지설비
  ② 제연설비
  ③ 자동방화문, 배연창설비

(3) 교차회로 배선 실체도

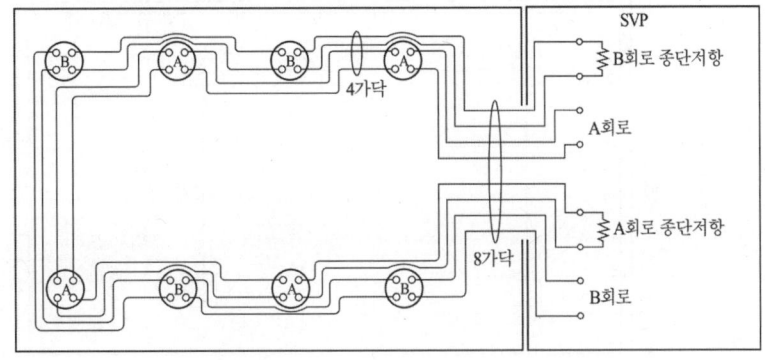

문제 09

출제년도 「97. 99. 02. 04.」 •점수 : 11점

지하 1층, 2층, 3층의 주차장에 프리액션형의 스프링클러설비를 하고 이온식 연기 감지기 2종을 설치하여 소화설비와 연동하는 감지기 배선을 하려고 한다. 답안지에 주어진 평면도를 이용하여 다음 각 물음에 답하시오. 단, 층고는 3.8 [m]이다.

── 조건 ──

- 본 도면은 편의상 일부 생략되었으므로 도면에 표시되지 않은 사항은 고려하지 않는다.
- 스프링클러설비는 지하 1층, 지하 2층, 지하 3층에 시설하고 수신반은 지상 1층에 설치하며, 지하 1층 프리액션 조작반에서 수신반까지의 직선거리는 10 [m] 이다.
- 사용하는 전선관은 후강전선관이며 콘크리트 매입으로 시공한다.
- 3방출 이상은 4각 박스를 사용한다.
- 가닥수 산정에서 SVP와 프리액션밸브 사이 공통선은 별도로 한다.
- 기능을 만족시키는 최소의 배선을 하도록 한다.(사이렌은 지하 모든층에 동시에 경보되도록 할 것)
- 건축물은 내화구조로 각 층의 높이는 3.8 [m] 이다.
- 프리액션 조작반에는 솔레노이드 밸브, 압력 스위치, 개폐밸브모니터링 스위치가 설치되어 있다.

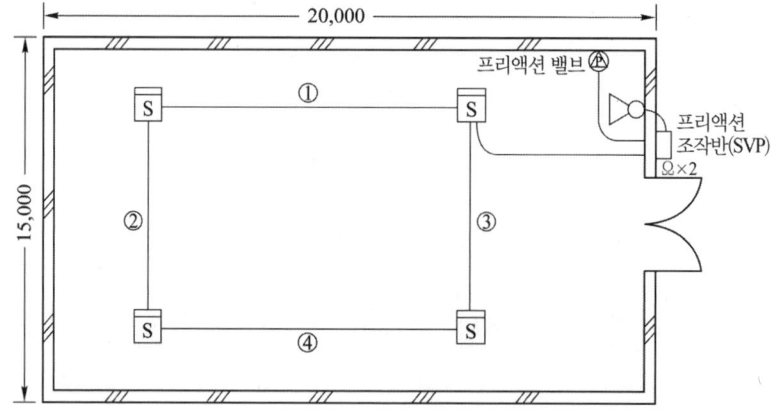

(1) 사용된 감지기는 이온식 연기감지기(2종) 이다. 이 감지기가 4개 설치된 이유를 설명하시오.
(2) 도면에 표시된 ①~④까지의 배선가닥수는 최소 몇 가닥인가?
(3) 본 설비의 감지기에 이용되는 4각 박스는 몇 개가 필요한가?
(4) 본 설비의 계통도를 작성하고 계통도상에 배선가닥수를 표시하시오.

답안작성

(1) 감지기 개수 = $\dfrac{20\text{m} \times 15\text{m}}{150\text{m}^2}$ = 2개이나, 프리액션형의 스프링클러 설비와 연동하는 감지기의 회로방식은 교차회로방식을 채택해야 하므로 2개 × 2회로 = 4개
(2) ① 4가닥 ② 4가닥 ③ 4가닥 ④ 4가닥
(3) 3개
(4) 계통도

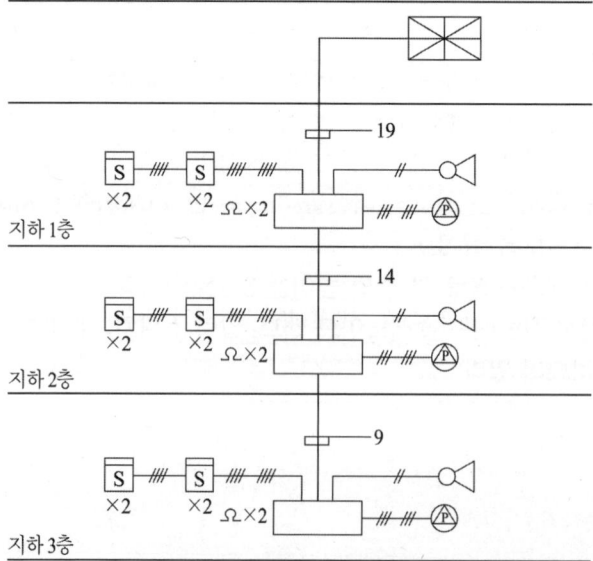

▼해설 ●●

(1) ① 연기 감지기의 부착높이에 따라 다음 표에 따른 바닥면적마다 1개 이상으로 할 것
(단위 : [m²])

부 착 높 이	감지기의 종류	
	1종 및 2종	3종
4[m] 미만	150	50
4[m] 이상 20[m] 미만	75	

② **교차회로 적용설비**
　㉠ **스프링클러설비 (준비작동식, 일제살수식)**　　㉡ 이산화탄소소화설비
　㉢ 할론 소화설비　　　　　　　　　　　　　　　㉣ 분말소화설비
　㉤ 물분무소화설비, 미분무소화설비
　㉥ 할로겐화합물 및 불활성기체 소화설비

③ 감지기 수량
　감지기 부착높이가 3.8[m]로 바닥면적 150[m2]당 감지기 1개가 필요하므로
$$감지기의 수량 = \frac{20m \times 15m}{150m^2} = 2개$$
　이나 교차회로 방식을 채택해야 하므로
　1개층 당 전체 감지기 수 $N = 2 \times 2 = 4$[개]가 된다.

(2) 교차회로 방식이므로

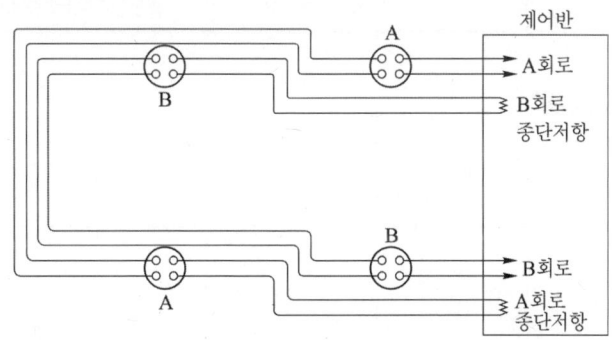

(3) **4각 박스는 3방출 이상인 경우에 사용**되므로 감지기회로에 이용되는 4각 박스는 각 층에 1개씩 총 3개가 소요된다.

(4) 조건에 의거 지하층은 동시경보가 이루어져야 하므로 사이렌은 1선을 적용한다.

층 별	배 선 의 용 도							
	전원 ⊕·⊖	감지기 A, B	전화	밸브 기동	밸브개방 확인	밸브 주의	사이렌	계
지하 3층	2	2	1	1	1	1	1	9
지하 2층	2	4	1	2	2	2	1	14
지하 1층	2	6	1	3	3	3	1	19

문제 10

출제년도 「96.」 •점수 : 11점

지하 1층, 2층, 3층의 주차장에 프리액션형의 스프링클러 시설을 하고 정온식 감지기 1종을 설치하여 소화설비와 연동하는 감지기 배선을 하려고 한다. 답지에 주어진 평면도를 이용하여 다음 각 물음에 답하시오. 단, 층고는 3.6[m]이고 프리액션밸브와 슈퍼비조리반 사이 가닥수에서 공통선은 별도로 사용하는 것으로 한다.

(1) 본 설비에 필요한 감지기 수량을 산정하시오.
(2) 각 설비 및 감지기간 배선도를 작성할 때 배선에 필요한 가닥수는 몇 가닥인지 감지기간 배선도를 작성하고 평면도에 직접 표기하시오.
(3) 본 설비의 계통도를 작성하고 계통도상에 전선수를 쓰도록 하시오.

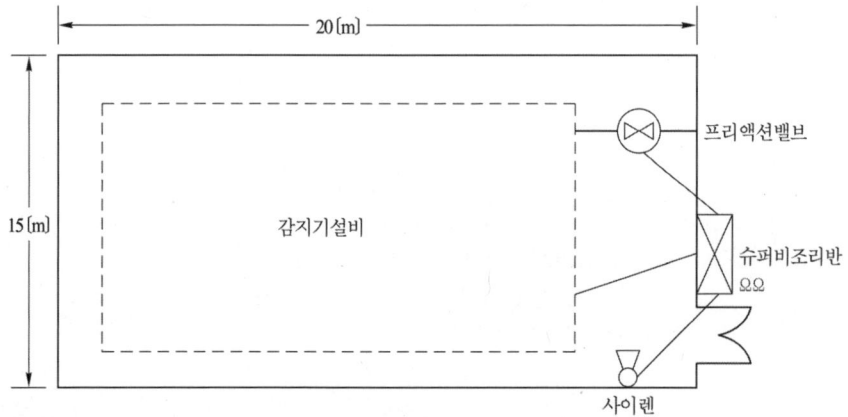

답안작성

(1) 30개
(2)

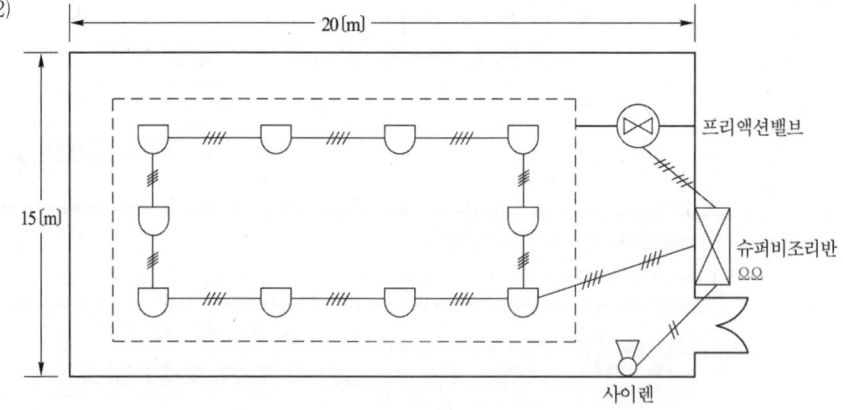

(3)

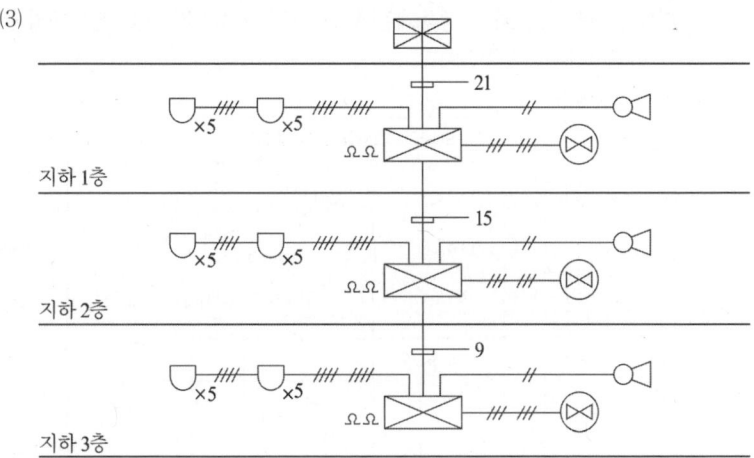

▼해설

(1) 감지기의 수량산정
  ① 특정소방대상물에 따른 감지기 필요수량

부착높이 및 특정소방대상물의 구분		감지기의 종류				
		차동식, 보상식 스포트형		정온식 스포트형		
		1종	2종	특종	1종	2종
4[m] 미만	주요구조부를 내화구조로 한 특정소방대상물 또는 그 부분	90	70	70	60	20
	기타 구조의 특정소방대상물 또는 그 부분	50	40	40	30	15
4[m] 이상 8[m] 미만	주요구조부를 내화구조로 한 특정소방대상물 또는 그 부분	45	35	35	30	
	기타 구조의 특정소방대상물 또는 그 부분	30	25	25	15	

② 감지기 수량산출
- 층고가 3.6[m]로 4[m] 미만이고
- 구조는 내화구조의 특정소방대상물로서 (건축법 시행령에 따르면 3층 이상이거나 지하층 구조의 건물은 내화구조로 하도록 되어 있다.)
- 감지기는 정온식 제1종이므로 바닥면적 60[m²]당 1개가 필요하고
- 스프링클러설비는 교차회로를 사용 : 감지기 수량 $n = \dfrac{15 \times 20}{60} = 5$ [개]
- 교차회로이므로 감지기 총 설치수량
  $N = 5$[개] $\times 2$ (교차회로) $\times 3$(3개 층) $= 30$ [개]

(2) ① 스프링클러설비의 감지기 회로방식 : 교차회로방식
   (말단 및 루프 구간 : 4가닥, 기타 구간 : 8가닥)
  ② 프리액션밸브와 슈퍼비조리반(SVP) 사이의 가닥수 : 6가닥(밸브기동(SOL) 2, 밸브개방확인(PS) 2, 밸브주의(TS) 2)

※ 공통선을 사용하는 경우에는 4가닥(밸브기동(SOL) 1, 밸브개방확인(PS) 1, 밸브 주의(TS) 1, 공통선1)

③ 사이렌 : 2가닥

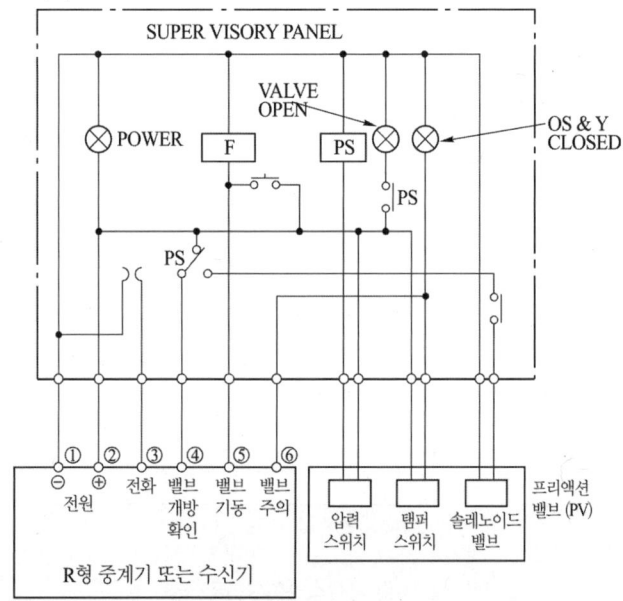

〈수동조작함 내부회로도〉

(3)

내　용	추가	지하 3층 → 지하 2층	지하2층 → 지하1층	지하1층→ 수신반
전원⊕, 전원⊖		2	2	2
전화		1	1	1
감지기 A, B (교차회로)	*	2	4	6
밸브기동	*	1	2	3
밸브개방확인	*	1	2	3
밸브주의	*	1	2	3
사이렌	*	1	2	3
합계		9	15	21

제4장 | 소화설비의 부대전기설비

문제 11 출제년도 「96.」 •점수 : 4점

도면은 할론소화설비의 할론 실린더실 전기배선을 나타낸 도면이다. ①~⑥까지에 배선된 배선의 최소 숫자는 얼마인가?

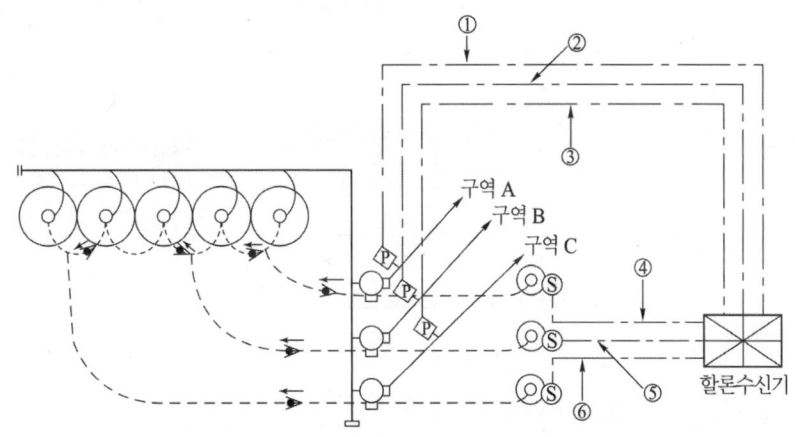

범 례	
○⤴	할론 실린더 및 연결관
⬒	선택밸브
Ⓢ	기동용 솔레노이드(Solenoid)
P	압력스위치
◀●	가스체크밸브
⊠	할론수신기
▭	안전밸브

답안작성

① 2가닥　② 2가닥　③ 2가닥　④ 2가닥　⑤ 2가닥　⑥ 2가닥

해설

전선의 가닥수 및 규격

기 호	용 도	가닥 수	전선의 굵기
①,②,③	압력스위치	2	2.5 [mm^2]
④,⑤,⑥	기동용솔레노이드	2	2.5 [mm^2]

문제 12

출제년도 「98.」 •점수 : 15점

다음은 할론소화설비이다. 평면도를 완성하고 범례표를 작성하시오. 각 방호구역별 수동조작함과 사이렌은 별개로 설치하고, 수동조작함과 할론제어반 사이의 배관도 각각 별개로 한다. (단, 범례표를 작성하고 도면에 가닥수도 표기하시오.)

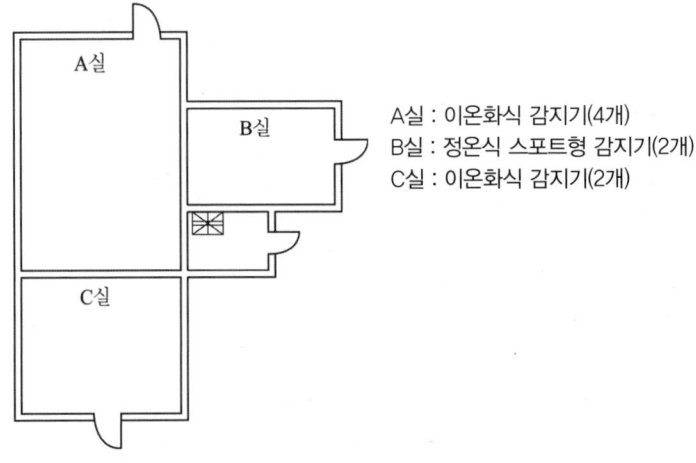

답안작성

【범례】

심 벌	명 칭
⊠	할론제어반
RM	수동조작함
⊢⊗	방출표시등(벽붙이형)
⊂⊃	사이렌
S	연기감지기(이온화식)
⌒	정온식 스포트형 감지기
PS	압력스위치
SV	솔레노이드 밸브
Ω	종단저항

▼해설

(1) 교차회로 적용설비
 ① 스프링클러설비 (준비작동식, 일제살수식)
 ② 이산화탄소소화설비
 ③ 할론소화설비

④ 분말소화설비
⑤ 물분무소화설비
⑥ 할로겐화합물 및 불활성기체 소화설비
(2) 전선가닥수 산정

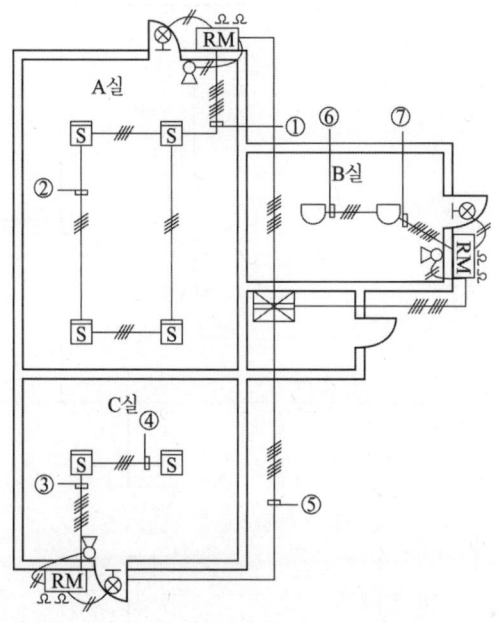

내용	추가	①	②	③	④	⑤	⑥	⑦
전원⊕, 전원⊖						2		
방출지연스위치						1		
감지기 A	*	4	2	4	4	1	4	4
감지기 B	*	4	2	4		1		4
기동스위치	*					1		
사이렌	*					1		
방출표시등	*					1		
합 계		8	4	8	4	8	4	8

* ①, ③, ⑦
• 감지기 A 2가닥   • 감지기 A 종단저항 2가닥
• 감지기 B 2가닥   • 감지기 B 종단저항 2가닥
* ④
• 감지기 A 2가닥   • 감지기 A 종단저항 2가닥

문제 13 도면은 어느 방호대상물의 할론설비 부대전기설비를 설계한 도면이다. 잘못 설계된 점을 4가지만 지적하여 그 이유를 설명하시오.

출제 년도 「96. 99. 01.」 •점수 : 8점

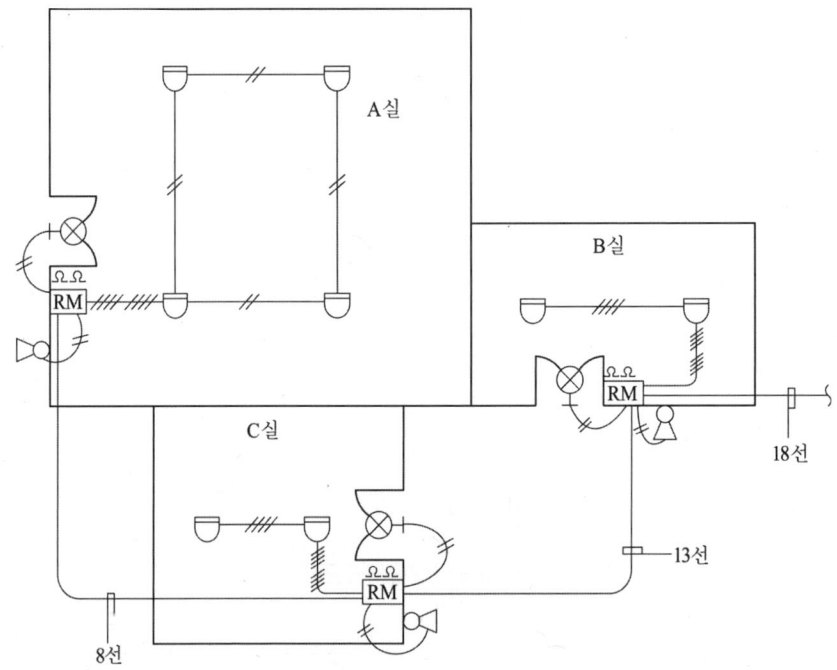

[유의사항]
• 심벌의 범례

  ┌─────┐
  │ ΩΩ │ : 할론수동조작함(종단저항 2개 내장)
  │ RM │
  └─────┘

  ─⊗ : 할론방출표시등

• 전선관의 규격은 표기하지 않았으므로 지적대상에서 제외한다.
• 할론수동조작함과 할론컨트롤판넬의 연결 전선수는 한 구역당 (+, −) 전원 2선, 수동조작 1선, 감지기 선로 2선, 사이렌 1선, 할론방출표시등 1선, 방출지연 1선으로 연결·사용한다.
• 기술적으로 작동 불능 또는 오작동이 되거나 관련 기준에 맞지 않거나 잘못 설계되어 인명 피해가 우려되는 것들을 지적하도록 한다.

답안작성

잘못 설계된 부분	오(誤)	정(正)	이 유
A실 감지기 배선가닥수	2가닥	4가닥	할론 소화설비의 감지기 배선방식은 교차회로방식으로 하여야 함
수동조작함의 설치위치 (A, B, C실)	실 내	실외 출입구부근	화재발생시 유효하게 조작하고 조작자의 안전을 위하여 실외에 설치되어야 한다.
사이렌의 설치 위치 (A, B, C실)	실 외	실 내	실내에 있는 인명을 대피시키기 위해 실내에 설치되어야 한다.
방출표시등의 설치 위치 (A, B, C실)	실내 출입구 상부에 설치	실외 출입구부근	소화약제 방출시 안전을 위하여 외부인의 진입을 금지시키기 위해 실외의 출입구 부근에 설치

▼해설

1. 정정된 설계 도면

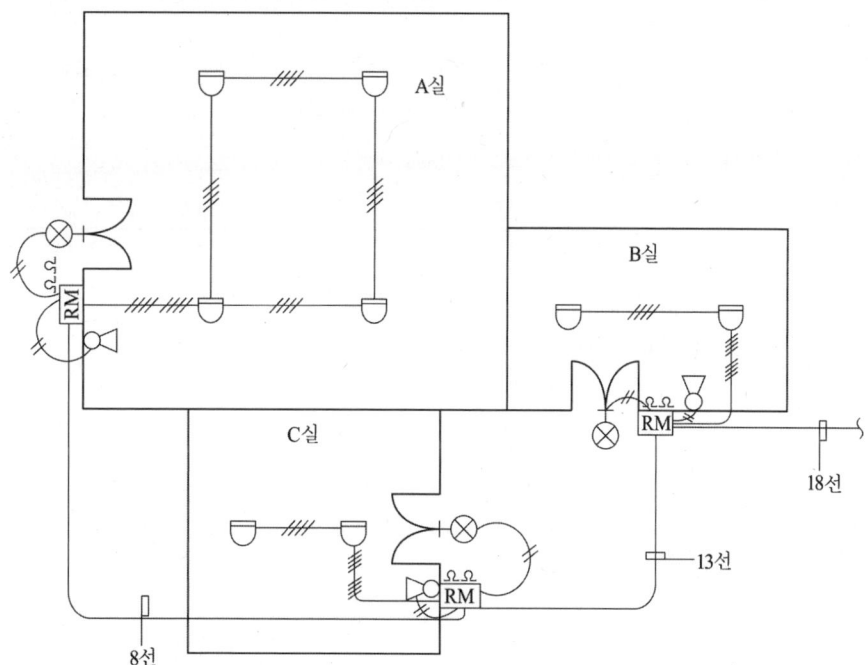

문제 14

출제년도 「97. 02. 04. 06.」 •점수 : 15점

답안지의 도면과 같은 컴퓨터실에 독립적으로 할론 소화설비를 하려고 한다. 이 설비를 자동적으로 동작시키기 위한 전기설계를 하시오.

[유의사항]
1. 평면도 및 제어계통도만 작성할 것
2. 감지기의 종류를 명시할 것
3. 배선상호간에 사용되는 전선류와 전선가닥수를 표시할 것
4. 심벌은 임의로 사용하고 심벌 부근에 심벌명을 기재할 것
5. 실의 높이는 4 [m]이며, 지상 2층에 컴퓨터실이 있음

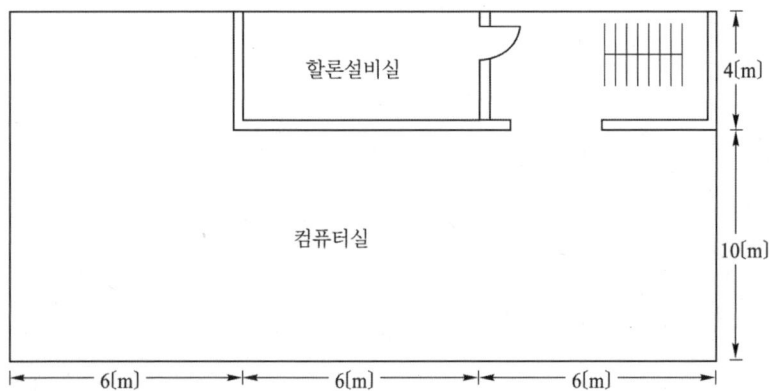

(1) 감지기의 종류를 쓰시오.
(2) 제어계통도를 그리시오.
(3) 평면도를 작성하시오.
(4) 도면에 사용된 심벌명을 쓰시오.

답안작성

(1) 감지기의 종류 : 연기감지기 2종(광전식 스포트형 감지기 2종)
(2) 제어계통도

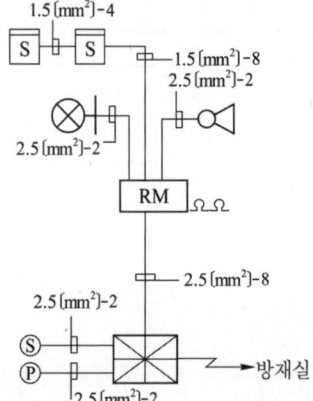

(3) 평면도

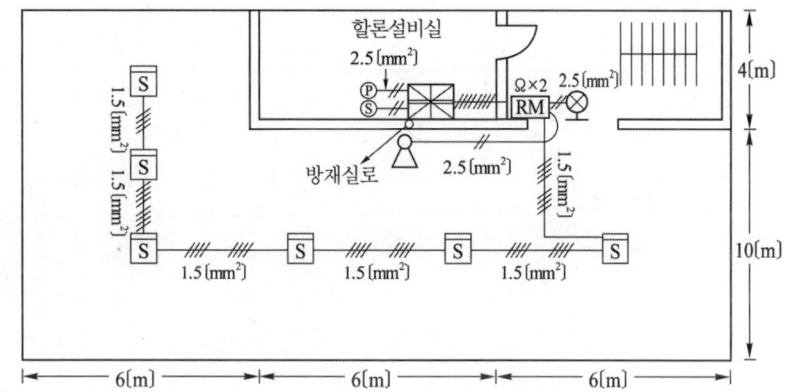

(4)

심 벌	심벌명
S	연기감지기 2종 (광전식스포트형 감지기 2종)
RM	수동조작함
⊠	할론 컨트롤 판넬(제어반)
⊢⊗	방출표시등(벽붙이형)
⊲	사이렌
P	압력 스위치
S	솔레노이드 밸브
Ω	종단저항

▼해설

(1) 감지기 선정(자동화재탐지설비 및 시각경보장치의 화재안전기준 [별표1]의 표2)

설치 장소		적응열감지기					적응연기감지기				
환경상태	적응 장소	차동식스포트형	차동식분포형	보상식스포트형	정온식	열아날로그식	이온화식스포트형	광전식스포트형	이온아날로그식스포트형	광전아날로그식스포트형	광전식분리형	광전아날로그식분리형	불꽃감지기
흡연에 의해 연기가 체류하며 환기가 되지 않는 장소	회의실, 응접실, 휴게실, 노래연습실, 오락실, 다방, 음식점, 대합실, 카바레 등의 객실, 집회장, 연회장 등	○	○	○				◎		◎	○	○	
취침시설로 사용하는 장소	호텔 객실, 여관, 수면실 등						◎	◎	◎	◎	○	○	
연기이외의 미분이 떠다니는 장소	복도, 통로 등						◎	◎	◎	◎	○	○	○
바람에 영향을 받기 쉬운장소	로비, 교회, 관람장, 옥탑에 있는 기계실		○					◎		◎	○	○	○
연기가 멀리 이동해서 감지기에 도달하는 장소	계단, 경사로							○		○	○	○	
훈소화재의 우려가 있는 장소	전화기기실, 통신기기실, 전산실, 기계제어실							○		○	○	○	
넓은 공간으로 천장이 높아 열 및 연기가 확산하는 장소	체육관, 항공기격납고, 높은 천장의 창고·공장, 관람석 상부 등 감지기 부착 높이가 8m 이상의 장소		○								○	○	○

1. "○"는 당해 설치장소에 적응하는 것을 표시
2. "◎" 당해 설치장소에 연감지기를 설치하는 경우에는 당해 감지회로에 축적기능을 갖는 것을 표시

(2) ① 컴퓨터실 면적 = $(18 \times 14) - (12 \times 4) = 204 \ [m^2]$
② 연기감지기의 부착높이에 따라 다음 표에 따른 바닥면적마다 1개 이상으로 할 것

(단위 : $[m^2]$)

부 착 높 이	감지기의 종류	
	1종 및 2종	3종
4 [m] 미만	150	50
4 [m] 이상 20 [m] 미만	75	

③ 교차회로 적용설비
  ㉠ 스프링클러설비 (준비작동식, 일제살수식)
  ㉡ 이산화탄소소화설비
  ㉢ **할론 소화설비**
  ㉣ 분말소화설비
  ㉤ 물분무소화설비, 미분무소화설비
  ㉥ 할로겐화합물 및 불활성기체 소화설비
④ 교차회로 적용제외 설비
  ㉠ 자동화재탐지설비
  ㉡ 제연설비
  ㉢ 방화셔터, 자동방화문, 배연창설비
⑤ 연기감지기 수량산정
  연기감지기 제2종을 사용할 경우 감지기 수량 $n = \dfrac{204}{75} = 2.72 \Rightarrow 3$ [개]

  할론설비는 교차회로를 사용해야 하므로 감지기 총수량 $N = 3 \times 2 = 6$ [개]
⑥ 전선 가닥수 산정
  • 말단 및 루프 구간 : 4가닥
  • 기타 구간 : 8가닥

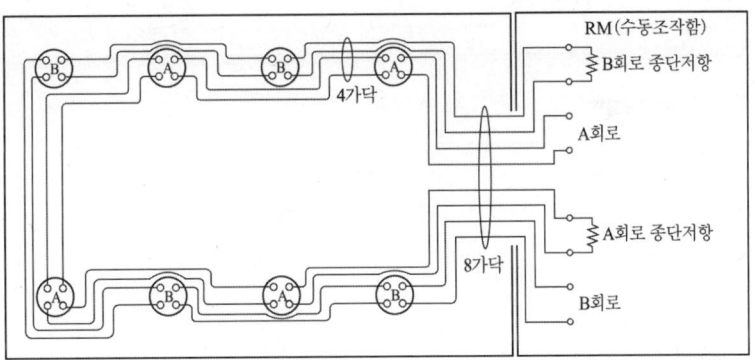

※ 종단저항을 수동조작함에 설치

문제 15 출제 년도「97. 99. 04.」 •점수 : 9점

답안지의 도면에 주어진 조건과 범례와 같은 심벌을 이용하여 할론소화설비의 도면을 완성하시오.

조건

1. 건축물은 내화구조이며, 천장의 높이는 3 [m] 이다.
2. 전선은 HFIX 전선 1.5 [mm²]를 사용하며, 가닥수는 최소가닥수를 적용하여 표시하도록 한다.
3. 방사구역은 컴퓨터실 1구역, 전기실 1구역으로 한다.

[범례]

⊗ : 방출표시등   PS : 압력스위치
Ⓜ : 모터사이렌   SV : 솔레노이드 밸브
⌒ : 차동식 스포트형감지기(2종)   ⊠ : 할론 제어반
RM : 할론 수동조작함   Ω : 종단저항

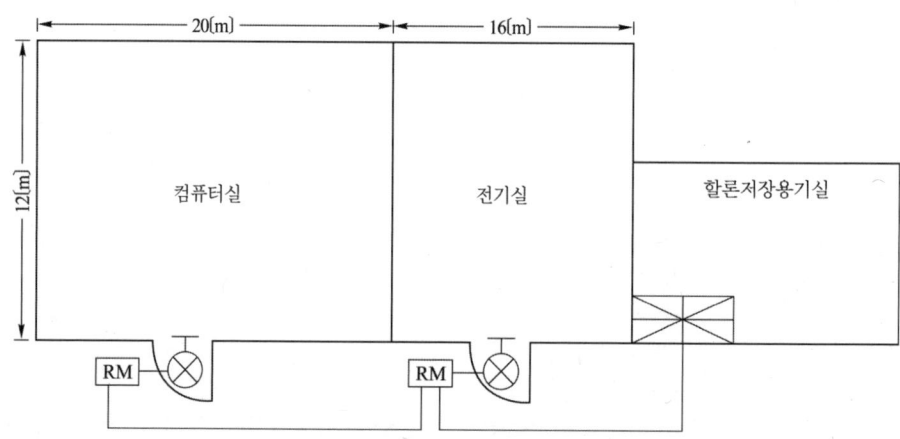

답안작성

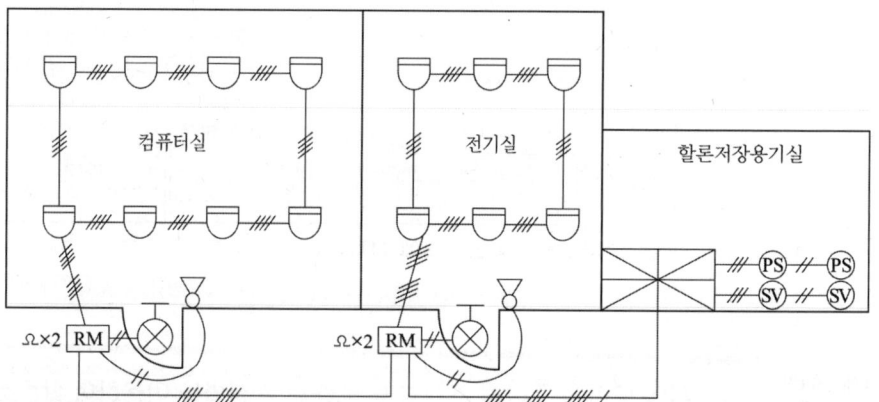

▼해설

소요 감지기수량 산정

(1) 교차회로 적용설비
① 스프링클러설비 (준비작동식, 일제살수식)
② 이산화탄소소화설비
③ **할론 소화설비**
④ 분말소화설비
⑤ 물분무소화설비, 미분무소화설비
⑥ 할로겐화합물 및 불활성기체 소화설비

(2) 특정소방대상물에 따른 감지기 필요수량

부착높이 및 특정소방대상물의 구분		감지기의 종류				
		차동식, 보상식 스포트형		정온식 스포트형		
		1종	2종	특종	1종	2종
4[m] 미만	주요구조부를 내화구조로 한 특정소방대상물 또는 그 부분	90	70	70	60	20
	기타 구조의 특정소방대상물 또는 그 부분	50	40	40	30	15
4[m] 이상 8[m] 미만	주요구조부를 내화구조로 한 특정소방대상물 또는 그 부분	45	35	35	30	
	기타 구조의 특정소방대상물 또는 그 부분	30	25	25	15	

(3) 감지기 수량 산정

① 컴퓨터 실 $N = \dfrac{20 \times 12}{70} = 3.43 \Rightarrow 4[개]$

교차회로로 하여야 하므로 $4 \times 2 = 8[개]$

② 전기실 $N = \dfrac{16 \times 12}{70} = 2.74 \Rightarrow 3[개]$

교차회로로 하여야 하므로 $3 \times 2 = 6[개]$

(4) 할론 소화설비 배선도

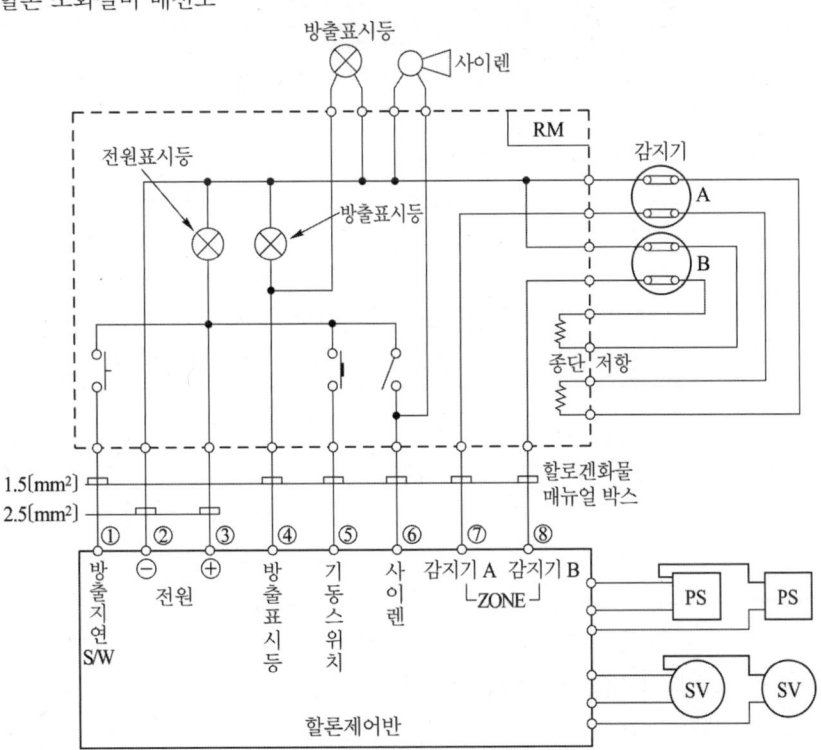

(5) 전선 가닥수 산정

내 용	추 가	컴퓨터실 RM → 전기실 RM	전기실 RM → 할론제어반
전원 ⊕·⊖		2	2
방출지연 스위치		1	1
감지기 A	*	1	2
감지기 B	*	1	2
기동 스위치	*	1	2
사 이 렌	*	1	2
방출표시등	*	1	2
합 계		8	13

문제 16

출제년도 「99. 01. 05.」 •점수 : 15점

답안지의 그림과 같은 통신실에 할론 1301 가스설비와 연동되는 감지기설비를 하려고 한다. 주어진 조건을 이용하여 다음 각 물음에 답하시오.

― 조건 ―

- 도면의 축척은 NS로 작성한다.
- 감지기의 배선은 가위배선으로 한다.
- 모든 배관배선은 콘크리트 매입으로 한다.
- 사용하는 전선관은 모두 공사용 후강전선관으로 한다.
- 전원 및 각종 신호선은 1개의 선으로 표시하며 배선가닥수는 표시된 선위에 빗금으로 표시하도록 한다.
- 감지기 설치 및 배관배선은 규정된 심벌을 사용한다.
- 할론저장실까지의 거리는 주조작반에서 20 [m] 거리에 있다.
- 통신실의 높이는 4 [m]이며, 주요구조부가 내화구조이다.
- 수동조작반으로 연결되는 배관배선은 감지기, 사이렌, 방출표시등 등이다.
- 모든 배관배선의 개소에는 가닥수를 표시하도록 한다.

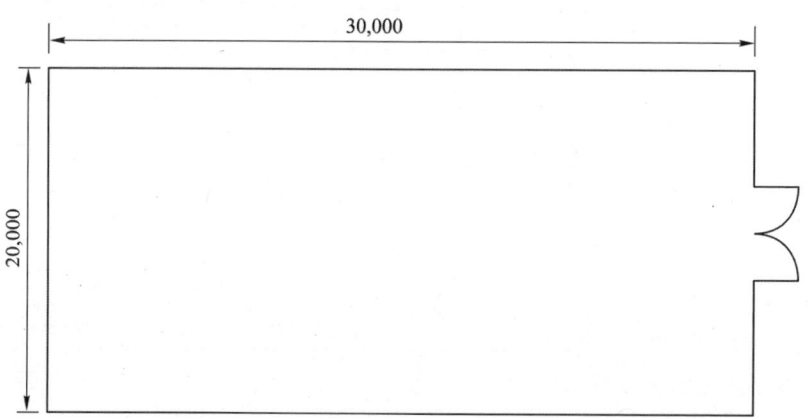

(1) 감지기는 차동식스포트형 감지기 2종을 사용하려고 한다. 필요한 개수를 산정하여 도면에 적당한 간격으로 배치하여 설치하고 배선가닥수도 표시하도록 하시오.
(2) 모터사이렌, 할론방출표시등, 수동조작함을 도면의 적당한 위치에 설치하고 배선가닥수도 표시하도록 하시오.
(3) 감지기와 감지기간의 배선은 어떤 종류의 전선을 사용하는가?
(4) 감지기와 수동조작반과의 배선은 어떤 종류의 전선을 사용하는가?
(5) 사이렌과 수동조작반, 수동조작반 상호간의 배선은 어떤 종류의 전선을 사용하는가?
(6) 수동조작반과 주조작반사이의 배선에 대한 전선의 명칭을 쓰시오. 단, 감지기의 공통선은 전원선과 분리하여 사용하는 것으로 한다.

답안작성

(1), (2) 배선의 가닥수

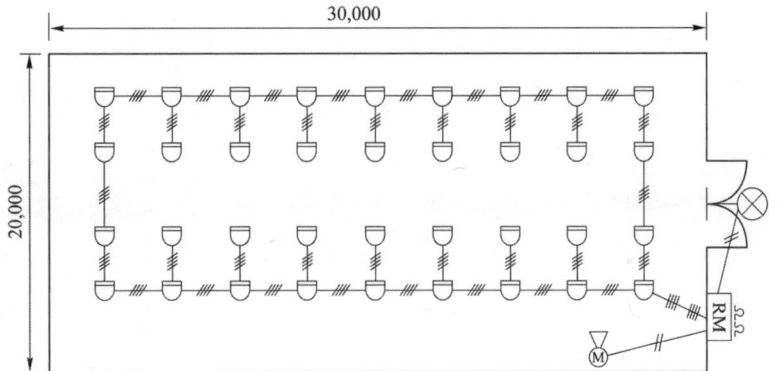

(3) 450/750 [V] 저독성 난연 가교 폴리올레핀 절연 전선
(4) 450/750 [V] 저독성 난연 가교 폴리올레핀 절연 전선
(5) 450/750 [V] 저독성 난연 가교 폴리올레핀 절연 전선
(6) 전원⊕·⊖, 감지기 A·B, 감지기공통, 기동스위치, 할론방출표시등, 모터사이렌, 방출지연스위치

해설

(1) ① 특정소방대상물에 따른 감지기 필요수량   (단위 : [m²])

부착높이 및 특정소방대상물의 구분		감지기의 종류				
		차동식, 보상식 스포트형		정온식 스포트형		
		1종	2종	특종	1종	2종
4[m] 미만	주요구조부를 내화구조로 한 특정소방대상물 또는 그 부분	90	70	70	60	20
	기타 구조의 특정소방대상물 또는 그 부분	50	40	40	30	15
4[m] 이상 8[m] 미만	주요구조부를 내화구조로 한 특정소방대상물 또는 그 부분	45	35	35	30	
	기타 구조의 특정소방대상물 또는 그 부분	30	25	25	15	

② 교차회로 적용설비
  ㉠ 스프링클러설비 (준비작동식, 일제살수식)
  ㉡ 이산화탄소소화설비
  ㉢ 할론 소화설비
  ㉣ 분말소화설비
  ㉤ 물분무소화설비, 미분무소화설비
  ㉥ 할로겐화합물 및 불활성기체 소화설비
  ※ 가위배선 = 교차회로배선

③ 감지기 수량계산
  ㉠ 감지기 종류 : 차동식 스포트형 감지기 2종
  ㉡ 설치높이 : 4 [m]
  ㉢ 주요구조부 : 내화구조
  ㉣ 감지기 1개당 적용면적 : 35 [m^2]
  ㉤ 감지기 수량 $N = \dfrac{20 \times 30}{35} = 17.14 \Rightarrow 18$ [개]
  ㉥ 교차회로를 채택해야 하므로 총 감지기 수량 N은
     $N = 18 \times 2 = 36$ [개]

(2)

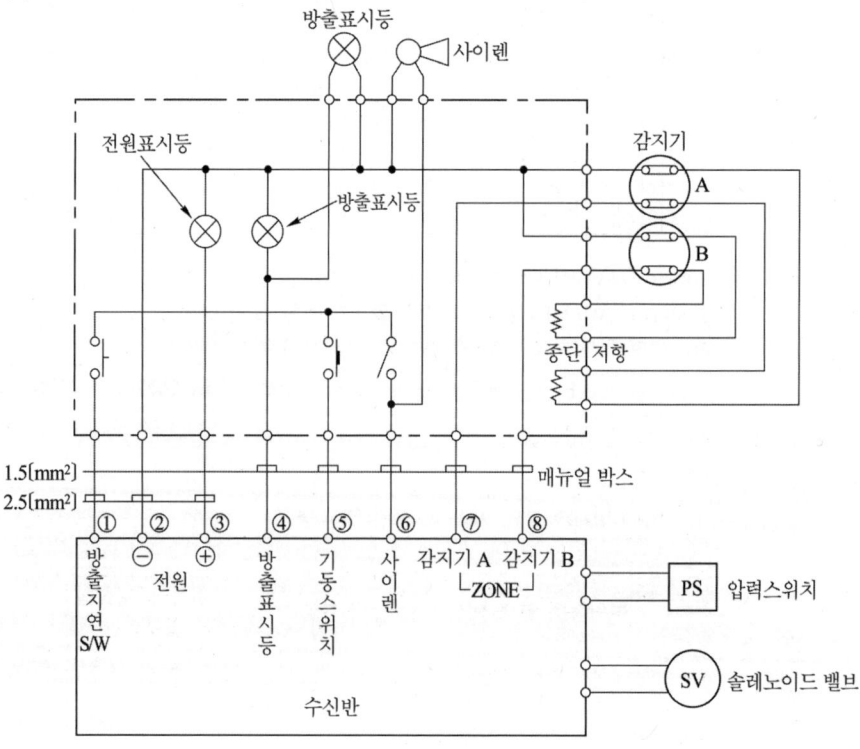

종류		전선가닥수
감지기회로	말단 및 루프 구간	4
	기타구간	8
방출표시등		2
사 이 렌		2
압력스위치		2
솔레노이드밸브		2

(3), (4), (5)

① 이산화탄소, 할론, 할로겐화합물 및 불활성기체, 분말소화설비

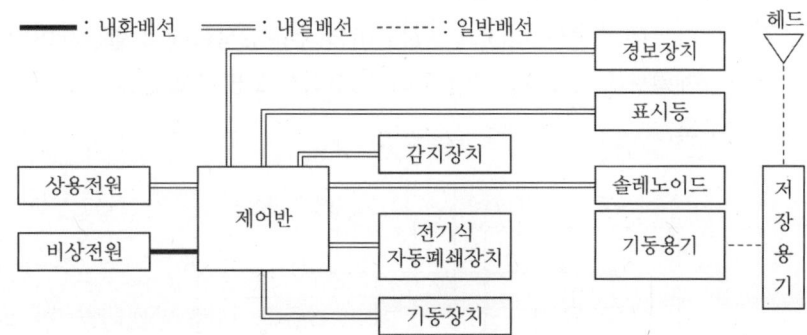

② 자동화재탐지설비

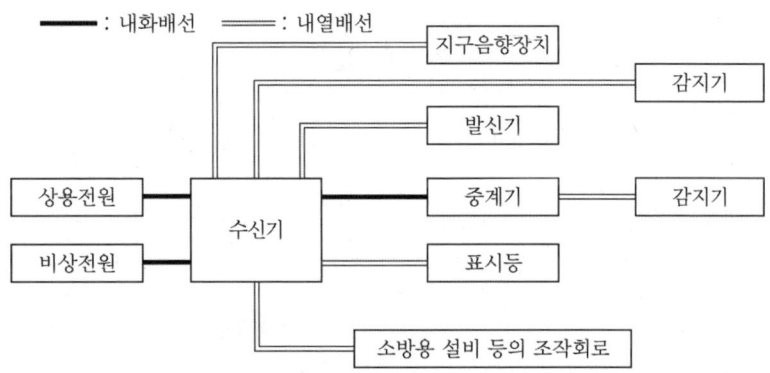

1) 전원회로의 배선은 내화배선
2) 감지기 상호간 또는 감지기로부터 수신기에 이르는 감지기회로의 배선
   ㉮ 아날로그식 감지기, 다신호식 감지기, R형 수신기용으로 사용되는 것 : 전자파 방해를 받지 아니하는 쉴드선 등을 사용하여야 하며, 광케이블의 경우에는 전자파 방해를 받지 아니하고 내열성능이 있는 것으로 사용할 수 있다.
   ㉯ 일반배선을 사용하는 경우 : 내화배선 또는 내열배선
3) 그 밖의 배선은 내화배선 또는 내열배선

(6) 수동조작반과 주조작반 사이의 전선 가닥수

내 용	가닥수	추 가	내 용	가닥수	추 가
전원 ⊕ · ⊖	2		감지기 공통선	1	
방출지연 스위치	1		기동 스위치	1	*
감지기 A	1	*	사 이 렌	1	*
감지기 B	1	*	방출표시등	1	*
			합 계	9	

문제 17

출제년도 「98. 00. 03.」 •점수 : 12점

다음은 할론(HALON) 소화설비의 수동조작함에서 할론제어반까지의 결선도 및 계통도(3 zone)에 대한 것이다. 주어진 도면과 조건을 참조하여 각 물음에 답하시오.

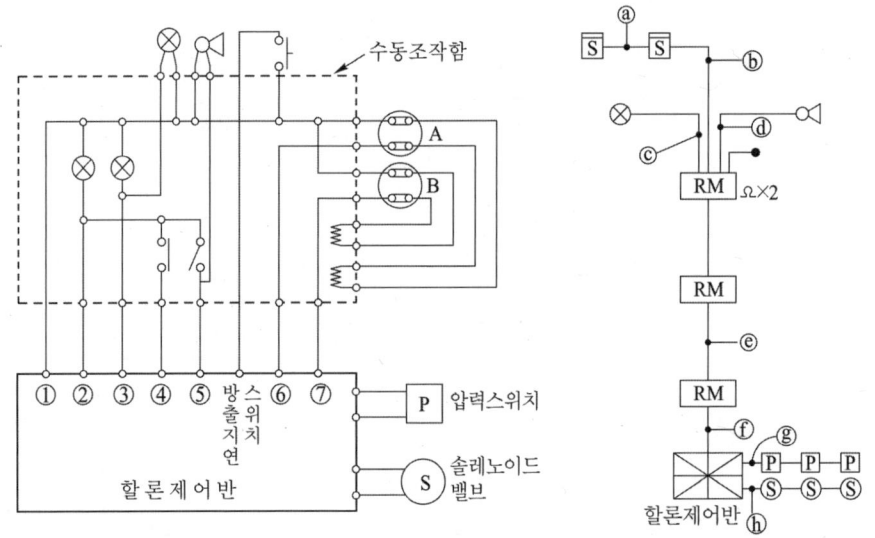

조건

- 전선의 가닥수는 최소 가닥수로 한다.
- 복구스위치 및 도어스위치는 없는 것으로 한다.
- 번호표기가 없는 것은 방출지연 스위치이다.

(1) ①~⑦의 전선 명칭은?
(2) ⓐ~ⓗ의 전선가닥수는?

답안작성

(1) ① 전원 ⊖   ② 전원 ⊕   ③ 방출표시등   ④ 기동스위치
    ⑤ 사이렌   ⑥ 감지기 A   ⑦ 감지기 B

(2) ⓐ 4가닥   ⓑ 8가닥   ⓒ 2가닥   ⓓ 2가닥
　　ⓔ 13가닥 ⓕ 18가닥 ⓖ 4가닥   ⓗ 4가닥

▼해설

(1)

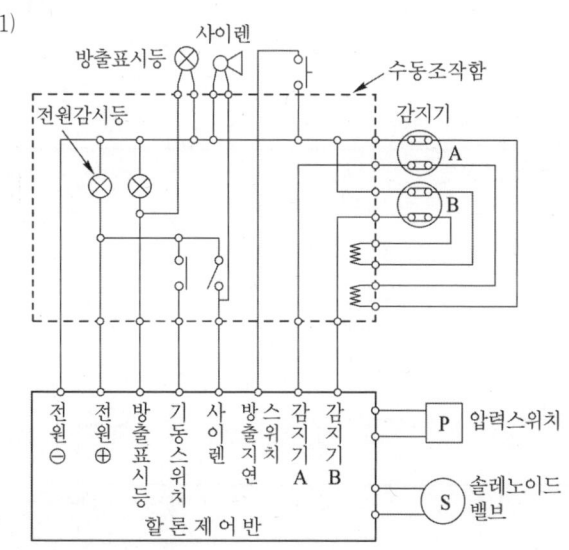

(2) 가닥수 산정
　① 교차회로 적용설비
　　㉠ 스프링클러설비 (준비작동식, 일제살수식)　　㉡ 이산화탄소소화설비
　　㉢ **할론소화설비**　　㉣ 분말소화설비
　　㉤ 물분무소화설비, 미분무소화설비　　㉥ 청정소화약제 소화설비
　② 가닥수 산정

내용	추가	ⓐ	ⓑ	ⓒ	ⓓ	ⓔ	ⓕ	ⓖ	ⓗ
전원 ⊕·⊖						2	2		
방출지연 스위치						1	1		
감지기 A	*	4	4			2	3		
감지기 B	*		4			2	3		
기동 스위치	*					2	3		
사이렌	*				2	2	3		
방출표시등	*			2		2	3		
압력스위치	*							4	
솔레노이드 밸브	*								4
합계		4	8	2	2	13	18	4	4

ⓐ : 감지기 (2) + 종단저항 (2) : 4가닥
ⓑ : 감지기 A (2) + 감지기 A 종단저항 (2) + 감지기 B (2) + 감지기 B 종단저항 (2) : 8가닥

출제년도 「96. 99. 06.」 •점수 : 22점

문제 18 그림은 CO_2 부대설비의 전기 평면도를 나타낸 것이다. 주어진 조건과 도면을 이용하여 다음 각 물음에 답하시오.

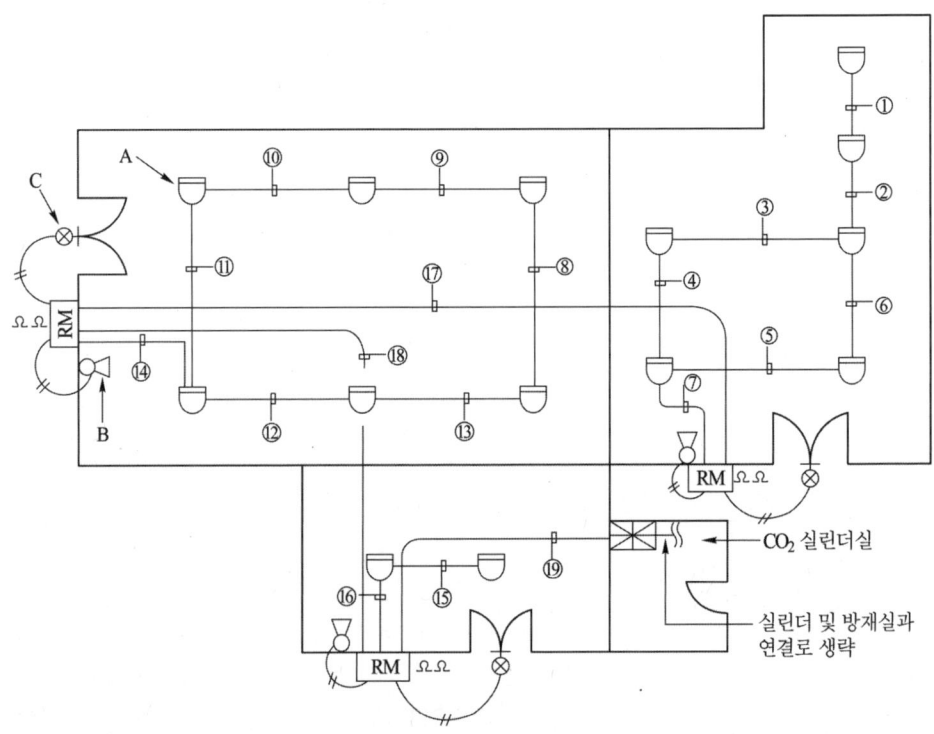

(1) 도면 ①~⑲까지의 전선수는 각각 몇 가닥인가?
(2) 도면 A~C의 명칭은 무엇인가? 단, 종류가 구분되어야 할 것은 구분된 명칭까지 상세히 밝히도록 하시오.

─── 조건 ───

① 본 CO_2 대상 지역의 천장은 이중 천장이 없는 구조이다.
② CO_2 수동조작함과 CO_2 컨트롤 판넬간의 배선은
  • ⊕ · ⊖ 전원 : 2선   • 감지기 : 2선
  • 수동기동 : 1선   • 방출표시등 : 1선
  • 사이렌 : 1선   • 비상스위치 : 1선
  계 : 8선이다.

※ 배관은 후강스틸 전선관을 사용하며 슬리브 내 매입 시공하는 것으로 한다.

답안작성

(1) ① 4가닥 ② 8가닥 ③ 4가닥 ④ 4가닥 ⑤ 4가닥 ⑥ 4가닥 ⑦ 8가닥
    ⑧ 4가닥 ⑨ 4가닥 ⑩ 4가닥 ⑪ 4가닥 ⑫ 4가닥 ⑬ 4가닥 ⑭ 8가닥
    ⑮ 4가닥 ⑯ 8가닥 ⑰ 8가닥 ⑱ 13가닥 ⑲ 18가닥

(2) A : 차동식 스포트형 감지기
   B : 사이렌
   C : 방출표시등(벽붙이용)

▼해설

(1) ① CO_2 설비의 감지기 회로 배선방식 : 교차회로 방식을 채택하여야 함
    (말단과 loop 구간 : 4가닥, 기타구간 : 8가닥)
② 가닥수 산정

기호	배선의 용도							
	전원 ⊕·⊖	지구	공통	기동 스위치	방출 표시등	비상 스위치	사이렌	계
①,③~⑥ ⑧~⑬,⑮		2	2					4
②, ⑦, ⑭, ⑯		4	4					8
⑰	2	2		1	1	1	1	8
⑱	2	4		2	2	1	2	13
⑲	2	6		3	3	1	3	18

③ 감지기배선 실체도

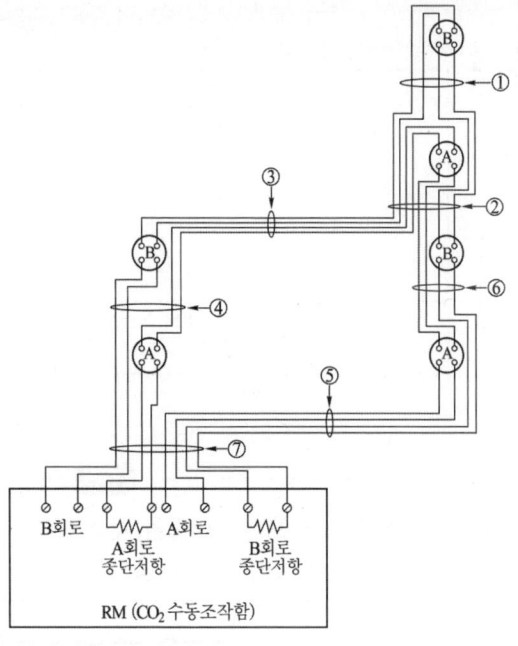

④ 비상스위치 = 방출지연스위치

(2) 도면의 명칭

도면기호	명 칭	그림기호	적 요
A	차동식 스포트형 감지기		필요에 따라 종별을 같이 적는다.
B	사이렌		자동화재탐지설비의 경보벨 적요를 준용한다.
C	방출표시등		벽붙이용

문제 19

출제년도 「00. 03.」 •점수 : 13점

답안지의 도면과 같은 컴퓨터실, 전기실 및 전화교환실에서 CO_2 설비를 하려고 한다. 다음의 조건을 참고하여 각 물음에 답하시오.

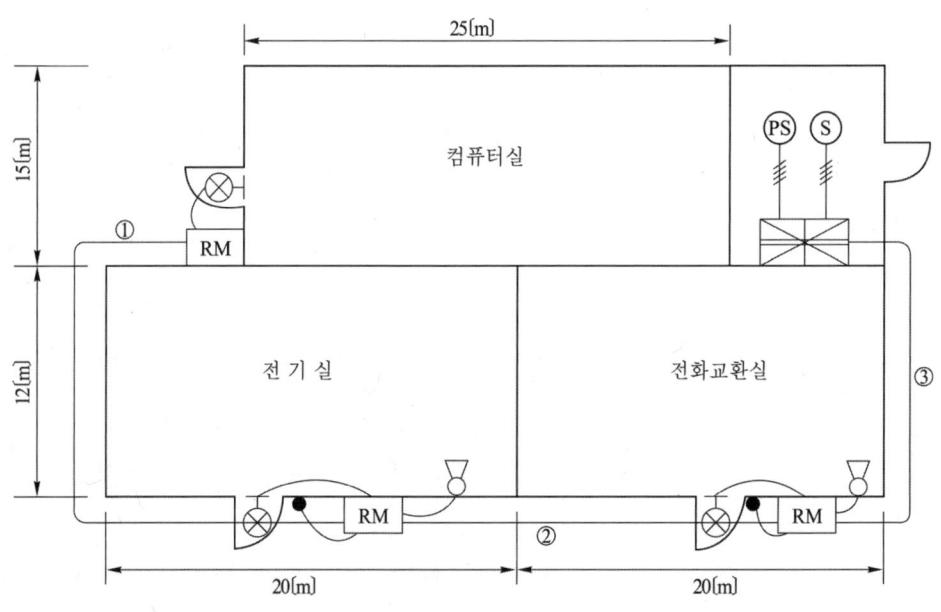

─── 조건 ───

- 감지기는 차동식 스포트형 2종을 사용한다.
- 건축물의 구조는 내화구조이며 층고는 3.6 [m] 이다.

(1) 면적을 고려하여 감지기 수량을 계산하고 도면을 완성하시오
(2) ①, ②, ③의 가닥수는?
(3) ①의 전선용도를 쓰시오.

(1)

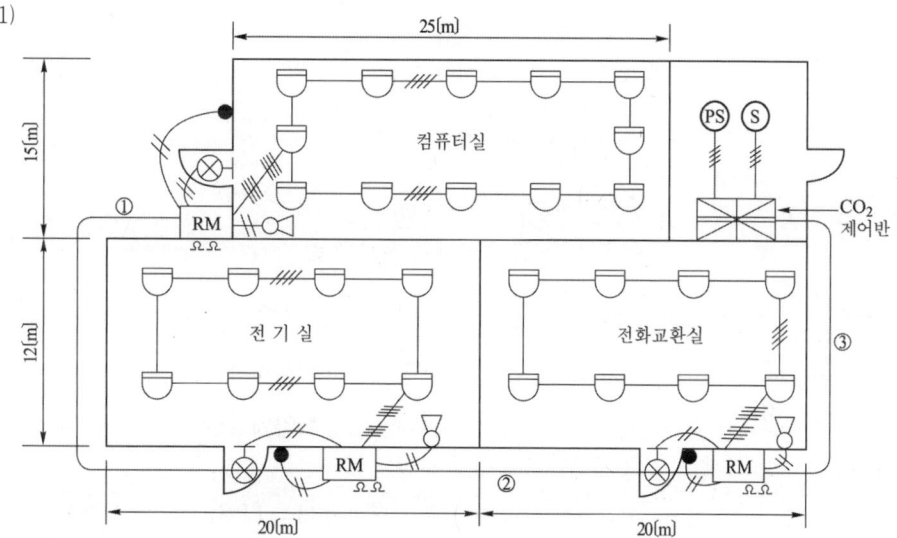

(2) ① 8가닥 ② 13가닥 ③ 18가닥
(3) 전원 ⊕, 전원 ⊖, 방출지연 스위치, 감지기 A, 감지기 B, 기동스위치, 사이렌, 방출표시등

▼해설

(1) ① 특정소방대상물에 따른 감지기 필요수량   (단위 : [m²])

부착높이 및 특정소방대상물의 구분		감지기의 종류				
		차동식, 보상식 스포트형		정온식 스포트형		
		1종	2종	특종	1종	2종
4[m] 미만	주요구조부를 내화구조로 한 특정소방대상물 또는 그 부분	90	70	70	60	20
	기타 구조의 특정소방대상물 또는 그 부분	50	40	40	30	15
4[m] 이상 8[m] 미만	주요구조부를 내화구조로 한 특정소방대상물 또는 그 부분	45	35	35	30	
	기타 구조의 특정소방대상물 또는 그 부분	30	25	25	15	

② 교차회로 적용설비
    ㉠ 스프링클러설비 (준비작동식, 일제살수식)
    ㉡ 이산화탄소소화설비
    ㉢ 할론소화설비
    ㉣ 분말소화설비
    ㉤ 물분무소화설비, 미분무소화설비
    ㉥ 할로겐화합물 및 불활성 기체 소화설비

③ 감지기 수량계산
  ㉠ 감지기 종류 : 차동식 스포트형 감지기 2종
  ㉡ 설치 높이 : 3.6 [m]
  ㉢ 주요구조부 : 내화구조
  ㉣ 감지기 1개당 적용면적 : 70 [m^2]
  ㉤ 컴퓨터실 감지기 수량
    • 감지기 수량 $N = \dfrac{25 \times 15}{70} = 5.36 \Rightarrow 6 [개]$
    • 교차회로를 채택해야 하므로 총 감지기 수량 N은
      $N = 6 \times 2 = 12 [개]$
  ㉥ 전기실 감지기 수량
    • 감지기 수량 $N = \dfrac{20 \times 12}{70} = 3.43 \Rightarrow 4 [개]$
    • 교차회로를 채택해야 하므로 총 감지기 수량 N은 $N = 4 \times 2 = 8[개]$
  ㉦ 전화교환실 감지기 수량
    • 감지기 수량 $N = \dfrac{20 \times 12}{70} = 3.43 \Rightarrow 4 [개]$
    • 교차회로를 채택해야 하므로 총 감지기 수량 N은 $N = 4 \times 2 = 8[개]$

④
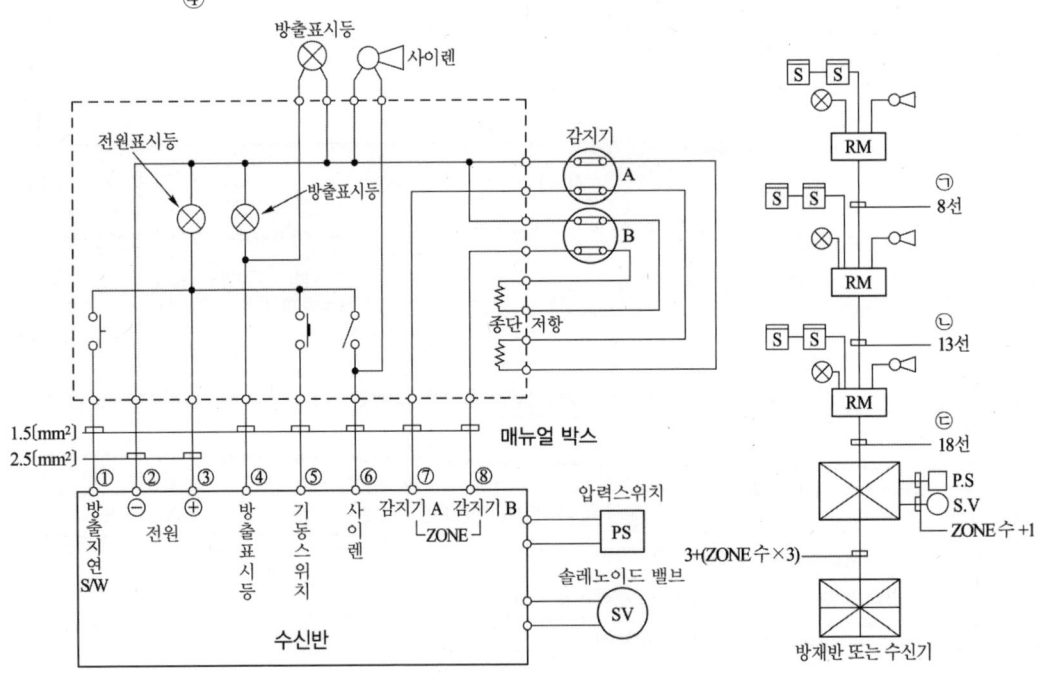

내 용	추 가	전선가닥수 ①	②	③
전원⊕, 전원⊖		2	2	2
방출지연 스위치		1	1	1
감지기 A	*	1	2	3
감지기 B	*	1	2	3
기동 스위치	*	1	2	3
사 이 렌	*	1	2	3
방출표시등	*	1	2	3
합 계		8	13	18

* : 회로 및 기기 증가 시 마다 전선 1가닥 증가

⑤ 교차회로방식에서의 전선 가닥수
  ㉠ 말단 및 루프구간 : 4가닥
  ㉡ 기타 구간 : 8가닥

Engineer
Fire Protection System

제 5 장

비상전원

제 5 장 비상전원

1 비상전원의 종류

(1) 자가발전설비
(2) 비상전원수전설비
(3) 축전지설비
(4) 전기저장장치

2 자가발전설비

2.1 자가발전기 용량 계산

$$GP \geq [\Sigma P + (\Sigma P_m - PL) \times a + (PL \times a \times c)] \times k$$

여기서, GP : 발전기 용량(kVA)
 ΣP : 전동기 이외 부하의 입력용량 합계(kVA)
 ΣP_m : 전동기 부하 용량 합계(kW)
 PL : 전동기 부하 중 기동용량이 가장 큰 전동기용량(kW)
 a : 전동기의 kW 당 입력용량 계수
 c : 전동기의 기동계수
 k : 발전기 허용전압강하 계수

2.2 개폐기, 과전류차단기, 전압계 및 전류계(내선규정 4168-1)

예비전원으로 시설하는 저압발전기에서 부하에 이르는 전로에는 발전기에 가까운 곳에서 쉽게 개폐 및 점검을 할 수 있는 곳에 **개폐기, 과전류 차단기, 전압계 및 전류계**를 시설하여야 한다.

3 비상전원수전설비

3.1 종류

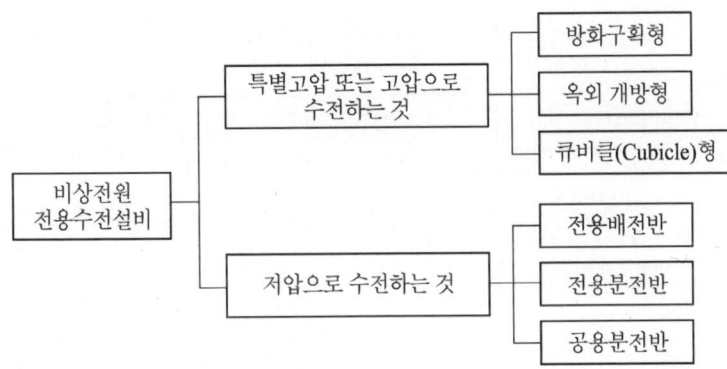

3.2 소방시설용 비상전원수전설비

1. 특별고압 또는 고압으로 수전하는 경우 종류
   방화구획형, 옥외개방형 또는 큐비클(Cubicle)형
2. 저압으로 수전하는 경우 종류
   전용배전반(1·2종)·전용분전반(1·2종)또는 공용분전반(1·2종)
3. 고압 또는 특별고압 수전의 경우 계통도

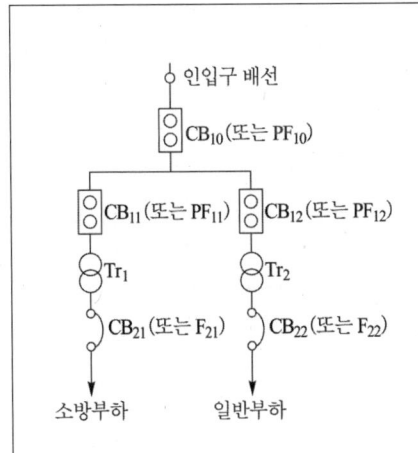

[전용의 전력용변압기에서 소방부하에 전원을 공급하는 경우]
주1. 일반회로의 과부하 또는 단락사고시에 CB_{10}(또는 PF_{10})이 CB_{12}(또는 PF_{12}) 및 CB_{22}(또는 F_{22})보다 먼저 차단되어서는 아니된다.
2. CB_{11}(또는 PF_{11})은 CB_{12}(또는 PF_{12})와 동등이상의 차단용량일 것.

약호	명 칭
CB	전력차단기
PF	전력퓨즈(고압 또는 특별고압용)
F	퓨즈(저압용)
Tr	전력용변압기

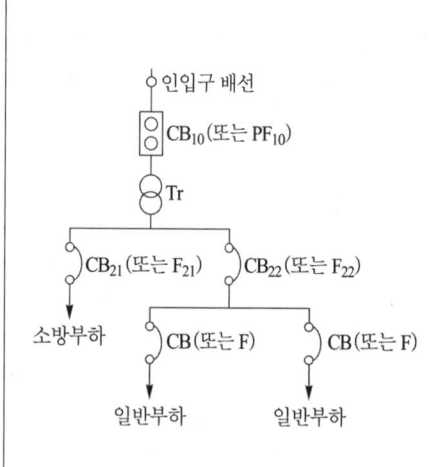

[공용의 전력용변압기에서 소방부하에 전원을 공급하는 경우]
주 1. 일반회로의 과부하 또는 단락사고시에 CB_{10}(또는 PF_{10})이 CB_{22}(또는 F_{22}) 및 CB(또는 F)보다 먼저 차단되어서는 아니된다.
   2. CB_{21}(또는 F_{21})은 CB_{22}(또는 F_{22})와 동등이상의 차단용량일 것.

약호	명 칭
CB	전력차단기
PF	전력퓨즈(고압 또는 특별고압용)
F	퓨즈(저압용)
Tr	전력용변압기

4. 저압수전의 경우 계통도

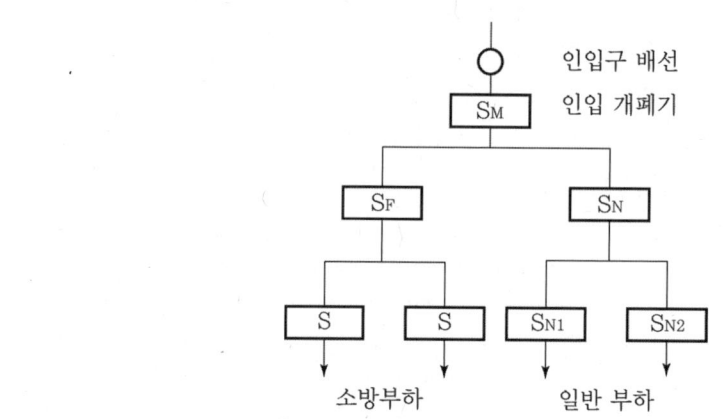

주 1. 일반회로의 과부하 또는 단락사고시 S_M이 S_N, S_{N1} 및 S_{N2}보다 먼저 차단되어서는 아니된다.
   2. S_F는 S_N과 동등 이상의 차단용량일 것.

약호	명 칭
S	저압용개폐기 및 과전류차단기

4 축전지설비

4.1 충전방식

1. 보통충전 : 필요할 때 마다 표준시간 율로 소정의 충전을 하는 방법이다.
2. 급속충전 : 비교적 단시간에 보통충전전류의 2~3배의 전류로 충전하는 방법
3. 균등충전 : 전지를 장시간 사용하는 경우 몇 개의 전지가 불균일한 상태로 되는 때가 있어 충전부족 또는 전해액 비중의 이상발생으로 고장의 원인이 된다. 이러한 것을 방지하기 위하여 전지의 충전완료 후 계속해서 충전전압을 올려 각 전해조의 용량을 균일화하기 위한 방법이다.
4. **세류충전(트리클 충전)** : 전지를 장시간 보존하게 되면 자기 방전에 의해 용량이 감소하게 된다. 이때 **자기방전량 만을 항상 충전**하는 부동충전방식의 일종이다.
5. 회복충전 : 정전류 충전법에 의하여 약한 전류로 40~50시간 충전시킨 후 방전시키고, 다시 충전시킨 후 방전시킨다. 이와 같은 동작을 여러 번 반복하게 되면 본래의 출력 용량을 회복하게 되는데 이러한 충전방법을 회복충전이라 한다.
6. **부동충전** : 축전지와 부하를 충전기에 병렬로 접속하여 사용하는 충전방식으로 축전지의 자기방전에 대한 충전과 상용부하(직류부하)에 대한 전원공급은 충전기가 부담하고 충전기가 부담하기 어려운 일시적인 대전류 부하는 축전지가 공급하는 방식★★★

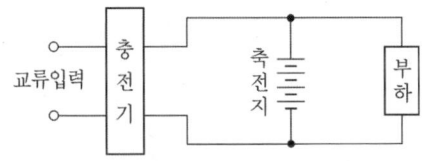

1) 부동충전 방식의 장점
   ① 충전기 용량이 작아도 된다.
   ② 축전지의 수명이 연장된다.
   ③ 축전지가 항상 완전충전상태이므로 방전전압을 일정하게 유지할 수 있다.

2) 충전기 2차전류

$$= \frac{축전지의\ 정격용량}{축전지의 공칭용량} + \frac{상시부하}{표준전압}$$

   ① 연축전지의 공칭용량 (방전시간율) : 10 [h]
   ② 알칼리 축전지의 공칭용량 (방전시간율) : 5 [h]

3) 충전기 2차출력

   $P[\text{VA}]$ = 표준전압[V] × 충전기 2차 전류[A]

4.2 축전지 용량 계산

1. 허용 최저전압
   ① 개념 : 부하측의 각 기기에서 요구하는 최저 전압 중 최고의 값에 축전지와 부하 사이의 접속선의 전압강하를 합한 값
   ② 허용 최저 전압의 산출

   $$V = \frac{V_a + V_c}{n}$$

   V_a : 부하의 허용 최저 전압[V]
   V_c : 축전지와 부하 사이의 전압강하[V]
   n : 축전지 직렬접속 셀 수

2. 축전지 용량의 표준 계산

   $$C = \frac{1}{L}KI$$

   C : 축전지용량[Ah]
   L : 보수율(경년용량 저하율)
   K : 용량환산시간계수
   I : 방전전류

3. 시간적으로 누적되는 부하계산 ★★★

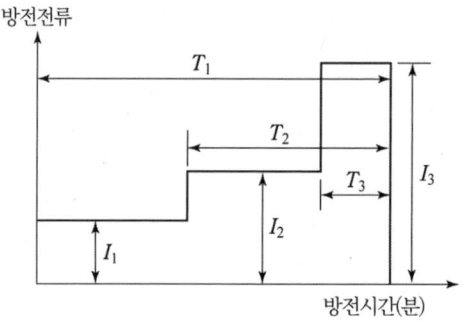

$$C = \frac{1}{L}[K_1 I_1 + K_2 (I_2 - I_1) + K_3 (I_3 - I_2)]$$

C : 축전지용량[Ah]
L : 보수율(경년용량저하율)
K : 용량환산시간계수
I : 방전전류

경년용량저하율(보수율) : 축전지를 사용함에 따라서 발생하는 용량저하를 고려하여 축전지의 용량산정 시 주는 여유계수로 보통 0.8을 적용한다.

4. 시간에 따라 순차 기동되는 부하 계산 ★

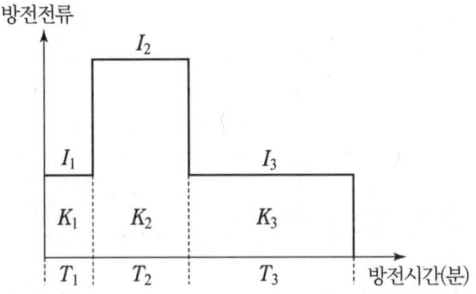

축전지 용량 $C = \dfrac{1}{L}[K_1 I_1 + K_2 I_2 + K_3 I_3]$

5. 시간에 따라 감소되는 부하 계산 ★★★

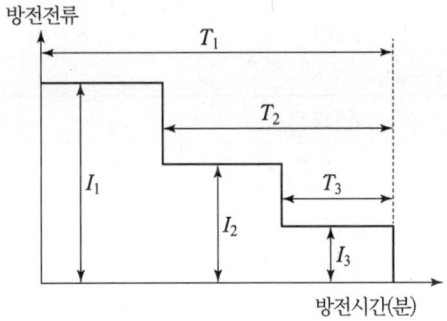

① $C = \dfrac{1}{L} K_1 I_1$

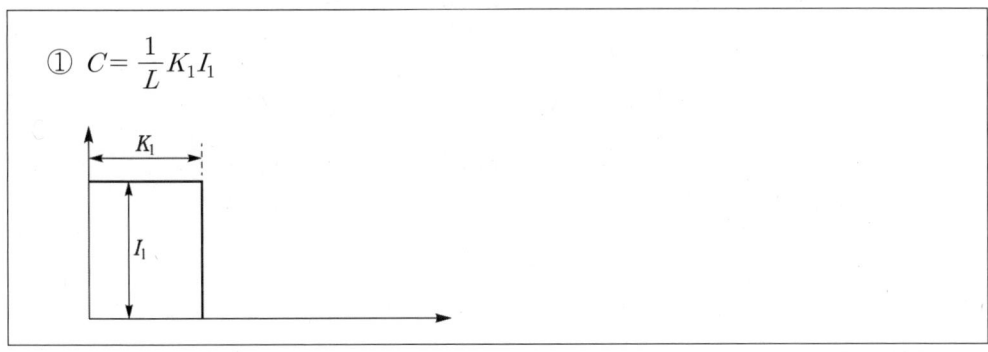

② $C = \dfrac{1}{L}[K_1 I_1 + K_2(I_2 - I_1)]$

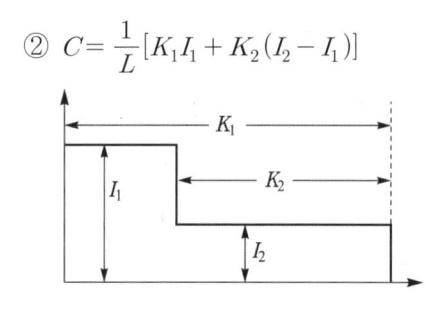

③ $C = \dfrac{1}{L}[K_1 I_1 + K_2(I_2 - I_1) + K_3(I_3 - I_2)]$ 중 큰 값을 선정한다.

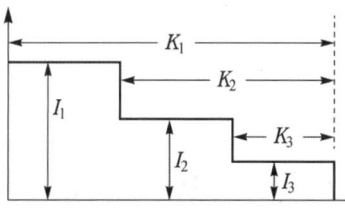

6. 연축전지와 알칼리축전지 비교 ★★★

구 분	연축전지	알칼리 축전지
기 전 력	2.05~2.08V	1.32V
공칭전압	2.0V	1.2V
방전시간율	10h	5h
방전종지전압	1.6V	0.96V

7. 축전지의 충·방전 반응식 ★★★

① 연축전지의 충·방전 반응식

$$PbO_2 + 2H_2SO_4 + Pb \underset{충전}{\overset{방전}{\rightleftarrows}} PbSO_4 + 2H_2O + PbSO_4$$

(이산화납) (묽은황산) (납)　　　(황산납)　(물)　(황산납)

② 알칼리축전지의 충·방전 반응식

$$2NiOOH + 2H_2O + cd \underset{충전}{\overset{방전}{\rightleftarrows}} 2Ni(OH)_2 + cd(OH)_2$$

(옥시수산화니켈)　　　(카드뮴)　　　(수산화니켈) (수산화카드뮴)

8. 축전지의 수량 계산

$N = \dfrac{V}{V_B}$	N : 축전지 수량 V : 부하정격전압[V] V_B : 축전지 공칭전압 (연축전지 2[V/셀], 알칼리축전지 1.2[V/셀])

4.3 축전지의 특성

1. 알칼리 축전지의 특성

(1) 장점

① 수명이 길다 (연축전지의 3~4배)

② 진동과 충격에 강하다.   ③ 충·방전 특성이 양호하다.

④ 방전시 전압 변동이 작다.   ⑤ 사용 온도 범위가 넓다.

(2) 단점

① 납축전지보다 공칭 전압이 낮다.   ② 가격이 비싸다.

2. 축전지 고장의 원인과 현상

	현 상	추정 원인
초기 고장	·전체 셀 전압의 불균형이 크고 비중이 낮다.	·사용 개시시의 충전 보충 부족
	·단전지 전압의 비중 저하, 전압계의 역전	·역접속
사용 중 고장	·전체 셀 전압의 불균형이 크고 비중이 낮다.	·부동충전전압이 낮다. ·균등 충전의 부족 ·방전후의 회복충전 부족
	·어떤 셀만의 전압, 비중이 극히 낮다.	·국부단락
	·전체 셀의 비중이 높다. ·전압은 정상	·액면 저하 ·보수시 묽은 황산의 혼입
	·충전 중 비중이 낮고 전압은 높다. ·방전 중 전압은 낮고 용량이 감퇴한다.	·방전 상태에서 장기간 방치 ·충전 부족의 상태에서 장기간 사용 ·극판 노출 ·불순물 혼입
	·전해액의 변색, 충전하지 않고 방치 중에도 다량으로 가스가 발생한다.	·불순물 혼입
	·전해액의 감소가 빠르다.	·충전 전압이 높다. ·실온이 높다.
	·축전지의 현저한 온도 상승, 또는 소손	·충전장치의 고장 ·과충전 ·액면 저하로 인한 극판의 노출 ·교류 전류의 유입이 크다.

4.4 주요설비별 비상전원의 종류 ★★

구 분	자가발전설비	축전지설비	비상전원수전설비	전기저장장치
옥내소화전설비, 제연설비, 연결송수관설비, 물분무소화설비	○	○		○
비상콘센트설비	○	○	○	○
자동화재탐지설비, 비상조명등, 비상경보설비, 비상방송설비		○		○
스프링클러설비, 포소화설비	○	○	○	○
이산화탄소 소화설비, 할론소화설비, 분말소화설비, 할로겐화합물 및 불활성기체 소화설비, 고체에어로졸소화설비	○	○		○
유도등		○(축전지)		

5 무정전 전원장치

5.1 개요

UPS는 축전지, 정류 장치(Converter)와 역변환 장치(Inverter)로 구성되어 있으며 선로의 정전이나 입력 전원에 이상 상태가 발생하였을 경우에도 정상적으로 전력을 부하측에 공급하는 설비를 UPS라 한다.

5.2 UPS의 구성도

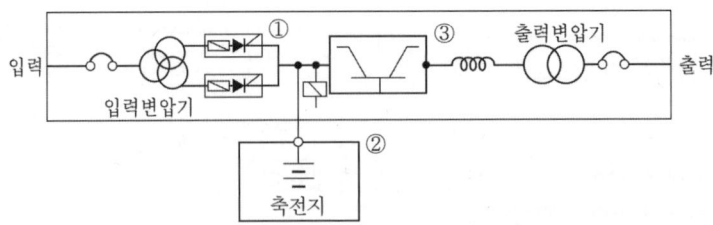

① 정류장치
② 축전지
③ 역변환 장치

5.3 기능

① 정류 장치(Converter) : 교류를 직류로 변환
② 축전지 : 정류 장치에 의해 변환된 직류 전력을 저장
③ 역변환 장치(Inverter) : 직류를 사용 주파수의 교류 전압으로 변환

5.4 비상전원으로 사용되는 UPS의 블록 다이어그램

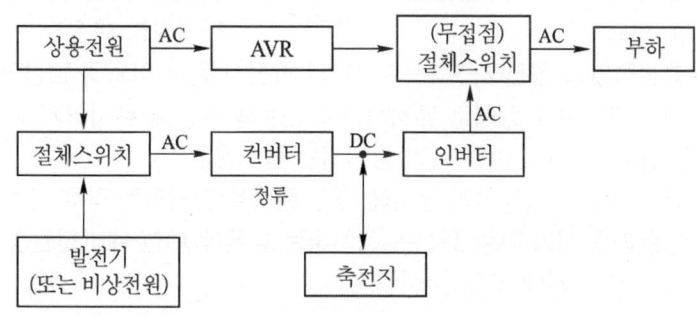

출제예상문제
Expected problems

문제 01 출제년도 「96.」 •점수 : 8점

예비전원에 대한 다음 각 물음에 답하시오.

(1) 밀폐형 축전지의 1셀당 정격전압은 몇 [V]로 하는가?
   ① 연축전지   ② 알칼리 축전지

(2) 밀폐형 축전지의 1셀당 방전종지전압은 몇 [V]로 하는가?
   ① 연축전지   ② 알칼리 축전지

(3) 충전전원의 정전 시 또는 축전지의 방전시험 시 이외의 평상상태에서는 축전지를 충전완료 상태로 유지하고 축전지의 용량을 유지하기 위한 충전을 하는 것이어야 한다. 이와 같이 충전하는 방식은?

(4) 1분간 2회선 작동함과 동시에 다른 회선을 감시하는 경우 및 10분간 2회선 작동함과 동시에 다른 회선은 감시하는 경우에 대한 예비전원용 축전지의 용량은 다음 조건에서 몇 [Ah]인가?

【조건】
- 작동시간에 대한 용량환산 시간계수 : 0.5
- 2회선 작동전류 및 다른 회선 감시시의 전류 : 80 [A]
- 경년 용량 저하율 : 0.8
- 계산   • 답

답안작성

(1) ① 연축전지 : 2 [V]   ② 알칼리 축전지 : 1.2 [V]
(2) ① 연축전지 : 1.6 [V]   ② 알칼리 축전지 : 0.96 [V]
(3) 부동충전방식
(4) 계산 : $C = \dfrac{1}{L}KI = \dfrac{1}{0.8} \times 0.5 \times 80 = 50\,[\text{Ah}]$ 답 : 50 [Ah]

▼해설

(1), (2) 연축전지와 알칼리축전지 특성비교

구분	연축전지		알칼리 축전지	
형식명	클래드식 (CS형)	페이스트식 (HS형)	포켓식 (AL,AM,AMH형)	소결식 (AH, AHH형)
공칭전압	2.0 [V/cell]		1.2 [V/cell]	
방전종지전압	1.6 [V/cell]		0.96 [V/cell]	
방전시간율	10 [h]		5 [h]	
기 전 력	2.05~2.08 [V/cell]		1.32 [V/cell]	

(3) 부동충전방식 : 충전전원의 정전 시 또는 축전지의 방전시험 시 이외의 평상상태에서는 축전지를 충전 완료 상태로 유지하는 축전지의 충전방식
(4) 축전지의 용량(C)

$$C = \frac{1}{L}KI$$

여기서, L : 경년 용량 저하율, K : 용량환산 시간계수, I : 전류

$$\therefore C = \frac{1}{L}KI = \frac{1}{0.8} \times 0.5 \times 80 = 50 \ [Ah]$$

문제 02

출제 년도 「예상」 • 점수 : 10점

비상전원에 대한 다음 각 물음에 답하시오.

(1) 아래의 표에 각 설비별 해당하는 비상전원에 "○"표시를 하시오.

구분	자가발전설비	축전지설비	전기저장장치	비상전원수전설비
옥내소화전설비				
물분무등소화설비				
비상조명등				
제연설비				
비상콘센트설비				
유도등		○		

(2) 옥내소화전설비의 화재안전기술기준 상 비상전원 설치기준 5가지를 쓰시오.

답안작성

(1)

구분	자가발전설비	축전지설비	전기저장장치	비상전원수전설비
옥내소화전설비	○	○	○	
물분무등소화설비	○	○	○	
비상조명등	○	○	○	
제연설비	○	○	○	
비상콘센트설비	○	○	○	○
유도등		○		

(2) ① 점검에 편리하고 화재 및 침수 등의 재해로 인한 피해를 받을 우려가 없는 곳에 설치할 것
② 옥내소화전설비를 유효하게 20분 이상 작동할 수 있어야 할 것
③ 상용전원으로부터 전력의 공급이 중단된 때에는 자동으로 비상전원으로부터 전력을 공급받을 수 있도록 할 것
④ 비상전원(내연기관의 기동 및 제어용 축전기를 제외한다)의 설치장소는 다른 장소와 방화구획 할 것. 이 경우 그 장소에는 비상전원의 공급에 필요한 기구나 설비 외의

것(열병합발전설비에 필요한 기구나 설비는 제외한다)을 두어서는 안 된다.
⑤ 비상전원을 실내에 설치하는 때에는 그 실내에 비상조명등을 설치할 것

▼해설●●

비상전원은 자가발전설비, 축전지설비(내연기관에 따른 펌프를 사용하는 경우에는 내연기관의 기동 및 제어용 축전지를 말한다) 또는 전기저장장치(외부 전기에너지를 저장해 두었다가 필요한 때 전기를 공급하는 장치)로서 다음의 기준에 따라 설치해야 한다.
① 점검에 편리하고 화재 및 침수 등의 재해로 인한 피해를 받을 우려가 없는 곳에 설치할 것
② 옥내소화전설비를 유효하게 20분 이상 작동할 수 있어야 할 것
③ 상용전원으로부터 전력의 공급이 중단된 때에는 자동으로 비상전원으로부터 전력을 공급받을 수 있도록 할 것
④ 비상전원(내연기관의 기동 및 제어용 축전기를 제외한다)의 설치장소는 다른 장소와 방화구획 할 것. 이 경우 그 장소에는 비상전원의 공급에 필요한 기구나 설비 외의 것(열병합발전설비에 필요한 기구나 설비는 제외한다)을 두어서는 안 된다.
⑤ 비상전원을 실내에 설치하는 때에는 그 실내에 비상조명등을 설치할 것

문제 03

출제년도「97.」 •점수 : 10점

예비전원용 연축전지와 알칼리 축전지에 대한 다음 각 물음에 답하시오.
(1) 연축전지와 비교할 때 알칼리 축전지의 장점 2가지와 단점 1가지를 쓰시오.
(2) 연축전지의 셀당 전압은 2.0 [V]이다. 알칼리 축전지는 몇 [V]인가?
(3) 일반적으로 그림과 같이 구성되는 충전방식은 무슨 충전방식인가?

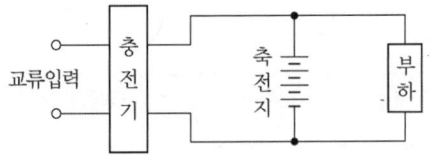

(4) 비상용조명부하 200 [V]용 60 [W] 100등, 30 [W] 70등이 있다. 방전시간 30분 축전지 HS형 100셀, 허용최저전압 195 [V], 최저축전지온도 5 [℃]일 때 축전지용량은 몇 [Ah]인가? 단, 조건에 따른 경년 용량 저하율 : 0.8, 용량환산시간 : 1.2로 계산한다.
• 계산   • 답

답안작성■■

(1) ① 장점 : • 수명이 길고 과충방전에 강하다.
              • 충전시간이 짧다.
    ② 단점 : 단자 전압이 낮다.
(2) 1.2 [V]
(3) 부동충전방식

(4) 계산 : 방전전류 $I = \dfrac{P}{V} = \dfrac{60 \times 100 + 30 \times 70}{200} = 40.5\,[\text{A}]$

$\therefore C = \dfrac{1}{L}KI = \dfrac{1}{0.8} \times 1.2 \times 40.5 = 60.75\,[\text{Ah}]$

답 : 60.75 [Ah]

▼해설

(1) 알칼리 축전지의 장·단점

장점	단점
1. 수명이 길다 2. 과충방전에 강하다. 3. 온도특성이 양호하다. 4. 기계적 강도가 강하다. 5. 충전시간이 짧다.	1. 연축전지에 비해 가격이 비싸다. 2. 단자전압이 낮다.

(2) 축전지의 비교

구 분	연축전지		알칼리 축전지	
형 식 명	클래드식 (CS형)	페이스트식 (HS형)	포켓식 (AL,AM,AMH형)	소결식 (AH, AHH형)
공칭전압	2.0 [V/cell]		1.2 [V/cell]	
방전종지전압	1.6 [V/cell]		0.96 [V/cell]	
방전시간율	10 [h]		5 [h]	
기 전 력	2.05~2.08 [V/cell]		1.32 [V/cell]	
충전시간	길다		짧다	

(3) 축전지 용량

$C = \dfrac{1}{L}KI$

여기서, C : 축전지 용량 [Ah], K : 용량환산시간

방전전류 $I = \dfrac{P}{V} = \dfrac{60 \times 100 + 30 \times 70}{200} = 40.5\,[\text{A}]$

$\therefore C = \dfrac{1}{L}KI = \dfrac{1}{0.8} \times 1.2 \times 40.5 = 60.75\,[\text{Ah}]$

출제년도 「97. 99. 02.」 •점수 : 8점

문제 04 예비전원설비로 이용되는 축전지에 대한 다음 각 물음에 답하시오.

(1) 축전지와 부하를 충전기에 병렬로 접속하여 사용하는 충전방식은?

(2) 비상용 조명부하 200 [V]용 50 [W] 80등, 30 [W] 70등이 있다. 방전시간은 30분이고, 축전지는 HS형 110 [cell]이며, 허용최저전압은 190 [V], 최저 축전지 온도는 5 [℃]일 때 축전지 용량은 몇 [Ah]이겠는가? 단, 경년용량저하율은 0.8, 용량환산시간은 1.2이다.

• 계산   • 답

(3) 연축전지와 알칼리 축전지의 공칭전압은 몇 [V]인가?

답안작성

(1) 부동충전방식

(2) **계산** : 방전전류 $I = \dfrac{P}{V} = \dfrac{(50 \times 80) + (30 \times 70)}{200} = 30.5\,[\text{A}]$

$$C = \dfrac{1}{L}KI = \dfrac{1}{0.8} \times 1.2 \times 30.5 = 45.75\,[\text{Ah}]$$

답 : 45.75 [Ah]

(3) ① 연축전지 : 2 [V]
　　② 알칼리 축전지 : 1.2 [V]

▼해설

(1) 부동충전방식 : 축전지와 부하를 충전기에 병렬로 접속하여 사용하는 충전방식으로 축전지의 자기방전을 보충함과 동시에 상용부하에 대한 전원공급은 충전기가 부담하고 충전기가 부담하기 어려운 일시적인 대 전류 부하는 축전지가 부담토록 하는 방식

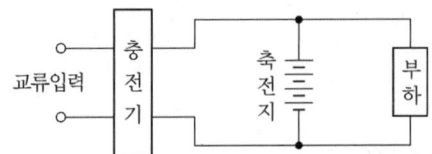

(2) 축전지 용량 $C = \dfrac{1}{L}KI$

여기서, C : 축전지 용량 [Ah], K : 용량환산시간, L : 경년용량 저하율

방전전류 $I = \dfrac{P}{V} = \dfrac{(50 \times 80) + (30 \times 70)}{200} = 30.5\,[\text{A}]$

$\therefore C = \dfrac{1}{L}KI = \dfrac{1}{0.8} \times 1.2 \times 30.5 = 45.75\,[\text{Ah}]$

(3) 연축전지와 알칼리축전지 특성비교

구 분	연축전지		알칼리 축전지	
형식명	클래드식 (CS형)	페이스트식 (HS형)	포켓식 (AL,AM,AMH형)	소결식 (AH, AHH형)
공칭전압	2.0 [V/cell]		1.2 [V/cell]	
방전종지전압	1.6 [V/cell]		0.96 [V/cell]	
방전시간율	10 [h]		5 [h]	
기 전 력	2.05~2.08 [V/cell]		1.32 [V/cell]	
충전시간	길다		짧다	

문제 05

저압회로의 표준전압이 100 [V]일 때 연축전지는 몇 셀 정도 있어야 비상시에 대처가 가능한가?

• 계산   • 답

답안작성

계산 : 연축전지의 공칭전압은 2.0 [V] 이므로 셀수 N은

$$N = \frac{표준전압}{공칭전압} = \frac{100}{2.0} = 50 [셀]$$

답 : 50 [셀]

해설

연축전지와 알칼리축전지 특성비교

구 분	연축전지		알칼리 축전지	
형 식 명	클래드식 (CS형)	페이스트식 (HS형)	포켓식 (AL,AM,AMH형)	소결식 (AH, AHH형)
공칭전압	2.0 [V/cell]		1.2 [V/cell]	
방전종지전압	1.6 [V/cell]		0.96 [V/cell]	
방전시간율	10 [h]		5 [h]	
기 전 력	2.05~2.08 [V/cell]		1.32 [V/cell]	
충전시간	길다		짧다	

문제 06

예비전원설비에 대한 다음 각 물음에 답하시오.

(1) 부동충전방식에 대한 회로(개략적인 그림)를 간단히 그리시오.
(2) 축전지의 과방전 또는 방치상태에서 기능회복을 위하여 실시하는 것은 어떤 충전방식인가?
(3) 연축전지의 정격용량은 250 [Ah]이고, 상시부하가 8 [kW]이며 표준전압이 100 [V]인 부동충전방식의 충전기 2차 충전전류는 몇 [A]인가? 단, 축전지의 방전율은 10시간율로 한다.

답안작성

(1)

(2) 회복충전방식

(3) **계산** : 충전기 2차 충전 전류 $[A] = \dfrac{\text{축전지 용량 [Ah]}}{\text{정격 방전율 [h]}} + \dfrac{\text{상시 부하 용량 [VA]}}{\text{표준 전압 [V]}}$

에서 충전기 2차 전류 I_2는

$$I_2 = \dfrac{250}{10} + \dfrac{8 \times 10^3}{100} = 105 [A]$$

답 : 105 [A]

▼해설

(1) 부동충전방식 : 축전지와 부하를 충전기에 병렬로 접속하여 사용하는 충전방식으로 축전지의 자기방전을 보충함과 동시에 상용부하에 대한 전원공급은 충전기가 부담하고 충전기가 부담하기 어려운 일시적인 대전류 부하는 축전지가 부담토록 하는 방식

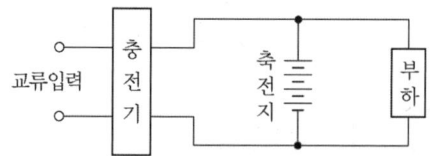

(3) 충전기 2차 충전 전류 $[A] = \dfrac{\text{축전지 용량 [Ah]}}{\text{정격 방전율 [h]}} + \dfrac{\text{상시 부하 용량 [VA]}}{\text{표준 전압 [V]}}$

연축전지의 정격 방전율은 10시간율, 알칼리 축전지의 정격 방전율은 5시간율이다.

∴ 2차 충전전류 I_L = 축전지 충전전류 + 상시부하전류

$$= \dfrac{\text{축전지의 용량[Ah]}}{\text{정격 방전율[h]}} + \dfrac{\text{상시부하[VA]}}{\text{표준전압[V]}}$$

$$= \dfrac{250}{10} + \dfrac{8 \times 10^3}{100} = 105 [A]$$

문제 07 출제 년도「98.」 •점수 : 4점

비상용 조명부하가 40 [W] 120등, 60 [W] 50등이 있다. 방전시간은 30분이며 연축전지 HS형 54셀, 허용최저전압 90 [V], 최저 축전지 온도 5 [℃]일 때 축전지 용량을 구하시오. 단, 전압은 100 [V]이며 연축전지의 용량환산시간 K는 표와 같으며, 보수율은 0.8이라고 한다.

• 계산   • 답

납 축전지 용량 환산시간 K (상단은 900 [Ah]~2000 [Ah], 하단은 900 [Ah]이다.)

형식	온도[℃]	10분			30분		
		1.6 [V]	1.7 [V]	1.8 [V]	1.6 [V]	1.7 [V]	1.8 [V]
CS	25	0.90 0.80	1.15 1.06	1.60 1.42	1.41 1.34	1.60 1.55	2.00 1.88
	5	1.15 1.10	1.35 1.25	2.00 1.80	1.75 1.75	1.85 1.80	2.45 2.35
	-5	1.35 1.25	1.60 1.50	2.65 2.25	2.05 2.05	2.20 2.20	3.10 3.00
HS	25	0.58	0.70	0.93	1.03	1.14	1.38
	5	0.62	0.74	1.05	1.11	1.22	1.54
	-5	0.68	0.82	1.15	1.20	1.35	1.68

답안작성

계산 : 방전전류 $I = \dfrac{P}{V} = \dfrac{(40 \times 120) + (60 \times 50)}{100} = 78\,[\text{A}]$

축전지 용량 $C = \dfrac{1}{L}KI = \dfrac{1}{0.8} \times 1.22 \times 78 = 118.95\,[\text{Ah}]$

답 : 118.95 [Ah]

해설

(1) 축전지의 용량 $C = \dfrac{1}{L}KI$

　여기서, L : 보수율, K : 용량환산 시간계수, I : 전류
　먼저 공칭전압을 구하여 문제에 주어진 조건으로 K(용량환산시간)를 구한다.

(2) 용량환산 시간계수 K

　축전지의 공칭전압 $= \dfrac{\text{허용최저전압 [V]}}{\text{셀[cell] 수}} = \dfrac{90}{40} = 1.666 = 1.7\,[\text{V/cell}]$

　문제에서 방전시간 30분, 축전지의 공칭전압 1.7 [V], HS형, 최저 축전지 온도 5 [℃]
　이므로 주어진 도표에서 K (용량환산시간)은 1.22가 된다.

(3) 방전전류 $I = \dfrac{P}{V} = \dfrac{(40 \times 120) + (60 \times 50)}{100} = 78[\text{A}]$

(4) 축전지 용량 $C = \dfrac{1}{L}KI = \dfrac{1}{0.8} \times 1.22 \times 78 = 118.95\,[\text{Ah}]$

문제 08

예비전원용 연축전지와 알칼리 축전지에 대한 다음 각 물음에 답하시오.
(1) 연축전지와 비교할 때 알칼리 축전지의 장점 2가지와 단점 1가지를 쓰시오.
(2) 연축전지의 셀당 전압은 2.0 [V]이다. 알칼리 축전지는 몇 [V]인가?
(3) 일반적으로 그림과 같이 구성되는 충전방식은 무슨 충전방식인가?

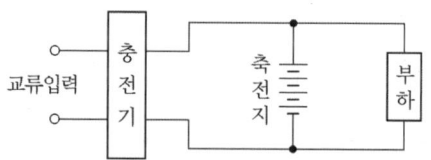

(4) 비상용조명부하 200 [V]용 60 [W] 100등, 30 [W] 70등이 있다. 방전시간 30분 축전지 HS형 100셀, 허용최저전압 195 [V], 최저축전지온도 5 [℃]일 때 축전지용량은 몇 [Ah]인가? 단, 조건에 따른 경년 용량 저하율 : 0.8, 용량환산시간 : 1.2로 계산한다.

답안작성

(1) ① 장점 : • 수명이 길고 과충방전에 강하다.
             • 충전시간이 짧다.
    ② 단점 : 단자 전압이 낮다.
(2) 1.2 [V]
(3) 부동충전방식
(4) 60.75 [Ah]

해설

(1) 알칼리 축전지의 장·단점

장점	단점
1. 수명이 길다 2. 과충방전에 강하다. 3. 온도특성이 양호하다. 4. 기계적 강도가 강하다. 5. 충전시간이 짧다.	1. 연축전지에 비해 가격이 비싸다. 2. 단자전압이 낮다.

(2) 축전지의 비교

구 분	연축전지		알칼리 축전지	
형 식 명	클래드식 (CS형)	페이스트식 (HS형)	포켓식 (AL,AM,AMH형)	소결식 (AH, AHH형)
공칭전압	2.0 [V/cell]		1.2 [V/cell]	
방전종지전압	1.75 [V/cell]		1 [V/cell]	
공칭용량	10 [Ah]		5 [Ah]	
기 전 력	2.05~2.08 [V/cell]		1.32 [V/cell]	
충전시간	길다		짧다	

(3) 축전지 용량 $C = \dfrac{1}{L}KI$

여기서, C : 축전지 용량 [Ah], K : 용량환산시간

방전전류 $I = \dfrac{P}{V} = \dfrac{60 \times 100 + 30 \times 70}{200} = 40.5[\text{A}]$

$\therefore C = \dfrac{1}{L}KI = \dfrac{1}{0.8} \times 1.2 \times 40.5 = 60.75[\text{Ah}]$

문제 09

출제년도 「00.」 ·점수 : 9점

직류전원설비이다. 다음 각 물음에 답하시오.
(1) 축전지에는 수명이 있고 또한 그 말기에 있어서도 부하를 만족하는 용량을 결정하기 위한 계수로서 보통 0.8로 하는 것을 무엇이라 하는가?
(2) 전지 개수를 결정할 때 셀 수를 N, 1셀 당 축전지의 공칭전압을 V_B, 부하의 정격전압을 V, 축전지의 용량 C[Ah]라 하면 셀 수 N은 어떻게 표현되는가?
(3) 그림과 같이 구성되는 충전방식은 무슨 충전방식인가?

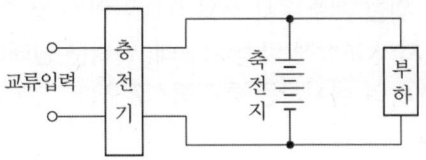

답안작성

(1) 보수율(용량저하율)   (2) $N = \dfrac{V}{V_B}$

(3) 부동충전방식

▼해설

(1) 보수율 (Maintenance Factor) (용량저하율)
축전지를 설계하는 경우, 필요로 하는 용량(축전지의 크기)을 산출할 때 사용연수나 사용조건의 변화에 따라 축전지 용량의 변동을 보상하며, 소정의 부하특성을 만족시키기 위하여 사용하는 보정치로서 일반적으로 0.8을 채택한다.

(2) 셀수 $N = \dfrac{V}{V_B}$ [cell]

여기서, V_B : 1셀당 축전지의 공칭전압, V : 부하의 정격전압

(3) 부동충전 방식 : 축전지와 부하를 충전기에 병렬로 접속하여 사용하는 충전방식으로 축전지의 자기방전에 대한 충전과 상용부하(직류부하)에 대한 전원공급은 충전기가 부담하고 충전기가 부담하기 어려운 일시적인 대전류 부하는 축전지가 공급하는 방식

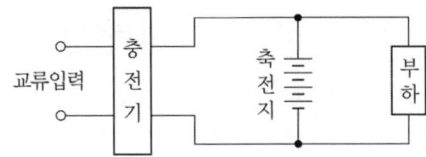

문제 10 출제년도 「98. 99. 00. 02.」 •점수 : 12점

비상용 전원설비로 축전지설비를 하고자 한다. 다음 각 물음에 답하시오.
(1) 연축전지의 고장과 불량 현상이 다음과 같을 때 그 추정원인은 무엇 때문이겠는가?

고장	불량 현상	추정원인
초기고장	전셀의 전압불균형이 크고, 비중이 낮다.	①
	단전지 전압의 비중저하, 전압계 역전	②
우발고장	전해액변색, 충전하지 않고 정치중에도 다량으로 가스 발생	③
	전해액의 감소가 빠르다.	④

(2) 연축전지의 정격용량이 100 [Ah]이고, 상시부하가 15 [kW], 표준전압 100 [V]인 부동충전방식 충전기의 2차 충전전류 값은 몇 [A]이겠는가? 단, 상시부하의 역률은 1로 본다.
  •계산   •답
(3) 축전지의 수명이 있고 또한 그 말기에 있어서도 부하를 만족하는 용량을 결정하기 위한 계수로서 보통 0.8로 하는 것을 무엇이라 하는가?
(4) 축전지의 과방전 및 방치상태, 가벼운 설페이션 현상 등이 생겼을 때 기능회복을 위하여 실시하는 충전방식은?

답안작성

(1) ① 사용 개시시의 충전 보충 부족   ② 극성이 반대로 결선
    ③ 불순물 혼입   ④ 충전 전압이 높다.
(2) **계산** : 충전기 2차 전류 $I = \dfrac{100}{10} + \dfrac{15000}{100} = 160 [A]$

   답 : 160 [A]
(3) 보수율
(4) 회복충전방식

해설

(1) 축전지 고장의 원인과 현상

	현상	추정 원인
초기 고장	• 전체 셀 전압의 불균형이 크고 비중이 낮다.	• 사용 개시시의 충전 보충 부족
	• 단전지 전압의 비중 저하, 전압계의 역전	• 역접속
사용 중 고장	• 전체 셀 전압의 불균형이 크고 비중이 낮다.	• 부동충전전압이 낮다. • 균등 충전의 부족 • 방전후의 회복충전 부족
	• 어떤 셀만의 전압, 비중이 극히 낮다.	• 국부단락
	• 전체 셀의 비중이 높다(전압은 정상)	• 액면 저하 • 보수시 묽은 황산의 혼입

현상	추정 원인
사용 중 고장	· 충전 중 비중이 낮고 전압은 높다. · 방전 중 전압은 낮고 용량이 감퇴한다.	· 방전 상태에서 장기간 방치 · 충전 부족의 상태에서 장기간 사용 · 극판 노출 · 불순물 혼입
	· 전해액의 변색, 충전하지 않고 방치 중에도 다량으로 가스가 발생한다.	· 불순물 혼입
	· 전해액의 감소가 빠르다.	· 충전 전압이 높다. · 실온이 높다.
	· 축전지의 현저한 온도 상승, 또는 소손	· 충전장치의 고장 · 과충전 · 액면 저하로 인한 극판의 노출 · 교류 전류의 유입이 크다.

(2) ① 부동충전방식 : 축전지와 부하를 충전기에 병렬로 접속하여 사용하는 충전방식으로 축전지의 자기방전에 대한 충전과 상용부하(직류부하)에 대한 전원공급은 충전기가 부담하고 충전기가 부담하기 어려운 일시적인 대전류 부하는 축전지가 분담토록 하는 방식

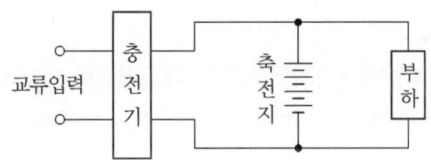

② 충전기 전류 I

I = 축전지 충전전류 + 상시부하전류

$= \dfrac{축전지의\ 정격용량}{축전지의\ 방전시간율} + \dfrac{상시부하}{표준전압}$

$= \dfrac{100}{10} + \dfrac{15000}{100} = 160 [A]$

㉠ 연축전지의 공칭용량 (방전시간율) : 10 [h]
㉡ 알칼리 축전지의 공칭용량 (방전시간율) : 5 [h]

(3) 보수율 (Maintenance Factor) : 축전지를 설계하는 경우, 필요로 하는 용량(축전지의 크기)을 산출할 때 사용연수나 사용조건의 변화에 따라 축전지 용량의 변동을 보상하며, 소정의 부하특성을 만족시키기 위하여 사용하는 보정치로서 일반적으로 0.8을 채택한다.

(4) 회복충전방식 : 정전류 충전법에 의하여 약한 전류로 40~50시간 충전시킨 후 방전시키고, 다시 충전시킨 후 방전시킨다. 이와 같은 동작을 여러 번 반복하게 되면 본래의 출력 용량을 회복하게 되는데 이러한 충전방법을 회복충전이라 한다.

문제 11

출제년도 「98. 05.」 •점수 : 6점

예비전원설비에 대한 다음 각 물음에 답하시오.

(1) 상시전원이 정전시에 상시전원에서 예비전원으로 바꾸는 경우로서 그 접속하는 부하 및 배선이 같을 경우 양전원의 접속점에 반드시 사용해야 할 개폐기는?

(2) 비상용 자가발전기를 구입하여 비상시에 대처하고자 한다. 부하는 유도전동기 부하이고, 기동용량이 50[kVA]이고, 기동시의 전압강하는 25[%]까지 허용하며, 발전기의 과도리액턴스가 24[%]라면 비상용 자가발전기의 용량은 몇 [kVA] 이상인 것을 사용하여야 하는가?

• 계산   • 답

(3) 축전지와 부하를 충전기에 병렬로 접속하여 사용하는 충전방식은?

답안작성

(1) 전환개폐기(또는 자동전환개폐기)

(2) 계산 : $P_G = P \times X_d \times \left(\dfrac{1}{e} - 1\right) = 50 \times 0.24 \times \left(\dfrac{1}{0.25} - 1\right) = 36[\text{kVA}]$ 답 : 36[kVA]

(3) 부동충전방식

해설

(1) 자동전환개폐기 (Automatic Transfer Switch : ATS)
상용전원이 차단되었을 때 자동으로 상용전원에서 예비전원으로 절환되는 스위치

(2) 비상용 자가발전기의 용량(P_G) → 관련기준 개정에 따라 현재는 사용하지 않는 산출식임.

$$P_G = P \times X_d \times \left(\dfrac{1}{e} - 1\right)$$

여기서, P : 전동기 기동용량, X_d : 발전기 과도리액턴스, e : 허용전압강하

$\therefore P_G = P \times X_d \times \left(\dfrac{1}{e} - 1\right) = 50 \times 0.24 \times \left(\dfrac{1}{0.25} - 1\right) = 36\,[\text{kVA}]$

(3) **부동충전방식** : 축전지와 부하를 충전기에 병렬로 접속하여 사용하는 충전방식으로 축전지의 자기방전을 보충함과 동시에 상용부하에 대한 전원공급은 충전기가 부담하고 충전기가 부담하기 어려운 일시적인 대전류 부하는 축전지가 부담토록 하는 방식

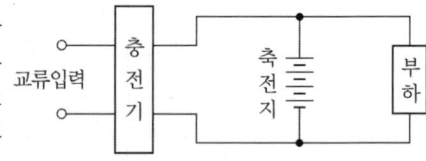

문제 12

출제년도 「98. 02. 04.」 •점수 : 7점

비상용전원설비의 축전지설비를 하고자 한다. 사용부하의 방전전류-시간특성곡선이 그림과 같을 때 다음 각 물음에 답하시오.
(단, 용량환산시간 K값은 $K_1 = 0.85$(30분), $K_2 = 0.53$(10분), $K_3 = 0.70$(20분)이다.)

(1) 보수율의 의미를 설명하고 이 값은 보통 얼마로 하는지를 밝히시오.
(2) 축전지와 부하를 충전기에 병렬로 접속하여 사용하는 충전방식으로 축전지의 자기 방전에 대한 충전과 상용부하(직류부하)에 대한 전원공급은 충전기가 부담하고 일시적인 대전류 부하는 축전지가 공급하는 충전방식은?
(3) 축전지의 용량은 몇 [Ah]이상의 것을 택하여야 하는가?
  • 계산   • 답

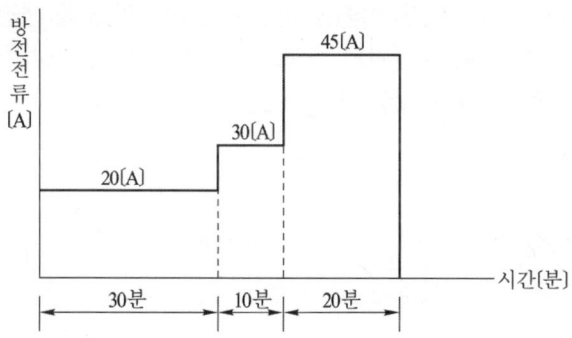

답안작성

(1) ① 의미 : 사용연수나 사용조건의 변화에 따라 축전지 용량의 변동을 보상하며, 소정의 부하특성을 만족시키기 위하여 사용하는 보정치
  ② 값(수치) : 0.8
(2) 부동충전방식
(3) 계산 : $C = \dfrac{1}{0.8}(0.85 \times 20 + 0.53 \times 30 + 0.70 \times 45) = 80.5$[Ah]
  답 : 80.5[Ah]

해설

(1) **보수율**(Maintenance Factor) : 축전지를 설계하는 경우, 필요로 하는 용량(축전지의 크기)을 산출할 때 사용연수나 사용조건의 변화에 따라 축전지 용량의 변동을 보상하며, 소정의 부하특성을 만족시키기 위하여 사용하는 보정치로서 일반적으로 0.8을 채택한다.
(3) 축전지 용량은 방전특성곡선의 면적을 구하면 된다.

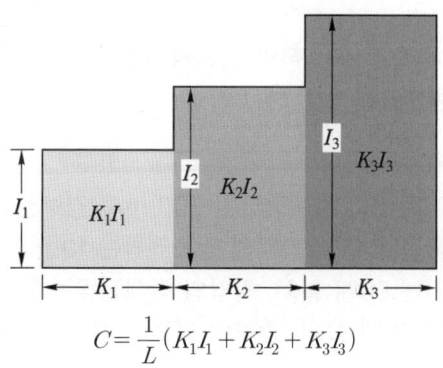

$$C = \dfrac{1}{L}(K_1 I_1 + K_2 I_2 + K_3 I_3)$$

문제 13 「96. 99. 01. 03. 06. 16.」 •점수 : 6점

유도전동기 부하에 사용할 비상용 자가발전설비를 하려고 한다. 이 설비에 사용된 발전기의 조건을 보고 다음 각 물음에 답하시오.

[발전기 조건] • 기동용량 : 700[kVA]
• 기동시 전압강하 : 20[%]까지 허용
• 과도리액턴스 : 25[%]

(1) 발전기 용량은 이론상 몇 [kVA] 이상의 것을 선정하여야 하는가?
(2) 발전기용 차단기의 차단용량은 몇 [MVA] 이상이어야 하는가? 단, 차단용량의 여유율은 25[%]를 계산한다.

답안작성

(1) 발전기 용량

계산 : $P_G = \left(\dfrac{1}{0.2} - 1\right) \times 0.25 \times 700 = 700[\text{kVA}]$ 답 : 700[kVA]

(2) 차단기의 차단용량

계산 : $= \dfrac{1}{0.25} \times 700 \times 1.25 = 3{,}500[\text{kVA}] = 3.5[\text{MVA}]$ 답 : 3.5[MVA]

▼해설

(1) **발전기 용량** $P_G \geq \left(\dfrac{1}{e} - 1\right) \times X_d \times P_m$

→ 관련기준 개정에 따라 현재는 사용하지 않는 산출식임.

여기서, e : 허용 전압강하, X_d : 과도 리액턴스, P_m : 기동용량

$P_G = \left(\dfrac{1}{0.2} - 1\right) \times 0.25 \times 700 = 700[\text{kVA}]$

(2) 발전기용 차단기의 용량 $= \dfrac{\text{자가발전기 용량[kVA]}}{Xd'} \times 1.25[\text{kVA}]$

(여기서, Xd' : 과도 리액턴스(단독 운전의 경우 0.2~0.3))

$= \dfrac{1}{0.25} \times 700 \times 1.25 = 3{,}500[\text{kVA}] = 3.5[\text{MVA}]$

문제 14 「예상」 •점수 : 6점

아래의 조건을 참고하여 자동화재탐지설비의 비상전원으로 사용되는 축전지의 최소용량(Ah)을 산출하시오.

조건

• 수신기는 1대, 감시전류는 300 mA, 경보전류는 500 mA
• 감지기는 100개, 각각의 감시전류는 10 mA, 경보전류는 30 mA
• 발신기는 50개 설치, 각각의 감시전류는 20 mA, 경보전류는 40 mA
• 경종은 50개 설치, 각각의 경보전류는 50 mA

(1) 경보하는 동안 감시를 하지 않는 경우
- 계산과정 :
- 답 :

(2) 경보하는 동안 감시를 하는 경우
- 계산과정 :
- 답 :

답안작성

(1) 경보하는 동안 감시를 하지 않는 경우
- 계산과정 : 감시전류 : $1 \times 300 \text{ mA} + 100 \times 10 \text{ mA} + 50 \times 20 \text{ mA} = 2300 \text{ mA} = 2.3 \text{ A}$
  경보전류 : $1 \times 500 \text{ mA} + 100 \times 30 \text{ mA} + 50 \times 40 \text{ mA} + 50 \times 50 \text{ mA}$
  $= 8000 \text{ mA} = 8 \text{ A}$
  축전지용량 $C = \dfrac{1}{L}[K_1 I_1 + K_2 I_2] = \dfrac{1}{0.8}[\dfrac{60}{60} \times 2.3 + \dfrac{10}{60} \times 8] = 4.541$
- 답 : 4.54 Ah

(2) 경보하는 동안 감시를 하는 경우
- 계산과정 : 감시전류 : $1 \times 300 \text{ mA} + 100 \times 10 \text{ mA} + 50 \times 20 \text{ mA} = 2300 \text{ mA} = 2.3 \text{ A}$
  경보전류 : $1 \times 500 \text{ mA} + 100 \times 30 \text{ mA} + 50 \times 40 \text{ mA} + 50 \times 50 \text{ mA}$
  $= 8000 \text{ mA} = 8 \text{ A}$
  축전지용량 $C = \dfrac{1}{L}[K_1 I_1 + K_2(I_2 - I_1)] = \dfrac{1}{0.8}[\dfrac{70}{60} \times 2.3 + \dfrac{10}{60} \times (8 - 2.3)]$
  $= 4.541$
- 답 : 4.54 Ah

해설

자동화재탐지설비에는 그 설비에 대한 감시상태를 60분간 지속한 후 유효하게 10분 이상 경보할 수 있는 비상전원으로서 축전지설비(수신기에 내장하는 경우를 포함한다) 또는 전기저장장치(외부 전기에너지를 저장해 두었다가 필요한 때 전기를 공급하는 장치)를 설치해야 한다.

(1) 경보하는 동안 감시를 하지 않는 경우 : 60분 감시, 10분 경보

용량환산시간 : $K_1 = \dfrac{60분}{60분/h}$, $K_2 = \dfrac{10분}{60분/h}$

(2) 경보하는 동안 감시를 하는 경우 : (60+10)분 감시, 10분 경보

용량환산시간 : $K_1 = \dfrac{70분}{60분/h}$, $K_2 = \dfrac{10분}{60분/h}$

문제 15

출제예상 · 점수 : 6점

다음의 조건을 활용하여 부하를 운전하기 위해 필요한 자가발전기의 최소 용량 (kVA)을 계산하시오.

［조건］

- 전동기 1kW당 입력용량계수 : 1.45
- 전동기의 기동계수 : 2
- 발전기 허용전압강하 계수 : 1.13
- 부하용량 표는 다음과 같다.

구분	부하의 종류	용량
1	유도전동기	37kW×1대
2	유도전동기	10kW×5대
3	전동기 이외 부하의 입력용량	30kVA

［답안작성］

1. 조건정리
   ① 전동기 이외 부하의 입력용량 합계 $\Sigma P = 30$ kVA
   ② 전동기의 kW당 입력용량 계수 $a = 1.45$
   ③ 전동기 부하용량 합계 $\Sigma Pm = 37 \text{ kW} \times 1 + 10 \text{ kW} \times 5 = 87$ kW
   ④ 전동기 부하 중 기동용량이 가장 큰 전동기 부하용량 $PL = 37$ kW
   ⑤ 전동기의 기동계수 $c = 2$
   ⑥ 발전기 허용전압강하 계수 $k = 1.13$

2. 발전기 최소용량
$$GP \geq [\Sigma P + (\Sigma Pm - PL) \times a + (PL \times a \times c)] \times k$$
$$GP \geq [30 + (87 - 37) \times 1.45 + (37 \times 1.45 \times 2)] \times 1.13 = 237.07 \text{ kVA}$$

▼해설

발전기 용량 산정

$$GP \geq [\Sigma P + (\Sigma Pm - PL) \times a + (PL \times a \times c)] \times k$$
여기서, GP : 발전기 용량(kVA)

ΣP : 전동기 이외 부하의 입력용량 합계(kVA)
ΣPm : 전동기 부하용량 합계(kW)
PL : 전동기 부하 중 기동용량이 가장 큰 전동기 부하용량(kW), 다만, 동시에 기동될 경우에는 이들을 더한 용량으로 한다.
a : 전동기의 kW당 입력용량 계수
  (※ a의 추천값은 고효율 1.38, 표준형 1.45이다. 다만, 전동기 입력용량은 각 전동기별 효율, 역률을 적용하여 입력용량을 환산할 수 있다)
c : 전동기의 기동계수
k : 발전기 허용전압강하 계수

제 6 장 동력설비

Engineer Fire Protection System

제6장 동력설비

1 전동기

1.1 농형유도전동기 기동방식
① 전전압기동방식 ② Y-△ 기동방식
③ 리액터기동방식 ④ 기동보상기법

1.2 전동기 용량 계산

1. 전동력, 축동력, 수동력의 관계

| 전기에너지 | 전동력→ | 모터 | 축동력→ | 펌프 | 수동력→ | 물 |

2. 수동력, 축동력 및 전동력(전동기 용량)의 계산

구분	[kW]	[PS]	비고
수동력	$P = 0.163QH \, [\text{kW}]$	$P = \dfrac{0.163QH}{0.735} \, [\text{PS}]$	① K : 전달계수 ② Q : 토출량[m³/min] ③ H : 전양정[m] ④ η : 전효율[%]
축동력	$P = \dfrac{0.163QH}{\eta} \, [\text{kW}]$	$P = \dfrac{0.163QH}{0.735\eta} \, [\text{PS}]$	
전동력	$P = \dfrac{0.163QH}{\eta} \times K \, [\text{kW}]$	$P = \dfrac{0.163QH}{0.735\eta} \times K \, [\text{PS}]$	

3. 공기동력, 축동력 및 전동력(전동기 용량)의 계산

구분	[kW]	[PS]	비고
공기동력	$P = \dfrac{P_t Q}{102} \, [\text{kW}]$	$P = \dfrac{P_t Q}{75} \, [\text{PS}]$	① P_t : 전압[mmAq] ② Q : 풍량[m³/s] ③ η : 전효율[%] ④ K : 전달계수
축동력	$P = \dfrac{P_t Q}{102\eta} \, [\text{kW}]$	$P = \dfrac{P_t Q}{75\eta} \, [\text{PS}]$	
전동력	$P = \dfrac{P_t Q}{102\eta} \times K \, [\text{kW}]$	$P = \dfrac{P_t Q}{75\eta} \times K \, [\text{PS}]$	

1.3 전동기의 속도계산

1. 동기속도

| $N_s = \dfrac{120}{P} f [\text{rpm}]$ | P : 극수, f : 주파수[Hz] |

2. 전부하 속도(회전속도)

| $N = (1-s) \times \dfrac{120}{P} f [\text{rpm}]$ | P : 극수, f : 주파수[Hz], s : 슬립 |

1.4 전선의 색상(전선식별)

상(문자)	색상
L1	갈색
L2	흑색(검은색)
L3	회색
N	청색(파란색)
보호도체	녹색-노란색

보호도체(PE, Protective Conductor) : 감전에 대한 보호 등 안전을 위해 제공되는 도체
① PEN 도체(protective earthing conductor and neutral conductor) :
   교류회로에서 중성선 겸용 보호도체
② PEM 도체(protective earthing conductor and a mid-point conductor) :
   직류회로에서 중간선 겸용 보호도체
③ PEL 도체(protective earthing conductor and a line conductor) :
   직류회로에서 선도체 겸용 보호도체를 말한다.

1.5 접지공사

1. 접지시스템의 시설 종류

계통접지	전력계통에서 돌발적으로 발생하는 이상현상에 대비하여 대지와 계통을 연결하는 것으로, 변압기의 중성점을 대지에 접속하는 것으로 중성점·접지라고도 한다.
공통접지	등전위가 되도록 고압 및 특고압 접지계통과 저압 접지계통을 공통으로 접지하는 방식
통합접지	전기설비의 접지계통, 건축물의 피뢰설비·전자통신설비 등의 접지극을 통합하여 접지하는 방식 모든 접지시스템을 통합하여 접지시스템을 구성하는 것

2. 계통접지 구성
   ① 저압전로의 보호도체 및 중성선의 접속 방식에 따라 접지계통 분류
      가. TN 계통
      나. TT 계통
      다. IT 계통
   ② 가. 제1문자 - 전원계통과 대지의 관계
         T : 한 점을 대지에 직접 접속
         I : 모든 충전부를 대지와 절연시키거나 높은 임피던스를 통하여 한 점을 대지에 직접 접속
      나. 제2문자 - 전기설비의 노출도전부와 대지의 관계
         T : 노출도전부를 대지로 직접 접속. 전원계통의 접지와는 무관
         N : 노출도전부를 전원계통의 접지점(교류 계통에서는 통상적으로 중성점, 중성점이 없을 경우는 선도체)에 직접 접속
      다. 그 다음 문자(문자가 있을 경우) - 중성선과 보호도체의 배치
         S : 중성선 또는 접지된 선도체 외에 별도의 도체에 의해 제공되는 보호 기능
         C : 중성선과 보호 기능을 한 개의 도체로 겸용(PEN 도체)
   ③ 기호설명

기호 설명	
─────•─────	중성선(N), 중간도체(M)
─────/─────	보호도체(PE)
─────/•─────	중성선과 보호도체겸용(PEN)

3. TN 계통
   전원측의 한 점을 직접접지하고 설비의 노출도전부를 보호도체로 접속시키는 방식
   ⑴ TN-S 계통은 계통 전체에 대해 별도의 중성선 또는 PE 도체를 사용한다. 배전계통에서 PE 도체를 추가로 접지할 수 있다.

① 계통 내에서 별도의 중성선과 보호도체가 있는 TN-S 계통

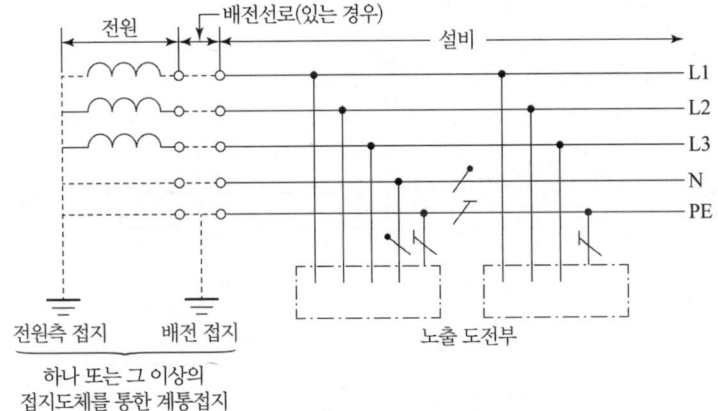

② 계통 내에서 별도의 접지된 선도체와 보호도체가 있는 TN-S 계통

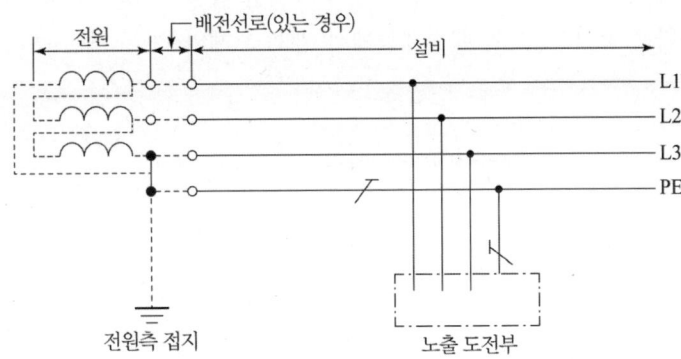

③ 계통 내에서 접지된 보호도체는 있으나 중성선의 배선이 없는 TN-S 계통

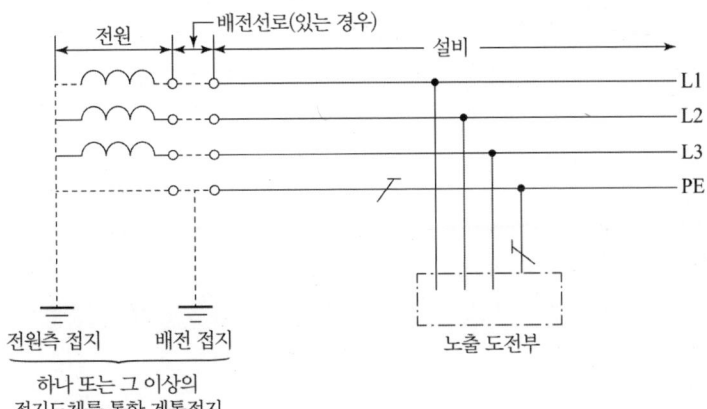

⑵ TN-C 계통은 그 계통 전체에 대해 중성선과 보호도체의 기능을 동일도체로 겸용한 PEN 도체를 사용한다. 배전계통에서 PEN 도체를 추가로 접지할 수 있다.

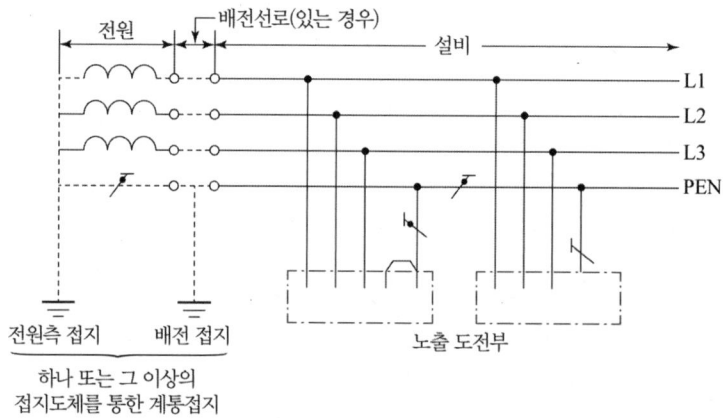

⑶ TN-C-S계통은 계통의 일부분에서 PEN 도체를 사용하거나, 중성선과 별도의 PE 도체를 사용하는 방식이 있다. 배전계통에서 PEN 도체와 PE 도체를 추가로 접지할 수 있다.

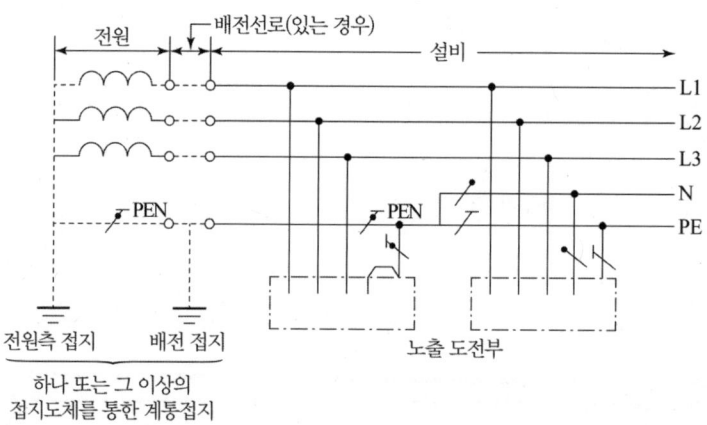

4. TT 계통

전원의 한 점을 직접 접지하고 설비의 노출도전부는 전원의 접지전극과 전기적으로 독립적인 접지극에 접속시킨다. 배전계통에서 PE 도체를 추가로 접지할 수 있다.

(1) 계통 내의 모든 노출도전부가 보호도체에 의해 접속되어 일괄 접지된 IT 계통

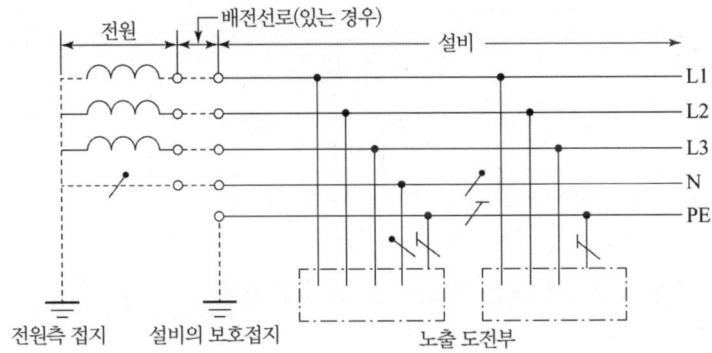

(2) 설비 전체에서 접지된 보호도체가 있으나 배전용 중성선이 없는 TT 계통

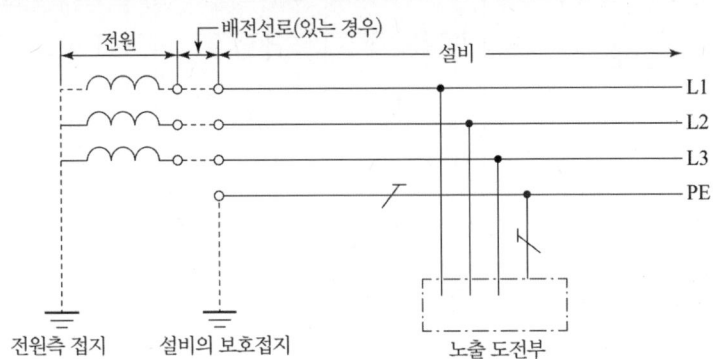

5. IT 계통

① 충전부 전체를 대지로부터 절연시키거나, 한 점을 임피던스를 통해 대지에 접속시킨다. 전기설비의 노출도전부를 단독 또는 일괄적으로 계통의 PE 도체에 접속시킨다. 배전계통에서 추가접지가 가능하다.

② 계통은 충분히 높은 임피던스를 통하여 접지할 수 있다. 이 접속은 중성점, 인위적 중성점, 선도체 등에서 할 수 있다. 중성선은 배선할 수도 있고, 배선하지 않을 수도 있다.

⑴ 계통 내의 모든 노출도전부가 보호도체에 의해 접속되어 일괄 접지된 IT 계통

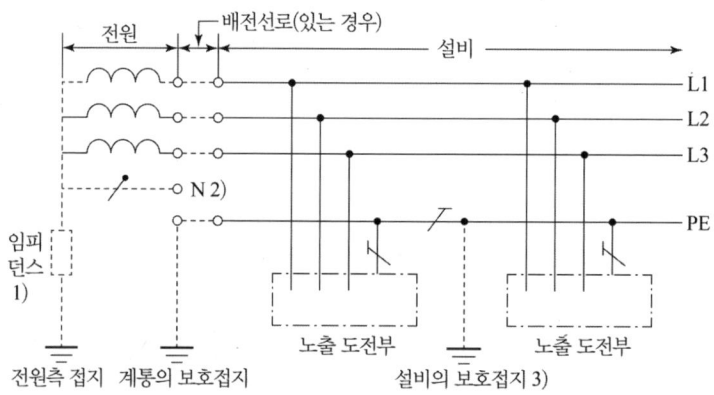

⑵ 노출도전부가 조합으로 또는 개별로 접지된 IT 계통

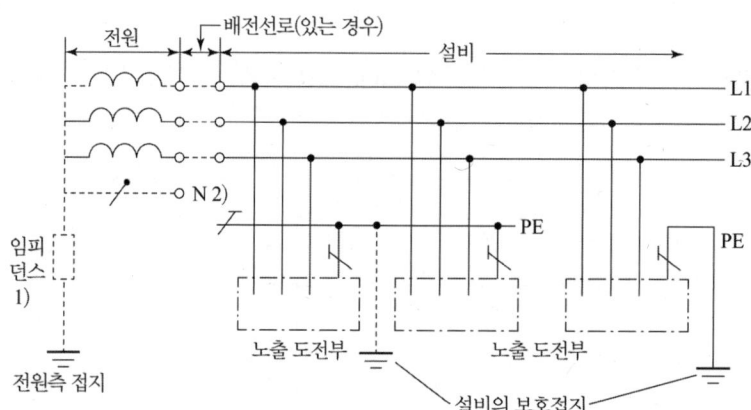

2 역률개선

2.1 콘덴서 용량 Q_c

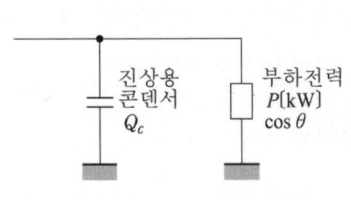 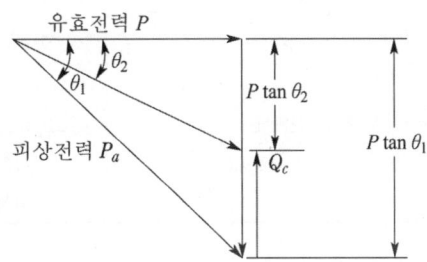

$$\text{콘덴서 용량 } Q_c = P\tan\theta_1 - P\tan\theta_2 = P(\tan\theta_1 - \tan\theta_2)$$
$$= P\left(\frac{\sin\theta_1}{\cos\theta_1} - \frac{\sin\theta_2}{\cos\theta_2}\right)$$
$$= P\left(\frac{\sqrt{1-\cos^2\theta_1}}{\cos\theta_1} - \frac{\sqrt{1-\cos^2\theta_2}}{\cos\theta_2}\right)$$

여기서, $\cos\theta_1$: 개선 전 역률
 $\cos\theta_2$: 개선 후 역률

2.2 역률개선의 효과

① 변압기와 배전선의 전력 손실 경감 ② 전압 강하의 감소
③ 설비 용량의 여유 증가 ④ 전기 요금의 감소

2.3 콘덴서 회로의 부속기기

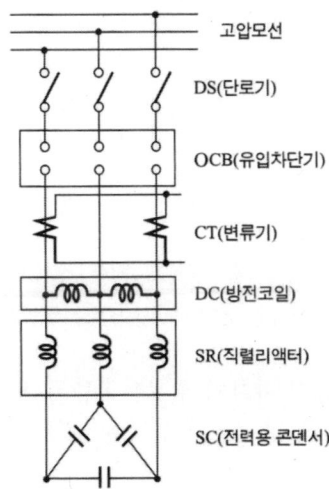

부속기기	역할
전력용 콘덴서 (진상용 콘덴서, Static Capacitor)	부하의 역률 개선
방전코일 (DC : Discharge Coil)	① 콘덴서에 축적된 잔류 전하를 방전하여 감전사고 방지 ② 선로에 재투입시 콘덴서에 걸리는 과전압 방지

직렬 리액터
(SR : Series Reactor)
	- 제5고조파를 제거하여 파형 개선
	- 직렬 리액터의 용량
	  ① 이론상 : 콘덴서 용량 × 4 %
	  ② 실제상 : 콘덴서 용량 × 6 %

3 변압기

3.1 V 결선

1. 출력 $P_V = \sqrt{3}\, P_1 [\text{kVA}]$

    여기서, P_V : V결선시 변압기 출력

    P_1 : 단상변압기 1대 용량

2. 이용율 : $\dfrac{\sqrt{3}\, P}{2P} = \dfrac{\sqrt{3}}{2} = 0.866$

3. △ 결선 운전중 1상 고장시의 출력비 : $\dfrac{P_V}{P_\triangle} = \dfrac{\sqrt{3}\, P}{3P} = \dfrac{\sqrt{3}}{3} = 0.577$

3.2 3상 변압기의 용량

1. 용량 $P = 3V_P I_P = \sqrt{3}\, VI [\text{kVA}]$

    여기서, V_P : 상전압[V], I_P : 상전류[A]

    V : 선간전압[V], I : 선전류[A]

4 배선용 차단기(Molded Case Circuit Breaker)

단락 및 과부하에 의한 이상전류가 차단기의 정격전류를 초과하면 회로를 차단하는 개폐기구로 Fuse가 없어 반복하여 재투입이 가능하며 그 특징은 다음과 같다.

① 부하차단 능력이 우수하다.
② 신뢰성이 높다.
③ 충전부가 노출되지 않아 안전성이 우수하다.
④ 반복하여 재투입이 가능하다.
⑤ 소형경량으로 사용이 용이하다.
⑥ 회로의 차단여부를 쉽게 확인 할 수 있다.

5 전압강하 계산

5.1 선로의 저항값을 알고 있는 경우

1. 단상 2선식

    $e = 2IR$

    여기서, e : 전압강하 [V], I : 전류 [A], R : 전선 1가닥의 저항 [Ω]

2. 3상 3선식

    $e = \sqrt{3}\,IR$

    여기서, e : 전압강하 [V], I : 전류 [A], R : 전선 1가닥의 저항 [Ω]

5.2 선로의 저항값이 주어지지 않은 경우의 전압강하 및 전선단면적 계산

전 기 방 식	전압강하	전선 단면적
단상 2선식 및 직류 2선식	$e = \dfrac{35.6LI}{1000A}$	$A = \dfrac{35.6LI}{1000e}$
3상 3선식	$e = \dfrac{30.8LI}{1000A}$	$A = \dfrac{30.8LI}{1000e}$
단상 3선식, 3상 4선식	$e' = \dfrac{17.8LI}{1000A}$	$A = \dfrac{17.8LI}{1000e'}$

여기서, e : 각 선간의 전압강하 [V]
　　　　e' : 각 선간의 1선과 중성선 사이의 전압강하 [V]
　　　　L : 전선의 길이 [m]
　　　　A : 전선의 단면적 [mm²]
　　　　I : 전류 [A]

6 저압전로의 절연저항(기술기준 제52조)

전로의 사용전압 V	DC시험전압 V	절연저항 MΩ
SELV 및 PELV	250	0.5
FELV, 500V 이하	500	1.0
500V 초과	1,000	1.0

[주] 특별저압(extra low voltage : 2차 전압이 AC 50V, DC 120V 이하)으로 SELV(비접지회로 구성) 및 PELV(접지회로 구성)은 1차와 2차가 전기적으로 절연된 회로, FELV는 1차와 2차가 전기적으로 절연되지 않은 회로

특별저압(ELV, Extra Low Voltage)

인체에 위험을 초래하지 않을 정도의 저압을 말한다. 여기서 SELV(Safety Extra Low Voltage)는 비접지회로에 해당되며, PELV(Protective Extra Low Voltage)는 접지회로에 해당된다.

7 변류기

7.1 목적

대전류를 소전류로 변성하여 계기나 계전기에 공급하기 위한 목적으로 사용

7.2 정격 부담

변류기 2차측 단자간에 접속되는 부하의 한도를 말하며 [VA]로 표시한다.

7.3 점검시 2차측을 단락시키는 이유

변류기 2차측을 개방하면 1차 전류가 모두 여자전류가 되어 2차측에 과전압 유기 및 절연이 파괴되어 소손될 우려가 있으므로 CT 2차측 기기를 교체하고자 하는 경우는 반드시 CT 2차측을 단락시켜야 한다.

7.4 변류비

1. 변류비 $= \dfrac{CT\ 1차측\ 전류}{CT\ 2차측\ 전류}$

2. 전류계에 흐르는 전류 $= 1차측\ 전류 \times \dfrac{1}{변류비}$

3. 변류기의 정격전류 및 부담
　① 1차 전류 : 5, 10, 15, 20, 30, 40, 50, 75, 100, 150, 200, 300, 400, 500 [A]
　② 2차 전류 : 5 [A]
　③ 정격 부담 : 5, 10, 15, 25, 40, 100 [VA]

출제예상문제
Expected problems

문제 01 출제년도「96. 03.」 •점수 : 8점

배선용 차단기(Molded Case Circuit Breaker)의 특징을 4가지 쓰시오.

답안작성

배선용 차단기의 특징
(1) 부하차단 능력이 우수하다.
(2) 신뢰성이 높다.
(3) 충전부가 노출되지 않아 안전성이 우수하다.
(4) 반복하여 재투입이 가능하다.

▼해설

그 밖에도
(5) 소형경량으로 사용이 용이하다.
(6) 회로의 차단여부를 쉽게 확인 할 수 있다.

문제 02 출제년도「96. 97.」 •점수 : 4점

콘덴서 회로에 방전코일을 넣는 목적은 무엇인가?

답안작성

콘덴서에 축적된 잔류전하 방전

문제 03 출제년도「96. 98. 99. 01. 04.」 •점수 : 4점

유량이 8 [m³/min]이고, 양정이 50 [m]인 소화전펌프전동기의 용량은 몇 [kW]인가? 단, 펌프의 효율은 68 [%]이고 설계상의 여유계수는 1.25이다.

• 계산   • 답

답안작성

계산 : $P = \dfrac{0.163 QHK}{\eta} = \dfrac{0.163 \times 8 \times 50 \times 1.25}{0.68} = 119.853$ [kW]

답 : 119.85 [kW]

▼해설

전동기 용량 $P = \dfrac{0.163 QHK}{\eta}$

여기서, P : 전동기 용량 [kW], Q : 양수량 [m³/min]
   H : 전양정 [m], K : 여유계수, η : 효율 [%]

문제 04

출제년도 「96. 98. 99. 01. 04.」 • 점수 : 3점

유량 7 [m³/min], 양정 60 [m]인 스프링클러 펌프전동기의 용량은 몇 [kW]인가?
단, 펌프효율 η = 85 [%]이며, 설계상의 여유계수는 1.1이다.

• 계산 • 답

답안작성

계산 : 전동기 용량
$$P = \frac{0.163\,QHK}{\eta} = \frac{0.163 \times 7 \times 60 \times 1.1}{0.85} = 88.595\,[\text{kW}]$$

답 : 88.6 [kW]

▼해설

전동기 용량 $P = \dfrac{0.163\,QHK}{\eta}$

여기서, P : 전동기 용량 [kW], Q : 양수량 [m³/min]
H : 전양정 [m], K : 여유계수
η : 효율 [%]

문제 05

출제년도 「96. 98. 99. 01. 04.」 • 점수 : 4점

유량 3 [m³/min], 전양정 75 [m]인 소화전펌프전동기의 용량은 몇 [kW]인가?
단, 펌프효율 η = 80 [%], 역률은 75 [%], 여유계수는 1.1 이다.

• 계산 • 답

답안작성

계산 : $P = \dfrac{0.163\,QHK}{\eta} = \dfrac{0.163 \times 3 \times 75 \times 1.1}{0.8} = 50.428\,[\text{kW}]$

답 : 50.43 [kW]

▼해설

전동기 용량 $P = \dfrac{0.163\,QHK}{\eta}$

여기서, P : 전동기 용량 [kW], Q : 양수량 [m³/min]
H : 전양정 [m], K : 여유계수
η : 효율

문제 06

출제년도 「98. 00. 03.」 • 점수 : 4점

지상 20[m] 되는 곳에 500[m³]의 저수조가 있다. 이 저수조에 양수하기 위하여 20[kW]의 전동기를 사용한다면 몇 분 후에 저수조에 물이 가득 차겠는가? 단, 펌프효율은 75 [%]이고, 여유계수는 1.2이다.

• 계산 • 답

답안작성

계산 : $P=\dfrac{0.163\,QHK}{\eta}$ 에서, $20 = \dfrac{0.163 \times 500 \text{ m}^3/\text{min} \times 20\text{m} \times 1.2}{0.75}$

$\min = \dfrac{0.163 \times 500 \text{ m}^3 \times 20\text{m} \times 1.2}{20 \times 0.75} = 130.4$

답 : 130.4[분]

▼해설

전동기 용량 $P=\dfrac{0.163\,QHK}{\eta}$

여기서, P : 전동기 용량 [kW], Q : 양수량 [m³/min]
H : 전양정 [m], K : 여유계수
η : 효율 [%]

분(min) $= \dfrac{0.163 \times Q[\text{m}^3] \times H \times K}{P \times \eta}$

문제 07 〔출제년도 「98. 00. 03.」 •점수 : 4점〕

지상 10 [m] 되는 곳에 1,000 [m³]의 저수에 양수하는데 15[kW] 용량의 전동기를 사용한다면 얼마 후에 저수조에 물이 가득 차겠는지 쓰시오. (단, 전동기의 효율은 80 [%]이고, 여유계수는 1.2이다.)

•계산   •답

답안작성

계산 : 분(min) $= \dfrac{0.163 \times Q[\text{m}^3] \times H \times K}{P \times \eta}$ 에서,

$\min = \dfrac{0.163 \times 1000 \text{ m}^3 \times 10\text{m} \times 1.2}{15 \times 0.8} = 163$

답 : 163[분]

▼해설

전동기 용량 $P=\dfrac{0.163\,QHK}{\eta}$

여기서, P : 전동기 용량 [kW], Q : 양수량 [m³/min]
H : 전양정 [m], K : 여유계수
η : 효율 [%]

분(min) $= \dfrac{0.163 \times Q[\text{m}^3] \times H \times K}{P \times \eta}$

문제 08

출제년도 「00.」 •점수 : 3점

풍량이 300 [m³/min]이며 풍압이 35 [mmHg]인 제연설비용 팬(FAN)을 설치할 경우 이 팬(FAN)을 운전하는 전동기의 소요용량은 몇 [kW]인가? (단, FAN의 효율은 70 [%], 여유계수는 1.21이다.)

• 계산 •답

답안작성

계산 : $P = \dfrac{P_T \cdot Q \cdot K}{102 \times 60 \times \eta} = \dfrac{\frac{35}{760} \times 10332 \times 300}{102 \times 60 \times 0.7} \times 1.21 = 40.32 \, [\text{kW}]$

답 : $40.32 \, [\text{kW}]$

해설

배연기의 전동기 용량 P는

$$P = \dfrac{P_T Q}{102 \times 60 \times \eta} K$$

여기서, P : 전동기 용량 [kW]
P_T : 전압(풍압) [mmAq, mmH₂O]
Q : 풍량 [m³/min]
K : 여유계수
η : 효율

760 [mmHg] = 10.332 [mH₂O] = 10332 [mmH₂O]이므로

풍압 35 [mmHg] = $\dfrac{35 \, [\text{mmHg}]}{760 \, [\text{mmHg}]} \times 10332 = 475.82 \, [\text{mmH}_2\text{O}]$

$P = \dfrac{475.82 \times 300}{102 \times 60 \times 0.7} \times 1.21 = 40.32 \, [\text{kW}]$

문제 09

출제년도 「97. 00. 03. 05. 20.」 •점수 : 6점

지상 31 [m] 되는 곳에 수조가 있다. 이 수조에 분당 12 [m³]의 물을 양수하는 펌프용 전동기를 설치하여 3상 전력을 공급하려고 한다. 펌프 효율이 65 [%]이고, 펌프측 동력에 10 [%]의 여유를 둔다고 할 때 다음 각 물음에 답하시오. 단, 펌프용 3상 농형 유도전동기의 역률은 100 [%]로 가정한다.

(1) 펌프용 전동기의 용량은 몇 [kW]인가?
   • 계산 •답
(2) 3상 전력을 공급하고자 단상변압기 2대를 V결선하여 이용하고자 한다. 단상변압기 1대의 용량은 몇 [kVA]인가?
   • 계산 •답

답안작성

(1) 계산 : $P = \dfrac{0.163 \times 12 \times 31 \times 1.1}{0.65} = 102.6147 [\text{kW}]$ 　　답 : 102.61[kW]

(2) 계산 : $P_1 = \dfrac{P_V}{\sqrt{3}} = \dfrac{102.61}{\sqrt{3} \times 1} = 59.242 [\text{kVA}]$ 　　답 : 59.24[kVA]

해설

(1) 전동기 용량　$P = \dfrac{0.163 QHK}{\eta}$

　여기서, P : 전동기 용량 [kW], Q : 양수량 [m³/min]
　　　　　H : 전양정 [m], 　　K : 여유계수
　　　　　η : 효율 [%]

(2) V결선 시 변압기 출력 $P_V = \sqrt{3} P_1$

　여기서, P_V : V결선시 변압기 출력, P_1 : 단상변압기 1대 용량

$$P_1 = \dfrac{P_V}{\sqrt{3}} = \dfrac{\frac{P}{\cos\theta}}{\sqrt{3}} = \dfrac{P}{\sqrt{3}\cos\theta} = \dfrac{102.61}{\sqrt{3} \times 1} = 59.24 [\text{kVA}]$$

문제 10 〔출제 년도 : 98. 02. 19.〕 •점수 : 6점

매분 15 [m³]의 물을 높이 18 [m]인 물탱크에 양수하려고 한다. 주어진 조건을 이용하여 다음 각 물음에 답하시오.

— 조건 —
- 펌프와 전동기의 합성효율은 60 [%]이다.
- 전동기의 전부하 역율은 80 [%]이다.
- 펌프의 축동력은 15 [%]의 여유를 둔다고 한다.

(1) 필요한 전동기의 용량은 몇 [kW]인가?
　• 계산　　　　　　　　　　　　　•답
(2) 부하용량은 몇 [kVA]인가?
　• 계산　　　　　　　　　　　　　•답
(3) 전력공급은 단상변압기 2대를 사용하여 V결선하여 공급한다면 변압기 1대의 용량은 몇 [kVA]인가?
　• 계산　　　　　　　　　　　　　•답

답안작성

(1) 계산 : $P = \dfrac{0.163 QHK}{\eta} = \dfrac{0.163 \times 15 \times 18 \times 1.15}{0.6} = 84.3525 [\text{kW}]$　답 : 84.35[kW]

(2) 계산 : $P_a = \dfrac{P}{\cos\theta} = \dfrac{84.35}{0.8} = 105.4375 [\text{kVA}]$　　　　　답 : 105.44[kVA]

(3) 계산 : $P_a = \sqrt{3}\,P_1$ 에서 $P_1 = \dfrac{P_a}{\sqrt{3}} = \dfrac{105.44}{\sqrt{3}} = 60.8758\,[\text{kVA}]$　　답 : 60.88[kVA]

▼해설●●

(1) 전동기 용량 $P = \dfrac{0.163\,QHK}{\eta}$

　여기서, P : 전동기 용량 [kW], Q : 양수량 [m³/min], H : 전양정 [m]
　　　　K : 여유계수, η : 효율 [%]

(2) 부하용량(P_a)

　$P = P_a \cos\theta$ [kW]

　∴ 부하용량 $P_a = \dfrac{P}{\cos\theta} = \dfrac{84.53}{0.8} = 105.44\,[\text{kVA}]$

(3) 변압기 1대용량

　$P_a = \sqrt{3}\,P_1$ [kW]

　여기서, P_a : V결선시의 출력, P_1 : 단상 변압기 1대의 용량

　∴ $P_1 = \dfrac{P_a}{\sqrt{3}} = \dfrac{105.44}{\sqrt{3}} = 60.88\,[\text{kVA}]$

문제 11

출제년도「96.」 •점수 : 5점

수신기와 지구경종과의 거리가 20 [m]인 공장 건물에서 화재가 발생하여 지구경종 5개를 동시에 명동시킬 때 선로에서의 전압강하는 몇 [V]인가? 단, 경종 1개의 전류 용량은 50 [mA]이며, 선로의 굵기는 1.5 [mm²] 이다.

•계산　　　　　　　　　　　　　　•답

답안작성■■

계산 : 전압강하 $e = \dfrac{35.6\,LI}{1000\,A} = \dfrac{35.6 \times 20 \times (50 \times 10^{-3} \times 5)}{1000 \times 1.5} = 0.12\,[\text{V}]$

답 : 0.12 [V]

▼해설●●

전압강하 및 전선단면적 공식

전 기 방 식	전압강하	전선 단면적
단상 2선식 및 직류 2선식	$e = \dfrac{35.6\,LI}{1000\,A}$	$A = \dfrac{35.6\,LI}{1000\,e}$
3상 3선식	$e = \dfrac{30.8\,LI}{1000\,A}$	$A = \dfrac{30.8\,LI}{1000\,e}$
단상 3선식, 직류 3선식, 3상 4선식	$e' = \dfrac{17.8\,LI}{1000\,A}$	$A = \dfrac{17.8\,LI}{1000\,e'}$

여기서, e : 각 선간의 전압강하 [V]
　　　　e' : 각 선간의 1선과 중성선 사이의 전압강하 [V]

L : 전선 1본의 길이 [m]
A : 전선의 단면적 [mm^2]
I : 전류 [A]

문제 12 출제년도 「예상」 •점수 : 6점

다음은 접지시스템의 시설 종류를 나타낸 것이다. ( )의 번호에 알맞은 답을 쓰시오.

접지시스템	내용
(①)	전력계통에서 돌발적으로 발생하는 이상현상에 대비하여 대지와 계통을 연결하는 것으로, 변압기의 중성점을 대지에 접속하는 것으로 중성점 접지라고도 한다.
(②)	등전위가 되도록 고압 및 특고압 접지계통과 저압 접지계통을 공통으로 접지하는 방식
(③)	전기설비의 접지계통, 건축물의 피뢰설비 · 전자통신설비 등의 접지극을 통합하여 접지하는 방식 모든 접지시스템을 통합하여 접지시스템을 구성하는 것

답안작성
① 계통접지
② 공통접지
③ 통합접지

문제 13 출제년도 「예상」 •점수 : 4점

다음은 상별 전선의 색상을 나타낸 것이다. ( )에 알맞은 답을 쓰시오.

상(문자)	색상
L1	(①)
L2	(②)
L3	(③)
N	(④)
보호도체	녹색-노란색

답안작성
① 갈색 ② 흑색 ③ 회색 ④ 청색

문제 14 계통접지에 대한 다음 각 물음에 답하시오.
(1) 저압전로의 보호도체 및 중성선의 접속 방식에 따른 접지계통의 분류 3가지를 쓰시오.
(2) 다음의 그림은 어떠한 접지계통인지 쓰시오.(다만, 계통의 전체에 걸쳐 중성선과 보호선의 기능을 단일도체로 겸용한다.)

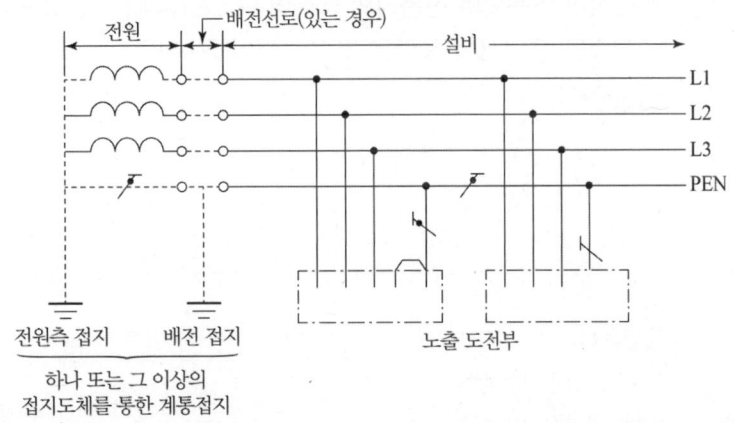

답안작성
(1) TN 계통, TT 계통, IT 계통
(2) TN-C 계통

문제 15 아래의 그림은 TN 계통의 한 종류를 나타낸 것이다. 무슨 계통인지 답하시오.
(다만, 계통 일부의 중성선과 보호선은 동일전선으로 사용하는 방식이다)

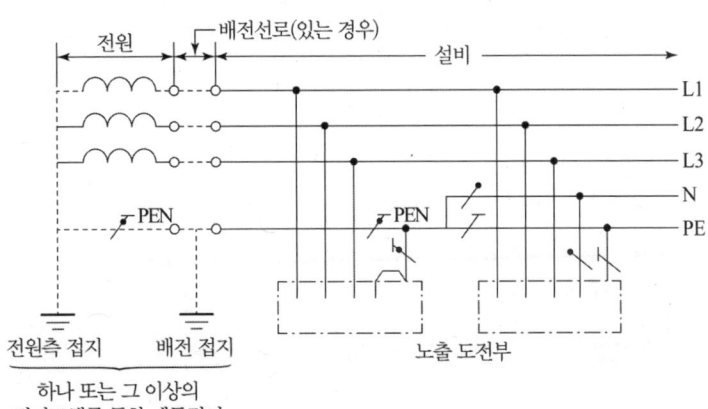

답안작성

TN-C-S 계통

문제 16 출제년도「96. 00. 03. 19.」 •점수 : 4점

3상 380 [V], 30 [kW] 스프링클러 펌프용 유도전동기 기동방식은 일반적으로 어떤 방식이 이용되며 전동기의 역률이 60 [%]일 때 역률을 90 [%]로 개선할 수 있는 전력용 콘덴서의 용량은 몇 [kVA]이겠는가?

답안작성

(1) 기동방식 : Y-△ 기동방식
(2) 전력용 콘덴서 용량

계산 : 콘덴서 용량 $Q_c = 30 \times \left(\dfrac{\sqrt{1-0.6^2}}{0.6} - \dfrac{\sqrt{1-0.9^2}}{0.9} \right) = 25.47 \, [\text{kVA}]$

답 : 25.47 [kVA]

▼해설

(1) 전동기의 기동방식
  ① 전전압기동방식
  ② Y-△ 기동방식
  ③ 리액터기동방식
  ④ 기동보상기법

(2) 전력용 콘덴서의 용량(Q_c)

$$Q_c = P(\tan\theta_1 - \tan\theta_2) = P\left(\dfrac{\sin\theta_1}{\cos\theta_1} - \dfrac{\sin\theta_2}{\cos\theta_2} \right)$$

$$= P\left(\dfrac{\sqrt{1-\cos^2\theta_1}}{\cos\theta_1} - \dfrac{\sqrt{1-\cos^2\theta_2}}{\cos\theta_2} \right) [\text{kVA}]$$

여기서, P : 유효전력 [kW], $\cos\theta_1$: 개선 전 역률, $\cos\theta_2$: 개선 후 역률

$$Q_c = 30 \left(\dfrac{\sqrt{1-0.6^2}}{0.6} - \dfrac{\sqrt{1-0.9^2}}{0.9} \right) = 25.47 \, [\text{kVA}]$$

문제 17 출제년도「99. 01. 03.」 •점수 : 4점

역률 0.6, 출력 20 [kW]인 전동기 부하에 병렬로 전력용 콘덴서를 설치하여 역률을 0.9로 개선하려고 한다. 전력용 콘덴서의 용량은 몇 [kVA]가 필요한가?
•계산   •답

답안작성

계산 : $Q_c = 20 \times \left(\dfrac{\sqrt{1-0.6^2}}{0.6} - \dfrac{\sqrt{1-0.9^2}}{0.9} \right) = 16.98 \, [\text{kVA}]$

답 : 16.98 [kVA]

▼해설

전력용 콘덴서의 용량(Q_c)

$$Q_c = P\left(\frac{\sin\theta_1}{\cos\theta_1} - \frac{\sin\theta_2}{\cos\theta_2}\right) = P\left(\frac{\sqrt{1-\cos^2\theta_1}}{\cos\theta_1} - \frac{\sqrt{1-\cos^2\theta_2}}{\cos\theta_2}\right) [\text{kVA}]$$

여기서, P : 유효전력 [kW], $\cos\theta_1$: 개선 전 역률(0.6), $\cos\theta_2$: 개선 후 역률(0.9)
$\sin\theta_1$: 개선 전 무효율, $\sin\theta_2$: 개선 후 무효율

$$\therefore Q_c = P\left(\frac{\sqrt{1-\cos^2\theta_1}}{\cos\theta_1} - \frac{\sqrt{1-\cos^2\theta_2}}{\cos\theta_2}\right) [\text{kVA}]$$

$$= 20 \times \left(\frac{\sqrt{1-0.6^2}}{0.6} - \frac{\sqrt{1-0.9^2}}{0.9}\right) [\text{kVA}] = 16.98 [\text{kVA}]$$

문제 18

출제년도 「24.」 ·점수 : 6점

역률 80 %, 용량 100 kVA의 펌프용전동기가 있다. 여기에 역률 60 %, 용량 50 kVA의 전동기를 추가로 설치하였다. 전동기의 합성 역률을 90 %로 개선하고자 할 때 필요한 전력용 콘덴서의 용량(kVA)을 구하시오.

• 계산과정 :

• 답 :

답안작성

• 계산과정 : 개선 전 합성 유효전력 $P = 100\,\text{kVA} \times 0.8 + 50\,\text{kVA} \times 0.6 = 110\,\text{kW}$

개선 전 합성 무효전력 $P_r = 100\,\text{kVA} \times 0.6 + 50\,\text{kVA} \times 0.8 = 100\,\text{kVar}$

개선 전 합성 역률 : $\cos\theta_1 = \dfrac{P}{P_a} = \dfrac{110}{\sqrt{110^2 + 100^2}} = 0.7399 = 0.74$

전력용 콘덴서의 용량 $Q_c = 110\left(\dfrac{\sqrt{1-0.74^2}}{0.74} - \dfrac{\sqrt{1-0.9^2}}{0.9}\right) = 46.71\,\text{kVA}$

• 답 : 46.71 kVA

▼해설

① 유효전력 $P = P_a \times \cos\theta$
② 무효전력 $P_r = P_a \times \sin\theta$
③ 피상전력 $P_a = \sqrt{P^2 + P_r^2}$
④ 전력용 콘덴서의 용량 계산

$$Q_c = P(\tan\theta_1 - \tan\theta_2) = P\left(\frac{\sin\theta_1}{\cos\theta_1} - \frac{\sin\theta_2}{\cos\theta_2}\right)$$

$$= P\left(\frac{\sqrt{1-\cos^2\theta_1}}{\cos\theta_1} - \frac{\sqrt{1-\cos^2\theta_2}}{\cos\theta_2}\right) [\text{kVA}]$$

여기서, P : 유효전력[kW], $\cos\theta_1$: 개선 전 역률, $\cos\theta_2$: 개선 후 역률

제 7 장 시퀀스

Engineer Fire Protection System

제7장 시퀀스

1 불대수의 기본정리 및 응용

1.1 불대수의 정리

(1) 드모르간 법칙

① $\overline{A \cdot B} = \overline{A} + \overline{B}$

② $\overline{A + B} = \overline{A} \cdot \overline{B}$

(2) 불 대수의 정리

논리합	논리곱
$A + 0 = A$	$A \cdot 0 = 0$
$A + 1 = 1$	$A \cdot 1 = A$
$A + A = A$	$A \cdot A = A$
$A + \overline{A} = 1$	$A \cdot \overline{A} = 0$
$A + B = B + A$	$A \cdot B = B \cdot A$

① 교환정리

$A + B = B + A$, $A \cdot B = B \cdot A$

② 결합정리

$A + (B + C) = (A + B) + C$, $A \cdot (B \cdot C) = (A \cdot B) \cdot C$

③ 분배정리

$A \cdot (B + C) = (A \cdot B) + (A \cdot C)$

④ 흡수정리

$A + A \cdot B = A$, $A \cdot (A + B) = A$

$A \cdot \overline{B} + B = A + B$

$A + \overline{A} \cdot B = A + B$

$\overline{A} + A \cdot B = \overline{A} + B$

$A + \overline{A} \cdot \overline{B} = A + \overline{B}$

1.2 시퀀스 제어 심벌

명 칭	a접점	b접점
수동접점(유지형)	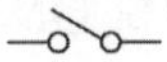 —o͟ o—	 —o o—
수동동작 자동복귀 접점	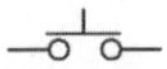 —o╻o—	 —o╹o—
기계적 접점(리미트 접점)	 —o⬜o—	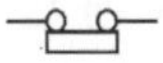 —o⌒o—
순시동작순시복귀접점 (계전기접점)	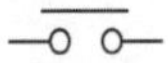 —o o—	 —o o—
한시동작순시복귀접점	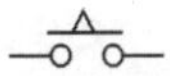 —o△o—	 —o△o—
순시동작한시복귀접점	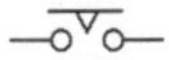 —o▽o—	 —o▽o—
열동계전기 보조접점	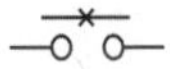 —o*o—	 —o*o—
전자접촉기접점	 —o o—	 —o o—

2 무접점 논리회로 및 유접점 회로

2.1 AND회로(논리곱 회로)

1) 정의

  입력단자 A, B 중 모두 ON되어야 출력이 ON되고 그 중 어느 한 단자라도 OFF되면 출력이 OFF되는 회로

2) 회로의 해석

  ① 논리식(출력식) $X = A \cdot B$

  ② 주요특성

Loggic 회로	타임차트	유접점 회로	진리표		
			A	B	X
			0	0	0
A, B → X	A, B, X 파형	A, B 접점 직렬, X 램프	0	1	0
			1	0	0
			1	1	1

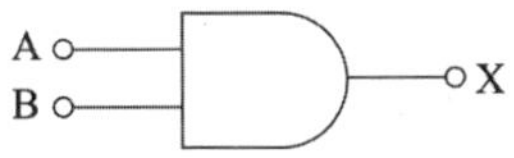

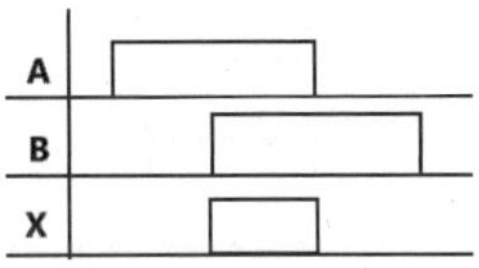

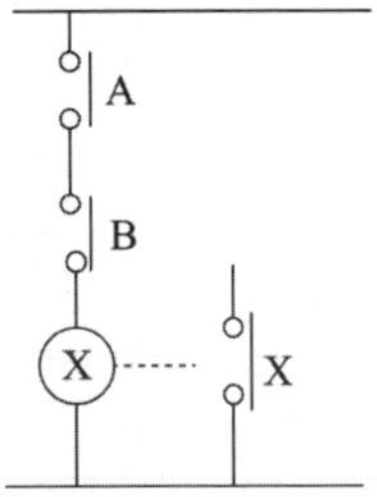

2.2 OR회로(논리합 회로) ★★★

1) 정의

입력단자 A, B 중 어느 하나라도 ON되면 출력이 ON되고 A, B 모든 단자가 OFF되어야 출력이 OFF되는 회로

2) 회로의 해석

① 논리식(출력식) $X = A + B$

② 주요특성

Loggic 회로	타임차트	유접점 회로	진리표		
			A	B	X
			0	0	0
			0	1	1
			1	0	1
			1	1	1

2.3 NAND 회로(부정 논리곱)

1) 정의

입력단자 A, B 중 어느 하나라도 OFF되면 출력이 ON되고, 입력단자 A, B 모두가 ON 되어야 출력이 OFF되는 회로

2) 회로의 해석

① 논리식(출력식) $X = \overline{A \cdot B} = \overline{A} + \overline{B}$

② 주요특성

Loggic 회로	타임차트	유접점 회로	진리표		
			A	B	X
			0	0	1
			0	1	1
			1	0	1
			1	1	0

2.4 NOR 회로(부정 논리합)

1) 정의

입력 A, B 중 모두 OFF 되어야 출력이 ON되고 그중 어느 입력단자 하나라도 ON되면 출력이 OFF 되는 회로

2) 회로의 해석

① **논리식(출력식)** $X = \overline{A+B} = \overline{A} \cdot \overline{B}$

② 주요특성

Loggic 회로	타임차트	유접점 회로	진리표
			A B X 0 0 1 0 1 0 1 0 0 1 1 0

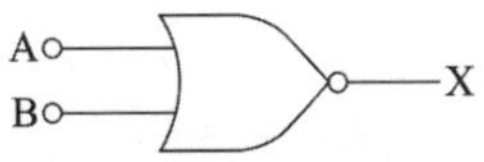

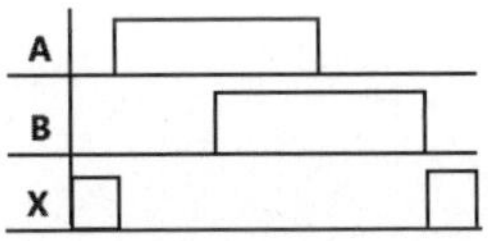

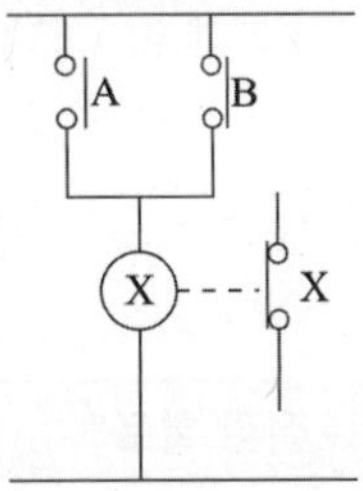

2.5 Exclusive OR(배타적 논리회로) ★

1) 정의

A, B 두 개의 입력 중 어느 하나만 입력할 때 출력이 ON 상태가 나오는 회로를 Exclusive OR회로라 한다.

2) 회로의 해석

① **논리식(출력식)** $X = \overline{A} \cdot B + A \cdot \overline{B}$

② 주요특성

무접점 회로	유접점 회로	진리표
		A B X 0 0 0 0 1 1 1 0 1 1 1 0

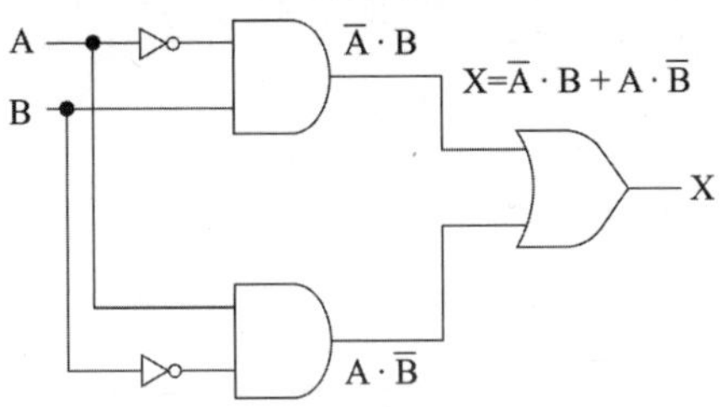

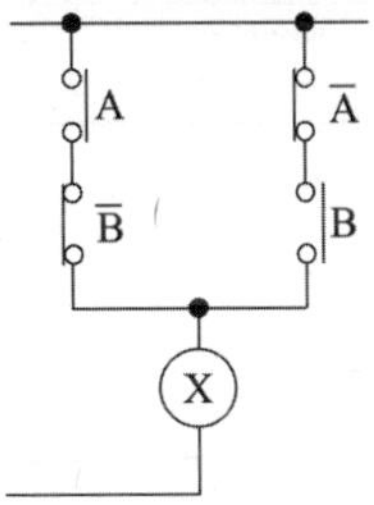

③ 타임차트

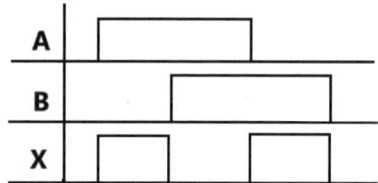

2.6 일치논리회로

1) 정의

입력의 전부가 OFF 또는 ON일 때만 출력이 ON이 되는 논리회로

2) 회로의 해석

① 논리식(출력식) $X = \overline{A} \cdot \overline{B} + A \cdot B$

② 주요특성

무접점 회로	유접점 회로	진리표
		A B X 0 0 1 0 1 0 1 0 0 1 1 1

③ 타임차트

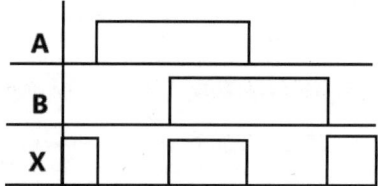

2.7 자기유지회로

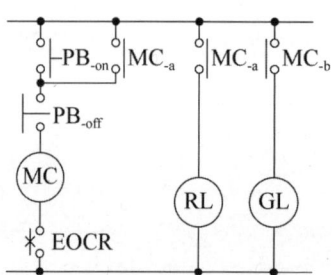

〈동작설명〉

푸시버튼 PB_{-on}을 누르면 전자접촉기 MC가 여자, MC_{-a} 접점은 폐로, MC_{-b} 접점은 개로 되며, 적색표시등 RL은 점등, 녹색표시등 GL은 소등된다. 이 상태에서 PB_{-off}를 누르거나 전자식 과전류계전기인 EOCR이 동작하면 MC는 소자되어 RL은 소등, GL은 점등된다.

3 인터록 회로

3.1 기능

한쪽이 동작하면 다른 한쪽은 동작할 수 없는 논리

3.2 회로 및 타임 차트

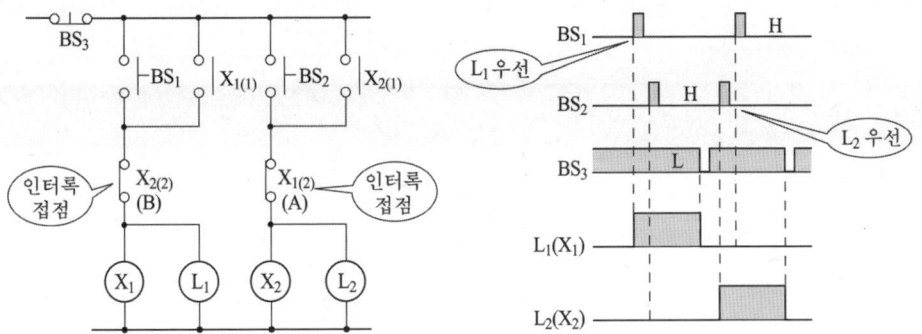

3.3 동작 설명

BS_1을 먼저 누르면 $L_1(X_1)$이 동작 유지하고 인터록 접점 $X_1(2)(A)$가 열린다. 따라서 이후 BS_2를 눌러도 $L_2(X_2)$가 동작할 수 없다. 또 BS_2를 먼저 주면 $L_2(X_2)$가 동작하고 인터록 접점 $X_{2(2)}(B)$가 열린다. 따라서 이후 BS_1을 눌러도 $L_1(X_1)$이 동작할 수 없다.

4 신입신호 우선회로

4.1 기능

한쪽이 동작하면 다른 한쪽이 복구되는 논리로서 항상 신입신호에 우선하여 동작하는 회로

4.2 회로 및 타임차트

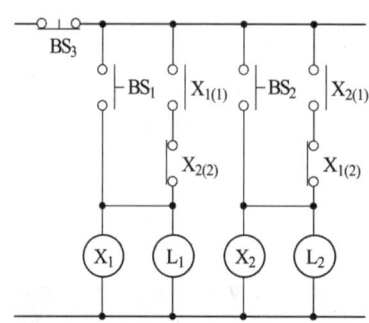 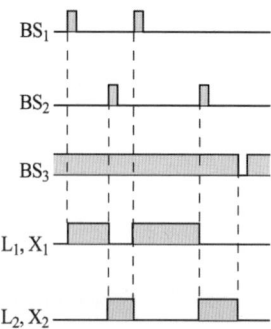

4.3 동작 설명

BS$_1$을 주면 L$_1$(X$_1$)이 동작하고 동작 중인 X$_2$의 유지 회로의 직렬 b접점 X$_{1(2)}$가 열려 L$_2$(X$_2$)가 복구한다. 다음 BS$_2$를 주면 L$_2$(X$_2$)가 동작하고 X$_1$의 유지 회로의 직렬 b접점 X$_{2(2)}$가 열려 동작 중인 L$_1$(X$_1$)이 복구한다. 이하 반복 동작된다.

5 동작우선회로

5.1 회로 및 타임차트

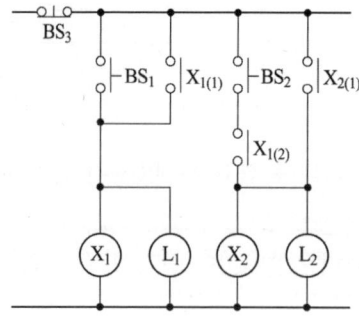 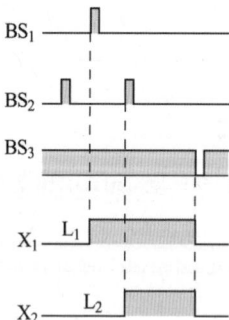

5.2 동작 설명

BS$_1$을 주면 L$_1$(X$_1$)이 동작하고 접점 X$_{1(2)}$가 닫혀 L$_2$(X$_2$)의 기동 회로를 준비한다. 다음 BS$_2$를 주면 L$_2$(X$_2$)가 동작하며 L$_2$가 먼저 동작할 수 없다.

6 시한회로 (on delay timer)

6.1 기능
입력을 주면 설정 시간(t)이 지난 후 출력이 동작한다.

6.2 회로 및 타임 차트

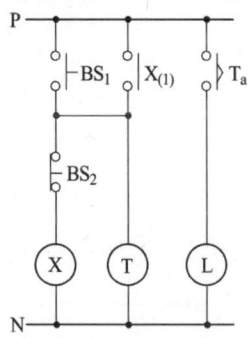 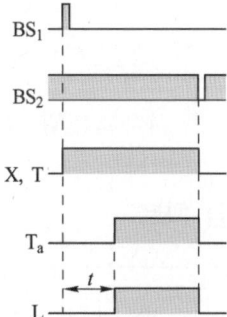

6.3 동작 설명
유지 회로 $X_{(1)}$에 의하여 시한 동작 타이머 ⓣ가 여자되고 t초 후에 시한 동작 접점 T_a가 닫혀서 출력 ⓛ이 생긴다.

7 시한복구회로(off delay timer)

7.1 기능
정지 입력을 주면 설정 시간(t)이 지난 후 출력이 복구한다.

7.2 회로 및 타임 차트

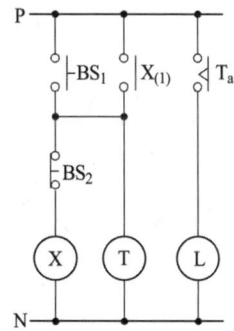 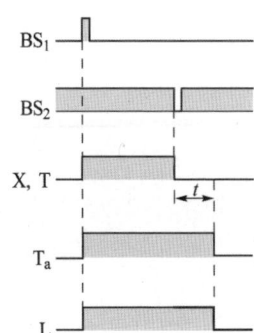

7.3 동작 설명

유지 회로 X_1로 시한 복구 타이머 T가 동작되고 출력 L이 생긴다. 정지 신호를 주면 t 초 후에 시한 복구 접점 T_a가 열려 출력 L이 없어진다.

8 단안정회로

8.1 기능
정해진(설정 시간) 시간 동안만 출력이 생기는 회로

8.2 회로 및 타임 차트

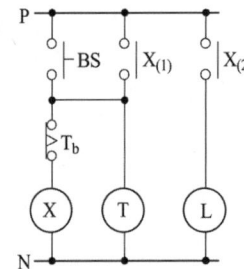
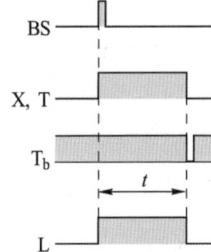

8.3 동작 설명
유지 회로 $X_{(1)}$로 시한 동작 타이머 T가 여자되고 시한 동작 b 접점으로 회로를 복구시킨다.

9 전동기 운전회로

9.1 전전압 기동
1. 주회로

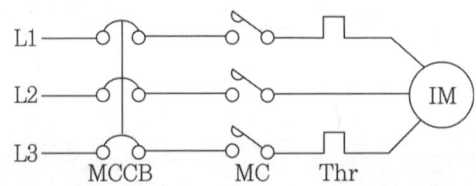

MCCB를 ON하고 MC의 주접점이 닫히면 전동기는 운전을 하게 된다.

여기서, MCCB : Molded Case Circuit Breaker
MC : Magnetic Contact
MS : Magnetic Switch
MS = MC + Thr
Thr : thermal relay

2. 조작회로 및 타임 차트

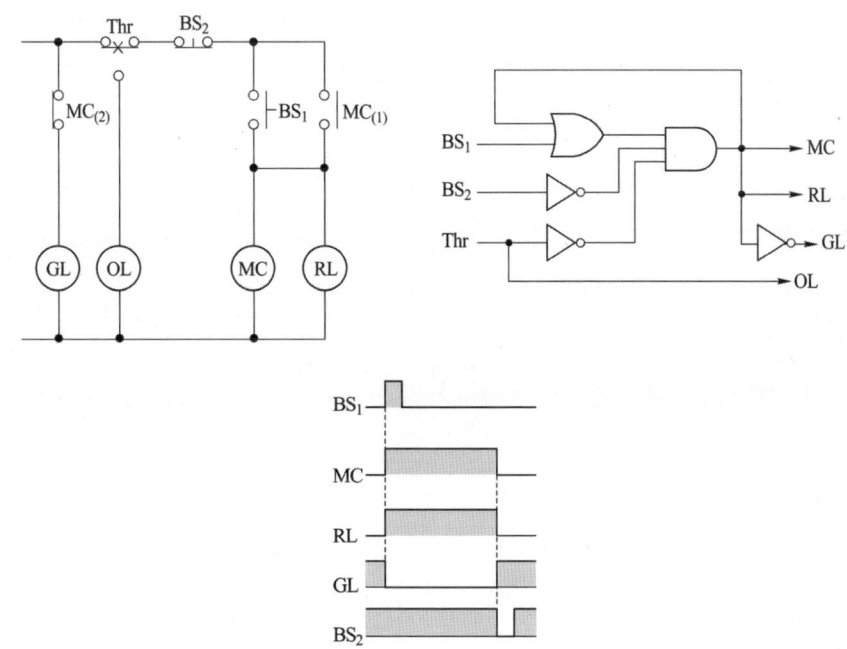

3. 동작 설명

(1) 기동 (동작 기구 : MC, RL, Ⓜ)

전원을 투입(MCB)하면 정지 표시 램프 GL이 점등한다. 기동 입력 BS_1을 주면 전자접촉기 MC가 동작 유지하고 구동 회로의 주접점 MC가 닫혀 전동기 Ⓜ이 기동한다. 동시에 GL이 소등되고, 운전 표시 램프 RL이 점등한다.

(2) 정지 (동작기구 : GL)

정지 입력 BS_2를 주면 MC가 복구하여 구동 회로의 주접점 MC가 열려 전동기 Ⓜ이 정지하고 동시에 GL이 점등되고 RL이 소등된다.

(3) 고장 및 복구 (고장중 동작기구 : OL, GL, Thr)

운전 중 이상 전류가 흘러 열동 계전기 Thr이 트립되면 MC가 복구하고 Ⓜ이 정지하며 RL 소등, GL 점등과 동시에 경보 표시 램프 OL이 점등한다. 고장이 회복되면 수동, 혹은 자동으로 Thr이 회복되고 OL램프가 소등된다.

9.2 전동기 정·역 운전회로

1. 주회로

   전동기의 정·역 회전은 회전 자장의 방향을 바꾼다.
   (1) 3상 : 전원의 3단자 중 2단자의 접속을 바꾼다.
   (2) 단상 : 기동 권선의 접속을 바꾼다.

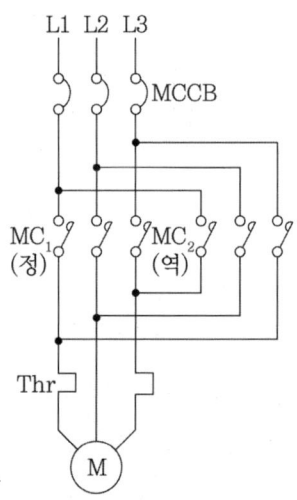

2. 회로 및 타임차트

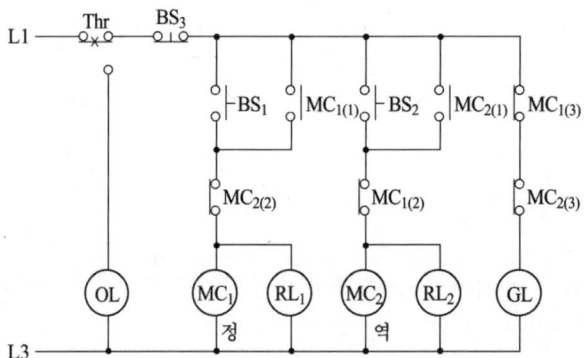

3. 동작 설명

   (1) 정회전 (동작 기구 : MC_1, RL_1, Ⓜ)

   BS_1을 주면 MC_1이 동작 유지하고 구동 회로의 주접점 MC_1이 닫혀 전동기 Ⓜ이 정회전 기동한다. 동시에 GL이 소등되고, RL_1이 점등한다. 인터록 접점 $MC_{1(2)}$는 MC_2에 인터록을 건다.

(2) 역회전 (동작 기구 : MC₂, RL₂, Ⓜ)

BS₂를 주면 MC₂가 동작 유지하고 구동 회로의 주접점 MC₂가 닫혀 전동기 Ⓜ이 역회전 기동한다. 동시에 GL이 소등되고, RL₂가 점등한다. 인터록 접점 MC₂₍₂₎는 MC₁에 인터록을 건다.

(3) 정지 (동작 기구 : GL)

BS₃을 주면 MC₁(MC₂)이 복구하고 구동 회로의 주접점 MC₁(MC₂)이 열려 전동기 Ⓜ이 정지한다. 동시에 GL이 점등되고 RL₁(RL₂)이 소등된다.

(4) 고장 및 복구 (고장중 동작기구 : OL(GL), Thr)

운전 중 이상 전류가 흘러 열동 계전기 Thr이 트립되면 MC₁(MC₂)이 복구하고 Ⓜ이 정지하며, RL₁(RL₂)이 소등되고, GL이 소등됨과 동시에 경보 표시 램프 OL이 점등한다. 고장이 회복되면 수동, 혹은 자동으로 Thr이 회복되고 OL 램프가 소등된다.

9.3 전동기 Y-△ 기동회로

전동기의 기동시 Y결선으로 기동하고 기동이 끝나면 △결선으로 운전한다.

1. 사용이유

기동시 전동기의 기동 전류를 1/3로 줄이기 위하여

2. 조작회로

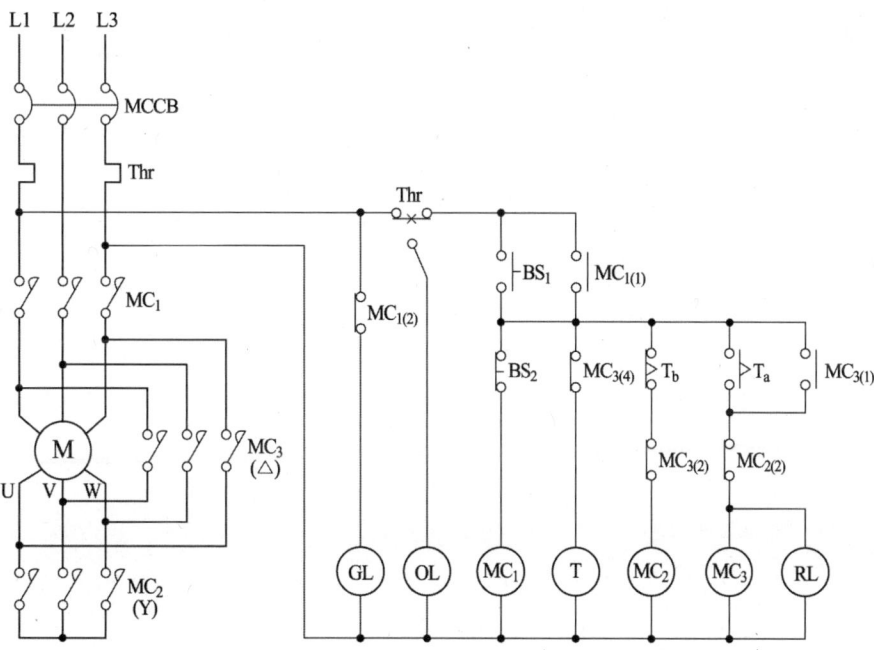

3. 동작 설명

(1) 전원을 투입(MCCB)하면 정지 표시 램프 GL이 점등한다. BS_1을 주면 MC_1이 동작 유지하고 GL이 소등된다. 또 MC_2가 동작하고 타이머 ⓣ가 여자된다.

(2) 모선 접속 – 구동 회로의 주접점 MC_1이 닫혀 모선을 접속한다.

(3) Y기동 – 구동 회로의 주접점 MC_2가 닫혀 전동기 Ⓜ이 기동한다. 또 접점 $MC_{2(2)}$는 MC_3에 인터록을 건다.

(4) 설정 시간(약 7초)이 되면 시한 동작 타이머의 접점 T_b로 MC_2가 복구하여 Y기동이 끝난다. 이어 접점 T_a로 MC_3이 동작하고 RL이 점등한다.

(5) △ 운전 – 구동 회로의 주접점 MC_3이 닫혀 전동기 Ⓜ이 운전된다. 또 접점 $MC_{3(2)}$는 MC_2에 인터록을 건다. 접점 $MC_{3(4)}$는 운전 중 타이머 ⓣ를 복구시킨다.

(6) BS_2를 주면 MC_1이 복구하고 구동 회로의 주접점 MC_1이 열려 전동기 Ⓜ이 정지한다. 이어 MC_3이 복구하며 또한 GL이 점등되고 RL이 소등된다.

(7) 운전 중 이상 전류가 흘러 열동 계전기 Thr이 트립되면 MC_1과 MC_3이 복구하여 Ⓜ이 정지하며, RL이 소등하고 GL이 점등함과 동시에 OL이 점등한다. 고장이 회복되면 수동 혹은 자동으로 Thr이 회복되고 OL램프가 소등된다.

(8) Y-△ 기동회로 모선접속

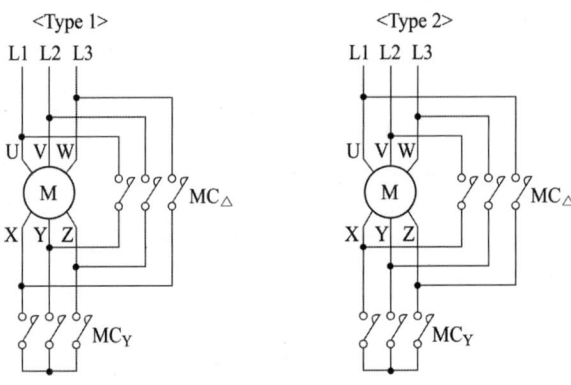

출제예상문제
Expected problems

문제 01 출제년도 「96. 00.」 •점수 : 6점

그림은 6개의 접점을 가진 릴레이 회로이다. 이 회로의 논리식을 쓰고 이것을 2개의 접점을 가진 간단한 식으로 표현하고 릴레이 접점 회로와 논리 회로를 그리시오.
(1) 회로도의 접점 6개를 모두 사용한 릴레이 회로의 논리식은?
(2) 간략화된 논리식은?
(3) 간략화된 릴레이 접점회로는?
(4) 간략화된 논리회로는?

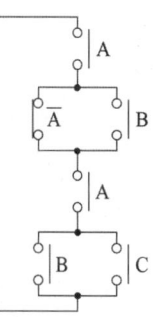

답안작성

(1) $A \cdot (\overline{A}+B) \cdot A \cdot (B+C)$
(2) AB
(3)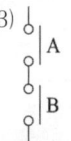
(4) AND 회로
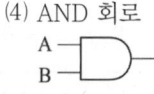

해설

(1) 직렬은 and 회로로 · 로 표시하고 병렬은 or 회로로 +로 표시된다.
$A \cdot (\overline{A}+B) \cdot A \cdot (B+C)$

(2) ①

논리합	논리곱	법 칙
$X+0=X$	$X \cdot 0=0$	
$X+1=1$	$X \cdot 1=X$	
$X+X=X$	$X \cdot X=X$	
$\overline{X}+X=1$	$\overline{X} \cdot X=0$	
$X+Y=Y+X$	$X \cdot Y=Y \cdot X$	교환법칙
$X+(Y+Z)=(X+Y)+Z$	$X(YZ)=(XY)Z$	결합법칙
$X(Y+Z)=XY+XZ$	$(X+Y)(Z+W)=$ $XZ+XW+YZ+YW$	분배법칙
$X+XY=X$	$X+\overline{X}Y=X+Y$	흡수법칙
$\overline{(X+Y)}=\overline{X} \cdot \overline{Y}$	$\overline{(X \cdot Y)}=\overline{X}+\overline{Y}$	드모르간의 정리

② 간략화 : $A \cdot (\overline{A}+B) \cdot A \cdot (B+C) = A(\overline{A}+B)(B+C)$
$= (A\overline{A}+AB)(B+C) = AB(B+C)$
$= AB+ABC = AB(1+C) = AB$

(3) A and B 이므로 A 접점과 B 접점은 직렬 연결되어야 한다.

문제 02　릴레이 접점회로가 그림과 같을 때 AND, OR, NOT 등의 논리기호를 사용하여 논리회로를 작성하시오.

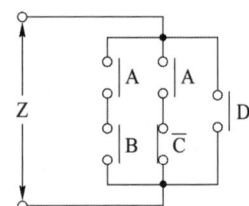

답안작성

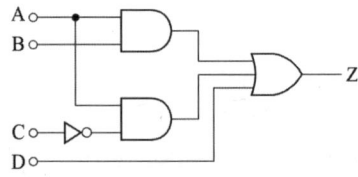

▼해설

명 칭	시퀀스 회로	논리회로
AND 회로	직렬 접속	AND 기호 : A, B → X
OR 회로	병렬 접속	OR 기호 : A, B → X

문제 03　주어진 논리대수식을 릴레이 회로(유접점 회로) 및 논리회로(무접점 회로)로 바꾸어 그리시오.

(1) $Z = A \cdot B + \overline{A} \cdot \overline{B}$
(2) $Z = (A + B) \cdot (\overline{A} + \overline{B})$

답안작성

(1) 릴레이 회로　　　　　　논리회로

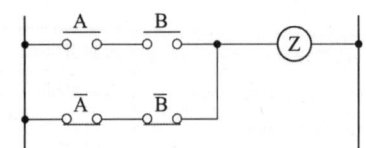 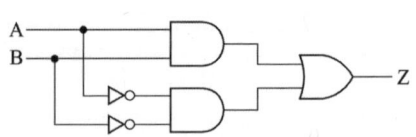

(2) 릴레이 회로　　　　　　논리회로

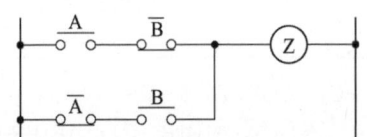 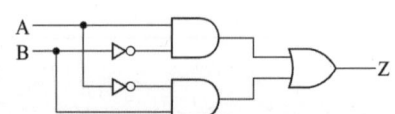

▼해설

(1) · : 논리곱(AND 회로) (직렬접속)
(2) + : 논리합(OR 회로) (병렬접속)
(3) 간략화 $Z = (A+B) \cdot (\overline{A}+\overline{B}) = A\overline{A}+A\overline{B}+\overline{A}B+\overline{B}B = A\overline{B}+\overline{A}B$

문제 04 〔출제 년도〕「97. 02. 05.」 •점수 : 4점

그림은 10개의 접점을 가진 스위칭 회로이다. 이 회로의 접점수를 최소화하여 스위칭 회로를 그리시오.

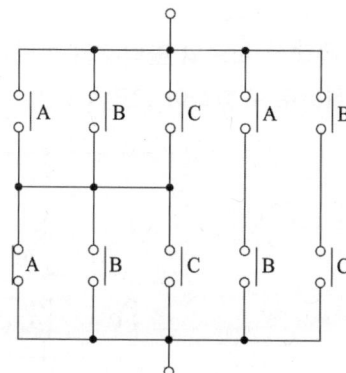

[답안작성]

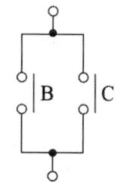

▼해설

(1) 불 대수의 정리

논리합	논리곱	법 칙
$X+0=X$	$X \cdot 0 = 0$	
$X+1=1$	$X \cdot 1 = X$	
$X+X=X$	$X \cdot X = X$	
$\overline{X}+X=1$	$\overline{X} \cdot X = 0$	
$X+Y=Y+X$	$X \cdot Y = Y \cdot X$	교환법칙
$X+(Y+Z)=(X+Y)+Z$	$X(YZ)=(XY)Z$	결합법칙
$X(Y+Z)=XY+XZ$	$(X+Y)(Z+W)=$ $XZ+XW+YZ+YW$	분배법칙
$X+XY=X$	$X+\overline{X}Y=X+Y$	흡수법칙
$(\overline{X+Y})=\overline{X} \cdot \overline{Y}$	$(\overline{X \cdot Y})=\overline{X}+\overline{Y}$	드모르간의 정리

(2) 간략화

$(A+B+C) \cdot (\overline{A}+B+C)+AB+BC$
$= \overline{A}A+AB+AC+\overline{A}B+BB+BC+\overline{A}C+BC+CC+AB+BC$
$= AB+AC+\overline{A}B+B+BC+\overline{A}C+C$
$= (AB+\overline{A}B+B+BC)+(AC+\overline{A}C+C)$
$= B(A+\overline{A}+1+C)+C(A+\overline{A}+1)$
$= B+C$

문제 05 〔출제년도「99. 04.」 •점수 : 3점〕

그림과 같은 유접점 회로의 출력 Z의 논리식을 가장 간단하게 표현하고, 이것을 무접점 논리회로로 표현하여 그리시오.

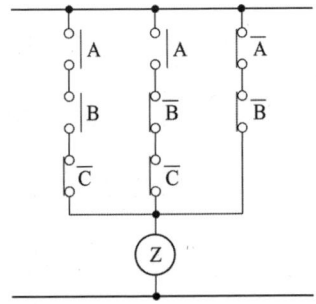

답안작성

(1) $Z = \overline{A}\,\overline{B}+A\overline{C}$
(2) 무접점 논리회로

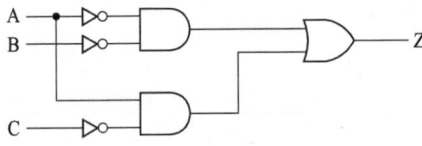

해설

(1) $A+\overline{A}=1$, $A \cdot \overline{A}=0$, $A \cdot 0 = 0$, $A \cdot 1 = A$
(2) 간략화
$Z = AB\overline{C}+A\overline{B}\,\overline{C}+\overline{A}\,\overline{B} = A\overline{C}(B+\overline{B})+\overline{A}\,\overline{B} = A\overline{C}+\overline{A}\,\overline{B}$
∴ $Z = \overline{A}\,\overline{B}+A\overline{C}$

문제 06

출제 년도 「98. 00.」 • 점수 : 6점

주어진 논리식을 릴레이 회로(유접점 회로) 및 논리회로로 바꾸어 그리시오.

논리식 : $Z = A \cdot B + \overline{A} \cdot \overline{B}$

답안작성

(1) 릴레이 회로

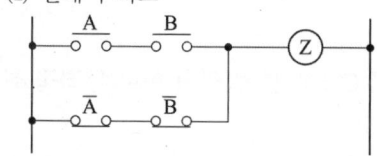

(2) 논리회로

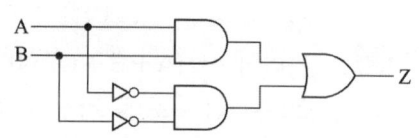

▼해설

- • : 논리곱(AND 회로) (직렬접속)
- + : 논리합(OR 회로) (병렬접속)

문제 07

출제 년도 「98. 00. 02. 05. 20.」 • 점수 : 8점

그림과 같은 논리회로를 보고 다음 각 물음에 답하시오.
(1) 논리식으로 표현하시오.
(2) AND, OR, NOT 회로를 이용한 등가 회로로 그리시오.
(3) 유접점(릴레이) 회로로 그리시오.

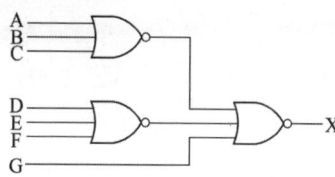

답안작성

(1) $X = (A + B + C) \cdot (D + E + F) \cdot \overline{G}$

(2)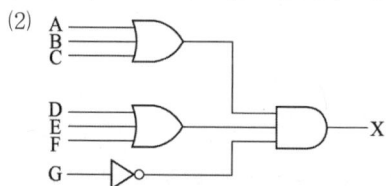

(3)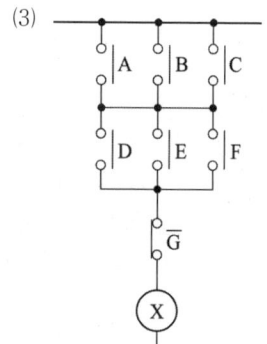

▼해설

(1) De Morgan의 정리

$\overline{A+B} = \overline{A}\,\overline{B}$ 　　$A+B = \overline{\overline{A}\,\overline{B}}$ 　　$\overline{AB} = \overline{A} + \overline{B}$ 　　$AB = \overline{\overline{A} + \overline{B}}$

(2) 동일 법칙

$A \cdot A = A$ 　　$\overline{A} \cdot A = 0$ 　　$\overline{A} \cdot \overline{A} = \overline{A}$ 　　$A \cdot \overline{A} = 0$

(3) 논리식으로 표현하면

$$X = \overline{\overline{(A+B+C)} + \overline{(D+E+F)} + \overline{G}}$$
$$= \overline{(\overline{A} \cdot \overline{B} \cdot \overline{C}) + (\overline{D} \cdot \overline{E} \cdot \overline{F}) + \overline{G}}$$
$$= (A+B+C) \cdot (D+E+F) \cdot \overline{G}$$

문제 08 「99.03.」 •점수 : 6점

논리식 $Z = (A + B + C) \cdot (A \cdot B \cdot C + D)$를 릴레이 회로(유접점 회로)와 논리회로(무접점 회로)로 바꾸어 그리시오.

답안작성

(1) 릴레이 회로(유접점 회로)

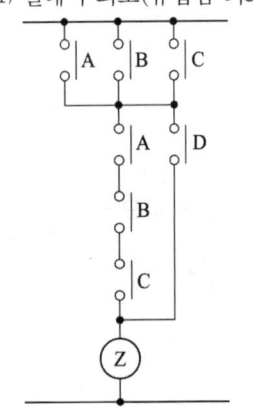

(2) 논리회로(무접점 회로)

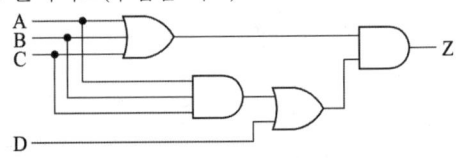

▼해설

- · : 논리곱 (AND 회로) (직렬접속)
- + : 논리합 (OR 회로) (병렬접속)

문제 09 「97. 99. 03.」 •점수 : 4점

그림과 같은 시퀀스 회로에서 X접점이 닫혀서 폐회로가 될 때 타이머 T_1(설정시간 : t_1), T_2(설정시간 : t_2), 릴레이 R, 신호등 PL에 대한 타임차트를 완성하시오. 단, 설정시간 이외의 시간지연은 없다고 본다.

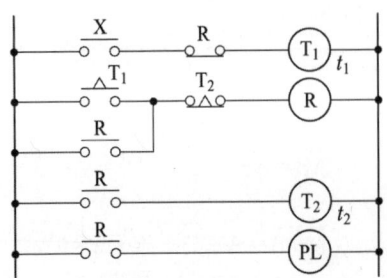

X	t_1	t_2	t_1	t_2	t_1	t_2
T_1						
R						
T_2						
PL						

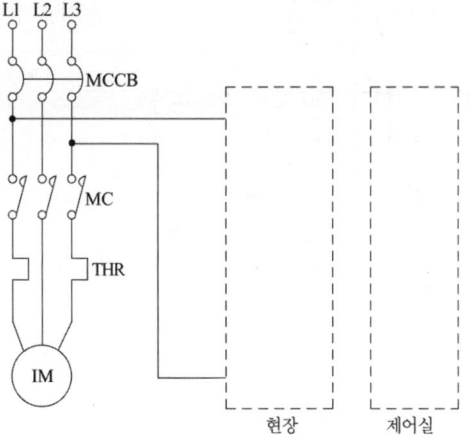

문제 10 급수용 유도전동기의 운전을 현장인 전동기 앞에서도 할 수 있고, 멀리 떨어진 제어실에서도 할 수 있는 시퀀스 회로를 구성하시오. 단, 사용기구는 누름버튼스위치 ON용(PB-on) 2개, 누름버튼스위치 OFF용(PB-off) 2개, 전자접촉기의 코일, 그 보조 a접점 1개를 사용한다.

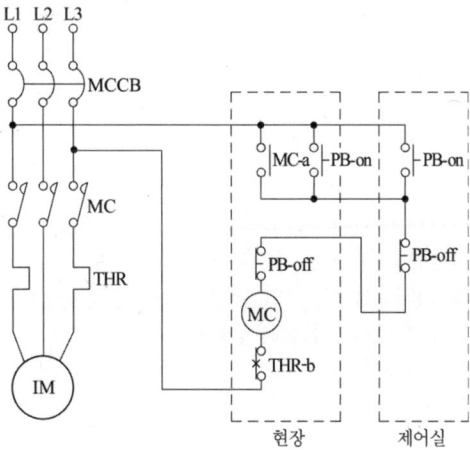

▼해설

PB-on : 현장의 PB-on 스위치와 제어실의 PB-on 스위치는 **병렬접속**
PB-off : 현장의 PB-off 스위치와 제어실의 PB-off 스위치는 **직렬접속**하여야 한다.

문제 11 출제년도「96.」 •점수 : 14점

그림은 옥상에 설치된 물탱크에 물을 올리는데 사용되는 양수펌프의 수동 및 자동제어 회로도이다. 이 회로를 보고 다음 각 물음에 답하시오.

(1) ①~⑦의 명칭을 쓰시오.
(2) ⓐ번 접점의 기능은 무엇인가?
(3) 전동기 정지시에는 녹색등 ⒢ⓛ가 점등되다가 전동기 운전시에는 녹색등 ⒢ⓛ가 소등되고, 적색등 ⒭ⓛ이 점등되는 회로를 완성하시오.

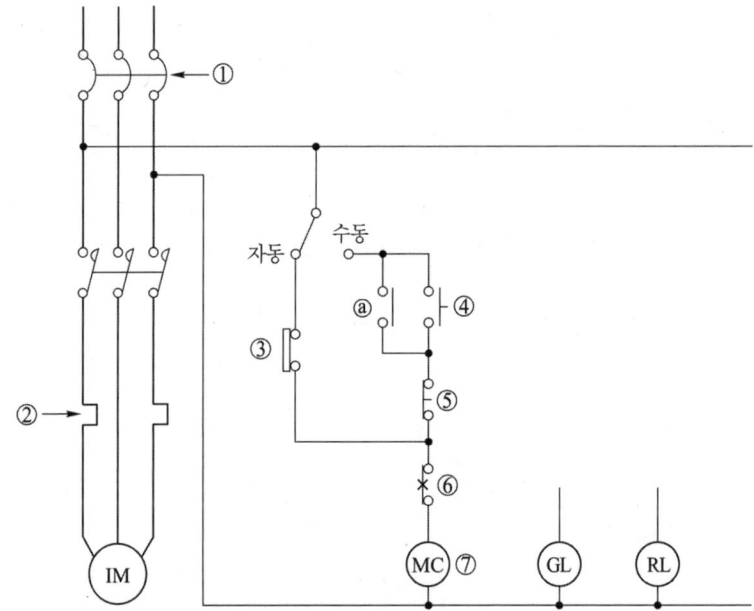

답안작성

(1) ① 배선용 차단기(MCCB)
   ② 열동 계전기(써멀 릴레이)
   ③ 리미트 스위치
   ④ 기동용 푸시버튼스위치(수동조작 자동복귀 a 접점)
   ⑤ 정지용 푸시버튼스위치(수동조작 자동복귀 b 접점)
   ⑥ 열동 계전기 b 접점(수동복귀 b접점)
   ⑦ 전자접촉기
(2) 자기유지

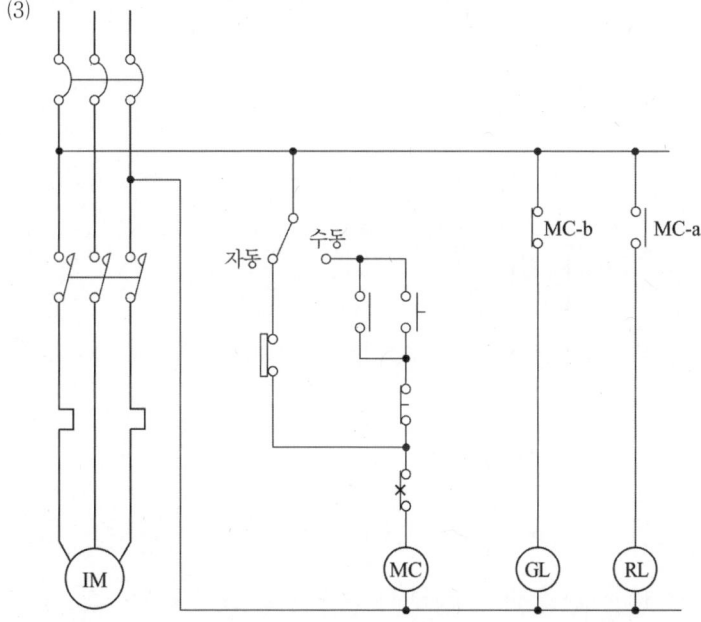

출제년도 「99. 19.」 ·점수 : 9점

문제 12 답안지에 주어진 도면은 유도전동기 기동정지회로의 미완성 도면이다. 다음 각 물음에 답하시오.

(1) 다음과 같이 주어진 기구를 이용하여 미완성 도면을 완성하시오.
 (단, 기구의 개수 및 접점을 최소로 할 것)
 • 전자접촉기 (MC)
 • 기동용표시등 (GL)
 • 정지용표시등 (RL)
 • 열동계전기 THR
 • 누름버튼 스위치 ON용 PBS-ON
 • 누름버튼 스위치 OFF용 PBS-OFF

(2) 주회로의 [　　] 이 동작되는 경우를 2가지만 쓰시오.

(3) 열동계전기(THR)가 동작되어 운전이 정지되는 경우 어떻게 하여야 다시 운전 할 수 있겠는가?

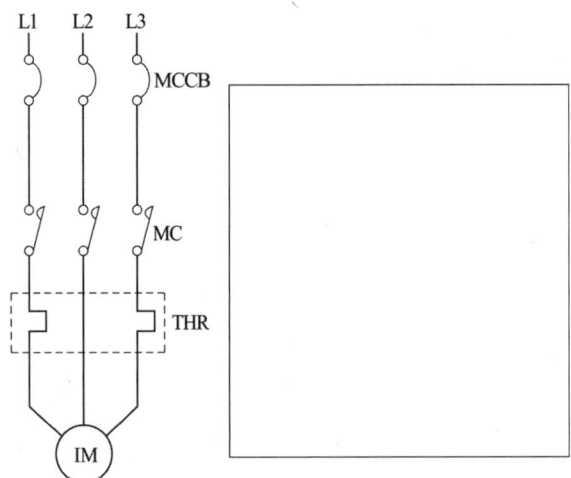

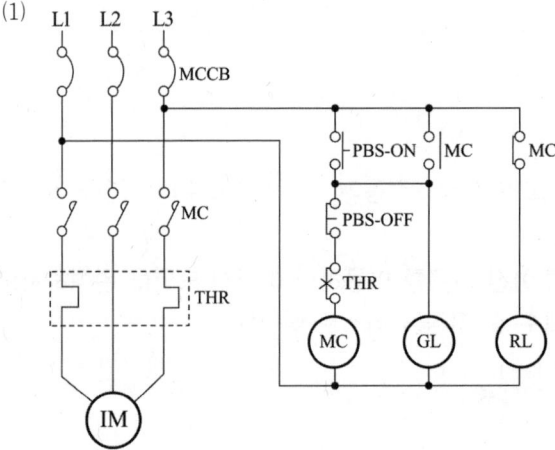

(2) ① 전동기에 과부하가 걸릴 때
　　② 열동계전기의 전류정정 값이 정격전류보다 낮게 되어 있을 때
(3) 열동계전기의 리셋버튼을 수동으로 눌러 복귀시키고, ON용(PBS-ON) 누름버튼 스위치를 누른다.

▼해설

(1)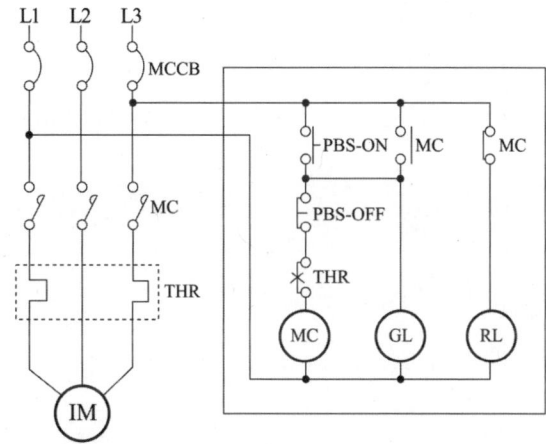

(2) **열동계전기(THR)가 동작이 되는 경우**
 ① 전동기에 과부하가 걸릴 때
 ② 열동계전기의 전류정정값이 정격전류보다 낮게 되어 있을 때
 ③ 접촉불량으로 열동계전기의 단자가 과열 되었을 때

문제 13 출제년도 「97. 99. 02.」 •점수 : 7점

그림은 플로트 스위치에 의한 펌프모터의 레벨제어에 대한 미완성 도면이다. 다음 각 물음에 답하시오.

(1) 다음 조건을 이용하여 도면을 완성하시오.

 [동작조건]
 • 전원이 인가되면 ⓖⓛ 램프가 점등된다.
 • 자동일 경우 플로트 스위치가 붙으면(동작하면) ⓡⓛ 램프가 점등되고, 전자접촉기 ⑧⑧이 여자되어 ⓖⓛ 램프가 소등되며, 펌프모터가 동작한다.
 • 수동일 경우 누름버튼스위치 PB-on을 on시키면 전자접촉기 ⑧⑧이 여자되어 ⓡⓛ 램프가 점등되고 ⓖⓛ 램프가 소등되며, 펌프모터가 동작한다.
 • 수동일 경우 누름버튼스위치 PB-off를 off시키거나 계전기 49가 동작하면 ⓡⓛ 램프가 소등되고, ⓖⓛ 램프가 점등되며, 펌프모터가 정지한다.

 [기구 및 접점 사용조건]
 ⑧⑧ 1개, 88-a 접점 1개, 88-b 접점 1개, PB-on 접점 1개
 PB-off 접점 1개, ⓡⓛ 램프 1개, ⓖⓛ 램프 1개, 계전기 49 b접점 1개
 플로트 스위치 FS 1개 (심벌 ⏚)

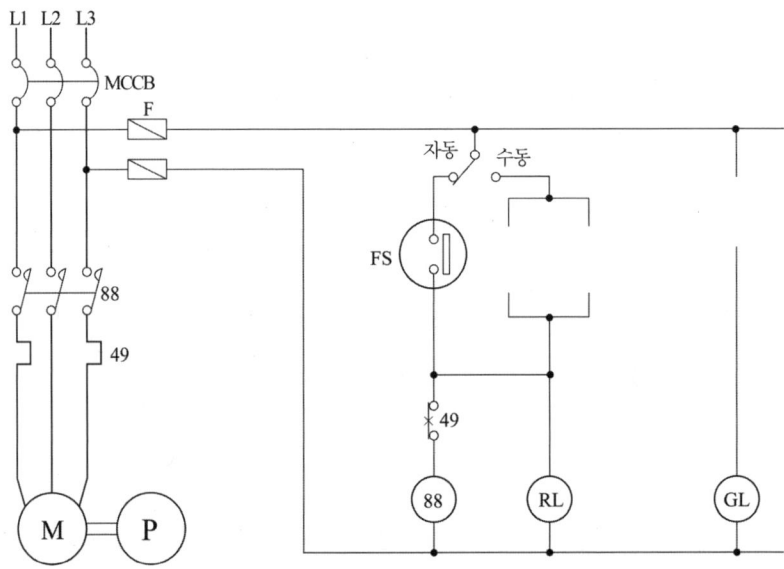

(2) 49와 MCCB의 우리말 명칭은 무엇인가?

답안작성

(1)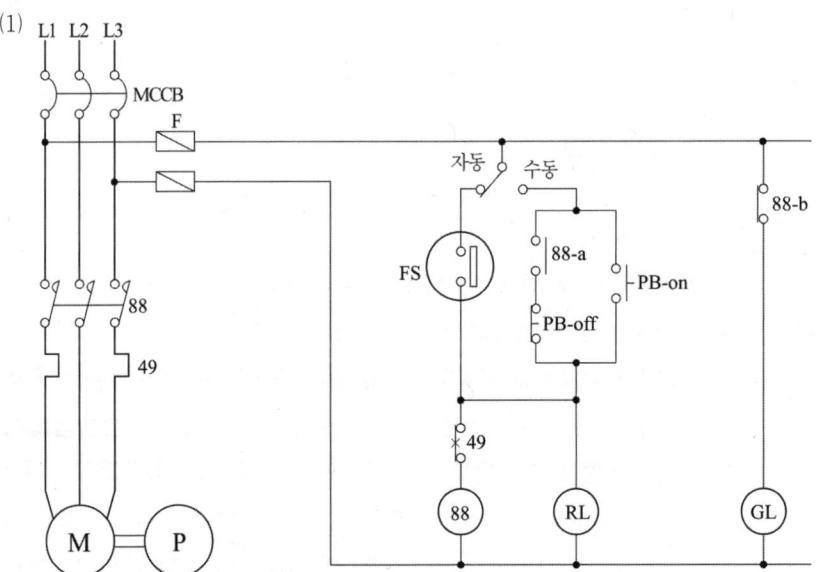

(2) 49 : 회전기 온도계전기(열동계전기)
MCCB : 배선용 차단기

해설

과거에는 배선용차단기를 NFB(No Fuse Breaker)로 표기하였으나 현재에는 MCCB (Molded Case Circuit Breaker)로 표기한다.

제7장 | 시퀀스

문제 14 출제 년도 「96. 97. 00. 01. 02. 19.」 •점수 : 9점

그림은 플로우트 스위치에 의한 펌프 모터의 레벨 제어에 관한 미완성 도면이다. 이 도면을 보고 다음 각 물음에 답하시오.

(1) MCCB의 명칭을 쓰고 이 차단기의 특징을 쓰시오.
(2) 제어회로 "49"의 명칭은 무엇인가?
(3) 동작 접점을 "수동"으로 연결하였을 때 누름버튼스위치(PB-on, PB-off)와 접촉기 접점으로 제어회로를 구성하시오. 단, 전원을 투입하면 GL 램프는 점등되나 PB-on 스위치를 ON하면 GL 램프는 소등되고 RL 램프는 점등된다.

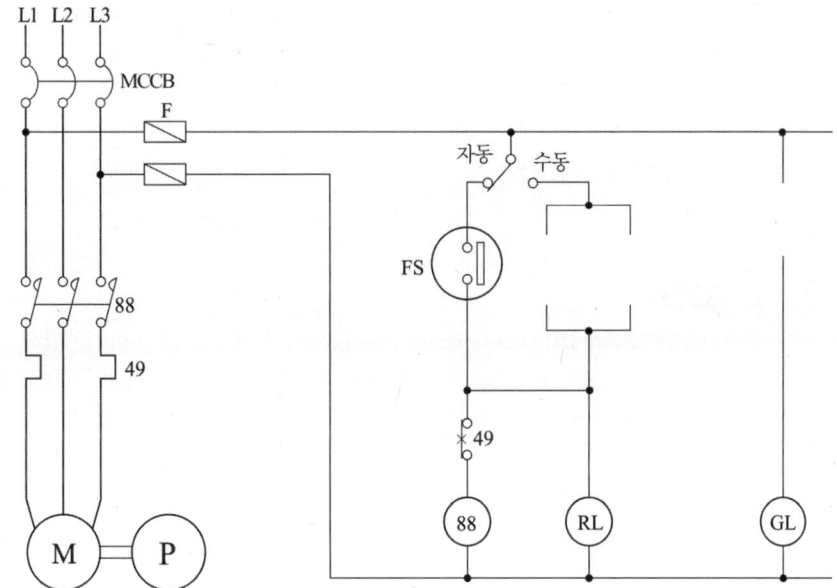

답안작성

(1) ① 명칭 : 배선용 차단기
　　② 특징 : 배선용 차단기는 fuse가 필요 없는 구조로서 과전류를 차단한 후에도 반복하여 재투입이 가능하며 반영구적이다.
(2) 회전기 온도계전기(또는 열동계전기)

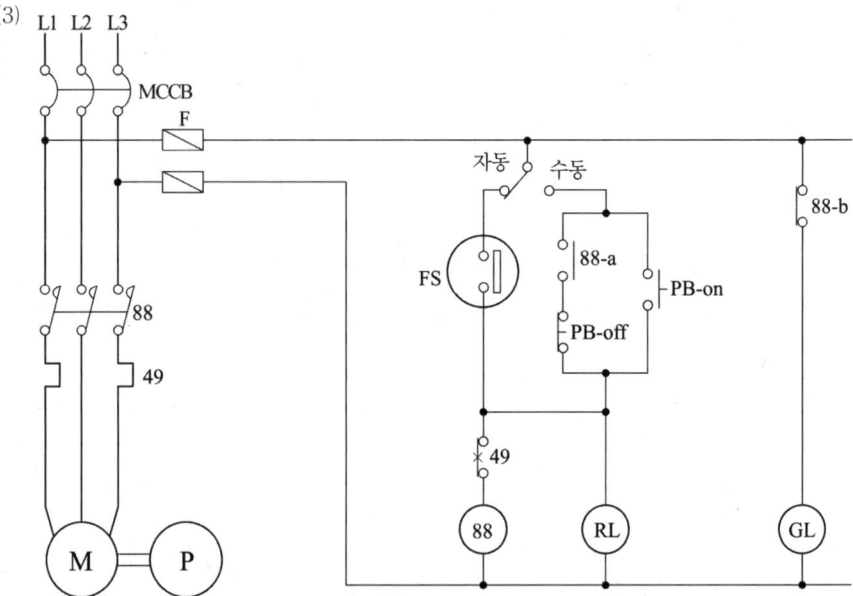

▼해설●●

(1) MCCB(Molded Case Circuit Breaker) : 전자작용 또는 바이메탈의 작용에 의하여 과전류를 검출하고 자동으로 차단하는 과전류차단기로서 fuse(퓨즈)가 없는 구조로 과전류에 의해 차단기가 동작한 후에도 반복하여 재사용이 가능하다.

(2) 회전기온도계전기(열동계전기 : Thermal relay)
- 49 : 회전기온도계전기
- 49A : 공기냉각용 온도계전기
- 49R : 회전자 온도계전기

문제 15 도면은 3상 농형 유도전동기의 Y-△ 기동 방식의 미완성 시퀀스 도면이다. 이 도면을 보고 다음 각 물음에 답하시오.

출제년도 「96. 00. 01.」 • 점수 : 13점

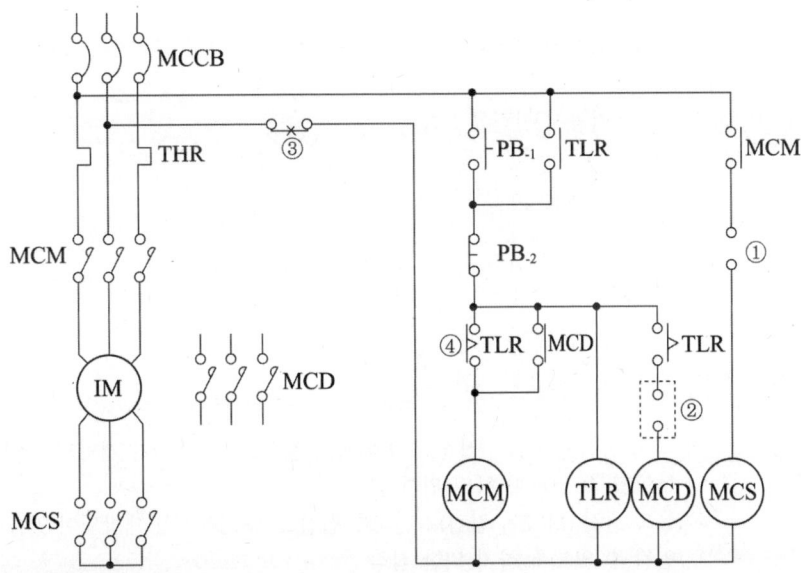

(1) 이 기동방식을 채용하는 이유는 무엇 때문인가?
(2) 제어 회로의 미완성 부분 ①, ②에 Y-△ 운전이 가능하도록 접점 및 접점기호를 표시하시오.
(3) ③과 ④의 접점 명칭은? (우리말로 쓰시오.)
(4) 주접점 부분의 미완성 부분(MCD 부분)의 회로를 완성하시오.

답안작성

(1) 기동전류를 작게하기 위하여(△결선으로 기동할 때의 1/3로 감소)

(2)

(3) ③ 열동계전기 b접점   ④ 한시동작 b접점

(4)
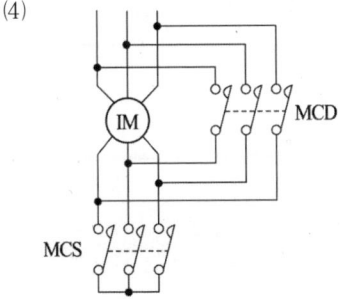

▼해설

(1) ① Y-△ 기동방식은 전동기의 기동전류를 줄이기 위한 기동방법으로 전동기를 Y결선으로 기동하여 기동완료 후 △결선으로 운전하는 방식

② • Y기동시 상전류 : $I_{YP} = \dfrac{\frac{V}{\sqrt{3}}}{Z} = \dfrac{V}{\sqrt{3}\,Z}$

• Y기동시 선전류 : $I_{Yl} = I_{YP} = \dfrac{V}{\sqrt{3}\,Z}$

• △운전시 상전류 : $I_{\triangle P} = \dfrac{V}{Z}$

• △운전시 선전류 : $I_{\triangle l} = \sqrt{3}\,I_{\triangle P} = \dfrac{\sqrt{3}\,V}{Z}$

$\dfrac{I_{Yl}}{I_{\triangle l}} = \dfrac{\frac{V}{\sqrt{3}\,Z}}{\frac{\sqrt{3}\,V}{Z}} = \dfrac{1}{3}$, $I_{Yl} = \dfrac{1}{3} I_{\triangle l}$

(2) ①의 접점 (MCD-b 접점) : 인터록 접점으로서 MCD가 개방되어 있을 때에만 MCS가 투입될 수 있도록 하기 위한 접점

②의 접점 (MCS-b 접점) : 인터록 접점으로서 MCS가 개방되어 있을 때에만 MCD가 투입될 수 있도록 하기 위한 접점

(3) 시퀀스 제어의 기본심벌

접점명칭	심 벌		재료명	기능
	a접점	b접점		
열동 계전기 접점			열동계전기 (Thermal relay)	과전류에 의해 동작 후에는 수동으로 접점을 원상태로 복귀시키는 접점
수동조작 자동복귀 접점			푸시버튼스위치	손을 떼면 자동 복귀하는 접점
한시(限時) 동작 접점			타이머	일정 시간 후 동작하는 접점
기계적 접점			리미트스위치	기계적인 힘에 의해 접점이 개폐되는 스위치

문제 16

그림은 Y-△ 기동에 대한 시퀀스 다이어그램이다. 그림을 보고 다음 각 물음에 답하시오.

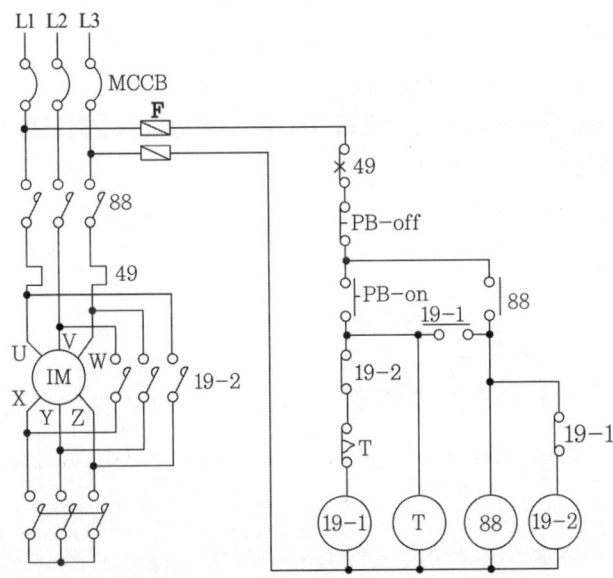

(1) 19-1과 19-2는 전자접촉기이다. 이것의 용도는 무엇인가?
(2) 그림에서 49는 어떤 계전기의 제어 약호인가?
(3) MCCB는 무엇인가?
(4) 그림에서 ⑧⑧은 어떤 용도의 전자접촉기인가?

답안작성

(1) 19-1 : 기동용 (Y결선), 19-2 : 운전용 (△결선)
(2) 회전기 온도계전기 (열동계전기)
(3) 배선용 차단기
(4) 주전원 개폐용

해설

(1) 기동방식 : Y-△ 기동방식
전동기의 기동전류를 줄이기 위해 **Y결선으로 기동**한 후 기동이 완료되면 **△결선으로 운전**하는 방식(기동전류는 △결선으로 기동할 때의 1/3배)

(2)

기구번호	명칭	비고
49	회전기 온도계전기	열동계전기 (Thermal relay)
88	보조기용 접촉기	전동장치의 운전용 개폐기

(3) MCCB(Molded Case Circuit Breaker) : 배선용차단기라고 하며 단락 및 과부하에 의해 정격전류를 초과하면 회로를 차단하는 개폐기구로 FUSE가 없어 반복하여 재투입이 가능하다.
(4) 주전원 개폐용 전자접촉기

문제 17 출제년도 「98. 18.」 •점수 : 8점

도면은 Y-△ 기동회로의 미완성 회로이다. 이 회로를 보고 다음 각 물음에 답하시오.

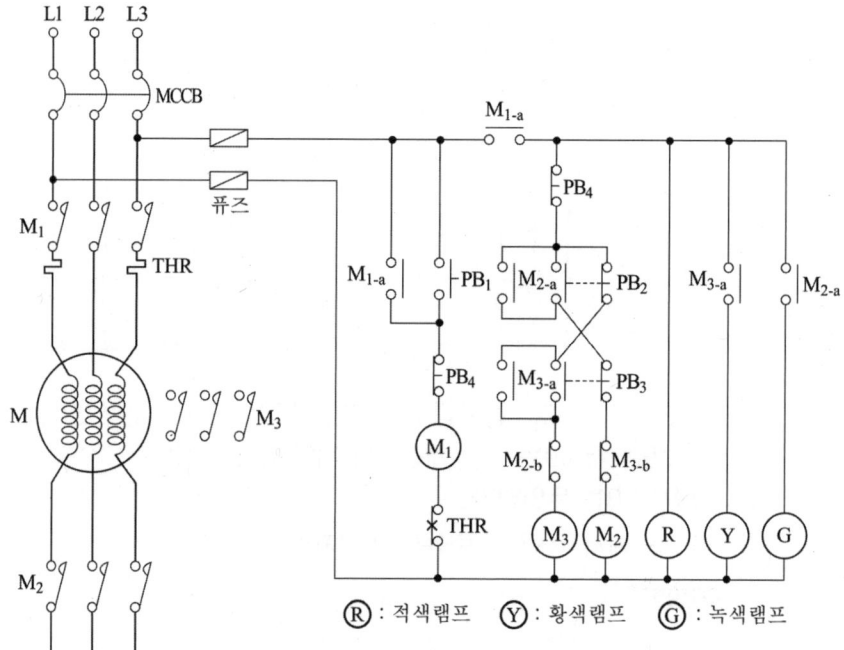

(1) 주회로 부분의 미완성된 Y-△ 회로를 완성하시오.
(2) 누름버튼스위치 PB1을 누르면 어느 램프가 점등되는가?
(3) 전자개폐기 Ⓜ️이 동작되고 있는 상태에서 PB2를 눌렀을 때 어느 램프가 점등되는가?
(4) 전자개폐기 Ⓜ️이 동작되고 있는 상태에서 PB3를 눌렀을 때 어느 램프가 점등되는가?
(5) THR은 무엇을 나타내는가?
(6) MCCB 명칭은?

답안작성

(1)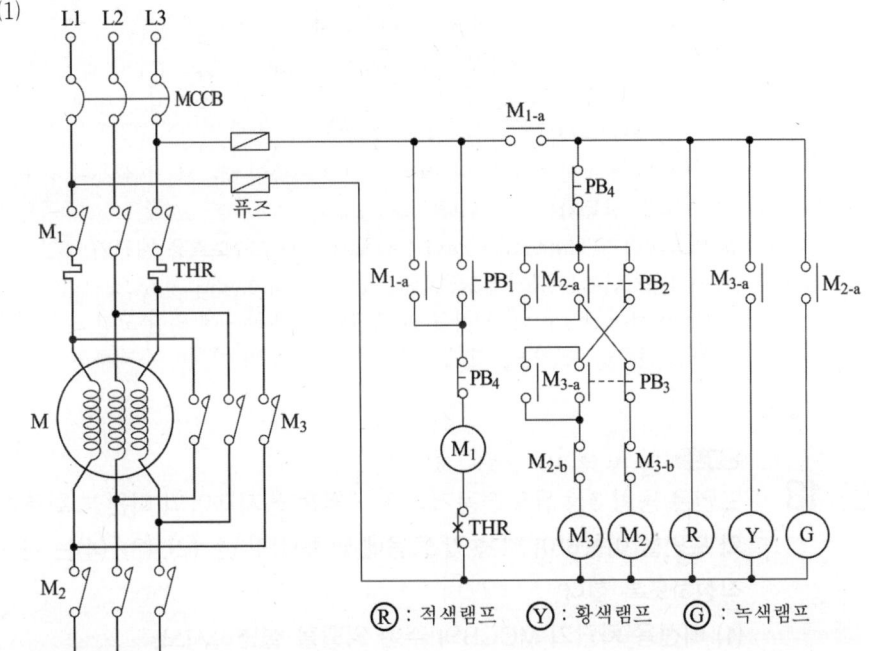

(2) Ⓡ 램프
(3) Ⓖ 램프
(4) Ⓨ 램프
(5) 열동계전기
(6) 배선용차단기

해설

(1) Y-△ 기동회로
① 기동전류를 감소시키기 위한 기동방법으로 기동시에는 **Y결선으로 기동**하고 기동완료 후에는 **△결선으로 운전**하는 기동방식
② Y결선으로 기동 시 기동전류는 △결선 기동 시 기동전류의 1/3로 감소
③ Y-△ 기동회로 모선접속

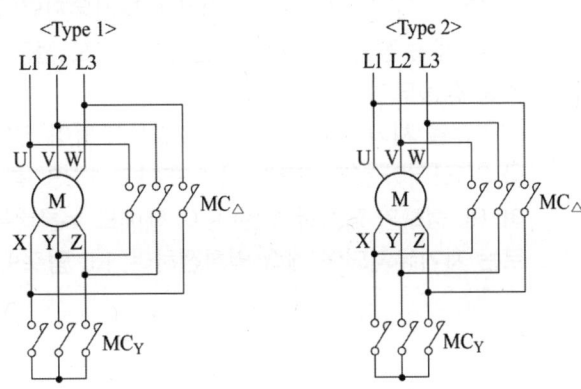

Type 1 또는 Type 2 모두 사용되나 기동 순간의 과도(돌입) 전류를 감소시키기 위하여 현재는 Type 1이 많이 사용된다.
(2) ① PB₁을 누르면 전자개폐기 M₁이 여자되고 ⓡ 램프 점등
② PB₂를 누르면 전자개폐기 M₂가 여자되고 ⓖ 램프 점등(Y결선으로 기동)
③ 누름버튼스위치 PB₃을 누르면 전자개폐기 M₂ 소자되고(ⓖ램프 소등) M₃가 여자되고 ⓨ램프 점등 (△결선으로 운전)
④ THR이 동작하거나 PB4를 누르면 여자중인 M₁, M₃가 소자되어 ⓡ, ⓨ 램프가 소등되고 전동기는 정지된다.
(5) 열동계전기(Thermal relay) : 전동기의 과부하보호용 계전기
(6) 배선용차단기는 과거에 NFB(No Fuse Breaker)라고 하였으나 현재는 MCCB(Molded Case Circuit Breaker)라고 하며 단락 및 과부하에 의한 고장전류가 정격전류를 초과하면 회로를 차단하는 개폐기구로 Fuse가 없어 반복하여 재투입이 가능하다.

문제 18

출제년도 「98. 00. 02. 03.」 •점수 : 8점

도면은 농형 3상 유도전동기의 정·역전 정지제어의 미완성 회로이다. 동작조건과 도면을 이용하여 다음 각 물음에 답하시오. 단, (2), (3), (4)는 한 개의 도면으로 작성하도록 한다.
(1) 배선용 차단기 MCCB의 주된 역할을 설명하시오.
(2) 열동형 과전류차단기 THR과 그의 접점 (b접점)을 회로도에 그려 넣으시오.
(3) 정·역이 가능하도록 주회로 부분의 R-MC의 주접점을 그려 넣으시오.
(4) 보조회로에 F-MC의 보조접점과 R-MC의 보조접점을 그려서 동작조건이 만족되도록 미완성 회로를 완성하시오.

[동작조건]
• F-MC는 정전용 전자접촉기, R-MC는 역전용 전자접촉기이다.
• GL 램프는 정전용 표시램프, RL 램프는 역전용 표시램프이다.
• PBS₋₁은 a접점으로 정전용 누름버튼스위치, PBS₋₂는 a접점으로 역전용 누름버튼스위치, PBS₋₃은 b접점으로 정지용 누름버튼스위치이다.
• PBS₋₁을 ON하면 F-MC가 여자되어 전동기 IM이 정회전하며, GL이 점등된다. PBS₋₁에서 손을 떼어도 회로는 자기유지되어 전동기는 계속 정회전하며, GL은 계속 점등된다. PBS₋₂를 ON하여도 전동기는 계속 정회전하며, GL은 계속 점등되게 된다.
• 역회전을 시키기 위하여 PBS₋₃을 OFF하여 전동기를 정지시킨 다음 PBS₋₂를 ON하여야 한다. PBS₋₃을 OFF하고, PBS₋₂를 ON하면 전동기는 역회전하며, RL 램프가 점등하게 된다. 이 때에도 누름버튼스위치에서 손을 떼어도 회로는 자기유지되어 계속 역회전하며, RL 램프도 계속 점등된다.

- 정회전시에는 역회전이 되지 않도록 되어 있고, 반대로 역회전 시에도 정회전이 되지 않아야 한다.
- 전동기가 과부하되어 과전류가 흐를 때 THR이 동작되어 회로를 차단시키며, 전동기를 멈추게 된다.

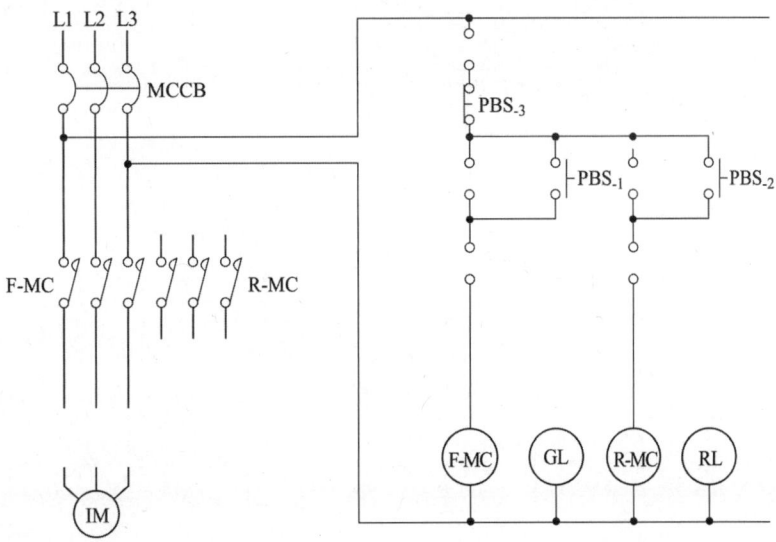

(1) 단락 및 과부하 보호용
(2), (3), (4)

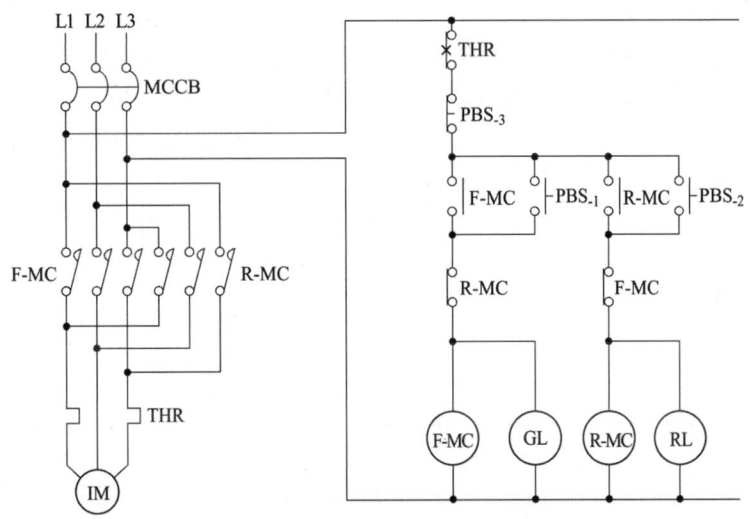

▼해설 ◦◦

(1) 배선용 차단기(Molded Case Circuit Breaker)
  단락 및 과부하에 의한 이상전류가 차단기의 정격전류를 초과하면 회로를 차단하는 개폐기구로 fuse(퓨즈)가 없어 반복하여 재투입이 가능하다.

(2), (3), (4)
  전동기의 회전 방향을 바꾸기 위해서는 회전 자계의 방향을 바꾸어야 하며, 그 방법으로는
  ① 3상 : 전원의 3단자 중 2단자의 접속을 바꾼다.
  ② 단상 : 기동 권선의 접속을 바꾼다.

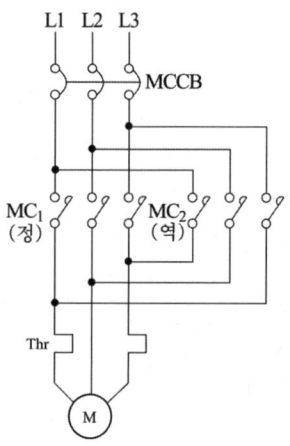

문제 19 출제년도 「98.」 •점수 : 4점

도면과 같은 회로를 누름버튼 스위치 PB_1 또는 PB_2 중 어느 것인가 먼저 ON 조작된 쪽의 램프만 점등되는 병렬우선 회로가 되도록 고쳐서 그리시오. (단, PB1측의 계전기는 R_1, 램프는 L_1이며, PB_2측의 계전기는 R_2, 램프는 L_2 이다.)

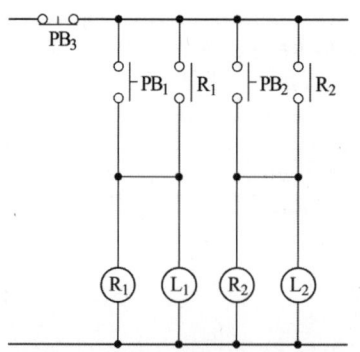

답안작성

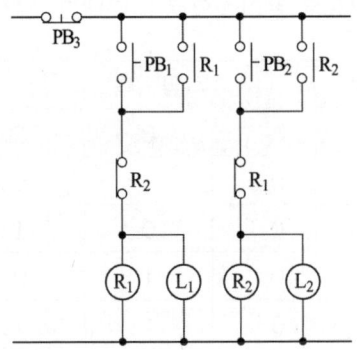

해설

인터록 회로
(1) 기능 : 한쪽이 동작하면 다른 한쪽은 동작할 수 없는 논리
(2) 회로 및 타임 차트

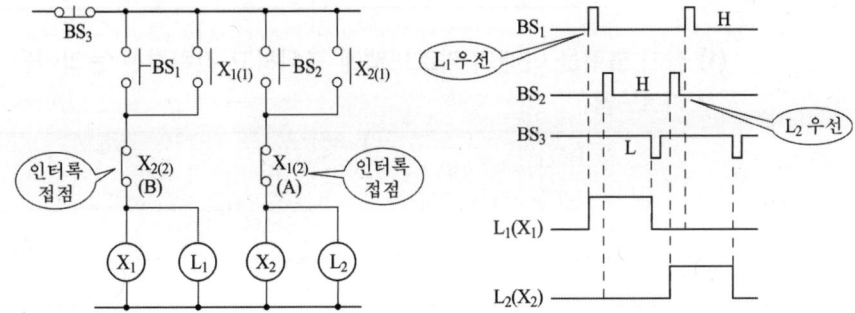

(3) 동작 설명
  BS_1을 먼저 누르면 $L_1(X_1)$이 동작 유지하고 인터록 접점 $X_{1(2)}$(A)가 열린다. 따라서 이후 BS_2를 눌러도 $L_2(X_2)$가 동작할 수 없다. 또 BS_2를 먼저 주면 $L_2(X_2)$가 동작하고 인터록 접점 $X_{2(2)}$(B)가 열린다. 따라서 이후 BS_1을 눌러도 $L_1(X_1)$이 동작할 수 없다.

문제 20

★★★ 출제년도 「14.」 •점수 : 6점

다음의 진리표를 논리식으로 나타내고, 유접점 회로와 무접점 회로를 그리시오.

입 력			출 력
A	B	C	X
0	0	0	0
0	0	1	0
0	1	0	1
0	1	1	0
1	0	0	1
1	0	1	1
1	1	0	1
1	1	1	0

(1) 상기 출력을 아래의 카르노맵에 표시하고 간략화된 논리식을 쓰시오.
 • 카르노맵

A \ BC	00	01	11	10
0				
1				

 • 논리식 :

(2) 간략화된 논리식을 이용하여 유접점 회로를 그리시오.
(3) 간략화된 논리식을 이용하여 무접점 회로를 그리시오.

답안작성

(1) 상기 출력을 아래의 카르노맵에 표시하고 간략화된 논리식을 쓰시오.
 • 카르노맵

A \ BC	00	01	11	10
0				1
1	1	1		1

 • 논리식 : $X = B\overline{C}(\overline{A}+A) + A\overline{B}(\overline{C}+C) = A\overline{B} + B\overline{C}$

(2) 유접점 회로

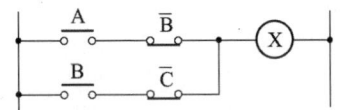

(3) 무접점 회로

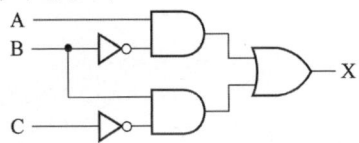

● 해설 ●●

(1) 카르노맵

A \ BC	00	01	11	10
0				1
1	1	1		1

논리식 : $X = A\overline{B} + B\overline{C}$

★★ 출제년도 「14.」 •점수 : 6점

문제 21 그림은 소방펌프용 모터의 Y-△ 기동방식의 미완성 회로도이다. 다음 각 물음에 답하시오.

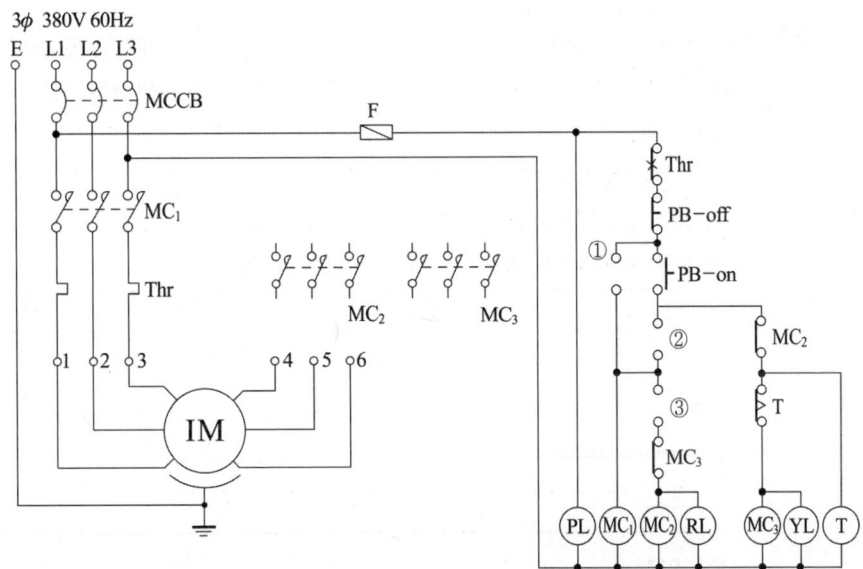

(1) 주회로의 미완성 부분을 완성하시오.
(2) Y-△ 운전이 가능하도록 ①~③의 접점 기호와 접점 명칭을 표시하시오.

(1)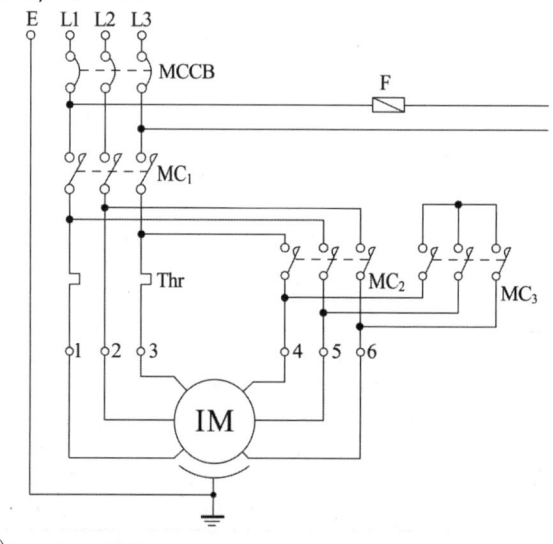

(2)

①	②	③
MC$_1$	MC$_3$	MC$_1$

문제 22 ★★★ 출제년도 「13, 15, 23」 ・점수 : 3점

이산화탄소소화설비에서 자동식 기동장치의 화재감지기는 교차회로방식으로 설치하여야 한다. 감지기 A, B를 교차회로방식으로 구성하는 경우 다음 각 물음에 답하시오.
(1) 작동신호 출력을 C라 했을 경우 논리식을 쓰시오.
(2) 상기 논리식에 대응하는 논리기호를 그리시오.
(3) 상기 논리식에 의한 진리표를 작성하시오.

입력신호		출력신호
A	B	C

답안작성

(1) $C = A \cdot B$

(2) 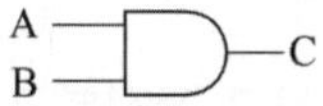 A ─┐
) ─ C
   B ─┘

(3)

입력신호		출력신호
A	B	C
0	0	0
0	1	0
1	0	0
1	1	1

▼해설

(1) 감지기 A, B가 동시에 기동한 경우에만 설비가 작동하므로 AND 회로이어야 한다.
(2) 논리기호와 논리식

회로명	논리식	Loggic 회로	진리표		
			A	B	X
AND 회로	$X = A \cdot B$		0	0	0
			0	1	0
			1	0	0
			1	1	1
OR 회로	$C = A + B$		0	0	0
			0	1	1
			1	0	1
			1	1	1
NAND 회로	$X = \overline{A \cdot B} = \overline{A} + \overline{B}$		0	0	1
			0	1	1
			1	0	1
			1	1	0
NOR 회로	$X = \overline{A+B} = \overline{A} \cdot \overline{B}$		0	0	1
			0	1	0
			1	0	0
			1	1	0

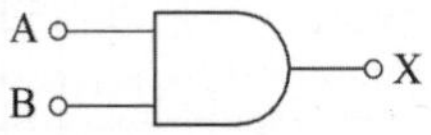

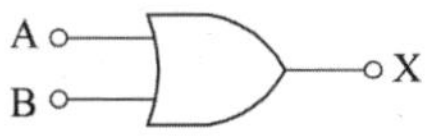

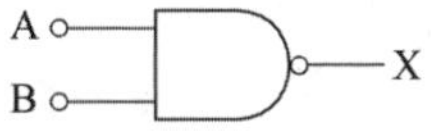

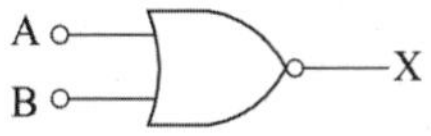

★★★ 출제년도 「11. 15.」 •점수 : 6점

문제 23

그림은 상용전원 정전시 예비(비상)전원으로 전환하고 정전복구시에는 상용전원으로 전환되도록 구성한 전동기 기동회로의 미완성 회로도이다. 다음 물음에 각각 답하시오.

(1) 도면에서 MCCB의 우리말 명칭을 쓰시오.
(2) 미완성 회로를 완성하시오.

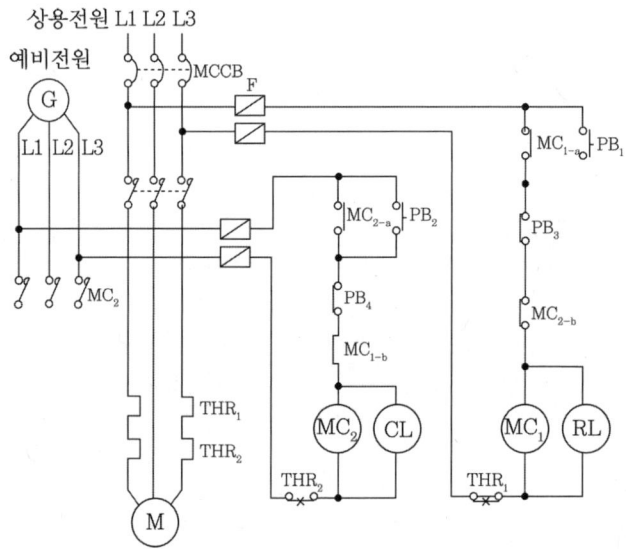

답안작성

(1) 배선용 차단기
(2) 미완성 회로의 완성

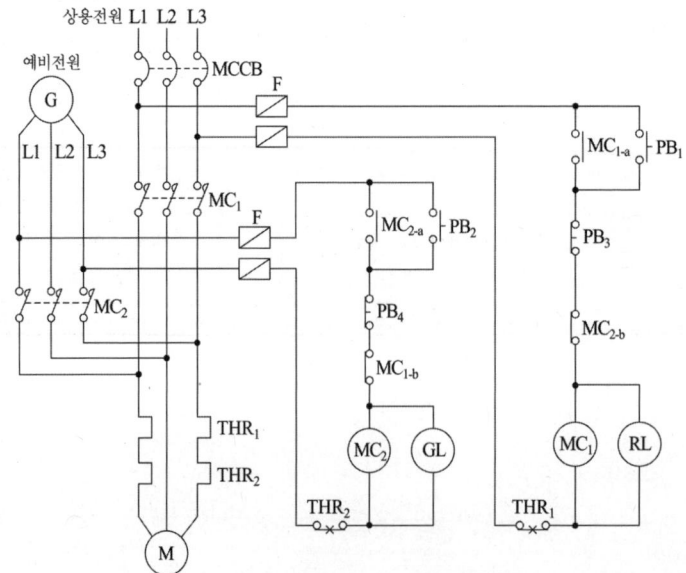

★★ 출제년도 「15. 20.」 •점수 : 6점

문제 24

그림은 Y-△ 시동제어회로의 미완성 도면이다. 주어진 조건을 따라 다음 물음에 답하시오.

◀조건▶
- 소방관계법령 및 화재안전기준에 따른 제연설비를 설치한다.
- 배출기 주덕트(흡입, 배출측 포함)의 폭은 1,000mm
- 제연구역의 설계풍량은 $43,200m^3/h$
- 배출기는 원심식 터보형 송풍기를 사용
- 기타 조건은 무시한다.
- Ⓐ : 전류계   • ㉾ : 표시등   • Ⓣ : 스타델타타이머
- 19-1 : 전자접촉기(Y)
- 19-2 : 전자접촉기(△)

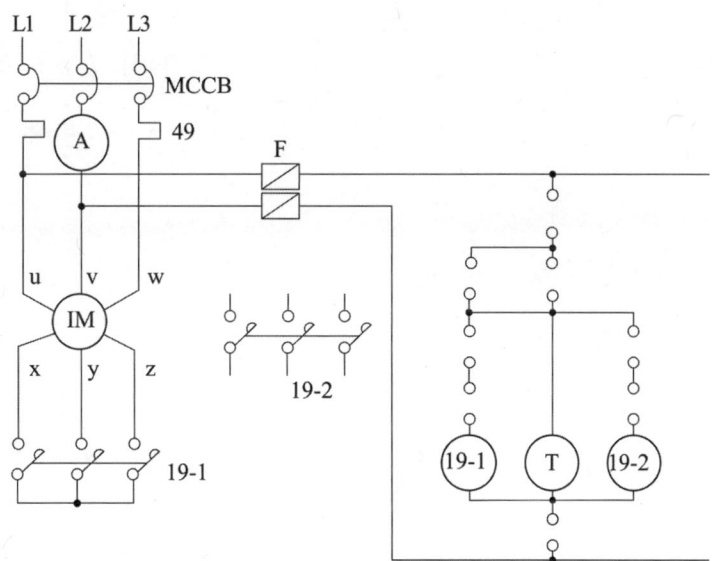

(1) Y-△ 운전이 가능하도록 주회로의 미완성부분을 도면에 완성하시오.
(2) Y-△ 운전이 가능하도록 보조회로 미완성 부분을 도면에 완성하시오.
(3) MCCB를 투입하면 표시등 ㉾이 점등되도록 미완성 도면에 회로를 추가하여 그리시오.
(4) Y 결선에서는 각 상의 권선에 가해지는 전압은 정격전압의 몇 배로 되는가?
(5) Y결선에서의 시동전류는 △결선에 비하여 얼마 정도로 경감되는가?

답안작성

(1)(2)(3)

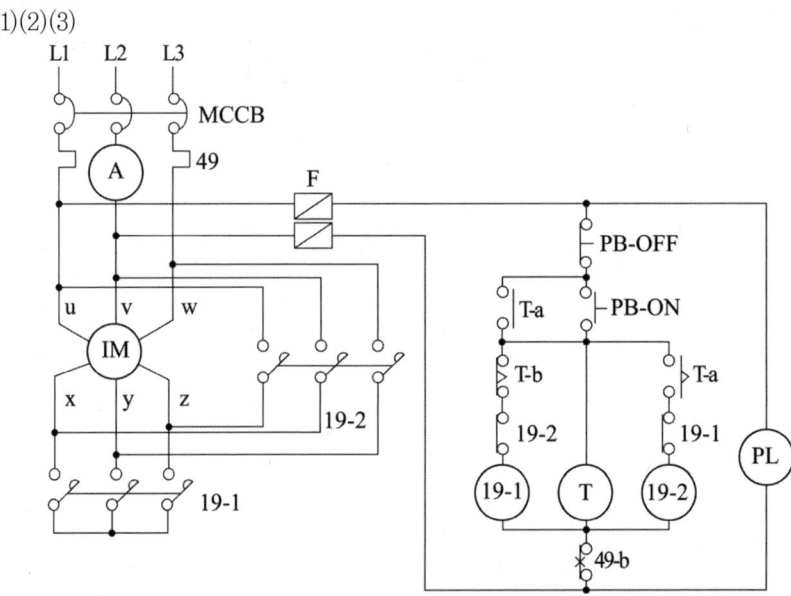

(4) $\dfrac{1}{\sqrt{3}}$ 배

(5) $\dfrac{1}{3}$

해설

(1) 주회로 중 Y-△회로 결선시 아래와 같이 둘 중 하나의 방법으로 결선하면 된다.

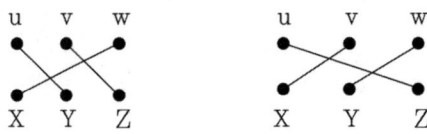

(2) Y결선시 상전압 $V_p = \dfrac{1}{\sqrt{3}} V_l$ (V_l : 선간전압 또는 정격전압)

(3) 전류비 $\dfrac{I_Y}{I_\triangle} = \dfrac{\dfrac{V_l}{\sqrt{3}\,Z}}{\sqrt{3}\,\dfrac{V_l}{Z}} = \dfrac{1}{(\sqrt{3})^2} = \dfrac{1}{3}$, $I_Y = \dfrac{1}{3} I_\triangle$

문제 25 그림과 같은 유접점 시퀀스 회로에 대해 다음 각 물음에 답하시오.

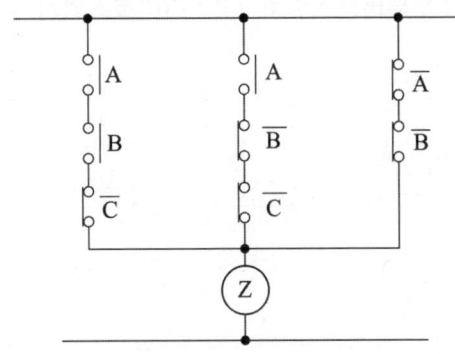

(1) 상기 그림의 시퀀스도를 가장 간략화한 논리식으로 표현하시오.(단, 최초의 논리식을 쓰고 이것을 간략화 하는 과정을 기술하시오.)
(2) '(1)' 항에서 가장 간략화한 논리식을 무접점 논리회로로 그리시오.

답안작성

(1) $Z = AB\overline{C} + A\overline{B}\,\overline{C} + \overline{A}\,\overline{B} = A\overline{C}(B+\overline{B}) + \overline{A}\,\overline{B} = A\overline{C} + \overline{A}\,\overline{B}$

(2)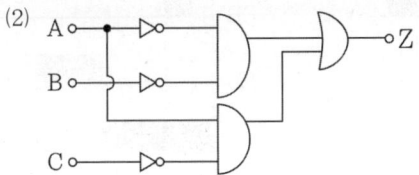

해설

불대수의 정리

논리합	논리곱	법 칙
$X+0=X$	$X \cdot 0 = 0$	
$X+1=1$	$X \cdot 1 = X$	
$X+X=X$	$X \cdot X = X$	
$\overline{X}+X=1$	$\overline{X} \cdot X = 0$	
$X+Y=Y+X$	$X \cdot Y = Y \cdot X$	교환법칙
$X+(Y+Z)=(X+Y)+Z$	$X(YZ)=(XY)Z$	결합법칙
$X(Y+Z)=XY+XZ$	$(X+Y)(Z+W)=XZ+XW+YZ+YW$	분배법칙
$X+XY=X$	$X+\overline{X}Y=X+Y$	흡수법칙
$(\overline{X+Y})=\overline{X} \cdot \overline{Y}$	$(\overline{X \cdot Y})=\overline{X}+\overline{Y}$	드모르간의 정리

문제 26

다음 회로에서 램프 L의 작동을 주어진 타임차트(Time Chart)에 표시하시오.
(단, PB : 누름버튼스위치, LS : 리미트스위치, X : 릴레이)

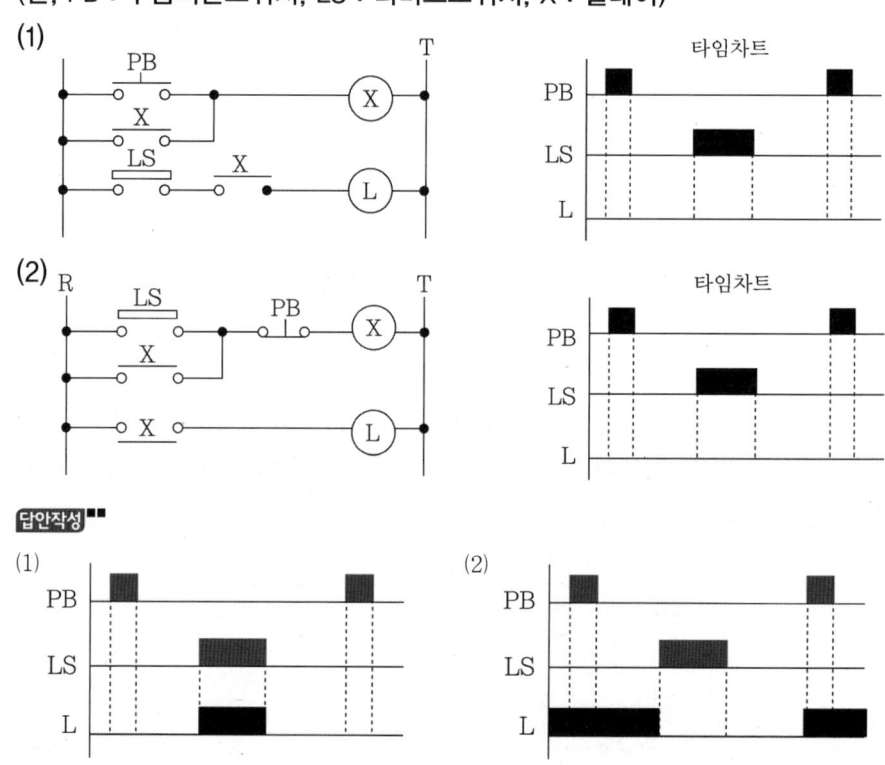

답안작성

(1), (2) 타임차트 작성

해설

(1) 누름버튼스위치 PB를 누르면 릴레이 X가 여자된 상태에서 리미트스위치 LS가 폐로되면 램프 L이 점등된다.
(2) 평상시 램프 L이 점등상태에 있다가 리미트스위치 LS가 폐로되면 릴레이 X가 여자되어 램프 L은 소등된다. 리미트스위치 LS가 개로 되어도 자기유지에 의하여 램프 L은 소등상태를 유지한다. 누름버튼스위치 PB를 누르면 릴레이 X는 소자, 램프 L은 점등된다.

문제 27 ★★ 출제년도 「08. 17.」 •점수 : 9점

다음 회로는 타이머를 이용하여 기동시 Y로 기동하고 t초후 자동적으로 △운전되는 Y-△(와이-델타)기동 회로이다. 이 회로도를 보고 다음 각 물음에 답하시오.

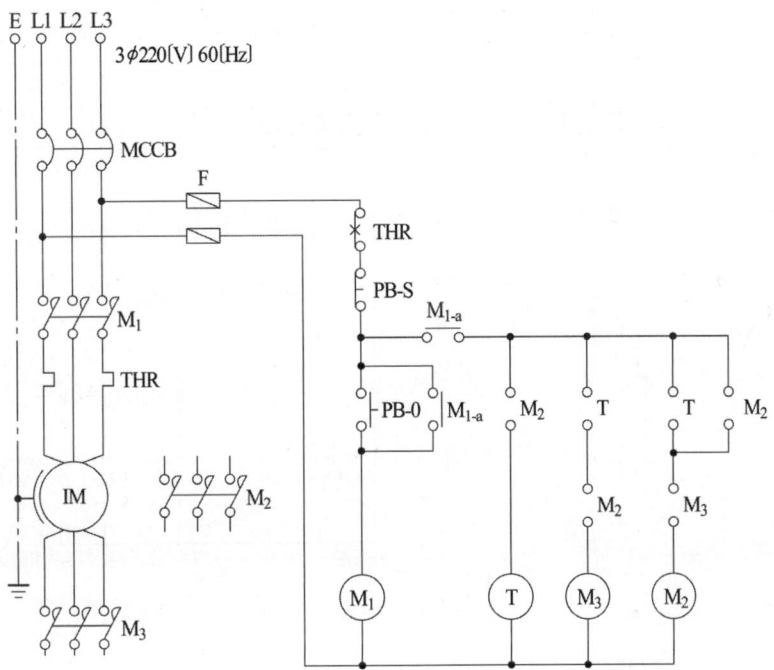

(1) 타이머를 이용한 Y-△(와이-델타) 미완성 기동회로를 완성하시오.
   (접점에는 M_{2-a}, M_{3-b}, $T-a$ 등 접점기호를 쓰도록 한다.)
(2) 유도전동기의 권선을 Y결선으로 하여 기동하고 기동 후 △결선으로 바꾸어 운전하는 이유에 대하여 쓰시오.
(3) 다음은 상기 회로도에 의한 유도전동기의 Y-△(와이-델타)기동회로의 동작 설명이다.
   ( )안에 알맞은 기호 또는 문자를 쓰시오.
   ① PB-0를 누르면 (   )과(와) (   )가(이) 여자되어 주접점 M_1 이 닫히면서 전동기가 Y 기동된다. PB-0에서 손을 떼어도 계속 Y 기동된다. 동시에 타이머 코일도 여자된다.
   ② 타이머의 설정시간 t가 지나면 (   ) 접점이 열려 (   ) 가(이) 소자되어 Y 기동이 정지되고, (   )가(이) 붙어 (   ) 가(이) 여자 되면서 △운전으로 전환된다.
   ③ (   )와(과) (   )는(은) 인터록이 유지되어 안전운전이 된다.
   ④ 정지용 PB-S를 누르거나 전동기에 과부하가 걸려 (   )이(가) 작동하면 운전 중인 전동기는 정지한다.

(1)

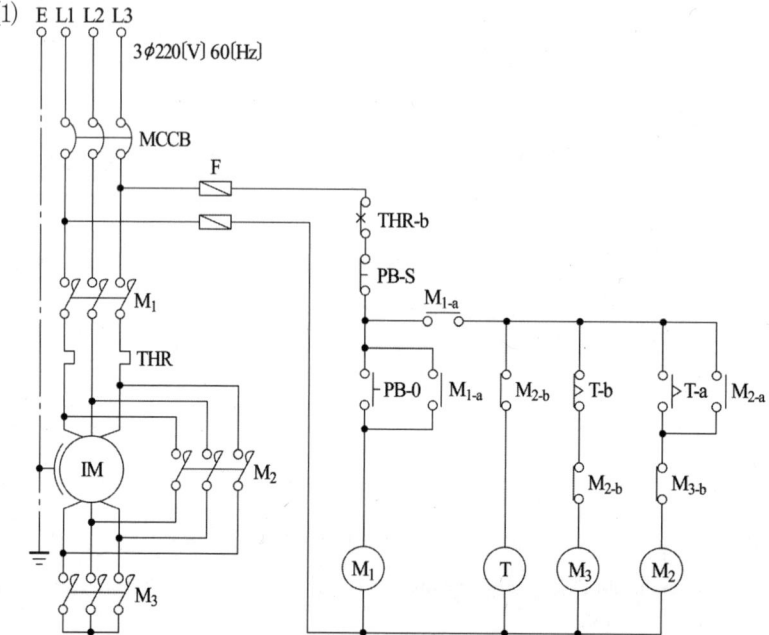

(2) 기동전류를 작게 하기 위하여

(3) ① M_1, M_3 ② T-b, M_3, T-a, M_2 ③ M_2, M_3 ④ THR

해설

(1) 동작설명

① PB-0를 누르면 (M_1)과 (M_3)가 여자되어 주접점 M_1 이 닫히면서 전동기가 Y 기동된다. PB-0에서 손을 떼어도 계속 Y 기동된다. 동시에 타이머 코일도 여자된다.

② 타이머의 설정시간 t 가 지나면 (T-b) 접점이 열려 (M_3) 가 소자되어 Y 기동이 정지되고, (T-a)가 붙어 (M_2) 가 여자 되면서 △운전으로 전환된다.

③ (M_2)와 (M_3)는 인터록이 유지되어 안전운전이 된다.

④ 정지용 PB-S를 누르거나 전동기에 과부하가 걸려 (THR)이 작동하면 운전 중인 전동기는 정지한다.

★★ 출제년도 「04. 13. 19.」 •점수 : 6

문제 28 그림과 같은 시퀀스 회로를 보고 다음 각 물음에 답하시오.

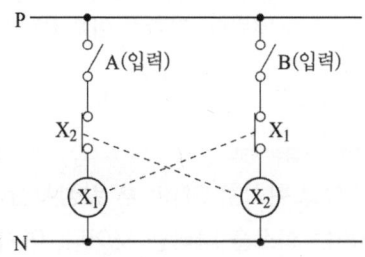

(1) 주어진 회로에 대한 논리회로를 완성하시오.
(2) 회로의 동작 상황을 타임차트로 그리시오.

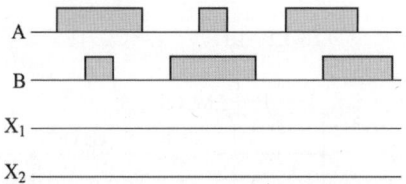

(3) 주어진 회로에서 접점 X_1과 X_2의 관계를 무엇이라 하는가?

답안작성

(1)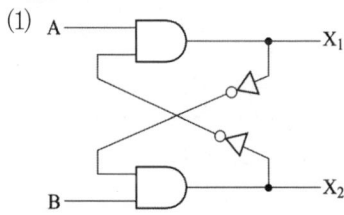

(2)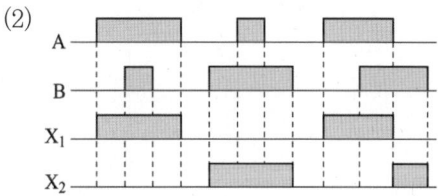

(3) 인터록

▼해설

인터록 회로
(1) 기능 : 한쪽이 동작하면 다른 한쪽은 동작할 수 없는 논리(동시투입 방지기능)
(2) 인터록 회로 및 타임 차트의 예시

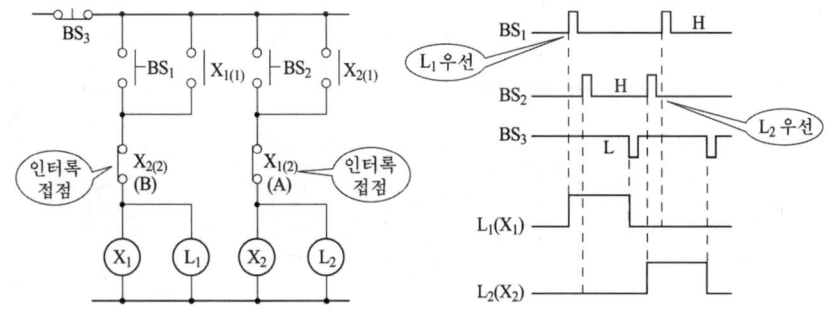

(3) 동작 설명

BS₁을 먼저 누르면 L₁(X₁)이 동작 유지하고 인터록 접점 X₁₍₂₎(A)가 열린다. 따라서 이후 BS₂를 눌러도 L₂(X₂)가 동작할 수 없다. 또한, BS₂를 먼저 주면 L₂(X₂)가 동작하고 인터록 접점 X₂₍₂₎(B)가 열린다. 따라서 이후 BS₁을 눌러도 L₁(X₁)이 동작할 수 없다.

문제 29 ★★★ 출제년도 「20.」 •점수 : 5점

다음은 PB-ON 스위치를 ON한 후 일정시간이 지난 다음에 MC가 작동하여 전동기 M이 운전하는 회로를 나타낸 것이다. 여기에 사용한 타이머 ⓣ는 입력 신호가 소멸했을 때 열려서 이탈되는 형식으로 전동기가 회전하면 릴레이 Ⓧ가 복구되어 타이머에 입력 신호가 소멸되고 전동기는 계속 회전할 수 있도록 이 시퀀스를 수정하여 다시 그리시오.

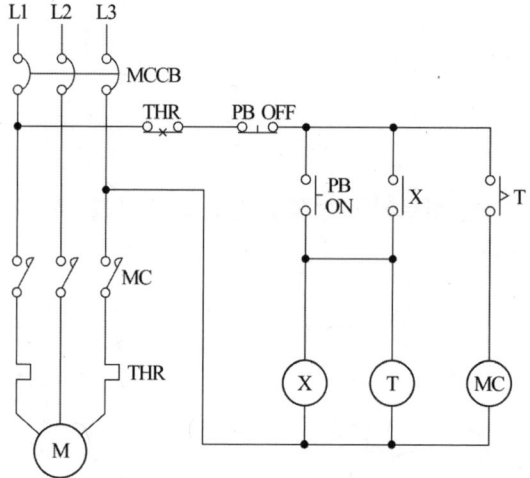

답안작성

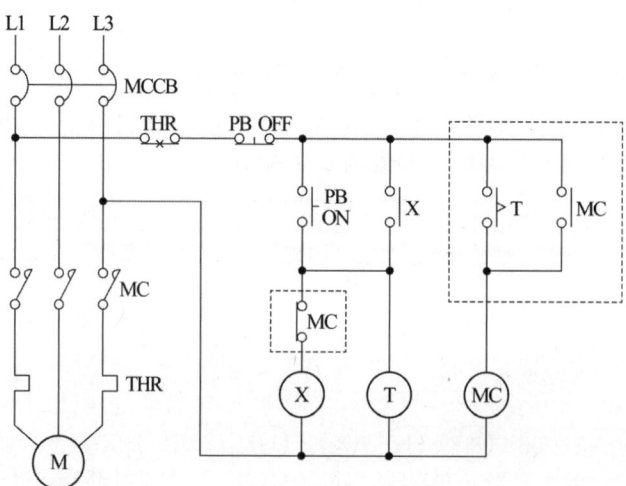

해설

PB-ON 스위치를 ON하면 릴레이 X가 여자, 타이머 T가 여자, X-a에 의해 자기유지되고 타이머 T의 설정시간후에 T-a 접점이 폐로되어 전자접촉기 MC가 여자되어 전동기 M은 회전하게 되고 MC-b 접점에 의해 릴레이 X와 타이머 T는 소자되어 복구하게 된다. 전동기 M은 MC-a 접점에 의해 자기유지되어 계속 회전하게 된다.
PB-OFF를 누르거나 열동계전기 THR이 작동하게 되면 MC는 소자되고 전동기 M은 정지하게 된다.

문제 30

★★★ 출제년도 「20.」 •점수 : 9점

논리식 $Y = (A \cdot B \cdot C) + (A \cdot \overline{B} \cdot \overline{C})$ 에 대한 진리표를 완성하고 릴레이회로(유접점회로)와 논리회로(무접점회로)로 바꾸어 그리시오.

(1) 진리표

A	B	C	Y
0	0	0	
0	0	1	
0	1	0	
0	1	1	
1	0	0	
1	0	1	
1	1	0	
1	1	1	

(2) 릴레이회로
(3) 논리회로

답안작성

(1) 진리표

A	B	C	Y
0	0	0	0
0	0	1	0
0	1	0	0
0	1	1	0
1	0	0	1
1	0	1	0
1	1	0	0
1	1	1	1

(2) 릴레이회로

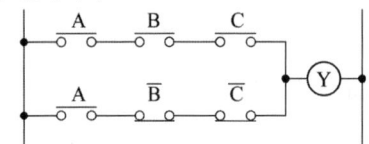

(3) 논리회로

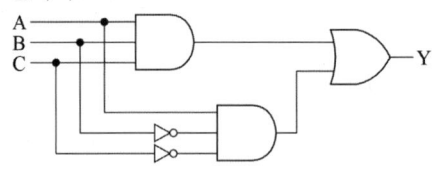

문제 31 ★★★ 출제년도 「20.」 •점수 : 8점

다음은 3입력 인터록 유접점 회로를 나타낸 것이다. 각 물음에 답하시오.

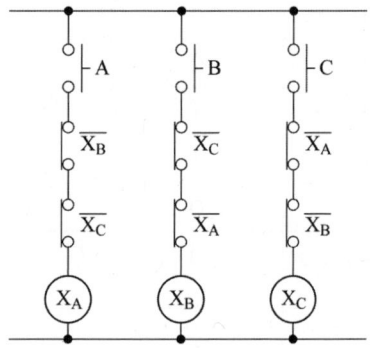

(1) 유접점 제어 회로도를 무접점으로 그리시오.
   (단, AND(⊐▷─), NOT(─▷∘─) 심벌로만 그린다. 기타는 틀린 것으로 한다)
(2) 타임 차트를 완성하시오.

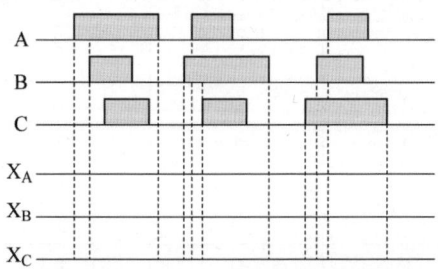

답안작성

(1)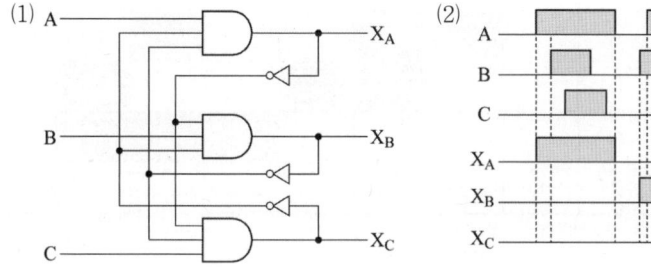

(2)

해설

(1) 출력식(논리식)
   $X_A = A \cdot \overline{X_B} \cdot \overline{X_C}$, $X_B = B \cdot \overline{X_A} \cdot \overline{X_C}$, $X_C = C \cdot \overline{X_A} \cdot \overline{X_B}$

(2) 작동설명
   먼저 푸시버튼 A를 누르고 있는 상태에서 릴레이 X_A가 작동, 먼저 푸시버튼 B를 누르고 있는 상태에서 릴레이 X_B가 작동, 먼저 푸시버튼 C를 누르고 있는 상태에서 릴레이 X_C가 작동한다. 하나의 릴레이가 먼저 작동 중에 다른 푸시버튼을 누르더라도 인터록 접점에 의해 다른 릴레이는 작동하지 않는다.

★★★ 출제년도 「16. 20.」 •점수 : 8점

문제 32 그림과 같은 유접점 시퀀스 회로에 대해 다음 각 물음에 답하시오.

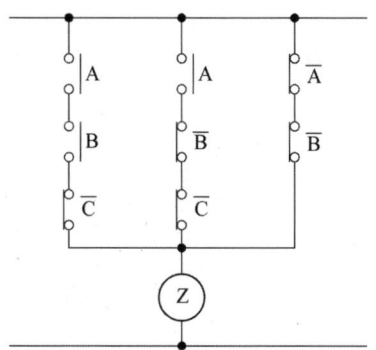

(1) 상기 그림의 시퀀스도를 가장 간략화한 논리식으로 표현하시오.(단, 최초의 논리식을 쓰고 이것을 간략화 하는 과정을 기술하시오.)

(2) '(1)' 항에서 가장 간략화한 논리식을 무접점 논리회로로 그리시오.

(3) 타임차트를 완성하시오.

A								
B								
C								
Z								

답안작성

(1) $Z = AB\overline{C} + A\overline{B}\overline{C} + \overline{A}\overline{B} = A\overline{C}(B+\overline{B}) + \overline{A}\overline{B} = A\overline{C} + \overline{A}\overline{B}$

(2)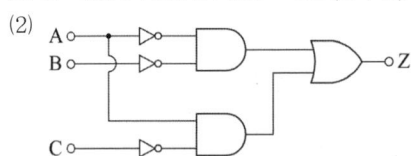

(3)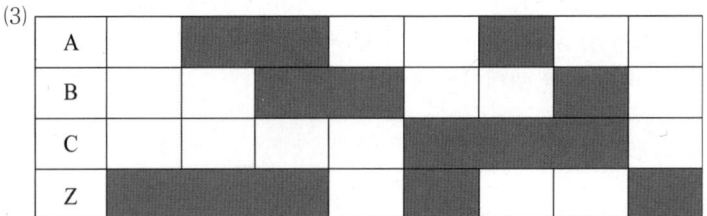

해설

불대수의 정리

논 리 합	논 리 곱	법 칙
$X+0=X$	$X \cdot 0 = 0$	
$X+1=1$	$X \cdot 1 = X$	
$X+X=X$	$X \cdot X = X$	
$\overline{X}+X=1$	$\overline{X} \cdot X = 0$	
$X+Y=Y+X$	$X \cdot Y = Y \cdot X$	교환법칙
$X+(Y+Z)=(X+Y)+Z$	$X(YZ)=(XY)Z$	결합법칙
$X(Y+Z)=XY+XZ$	$(X+Y)(Z+W)=XZ+XW+YZ+YW$	분배법칙
$X+XY=X$	$X+\overline{X}Y=X+Y$	흡수법칙
$(\overline{X+Y})=\overline{X} \cdot \overline{Y}$	$(\overline{X \cdot Y})=\overline{X}+\overline{Y}$	드모르간의 정리

문제 33

★★ 출제년도 「21.」 •점수 : 9점

다음은 3입력 인터록 유접점 회로를 나타낸 것이다. 논리식을 참고하여 각 물음에 답하시오.

◀논리식▶

• $X_A = A \cdot \overline{X_B} \cdot \overline{X_C}$ • $X_B = B \cdot \overline{X_A} \cdot \overline{X_C}$ • $X_C = C \cdot \overline{X_A} \cdot \overline{X_B}$

(1) 논리식을 참고하여 유접점회로를 그리시오.
(2) 논리식을 참고하여 무접점회로를 그리시오.
   (단, AND(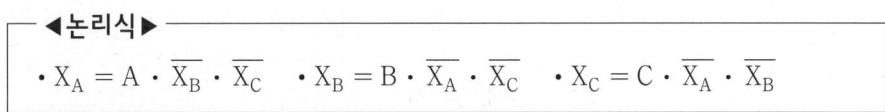), NOT( ) 심벌로만 그린다.)
(3) 타임차트를 완성하시오.

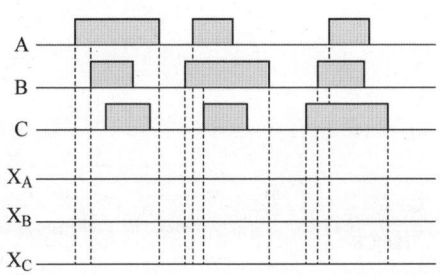

답안작성

(1)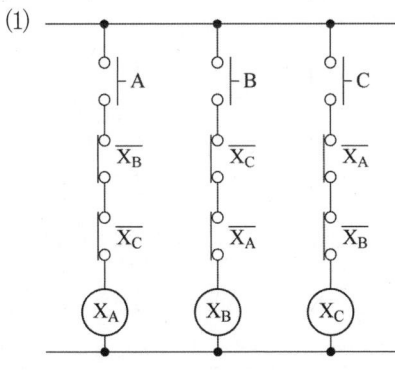

(2)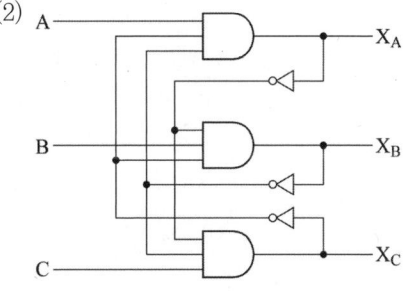

(3)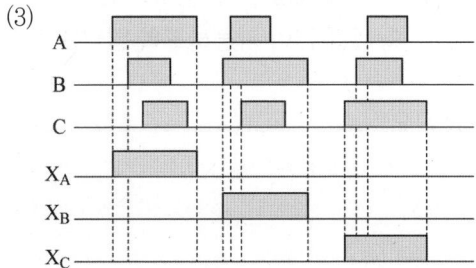

▼해설

작동설명

먼저 푸시버튼 A를 누르고 있는 상태에서 릴레이 X_A가 작동, 먼저 푸시버튼 B를 누르고 있는 상태에서 릴레이 X_B가 작동, 먼저 푸시버튼 C를 누르고 있는 상태에서 릴레이 X_C가 작동한다. 하나의 릴레이가 먼저 작동 중에 다른 푸시버튼을 누르더라도 인터록 접점에 의해 다른 릴레이는 작동하지 않는다.

문제 34 ★★★ 출제년도「21.」 •점수 : 5점

그림은 Y-△ 기동에 대한 시퀀스도를 나타낸 것이다. 그림을 보고 다음 각 물음에 답하시오.

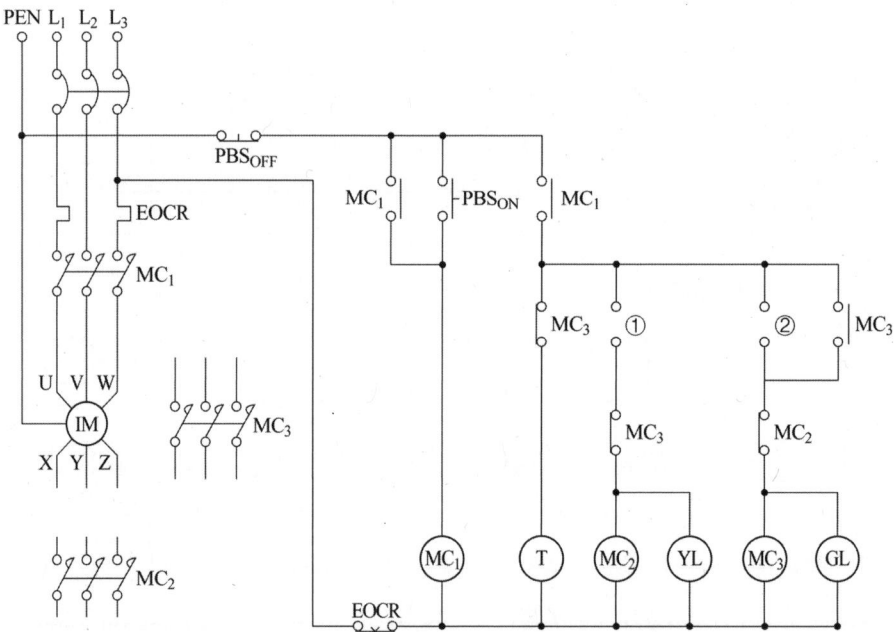

(1) 미완성된 주회로 부분의 Y-△ 기동회로를 완성하시오.
(2) 제어회로의 미완성 부분 ①, ②에 운전이 가능하도록 알맞은 접점 및 접점기호를 그리시오.
(3) ①, ② 접점의 명칭을 쓰시오.

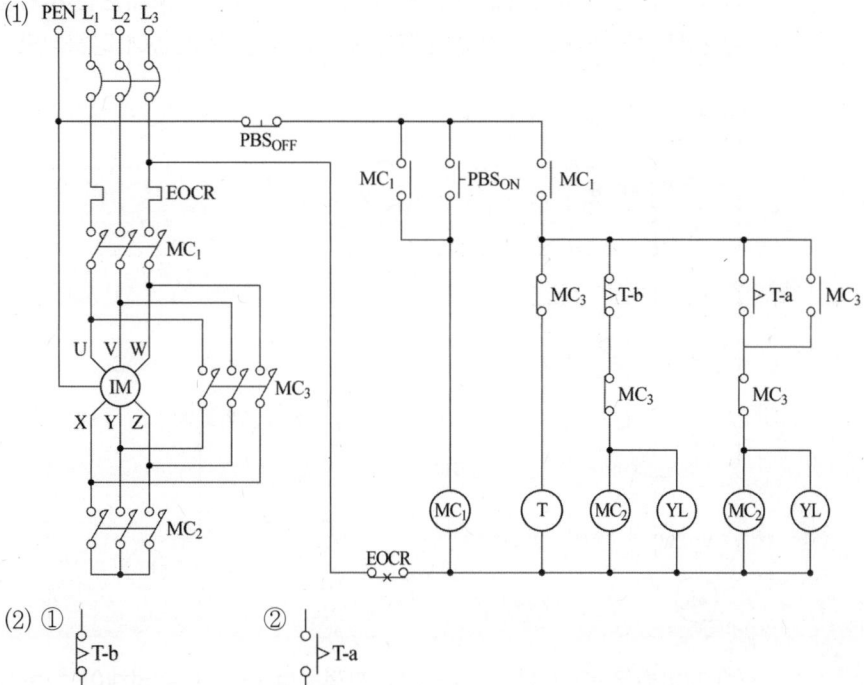

(3) 접점의 명칭
　① 한시동작 순시복귀 a접점
　② 한시동작 순시복귀 b접점

★ 출제년도 「21.」 •점수 : 6점

문제 35 다음의 도면은 타이머를 이용하여 전동기 M_1, M_2를 교대운전이 가능하도록 설계된 전동기의 시퀀스도이다. 도면을 보고 다음 각 물음에 답하시오.

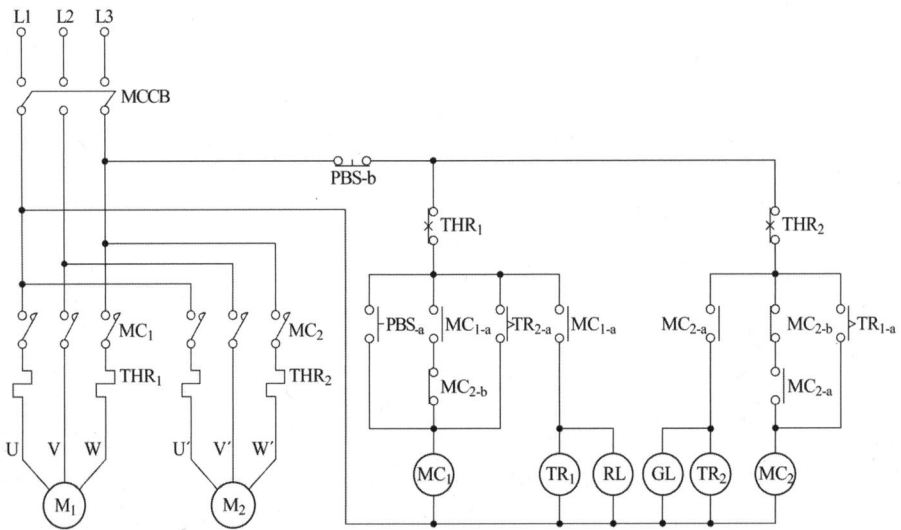

(1) 제어회로 중에 잘못된 부분을 지적하여 어떻게 수정해야 하는지 쓰시오.
(2) 타이머의 설정시간 TR_1이 2시간, TR_2가 4시간으로 각각 설정되어 있다면 하루에 전동기 M_1, M_2는 몇 시간씩 운전하게 되는지 쓰시오.
(3) 표시등 RL, GL의 용도를 쓰시오.

답안작성

(1) MC_2 회로의 MC_{2-b} 접점을 MC_{1-b} 접점으로 수정해야 한다.
(2) 전동기 M_1 : 8시간, 전동기 M_2 : 16시간
(3) RL : 전동기 M_1 운전표시등, GL : 전동기 M_2 운전표시등

해설

(1) 잘못된 부분 수정
  MC_{2-b} 접점을 쓰면 자기유지가 되지 않는다. MC_{1-b} 접점을 써야 정상적으로 작동하며 인터록이 설정된다.

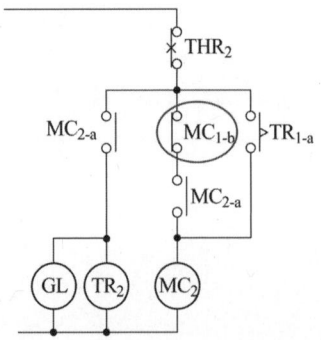

(2) 1) 동작설명
　　　PBS-a ON → MC₁ 여자, 전동기 M₁ 운전,
　　　타이머 TR₁ 여자, RL 점등
　　　TR₁ 설정시간(2시간) 후 → MC₂ 여자, 전동기 M₂ 운전, TR₂ 여자, GL 점등
　　　　　　　　　　　　　　　MC₁ 소자, 전동기 M₁ 정지, 타이머 TR₁ 소자, RL 소등
　　　TR₂ 설정시간(4시간) 후 → MC₁ 여자, 전동기 M₁ 운전, TR₁ 여자, RL 점등
　　　　　　　　　　　　　　　MC₂ 소자, 전동기 M₂ 정지, 타이머 TR₂ 소자, GL 소등
　　　PBS-b를 누르기 전까지는 계속 반복운전
　　2) 운전시간 계산
　　　• 전동기 M₁ : 2시간 운전 → 4시간 정지 → 2시간 운전 → 4시간 정지 → 2시간 운전 → 4시간 정지 → 2시간 운전 → 4시간 정지
　　　• 전동기 M₂ : 2시간 정지 → 4시간 운전 → 2시간 정지 → 4시간 운전 → 2시간 정지 → 4시간 운전 → 2시간 정지 → 4시간 운전

문제 36
★★ 출제년도 「21.」 •점수 : 10점

주어진 진리표를 참고하여 다음 각 물음에 답하시오.

A	B	C	Y₁	Y₂
0	0	0	1	0
0	0	1	0	1
0	1	0	1	1
0	1	1	0	1
1	0	0	1	0
1	0	1	0	1
1	1	0	0	1
1	1	1	0	1

(1) 간략화된 논리식을 쓰시오.
　• Y_1 :
　• Y_2 :
(2) 간략화된 논리식을 이용하여 무접점 논리회로를 그리시오.
(3) 간략화된 논리식을 이용하여 유접점 회로를 그리시오.

답안작성

(1) 논리식
　• Y_1 : $\overline{A}\,\overline{B}\,\overline{C}+\overline{A}B\overline{C}+A\overline{B}\,\overline{C}=\overline{A}\,\overline{C}(\overline{B}+B)+\overline{B}\,\overline{C}(\overline{A}+A)=\overline{A}\,\overline{C}+\overline{B}\,\overline{C}$
　　　$=(\overline{A}+\overline{B})\overline{C}$

• Y_2 : $\overline{A}\overline{B}C + \overline{A}B\overline{C} + \overline{A}BC + A\overline{B}C + AB\overline{C} + ABC$
   $= \overline{A}C(\overline{B}+B) + AC(\overline{B}+B) + \overline{A}B(\overline{C}+C) + AB(\overline{C}+C)$
   $= C(\overline{A}+A) + B(\overline{A}+A) = B+C$

(2)

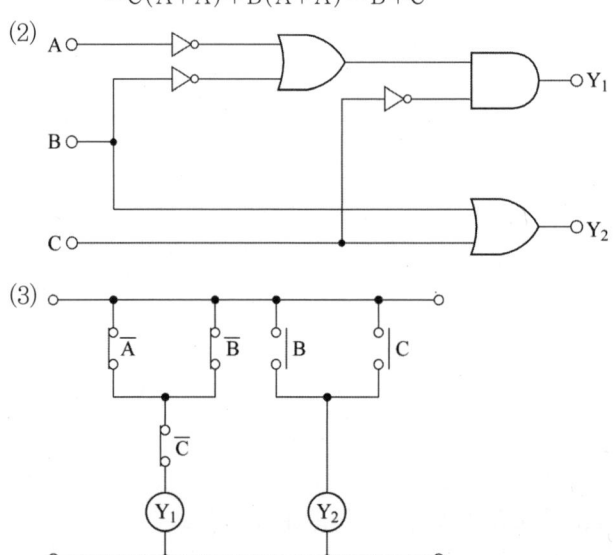

(3)

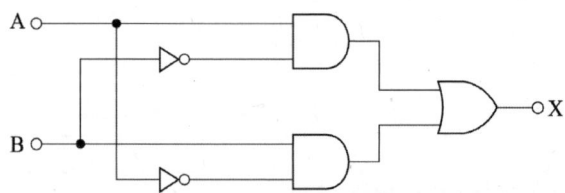

★★★ 출제 년도 「12. 21.」 •점수 : 6점

문제 37 두 입력 상태가 같을 때 출력이 없고, 두 입력 상태가 다를 때 출력이 생기는 회로를 배타적 논리합(exclusive OR)회로라 한다. 그림과 같은 배타적 논리합회로에서 다음 각 물음에 답하시오.

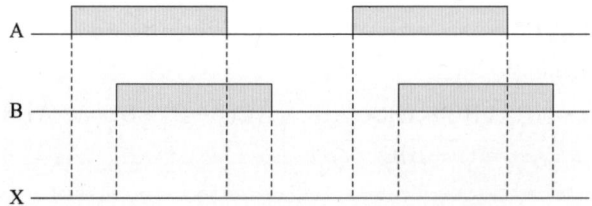

(1) 이 회로의 논리식을 쓰시오.
(2) 이 회로에 대한 유접점 릴레이(계전기) 회로를 그리시오.
(3) 이 회로의 타임차트를 완성하시오.

(4) 이 회로의 진리표를 완성하시오.

A	B	X

답안작성

(1) $X = A\overline{B} + \overline{A}B = A \oplus B$

(2)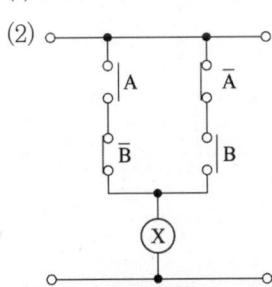

(3)

(4)

A	B	X
0	0	0
0	1	1
1	0	1
1	1	0

Engineer
Fire Protection System

제 8 장

옥내배선

제8장 옥내배선

1 심벌

1.1 조명기구

명 칭	그림기호	적요
점멸기	●	(1) 용량의 표시방법은 다음과 같다. ① 10A는 표기하지 않는다. ② 15A 이상은 전류치를 표기한다. 　【보기】●₁₅ₐ (2) 극수의 표시방법은 다음과 같다. ① 단극은 표기하지 않는다. ② 2극 또는 3로, 4로는 각각 2P 또는 3, 4의 숫자를 표기한다. 　【보기】●₂ₚ　　●₃ (3) 방수형은 WP를 표기한다.　●WP (4) 방폭형은 EX를 표기한다.　●EX (5) 타이머 붙이는 T를 표기한다.　●T
유도등 (백열등)	⊗	객석유도등인 경우에는 필요에 따라 S를 표기한다. ⊗s
유도등 (형광등)	⊐⊗⊏	(1) 기구의 종류를 표시하는 경우는 표기한다. 　⊐⊗⊏중 (2) 통로유도등인 경우 필요에 따라 화살표를 기입한다. 　←⊗⊏　⊐⊗→ (3) 계단에 설치하는 비상용 조명과 겸용인 경우 　■⊗■
일반용 조 명 백열등 HID등	○	(1) 벽붙이는 벽 옆을 칠한다. ◐ (2) 매입 기구 ⓓ(◎로 하여도 좋다.) (3) 옥외등은 ⊗로 하여도 좋다. (4) HID등의 종류를 표시하는 경우는 용량 앞에 다음 기호를 붙인다. 　수은등　　　　　 H 　메탈 헬라이드등　M 　나트륨등　　　　 N 【보기】H400
형광등	▭○▭	(1) 용량을 표시하는 경우는 램프의 크기(형)×램프 수로 표시한다. 또, 용량 앞에 F를 붙인다. 【보기】F40　　F40×2

명 칭	그림기호	적요
		(2) 용량 외에 기구수를 표시하는 경우는 램프의 크기(형)×램프 수 – 기구 수로 표시한다. 【보기】F40-2　　F40×2-3
비상용 조명 (건축기준법에 따르는 것) 백열등	●	(1) 일반용 조명 백열등의 적요를 준용한다. 다만, 기구의 종류를 표시하는 경우는 표기한다. (2) 일반용 조명 형광등에 조립하는 경우는 다음과 같다.
형광등	▬○▬	(1) 일반용 조명 백열등의 적요를 준용한다. 다만, 기구의 종류를 표시하는 경우는 표기한다. (2) 계단에 설치하는 통로 유도등과 겸용인 것은 ▬⊗▬로 한다.

1.2 콘센트

명칭	그림 기호	적요
콘센트	⊙	(1) 천장에 부착하는 경우는 다음과 같다. ⊙ (2) 바닥에 부착하는 경우는 다음과 같다. ⊙ (3) 용량의 표시 방법은 다음과 같다. 　① 15 [A]는 표기하지 않는다. 　② 20 [A]이상은 암페어 수를 표기한다. 　　【보기】⊙$_{20A}$ (4) 방수형은 WP를 표기한다. ⊙$_{WP}$ (5) 방폭형은 EX를 표기한다. ⊙$_{EX}$ (6) 의료용은 H를 표기한다. ⊙$_{H}$

1.3 배전반·분전반·제어반 ★★★

명칭	그림기호	적 요
배전반 분전반 및 제어반	▭	(1) 종류를 구별하는 경우는 다음과 같다. 　배전반 ⊠ 　분전반 ◤ 　제어반 ✖ (2) 직류용은 그 뜻을 표기한다. (3) 재해방지 전원회로용 배전반 등인 경우는 2중 틀로 하고 필요에 따라 종별을 표기한다. 　【보기】⊠ 1종　　◤ 2종

1.4 자동화재탐지설비 ★★★

명칭	그림기호	적요
차동식 스포트형 감지기		필요에 따라 종별을 표기한다.
보상식 스포트형 감지기		필요에 따라 종별을 표기한다.
정온식 스포트형 감지기		(1) 필요에 따라 종별을 표기한다. (2) 방수인 것은 ▽로 한다. (3) 내산인 것은 ▽로 한다. (4) 내알칼리인 것은 ▽로 한다. (5) 방폭인 것은 EX를 표기한다.
연기 감지기	S	(1) 필요에 따라 종별을 표기한다. (2) 점검 박스 붙이인 경우는 S로 한다. (3) 매입인 것은 S로 한다.
차동식 분포형 감지기의 검출부		필요에 따라 종별을 같이 적는다.
수신기		다른 설비의 기능을 갖는 경우는 필요에 따라 해당 설비의 그림기호를 표기한다. 【예】가스누설 경보설비와 일체인 것 가스누설 경보설비 및 방배연 연동과 일체인 것
부 수신기		
중 계 기		
제어반		
표시반		
시각경보기 (스트로브)		
경계구역번호	○	(1) ○에 경계구역 번호를 넣는다. (2) 필요에 따라 ⊖로 하고, 상부에 필요사항, 하부에 경계구역 번호를 넣는다.
감지선	─⊙─	(1) 필요에 따라 종별을 같이 적는다. (2) 감지선과 전선의 접속점은 ──●── 로 한다. (3) 가건물 및 천장 안에 시설한 경우는 ──⊙── 로 한다. (4) 관통장소는 ──○── 로 한다.

명칭	그림기호	적요
공 기 관	———	(1) 배선용 그림기호보다 굵게 한다. (2) 가건물 및 천장 안에 시설한 경우는 ------- 로 한다. (3) 관통장소는 —o—o— 로 한다.
열 전 대	—■—	가건물 및 천장 안에 시설하는 경우는 —▭— 로 한다.

1.5 무선통신 보조설비

명칭	그림기호	적요
누설 동축 케이블	———	(1) 일반 배선용 그림기호보다 굵게 한다. (2) 천장에 은폐하는 경우는 를 사용하여도 좋다. (3) 필요에 따라 종별, 형식, 사용길이 등을 기입한다. 【보기】 LC×500 100[m] (4) 내열형인 것은 필요에 따라 H를 기입한다. 【보기】 H-LC×200 50[m]
안 테 나	△	(1) 필요에 따라 종별, 형식 등을 기입한다. (2) 내열형인 것은 필요에 따라 H를 표기한다.
혼 합 기	▽	주파수가 다른 경우는 다음과 같다.
분 배 기	▭	(1) 분배수에 따른 그림기호는 다음과 같이 한다. 4분배기의 보기 : ▭ (2) 필요에 따라 종별 등을 표기한다.
분 기 기	▭	필요에 따라 분기수에 따른 그림기호로 한다. 2분기기의 보기 : ▭
종단저항기	—/\/\/—	
무 선 기 접속단자	◎	필요에 따라 소방용 F, 경찰용 P, 자위용 G를 표기한다. 【보기】 ◎F
커 넥 터	—▭	필요에 따라 생략할 수 있다.
분파기(필터를 포함한다)	F	

1.6 소화설비

명 칭	그림기호	적 요
연기감지기	⬛S	
가스계소화설비의 수동조작함	RM	
수신기	▷◁	
방출표시등(벽붙이형)	⊢⊗	
사이렌	◁	Ⓜ◁ : 모터 사이렌 Ⓢ◁ : 전자사이렌
압력 스위치	PS	
솔레노이드 밸브	S밸브	
종단저항	Ω	
할론 실린더 및 연결관	⊚	
선택밸브	▷◁	
가스 체크 밸브	▷	
릴리프 밸브 (이산화탄소용)	◆	
소화가스패키지	PAC	

1.7 일반배선

명 칭	그림기호	적 요
천장은폐배선	———	천장은폐배선 중 천장 속의 배선을 구별하는 경우는 천장 속의 배선에 ––––––– 를 사용하여도 좋다.
바닥은폐배선	— — —	노출배선 중 바닥면 노출배선을 구별하는 경우는 바닥면 노출배선에 ––––––– 를 사용하여도 좋다.
노출배선	– – – – – –	
상승	↗	(1) 동일층의 상승, 인하는 특별히 표시하지 않는다. (2) 관, 선의 굵기를 명기한다. 다만, 명백한 경우는 기입하지 않아도 좋다. (3) 필요에 따라 공사종별을 표기한다. (4) 케이블의 방화구역 관통부는 다음에 따라 표시한다. 상승 : ↗ 인하 : ↙ 소통 : ↗
인하	↙	
소통	↗	

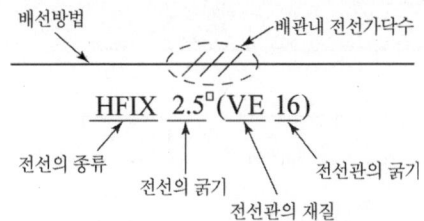

1. 배선방법
   - 천장은폐배선 : ─────
   - 바닥은폐배선 : ─ ─ ─ ─
   - 노출배선 : ─ · ─ · ─ ·
2. 전선의 종류
   - HFIX : 450/750 [V] 저독성 난연 가교 폴리올레핀 절연 전선
   - CV : 가교폴리에틸렌 절연 비닐 시스 케이블
   - E : 접지선

※ 시스 : 외장

3. 전선관의 재질
   - 별도 표기없는 경우 : 강제전선관
   - VE : 경질비닐 가요전선관
   - F_2 : 2종 금속제 가요전선관
   - PF : 합성수지제 가요전선관
4. 전선관의 굵기(강제전선관의 경우)
   - 짝수 : 후강전선관
   - 홀수 : 박강전선관
5. 배관내 전선가닥수
   - ──//── : 2가닥
   - ──///── : 3가닥
   - ──⊂── : 전선이 들어있지 않는 경우

2 전선 약어표

약 호	명 칭
HFIX	450/750 [V] 저독성 난연 가교 폴리올레핀 절연전선
HFCO	0.6/1[kV] 가교폴리에틸렌 절연 저독성 난연 폴리에틸렌 시스 전력 케이블
CV	가교폴리에틸렌 절연 비닐 시스 케이블
DV 전선	인입용 비닐절연전선
OW 전선	옥외용 비닐절연전선

3. 배선도 및 전선접속도

조건	배 선 도	전선 접속도
(1) 1등을 스위치 하나로 점멸한다.	전원 (단극 스위치의 경우) / (2극 스위치의 경우) 2	
(2) 2등을 하나의 스위치로 동시에 점멸한다.		
(3) (2)의 예에 콘센트(점멸하지 않음)가 있는 경우		
(4) 2등을 별개의 스위치로 점멸하는 경우	a / b / a b	
(5) 1등을 2개소에서 점멸하는 경우	3 3	
(6) 2등을 동시에 2개소에서 점멸하는 경우	3 3 / 3 3	
(7) 1등을 3개소에서 점멸하는 경우	3 4 3	

○ : 전등   ● : 점멸기(첨자가 없는 것은 단극, 2는 2극, 3은 3, 4는 4로)   ⊙ : 콘센트

4 금속관 공사

4.1 시설조건(KEC)★★★
1. 전선은 절연전선(옥외용 비닐절연전선을 제외한다)일 것.
2. 전선은 연선일 것. 다만, 다음의 것은 적용하지 않는다.
    가. 짧고 가는 금속관에 넣은 것.
    나. 단면적 10 mm²(**알루미늄선**은 단면적 16 mm²) **이하**의 것.
3. 전선은 금속관 안에서 **접속점**이 없도록 할 것.

4.2 금속관 및 부속품의 시설(KEC)★★★
1. 관 상호 간 및 관과 박스 기타의 부속품과는 **나사접속** 기타 이와 동등 이상의 효력이 있는 방법에 의하여 견고하고 또한 **전기적**으로 완전하게 접속할 것.
2. 관의 끝 부분에는 **전선의 피복을 손상하지 아니하도록** 적당한 구조의 **부싱**을 사용할 것. 다만, 금속관공사로부터 애자사용공사로 옮기는 경우에는 그 부분의 관의 끝부분에는 **절연부싱** 또는 이와 유사한 것을 사용하여야 한다.
3. 습기가 많은 장소 또는 물기가 있는 장소에 시설하는 경우에는 **방습 장치**를 할 것.
4. 관에는 접지공사를 할 것. 다만, 사용전압이 **400 V 이하**로서 다음 중 하나에 해당하는 경우에는 그러하지 아니하다.
    가. 관의 길이(2개 이상의 관을 접속하여 사용하는 경우에는 그 전체의 길이를 말한다. 이하 같다)가 **4 m 이하**인 것을 건조한 장소에 시설하는 경우
    나. 옥내배선의 사용전압이 **직류 300 V** 또는 **교류 대지 전압 150 V 이하**로서 그 전선을 넣는 관의 길이가 **8 m 이하**인 것을 사람이 쉽게 접촉할 우려가 없도록 시설하는 경우 또는 건조한 장소에 시설하는 경우
5. 금속관을 금속제의 **풀박스**에 접속하여 사용하는 경우에는 제1의 규정에 준하여 시설하여야 한다. 다만, 기술상 부득이한 경우에는 관 및 풀박스를 건조한 곳에서 불연성의 조영재에 견고하게 시설하고 또한 관과 풀박스 상호 간을 전기적으로 접속하는 때에는 그러하지 아니하다.

4.3 금속관 규격

1. 관의 종류 및 호칭

종 류	관의 호칭	비 고
후강전선관	16, 22, 28, 36, 42, 54, 70, 82, 92, 104	호칭은 안지름 표시, 짝수
박강전선관	19, 25, 31, 39, 51, 63, 75	호칭은 바깥지름 표시, 홀수

2. 관의 길이
   ① 합성수지관 1본의 길이 : 4 [m]
   ② 금속관 1본의 길이 : 3.6 [m]

4.4 전선의 굵기, 전선관의 굵기

전선의 굵기	전선의 용도	배관 내 최대입선 가닥수	전선관 굵기[호]
1.5 [mm^2]	감지기 배선	4가닥	16
		8가닥	22
2.5 [mm^2]	간선, 분기선, 전원선(DC)	4가닥	16
		7가닥	22
		12가닥	28
		21가닥	36
		28가닥	42
		45가닥	54
4 [mm^2]	전원선(AC)	3가닥	16
		6가닥	22

4.5 금속관 공사용 자재 ★★★

명 칭	그 림	용 도
로크너트		금속관 배관 공사에서 박스에 금속관을 고정할 때 사용되며, 6각형과 톱니형이 있다. 수량 = 부싱갯수 × 2배
링 리듀서		금속관을 아우트렛 박스에 로크너트만으로 고정하기 어려울 때 보조적으로 사용되는 부품(녹아웃 구멍이 클 때)
부 싱		전선의 절연 피복을 보호하기 위하여 금속관 끝에 취부하여 사용. 전선관과 박스 또는 함의 접속 개소마다 설치

명 칭	그 림	용 도
엔트런스 캡		인입구, 인출구의 금속관 관단에 설치하여 빗물침입 방지, 금속관 공사에서 수직배관의 상부에 사용되어 비의 침입을 막는 데 가장 좋은 부품
터미널 캡 (서비스캡)		저압 가공 인입선에서 금속관 공사로 옮겨지는 곳 또는 금속관으로부터 전선을 뽑아 전동기 단자 부분에 접속할 때 사용 A형, B형이 있다.
플로어 박스		바닥 밑으로 매입 배선할 때 사용 및 바닥 밑에 콘센트를 접속할 때 사용
유니온 커플링		금속관 상호 접속용으로 관이 고정되어 있을 때 사용
커플링		금속전선관 상호간을 접속하는데 사용되는 부품(관이 고정되어 있지 않을 때)
픽스쳐 스터드와 히 키		무거운 기구를 박스에 취부할 때 사용하는 재료
노 멀 밴 드		배관의 직각 굴곡 부분에 사용 노멀 밴드(전선관용)의 종류 : 후강 전선관용, 박강 전선관용, 나사없는 전선관용
유니버셜 엘 보		노출 배관 공사에서 관을 직각으로 굽히는 곳에 사용, 강제전선관 공사중 노출배관 공사에서 관을 직각으로 굽히는 곳에 사용한다. 3방향으로 분기할 수 있는 T형과 4방향으로 분기할 수 있는 크로스(cross)형이 있다.

5 설비별 배선공사

5.1 옥내소화전설비, 옥외소화전설비 ★★

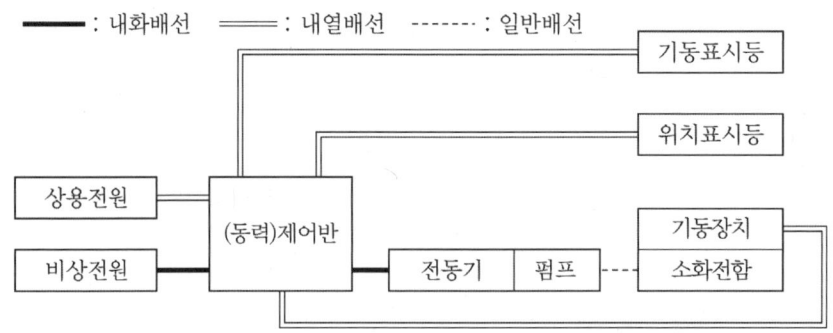

1. 비상전원으로부터 동력제어반 및 가압송수장치까지의 배선 : 내화배선
2. 상용전원으로부터 동력제어반에 이르는 배선, 그 밖의 설비의 감시조작 또는 표시등회로의 배선 : 내화배선 또는 내열배선

5.2 스프링클러설비, 포소화설비, 물분무소화설비, 미분무소화설비 ★

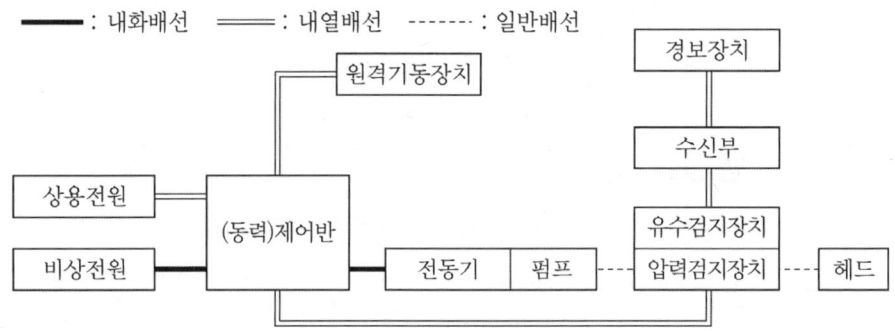

1. 비상전원으로부터 동력제어반 및 가압송수장치까지의 배선 : 내화배선
2. 상용전원으로부터 동력제어반에 이르는 배선, 그 밖의 설비의 감시조작 또는 표시등회로의 배선 : 내화배선 또는 내열배선

5.3 이산화탄소, 할론, 할로겐화합물 및 불활성기체, 분말소화설비 ★

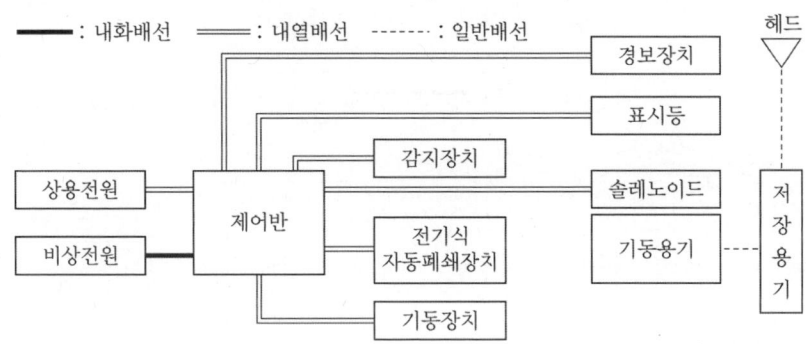

5.4 자동화재탐지설비 ★

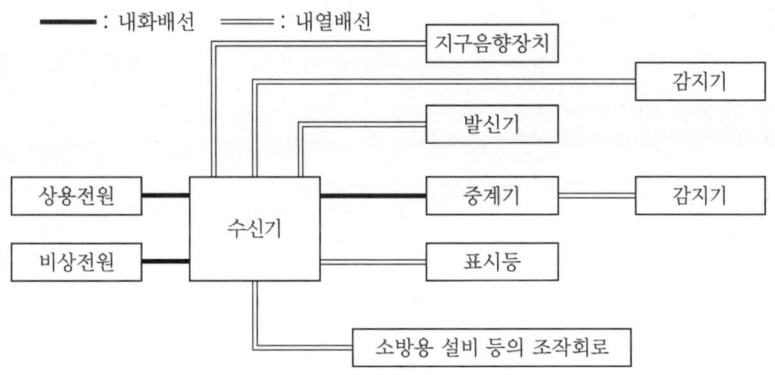

1. 전원회로의 배선은 내화배선
2. 감지기 상호간 또는 감지기로부터 수신기에 이르는 감지기회로의 배선
    ① 아날로그식 감지기, 다신호식 감지기, R형 수신기용으로 사용되는 것 : 전자파 방해를 받지 아니하는 쉴드선 등을 사용하여야 하며, 광케이블의 경우에는 전자파 방해를 받지 아니하고 내열성능이 있는 것으로 사용할 수 있다.
    ② 일반배선을 사용하는 경우 : 내화배선 또는 내열배선
3. 그 밖의 배선은 내화배선 또는 내열배선

5.5 비상콘센트 설비

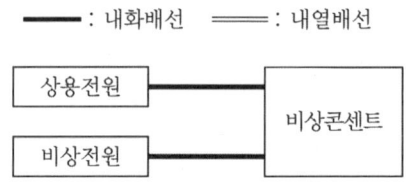

1. 전원회로의 배선은 내화배선, 그 밖의 배선은 내화배선 또는 내열배선

5.6 소방용 케이블 배선방법 ★★★

1. 소방용 케이블을 내화성능을 갖는 배선전용실 등의 내부에 소방용이 아닌 케이블과 함께 노출하여 배선할 때 **소방용 케이블과 다른 용도의 케이블간의 피복과 피복간의 이격거리는 15 [cm] 이상**이어야 한다.
2. 부득이하여 이격시킬 수 없는 경우에는 굵은 케이블 지름의 **1.5배 이상**의 높이를 가진 불연성 격벽을 설치해야 한다.

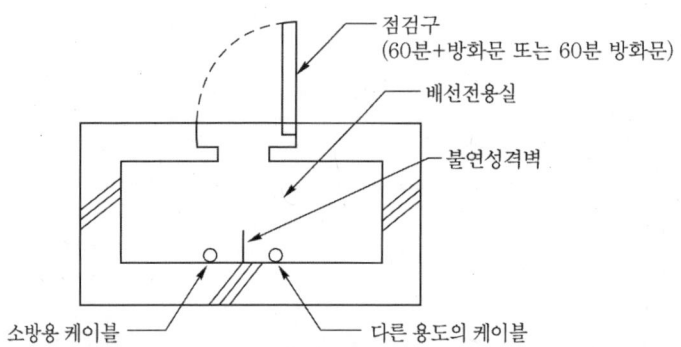

6 전기요소 측정

계 측 기	측 정 요 소
훅크온메타(Hook on meter)	선로(교류)의 전류를 측정
절연저항계(Megger)	절연저항을 측정
코올라우시 브리지(Kohlrausch bridge)	접지저항, 전해액의 저항, 전지의 내부저항을 측정
휘트스톤 브리지(Wheatstone bridge)	중저항($0.5 \sim 10^5$ [Ω])을 측정
검류계(Galvano meter)	미소한 전류를 측정

7 4각박스와 8각박스의 사용처

박스종류	사용처
4각박스	• 4방출 이상 • 수신기 • 슈퍼비조리 판넬(SVP) • 한쪽면 2방출 이상 • 제어반 • 수동조작함(RM) • 발신기세트
8각박스	• 감지기 • 유도등 • 사이렌 • 방출표시등 • 습식밸브 • 건식밸브 • 준비작동식 밸브

※ 조건에 따라 달라질 수 있습니다.

8 소방시설 도시기호

※ 관련법 : 소방시설 자체점검사항 등에 관한 고시

명 칭	도시기호	명 칭	도시기호	명 칭	도시기호
경보밸브(습식)		차동식스포트형감지기		모터싸이렌	M
경보밸브(건식)		보상식스포트형감지기		전자싸이렌	S
프리액션밸브	P	정온식스포트형감지기		조작장치	EP
경보델류지밸브	D	연기감지기	S	증폭기	AMP
프리액션밸브 수동조작함	SVP	감지선		이온화식감지기 (스포트형)	S I
솔레노이드밸브	S	공기관		광전식연기감지기 (아나로그)	S A
모터밸브	M	열전대		광전식연기감지기 (스포트형)	S P
경계구역번호	△	열반도체	∞	감지기간선, HFIX 1.5mm^2×4(22C)	— F ⫽
비상용누름버튼	F	차동식분포형 감지기의검출기		감지기간선, HFIX 1.5mm^2×8(22C)	— F ⫽ ⫽

명칭	도시기호	명칭	도시기호	명칭	도시기호
비상전화기	ET	발신기셋트 단독형	ⓟⒷⓁ	유도등간선 HFIX $2.5mm^2 \times 3(22C)$	—— EX ——
비상벨	Ⓑ	발신기셋트 옥내소화전내장형	ⓟⒷⓁ	경보부저	BZ
싸이렌	◁	기동누름버튼	Ⓔ	종단저항	Ω
제어반	⊠	압력스위치	PS	비상콘센트	●● ●●●
표시반	▭	탬퍼스위치	TS	비상분전반	⊠
회로시험기	⊙	연기감지기(전용)	S	가스계소화설비의 수동조작함	RM
화재경보벨	Ⓑ	열감지기(전용)	⌒	전동기구동	M
시각경보기 (스트로브)	◇	자동폐쇄장치	ER	엔진구동	E
수신기	⊠	연동제어기	▨	소화가스 패키지	PAC
부수신기	▭	배연창기동 모터	M		
중계기	▯	배연창수동조작함	8		
표시등	◐	피뢰부(평면도)	●		
피난구유도등	⊗	피뢰부(입면도)	▯		
통로유도등	→	피뢰도선 및 지붕위 도체	——		
접 지	⏚	접지저항 측정용단자	⊗		

출제예상문제
Expected problems

문제 01 출제년도 「97. 99. 05.」 •점수 : 4점

수신기와 200 [m] 떨어진 지구경종 4개를 동시에 울릴 경우 선로의 전압강하는 몇 [V]인가? 단, 경종의 용량은 24 [V], 1.44 [W], 수신기와 경종의 연결전선은 1.5[mm²] 연동선이며 전기저항은 다음 표와 같고 주위온도는 20 [℃]라 한다.
450/750 [V] HFIO, HFIX 절연 전선(KSC 3341)

공칭단면적 [mm²]	도체등급 (KS C IEC 60228)	절연체 두께 [mm]	완성품 바깥지름		도체저항 (20 [℃]) [Ω/km]	시험 전압 [V]
			하한값 [mm]	상한값 [mm]		
1.5	1	0.7	2.6	3.3	12.1	2500
	2		2.7	3.4		
2.5	1	0.8	3.2	4.0	7.41	2500
	2		3.3	4.1		
4	1	0.8	3.6	4.6	4.61	2500
	2		3.8	4.7		
6	1	0.8	4.1	5.2	3.08	2500
	2		4.3	5.4		
10	1	1.0	5.3	6.6	1.83	2500
	2		5.6	7.0		
16	2	1.0	6.4	8.0	1.15	2500
25	2	1.2	8.1	10.1	0.727	2500
35	2	1.2	9.0	11.3	0.524	2500
50	2	1.4	10.6	13.2	0.387	2500
70	2	1.4	12.1	15.1	0.268	2500
95	2	1.6	14.1	17.6	0.193	2500
120	2	1.6	15.6	19.4	0.153	2500
150	2	1.8	17.3	21.6	0.124	2500
185	2	2.0	19.3	24.1	0.0991	2500
240	2	2.2	22.0	27.5	0.0754	2500
300	2	2.4	24.5	30.6	0.0601	2500

답안작성

계산 : 1) 경종 4개에 흐르는 전류

$$I = \frac{P}{V} = \frac{1.44 \times 4}{24} = 0.24 [\text{A}]$$

2) 표에서 1.5 [mm²] 전선의 도체저항은 12.1 [Ω/km] 이므로

전압강하 $e = 2IR = 2 \times 0.24 \times \frac{12.1}{1000} \times 200 = 1.16 [\text{V}]$

답 : 1.16 [V]

▼해설

문제에서 전선의 저항이 주어지지 않은 경우 전압강하 계산 식

전 기 방 식	전압강하	전선 단면적
단상 2선식 및 직류 2선식	$e = \dfrac{35.6LI}{1000A}$	$A = \dfrac{35.6LI}{1000e}$
3상 3선식	$e = \dfrac{30.8LI}{1000A}$	$A = \dfrac{30.8LI}{1000e}$
단상 3선식, 직류 3선식, 3상 4선식	$e' = \dfrac{17.8LI}{1000A}$	$A = \dfrac{17.8LI}{1000e'}$

여기서, e : 각 선간의 전압강하 [V] e' : 각 선간의 1선과 중성선 사이의 전압강하 [V]
　　　 L : 전선 1본의 길이 [m] 　A : 전선의 단면적 [mm^2]
　　　 I : 전류 [A]

문제 02 출제년도 「98. 00. 03.」 ·점수 : 4점

굵기가 다른 절연전선 4 [mm^2] 3본과 10 [mm^2] 3본을 넣어서 금속관 배선공사를 할 수 있는 금속관(후강전선관 및 박강전선관)의 최소 굵기를 주어진 표를 이용하여 구하시오.(단, 내단면적의 32% 적용)

표 1. 전선(피복절연물을 포함한다)의 단면적

도체 단면적 [mm^2]	절연체 두께 [mm]	평균 완성 바깥지름 [mm]	전선의 단면적 [mm^2]
1.5	0.7	3.3	9
2.5	0.8	4.0	13
4	0.8	4.6	17
6	0.8	5.2	21
10	1.0	6.7	35
16	1.0	7.8	48
25	1.2	9.7	74
35	1.2	10.9	93
50	1.4	12.8	128
70	1.4	14.6	167
95	1.6	17.1	230
120	1.6	18.8	277
150	1.8	20.9	343
185	2.0	23.3	426
240	2.2	26.6	555
300	2.4	29.6	688
400	2.6	33.2	865

표 2. 절연전선을 금속관내에 넣을 경우의 보정계수

도체 단면적 [mm²]	보정계수
2.5, 4	2.0
6, 10	1.2
16 이상	1.0

표 3. 후강전선관의 내단면적의 32[%] 및 48[%]

관의 호칭	내단면적의 32% [mm²]	내단면적의 48% [mm²]	관의 호칭	내단면적의 32% [mm²]	내단면적의 48% [mm²]
16	67	101	54	732	1,098
22	120	180	70	1,216	1,825
28	201	301	82	1,701	2,552
36	342	513	92	2,205	3,308
42	460	690	104	2,843	1,964

표 4. 박강전선관의 굵기 선정

도체 단면적 [mm²]	전 선 본 수									
	1	2	3	4	5	6	7	8	9	10
	전선관의 최소 굵기 [mm]									
2.5	19	19	19	25	25	25	25	31	31	31
4	19	19	19	25	25	25	31	31	31	31
6	19	19	25	25	31	31	31	31	39	39
10	19	25	25	31	31	31	39	39	39	51
16	19	25	31	31	39	39	51	51	51	51
25	25	31	31	39	51	51	51	51	63	63
35	25	31	39	51	51	63	63	63	75	75
50	25	39	51	51	51	63	63	75	75	
70	31	51	51	63	63	75	75	75		
95	31	51	63	75	75	75				
120	39	63	75	75	75					
150	39	63	75	75						
185	51	75	75							
200	51	75	75							

표 5. 후강전선관의 굵기 선정

도체 단면적 [mm²]	전선본수									
	1	2	3	4	5	6	7	8	9	10
	전선관의 최소 굵기 [mm]									
2.5	16	16	16	16	22	22	22	28	28	28
4	16	16	16	22	22	22	28	28	28	28
6	16	16	22	22	22	28	28	28	36	36
10	16	22	22	28	28	36	36	36	36	36
16	16	22	28	28	36	36	36	42	42	42
25	22	28	28	36	36	42	54	54	54	54
35	22	28	36	42	54	54	54	70	70	70
50	22	36	54	54	70	70	70	82	82	82
70	28	42	54	54	70	70	70	82	82	82
95	28	54	54	70	70	82	82	92	92	104
120	36	54	54	70	70	82	82	92		
150	36	70	70	82	92	92	104	104		
185	36	70	70	82	92	104				
200	42	82	82	92	104					

표 6. 박강전선관의 내단면적의 32% 및 48%

관의 호칭	내단면적의 32% [mm²]	내단면적의 48% [mm²]	관의 호칭	내단면적의 32% [mm²]	내단면적의 48% [mm²]
19	63	95	51	569	853
25	123	185	63	889	1,333
31	205	308	75	1,309	1,964
39	305	458			

답안작성

(1) 후강전선관 : 36 [mm]
(2) 박강전선관 : 39 [mm]

▼해설

문제의 조건에서 내단면적의 32% 적용이므로

(1) [표 1]에서 4 [mm²] 3본의 피복절연물을 포함한 단면적은 3 × 17 = 51 [mm²]
　　　　　10 [mm²] 3본의 피복절연물을 포함한 단면적은 3 × 35 = 105 [mm²]
(2) [표 2]에서 절연전선을 금속관내에 넣을 경우의 보정계수를 고려하면
　　① 4 [mm²]는 2.0
　　② 10 [mm²]는 1.2이므로

$$51\,[\text{mm}^2] \times 2.0 = 102\,[\text{mm}^2]$$
$$\underline{105\,[\text{mm}^2] \times 1.2 = 126\,[\text{mm}^2]}$$
$$= 228\,[\text{mm}^2]$$

(3) [표 3]에서 후강전선관의 내단면적의 32% 칸에서 228 [mm²] 이상인 값을 찾으면 굵기가 36 [mm]가 된다.

(4) [표 6]에서 박강전선관의 내단면적의 32% 칸에서 228 [mm²] 이상인 값을 찾으면 굵기가 39 [mm]가 된다.

문제 03

출제년도 「99. 02.」 •점수 : 7점

소방설비의 전기배선공사를 후강전선관에 의한 금속관배선공사로 시공하여야 한다. 배선공사에 필요한 관의 길이가 20 [m]라고 할 때 할 때 다음 각 물음에 답하시오.

(1) 금속배선공사를 콘크리트에 매입하여 시공할 때 관의 두께는 몇 [mm] 이상의 것을 사용하여야 하는가?

(2) 동일관내에 2.5 [mm²] 전선 3가닥과 6 [mm²]인 전선 3가닥을 넣을 수 있는 후강전선관의 최소 굵기를 표를 이용하여 구하시오.(단, 내단면적의 32% 적용)

표 1. 전선(피복절연물을 포함한다)의 단면적

도체 단면적 [mm²]	절연체 두께 [mm]	평균 완성 바깥지름 [mm]	전선의 단면적 [mm²]
1.5	0.7	3.3	9
2.5	0.8	4.0	13
4	0.8	4.6	17
6	0.8	5.2	21
10	1.0	6.7	35
16	1.0	7.8	48
25	1.2	9.7	74
35	1.2	10.9	93
50	1.4	12.8	128
70	1.4	14.6	167
95	1.6	17.1	230
120	1.6	18.8	277
150	1.8	20.9	343
185	2.0	23.3	426
240	2.2	26.6	555
300	2.4	29.6	688
400	2.6	33.2	865

표 2. 절연전선을 금속관내에 넣을 경우의 보정계수

도체 단면적 [mm^2]	보정계수
2.5, 4	2.0
6, 10	1.2
16 이상	1.0

표 3. 후강전선관의 내단면적의 32[%] 및 48[%]

관의 호칭	내단면적의 32% [mm^2]	내단면적의 48% [mm^2]	관의 호칭	내단면적의 32% [mm^2]	내단면적의 48% [mm^2]
16	67	101	54	732	1,098
22	120	180	70	1,216	1,825
28	201	301	82	1,701	2,552
36	342	513	92	2,205	3,308
42	460	690	104	2,843	1,964

답안작성

(1) 1.2 [mm] 이상
(2) 28 [mm]

해설

(1) 금속관의 두께
  ① 콘크리트에 매입 : 1.2 [mm] 이상
  ② 기타의 경우 : 1 [mm] 이상
  ③ 이음매가 없는 길이 4 [m] 이하의 것을 건조하고 전개된 곳에 시설하는 경우는 0.5 [mm] 까지 감할 수 있다.
(2) 금속관의 굵기 선정
  문제의 조건에서 내단면적의 32% 적용이므로
  ① [표 1]에서 2.5[mm^2] 3가닥의 피복절연물을 포함한 단면적은 3 × 13 = 39 [mm^2]
           6 [mm^2] 3가닥의 피복절연물을 포함한 단면적은 3 × 21 = 63 [mm^2]
  ② [표 2]에서 절연전선을 금속관내에 넣을 경우의 보정계수를 고려하면
     ㉠ 2.5 [mm^2]는 2.0
     ㉡ 6 [mm^2]는 1.2 이므로
        39 [mm^2] × 2.0 = 78 [mm^2]
        63 [mm^2] × 1.2 = 75.6 [mm^2]
                        = 153.6 [mm^2]
  ③ [표 3]에서 후강전선관의 내단면적의 32% 칸에서 153.6 [mm^2] 이상인 값을 찾으면 굵기가 28 [mm]가 된다.

제8장 | 옥내배선

문제 04　출제년도 「99. 01. 04.」 •점수 : 4점

전로의 절연열화에 의한 화재사고를 방지하기 위하여 절연저항을 측정하여 전로의 유지보수에 활용하여야 한다. 절연저항측정에 관한 다음 각 물음에 답하시오.
(1) 220 [V] 전로에서 전선과 대지사이의 절연저항이 0.2 [MΩ]이라면 누설전류는 몇 [mA]인가?
　•계산　　　　　　　　　　　　　　•답
(2) 감지기회로 및 부속회로의 전로와 대지사이 및 배선 상호간의 절연저항을 1경계구역마다 직류 250 [V]의 절연저항측정기로 측정하여 몇 [MΩ] 이상이 되도록 하여야 하는가?

답안작성

(1) 계산 : $I = \dfrac{V}{R} = \dfrac{220}{0.2 \times 10^6} = 0.0011 [A] = 1.1 [mA]$

　답 : 1.1 [mA]
(2) 0.1 [MΩ] 이상

해설

(1) 누설전류 I

$I = \dfrac{V}{R} = \dfrac{220}{0.2 \times 10^6} = 0.0011 [A] = 1.1 [mA]$

(2) 감지기회로 및 부속회로의 전로와 대지 사이 및 배선 상호간의 절연저항은 1경계구역마다 직류 250 [V]의 절연저항측정기를 사용하여 측정한 **절연저항이 0.1 [MΩ] 이상**이 되도록 할 것

문제 05　출제년도 「97. 00. 03.」 •점수 : 4점

저압옥내배선의 금속관 공사에 있어서 금속관 및 부속품의 시설기준을 나타낸 것이다. ( )안에 알맞은 말을 답안지에 쓰시오.
관에는 접지공사를 할 것. 다만, 사용전압이 (①) 이하로서 다음 중 하나에 해당하는 경우에는 그러하지 아니하다.
가. 관의 길이(2개 이상의 관을 접속하여 사용하는 경우에는 그 전체의 길이를 말한다. 이하 같다)가 (②) 이하인 것을 건조한 장소에 시설하는 경우
나. 옥내배선의 사용전압이 직류 300 V 또는 교류 대지 전압 150 V 이하로서 그 전선을 넣는 관의 길이가 (③) 이하인 것을 사람이 쉽게 접촉할 우려가 없도록 시설하는 경우 또는 (④)한 장소에 시설하는 경우

답안작성

① 400 V　② 4 m　③ 8 m　④ 건조

문제 **06** 출제년도 「99. 02.」 •점수 : 3점

가요전선관 공사에서 다음에 사용되는 재료의 명칭은 무엇인가?
(1) 가요전선관과 박스의 연결
(2) 가요전선관과 금속전선관의 연결
(3) 가요전선관과 가요전선관의 연결

답안작성
(1) 스트레이트박스 커넥터
(2) 컴비네이션 커플링
(3) 스프리트 커플링

▼해설

스트레이트박스 커넥터	컴비네이션 커플링	스프리트 커플링

문제 **07** 출제년도 「24.」 •점수 : 5점

다음은 KEC(한국전기설비규정)에 따른 금속관 공사에 대한 내용을 나타낸 것이다. ( )에 들어갈 내용을 쓰시오.

> 1. 전선은 절연전선((①)을 제외한다)일 것.
> 2. 전선은 (②)일 것. 다만, 다음의 것은 적용하지 않는다.
>   가. 짧고 가는 금속관에 넣은 것.
>   나. 단면적 (③) mm²(알루미늄선은 단면적 16 mm²) 이하의 것.
> 3. 전선은 금속관 안에서 (④)이 없도록 할 것.
> 4. 관의 끝 부분에는 전선의 피복을 손상하지 아니하도록 적당한 구조의 (⑤)을 사용할 것.

답안작성
① 옥외용 비닐절연전선
② 연선
③ 10
④ 접속점
⑤ 부싱

▼해설

금속관 공사(KEC 기준)

1.1 시설조건
  1. 전선은 절연전선(옥외용 비닐절연전선을 제외한다)일 것.
  2. 전선은 연선일 것. 다만, 다음의 것은 적용하지 않는다.
      가. 짧고 가는 금속관에 넣은 것.
      나. 단면적 10 mm²(알루미늄선은 단면적 16 mm²) 이하의 것.
  3. 전선은 금속관 안에서 접속점이 없도록 할 것.
1.2 금속관 및 부속품의 시설
  1. 관 상호 간 및 관과 박스 기타의 부속품과는 나사접속 기타 이와 동등 이상의 효력이 있는 방법에 의하여 견고하고 또한 전기적으로 완전하게 접속할 것.
  2. 관의 끝 부분에는 전선의 피복을 손상하지 아니하도록 적당한 구조의 부싱을 사용할 것. 다만, 금속관공사로부터 애자사용공사로 옮기는 경우에는 그 부분의 관의 끝부분에는 절연부싱 또는 이와 유사한 것을 사용하여야 한다.
  3. 습기가 많은 장소 또는 물기가 있는 장소에 시설하는 경우에는 방습 장치를 할 것.

문제 08

출제년도 「16. 24.」 •점수 : 6점

다음 도면을 보고 각 물음에 답하시오.

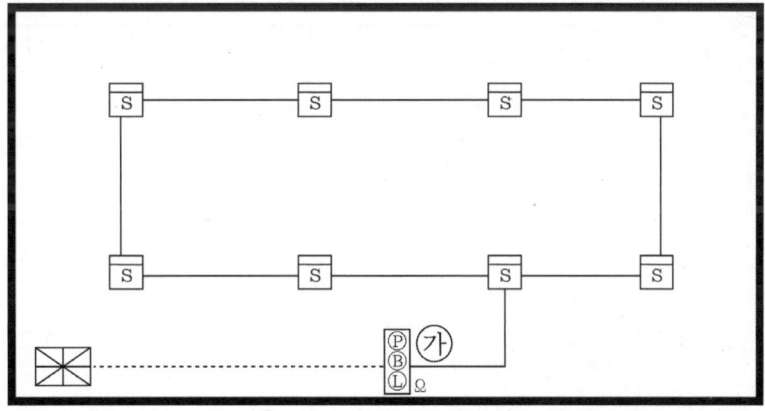

(1) ㉮는 수동으로 화재신호를 발신하는 P형 1급 발신기세트이다. 발신기세트와 수신기간의 배선 길이가 15m라면 전선은 총 몇 m가 필요한지 산출하시오. (단, 층고, 할증 및 여유율 등은 고려하지 않는다.)
  • 계산과정 :   • 답 :

(2) 상기 건물에 설치된 감지기가 2종이라 할 때 8개의 감지기가 최대로 감지할 수 있는 감지구역의 바닥면적(m²) 합계를 구하시오.(단, 천장 높이는 5m인 경우이다.)
  • 계산과정 :   • 답 :

(3) 감지기와 감지기간, 감지기와 P형 1급 발신기세트 간의 길이가 각각 10m일 때 전선관 및 전선의 물량을 산출과정과 함께 쓰시오.(단, 층고, 할증 및 여유율 등은 고려하지 않는다.)

품명	규격	산출과정	물량(m)
전선관	16C		
전선	2.5mm²		

답안작성

(1) • 계산과정 : 15m×6가닥 = 90m   • 답 : 90m
(2) • 계산과정 : 8개×75 m²/개 = 600 m²   • 답 : 600 m²
(3)

품명	규격	산출과정	물량(m)
전선관	16C	10m×9개소 = 90m	90 m
전선	2.5 mm²	① 감지기와 감지기간 : 10m×8개소×2가닥 = 160m ② 감지기와 P형 1급 발신기 세트간 : 10m×1개소×4가닥 = 40m ③ 합계 : 160m+40m = 200m	200 m

해설

(1) 수신기와 발신기 세트 간의 가닥수 : 6가닥
(2) ① 연기감지기의 부착높이에 따라 다음 표에 따른 바닥면적마다 1개 이상으로 할 것

부착높이	연기감지기의 종류	
	1종 및 2종	3종
4[m] 미만	150[m²]	50[m²]
4[m] 이상 20[m] 미만	75[m²]	

② 천장 높이가 5m이므로 감지기의 1개당 감지면적은 75[m²] 이상이어야 한다. 부착된 감지기의 수량이 8개이므로 감지면적을 산출하면 8개×75 m²/개 = 600 m²이 된다.

(3) 감지기와 감지기간의 가닥수는 2가닥, 감지기와 발신기 세트는 4가닥, 수신기와 발신기 세트간의 가닥수는 6가닥이 된다.

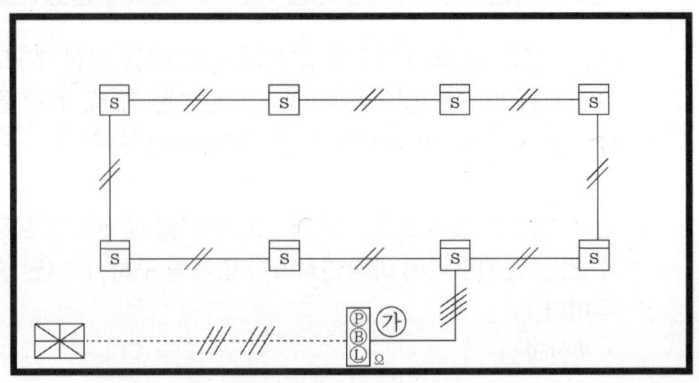

문제 09

출제년도「24.」 •점수 : 5점

다음은 한국전기설비규정(KEC)에서 규정한 전기적 접속에 대한 내용이다. ( )에 알맞은 답을 쓰시오.

(1) 배선설비가 바닥, 벽, 지붕, 천장, 칸막이, 중공벽 등 건축구조물을 관통하는 경우, 배선설비가 통과한 후에 남는 개구부는 관통 전의 건축구조 각 부재에 규정된 (①)에 따라 밀폐하여야 한다.
(2) 내화성능이 규정된 건축구조부재를 관통하는 (②)는 제1에서 요구한 외부의 밀폐와 마찬가지로 관통 전에 각 부의 내화등급이 되도록 내부도 밀폐하여야 한다.
(3) 관련 제품 표준에서 자기소화성으로 분류되고 최대 내부단면적이 (③) mm^2 이하인 전선관, 케이블트렁킹 및 (④)은 다음과 같은 경우라면 내부적으로 밀폐하지 않아도 된다.
 • 보호등급 IP33에 관한 KS C IEC 60529(외곽의 방진 보호 및 방수 보호 등급) 의 시험에 합격한 경우
 • 관통하는 건축 구조체에 의해 분리된 구획의 하나 안에 있는 배선설비의 단말이 보호등급 IP33에 관한 KS C IEC 60529(외함의 밀폐 보호등급 구분(IP 코드))의 시험에 합격한 경우
(4) 배선설비는 그 용도가 (⑤)을 견디는데 사용되는 건축구조부재를 관통해서는 안 된다. 다만, 관통 후에도 그 부재가 하중에 견딘다는 것을 보증할 수 있는 경우는 제외한다.

답안작성

① 내화등급
② 배선설비
③ 710
④ 케이블덕팅시스템
⑤ 하중

해설

한국전기설비규정(KEC) 배선설비 관통부의 밀봉
가. 배선설비가 바닥, 벽, 지붕, 천장, 칸막이, 중공벽 등 건축구조물을 관통하는 경우, 배선설비가 통과한 후에 남는 개구부는 관통 전의 건축구조 각 부재에 규정된 내화등급에 따라 밀폐하여야 한다.
나. 내화성능이 규정된 건축구조부재를 관통하는 배선설비는 제1에서 요구한 외부의 밀폐와 마찬가지로 관통 전에 각 부의 내화등급이 되도록 내부도 밀폐하여야 한다.
다. 관련 제품 표준에서 자기소화성으로 분류되고 최대 내부단면적이 710 mm^2 이하인 전선관, 케이블트렁킹 및 케이블덕팅시스템은 다음과 같은 경우라면 내부적으로 밀폐하지 않아도 된다.
 (1) 보호등급 IP33에 관한 KS C IEC 60529(외곽의 방진 보호 및 방수 보호 등급) 의 시험에 합격한 경우

(2) 관통하는 건축 구조체에 의해 분리된 구획의 하나 안에 있는 배선설비의 단말이 보호등급 IP33에 관한 KS C IEC 60529(외함의 밀폐 보호등급 구분(IP코드))의 시험에 합격한 경우
라. 배선설비는 그 용도가 하중을 견디는데 사용되는 건축구조부재를 관통해서는 안 된다. 다만, 관통 후에도 그 부재가 하중에 견딘다는 것을 보증할 수 있는 경우는 제외한다.

문제 10

출제년도 「00. 04. 05.」 • 점수 : 6점

할론소화설비에 설치되는 방출표시등과 사이렌의 설치위치와 설치목적을 설명하시오.

답안작성

설비	설치위치	설치목적
방출표시등	방호구역 외부 출입구 부근 상부	소화약제의 방출을 알려 외부인의 출입을 금지시키기 위하여
사이렌	방호구역 내부 상부	음향으로 경보하여 실내의 사람을 안전한 곳으로 대피시키기 위하여

▼해설

(1) 방출등(방출표시등)의 심벌 : ⊗ 또는 ◐
(2) 사이렌의 심벌 : ⊲

문제 11

출제년도 「96. 00.」 • 점수 : 8점

다음 심벌의 명칭을 쓰시오.

(1) ✕ (2) ▭ (3) ⊗ (4) ⊗s

답안작성

(1) 수신기 (2) 부수신기 (3) 유도등 (4) 객석유도등

▼해설

옥내배선 기호

명 칭	그림기호	적 요
유도등 (백열등)	⊗	객석유도등인 경우에는 필요에 따라 S를 표기한다. ⊗s
유도등 (형광등)	⊡	① 기구의 종류를 표시하는 경우는 표기한다. ⊡중 ② 통로유도등인 경우 필요에 따라 화살표를 기입한다. ←⊡ ⊡→ ③ 계단에 설치하는 비상용 조명과 겸용인 경우 ■

명 칭	그림기호	적 요
수신기	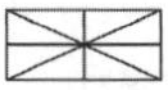 ⊠	다른 설비의 기능을 갖는 경우는 필요에 따라 해당 설비의 그림기호를 표기한다. 【예】 가스누설 경보설비와 일체인 것 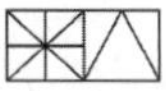 ⊠╱ 가스누설 경보설비 및 방배연 연동과 일체인 것 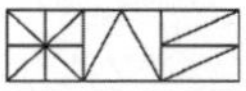 ⊠╱╱
부 수신기	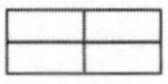 ▭	

문제 12

출제년도「예상」 •점수 : 4점

소방시설 자체점검사항 등에 관한 고시에 따른 소방시설도시기호를 나타낸 것이다. 도시기호의 명칭을 쓰시오.

명 칭	도시기호
①	SVP
②	 ▷S◁
③	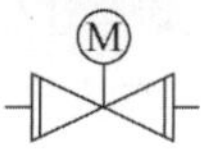 ▷M◁
④	 △

답안작성
① 프리액션밸브수동조작함
② 솔레노이드밸브
③ 모터밸브
④ 경계구역번호

문제 13

출제년도「예상」 •점수 : 8점

소방시설 자체점검사항 등에 관한 고시에 따른 소방시설도시기호를 나타낸 것이다. 도시기호의 명칭 'ㄱ~ㅅ'을 쓰시오.

도시기호	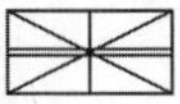 ⊠	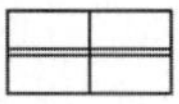 ▭	 ⊙	 Ⓑ	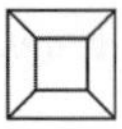 ◇	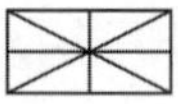 ⊠	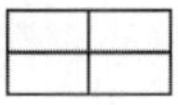 ▭	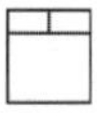 □
명칭	ㄱ	ㄴ	ㄷ	ㄹ	ㅁ	ㅂ	ㅅ	ㅇ

답안작성

ㄱ	ㄴ	ㄷ	ㄹ	ㅁ	ㅂ	ㅅ	ㅇ
제어반	표시반	회로시험기	화재경보벨	시각경보기 (스트로브)	수신기	부수신기	중계기

문제 14 출제년도 「예상」 •점수 : 3점

다음은 소방시설 자체점검사항 등에 관한 고시에 따른 소방시설도시기호를 나타낸 것이다. 도시기호의 명칭을 쓰시오.

(1) $\boxed{S}_I$

(2) $\boxed{S}_A$

(3) $\boxed{S}_P$

답안작성

(1) 이온화식감지기(스포트형)
(2) 광전식연기감지기(아나로그)
(3) 광전식연기감지기(스포트형)

문제 15 출제년도 「96. 99. 04.」 •점수 : 4점

옥내배선도에 ―///― HFIX 6ㅁ(22) 로 표시된 경우 이 배선도가 나타내는 의미를 모두 쓰시오. 단, HFIX에 대한 의미는 우리말을 쓰도록 한다.

답안작성

천장은폐배선으로 22 [mm] 후강전선관에 6 [mm²] 450/750 [V] 저독성 난연 가교 폴리올레핀 절연 전선 3가닥을 넣는다.

해설

(1) 기호설명

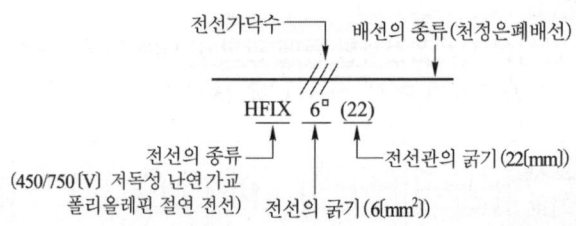

(2) 금속관 규격

종 류	관의 호칭	비 고
후강전선관	16, 22, 28, 36, 42, 54, 70, 82, 92, 104	호칭은 안지름 표시, 짝수
박강전선관	19, 25, 31, 39, 51, 63, 75	호칭은 바깥지름 표시, 홀수

문제 16 출제년도 「96. 99. 04.」 ·점수 : 3점

어떤 도면에서 배선표시가 그림과 같이 되어 있을 때 이 배선표시가 의미하는 내용을 다음에 의하여 답하시오.

HFIX 1.5□(16)

(1) 배선공사는 어떻게 하여야 하는가?
(2) 배선공사의 종류를 구체적으로 답하고 그 관의 굵기를 쓰시오.
(3) 전선의 종류, 굵기 및 그 가닥수는? (단, 전선의 종류는 우리말로 답하도록 하시오.)

답안작성

(1) 천장은폐배선
(2) ① 배선공사의 종류 : 후강전선관 공사
  ② 관의 굵기 : 16 [mm]
(3) ① 전선의 종류 : 450/750 [V] 저독성 난연 가교 폴리올레핀 절연 전선
  ② 전선의 굵기 : 1.5 [mm^2]
  ③ 전선 가닥수 : 4가닥

해설

명 칭	그림기호	적 요
천장은폐배선	———————	천장은폐배선 중 천장 속의 배선을 구별하는 경우는 천장 속의 배선에 ————— 를 사용하여도 좋다.
바닥은폐배선	— — — —	노출배선 중 바닥면 노출배선을 구별하는 경우는 바닥면 노출배선에 ————— 를 사용하여도 좋다.
노출배선	- - - - - -	

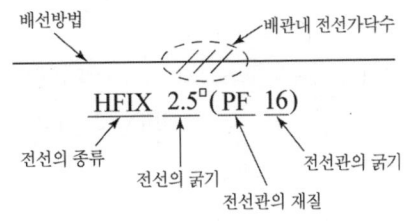

1. 배선방법
   천장은폐배선 : ─────
   바닥은폐배선 : ─ ─ ─ ─
   노출배선 : ─ ─ ─ ─ ─ ─
2. 전선의 종류
   HFIX : 450/750 [V] 저독성 난연 가교 폴리올레핀 절연 전선
   CV : 가교폴리에틸렌 절연 비닐 시스케이블
   E : 접지선
3. 전선관의 재질
   별도 표기없는 경우 : 강제전선관
   VE : 경질비닐 가요전선관
   F2 : 2종 금속제 가요전선관
   PF : 합성수지제 가요전선관
4. 전선관의 굵기
   짝수 : 후강전선관
   홀수 : 박강전선관
5. 배관내 전선가닥수
   ─────//───── : 2가닥
   ─────///───── : 3가닥
   ─────C───── : 전선이 들어있지 않는 경우

문제 17 「98. 03.」 •점수 : 6점

옥내배선에 사용되는 다음 심벌의 의미를 설명하시오. (단, 영문약호는 우리말로 표현하여 설명할 것)

(1) ────///────
    HFIX 1.5$^{□}$(VE 16)

(2) ────//────
    HFIX 4$^{□}$(16)

(3) ─────C─────
         (PF 28)

(4) ─×─×─×─⊗─×─×─×─

답안작성

(1) 16[mm] 경질비닐전선관에 1.5[mm^2] 450/750 [V] 저독성 난연 가교폴리올레핀 절연 전선 4가닥을 넣은 천장은폐배선
(2) 16[mm] 강제전선관(후강전선관)에 4[mm^2] 450/750[V] 저독성 난연 가교폴리올레핀 절연전선 2가닥을 넣은 바닥은폐배선
(3) 28[mm] 합성수지제 가요전선관에 전선이 들어있지 않은 천장은폐배선
(4) 철거

해설

명칭	그림기호	적요
천장은폐배선	─────	천장은폐배선 중 천장 속의 배선을 구별하는 경우는 천장 속의 배선에 ────── 를 사용하여도 좋다.
바닥은폐배선	─ ─ ─ ─	노출배선 중 바닥면 노출배선을 구별하는 경우는 바닥면 노출배선에 ────── 를 사용하여도 좋다.
노출배선	─ ─ ─ ─ ─	

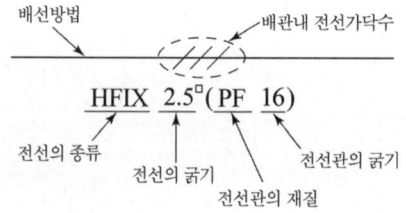

1. 배선방법
   천장은폐배선 : ——————
   바닥은폐배선 : — — — —
   노출배선 : - - - - - -
2. 전선의 종류
   HFIX : 450/750 [V] 저독성 난연 가교 폴리올레핀 절연 전선
   CV : 가교폴리에틸렌 절연 비닐 시스케이블
   E : 접지선
3. 전선관의 재질
   별도 표기없는 경우 : 강제전선관
   VE : 경질비닐 가요전선관
   F2 : 2종 금속제 가요전선관
   PF : 합성수지제 가요전선관
4. 전선관의 굵기
   짝수 : 후강전선관
   홀수 : 박강전선관
5. 배관내 전선가닥수
   ——//—— : 2가닥
   ——///—— : 3가닥
   ——⊂ : 전선이 들어있지 않는 경우

출제년도 「99. 05.」 •점수 : 6점

문제 18

그림과 같이 1개의 등을 2개소에서 점멸이 가능하도록 하려고 한다. 다음 각 물음에 답하시오.

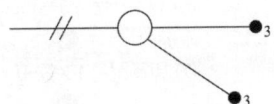

(1) ●₃의 명칭을 구체적으로 쓰시오.
(2) 배선에 배선가닥수를 표시하시오.
(3) 전선접속도(실제배선도)를 그리시오.

답안작성

(1) 3로 점멸기(스위치)
(2)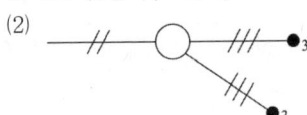
(3)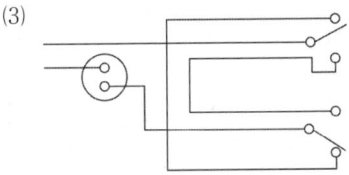

▼해설

(1) 점멸기 옥내배선기호

명 칭	그림기호	적　　요
점멸기	●	(1) 용량의 표시방법은 다음과 같다. 　① 10A는 표기하지 않는다. 　② 15A 이상은 전류치를 표기한다. 　　【보기】●15A (2) 극수의 표시방법은 다음과 같다. 　① 단극은 표기하지 않는다. 　② 2극 또는 3로, 4로는 각각 2P 또는 3, 4의 숫자를 표기한다. 　　【보기】●2P　　●3 (3) 플라스틱은 P를 표기한다. 　　●P (4) 파일럿 램프를 내장하는 것은 L을 표기한다. 　　●L (5) 따로 놓여진 파일럿 램프는 ○로 표시한다. 　　【보기】○● (6) 방수형은 WP를 표기한다. 　　●WP (7) 방폭형은 EX를 표기한다. 　　●EX (8) 타이머붙이는 T를 표기한다. 　　●T (9) 자동형, 덮개붙이 등 특수한 것은 표기한다. (10) 옥외등 등에 사용하는 자동 점멸기는 A 및 용량을 표기한다. 　　【보기】●A(3A)

(2), (3)

조　건	배 선 도	전선 접속도
(1) 1등을 스위치 하나로 점멸한다.	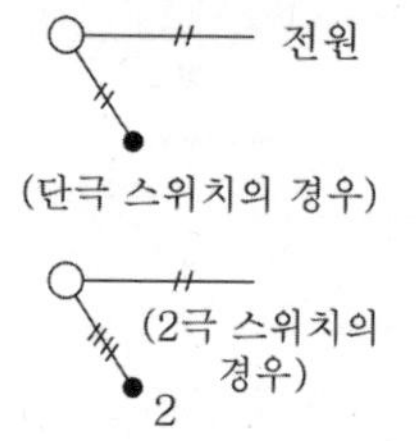 전원 (단극 스위치의 경우) (2극 스위치의 경우) 2	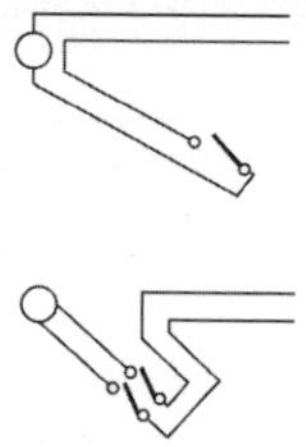
(2) 2등을 하나의 스위치로 동시에 점멸한다.	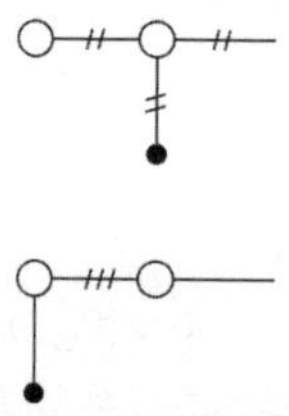	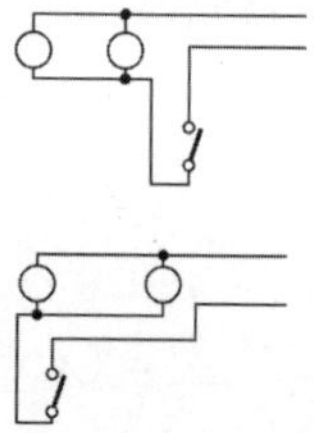

조 건	배선도	전선 접속도
(3) (2)의 예에 콘센트(점멸하지 않음)가 있는 경우		
(4) 2등을 별개의 스위치로 점멸하는 경우		
(5) 1등을 2개소에서 점멸하는 경우		
(6) 2등을 동시에 2개소에서 점멸하는 경우		
(7) 1등을 3개소에서 점멸하는 경우		

문제 19 　출제년도「24.」 •점수 : 6점

3로스위치 2개를 이용하여 1개의 전등을 2개소에서 점멸이 가능하도록 아래의 미완성 실제배선도를 답안지에 완성하시오.

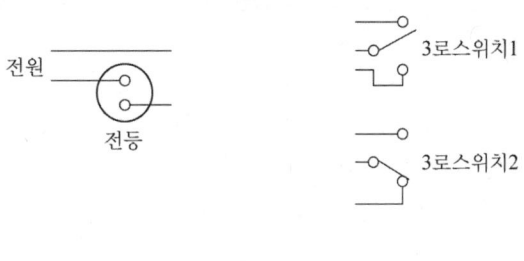

답안작성

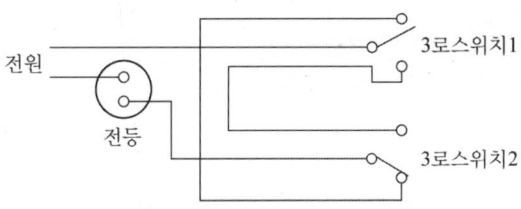

▼해설
가닥수 표기

●₃ : 3로스위치

문제 20 출제년도 「99. 00. 18.」 •점수 : 12점

어떤 건물에 대한 소방설비의 배선도면을 보고 다음 각 물음에 답하시오.
(단, 배선공사는 후강전선관을 사용한다고 한다.)

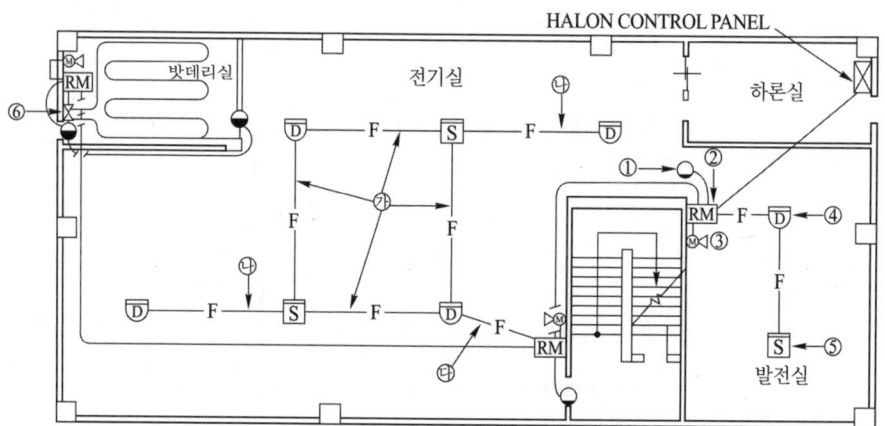

(1) 도면에 표시된 그림기호 ①~⑥의 명칭은 무엇인가?
(2) 도면에서 (가)~(다)의 배선가닥수는 몇 본인가?
(3) 도면에서 물량을 산출할 때 박스는 몇 개가 필요한가?
(4) 부싱은 몇 개가 소요되겠는가?

답안작성

(1) ① 방출표시등   ② 수동조작함
    ③ 모터사이렌   ④ 차동식 스포트형 감지기
    ⑤ 연기 감지기   ⑥ 차동식 분포형감지기의 검출부
(2) ㉮ 4가닥   ㉯ 4가닥   ㉰ 8가닥
(3) 20개
(4) 40개

▼해설

(1) 옥내배선기호

명 칭	그림기호	적 요
차동식 스포트형 감지기	▽	필요에 따라 종별을 표기한다.
연기감지기	 [S]	(1) 필요에 따라 종별을 표기한다. (2) 점검 박스 붙이인 경우는 [S]로 한다. (3) 매입인 것은 [S]로 한다.
차동식 분포형 감지기의 검출부	⊠	필요에 따라 종별을 표기한다.
수 신 기	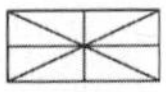 ⊠	다른 설비의 기능을 갖는 경우는 필요에 따라 해당설비의 그림기호를 표기한다.
부수신기	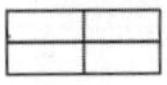 ▭▭	
중 계 기	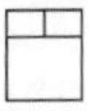 ▭	
수동조작함	[RM]	소방설비용 : [RM]F
모터사이렌	 (M)◁	
방출표시등	⊗ 또는 ◐	벽붙이형 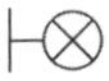 : ⊢⊗

(2) 전선 가닥수

① **교차회로 적용설비**
  ㉠ 스프링클러설비 (준비작동식, 일제살수식)
  ㉡ 이산화탄소소화설비
  ㉢ **할론 소화설비**
  ㉣ 분말소화설비
  ㉤ 물분무소화설비, 미분무소화설비
  ㉥ 할로겐화합물 및 불활성기체 소화설비

② 전선 가닥수 산정

내 용	㉮	㉯	㉰
감지기 A	2		2
감지기 A 종단저항			2
감지기 B	2	2	2
감지기 B 종단저항		2	2
합 계	4	4	8

(3) 박스 수량 산출

적용개소	수량
감 지 기	8
방출표시등	4
모터사이렌	3
수동조작함	3
차동식 분포형 감지기의 검출부	1
할론설비 제어반	1
합 계	20

(4) 부싱수량 산출

적용개소	박스수량	부싱수량
1방출	11	11 × 1 = 11
2방출	3	3 × 2 = 6
3방출	3	3 × 3 = 9
4방출	1	1 × 4 = 4
5방출	2	2 × 5 = 10
합 계	20	40

문제 21 출제년도·「98. 01. 06.」 ·점수 : 11점

주어진 조건과 도면을 보고 다음 각 물음에 답하시오.

― **조건** ―

- 대상물은 지하 주차장으로서 내화구조이다.
- 천정의 높이는 3 [m] 이다.
- 슈퍼비죠리판넬인 SVP의 설치높이는 1.2 [m] 이다.
- 전선관은 후강전선관 16 [mm]를 콘크리트 매입으로 사용한다고 한다.

(1) 도면에서 그림기호 Ⓜ◁ 의 명칭은 무엇인가?

(2) 도면의 (가)~(바)에 해당되는 전선가닥수는 최소 몇 가닥인가?
   (가)   (나)   (다)
   (라)   (마)   (바)

(3) 답안지 표의 수량을 구하시오.

품명	규격	수량	단위	품명	규격	수량	단위
금속박스	4각	①	개	금속박스	8각	②	개
로크너트	16C	③	개	부 싱	16C	④	개

[도면]

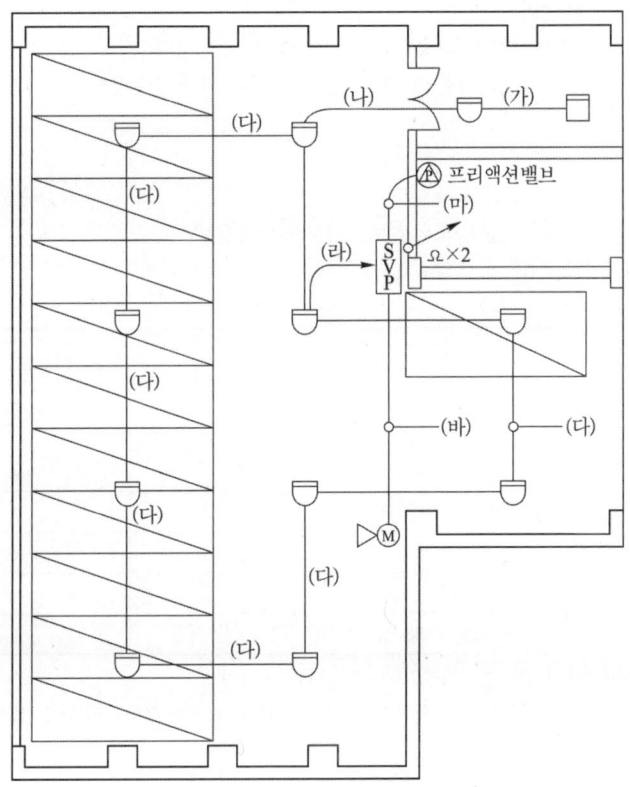

답안작성

(1) 모터사이렌
(2) (가) 4가닥   (나) 8가닥   (다) 4가닥   (라) 8가닥   (마) 4가닥   (바) 2가닥
(3) ① 4각 박스 : 2개   ② 8각 박스 : 13개
    ③ 로크너트 : 62개   ④ 부싱 : 31개

해설

(1) 그림기호의 명칭

명 칭	그림기호	적 요
차동식 스포트형 감지기	⌒	필요에 따라 종별을 표기한다.
연기 감지기	S	(1) 필요에 따라 종별을 표기한다. (2) 점검 박스 붙이인 경우는 S로 한다. (3) 매입인 것은 S로 한다.
모터사이렌	M	
수퍼비죠리판넬	SVP	

(2) 전선의 가닥수
　① 교차회로 적용설비
　　　㉠ 스프링클러설비 (준비작동식, 일제살수식)
　　　㉡ 이산화탄소소화설비
　　　㉢ 할론 소화설비
　　　㉣ 분말소화설비
　　　㉤ 물분무소화설비, 미분무소화설비
　　　㉥ 할로겐화합물 및 불활성기체 소화설비
　② 전선가닥수

내용	(가)	(나)	(다)	(라)	(마)	(바)
감지기 A	4	4	2	4		
감지기 B		4	2	4		
밸브기동(SV)					1	
밸브개방확인(PS)					1	
밸브주의(TS)					1	
사 이 렌					공통선1	2
합 계	4	8	4	8	6	2

(가) : 감지기 2가닥 + 종단저항 2가닥
(나), (라) : 감지기 A 2가닥 + 감지기 A 종단저항 연결용 2가닥 + 감지기 B 2가닥 + 감지기 B 종단저항 연결용 2가닥

(3) ① 4각 박스(4방출 이상, 한쪽 면 2방출 이상) : 2개(SVP 1개소, 감지기 1개소)
　② 8각 박스(2방출 이하) : 13개(감지기 11개소, 모터사이렌 1개소, 프리액션밸브 1개소)
　③ 부싱(Bushing), 로크너트

방 출	개 소	부싱 수량	로크너트 수량
4방출	1	4×1=4	4×1×2=8
3방출	2	3×2=6	3×2×2=12
2방출	9	2×9=18	2×9×2=36
1방출	3	1×3=3	1×3×2=6
합 계		31	62

문제 22 출제년도 「97. 00.」 •점수 : 12점

그림은 어떤 건물의 1층에 대한 평면도이다. 다음 각 물음에 답하시오.
(1) 평면도와 같이 공사를 할 경우 소요되는 로크너트(Lock-Nut) 및 부싱의 개수는? 단, 점선안의 배관공사에 소요되는 로크너트 및 부싱의 숫자 제외
(2) 경비실의 종단저항을 제거하여 발신기함 내부에 설치한다면 ①~⑦까지의 전선가닥수는?

(3) 경비실의 종단저항을 제거하여 발신기함 내부에 설치하고 감지기 ㉠과 ㉡ 사이에 배관을 신설한다면 ①~⑦까지의 전선가닥수는?

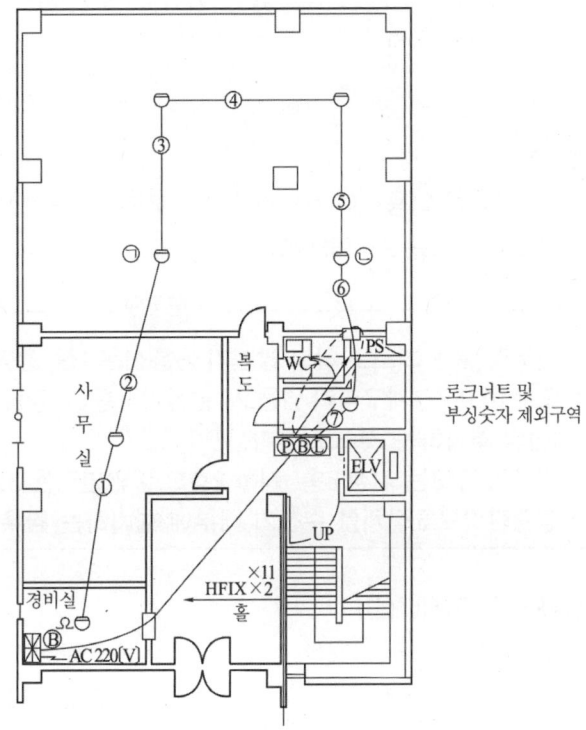

답안작성

(1) ① 로크너트 : 34개 ② 부싱 : 17개
(2) ① 4가닥 ② 4가닥 ③ 4가닥 ④ 4가닥 ⑤ 4가닥 ⑥ 4가닥 ⑦ 4가닥
(3) ① 4가닥 ② 4가닥 ③ 2가닥 ④ 2가닥 ⑤ 2가닥 ⑥ 4가닥 ⑦ 4가닥

해설

(1) ① 로트너트(Lock Nut) : 전선관과 박스의 접속개소에서 전선관을 박스에 고정시키기 위한 것으로 접속 개소 1개소에 2개가 소요된다.
 ② 부싱(Bushing) : 박스와 전선관의 접속개소에서 전선의 피복을 보호하기 위하여 전선관 종단에 설치하는 것

개 소	부싱수량	로크너트 수량
감 지 기	14	28
수신기 ↔ 발신기	2	4
AC 220 [V] 전원	1	2
합 계	17	34

(2) 종단저항이 발신기내부에 설치되므로 감지기 및 종단저항으로 연결되는 전선 가닥수는 4개가 된다.
(3) 종단저항을 발신기함 내부에 설치하고 ㉠과 ㉡ 사이에 배관을 신설하면 종단저항으로 연결되는 전선 2가닥은 신설되는 ㉠과 ㉡ 사이의 배관을 통하여 발신기에 접속되므로 ③, ④, ⑤ 구간의 전선가닥수는 2가닥이 된다.

문제 23 출제년도「99. 01. 04. 05. 19.」 •점수 : 12점

주어진 조건을 이용하여 자동화재탐지설비의 수동발신기간 연결간선수를 구하고 각 선로의 용도를 표시하시오.

조건

- 선로의 수는 최소로 하고 발신기 공통선은 1선, 경종 및 표시등 공통선을 1선으로 하고 7경계구역이 넘을 시 발신기공통선, 경종 및 표시등 공통선은 각각 1선씩 추가하는 것으로 한다.
- 건물의 규모는 지상 6층, 지하 2층으로 연면적은 3,500 [m²]인 것으로 한다.
- 경종단락보호장치를 수신기 내부에 설치하는 경우

[답안 작성 예시(7선)]
- 수동발신기 지구선 : 2선
- 수동발신기 공통선 : 1선
- 표시등선 : 1선
- 수동발신기 응답선 : 1선
- 경종선 : 1선
- 경종 및 표시등 공통선 : 1선

답안작성

기호 연결간선의 용도	①	②	③	④	⑤	⑥
수동발신기 지구선	1선	2선	3선	4선	5선	8선
수동발신기 응답선	1선	1선	1선	1선	1선	1선
수동발신기 공통선	1선	1선	1선	1선	1선	2선
경 종 선	1선	2선	3선	4선	5선	8선
표시등선	1선	1선	1선	1선	1선	1선
경종 및 표시등 공통선	1선	1선	1선	1선	1선	2선
계	6선	8선	10선	12선	14선	22선

해설

(1) **우선경보방식**

① 경보방법 : 화재발생시 안전하고 신속한 대피를 위하여 **화재가 발생한 층과 그 직상층**부터 우선하여 별도로 경보하는 방식

화재층	경보층
1층	발화층, 그 직상 4개층, 지하층
2층 이상	발화층, 그 직상 4개층
지하층	발화층, 그 직상층, 기타의 지하층

② 특정소방대상물 규모 : **11층(공동주택의 경우 16층) 이상**
③ 경종단락보호장치를 수신기 내부에 설치하는 경우 : 기본 6가닥 + 추가 2가닥(지구선 1, 벨(경종) 1)

전선	내용	추가	비 고
1	응답선		
2	지구선(회로선)	*	경계구역 수 증가분만큼 추가
3	지구 공통선		
4	지구 경종선	*	층마다 추가
5	표시등선		
6	지구경종·표시등 공통선		

※ 지구경종선은 층마다 설치

(2) **일제경보방식**

① 경보방법 : 화재 발생시 모든 **층에 동시에 경보**하는 방식
② 특정소방대상물 규모 : **11층(공동주택의 경우 16층) 미만**
③ 경종단락보호장치를 발신기세트마다 설치하는 경우 : 기본 6가닥 + 추가 1가닥 (지구선 1)

전선	내용	추가	비고
1	응답선		
2	지구선(회로선)	*	경계구역 수 증가분만큼 추가
3	지구 공통선		
4	지구 경종선		
5	표시등선		
6	지구경종·표시등 공통선		

문제 24

출제 년도 「99. 23.」 ·점수 : 10점

자동화재탐지설비의 평면을 나타낸 도면이다. 이 도면을 보고 다음 각 물음에 답하시오. (각 실은 이중 천장이 없는 구조이며, 전선관은 16 [mm] 후강스틸전선관을 사용하여 콘크리트 내 매입 시공한다.)

(1) 시공에 소요되는 부싱과 로크너트의 소요 개수는?
(2) 각 감지기간과 감지기와 수동발신기 세트간 (①~⑪)에 배선되는 전선의 가닥 수는?
(3) 본 설비에 사용되는 전선의 종류는 무엇인지 그 명칭을 쓰시오.
(4) 도면에 그려진 심벌 (가)~(다)의 명칭은?

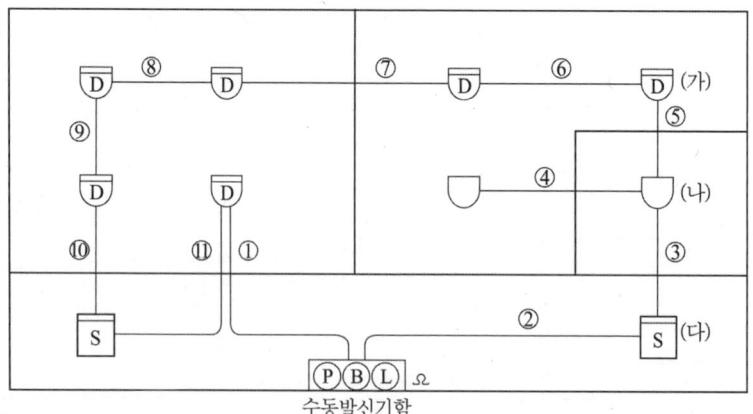

답안작성

(1) ① 부싱 : 22개 ② 로크너트 : 44개
(2) ① 2가닥 ② 2가닥 ③ 2가닥 ④ 4가닥 ⑤ 2가닥
    ⑥ 2가닥 ⑦ 2가닥 ⑧ 2가닥 ⑨ 2가닥 ⑩ 2가닥 ⑪ 2가닥
(3) 450/750 [V] 저독성 난연 가교 폴리올레핀 절연 전선
(4) ㈎ 차동식 스포트형 감지기 ㈏ 정온식 스포트형 감지기 ㈐ 연기 감지기

▼해설 ●●

(1) 부싱과 로크너트 수량

적용개소	박스수량	부싱수량	로크너트수량
1방출	1	1×1=1	1×2=2
2방출	9	9×2=18	18×2=36
3방출	1	1×3=3	3×2=6
합 계	11	22	44

* 로크너트 수량 = 부싱수량 × 2

(2) 송배선 방식
　① 루프 구간 : 2가닥　② 기타(왕복) 구간 : 4가닥
(3) 450/750 [V] 저독성 난연 가교 폴리올레핀 절연 전선 1.5[mm^2] : 감지기 회로 배선에 사용
(4) 감지기 옥내배선기호

명　　칭	그림기호	적　요
차동식 스포트형 감지기	▽	필요에 따라 종별을 표기한다.
보상식 스포트형 감지기	▽	필요에 따라 종별을 표기한다.
정온식 스포트형 감지기	▽	(1) 필요에 따라 종별을 표기한다. (2) 방수인 것은 ▽로 한다. (3) 내산인 것은 ▽로 한다. (4) 내알칼리인 것은 ▽로 한다. (5) 방폭인 것은 EX를 표기한다.
연기 감지기	S	(1) 필요에 따라 종별을 표기한다. (2) 점검 박스 붙이인 경우는 S로 한다. (3) 매입인 것은 S로 한다.

출제 년도 「96. 98. 01. 03.」　•점수 : 6점

문제 25 배관 공사에 대한 다음 각 물음에 답하시오.
(1) 합성수지관 1본과 금속관 1본의 길이는 각각 몇 [m]인가?
(2) 금속관과 박스를 접속할 때에는 어떤 재료를 사용하며 접속 1개소에 최소 몇 개를 사용하는가?
(3) 강재전선관 공사 중 노출배관공사에서 관을 직각으로 굽히는 곳에 사용하는 것으로서 3방향으로 분기할 수 있는 T형과 4방향으로 분기할 수 있는 크로스(cross)형이 있는 자재의 명칭은?

답안작성

(1) ① 합성수지관 : 4 [m]   ② 금속관 : 3.6 [m]
(2) 로크너트 2개
(3) 유니버설 엘보

▼해설

(3) • 노출배관 : 유니버설 엘보
 • 매입배관 : 노멀밴드가 사용된다.

문제 26 출제년도 「97.」 •점수 : 3점

후강전선관 배관에서 콘크리트 슬리브에 매입하는 경우 전선관의 두께는 일반적으로 몇 [mm]가 적당한가?

답안작성

1.2 [mm] 이상

▼해설

전선관의 두께
(1) 콘크리트에 **매입 : 1.2 [mm] 이상**
(2) **기타의 경우 : 1.0 [mm] 이상**일 것. 다만 이음매가 없는 길이 4 [m] 이하의 것을 건조하고 전개된 곳에 시설하는 경우는 0.5[mm]까지 감할 수 있다.

문제 27 출제년도 「98. 00. 03.」 •점수 : 8점

저압옥내배선의 금속관공사(배선)에 이용되는 부품의 명칭을 쓰시오.
(1) 노출배관 공사를 할 때 관을 직각으로 굽히는 곳에 사용하는 부품은?
(2) 금속관을 아웃렛(Outlet)박스에 로크너트만으로 고정하기 어려울 때 보조적으로 사용되는 부품은?
(3) 금속전선관 상호간을 접속하는데 사용되는 부품은?
(4) 전선의 절연피복을 보호하기 위하여 금속관 끝에 취부하여 사용되는 부품은?

답안작성

(1) 유니버설 엘보
(2) 링리듀서
(3) 커플링
(4) 부싱

▼해설

명 칭	그 림	용 도
로크너트		금속관 배관 공사에서 박스에 금속관을 고정할 때 사용되며, 6각형과 톱니형이 있다.
링 리듀서		금속관을 아우트렛 박스에 로크너트만으로 고정하기 어려울 때 보조적으로 사용되는 부품(녹아웃 구멍이 클 때)
부 싱		전선의 절연 피복을 보호하기 위하여 금속관 끝에 취부하여 사용
엔트런스 캡		인입구, 인출구의 금속관 관단에 설치하여 빗물침입 방지, 금속관 공사에서 수직배관의 상부에 사용되어 비의 침입을 막는 데 가장 좋은 부품
터미널 캡 (서비스캡)		저압 가공 인입선에서 금속관 공사로 옮겨지는 곳 또는 금속관으로부터 전선을 뽑아 전동기 단자 부분에 접속할 때 사용 A형, B형이 있다.
플로어 박스		바닥 밑으로 매입 배선할 때 사용 및 바닥 밑에 콘센트를 접속할 때 사용
유니온 커플링		금속관 상호 접속용으로 관이 고정되어 있을 때 사용
커플링		금속전선관 상호간을 접속하는데 사용되는 부품(관이 고정되어 있지 않을 때)
픽스쳐 스터드와 히키		무거운 기구를 박스에 취부할 때 사용하는 재료
노멀 밴드		배관의 직각 굴곡 부분에 사용 노멀 밴드(전선관용)의 종류 : 후강 전선관용, 박강 전선관용, 나사없는 전선관용
유니버셜 엘보		노출 배관 공사에서 관을 직각으로 굽히는 곳에 사용, 강제전선관 공사중 노출배관 공사에서 관을 직각으로 굽히는 곳에 사용한다. 3방향으로 분기할 수 있는 T형과 4방향으로 분기할 수 있는 크로스(cross)형이 있다.

문제 28   소방용 케이블과 다른 용도의 케이블을 배선전용실에 함께 배선할 때 다음 각 물음에 답하시오.

(1) 소방용 케이블을 내화성능을 갖는 배선전용실 등의 내부에 소방용이 아닌 케이블과 함께 노출하여 배선할 때 소방용 케이블과 다른 용도의 케이블간의 피복과 피복간의 이격거리는 몇 [cm] 이상이어야 하는가?

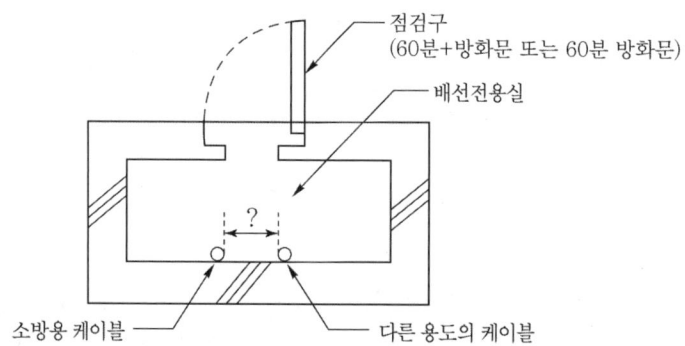

(2) 부득이하여 (1)과 같이 이격시킬 수 없어 불연성격벽을 설치한 경우에 격벽의 높이는 굵은 케이블 지름의 몇 배 이상이어야 하는가?

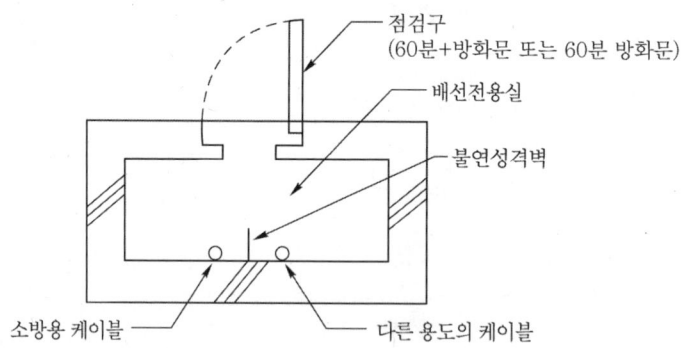

답안작성

(1) 15 [cm] 이상
(2) 1.5배 이상

해설

(1) 소방용 케이블을 내화성능을 갖는 배선전용실 등의 내부에 소방용이 아닌 케이블과 함께 노출하여 배선할 때 **소방용 케이블과 다른 용도의 케이블간의 피복과 피복간의 이격거리는 15 [cm] 이상**이어야 한다.
(2) 부득이하여 (1)과 같이 이격시킬 수 없는 경우에는 **굵은 케이블 지름의 1.5배 이상의 높이를 가진 불연성 격벽을 설치**해야 한다.

Engineer
Fire Protection System

제 9 장

기타

제 9 장 기타

1. 도로터널의 화재안전기준

1.1 비상경보설비

1. 발신기는 주행차로 한쪽 측벽에 **50m 이내**의 간격으로 설치하며, 편도 2차선 이상의 양방향 터널이나 4차로 이상의 일방향 터널의 경우에는 양쪽의 측벽에 각각 50m 이내의 간격으로 엇갈리게 설치할 것.
2. 발신기는 바닥면으로부터 **0.8m 이상 1.5m 이하**의 높이에 설치할 것
3. 음향장치는 발신기 설치위치와 동일하게 설치할 것.
4. 음량장치의 음량은 부착된 음향장치의 중심으로부터 1m 떨어진 위치에서 **90dB 이상**이 되도록 할 것
5. 음향장치는 터널내부 전체에 동시에 경보를 발하도록 설치할 것
6. 시각경보기는 주행차로 한쪽 측벽에 **50m 이내**의 간격으로 비상경보설비 상부 직근에 설치하고, 전체 시각경보기는 **동기방식**에 의해 작동될 수 있도록 할 것

1.2 자동화재탐지설비

① 터널에 설치할 수 있는 감지기의 종류 ★★
  1. 차동식분포형감지기
  2. 정온식감지선형감지기(아날로그식에 한한다. 이하 같다.)
  3. 중앙기술심의위원회의 심의를 거쳐 터널화재에 적응성이 있다고 인정된 감지기

② 하나의 경계구역의 길이는 **100m 이하**로 하여야 한다.

$$경계구역의\ 수 = \frac{터널의\ 길이(m)}{100m}$$

③ 감지기의 설치기준
  1. 감지기의 감열부(열을 감지하는 기능을 갖는 부분을 말한다. 이하 같다)와 감열부 사이의 이격거리는 **10m 이하**로, 감지기와 터널 좌·우측 벽면과의 이격거리는 **6.5m 이하**로 설치할 것
  2. 터널 천장의 구조가 아치형의 터널에 감지기를 터널 진행방향으로 설치하고자 하는 경우에는 감열부와 감열부 사이의 이격거리를 10m 이하로 하여 아치형 천장의 중앙 최상부에 1열로 감지기를 설치하여야 하며, 감지기를 2열 이상으로 설치하고자 하는 경우에

는 감열부와 감열부 사이의 이격거리는 10m 이하로 감지기 간의 이격거리는 6.5m 이하로 설치할 것
3. 감지기를 천장면(터널 안 도로 등에 면한 부분 또는 상층의 바닥 하부면을 말한다. 이하 같다)에 설치하는 경우에는 감기기가 천장면에 밀착되지 않도록 고정금구 등을 사용하여 설치할 것

1.3 비상조명등
1. 상시 조명이 소등된 상태에서 비상조명등이 점등되는 경우 **터널안의 차도 및 보도의 바닥면의 조도**는 10 lx 이상, 그 외 모든 지점의 조도는 1 lx 이상이 될 수 있도록 설치할 것
2. 비상조명등은 상용전원이 차단되는 경우 자동으로 비상전원으로 **60분 이상** 점등되도록 설치할 것
3. 비상조명등에 내장된 예비전원이나 축전지설비는 상용전원의 공급에 의하여 상시 충전상태를 유지할 수 있도록 설치할 것

1.4 제연설비
① 제연설비의 기동
1. 화재감지기가 동작되는 경우
2. 발신기의 스위치 조작 또는 자동소화설비의 기동장치를 동작시키는 경우
3. 화재수신기 또는 감시제어반의 수동조작스위치를 동작시키는 경우

② 비상전원은 **60분 이상** 작동할 수 있도록 하여야 한다.

1.5 무선통신보조설비
① 무선통신보조설비의 옥외안테나는 방재실과 터널의 입구 및 출구, 피난연결통로에 설치해야 한다.
② 라디오 재방송설비가 설치되는 터널의 경우에는 무선통신보조설비와 겸용으로 설치할 수 있다.

1.6 비상콘센트설비
1. 비상콘센트설비의 전원회로는 단상교류 220V인 것으로서 그 공급용량은 **1.5kVA 이상**인 것으로 할 것.
2. 전원회로는 주배전반에서 **전용회로**로 할 것. 다만, 다른 설비의 회로의 사고에 따른 영향을 받지 아니하도록 되어 있는 것은 그러하지 아니하다.
3. 콘센트마다 **배선용 차단기**(KS C 8321)를 설치하여야 하며, 충전부가 노출되지 아니하도

록 할 것
4. 주행차로의 우측 측벽에 **50m 이내**의 간격으로 바닥으로부터 **0.8m 이상 1.5m 이하**의 높이에 설치할 것

2 고층건축물의 화재안전기준

2.1 옥내소화전설비

비상전원은 **자가발전설비, 축전지설비**(내연기관에 따른 펌프를 사용하는 경우에는 내연기관의 기동 및 제어용 축전지를 말한다) 또는 **전기저장장치**(외부 전기에너지를 저장해 두었다가 필요한 때 전기를 공급하는 장치)로서 옥내소화전설비를 **40분 이상** 작동할 수 있을 것. 다만, **50층 이상**인 건축물의 경우에는 **60분 이상** 작동할 수 있어야 한다.

2.2 스프링클러설비

① **스프링클러설비의 음향장치**는 다음 각 호의 기준에 따라 경보를 발할 수 있도록 하여야 한다.
  1. 2층 이상의 층에서 발화한 때에는 **발화층 및 그 직상 4개층**에 경보를 발할 것
  2. 1층에서 발화한 때에는 **발화층·그 직상 4개층 및 지하층**에 경보를 발할 것
  3. 지하층에서 발화한 때에는 **발화층·그 직상층 및 기타의 지하층**에 경보를 발할 것
② **비상전원을 설치할 경우 자가발전설비, 축전지설비**(내연기관에 따른 펌프를 사용하는 경우에는 내연기관의 기동 및 제어용 축전지를 말한다) 또는 **전기저장장치**(외부 전기에너지를 저장해 두었다가 필요한 때 전기를 공급하는 장치)로서 스프링클러설비를 **40분 이상** 작동할 수 있을 것. 다만, 50층 이상인 건축물의 경우에는 **60분 이상** 작동할 수 있어야 한다.

2.3 비상방송설비

① **비상방송설비의 음향장치 기준**★★
  1. 2층 이상의 층에서 발화한 때에는 발화층 및 그 직상 4개층에 경보를 발할 것
  2. 1층에서 발화한 때에는 발화층·그 직상 4개층 및 지하층에 경보를 발할 것
  3. 지하층에서 발화한 때에는 발화층·그 직상층 및 기타의 지하층에 경보를 발할 것
② 비상방송설비에는 그 설비에 대한 감시상태를 **60분간** 지속한 후 유효하게 **30분 이상** 경보할 수 있는 **축전지설비**(수신기에 내장하는 경우를 포함한다) 또는 **전기저장장치**(외부 전기에너지를 저장해 두었다가 필요한 때 전기를 공급하는 장치)를 설치할 것

2.4 자동화재탐지설비

① 감지기는 **아날로그방식**의 감지기로서 감지기의 작동 및 설치지점을 **수신기**에서 확인할 수 있는 것으로 설치하여야 한다. 다만, 공동주택의 경우에는 감지기별로 작동 및 설치지점을 수신기에서 확인할 수 있는 아날로그방식 외의 감지기로 설치할 수 있다.

② 자동화재탐지설비의 음향장치는 다음 각 호의 기준에 따라 경보를 발할 수 있도록 하여야 한다.
   1. 2층 이상의 층에서 발화한 때에는 발화층 및 그 직상 4개층에 경보를 발할 것
   2. 1층에서 발화한 때에는 발화층·그 직상 4개층 및 지하층에 경보를 발할 것
   3. 지하층에서 발화한 때에는 발화층·그 직상층 및 기타의 지하층에 경보를 발할 것

③ **50층 이상**인 건축물에 설치하는 **통신·신호배선**은 **이중배선**을 설치하도록 하고 단선(斷線) 시에도 고장표시가 되며 정상 작동할 수 있는 성능을 갖도록 설비를 하여야 한다. ★★
   1. 수신기와 수신기 사이의 통신배선
   2. 수신기와 중계기 사이의 신호배선
   3. 수신기와 감지기 사이의 신호배선

④ 자동화재탐지설비에는 그 설비에 대한 감시상태를 60분간 지속한 후 유효하게 30분 이상 경보할 수 있는 **축전지설비**(수신기에 내장하는 경우를 포함한다) 또는 **전기저장장치**(외부 전기에너지를 저장해 두었다가 필요한 때 전기를 공급하는 장치)를 설치하여야한다. 다만, 상용전원이 축전지설비인 경우에는 그러하지 아니하다.

2.5 특별피난계단의 계단실 및 부속실 제연설비

비상전원은 자가발전설비 등으로 하고 제연설비를 유효하게 **40분** 이상 작동할 수 있도록 할 것. 다만, **50층 이상**인 건축물의 경우에는 **60분** 이상 작동할 수 있어야 한다.

3 화재알림설비의 화재안전성능기준

3.1 제3조(정의)

1. "**화재알림형 감지기**"란 화재 시 발생하는 **열, 연기, 불꽃**을 자동적으로 감지하는 기능 중 두 가지 이상의 성능을 가진 **열·연기 또는 열·연기·불꽃 복합형 감지기**로서 화재알림형 수신기에 주위의 온도 또는 연기의 양의 변화에 따라 각각 다른 전류 또는 전압 등(이하 "**화재정보값**"이라 한다)의 출력을 발하고, 불꽃을 감지하는 경우 **화재신호**를 발신하며, 자체 내장된 **음향장치**에 의하여 경보하는 것을 말한다.

2. "**화재알림형 중계기**"란 화재알림형 감지기, 발신기 또는 전기적인 접점 등의 작동에 따른 화재정보값 또는 화재신호 등을 받아 이를 화재알림형 수신기에 전송하는 장치를 말한다.
3. "**화재알림형 수신기**"란 화재알림형 감지기나 발신기에서 발하는 **화재정보값** 또는 **화재신호** 등을 직접 수신하거나 화재알림형 중계기를 통해 수신하여 화재의 발생을 표시 및 경보하고, 화재정보값 등을 자동으로 저장하여, 자체 내장된 속보기능에 의해 화재신호를 통신망을 통하여 소방관서에는 음성 등의 방법으로 통보하고, 관계인에게는 문자로 전달할 수 있는 장치를 말한다.
4. "발신기"란 수동누름버튼 등의 작동으로 화재신호를 수신기에 발신하는 장치를 말한다.
5. "**화재알림형 비상경보장치**"란 발신기, 표시등, 지구음향장치(경종 또는 사이렌 등)를 내장한 것으로 화재발생 상황을 경보하는 장치를 말한다.

3.2 제4조(신호전송방식)

화재정보값 및 화재신호, 상태신호 등(이하 "화재정보·신호 등"이라 한다)을 송·수신하는 방식은 다음 각 호와 같다.
1. "**유선식**"은 화재정보·신호 등을 배선으로 송·수신하는 방식
2. "**무선식**"은 화재정보·신호 등을 전파에 의해 송·수신하는 방식
3. "**유·무선식**"은 유선식과 무선식을 겸용으로 사용하는 방식

3.3 제5조(화재알림형 수신기)

① 화재알림형 수신기는 다음 각 호의 기준에 적합한 것으로 설치해야 한다.
1. 화재알림형 **감지기, 발신기** 등의 작동 및 설치지점을 확인할 수 있는 것으로 설치할 것
2. 해당 특정소방대상물에 가스누설탐지설비가 설치된 경우에는 가스누설탐지설비로부터 가스누설신호를 수신하여 가스누설경보를 할 수 있는 것으로 설치할 것
3. 화재알림형 감지기, 발신기 등에서 발신되는 화재정보·신호 등을 **자동**으로 저장할 수 있는 용량의 것으로 설치할 것
4. 화재알림형 수신기에 내장된 **속보기능**은 화재신호를 자동적으로 **통신망**을 통하여 소방관서에는 음성 등의 방법으로 통보하고, 관계인에게는 **문자**로 전달할 수 있는 것으로 설치할 것

② 화재알림형 수신기는 다음 각 호의 기준에 따라 설치해야 한다.
1. **상시 사람이 근무하는 장소**에 설치할 것
2. 화재알림형 수신기가 설치된 장소에는 **화재알림설비 일람도**를 비치할 것
3. 화재알림형 수신기의 내부 또는 그 직근에 **주음향장치**를 설치할 것

4. 화재알림형 수신기의 음향기구는 그 **음압 및 음색**이 다른 기기의 소음 등과 명확히 구별될 수 있는 것으로 할 것
5. 화재알림형 수신기의 조작 스위치는 바닥으로부터의 높이가 **0.8미터 이상 1.5미터 이하**인 장소에 설치할 것
6. 하나의 특정소방대상물에 둘 이상의 화재알림형 수신기를 설치하는 경우에는 화재알림형 수신기를 상호 간 연동하여 화재발생 상황을 각 화재알림형 수신기마다 확인할 수 있도록 할 것
7. 화재로 인하여 하나의 층의 화재알림형 비상경보장치 또는 배선이 **단락**되어도 다른 층의 화재통보에 지장이 없도록 각 층 배선 상에 유효한 조치를 할 것

3.4 제6조(화재알림형 중계기)

1. 화재알림형 수신기와 화재알림형 감지기 사이에 설치할 것
2. 조작 및 점검에 편리하고 화재 및 침수 등의 재해로 인한 피해를 받을 우려가 없는 장소에 설치할 것
3. 화재알림형 수신기에 따라 감시되지 않는 배선을 통하여 전력을 공급받는 것에 있어서는 전원입력측의 배선에 과전류 **차단기를 설치**하고 해당 전원의 정전이 즉시 화재알림형 수신기에 표시되는 것으로 하며, **상용전원** 및 **예비전원**의 시험을 할 수 있도록 할 것

3.5 제7조(화재알림형 감지기)

① 화재알림형 감지기는 **열**을 감지하는 경우 **공칭감지온도범위**, **연기**를 감지하는 경우 **공칭감지농도범위**, **불꽃**을 감지하는 경우 **공칭감시거리 및 공칭시야각** 등에 따라 적합한 장소에 설치해야 한다.
② **무선식**의 경우 화재를 유효하게 검출하기 위해 해당 특정소방대상물에 **음영구역**이 없도록 설치해야 한다.
③ 동작된 감지기는 자체 내장된 **음향장치**에 의하여 경보를 발해야 하며, 음압은 부착된 화재알림형 감지기의 중심으로부터 **1미터** 떨어진 위치에서 **85데시벨** 이상으로 해야 한다.

3.6 제8조(비화재보방지)

화재알림형 수신기 또는 화재알림형 감지기는 **자동보정기능**이 있는 것으로 설치해야 한다.

3.7 제9조(화재알림형 비상경보장치)

① 화재알림형 비상경보장치는 다음 각 호의 기준에 따라 설치해야 한다. 다만 **전통시장**의 경우에는 **공용부분**에 한하여 설치할 수 있다.

1. 층수가 **11층(공동주택의 경우에는 16층) 이상**의 특정소방대상물은 발화층에 따라 경보하는 층을 달리하여 경보를 발할 수 있도록 할 것
2. 화재알림형 비상경보장치는 특정소방대상물의 **층마다** 설치하되, 해당 특정소방대상물의 각 부분으로부터 하나의 화재알림형 비상경보장치까지의 **수평거리가 25미터 이하**가 되도록 하고, 해당 층의 각 부분에 유효하게 경보를 발할 수 있도록 설치할 것
3. 기둥 또는 벽이 설치되지 아니한 대형공간의 경우 화재알림형 비상경보장치는 설치대상 장소 중 가장 **가까운** 장소의 벽 또는 기둥 등에 설치할 것
4. 화재알림형 비상경보장치는 조작이 쉬운 장소에 설치하고, 발신기의 스위치는 바닥으로부터 **0.8미터 이상 1.5미터 이하**의 높이에 설치할 것
5. 화재알림형 비상경보장치의 위치를 표시하는 표시등은 **함의 상부**에 설치하되, 그 불빛은 부착면으로부터 **15도** 이상의 범위 안에서 부착지점으로부터 **10미터** 이내의 어느 곳에서도 쉽게 식별할 수 있는 **적색등**으로 설치할 것

② 화재알림형 비상경보장치는 다음 각 목의 기준에 따른 구조 및 성능의 것으로 해야 한다.
1. 정격전압의 **80퍼센트**의 전압에서 음압을 발할 수 있는 것으로 할 것
2. 음압은 부착된 화재알림형 비상경보장치의 중심으로부터 **1미터** 떨어진 위치에서 **90데시벨** 이상이 되는 것으로 할 것
3. 화재알림형 감지기 및 발신기의 작동과 연동하여 작동할 수 있는 것으로 할 것

4 공동주택의 화재안전성능기준

4.1 제11조(자동화재탐지설비)

① 감지기는 다음 각 호의 기준에 따라 설치해야 한다.
1. **아날로그방식의 감지기, 광전식 공기흡입형 감지기** 또는 이와 동등 이상의 기능·성능이 인정되는 것으로 설치할 것
2. 감지기의 신호처리방식은 「자동화재탐지설비 및 시각경보장치의 화재안전성능기준(NFPC 203)」 제3조2에 따른다.
3. 세대 내 거실(취침용도로 사용될 수 있는 통상적인 방 및 거실을 말한다)에는 **연기감지기**를 설치할 것
4. 감지기 회로 **단선** 시 고장표시가 되며, 해당 회로에 설치된 감지기가 정상 작동될 수 있는 성능을 갖도록 할 것

② **복층형** 구조인 경우에는 출입구가 없는 층에 발신기를 설치하지 아니할 수 있다.

4.2 제12조(비상방송설비)
1. 확성기는 각 **세대마다** 설치할 것
2. 아파트등의 경우 실내에 설치하는 확성기 음성입력은 **2와트 이상**일 것

4.3 제14조(유도등)
1. **소형 피난구 유도등**을 설치할 것. 다만, 세대 내에는 유도등을 설치하지 않을 수 있다.
2. **주차장**으로 사용되는 부분은 **중형 피난구유도등**을 설치할 것.
3. **비상문자동개폐장치**가 설치된 옥상 출입문에는 **대형 피난구유도등**을 설치할 것.
4. 내부구조가 단순하고 복도식이 아닌 층에는 「유도등 및 유도표지의 화재안전성능기준(NFPC 303)」제5조제3항 및 제6조제1항제1호가목 기준을 적용하지 아니할 것

4.4 제15조(비상조명등)
비상조명등은 각 **거실**로부터 지상에 이르는 **복도·계단** 및 그 밖의 **통로**에 설치해야 한다. 다만, 공동주택의 **세대 내**에는 출입구 인근 통로에 **1개 이상** 설치한다.

4.5 제18조(비상콘센트)
아파트등의 경우에는 계단의 출입구(계단의 부속실을 포함하며 계단이 **2개 이상** 있는 경우에는 그 중 1개의 계단을 말한다)로부터 **5미터 이내**에 비상콘센트를 설치하되, 그 비상콘센트로부터 해당 층의 각 부분까지의 수평거리가 **50미터**를 초과하는 경우에는 비상콘센트를 추가로 설치해야 한다.

5 창고시설의 화재안전성능기준

5.1 제6조(옥내소화전설비)
비상전원은 **자가발전설비, 축전지설비**(내연기관에 따른 펌프를 사용하는 경우에는 내연기관의 기동 및 제어용 축전지를 말한다) 또는 **전기저장장치**(외부 전기에너지를 저장해 두었다가 필요한 때 전기를 공급하는 장치)로서 옥내소화전설비를 유효하게 **40분** 이상 작동할 수 있어야 한다.

5.2 제7조(스프링클러설비)

비상전원은 **자가발전설비**, **축전지설비**(내연기관에 따른 펌프를 사용하는 경우에는 내연기관의 기동 및 제어용 축전지를 말한다) 또는 **전기저장장치**(외부 전기에너지를 저장해 두었다가 필요한 때 전기를 공급하는 장치를 말한다. 이하 같다)로서 스프링클러설비를 유효하게 **20분**(**랙식 창고의 경우 60분**을 말한다) 이상 작동할 수 있어야 한다.

5.3 제8조(비상방송설비)

① 확성기의 음성입력은 **3와트**(**실내에 설치하는 것을 포함**한다) 이상으로 해야 한다.
② 창고시설에서 발화한 때에는 **전 층**에 경보를 발해야 한다.
③ 비상방송설비에는 그 설비에 대한 감시상태를 **60분간** 지속한 후 유효하게 **30분** 이상 경보할 수 있는 **축전지설비**(수신기에 내장하는 경우를 포함한다. 이하 같다) 또는 **전기저장장치**를 설치해야 한다.

5.4 제9조(자동화재탐지설비)

① 감지기 작동 시 해당 감지기의 위치가 **수신기**에 표시되도록 해야 한다.
② 영상정보처리기기를 설치하는 경우 수신기는 영상정보의 열람·재생 장소에 설치해야 한다.
③ 영 제11조에 따라 스프링클러설비를 설치하는 창고시설의 감지기는 다음 각 호의 기준에 따라 설치해야 한다.
  1. **아날로그방식의 감지기, 광전식 공기흡입형 감지기** 또는 이와 동등 이상의 기능·성능이 인정되는 감지기를 설치할 것
  2. 감지기의 신호처리 방식은 「자동화재탐지설비 및 시각경보장치의 화재안전성능기준 (NFPC 203)」 제3조의2에 따를 것
④ 창고시설에서 발화한 때에는 **전 층**에 경보를 발해야 한다.
⑤ 자동화재탐지설비에는 그 설비에 대한 감시상태를 **60분간** 지속한 후 유효하게 **30분 이상** 경보할 수 있는 비상전원으로서 **축전지설비** 또는 **전기저장장치**를 설치해야 한다. 다만, 상용전원이 **축전지설비**인 경우에는 그렇지 않다.

5.5 제10조(유도등)

① **피난구유도등과 거실통로유도등**은 **대형**으로 설치해야 한다.
② 피난유도선은 **연면적 1만 5천제곱미터 이상**인 창고시설의 지하층 및 무창층에 다음 각 호의 기준에 따라 설치해야 한다.
  1. 광원점등방식으로 바닥으로부터 **1미터 이하**의 높이에 설치할 것

2. 각 층 직통계단 출입구로부터 건물 내부 벽면으로 **10미터 이상** 설치할 것
3. 화재 시 점등되며 비상전원 **30분 이상**을 확보할 것
4. 피난유도선은 소방청장이 정해 고시하는「피난유도선 성능인증 및 제품검사의 기술기준」에 적합한 것으로 설치할 것

출제예상문제
Expected problems

문제 01 출제예상 •점수 : 4점

화재알림설비의 화재안전성능기준 상 용어의 정의를 나타낸 것이다. ( )안의 번호에 알맞은 답을 쓰시오.

> ○ "(①)"란 화재 시 발생하는 열, 연기, 불꽃을 자동적으로 감지하는 기능 중 두 가지 이상의 성능을 가진 열·연기 또는 열·연기·불꽃 복합형 감지기로서 화재알림형 수신기에 주위의 온도 또는 연기의 양의 변화에 따라 각각 다른 전류 또는 전압 등(이하 "화재정보값"이라 한다)의 출력을 발하고, 불꽃을 감지하는 경우 화재신호를 발신하며, 자체 내장된 음향장치에 의하여 경보하는 것을 말한다.
> ○ "(②)"란 화재알림형 감지기, 발신기 또는 전기적인 접점 등의 작동에 따른 화재정보값 또는 화재신호 등을 받아 이를 화재알림형 수신기에 전송하는 장치를 말한다.
> ○ "(③)"란 화재알림형 감지기나 발신기에서 발하는 화재정보값 또는 화재신호 등을 직접 수신하거나 화재알림형 중계기를 통해 수신하여 화재의 발생을 표시 및 경보하고, 화재정보값 등을 자동으로 저장하여, 자체 내장된 속보기능에 의해 화재신호를 통신망을 통하여 소방관서에는 음성 등의 방법으로 통보하고, 관계인에게는 문자로 전달할 수 있는 장치를 말한다.
> ○ "(④)"란 발신기, 표시등, 지구음향장치(경종 또는 사이렌 등)를 내장한 것으로 화재발생 상황을 경보하는 장치를 말한다.

답안작성

① 화재알림형 감지기   ② 화재알림형 중계기
③ 화재알림형 수신기   ④ 화재알림형 비상경보장치

문제 02 출제예상 •점수 : 5점

화재알림설비의 화재안전성능기준 상 화재알림형 수신기 적합기준 4가지를 쓰시오.

답안작성

1. 화재알림형 감지기, 발신기 등의 작동 및 설치지점을 확인할 수 있는 것으로 설치할 것
2. 해당 특정소방대상물에 가스누설탐지설비가 설치된 경우에는 가스누설탐지설비로부터 가스누설신호를 수신하여 가스누설경보를 할 수 있는 것으로 설치할 것
3. 화재알림형 감지기, 발신기 등에서 발신되는 화재정보·신호 등을 자동으로 저장할 수 있는 용량의 것으로 설치할 것
4. 화재알림형 수신기에 내장된 속보기능은 화재신호를 자동적으로 통신망을 통하여 소방관서에는 음성 등의 방법으로 통보하고, 관계인에게는 문자로 전달할 수 있는 것으로 설치할 것

문제 03

출제 예상 • 점수 : 5점

화재알림설비의 화재안전성능기준 상 화재알림형 수신기 설치기준 5가지를 쓰시오.

답안작성

1. 상시 사람이 근무하는 장소에 설치할 것
2. 화재알림형 수신기가 설치된 장소에는 화재알림설비 일람도를 비치할 것
3. 화재알림형 수신기의 내부 또는 그 직근에 주음향장치를 설치할 것
4. 화재알림형 수신기의 음향기구는 그 음압 및 음색이 다른 기기의 소음 등과 명확히 구별될 수 있는 것으로 할 것
5. 화재알림형 수신기의 조작 스위치는 바닥으로부터의 높이가 0.8미터 이상 1.5미터 이하인 장소에 설치할 것
6. 하나의 특정소방대상물에 둘 이상의 화재알림형 수신기를 설치하는 경우에는 화재알림형 수신기를 상호 간 연동하여 화재발생 상황을 각 화재알림형 수신기마다 확인할 수 있도록 할 것
7. 화재로 인하여 하나의 층의 화재알림형 비상경보장치 또는 배선이 단락되어도 다른 층의 화재통보에 지장이 없도록 각 층 배선 상에 유효한 조치를 할 것 중 5가지 선택

문제 04

출제 예상 • 점수 : 6점

화재알림설비의 화재안전성능기준 상 화재알림형 수신기 설치기준을 나타낸 것이다. ( )안의 번호에 알맞은 답을 쓰시오.

> ○ 화재알림형 수신기가 설치된 장소에는 (①)를 비치할 것
> ○ 화재알림형 수신기의 내부 또는 그 직근에 (②)를 설치할 것
> ○ 화재알림형 수신기의 음향기구는 그 (③) 및 음색이 다른 기기의 소음 등과 명확히 구별될 수 있는 것으로 할 것
> ○ 화재알림형 수신기의 조작 스위치는 바닥으로부터의 높이가 (④)인 장소에 설치할 것
> ○ 하나의 특정소방대상물에 둘 이상의 화재알림형 수신기를 설치하는 경우에는 화재알림형 수신기를 상호 간 연동하여 화재발생 상황을 각 화재알림형 수신기마다 확인할 수 있도록 할 것
> ○ 화재로 인하여 하나의 층의 화재알림형 비상경보장치 또는 배선이 (⑤)되어도 다른 층의 화재통보에 지장이 없도록 각 층 (⑥) 상에 유효한 조치를 할 것

답안작성

① 화재알림설비 일람도
② 주음향장치
③ 음압
④ 0.8미터 이상 1.5미터 이하
⑤ 단락
⑥ 배선

문제 05 ·점수 : 5점

화재알림설비의 화재안전성능기준 상 화재알림형 중계기 설치기준 3가지를 쓰시오.

답안작성

1. 화재알림형 수신기와 화재알림형 감지기 사이에 설치할 것
2. 조작 및 점검에 편리하고 화재 및 침수 등의 재해로 인한 피해를 받을 우려가 없는 장소에 설치할 것
3. 화재알림형 수신기에 따라 감시되지 않는 배선을 통하여 전력을 공급받는 것에 있어서는 전원입력측의 배선에 과전류 차단기를 설치하고 해당 전원의 정전이 즉시 화재알림형 수신기에 표시되는 것으로 하며, 상용전원 및 예비전원의 시험을 할 수 있도록 할 것

문제 06 ·점수 : 6점

화재알림설비의 화재안전성능기준 상 화재알림형 감지기에 대한 내용이다. ( )안의 번호에 알맞은 답을 쓰시오.

> ○ 화재알림형 감지기는 열을 감지하는 경우 (①), 연기를 감지하는 경우 (②), 불꽃을 감지하는 경우 (③) 및 공칭시야각 등에 따라 적합한 장소에 설치해야 한다.
> ○ (④)의 경우 화재를 유효하게 검출하기 위해 해당 특정소방대상물에 음영구역이 없도록 설치해야 한다.
> ○ 동작된 감지기는 자체 내장된 (⑤)에 의하여 경보를 발해야 하며, 음압은 부착된 화재알림형 감지기의 중심으로부터 1미터 떨어진 위치에서 (⑥) 이상으로 해야 한다.

답안작성

① 공칭감지온도범위
② 공칭감지농도범위
③ 공칭감시거리
④ 무선식
⑤ 음향장치
⑥ 85데시벨

문제 07 ·점수 : 2점

화재알림설비의 화재안전성능기준 상 비화재보방지에 대한 내용이다. ( )안에 알맞은 답을 쓰시오.

> 화재알림형 수신기 또는 화재알림형 감지기는 (   )이 있는 것으로 설치해야 한다.

답안작성

자동보정기능

문제 08 출제예상 ・점수 : 8점

화재알림설비의 화재안전성능기준 상 화재알림형 비상경보장치에 대한 내용이다. ( )안의 번호에 알맞은 답을 쓰시오.

> 화재알림형 비상경보장치는 다음 각 호의 기준에 따라 설치해야 한다. 다만 전통시장의 경우에는 공용부분에 한하여 설치할 수 있다.
> 1. 층수가 11층(공동주택의 경우에는 (①)) 이상의 특정소방대상물은 발화층에 따라 경보하는 층을 달리하여 경보를 발할 수 있도록 할 것
> 2. 화재알림형 비상경보장치는 특정소방대상물의 (②)마다 설치하되, 해당 특정소방대상물의 각 부분으로부터 하나의 화재알림형 비상경보장치까지의 (③)가 25미터 이하가 되도록 하고, 해당 층의 각 부분에 유효하게 경보를 발할 수 있도록 설치할 것
> 3. 기둥 또는 벽이 설치되지 아니한 (④)의 경우 화재알림형 비상경보장치는 설치대상 장소 중 가장 가까운 장소의 벽 또는 기둥 등에 설치할 것
> 4. 화재알림형 비상경보장치는 조작이 쉬운 장소에 설치하고, 발신기의 스위치는 바닥으로부터 (⑤)의 높이에 설치할 것
> 5. 화재알림형 비상경보장치의 위치를 표시하는 표시등은 (⑥)에 설치하되, 그 불빛은 부착면으로부터 15도 이상의 범위 안에서 부착지점으로부터 (⑦) 이내의 어느 곳에서도 쉽게 식별할 수 있는 (⑧)으로 설치할 것

답안작성

① 16층　② 층　③ 수평거리　④ 대형공간
⑤ 0.8미터 이상 1.5미터 이하　⑥ 함의 상부
⑦ 10미터　⑧ 적색등

문제 09 출제예상 ・점수 : 5점

화재알림설비의 화재안전성능기준 상 화재알림형 비상경보장치의 구조 및 성능기준 3가지를 쓰시오.

답안작성

1. 정격전압의 80퍼센트의 전압에서 음압을 발할 수 있는 것으로 할 것
2. 음압은 부착된 화재알림형 비상경보장치의 중심으로부터 1미터 떨어진 위치에서 90데시벨 이상이 되는 것으로 할 것
3. 화재알림형 감지기 및 발신기의 작동과 연동하여 작동할 수 있는 것으로 할 것

문제 10 〔출제예상〕 •점수 : 4점

공동주택의 화재안전성능기준(NFPC 608) 제11조(자동화재탐지설비)에 따른 감지기 설치기준에 대한 내용이다. ( )안에 들어갈 내용을 쓰시오.

> ○ (①)의 감지기, (②) 감지기 또는 이와 동등 이상의 기능·성능이 인정되는 것으로 설치할 것
> ○ 세대 내 거실(취침용도로 사용될 수 있는 통상적인 방 및 거실을 말한다)에는 (③)를 설치할 것
> ○ 감지기 회로 단선 시 (④)가 되며, 해당 회로에 설치된 감지기가 정상 작동될 수 있는 성능을 갖도록 할 것

답안작성
① 아날로그방식
② 광전식 공기흡입형
③ 연기감지기
④ 고장표시

문제 11 〔출제예상〕 •점수 : 2점

공동주택의 화재안전성능기준(NFPC 608) 제12조(비상방송설비)에 따른 비상방송설비 설치기준 2가지를 쓰시오.

답안작성
1. 확성기는 각 세대마다 설치할 것
2. 아파트등의 경우 실내에 설치하는 확성기 음성입력은 2와트 이상일 것

문제 12 〔출제예상〕 •점수 : 5점

공동주택의 화재안전성능기준(NFPC 608) 제14조(유도등)에 따른 유도등 설치기준을 나타낸 것이다. ( )에 들어갈 내용을 쓰시오.

> ○ (①)을 설치할 것. 다만, (②)에는 유도등을 설치하지 않을 수 있다.
> ○ 주차장으로 사용되는 부분은 (③)을 설치할 것.
> ○ (④)가 설치된 옥상 출입문에는 (⑤)을 설치할 것.

답안작성
① 소형 피난구 유도등   ② 세대 내
③ 중형 피난구유도등   ④ 비상문자동개폐장치
⑤ 대형 피난구유도등

문제 13

출제예상 ・점수 : 4점

공동주택의 화재안전성능기준(NFPC 608) 제15조(비상조명등) 기준을 나타낸 것이다. ( )안의 번호에 알맞은 답을 쓰시오.

> 비상조명등은 각 (①)로부터 지상에 이르는 (②)·(③) 및 그 밖의 통로에 설치해야 한다. 다만, 공동주택의 세대 내에는 (④)에 1개 이상 설치한다.

답안작성

① 거실 ② 복도 ③ 계단 ④ 출입구 인근 통로

문제 14

출제예상 ・점수 : 2점

공동주택의 화재안전성능기준(NFPC 608) 제18조(비상콘센트) 기준을 기준을 나타낸 것이다. ( )안의 번호에 알맞은 답을 쓰시오.

> 아파트등의 경우에는 계단의 출입구(계단의 부속실을 포함하며 계단이 2개 이상 있는 경우에는 그 중 1개의 계단을 말한다)로부터 (①) 이내에 비상콘센트를 설치하되, 그 비상콘센트로부터 해당 층의 각 부분까지의 수평거리가 (②)를 초과하는 경우에는 비상콘센트를 추가로 설치해야 한다.

답안작성

① 5미터   ② 50미터

문제 15

출제예상 ・점수 : 5점

창고시설의 화재안전성능기준 제7조(스프링클러설비)에 따른 내용이다. ( )안의 번호에 알맞은 답을 쓰시오.

> 비상전원은 (①), (②)(내연기관에 따른 펌프를 사용하는 경우에는 내연기관의 기동 및 제어용 축전지를 말한다) 또는 (③)(외부 전기에너지를 저장해 두었다가 필요한 때 전기를 공급하는 장치를 말한다. 이하 같다)로서 스프링클러설비를 유효하게 (④)분(랙식 창고의 경우 (⑤)분을 말한다) 이상 작동할 수 있어야 한다.

답안작성

① 자가발전설비
② 축전지설비
③ 전기저장장치
④ 20
⑤ 60

문제 16 ·점수 : 5점

창고시설의 화재안전성능기준(NFPC 609) 제8조(비상방송설비) 기준 3가지를 쓰시오.

답안작성

① 확성기의 음성입력은 3와트(실내에 설치하는 것을 포함한다) 이상으로 해야 한다.
② 창고시설에서 발화한 때에는 전 층에 경보를 발해야 한다.
③ 비상방송설비에는 그 설비에 대한 감시상태를 60분간 지속한 후 유효하게 30분 이상 경보할 수 있는 축전지설비(수신기에 내장하는 경우를 포함한다. 이하 같다) 또는 전기저장장치를 설치해야 한다.

문제 17 ·점수 : 6점

창고시설의 화재안전성능기준(NFPC 609) 제9조(자동화재탐지설비)에 대한 다음 물음에 답하시오.

(1) 괄호 안의 번호에 알맞은 답을 쓰시오.(4점)

> ○ 감지기 작동 시 해당 감지기의 위치가 (㉠)에 표시되도록 해야 한다.
> ○ 「개인정보 보호법」 제2조제7호에 따른 영상정보처리기기를 설치하는 경우 수신기는 영상정보의 열람·재생 장소에 설치해야 한다.
> ○ 창고시설에서 발화한 때에는 (㉡)에 경보를 발해야 한다.
> ○ 자동화재탐지설비에는 그 설비에 대한 (㉢)를 60분간 지속한 후 유효하게 (㉣) 이상 경보할 수 있는 비상전원으로서 축전지설비 또는 전기저장장치를 설치해야 한다. 다만, 상용전원이 축전지설비인 경우에는 그렇지 않다.

답안작성

㉠ 수신기   ㉡ 전 층   ㉢ 감시상태   ㉣ 30분

(2) 스프링클러설비를 설치하는 창고시설의 감지기는 무엇으로 해야 하는지 2가지를 쓰시오.(2점)

답안작성

① 아날로그방식의 감지기
② 광전식 공기흡입형 감지기

문제 18 ·점수 : 5점

창고시설의 화재안전성능기준(NFPC 609)상 연면적 1만 5천제곱미터 이상인 창고시설의 지하층 및 무창층에 설치하는 피난유도선 설치기준 중 3가지를 쓰시오.

> **답안작성**
> 1. 광원점등방식으로 바닥으로부터 1미터 이하의 높이에 설치할 것
> 2. 각 층 직통계단 출입구로부터 건물 내부 벽면으로 10미터 이상 설치할 것
> 3. 화재 시 점등되며 비상전원 30분 이상을 확보할 것

문제 19 〔출제예상〕 •점수 : 6점

다음은 창고시설의 화재안전성능기준 상 유도등 기준을 나타낸 것이다. ( )안의 번호에 알맞은 답을 쓰시오.

> ○ (①)과 (②)은 대형으로 설치해야 한다.
> ○ 피난유도선은 연면적 (③) 이상인 창고시설의 지하층 및 무창층에 다음 각 호의 기준에 따라 설치해야 한다.
>   1. 광원점등방식으로 바닥으로부터 (④) 이하의 높이에 설치할 것
>   2. 각 층 직통계단 출입구로부터 건물 내부 벽면으로 (⑤) 이상 설치할 것
>   3. 화재 시 점등되며 비상전원 (⑥) 이상을 확보할 것

> **답안작성**
> ① 피난구유도등
> ② 거실통로유도등
> ③ 1만 5천제곱미터
> ④ 1미터
> ⑤ 10미터
> ⑥ 30분

Engineer
Fire Protection System

2016 기출문제

소방설비기사 실기 (전기분야)

2016년 기사 제1회 실기시험

자격종목	시험시간	시행일	수험번호	성명
소방설비기사(전기분야)	2시간 30분	2016.4.17		

※ 다음 물음의 답을 해당 답란에 답하시오. (배점 : 100점)

문제 01 건축물 내부의 가압송수장치를 기동용 수압개폐장치로 사용하는 옥내소화전함과 P형 1급 발신기세트를 다음과 같이 설치하였을 때 아래의 각 물음에 답하시오.
(단, 발신기세트마다 경종단락보호장치를 설치함)

(1) ㉮~㉯의 전선가닥수를 쓰시오.

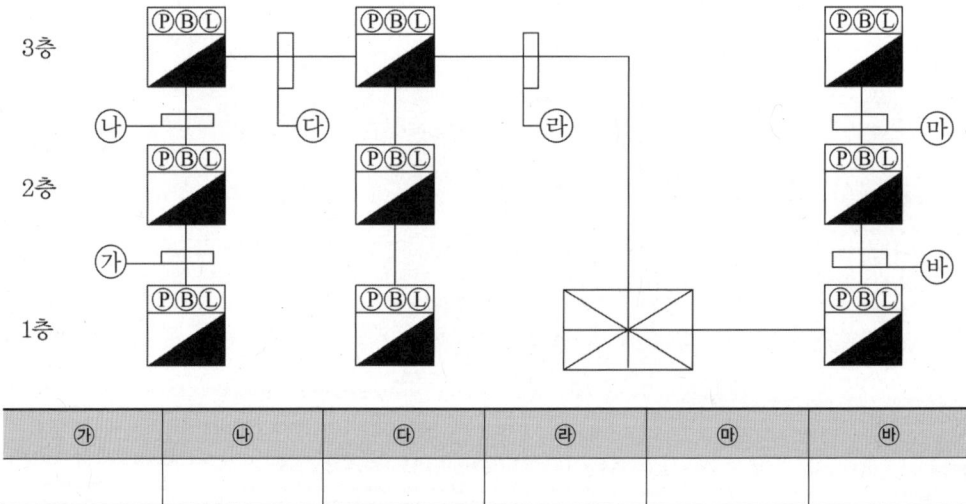

㉮	㉯	㉰	㉱	㉲	㉳

(2) 감지기 회로에 종단저항을 설치하는 목적을 쓰시오.
(3) 감지기 회로의 전로저항은 몇 [Ω] 이하 이어야 하는가?
(4) 수신기의 각 회로별 종단에 설치되는 감지기에 접속되는 배선의 전압은 감지기 정격전압의 몇 [%] 이상이어야 하는지 쓰시오.

답안작성

(1)
㉮	㉯	㉰	㉱	㉲	㉳
8	9	10	13	8	9

(2) 감지기회로의 도통시험을 하기 위하여
(3) 50[Ω] 이하
(4) 80% 이상

▼해설

(1)

구분	가닥수	내역
㉮	8	회로선1, 회로공통선1, 발신기응답선1, 경종선1, 표시등선1, 경종표시등 공통선1, 기동확인 표시등2
㉯	9	회로선2, 회로공통선1, 발신기응답선1, 경종선1, 표시등선1, 경종표시등 공통선1, 기동확인 표시등2
㉰	10	회로선3, 회로공통선1, 발신기응답선1, 경종선1, 표시등선1, 경종표시등 공통선1, 기동확인 표시등2
㉱	13	회로선6, 회로공통선1, 발신기응답선1, 경종선1, 표시등선1, 경종표시등 공통선1, 기동확인 표시등2
㉲	8	회로선1, 회로공통선1, 발신기응답선1, 경종선1, 표시등선1, 경종표시등 공통선1, 기동확인 표시등2
㉳	9	회로선2, 회로공통선1, 발신기응답선1, 경종선1, 표시등선1, 경종표시등 공통선1, 기동확인 표시등2

(2) 자동화재탐지설비 및 시각경보장치의 화재안전기준

감지기회로의 도통시험을 위한 종단저항은 다음의 기준에 따를 것
가. 점검 및 관리가 쉬운 장소에 설치할 것
나. 전용함을 설치하는 경우 그 설치 높이는 바닥으로부터 1.5m 이내로 할 것
다. 감지기 회로의 끝부분에 설치하며, 종단감지기에 설치할 경우에는 구별이 쉽도록 해당감지기의 기판 및 감지기 외부 등에 별도의 표시를 할 것

(3)(4) 자동화재탐지설비 및 시각경보장치의 화재안전기준

자동화재탐지설비의 감지기회로의 전로저항은 **50Ω 이하**가 되도록 하여야 하며, 수신기의 각 회로별 종단에 설치되는 감지기에 접속되는 배선의 전압은 감지기 정격전압의 **80% 이상**이어야 할 것

★★★ 출제년도 「16.」 •점수 : 5점

문제 02 비상콘센트설비의 비상전원으로 자가발전설비나 비상전원수전설비를 설치하지 않아도 되는 경우 2가지를 쓰시오.

①
②

답안작성

① 둘 이상의 변전소에서 전력을 동시에 공급받을 수 있는 경우
② 하나의 변전소로부터 전력의 공급이 중단되는 때에는 자동으로 다른 변전소로부터 전력을 공급받을 수 있도록 상용전원을 설치한 경우

▼해설

비상콘센트설비의 화재안전기술기준
지하층을 제외한 층수가 7층 이상으로서 연면적이 2,000 m² 이상이거나 지하층의 바닥면적의 합계가 3,000 m² 이상인 특정소방대상물의 비상콘센트설비에는 **자가발전설비**, **축전지설비**, **비상전원**

수전설비 또는 전기저장장치(외부 전기에너지를 저장해 두었다가 필요한 때 전기를 공급하는 장치)를 비상전원으로 설치할 것. 다만, 둘 이상의 변전소에서 전력을 동시에 공급받을 수 있거나 하나의 변전소로부터 전력의 공급이 중단되는 때에는 자동으로 다른 변전소로부터 전력을 공급받을 수 있도록 상용전원을 설치한 경우에는 비상전원을 설치하지 아니할 수 있다.

문제 03 ★★★ 출제년도 「16.」 •점수 : 5점

다음은 전실제연설비의 계통도를 나타낸 것이다. 아래표의 구분에 따른 사용전선의 배선수와 소요명세내역을 쓰시오. (단, 모든 댐퍼는 모터구동방식이며, 수전반에서 수동기동확인이 가능하고 배선은 운전조작 상 필요한 최소 전선수로 답하고, 별도의 복구선은 없는 것으로 한다.)

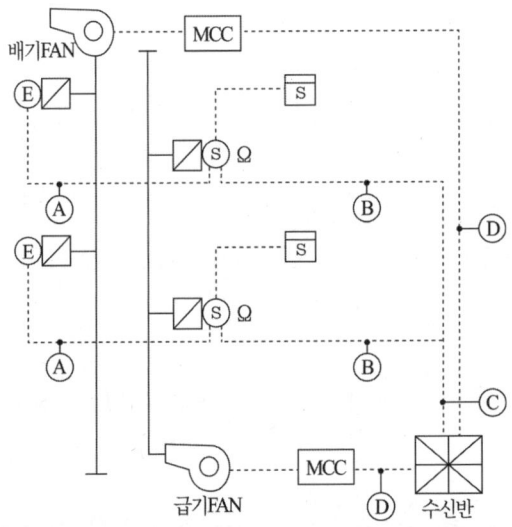

기호	구분	배선수	소요명세내역
Ⓐ	배기댐퍼 ↔ 급기댐퍼		
Ⓑ	급기댐퍼 ↔ 수신반		
Ⓒ	2 ZONE일 경우		
Ⓓ	MCC ↔ 수신반		

답안작성

기호	구분	배선수	소요명세내역
Ⓐ	배기댐퍼 ↔ 급기댐퍼	4	전원 ⊕, 전원 ⊖, 기동, 배기댐퍼기동확인
Ⓑ	급기댐퍼 ↔ 수신반	7	전원 ⊕, 전원 ⊖, 기동, 급기댐퍼작동확인, 배기댐퍼기동확인, 지구, 수동기동확인
Ⓒ	2 ZONE일 경우	12	전원 ⊕, 전원 ⊖, (기동, 급기댐퍼작동확인, 배기댐퍼기동확인, 지구, 수동기동확인) × 2
Ⓓ	MCC ↔ 수신반	5	기동, 정지, 기동표시등, 전원감시표시등, 공통

▼해설

1. 지구공통선을 전원 ⊖ 선과 공통으로 사용하는 경우 전선가닥수 산정

기호	구분	배선수	배선굵기	배선의 용도
Ⓐ	배기댐퍼 ↔ 급기댐퍼	4	2.5[mm²]	전원 ⊕, 전원 ⊖, 기동, 배기댐퍼기동확인
Ⓑ	급기댐퍼 ↔ 수신반	7	2.5[mm²]	전원 ⊕, 전원 ⊖, 기동, 급기댐퍼기동확인, 배기댐퍼기동확인, 지구, 수동기동확인
Ⓒ	2 ZONE일 경우	12	2.5[mm²]	전원 ⊕, 전원 ⊖, (기동, 급기댐퍼기동확인, 배기댐퍼기동확인, 지구, 수동기동확인) × 2
Ⓓ	MCC ↔ 수신반	5	2.5[mm²]	기동, 정지, 기동표시등, 전원감시표시등, 공통

2. 지구공통선을 전원 ⊖ 선과 별도로 하는 경우 전선가닥수 산정

기호	구분	배선수	배선굵기	배선의 용도
Ⓐ	배기댐퍼 ↔ 급기댐퍼	4	2.5[mm²]	전원 ⊕, 전원 ⊖, 기동, 배기댐퍼기동확인
Ⓑ	급기댐퍼 ↔ 수신반	8	2.5[mm²]	전원 ⊕, 전원 ⊖, 기동, 급기댐퍼기동확인, 배기댐퍼기동확인, 지구, 수동기동확인, 지구공통
Ⓒ	2 ZONE일 경우	13	2.5[mm²]	전원 ⊕, 전원 ⊖, (기동, 급기댐퍼기동확인, 배기댐퍼기동확인, 지구, 수동기동확인) × 2, 지구 공통
Ⓓ	MCC ↔ 수신반	5	2.5[mm²]	기동, 정지, 기동확인표시등, 전원감시표시등, 공통

※ 수동기동확인 = 수동기동, 지구 = 회로 = 감지기, 지구공통 = 회로공통 = 감지기 공통
급기댐퍼확인 = 급기확인 = 급기댐퍼기동확인, 배기댐퍼확인 = 배기확인 = 배기댐퍼기동확인
기동표시등 = 기동확인표시등, 전원표시등 = 전원감시표시등 = 정지표시등

★★ 출제년도 「16.」 •점수 : 5점

문제 04 P형 1급 수신기와 감지기와의 배선회로에 종단저항은 10[KΩ], 릴레이저항은 750[Ω], 배선회로의 저항은 50[Ω]이며 회로전압이 DC 24[V]일 때 다음 각 물음에 답하시오.
(1) 평상 시 감시전류[mA]를 구하시오.
(2) 감지기가 작동할 때 (화재 시)의 전류[mA]를 구하시오.

답안작성

(1) 감시전류 = $\dfrac{회로전압}{배선회로저항+종단저항+릴레이저항}$

$= \dfrac{24}{50+750+10\times 10^3}\times 10^3 = 2.22[\text{mA}]$

(2) 작동전류 = $\dfrac{회로전압}{배선회로저항+릴레이저항}$

$= \dfrac{24}{50+750}\times 10^3 = 30[\text{mA}]$

▼해설

1. 감시전류
   1) 등가 회로도

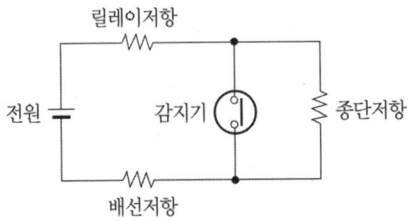

   2) 감시전류 : $\dfrac{\text{회로전압}}{\text{배선회로저항}+\text{종단저항}+\text{릴레이저항}}$

2. 작동전류 : $\dfrac{\text{회로전압}}{\text{배선회로저항}+\text{릴레이저항}}$

★★★ 출제년도 「12. 13. 14. 16.」 •점수 : 5점

문제 05 자동화재탐지설비용 감지기를 설치하지 않는 장소에 대해 5가지 쓰시오.
(단, 화재안전기술기준 각 호의 내용을 1가지로 본다.)

답안작성

1. 천장 또는 반자의 높이가 20m 이상인 장소. 다만, 부착높이에 따라 적응성이 있는 장소는 제외한다.
2. 헛간 등 외부와 기류가 통하는 장소로서 감지기에 따라 화재발생을 유효하게 감지할 수 없는 장소
3. 부식성가스가 체류하고 있는 장소
4. 고온도 및 저온도로서 감지기의 기능이 정지되기 쉽거나 감지기의 유지관리가 어려운 장소
5. 목욕실·욕조나 샤워시설이 있는 화장실·기타 이와 유사한 장소
6. 파이프덕트 등 그 밖의 이와 비슷한 것으로서 2개층마다 방화구획된 것이나 수평단면적이 5 m² 이하인 것
7. 먼지·가루 또는 수증기가 다량으로 체류하는 장소 또는 주방 등 평시에 연기가 발생하는 장소 (연기감지기에 한한다)
8. 프레스공장·주조공장 등 화재발생의 위험이 적은 장소로서 감지기의 유지관리가 어려운 장소
중 5가지 선택

★★★ 출제년도 「16.」 •점수 : 6점

문제 06 예비전원설비로 이용되는 축전지에 대한 다음 각 물음에 답하시오.
(1) 자기방전량 만을 항상 충전하는 부동충전방식의 명칭은?
(2) 비상용조명부하가 200[V]용 50[W] 80등과 30[W] 70등이 있다. 방전시간은 30분이고, 축전지는 HS형 110셀(cell)이며, 허용최저전압은 190[V], 최저 축전지 온도가 5[℃] 일 때 축전지 용량[Ah]을 구하시오. (단, 경년용량저하율은 0.8, 용량환산시간은

1.2[h]이다.)
(3) 연축전지와 알칼리축전지의 공칭전압[V]을 쓰시오.

답안작성

(1) 트리클충전 또는 세류충전
(2) 축전지 용량[Ah]
  ① 방전전류 $I = \dfrac{P}{V} = \dfrac{50W \times 80등 + 30W \times 70등}{200V} = 30.5[A]$
  ② 축전지 용량 $C = \dfrac{1}{L}KI = \dfrac{1}{0.8} \times 1.2 \times 30.5 = 45.75[Ah]$
(3) 연축전지 : 2 V, 알칼리축전지 : 1.2 V

해설

(1) ① **세류충전(트리클 충전)** : 전지를 장시간 보존하게 되면 자기 방전에 의해 용량이 감소하게 된다. 이때 **자기방전량 만을 항상 충전**하는 부동충전방식의 일종이다.
② **부동충전** : 축전지와 부하를 충전기에 병렬로 접속하여 사용하는 충전방식으로 축전지의 자기방전에 대한 충전과 상용부하(직류부하)에 대한 전원공급은 충전기가 부담하고 충전기가 부담하기 어려운 일시적인 대전류 부하는 축전지가 공급하는 방식

문제 07

★★★ 출제년도 「16. 20.」 •점수 : 5점

연면적 7,000 m², 지하 5층, 지상 12층인 특정소방대상물에 음향경보장치를 설치하고자 한다. 다음 각 물음에 답하시오.
(1) 지상 11층에서 발화한 경우 경보를 발하여야 하는 층 :
(2) 지상 1층 발화한 경우 경보를 발하여야 하는 층 :
(3) 지하 1층에서 발화한 경우 경보를 발하여야 하는 층 :

답안작성

(1) 지상 11층~지상 15층
(2) 지상 1층~지상 5층, 지하 모든 층(5개층)
(3) 지하 모든 층(5개층), 지상 1층

해설

우선경보방식
① 경보방법 : 화재발생시 안전하고 신속한 대피를 위하여 화재가 발생한 층과 그 직상층부터 우선하여 별도로 경보하는 방식

화재층	경보층(11층(공동주택인 경우 16층) 이상인 경우)	경보층(30층 이상인 경우)
1층	발화층, 그 직상 4개층, 지하층	발화층, 그 직상 4개층, 지하층
2층 이상	발화층, 그 직상 4개층	발화층, 그 직상 4개층
지하층	발화층, 그 직상층, 기타의 지하층	발화층, 그 직상층, 기타의 지하층

② 특정소방대상물 규모 : 11층(공동주택인 경우 16층) 이상

문제 08 P형 1급 5회로의 수신기의 미완성결선도이다. 답안지에 발신기, 경종, 표시등 사이를 결선하시오. (단, 연면적 2,500 m²인 지하 1층, 지상 3층 규모의 건물이다.)

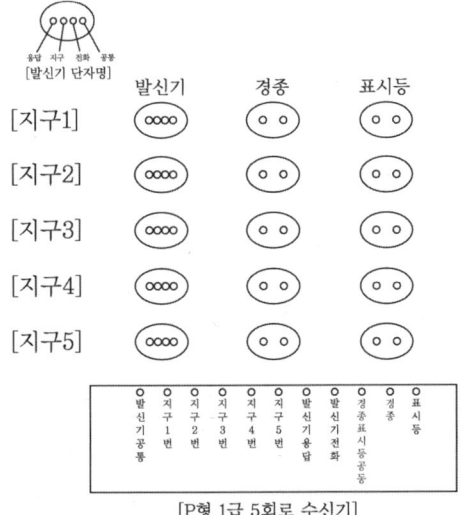

답안작성

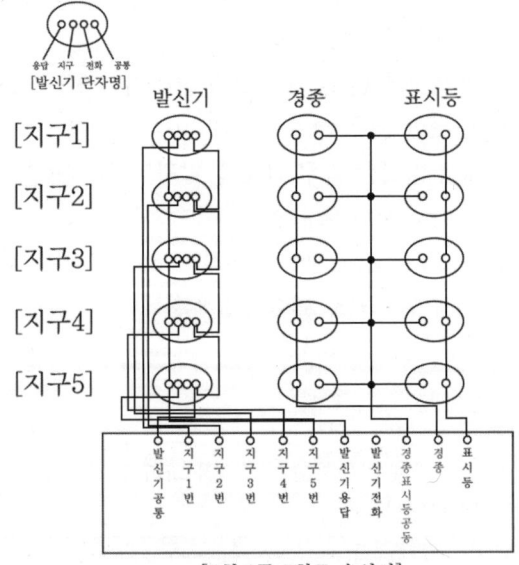

[P형 1급 5회로 수신기]

문제 09 다음 그림은 스프링클러소화설비의 블록다이어그램을 나타낸 것이다. 각 구성요소 간 배선을 내화배선, 내열배선, 일반배선으로 구분하여 블록다이어그램을 완성하시오.

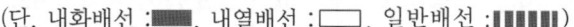

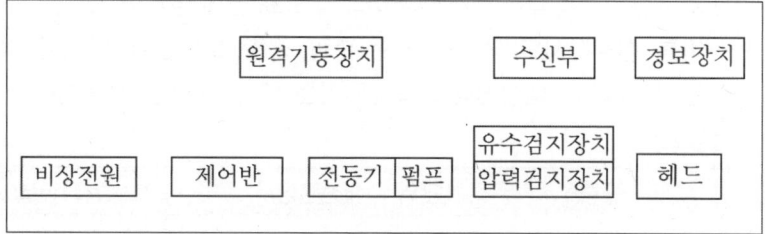

답안작성

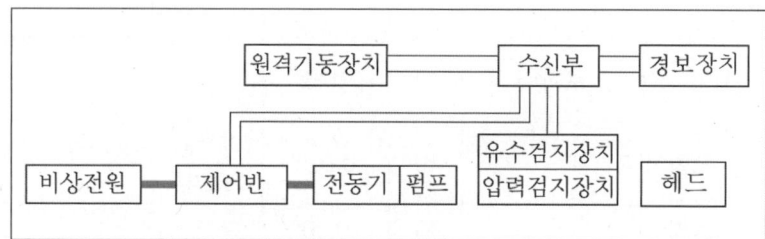

▼해설

스프링클러설비의 화재안전기술기준
1. **비상전원**으로부터 동력제어반 및 가압송수장치에 이르는 **전원회로배선**은 **내화배선**으로 할 것. 다만, 자가발전설비와 동력제어반이 동일한 실에 설치된 경우에는 자가발전기로부터 그 제어반에 이르는 전원회로배선은 그러하지 아니하다.
2. **상용전원**으로부터 동력제어반에 이르는 배선, 그 밖의 스프링클러설비의 감시·조작 또는 표시등회로의 배선은 **내화배선** 또는 **내열배선**으로 할 것. 다만, 감시제어반 또는 동력제어반 안의 감시·조작 또는 표시등회로의 배선은 그러하지 아니하다.

[주의사항] 헤드는 전기장치가 아니므로 별도의 배선을 하지 않는다.

★★★ 출제년도 「10. 16.」 •점수 : 9점

문제 10 자동화재탐지설비의 평면도를 보고 다음 각 물음에 답하시오.

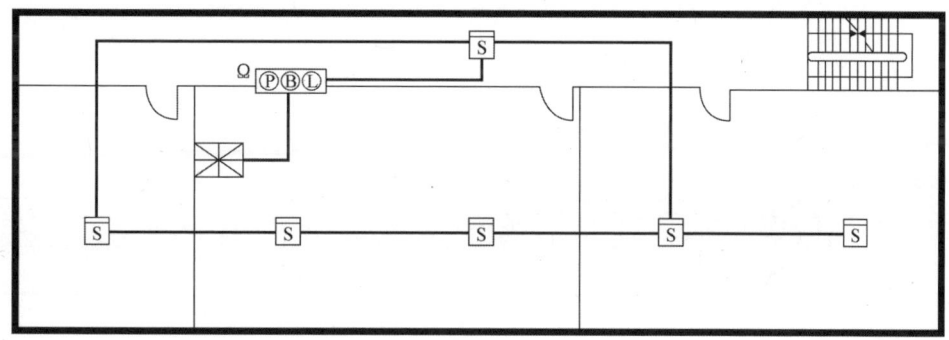

(1) 각 기기장치 사이를 연결하는 가닥수를 평면도상에 표기하시오.
(2) 주어진 표준품셈을 적용하여 아래의 도표 상에 명시한 자재를 시공하는데 필요한 노무비를 산출하시오.(단, 노무비는 수량, 공량, 노임단가의 빈칸을 채우고 산출하며, 층고는 3.5m이고, 내선전공의 노임단가는 105,000원을 적용한다.)

[품셈표]

공종	단위	내선전공	비고
연기감지기	개	0.13	(1) 천장높이 4m 기준 　　1m 증가시마다 5% 가산 (2) 매입형 또는 특수구조인 경우 　　조건에 따라 선정
시험기(공기관 포함)	개	0.15	(1) 상동 (2) 상동
분포형의 공기관	m	0.025	(1) 상동 (2) 상동
검출기	개	0.30	
공기관식의 Booster	개	0.10	
발신기 P-1 발신기 P-2 발신기 P-3	개	0.30 0.30 0.20	1급(방수형) 2급(보통형) 3급(푸시버튼만으로 응답확인이 없는 것)
회로시험기	개	0.10	
수신기 P-1(기본공수) (회선수 공수 산출 가산요)	대	6.0	[회선수에 대한 산정] 매1회선에 대해서 | 형식 \\ 직종 | 내선전공 | |---|---| | P-1 | 0.3 | | P-2 | 0.2 | | R형 | 0.2 | ※R형은 수신반 인입감시 회선수 기준 [참고] 산정예: [P-1의 10회분 기본공수는 6인, 회선당 할증수는 (10×0.3)=3 ∴ 6+3=9인
수신기 P-2(기본공수) (회선수 공수 산출 가산요)	대	4.0	
부수신기(기본공수)	대	3.0	
소화전 기동 릴레이	대	1.5	
경종	개	0.15	
표시등	개	0.20	
표지판	개	0.15	

품명	규격	단위	수량	공량	노임단가(원)	노무비(원)
감지기	연기감지기	개				
발신기	P형1급	개				
표시등	DC24V	개				
경종	DC24V	개				
전선관	16C	m	76	0.08		
전선	HFIX 1.5 mm^2	m	208	0.01		
전선관	28C	m	7	0.14		
전선	HFIX 2.5 mm^2	m	77	0.01		
P형1급수신기	5회로	대				
					소계	

답안작성

(1)

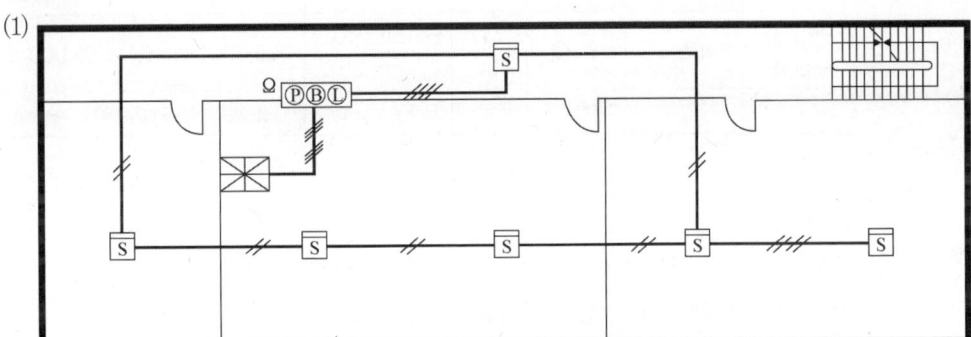

(2)

품명	규격	단위	수량	공량	노임단가(원)	노무비(원)
감지기	연기감지기	개	6	0.13	105,000	81,900
발신기	P형1급	개	1	0.30	105,000	31,500
표시등	DC24V	개	1	0.20	105,000	21,000
경종	DC24V	개	2	0.15	105,000	31,500
전선관	16C	m	76	0.08	105,000	638,400
전선	HFIX 1.5mm^2	m	208	0.01	105,000	218,400
전선관	28C	m	7	0.14	105,000	102,900
전선	HFIX 2.5mm^2	m	77	0.01	105,000	80,850
P형1급수신기	5회로	대	1	6.3	105,000	661,500
					소 계	1,867,950

▼해설

(1) 발신기세트와 감지기간, 감지기회로의 말단부분은 4가닥, 감지기와 감지기간(루프형태의 구간)은 2가닥, 수신기와 발신기세트 사이 6가닥, 경종2(주경종, 지구경종)
(2) 도면상 종단저항이 1개이므로 수신기에는 1회로가 설치된다.

품명	규격	단위	수량	공량	노임단가(원)	노무비(원)
감지기	연기감지기	개	6	0.13	105,000	6×0.13×105,000 = 81,900
발신기	P형1급	개	1	0.30	105,000	1×0.30×105,000 = 31,500
표시등	DC24V	개	1	0.20	105,000	1×0.20×105,000 = 21,000
경종	DC24V	개	2	0.15	105,000	2×0.15×105,000 = 31,500
전선관	16C	m	76	0.08	105,000	76×0.08×105,000 = 638,400
전선	HFIX 1.5mm^2	m	208	0.01	105,000	208×0.01×105,000 = 218,400
전선관	28C	m	7	0.14	105,000	7×0.14×105,000 = 102,900
전선	HFIX 2.5mm^2	m	77	0.01	105,000	77×0.01×105,000 = 80,850
P형1급 수신기	5회로	대	1	6+1회로×0.3 = 6.3	105,000	1×6.3×105,000=661,500
					소계	1,867,950

★★★ 출제년도 「14. 16. 19.」 •점수 : 6점

문제 11
감지기회로의 배선에 대한 다음 각 물음에 답하시오.
(1) 송배선식에 대하여 설명하시오.
(2) 송배선식의 적용설비 2가지만 쓰시오.
(3) 교차회로방식에 대하여 설명하시오.
(4) 교차회로방식의 적용설비 5가지만 쓰시오.

답안작성

(1) 수신기 2차측 외부배선의 도통시험을 쉽게 하기 위하여 배선의 도중에서 분기하지 않도록 하는 배선방식
(2) 제연설비, 자동화재탐지설비
(3) 하나의 방호구역 내에 2 이상의 화재감지기회로를 설치하고 인접한 2 이상의 화재감지기가 동시에 감지되는 때에는 소화설비가 작동하여 소화약제가 방출되는 방식
(4) 1) 준비작동식 스프링클러설비
   2) 일제살수식 스프링클러설비
   3) 할로겐화합물 및 불활성기체 소화설비
   4) 분말소화설비
   5) 이산화탄소 소화설비
   6) 미분무소화설비
   7) 할론 소화설비 중 5가지 선택

문제 12 공장의 건축 평면도에 자동화재탐지설비를 설계하고자 한다. 주어진 조건을 이용하여 다음 각 물음에 답하시오.(단, 수신기 내부에 지구경종단락보호장치를 설치함)

◀조건▶
1. 바닥으로부터 천장의 높이는 10m를 적용한다.
2. 감지기 설치 시 천장에는 장애물이 없는 것으로 한다.
3. 벽은 1mm 두께의 철판의 양측사이에 보온재를 채운다.
4. 공장 내와 방재실은 칸막이가 없으며, 감지기 설치 도면을 작성할 때 축척은 무시하고 작성한다.
5. 하나의 경계구역은 600 m² 이내로 한다.
6. 방재실에 사용되는 감지기는 공장 내의 감지기와 연결한다.
7. 각 수동발신기 세트에 연결되는 공장 내의 감지기는 같은 수로 한다.
8. 감지기는 연기감지기(2종)를 사용하고 그 심벌은 ⓢ 으로 표시한다.
9. 전선 가닥수는 예와 같이 표시한다. 예) ―///―

[평면도]

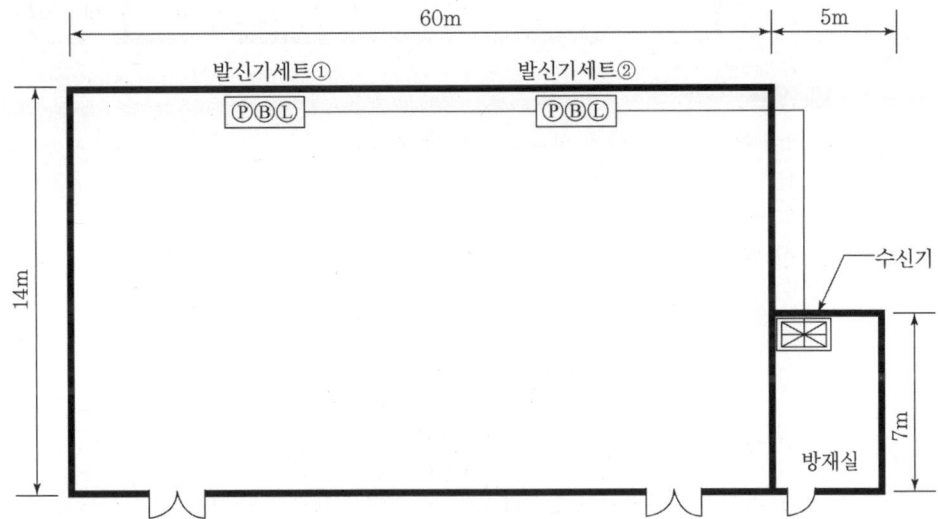

(1) 본 소방대상물에는 연지감지기를 제외하고 어떤 감지기들을 사용할 수 있는지 그 사용 가능한 감지기를 종류별로 2가지만 쓰시오.
(2) 본 건축 평면도에 설치하여야 할 연기감지기의 개수를 산정하시오.
① 공장 :
② 방재실 :
(3) 주어진 건축 평면도에 감지기를 그려 넣고, 감지기와 감지기간, 감지기와 발신기간, 발신기 세트 ①과 발신기 세트 ②사이, 발신기 세트 ②와 수신기 사이의 전선 가닥수를 명시하시오.

답안작성

(1) 1) 차동식 분포형
    2) 불꽃감지기
(2) ① 공장 : 12개
    ② 방재실 : 1개
(3)

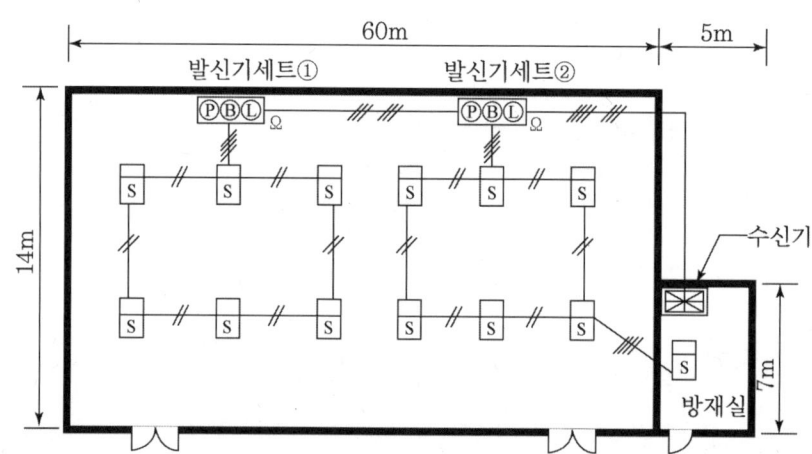

▼해설

(1) 8m 이상 15m 미만에 설치 가능한 감지기의 종류
    1) 차동식 분포형
    2) 이온화식 1종 또는 2종
    3) 광전식(스포트형, 분리형, 공기흡입형) 1종 또는 2종
    4) 연기복합형
    5) 불꽃감지기

(2) ① 공장 : 감지기 수량 $N = \dfrac{60\text{m} \times 14\text{m}}{75\text{m}^2} = 11.2\,[개] \Rightarrow 12\,[개]$

  ② 방재실 : 감지기 수량 $N = \dfrac{5\text{m} \times 7\text{m}}{75\text{m}^2} = 0.47\,[개] \Rightarrow 1\,[개]$

  ③ 감지기의 부착높이에 따라 다음 표에 따른 바닥면적마다 1개 이상으로 할 것

(단위 : m²)

부착높이	연기감지기의 종류	
	1종 및 2종	3종
4[m] 미만	150	50
4[m] 이상 20[m] 미만	75	

(3) 자동화재탐지설비는 송배선식으로 하여야 하므로 감지기와 감지기간은 2가닥, 감지기와 발신기간은 4가닥, 발신기 세트 ①과 발신기 세트 ②사이는 6가닥, 발신기 세트 ②와 수신기 사이의 전선 가닥수는 7가닥이 된다.

★★ 출제년도「14. 16.」 •점수 : 6점

문제 13 단독경보형감지기의 설치기준 중 (　)안에 알맞은 내용을 쓰시오.

(1) 각 실마다 설치하되, 바닥면적이 (①) m^2를 초과하는 경우에는 (②) m^2마다 1개 이상 설치하여야 한다.

(2) 이웃하는 실내의 바닥면적이 각각 (③) m^2 미만이고, 벽체의 상부의 전부 또는 일부가 개방되어 이웃하는 실내와 공기가 상호 유통되는 경우에는 이를 (④)개의 실로 본다.

(3) 상용전원을 주전원으로 사용 시 (⑤)는 성능시험에 합격한 것을 사용한다.

답안작성

① 150
② 150
③ 30
④ 1
⑤ 2차전지

해설

단독경보형감지기 설치기준

① 각 실(이웃하는 실내의 바닥면적이 각각 30 m^2 미만이고 벽체의 상부의 전부 또는 일부가 개방되어 이웃하는 실내와 공기가 상호유통되는 경우에는 이를 1개의 실로 본다)마다 설치하되, 바닥면적이 150 m^2를 초과하는 경우에는 150 m^2마다 1개 이상 설치할 것
② 최상층의 계단실의 천장(외기가 상통하는 계단실의 경우를 제외한다)에 설치할 것
③ 건전지를 주전원으로 사용하는 단독경보형감지기는 정상적인 작동상태를 유지할 수 있도록 건전지를 교환할 것
④ 상용전원을 주전원으로 사용하는 단독경보형감지기의 2차전지는 법 제39조 규정에 따른 성능시험에 합격한 것을 사용할 것

★★★ 출제년도「16.」 •점수 : 7점

문제 14 각 층의 높이가 4m인 지하 2층, 지상 4층 소방대상물에 자동화재탐지설비의 경계구역을 설정하는 경우에 다하여 다음 물음에 답하시오.

(1) 층별 바닥면적이 그림과 같을 경우에 자동화재탐지설비 경계구역은 최소 몇 개로 구분하여야 하는지 산출식과 경계구역을 빈칸에 쓰시오.(단, 경계구역은 면적기준 만을 적용하며 계단, 경사로 및 피트 등의 수직경계구역의 면적을 제외한다.)

층	산출식	경계구역수
4층		
3층		
2층		
1층		
지하1층		
지하2층		
경계구역의 합계		

(2) 본 소방대상물에 계단과 엘리베이터가 각각 1개씩 설치되어 있는 경우 P형 1급 수신기는 몇 회로용을 설치해야 하는지 구하시오.

답안작성

(1)

층	산출식	경계구역수
4층	$\dfrac{100\text{m}^2}{600\text{m}^2} = 0.17$	1
3층	$\dfrac{350\text{m}^2}{600\text{m}^2} = 0.58$	1
2층	$\dfrac{600\text{m}^2}{600\text{m}^2} = 1$	1
1층	$\dfrac{1020\text{m}^2}{600\text{m}^2} = 1.7$	2
지하1층	$\dfrac{1200\text{m}^2}{600\text{m}^2} = 2$	2
지하2층	$\dfrac{1800\text{m}^2}{600\text{m}^2} = 3$	3
경계구역의 합계		10

(2) 15회로용

해설

(1) 자동화재탐지설비 및 시각경보장치의 화재안전기술기준
  ① 자동화재탐지설비의 경계구역 설정기준
   1. 하나의 경계구역이 2개 이상의 건축물에 미치지 아니하도록 할 것
   2. 하나의 경계구역이 2개 이상의 층에 미치지 아니하도록 할 것. 다만, **500m² 이하**의 범위 안에서는 2개의 층을 하나의 경계구역으로 할 수 있다.
   3. 하나의 경계구역의 면적은 **600m²** 이하로 하고 한변의 길이는 **50m 이하**로 할 것. 다만, 해당 특정소방대상물의 주된 출입구에서 그 내부 전체가 보이는 것에 있어서는 한 변의 길이가 **50m**의 범위 내에서 **1,000m² 이하**로 할 수 있다.

② 계단(직통계단외의 것에 있어서는 떨어져 있는 상하계단의 상호간의 수평거리가 5m 이하로서 서로 간에 구획되지 아니한 것에 한한다. 이하 같다)·경사로(에스컬레이터경사로 포함)·엘리베이터 승강로(권상기실이 있는 경우에는 권상기실)·린넨슈트·파이프 피트 및 덕트 기타 이와 유사한 부분에 대하여는 별도로 경계구역을 설정하되, **하나의 경계구역은 높이 45m 이하(계단 및 경사로에 한다)**로 하고, 지하층의 계단 및 경사로(지하층의 층수가 1일 경우는 제외한다)는 별도로 하나의 경계구역으로 하여야 한다.

③ [주의사항]
3층과 4층의 면적합계가 450 m²(100 m²+350 m²)으로 500 m² 이하이므로 2개의 층을 하나의 경계구역을 설정할 수 있으나 문제에서 표를 제시였으므로 3층과 4층을 별도의 경계구역으로 해석하여야 한다.
표의 구분없이 최소 경계구역 산정일 경우에는 3층과 4층을 묶어서 경계구역을 산출한다.
$$\frac{(100\,\mathrm{m}^2 + 350\,\mathrm{m}^2)}{500\,\mathrm{m}^2} = 0.9 \rightarrow 1개$$

(2) 수신기의 회로수
① 면적에 따른 경계구역의 수 : 10회로
② 엘리베이터 : 1회로
③ 계단은 지상층과 지하층을 분리하여 경계구역을 설정하여야 하므로 2회로
④ 회로수 합계 : 10+1+2=13회로
⑤ 수신기의 회로수는 5회로, 10회로, 15회로, 20회로, 25회로, 30회로 등 5의 배수로 제작되므로 이 건축물에는 15회로용의 수신기를 설치하여야 한다.

★★★ 출제년도 「16.」 •점수 : 5점

문제 15 정온식 감지선형 감지기는 외피에 공칭작동온도를 색상으로 나타내고 있다. 색상별 공칭작동온도를 쓰시오.

(1) 백색 :

(2) 청색 :

(3) 적색 :

답안작성

(1) 백색 : 80 ℃ 미만
(2) 청색 : 80 ℃ 이상 120 ℃ 미만
(3) 적색 : 120 ℃ 이상

해설

공칭작동온도에 따른 감지기의 색상

공칭작동온도	색상
80 ℃ 미만	백색
80 ℃ 이상 120 ℃ 미만	청색
120 ℃ 이상	적색

★ 출제년도 「16. 20.」 •점수 : 6점

문제 16 그림과 같은 유접점 시퀀스 회로에 대해 다음 각 물음에 답하시오.

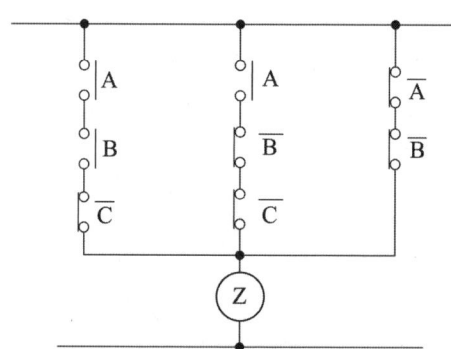

(1) 상기 그림의 시퀀스도를 가장 간략화한 논리식으로 표현하시오.(단, 최초의 논리식을 쓰고 이것을 간략화 하는 과정을 기술하시오.)
(2) '(1)' 항에서 가장 간략화한 논리식을 무접점 논리회로로 그리시오.

답안작성

(1) $Z = AB\overline{C} + A\overline{B}\overline{C} + \overline{A}\overline{B} = A\overline{C}(B + \overline{B}) + \overline{A}\overline{B} = A\overline{C} + \overline{A}\overline{B}$
(2)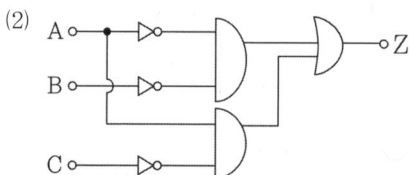

▼해설

불대수의 정리

논 리 합	논 리 곱	법 칙
$X + 0 = X$	$X \cdot 0 = 0$	
$X + 1 = 1$	$X \cdot 1 = X$	
$X + X = X$	$X \cdot X = X$	
$\overline{X} + X = 1$	$\overline{X} \cdot X = 0$	
$X + Y = Y + X$	$X \cdot Y = Y \cdot X$	교환법칙
$X + (Y + Z) = (X + Y) + Z$	$X(YZ) = (XY)Z$	결합법칙
$X(Y + Z) = XY + XZ$	$(X + Y)(Z + W) = XZ + XW + YZ + YW$	분배법칙
$X + XY = X$	$X + \overline{X}Y = X + Y$	흡수법칙
$(\overline{X + Y}) = \overline{X} \cdot \overline{Y}$	$(\overline{X \cdot Y}) = \overline{X} + \overline{Y}$	드모르간의 정리

2016년 기사 제2회 실기시험

Engineer Fire Protection System

자격종목	시험시간	시행일	수험번호	성명
소방설비기사(전기분야)	2시간 30분	2016.7.17		

※ 다음 물음의 답을 해당 답란에 답하시오.(배점 : 100점)

문제 01 ★ 출제 년도 「96. 99. 01. 03. 06. 16.」 · 점수 : 5점

유도전동기 부하에 사용할 비상용 자가발전설비를 설치하려고 한다. 이 설비에 사용된 발전기의 조건을 보고 다음 각 물음에 답하시오.

──◀발전기조건▶──
- 기동용량 : 700 [kVA]
- 기동시 전압강하 : 20 [%]까지 허용
- 과도리액턴스 : 25 [%]

(1) 발전기 용량은 이론상 몇 [kVA] 이상의 것을 선정하여야 하는가?
(2) 발전기용 차단기의 차단용량은 몇 [MVA] 이상이어야 하는가?(단, 차단용량의 여유율은 25 [%]를 계산한다.)

답안작성

(1) 발전기 용량

계산 : $P_G = \left(\dfrac{1}{0.2} - 1\right) \times 0.25 \times 700 = 700 \, [\text{kVA}]$

답 : 700 [kVA]

(2) 차단기의 차단용량

계산 : $= \dfrac{1}{0.25} \times 700 \times 1.25 = 3{,}500 \, [\text{kVA}] = 3.5 \, [\text{MVA}]$

답 : 3.5[MVA]

▼해설

(1) 발전기 용량 $P_G \geq \left(\dfrac{1}{e} - 1\right) \times X_d \times P_m$

여기서, e : 허용 전압강하, X_d : 과도 리액턴스, P_m : 기동용량

(2) 발전기용 차단기의 용량 $= \dfrac{\text{자가발전기 용량}[\text{kVA}]}{Xd'} \times 1.25 [\text{kVA}]$

(여기서, Xd' : 과도 리액턴스(단독 운전의 경우 0.2~0.3))

(3) 자가발전기 용량 계산 기준개정(2021.6.14.)으로 현재 기준에는 맞지 않는 문제입니다.

문제 02

★★★ 출제년도 「04, 07, 11, 16, 19.」 •점수 : 6점

저압 옥내배선의 금속관 공사에 있어서 금속관과 박스 그 밖의 부속품은 다음 각 호에 의하여 시설하여야 한다. ( )안에 알맞은 내용을 쓰시오.

(1) 금속관을 구부릴 때 금속관의 단면이 심하게 변형되지 아니하도록 구부려야 하며, 그 안측의 (①)은 관 안지름의 (②)배 이상이 되어야 한다.

(2) 아웃렛 박스(Outlet Box) 사이 또는 전선 인입구가 있는 기구 사이의 금속관은 (③) 개소를 초과하는 직각 또는 직각에 가까운 굴곡개소를 만들어서는 아니 된다. 굴곡개소가 많은 경우 또는 관의 길이가 (④) [m]를 넘는 경우에는 (⑤)를 설치하는 것이 바람직하다.

답안작성

(1) ① 반지름 ② 6
(2) ③ 3 ④ 30 ⑤ 풀박스

▼해설

내선규정 2225-8 관의굴곡

(1) 금속관을 구부릴 때 금속관의 단면이 심하게 변형되지 아니하도록 구부려야 하며, 그 **안쪽의 반지름은 관 안지름의 6배 이상**이 되어야 한다.

(2) 아웃렛(Outlet) 박스 사이 또는 전선 인입구를 가지는 기구 사이의 금속관에는 **3개소**가 초과하는 직각 또는 직각에 가까운 굴곡 개소를 만들어서는 아니된다. 굴곡 개소가 많은 경우 또는 관의 길이가 **30[m]를 초과**하는 경우에는 **풀박스**를 설치하는 것이 바람직하다.

※ 2021년 1월 1일 내선규정이 삭제되고 한국전기설비규정(KEC)이 시행됨에 따라 현재는 맞지 않는 문제입니다.

문제 03

★★★ 출제년도 「16.」 •점수 : 5점

주어진 기계기구와 운전조건을 이용하여 옥상의 소방용 고가수조에 물을 올릴 때 사용되는 양수펌프에 대한 수동 및 자동운전을 할 수 있도록 주회로와 제어회로를 완성하시오. (단, 회로작성에 필요한 접점수는 최소수만 사용하며, 접점기호와 약호를 기입하시오.)

◀보기▶

[기계 기구]
• 운전용 누름버튼 스위치(PB-on) 1개   • 정지용 누름버튼 스위치(PB-off) 1개
• 배선용 차단기(MCCB) 1개   • 자동·수동 전환스위치(S/W) 1개
• 전자접촉기(MC) 1개   • 열동계전기(THR) 1개
• 리미트스위치(LS) 1개   • 퓨즈(제어회로용) 2개   • 3상 유도전동기 1대

[운전 조건]
• 자동운전과 수동운전이 가능하도록 하여야 한다.
• 자동운전은 리미트스위치(만수위 검출)에 의하여 이루어지도록 한다.
• 수동운전인 경우에는 다음과 같이 동작되도록 한다.
① 운전용 누름버튼스위치에 의하여 전자접촉기가 여자되어 전동기가 운전되도록 한다.
② 정지용 누름버튼 스위치에 의하여 전자접촉기가 소자되어 전동기가 정지되도록 한다.
③ 전동기 운전 중 과부하 또는 과열이 발생되면 열동계전기가 동작되어 전동기가 정지 되도록 한다.(자동운전 시에도 열동계전기가 동작하면 전동기가 정지되도록 한다.)

[회로도]

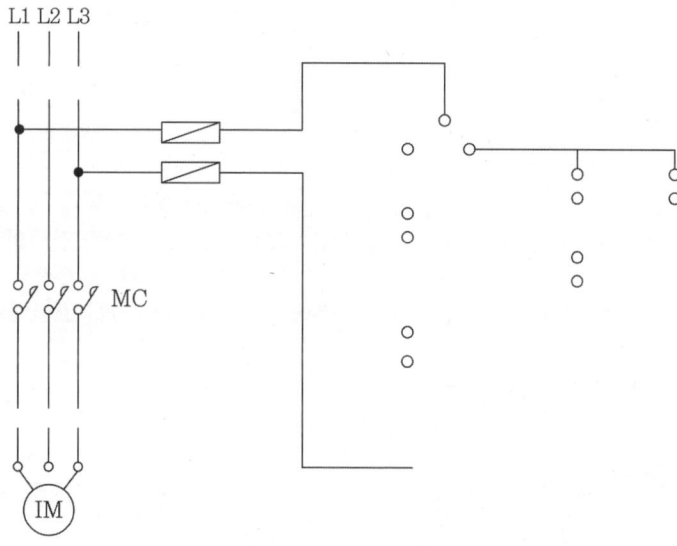

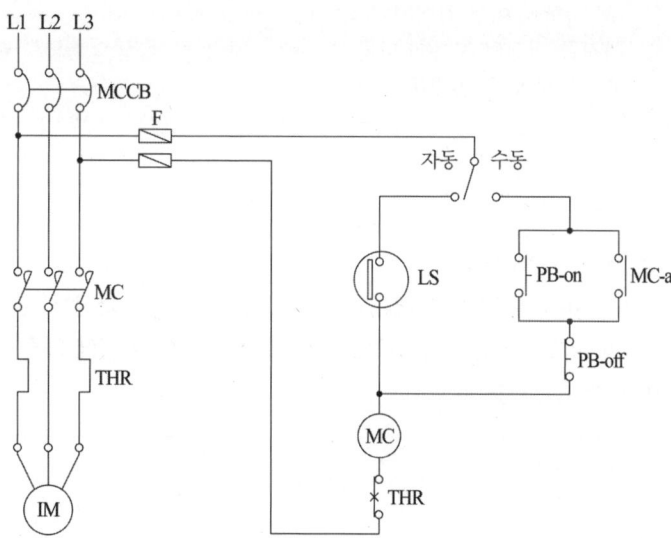

★★★ 출제년도 「16.」 •점수 : 5점

문제 04 1층 경비실에 있는 수신기를 지하1층의 방재실로 이설하고자 할 때, 수신기의 전원선은 배선전용실(EPS실)을 이용하여 시공하고자 한다. 다음 각 물음에 답하시오.

(1) 배선전용실을 이용하여 전원선을 시공하고자 할 때 관련기준 3가지를 쓰시오.

①
②
③

(2) 수신기의 전원을 수납하는 배선의 종류 및 전선관의 종류에 대하여 쓰시오.
  ① 배선의 종류 :
  ② 전선관의 종류 :

답안작성

(1) ① 배선을 내화성능을 갖는 배선전용실에 설치하는 경우
    ② 배선을 배선용 샤프트 · 피트 · 덕트 등에 설치하는 경우
    ③ 배선전용실 또는 배선용 샤프트 · 피트 · 덕트 등에 다른 설비의 배선이 있는 경우에는 이로부터 15cm 이상 떨어지게 하거나 소화설비의 배선과 이웃하는 다른 설비의 배선사이에 배선지름(배선의 지름이 다른 경우에는 가장 큰 것을 기준으로 한다)의 1.5배 이상의 높이의 불연성 격벽을 설치하는 경우
(2) ① 배선의 종류 : 내화배선
    ② 전선관의 종류 : 금속관, 제2종 금속제가요전선관 또는 합성수지관

해설

(1) 내화배선을 배선전용실 등에 설치하는 경우 공사방법
   가. 배선을 내화성능을 갖는 배선전용실 또는 배선용 샤프트 · 피트 · 덕트 등에 설치하는 경우
   나. 배선전용실 또는 배선용 샤프트 · 피트 · 덕트 등에 다른 설비의 배선이 있는 경우에는 이로부터 15cm 이상 떨어지게 하거나 소화설비의 배선과 이웃하는 다른 설비의 배선사이에 배선지름(배선의 지름이 다른 경우에는 가장 큰 것을 기준으로 한다)의 1.5배 이상의 높이의 불연성 격벽을 설치하는 경우
(2) 금속관 · 2종 금속제 가요전선관 또는 합성 수지관에 수납하여 내화구조로 된 벽 또는 바닥 등에 벽 또는 바닥의 표면으로부터 25mm 이상의 깊이로 매설하여야 한다.

★ 출제년도 「16.」 •점수 : 6점

문제 05 하나의 단지 내에 자동화재탐지설비의 효율적인 관리와 감시를 위하여 통신망을 구성하여 중앙 집중 관리시스템을 구성하고자 한다. 통신망의 위상에 따른 아래의 망의 개요, 장점 3가지 및 단점 3가지를 쓰시오.

구분 \ 망의 종류	스타(STAR)형	링(RING)형
망의 개요		
장점	① ② ③	① ② ③
단점	① ② ③	① ② ③

답안작성

구분 \ 망의 종류	스타(STAR)형	링(RING)형
망의 개요	중앙에 위치한 노드가 주변 노드를 제어	폐쇄 네트워크상에서 각각의 노드를 연결하여 모든 신호를 노드를 거쳐 한 방향으로 전송
장점	① 프로토콜이 간단 ② 쉽게 네트워크를 감시 및 제어 ③ 중앙의 장치가 모든 통신을 집중제어 ④ 단말 제어 비용을 절감	① 프로토콜이 간단하다. ② 광섬유 전송매체에 적합하다. ③ 소규모의 시스템에서도 경제적으로 실현가능 ④ 선로길이를 짧게 구성가능
단점	① 신뢰도가 낮다. ② 중앙장치의 공통부분의 wait가 크다. ③ 중앙장치가 장해를 일으키면 모든 통신이 두절된다.	① 각 노드마다 액티브 탭이 필요하다. ② 신뢰도가 낮다. ③ 전송매체에 따른 의존도가 높다.

★ 출제년도 「09. 16.」 •점수 : 5점

문제 06

초고층빌딩이나 고층 아파트 등에 사용되는 R형 수신기용 신호선으로 사용하는 차폐선(쉴드선)에 대한 다음 각 물음에 답하시오.

(1) 신호선을 쉴드선으로 사용하는 이유를 설명하시오.
(2) 쉴드선을 접지하는 이유를 설명하시오.
(3) 신호선을 서로 꼬아서 사용하는 이유를 설명하시오.

답안작성

(1) 전자파 방해를 방지하기 위하여
(2) 차폐되는 전류를 대지로 방전시키기 위하여
(3) 자계를 서로 상쇄시키기 위하여

▼해설

쉴드선(차폐선)의 종류
① H-CVV-SB : 비닐절연 비닐시스 내열성 제어용 케이블
② FR-CVV-SB : 비닐절연 비닐시스 난연성 제어용 케이블

문제 07
감지기의 부착높이 및 특정소방대상물의 구분에 따른 설치 면적기준이다. 다음 표의 ① ~ ⑧에 해당되는 면적을 아래표의 답란에 쓰시오.

★★★ 출제년도 「15. 16.」 •점수 : 8점

(단위 m²)

부착높이 및 특정소방대상물의 구분		감지기의 종류						
		차동식 스포트형		보상식 스포트형		정온식 스포트형		
		1종	2종	1종	2종	특종	1종	2종
4m 미만	주요구조부를 내화구조로 한 특정소방대상물 또는 그 부분	①	70	①	70	70	60	⑦
	기타 구조의 특정소방대상물 또는 그 부분	②	③	②	③	40	30	⑧
4m 이상 8m 미만	주요구조부를 내화구조로 한 특정소방대상물 또는 그 부분	45	④	45	④	④	⑤	—
	기타 구조의 특정소방대상물 또는 그 부분	30	25	30	25	25	⑥	—

①	②	③	④	⑤	⑥	⑦	⑧

답안작성

①	②	③	④	⑤	⑥	⑦	⑧
90	50	40	35	30	15	20	15

해설

차동식스포트형·보상식스포트형 및 정온식스포트형 감지기는 그 부착 높이 및 특정소방대상물에 따라 다음 표에 따른 바닥면적마다 1개 이상을 설치할 것

(단위 : m²)

부착높이 및 특정소방대상물의 구분		감지기의 종류						
		차동식 스포트형		보상식 스포트형		정온식 스포트형		
		1종	2종	1종	2종	특종	1종	2종
4m 미만	주요구조부를 내화구조로 한 특정소방대상물 또는 그 부분	90	70	90	70	70	60	20
	기타 구조의 특정소방대상물 또는 그 부분	50	40	50	40	40	30	15
4m 이상 8m 미만	주요구조부를 내화구조로 한 특정소방대상물 또는 그 부분	45	35	45	35	35	30	—
	기타 구조의 특정소방대상물 또는 그 부분	30	25	30	25	25	15	—

문제 08

그림은 자동화재탐지설비와 준비작동식 스프링클러설비의 프리액션밸브(준비작동식밸브)를 연동시키기 위한 간선계통도이다. 다음 각 물음에 답하시오.

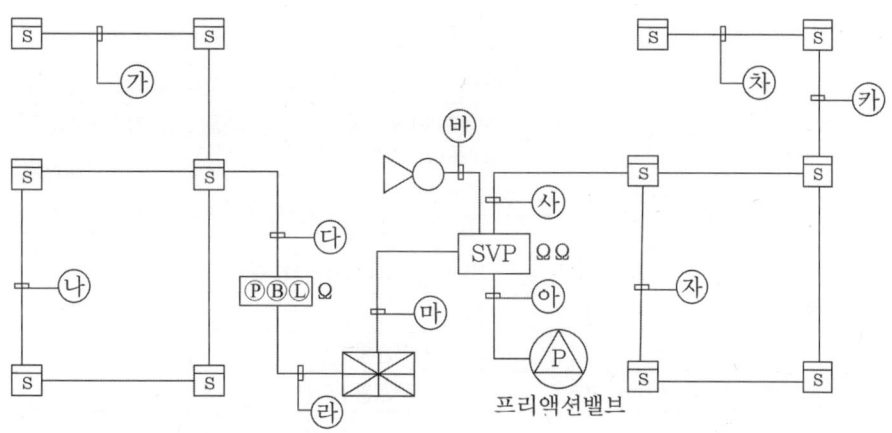

(1) "㉮"~"㉱"까지의 배선 가닥수를 쓰시오.(단, 프리액션밸브용 감지기공통선과 전원 공통선은 분리해서 사용하고, 프리액션밸브용 압력스위치, 탬퍼스위치 및 솔레노이드 밸브용 공통선은 1가닥을 사용하는 조건이다. 전화선은 사용하지 않는다.)

㉮	㉯	㉰	㉱	㉲	㉳	㉴	㉵	㉶	㉷

(2) "㉲"에 소요되는 배선의 용도를 쓰시오.(단, 해당 가닥수까지만 기록한다.)

답안작성

(1)

㉮	㉯	㉰	㉱	㉲	㉳	㉴	㉵	㉶	㉷
4	2	4	6	9	2	8	4	4	8

(2) "㉲"에 소요되는 배선의 용도

배선의 용도	
전원+	감지기 공통
전원-	압력스위치
전화	탬퍼스위치
감지기A	솔레노이드밸브
감지기B	사이렌

▼해설

기호	가닥수	굵기[mm²]	용도
㉮	4	1.5	지구2, 지구공통2
㉯	2	1.5	지구, 지구공통
㉰	4	1.5	지구2, 지구공통2
㉱	6	2.5	응답, 지구, 지구공통, 경종, 표시등, 경종표시등 공통
㉲	9	2.5	전원+, 전원-, 감지기A, 감지기B, 감지기 공통, 압력스위치, 탬퍼스위치, 솔레노이드밸브, 사이렌
㉳	2	2.5	사이렌2
㉴	8	1.5	지구4, 지구공통4
㉵	4	2.5	압력스위치, 탬퍼스위치, 솔레노이드밸브, 공통
㉶	4	1.5	지구2, 지구공통2
㉷	4	1.5	지구2, 지구공통2
㉸	8	1.5	지구4, 지구공통4

★★★ 출제년도 「10. 16.」 •점수 : 7점

문제 09 내화구조인 지하1층, 지상5층인 건물의 지상 1층 평면도를 나타낸 것이다. 각층의 층고는 4.3m, 천장과 반자 사이의 높이는 0.5m이다. 각 실에는 반자가 설치되어 있고, 계단감지기는 3층과 5층에 설치되어 있다. 다음의 각 물음에 답하시오.(단, 수신기 내부에 지구경종단락보호장치를 설치함)

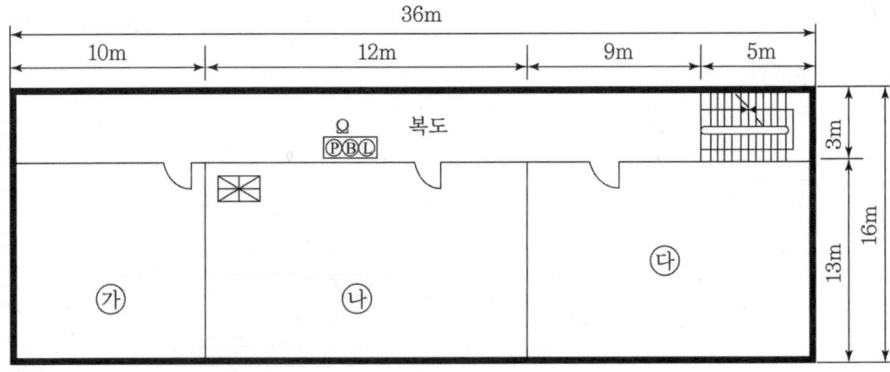

(1) 아래의 빈칸에 개소별로 설치하여야 하는 감지기의 수량과 산출식을 쓰시오.

개소	적용 감지기의 종류	산출식	수량(개)
"㉮"실	차동식스포트형 2종		
"㉯"실	연기감지기 2종		
"㉰"실	정온식스포트형 1종		
복도	연기감지기 2종		

(2) "(1)"에서 구한 감지기 수량을 위 평면도상에 각 감지기의 도시기호를 이용하여 그려 넣고 각 기기간의 배선 및 배선수를 명시하시오.
(배선수 명시는 다음과 같다. 예 : —//—)

답안작성

(1)

개소	적용 감지기 종류	산출식	수량(개)
"㉮"실	차동식스포트형 2종	$N = \dfrac{10 \times 13}{70} = 1.86$	2
"㉯"실	연기감지기 2종	$N = \dfrac{12 \times 13}{150} = 1.04$	2
"㉰"실	정온식스포트형 1종	$N = \dfrac{(9+5) \times 13}{60} = 3.03$	4
복도	연기감지기 2종	$N = \dfrac{(10+12+9)}{30} = 1.03$	2

(2)
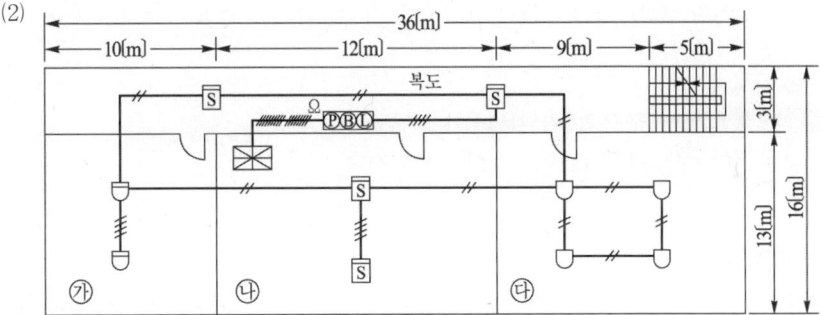

해설

(1) 감지기의 수량 = $\dfrac{바닥면적}{기준면적}$ (소수점이하 절상)

① 기준면적 : 특정소방대상물에 따른 감지기 필요수량

(단위 : m²)

부착높이 및 특정소방대상물의 구분		감지기의 종류				
		차동식, 보상식 스포트형		정온식 스포트형		
		1종	2종	특종	1종	2종
4 [m] 미만	주요구조부를 내화구조로 한 특정소방대상물 또는 그 부분	90	70	70	60	20
	기타 구조의 특정소방대상물 또는 그 부분	50	40	40	30	15
4 [m] 이상 8 [m] 미만	주요구조부를 내화구조로 한 특정소방대상물 또는 그 부분	45	35	35	30	
	기타 구조의 특정소방대상물 또는 그 부분	30	25	25	15	

※ 감지기 부착높이는 3.8 [m] (층고 4.3 [m] - 천장과 반자사이의 높이 0.5 [m])

② 연기감지기의 설치기준
감지기의 부착높이에 따라 다음 표에 따른 바닥면적마다 1개 이상으로 할 것

(단위 : m²)

부착높이	감지기의 종류	
	1종 및 2종	3종
4 [m] 미만	150	50
4 [m] 이상 20 [m] 미만	75	

③ 거리별 연기감지기의 설치개수

설치장소	복도 및 통로		계단 및 경사로 (에스컬레이터 경사로 포함)	
	1종, 2종	3종	1종, 2종	3종
설치거리	보행거리 30 [m]	보행거리 20 [m]	수직거리 15 [m]	수직거리 10 [m]

(2) 배선 가닥수
① 수신기와 발신기 사이 : 17가닥(지구 7, 지구공통 1, 응답 1, 경종 6, 표시등 1, 경종표시등공통선 1가닥)
② 감지기 배선
 - 루프(loop)구간 : 2가닥(지구 1, 지구공통 1)
 - 기타구간 : 4가닥(지구 2, 지구공통 2)

★★★ 출제년도 「97. 99. 05. 08. 16.」 •점수 : 10점

문제 10 다음은 상가 매장에 설치되어 있는 제연설비의 전기적인 계통도를 나타낸 것이다. 표의 빈칸에 A~E까지의 배선수와 각 배선의 용도를 쓰시오.
단, 1) 모든 댐퍼는 모타 구동방식이며, 별도의 복구선은 없는 것으로 한다.
　 2) 배선수는 운전조작상 필요한 최소전선수를 쓰도록 한다.

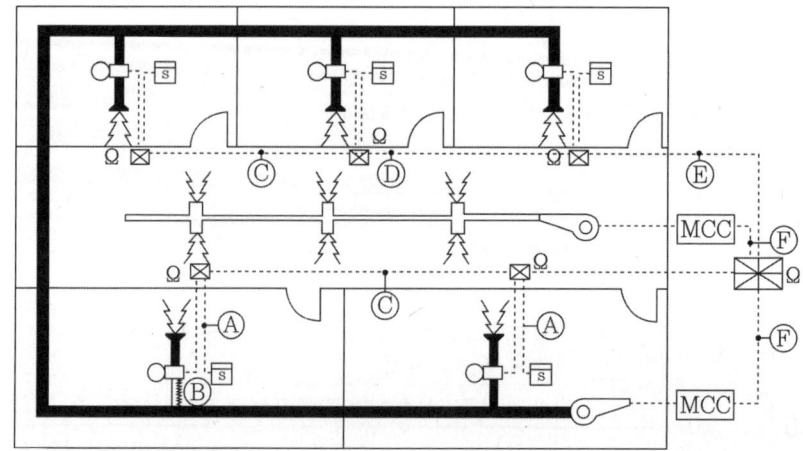

기호	구분	배선수	배선굵기	배선의 용도
A	감지기 ↔ 수동조작함		1.5 mm²	
B	댐퍼 ↔ 수동조작함		2.5 mm²	
C	수동조작함 ↔ 수동조작함		2.5 mm²	
D	수동조작함 ↔ 수동조작함		2.5 mm²	
E	수동조작함 ↔ 수신반		2.5 mm²	
F	MCC ↔ 수신반	5	2.5 mm²	기동, 정지, 공통, 운전표시, 정지표시

답안작성

기호	구분	배선수	배선굵기	배선의 용도
A	감지기 ↔ 수동조작함	4	1.5mm²	지구 2, 지구공통 2
B	댐퍼 ↔ 수동조작함	4	2.5mm²	전원⊕, 전원⊖, 배기댐퍼기동 1, 배기댐퍼기동확인 1
C	수동조작함 ↔ 수동조작함	5	2.5mm²	전원⊕, 전원⊖, 지구 1, 배기댐퍼기동 1, 배기댐퍼기동확인 1
D	수동조작함 ↔ 수동조작함	8	2.5mm²	전원⊕, 전원⊖, (지구 1, 배기댐퍼기동 1, 배기댐퍼기동확인 1)×2
E	수동조작함 ↔ 수신반	11	2.5mm²	전원⊕, 전원⊖, (지구 1, 배기댐퍼기동 1, 배기댐퍼기동확인 1)×3
F	MCC ↔ 수신반	5	2.5mm²	기동, 정지, 공통, 운전표시, 정지표시

해설

(1) 전선 가닥수 산정

내용	Ⓐ	Ⓑ	Ⓒ	Ⓓ	Ⓔ	Ⓕ
지구	2		1	2	3	
지구공통	2					
전원 ⊕ · ⊖		2	2	2	2	
배기댐퍼기동		1	1	2	3	
배기댐퍼기동확인		1	1	2	3	
(전동기)기동						1
(전동기)정지						1
(전동기)기동표시등 (운전표시)						1
전원표시등(정지표시)						1
공통						1
합계	4	4	5	8	11	5

(2) 별도의 복구선을 사용하는 경우의 가닥수

기호	구 분	배선수	배선 굵기	배선의 용도
Ⓐ	감지기 ↔ 수동조작함	4	1.5 [mm²]	지구 2, 지구공통 2
Ⓑ	댐퍼 ↔ 수동조작함	5	2.5 [mm²]	전원⊕, 전원⊖, 기동복구 1, 배기댐퍼기동 1, 배기댐퍼기동확인 1
Ⓒ	수동조작함 ↔ 수동조작함	6	2.5 [mm²]	전원⊕, 전원⊖, 기동복구 1, 지구 1, 배기댐퍼기동 1, 배기댐퍼기동확인
Ⓓ	수동조작함 ↔ 수동조작함	9	2.5 [mm²]	전원⊕, 전원⊖, 기동복구 1, (지구 1, 배기댐퍼기동 1, 배기댐퍼기동확인 1)×2
Ⓔ	수동조작함 ↔ 수동조작함	12	2.5 [mm²]	전원⊕, 전원⊖, 기동복구 1, (지구회로 1, 배기댐퍼기동 1, 배기댐퍼기동확인 1)×3
Ⓕ	MCC ↔ 수신기	5	2.5 [mm²]	기동 1, 정지 1, 공통 1, 전원표시 1, 기동표시 1

★★★ 출제년도 「15. 16. 19.」 •점수 : 5점

문제 11 청각장애인용 시각경보장치의 설치기준 3가지를 쓰시오.(단, 화재안전기술기준 각 호의 내용을 1가지로 한다.)

답안작성

1. 복도·통로·청각장애인용 객실 및 공용으로 사용하는 거실(로비, 회의실, 강의실, 식당, 휴게실, 오락실, 대기실, 체력단련실, 접객실, 안내실, 전시실, 기타 이와 유사한 장소를 말한다)에 설치하며, 각 부분으로부터 유효하게 경보를 발할 수 있는 위치에 설치할 것
2. 공연장·집회장·관람장 또는 이와 유사한 장소에 설치하는 경우에는 시선이 집중되는 무대부 부분 등에 설치할 것
3. 설치높이는 바닥으로부터 2m 이상 2.5m 이하의 장소에 설치할 것 다만, 천장의 높이가 2m 이하인 경우에는 천장으로부터 0.15m 이내의 장소에 설치하여야 한다.
4. 시각경보장치의 광원은 전용의 축전지설비 또는 전기저장장치(외부 전기에너지를 저장해 두었다가 필요한 때 전기를 공급하는 장치)에 의하여 점등되도록 할 것. 다만, 시각경보기에 작동전원을 공급할 수 있도록 형식승인을 얻은 수신기를 설치 한 경우에는 그러하지 아니하다. 중 3가지 선택

★★★ 출제년도 「16.」 •점수 : 10점

문제 12 자동화재탐지설비의 발신기에서 1회로당 90mA[표시등(1개당 소비전류 40mA), 경종(1개당 소비전류 50mA)]의 전류가 소모되며, 지하1층, 지상5층의 각 층별로 2회로씩 총 12회로인 공장에서 P형 수신반 최말단 발신기까지의 거리가 500m 떨어진 경우 다음 각 물음에 답하시오.(단, 경보방식은 일제경보방식, 수신기의 정격전압은 24[V]이다.)
(1) 표시등 및 경종의 최대소요전류와 총전류를 계산하시오.
  ① 표시등의 최대 소요전류
  ② 경종의 최대 소요전류

③ 총 소요전류
(2) 최말단 경종이 작동하는 경우 전압강하를 계산하시오.(단, 2.5mm²의 전선을 사용한다.)
(3) 사용전선의 종류를 쓰시오.
(4) "(2)"항의 계산에 의거 경종의 작동여부를 설명하시오.
(5) 우선경보방식을 설치할 수 있는 특정소방대상물의 범위는 어떻게 되는가?

답안작성

(1) ① 표시등의 최대 소요전류 : 40[mA] × 12회로 = 480[mA] = 0.48[A]
    ② 경종의 최대 소요전류 : 50[mA] × 12회로 = 600[mA] = 0.6[A]
    ③ 총 소요전류 : 0.48[A] + 0.6[A] = 1.08[A]

(2) $e = \dfrac{35.6LI}{1,000A} = \dfrac{35.6 \times 500 \times 1.08}{1,000 \times 2.5} = 7.69[V]$

(3) 450/750V 저독성 난연 가교 폴리올레핀 절연 전선

(4) 최말단 경종의 전압은
    24[V]−7.69[V]=16.31[V]로 정격전압의 80[%] 미만(24[V]×0.8=19.2[V])이 되어 정상작동이 불가

(5) 11층(공동주택인 경우 16층) 이상인 특정소방대상물

해설

(1) 우선경보방식
    ① 경보방법 : 화재발생시 안전하고 신속한 대피를 위하여 화재가 발생한 층과 그 직상층부터 우선하여 별도로 경보하는 방식

화재층	경보층(11층(공동주택인 경우 16층) 이상인 경우)	경보층(30층 이상인 경우)
1층	발화층, 그 직상 4개층, 지하층	발화층, 그 직상 4개층, 지하층
2층 이상	발화층, 그 직상 4개층	발화층, 그 직상 4개층
지하층	발화층, 그 직상층, 기타의 지하층	발화층, 그 직상층, 기타의 지하층

    ② 특정소방대상물 규모 : 11층(공동주택인 경우 16층) 이상인 특정소방대상물

(2) ① 최말단 경종이 동작하는 경우 설치된 12개의 경종이 작동하므로
    전류 I = 표시등 전류 + 경종 소요전류 = 0.48[A] + 50[mA] × 12개 = 1.08[A]
    전압강하 $e = \dfrac{35.6LI}{1000A} = \dfrac{35.6 \times 500 \times 1.08}{1000 \times 2.5} = 7.6896 = 7.69[V]$

    ② 전압강하 및 전선단면적 공식

전 기 방 식	전압강하	전선 단면적
단상 2선식 및 직류 2선식	$e = \dfrac{35.6LI}{1000A}$	$A = \dfrac{35.6LI}{1000e}$
3상 3선식	$e = \dfrac{30.8LI}{1000A}$	$A = \dfrac{30.8LI}{1000e}$
단상 3선식, 직류 3선식, 3상 4선식	$e' = \dfrac{17.8LI}{1000A}$	$A = \dfrac{17.8LI}{1000e'}$

여기서, e : 각 선간의 전압강하 [V]
e' : 각 선간의 1선과 중성선 사이의 전압강하 [V]
L : 전선 1본의 길이 [m]
A : 전선의 단면적 [mm^2]
I : 전류 [A]

(3) 사용할 수 있는 전선의 종류

> 1. 450/750V 저독성 난연 가교 폴리올레핀 절연 전선
> 2. 0.6/1KV 가교 폴리에틸렌 절연 저독성 난연 폴리올레핀 시스 전력 케이블
> 3. 6/10kV 가교 폴리에틸렌 절연 저독성 난연 폴리올레핀 시스 전력용 케이블
> 4. 가교 폴리에틸렌 절연 비닐시스 트레이용 난연 전력 케이블
> 5. 0.6/1kV EP 고무절연 클로로프렌 시스 케이블
> 6. 300/500V 내열성 실리콘 고무 절연전선(180℃)
> 7. 내열성 에틸렌-비닐아세테이트 고무 절연 케이블
> 8. 버스덕트(Bus Duct)

(4) 음향장치의 구조 및 성능기준
① 정격전압의 **80% 전압**에서 음향을 발할 수 있는 것으로 할 것
② 음량은 부착된 음향장치의 중심으로부터 1m 떨어진 위치에서 **90dB 이상**이 되는 것으로 할 것
③ **감지기 및 발신기의 작동과 연동**하여 작동할 수 있는 것으로 할 것

★★★ 출제년도 「12. 16.」 •점수 : 7점

문제 13 아래 그림과 같이 지하 1층에서 지상 5층까지 각 층의 평면이 동일하고, 각 층의 높이가 4m인 특정소방대상물에 자동화재탐지설비를 설치하는 경우 다음 각 물음에 답하시오.

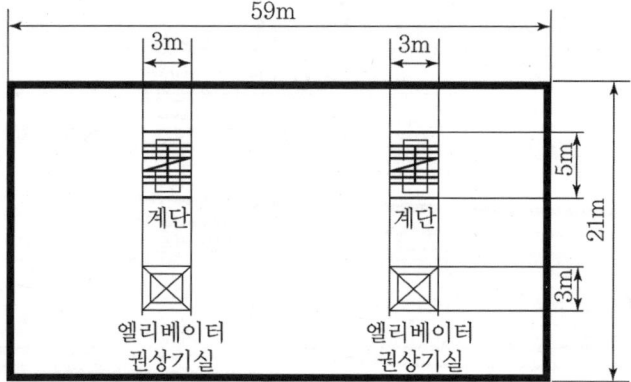

(1) 하나의 층에 대한 자동화재탐지설비의 수평 경계구역의 수는?
(2) 본 특정소방대상물의 자동화재탐지설비의 수직 및 수평 경계구역의 수는?
① 수직 경계구역
② 수평 경계구역

(3) 계단감지기는 각각 몇 층에 설치해야 하는가?
(4) 엘리베이터 권상기실 상부에 설치해야 하는 감지기의 종류는?
(5) 본 특정소방대상물에 설치해야 하는 수신기의 형별은?

답안작성

(1) ① 경계면적 = 전체면적－계단 면적－엘리베이터 권상기실 면적
    $= 59m \times 21m - 3m \times 5 \times 2개소 - 3m \times 3m \times 2개소 = 1,191[m^2]$

  ② 경계구역의 수 $= \dfrac{1,191m^2}{600m^2} = 1.985 ≒ 2$회로

(2) ① 수직 경계구역 : 계단 2회로＋엘리베이터 권상기실 2회로＝4회로
  ② 수평 경계구역 : 층당 2회로×6개층 ＝ 12회로

(3) 지상 5층, 지상 2층
(4) 연기감지기
(5) P형

해설

(1) ① 경계면적 = 전체면적－계단 면적－엘리베이터 권상기실 면적
    $= 59m \times 21m - 3m \times 5 \times 2개소 - 3m \times 3m \times 2개소 = 1,191[m^2]$

  ② 경계구역의 수 $= \dfrac{1,191m^2}{600m^2} = 1.985 ≒ 2$회로

  ③ 하나의 경계구역의 면적은 **600m²** 이하로 하고 한변의 길이는 **50m 이하**로 할 것. 다만, 해당 특정소방대상물의 주된 출입구에서 그 내부 전체가 보이는 것에 있어서는 한 변의 길이가 **50m**의 범위 내에서 **1,000m² 이하**로 할 수 있다.

(2) ① 수직 경계구역 : 계단 2회로＋엘리베이터 권상기실 2회로＝4회로
  ② 수평 경계구역 : 층당 2회로×6개층 ＝ 12회로
  ③ 계단(직통계단외의 것에 있어서는 떨어져 있는 상하계단의 상호간의 수평거리가 5m 이하로서 서로 간에 구획되지 아니한 것에 한한다. 이하 같다)·경사로(에스컬레이터경사로 포함)·엘리베이터 승강로(권상기실이 있는 경우에는 권상기실)·린넨슈트·파이프 피트 및 덕트 기타 이와 유사한 부분에 대하여는 별도로 경계구역을 설정하되, **하나의 경계구역은 높이 45m 이하(계단 및 경사로에 한한다)** 로 하고, 지하층의 계단 및 경사로(지하층의 층수가 1일 경우는 제외한다)는 별도로 하나의 경계구역으로 하여야 한다.

(3) ① 계단에는 수직거리 15[m]이하가 되도록 연기감지기를 설치하여야 한다.
  ② 수직거리 : 지하1층×4[m]＋지상 5층×4[m]＝24[m]
  ③ 연기감지기의 수량 : $\dfrac{24m}{15m} = 1.6 ≒ 2$개
  ④ 계단감지기의 설치 : 지상 5층, 지상 2층

(4) 연기감지기의 설치장소
  1. 계단·경사로 및 에스컬레이터 경사로
  2. 복도(30m 미만의 것을 제외한다)
  3. 엘리베이터 승강로(권상기실이 있는 경우에는 권상기실)·린넨슈트·파이프 피트 및 덕트 기타 이와 유사한 장소
  4. 천장 또는 반자의 높이가 15m 이상 20m 미만의 장소

5. 다음 각 목의 어느 하나에 해당하는 특정소방대상물의 취침 · 숙박 · 입원 등 이와 유사한 용도로 사용되는 거실
   가. 공동주택 · 오피스텔 · 숙박시설 · 노유자시설 · 수련시설
   나. 교육연구시설 중 합숙소
   다. 의료시설, 근린생활시설 중 입원실이 있는 의원 · 조산원
   라. 교정 및 군사시설
   마. 근린생활시설 중 고시원

문제 14

★ 출제년도 「16.」 •점수 : 5점

자동화재탐지설비의 수신기에 내장하는 비상전원인 축전지의 용량을 산출하고자 할 때 아래의 조건을 이용하여 다음 각 물음에 답하시오.

◀조건▶
① 경년용량저하율(보수율)은 0.8
② 감시전류는 0.1A, 2회선 작동전류 및 다른 회선 감시시의 전류는 0.7A
③ 감시시간에 대한 용량환산 시간계수는 1.8 적용
④ 작동시간에 대한 용량환산 시간계수는 0.5 적용

(1) 60분간 감시 후 2회선이 10분간 작동하는 경우의 축전지의 용량[Ah]을 산출하시오. (단, 순차 기동하는 부하로 해석한다.)

(2) 1분간 2회선 작동함과 동시에 다른 회선을 감시하는 경우 및 10분간 2회선 작동함과 동시에 다른 회선을 감시하는 경우의 용량[Ah]을 산출하시오.

답안작성

(1) $C = \dfrac{1}{L}[K_1 I_1 + K_2 I_2] = \dfrac{1}{0.8}[1.8 \times 0.1 + 0.5 \times 0.7] = 0.66[Ah]$

(2) $C = \dfrac{1}{L}[K_1 I_1 + K_2 (I_2 - I_1)] \times 2 = \dfrac{1}{0.8}[1.8 \times 0.1 + 0.5(0.7 - 0.1)] \times 2 = 1.2[Ah]$

해설

(1) 축전지 용량 $C = \dfrac{1}{L}[K_1 I_1 + K_2 I_2] = \dfrac{1}{0.8}[1.8 \times 0.1 + 0.5 \times 0.7] = 0.66[Ah]$

여기서, K_1 : 감시시간에 대한 용량 환산 시간계수(1.8)
K_2 : 작동시간에 대한 용량 환산 시간계수(0.5)
I_1 : 감시전류(0.1A)
I_2 : 2회선 작동전류(0.7A)
L : 경년용량 저하율(보수율 0.8)

(2) ① 1분간 2회선 작동함과 동시에 다른 회선을 감시하는 경우

축전지 용량 $C = \dfrac{1}{L}[K_1 I_1 + K_2 (I_2 - I_1)] = \dfrac{1}{0.8}[1.8 \times 0.1 + 0.5(0.7 - 0.1)] = 0.6[Ah]$

② 10분간 2회선 작동함과 동시에 다른 회선을 감시하는 경우

축전지 용량 $C = \dfrac{1}{L}[K_1 I_1 + K_2(I_2 - I_1)] = \dfrac{1}{0.8}[1.8 \times 0.1 + 0.5(0.7 - 0.1)] = 0.6[Ah]$

따라서 합성용량은 $0.6 + 0.6 = 1.2[Ah]$

★★★ 출제 년도 「16.」 •점수 : 4점

문제 15 중형피난구유도등(소비전력 22W) 24개가 교류(AC) 220V 상용전원에 연결되어 점등되고 있다. 이때 전원으로부터의 공급전류[A]는?(단, 유도등의 역률은 0.8, 유도등 축전지의 충전전류는 무시한다.)

답안작성

전류 $I = \dfrac{P}{V \cos\theta} = \dfrac{22W \times 24개}{220V \times 0.8} = 3[A]$

★★ 출제 년도 「16.」 •점수 : 7점

문제 16 광전식분리형 감지기의 설치기준 중 괄호 안에 알맞은 내용을 답란의 번호에 쓰시오.

◀보기▶
1. 감지기의 (①)은 햇빛을 직접 받지 않도록 설치할 것
2. 광축은 나란한 벽으로부터 (②)이상 이격하여 설치할 것
3. 감지기의 송광부와 수광부는 설치된 (③)으로부터 1m 이내 위치에 설치할 것
4. 광축의 높이는 천장 등 높이의 (④) 이상일 것
5. 감지기의 광축의 길이는 (⑤) 범위 이내일 것

①	②	③	④	⑤

답안작성

①	②	③	④	⑤
수광면	0.6m	뒷벽	80%	공칭감시거리

▼해설

광전식분리형감지기 설치기준

가. 감지기의 **수광면**은 햇빛을 직접 받지 않도록 설치할 것
나. 광축(송광면과 수광면의 중심을 연결한 선)은 나란한 벽으로부터 **0.6m** 이상 이격하여 설치할 것
다. 감지기의 송광부와 수광부는 설치된 **뒷벽**으로부터 **1m 이내** 위치에 설치할 것
라. 광축의 높이는 천장 등 높이의 **80%** 이상일 것
마. 감지기의 광축의 길이는 공칭감시거리 범위이내 일 것

2016년 기사 제4회 실기시험

Engineer Fire Protection System

자격종목	시험시간	시행일	수험번호	성명
소방설비기사(전기분야)	2시간 30분	2016.11.12		

※ 다음 물음의 답을 해당 답란에 답하시오.(배점 : 100점)

★★★ 출제년도 「12, 16」 •점수 : 5점

문제 01 다음은 금속관공사로서 노출배관을 나타낸 그림이다. 다음 각 물음에 답하시오.

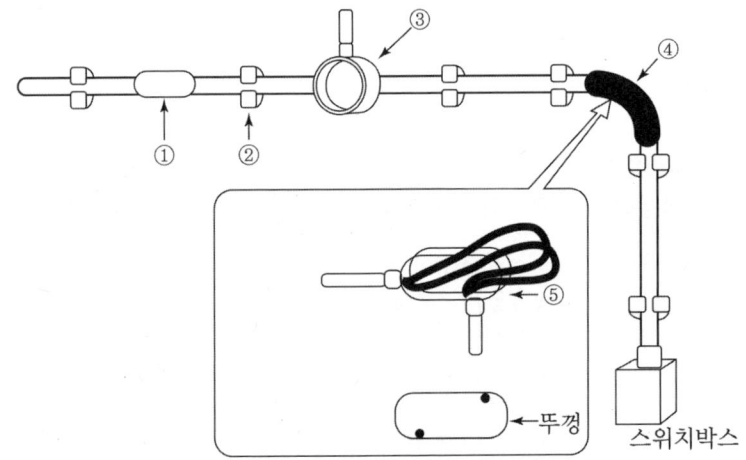

(1) 그림에 표시된 ① ~ ④의 자재명칭을 아래의 답란에 기재하시오.

①	②	③	④

(2) 그림에서 ④ 대신 ⑤에 그려진 자재를 활용한다고 할 때, ⑤의 명칭은 무엇인가?

답안작성

(1)
①	②	③	④
커플링	새들	원형노출박스 (3방출용)	노멀밴드

(2) 유니버셜 엘보

▼해설

① 노멀밴드 : 매입배관 공사시 배관이 직각으로 굽는 곳에 사용
② 유니버셜 엘보 : 노출배관공사시 배관을 직각으로 굽히는 곳에 사용
③ 커플링 : 금속관 상호의 접속
④ 새들 : 금속관을 고정할 때 사용

★ 출제 년도 「10. 16.」 •점수 : 5점

문제 02 다음 회로에서 램프 L의 작동을 주어진 타임차트(Time Chart)에 표시하시오. (단, PB : 누름버튼스위치, LS : 리미트스위치, X : 릴레이)

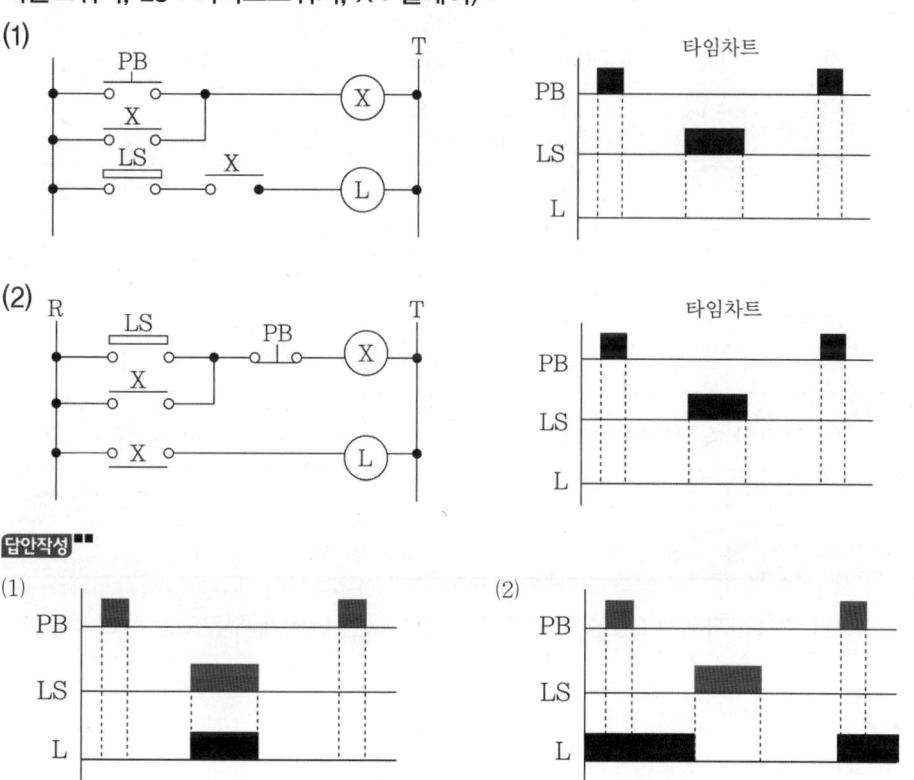

답안작성

▼해설

(1) 누름버튼스위치 PB를 누르면 릴레이 X가 여자된 상태에서 리미트스위치 LS가 폐로되면 램프 L이 점등된다.
(2) 평상시 램프 L이 점등상태에 있다가 리미트스위치 LS가 폐로되면 릴레이 X가 여자되어 램프 L은 소등된다. 리미트스위치 LS가 개로 되어도 자기유지에 의하여 램프 L은 소등상태를 유지한다. 누름버튼스위치 PB를 누르면 릴레이 X는 소자, 램프 L은 점등된다.

★★ 출제 년도 「16.」 •점수 : 6점

문제 03 비상용 조명설비의 부하가 30[W] 120등, 60[W] 60등이 있다. 방전시간은 30분이며 연축전지 HS형 54셀, 허용최저전압 90[V], 최저 축전지 온도 5[℃]일 때 다음 각 물음에 답하시오.(단, 전압은 100[V]이며 연축전지의 용량환산시간 K 는 표와 같으며, 보수율은 0.8이라고 한다. 납 축전지 용량 환산시간 K (상단은 900[Ah]~2000[Ah], 하단은 900[Ah]이다.)

형식	온도[℃]	10분			30분		
		1.6 [V]	1.7 [V]	1.8 [V]	1.6 [V]	1.7 [V]	1.8 [V]
CS	25	0.90 0.80	1.15 1.06	1.60 1.42	1.41 1.34	1.60 1.55	2.00 1.88
	5	1.15 1.10	1.35 1.25	2.00 1.80	1.75 1.75	1.85 1.80	2.45 2.35
	-5	1.35 1.25	1.60 1.50	2.65 2.25	2.05 2.05	2.20 2.20	3.10 3.00
HS	25	0.58	0.70	0.93	1.03	1.14	1.38
	5	0.62	0.74	1.05	1.11	1.22	1.54
	-5	0.68	0.82	1.15	1.20	1.35	1.68

(1) 필요한 축전지의 용량[Ah]

계산	
답	

(2) 연축전지에서 CS형과 HS형의 방전상태는 어떻게 구분되는지 쓰시오.

① CS형 :

② HS형 :

답안작성

(1) 필요한 축전지의 용량[Ah]

계산	① 방전전류 $I = \dfrac{P}{V} = \dfrac{30\,W \times 120 등 + 60\,W \times 60 등}{100\,V} = 72[A]$ ② 축전지 용량 환산시간 K 셀당 허용 최저전압 : $\dfrac{90}{54} = 1.666 = 1.67 \rightarrow 1.7[V/셀]$ 표에서 방전시간 30분, 1.7[V/셀], HS형 5[℃]에서 용량 환산시간 $K=1.22$ ③ 축전지의 용량 $C = \dfrac{1}{L}KI = \dfrac{1}{0.8} \times 1.22 \times 72 = 109.8\,[Ah]$
답	109.8[Ah]

(2) ① CS형 : 보통(완만방전)
② HS형 : 급속방전(고율방전 특성)

★★★ 출제년도 「12, 16.」 •점수 : 10점

문제 04 다음은 준비작동식 스프링클러설비의 계통도를 나타낸 것이다. 다음 각 물음에 답하시오.

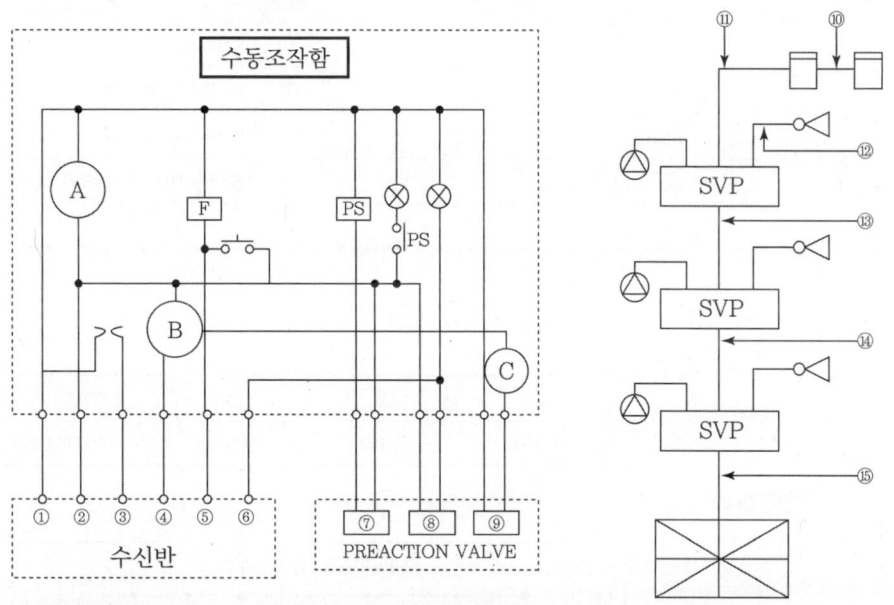

(1) 계통도에 표시된 ① ~ ⑨까지의 명칭을 아래의 답란에 쓰시오.

번호	명칭	번호	명칭
①		⑥	
②		⑦	
③		⑧	
④		⑨	
⑤			

(2) A, B, C에 들어가야 하는 적당한 그림기호를 표시하시오.

① A :   ② B :   ③ C :

(3) ⑩ ~ ⑮까지의 전선 가닥수를 쓰시오.(단, 최소가닥수로 답한다)

⑩	⑪	⑫	⑬	⑭	⑮

답안작성

(1)

번호	명칭	번호	명칭
①	전원-	⑥	밸브주의
②	전원+	⑦	압력스위치(PS)
③	전화	⑧	탬퍼스위치(TS)
④	밸브개방확인	⑨	솔레노이드밸브(SV)
⑤	밸브기동		

(2)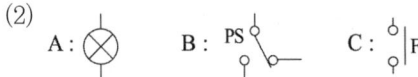

(3)

⑩	⑪	⑫	⑬	⑭	⑮
4가닥	8가닥	2가닥	9가닥	15가닥	21가닥

해설

(1), (2)

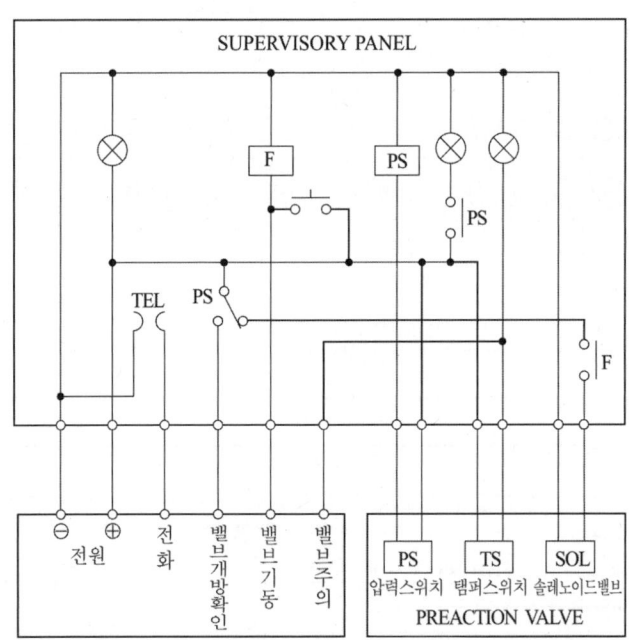

(3)

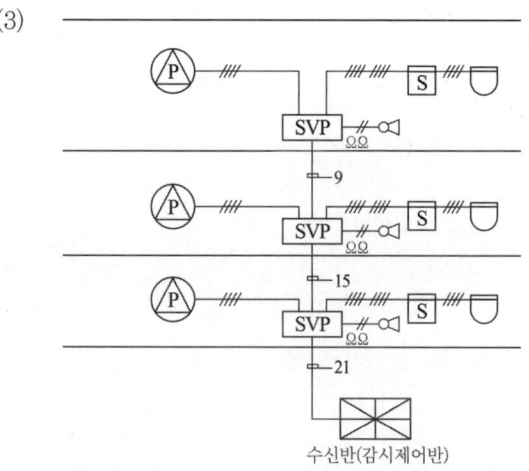

수신반(감시제어반)

기호	내역	배선의 용도
⑬	HFIX 2.5-9	전화 ⊕·⊖, 전화, 감지기A, 감지기B, 밸브기동, 밸브개방확인, 밸브주의, 사이렌
⑭	HFIX 2.5-15	전화 ⊕·⊖, 전화, (감지기A, 감지기B, 밸브기동, 밸브개방확인, 밸브주의, 사이렌)×2
⑮	HFIX 2.5-21	전화 ⊕·⊖, 전화, (감지기A, 감지기B, 밸브기동, 밸브개방확인, 밸브주의, 사이렌)×3

※ SVP와 프리액션밸브 사이 가닥수는 특별한 조건이 없는 경우 4가닥(PS1, TS1, SV1, 공통)이 되며, 공통선을 별도로 사용하는 조건인 경우에는 6가닥(PS2, TS2, SV2)이 된다.

★★★ 출제년도 「16.」 •점수 : 5점

문제 05 연기감지기를 설치할 수 없는 경우에 차동식분포형 감지기 1·2종 모두 적응성이 있는 환경상태 5가지를 쓰시오.

답안작성

① 먼지 또는 미분 등이 다량으로 체류하는 장소
② 부식성가스가 발생할 우려가 있는 장소
③ 배기가스가 다량으로 체류하는 장소
④ 연기가 다량으로 유입할 우려가 있는 장소
⑤ 물방울이 발생하는 장소

▼해설

[별표1] 설치장소별 감지기 적응성(연기감지기를 설치할 수 없는 경우 적용)
(제7조제7항 관련)

설치장소		적응열감지기									비고
환경 상태	적응 장소	차동식 스포트형		차동식 분포형		보상식 스포트형		정온식		열아날로그식	불꽃감지기	
		1종	2종	1종	2종	1종	2종	특종	1종			
먼지 또는 미분 등이 다량으로 체류하는 장소	쓰레기장, 하역장, 도장실, 섬유·목재·석재 등 가공 공장	○	○	○	○	○	○	○	○	○	○	1. 불꽃감지기에 따라 감시가 곤란한 장소는 적응성이 있는 열감지기를 설치할 것. 2. 차동식분포형감지기를 설치하는 경우에는 검출부에 먼지, 미분 등이 침입하지 않도록 조치할 것. 3. 차동식스포트형감지기 또는 보상식스포트형감지기를 설치하는 경우에는 검출부에 먼지, 미분 등이 침입하지 않도록 조치할 것. 4. 정온식감지기를 설치하는 경우에는 특종으로 설치할 것. 5. 섬유, 목재가공 공장 등 화재확대가 급속하게 진행될 우려가 있는 장소에 설치하는 경우 정온식감지기는 특종으로 설치할 것. 공칭작동 온도75℃ 이하, 열아날로그식스포트형 감지기는 화재표시 설정은 80℃ 이하가 되도록 할 것.
수증기가 다량으로 머무는 장소	증기세정실, 탕비실, 소독실 등	×	×	×	○	×	○	○	○	○	○	1. 차동식분포형감지기 또는 보상식스포트형감지기는 급격한 온도변화가 없는 장소에 한하여 사용할 것. 2. 차동식분포형감지기를 설치하는 경우에는 검출부에 수증기가 침입하지 않도록 조치할 것. 3. 보상식스포트형감지기, 정온식감지기 또는 열아날로그식감지기를 설치하는 경우에는 방수형으로 설치할 것. 4. 불꽃감지기를 설치할 경우 방수형으로 할 것

설치장소		적응열감지기								불꽃감지기	비 고
환경상태	적응장소	차동식 스포트형		차동식 분포형		보상식 스포트형		정온식		열아날로그식	
		1종	2종	1종	2종	1종	2종	특종	1종		
부식성가스가 발생할 우려가 있는 장소	도금공장, 축전지실, 오수처리장 등	×	×	○	○	○	○	○	○	○	1. 차동식분포형감지기를 설치하는 경우에는 감지부가 피복되어 있고 검출부가 부식성가스에 영향을 받지 않는것 또는 검출부에 부식성가스가 침입하지 않도록 조치할 것. 2. 보상식스포트형감지기, 정온식감지기 또는 열아날로그식스포트형감지기를 설치하는 경우에는 부식성가스의 성상에 반응하지 않는 내산형 또는 내알칼리형으로 설치할 것 3. 정온식감지기를 설치하는 경우에는 특종으로 설치할 것
주방, 기타 평상시에 연기가 체류하는 장소	주방, 조리실, 용접작업장 등	×	×	×	×	×	×	○	○	○	1. 주방, 조리실 등 습도가 많은 장소에는 방수형 감지기를 설치할 것. 2. 불꽃감지기는 UV/IR형을 설치할 것
현저하게 고온으로 되는 장소	건조실, 살균실, 보일러실, 주조실, 영사실, 스튜디오	×	×	×	×	×	×	○	○	×	
배기가스가 다량으로 체류하는 장소	주차장, 차고, 화물취급소 차로, 자가발전실, 트럭터미널, 엔진시험실	○	○	○	○	○	○	×	×	○	1. 불꽃감지기에 따라 감시가 곤란한 장소는 적응성이 있는 열감지기를 설치할 것. 2. 열아날로그식스포트형감지기는 화재표시 설정이 60℃ 이하가 바람직하다.
연기가 다량으로 유입할 우려가 있는 장소	음식물배급실, 주방전실, 주방 내 식품저장실, 음식물 운반용 엘리베이터, 주방주변의 복도 및 통로, 식당 등	○	○	○	○	○	○	○	○	×	1. 고체연료 등 가연물이 수납되어 있는 음식물배급실, 주방전실에 설치하는 정온식감지기는 특종으로 설치할 것 2. 주방주변의 복도 및 통로, 식당 등에는 정온식감지기를 설치하지 말 것 3. 제1호 및 제2호의 장소에 열아날로그식스포트형감지기를 설치하는 경우에는 화재표시 설정을 60℃ 이하로 할 것.

설치장소		적응열감지기								불꽃감지기	비고
환경상태	적응장소	차동식 스포트형		차동식 분포형		보상식 스포트형		정온식			
		1종	2종	1종	2종	1종	2종	특종	1종	열아날로그식	
물방울이 발생하는 장소	스레트 또는 철판으로 설치한 지붕 창고·공장, 패키지형냉각기전용 수납실, 밀폐된 지하창고, 냉동실 주변 등	×	×	○	○	○	○	○	○	○	1. 보상식스포트형감지기, 정온식감지기 또는 열아날로그식 스포트형감지기를 설치하는 경우에는 방수형으로 설치할 것. 2. 보상식스포트형감지기는 급격한 온도변화가 없는 장소에 한하여 설치할 것. 3. 불꽃감지기를 설치하는 경우에는 방수형으로 설치할 것
불을 사용하는 설비로서 불꽃이 노출되는 장소	유리공장, 용선로가 있는 장소, 용접실, 주방, 작업장, 주방, 주조실 등	×	×	×	×	×	×	○	○	○	×	

★ 출제년도 「16.」 •점수 : 5점

문제 06 차동식분포형감지기 중 공기관식의 접점수고(간격) 시험 시 수고치가 다음에 해당하는 경우 나타나는 현상을 쓰시오.

(1) 비정상적인 경우 :
(2) 높은 경우 :
(3) 낮은 경우 :

답안작성

(1) 비정상적인 경우 : 화재발생 시 비화재보 또는 실보가 발생한다.
(2) 높은경우 : 감도가 둔감하여 지연동작(실보)
(3) 낮은경우 : 감도가 예민하여 오동작(비화재보)

▼해설

접점수고시험
① 시험방법 :
　㉠ 검출부의 공기관 P1단자에서 공기관을 분리하고 검출부에 마노미터와 테스트 펌프를 접속한다.
　㉡ 레버를 하단에 위치시키고, 테스트 펌프로 공기를 주입한다.
　㉢ 접점이 붙는 순간 마노미터의 수위를 확인한다.

② 기준치 이하 및 기준치 이상
  ㉠ 기준치 이하 : 오동작(비화재보)
  ㉡ 기준치 이상 : 지연동작(실보)

문제 07

★★★ 출제 년도 「16.」 •점수 : 4점

경비실에서 400m 떨어진 공장에 각 층별로 발신기가 2개씩 설치, 일제경보방식으로 작동한다. 1층에서 화재가 발생하였을 경우 아래의 조건을 참고하여 경종, 표시등의 공통선에 대한 소요전류 및 전압강하를 계산하시오.

◀조건▶
① 공장은 지상 6층, 지하 1층의 규모
② 사용전선 : HFIX 2.5mm^2
③ 발신기의 소비전류 : 경종 50mA/개, 표시등 30mA/개

(1) 소요전류
  • 계산과정 :
  • 답 :

(2) 전압강하
  • 계산과정 :
  • 답 :

답안작성

(1) 소요전류
  • 계산과정 : ① 표시등 : 30mA/개×14개 = 420mA = 0.42A
              ② 경종 : 50mA/개×14개 = 700mA = 0.7A
              ③ 소요전류 합계 : 0.42A+0.7A = 1.12A
  • 답 : 1.12A

(2) 전압강하
  • 계산과정 : $e = \dfrac{35.6LI}{1,000A} = \dfrac{35.6 \times 400 \times 1.12}{1,000 \times 2.5} = 6.38$
  • 답 : 6.38[V]

해설

(1) 소요전류
  ① 표시등 : 층수가 7개층, 각 층별로 발신기가 2개씩 설치되어 있으므로 총 수량은 14개가 된다.
  ② 경종 : 일제경보방식으로 지상 1층에서 화재시 모든 층에 경보를 울려야 한다.
     따라서 총 14개의 경종이 울리게 된다.
  ③ 주의사항 : 수신기 내부 또는 인근에 설치되는 주경종은 소요전류 산정시 적용하지 않는다.

문제 08

다음 그림은 3상 교류에 설치된 누전경보기의 결선도이다. 정상상태와 누전발생 시 a점, b점 및 c점에 키르히호프의 제1법칙을 적용하여 다음의 각 물음에 답하시오.

(1) 정상상태

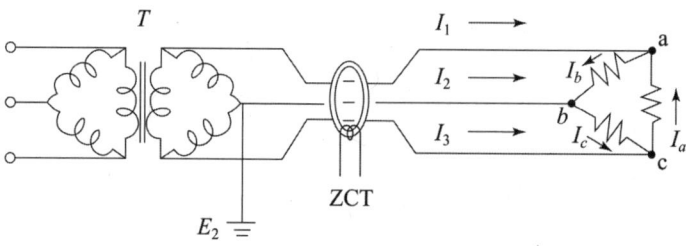

1) 정상상태 시 선전류
   ① a점 전류 : $I_1 = ($ $)$
   ② b점 전류 : $I_2 = ($ $)$
   ③ c점 전류 : $I_3 = ($ $)$

2) 정상상태 시 선전류의 벡터 합
   $I_1 + I_2 + I_3 = ($ $)$

(2) 누전상태

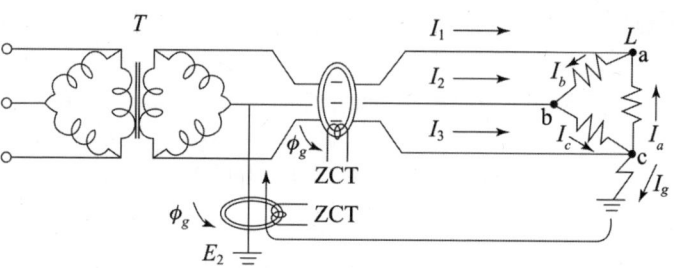

1) 누전 시 선전류
   ① a점 전류 : $I_1 = ($ $)$
   ② b점 전류 : $I_2 = ($ $)$
   ③ c점 전류 : $I_3 = ($ $)$

2) 누전 시 선전류의 벡터 합
   $I_1 + I_2 + I_3 = ($ $)$

답안작성

(1) 정상상태
   1) 정상상태 시 선전류
      ① a점 전류 : $I_1 = \dot{I_b} - \dot{I_a}$

② b점 전류 : $I_2 = \dot{I_c} - \dot{I_b}$

③ c점 전류 : $I_3 = \dot{I_a} - \dot{I_c}$

2) 정상상태 시 선전류의 벡터 합

$I_1 + I_2 + I_3 = 0$

(2) 누전상태

1) 누전 시 선전류

① a점 전류 : $I_1 = \dot{I_b} - \dot{I_a}$

② b점 전류 : $I_2 = \dot{I_c} - \dot{I_b}$

③ c점 전류 : $I_3 = \dot{I_a} - \dot{I_c} + \dot{I_g}$

2) 누전 시 선전류의 벡터 합

$I_1 + I_2 + I_3 = \dot{I_g}$

▼해설

(1) 정상상태

1) 정상상태 시 선전류

① a점에서 들어가는 전류의 합과 나가는 전류의 합은 같아야 한다.

$\dot{I_1} + \dot{I_a} = \dot{I_b}, \quad \dot{I_1} = \dot{I_b} - \dot{I_a}$

② b점에서 들어가는 전류의 합과 나가는 전류의 합은 같아야 한다.

$\dot{I_2} + \dot{I_b} = \dot{I_c}, \quad \dot{I_2} = \dot{I_c} - \dot{I_b}$

③ c점에서 들어가는 전류의 합과 나가는 전류의 합은 같아야 한다.

$\dot{I_3} + \dot{I_c} = \dot{I_a}, \quad \dot{I_3} = \dot{I_a} - \dot{I_c}$

2) 정상상태 시 선전류의 벡터 합

$I_1 + I_2 + I_3 = \dot{I_b} - \dot{I_a} + \dot{I_c} - \dot{I_b} + \dot{I_a} - \dot{I_c} = 0$

(2) 누전상태

1) 누전 시 선전류

① a점에서 들어가는 전류의 합과 나가는 전류의 합은 같아야 한다.

$\dot{I_1} + \dot{I_a} = \dot{I_b}, \quad \dot{I_1} = \dot{I_b} - \dot{I_a}$

② b점에서 들어가는 전류의 합과 나가는 전류의 합은 같아야 한다.

$\dot{I_2} + \dot{I_b} = \dot{I_c}, \quad \dot{I_2} = \dot{I_c} - \dot{I_b}$

③ c점에서 들어가는 전류의 합과 나가는 전류의 합은 같아야 한다.

$\dot{I_3} + \dot{I_c} = \dot{I_a} + \dot{I_g}, \quad I_3 = \dot{I_a} - \dot{I_c} + \dot{I_g}$

2) 누전 시 선전류의 벡터 합

$I_1 + I_2 + I_3 = \dot{I_b} - \dot{I_a} + \dot{I_c} - \dot{I_b} + \dot{I_a} - \dot{I_c} + \dot{I_g} = \dot{I_g}$

[주의사항] 교류전류는 벡터이므로 문자위에 dot(점)표시를 하는 것이 원칙이다. 그러나 문제에서는 별도의 dot표시를 하지 않았으므로 답안작성시 dot 표시를 하지 않아도 된다. 만일 문제에서 전류가 dot 표시가 되어 주어진다면 반드시 답안작성시에도 dot 표시를 하여야 한다.

문제 09 다음의 표는 어느 특정소방대상물의 자동화재탐지설비 공사에 소요되는 자재의 물량을 나타낸 것이다. 주어진 품셈을 이용하여 내선전공의 노임요율과 공량의 빈칸을 채우고 인건비를 산출하시오.

◀조건▶
1. 콘크리트박스는 매입을 원칙으로 하며, 박스커버의 내선전공은 적용하지 않는다.
2. 공구손료는 인건비의 3%, 내선전공의 M/D는 100,000원을 적용
3. 빈칸에 숫자를 적을 필요가 없을 때는 공란으로 둔다.

(1) 내선전공의 노임요율 및 공량

품명	규격	단위	수량	노임요율	공량
수신기	P형 1급 5회로	EA	1		
발신기	P형 1급	EA	5		
경종	DC-24V	EA	5		
표시등	DC-24V	EA	5		
차동식감지기	스포트형	EA	60		
전선	1.5 mm^2	m	10,000		
전선	2.5 mm^2	m	15,000		
전선관(후강)	steel 16호	m	70		
전선관(후강)	steel 22호	m	100		
전선관(후강)	steel 28호	m	400		
콘크리트 박스	4각	EA	5		
콘크리트 박스	8각	EA	55		
박스커버	4각	EA	5		
박스커버	8각	EA	55		
계					

(2) 인건비

품명	단위	공량	단가(원)	금액(원)
내선전공	인			
공구손료	식			
계				

[품셈표 1] 자동화재 경보장치 설치

공종	단위	내선전공	비고
Spot형 감지기(차동식, 정온식, 보상식) 노출형	개	0.13	(1) 천장높이 4m 기준 　　1m 증가시마다 5% 가산 (2) 매입형 또는 특수구조인 경우 　　조건에 따라 선정
시험기(공기관 포함)	개	0.15	(1) 상동 (2) 상동
분포형의 공기관	m	0.025	(1) 상동 (2) 상동
검출기	개	0.30	
공기관식의 Booster	개	0.10	
발신기 P-1 발신기 P-2 발신기 P-3	개 개 개	0.30 0.30 0.20	1급(방수형) 2급(보통형) 3급(푸시버튼만으로 응답확인이 없는 것)
회로시험기	개	0.10	
수신기 P-1(기본공수) (회선수 공수 산출 가산요)	대	6.0	[회선수에 대한 산정] 매1회선에 대해서 <table><tr><th>형식 \ 직종</th><th>내선전공</th></tr><tr><td>P-1</td><td>0.3</td></tr><tr><td>P-2</td><td>0.2</td></tr><tr><td>R 형</td><td>0.2</td></tr></table>※ R형은 수신반 인입감시 회선수 기준 [참고] 산정예 : [P-1의 10회분 기본공수는 6인, 회선당 할증수는 (10×0.3)=3] ∴ 6+3=9인
수신기 P-2(기본공수) (회선수 공수 산출 가산요)	대	4.0	
부수신기(기본공수)	대	3.0	
소화전 기동 릴레이	대	1.5	
경종	개	0.15	
표시등	개	0.20	
표지판	개	0.15	

[품셈표 2] 옥내배선

(m당, 직종 : 내선전공)

규격	관내배선	규격	관내배선
6 mm² 이하	0.010	120 mm² 이하	0.077
16 mm² 이하	0.023	150 mm² 이하	0.088
38 mm² 이하	0.031	200 mm² 이하	0.107
50 mm² 이하	0.043	250 mm² 이하	0.130
60 mm² 이하	0.052	300 mm² 이하	0.148
70 mm² 이하	0.061	325 mm² 이하	0.160
100 mm² 이하	0.064	400 mm² 이하	0.197

[품셈표 3] 전선관 배관

(m 당)

합성수지 전선관		금속(후강)전선관		금속가요전선관	
관의 호칭	내선전공	관의 호칭	내선전공	관의 호칭	내선전공
14	0.04	—	—	—	—
16	0.05	16	0.08	16	0.044
22	0.06	22	0.11	22	0.059
28	0.08	28	0.14	28	0.072
36	0.10	36	0.20	36	0.087
42	0.13	42	0.25	42	0.104
54	0.19	54	0.34	54	0.136
70	0.28	70	0.44	70	0.156

[품셈표 4] 박스(Box)신설

(개당)

층별	내선전공
8각 콘크리트 박스	0.12
4각 콘크리트 박스	0.12
8각 아웃렛 박스	0.20
중형 4각 아웃렛 박스	0.20
대형 4각 아웃렛 박스	0.20
1개용 스위치 박스	0.20
2~3개용 스위치 박스	0.20
4~5개용 스위치 박스	0.25
노출형 박스(콘크리트 노출기준)	0.29
플로어박스	0.20

답안작성

(1) 내선전공의 노임요율 및 공량

품명	규격	단위	수량	노임요율	공량
수신기	P형 1급 5회로	EA	1	6+5×0.3=7.5	1×7.5=7.5
발신기	P형 1급	EA	5	0.3	5×0.3=1.5
경종	DC-24V	EA	5	0.15	5×0.15=0.75
표시등	DC-24V	EA	5	0.20	5×0.20=1.0
차동식감지기	스포트형	EA	60	0.13	60×0.13=7.8
전선	1.5 mm²	m	10,000	0.010	10,000×0.010=100
전선	2.5 mm²	m	15,000	0.010	15,000×0.010=150
전선관(후강)	steel 16호	m	70	0.08	70×0.08=5.6
전선관(후강)	steel 22호	m	100	0.11	100×0.11=11
전선관(후강)	steel 28호	m	400	0.14	400×0.14=56
콘크리트 박스	4각	EA	5	0.12	5×0.12=0.6
콘크리트 박스	8각	EA	55	0.12	55×0.12=6.6
박스커버	4각	EA	5	0	0
박스커버	8각	EA	55	0	0
계					348.35

(2) 인건비

품명	단위	공량	단가(원)	금액(원)
내선전공	인	348.35	100,000	348.35×100,000=34,835,000
공구손료	식			34,835,000×0.03=1,045,050
계				34,835,000+1,045,050=35,880,050

▼해설

내선전공의 노임요율 결정
(1) [품셈표 1] 자동화재 경보장치 설치

공종	단위	내선전공	비고
Spot형 감지기(차동식, 정온식, 보상식) 노출형	개	0.13	(1) 천장높이 4m 기준 1m 증가시마다 5% 가산 (2) 매입형 또는 특수구조인 경우 조건에 따라 선정
시험기(공기관 포함)	개	0.15	(1) 상동 (2) 상동
분포형의 공기관	m	0.025	(1) 상동 (2) 상동

공종	단위	내선전공	비고
검출기	개	0.30	
공기관식의 Booster	개	0.10	
발신기 P-1	개	**0.30**	1급(방수형)
발신기 P-2	개	0.30	2급(보통형)
발신기 P-3	개	0.20	3급(푸시버튼만으로 응답확인이 없는 것)
회로시험기	개	0.10	
수신기 P-1(기본공수) (회선수 공수 산출 가산요)	대	6.0	[회선수에 대한 산정] 매1회선에 대해서 <table><tr><td>형식\직종</td><td>내선전공</td></tr><tr><td>P-1</td><td>0.3</td></tr><tr><td>P-2</td><td>0.2</td></tr><tr><td>R 형</td><td>0.2</td></tr></table>
수신기 P-2(기본공수) (회선수 공수 산출 가산요)	대	4.0	※ R형은 수신반 인입감시 회선수 기준 [참고] 산정예 : [P-1의 10회분 기본공수는 6인, 회선당 할증수는 (10×0.3)=3] ∴ 6+3=9인
부수신기(기본공수)	대	3.0	
소화전 기동 릴레이	대	1.5	
경종	개	**0.15**	
표시등	개	**0.20**	
표지판	개	0.15	

※ 수신기의 공량 계산 : 상기표에서 P-1급 수신기는 6인(기본공수)+회로당 0.3×5회로를 적용하므로 7.5인이 된다.

(2) [품셈표 2] 옥내배선

(m당, 직종 : 내선전공)

규격	관내배선	규격	관내배선
<u>6 mm² 이하</u>	<u>0.010</u>	120 mm² 이하	0.077
16 mm² 이하	0.023	150 mm² 이하	0.088
38 mm² 이하	0.031	200 mm² 이하	0.107
50 mm² 이하	0.043	250 mm² 이하	0.130
60 mm² 이하	0.052	300 mm² 이하	0.148
70 mm² 이하	0.061	325 mm² 이하	0.160
100 mm² 이하	0.064	400 mm² 이하	0.197

※ 사용전선은 1.5 mm² 및 2.5 mm²로 6 mm² 이하이므로 전선은 0.010을 적용한다.

(3) [품셈표 3] 전선관 배관

(m 당)

합성수지 전선관		금속(후강)전선관		금속가요전선관	
관의 호칭	내선전공	관의 호칭	내선전공	관의 호칭	내선전공
14	0.04	–	–	–	–
16	0.05	<u>16</u>	<u>0.08</u>	16	0.044
22	0.06	<u>22</u>	<u>0.11</u>	22	0.059
28	0.08	<u>28</u>	<u>0.14</u>	28	0.072
36	0.10	36	0.20	36	0.087
42	0.13	42	0.25	42	0.104
54	0.19	54	0.34	54	0.136
70	0.28	70	0.44	70	0.156

(4) [품셈표 4] 박스(Box)신설

(개당)

층별	내선전공
<u>8각 콘크리트 박스</u>	<u>0.12</u>
<u>4각 콘크리트 박스</u>	<u>0.12</u>
8각 아웃렛 박스	0.20
중형 4각 아웃렛 박스	0.20
대형 4각 아웃렛 박스	0.20
1개용 스위치 박스	0.20
2~3개용 스위치 박스	0.20
4~5개용 스위치 박스	0.25
노출형 박스(콘크리트 노출기준)	0.29
플로어박스	0.20

※ 조건 1.에 의거하여 박스커버의 내선전공은 적용하지 않는다.

(5) 직접노무비(인건비) = 공량×노임단가
   공구손료 = 직접노무비(인건비)×3%

★★★ 출제 년도 「16.」 •점수 : 8점

문제 10 다음은 공기관식 차동식분포형감지기의 설치도면이다. 다음 각 물음에 답하시오.

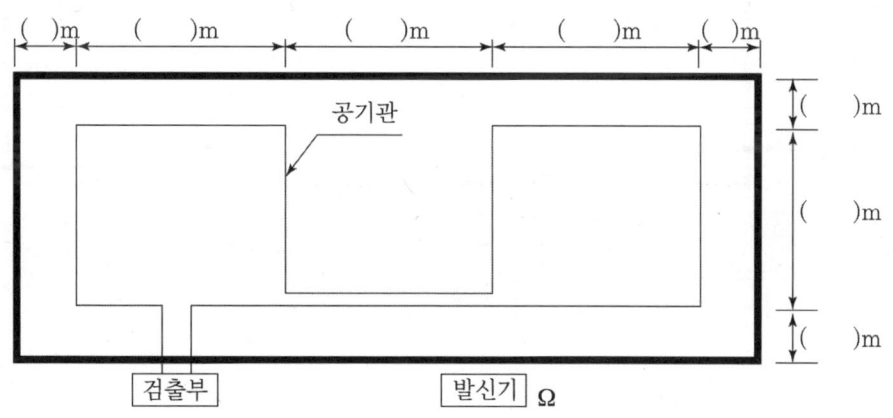

(1) 공기관의 노출부분의 길이는 몇 m 이상이 되어야 하는가?
(2) 검출부의 설치높이는?
(3) 내화구조일 경우 공기관 상호간의 거리와 감지구역의 각 변과의 거리는 몇 m 이하가 되도록 하여야 하는지 도면의 (   )안에 수치를 기입하시오.
(4) 검출부분에 접속하는 공기관의 길이는 몇 m이하로 하여야 하는가?
(5) 종단저항을 발신기에 설치할 경우 차동식 분포형 감지기의 검출부와 발신기간에 연결해야 하는 전선의 가닥수를 도면에 표기하시오.
(6) 공기관의 재질을 쓰시오.
(7) 검출부의 경사도는 몇 도 이하이어야 하는가?

답안작성

(1) 20m 이상
(2) 바닥으로부터 0.8m 이상 1.5m 이하
(3)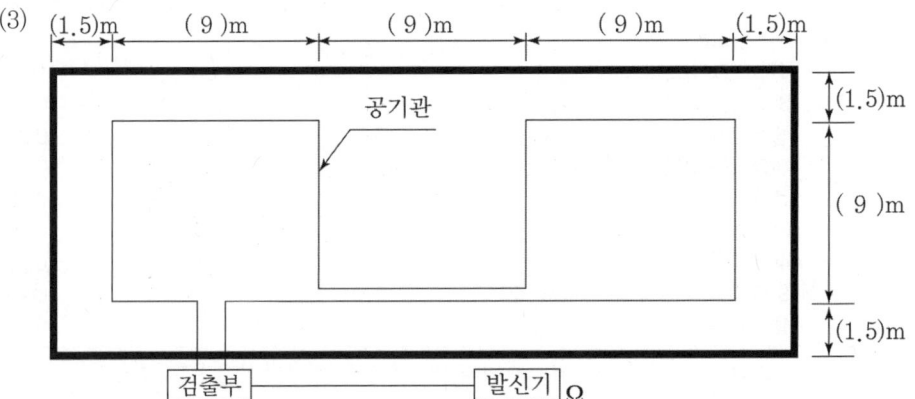
(4) 100m 이하
(5)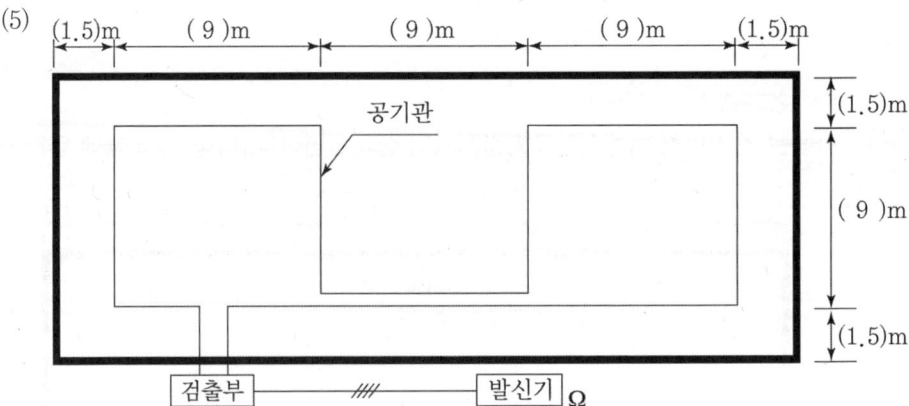
(6) 동관 또는 중공동관
(7) 5도 이하

▼해설

(1) 공기관식 차동식분포형 감지기 설치기준
    ① 공기관의 노출부분은 감지구역마다 20 [m] 이상이 되도록 할 것
    ② 공기관과 감지구역의 각변과의 수평거리는 1.5 [m] 이하가 되도록 하고, 공기관 상호간의 거리는 6 [m](주요구조부를 내화구조로 한 소방대상물 또는 그 부분에 있어서는 9 [m]) 이하가 되도록 할 것

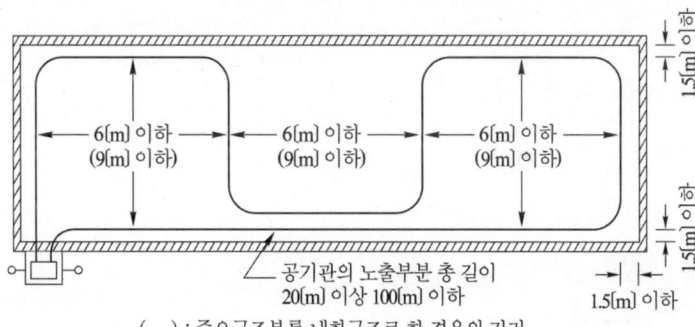

(내화구조인 경우)

    ③ 공기관은 도중에서 분기하지 아니하도록 할 것
    ④ 하나의 검출 부분에 접속하는 공기관의 길이는 100 [m] 이하로 할 것
    ⑤ 검출부는 5° 이상 경사되지 아니하도록 부착할 것
    ⑥ 검출부는 바닥으로부터 0.8 [m] 이상 1.5 [m] 이하의 위치에 설치할 것
    ⑦ 공기관의 규격
       • 외경 : 1.9 [mm] 이상
       • 두께 : 0.3 [mm] 이상
    ⑧ 공기관의 재질 : 동관 또는 중공동관
(2) 검출부와 발신기사이의 가닥수는 4가닥이다.

★ 출제년도 「97. 02. 05. 16.」 •점수 : 5점

문제 11 그림은 10개의 접점을 가진 스위칭회로이다. 이 회로의 접점수를 최소화하여 스위칭회로를 그리시오. (단, 주어진 스위칭회로의 논리식을 최소화하는 과정을 모두 기술하고 최소화된 스위칭회로를 그리도록 한다.)

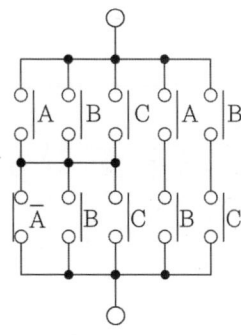

- 논리식 :
- 최소화 한 스위칭회로 :

답안작성

- 논리식 : $(A+B+C) \cdot (\overline{A}+B+C)+AB+BC$
  $= \overline{A}A+AB+AC+\overline{A}B+BB+BC+\overline{A}C+BC+CC+AB+BC$
  $= AB+AC+\overline{A}B+B+BC+\overline{A}C+C$
  $= (AB+\overline{A}B+B+BC)+(AC+\overline{A}C+C)$
  $= B(A+\overline{A}+1+C)+C(A+\overline{A}+1)$
  $= B+C$

- 최소화 한 스위칭회로 :

해설

(1) 불 대수의 정리

논 리 합	논 리 곱	법 칙
$X+0=X$	$X \cdot 0 = 0$	
$X+1=1$	$X \cdot 1 = X$	
$X+X=X$	$X \cdot X = X$	
$\overline{X}+X=1$	$\overline{X} \cdot X = 0$	
$X+Y=Y+X$	$X \cdot Y = Y \cdot X$	교환법칙
$X+(Y+Z)=(X+Y)+Z$	$X(YZ)=(XY)Z$	결합법칙
$X(Y+Z)=XY+XZ$	$(X+Y)(Z+W)=$ $XZ+XW+YZ+YW$	분배법칙
$X+XY=X$	$X+\overline{X}Y=X+Y$	흡수법칙
$(\overline{X+Y})=\overline{X} \cdot \overline{Y}$	$(\overline{X \cdot Y})=\overline{X}+\overline{Y}$	드모르간의 정리

★★★ 출제년도 「16.」 •점수 : 10점

문제 12 지하 3층 및 지상 14층, 각 층의 높이가 3.3m인 다음과 같은 특정소방대상물에 수직경계구역을 설정할 경우 다음 각 물음에 답하시오.

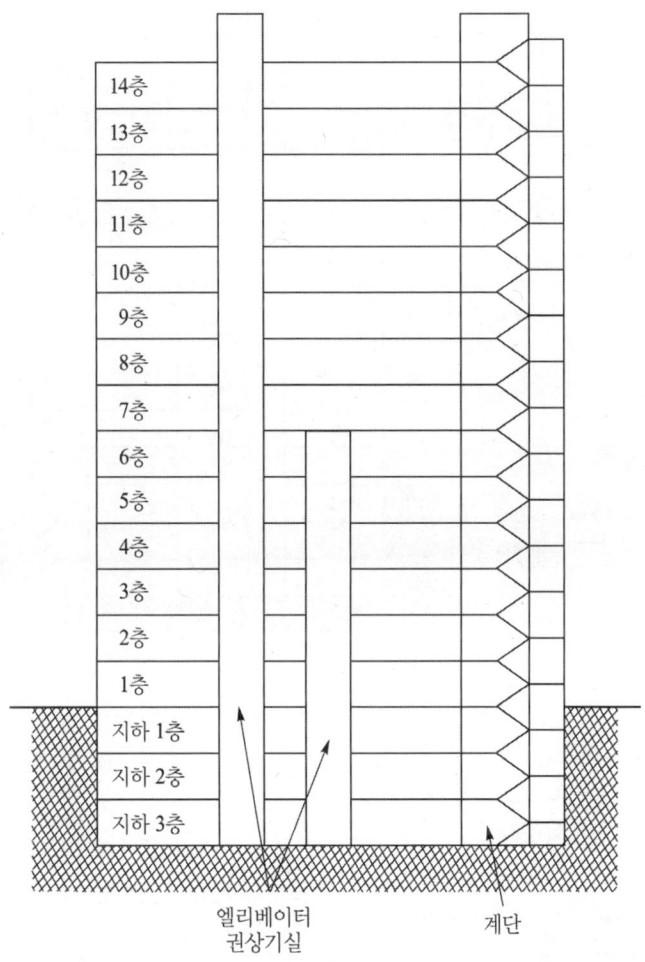

(1) 상기의 건축 단면도상에 표기된 엘리베이터 권상기실과 계단실에 감지기를 설치해야 하는 위치를 찾아 연기감지기의 그림기호를 이용하여 도면에 그려 넣으시오.
(2) 본 소방대상물에 자동화재탐지설비의 수직경계구역은 총 몇 개의 회로로 구분해야 하는지 쓰시오.
  • 엘리베이터 권상기실 (   )회로 + 계단 (   )회로 = 합계 (   )회로
(3) 연기가 멀리 이동해서 감지기에 도달하는 장소에 설치하는 연기감지기의 종류를 1가지 쓰시오.

답안작성

(1)

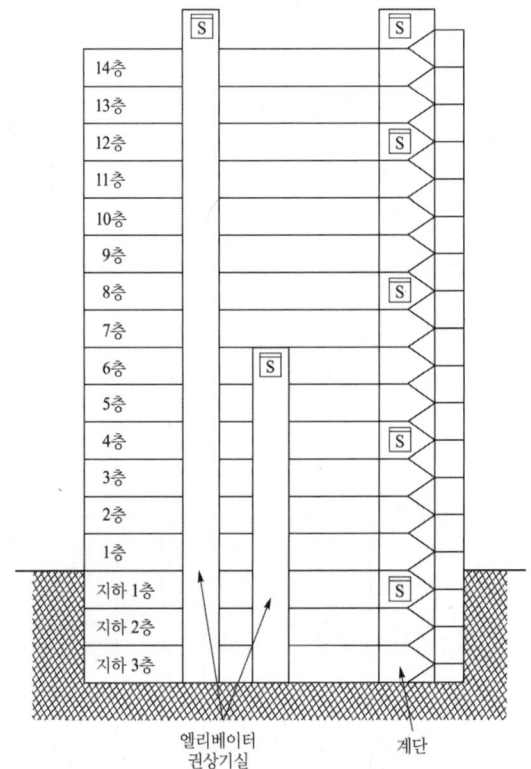

(2) 엘리베이터 권상기실 (2)회로 + 계단 (3)회로 = 합계 (5)회로
(3) ① 광전식 스포트형
② 광전아날로그식 스포트형
③ 광전식분리형
④ 광전아날로그식 분리형 중 1가지 선택

해설

(1) 연기감지기의 수량계산
　① 엘리베이터권상기실이 2개이므로 2개
　② 지하층 계단 : $\dfrac{3.3\text{m} \times 3\text{개층}}{15\text{m}} = 0.66 \rightarrow 1$개
　③ 지상층 계단 : $\dfrac{3.3\text{m} \times 14\text{개층}}{15\text{m}} = 3.08 \rightarrow 4$개
　④ 감지기의 부착위치 : 엘리베이터권상기실은 권상기실의 상부, 계단은 수직거리 15m 이하가
　　 되도록 부착하여야 하므로 지하 1층, 지상 4층, 지상 8층, 지상 12층, 최상층에 부착한다.
(2) 수직경계구역
　① 지하층 계단 : $\dfrac{3.3\text{m} \times 3\text{개층}}{45\text{m}} = 0.22 \rightarrow 1$개
　② 지상층 계단 : $\dfrac{3.3\text{m} \times 14\text{개층}}{45\text{m}} = 1.02 \rightarrow 2$개
　③ 엘리베이터 권상기실 : 권상기실 마다 하나의 경계구역으로 설정하여야 하므로 2개

(3) 자동화재탐지설비 및 시각경보장치의 화재안전기술기준

설치장소		적응열감지기					적응연기감지기					불꽃감지기	비고
환경상태	적응장소	차동식스포트형	차동식분포형	보상식스포트형	정온식	열아날로그식	이온화식스포트형	광전식스포트형	이온아날로그식스포트형	광전아날로그식스포트형	광전식분리형		
1. 흡연에 의해 연기가 체류하며 환기가 되지 않는 장소	회의실, 응접실, 휴게실, 노래연습실, 오락실, 다방, 음식점, 대합실, 카바레 등의 객실, 집회장, 연회장 등	○	○	○				◎		◎	○	○	
2. 취침시설로 사용하는 장소	호텔 객실, 여관, 수면실 등						◎	◎	◎	◎	○		
3. 연기이외의 미분이 떠다니는 장소	복도, 통로 등						◎	◎	◎	◎	○	○	
4. 바람에 영향을 받기 쉬운장소	로비, 교회, 관람장, 옥탑에 있는 기계실		○					◎		◎	○	○	
5. 연기가 멀리 이동해서 감지기에 도달하는 장소	계단, 경사로							○		○	○		광전식스포트형감지기 또는 광전아날로그식스포트형감지기를 설치하는 경우에는 당해 감지기회로에 축적기능을 갖지 않는 것으로 할 것
6. 훈소화재의 우려가 있는 장소	전화기기실, 통신기기실, 전산실, 기계제어실							○		○	○		
7. 넓은 공간으로 천장이 높아 열 및 연기가 확산하는 장소	체육관, 항공기 격납고, 높은 천장의 창고·공장, 관람석 상부 등 감지기 부착 높이가 8m 이상의 장소		○								○	○	○

문제 13 다음 도면을 보고 각 물음에 답하시오.

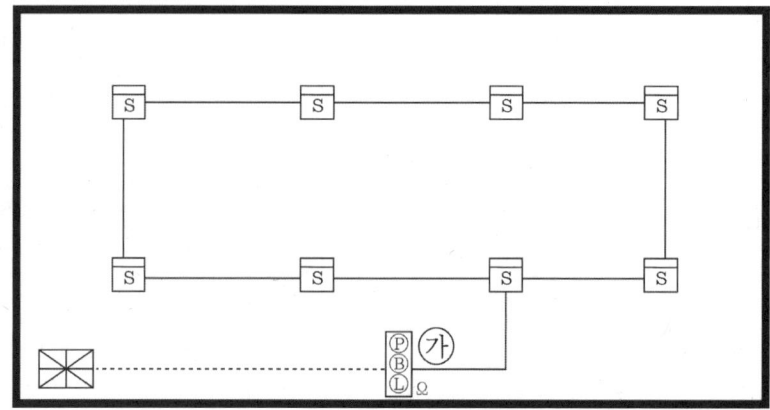

(1) ㉮는 수동으로 화재신호를 발신하는 P형 1급 발신기세트이다. 발신기세트와 수신기 간의 배선 길이가 15m라면 전선은 총 몇 m가 필요한지 산출하시오. (단, 층고, 할증 및 여유율 등은 고려하지 않는다.)
   • 계산과정 :
   • 답 :
(2) 상기 건물에 설치된 감지기가 2종이라 할 때 8개의 감지기가 최대로 감지할 수 있는 감지구역의 바닥면적(m^2) 합계를 구하시오.(단, 천장 높이는 5m인 경우이다.)
   • 계산과정 :
   • 답 :
(3) 감지기와 감지기간, 감지기와 P형 1급 발신기세트 간의 길이가 각각 10m일 때 전선관 및 전선의 물량을 산출과정과 함께 쓰시오.(단, 층고, 할증 및 여유율 등은 고려하지 않는다.)

품명	규격	산출과정	물량(m)
전선관	16C		
전선	2.5mm²		

답안작성

(1) • 계산과정 : 15m×6가닥 = 90m
   • 답 : 90m
(2) • 계산과정 : 8개×75 m^2/개 = 600 m^2
   • 답 : 600 m^2

(3)

품명	규격	산출과정	물량(m)
전선관	16C	10m×9개소 = 90m	90m
전선	2.5mm²	① 감지기와 감지기간 : 10m×8개소×2가닥 = 160m ② 감지기와 P형 1급 발신기 세트간 : 　10m×1개소×4가닥 = 40m ③ 합계 : 160m+40m = 200m	200m

▼해설

(1) 수신기와 발신기 세트 간의 가닥수 : 6가닥
(2) ① 연기감지기의 부착높이에 따라 다음 표에 따른 바닥면적마다 1개 이상으로 할 것

부착높이	연기감지기의 종류	
	1종 및 2종	3종
4[m] 미만	150[m²]	50[m²]
4[m] 이상 20[m] 미만	75[m²]	

② 천장 높이가 5m이므로 감지기의 1개당 감지면적은 75[m²] 이상이어야 한다. 부착된 감지기의 수량이 8개이므로 감지면적을 산출하면 8개×75 m²/개 = 600 m²이 된다.

(3) 감지기와 감지기간의 가닥수는 2가닥, 감지기와 발신기 세트는 4가닥, 수신기와 발신기 세트 간의 가닥수는 6가닥이 된다.

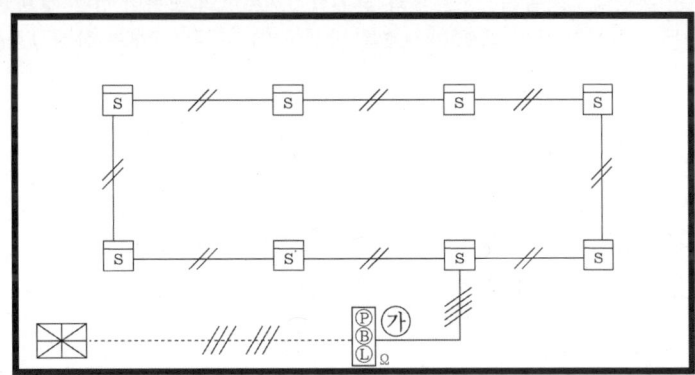

★★ 출제년도 「16.」 •점수 : 4점

문제 14 자동화재탐지설비의 감지기중 보상식 감지기와 열복합형 감지기를 비교하여 쓰시오.

구분 \ 감지기	보상식 감지기	열복합형 감지기
동작방식		
신호출력		
목　적		
적응성		

답안작성

구분 \ 감지기	보상식 감지기	열복합형 감지기
동작방식	차동식과 정온식의 OR회로	차동식과 정온식의 AND 또는 OR회로
신호출력	단신호 출력(하나의 화재신호)	다신호 출력(하나 또는 두개의 화재신호)
목 적	실보(지연보) 방지	비화재보(오동작) 방지
적응성	심부화재가 우려되는 장소	지하층 또는 무창층으로서 환기가 잘 되지 않는 장소, 오동작 우려가 있는 장소

해설

1. 차동식스포트형 : 주위온도가 일정 상승율 이상이 되는 경우에 작동하는 것으로서 일국소에서의 열 효과에 의하여 작동되는 것
2. 차동식분포형 : 주위온도가 일정 상승율 이상이 되는 경우에 작동하는 것으로서 넓은 범위 내에서의 열 효과의 누적에 의하여 작동되는 것
3. 정온식스포트형 : 일국소의 주위온도가 일정한 온도 이상이 되는 경우에 작동하는 것으로서 외관이 전선으로 되어 있지 아니한 것
4. 보상식스포트형 : 차동식스포트형과 정온식스포트형의 성능을 겸한 것으로서 둘 중 어느 한 기능이 작동되면 작동신호를 발하는 것
5. 열복합형 : 차동식스포트형과 정온식스포트형의 성능이 있는 것으로서 두 가지 성능의 감지기능이 함께 작동될 때 화재신호를 발신하거나 또는 두개의 화재신호를 각각 발신하는 것

★★ 출제년도 「16. 19.」 •점수 : 5점

문제 15 옥내소화전설비의 배선기준을 다음의 그림에 표시하시오.
(단, ■■■ : 내화배선, ▨▨▨ : 내열배선, ──── : 일반배선, ·········· : 배관으로 표시한다)

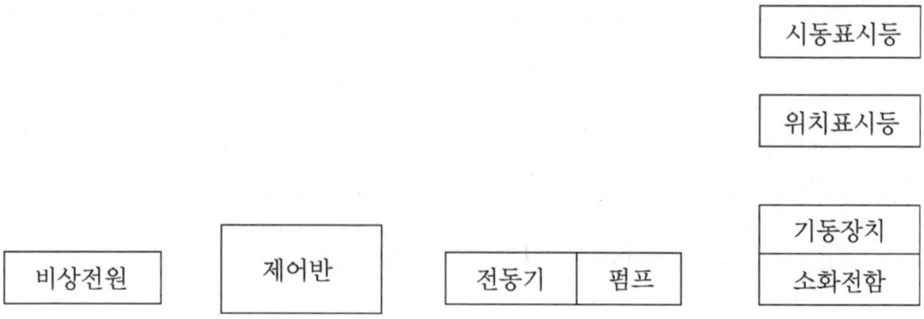

답안작성

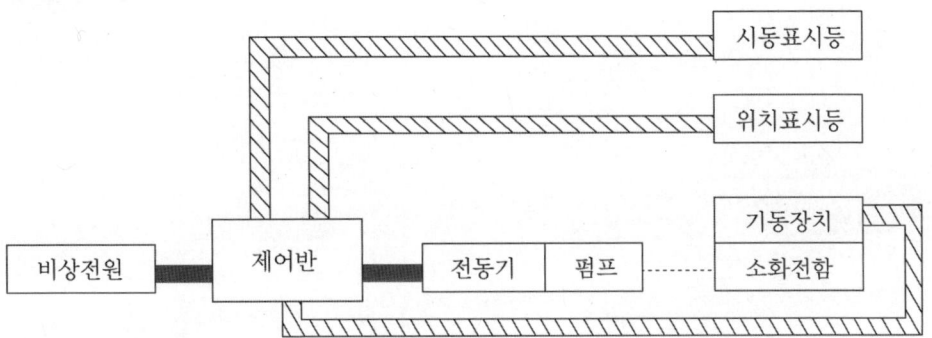

해설
1. **비상전원으로부터 동력제어반 및 가압송수장치**에 이르는 전원회로배선은 **내화배선**으로 할 것.
2. 상용전원으로부터 동력제어반에 이르는 배선, 그 밖의 옥내소화전설비의 감시·조작 또는 표시등회로의 배선은 내화배선 또는 내열배선으로 할 것.

★ 출제년도 「16.」 • 점수 : 4점

문제 16
다음은 차동식분포형 공기관식 감지기의 유통시험방법에 대한 내용의 일부를 나타낸 것이다. (　) 안에 알맞은 답을 쓰시오.

◀보기▶
시험시 공기관의 일단(P_1)을 분리한다. 그곳에 (　㉮　)를 접속하고, 다른 한쪽에 (　㉯　)를 접속한다.

답안작성
㉮ 마노미터 또는 공기주입시험기
㉯ 공기주입시험기 또는 마노미터

해설
유통시험
(1) 유통시험 목적 : 공기를 유입시켜 공기관이 새거나, 깨어지거나, 줄어듦 등의 유무 및 공기관의 길이를 확인하는 시험
(2) 사용되는 기구 : 마노미터, 공기주입시험기, 고무관, 초시계 등
(3) 시험방법
① 테스트 펌프로 공기를 공기관에 주입하여 약 100 [mm] 정도 수위를 상승시킨 후 공기의 주입을 멈추고 수위가 정지하는지의 여부를 확인한다. 이때 만약 수위가 떨어진다면 공기관 어딘가에서 누설이 되고 있는 것이다.
② 수위가 정지 후 레버핸들을 조작하여 송기구를 열고 공기를 뺀다. 이 경우 마노미터의 수위가 1/2 정도 저하하는 시간을 측정하고 이때 측정한 시간으로부터 공기관 유통곡선을 이용하여 공기관 길이를 산출하며 이 길이가 100 [m] 이하이면 합격이다. 이때 만약 공기관내에 막힌 곳이 있거나 찌그러진 부분이 있으면 강하 시간이 길어져 마치 공기관 길이가 긴 것 같이 나타나게 된다.

Engineer
Fire Protection System

2017 기출문제
소방설비기사 실기 (전기분야)

2017년 기사 제1회 실기시험

Engineer Fire Protection System

자격종목	시험시간	시행일	수험번호	성명
소방설비기사(전기분야)	2시간 30분	2017.4.16		

※ 다음 물음의 답을 해당 답란에 답하시오.(배점 : 100점)

문제 01

★★★ 출제년도 「11. 17.」 •점수 : 10점

그림은 배연창설비의 회로 계통도에 대한 도면이다. 주어진 표를 이용하여 각 물음에 답하시오.

◀조건▶
- 전원장치의 AC 전원공급은 수신기에서 공급하지 않고 현장 분전반에서 공급한다.
- 화재감지기가 작동되거나 수동기동 스위치를 ON하면 배연창이 동작되어 수신기에 동작상태를 표시하게 된다.
- 전동구동장치는 MOTOR방식이며, 사용전선은 HFIX 전선을 사용한다.
- 배연창은 동시기동방식으로 한다.
- 배연창의 복구는 동시복구방식으로 한다.

도체 단면적 [mm²]	전선 본수									
	1	2	3	4	5	6	7	8	9	10
	전선관의 최소 굵기[호]									
2.5	16	16	16	16	22	22	22	28	28	28
4	16	16	16	22	22	22	28	28	28	28
6	16	16	22	22	22	28	28	28	36	36
10	16	22	22	28	28	36	36	36	36	36

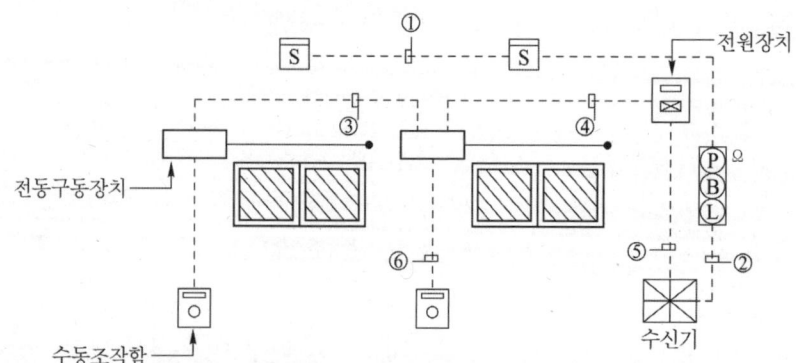

(1) 이 설비는 일반적으로 몇 층 이상의 건물에 시설하는가?
(2) 도면에 표시된 ②와 ④~⑥의 내역 및 용도를 빈 칸에 써 넣으시오.

기호	내 역	용 도
①	16C(HFIX 1.5mm²-4)	지구, 지구공통 각 2가닥
②		
③	22C(HFIX 2.5mm²-5)	전원 +, 전원 -, 기동, 복구, 동작확인
④		
⑤		
⑥		

답안작성

(1) 6층 이상
(2)

기호	내 역	용 도
①	16C(HFIX 1.5mm²-4)	지구, 지구공통 각 2가닥
②	22C(HFIX 2.5mm²-6)	지구, 지구공통, 응답, 경종, 표시등, 경종 및 표시등 공통
③	22C(HFIX 2.5mm²-5)	전원 +, 전원 -, 기동, 복구, 동작확인
④	22C(HFIX 2.5mm²-6)	전원 +, 전원 -, 기동, 복구, 동작확인2
⑤	22C(HFIX 2.5mm²-6)	전원 +, 전원 -, 기동, 복구, 동작확인2
⑥	22C(HFIX 2.5mm²-5)	전원 +, 전원 -, 기동, 정지, 복구

해설

(1) 배연창은 **6층 이상**의 건축물에 시설하는 설비로서 화재발생에 의한 연기를 신속하게 외부로 유출시켜 피난 및 소화활동에 지장이 없도록 하기 위한 것
(2) 배연설비(배연창) 설치기준
   ① 건축물이 방화구획으로 구획된 경우에는 그 구획마다 **1개소** 이상의 배연창을 설치하되, 배연창의 상변과 천장 또는 반자로부터 수직거리가 **0.9미터** 이내일 것. 다만, 반자높이가 바닥으로부터 **3미터 이상**인 경우에는 배연창의 하변이 바닥으로부터 **2.1미터 이상**의 위치에 놓이도록 설치하여야 한다.
   ② 배연창의 유효면적은 산정기준에 의하여 산정된 면적이 **1제곱미터 이상**으로서 그 면적의 합계가 당해 건축물의 바닥면적(방화구획이 설치된 경우에는 그 구획된 부분의 바닥면적)의 **100분의 1이상**일 것. 이 경우 바닥면적의 산정에 있어서 거실바닥면적의 20분의 1 이상으로 환기창을 설치한 거실의 면적은 이에 산입하지 아니한다.
   ③ 배연구는 **연기감지기** 또는 **열감지기**에 의하여 자동으로 열 수 있는 구조로 하되, 손으로도 열고 닫을 수 있도록 할 것
   ④ 배연구는 **예비전원**에 의하여 열 수 있도록 할 것
   ⑤ 기계식 배연설비를 하는 경우에는 소방관계법령의 규정에 적합하도록 할 것

(3) 배연창의 가닥수(모터방식)
   ① 동시기동방식(동시복구의 경우)

기호	내 역	용 도
①	16C(HFIX 1.5mm^2-4)	지구, 지구공통 각 2가닥
②	22C(HFIX 2.5mm^2-6)	지구, 지구공통, 응답, 경종, 표시등, 경종 및 표시등 공통
③	22C(HFIX 2.5mm^2-5)	전원 +, 전원 -, 기동, 복구, 동작확인
④	22C(HFIX 2.5mm^2-6)	전원 +, 전원 -, 기동, 복구, 동작확인2
⑤	22C(HFIX 2.5mm^2-6)	전원 +, 전원 -, 기동, 복구, 동작확인2
⑥	22C(HFIX 2.5mm^2-5)	전원 +, 전원 -, 기동, 정지, 복구

   ② 별도기동방식(동시복구의 경우)

기호	내 역	용 도
①	16C(HFIX 1.5mm^2-4)	지구, 지구공통 각 2가닥
②	22C(HFIX 2.5mm^2-6)	지구, 지구공통, 응답, 경종, 표시등, 경종 및 표시등 공통
③	22C(HFIX 2.5mm^2-5)	전원 +, 전원 -, 기동, 복구, 동작확인
④	22C(HFIX 2.5mm^2-7)	전원 +, 전원 -, 기동2, 복구, 동작확인2
⑤	22C(HFIX 2.5mm^2-7)	전원 +, 전원 -, 기동2, 복구, 동작확인2
⑥	22C(HFIX 2.5mm^2-5)	전원 +, 전원 -, 기동, 정지, 복구

   ③ 별도기동방식(별도복구의 경우)

기호	내 역	용 도
①	16C(HFIX 1.5mm^2-4)	지구, 지구공통 각 2가닥
②	22C(HFIX 2.5mm^2-6)	지구, 지구공통, 응답, 경종, 표시등, 경종 및 표시등 공통
③	22C(HFIX 2.5mm^2-5)	전원 +, 전원 -, 기동, 복구, 동작확인
④	28C(HFIX 2.5mm^2-8)	전원 +, 전원 -, 기동2, 복구2, 동작확인2
⑤	28C(HFIX 2.5mm^2-8)	전원 +, 전원 -, 기동2, 복구2, 동작확인2
⑥	22C(HFIX 2.5mm^2-5)	전원 +, 전원 -, 기동, 정지, 복구

※ 지구공통 = 회로공통 = 발신기공통
※ 2.5[mm^2] 가닥수에 따른 전선관의 굵기 :
   16C(2~4가닥), 22C(5~7가닥), 28C(8~12가닥)

④ 문제에서 별도의 조건이 없는 경우에는 회로의 그림상 감지기회로가 1회로이므로 동시기동방식(동시복구)으로 답안을 작성하여야 한다.

⑤ 조건에서 전원장치의 AC 전원공급은 수신기에서 공급된다라고 하면 전원장치와 수신기 사이의 가닥수에 AC 전원 2가닥을 추가하여야 한다.

★★★ 출제년도 「11. 17.」 •점수 : 5점

문제 02 다음과 같은 자동화재탐지설비의 평면도에서 "㉮"~"㉯"의 전선가닥수를 주어진 표의 빈칸에 쓰시오.

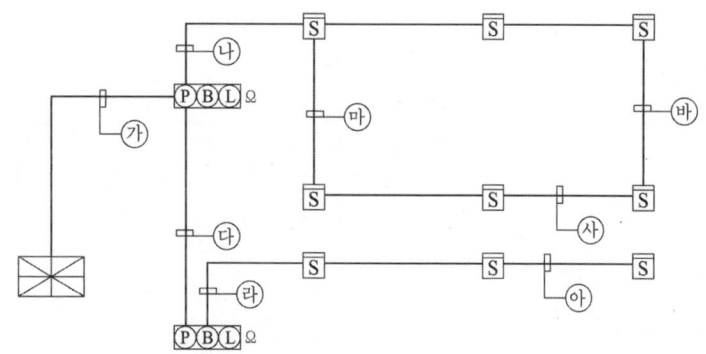

• 전선가닥수

답란	㉮	㉯	㉰	㉱	㉲	㉳	㉴	㉵

답안작성

• 전선가닥수

답란	㉮	㉯	㉰	㉱	㉲	㉳	㉴	㉵
	7	4	6	4	2	2	2	4

▼해설

구분	가닥수	내역
㉮	7	응답선, 회로선2, 회로공통선, 경종선, 표시등선, 경종표시등공통선
㉯	4	회로선2, 회로공통선2
㉰	6	응답선, 회로선, 회로공통선, 경종선, 표시등선, 경종표시등공통선
㉱	4	회로선2, 회로공통선2
㉲	2	회로선, 회로공통선
㉳	2	회로선, 회로공통선
㉴	2	회로선, 회로공통선
㉵	4	회로선2, 회로공통선2

※ 회로선=지구선=표시선, 회로공통선=지구공통선=발신기공통선

★★★ 출제년도 「12. 17.」 •점수 : 10점

문제 03 다음은 준비작동식 유수검지장치에 관한 배선연결 계통도이다. 물음에 답하시오.
(단, SVP와 프리액션 밸브 사이의 공통선은 하나로 한다.)

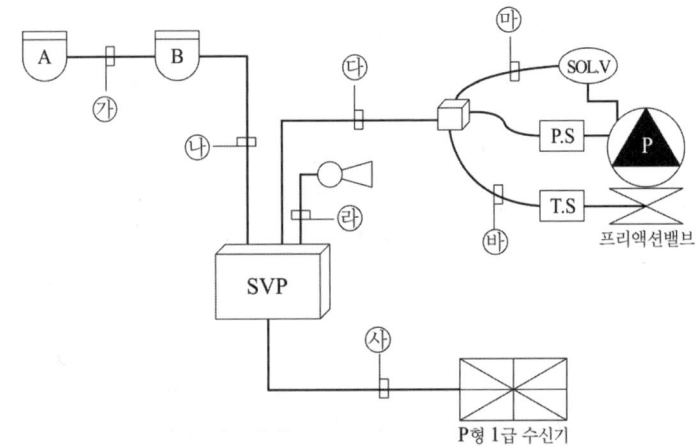

(1) ㉮~㉻까지의 배선 가닥수를 답란에 쓰시오.

㉮	㉯	㉰	㉱	㉲	㉳	㉴

(2) ㉱의 음향장치는 어떤 경우에 울리게 되는지 쓰시오.
(3) 준비작동식 유수검지장치가 전기적으로 작동하게 되는 2가지 경우를 쓰시오.
(4) 준비작동식 유수검지장치 연동용 감지기 회로를 "A", "B" 회로로 구분하여 설치하는 이유와 이러한 회로방식의 명칭을 쓰시오.
  • 구분하여 설치하는 이유
  • 회로방식의 명칭
(5) 준비작동식 유수검지장치 연동용 감지기 회로를 "A", "B" 회로로 구분하지 않고 하나의 회로로 구성하여도 무방한 감지기의 종류를 3가지만 쓰시오.

답안작성

(1)

㉮	㉯	㉰	㉱	㉲	㉳	㉴
4	8	4	2	2	2	9

(2) 감지기 작동 시
(3) ① 2개회로의 감지기가 작동한 경우
    ② 수동기동스위치를 조작한 경우
(4) • 구분하여 설치하는 이유 : 설비의 오작동 방지
    • 회로방식의 명칭 : 교차회로방식
(5) ① 불꽃감지기
    ② 정온식감지선형감지기
    ③ 분포형감지기

▼해설

(1)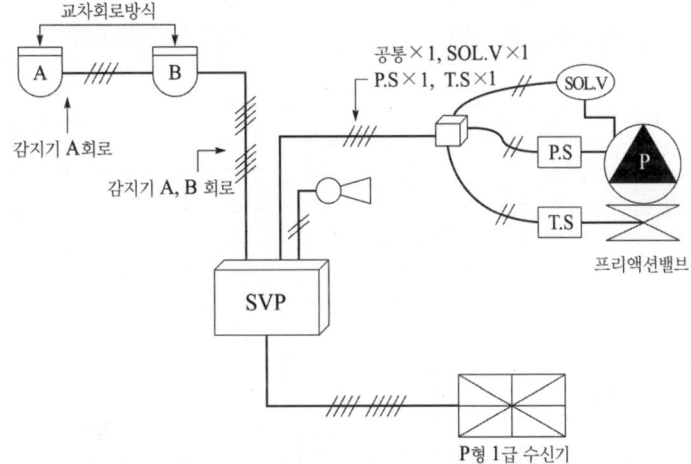

(2) 사이렌이 음향을 경보하는 경우
   ① 습식 및 건식 유수검지장치 : 헤드가 개방한 때
   ② 준비작동식 유수검지장치 및 일제개방형 밸브 : 감지기가 작동한 때

(5) 준비작동식유수검지장치 또는 일제개방밸브의 작동 기준
   ① 담당구역내의 화재감지기의 동작에 따라 개방 및 작동될 것
   ② **화재감지회로는 교차회로방식**으로 할 것

※ 다만, 다음의 경우에는 교차회로방식으로 하지 않아도 된다.
   ① 스프링클러설비의 배관 또는 헤드에 누설경보용 물 또는 압축공기가 채워지거나 부압식 스프링클러설비의 경우
   ② 화재감지기를 자동화재탐지설비의 화재안전기술기준의 2.4.1 단서의 각 감지기로 설치한 때. 즉, 다음의 감지기(일과성 비화재보 방지기능이 있는 감지기)를 설치한 때
      ㉮ 불꽃감지기
      ㉯ 정온식감지선형감지기
      ㉰ 분포형감지기
      ㉱ 복합형감지기
      ㉲ 광전식분리형감지기
      ㉳ 아날로그방식의 감지기
      ㉴ 다신호방식의 감지기
      ㉵ 축적방식의 감지기
   ③ 준비작동식유수검지장치 또는 일제개방밸브의 인근에서 수동기동(전기식 및 배수식)에 따라서도 개방 및 작동될 수 있게 할 것

문제 04

다음의 도면은 준비작동식 스프링클러 소화설비에 사용되는 슈퍼비조리(Supervisory) 판넬의 결선 회로도의 미완성 도면이다. 다음 물음에 답하시오.

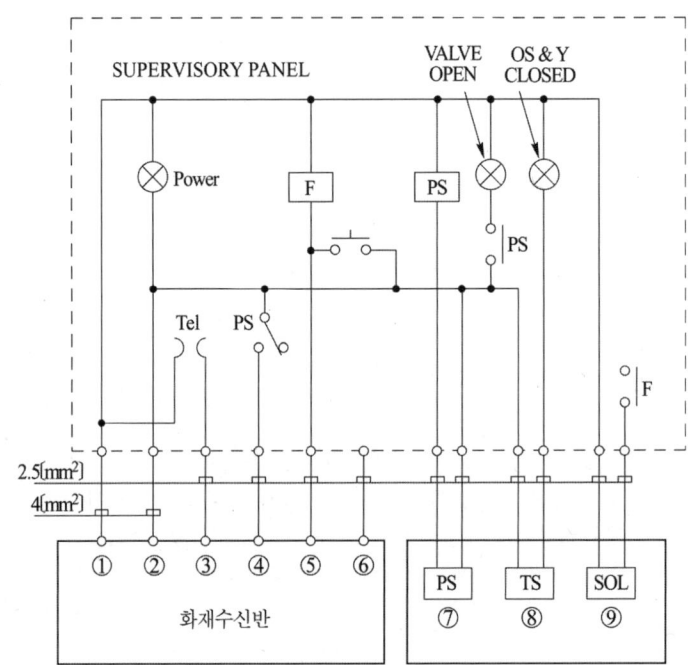

(1) ①~⑥ 단자의 단자명은 각각 무엇인가?
　　①　　　　　　　　　　　　②
　　③　　　　　　　　　　　　④
　　⑤　　　　　　　　　　　　⑥

(2) ⑦~⑨에 표기된 심벌은 각각 무엇인가?
　　⑦　　　　　　⑧　　　　　　⑨

(3) 미완성 도면을 완성하시오.

답안작성

(1) ① 전원 ⊖
　　② 전원 ⊕
　　③ 전화
　　④ 밸브개방확인
　　⑤ 밸브기동
　　⑥ 밸브주의

(2) ⑦ 압력스위치 (Pressure Switch)
　　⑧ 탬퍼 스위치 (Tamper Switch)
　　⑨ 솔레노이드 밸브(Solenoid Valve)

(3)

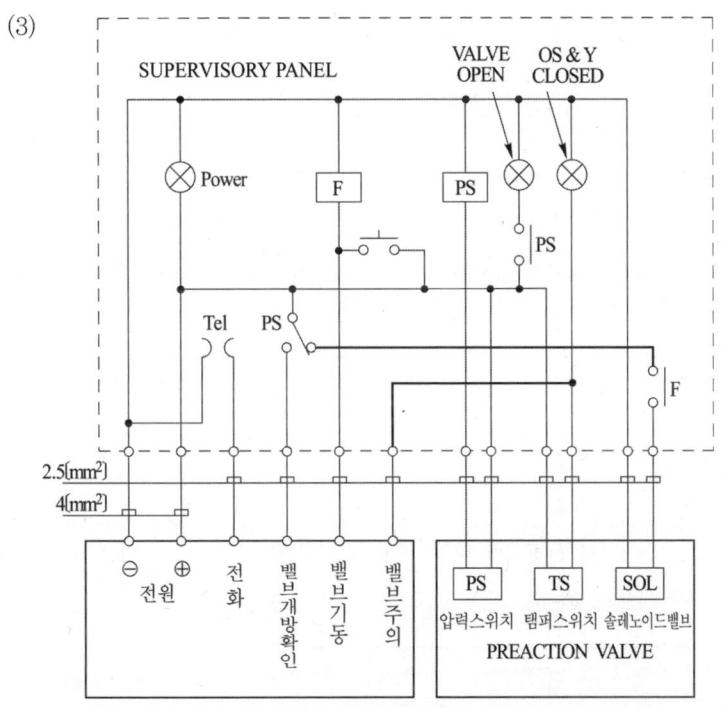

★ 출제 년도 「09. 17.」 •점수 : 5점

문제 05 비상전원으로 사용되는 축전지설비에 대한 점검을 실시하고자 한다. 이때 필요한 점검기구의 명칭을 4가지만 쓰시오.

답안작성

① 비중계
② 스포이드
③ 절연저항계
④ 전류전압측정계

해설

소방시설별 점검장비(소방시설법 시행규칙 별표2의2) 기준이 〈2017.2.10.〉 신설됨에 따라서 현재기준에는 맞지 않는 문제로 과거 기준을 근거로 답안을 작성하였습니다.

※ 소방시설별 점검장비(소방시설법 시행규칙 별표2의2) 기준 〈신설 2017.2.10.〉

소방시설	장 비	규 격
공통시설	방수압력측정계, 절연저항계, 전류전압측정계	
소화기구	저울	

소방시설	장 비	규 격
옥내소화전설비 옥외소화전설비	소화전밸브압력계	
스프링클러설비 포소화설비	헤드결합렌치	
이산화탄소소화설비 분말소화설비, 할론소화설비, 할로겐화합물 및 불활성기체 소화설비	검량계, 기동관누설시험기, 그 밖에 소화약제의 저장량을 측정할 수 있는 점검기구	
자동화재탐지설비 시각경보기	열감지기시험기, 연(煙)감지기시험기, 공기주입시험기, 감지기시험기연결폴대, 음량계	
누전경보기	누전계	누전전류 측정용
무선통신보조설비	무선기	통화시험용
제연설비	풍속풍압계, 폐쇄력측정기, 차압계	
통로유도등 비상조명등	조도계	최소눈금이 0.1럭스 이하인 것

★★★ 출제년도 「07. 17.」 •점수 : 6점

문제 06 어느 건물의 자동화재탐지설비의 수신기를 보니 스위치 주의 등이 점멸하고 있었다. 어떤 경우에 점멸하는지 그 원인을 2가지만 예를 들어 설명하시오.

답안작성
① 주경종 정지스위치 ON시
② 화재표시 작동시험 스위치 ON시

해설
스위치 주의등 점멸시의 원인
① 지구경종 정지스위치 ON시
② 주경종 정지스위치 ON시
③ 자동복구 스위치 ON시
④ 도통시험 스위치 ON시
⑤ 화재표시 작동시험 스위치 ON시
⑥ 사이렌 정지스위치 ON시
⑦ 비상방송 정지스위치 ON시

★★★ 출제년도 「12, 17, 20,」 •점수 : 6점

문제 07 그림은 자동방화문설비의 자동방화문 결선도 및 계통도이다. 다음 물음에 답하시오. 단, 방화문 감지기회로는 제외한다. 도면에서 ⓓ는 도어일리즈(Door Release)를 나타낸다.

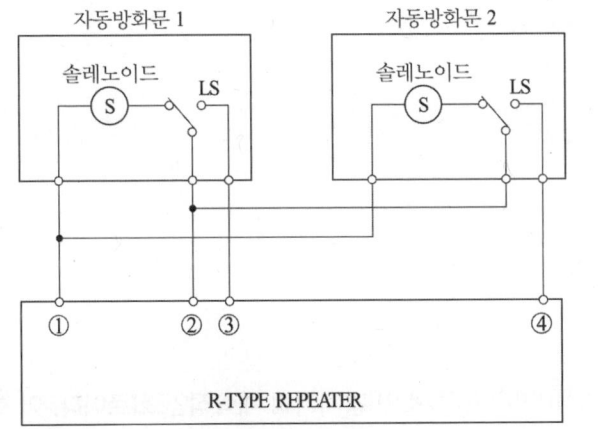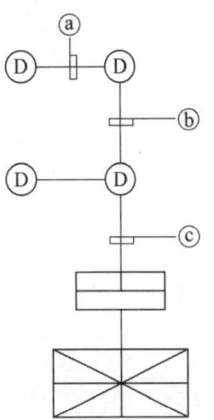

(1) ①~④까지 배선의 용도를 답란에 쓰시오.

①	②	③	④

(2) ⓐ~ⓒ의 전선 가닥수와 배선의 용도를 답란에 쓰시오.

기호	전선 가닥수	배선의 용도
ⓐ		
ⓑ		
ⓒ		

답안작성

(1)

①	②	③	④
기동	공통	기동확인 1	기동확인 2

(2)

기호	전선 가닥수	배선의 용도
ⓐ	3	기동, 기동확인, 공통
ⓑ	4	기동, 기동확인 2, 공통
ⓒ	7	기동 2, 기동확인 4, 공통

해설

(1) 방화문마다 기동 확인선을 추가한다.
(2) 제연구역마다 기동선을 추가한다.

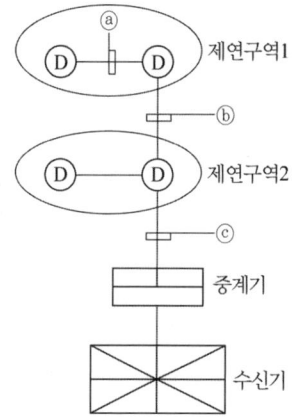

★★★ 출제 년도 「07. 17.」 •점수 : 8점

문제 08 다음은 자동화재탐지설비의 구성요소인 감지기의 개략적인 회로이다. 이 회로를 참고하여 다음 문제에 답하시오.

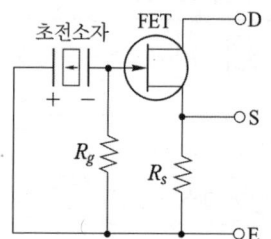

(1) 이와 같은 기본회로를 갖는 감지기의 구체적인 명칭은?
(2) 초전소자는 삼황화글리신(TGS), 세라믹의 티탄산납($PbTiO_3$), 폴리프루오르화비닐 (PVF_2)이 사용되고 있다. 이들 소자에서 발생되는 초전효과 또는 파이로(Pyro) 효과는 무엇인가?
(3) 상기 회로의 감지기는 어떤 화재성상에 민감한 응답특성을 가지고 있는가?
(4) 이와 같은 기본회로를 갖는 감지기의 설치기준으로 ( ) 안을 채우시오.
  ① 감지기는 (   )와(과) (   )을(를) 기준으로 감시구역이 모두 포용될 수 있도록 설치할 것
  ② 감지기는 화재감지를 유효하게 할 수 있는 (   ) 또는 (   ) 등에 설치할 것
  ③ 감지기를 (   )에 설치하는 경우에는 감지기는 바닥을 향하여 설치할 것

답안작성
(1) 불꽃감지기(광기전력 효과를 이용한 방식)
(2) 초전소자에 빛이 입사되면 기전력을 일으켜 전류가 흐르는 현상
(3) 불꽃을 내는 화재(연소)
(4) ① 공칭감시거리, 공칭시야각 ② 모서리, 벽 ③ 천장

▼해설
(1) 초전효과 : 파이로 효과(Pyroeletric effect) 또는 파이로 전기(Pyro electricity)라고도 하며 특정 결정체의 일부를 가열하면 결정의 표면에 전하가 나타나는 현상으로 온도변화에 의해 전하가 발생하고 이로 인하여 전류가 흐르는 현상을 말한다.

★★★ 출제 년도 「13. 17.」 •점수 : 5점

문제 09 다음과 같이 발신기, 수신기 및 감지기가 배치되어 있다고 할 때, 실제배관도를 그리시오.

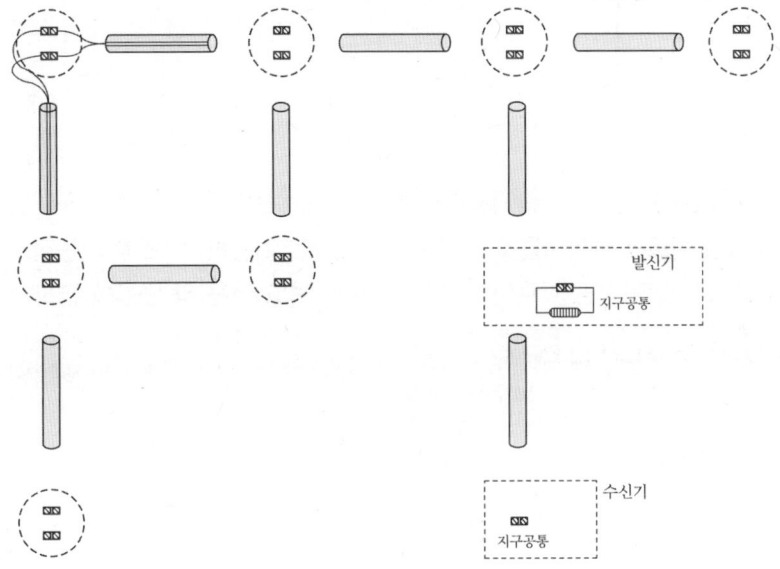

답안작성

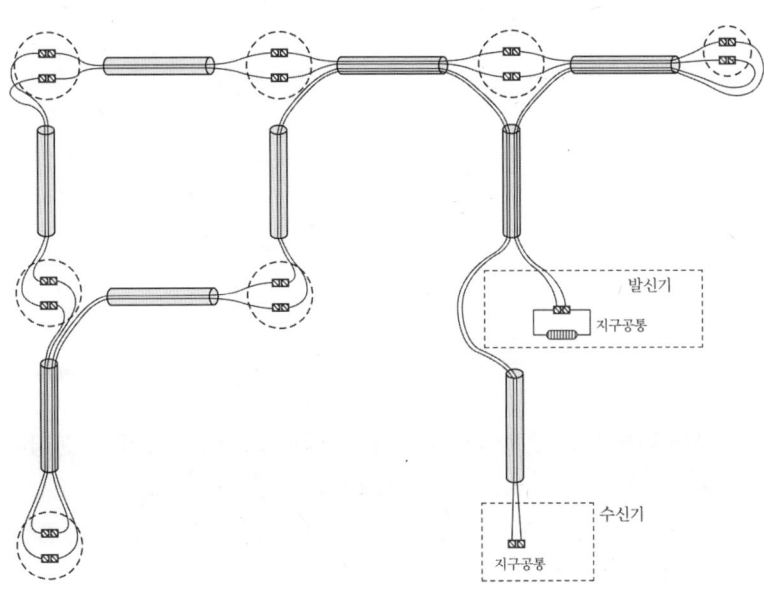

▼해설

평면도로 나타내면 다음과 같다.

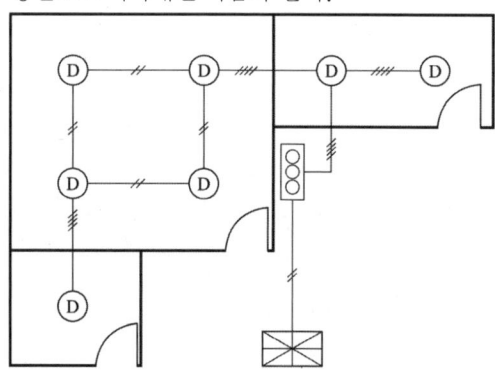

★★ 출제년도 「08. 17.」 •점수 : 9점

문제 10 다음 회로는 타이머를 이용하여 기동시 Y로 기동하고 t초후 자동적으로 △ 운전되는 Y-△ (와이-델타)기동 회로이다. 이 회로도를 보고 다음 각 물음에 답하시오.

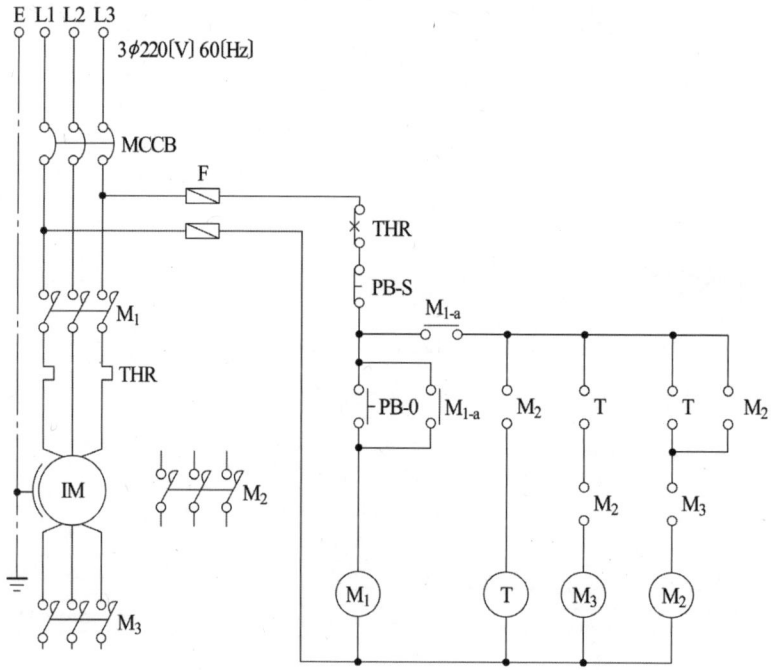

(1) 타이머를 이용한 Y-△(와이-델타) 미완성 기동회로를 완성하시오.
　　(접점에는 M_{2-a}, M_{3-b}, $T-a$ 등 접점기호를 쓰도록 한다.)
(2) 유도전동기의 권선을 Y결선으로 하여 기동하고 기동 후 △ 결선으로 바꾸어 운전하는 이유에 대하여 쓰시오.

(3) 다음은 상기 회로도에 의한 유도전동기의 Y-△(와이-델타)기동회로의 동작설명이다. ( )안에 알맞은 기호 또는 문자를 쓰시오.

① PB-0를 누르면 (   )과(와) (   )가(이) 여자되어 주접점 M_1이 닫히면서 전동기가 Y 기동된다. PB-0에서 손을 떼어도 계속 Y 기동된다. 동시에 타이머 코일도 여자된다.

② 타이머의 설정시간 t가 지나면 (   ) 접점이 열려 (   )가(이) 소자되어 Y 기동이 정지되고, (   )가(이) 붙어 (   )가(이) 여자 되면서 △ 운전으로 전환된다.

③ (   )와(과) (   )는(은) 인터록이 유지되어 안전운전이 된다.

④ 정지용 PB-S를 누르거나 전동기에 과부하가 걸려 (   )이(가) 작동하면 운전중인 전동기는 정지한다.

답안작성

(1)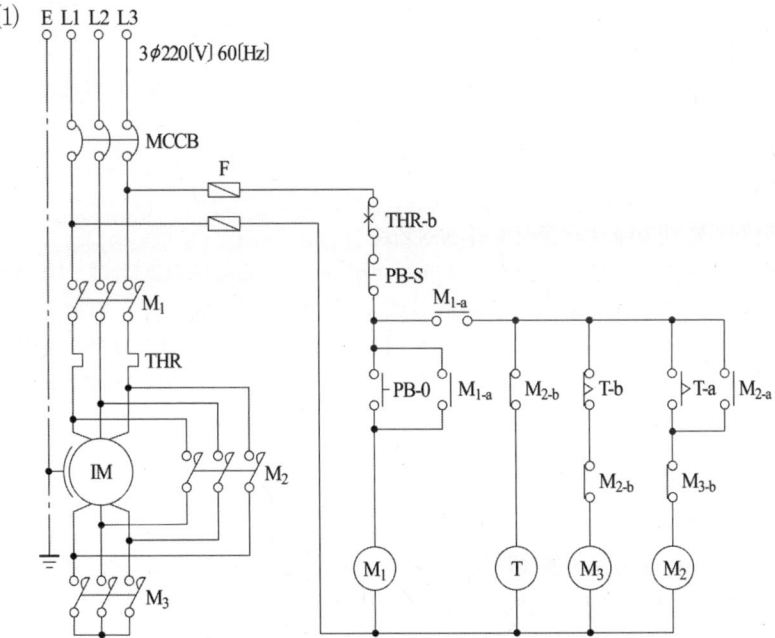

(2) 기동전류를 작게 하기 위하여

(3) ① M_1, M_3 ② T-b, M_3, T-a, M_2 ③ M_2, M_3 ④ THR

해설

(1) 동작설명

① PB-0를 누르면 (M_1)과 (M_3)가 여자되어 주접점 M_1이 닫히면서 전동기가 Y 기동된다. PB-0에서 손을 떼어도 계속 Y 기동된다. 동시에 타이머 코일도 여자된다.

② 타이머의 설정시간 t가 지나면 (T-b) 접점이 열려 (M_3)가 소자되어 Y 기동이 정지되고, (T-a)가 붙어 (M_2)가 여자 되면서 △ 운전으로 전환된다.

③ (M_2)와 (M_3)는 인터록이 유지되어 안전운전이 된다.

④ 정지용 PB-S를 누르거나 전동기에 과부하가 걸려 (THR)이 작동하면 운전 중인 전동기는 정지한다.

문제 11 다음은 하나의 배선용 덕트에 소방용 배선과 다른 설비용 배선을 같이 수납한 경우이다. "가"와 "나"는 어느 정도의 크기 이상으로 하여야 하는가?

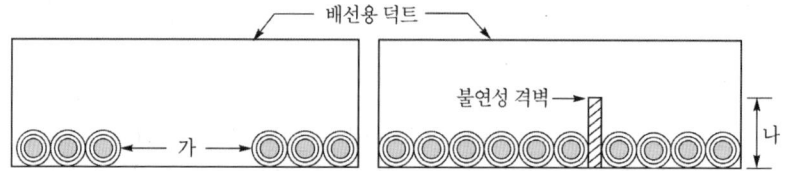

(1) 소방용 배선과 다른 설비용 배선의 이격거리 (가)는 (   )[cm] 이상
(2) 불연성 격벽의 높이 (나)는 소방용 배선과 다른 용도의 배선 중 직경이 큰 배선직경의 (   ) 이상

답안작성

(1) 15
(2) 1.5배

▼해설

※ 내화배선 및 내열배선의 공사방법 공통기준
배선을 내화성능을 갖는 배선전용실 또는 배선용 샤프트·피트·덕트 등에 설치하는 경우
배선전용실 또는 배선용 샤프트·피트·덕트 등에 다른 설비의 배선이 있는 경우에는 이로부터 **15cm 이상** 떨어지게 하거나 소화설비의 배선과 이웃하는 다른 설비의 배선사이에 배선지름(배선의 지름이 다른 경우에는 지름이 가장 큰 것을 기준으로 한다)의 **1.5배 이상**의 높이의 불연성 격벽을 설치하는 경우

문제 12 비상경보용으로 방송설비를 설치시 음량조정기를 설치하는 경우에는 3선식 배선으로 하여야 한다. 음량조정기 3선식 배선도를 완성하시오.

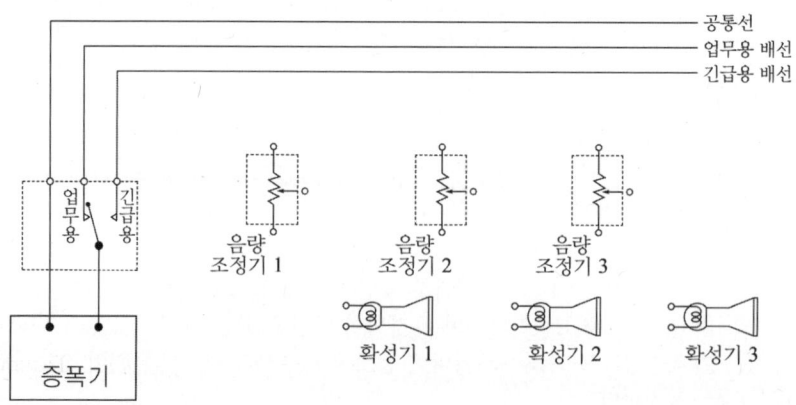

답안작성

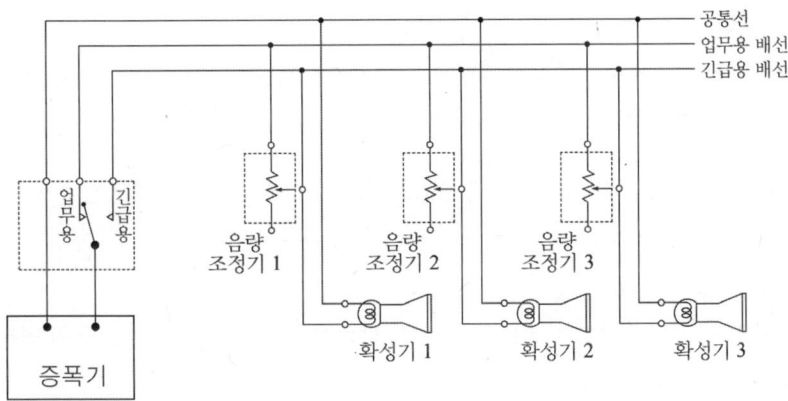

★ 출제년도 「14, 17.」 •점수 : 4점

문제 13 소방펌프부하에 사용할 자가용 비상발전기를 설치하려고 한다. 아래 조건을 참조하여 다음 각 물음에 답하시오.

◀조건▶
- 기동용량 : 500 [kVA]
- 기동시 허용전압강하 : 15 [%]
- 과도리액턴스 : 20 [%]

(1) 발전기 용량은 이론상 몇 [kVA] 이상이어야 하는가?
- 계산   • 답

(2) 발전기용 차단기의 차단용량은 몇 [MVA] 이상이어야 하는가?(단, 차단용량의 여유율은 25 [%]를 계산한다.)
- 계산   • 답

답안작성

(1) 발전기 용량

계산 : $P_G = \left(\dfrac{1-0.15}{0.15}\right) \times 0.2 \times 500 ≒ 566.67 [\text{kVA}]$

답 : 566.67[kVA]

(2) 차단기의 차단용량

계산 : $P_S = \dfrac{100}{20} \times 566.67 \times 1.25 = 3541.68 \ [\text{kVA}] = 3.54 [\text{MVA}]$

답 : 3.54[MVA]

▼해설

(1) 발전기 용량 $P_G \geq \left(\dfrac{1-\Delta E}{\Delta E}\right) \times X_d' \times Q_L$

여기서, ΔE : 허용 전압강하, X_d' : 과도 리액턴스
Q_L : 기동입력이 가장 큰 전동기의 기동시 돌입용량[kVA]

(2) 차단기의 차단용량

$$P_S = \frac{\text{자가발전기 용량}[kVA]}{X_d'} \times 1.25 [kVA]$$

1.25 : 차단용량의 여유율을 적용한 것으로 조건에서 25%의 여유율의 유무에 관계없이 일정하게 적용한다.

X_d' : 과도 리액턴스

(3) 자가발전기 용량 계산 기준 개정(2021.6.14.)됨에 따라 현재 기준에는 맞지 않는 문제입니다.

문제 14

스프링클러의 감시제어반에서 도통시험 및 작동시험을 하여야 하는 회로의 명칭을 5가지만 쓰시오.

답안작성

① 기동용 수압개폐장치의 압력스위치회로
② 수조 또는 물올림수조의 저수위감시회로
③ 유수검지장치 또는 일제개방밸브의 압력스위치회로
④ 일제개방밸브를 사용하는 설비의 화재감지기회로
⑤ 개폐밸브의 폐쇄상태 확인회로

해설

도통시험 및 작동시험을 하여야 하는 회로
(1) 옥내소화전설비
  ① 기동용수압개폐장치의 압력스위치회로
  ② 수조 또는 물올림수조의 감시회로
(2) 스프링클러설비
  ① 기동용 수압개폐장치의 압력스위치회로
  ② 수조 또는 물올림수조의 저수위감시회로
  ③ 유수검지장치 또는 일제개방밸브의 압력스위치회로
  ④ 일제개방밸브를 사용하는 설비의 화재감지기회로
  ⑤ 개폐밸브의 폐쇄상태 확인회로

문제 15

저압옥내배선의 금속관공사에 있어서 금속관과 박스 그 밖의 부속품은 다음 각 호에 의하여 시설하여야 한다. (   )안에 알맞은 말은?

• 사용전압이 400 [V] 미만인 경우의 금속관 및 그 부속품등은 제 (㉮)종 접지공사로 접지하여야 한다. 다만, 다음 각호에 해당하는 경우에는 당해 접지공사를 생략할 수 있다.
  ① 관의 길이(2개 이상의 관을 접속하여 사용하는 경우에는 그 전체의 길이를 말한다. 이하 같다.)가 (㉯) [m] 이하인 것을 건조한 장소에 시설하는 경우
  ② 옥내배선의 사용전압이 직류 300[V] 또는 교류 대지전압 150[V] 이하인 경우에 그 전선을 넣는 관의 길이가 (㉰) [m] 이하인 것을 사람이 쉽게 접촉할 우려가 없도록 시설하는

때 또는 (㉣)한 장소에 시설하는 경우
• 저압옥내배선의 사용전압이 400[V] 이상인 경우에는 (㉤)종 접지공사를 할 것. 다만 사람이 접촉할 우려가 없도록 시설하는 경우에는 제 (㉥) 종 접지공사에 의할 수 있다.

답안작성

㉠ 3   ㉡ 4   ㉢ 8   ㉣ 건조   ㉤ 특별제3   ㉥ 3

▼해설

전기설비기술기준의 판단기준 제184조(금속관공사)는 2021.1.1. 한국전기설비규정(KEC)이 시행됨에 따라 현재기준에는 맞지 않는 문제입니다.

금속관 및 부속품의 시설(KEC 규정)

1. 관 상호 간 및 관과 박스 기타의 부속품과는 **나사접속** 기타 이와 동등 이상의 효력이 있는 방법에 의하여 견고하고 또한 **전기적**으로 완전하게 접속할 것.
2. 관의 끝 부분에는 **전선의 피복을 손상하지 아니하도록** 적당한 구조의 **부싱**을 사용할 것. 다만, 금속관공사로부터 애자사용공사로 옮기는 경우에는 그 부분의 관의 끝부분에는 **절연부싱** 또는 이와 유사한 것을 사용하여야 한다.
3. 습기가 많은 장소 또는 물기가 있는 장소에 시설하는 경우에는 **방습 장치**를 할 것.
4. 관에는 접지공사를 할 것. 다만, 사용전압이 **400 V 이하**로서 다음 중 하나에 해당하는 경우에는 그러하지 아니하다.
   가. 관의 길이(2개 이상의 관을 접속하여 사용하는 경우에는 그 전체의 길이를 말한다. 이하 같다)가 **4 m 이하**인 것을 건조한 장소에 시설하는 경우
   나. 옥내배선의 사용전압이 **직류 300 V** 또는 **교류 대지 전압 150 V 이하**로서 그 전선을 넣는 관의 **길이가 8 m 이하**인 것을 사람이 쉽게 접촉할 우려가 없도록 시설하는 경우 또는 **건조**한 장소에 시설하는 경우
5. 금속관을 금속제의 **풀박스**에 접속하여 사용하는 경우에는 제1의 규정에 준하여 시설하여야 한다. 다만, 기술상 부득이한 경우에는 관 및 풀박스를 건조한 곳에서 불연성의 조영재에 견고하게 시설하고 또한 관과 풀박스 상호 간을 전기적으로 접속하는 때에는 그러하지 아니하다.

2017년 기사 제2회 실기시험

자격종목	시험시간	시행일	수험번호	성명
소방설비기사(전기분야)	2시간 30분	2017.6.25		

※ 다음 물음의 답을 해당 답란에 답하시오.(배점 : 100점)

문제 01 ★★ 출제 년도 「09. 17.」 • 점수 : 9점

다음 옥내소화전의 계통도를 보고 물음에 답하시오.

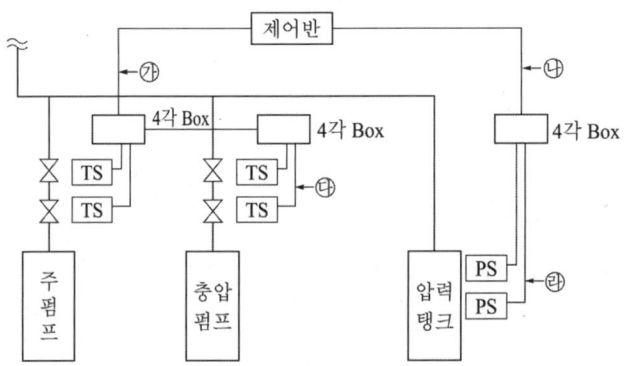

(1) 위 도면의 기호에 해당되는 전선의 가닥수를 쓰시오.
  ㉮   ㉯
  ㉰   ㉱

(2) 옥내소화전 설비에는 제어반을 설치하되, 감시제어반과 동력제어반으로 구분하여 설치하여야 한다. 다음 각 물음에 답하시오.
  ① 각 펌프의 작동여부를 확인할 수 있는 (　　) 및 (　　) 기능이 있어야 할 것
  ② 각 펌프를 (　　) 및 (　　)으로 작동시키거나 작동을 중단시킬 수 있어야 할 것
  ③ 비상전원을 설치한 경우에는 (　　) 및 (　　) 공급여부를 확인할 수 있을 것
  ④ 수조 또는 물올림탱크가 (　　)로 될 때 표시등 및 음향으로 경보할 것
  ⑤ 기동용 수압개폐장치의 압력스위치 회로, 수조 또는 물올림탱크의 감시회로마다 (　　) 및 (　　)을 할 수 있어야 할 것.

답안작성

(1) ㉮ 5가닥   ㉯ 3가닥
    ㉰ 2가닥   ㉱ 2가닥
(2) ① 표시등, 음향경보   ② 자동, 수동
    ③ 상용전원, 비상전원   ④ 저수위
    ⑤ 도통시험, 작동시험

▼해설 ●●

※ 결선도

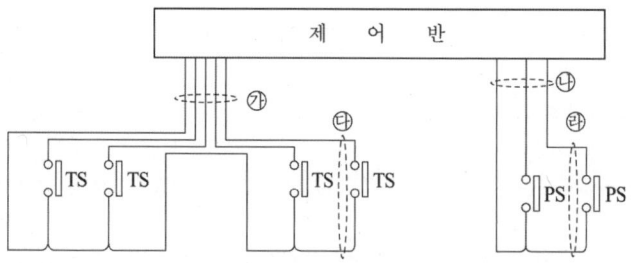

★★ 출제 년도 「08. 10. 17.」 •점수 : 10점

문제 02 가스누설경보기에 대한 다음 각 물음에 답하시오.

(1) 가스누설경보기가 가스누설신호를 수신한 경우
   ① 수신개시로부터 가스누설표시까지의 소요시간 :
   ② 가스누설표시로 사용되는 누설등의 색깔 :

(2) 예비전원으로 사용하는 축전지는 어떤 종류의 축전지인지 그 명칭을 구체적으로 쓰고, 그 용량의 기준에 대하여 쓰시오.
   ① 명칭 :
   ② 용량
      • 1회선용 :
      • 2회선용 이상 :

(3) 가스누설경보기의 충전부와 외함 간, 절연된 선로 간의 절연저항은 직류 500 [V]의 절연저항계로 측정한 값 [MΩ]이 얼마 이상이어야 하는지 쓰시오.
   ① 충전부와 외함 간 :
   ② 절연된 선로 간 :

답안작성 ■■

(1) ① 60 [초] 이내   ② 황색
(2) ① 알칼리계 2차 축전지, 리튬계 2차 축전지 또는 무보수밀폐형연축전지
    ② 용량
       • 1회선용(단독형 포함) : 감시상태를 20분간 계속한 후 유효하게 작동되어 10분간 경보할 수 있을 것
       • 2회선용 이상 : 연결된 모든 회로에 대하여 감시상태를 10분간 계속한 후 2회선을 유효하게 작동시키고 10분간 경보를 발할 수 있을 것
(3) ① 5 [MΩ] 이상   ② 20 [MΩ] 이상

▼해설 ●●

가스누설경보기의 형식승인 및 제품검사의 기술기준
(1) 가스의 누설을 수신한 경우

① 수신개시부터 가스누설표시까지의 소요시간 : 60초 이내
② 표시등 색상
  ㉠ 가스의 누설을 표시하는 표시등 : 황색
  ㉡ 가스가 누설된 경계구역의 위치를 표시하는 표시등 : 황색

(2) 예비전원
예비전원은 알칼리계 2차 축전지, 리튬계 2차 축전기 또는 무보수밀폐형연축전지로서 다음의 용량 이상이어야 한다.
• 1 회선용 : 감시상태를 20분간 계속한 후 유효하게 작동되어 10분간 경보를 발할 수 있는 용량
• 2회로 이상 : 연결된 모든 회로에 대하여 감시상태를 10분간 계속한 후 2회선을 유효하게 작동시키고 10분간 경보를 발할 수 있는 용량

(3) 절연저항
① 충전부와 비충전부(외함)간 : DC 500[V]의 절연저항계로 측정하는 경우 5[MΩ] 이상일 것
② 절연된 선로간 : DC 500[V]의 절연저항계로 측정하는 경우 20[MΩ] 이상일 것

★★★ 출제 년도 「11. 17.」 •점수 : 8점

문제 03 다음은 지하 1층, 지상 8층인 내화구조의 건물 지상 1층 평면도이다. 각 항목별 물음에 답하시오. (단, 계단 감지기는 수신기에 직접 배선배관 하는 것으로 한다. 발신기세트마다 지구경종 단락보호장치를 설치)

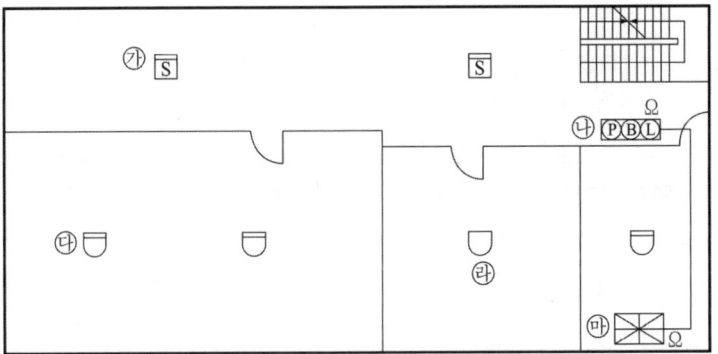

(1) 위의 도면상에 표기된 감지기를 루프식 배선방식을 사용하여 발신기에 연결하고 배선가닥수를 표시하시오.

(2) ㉮~㉲에 표기된 그림기호에 대한 명칭과 형별을 쓰시오.

항 목	명 칭	형 별
㉮		
㉯	발신기	P형 1급
㉰		
㉱		
㉲	수신기	P형 1급

(3) 발신기와 수신기 사이의 배관길이가 20 [m]일 경우 전선은 몇 [m]가 필요한지 소요량을 산출하시오. (단, 전선의 할증률은 10[%]로 계상한다.)
- 계산 :
- 전선소요량 :

답안작성

(1)
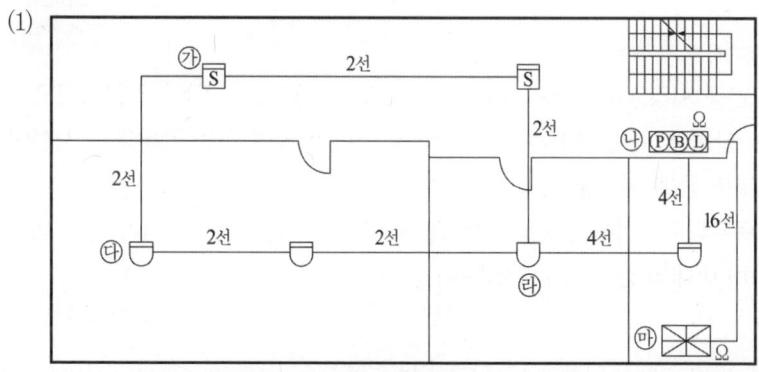

(2)

항 목	명 칭	형 별
㉮	연기감지기	스포트형
㉯	발신기	P형 1급
㉰	차동식 감지기	스포트형
㉱	정온식 감지기	스포트형
㉲	수신기	P형 1급

(3) • 계산 : 15가닥 × 20[m] × 1.1 = 330[m]
   • 전선소요량 : 330[m]

▼해설

(1) 층 상호간 가닥수
  ① 연면적이 주어지지 않았으므로 일제경보방식을 적용하고, 수신기는 지상1층에 있는 것으로 가정하여 회로수를 산출한다.
  ② 가닥수 내역

구분	가닥수	내 역
8~7층	6	응답선, 회로선, 회로공통선, 경종선, 표시등선, 경종표시등공통선
7~6층	7	응답선, 회로선2, 회로공통선, 경종선, 표시등선, 경종표시등공통선
6~5층	8	응답선, 회로선3, 회로공통선, 경종선, 표시등선, 경종표시등공통선
5~4층	9	응답선, 회로선4, 회로공통선, 경종선, 표시등선, 경종표시등공통선
4~3층	10	응답선, 회로선5, 회로공통선, 경종선, 표시등선, 경종표시등공통선
3~2층	11	응답선, 회로선6, 회로공통선, 경종선, 표시등선, 경종표시등공통선
2~1층	12	응답선, 회로선7, 회로공통선, 경종선, 표시등선, 경종표시등공통선

구분	가닥수	내역
1층~수신기	15	응답선, 회로선9, 회로공통선2, 경종선, 표시등선, 경종표시등공통선
1층~지하1층	6	응답선, 회로선, 회로공통선, 경종선, 표시등선, 경종표시등공통선

(2) 전선의 소요량 : 배관길이 × 가닥수 × 할증률=20[m] × 15 × (1+0.1)=330[m]

★★ 출제년도 「15. 17.」 •점수 : 6점

문제 04 청각장애인용 시각경보장치의 설치기준에 대한 다음 ( ) 안을 완성하시오.
- 공연장·집회장·관람장 또는 이와 유사한 장소에 설치하는 경우에는 시선이 집중되는 (㉮) 부분 등에 설치할 것
- 바닥으로부터 (㉯)[m] 이하의 높이에 설치할 것. 다만, 천장높이가 2[m] 이하는 천장에서 (㉰)[m] 이내의 장소에 설치하여야 한다.

답안작성

㉮ 무대부   ㉯ 2[m] 이상 2.5   ㉰ 0.15

▼해설

청각장애인용 시각경보장치의 설치기준
(1) 복도·통로·청각장애인용 객실 및 공용으로 사용하는 거실에 설치하며, 각 부분에서 유효하게 경보를 발할 수 있는 위치에 설치할 것
(2) 공연장·집회장·관람장 또는 이와 유사한 장소에 설치하는 경우에는 시선이 집중되는 무대부 부분등에 설치할 것
(3) 바닥으로부터 2~2.5[m] 이하의 높이에 설치할 것(단, 천장높이가 2[m] 이하는 천장에서 0.15[m] 이내의 장소에 설치하여야 한다.)

★★★ 출제년도 「08. 17.」 •점수 : 5점

문제 05 옥내소화전설비의 비상전원으로 자가발전설비 또는 축전지설비를 설치하려고 한다. 비상전원의 설치기준을 5가지 쓰시오.

답안작성

① 점검에 편리하고 화재 및 침수 등의 재해로 인한 피해를 받을 우려가 없는 곳에 설치할 것
② 옥내소화전설비를 유효하게 20분 이상 작동할 수 있어야 할 것
③ 상용전원으로부터 전력의 공급이 중단된 때에는 자동으로 비상전원으로부터 전력을 공급받을 수 있도록 할 것
④ 비상전원의 설치장소는 다른 장소와 방화구획 할 것. 이 경우 그 장소에는 비상전원의 공급에 필요한 기구나 설비외의 것(열병합발전설비에 필요한 기구나 설비는 제외한다)을 두어서는 아니된다.
⑤ 비상전원을 실내에 설치하는 때에는 그 실내에 비상조명등을 설치할 것

▼해설

옥내 소화전의 비상전원 설치기준
(1) 비상전원의 설치대상
   ① 지하층을 제외한 층수가 7층 이상으로서 연면적이 2000[m²] 이상인 것
   ② 지하층의 바닥면적의 합계가 3000[m²] 이상인 것
   ※ 비상전원 설치제외
   ① 2 이상의 변전소에서 전력을 동시에 공급받을 수 있거나 하나의 변전소로부터 전력의 공급이 중단되는 때에는 자동으로 다른 변전소로부터 전원을 공급받을 수 있도록 상용전원을 설치한 경우
   ② 가압수조방식
(2) 비상전원의 종류
   ① 자가발전설비
   ② 축전지설비(내연기관에 따른 펌프를 사용하는 경우에는 내연기관의 기동 및 제어용 축전지를 말함)
   ③ 전기저장장치(외부 전기에너지를 저장해 두었다가 필요한 때 전기를 공급하는 장치)
(3) 비상전원의 설치기준
   ① 점검에 편리하고 화재 및 침수 등의 재해로 인한 피해를 받을 우려가 없는 곳에 설치할 것
   ② 옥내소화전설비를 유효하게 20분 이상 작동할 수 있어야 할 것
   ③ 상용전원으로부터 전력의 공급이 중단된 때에는 자동으로 비상전원으로부터 전력을 공급받을 수 있도록 할 것
   ④ 비상전원의 설치장소는 다른 장소와 방화구획 할 것. 이 경우 그 장소에는 비상전원의 공급에 필요한 기구나 설비외의 것(열병합발전설비에 필요한 기구나 설비는 제외한다)을 두어서는 아니된다.
   ⑤ 비상전원을 실내에 설치하는 때에는 그 실내에 비상조명등을 설치할 것

★★★ 출제년도 「05. 08. 10. 17.」 •점수 : 5점

문제 06 수신기로부터 배선거리 100[m]의 위치에 모터사이렌이 접속되어 있다. 이 모터사이렌이 명동될 때 사이렌의 단자전압을 구하시오. 단, 수신기의 정전압 출력은 24[V], 전선의 굵기는 2.5[mm²]이며, 사이렌의 정격출력은 48[W]라 가정하고, 전압 변동에 의한 부하전류의 변동은 무시한다. 또한 2.5[mm²] 동선의 1[km]당 전기저항은 8.75[Ω]으로 한다.

답안작성

계산 : (1) 전류 $I = \dfrac{48}{24} = 2[A]$

     (2) 전압강하 $e = 2IR = 2 \times 2 \times \dfrac{8.75[\Omega]}{1000[m]} \times 100[m] = 3.5[V]$

     (3) 사이렌의 단자전압 $V_r = V_s - e = 24 - 3.5 = 20.5[V]$

답 : 20.5[V]

▼해설

※ 전압 변동에 의한 부하전류의 변동을 고려하는 경우

계산 : (1) 사이렌의 내부 저항 $R_s = \dfrac{V^2}{P} = \dfrac{24^2}{48} = 12[\Omega]$

(여기서, 소비전력 48 [W]라는 의미는 24 [V]의 전압을 인가하면 소비전력이 48 [W]가 된다는 것을 의미하므로 사이렌의 소비전력과 정격전압으로 저항값을 계산한다.)

(2) 전선의 저항(2가닥) $R_l = \dfrac{8.75[\Omega]}{1000[m]} \times 100[m] \times 2가닥 = 1.75[\Omega]$

(3) 사이렌의 단자전압 : 전압분배 법칙을 적용

$$V_s = \dfrac{12}{1.75 + 12} \times 24 = 20.95[V]$$

답 : 20.95 [V]

★★ 출제년도 「99. 17.」 •점수 : 6점

문제 07 논리식 Z = (A + B + C) · (A · B · C + D)를 릴레이 회로(유접점 회로)와 논리회로(무접점 회로)로 바꾸어 그리시오.

답안작성

(1) 릴레이 회로(유접점 회로)

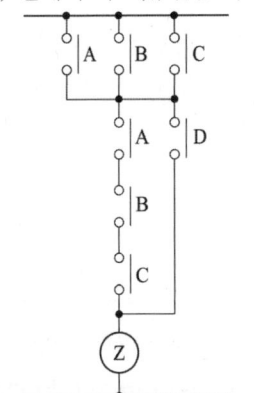

(2) 논리회로(무접점 회로)

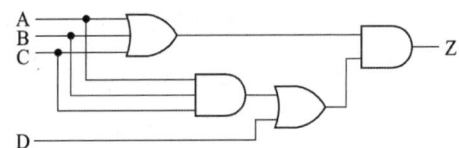

▼해설

- · : 논리곱, AND 회로, 직렬접속
- + : 논리합, OR 회로, 병렬접속

★★ 출제년도 「12. 17.」 •점수 : 10점

문제 08 다음은 우선경보방식의 비상방송설비의 회로 계통도를 보여주고 있다. 조건을 참고하여 각 층 사이의 ①~⑤까지의 배선수와 각 배선의 용도를 쓰시오.(단, 비상방송과 업무용 방송을 겸용하는 설비이다.)

◆조건▶
① 화재로 인하여 하나의 층의 확성기 또는 배선이 단락 또는 단선되어도 다른 층의 화재통보에 지장이 없도록 공통선을 추가 배선한다.
② 배선의 용도는 공통선, 업무용, 긴급용으로 하고 예시처럼 작성한다.

[예시] 업무용 1, 공통선 1, 긴급용 1

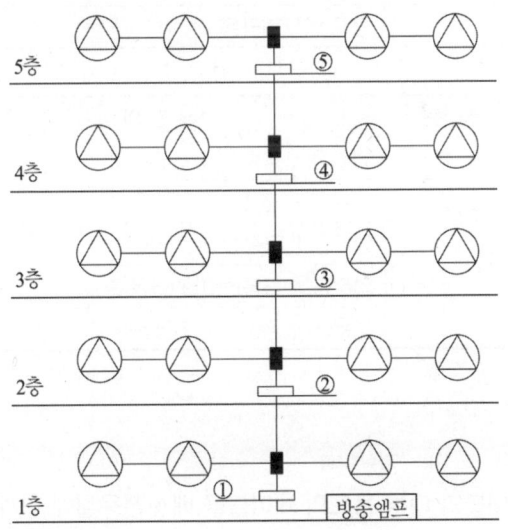

번호	배선수	배선의 용도
①		
②		
③		
④		
⑤		

답안작성

번호	배선수	배선의 용도
①	11	업무용 1, 공통선 5, 긴급용 5
②	9	업무용 1, 공통선 4, 긴급용 4
③	7	업무용 1, 공통선 3, 긴급용 3
④	5	업무용 1, 공통선 2, 긴급용 2
⑤	3	업무용 1, 공통선 1, 긴급용 1

해설
- 본 문제의 경우 발화층·직상층 우선 경보방식으로 방송하여야 하는 특정 소방대상물이다.
  따라서, 업무용은 1선, 공통선과 긴급용 배선은 층마다 1선씩 추가한다.
- 화재로 인하여 하나의 층의 확성기 또는 배선이 단락 또는 단선되어도 다른 층의 화재통보에 지장이 없도록 배선을 하여야 하므로 공통선을 층마다 별도로 설치한다.

• 소방전용 방송(비상방송 전용, 2선식 배선)의 경우 가닥수

번호	배선수	배선의 용도
①	10	공통선 5, 긴급용 5
②	8	공통선 4, 긴급용 4
③	6	공통선 3, 긴급용 3
④	4	공통선 2, 긴급용 2
⑤	2	공통선 1, 긴급용 1

• 소방겸용 방송(비상방송 및 업무용 겸용, 3선식 배선)의 경우 가닥수

번호	배선수	배선의 용도
①	11	업무용 1, 공통선 5, 긴급용 5
②	9	업무용 1, 공통선 4, 긴급용 4
③	7	업무용 1, 공통선 3, 긴급용 3
④	5	업무용 1, 공통선 2, 긴급용 2
⑤	3	업무용 1, 공통선 1, 긴급용 1

★★★ 출제년도 「09. 17.」 •점수 : 4점

문제 09 소방용 케이블과 다른 용도의 케이블을 배선전용실에 함께 배선할 때 다음 각 물음에 답하시오.

(1) 소방용 케이블을 내화성능을 갖는 배선전용실 등의 내부에 소방용이 아닌 케이블과 함께 노출하여 배선할 때 소방용 케이블과 다른 용도의 케이블간의 피복과 피복간의 이격거리는 몇 [cm] 이상이어야 하는가?

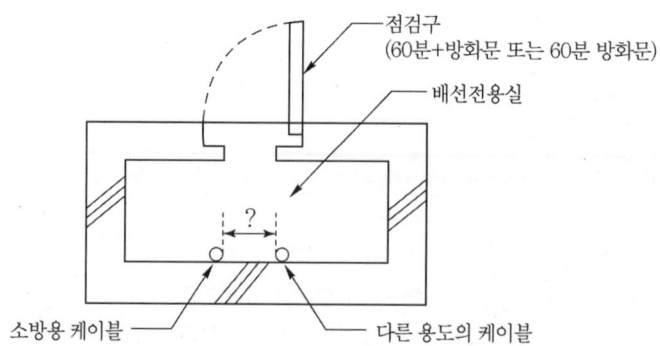

(2) 부득이하여 (1)과 같이 이격시킬 수 없어 불연성격벽을 설치한 경우에 격벽의 높이는 굵은 케이블 지름의 몇 배 이상이어야 하는가?

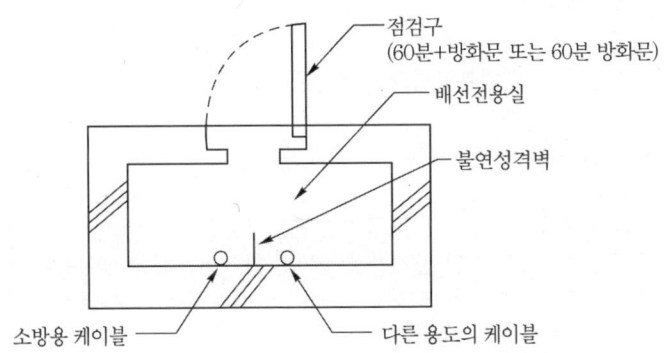

답안작성

(1) 15 [cm] 이상   (2) 1.5배 이상

해설

(1) 소방용 케이블을 내화성능을 갖는 배선전용실 등의 내부에 소방용이 아닌 케이블과 함께 노출하여 배선할 때 소방용 케이블과 다른 용도의 케이블간의 피복과 피복간의 이격거리는 15 [cm] 이상이어야 한다.
(2) 부득이하여 (1)과 같이 이격시킬 수 없는 경우에는 굵은 케이블 지름의 1.5배 이상의 높이를 가진 불연성 격벽을 설치해야 한다.

★★ 출제년도 「14. 17.」 •점수 : 7점

문제 10 다음 그림을 보고 물음에 답하시오.
(1) 감지기의 명칭은 무엇인가?
(2) ①~③의 명칭과 역할에 대하여 간단하게 설명하시오.
(3) ④의 명칭은 무엇인가?

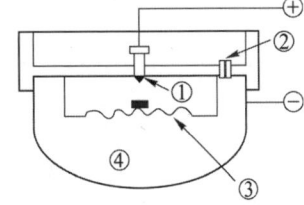

답안작성

(1) 차동식 스포트형 감지기(공기 팽창식)
(2)

구분	명 칭	역 할
①	고정접점	가동접점과 접촉하여 감지기 작동
②	리크구멍	감지기의 오작동을 방지
③	다이어프램	감열실 내의 공기 팽창으로 늘어나 가동접점을 작동시킴

(3) 감열실

해설

공기팽창식 차동식 스포트형 감지기
(1) 공기팽창식 차동식 스포트형 감지기의 구성
   ① 감열실 : 열을 유효하게 받을 수 있는 것

② 다이어프램
③ leak 구멍 : 난방 등에 따른 실내온도가 완만하게 변화할 때에는 leak 구멍의 공기압력조절 작용에 따라 외부압력과 평형을 유지하여 화재신호를 발하지 않도록 하여 오작동을 방지한다.
④ 전기신호 전송에 필요한 접점과 배선

(2) 작동원리

화재가 발생하여 감지기가 급격한 온도상승을 받게 되면 감열실내의 온도가 일정한 온도상승률 이상으로 상승되어 공기가 팽창되면 다이어프램을 밀어올리게 되어 가동접점이 고정접점에 접촉하여 전기회로를 만들게 되며 이에 따라 수신기로 신호를 발신하게 된다.

문제 11

★★ 출제년도 「10. 17.」 •점수 : 6점

도면은 옥내소화전설비와 자동화재탐지설비를 겸용한 전기설비계통도의 일부분이다. 다음 조건을 보고 "①~⑦"까지의 최소 전선수를 산정하시오.

◀조건▶
- 건물의 규모는 지하 3층 지상 5층이며, 연면적은 4000 [m²] 이다.
- 선로의 수는 최소로 하고 공통선은 회로 공통선과 경종표시등 공통선을 분리한다.
- 옥내소화전설비는 기동용 수압개폐장치를 이용한 자동기동방식으로 한다.
- 옥내소화전설비에 해당하는 가닥수도 포함하여 산정한다.
- 수신기 내부에 지구경종단락보호장치를 설치한다.

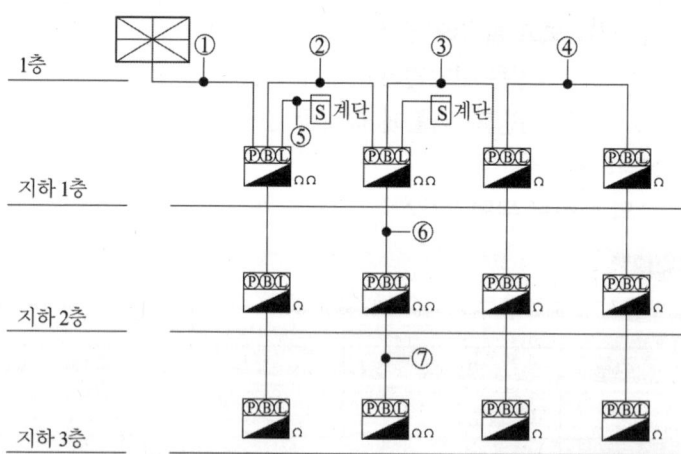

①	②	③	④	⑤	⑥	⑦

답안작성

①	②	③	④	⑤	⑥	⑦
27	22	15	12	4	12	9

▼해설

수신기 내부에 지구경종단락보호장치를 설치하므로 층마다 지구경종선이 1선씩 추가된다.

(1) 우선경보방식

① 경보방법 : 화재발생시 안전하고 신속한 대피를 위하여 화재가 발생한 층과 그 직상층부터 우선하여 별도로 경보하는 방식

화재층	경보층(1층(공동주택인 경우 16층) 이상인 경우)	경보층(30층 이상인 경우)
1층	발화층, 그 직상 4개층, 지하층	발화층, 그 직상 4개층, 지하층
2층 이상	발화층, 그 직상 4개층	발화층, 그 직상 4개층
지하층	발화층, 그 직상층, 기타의 지하층	발화층, 그 직상층, 기타의 지하층

② 우선경보방식의 최소 전선 가닥수 : 기본 6가닥 + 추가 2가닥(지구선 1, 벨(경종) 1)

전 선	내 용	추 가	비 고
1	응답선		
2	지구선(회로선)	*	경계구역 수 증가분만큼 추가
3	지구 공통선	*	지구선 7선마다 1선 추가
4	지구 경종선	*	층마다 추가
5	표시등선		
6	경종·표시등 공통선		

(2) 발신기 결선도

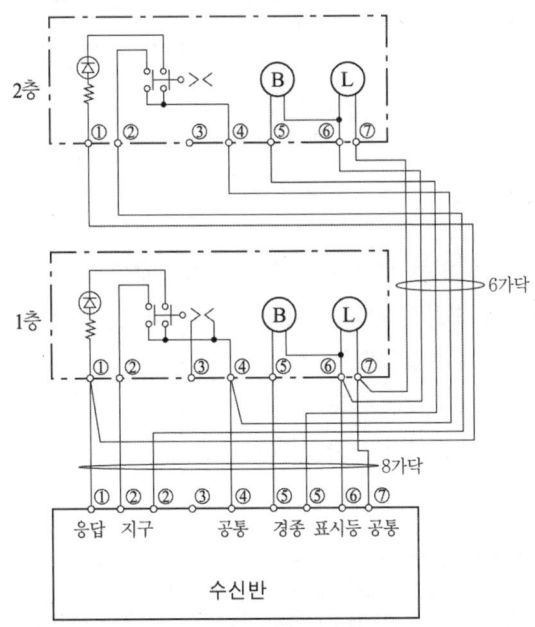

〈우선경보 방식의 발신기 배선도(발신기 2개, 지구 2선, 경종 2선)〉

(3) 전선 가닥수 산정

내 용		①	②	③	④	⑤	⑥	⑦
옥 내 소화전설비	기동확인 표시등	1	1	1	1		1	1
	표시등 공통	1	1	1	1		1	1
발신기 세 트	응 답 선	1	1	1	1		1	1
	지구선(회로선)	16	12	6	3	2	4	2
	지구 공통선	3	2	1	1	2	1	1
	지구 경종선	3	3	3	3		2	1
	표시등선	1	1	1	1		1	1
	경종표시등 공통선	1	1	1	1		1	1
합 계		27	22	15	12	4	12	9

★★ 출제년도 「08. 17.」 •점수 : 6점

문제 12 다음은 통로유도등에 관한 사항이다. 다음 각 물음에 답하시오.

(1) 빈칸 ①, ②, ③에 알맞은 내용을 쓰시오

	복도통로유도등	거실통로유도등	계단통로유도등
설치장소	복도	①	계단
설치방법	구부러진 모퉁이 및 보행거리 20 [m]마다 설치	②	각층의 경사로참 또는 계단참
설치높이	③	바닥으로부터 높이 1.5 [m] 이상	바닥으로부터 높이 1[m] 이하

(2) 벽면에 설치하는 통로유도등과 바닥에 매설하는 통로유도등의 조도의 측정방법과 조도 기준에 대하여 각각 쓰시오.
  ① 벽면 설치 통로유도등
  ② 바닥 매설 통로유도등
(3) 통로유도등 표시면의 바탕색은?

답안작성

(1) ① 거실의 통로
    ② 구부러진 모퉁이 및 보행거리 20 [m]마다 설치
    ③ 바닥으로부터 높이 1[m] 이하
(2) ① • 측정방법 : 바닥면으로부터 1[m] 높이에 설치하고 그 유도등의 중앙으로부터 0.5[m] 떨어진 위치의 바닥면 조도와 유도등의 전면 중앙으로부터 0.5[m] 떨어진 위치에서 측정
     • 조도기준 : 1[lx] 이상

② • 측정방법 : 그 유도등의 바로 윗부분 1[m]의 높이에서 측정
  • 조도기준 : 법선조도가 1[lx]이상
(3) 백색

▼해설

(1) 유도등의 형식승인 및 제품검사의 기술기준 제23조(조도시험)
  1. 계단통로유도등은 바닥면 또는 디딤바닥 면으로부터 높이 2.5[m]의 위치에 그 유도등을 설치하고 그 유도등의 바로 밑으로부터 수평거리로 10[m] 떨어진 위치에서의 법선조도가 0.5[lx] 이상.
  2. 복도통로유도등은 바닥면으로부터 1[m] 높이에, 거실통로유도등은 바닥면으로부터 2[m] 높이에 설치하고 그 유도등의 중앙으로부터 0.5[m] 떨어진 위치의 바닥면 조도와 유도등의 전면 중앙으로부터 0.5[m] 떨어진 위치의 조도가 1[lx] 이상이어야 한다. 다만, 바닥면에 설치하는 통로유도등은 그 유도등의 바로 윗부분 1[m]의 높이에서 법선조도가 1[lx] 이상.

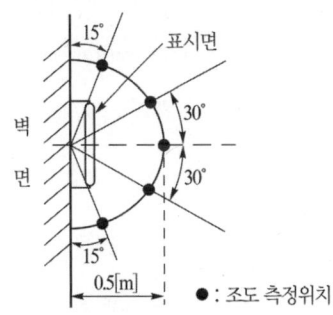

  3. 객석유도등은 바닥면 또는 디딤 바닥면에서 높이 0.5[m]의 위치에 설치하고 그 유도등의 바로 밑에서 0.3[m] 떨어진 위치에서의 수평조도가 0.2[lx] 이상.
(2) 유도등의 표시면 색상은 피난구유도등인 경우 녹색바탕에 백색문자로, 통로유도등인 경우는 백색바탕에 녹색문자를 사용

★★ 출제년도 「07. 17.」 •점수 : 6점

문제 13 다음과 같은 가로 35[m], 세로 20[m]의 장소에 차동식스포트형(2종) 감지기를 설치하는 경우와 광전식스포트형(2종) 감지기를 설치하는 경우를 구분하여 최소 감지기 설치개수를 산정하시오. 단, 주요 구조부는 내화구조이고 설치 높이는 3[m]로 한다.

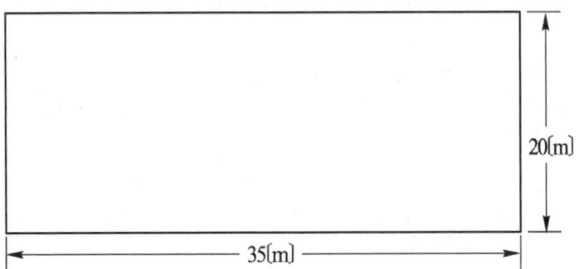

(1) 차동식스포트형 감지기 2종의 설치 개수는?
  •계산 :   •답 :
(2) 광전식스포트형 감지기 2종의 설치 개수는?
  •계산 :   •답 :

답안작성

(1) • 계산 : 경계구역 : $\dfrac{35\text{m} \times 20\text{m}}{600\text{m}^2} = 1.17 = 2$개

　　　　최소 감지기 수량 : $\dfrac{35\text{m} \times 20\text{m}}{70\text{m}^2} = 10$개

　　　　경계구역 적용 감지기 수량 : $\dfrac{350\text{m}^2}{70\text{m}^2}(=5\text{개}) + \dfrac{350\text{m}^2}{70\text{m}^2}(=5\text{개}) = 10$개

• 답 : 10[개]

(2) • 계산 : 경계구역 : $\dfrac{35\text{m} \times 20\text{m}}{600\text{m}^2} = 1.17 = 2$개

　　　　최소 감지기 수량 : $\dfrac{35\text{m} \times 20\text{m}}{150\text{m}^2} = 4.67 = 5$개

　　　　경계구역 적용 감지기 수량 : $\dfrac{350\text{m}^2}{150\text{m}^2}(=2.33=3\text{개}) + \dfrac{350\text{m}^2}{150\text{m}^2}(=2.33=3\text{개}) = 6$개

• 답 : 6[개]

해설

(1) 차동식, 보상식 및 정온식 감지기의 설치기준　　　　　　　　　　　　　(단위 : [m^2])

부착높이 및 소방대상물의 구분		감지기의 종류				
		차동식, 보상식 스포트형		정온식 스포트형		
		1종	2종	특종	1종	2종
4[m] 미만	주요구조부를 내화구조로 한 소방대상물 또는 그 부분	90	70	70	60	20
	기타 구조의 소방대상물 또는 그 부분	50	40	40	30	15
4[m] 이상 8[m] 미만	주요구조부를 내화구조로 한 소방대상물 또는 그 부분	45	35	35	30	
	기타 구조의 소방대상물 또는 그 부분	30	25	25	15	

(2) 연기감지기 설치기준　　　　　　　　　　　　　(단위 : [m^2])

부 착 높 이	감지기의 종류	
	1종 및 2종	3종
4[m] 미만	150	50
4[m] 이상 20[m] 미만	75	

문제 14 소방시설용 비상전원수전설비에서 고압 또는 특고압으로 수전하는 도면을 보고 다음 물음에 답하시오.

(1) 도면에 표시된 약호에 대한 명칭을 쓰시오.

약 호	명 칭
CB	
PF	
F	
Tr	

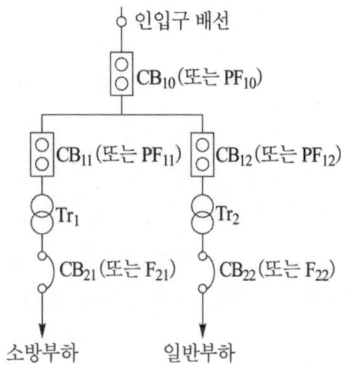

(2) 일반회로의 과부하 또는 단락사고 시에 CB_{10}(또는 PF_{10})은 무엇보다 먼저 차단되어서는 안 되는지 쓰시오.

(3) CB_{11}(또는 PF_{11})은 어느 것과 동등 이상의 차단용량이어야 하는지 쓰시오.

답안작성

(1)

약 호	명 칭
CB	전력차단기
PF	전력퓨즈(고압 또는 특고압용)
F	퓨즈(저압용)
Tr	전력용 변압기

(2) CB_{12}(또는 PF_{12}) 및 CB_{22}(또는 F_{22})
(3) CB_{12}(또는 PF_{12})

해설

소방시설용 비상전원수전설비의 화재안전기준

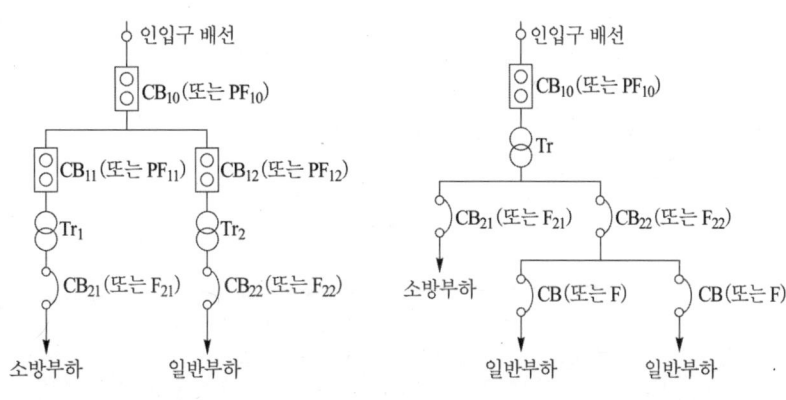

[전용 변압기 사용 회로]   [공용 변압기 사용 회로]

(1) 전용의 전력용변압기에서 소방부하에 전원을 공급하는 경우
① 일반회로의 과부하 또는 단락사고시에 CB_{10}(또는 PF_{10})이 CB_{12}(또는 PF_{12}) 및 CB_{22}(또는

F_{22})보다 먼저 차단되어서는 아니 된다.
② CB_{11} (또는 PF_{11})은 CB_{12} (또는 PF_{12})와 동등 이상의 차단용량일 것
(2) 공용의 전력용변압기에서 소방부하에 전원을 공급하는 경우
① 일반회로의 과부하 또는 단락사고시에 CB_{10} (또는 PF_{10})이 CB_{22} (또는 PF_{22}) 및 CB(또는 F)보다 먼저 차단어서는 아니 된다.
② CB_{21} (또는 F_{21})은 CB_{22} (또는 F_{22})와 동등 이상의 차단용량일 것

★★ 출제년도 「10. 17.」 •점수 : 6점

문제 15 도면과 같은 회로를 누름버튼스위치 PB_1 또는 PB_2 중 먼저 ON 조작된 측의 램프만 점등되는 병렬우선회로가 되도록 고쳐서 그리시오.(단, PB_1측의 계전기는 R_1, 램프는 L_1이며, PB_2측의 계전기는 R_2, 램프는 L_2 이다. 또한 추가되는 접점이 있을 경우에는 최소수만 사용하여 그리도록 한다.)

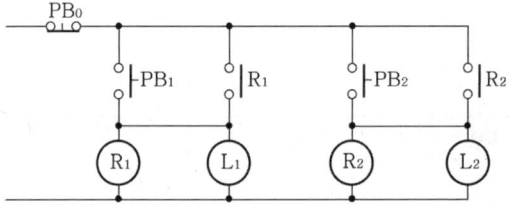

• 병렬우선회로

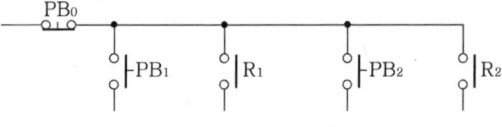

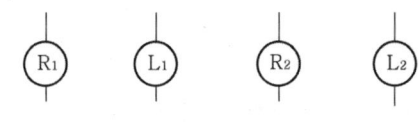

답안작성

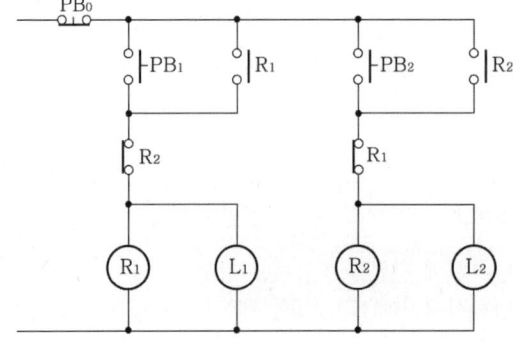

▼해설

인터록 회로
(1) 기능 : 한쪽이 동작하면 다른 한쪽은 동작할 수 없는 회로
(2) 동작 설명

PB_1을 먼저 누르면 $L_1(R_1)$이 a접점 R_1에 의해 동작 유지하고 인터록 b접점 $\overline{R_1}$가 열린다. 따라서 이후 PB_2를 눌러도 $L_2(R_2)$가 동작할 수 없다. 또 PB_2를 먼저 누르면 a접점 R_2에 의해 $L_2(R_2)$가 동작 유지하고 인터록 b접점 $\overline{R_2}$가 열린다. 따라서 이후 PB_1을 눌러도 $L_1(R_1)$이 동작할 수 없다.

2017년
기사 제4회 실기시험

자격종목	시험시간	시행일	수험번호	성명
소방설비기사(전기분야)	2시간 30분	2017.11.11		

※ 다음 물음의 답을 해당 답란에 답하시오.(배점 : 100점)

문제 01 ★★ 출제년도 「13. 16. 17.」 •점수 : 5점

20[W] 중형 피난구 유도등이 AC 220[V] 사용전원에 연결되어 있다. 전원에 연결된 유도등은 30개이며, 유도등의 역률은 70[%]이다. 공급전류[A]를 계산하시오. 단, 유도등의 배터리 충전전류는 무시하며, 전원공급방식은 단상 2선식이다.

• 계산 :

• 답 :

답안작성

• 계산 : 전력 $P = VI\cos\theta$[W]에서

$$전류\ I = \frac{P}{V\cos\theta} = \frac{20 \times 30}{220 \times 0.7} = 3.9[A]$$

• 답 : 3.9 [A]

▼ 해설

전력 $P = VI\cos\theta$[W]
여기에서, V : 전압[V], I : 전류[A], $\cos\theta$: 역률

문제 02 ★★ 출제년도 「17.」 •점수 : 5점

수신기를 점검시에 화재표시등과 지구표시등이 점등되어 복구스위치를 눌렀으나 복구되지 않는 경우 3가지를 쓰시오.(단, 복구스위치를 누르면 OFF, 떼면 즉시 ON 되는 경우임)

답안작성

① 발신기의 누름버튼(푸시버튼)이 눌러져 있는 경우
② 해당 지구의 감지기가 불량인 경우
③ 해당 선로가 단락인 경우
④ 수신기 릴레이가 불량인 경우 중 3가지 선택

문제 03 ★★ 출제년도 「17.」 •점수 : 5점

할론소화설비, 분말소화설비의 배선기준을 다음의 그림에 표시하시오.

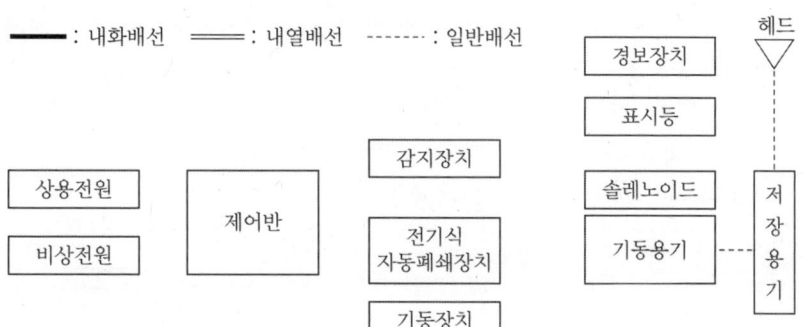

답안작성

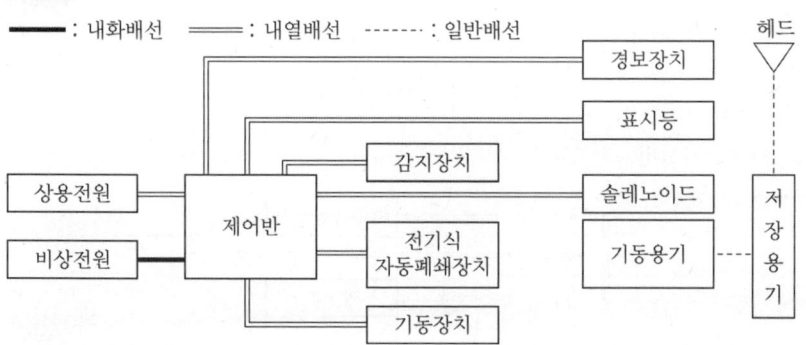

▼해설

1. 옥내소화전설비, 옥외소화전설비

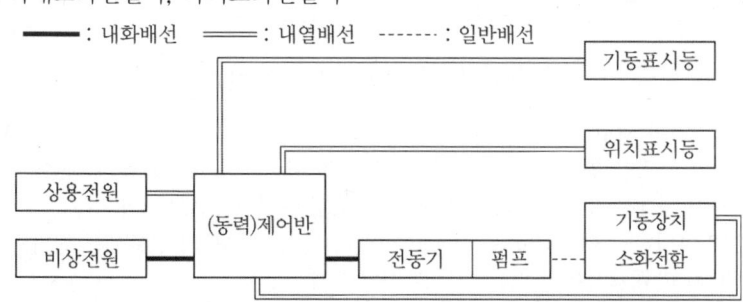

1) 비상전원으로부터 동력제어반 및 가압송수장치까지의 배선 : 내화배선
2) 상용전원으로부터 동력제어반에 이르는 배선, 그 밖의 설비의 감시조작 또는 표시등회로의 배선 : 내화배선 또는 내열배선

2. 스프링클러설비, 포소화설비, 물분무소화설비, 미분무소화설비

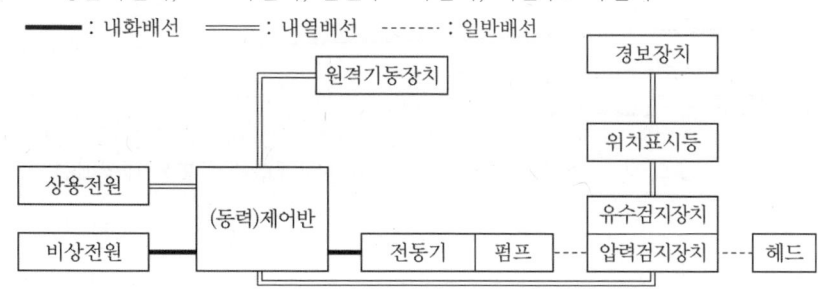

1) 비상전원으로부터 동력제어반 및 가압송수장치까지의 배선 : 내화배선
   2) 상용전원으로부터 동력제어반에 이르는 배선, 그 밖의 설비의 감시조작 또는 표시등회로의
      배선 : 내화배선 또는 내열배선
3. 이산화탄소, 할론, 할로겐화합물 및 불활성기체, 분말소화설비

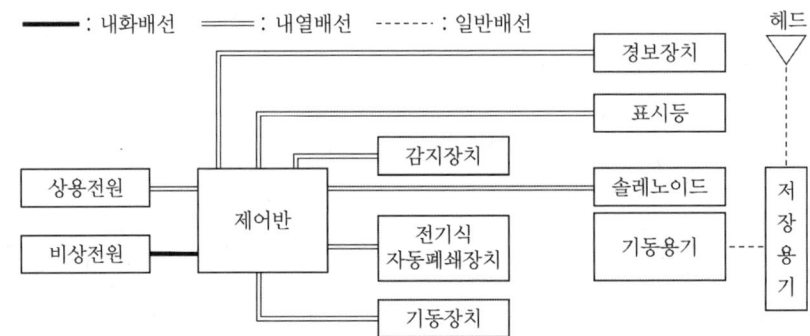

4. 자동화재탐지설비

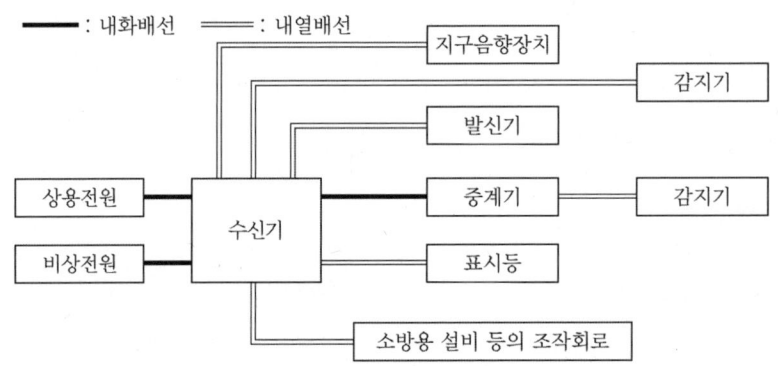

   1) 전원회로의 배선은 내화배선
   2) 감지기 상호간 또는 감지기로부터 수신기에 이르는 감지기회로의 배선
      ① 아날로그식 감지기, 다신호식 감지기, R형 수신기용으로 사용되는 것 : 전자파 방해를 받
         지 아니하는 쉴드선 등을 사용하여야 하며, 광케이블의 경우에는 전자파 방해를 받지 아
         니하고 내열성능이 있는 것으로 사용할 수 있다.
      ② 일반배선을 사용하는 경우 : 내화배선 또는 내열배선
   3) 그 밖의 배선은 내화배선 또는 내열배선
5. 비상콘센트 설비

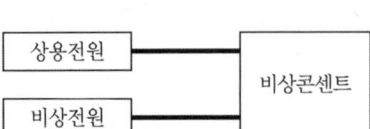

   1) 전원회로의 배선은 내화배선, 그 밖의 배선은 내화배선 또는 내열배선

★★★ 출제년도 「98. 00. 03. 17.」 •점수 : 8점

문제 **04** 다음은 할론(HALON) 소화설비의 수동조작함에서 할론제어반까지의 결선도 및 계통도(3 zone)에 대한 것이다. 주어진 도면과 조건을 참조하여 각 물음에 답하시오.

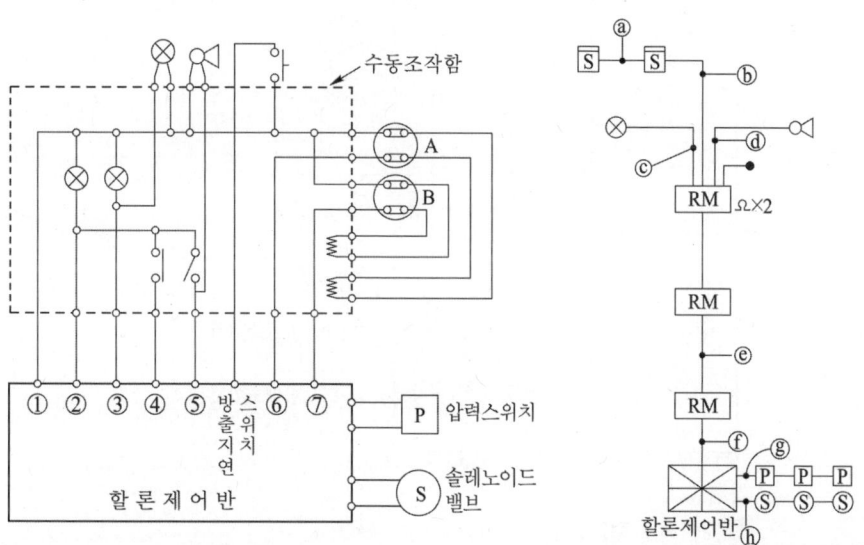

◀조건▶
- 전선의 가닥수는 최소 가닥수로 한다.
- 복구스위치 및 도어스위치는 없는 것으로 한다.
- 번호표기가 없는 것은 방출지연 스위치이다.

(1) ①~⑦의 전선 명칭은?
(2) ⓐ~ⓗ의 전선가닥수는?

답안작성**

(1) ① 전원⊖   ② 전원⊕
    ③ 방출표시등   ④ 기동스위치
    ⑤ 사이렌   ⑥ 감지기 A
    ⑦ 감지기 B
(2) ⓐ 4가닥   ⓑ 8가닥
    ⓒ 2가닥   ⓓ 2가닥
    ⓔ 13가닥   ⓕ 18가닥
    ⓖ 4가닥   ⓗ 4가닥

▼해설

(1)

[회로도: 방출표시등, 사이렌, 수동조작함, 전원감시등, 감지기 A, 감지기 B, 할론제어반 (전원⊖, 전원⊕, 방출표시등, 기동스위치, 사이렌, 방출지연, 감지기 A, 감지기 B), 압력스위치 P, 솔레노이드밸브 S]

(2) 가닥수 산정

① **교차회로 적용설비**
  ㉠ 스프링클러설비 (준비작동식, 일제살수식)
  ㉡ 이산화탄소소화설비
  ㉢ **할론소화설비**
  ㉣ 분말소화설비
  ㉤ 물분무소화설비
  ㉥ 할로겐화합물 및 불활성기체 소화설비

② 가닥수 산정

내 용	추가	ⓐ	ⓑ	ⓒ	ⓓ	ⓔ	ⓕ	ⓖ	ⓗ
전원 ⊕ · ⊖						2	2		
방출지연 스위치						1	1		
감지기 A	*	4	4			2	3		
감지기 B	*		4			2	3		
기동 스위치	*					2	3		
사이렌	*				2	2	3		
방출표시등	*			2		2	3		
압력스위치	*							4	
솔레노이드 밸브	*								4
합 계		4	8	2	2	13	18	4	4

ⓐ : 감지기 (2) + 종단저항 (2) : 4가닥
ⓑ : 감지기 A (2)+감지기 A 종단저항 (2)+감지기 B (2)+감지기 B 종단저항 (2) : 8가닥

문제 05

★★ 출제년도 「09. 17.」 •점수 : 5점

작동표시장치를 설치하지 않아도 되는 감지기 3가지를 쓰시오

답안작성
① 방폭구조인 감지기
② 수신기에 작동한 내용이 표시되는 감지기(무선식 감지기는 제외)
③ 차동식분포형 감지기
④ 정온식감지선형 감지기

▼해설
감지기의 형식승인 및 제품검사의 기술기준 제5조(구조 및 기능)19호
감지기에는 작동표시장치를 설치하여야 한다. 다만, 방폭구조인 감지기, 수신기에 작동한 내용이 표시되는 감지기(무선식 감지기는 제외한다), 차동식분포형감지기 및 정온식감지선형감지기는 작동표시장치를 설치하지 아니할 수 있다.

문제 06

★★★ 출제년도 「12. 14. 17.」 •점수 : 6점

객석유도등을 설치하지 않아도 되는 2가지 경우를 쓰시오.
①
②

답안작성
① 주간에만 사용하는 장소로서 채광이 충분한 객석
② 거실 등의 각 부분으로부터 하나의 거실출입구에 이르는 보행거리가 20 [m] 이하인 객석의 통로로서 그 통로에 통로유도등이 설치된 객석

▼해설
유도등 및 유도표지의 화재안전기술기준 상 객석유도등 설치 제외
① 주간에만 사용하는 장소로서 채광이 충분한 객석
② 거실 등의 각 부분으로부터 하나의 거실출입구에 이르는 보행거리가 20 [m] 이하인 객석의 통로로서 그 통로에 통로유도등이 설치된 객석

문제 07

★★★ 출제년도 「17.」 •점수 : 6점

시각경보기를 설치하는 특정소방대상물을 3가지 쓰시오.

답안작성
① 근린생활시설   ② 종교시설   ③ 판매시설

▼해설
① 근린생활시설, 문화 및 집회시설, 종교시설, 판매시설, 운수시설, 운동시설, 위락시설, 물류터미널
② 의료시설, 노유자시설, 업무시설, 숙박시설, 발전시설 및 장례식장
③ 교육연구시설 중 도서관, 통신촬영시설 중 방송국

④ 지하상가 중 3가지만 선택하여 답안을 작성하면 된다.

★★★ 출제년도 「10. 13. 17.」 •점수 : 8점

문제 08 기동용 수압개폐장치를 사용하는 옥내소화전설비와 습식스프링클러 설비가 설치된 지상 6층인 호텔의 계통도를 보고 물음에 답하시오.(단, 연면적은 8,000[m^2]이며, 수신기 내부에 지구경종단락보호장치를 설치함.)

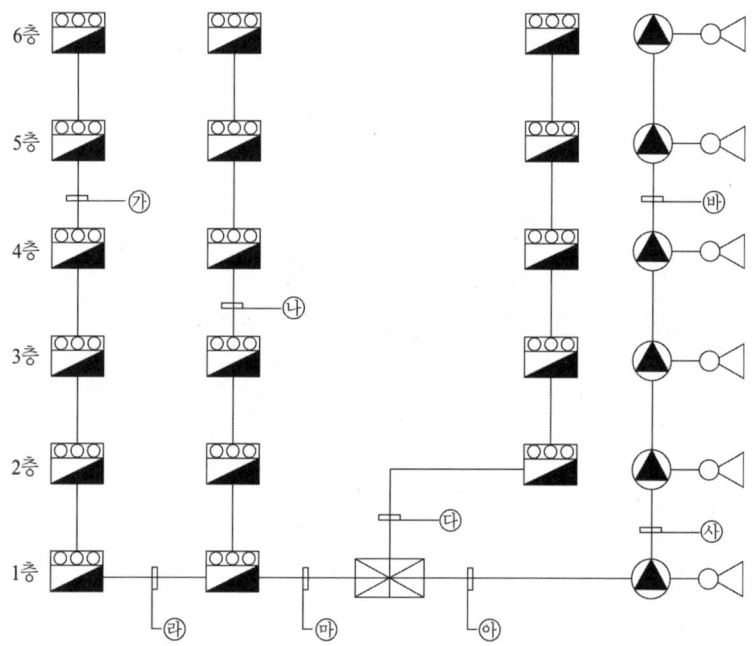

(1) ㉮~㉯ 까지의 최소 배선 가닥수를 쓰시오.
(2) 발신기 간 배선 중 7경계구역 당 1가닥씩 증가시켜야 하는 전선의 용도별 명칭을 쓰시오.
(3) "㉮"에 필요한 지구선은 몇 가닥이 필요한지 쓰시오.
(4) "㉯"에 필요한 지구경종선은 몇 가닥이 필요한지 쓰시오.
(5) "㉮"에 필요한 지구경종선은 몇 가닥이 필요한지 쓰시오.

답안작성
(1) ㉮ 10 ㉯ 12 ㉰ 16 ㉱ 18 ㉲ 25 ㉳ 7 ㉴ 16 ㉵ 19
(2) 공통선(지구공통선)
(3) 12가닥
(4) 6가닥
(5) 6가닥

▼해설

각 층 바닥면적이 1000[m²] 이상인 호텔에는 스프링클러를 설치하므로 호텔의 연면적은 1000×6층=6000[m²] 이상이다. 이 소방대상물은 11층 미만으로 일제경보방식이며, 수신기 내부에 지구경종단락보호장치를 설치하므로 층마다 경종선을 1선 추가한다.

기호	선수	자동화재탐지설비	옥내소화전	스프링클러설비
㉮	10	지구2, 지구공통, 응답, 지구경종2, 표시등, 지구경종표시등공통	기동표시등2	
㉯	12	지구3, 지구공통, 응답, 지구경종3, 표시등, 지구경종표시등공통	기동표시등2	
㉰	16	지구5, 지구공통, 응답, 지구경종5, 표시등, 지구경종표시등공통	기동표시등2	
㉱	18	지구6, 지구공통, 응답, 지구경종6, 표시등, 지구경종표시등공통	기동표시등2	
㉲	25	지구12, 지구공통2, 응답, 지구경종6, 표시등, 지구경종표시등공통	기동표시등2	
㉳	7			유수검지스위치2 탬퍼스위치2 사이렌2, 공통
㉴	16			유수검지스위치5 탬퍼스위치5 사이렌5, 공통
㉵	19			유수검지스위치6 탬퍼스위치6 사이렌6, 공통

㉲ : 하나의 지구공통선에 접속할 수 있는 지구선은 7개 이하로 지구공통은 2가닥이 된다.

★ 출제 년도 「06. 11. 17.」 •점수 : 10점

문제 09 도면은 누전경보기에 설치하는 회로도이다. 이 회로를 보고 다음 각 물음에 답하시오.
(단, 도면의 잘못된 부분은 모두 정상회로로 수정한 것으로 가정하고 답할 것)

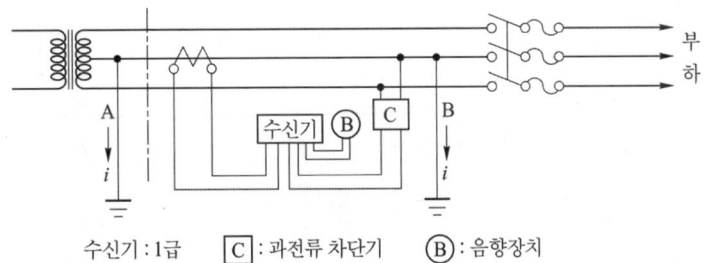

수신기 : 1급   C : 과전류 차단기   B : 음향장치

(1) 회로에서 틀린 부분을 3가지만 지적하여 바른 방법을 설명하시오.
(2) A의 접지선에 접지하여야 할 접지의 종류는 무엇이며, 또 이때의 접지저항값의 계산식은 무엇인가?
(3) 회로에서 1급 수신기는 경계전로의 전류가 몇 [A] 초과의 것이어야 하는가?
(4) 회로의 음향장치에서 음량은 장치의 중심으로부터 1[m] 떨어진 위치에서 몇 [dB] 이상이 되어야 하는가?
(5) 회로에서 ⓒ에 사용되는 과전류차단기의 용량은 몇 [A] 이하이어야 하는가?
(6) 회로의 음향장치는 정격전압의 몇 [%] 전압에서 음향을 발할 수 있어야 하는가?
(7) 회로에서 변류기의 절연저항을 측정하였을 경우 절연저항값은 몇 [MΩ] 이상이어야 하는가? (단, 1차 코일 또는 2차 코일과 외부 금속부와의 사이는 차단기의 개폐부에 DC 500[V] 메거 사용)
(8) 누전경보기의 공칭작동 전류치는 몇 [mA] 이하이어야 하는가?

답안작성

(1) ① • 틀린 부분 : 단상 3선식 변압기 저압측의 전로에 설치된 영상변류기가 1선만 관통되어 있다.
   • 바른 방법 : 영상변류기에 3선 모두 관통시킨다.
   ② • 틀린 부분 : 저압측 전로의 제2종 접지선이 영상변류기의 전원측(A)과 부하측(B)에 설치되어 있다.
   • 바른 방법 : 영상변류기의 부하측에 설치된 제2종 접지선(B)을 제거한다.
   ③ • 틀린 부분 : 저압측 차단기의 중성선에 퓨즈가 삽입되어 있다.
   • 바른 방법 : 퓨즈를 제거하고 직결한다.
(2) ① 접지종류 : 제2종 접지공사
   ② 제2종 접지공사의 접지저항값 $R_2 = \dfrac{150}{1선 지락전류}$ [Ω] 이하
(3) 60 [A] 초과
(4) 70 [dB] 이상
(5) 15 [A] 이하
(6) 80 [%]
(7) 5 [MΩ] 이상
(8) 200 [mA] 이하

해설

(1) 정정회로

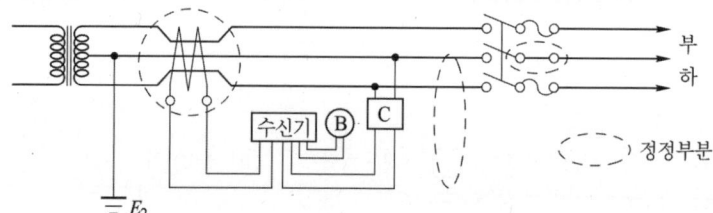

(3) 누전경보기 경계전로의 정격전류

정격전류	60 [A] 초과	60 [A] 이하
경보기의 종류	1급	1급 또는 2급

(4) 음향장치의 중심으로부터 1 [m] 떨어진 지점에서 70 [dB] 이상일 것(단, 고장표시장치용의 음압은 60 [dB] 이상)
(5) 누전경보기의 전원
  ① 전원은 분전반으로부터 전용회로로 하고, 각 극에 개폐기 및 15[A] 이하의 과전류 차단기(배선용 차단기에 있어서는 20[A] 이하의 것으로 각 극을 개폐할 수 있는 것)를 설치할 것
  ② 전원을 분기할 때에는 다른 차단기에 따라 전원이 차단되지 아니하도록 할 것
  ③ 전원의 개폐기에는 누전경보기용임을 표시한 표지를 할 것
(6) 음향장치는 정격전압의 80 [%]인 전압에서 음향을 발할 수 있어야 한다.
(7) 변류기의 절연저항
  직류 500 [V]의 절연저항계로 다음 각호에 의한 시험을 하는 경우 그 절연저항이 5 [MΩ] 이상이 되어야 한다.
  ① 절연된 1차 권선과 2차 권선간의 절연저항
  ② 절연된 1차 권선과 외부금속부간의 절연저항
  ③ 절연된 2차 권선과 외부금속부간의 절연저항
(8) 누전경보기의 감도조정
  ① 공칭작동 전류치 : 200 [mA] 이하
  ② 감도조정 범위 : 200 [mA], 500 [mA], 1,000 [mA]

★★★ 출제년도 「08. 11. 17. 19.」 •점수 : 5점

문제 10 자동화재탐지설비의 수신기에서 공통선을 시험하는 목적과 그 시험방법에 대하여 쓰시오. (단, 수신기의 도통상태 표시는 표시등으로 한다)
(1) 목적
(2) 시험방법

답안작성

(1) 1개의 공통선이 부담하고 있는 경계구역수가 7이하인지 확인하기 위하여
(2) ① 수신기내 접속단자의 공통선 1선을 제거한다.
    ② 회로도통시험의 예에 따라 회로선택스위치를 차례로 회전시킨다.
    ③ 시험용 계기의 지시등이 "단선"을 지시한 경계구역의 회선수를 조사한다.

▼해설

자동화재탐지설비 수신기의 기능시험의 종류
① 화재표시작동 시험   ② 회로도통 시험
③ 공통선 시험   ④ 저전압 시험
⑤ 예비전원 시험   ⑥ 동시작동 시험
⑦ 음향장치 시험   ⑧ 절연저항 시험
⑨ 회로저항 시험   ⑩ 비상전원 시험

★★★ 출제년도 「15, 17」 •점수 : 4점

문제 11 다음 표는 설비별로 사용할 수 있는 비상전원의 종류를 나타낸 것이다. 각 설비별로 설치하여야 하는 비상전원을 찾아 빈칸에 ●표 하시오.

설비별 비상전원의 종류

설 비 명	자가발전설비	축전지설비	비상전원 수전설비
옥내소화전설비, 물분무소화설비, CO_2소화설비, 할론소화설비, 비상조명등, 제연설비, 연결송수관설비			
스프링클러설비, 포소화설비			
자동화재탐지설비, 비상경보설비, 유도등, 비상방송설비			
비상콘센트설비			

답안작성

설 비 명	자가발전설비	축전지설비	비상전원 수전설비
옥내소화전설비, 물분무소화설비, CO_2소화설비, 할론소화설비, 비상조명등, 제연설비, 연결송수관설비	●	●	
스프링클러설비, 포소화설비	●	●	●
자동화재탐지설비, 비상경보설비, 유도등, 비상방송설비		●	
비상콘센트설비	●	●	●

▼해설

설 비 명	자가발전설비	축전지설비	비상전원 수전설비	전기저장장치
옥내소화전설비, 물분무소화설비, CO_2소화설비, 할론소화설비, 비상조명등, 제연설비, 연결송수관설비	●	●		●
스프링클러설비, 포소화설비	●	●	●	●
자동화재탐지설비, 비상경보설비, 비상방송설비		●		
비상콘센트설비	●	●	●	●
할로겐화합물 및 불활성기체 소화설비, 분말소화설비	●	●		●
무선통신보조설비		●		●
유도등		●(축전지)		

문제 12

그림은 6층 이상의 사무실 건물에 시설하는 배연창설비의 전기적 계통도이다. 그림을 보고 답안지의 Ⓐ~Ⓔ까지의 배선수와 각 배선의 용도를 쓰시오.

- 전원장치의 AC 전원 공급은 수신기에서 공급하지 않고 현장 분전반에서 공급한다.
- 사용전선은 HFIX 전선이다.
- 배선수는 운전 조작상 필요한 최소전선수를 쓰도록 한다.
- 전동구동장치는 솔레노이드식이다.
- 화재감지기가 작동되거나 수동조작함의 스위치를 ON시키면 제연창이 동작되어 수신기에 동작상태를 표시하게 된다.
- 배연창의 기동은 별도기동방식으로 한다.

기호	구 간	배선수	배선굵기	
Ⓐ	감지기 ↔ 감지기		1.5 [mm²]	
Ⓑ	발신기 ↔ 수신기		2.5 [mm²]	
Ⓒ	전동구동장치 ↔ 전동구동장치		2.5 [mm²]	
Ⓓ	전동구동장치 ↔ 수신기		2.5 [mm²]	
Ⓔ	전동구동장치 ↔ 수동조작함	3	2.5 [mm²]	공통1, 기동1, 기동확인1

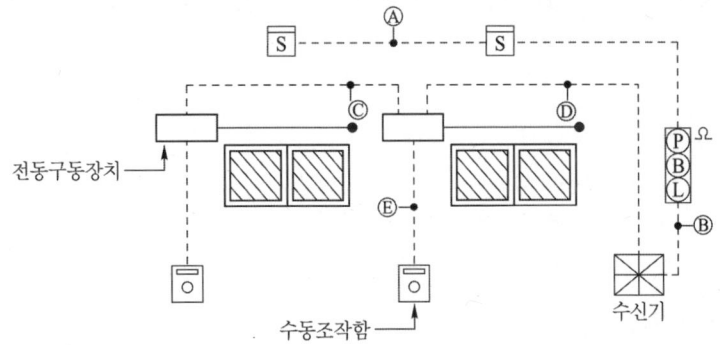

답안작성

기호	구 간	배선수	배선 굵기	
Ⓐ	감지기 ↔ 감지기	4	1.5 [mm²]	지구 2, 지구공통 2
Ⓑ	발신기 ↔ 수신기	6	2.5 [mm²]	응답 1, 지구 1, 지구공통 1, 경종 1, 표시등 1, 경종표시등 공통 1
Ⓒ	전동구동장치 ↔ 전동구동장치	3	2.5 [mm²]	공통, 기동 1, 기동확인 1
Ⓓ	전동구동장치 ↔ 수신기	5	2.5 [mm²]	공통, 기동 2, 기동확인 2
Ⓔ	전동구동장치 ↔ 수동조작함	3	2.5 [mm²]	공통, 기동 1, 기동확인 1

▼해설

(1) 제연창(배연창)설비 : 화재발생시 연기를 외부로 배출시켜 질식으로 인한 인명피해 및 연소확대를 방지하기 위한 설비로 SOLENOID식과 MOTOR식이 있다.
(2) 제연창 기동방식에 따른 가닥수의 산정(솔레노이드식)
    ① 동시 기동방식

기호	구 간	배선수	배선 굵기	
Ⓐ	감지기 ↔ 감지기	4	1.5 [mm²]	지구 2, 지구공통 2
Ⓑ	발신기 ↔ 수신기	6	2.5 [mm²]	응답 1, 지구 1, 지구공통 1, 경종 1, 표시등, 경종표시등 공통 1
Ⓒ	전동구동장치 ↔ 전동구동장치	3	2.5 [mm²]	공통 1, 기동 1, 기동확인 1
Ⓓ	전동구동장치 ↔ 수신기	4	2.5 [mm²]	공통 1, 기동 1, 기동확인 2
Ⓔ	전동구동장치 ↔ 수동조작함	3	2.5 [mm²]	공통 1, 기동 1, 기동확인 1

② 별도 기동방식

기호	구 간	배선수	배선 굵기	
Ⓐ	감지기 ↔ 감지기	4	1.5 [mm²]	지구 2, 지구공통 2
Ⓑ	발신기 ↔ 수신기	6	2.5 [mm²]	응답 1, 지구 1, 지구공통 1, 경종 1, 표시등, 경종표시등 공통 1
Ⓒ	전동구동장치 ↔ 전동구동장치	3	2.5 [mm²]	공통 1, 기동 1, 기동확인 1
Ⓓ	전동구동장치 ↔ 수신기	5	2.5 [mm²]	공통 1, 기동 2, 기동확인 2
Ⓔ	전동구동장치 ↔ 수동조작함	3	2.5 [mm²]	공통 1, 기동 1, 기동확인 1

(3) 문제에서 특별한 조건이 없는 경우에는 회로의 그림상 감지기회로가 1회로로 구성되어 있으므로 동시기동방식으로 적용하여 답안을 작성하여야 한다.
(4) 기동확인 = 동작확인 = 배연창 개방확인, 지구 = 회로, 지구공통 = 회로공통

★★★ 출제년도 「11. 17.」 •점수 : 7점

문제 13 비상콘센트 설비에 대한 다음 각 물음에 답하시오.
(1) 전원 회로의 종류와 전압 및 그 공급용량의 기준에 대하여 설명하시오.
(2) 비상 콘센트설비의 절연저항측정 방법과 절연내력시험 방법 및 각각의 기준을 설명하시오.
    ① 절연저항
      • 측정방법
      • 기준
    ② 절연 내력
      • 측정방법
      • 기준

(3) 소방법에 따른 비상 콘센트의 그림기호를 그리시오.

답안작성

(1)

전원의 종류	전압	공급용량
단상 교류	220 [V]	1.5 [kVA] 이상

(2) ① 절연저항
  • 측정 방법 : 전원부와 외함 사이를 500 [V] 절연저항계로 측정
  • 기준 : 절연저항값이 20 [MΩ] 이상일 것
 ② 절연내력
  • 측정 방법 : 전원부와 외함 사이에 다음과 같은 실효전압을 인가
   – 정격전압이 150 [V] 이하 : 1,000 [V]의 실효전압
   – 정격전압이 150 [V] 이상 : (그 정격전압 × 2) + 1,000[V]의 실효전압
  • 기준 : 1분 이상 견딜 것

(3) ⊙⊙

해설

비상콘센트설비의 전원부와 외함 사이의 절연저항 및 절연내력은 다음 각 호의 기준에 적합하여야 한다.
1. 절연저항은 전원부와 외함 사이를 500[V] 절연저항계로 측정할 때 20[MΩ] 이상일 것
2. 절연내력은 전원부와 외함 사이에 정격전압이 150[V] 이하인 경우에는 1,000[V]의 실효전압을, 정격전압이 150[V] 이상인 경우에는 그 정격전압에 2를 곱하여 1,000을 더한 실효전압을 가하는 시험에서 1분 이상 견디는 것으로 할 것

★★★ 출제년도 「13. 17.」 •점수 : 6점

문제 14 조건과 도면을 참조하여 다음 각 물음에 답하시오.

─◀조건▶─
• 주요 구조부는 내화구조이다.
• 감지기 부착높이는 4.3 [m]이다.
• 사용되는 감지기는 차동식스포트형 감지기 1종으로 한다.

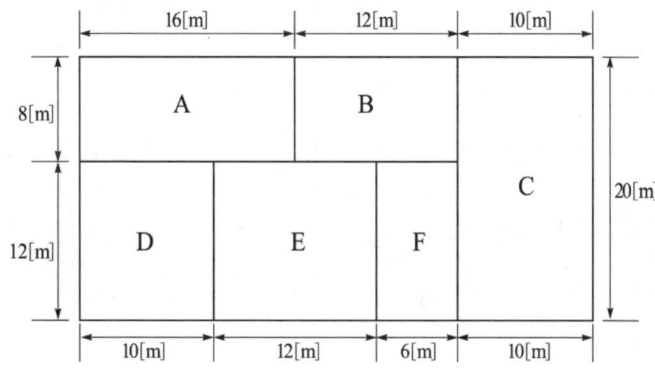

(1) 감지기의 개수를 쓰시오.

구분	계산과정	수량(개)
A실		
B실		
C실		
D실		
E실		
F실		
총 설치 개수		

(2) 최소 경계구역수를 쓰시오.
- 계산 :
- 답 :

답안작성

(1)

구분	계산과정	수량(개)
A실	$\dfrac{16m \times 8m}{45m^2} = 2.84$	3
B실	$\dfrac{12m \times 8m}{45m^2} = 2.13$	3
C실	$\dfrac{10m \times 20m}{45m^2} = 4.44$	5
D실	$\dfrac{10m \times 12m}{45m^2} = 2.67$	3
E실	$\dfrac{12m \times 12m}{45m^2} = 3.2$	4
F실	$\dfrac{6m \times 12m}{45m^2} = 1.6$	2
총 설치 개수	$3+3+5+3+4+2=20$	20

(2) • 계산 : 경계구역 N은
$$N = \dfrac{38[m] \times 20[m]}{600[m^2]} = 1.27$$
• 답 : 2 경계구역

▼해설

(1) 특정소방대상물에 따른 감지기 필요수량 (단위 : [m²])

부착높이 및 특정소방대상물의 구분		감지기의 종류				
		차동식, 보상식 스포트형		정온식 스포트형		
		1종	2종	특종	1종	2종
4 [m] 미만	주요구조부를 내화구조로 한 특정소방대상 물 또는 그 부분	90	70	70	60	20
	기타 구조의 특정소방대상물 또는 그 부분	50	40	40	30	15
4 [m] 이상 8 [m] 미만	주요구조부를 내화구조로 한 특정소방대상 물 또는 그 부분	45	35	35	30	
	기타 구조의 특정소방대상물 또는 그 부분	30	25	25	15	

(2) • **하나의 경계구역의 면적은 600[m²] 이하로 하고 한 변의 길이는 50[m] 이하로 할 것.**
   다만, 당해 소방대상물의 주된 출입구에서 그 내부 전체가 보이는 것에 있어서는 한 변의 길이가 50[m] 범위내에서 1,000[m²] 이하로 할 수 있다.
  • 계단·경사로(에스컬레이터 경사로 포함)·엘리베이터권상기실·린넨슈트·파이프 피트 및 덕트 기타 이와 유사한 부분에 대하여는 별도로 경계구역을 설정하되, 하나의 **경계구역은 높이 45 [m] 이하** (계단 및 경사로에 한한다)로 하고, 지하층의 계단 및 경사로(지하층의 층수가 1일 경우는 제외한다)는 별도로 하나의 경계구역으로 하여야 한다.

★★★ 출제년도 「97. 01. 02. 14. 17. 20.」 •점수 : 10점

문제 15 도면은 어느 사무실 건물의 1층 자동화재탐지설비의 미완성 평면도를 나타낸 것이다. 이 건물은 지상 3층으로 각 층의 평면은 1층과 동일하다고 할 경우 평면도 및 주어진 조건을 이용하여 다음 각 물음에 답하시오.(단, 발신기세트마다 경종단락보호장치를 설치함)

◀조건▶
• 계통도 작성 시 각 층의 수동발신기는 1개씩 설치하는 것으로 한다.
• 계단실의 감지기는 설치를 제외한다.
• 간선의 사용전선은 HFIX 전선 2.5[mm²]이며, 공통선은 발신기 공통 1선, 경종·표시등 공통 1선을 각각 사용한다.
• 계통도 작성 시 전선수는 최소로 한다.
• 전선관 공사는 후강전선관으로 콘크리트 내 매입 시공한다.
• 각 실은 이중천장이 없는 구조이며, 천장에 감지기를 바로 취부한다.
• 각 실의 바닥에서 천장까지의 높이는 2.8 [m]이다.
• 후강전선관의 굵기 표는 다음과 같다.

도체 단면적 [mm²]	전 선 본 수									
	1	2	3	4	5	6	7	8	9	10
	전선관의 최소 굵기 [mm]									
2.5	16	16	16	16	22	22	22	28	28	28
4	16	16	16	22	22	22	28	28	28	28
6	16	16	22	22	22	28	28	28	36	36
10	16	22	22	28	28	36	36	36	36	36

[도면]

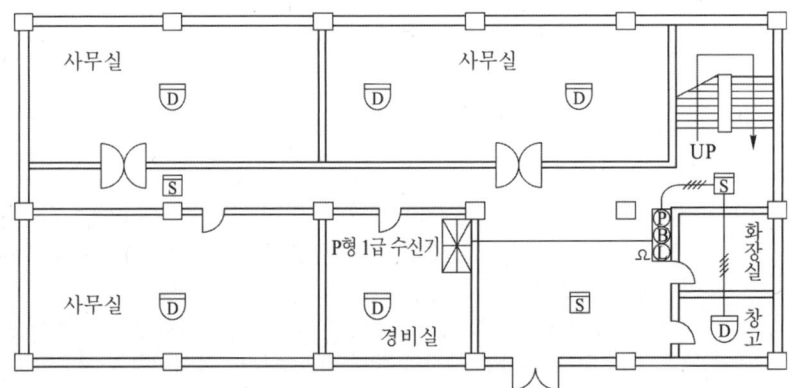

(1) 도면의 P형 1급 수신기는 최소 몇 회로용을 사용하여야 하는지 쓰시오.
(2) 수신기에서 발신기 세트까지의 배선가닥수는 몇 가닥이며, 여기에 사용되는 후강전선관은 몇 [mm]를 사용하는지 쓰시오.
  • 전선가닥수 :
  • 배관 :
(3) 연기감지기를 매입인 것으로 사용할 경우 그 그림기호를 그리시오.
(4) 주어진 평면도에 배관 및 배선을 하여 자동화재탐지설비의 도면을 완성하시오.
  (단, 배선 가닥수도 표기하도록 하시오.)
(5) 본 설비에 대한 간선계통도를 그리시오.(단, 계통도에는 배선 가닥수도 표시하도록 하시오.)

답안작성

(1) 5회로
(2) ① 8가닥   ② 28 [mm]
(3)

(4)
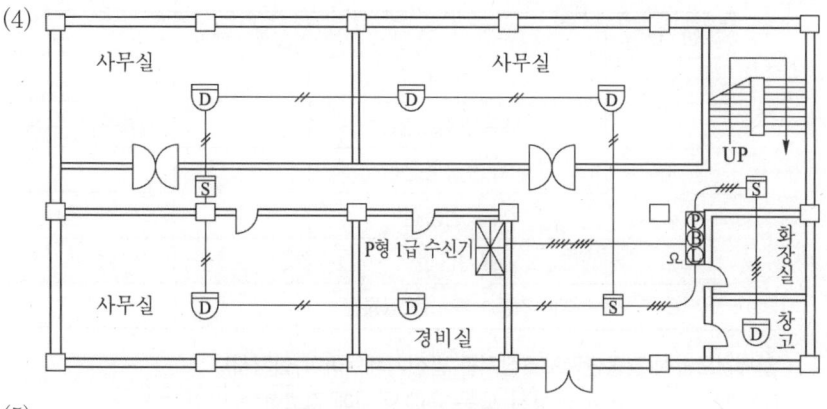

(5)
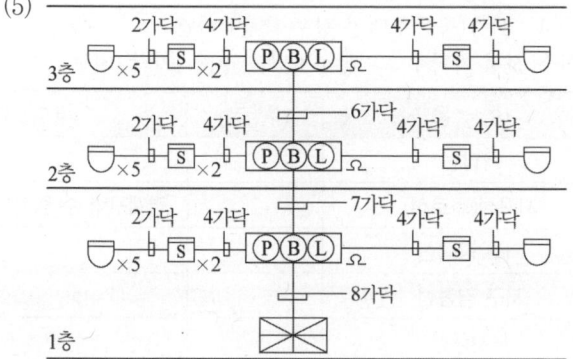

▼해설

(1) 각 층에 수동발신기를 1개 설치하므로 최소 3회로용(지상 3층)의 P형 1급 수신기를 사용하여야 하나 P형 1급 수신기의 최소 회로수인 5회로용을 선정

(2) 1) **우선경보방식**

① 경보방법 : 화재발생시 안전하고 신속한 대피를 위하여 **화재가 발생한 층과 그 직상층**부터 우선하여 별도로 경보하는 방식

화재층	경보층(11층(공동주택인 경우 16층) 이상인 경우)	경보층(30층 이상인 경우)
1층	발화층, 그 직상 4개층, 지하층	발화층, 그 직상 4개층, 지하층
2층 이상	발화층, 그 직상 4개층	발화층, 그 직상 4개층
지하층	발화층, 그 직상층, 기타의 지하층	발화층, 그 직상층, 기타의 지하층

② 우선경보방식의 최소 전선 가닥수 : 기본 6가닥 + 추가 2가닥(지구선 1, 벨(경종) 1)

전 선	내 용	추 가	비 고
1	응답선		
2	지구선(회로선)	*	경계구역 수 증가분만큼 추가
3	지구 공통선		
4	지구 경종선	*	층마다 추가
5	표시등선		
6	지구경종·표시등 공통선		

2) **일제경보방식(경종단락보호장치를 발신기세트마다 설치시)**
   ① 경보방법 : 화재 발생시 모든 **층에 동시에 경보**하는 방식
   ② 특정소방대상물 규모 : 11층(공동주택인 경우 16층) 미만
   ③ 일제경보방식의 최소 전선 가닥수 : 기본 6가닥 + 추가 1가닥 (지구선 1)

전 선	내 용	추 가	비 고
1	응답선		
2	지구선(회로선)	*	경계구역 수 증가분만큼 추가
3	지구 공통선		
4	지구 경종선		
5	표시등선		
6	지구경종·표시등 공통선		

3) HFIX 전선 2.5 [mm^2] 8가닥이므로 후강전선관 표에서 28 [mm] 선정

(3) 옥내배선기호

명 칭	그림기호	적 요
차동식 스포트형 감지기	⌒	필요에 따라 종별을 표기한다.
보상식 스포트형 감지기	⌒	필요에 따라 종별을 표기한다.
정온식 스포트형 감지기	⌒	(1) 필요에 따라 종별을 표기한다. (2) 방수인 것은 ⌒로 한다. (3) 내산인 것은 ⌒로 한다. (4) 내알칼리인 것은 ⌒로 한다. (5) 방폭인 것은 EX를 표기한다.
연기 감지기	S	(1) 필요에 따라 종별을 표기한다. (2) 점검 박스 붙이인 경우는 S 로 한다. (3) 매입인 것은 S 로 한다.

(4) ① 감지기회로 방식 : 송배선 방식
   ② 종단저항을 발신기 함에 취부

Engineer
Fire Protection System

2018 기출문제
소방설비기사 실기 (전기분야)

2018년 기사 제1회 실기시험

자격종목	시험시간	시행일	수험번호	성명
소방설비기사(전기분야)	2시간 30분	2018.4.15		

※ 다음 물음의 답을 해당 답란에 답하시오.(배점 : 100점)

문제 01

★★★ 출제년도 「17, 18,」 •점수 : 5점

이산화탄소소화설비의 내화배선, 내열배선 및 일반배선을 다음의 그림에 표시하시오.
(단, ── : 내화배선, ═══ : 내열배선, ------ : 일반배선이다.)

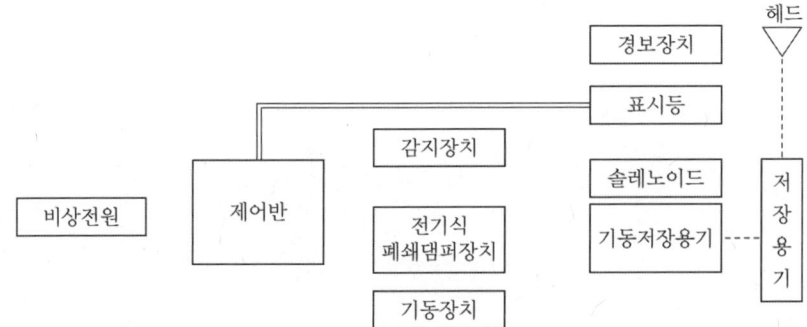

▶답안작성

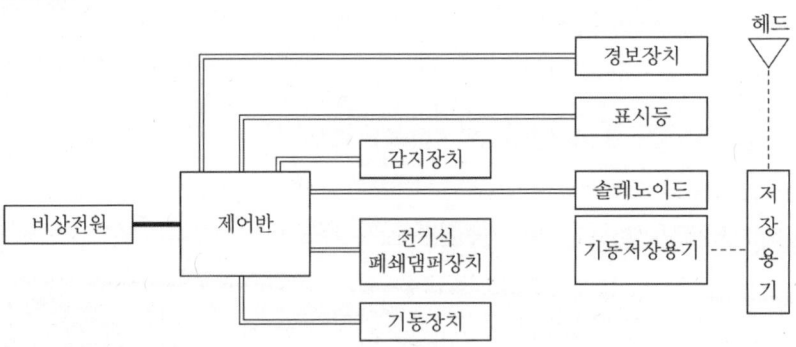

▼해설

1. 옥내소화전설비, 옥외소화전설비
   ── : 내화배선   ═══ : 내열배선   ------ : 일반배선

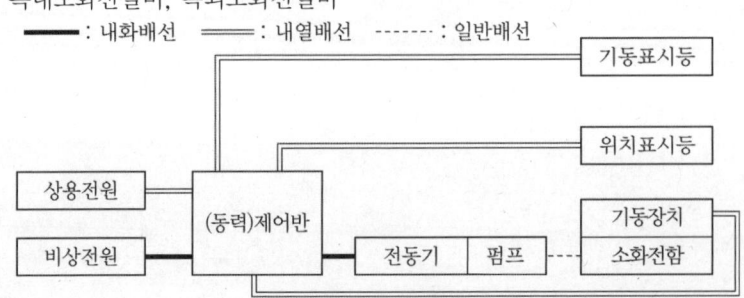

1) 비상전원으로부터 동력제어반 및 가압송수장치까지의 배선 : 내화배선
2) 상용전원으로부터 동력제어반에 이르는 배선, 그 밖의 설비의 감시조작 또는 표시등회로의 배선 : 내화배선 또는 내열배선

2. 스프링클러설비, 포소화설비, 물분무소화설비, 미분무소화설비

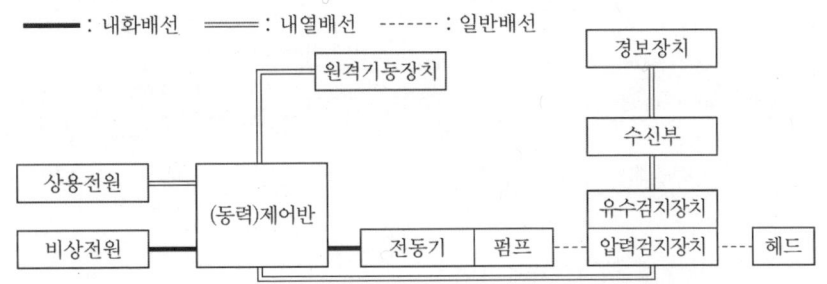

1) 비상전원으로부터 동력제어반 및 가압송수장치까지의 배선 : 내화배선
2) 상용전원으로부터 동력제어반에 이르는 배선, 그 밖의 설비의 감시조작 또는 표시등회로의 배선 : 내화배선 또는 내열배선

3. 이산화탄소, 할론, 할로겐화합물 및 불활성기체, 분말소화설비

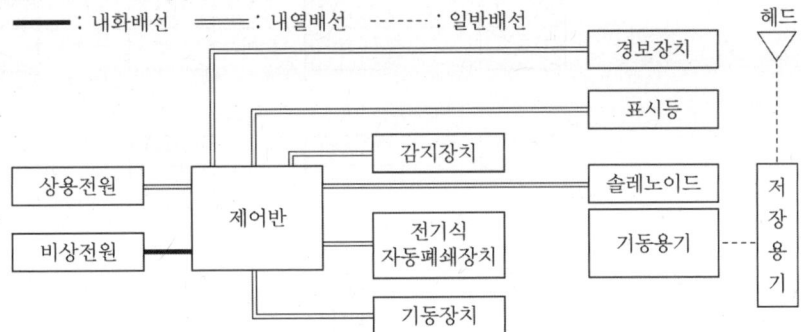

4. 자동화재탐지설비

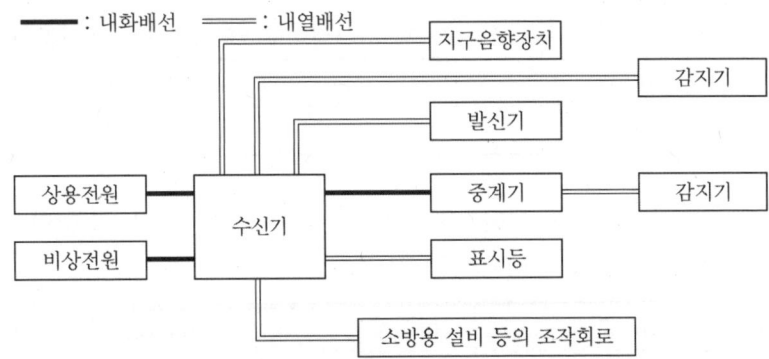

1) 전원회로의 배선은 내화배선
2) 감지기 상호간 또는 감지기로부터 수신기에 이르는 감지기회로의 배선
  ① 아날로그식 감지기, 다신호식 감지기, R형 수신기용으로 사용되는 것 : 전자파 방해를 받지 아니하는 쉴드선 등을 사용하여야 하며, 광케이블의 경우에는 전자파 방해를 받지 아니하고 내열성능이 있는 것으로 사용할 수 있다.

② 일반배선을 사용하는 경우 : 내화배선 또는 내열배선
3) 그 밖의 배선은 내화배선 또는 내열배선

5. 비상콘센트 설비

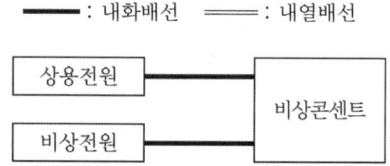

1) 전원회로의 배선은 내화배선, 그 밖의 배선은 내화배선 또는 내열배선

★★★ 출제년도 「07. 18.」 •점수 : 11점

문제 02 다음은 기동용 수압개폐장치를 이용하여 기동하는 가압송수장치를 설치한 공장(1층 규모)의 내부 평면도를 나타낸 것이다. 공장 내부에는 옥내소화전과 자동화재탐지설비가 설치되어 있다. 다음 각 물음에 답하시오. (단, 수신기 내부에 경종단락보호장치를 설치)

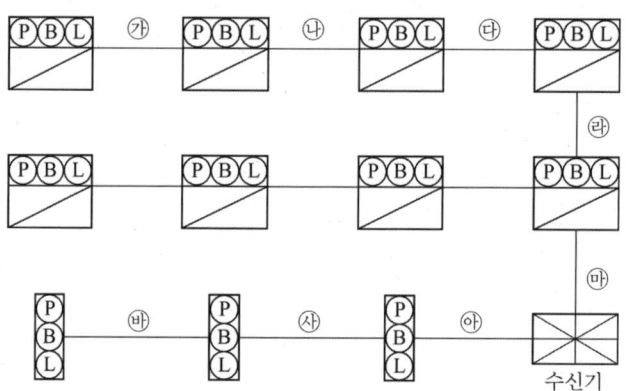

(1) 도면에서 기호 ㉮~㉭의 전선 가닥수를 아래의 표에 표시하시오.

구 분	㉮	㉯	㉰	㉱	㉲	㉳	㉴	㉵
가닥수								

(2) ▨와 ▨의 차이점을 답안지에 설명하시오. 또한, 각 함의 전면에 부착되는 전기적인 기기장치의 명칭을 모두 쓰시오.

구 분	차이점	부착되는 전기적인 기기장치의 명칭
▨		
▨		

답안작성

(1)

구 분	㉮	㉯	㉰	㉱	㉲	㉳	㉴	㉵
가닥수	8	9	10	11	16	6	7	8

(2)

구 분	차이점	부착되는 전기적인 기기장치의 명칭
ⓟⓑⓛ (세로형)	발신기세트 단독형	발신기, 경종, 표시등
ⓟⓑⓛ (가로형)	발신기세트 옥내소화전내장형	발신기, 경종, 표시등, 기동확인표시등 (또는 소화전 기동확인표시등)

해설

(1)

구분	가닥수	배선내역
㉮	8	지구1, 지구공통1, 응답1, 지구경종1, 표시등1, 지구경종표시등공통1, 기동확인표시등2
㉯	9	지구2, 지구공통1, 응답1, 지구경종1, 표시등1, 지구경종표시등공통1, 기동확인표시등2
㉰	10	지구3, 지구공통1, 응답1, 지구경종1, 표시등1, 지구경종표시등공통1, 기동확인표시등2
㉱	11	지구4, 지구공통1, 응답1, 지구경종1, 표시등1, 지구경종표시등공통1, 기동확인표시등2
㉲	16	지구8, 지구공통2, 응답1, 지구경종1, 표시등1, 지구경종표시등공통1, 기동확인표시등2
㉳	6	지구1, 지구공통1, 응답1, 지구경종1, 표시등1, 지구경종표시등공통1
㉴	7	지구2, 지구공통1, 응답1, 지구경종1, 표시등1, 지구경종표시등공통1
㉵	8	지구3, 지구공통1, 응답1, 지구경종1, 표시등1, 지구경종표시등공통1

※ 배선내역 또는 전선의 사용용도를 쓸 때 표현방법
① 회로선＝지구선＝표시선
② 회로공통선＝지구공통선＝발신기공통선
③ 응답선＝발신기응답선
④ 기동확인표시등＝소화전 기동확인표시등
⑤ 지구경종＝경종

(2)

구 분	발신기세트 옥내소화전내장형	발신기세트 단독형
도시기호	ⓟⓑⓛ (가로형)	ⓟⓑⓛ (세로형)

구 분	발신기세트 옥내소화전내장형	발신기세트 단독형
부착기기	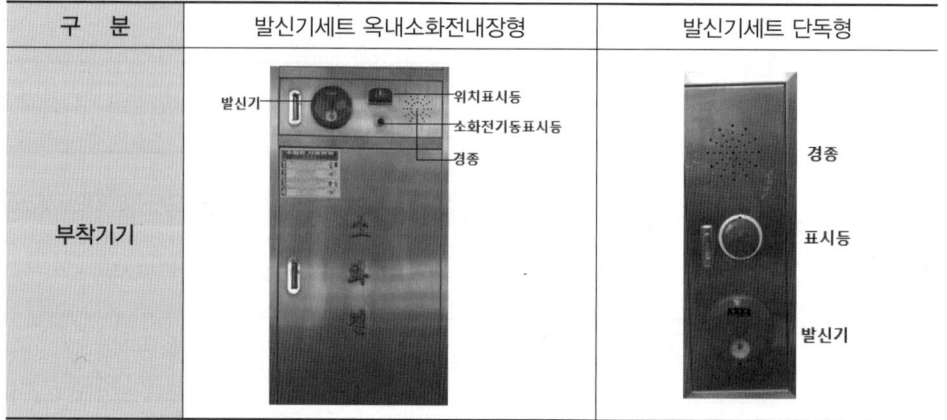	

★★★ 출제년도 「18.」 •점수 : 6점

문제 03 비상콘센트설비를 설치하여야 하는 특정소방대상물(위험물 저장 및 처리 시설 중 가스시설 또는 지하구는 제외한다) 기준 3가지를 쓰시오.

답안작성
① 층수가 11층 이상인 특정소방대상물의 경우에는 11층 이상의 층
② 지하층의 층수가 3층 이상이고 지하층의 바닥면적의 합계가 1천 m^2 이상인 것은 지하층의 모든 층
③ 지하가 중 터널로서 길이가 500m 이상인 것

★★★ 출제년도 「15. 18. 23.」 •점수 : 6점

문제 04 특정소방대상물에 설치된 소방시설 중 일부 또는 전부를 교체하거나 보수할 때에 착공신고의 대상이 되는 공사를 3가지 쓰시오.(단, 고장 또는 파손 등으로 인해 작동시킬 수 없는 소방시설을 긴급하게 교체하거나 보수하여야 하는 경우를 제외한다)

답안작성
① 수신반
② 소화펌프
③ 동력(감시)제어반

▼해설
소방시설공사업법 시행령 제4조 (소방시설공사의 착공신고 대상)
법 제13조제1항에서 "대통령령으로 정하는 소방시설공사"란 다음 각 호의 어느 하나에 해당하는 소방시설공사를 말한다.
특정소방대상물에 설치된 소방시설등을 구성하는 다음 각 목의 어느 하나에 해당하는 것의 전부 또는 일부를 개설(改設), 이전(移轉) 또는 정비(整備)하는 공사. 다만, 고장 또는 파손 등으로 인하여 작동시킬 수 없는 소방시설을 긴급히 교체하거나 보수하여야 하는 경우에는 신고하지 않을 수 있다.
가. 수신반(受信盤)   나. 소화펌프   다. 동력(감시)제어반

문제 05 ★★★ 출제년도 「18.」 •점수 : 8점

자동화재탐지설비의 발신기함에서 1회로당 80mA[표시등(1개당 소비전류 30mA), 경종(1개당 소비전류 50mA)]의 전류가 소모된다. 또한, 지하1층, 지상5층의 각 층별로 2회로씩 총 12회로인 공장(연면적 5000 m²)에서 P형 수신기에서 최말단 발신기까지의 거리가 600m 떨어진 경우 다음 각 물음에 답하시오.(단, 수신기의 정격전압은 24[V]이다.)

(1) 표시등과 경종의 최대소요전류[A]를 계산하시오.

구 분	계산과정	답안
표시등		
경 종		
총 소요전류		

(2) 최말단의 경종이 작동하는 경우 전압강하[V]를 계산하시오.(단, 2.5 mm²의 전선을 사용하고, 최종답안은 소수점 3자리에서 반올림하여 2자리까지 답한다.)
 • 계산 :
 • 답 :

(3) "(2)"항의 계산에 의거 경종의 작동여부를 설명하시오.
 • 계산 :
 • 답 :

답안작성

(1)

구 분	계산과정	답안
표시등	30[mA] × 12회로 = 360[mA] = 0.36[A]	0.36 [A]
경 종	50[mA] × 12회로 = 600[mA] = 0.6[A]	0.6 [A]
총 소요전류	0.36[A] + 0.6[A] = 0.96[A]	0.96 [A]

(2) • 계산 : $e = \dfrac{35.6LI}{1,000A} = \dfrac{35.6 \times 600 \times 0.96}{1,000 \times 2.5} = 8.20224 = 8.20[V]$

 • 답 : 8.2[V]

(3) • 계산 : 최말단의 경종이 작동하는 경우 전압은
   수신기의 전압−전압강하 = 24[V] − 8.2[V] = 15.8[V]
   정격전압의 80[%] 미만(24[V]×0.8 = 19.2[V])이 된다.
 • 답 : 정상 작동이 불가하다.

해설

(1) 우선경보방식
 ① 경보방법 : 화재발생시 안전하고 신속한 대피를 위하여 화재가 발생한 층과 그 직상층부터 우선하여 별도로 경보하는 방식

화재층	경보층(11층(공동주택인 경우 16층) 이상인 경우)	경보층(30층 이상인 경우)
1층	발화층, 그 직상 4개층, 지하층	발화층, 그 직상 4개층, 지하층
2층 이상	발화층, 그 직상 4개층	발화층, 그 직상 4개층
지하층	발화층, 그 직상층, 기타의 지하층	발화층, 그 직상층, 기타의 지하층

② 특정소방대상물 규모 : 층수가 11층(공동주택인 경우 16층) 이상

(2) 전압강하 및 전선단면적 공식
① 최말단의 경종이 작동하는 경우 설치된 12개의 경종이 작동하므로(∵ 일제경보방식)
전류 I = 표시등 전류(12개) + 경종 소요전류
= 30mA × 12개 + 50mA × 12개 = 960mA = 0.96A
전압강하 $e = \dfrac{35.6LI}{1,000A} = \dfrac{35.6 \times 600 \times 0.96}{1,000 \times 2.5} = 8.20224 = 8.20[V]$
경종의 작동여부 : 24[V] - 8.2[V] = 15.8[V]가 되어 정격전압의 80% 미만이 되므로 경종이 작동하지 않는다.

② 전압강하 및 전선 단면적 공식

전 기 방 식	전압강하	전선 단면적
단상 2선식 및 직류 2선식	$e = \dfrac{35.6LI}{1000A}$	$A = \dfrac{35.6LI}{1000e}$
3상 3선식	$e = \dfrac{30.8LI}{1000A}$	$A = \dfrac{30.8LI}{1000e}$
단상 3선식, 직류 3선식, 3상 4선식	$e' = \dfrac{17.8LI}{1000A}$	$A = \dfrac{17.8LI}{1000e'}$

여기서, e : 각 선간의 전압강하 [V], e' : 각 선간의 1선과 중성선 사이의 전압강하 [V]
L : 전선 1본의 길이 [m], A : 전선의 단면적 [mm^2], I : 전류 [A]

(3) 사용할 수 있는 전선의 종류
① 450/750V 저독성 난연 가교 폴리올레핀 절연 전선
② 0.6/1KV 가교 폴리에틸렌 절연 저독성 난연 폴리올레핀 시스 전력 케이블
③ 6/10kV 가교 폴리에틸렌 절연 저독성 난연 폴리올레핀 시스 전력용 케이블
④ 가교 폴리에틸렌 절연 비닐시스 트레이용 난연 전력 케이블
⑤ 0.6/1kV EP 고무절연 클로로프렌 시스 케이블
⑥ 300/500V 내열성 실리콘 고무 절연전선(180℃)
⑦ 내열성 에틸렌-비닐아세테이트 고무 절연 케이블
⑧ 버스덕트(Bus Duct)

(4) 음향장치의 구조 및 성능기준
① 정격전압의 **80% 전압**에서 음향을 발할 수 있는 것으로 할 것
② 음량은 부착된 음향장치의 중심으로부터 **1m** 떨어진 위치에서 **90dB 이상**이 되는 것으로 할 것
③ **감지기 및 발신기의 작동과 연동**하여 작동할 수 있는 것으로 할 것

문제 06

다음은 전동구동장치로 솔레노이드 방식을 이용한 배연창설비의 전기적 계통도이다. 조건과 계통도를 참고하여 답란의 Ⓐ~Ⓔ까지의 배선수와 배선의 용도를 쓰시오.

◀조건▶
- 사용전선은 HFIX 전선이다.
- 배선수는 운전 조작상 필요한 최소의 전선수를 기입한다.
- 화재감지기가 작동되거나 수동조작함의 스위치를 ON 시키면 배연창이 동작되어 수신기에 동작상태를 표시하게 된다.
- 배연창은 별도의 기동방식으로 한다.

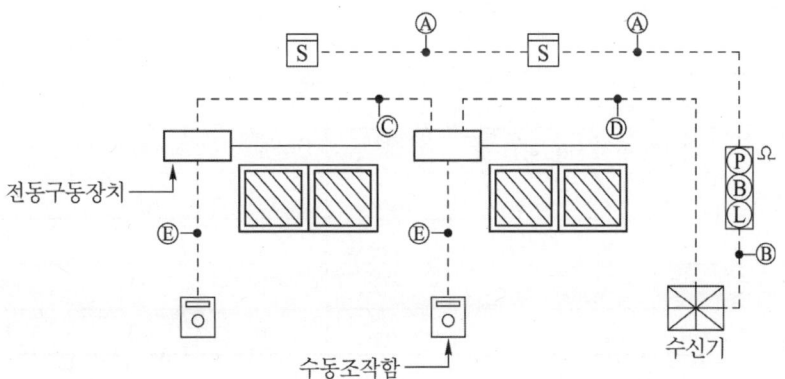

기호	구 간	배선수	배선의 용도
Ⓐ	감지기 ↔ 감지기(감지기 ↔ 발신기)		
Ⓑ	발신기 ↔ 수신기		
Ⓒ	전동구동장치 ↔ 전동구동장치		
Ⓓ	전동구동장치 ↔ 수신기		
Ⓔ	전동구동장치 ↔ 수동조작함		

답안작성

기 호	구 간	배선수	배선의 용도
Ⓐ	감지기 ↔ 감지기(감지기 ↔ 발신기)	4	지구 2, 지구공통 2
Ⓑ	발신기 ↔ 수신기	6	응답 1, 지구 1, 지구공통 1, 경종 1, 표시등 1, 경종·표시등 공통 1
Ⓒ	전동구동장치 ↔ 전동구동장치	3	공통 1, 기동 1, 기동확인 1
Ⓓ	전동구동장치 ↔ 수신기	5	공통 1, 기동 2, 기동확인 2
Ⓔ	전동구동장치 ↔ 수동조작함	3	공통 1, 기동 1, 기동확인 1

▼해설

(1) 배연창 설비 : 화재발생시 연기를 외부로 배출시켜 질식으로 인한 인명피해 및 연소확대를 방지하기 위한 설비로 SOLENOID식과 MOTOR식이 있다.
(2) 동시기동방식의 경우 전동구동장치 ↔ 수신기 사이 가닥수는 4가닥(기동1, 기동확인2, 공통)이 된다.
(3) 배선가닥수 산정

내 용	Ⓐ	Ⓑ	Ⓒ	Ⓓ	Ⓔ
응 답 선		1			
지 구 선	2	1			
지구 공통선	2	1			
지구 경종선		1			
표시등 선		1			
지구경종, 표시등 공통선		1			
공통			1	1	1
기동			1	2	1
기동확인			1	2	1
합 계	4	6	3	5	3

문제 07

★★ 출제년도 「18.」 •점수 : 6점

아래 그림과 같이 방전 전류가 시간과 함께 감소하는 패턴의 축전지 용량을 계산하시오. 이 때 용량환산시간계수 K는 아래 표와 같으며 보수율은 0.8을 적용한다.

시간	10분	20분	30분	60분	100분	110분	120분	170분	180분	200분
용량환산시간계수 [K]	1.30	1.45	1.75	2.55	3.45	3.65	3.85	4.85	5.05	5.30

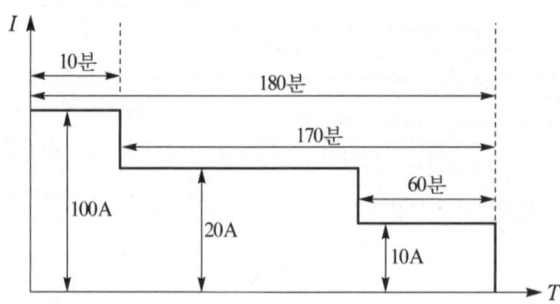

답안작성

① $C_1 = \dfrac{1}{L} K_1 I_1 = \dfrac{1}{0.8} \times 1.30 \times 100 = 162.5 [Ah]$

② $C_2 = \frac{1}{L}[K_1I_1 + K_2(I_2 - I_1)] = \frac{1}{0.8}[3.85 \times 100 + 3.65(20 - 100)] = 116.25[Ah]$

③ $C_3 = \frac{1}{L}[K_1I_1 + K_2(I_2 - I_1) + K_3(I_3 - I_2)]$

$= \frac{1}{0.8}[5.05 \times 100 + 4.85(20 - 100) + 2.55(10 - 20)] = 114.375 = 114.38[Ah]$

중 큰 값을 결정하여야 하므로 답은 162.5[Ah]

▼해설

(1) 시간에 따라서 감소되는 부하

① C_1 용량

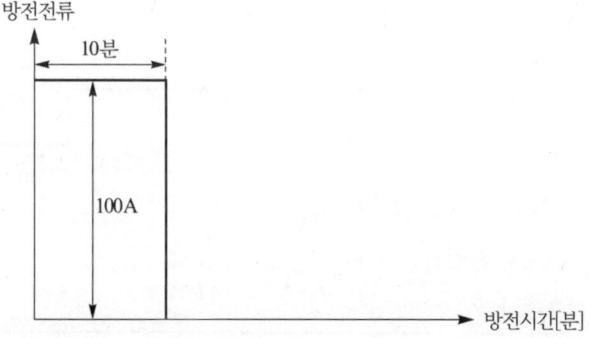

표에서 용량환산시간계수는 10분일 때 $K_1 = 1.30$, 방전전류는 $I_1 = 100A$이므로 대입하면

시간	10분	20분	30분	60분	100분	110분	120분	170분	180분	200분
용량환산 시간계수[K]	1.30	1.45	1.75	2.55	3.45	3.65	3.85	4.85	5.05	5.30

$C_1 = \frac{1}{L}K_1I_1 = \frac{1}{0.8} \times 1.30 \times 100 = 162.5[Ah]$

② C_2 용량

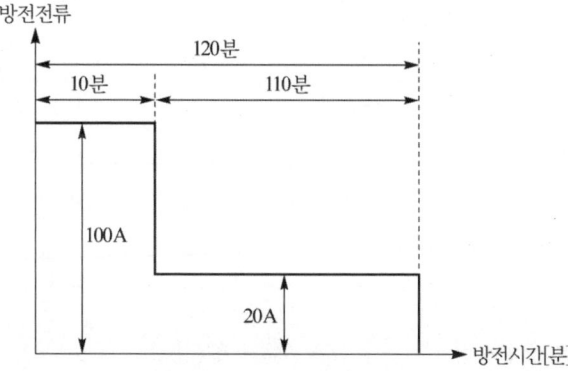

표에서 용량환산시간계수는 120분일 때 $K_1 = 3.85$, 110분일 때 $K_2 = 3.65$

시간	10분	20분	30분	60분	100분	110분	120분	170분	180분	200분
용량환산 시간계수[K]	1.30	1.45	1.75	2.55	3.45	3.65	3.85	4.85	5.05	5.30

방전전류는 $I_1 = 100A$, $I_2 = 20A$이므로 대입하면

$$C_2 = \frac{1}{L}[K_1 I_1 + K_2(I_2 - I_1)] = \frac{1}{0.8}[3.85 \times 100 + 3.65(20-100)] = 116.25[Ah]$$

③ C_3 용량

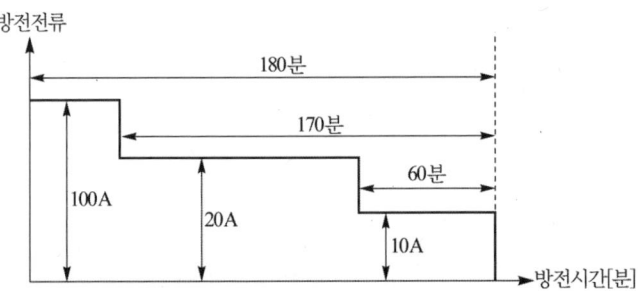

표에서 용량환산시간계수는 180분일 때 $K_1 = 5.05$, 170분일 때 $K_2 = 4.85$, 60분일 때 $K_3 = 2.55$

시간	10분	20분	30분	60분	100분	110분	120분	170분	180분	200분
용량환산 시간계수[K]	1.30	1.45	1.75	2.55	3.45	3.65	3.85	4.85	5.05	5.30

방전전류는 $I_1 = 100A$, $I_2 = 20A$, $I_3 = 10A$이므로 대입하면

$$C_3 = \frac{1}{L}[K_1 I_1 + K_2(I_2 - I_1) + K_3(I_3 - I_2)]$$
$$= \frac{1}{0.8}[5.05 \times 100 + 4.85(20-100) + 2.55(10-20)] = 114.375 = 114.38[Ah]$$

(2) 시간에 따른 순차 기동되는 부하의 경우 축전지 용량 계산은 다음과 같다.

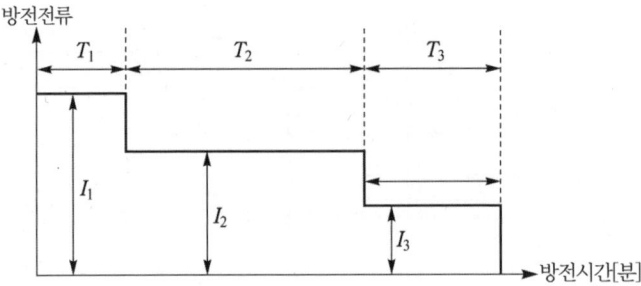

축전지 용량 $C = \frac{1}{L}[K_1 I_1 + K_2 I_2 + K_3 I_3][Ah]$

문제의 그림에서 시간을 산출하면 $T_1 = 10$분, $T_2 = 110$분, $T_3 = 60$분이 된다.

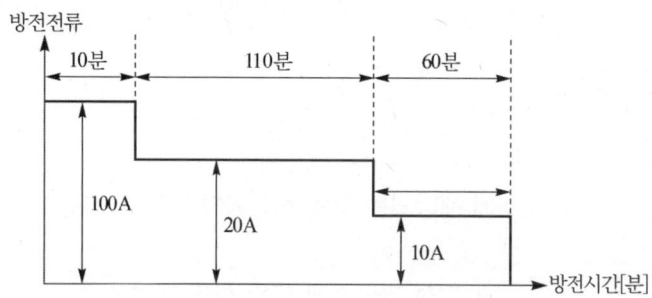

표에서 용량환산시간계수는 10분일 때 $K_1 = 1.30$, 110분일 때 $K_2 = 3.65$, 60분일 때 $K_3 = 2.55$, 방전전류는 $I_1 = 100A$, $I_2 = 20A$, $I_3 = 10A$이므로 대입하면

시간	10분	20분	30분	60분	100분	110분	120분	170분	180분	200분
용량환산 시간계수[K]	1.30	1.45	1.75	2.55	3.45	3.65	3.85	4.85	5.05	5.30

축전지 용량 $C = \dfrac{1}{L}[K_1I_1 + K_2I_2 + K_3I_3] = \dfrac{1}{0.8}[1.30 \times 100 + 3.65 \times 20 + 2.55 \times 10]$
$= 285.625 = 285.63[Ah]$

★★★ 출제년도 「15, 18.」 •점수 : 10점

문제 08 다음 그림은 자동화재탐지설비의 계통도이다. 주어진 조건에 따라 다음 각 물음에 답하시오.

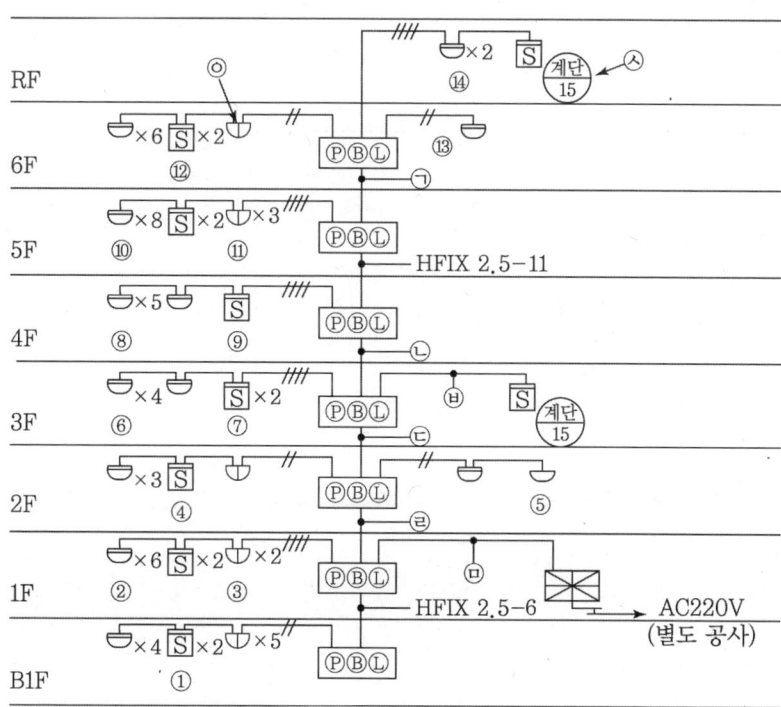

◀조건▶
- 발신기세트에는 경종, 표시등, 발신기 등을 수용한다.
- 수신기 내부에 경종단락보호장치를 설치
- 종단저항은 감지기 말단에 설치한 것으로 한다.

(1) ㉠~㉣ 개소에 해당되는 곳의 전선가닥수를 쓰시오.(최소 가닥수로 답한다.)
　　㉠　　　　　　㉡　　　　　　㉢　　　　　　㉣
(2) ㉤개소의 최소 전선 가닥수에 대한 상세 내역을 쓰시오.
(3) ㉥개소의 최소 전선 가닥수는 몇 가닥인가?
(4) ㉦ 의 의미를 상세하게 설명하시오.
(5) ㉧의 감지기는 어떤 종류의 감지기인지 그 명칭을 쓰시오.
- ▽ :
(6) 본 도면의 설비에 대한 전체 회로수는 모두 몇 회로인가?

답안작성

(1) ㉠ 9가닥　㉡ 16가닥　㉢ 19가닥　㉣ 22가닥
(2) 회로선 15, 회로공통선 3, 경종선 7, 경종표시등공통선 1, 응답선 1, 표시등선 1
(3) 4가닥
(4) 경계구역의 번호가 15인 계단을 의미(계단은 면적에 상관없이 경계구역에 포함한다.)
(5) 정온식스포트형감지기(방수형)
(6) 15회로

해설

(1) (2) (3) 전선 가닥수 산정

내　용	추가	㉠	㉡	㉢	㉣	㉤	㉥
회로선		4	8	10	12	15	2
회로공통선		1	2	2	2	3	2
경종선		1	3	4	5	7	
경종표시등공통선		1	1	1	1	1	
응답선		1	1	1	1	1	
표시등선		1	1	1	1	1	
합　　계		9	16	19	22	28	4

(4), (5) 옥내배선 기호

명 칭	그림기호	적 요
수 신 기	⊠	다른 설비의 기능을 가진 경우는 필요에 따라 해당 설비의 그림기호를 같이 적는다. [예] 가스누설 경보설비와 일체인 것 ⊠▽ 가스누설 경보설비 및 방배연 연동과 일체인 것 ⊠▽
경계구역번호	○	(1) ○에 경계구역 번호를 넣는다. (2) 필요에 따라 ⊖로 하고, 상부에 필요사항, 하부에 경계구역 번호를 넣는다. 계단 샤프트
차동식 스포트형 감지기	⌴	필요에 따라 종별을 표기한다.
정온식 스포트형 감지기	⌴	(1) 필요에 따라 종별을 표기한다. (2) 방수인 것은 ▽ 로 한다.
연기감지기	S	(1) 필요에 따라 종별을 표기한다. (2) 점검 박스 붙이인 경우는 S 로 한다. (3) 매입인 것은 S 로 한다.

(6) 층별 경계구역 수

층 별	번 호	경계구역 수
RE	⑭, 계단15	1
6F	⑫, ⑬	2
5F	⑩, ⑪	2
4F	⑧, ⑨	2
3F	⑥, ⑦, 계단15	3
2F	④, ⑤	2
1F	②, ③	2
B1F	①	1
합 계		15회로

※ ⓗ의 전선가닥수가 4인 이유 : 3F와 RF층의 계단감지기가 동일한 경계구역인 15번이고 종단저항이 감지기 말단에 설치되므로 4가닥이 된다.

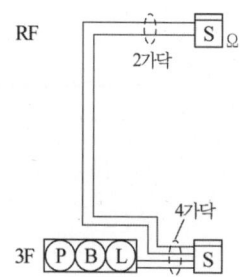

문제 09

그림과 같은 강당(길이 36m, 폭 15m)의 중앙 및 좌우 객석의 통로에 객석유도등을 설치하고자 한다. 다음 각 물음에 답하시오.

(1) 강당에 설치하여야 하는 객석유도등의 수량을 산출하시오.
- 계산 :
- 답 :

(2) "(1)"항에서 산출된 수량의 객석유도등을 도면 내에 설치하시오. (단, 설치하는 유도등의 표시는 ●로 한다.)

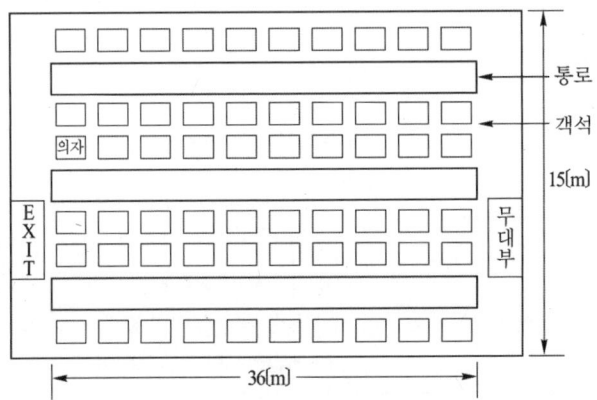

답안작성

(1) 계산 : 각 통로당 객석유도등 $n = \dfrac{36\text{m}}{4\text{m}} - 1 = 8$개

통로가 3이므로 총 소요 수량 N은
$N = 8 \times 3 = 24$[개]

답 : 24[개]

(2)

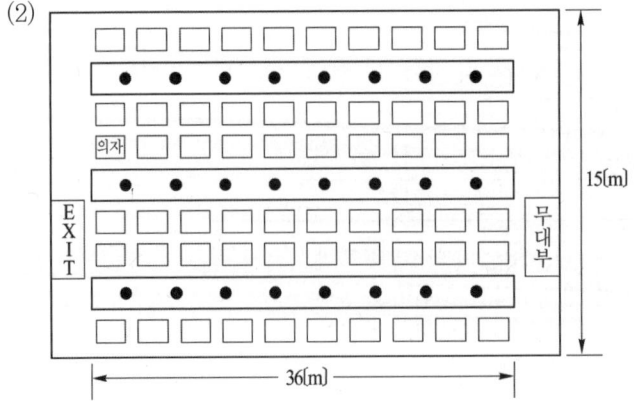

▼해설

유도등 및 유도표지 설치개수

종 류	설치 개수
• 객석유도등	$N \geq \dfrac{\text{객석통로의 직선 부분의 길이 [m]}}{4} - 1$
• 복도통로유도등 • 거실통로유도등	① $N \geq \dfrac{\text{구부러진 곳이 없는 부분의 보행거리 [m]}}{20} - 1$ ② 모퉁이 마다 1개

문제 10 ★★★ 출제년도 「98. 01. 11. 18.」 •점수 : 5점

P형 1급 수신기의 예비전원을 시험하는 방법과 양부판단의 기준에 대하여 설명하시오.
(1) 시험방법
(2) 양부판단의 기준

답안작성

(1) 시험방법
　① 예비전원 시험 스위치를 누른다.
　② 전압계의 지시치가 지정치의 범위 내에 있을 것
　③ 교류전원을 개로하고 자동절환 릴레이의 작동상황을 조사한다.
(2) 양부판단의 기준 : 예비전원의 전압, 용량, 절환상황 및 복구동작이 정상일 것

문제 11 ★★★ 출제년도 「11. 18.」 •점수 : 6점

다음은 휴대용 비상조명등을 설치하여야 하는 특정소방대상물의 기준을 나타낸 것이다.
(　) 안에 알맞은 내용을 답안지에 쓰시오.
(1) (　　)시설
(2) 수용인원 (　　) 이상의 영화상영관, 판매시설 중 (　　), 철도 및 도시철도시설 중 지하역사, 지하가 중 (　　)

답안작성

(1) 숙박
(2) 100명, 대규모점포, 지하상가

▼해설

(1) 휴대용비상조명등 설치대상(소방시설법 시행령 별표4)
　① 숙박시설
　② 수용인원 100명 이상의 영화상영관, 판매시설 중 대규모 점포, 철도 및 도시철도시설 중 지하역사, 지하가 중 지하상가
(2) 휴대용비상조명등 적합기준(화재안전기술기준)
　1. 다음 각 목의 장소에 설치할 것
　　가. 숙박시설 또는 다중이용업소에는 객실 또는 영업장안의 구획된 실마다 잘 보이는 곳(외

부에 설치시 출입문 손잡이로부터 1m 이내 부분)에 1개 이상 설치
 나. 대규모점포(지하상가 및 지하역사는 제외한다)와 영화상영관에는 보행거리 50m 이내마다 3개 이상 설치
 다. 지하상가 및 지하역사에는 보행거리 25m 이내마다 3개 이상 설치
2. 설치높이는 바닥으로부터 0.8m 이상 1.5m 이하의 높이에 설치할 것
3. 어둠속에서 위치를 확인할 수 있도록 할 것
4. 사용 시 자동으로 점등되는 구조일 것
5. 외함은 난연성능이 있을 것
6. 건전지를 사용하는 경우에는 방전방지조치를 하여야 하고, 충전식 밧데리의 경우에는 상시 충전되도록 할 것
7. 건전지 및 충전식 밧데리의 용량은 20분 이상 유효하게 사용할 수 있는 것으로 할 것

★ 출제년도 「10. 18.」 • 점수 : 5점

문제 12 자동화재탐지설비의 음향장치의 설치기준에 대한 사항이다. 11층 이상으로서 연면적이 3,000 m²를 초과하는 특정소방대상물 또는 그 부분에 있어서 화재발생으로 인하여 경보가 발하여야 하는 층을 찾아 빈칸에 표시하시오. (단, 경보 표시는 ●를 사용한다.)

6층					
5층					
4층					
3층					
2층	화재발생, ●				
1층		화재발생, ●			
지하 1층			화재발생, ●		
지하 2층				화재발생, ●	
지하 3층					화재발생, ●

답안작성

6층	●				
5층	●	●			
4층	●	●			
3층	●	●			
2층	화재발생, ●	●			
1층		화재발생, ●	●		
지하 1층		●	화재발생, ●	●	●
지하 2층		●	●	화재발생, ●	●
지하 3층		●	●	●	화재발생, ●

▼해설

(1) 특정소방대상물 규모 : 11층 이상으로서 연면적이 3,000 [m²]를 초과
(2) 우선경보방식 : 화재발생시 안전하고 신속한 대피를 위하여 화재가 발생한 층과 그 직상층부터 우선하여 별도로 경보하는 방식

화재층	경보층(11층(공동주택인 경우 16층) 이상인 경우)	경보층(30층 이상인 경우)
1층	발화층, 그 직상 4개층, 지하층	발화층, 그 직상 4개층, 지하층
2층 이상	발화층, 그 직상 4개층	발화층, 그 직상 4개층
지하층	발화층, 그 직상층, 기타의 지하층	발화층, 그 직상층, 기타의 지하층

(3) 11층(공동주택인 경우 16층) 미만인 경우에는 일제경보방식으로 모든 층에 경보

★★★ 출제년도 「18.」 •점수 : 7점

문제 13 그림은 자동방화문설비의 미완성 도면을 나타낸 것이다. 이 도면을 참고하여 다음 각 물음에 답하시오.

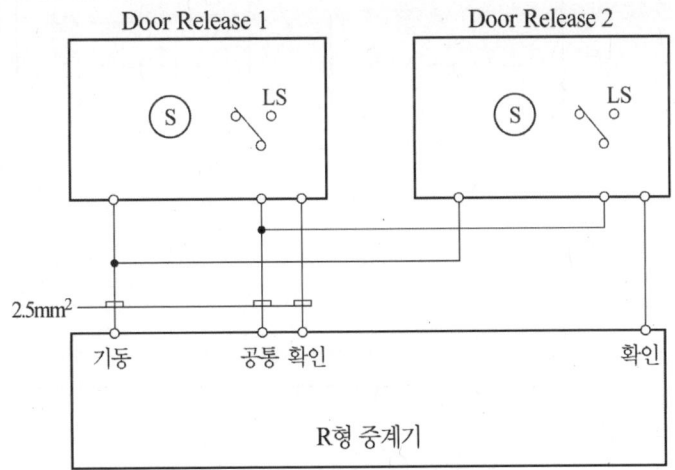

(1) 도어릴리즈(Door Release)의 설치목적을 쓰시오.
(2) 주어진 도면의 미완성 부분을 답안지에 그려 도면을 완성하시오.(단, Door Release 1이 작동된 후 확인신호에 의해 Door Release 2가 연계하여 작동되도록 한다.)

답안작성

(1) 피난계단 전실 등의 출입문을 평상시 열어 놓았다가 화재발생시 화재발생 신호와 연동으로 출입문을 폐쇄시켜 연기유입을 방지하기 위하여 설치한다.

(2)

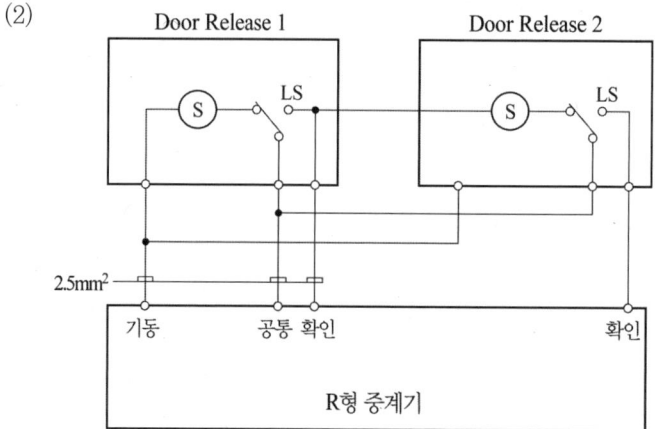

▼해설

(1) 도어릴리즈(Door Release)는 피난계단 전실 등의 출입문을 평상시 열어 놓았다가 화재발생시 화재발생 신호와 연동으로 출입문을 폐쇄시켜 연기유입을 방지하기 위하여 설치한다.
(2) 회로도
　① 동시기동의 경우

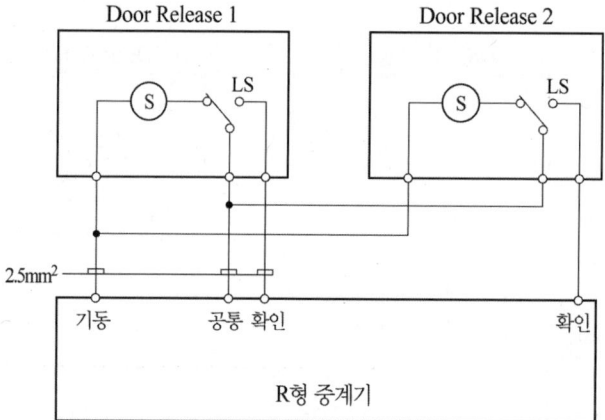

　② 연계하여 작동하는 경우

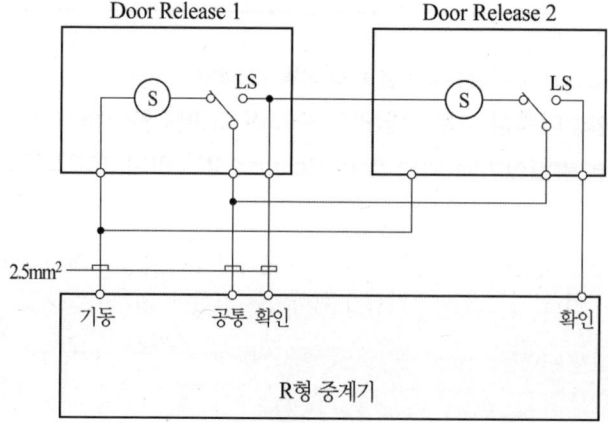

(3) 자동방화문설비의 계통도 및 배선내역

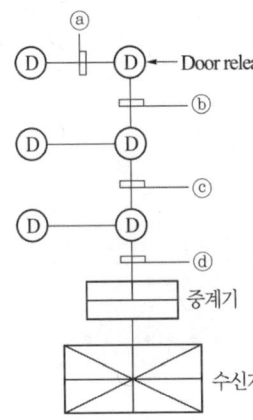

기호	내역	용 도
ⓐ	16C(2.5-3)	공통, 기동, 확인
ⓑ	16C(2.5-4)	공통, 기동, 확인2
ⓒ	22C(2.5-7)	공통, (기동, 확인2) × 2
ⓓ	28C(2.5-10)	공통, (기동, 확인2) × 3

★★★ 출제년도 「18. 20.」 •점수 : 7점

문제 14 다음은 자동화재탐지설비의 P형 1급 수신기의 미완성 결선도이다. 다음 각 물음에 답하시오.

(1) 수신기의 단자에 알맞게 각 기기장치를 연결하시오.(단, 발신기의 단자는 왼쪽으로부터 응답, 지구공통, 전화, 지구이다.)

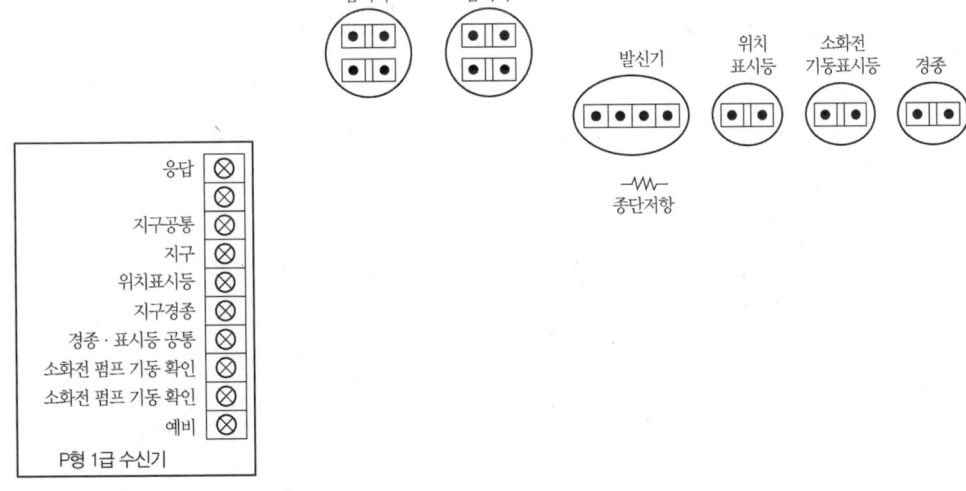

(2) 종단저항을 연결하여야 하는 기기의 명칭과 단자의 명칭을 답안지에 쓰시오.

기기의 명칭	
단자의 명칭	

(3) 소화전 기동표시등의 색깔은?

(4) 발신기 위치 표시등에 대한 다음 각 물음에 답하시오.
① 불빛의 식별범위 :
② 표시등의 색깔 :

답안작성

(1) P형 1급 수신기와 P형 1급 발신기 및 감지기간 결선도

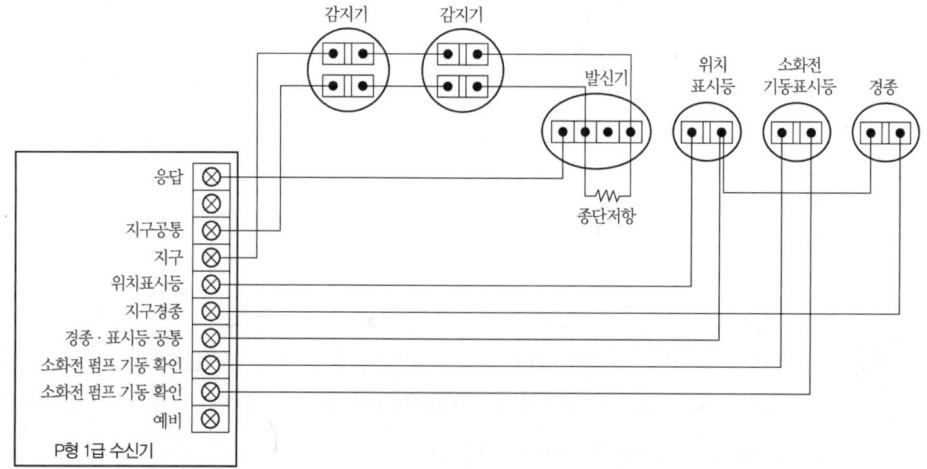

(2)
기기의 명칭	발신기
단자의 명칭	지구, 지구공통

(3) 적색
(4) ① 불빛의 식별범위 : 부착면으로부터 15° 이상의 범위 안에서 부착지점으로부터 10m 이내
② 표시등의 색깔 : 적색

▼해설

(1) P형 1급 수신기와 P형 1급 발신기 및 감지기간 결선도

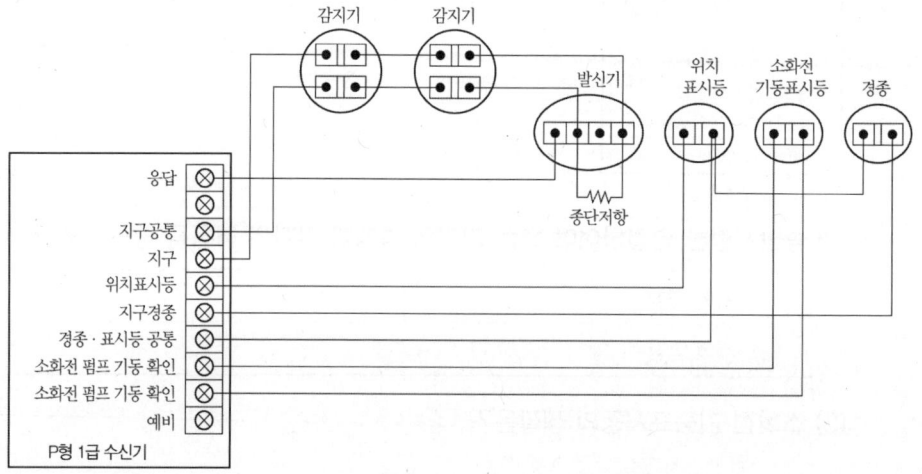

[보충설명] 종단저항은 발신기의 지구와 지구공통 단자에 접속한다.
(2) 자동화재탐지설비 및 시각경보장치의 화재안전기술기준
발신기의 위치를 표시하는 표시등은 함의 상부에 설치하되, 그 불빛은 부착면으로부터 15° 이상의 범위 안에서 부착지점으로부터 10m 이내의 어느곳에서도 쉽게 식별할 수 있는 적색등으로 하여야 한다.

문제 15

★★★ 출제년도 「98. 99. 01. 04. 06. 08. 11. 17. 18. 19.」 •점수 : 6점

자동화재탐지설비의 수신기에서 공통선을 시험하는 목적과 그 시험방법에 대하여 쓰시오.
(1) 목적
(2) 시험방법

답안작성
(1) 1개의 공통선이 담당하고 있는 경계구역수가 7이하인지 확인하기 위하여
(2) ① 수신기내 접속단자의 공통선 1선을 제거한다.
② 회로도통시험버튼을 누르고 회로선택스위치를 차례로 회전시킨다.
③ 시험용 계기의 지시등이 "단선"을 지시한 경계구역의 회선수를 조사한다.

▼해설
자동화재탐지설비 수신기의 기능시험의 종류
① 화재표시작동 시험   ② 회로도통 시험
③ 공통선 시험   ④ 저전압 시험
⑤ 예비전원 시험   ⑥ 동시작동 시험
⑦ 음향장치 시험   ⑧ 절연저항 시험
⑨ 회로저항 시험   ⑩ 비상전원 시험

2018년 기사 제2회 실기시험

Engineer Fire Protection System

자격종목	시험시간	시행일	수험번호	성명
소방설비기사(전기분야)	2시간 30분	2018.6.30		

※ 다음 물음의 답을 해당 답란에 답하시오.(배점 : 100점)

문제 01

★★★ 출제년도 「03. 15. 18.」 •점수 : 13점

어떤 건물에 대한 소방설비의 배선도면을 보고 다음 각 물음에 답하시오. (단, 배선공사는 후강전선관을 사용한다고 한다.)

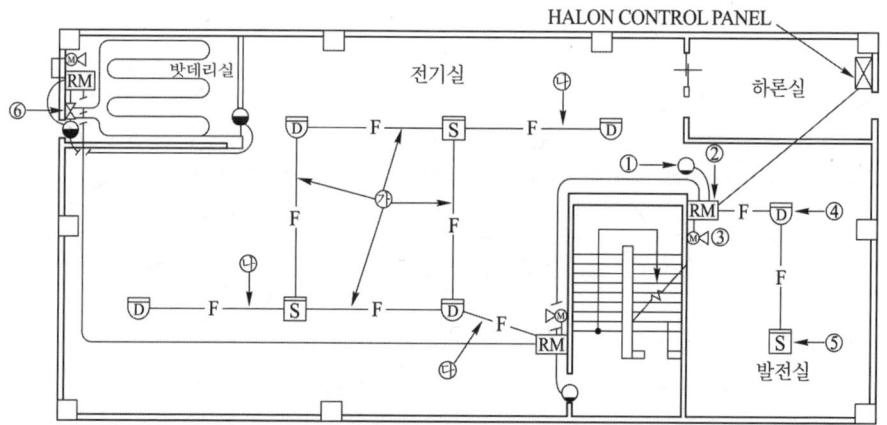

(1) 도면에 표시된 그림기호 ①~⑥의 명칭은 무엇인가?
(2) 도면에서 ㉮~㉰의 배선가닥수는 몇 가닥인가?
(3) 도면에서 물량을 산출할 때 박스는 어떤 박스를 몇 개 사용하여야 하는지 구분하여 답하시오.
(4) 부싱은 몇 개가 소요되겠는가?

답안작성

(1) ① 방출표시등　　　② 가스계소화설비의 수동조작함
　　③ 모터사이렌　　　④ 차동식 스포트형 감지기
　　⑤ 연기 감지기　　　⑥ 차동식 분포형감지기의 검출부
(2) ㉮ 4가닥　㉯ 4가닥　㉰ 8가닥
(3) 4각 박스 : 4개, 8각 박스 : 16개
(4) 40개

▼해설

(1) 옥내배선기호

명 칭	그림기호	적 요
차동식 스포트형 감지기	⌒	필요에 따라 종별을 표기한다.
연기감지기	 ⬚S⬚	(1) 필요에 따라 종별을 표기한다. (2) 점검 박스 붙이인 경우는 ⬚S⬚로 한다. (3) 매입인 것은 ⬚S⬚로 한다.
차동식 분포형 감지기의 검출부	⋈	필요에 따라 종별을 표기한다.
수 신 기	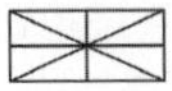 ⋈⋈	다른 설비의 기능을 갖는 경우는 필요에 따라 해당설비의 그림기호를 표기한다.
부수신기	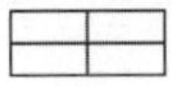 ⊟	
중 계 기	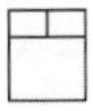 ⬚	
가스계소화설비의 수동조작함	RM	소방설비용 : RM_F
모터사이렌	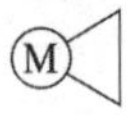 Ⓜ◁	
방출표시등	⊗ 또는 ◐	벽붙이형 : ⊢⊗

(2) 전선 가닥수
 ① 교차회로 적용설비
  ㉠ 스프링클러설비 (준비작동식, 일제살수식)
  ㉡ 이산화탄소소화설비
  ㉢ 할론소화설비
  ㉣ 분말소화설비
  ㉤ 물분무소화설비
  ㉥ 할로겐화합물 및 불활성기체 소화설비
 ② 전선 가닥수 산정

내 용	㉮	㉯	㉰
감지기 A	2		2
감지기 A 종단저항			2
감지기 B	2	2	2
감지기 B 종단저항		2	2
합 계	4	4	8

(3) 박스 수량 산출

적용개소	수량	박스
감 지 기	8	8각
방출표시등	4	8각
모터사이렌	3	8각
가스계소화설비의 수동조작함	3	4각
차동식 분포형 감지기의 검출부	1	8각
할론설비 제어반	1	4각
합 계	20	

(4) 부싱수량 산출

적용개소	박스수량	부싱수량
1방출	11	11 × 1 = 11
2방출	3	3 × 2 = 6
3방출	3	3 × 3 = 9
4방출	1	1 × 4 = 4
5방출	2	2 × 5 = 10
합 계	20	40

(5) 4각박스 사용처 :
4방출 이상, 한쪽면 2방출 이상, 발신기세트, 제어반, 수신기, 수동조작함, 슈퍼비조리판넬 등

★★★ 출제년도 「15. 18.」 •점수 : 13점

문제 02 아래의 그림은 이산화탄소 소화설비의 간선계통도이다. 다음 각 물음에 답하시오.
(단, 감지기공통선과 전원공통선은 각각 분리해서 사용하는 조건이다.)

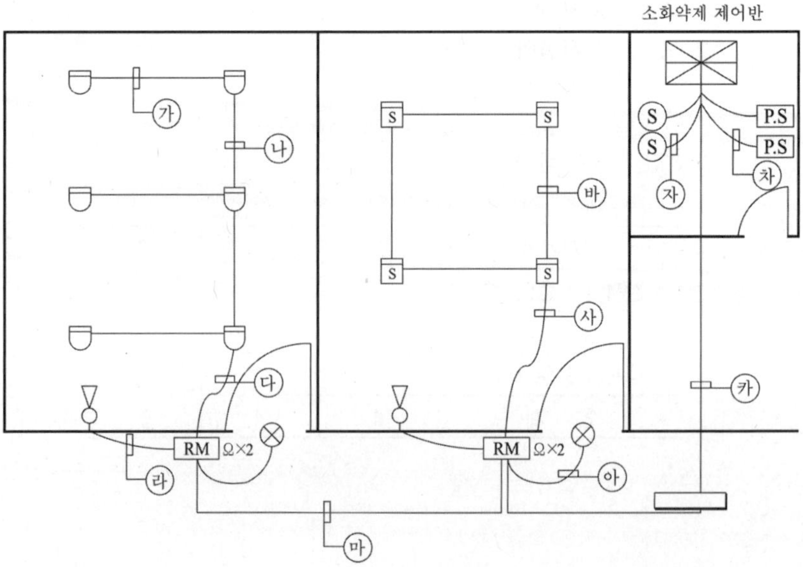

(1) "㉮"~"㉿"까지의 배선 가닥수를 쓰시오.

㉮	㉯	㉰	㉱	㉲	㉳	㉴	㉵	㉶	㉷	㉿

(2) "㉲"의 배선별 용도를 쓰시오.(단, 해당 배선가닥수까지만 기록)

번호	배선의 용도	번호	배선의 용도
1		6	
2		7	
3		8	
4		9	
5		10	

(3) "㉿"의 배선 중 "㉲"의 배선과 병렬로 접속하지 않고 추가해야 하는 배선의 명칭은?

번호	배선의 용도
1	
2	
3	
4	
5	

답안작성

(1)

㉮	㉯	㉰	㉱	㉲	㉳	㉴	㉵	㉶	㉷	㉿
4	8	8	2	9	4	8	2	2	2	14

(2)

번호	배선의 용도	번호	배선의 용도
1	전원 +	6	감지기 A
2	전원 -	7	감지기 B
3	기동스위치 (솔레노이드밸브)	8	비상스위치 (방출지연스위치)
4	방출표시등	9	감지기공통
5	사이렌	10	

(3)

번호	배선의 용도
1	기동스위치
2	방출표시등
3	사이렌
4	감지기A
5	감지기B

▼해설

(1) ① 교차회로 적용설비
- 스프링클러설비 (준비작동식, 일제살수식)
- 이산화탄소소화설비
- 할론소화설비
- 분말소화설비
- 물분무소화설비, 미분무소화설비
- 할로겐화합물 및 불활성기체 소화설비

② 교차회로 적용 시 감지기 전선 가닥수
- 말단 및 루프 구간 : 4가닥
- 기타 구간 : 8가닥

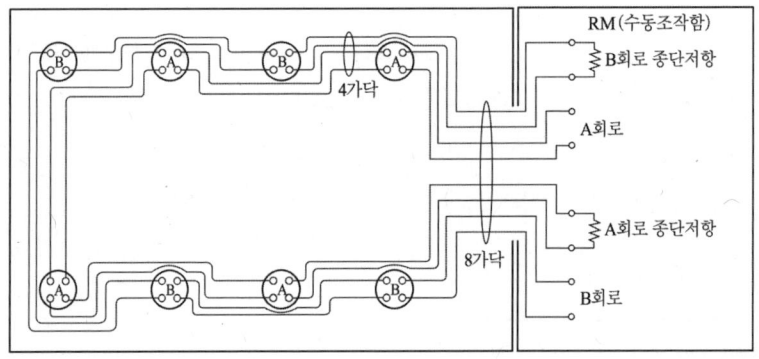

※ 종단저항을 수동조작함에 설치

(2) 제어반 결선도

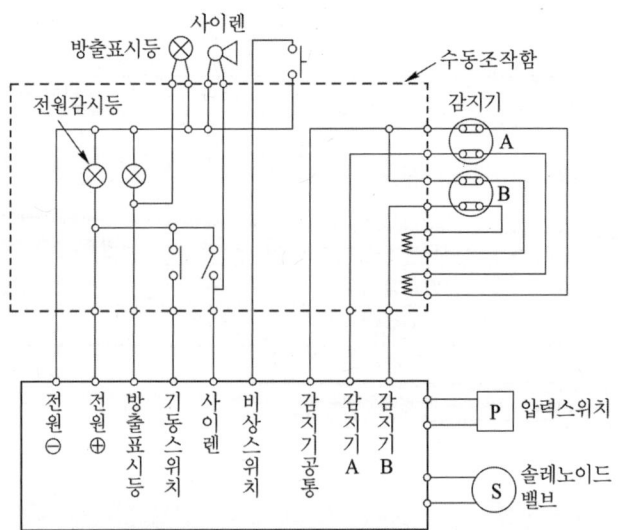

※ 비상스위치 = 방출지연스위치

(3)

번 호	㉯	㉮
1	전원 +	전원 +
2	전원 -	전원 -
3	비상스위치	비상스위치
4	감지기 공통	감지기 공통
5	기동스위치	기동스위치 2
6	방출표시등	방출표시등 2선
7	사이렌	사이렌 2선
8	감지기 A	감지기 A 2선
9	감지기 B	감지기 B 2선
간선수	9선	14선

★ 출제년도 「11. 18.」 ・점수 : 5점

문제 03

다음은 P형 1급 수신기의 점검에 대한 판정기준의 일부를 나타낸 것이다. 시험별 양부판정기준을 답안지에 쓰시오.

구 분	양부판정기준
회로저항시험	(1)
공통선시험	(2)
지구음향장치의 작동시험	(3)

답안작성

(1) 하나의 감지기회로의 합성 저항값이 50Ω 이하
(2) 공통선이 담당하고 있는 경계구역의 수가 7 이하
(3) 해당 지구음향장치가 작동하고 음량이 정상일 것

해설

(1) 회로저항시험
 ① 목적 : 감지기회로의 1회선의 선로저항치가 수신기의 기능에 이상을 가져오는지의 여부 확인
 ② 시험방법
  ㉠ 저항계를 사용하여 감지기회로의 공통선과 표시선 사이의 전로에 대해 측정한다.
  ㉡ 항상 개로식인 것에 있어서는 회로의 말단상태를 도통 상태로 하여 측정한다.
 ③ 가부판정의 기준 : 하나의 감지기 회로의 합성저항치가 50[Ω] 이하일 것
(2) 공통선 시험
 ① 목적 : 공통선이 담당하고 있는 경계구역의 적정여부 확인
 ② 시험방법
  ㉠ 수신기 내 접속단자의 공통선을 1선 제거한다.
  ㉡ 회로도통시험을 한다.(회로 도통시험스위치를 시험의 위치에 놓는다. 회로선택스위치를 차례로 회전시킨다.)
  ㉢ 시험용 계기의 지시등이 단선을 지시한 경계구역의 회선을 조사한다.
 ③ 가부판정의 기준 : 단선을 지시한 경계구역의 회선을 조사하여, 공통선이 담당하고 있는 경계구역의 수가 7 이하이면 정상

(3) 지구음향장치의 작동시험
 ① 목적 : 감지기의 작동과 연동하여 해당 지구음향장치가 정상적으로 작동하는지의 여부 확인
 ② 시험방법 : 임의의 감지기 또는 발신기를 작동시킨다.
 ③ 가부판정의 기준 : 해당 지구음향장치가 작동하고 음량이 정상일 것

문제 04

★★★ 출제년도 「14. 18.」 •점수 : 5점

다음은 비상콘센트설비의 전원회로에 대한 기준이다. (   )안에 알맞은 내용을 쓰시오.

- 전원회로는 각 층에 있어서 (①)이(가) 되도록 설치할 것
- 전원회로는 (②)에서 전용회로로 할 것. 다만, 다른 설비 회로의 사고에 따른 영향을 받지 아니하도록 되어 있는 것은 그러하지 아니하다.
- 콘센트마다 (③)를 설치하여야 하며, (④)가 노출되지 아니하도록 할 것
- 하나의 전용회로에 설치하는 비상콘센트는 (⑤)개 이하로 할 것

답안작성

①	②	③	④	⑤
2 이상	주배전반	배선용 차단기	충전부	10

해설

비상콘센트설비
(1) 설치하여야 하는 특정소방대상물
 ① 층수가 11층 이상인 것은 11층 이상의 층
 ② 지하층의 층수가 3층 이상이고 바닥면적 합계가 1000 [m²] 이상이면 지하층의 모든 층
 ③ 지하가 중 터널로서 길이가 500[m] 이상
(2) 설치기준
 ① 비상콘센트설비의 전원회로

전원회로의 종류	전 압	공급용량	플러그 접속기
단상 교류	220 [V]	1.5 [kVA] 이상	접지형 2극

 ② 전원회로는 각 층에 2 이상이 되도록 설치할 것. 다만, 설치하여야 할 층의 비상콘센트가 1개인 때에는 하나의 회로로 할 수 있다.
 ③ 전원으로부터 각 층의 비상콘센트에 분기되는 경우에는 분기배선용 차단기를 보호함안에 설치할 것
 ④ 전원회로는 주배전반에서 전용회로로 할 것. 다만, 다른 설비의 회로의 사고에 따른 영향을 받지 아니하도록 되어 있는 것은 그러하지 아니하다.
 ⑤ 콘센트마다 배선용 차단기를 설치하여야 하며, 충전부가 노출되지 아니하도록 할 것
 ⑥ 개폐기에는 "비상콘센트"라고 표시한 표지를 할 것
 ⑦ 비상콘센트용의 풀박스 등은 방청도장을 한 것으로서, 두께 1.6 [mm] 이상의 철판으로 할 것
 ⑧ 하나의 전용회로에 설치하는 비상콘센트는 10개 이하로 할 것. 이 경우 전선의 용량은 각 비상콘센트(비상콘센트가 3개 이상인 경우에는 3개)의 공급용량을 합한 용량 이상의 것으로 하여야 한다.

문제 05

다음은 준비작동식유수검지장치에 관한 배선연결 계통도이다. 물음에 답하시오.(단, 프리액션밸브의 공통선은 하나로 한다.)

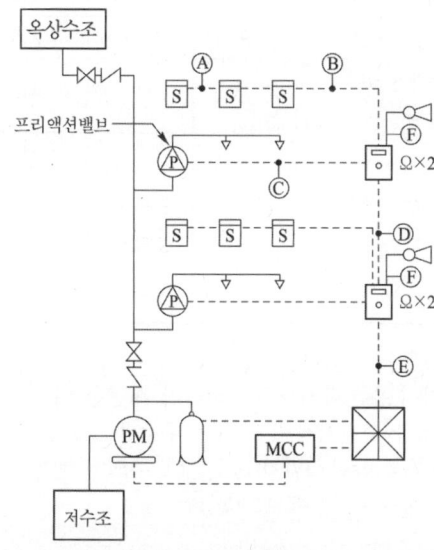

[물음] Ⓐ~Ⓕ까지의 배선 가닥수를 답란에 쓰시오.

기호	구분	배선수	배선의 용도
Ⓐ	감지기 ↔ 감지기		
Ⓑ	감지기 ↔ SVP		
Ⓒ	프리액션밸브 ↔ SVP		
Ⓓ	SVP ↔ SVP		
Ⓔ	2 ZONE일 경우		
Ⓕ	사이렌↔SVP		

답안작성

기호	구분	배선수	배선의 용도
Ⓐ	감지기 ↔ 감지기	4	지구, 지구공통 각 2가닥
Ⓑ	감지기 ↔ SVP	8	지구, 지구공통 각 4가닥
Ⓒ	프리액션밸브 ↔ SVP	4	밸브기동1, 밸브개방확인1, 밸브주의1, 공통선1
Ⓓ	SVP ↔ SVP	9	전원 ⊕, 전원 ⊖, 전화, 감지기 A, B, 밸브기동, 밸브개방확인, 밸브주의, 사이렌
Ⓔ	2 ZONE일 경우	15	전원 ⊕, 전원 ⊖, 전화, (감지기 A, B, 밸브기동, 밸브개방확인, 밸브주의, 사이렌)×2
Ⓕ	사이렌↔SVP	2	사이렌2

▼해설

(1)

기호	구분	배선수	전선굵기	배선의 용도
Ⓐ	감지기 ↔ 감지기	4	1.5[mm²]	지구, 지구공통 각 2가닥
Ⓑ	감지기 ↔ SVP	8	1.5[mm²]	지구, 지구공통 각 4가닥
Ⓒ	프리액션밸브 ↔ SVP	4	2.5[mm²]	밸브기동1, 밸브개방확인1, 밸브주의1, 공통선1
Ⓓ	SVP ↔ SVP	9	2.5[mm²]	전원 ⊕, 전원 ⊖, 전화, 감지기 A, B, 밸브기동, 밸브개방확인, 밸브주의, 사이렌
Ⓔ	2 ZONE일 경우	15	2.5[mm²]	전원 ⊕, 전원 ⊖, 전화, (감지기 A, B, 밸브기동, 밸브개방확인, 밸브주의, 사이렌)×2
Ⓕ	사이렌↔SVP	2	2.5[mm²]	사이렌2

(2) 사이렌이 음향을 경보하는 경우
  • 습식 및 건식 유수검지장치 : 헤드가 개방한 때
  • 준비작동식 유수검지장치 및 일제개방형 밸브 : 감지기가 동작한 때
(3) 밸브개방확인 = 압력스위치(PS), 밸브주의 = 탬퍼스위치(TS), 밸브기동 = 솔레노이드밸브(SOL)

★★★ 출제년도「18.」 •점수 : 6점

문제 06 다음은 피난구유도등 설치 제외장소에 대한 것이다. 괄호 안의 번호에 알맞은 답을 쓰시오.

• 바닥면적이 (①) 미만인 층으로서 옥내로부터 직접 지상으로 통하는 출입구(외부의 식별이 용이한 경우에 한한다)
• 거실 각 부분으로부터 쉽게 도달할 수 있는 출입구
• 거실 각 부분으로부터 하나의 출입구에 이르는 보행거리가 (②)이하이고 비상조명등과 유도표지가 설치된 거실의 출입구
• 출입구가 3 이상 있는 거실로서 그 거실 각 부분으로부터 하나의 출입구에 이르는 보행거리가 (③)이하인 경우에는 주된 출입구 2개소외의 출입구(유도표지가 부착된 출입구를 말한다). 다만, 공연장 · 집회장 · 관람장 · 전시장 · 판매시설 · 운수시설 · 숙박시설 · 노유자시설 · 의료시설 · 장례식장의 경우에는 그러하지 아니하다.

답안작성

① 1,000[m²] ② 20[m] ③ 30[m]

▼해설

피난구유도등 설치제외 기준
1) 바닥면적이 1,000[m²] 미만인 층으로서 옥내로부터 직접 지상으로 통하는 출입구(외부의 식별이 용이한 경우에 한한다)
2) 거실 각 부분으로부터 쉽게 도달할 수 있는 출입구
3) 거실 각 부분으로부터 하나의 출입구에 이르는 보행거리가 20[m] 이하이고 비상조명등과 유도

표지가 설치된 거실의 출입구
4) 출입구가 3 이상 있는 거실로서 그 거실 각 부분으로부터 하나의 출입구에 이르는 보행거리가 30[m] 이하인 경우에는 주된 출입구 2개소외의 출입구(유도표지가 부착된 출입구를 말한다). 다만, 공연장·집회장·관람장·전시장·판매시설·운수시설·숙박시설·노유자시설·의료시설·장례식장의 경우에는 그러하지 아니하다.

문제 07

★★★ 출제년도 「12. 18.」 •점수 : 6점

그림과 같은 건축물의 평면도에 통로유도등을 설치하고자 한다. 조건에 맞게 각 물음에 답하시오.

◀조건▶
- 건축물은 사무실 용도로만 사용된다.
- 복도에만 통로유도등을 설치하는 것으로 한다.
- 출입구의 위치는 무시한다.

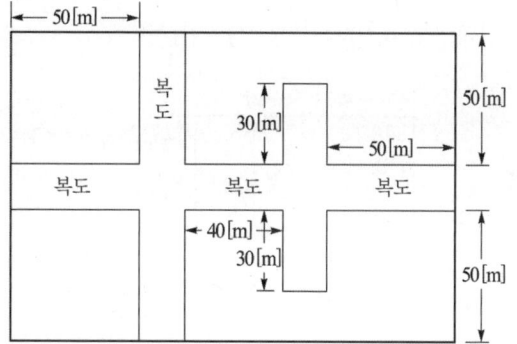

(1) 설치할 통로유도등의 개수를 산출하시오.
(2) (1)에서 구한 통로유도등을 도면에 작은 점(●)으로 그려 넣으시오.

답안작성

(1) 13개
(2)

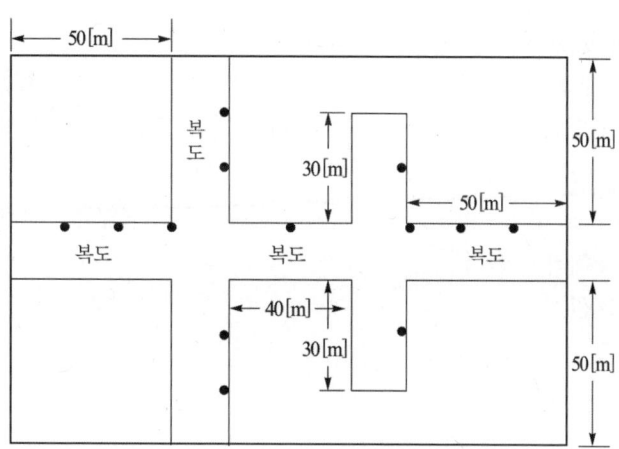

▼해설

(1) 통로유도등의 설치개수
   복도통로유도등은 모퉁이 및 보행거리 20[m]마다 설치하므로
   ① 십자(+)형 모퉁이 : 2개
   ② 각 통로 직선부분의 설치개수

   • 50[m] 부분 : $N = \dfrac{50}{20} - 1 = 1.5 = 2$ ∴ 2개×4개소=8개

   • 40[m] 부분 : $N = \dfrac{40}{20} - 1 = 1$개

   • 30[m] 부분 : $N = \dfrac{30}{20} - 1 = 0.5 = 1$ ∴ 1개×2개소=2개

   ∴ 전체 수량 : 8+1+2+2 = 13개

(2) 통로유도등 배치
   ① 십자(+)형 모퉁이에는 적당한 곳에 통로유도등을 1개 설치한다.
   ② 통로유도등을 그리라고 했으므로 피난구유도등은 그리지 않는다.
   ③ 출입구의 위치를 고려할 필요가 없으므로 화살표 방향은 생략(본디 화살표는 출입구를 향하여 피난방향을 표시하는 것이 원칙임)

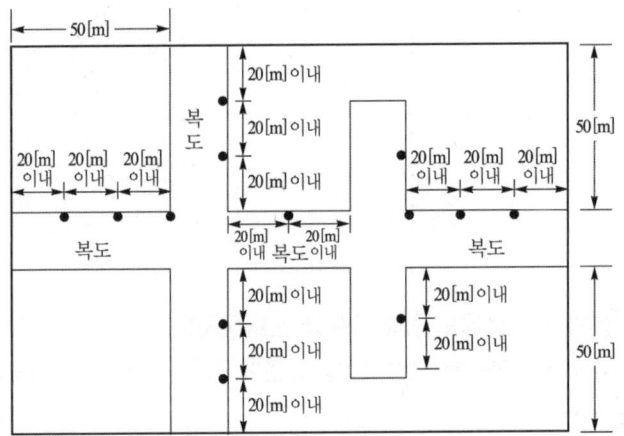

★★★ 출제년도 「98. 08. 11. 18.」 •점수 : 6점

문제 08 예비전원설비로 이용되는 축전지에 대한 다음 각 물음에 답하시오.

(1) 비상용 조명부하가 40[W] 120등, 60[W] 50등이 있다. 방전시간은 30분이며 연축전지 HS형 54셀, 허용최저전압 90[V], 최저 축전지 온도 5[℃]일 때 축전지 용량을 구하시오. (단, 전압은 100[V]이며 연축전지의 용량환산시간 K는 표와 같으며, 보수율은 0.8이라고 한다.)
  • 계산 :
  • 답 :

납 축전지 용량 환산시간 K (상단은 900 [Ah]~2000 [Ah], 하단은 900 [Ah]이다.)

형식	온도[℃]	10분			30분		
		1.6 [V]	1.7 [V]	1.8 [V]	1.6 [V]	1.7 [V]	1.8 [V]
CS	25	0.90 0.80	1.15 1.06	1.60 1.42	1.41 1.34	1.60 1.55	2.00 1.88
	5	1.15 1.10	1.35 1.25	2.00 1.80	1.75 1.75	1.85 1.80	2.45 2.35
	−5	1.35 1.25	1.60 1.50	2.65 2.25	2.05 2.05	2.20 2.20	3.10 3.00
HS	25	0.58	0.70	0.93	1.03	1.14	1.38
	5	0.62	0.74	1.05	1.11	1.22	1.54
	−5	0.68	0.82	1.15	1.20	1.35	1.68

(2) 자기방전량 만을 항상 충전하는 부동충전 방식을 무엇이라 하는가?
(3) 연축전지와 알칼리축전지의 공칭전압은 몇 [V/셀]인가?
 • 연축전지
 • 알칼리축전지

답안작성

(1) 계산 : • 축전지의 공칭전압 = $\dfrac{허용최저전압 [V]}{셀[cell] 수} = \dfrac{90}{54} = 1.666 = 1.7 [V/cell]$

 • 방전전류 $I = \dfrac{P}{V} = \dfrac{(40 \times 120) + (60 \times 50)}{100} = 78 [A]$

 • 축전지 용량 $C = \dfrac{1}{L} KI = \dfrac{1}{0.8} \times 1.22 \times 78 = 118.95 [Ah]$

답 : 118.95 [Ah]

(2) 세류충전방식
(3) • 연축전지 : 2 [V/셀]
 • 알칼리축전지 : 1.2 [V/셀]

해설

(1) ① 축전지의 용량 $C = \dfrac{1}{L} KI$

 여기서, L : 보수율, K : 용량환산 시간계수, I : 전류
 먼저 공칭전압을 구하여 문제에 주어진 조건으로 K(용량환산시간)를 구한다.
② 용량환산 시간계수 K

 축전지의 공칭전압 = $\dfrac{허용최저전압 [V]}{셀[cell] 수} = \dfrac{90}{54} = 1.666 = 1.7 [V/cell]$

 문제에서 방전시간 30분, 축전지의 공칭전압 1.7 [V], HS형, 최저 축전지 온도 5 [℃]이므로 주어진 도표에서 K(용량환산시간)은 1.22가 된다.
③ 방전전류 $I = \dfrac{P}{V} [A]$

★★★ 출제년도 「16. 18.」 •점수 : 8점

문제 09 P형 1급 5회로의 수신기의 미완성 결선도이다. 답안지에 수동발신기, 경종, 표시등 사이를 결선하시오.(단, 연면적 2,500[m²]인 지하 1층, 지상 3층 규모의 건물이다.)

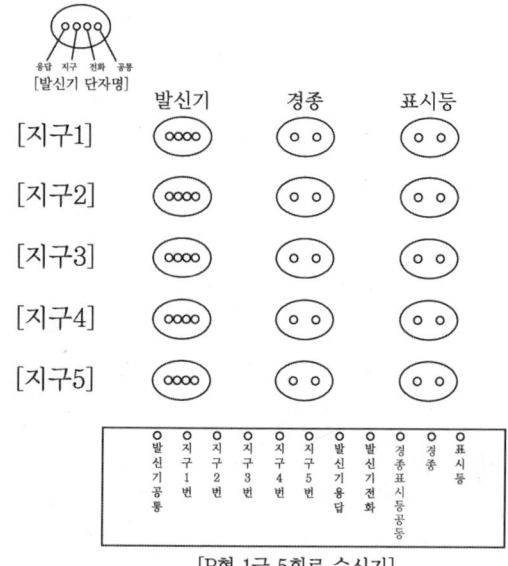

[P형 1급 5회로 수신기]

답안작성

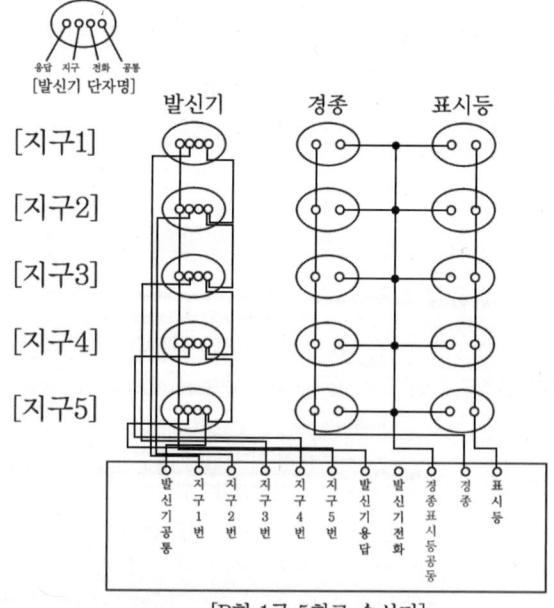

[P형 1급 5회로 수신기]

※ 전화선 관련 기준개정(2022.5.9.)에 따라 결선도 작성시 특별한 조건이 없는 경우 전화선은 빼고 그리면 됩니다.

★★★ 출제년도 「16. 18.」 •점수 : 5점

문제 10 광전식분리형 감지기의 설치기준 중 괄호 안에 알맞은 내용을 답란의 번호에 쓰시오.

- 감지기의 (①)은 햇빛을 직접 받지 않도록 설치할 것
- 광축은 나란한 벽으로부터 (②)이상 이격하여 설치할 것
- 감지기의 송광부와 수광부는 설치된 (③)으로부터 1m 이내 위치에 설치할 것
- 광축의 높이는 천장 등 높이의 (④) 이상일 것
- 감지기의 광축의 길이는 (⑤) 범위 이내일 것

①	②	③	④	⑤

답안작성

①	②	③	④	⑤
수광면	0.6m	뒷벽	80%	공칭감시거리

▼해설

광전식분리형감지기 설치기준
가. 감지기의 **수광면**은 햇빛을 직접 받지 않도록 설치할 것
나. 광축(송광면과 수광면의 중심을 연결한 선)은 나란한 벽으로부터 **0.6m** 이상 이격하여 설치할 것
다. 감지기의 송광부와 수광부는 설치된 **뒷벽**으로부터 **1m이내** 위치에 설치할 것
라. 광축의 높이는 천장 등 높이의 **80%** 이상일 것
마. 감지기의 광축의 길이는 공칭감시거리 범위이내 일 것

★★★ 출제년도 「08. 18.」 •점수 : 12점

문제 11 사무실(1동)과 공장(2동)으로 구분되어 있는 건물에 P형 1급 발신기세트를 설치하고, 수신기는 경비실에 설치하였다. 경보방식은 동별 구분 경보방식을 적용하였으며, 옥내소화전의 가압송수장치는 기동용 수압개폐장치를 사용하는 방식인 경우에 다음 물음에 답하시오.
(단, 수신기 내부에 경종단락보호장치를 설치함)

(1) 빈칸 ㉮, ㉰, ㉱, ㉲ 안에 전선가닥수 및 전선의 용도를 쓰시오. 단, 스프링클러설비와 자동화재탐지설비의 공통선은 각각 별도로 사용하며, 전선은 최소 가닥수를 적용한다.

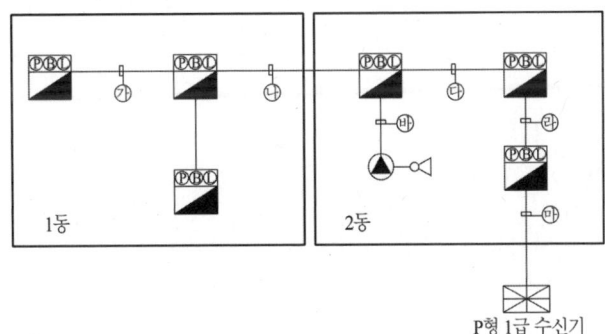

항목	가닥수	자동화재탐지설비							스프링클러설비			
		용도1	용도2	용도3	용도4	용도5	용도6	용도7	용도1	용도2	용도3	용도4
㉮												
㉯	10	응답	지구3	지구공통	경종	표시등	경종표시등공통	소화전기동확인2				
㉰												
㉱												
㉲												
㉳	4								압력스위치	탬퍼스위치	사이렌	공통

(2) 공장동에 설치한 폐쇄형헤드를 사용하는 습식스프링클러의 유수검지장치용 음향장치는 어떤 경우에 울리게 되는가?

(3) 습식스프링클러 유수검지장치용 음향장치는 담당구역의 각 부분으로부터 하나의 음향장치까지 수평거리는 몇 [m] 이하로 하여야 하는가?

▶답안작성◀◀

(1)

항목	가닥수	자동화재탐지설비							스프링클러설비			
		용도1	용도2	용도3	용도4	용도5	용도6	용도7	용도1	용도2	용도3	용도4
㉮	8	응답	지구	지구공통	경종	표시등	경종표시등공통	소화전기동확인2				
㉯	10	응답	지구3	지구공통	경종	표시등	경종표시등공통	소화전기동확인2				
㉰	16	응답	지구4	지구공통	경종2	표시등	경종표시등공통	소화전기동확인2	압력스위치	탬퍼스위치	사이렌	공통
㉱	17	응답	지구5	지구공통	경종2	표시등	경종표시등공통	소화전기동확인2	압력스위치	탬퍼스위치	사이렌	공통
㉲	18	응답	지구6	지구공통	경종2	표시등	경종표시등공통	소화전기동확인2	압력스위치	탬퍼스위치	사이렌	공통
㉳	4								압력스위치	탬퍼스위치	사이렌	공통

(2) 습식 유수검지장치의 압력스위치가 작동되면 경보가 울리게 된다.
(3) 25[m] 이하

▼해설◉◉

(1) 자동화재탐지설비의 경보방식
① 문제의 조건에서 경보방식은 동별 구분 경보방식을 채택 : 사무실동 전체에 경종 1선, 공장동 전체에 경종 1선
② 기본 가닥수 : 6선 (응답, 지구, 지구공통, 경종, 표시등, 경종표시등공통)

③ 가닥수 변화 : 지구선은 발신기 세트마다 1선씩 추가 배선하며, 경종선은 사무실동에 1선, 공장동에 1선 배선
(2) 옥내소화전설비
① 기본 가닥수 : 2선 (소화전 기동확인 2)
② 가닥수 변화 : 없음
(3) 습식 스프링클러설비
① 기본 가닥수 : 4선 (압력스위치, 탬퍼스위치, 사이렌, 공통)
② 가닥수 변화 : 없음
(4) 폐쇄형습식 스프링클러설비의 밸브가 개방되어 일정량 이상의 유수의 흐름이 발생하는 경우 습식유수검지장치의 압력스위치가 작동되면 경보가 울리게 된다.

문제 12

자동화재탐지설비 및 시각경보장치의 화재안전기준 중 감지기 회로의 도통시험을 위한 종단저항 설치기준을 쓰시오.

답안작성

① 점검 및 관리가 쉬운 장소에 설치할 것
② 전용함을 설치하는 경우 그 설치 높이는 바닥으로부터 1.5m 이내로 할 것
③ 감지기 회로의 끝부분에 설치하며, 종단감지기에 설치할 경우에는 구별이 쉽도록 해당감지기의 기판 및 감지기 외부 등에 별도의 표시를 할 것

문제 13

지하 1층의 주차장에 준비작동식 스프링클러설비를 설치하고 차동식스포트형감지기 2종을 설치하여 소화설비와 연동하는 감지기 배선을 하려고 한다. 답지에 주어진 평면도를 이용하여 다음 각 물음에 답하시오. 단, 층고는 3.5 [m]이고 프리액션밸브와 슈퍼비조리반 사이 가닥수에서 공통선은 1선을 사용하는 것으로 한다.(단, 내화구조의 특정소방대상물이다.)

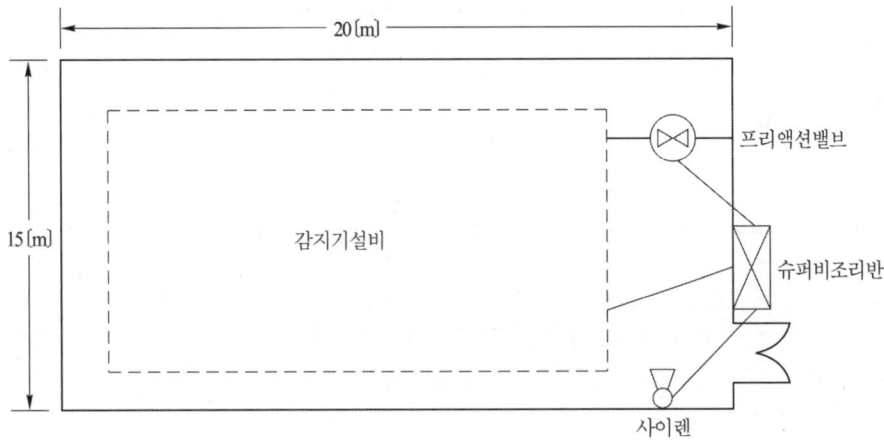

(1) 본 설비에 필요한 감지기 수량을 산정하시오.
(2) 각 설비 및 감지기간 배선도를 작성할 때 배선에 필요한 가닥수는 몇 가닥인지 감지기 간 배선도를 작성하고 평면도에 직접 표기하시오.

답안작성

(1) 10개
(2)

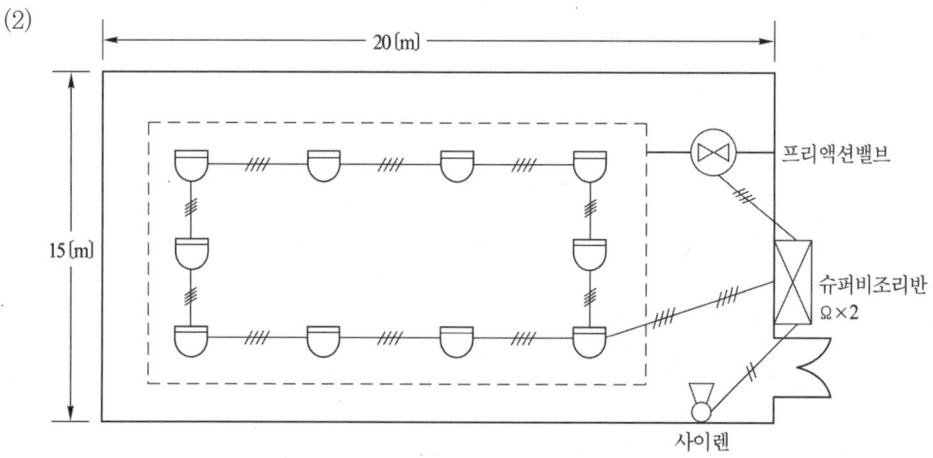

▼해설

(1) 감지기의 수량 산정
① 특정소방대상물에 따른 감지기 필요수량

(단위 : m²)

부착높이 및 특정소방대상물의 구분		감지기의 종류				
		차동식, 보상식 스포트형			정온식 스포트형	
		1종	2종	특종	1종	2종
4[m] 미만	주요구조부를 내화구조로 한 특정소방대상물 또는 그 부분	90	70	70	60	20
	기타 구조의 특정소방대상물 또는 그 부분	50	40	40	30	15
4[m] 이상 8[m] 미만	주요구조부를 내화구조로 한 특정소방대상물 또는 그 부분	45	35	35	30	
	기타 구조의 특정소방대상물 또는 그 부분	30	25	25	15	

② 감지기 수량산출
- 층고가 3.5[m]로 4[m] 미만이고
- 구조는 내화구조의 특정소방대상물
- 감지기는 차동식스포트형 제2종이므로 바닥면적 70[m²]당 1개가 필요하고
- 프리액션형의 스프링클러설비는 교차회로를 사용 :

  감지기 수량 $n = \dfrac{15 \times 20}{70} = 4.29 = 5$[개]

- 교차회로방식이므로 감지기 총 설치수량 $N = 5$[개]$\times 2$(교차회로방식)$= 10$[개]

(2) ① 스프링클러설비의 감지기 회로방식
       교차회로방식(말단 및 루프 구간 : 4가닥, 기타 구간 : 8가닥)
   ② 프리액션밸브 : 6가닥(밸브기동(SOL) 2, 밸브개방확인(PS) 2, 밸브주의(TS) 2)
       ※ 공통선을 사용하는 경우에는 4가닥(밸브기동(SOL) 1, 밸브개방확인(PS) 1, 밸브주의(TS) 1, 공통선1)
   ③ 사이렌 : 2가닥
(3) 수동조작함 내부회로도

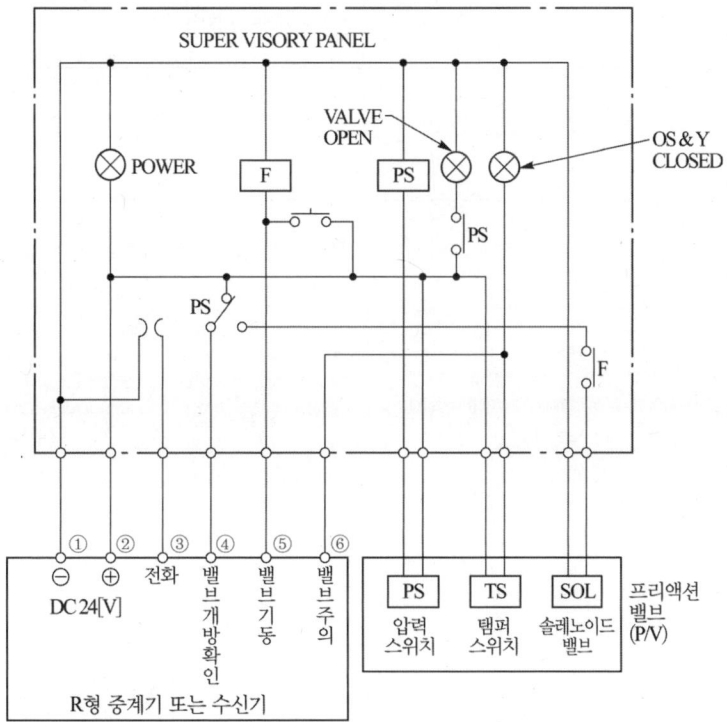

(4)

내용	추가	지하 3층 → 지하 2층	지하2층 → 지하1층	지하1층 → 수신반
전원 ⊕, 전원 ⊖		2	2	2
전화		1	1	1
감지기 A, B(교차회로)	*	2	4	6
밸브기동(SOL)	*	1	2	3
밸브개방확인(PS)	*	1	2	3
밸브주의(TS)	*	1	2	3
사이렌	*	1	2	3
합계		9	15	21

(5) 지하층이 3개층인 경우 계통도

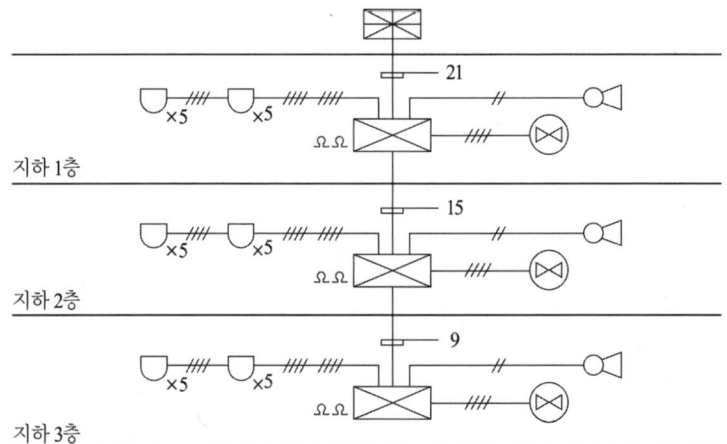

2018년 기사 제4회 실기시험

Engineer Fire Protection System

자격종목	시험시간	시행일	수험번호	성명
소방설비기사(전기분야)	2시간 30분	2018.11.10		

※ 다음 물음의 답을 해당 답란에 답하시오.(배점 : 100점)

문제 01

★★★ 출제년도 「11. 18.」 •점수 : 8점

자동화재탐지설비에서 비화재보의 발생을 방지할 수 있는 대책 4가지를 쓰시오.

답안작성

① 축적기능(비화재보 방지 기능)이 있는 수신기 설치
② 일과성 비화재보 방지 기능이 있는 감지기 설치
③ 환경 적응성이 있는 감지기 설치
④ 절연저항이 불량한 선로를 교체

▼해설

(1) 비화재보 발생원인
　① 인위적 원인
　② 기능상 요인
　③ 환경적 요인
　④ 설치상 요인
　⑤ 유지 관리상 요인

> **비화재보**
> (1) 정의 : 화재에 의한 열, 연기 또는 불꽃(화염) 이외의 요인에 의하여 자동화재탐지설비가 작동하여 화재경보를 발하는 것
> (2) 종류
> 　① 설비자체의 결함이나 오작동 등에 의한 경우(False Alarm)
> 　　• 설비자체의 기능상 결함
> 　　• 설비의 유지관리 불량
> 　　• 실수나 고의적인 행위가 있을 때
> 　② 주위상황이 대부분 순간적으로 화재와 같은 상태(실제 화재와 유사한 환경이나 상황)로 되었다가 정상상태로 복귀하는 경우(일과성 비화재보 : Nuisance Alarm)

(2) 방지대책
　① 축적기능(비화재보 방지 기능)이 있는 수신기 설치
　② 일과성 비화재보 방지 기능이 있는 감지기 설치
　③ 환경 적응성이 있는 감지기 설치
　④ 절연저항이 불량한 선로를 교체
　⑤ 경년 변화에 따른 유지보수

문제 02

★★★ 출제년도 「11. 18.」 •점수 : 4점

1종 및 2종 연기감지기 설치기준에 알맞은 내용을 괄호 안에 쓰시오.
(1) 계단 및 경사로에 있어서는 수직거리 ( ) [m]마다 1개 이상으로 할 것
(2) 복도 및 통로에 있어서는 보행거리 ( ) [m] 마다 1개 이상 설치할 것
(3) 감지기는 벽 또는 보로부터 ( ) [m] 이상 떨어진 곳에 설치할 것
(4) 천장 또는 반자부근에 ( )가 있는 경우에는 그 부근에 설치할 것

답안작성

(1) 15
(2) 30
(3) 0.6
(4) 배기구

해설

(1) 연기감지기 설치장소 기준
   1. 계단·경사로 및 에스컬레이터 경사로
   2. 복도(30m 미만의 것을 제외한다)
   3. 엘리베이터 승강로(권상기실이 있는 경우에는 권상기실)·린넨슈트·파이프 피트 및 덕트 기타 이와 유사한 장소
   4. 천장 또는 반자의 높이가 **15m 이상 20m 미만**의 장소
   5. 다음 각 목의 어느 하나에 해당하는 특정소방대상물의 취침·숙박·입원 등 이와 유사한 용도로 사용되는 거실
      가. 공동주택·오피스텔·숙박시설·노유자시설·수련시설
      나. 교육연구시설 중 합숙소
      다. 의료시설, 근린생활시설 중 입원실이 있는 의원·조산원
      라. 교정 및 군사시설
      마. 근린생활시설 중 고시원

(2) 연기감지기 설치기준
   가. 감지기의 부착높이에 따라 다음 표에 따른 바닥면적마다 1개 이상으로 할 것

(단위 : m^2)

부 착 높 이	감지기의 종류	
	1종 및 2종	3종
4 [m] 미만	150	50
4 [m] 이상 20 [m] 미만	75	

   나. 감지기는 **복도 및 통로**에 있어서는 **보행거리 30m(3종에 있어서는 20m)**마다, **계단 및 경사로**에 있어서는 **수직거리 15m(3종에 있어서는 10m)**마다 1개 이상으로 할 것
   다. 천장 또는 반자가 낮은 실내 또는 좁은 실내에 있어서는 출입구의 가까운 부분에 설치할 것
   라. 천장 또는 반자부근에 **배기구**가 있는 경우에는 그 부근에 설치할 것
   마. 감지기는 벽 또는 보로부터 **0.6m 이상** 떨어진 곳에 설치할 것

문제 03
옥내소화전설비의 비상전원의 종류 3가지를 쓰시오.

답안작성
① 자가발전설비
② 축전지설비(내연기관에 따른 펌프를 사용하는 경우에는 내연기관의 기동 및 제어용 축전지를 말함)
③ 전기저장장치(외부 전기에너지를 저장해 두었다가 필요한 때 전기를 공급하는 장치)

해설
옥내 소화전의 비상전원 설치기준
(1) **비상전원의 설치대상**
 ① 지하층을 제외한 층수가 7층 이상으로서 연면적이 2000[m^2] 이상인 것
 ② 지하층의 바닥면적의 합계가 3000[m^2] 이상인 것
 ※ **비상전원 설치제외**
  ① 2 이상의 변전소에서 전력을 동시에 공급받을 수 있거나 하나의 변전소로부터 전력의 공급이 중단되는 때에는 자동으로 다른 변전소로부터 전원을 공급받을 수 있도록 상용전원을 설치한 경우
  ② 가압수조방식
(2) 비상전원의 종류
 ① **자가발전설비**
 ② **축전지설비**(내연기관에 따른 펌프를 사용하는 경우에는 내연기관의 기동 및 제어용 축전지를 말함)
 ③ **전기저장장치**(외부 전기에너지를 저장해 두었다가 필요한 때 전기를 공급하는 장치)
(3) 비상전원의 설치기준
 ① 점검에 편리하고 화재 및 침수 등의 재해로 인한 피해를 받을 우려가 없는 곳에 설치할 것
 ② 옥내소화전설비를 유효하게 **20분 이상** 작동할 수 있어야 할 것
 ③ 상용전원으로부터 전력의 공급이 중단된 때에는 자동으로 비상전원으로부터 전력을 공급받을 수 있도록 할 것
 ④ 비상전원의 설치장소는 다른 장소와 **방화구획** 할 것. 이 경우 그 장소에는 비상전원의 공급에 필요한 기구나 설비외의 것(열병합발전설비에 필요한 기구나 설비는 제외한다)을 두어서는 아니 된다.
 ⑤ 비상전원을 실내에 설치하는 때에는 그 실내에 **비상조명등**을 설치할 것

문제 04
무선통신보조설비의 화재안전기준에서 규정한 분배기 설치기준 3가지를 쓰시오.

답안작성
1. 먼지·습기 및 부식 등에 따라 기능에 이상을 가져오지 아니하도록 할 것
2. 임피던스는 50Ω의 것으로 할 것
3. 점검에 편리하고 화재 등의 재해로 인한 피해의 우려가 없는 장소에 설치할 것

▼해설
무선통신보조설비의 화재안전기준 제7조(분배기 등) 분배기·분파기 및 혼합기 등의 설치기준
1. 먼지·습기 및 부식 등에 따라 기능에 이상을 가져오지 아니하도록 할 것
2. 임피던스는 50Ω의 것으로 할 것
3. 점검에 편리하고 화재 등의 재해로 인한 피해의 우려가 없는 장소에 설치할 것

★★★ 출제년도 「98. 00. 03. 11. 18.」 ·점수 : 5점

문제 05 지상 20[m] 되는 곳에 500[m³]의 저수조가 있다. 이 저수조에 양수하기 위하여 15 [kW]의 전동기를 사용한다면 몇 분 후에 저수조에 물이 가득 차겠는가? (단, 펌프효율은 70[%]이고, 여유계수는 1.1이다.)

· 계산 :   · 답 :

답안작성

계산 : $P = \dfrac{0.163\,Q[\mathrm{m^3/min}]\,HK}{\eta}$ 에서

시간[min] $= \dfrac{0.163\,Q[\mathrm{m^3}]\,HK}{P\eta} = \dfrac{0.163 \times 500\mathrm{m^3} \times 20\mathrm{m} \times 1.1}{15 \times 0.7} = 170.76$ 분

답 : 170.76분

▼해설

전동기 용량 $P = \dfrac{0.163\,QHK}{\eta}$ [kW]

여기서, P : 전동기 용량 [kW], Q : 양수량 [m³/min], H : 전양정 [m],
K : 전달계수, η : 효율 [%]

★★★ 출제년도 「18.」 ·점수 : 8점

문제 06 복도 통로유도등의 설치기준 4가지를 쓰시오.

답안작성

1. 복도에 설치할 것
2. 구부러진 모퉁이 및 보행거리 20 m 마다 설치할 것
3. 바닥으로부터 높이 1 m 이하의 위치에 설치할 것. 다만, 지하층 또는 무창층의 용도가 도매시장·소매시장·여객자동차터미널·지하역사 또는 지하상가인 경우에는 복도·통로 중앙부분의 바닥에 설치하여야 한다.
4. 바닥에 설치하는 통로유도등은 하중에 따라 파괴되지 아니하는 강도의 것으로 할 것

▼해설

1. 복도통로유도등 설치기준
   가. 복도에 설치할 것
   나. 구부러진 모퉁이 및 보행거리 20 m 마다 설치할 것
   다. 바닥으로부터 높이 1 m 이하의 위치에 설치할 것. 다만, 지하층 또는 무창층의 용도가 도매시장·소매시장·여객자동차터미널·지하역사 또는 지하상가인 경우에는 복도·통로 중앙

부분의 바닥에 설치하여야 한다.
라. 바닥에 설치하는 통로유도등은 하중에 따라 파괴되지 아니하는 강도의 것으로 할 것
2. 거실통로유도등 설치기준
  가. 거실의 통로에 설치할 것. 다만, 거실의 통로가 벽체 등으로 구획된 경우에는 복도 통로유도등을 설치하여야 한다.
  나. 구부러진 모퉁이 및 보행거리 20 m 마다 설치할 것
  다. 바닥으로부터 높이 1.5 m 이상의 위치에 설치할 것. 다만, 거실통로에 기둥이 설치된 경우에는 기둥부분의 바닥으로부터 높이 1.5 m 이하의 위치에 설치할 수 있다.
3. 계단통로유도등 설치기준
  가. 각층의 경사로 참 또는 계단참마다(1개층에 경사로 참 또는 계단참이 2 이상 있는 경우에는 2개의 계단참마다)설치할 것
  나. 바닥으로부터 높이 1 m 이하의 위치에 설치할 것

문제 07

★★★ 출제년도「96. 05. 18.」 •점수 : 4점

길이 20[m]의 통로에 객석유도등을 설치하려고 한다. 이때 필요한 객석유도등의 수량은 몇 개인가?

• 계산   • 답

답안작성

계산 : $\frac{20}{4} - 1 = 4$

답 : 4개

▼해설

객석유도등의 수량 $= \dfrac{\text{객석통로의 직선부분의 길이[m]}}{4} - 1$

계산결과 중 소수가 발생하는 경우 소수점 이하는 절상하여 정수로 답하여야 한다.

문제 08

★★★ 출제년도「96. 98. 99. 00. 01. 04. 10. 18.」 •점수 : 5점

유도등 및 유도표지의 화재안전기준에 따라 유도등은 전기회로에 점멸기를 설치하지 아니하고 항상 점등상태를 유지하여야 하지만, 외부광(光)에 따라 피난구 또는 피난방향을 쉽게 판단할 수 있는 등의 장소로서 3선식 배선에 따라 상시 충전되는 구조인 경우에는 그러하지 아니다. 3선식 배선에 따라 상시 충전되는 유도등의 전기회로에 점멸기를 설치한 경우, 유도등이 점등되어야 하는 사항 5가지를 쓰시오.

답안작성

(1) 자동화재탐지설비의 감지기 또는 발신기가 작동되는 때
(2) 비상경보설비의 발신기가 작동되는 때
(3) 상용전원이 정전되거나 전원선이 단선되었을 때
(4) 방재업무를 통제하는 곳 또는 전기실의 배전반에서 수동으로 점등하는 때
(5) 자동소화설비가 작동되는 때

▼해설

유도등 및 유도표지의 설치기준
① 유도등의 전원은 **축전지, 전기저장장치**(외부 전기에너지를 저장해 두었다가 필요한 때 전기를 공급하는 장치) 또는 **교류전압의 옥내간선**으로 하고, 전원까지의 배선은 전용
② 비상전원 적합기준
  1. 축전지로 할 것
  2. 유도등을 **20분 이상** 유효하게 작동시킬 수 있는 용량으로 할 것. 다만, 다음 각 목의 특정소방대상물의 경우에는 그 부분에서 피난층에 이르는 부분의 유도등을 **60분 이상** 유효하게 작동시킬 수 있는 용량으로 하여야 한다.
    가. 지하층을 제외한 층수가 11층 이상의 층
    나. 지하층 또는 무창층으로서 용도가 도매시장·소매시장·여객자동차터미널·지하역사 또는 지하상가
③ 배선기준
  1. 유도등의 인입선과 옥내배선은 직접 연결할 것
  2. 유도등은 전기회로에 점멸기를 설치하지 아니하고 **항상 점등상태**를 유지할 것. 다만, 특정소방대상물 또는 그 부분에 사람이 없거나 다음 각 목의 어느 하나에 해당하는 장소로서 **3선식 배선에 따라 상시 충전되는 구조인 경우**에는 그러하지 아니하다.
    가. 외부광(光)에 따라 피난구 또는 피난방향을 쉽게 식별할 수 있는 장소
    나. 공연장, 암실(暗室) 등으로서 어두워야 할 필요가 있는 장소
    다. 특정소방대상물의 관계인 또는 종사원이 주로 사용하는 장소
④ **3선식 배선으로 상시 충전되는 유도등의 전기회로에 점멸기를 설치하는 경우**에는 다음 각 호의 어느 하나에 해당되는 경우에 **점등**되도록 하여야 한다.
  1. 자동화재탐지설비의 감지기 또는 발신기가 작동되는 때
  2. 비상경보설비의 발신기가 작동되는 때
  3. 상용전원이 정전되거나 전원선이 단선되는 때
  4. 방재업무를 통제하는 곳 또는 전기실의 배전반에서 수동으로 점등하는 때
  5. 자동소화설비가 작동되는 때

문제 09 ★★★ 출제년도 「96. 00. 05. 06. 18.」 •점수 : 4점

비상방송설비에 대한 설치기준의 ( ) 안에 알맞은 것을 답안지에 쓰시오.
• 확성기의 음성입력은 3 [W] (실내에 설치하는 것에 있어서는 (①) 이상일 것)
• 확성기는 각 층 마다 설치하고 그 층의 각 부분으로부터 하나의 확성기까지의 수평거리가 (②) 이하가 되도록 하여야 한다.
• 조작부의 조작스위치는 바닥으로부터 (③)의 높이에 설치할 것
• 음량조정기를 설치하는 경우 음량조정기의 배선은 (④)으로 하여야 한다.

답안작성
① 1[W]
② 25[m]
③ 0.8[m] 이상 1.5[m] 이하
④ 3선식

▼해설

비상방송설비의 설치기준
(1) 확성기의 음성입력
　　① 실외 : 3[W] 이상
　　② 실내 : 1[W] 이상
(2) 확성기는 각 층 마다 설치하고 그 층의 각 부분으로부터 하나의 확성기까지의 **수평거리가 25[m] 이하**가 되도록 하여야 한다.
(3) 음량조정기를 설치하는 경우 음량조정기의 배선은 3선식으로 하여야 한다.
(4) 조작부의 조작스위치는 **바닥으로부터 0.8 [m] 이상 1.5 [m] 이하**의 높이에 설치한다.
(5) 조작부는 기동장치의 작동과 연동하여 당해 기동장치가 작동한 층 또는 구역을 표시할 수 있는 것으로 한다.
(6) **증폭기 및 조작부**는 수위실 등 상시 사람이 근무하는 장소로서 점검이 편리하고 방화상 유효한 곳에 설치한다.
(7) 다른 방송설비와 공용하는 것에 있어서는 화재 시 비상경보 외의 방송을 차단할 수 있는 구조로 하여야 한다.
(8) 기동장치에 의한 화재신고를 수신한 후 필요한 음량으로 방송이 개시될 때까지의 소요시간은 **10초 이하**로 하여야 한다.
(9) 1경계구역마다 **직류 250 [V] 절연저항계**로 측정한 절연저항이 **0.1[MΩ] 이상**이 되어야 한다.
(10) 증폭기의 전면에는 주회로의 전원이 정상인지의 여부를 표시할 수 있는 **표시등 및 전압계**를 설치한다.

★★★ 출제년도 「18.」 •점수 : 4점

문제 10

지하 2층, 지상 16층인 연면적 3,500[m²]인 특정소방대상물에 비상방송설비를 설치하고자 한다. 아래의 물음에서 발화한 때 경보를 발하여야 하는 구체적인 층을 쓰시오.

(1) 지상 2층 발화 :

(2) 지하 1층 발화 :

답안작성

(1) 지상 2층 발화 : 지상 2층~지상 6층
(2) 지하 1층 발화 : 지상 1층, 지하 1층, 지하 2층

▼해설

우선경보방식
① 경보방법 : 화재발생시 안전하고 신속한 대피를 위하여 화재가 발생한 층과 그 직상층 부터 우선하여 별도로 경보하는 방식
② 대상 : 11층(공동주택인 경우 16층) 이상인 특정소방대상물

화재층	경보층(11층(공동주택인 경우 16층) 이상인 경우)	경보층(30층 이상)
1층	발화층, 그 직상 4개층, 지하층	발화층, 그 직상 4개층, 지하층
2층 이상	발화층, 그 직상 4개층	발화층, 그 직상 4개층
지하층	발화층, 그 직상층, 기타의 지하층	지하층 발화층, 그 직상층, 기타의 지하층

문제 11

다음은 광전식분리형감지기의 공칭감시거리에 대한 설명을 나타낸 것이다. 괄호안의 번호에 알맞은 답을 답안지에 쓰시오.

> 분리형의 경우 공칭감시거리는 (①) 이상 (②) 이하로 하며 (③) 간격으로 한다.

답안작성

① 5 m   ② 100 m   ③ 5 m

▼해설

감지기의 형식승인 및 제품검사의 기술기준
제19조(광전식감지기의 공칭축적시간의 구분, 공칭감시거리, 화재정보신호 및 감도시험)
③ 분리형의 경우 공칭감시거리는 **5m 이상 100m 이하로 하며 5m 간격**으로 한다.
⑥ 아날로그식 분리형광전식감지기는 다음 각 호의 시험에 적합하여야 한다.
  1. 공칭감시거리는 5 m 이상 100 m 이하로 하여 5 m 간격으로 한다.
  2. 송광부와 수광부 사이에 감광필터를 설치할 때 공칭감시농도범위(설계치)의 최저농도값에 해당하는 감광율에서 최고농도값에 해당하는 감광율에 도달할 때까지 공칭감시거리의 최대값까지 분당 30퍼센트 이하로 일정하게 분할한 감광필터를 직선상승하도록 설치할 경우 각 감광필터값의 변화에 대응하는 화재정보신호를 발신하여야 한다.
  3. 공칭감지농도범위의 임의의 농도에서 제4항제1호의 규정에 준하는 시험을 실시하는 경우 **30초 이내에 작동**하여야 한다.
⑦ 공기흡입형광전식감지기의 공기흡입장치는 공기배관망에 설치된 가장 먼 샘플링지점에서 감지부분까지 **120초 이내에** 연기를 이송할 수 있어야 한다.

문제 12

P형 1급 수신기와 감지기와의 배선회로에서 종단저항은 11 [kΩ], 릴레이 저항은 550 [Ω], 배선회로의 저항은 50 [Ω]이다. 회로전압이 24 [V]일 때 각 물음에 답하시오.
(1) 감시상태 시 감시전류는 몇 [mA]인가?
  • 계산   • 답
(2) 감지기가 작동할 때의 전류는 몇 [mA]인가? 단, 감지기의 작동 시 배선저항은 무시한다.
  • 계산   • 답

답안작성

(1) 계산 : 감시전류 $I = \dfrac{\text{직류전압}}{\text{릴레이 저항} + \text{배선회로저항} + \text{종단저항}}$

$= \dfrac{24}{550 + 50 + 11 \times 10^3} ≒ 2.07 \times 10^{-3} = 2.07 \text{[mA]}$

답 : 2.07 [mA]

(2) **계산** : 작동전류 $I = \dfrac{\text{직류전압}}{\text{릴레이 저항}+\text{배선회로 저항}}$

　　　　　 에서 배선회로 저항은 무시하라는 조건에 따라

　　　　　 $\therefore I = \dfrac{\text{직류전압}}{\text{릴레이 저항}} = \dfrac{24}{550} ≒ 43.64 \times 10^{-3} = 43.64 [\text{mA}]$

답 : 43.64 [mA]

▼해설

(1) 감지기 작동 전

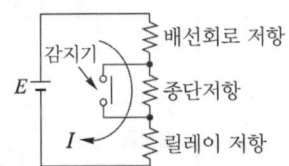

합성저항 = 선로저항 + 종단저항 + 릴레이 저항

(2) 감지기 작동 후

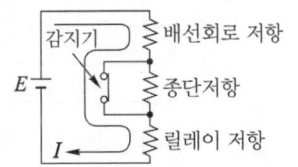

합성저항 = 선로저항 + 릴레이 저항

문제 13 ★★★ 출제년도 「08. 15. 18.」 •점수 : 13점

3개의 독립된 1층 건물에 P형 1급 발신기를 그림과 같이 설치하고, P형 1급 수신기는 경비실에 설치하였다. 경보방식은 동별 구분 경보방식을 적용하였으며, 옥내소화전의 가압송수장치는 기동용 수압개폐장치를 사용하는 방식을 사용할 경우에 다음 물음에 답하시오.
(단, 수신기 내부에 경종단락보호장치를 설치)

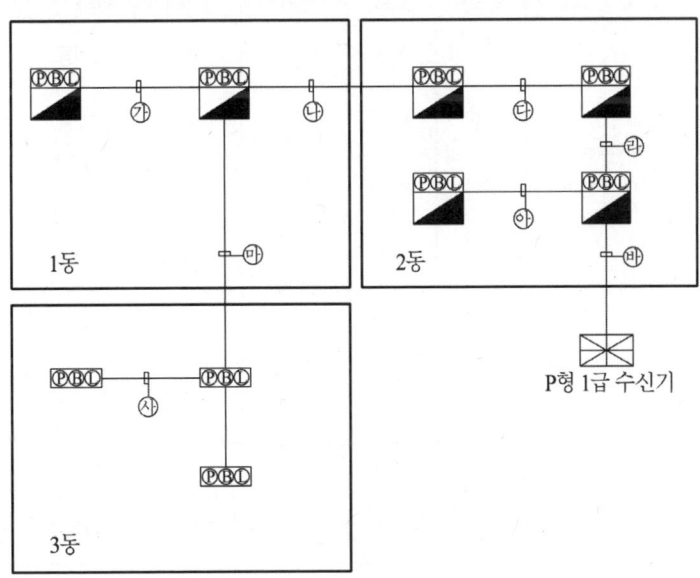

(1) 빈칸 ㉯, ㉰, ㉱, ㉲, ㉳ 안에 전선가닥수 및 전선의 용도를 쓰시오.

항목	가닥수	용도1	용도2	용도3	용도4	용도5	용도6	용도7
㉮	8	응답	지구	지구공통	경종	표시등	경종표시등 공통	소화전기동 확인2
㉯								
㉰								
㉱								
㉲	8	응답	지구3	지구 공통	경종	표시등	경종 표시등공통	
㉳								
㉴								
㉵	8	응답	지구	지구 공통	경종	표시등	경종 표시등공통	소화전기동 확인2

(2) 경비실에 설치하는 P형 1급 수신기는 몇 회선용을 사용해야 하는가?(단, 수신기의 예비회로는 실제 사용회로의 10 [%]를 두는 조건이다.)
(3) P형 1급 수신기는 상시 사람이 근무하는 장소에 설치해야 하는데 이 건물에 사람이 상시 근무하는 장소가 없는 경우에는 수신기를 어떤 장소에 설치하여야 하는가?
(4) 수신기가 설치된 장소에 화재발생구역을 신속하게 확인하기 위하여 비치해야 하는 것은?

답안작성

(1)

항목	가닥수	용도1	용도2	용도3	용도4	용도5	용도6	용도7
㉮	8	응답	지구	지구 공통	경종	표시등	경종 표시등공통	소화전기동 확인2
㉯	13	응답	지구5	지구 공통	경종2	표시등	경종 표시등공통	소화전기동 확인2
㉰	15	응답	지구6	지구 공통	경종3	표시등	경종 표시등공통	소화전기동 확인2
㉱	16	응답	지구7	지구 공통	경종3	표시등	경종 표시등공통	소화전기동 확인2
㉲	8	응답	지구3	지구 공통	경종	표시등	경종 표시등공통	
㉳	19	응답	지구9	지구 공통2	경종3	표시등	경종 표시등공통	소화전기동 확인2
㉴	6	응답	지구1	지구 공통	경종	표시등	경종 표시등공통	
㉵	8	응답	지구	지구 공통	경종	표시등	경종 표시등공통	소화전기동 확인2

(2) 10회로용
(3) 관계인이 쉽게 접근할 수 있고 관리가 용이한 장소
(4) 경계구역 일람도

▼해설

(1) ① 자동화재탐지설비
　　・기본가닥수 : 6선(응답, 지구, 지구공통, 경종, 표시등, 경종표시등 공통)
　　・전선의 변화 : 지구선은 발신기함마다, 지구공통선은 7개 지구마다, 경종선은 동마다 1선씩 추가배선
　② 옥내소화전 : 기본 2선 이외에 전선수의 변화 없음.
(2) 최대 경계구역수는 9개 이므로 수신기의 규격은 9회로용, 여기서, 10[%] 예비회로를 두어 10회로용 수신기 사용
(3), (4) 수신기의 설치기준
　① 수위실 등 **상시 사람이 근무하는 장소**에 설치할 것. 다만, 사람이 상시 근무하는 장소가 없는 경우에는 **관계인이 쉽게 접근할 수 있고 관리가 용이한 장소**에 설치할 수 있다.
　② 수신기가 설치된 장소에는 **경계구역 일람도**를 비치할 것. 다만, 모든 수신기와 연결되어 각 수신기의 상황을 감시하고 제어할 수 있는 수신기(주수신기)를 설치하는 경우에는 주수신기를 제외한 기타 수신기는 그러하지 아니하다.
　③ 수신기의 음향기구는 그 음량 및 음색이 다른 기기의 소음 등과 명확히 구별될 수 있는 것으로 할 것
　④ 수신기는 **감지기, 중계기 또는 발신기**가 작동하는 경계구역을 표시할 수 있는 것으로 할 것
　⑤ 화재, 가스 전기등에 대한 종합 방재반을 설치한 경우에는 당해 조작반에 수신기의 작동과 연동하여 감지기, 중계기 또는 발신기가 작동하는 경계구역을 표시할 수 있는 것으로 할 것
　⑥ 하나의 경계구역은 **하나의 표시등 또는 하나의 문자**로 표시되도록 할 것.
　⑦ 수신기의 조작 스위치는 바닥으로부터의 높이가 **0.8[m] 이상 1.5[m] 이하**인 장소에 설치할 것
　⑧ 하나의 소방대상물에 2 이상의 수신기를 설치하는 경우에는 수신기를 상호간 연동하여 화재발생 상황을 각 수신기마다 확인할 수 있도록 할 것

★ 출제년도 「98. 18.」 ・점수 : 10점

문제 14　도면은 Y-△ 기동회로의 미완성 회로이다. 이 회로를 보고 다음 각 물음에 답하시오.
(1) 주회로 부분의 미완성된 Y-△ 회로를 완성하시오.
(2) 누름버튼스위치 PB₁을 누르면 어느 램프가 점등되는가?
(3) 전자개폐기 Ⓜ️이 동작되고 있는 상태에서 PB₂를 눌렀을 때 어느 램프가 점등되는가?
(4) 전자개폐기 Ⓜ️이 동작되고 있는 상태에서 PB₃를 눌렀을 때 어느 램프가 점등되는가?
(5) THR은 무엇을 나타내는가?
(6) MCCB 명칭은?

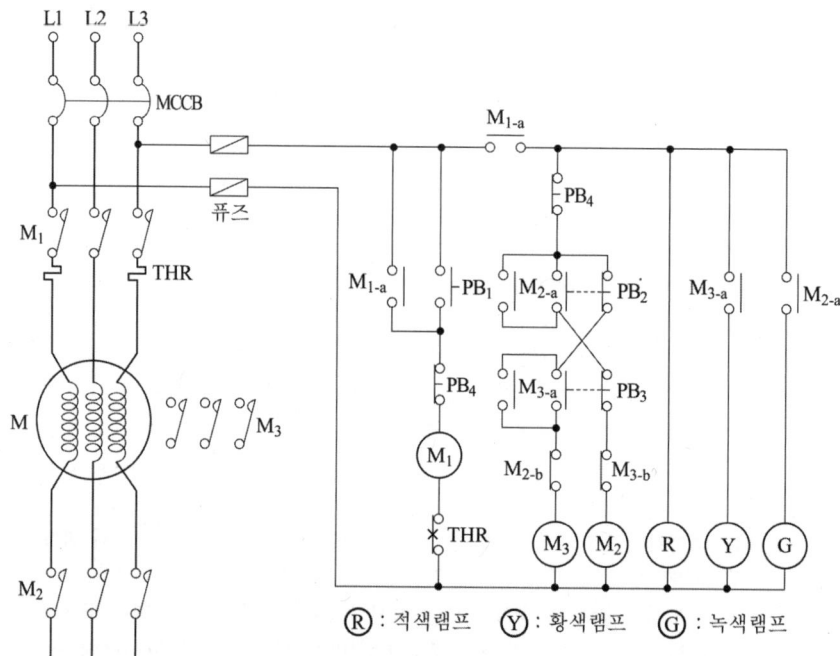

Ⓡ : 적색램프　　Ⓨ : 황색램프　　Ⓖ : 녹색램프

답안작성

(1)

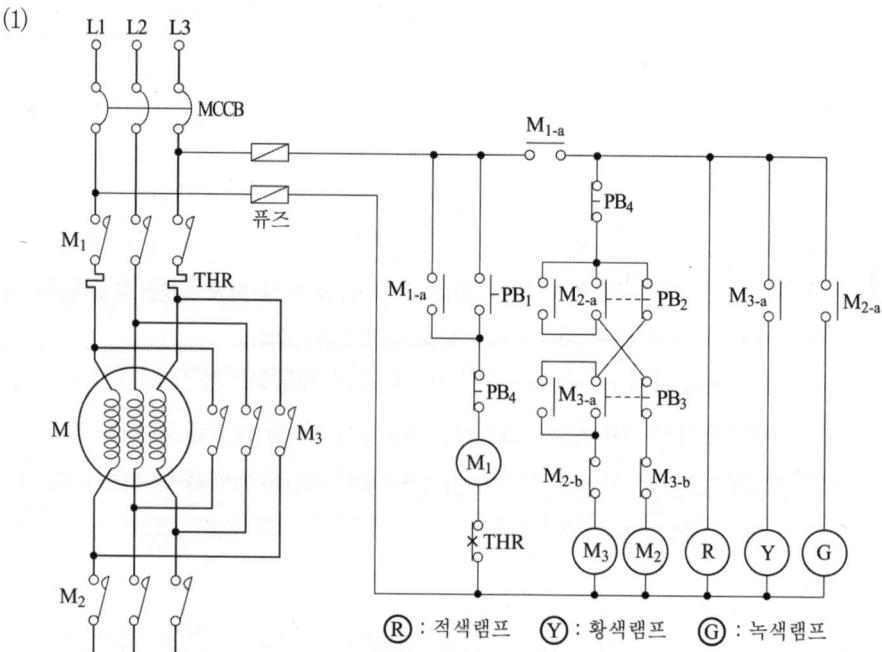

Ⓡ : 적색램프　　Ⓨ : 황색램프　　Ⓖ : 녹색램프

(2) Ⓡ 램프　　　　　　(3) Ⓖ 램프
(4) Ⓨ 램프　　　　　　(5) 열동계전기
(6) 배선용차단기

▼해설

(1) Y-△ 기동회로
   ① 기동전류를 감소시키기 위한 기동방법으로 기동시에는 Y결선으로 기동하고 기동완료 후에는 △결선으로 운전하는 기동방식
   ② Y결선으로 기동 시 기동전류는 △결선 기동 시 기동전류의 1/3로 감소
   ③ Y-△ 기동회로 모선접속

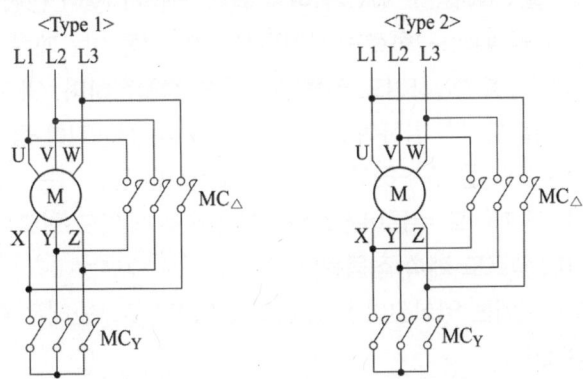

   Type 1 또는 Type 2 모두 사용되나 기동 순간의 과도(돌입) 전류를 감소시키기 위하여 현재는 Type 1이 많이 사용된다.

(2) 동작설명
   ① PB_1을 누르면 전자개폐기 M_1이 여자되고 ⓡ 램프 점등
   ② PB_2을 누르면 전자개폐기 M_2가 여자되고 ⓖ 램프 점등(Y결선으로 기동)
   ③ 누름버튼스위치 PB_3을 누르면 전자개폐기 M_2 소자되고(ⓖ램프 소등) M_3가 여자되고 ⓨ 램프 점등 (△결선으로 운전)
   ④ THR이 동작하거나 PB_4를 누르면 여자중인 M_1, M_3가 소자되어 ⓡ, ⓨ 램프가 소등되고 전동기는 정지된다.

(5) 열동계전기(Thermal relay) : 전동기의 과부하보호용 계전기
(6) 배선용차단기는 MCCB(Molded Case Circuit Breaker)라고 하며 단락 및 과부하에 의한 고장전류가 정격전류를 초과하면 회로를 차단하는 개폐기구로 퓨즈(Fuse)가 없어 반복하여 재투입이 가능하다.

★★ 출제 년도 「98. 00. 02. 03. 18.」 •점수 : 7점

문제 15 도면은 농형 3상 유도전동기의 정·역전 정지제어의 미완성 회로이다. 동작조건과 도면을 이용하여 다음 각 물음에 답하시오. 단, (1), (2), (3)는 한 개의 도면으로 작성하도록 한다.

(1) 열동형 과전류차단기 THR 과 그의 접점 (b접점)을 회로도에 그려 넣으시오.
(2) 정·역이 가능하도록 주회로 부분의 R-MC의 주접점을 그려 넣으시오.
(3) 보조회로에 F-MC의 보조접점과 R-MC의 보조접점을 그려서 동작조건이 만족되도록 미완성 회로를 완성하시오.

[동작조건]
- F-MC는 정전용 전자접촉기, R-MC는 역전용 전자접촉기이다.
- GL 램프는 정전용 표시램프, RL 램프는 역전용 표시램프이다.
- PBS₋₁은 a접점으로 정전용 누름버튼스위치, PBS₋₂는 a접점으로 역전용 누름버튼스위치, PBS₋₃은 b접점으로 정지용 누름버튼스위치이다.
- PBS₋₁을 ON하면 F-MC가 여자 되어 전동기 IM이 정회전하며, GL이 점등된다. PBS₋₁에서 손을 떼어도 회로는 자기유지 되어 전동기는 계속 정회전하며, GL은 계속 점등된다. PBS₋₂를 ON하여도 전동기는 계속 정회전하며, GL은 계속 점등되게 된다.
- 역회전을 시키기 위하여 PBS₋₃을 OFF하여 전동기를 정지시킨 다음 PBS₋₂를 ON하여야 한다. PBS₋₃을 OFF하고, PBS₋₂를 ON하면 전동기는 역회전하며, RL 램프가 점등하게 된다. 이 때에도 누름버튼스위치에서 손을 떼어도 회로는 자기유지 되어 계속 역회전하며, RL 램프도 계속 점등된다.
- 정회전시에는 역회전이 되지 않도록 되어 있고, 반대로 역회전 시에도 정회전이 되지 않아야 한다.
- 전동기가 과부하되어 과전류가 흐를 때 THR이 동작되어 회로를 차단시키며, 전동기를 멈추게 된다.

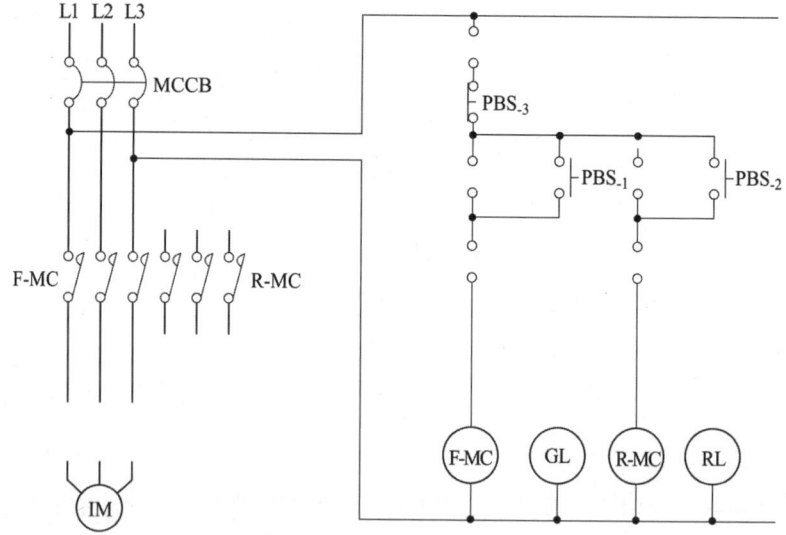

답안작성

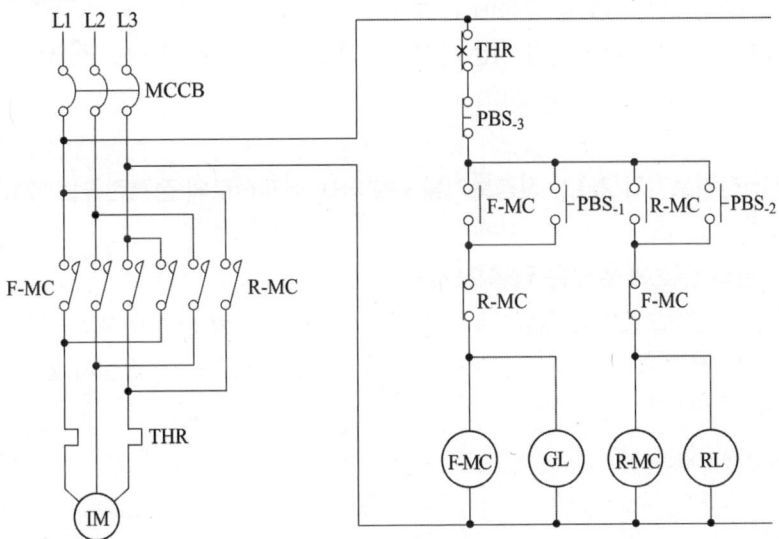

해설

(1) 배선용 차단기(Molded Case Circuit Breaker)
단락 및 과부하에 의한 이상전류가 차단기의 정격전류를 초과하면 회로를 차단하는 개폐기구로 퓨즈(Fuse)가 없어 반복하여 재투입이 가능하다.

(2) 전동기의 회전 방향을 바꾸기 위해서는 회전 자계의 방향을 바꾸어야 하며, 그 방법으로는
① 3상 : 전원의 3단자 중 2단자의 접속을 바꾼다.
② 단상 : 기동 권선의 접속을 바꾼다.

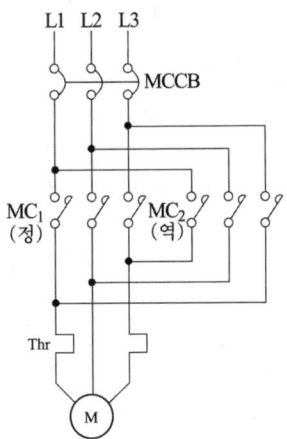

문제 16

★★ 출제년도 「18.」 • 점수 : 6점

누전경보기에 대한 다음 각 물음에 답하시오.

(1) ZCT를 우리말로 무엇이라 하는지 명칭을 쓰고 그 역할을 간단히 설명하시오.

　명칭 :

　역할 :

(2) 1급 누전경보기와 2급 누전경보기를 구분하는 경계전로의 정격전류는 몇 [A]인지 쓰시오.

(3) 괄호안의 번호에 알맞은 답을 쓰시오.

　전원은 분전반으로부터 전용회로로 하고, 각극에 (①) 및 15 A 이하의 (②)(배선용 차단기에 있어서는 20 A 이하의 것으로 각극을 개폐할 수 있는 것)를 설치 할 것

답안작성

(1) 명칭 : 영상변류기
　　역할 : 경계전로의 누설전류를 자동적으로 검출
(2) 60[A]
(3) ① 개폐기　② 과전류차단기

해설

① 누전경보기의 설치방법
　1. 경계전로의 정격전류가 **60 A를 초과**하는 전로에 있어서는 **1급 누전경보기**를, **60 A 이하**의 전로에 있어서는 **1급 또는 2급 누전경보기**를 설치할 것. 다만, 정격전류가 60 A를 초과하는 경계전로가 분기되어 각 분기회로의 정격전류가 60 A 이하로 되는 경우 당해분기회로마다 2급 누전경보기를 설치한 때에는 당해 경계전로에 1급 누전경보기를 설치한 것으로 본다.
　2. 변류기는 특정소방대상물의 형태, 인입선의 시설방법 등에 따라 **옥외 인입선의 제1지점의 부하측 또는 제2종 접지선측의 점검이 쉬운 위치**에 설치할 것. 다만, 인입선의 형태 또는 특정소방대상물의 구조상 부득이한 경우에는 인입구에 근접한 옥내에 설치할 수 있다.
　3. 변류기를 옥외의 전로에 설치하는 경우에는 **옥외형**으로 설치할 것
② 누전경보기의 전원
　1. 전원은 분전반으로부터 **전용회로**로 하고, 각극에 **개폐기** 및 15 A 이하의 **과전류차단기**(배선용 차단기에 있어서는 20 A 이하의 것으로 각극을 개폐할 수 있는 것)를 설치할 것
　2. 전원을 분기할 때에는 다른 차단기에 따라 전원이 차단되지 아니하도록 할 것
　3. 전원의 개폐기에는 누전경보기용임을 표시한 표지를 할 것

Engineer
Fire Protection System

2019 기출문제
소방설비기사 실기 (전기분야)

2019년 기사 제1회 실기시험

Engineer Fire Protection System

자격종목	시험시간	시행일	수험번호	성명
소방설비기사(전기분야)	3시간	2019.4.14		

※ 다음 물음의 답을 해당 답란에 답하시오.(배점 : 100점)

문제 01 ★★★ 출제년도「19.」 •점수 : 3점

비상콘센트 설비에 대한 다음 각 물음에 답하시오.
(1) 전원회로의 종류 및 전압을 쓰시오.
(2) 공급용량을 쓰시오.

답안작성

(1) 전원회로의 종류 : 단상교류, 전압 : 220 [V]
(2) 1.5 [kVA] 이상

▼해설

비상콘센트설비 기준
1. 비상콘센트설비의 전원회로는 **단상교류 220[V]**인 것으로서, 그 **공급용량은 1.5[kVA] 이상**인 것으로 할 것.
2. 전원회로는 각층에 2 이상이 되도록 설치할 것. 다만, 설치하여야 할 층의 비상콘센트가 1개인 때에는 하나의 회로로 할 수 있다.
3. 전원회로는 주배전반에서 전용회로로 할 것. 다만, 다른 설비의 회로의 사고에 따른 영향을 받지 아니하도록 되어 있는 것은 그러하지 아니하다.
4. 전원으로부터 각 층의 비상콘센트에 분기되는 경우에는 분기배선용 차단기를 보호함안에 설치할 것
5. 콘센트마다 배선용 차단기(KS C 8321)를 설치하여야 하며, 충전부가 노출되지 아니하도록 할 것
6. 개폐기에는 "비상콘센트"라고 표시한 표지를 할 것
7. 비상콘센트용의 풀박스 등은 방청도장을 한 것으로서, 두께 1.6[mm] 이상의 철판으로 할 것
8. 하나의 전용회로에 설치하는 비상콘센트는 10개 이하로 할 것. 이 경우 전선의 용량은 각 비상콘센트(비상콘센트가 3개 이상인 경우에는 3개)의 공급용량을 합한 용량 이상의 것으로 하여야 한다.

문제 02 ★ 출제년도「19.」 •점수 : 4

접지공사에 대한 다음 각 물음에 답하시오.
(1) 접지공사에서 접지봉과 접지선을 연결하는 방법 3가지를 쓰시오.
(2) (1)의 방법 중 내구성이 가장 높은 방법은?

답안작성

(1) ① 용융접속 ② 납땜접속 ③ 전극 접지용 슬리브를 이용한 압착접속
(2) 용융접속

★ 출제년도「19.」 •점수 : 5

문제 03 다음은 표준품셈 중 공구손료 및 잡재료 손료에 내용을 설명한 것이다. 괄호 안의 번호에 알맞은 답을 답안지에 쓰시오.

> ◦ 공구손료 : 공구손료는 일반공구 및 시험용 계측기구류의 손료로서 공사중 상시 일반적으로 사용하는 것을 말하며 인력품(노임할증과 작업시간 증가에 의하지 않은 품할증 제외)의 (①)까지 계상하며 특수 공구(철골공사, 석공사 등) 및 검사용 특수계측기류의 손료는 별도 계상한다.
> ◦ 잡재료 및 소모재료 : 잡재료 및 소모재료는 설계내역에 표시하여 계상하되 주재료비와 직접재료비(전선, 케이블 및 배관자재비)의 (②)까지 계상한다.

답안작성
① 3%
② 2~5%

▼해설
공구손료 및 잡재료 손료(소방공사 표준품셈)
(1) 공구손료 : 공구손료는 일반공구 및 시험용 계측기구류의 손료로서 공사중 상시 일반적으로 사용하는 것을 말하며 인력품(노임할증과 작업시간 증가에 의하지 않은 품할증 제외)의 **3%**까지 계상하며 특수 공구(철골공사, 석공사 등) 및 검사용 특수계측기류의 손료는 별도 계상한다.
(2) 잡재료 및 소모재료 : 잡재료 및 소모재료는 설계내역에 표시하여 계상하되 주재료비와 직접재료비(전선, 케이블 및 배관자재비)의 **2~5%**까지 계상한다.

★ 출제년도「19.」 •점수 : 5

문제 04 누전경보기의 형식승인 및 제품검사의 기술기준에 대한 다음 각 물음에 답하시오.
(1) 변류기로부터 검출된 신호를 수신하여 누전의 발생을 당해 소방대상물의 관계자에게 경보하여 주는 것(차단기구를 갖는 것은 이를 포함한다)을 무엇이라 하는가?
(2) 경계전로에 누설전류가 흐르는 경우 이를 수신하여 그 경계전로의 전원을 자동적으로 차단하는 장치를 무엇이라 하는가?
(3) 경계전로의 누설전류를 자동적으로 검출하여 이를 누전경보기의 수신부에 송신하는 것을 무엇이라 하는가?

답안작성
(1) 수신부
(2) 누전경보기의 차단기구
(3) 변류기

▼해설

누전경보기의 형식승인 및 제품검사의 기술기준
1. "누전경보기의 수신부"(이하 "수신부"라 한다)란 변류기로부터 검출된 신호를 수신하여 누전의 발생을 당해 소방대상물의 관계자에게 경보하여 주는 것(차단기구를 갖는 것은 이를 포함한다)을 말한다.
2. "집합형 누전경보기의 수신부"란 2개이상의 변류기를 연결하여 사용하는 수신부로서 하나의 전원장치 및 음향장치 등으로 구성된 것을 말한다.
3. "누전경보기의 차단기구"란 경계전로에 누설전류가 흐르는 경우 이를 수신하여 그 경계전로의 전원을 자동적으로 차단하는 장치를 말한다.
4. "누전경보기의 변류기"(이하 "변류기"라 한다)란 경계전로의 누설전류를 자동적으로 검출하여 이를 누전경보기의 수신부에 송신하는 것을 말한다.

★★★ 출제년도 「19」 •점수 : 4

문제 05 다음은 자동화재탐지설비 및 시각경보장치의 화재안전기술기준의 일부를 나타낸 것이다. 괄호 안의 번호에 알맞은 답을 답안지에 쓰시오.

> - 감지기(차동식 분포형은 제외)는 실내로의 공기유입구로부터 (①) 이상 떨어진 위치에 설치할 것
> - 보상식 스포트형 감지기는 정온점이 감지기 주위의 평상시 최고온도보다 (②) 이상 높은 것으로 설치할 것
> - 스포트형 감지기는 (③)이상 경사되지 아니하도록 부착할 것
> - (④)는 주방, 보일러실 등으로서 다량의 화기를 취급하는 장소에 설치하되, 공칭작동온도가 최고주위온도보다 20℃ 이상 높은 것으로 설치할 것

답안작성

① 1.5[m]
② 20[℃]
③ 45°
④ 정온식 감지기

▼해설

- 감지기(차동식 분포형은 제외)는 실내로의 공기유입구로부터 (1.5[m]) 이상 떨어진 위치에 설치할 것
- 보상식 스포트형 감지기는 정온점이 감지기 주위의 평상시 최고온도보다 (20[℃]) 이상 높은 것으로 설치할 것
- 스포트형 감지기는 (45°)이상 경사되지 아니하도록 부착할 것
- (정온식 감지기)는 주방, 보일러실 등으로서 다량의 화기를 취급하는 장소에 설치하되, 공칭작동온도가 최고주위온도보다 20[℃] 이상 높은 것으로 설치할 것

문제 06 괄호 안의 번호에 알맞은 답을 답안지에 쓰시오.

- (①)이란 특정소방대상물 중 화재신호를 발신하고 그 신호를 수신 및 유효하게 제어할 수 있는 구역을 말한다.
- (②)란 감지기나 발신기에서 발하는 화재신호를 직접 수신하거나 중계기를 통하여 수신하여 화재의 발생을 표시 및 경보하여 주는 장치를 말한다.
- (③)란 감지기·발신기 또는 전기적접점 등의 작동에 따른 신호를 받아 이를 수신기의 제어반에 전송하는 장치를 말한다.
- (④)란 화재시 발생하는 열, 연기, 불꽃 또는 연소생성물을 자동적으로 감지하여 수신기에 발신하는 장치를 말한다.
- (⑤)란 화재발생 신호를 수신기에 수동으로 발신하는 장치를 말한다.
- (⑥)란 자동화재탐지설비에서 발하는 화재신호를 시각경보기에 전달하여 청각장애인에게 점멸형태의 시각경보를 하는 것
- (⑦)란 감지기 또는 발신기로부터 발하여지는 신호를 직접 또는 중계기를 통하여 공통신호로서 수신하여 화재의 발생을 해당 소방대상물의 관계자에게 경보하여 주는 것
- (⑧)란 감지기 또는 발신기로부터 발하여지는 신호를 직접 또는 중계기를 통하여 고유신호로서 수신하여 화재의 발생을 해당 소방대상물의 관계자에게 경보하여 주는 것
- (⑨)란 감지기 또는 발신기로부터 발하여지는 신호를 직접 또는 중계기를 통하여 공통신호로서 수신하여 화재의 발생을 당해 소방대상물의 관계자에게 경보하여 주고 자동 또는 수동으로 옥내외소화전설비, 스프링클러설비, 물분무소화설비, 포소화설비, 이산화탄소소화설비, 할로겐화물소화설비, 분말소화설비, 배연설비 등의 가압송수장치 또는 기동장치 등을 제어하는(이하 "제어기능"이라 한다)것을 말한다.

답안작성
① 경계구역　② 수신기　③ 중계기　④ 감지기　⑤ 발신기
⑥ 시각경보장치　⑦ P형수신기　⑧ R형수신기　⑨ P형복합식수신기

해설
① "**경계구역**"이란 특정소방대상물 중 화재신호를 발신하고 그 신호를 수신 및 유효하게 제어할 수 있는 구역
② "**수신기**"란 감지기나 발신기에서 발하는 화재신호를 직접 수신하거나 중계기를 통하여 수신하여 화재의 발생을 표시 및 경보하여 주는 장치
③ "**중계기**"란 감지기·발신기 또는 전기적접점 등의 작동에 따른 신호를 받아 이를 수신기의 제어반에 전송하는 장치
④ "**감지기**"란 화재시 발생하는 열, 연기, 불꽃 또는 연소생성물을 자동적으로 감지하여 수신기에 발신하는 장치

⑤ "발신기"란 화재발생 신호를 수신기에 수동으로 발신하는 장치를 말한다.
⑥ "**시각경보장치**"란 자동화재탐지설비에서 발하는 화재신호를 시각경보기에 전달하여 청각장애인에게 점멸형태의 시각정보를 하는 것
⑦ "**P형수신기**"란 감지기 또는 발신기로부터 발하여지는 신호를 직접 또는 중계기를 통하여 공통신호로서 수신하여 화재의 발생을 해당 소방대상물의 관계자에게 경보하여 주는 것
⑧ "**R형수신기**"란 감지기 또는 발신기로부터 발하여지는 신호를 직접 또는 중계기를 통하여 고유신호로서 수신하여 화재의 발생을 해당 소방대상물의 관계자에게 경보하여 주는 것
⑨ "**P형복합식수신기**"란 감지기 또는 발신기로부터 발하여지는 신호를 직접 또는 중계기를 통하여 공통신호로서 수신하여 화재의 발생을 당해 소방대상물의 관계자에게 경보하여 주고 자동 또는 수동으로 옥내외소화전설비, 스프링클러설비, 물분무소화설비, 포소화설비, 이산화탄소소화설비, 할로겐화물소화설비, 분말소화설비, 배연설비 등의 가압송수장치 또는 기동장치 등을 제어하는(이하 "제어기능"이라 한다)것

문제 07

★★ 출제년도「19」 •점수 : 6

비상콘센트설비에 대한 다음 각 물음에 답하시오.
(1) 비상전원은 비상콘센트설비를 유효하게 몇 분 이상 작동시킬 수 있는 용량으로 하여야 하는가?
(2) 비상전원을 실내에 설치하는 때에는 그 실내에 무엇을 설치하여야 하는가?
(3) 상용전원회로의 배선은 저압수전인 경우에는 어느 곳에서 분기하여 전용배선으로 하여야 하는가?

답안작성

(1) 20분
(2) 비상조명등
(3) 인입개폐기

해설

비상콘센트설비의 전원 및 콘센트
1. 상용전원회로의 배선은 저압수전인 경우에는 **인입개폐기**의 직후에서, 고압수전 또는 특고압수전인 경우에는 전력용변압기 2차측의 주차단기 1차측 또는 2차측에서 분기하여 전용배선으로 할 것
2. 비상전원 중 자가발전설비 기준
   가. 점검에 편리하고 화재 및 침수 등의 재해로 인한 피해를 받을 우려가 없는 곳에 설치할 것
   나. 비상콘센트설비를 유효하게 **20분 이상** 작동시킬 수 있는 용량으로 할 것
   다. 상용전원으로부터 전력의 공급이 중단된 때에는 자동으로 비상전원으로부터 전력을 공급받을 수 있도록 할 것
   라. 비상전원의 설치장소는 다른 장소와 방화구획 할 것. 이 경우 그 장소에는 비상전원의 공급에 필요한 기구나 설비외의 것(열병합발전설비에 필요한 기구나 설비는 제외한다)을 두어서는 아니 된다.
   마. 비상전원을 실내에 설치하는 때에는 그 실내에 **비상조명등**을 설치할 것

문제 08

★★ 출제년도 「19.」 • 점수 : 4

수신기의 표시등에 대한 다음 각 물음에 답하시오.
(1) 화재 시 화재표시등은 무슨 색상으로 점등되는가?
(2) 회로 도통시험 시 단선은 무슨 색상으로 점등되는가?

답안작성

(1) 적색
(2) 적색

해설

구분	점등색상	
화재시 화재표시등	적색	
회로도통시험시	단선	적색
	정상	녹색

문제 09

★★ 출제년도 「19.」 • 점수 : 4

옥내소화전설비의 비상전원에 대한 다음 각 물음에 답하시오.
(1) 비상전원의 종류 3가지를 쓰시오.
(2) 옥내소화전설비를 유효하게 몇 분 이상 작동할 수 있어야 하는가?
(3) 비상전원을 실내에 설치하는 때에는 그 실내에 무엇을 설치하여야 하는가?

답안작성

(1) ① 자가발전설비 ② 축전지설비 ③ 전기저장장치
(2) 20분 이상
(3) 비상조명등

해설

옥내소화전설비의 전원
비상전원은 **자가발전설비**, **축전지설비**(내연기관에 따른 펌프를 사용하는 경우에는 내연기관의 기동 및 제어용 축전지를 말한다) 또는 **전기저장장치**(외부 전기에너지를 저장해 두었다가 필요한 때 전기를 공급하는 장치)로서 다음의 기준에 따라 설치해야 한다.
1. 점검에 편리하고 화재 및 침수 등의 재해로 인한 피해를 받을 우려가 없는 곳에 설치할 것
2. 옥내소화전설비를 유효하게 **20분 이상** 작동할 수 있어야 할 것
3. 상용전원으로부터 전력의 공급이 중단된 때에는 자동으로 비상전원으로부터 전력을 공급받을 수 있도록 할 것
4. 비상전원(내연기관의 기동 및 제어용 축전기를 제외한다)의 설치장소는 다른 장소와 방화구획 할 것. 이 경우 그 장소에는 비상전원의 공급에 필요한 기구나 설비외의 것(열병합발전설비에 필요한 기구나 설비는 제외한다)을 두어서는 아니 된다.
5. 비상전원을 실내에 설치하는 때에는 그 실내에 **비상조명등**을 설치할 것

★ 출제년도 「19.」 •점수 : 3

문제 10 20[W] 중형 피난구 유도등이 AC 220[V] 사용전원에 연결되어 있다. 전원에 연결된 유도등은 10개이며, 유도등의 역률은 50%이다. 공급전류[A]를 계산하시오. 단, 유도등의 배터리 충전전류는 무시하며, 전원공급방식은 단상 2선식이다.

답안작성

전류 $I = \dfrac{P}{V\cos\theta} = \dfrac{20[\text{W}] \times 10\text{개}}{220[\text{V}] \times 0.5} = 1.82[\text{A}]$

해설

전력 $P = VI\cos\theta$
여기에서, V : 전압[V], I : 전류[A], $\cos\theta$: 역률

★★★ 출제년도 「10. 12. 13. 19.」 •점수 : 5

문제 11 비상콘센트보호함의 설치기준으로 ( )안에 알맞은 말을 써 넣으시오.
  ○ 보호함에는 쉽게 개폐할 수 있는 (㉮)을 설치할 것
  ○ 보호함 (㉯)에 "비상콘센트"라고 표시한 표시를 할 것
  ○ 보호함 상부에 (㉰)의 (㉱)을 설치할 것. 다만, 비상콘센트의 보호함을 옥내소화전함 등과 접속하여 설치하는 경우에는 (㉲) 등의 표시등과 겸용할 수 있다.

답안작성

㉮	㉯	㉰	㉱	㉲
문	표면	적색	표시등	옥내소화전함

해설

비상콘센트설비의 보호함
비상콘센트를 보호하기 위하여 비상콘센트 보호함은 다음 각호의 기준에 따라 설치하여야 한다.
① 보호함에는 쉽게 개폐할 수 있는 문을 설치할 것
② 보호함 표면에 "비상콘센트"라고 표시한 표지를 할 것
③ 보호함 상부에 적색의 표시등을 설치할 것. 다만, 비상콘센트의 보호함을 옥내소화전함 등과 접속하여 설치하는 경우에는 옥내소화전함 등의 표시등과 겸용할 수 있다.

★★ 출제년도 「97. 04. 12. 17. 19.」 •점수 : 5

문제 12 비상경보용으로 방송설비를 설치시 음량조정기를 설치하는 경우에는 3선식 배선으로 하여야 한다. 음량조정기 3선식 배선도를 완성하시오.

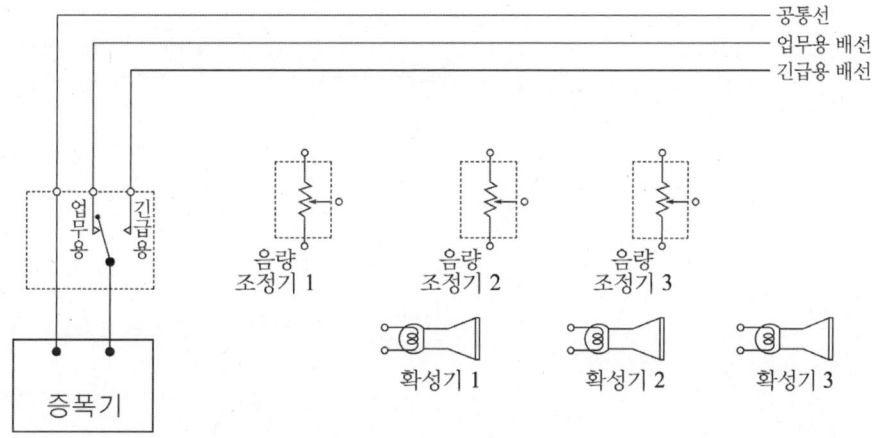

답안작성

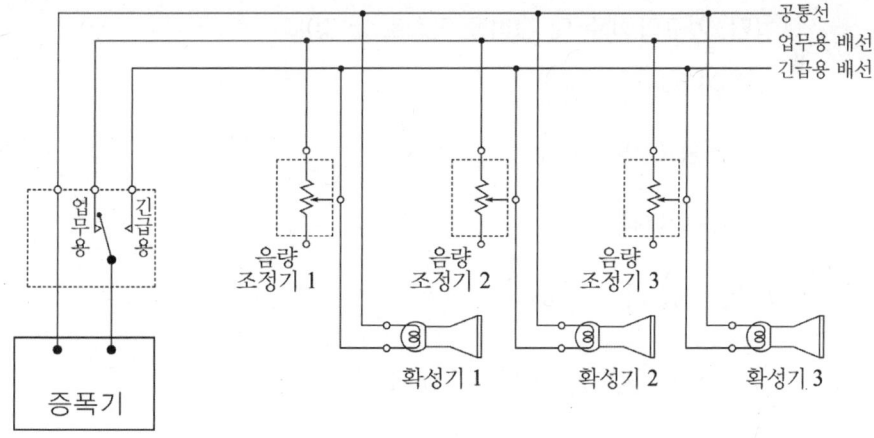

★ 출제년도 「99. 19.」 •점수 : 8

문제 13 답안지에 주어진 도면은 유도전동기 기동 정지회로의 미완성 도면이다. 다음 각 물음에 답하시오.

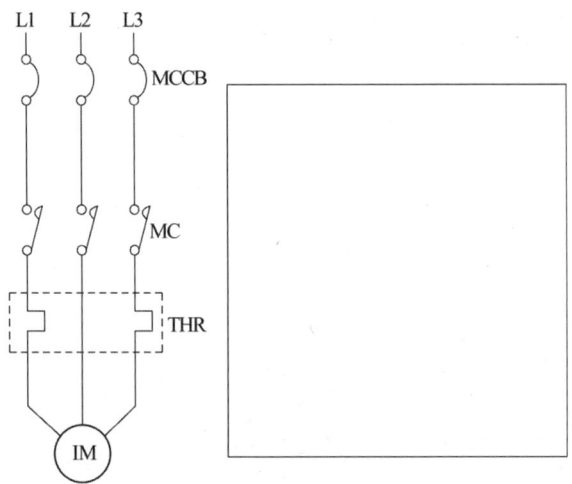

(1) 다음과 같이 주어진 기구를 이용하여 미완성 도면을 완성하시오.
   (단, 기구의 개수 및 접점을 최소로 할 것)
   - 전자접촉기   (MC)
   - 기동용표시등 (GL)
   - 정지용표시등 (RL)
   - 열동계전기   ⌇THR
   - 누름버튼 스위치 ON용 ⊢PBS-ON
   - 누름버튼 스위치 OFF용 ⊢PBS-OFF

(2) 주회로의 [ ] 이 동작되는 경우를 2가지만 쓰시오.

(3) 열동계전기(THR)가 동작되어 운전이 정지되는 경우 어떻게 하여야 다시 운전할 수 있겠는가?

(1)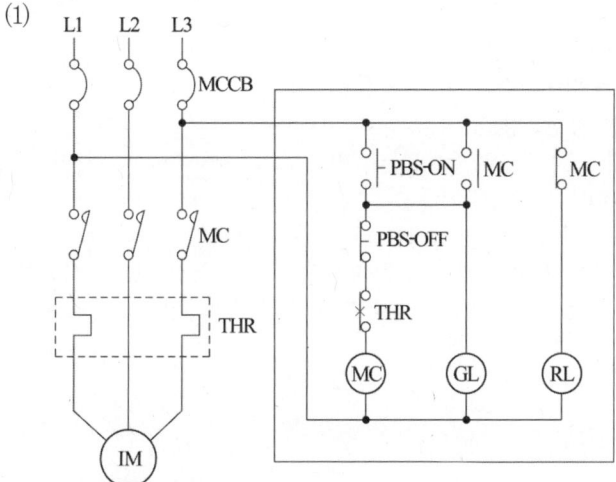

(2) ① 전동기에 과부하가 걸릴 때
    ② 열동계전기의 전류정정 값이 정격전류보다 낮게 되어 있을 때
(3) 열동계전기의 리셋버튼을 수동으로 눌러 복귀시키고, ON용(PBS-ON) 누름버튼 스위치를 누른다.

문제 14

축전지설비에 대한 다음 각 물음에 답하시오.

(1) 연축전지의 정격용량이 100 [Ah]이고, 상시부하가 15 [kW], 표준전압 100 [V]인 부동충전방식 충전기의 2차 충전전류 값은 몇 [A]이겠는가? 단, 상시부하의 역률은 1로 본다.
  • 계산   • 답
(2) 축전지의 수명이 있고 또한 그 말기에 있어서도 부하를 만족하는 용량을 결정하기 위한 계수로서 보통 0.8로 하는 것을 무엇이라 하는가?
(3) 축전지의 과방전 및 방치상태, 가벼운 설페이션 현상 등이 생겼을 때 기능회복을 위하여 실시하는 충전방식은?

(1) 계산 : 충전기 2차 전류 $I = \dfrac{100}{10} + \dfrac{15000}{100} = 160 [A]$

답 : 160 [A]
(2) 보수율(용량저하율)
(3) 회복충전방식

▼해설

(1) 충전기의 2차 전류

$$I_2 = \frac{축전지의\ 정격용량}{축전지의\ 방전시간율} + \frac{상시부하}{표준전압}$$

축전지의 방전시간율(공칭용량)
① 연축전지 : 10[h]
② 알칼리축전지 : 5[h]

(2) 보수율 (Maintenance Factor) (용량저하율)
축전지를 설계하는 경우, 필요로 하는 용량(축전지의 크기)을 산출할 때 사용연수나 사용조건의 변화에 따라 축전지 용량의 변동을 보상하며, 소정의 부하특성을 만족시키기 위하여 사용하는 보정치로서 일반적으로 0.8을 채택한다.

문제 15 ★★ 출제년도 「19.」 •점수 : 4

비상콘센트설비에 대한 다음 각 물음에 답하시오.(단, 사용전압은 단상교류 220[V] 이다.)

(1) 비상콘센트설비의 접지공사의 종류를 쓰시오.
(2) 비상콘센트를 설치하는 목적은?
(3) 2[kW]용 송풍기를 비상콘센트에 연결하여 운전하면 몇 [A]의 전류가 흐르는지 계산하시오.(단, 송풍기의 역률은 70[%]이다.)
(4) 지상 11층인 건축물에 비상콘센트설비를 설치하고자 한다. 전원회로의 가닥수는 몇 가닥인지 쓰시오.(단, 접지선 1가닥을 포함한다)

답안작성

(1) 보호접지
(2) 화재시 소화활동 등에 필요한 전원을 전용회선으로 공급하기 위함
(3) 전류 $I = \dfrac{P}{V\cos\theta} = \dfrac{2 \times 10^3}{220 \times 0.7} = 12.99[A]$
(4) 3가닥

▼해설

(1) 보호접지 : 금속제 외함 또는 기기접지를 통하여 감전사고를 예방할 목적을 갖는 접지방법
(2) 3가닥(전원선 2, 접지선 1)
 ※ 2021년 1월 1일 한국전기설비규정(KEC)이 시행됨에 따라 문제의 (1)번의 답안을 수정한다.

문제 16 청각장애인용 시각경보장치 설치기준 4가지를 쓰시오.

답안작성

1. 복도·통로·청각장애인용 객실 및 공용으로 사용하는 거실(로비, 회의실, 강의실, 식당, 휴게실, 오락실, 대기실, 체력단련실, 접객실, 안내실, 전시실, 기타 이와 유사한 장소를 말한다)에 설치하며, 각 부분으로부터 유효하게 경보를 발할 수 있는 위치에 설치할 것
2. 공연장·집회장·관람장 또는 이와 유사한 장소에 설치하는 경우에는 시선이 집중되는 무대부 부분 등에 설치할 것
3. 설치높이는 바닥으로부터 2[m] 이상 2.5[m] 이하의 장소에 설치할 것 다만, 천장의 높이가 2[m] 이하인 경우에는 천장으로부터 0.15[m] 이내의 장소에 설치하여야 한다.
4. 시각경보장치의 광원은 전용의 축전지설비 또는 전기저장장치(외부 전기에너지를 저장해 두었다가 필요한 때 전기를 공급하는 장치)에 의하여 점등되도록 할 것. 다만, 시각경보기에 작동전원을 공급할 수 있도록 형식승인을 얻은 수신기를 설치 한 경우에는 그러하지 아니하다.

해설

자동화재탐지설비 및 시각경보장치의 음향장치 및 시각경보장치
② 청각장애인용 시각경보장치는 소방청장이 정하여 고시한 「**시각경보장치의 성능인증 및 제품검사의 기술기준**」에 적합한 것으로서 다음 각 목의 기준에 따라 설치하여야 한다.

1. **복도·통로·청각장애인용 객실 및 공용으로 사용하는 거실**(로비, 회의실, 강의실, 식당, 휴게실, 오락실, 대기실, 체력단련실, 접객실, 안내실, 전시실, 기타 이와 유사한 장소를 말한다)에 설치하며, 각 부분으로부터 유효하게 경보를 발할 수 있는 위치에 설치할 것
2. **공연장·집회장·관람장** 또는 이와 유사한 장소에 설치하는 경우에는 시선이 집중되는 무대부 부분 등에 설치할 것
3. 설치높이는 바닥으로부터 **2[m] 이상 2.5[m] 이하**의 장소에 설치할 것 다만, 천장의 높이가 2[m] 이하인 경우에는 천장으로부터 **0.15[m] 이내**의 장소에 설치하여야 한다.
4. 시각경보장치의 광원은 전용의 **축전지설비 또는 전기저장장치**(외부 전기에너지를 저장해 두었다가 필요한 때 전기를 공급하는 장치)에 의하여 점등되도록 할 것. 다만, 시각경보기에 작동전원을 공급할 수 있도록 형식승인을 얻은 수신기를 설치한 경우에는 그러하지 아니하다.

문제 17

★★ 출제년도 「98, 19」 •점수 : 7

도면은 지하 3층, 지상 7층으로 연면적 5,500 [m²]인 건물에 자동화재탐지설비를 시설한 계통도이다. 도면을 보고 다음 각 물음에 답하시오. 단, 지상층 각 층의 높이는 3 [m]이고, 지하층 각 층의 높이는 3.1 [m]이다. (단, 수신기 내부에 경종단락보호장치를 설치한 경우임)

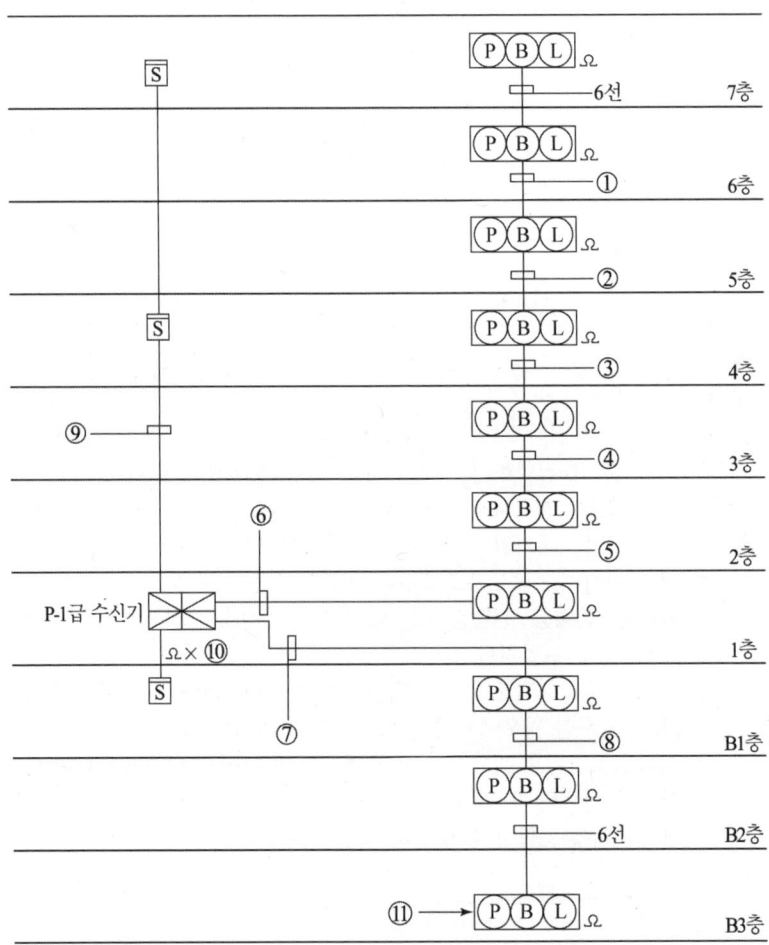

(1) ①~⑨까지에 배선되는 최소 가닥수는?
(2) ⑩ 에는 종단저항이 몇 개가 필요한가?
(3) ⓟⓑⓛ 는 무엇인가?

답안작성

(1) ① 8가닥   ② 10가닥   ③ 12가닥   ④ 14가닥   ⑤ 16가닥
　　⑥ 18가닥   ⑦ 10가닥   ⑧ 8가닥   ⑨ 4가닥
(2) 2개
(3) 발신기 세트 단독형

▼해설

(1) ① 우선경보방식

　㉠ 경보방법 : 화재발생시 안전하고 신속한 대피를 위하여 화재가 발생한 층과 그 직상층부터 우선하여 별도로 경보하는 방식

화재층	경보층(11층(공동주택인 경우 16층) 이상인 경우)	경보층(30층 이상인 경우)
1층	발화층, 그 직상 4개층, 지하층	발화층, 그 직상 4개층, 지하층
2층 이상	발화층, 그 직상 4개층	발화층, 그 직상 4개층
지하층	발화층, 그 직상층, 기타의 지하층	발화층, 그 직상층, 기타의 지하층

　㉡ 소방대상물 규모 : 11층(공동주택인 경우 16층) 이상
　㉢ 발화층 및 직상층 우선경보방식의 최소 전선 가닥수 :
　　기본 6가닥 + 추가 2가닥(지구선 1, 지구 경종선 1)

전 선	내 용	추 가	비 고
1	응답선		
2	지구선(회로선)	*	경계구역 수 증가분만큼 추가
3	지구 공통선		
4	지구 경종선	*	층마다 추가, 지하층은 층수에 관계없이 1가닥임
5	표시등선		
6	지구경종·표시등 공통선		

② 일제경보방식(발신기세트마다 경종단락보호장치 설치시)
　㉠ 경보방법 : 화재발생 시 모든 층에 동시에 경보하는 방식
　㉡ 소방대상물 규모 : 11층(공동주택인 경우 16층) 미만
　㉢ 일제경보방식의 최소 전선 가닥수 : 기본 6가닥 + 추가 1가닥 (지구선 1)

전 선	내 용	추 가	비 고
1	응답선		
2	지구선(회로선)	*	경계구역 수 증가분만큼 추가
3	지구 공통선		
4	지구 경종선		
5	표시등선		
6	지구경종·표시등 공통선		

③ 전선가닥수 산정
11층 미만으로 일제경보방식이나 조건에 따라 수신기 내부에 경종단락보호장치를 설치한 경우이므로 층마다 지구경종선을 1선씩 추가

내 용	①	②	③	④	⑤	⑥	⑦	⑧	⑨
응 답 선	1	1	1	1	1	1	1	1	
지구선(회로선)	2	3	4	5	6	7	3	2	4
지구 공통선	1	1	1	1	1	1	1	1	
지구 경종선	2	3	4	5	6	7	3	2	
표시등선	1	1	1	1	1	1	1	1	
지구경종, 표시등 공통선	1	1	1	1	1	1	1	1	
합 계	8	10	12	14	16	18	10	8	4

(2) 경계구역
계단·경사로(에스컬레이터 경사로 포함)·엘리베이터 권상기실·린넨슈트·파이프 피트 및 덕트 기타 이와 유사한 부분에 대하여는 별도로 경계구역을 설정하되, 하나의 경계구역은 높이 45[m] 이하 (계단 및 경사로에 한한다.)로 하고, 지하층의 계단 및 경사로(지하층의 층수가 1일 경우는 제외한다.)는 별도로 하나의 경계구역으로 하여야 한다. 그러므로 지상층 1 경계구역과 지하층 1 경계구역을 합하여 2 경계구역으로 한다.

(3) 발신기 세트 : 단독형과 옥내소화전내장형

발신기세트 단독형	ⓟⓑⓛ (세로)
발신기세트 옥내소화전내장형	ⓟⓑⓛ (사선 포함)

★ 출제 년도 「19.」 •점수 : 7

문제 18 다음 도면은 전실(부속실)제연설비를 나타낸 것이다. 다음 각 물음에 답하시오. 단, 댐퍼는 모터식이며 복구는 자동복구이고 전원은 제어반에서 공급하고 급기댐퍼와 배기댐퍼 기동은 동시에 기동하는 것으로 한다.

(1) Ⓐ, Ⓑ, Ⓒ의 명칭을 쓰시오.
(2) ①, ②, ③의 전선 가닥수를 쓰시오.
(3) 수동조작함의 설치 높이는?

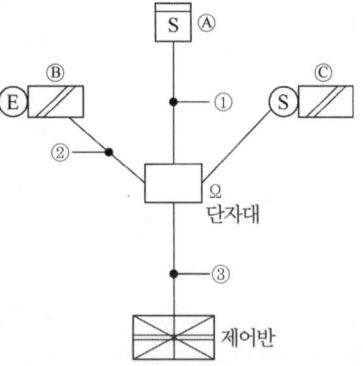

답안작성

(1) Ⓐ : 연기감지기   Ⓑ : 배기댐퍼   Ⓒ : 급기댐퍼
(2) ① 4가닥   ② 4가닥   ③ 7가닥
(3) 바닥으로부터 0.8 [m] 이상 1.5 [m] 이하

▼해설

전선수 산정

기호	구 분	가닥수	용 도
①	수동조작함 ↔ 감지기	4	• 지구 2 • 지구공통 2
②	수동조작함 ↔ 배기댐퍼	4	• 전원⊕ • 전원⊖ • 기동 • 배기댐퍼 기동확인
	수동조작함 ↔ 급기댐퍼	5	• 전원⊕ • 전원⊖ • 기동 • 급기댐퍼 기동확인 • 수동기동확인
③	수동조작함 ↔ 제어반	7	• 전원⊕ • 전원⊖ • 지구 • 기동 • 급기댐퍼 기동확인 • 배기댐퍼 기동확인 • 수동기동확인

※ 지구 = 회로, 지구공통 = 회로공통,
급기확인 = 급기댐퍼기동확인 = 급기댐퍼확인
배기확인 = 배기댐퍼기동확인 = 배기댐퍼확인
수동기동확인 = 수동기동

2019년 기사 제2회 실기시험

Engineer Fire Protection System

자격종목	시험시간	시행일	수험번호	성명
소방설비기사(전기분야)	3시간	2019.6.29		

※ 다음 물음의 답을 해당 답란에 답하시오.(배점 : 100점)

문제 01

★★★ 출제년도 「04. 07. 11. 16. 19.」 ·점수 : 5

저압 옥내배선의 금속관 공사에 있어서 금속관과 박스 그 밖의 부속품은 다음 각 호에 의하여 시설하여야 한다. ( )안에 알맞은 내용을 쓰시오.

(1) 금속관을 구부릴 때 금속관의 단면이 심하게 변형되지 아니하도록 구부려야 하며, 그 안측의 (①)은 관 안지름의 (②)배 이상이 되어야 한다.

(2) 아웃렛 박스(Outlet Box) 사이 또는 전선 인입구가 있는 기구 사이의 금속관은 (③)개소를 초과하는 직각 또는 직각에 가까운 굴곡개소를 만들어서는 아니 된다. 굴곡개소가 많은 경우 또는 관의 길이가 (④)[m]를 넘는 경우에는 (⑤)를 설치하는 것이 바람직하다.

답안작성

(1) ① 반지름 ② 6   (2) ③ 3 ④ 30 ⑤ 풀박스

▼해설

내선규정 2225-8 관의 굴곡
(1) 금속관을 구부릴 때 금속관의 단면이 심하게 변형되지 아니하도록 구부려야 하며, 그 안쪽의 반지름은 관 안지름의 6배 이상이 되어야 한다.
(2) 아웃렛(Outlet) 박스 사이 또는 전선 인입구를 가지는 기구 사이의 금속관에는 3개소가 초과하는 직각 또는 직각이 가까운 굴곡 개소를 만들어서는 아니된다. 굴곡 개소가 많은 경우 또는 관의 길이가 30[m]를 초과하는 경우에는 풀박스를 설치하는 것이 바람직하다.
※ 2021년 1월 1일 내선규정이 삭제되고 한국전기설비규정(KEC)이 시행됨에 따라 현재는 맞지 않는 문제입니다.

문제 02

★★★ 출제년도 「11. 15. 19.」 ·점수 : 6

피난구유도등의 2선식 배선과 3선식 배선의 미완성 결선도이다. 결선을 완성하고, 배선방식의 차이점을 2가지만 쓰시오.

(1) 미완성 결선도

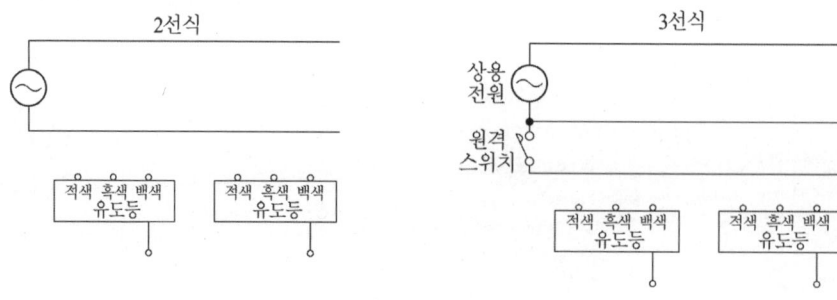

(2) 배선방식의 차이점

	2선식	3선식
점등상태		
충전상태		

답안작성

(1) 미완성 결선도

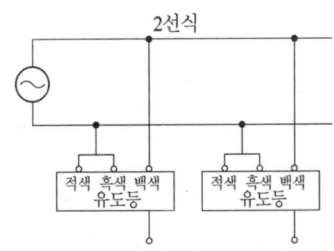
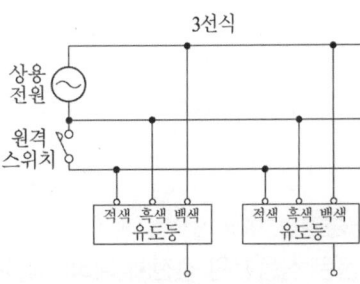

(2) 배선방식의 차이점

	2선식	3선식
점등상태	항상 점등(평상시 : 상용전원, 화재시 : 예비전원에 의해 점등)	평상시 소등상태(수신기에서 기동스위치 ON시 점등), 화재시 예비전원에 의해 점등상태
충전상태	평상시 충전상태, 화재시에는 방전	평상시 충전상태, 화재시에는 방전

해설

(1) 2선식과 3선식의 비교

구분	2선식	3선식
유도등의 배선방식	(회로도)	(회로도)
특징	① 점멸기를 사용 않고 항상 점등 상태를 유지 ② 정전 또는 단선시 자동적으로 예비전원으로 전환되어 20분 이상 점등을 지속한 후 꺼진다. 다만, 다음 각목의 특정소방대상물의 경우 그 부분에서 피난층에 이르는 부분은 유도등을 60분 이상 유효하게 점등시킬 것 • 지하층을 제외한 층수가 11층 이상의 층 • 지하층 또는 무창층 으로서 용도가 도매시장, 소매시장, 여객자동차터미널, 지하역사 또는 지하상가	① 평상시 소등되어 있고 화재 또는 정전, 단선시 점등 ② 점멸기에 의해 소등을 하면 유도등은 꺼지나 예비전원은 계속 충전상태를 유지 ③ 정전 또는 단선시 자동적으로 예비전원 으로 전환되어 20분 이상 점등을 지속한 후 꺼진다. 다만, 다음 각목의 특정소방대상물의 경우 그 부분에서 피난층에 이르는 부분은 유도등을 60분 이상 유효하게 점등시킬 것

구분	2선식	3선식
특징		• 지하층을 제외한 층수가 11층 이상의 층 • 지하층 또는 무창층 으로서 용도가 도매시장, 소매시장, 여객자동차터미널, 지하역사 또는 지하상가
적용대상	대부분의 특정소방대상물	① 외부광에 따라 피난구 또는 피난방향을 쉽게 식별할 수 있는 장소 ② 공연장, 암실 등으로서 어두워야 할 필요가 있는 장소 ③ 소방대상물의 관계인 또는 종사원이 주로 사용하는 장소

★★ 출제년도 「11. 19.」 • 점수 : 9

문제 03 다음은 상용전원 정전시 예비(비상)전원으로 전환하고 정전복구시에는 상용전원으로 전환되도록 구성한 기동회로의 미완성 회로도이다. 아래의 시퀀스제어 절차에 따른 누락된 접점 및 소자의 명칭과 접점기호를 표시하여 회로도를 완성하시오.

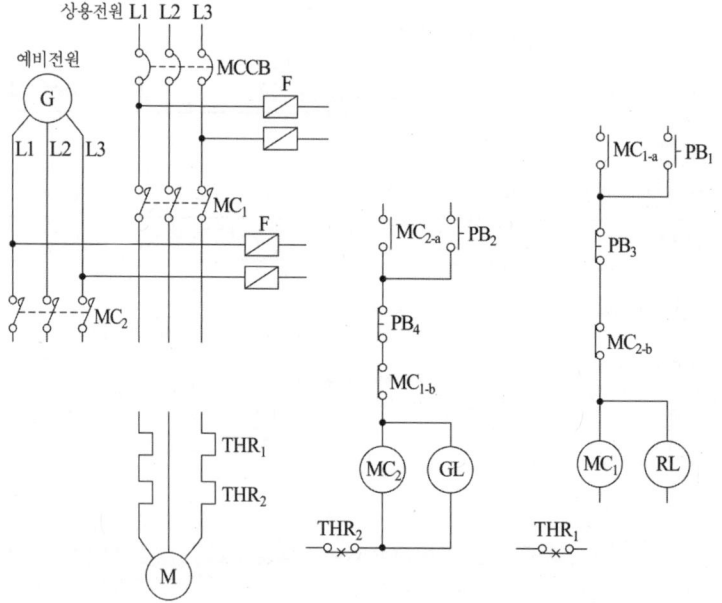

가. PB_1을 누르면 전자개폐기 MC_1이 여자되고 ⓇⓁ이 점등되며 전자접촉기 보조접점 MC_{1-a}가 폐로되어 자기유지 되면서 전자접촉기 MC_1의 주접점이 닫혀서 유도전동기는 상용전원으로 운전된다.

나. 상용전원으로 운전 중 PB_3를 누르면 MC_1이 소자되어 유도전동기는 정지하고 상용전원 운전표시등 ⓇⓁ은 소등된다.

다. 상용전원 정전시 예비전원으로 전환하기 위하여 PB₂를 누르면 전자접촉기 MC₂가 여자되어 ⒼⓁ이 점등되며, 전자접촉기 보조접점 MC₂₋ₐ가 폐로되어 자기유지됨과 동시에 전자접촉기 MC₂의 주접점이 닫혀 유도전동기는 예비전원으로 운전된다.

라. 예비전원으로 운전 중 상용전원으로 전환하기 위하여 PB₄를 누르면 MC₂가 소자되어 유도전동기는 정지하고 예비전원 운전표시등 ⒼⓁ은 소등한다.

마. 열동계전기(THR₁, THR₂)가 동작하면 MC₁ 또는 MC₂를 소자시켜 운전중인 유도전동기는 정지한다.

바. 예비전원과 상용전원이 동시에 공급되지 않도록 인터록회로가 구성되어 있다.

답안작성

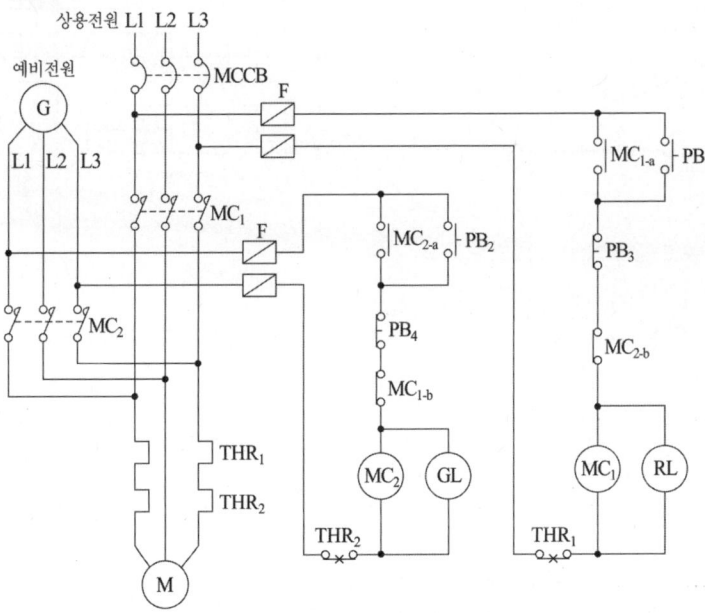

★★ 출제년도 「04, 13, 19.」 •점수 : 6

문제 04 그림과 같은 시퀀스 회로를 보고 다음 각 물음에 답하시오.

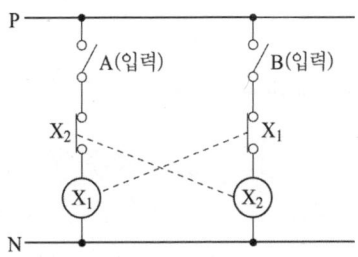

(1) 주어진 회로에 대한 논리회로를 완성하시오.

(2) 회로의 동작 상황을 타임차트로 그리시오.

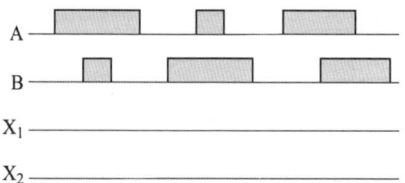

(3) 주어진 회로에서 접점 X_1과 X_2의 관계를 무엇이라 하는가?

답안작성

(1)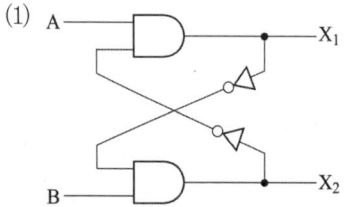

(2)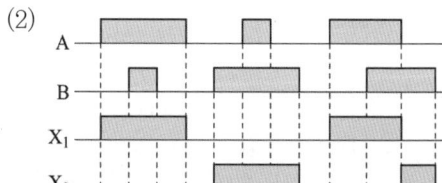

(3) 인터록

해설

인터록 회로
(1) 기능 : 한쪽이 동작하면 다른 한쪽은 동작할 수 없는 논리(동시투입 방지기능)
(2) 인터록 회로 및 타임 차트의 예시

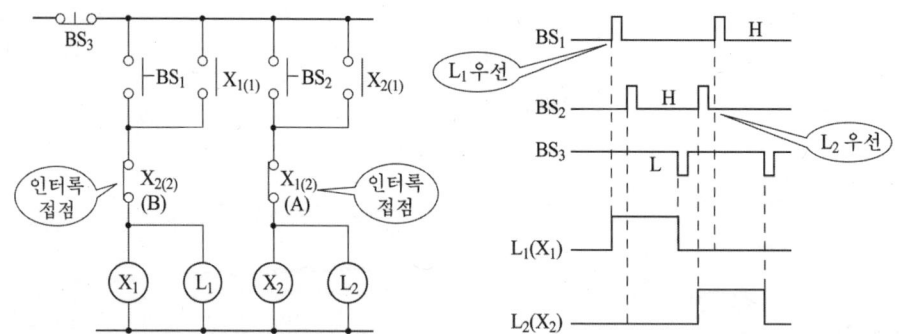

(3) 동작 설명
 BS$_1$을 먼저 누르면 L$_1$(X$_1$)이 동작 유지하고 인터록 접점 X$_{1(2)}$(A)가 열린다. 따라서 이후 BS$_2$를 눌러도 L$_2$(X$_2$)가 동작할 수 없다. 또한, BS$_2$를 먼저 주면 L$_2$(X$_2$)가 동작하고 인터록 접점 X$_{2(2)}$(B)가 열린다. 따라서 이후 BS$_1$을 눌러도 L$_1$(X$_1$)이 동작할 수 없다.

★★★ 출제년도 「19」 •점수 : 6

문제 05
연면적 5000[m^2], 지상 11층인 특정소방대상물에 비상방송설비를 설치하고자 한다. 경보방식은 어떤 방식으로 하여야 하는지 그 방식을 쓰고, 그 방식의 발화층에 대한 경보층의 구체적인 경우를 아래 표의 빈칸에 알맞은 답을 쓰시오.

(1) 방식
(2) 화재층에 따른 경보를 발하여야 하는 층

화재층	경보를 발하여야 하는 층
2층 이상	
1층	
지하층	

답안작성

(1) 우선경보방식
(2) 화재층에 따른 경보를 발하여야 하는 층

화재층	경보를 발하여야 하는 층
2층 이상	발화층 및 그 직상 4개층
1층	발화층·그 직상 4개층 및 지하층
지하층	발화층·그 직상층 및 기타의 지하층

해설

우선경보방식
(1) 적용대상 : 11층(공동주택인 경우 16층) 이상
(2) 경보방식

화재층	경보를 발하여야 하는 층 (11층(공동주택인 경우 16층) 이상)	경보를 발하여야 하는 층(30층 이상)
2층 이상	발화층 및 그 직상 4개층	발화층 및 그 직상 4개층
1층	발화층·그 직상 4개층 및 지하층	발화층·그 직상 4개층 및 지하층
지하층	발화층·그 직상층 및 기타의 지하층	발화층·그 직상층 및 기타의 지하층

문제 06

아래의 조건을 이용하여 차동식 스포트형 감지기(2종)의 최소수량을 결정하시오.

◀조건▶
○ 주요구조부는 철근콘크리트구조
○ 바닥면적은 500[m²]
○ 감지기의 부착높이는 3.5[m]이다.

답안작성

수량 : $\dfrac{500[m^2]}{70[m^2]} = 7.14 = 8$개

▼해설
(1) 철근콘크리트구조는 내화구조이다.
(2) 특정소방대상물에 따른 감지기의 수량

(단위 : m²)

부착높이 및 특정소방대상물의 구분		감지기의 종류				
		차동식, 보상식 스포트형		정온식 스포트형		
		1종	2종	특종	1종	2종
4[m] 미만	주요구조부를 내화구조로 한 특정소방대상물 또는 그 부분	90	70	70	60	20
	기타 구조의 특정소방대상물 또는 그 부분	50	40	40	30	15
4[m] 이상 8[m] 미만	주요구조부를 내화구조로 한 특정소방대상물 또는 그 부분	45	35	35	30	
	기타 구조의 특정소방대상물 또는 그 부분	30	25	25	15	

차동식 스포트형 2종, 주요구조부가 내화구조이고 부착높이가 4[m] 미만이므로 70[m²] 적용

문제 07 ★★★ 출제 년도 「19.」 •점수 : 6

자동화재탐지설비 및 시각경보장치의 화재안전기술기준에서 정하고 있는 불꽃감지기의 설치기준 중 3가지만 쓰시오.

답안작성
① 공칭감시거리 및 공칭시야각은 형식승인 내용에 따를 것
② 감지기는 공칭감시거리와 공칭시야각을 기준으로 감시구역이 모두 포용될 수 있도록 설치할 것
③ 감지기는 화재감지를 유효하게 감지할 수 있는 모서리 또는 벽 등에 설치할 것
④ 감지기를 천장에 설치하는 경우에는 감지기는 바닥을 향하여 설치할 것
⑤ 수분이 많이 발생할 우려가 있는 장소에는 방수형으로 설치할 것 중 3가지 선택

문제 08 ★ 출제 년도 「19.」 •점수 : 4

3상 유도전동기의 기동방식 중 2가지만 쓰시오.

답안작성
직입(전전압) 기동, Y-△ 기동 방식

▼해설

구분	기동법
농형 유도전동기	직입(전전압) 기동법, Y-△ 기동법, 리액터 기동법, 기동보상기법
권선형 유도전동기	2차저항기동법

문제 09

비상방송설비의 화재안전기술기준에 따른 음향장치의 구조 및 성능기준 2가지를 쓰시오.

답안작성

① 정격전압의 80[%] 전압에서 음향을 발할 수 있는 것을 할 것
② 자동화재탐지설비의 작동과 연동하여 작동할 수 있는 것으로 할 것

해설

음향장치 기준
1. 확성기의 음성입력은 3[W](실내에 설치하는 것에 있어서는 1[W]) 이상일 것
2. 확성기는 각층마다 설치하되, 그 층의 각 부분으로부터 하나의 확성기까지의 **수평거리가 25[m] 이하**가 되도록 하고, 해당층의 각 부분에 유효하게 경보를 발할 수 있도록 설치할 것
3. **음량조정기**를 설치하는 경우 음량조정기의 배선은 **3선식**으로 할 것
4. 조작부의 조작스위치는 바닥으로부터 **0.8[m] 이상 1.5[m] 이하**의 높이에 설치할 것
5. 조작부는 기동장치의 작동과 연동하여 해당 기동장치가 작동한 층 또는 구역을 표시할 수 있는 것으로 할 것
6. 증폭기 및 조작부는 수위실 등 상시 사람이 근무하는 장소로서 점검이 편리하고 방화상 유효한 곳에 설치할 것
7. 11층(공동주택인 경우 16층) 이상인 특정소방대상물은 다음에 따라 경보를 발할 수 있도록 하여야 한다.
   가. 2층 이상의 층에서 발화한 때에는 발화층 및 그 직상 4개층에 경보를 발할 것
   나. 1층에서 발화한 때에는 발화층·그 직상 4개층 및 지하층에 경보를 발할 것
   다. 지하층에서 발화한 때에는 발화층·그 직상층 및 기타의 지하층에 경보를 발할 것
8. 다른 방송설비와 공용하는 것에 있어서는 화재 시 비상경보외의 방송을 차단할 수 있는 구조로 할 것
9. 다른 전기회로에 따라 **유도장애**가 생기지 아니하도록 할 것
10. 하나의 특정소방대상물에 2 이상의 조작부가 설치되어 있는 때에는 각각의 조작부가 있는 장소 상호간에 동시통화가 가능한 설비를 설치하고, 어느 조작부에서도 해당 특정소방대상물의 전 구역에 방송을 할 수 있도록 할 것
11. 기동장치에 따른 화재신고를 수신한 후 필요한 음량으로 화재발생 상황 및 피난에 유효한 방송이 자동으로 개시될 때까지의 소요시간은 **10초 이하**로 할 것
12. 음향장치는 다음 각 목의 기준에 따른 **구조 및 성능**의 것으로 하여야 한다.
    가. 정격전압의 80[%] 전압에서 음향을 발할 수 있는 것을 할 것
    나. 자동화재탐지설비의 작동과 연동하여 작동할 수 있는 것으로 할 것

문제 10

다음은 광전식분리형감지기의 설치기준을 나타낸 것이다. 괄호안에 들어갈 알맞은 답을 쓰시오.

(1) 감지기의 (   )은 햇빛을 직접 받지 않도록 설치할 것
(2) 광축(송광면과 수광면의 중심을 연결한 선)은 나란한 벽으로부터 (   ) 이상 이격하여 설치할 것

(3) 감지기의 송광부와 수광부는 설치된 뒷벽으로부터 ( )이내 위치에 설치할 것
(4) 광축의 높이는 천장 등(천장의 실내에 면한 부분 또는 상층의 바닥하부면을 말한다) 높이의 ( ) 이상일 것
(5) 감지기의 광축의 길이는 ( ) 범위이내 일 것

답안작성

(1) 수광면 (2) 0.6[m] (3) 1[m] (4) 80[%] (5) 공칭감시거리

해설

광전식분리형감지기 설치기준
① 감지기의 **수광면**은 햇빛을 직접 받지 않도록 설치할 것
② 광축(송광면과 수광면의 중심을 연결한 선)은 나란한 벽으로부터 **0.6[m] 이상** 이격하여 설치할 것
③ 감지기의 송광부와 수광부는 설치된 뒷벽으로부터 **1[m]이내** 위치에 설치할 것
④ 광축의 높이는 천장 등(천장의 실내에 면한 부분 또는 상층의 바닥하부면을 말한다) 높이의 **80[%] 이상**일 것
⑤ 감지기의 광축의 길이는 **공칭감시거리** 범위이내 일 것
⑥ 그 밖의 설치기준은 형식승인 내용에 따르며 형식승인 사항이 아닌 것은 제조사의 시방에 따라 설치할 것

출제 년도 「19.」 •점수 : 5

문제 11 무선통신보조설비의 화재안전기준 상 무선기기 접속단자 설치기준 3가지를 쓰시오.

답안작성

1. 화재층으로부터 지면으로 떨어지는 유리창 등에 의한 지장을 받지 않고 지상에서 유효하게 소방활동을 할 수 있는 장소 또는 수위실 등 상시 사람이 근무하고 있는 장소에 설치할 것
2. 단자는 한국산업규격에 적합한 것으로 하고, 바닥으로부터 높이 0.8[m] 이상 1.5[m] 이하의 위치에 설치할 것
3. 지상에 설치하는 접속단자는 보행거리 300[m] 이내마다 설치하고, 다른 용도로 사용되는 접속단자에서 5[m] 이상의 거리를 둘 것
4. 지상에 설치하는 단자를 보호하기 위하여 견고하고 함부로 개폐할 수 없는 구조의 보호함을 설치하고, 먼지·습기 및 부식 등에 따라 영향을 받지 아니하도록 조치할 것
5. 단자의 보호함의 표면에 "무선기 접속단자"라고 표시한 표지를 할 것 중 3가지 선택

해설

2021.3.25. 무선기기접속단자가 옥외안테나로 개정되어 현재 기준에는 맞지 않습니다.

문제 12 비상조명등 설치기준 3가지를 쓰시오.

답안작성

1. 특정소방대상물의 각 거실과 그로부터 지상에 이르는 복도·계단 및 그 밖의 통로에 설치할 것
2. 조도는 비상조명등이 설치된 장소의 각 부분의 바닥에서 1[lx] 이상이 되도록 할 것
3. 예비전원을 내장하는 비상조명등에는 평상시 점등여부를 확인할 수 있는 점검스위치를 설치하고 해당 조명등을 유효하게 작동시킬 수 있는 용량의 축전지와 예비전원 충전장치를 내장할 것

해설

비상조명등 설치기준
1. 특정소방대상물의 각 **거실**과 그로부터 지상에 이르는 **복도·계단** 및 그 밖의 **통로**에 설치할 것
2. 조도는 비상조명등이 설치된 장소의 각 부분의 바닥에서 **1[lx] 이상**이 되도록 할 것
3. 예비전원을 내장하는 비상조명등에는 평상시 점등여부를 확인할 수 있는 **점검스위치**를 설치하고 해당 조명등을 유효하게 작동시킬 수 있는 용량의 **축전지와 예비전원 충전장치**를 내장할 것
4. 예비전원을 내장하지 아니하는 비상조명등의 비상전원은 **자가발전설비, 축전지설비 또는 전기저장장치**(외부 전기에너지를 저장해 두었다가 필요한 때 전기를 공급하는 장치)를 다음 각 목의 기준에 따라 설치하여야 한다.
   가. 점검에 편리하고 화재 및 침수 등의 재해로 인한 피해를 받을 우려가 없는 곳에 설치할 것
   나. 상용전원으로부터 전력의 공급이 중단된 때에는 자동으로 비상전원으로부터 전력을 공급받을 수 있도록 할 것
   다. 비상전원의 설치장소는 다른 장소와 **방화구획** 할 것. 이 경우 그 장소에는 비상전원의 공급에 필요한 기구나 설비외의 것(열병합발전설비에 필요한 기구나 설비는 제외한다)을 두어서는 아니 된다.
   라. 비상전원을 실내에 설치하는 때에는 그 실내에 **비상조명등**을 설치할 것
5. 제3호와 제4호에 따른 비상전원은 비상조명등을 **20분 이상** 유효하게 작동시킬 수 있는 용량으로 할 것. 다만, 다음 각 목의 특정소방대상물의 경우에는 그 부분에서 피난층에 이르는 부분의 비상조명등을 **60분 이상** 유효하게 작동시킬 수 있는 용량으로 하여야 한다.
   가. 지하층을 제외한 층수가 11층 이상의 층
   나. 지하층 또는 무창층으로서 용도가 도매시장·소매시장·여객자동차터미널·지하역사 또는 지하상가
6. 영 별표 6 제10호 비상조명등의 설치면제 요건에서 "그 유도등의 유효범위안의 부분"이란 유도등의 조도가 바닥에서 1[lx] 이상이 되는 부분을 말한다.

★ 출제년도 「19.」 •점수 : 4

문제 13 다음은 R형 수신기에 적용하는 집합형 중계기와 분산형 중계기를 비교한 것이다. 표의 빈칸에 알맞은 답을 쓰시오.

구 분	집합형	분산형
입력전원		
예비전원		
회 로		
외형크기		

답안작성

구 분	집합형	분산형
입력전원	교류 110/220[V]	직류 24[V]
예비전원	배터리 자체 내장	R형 수신기에 내장
회 로	대용량(30~40회로)	소용량(5회로 미만)
외형크기	대형	소형

▼해설

구분	집합형	분산형
전원장치 및 공급원	○ 내장형, 교류 110/220V ○ 외부전원 이용 ○ 정류기를 설치	○ 비내장형, 직류 24V ○ 수신기 전원 이용 ○ 별도의 정류장치 불필요
예비전원	배터리 자체 내장	R형 수신기에 내장
회로	대용량(30~40회로)	소용량(5회로 미만)
외형크기	대형	소형
설치방식	전기피트실 등에 벽걸이형으로 설치 1~3개 층당 1대씩 설치	발신함 등에 내장하거나 별도의 수용함 내부에 설치
전원공급 사고시	내장된 예비전원에 의해 정상적인 동작 수행	중계기 전원 선로의 사고시 해당 계통 전체 시스템 마비
설치적용	○ 전압강하가 예상되는 대단위 공장, 비행장 등의 장소 ○ 수신기와 거리가 먼 초고층 건축물 등	○ 전기피트가 좁은 건축물 ○ 객실별로 설치하는 호텔 등

문제 14

★★ 출제년도 「19.」 •점수 : 5

매분 15[m³]의 물을 높이 18 [m]인 물탱크에 양수하려고 한다. 주어진 조건을 이용하여 다음 각 물음에 답하시오.

◀조건▶
- 펌프와 전동기의 합성효율은 60 [%]이다.
- 전동기의 전부하 역률은 80 [%]이다.
- 펌프의 축동력은 15 [%]의 여유를 둔다고 한다.

(1) 필요한 전동기의 용량은 몇 [kW]인가?
 • 계산 • 답

(2) 부하용량은 몇 [kVA]인가?
 • 계산 • 답

(3) 전력공급은 단상변압기 2대를 사용하여 V결선하여 공급한다면 변압기 1대의 용량은 몇 [kVA]인가?
 • 계산 • 답

답안작성

(1) 계산 : $P = \dfrac{0.163\,QHK}{\eta} = \dfrac{0.163 \times 15 \times 18 \times 1.15}{0.6} = 84.3525 [\text{kW}]$

 답 : 84.35[kW]

(2) 계산 : $P_a = \dfrac{P}{\cos\theta} = \dfrac{84.35}{0.8} = 105.4375 [\text{kVA}]$

 답 : 105.44[kVA]

(3) 계산 : $P_a = \sqrt{3}\,P_1$ 에서 $P_1 = \dfrac{P_a}{\sqrt{3}} = \dfrac{105.44}{\sqrt{3}} = 60.8758 [\text{kVA}]$

 답 : 60.88[kVA]

해설

(1) 전동기 용량 $P = \dfrac{0.163\,QHK}{\eta}$

 여기서, P : 전동기 용량 [kW], Q : 양수량 [m³/min], H : 전양정 [m]
  K : 여유계수, η : 효율 [%]

(2) 부하용량(P_a)

 $P = P_a \cos\theta [\text{kW}]$

(3) 변압기 1대 용량

 $P_a = \sqrt{3}\,P_1 \,[\text{kW}]$

 여기서, P_a : V결선시의 출력, P_1 : 단상 변압기 1대의 용량

★★ 출제년도 「19.」 •점수 : 6

문제 15 그림은 습식 스프링클러 설비의 전기적 계통도이다. 그림을 보고 답란표의 Ⓐ~Ⓓ까지의 배선수와 각 배선의 용도를 쓰시오.

◀조건▶
① 각 유수검지장치에는 탬퍼스위치가 부착되어 있다.
② 사용전선은 HFIX 전선이다.
③ 배선 수는 운전조작 상 필요한 최소 전선수를 쓰도록 한다.

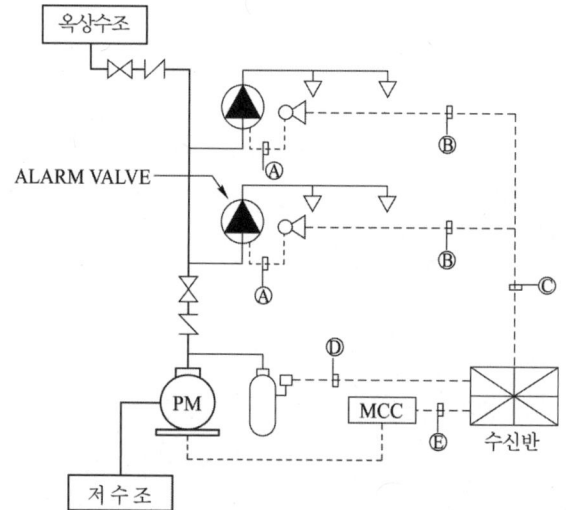

기호	구분	배선 수	배선 굵기	배선의 용도
Ⓐ	알람밸브 ↔ 사이렌		2.5 [mm²] 이상	
Ⓑ	사이렌 ↔ 수신반		〃	
Ⓒ	2개 구역일 경우		〃	
Ⓓ	압력탱크 ↔ 수신반		〃	
Ⓔ	MCC ↔ 수신반	5	〃	공통, ON, OFF, 운전표시, 정지표시

답안작성

배선수와 각 배선의 용도

기호	구분	배선 수	배선 굵기	배선의 용도
Ⓐ	알람밸브 ↔ 사이렌	3	2.5 [mm²] 이상	탬퍼스위치 1, 압력(유수검지) 스위치 1, 공통 1
Ⓑ	사이렌 ↔ 수신반	4	〃	탬퍼스위치 1, 압력(유수검지) 스위치 1, 사이렌 1, 공통 1
Ⓒ	2개 구역일 경우	7	〃	탬퍼스위치 2, 압력(유수검지) 스위치 2, 사이렌 2, 공통 1
Ⓓ	압력탱크 ↔ 수신반	2	〃	압력 스위치 2
Ⓔ	MCC ↔ 수신반	5	〃	공통, ON, OFF, 운전표시, 정지표시

▼해설 ◐●

(1) 습식 스프링클러 설비 동작 흐름도

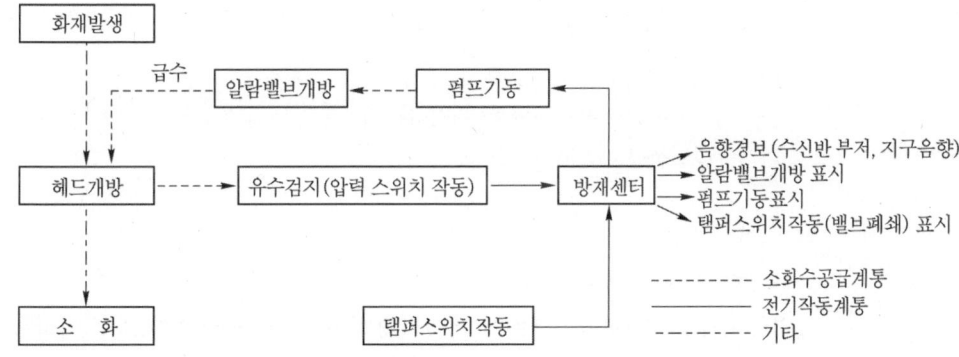

(2) 압력스위치 및 사이렌 결선도

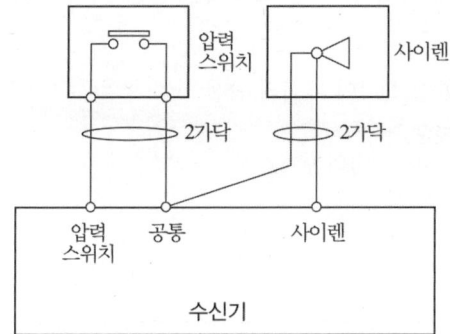

★★★ 출제년도 「19.」 •점수 : 4

문제 16 풍량이 700[m³/min]이며 풍압이 100[mmHg]인 제연설비용 팬(FAN)을 설치할 경우 이 팬(FAN)을 운전하는 전동기의 소요용량은 몇 [kW]인가? (단, FAN의 효율은 55 [%], 여유율은 21%이다.)

•계산   •답

답안작성 ■■

- 계산 : 전압 $P_t = 100[\text{mmHg}] \times \dfrac{10,332[\text{mmAq}]}{760[\text{mmHg}]} = 1,359.47[\text{mmAq}]$

  용량 $P = \dfrac{P_T \times Q}{102\eta} \times K = \dfrac{1,359.47[\text{mmAq}] \times 700[\text{m}^3/\text{min}]}{102 \times 60 \times 0.55} \times (1+0.21)$
  $= 342.09[\text{kW}]$

- 답 : 342.09[kW]

▼해설

배연기의 전동기 용량 P는

$$P = \frac{P_T Q}{102 \times 60 \times \eta} K$$

여기서, P : 전동기 용량 [kW]
P_T : 전압(풍압) [mmAq, mmH$_2$O]
Q : 풍량 [m^3/min]

문제 17

★★ 출제 년도 「19.」 •점수 : 5

이산화탄소소화설비의 제어반에서 수동으로 수동기동스위치를 조작하였으나 기동용 가스용기가 개방되지 않았다. 기동용 가스용기가 개방되지 않은 원인 중 전기적인 원인 4가지를 쓰시오.(단, 제어반의 전원은 정상 상태이며, 각종 스위치는 정상 위치에 놓여있다.)

답안작성
① 제어반과 솔레노이드밸브(전자개방밸브)사이 배선의 단선
② 제어반 내 타이머(시한릴레이) 불량
③ 기동용 가스용기에 부착된 솔레노이드 코일의 단선
④ 수동기동스위치의 접점 접촉불량

▼해설

기동용 가스용기가 개방되지 않은 원인

전기적 원인	기계적 원인
① 제어반과 솔레노이드밸브(전자밸브)사이 배선의 단선 ② 제어반 내 타이머(시한릴레이) 불량 ③ 기동용 가스용기에 부착된 솔레노이드 코일의 단선 ④ 수동기동스위치의 접점 접촉불량 ⑤ 제어반 연동 정지상태	① 솔레노이드 밸브에 안전핀 체결상태 ② 솔레노이드 밸브를 분리한 경우 ③ 솔레노이드 밸브의 파괴침(공이) 불량 ④ 조작용 동관의 결선이 잘못 시공 ⑤ 기동용 동관상 가스체크밸브의 방향이 반대로 시공

문제 18

★ 출제 년도 「19.」 •점수 : 3

다음에서 설명하는 현상은 무엇인지 쓰시오.

○ 전자제품 등에 묻은 습기, 수분, 먼지 등 오염물질이 부착된 표면을 따라 전류가 흐를 때 열이 발생하여 주변 물질을 탄화시킨다.
○ 탄화가 지속되는 경우 절연상태가 나빠지고 전기저항에 따른 온도가 계속 상승하여 이 부분에서 발화하게 된다.

답안작성
트래킹 현상

▼해설

트래킹(Tracking) 현상
- 전자제품 등에 묻은 습기, 수분, 먼지 등 오염물질이 부착된 표면을 따라 전류가 흐를 때 열이 발생하여 주변 물질을 탄화시킨다.
- 탄화가 지속되는 경우 절연상태가 나빠지고 전기저항에 따른 온도가 계속 상승하여 이 부분에서 발화하게 된다.
- 멀티탭이나 테이블탭에 장기간 플러그를 꽂아 두는 경우에 콘센트와 플러그 사이에 쌓인 먼지에 전류가 흐를 때 탄화현상이 일어나고 이로 인해 열이 축적되어 발화되는 현상이다.

2019년 기사 제4회 실기시험

Engineer Fire Protection System

자격종목	시험시간	시행일	수험번호	성명
소방설비기사(전기분야)	3시간	2019.11.9		

※ 다음 물음의 답을 해당 답란에 답하시오. (배점 : 100점)

★★★ 출제년도 「13. 19.」 · 점수 : 6

문제 01 감지기의 절연저항 시험에 대한 다음 각 물음에 답하시오.
(1) 절연저항 시험에 필요한 장비의 명칭과 규격을 쓰시오.
(2) 절연저항 측정값은?(단, 정온식 감지선형 감지기는 제외)
(3) 절연저항은 감지기의 어느 부분을 측정하여야 하는가?

답안작성

(1) • 명칭 : 절연저항계   • 규격 : 직류 500 [V]
(2) 50 [MΩ] 이상
(3) 절연된 단자간 및 단자와 외함간

▼해설

감지기의 형식승인 및 제품검사의 기술기준
제35조(절연저항시험) 감지기의 절연된 단자간의 절연저항 및 단자와 외함간의 절연저항은 직류 500[V]의 절연저항계로 측정한 값이 50[MΩ](정온식감지선형감지기는 선간에서 1[m]당 1,000 [MΩ]) 이상이어야 한다.

★★★ 출제년도 「93. 03. 05. 14. 19.」 · 점수 : 4

문제 02 다음은 차동식 스포트형 감지기의 구조를 나타낸 것이다. 각 부분의 명칭(①~④)을 쓰시오.

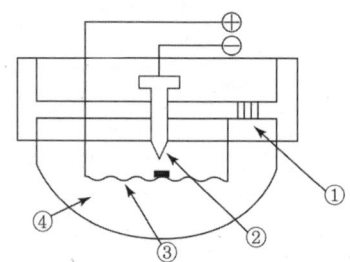

(1) ①~④ 부분의 명칭

①		②	
③		④	

답안작성

①	리크구멍	②	고정접점
③	다이어프램	④	감열실

해설

공기팽창식 차동식 스포트형 감지기
(1) 공기팽창식 차동식 스포트형 감지기의 구성
  ① 감열실 : 열을 유효하게 받을 수 있는 것
  ② 다이어프램
  ③ 리크(leak) 구멍 : 난방 등에 따른 실내온도가 완만하게 변화할 때에는 leak 구멍의 공기압력조절 작용에 따라 외부압력과 평형을 유지하여 화재신호를 발하지 않도록 하여 오작동을 방지한다.
  ④ 전기신호 전송에 필요한 접점과 배선

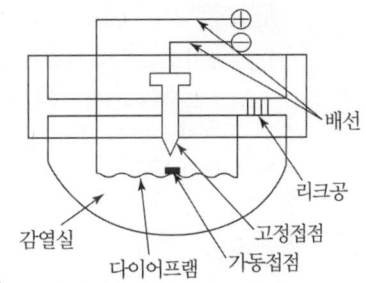

(2) 작동원리
  화재가 발생하여 감지기가 급격한 온도상승을 받게 되면 감열실내의 온도가 일정한 온도상승률 이상으로 상승되어 공기가 팽창되면 다이어프램을 밀어올리게 되어 가동접점이 고정접점에 접촉하여 전기회로를 만들게 되며 이에 따라 수신기로 신호를 발신하게 된다.

★★★ 출제년도 「14. 16. 19.」 •점수 : 6

문제 03 감지기회로의 배선에 대한 다음 각 물음에 답하시오.
(1) 송배선식에 대하여 설명하시오.
(2) 교차회로방식에 대하여 설명하시오.
(3) 교차회로방식의 적용설비 5가지만 쓰시오.

답안작성

(1) 수신기 2차측 외부배선의 도통시험을 쉽게 하기 위하여 배선의 도중에서 분기하지 않도록 하는 배선방식
(2) 하나의 방호구역 내에 2 이상의 화재감지기회로를 설치하고 인접한 2 이상의 화재감지기가 동시에 감지되는 때에는 소화설비가 작동하여 소화약제가 방출되는 방식
(3) 1) 준비작동식 스프링클러설비
   2) 일제살수식 스프링클러설비
   3) 할로겐화합물 및 불활성기체 소화설비
   4) 분말소화설비
   5) 이산화탄소 소화설비
   6) 미분무소화설비
   7) 할론 소화설비 중 5가지 선택

문제 04

★★★ 출제년도 「04. 12. 19.」 •점수 : 6

무선통신보조설비에 사용되는 분배기, 분파기, 혼합기의 기능에 대하여 설명하시오.
(1) 분배기
(2) 분파기
(3) 혼합기

답안작성

(1) 분배기 : 신호의 전송로가 분기되는 장소에 설치하는 것으로 임피던스 매칭(Matching)과 신호 균등분배를 위해 사용하는 장치를 말한다.
(2) 분파기 : 서로 다른 주파수의 합성된 신호를 분리하기 위해서 사용하는 장치를 말한다.
(3) 혼합기 : 두 개 이상의 입력신호를 원하는 비율로 조합한 출력이 발생하도록 하는 장치를 말한다.

▼해설

(1) 누설동축케이블 : 동축케이블의 외부도체에 가느다란 홈을 만들어서 전파가 외부로 새어 나갈 수 있도록 한 케이블
(2) 증폭기 : 신호 전송 시 신호가 약해져 수신이 불가능해지는 것을 방지하기 위해서 증폭하는 장치

문제 05

★★★ 출제년도 「98. 99. 01. 04. 06. 08. 11. 17. 18. 19.」 •점수 : 5

자동화재탐지설비의 수신기에서 공통선을 시험하는 목적과 그 시험방법에 대하여 쓰시오.
(1) 목적
(2) 시험방법

답안작성

(1) 1개의 공통선이 담당하고 있는 경계구역수가 7이하인지 확인하기 위하여
(2) 시험방법
　① 수신기내 접속단자의 공통선 1선을 제거한다.
　② 회로도통 시험버튼을 누르고 회로 선택스위치를 차례로 회전시킨다.
　③ 시험용 계기의 지시등이 "단선"을 지시한 경계구역의 회선수를 조사한다.

▼해설

자동화재탐지설비 수신기의 기능시험의 종류
① 화재표시작동 시험　　② 회로도통 시험
③ 공통선 시험　　　　　④ 저전압 시험
⑤ 예비전원 시험　　　　⑥ 동시작동 시험
⑦ 음향장치 시험　　　　⑧ 절연저항 시험
⑨ 회로저항 시험　　　　⑩ 비상전원 시험

★★★ 출제년도 「19.」 •점수 : 5

문제 06
다음은 비상조명등에 대한 기준을 나타낸 것이다. 괄호 안의 번호에 알맞은 답을 답안지에 쓰시오.

> - 예비전원을 내장하는 비상조명등에는 평상시 점등여부를 확인할 수 있는 (①)를 설치하고 해당 조명등을 유효하게 작동시킬 수 있는 용량의 (②)와 (③)를 내장할 것.
> - 비상전원은 비상조명등을 (④) 이상 유효하게 작동시킬 수 있는 용량으로 할 것. 다만, 다음 각 목의 특정소방대상물의 경우에는 그 부분에서 피난층에 이르는 부분의 비상조명등을 (⑤) 이상 유효하게 작동시킬 수 있는 용량으로 하여야 한다.
>   가. 지하층을 제외한 층수가 11층 이상의 층
>   나. 지하층 또는 무창층으로서 용도가 도매시장·소매시장·여객자동차터미널·지하역사 또는 지하상가

답안작성

① 점검스위치 ② 축전지 ③ 예비전원 충전장치 ④ 20분 ⑤ 60분

해설

비상조명등의 설치기준
1. 특정소방대상물의 각 거실과 그로부터 지상에 이르는 복도·계단 및 그 밖의 통로에 설치할 것
2. 조도는 비상조명등이 설치된 장소의 각 부분의 바닥에서 1lx 이상이 되도록 할 것
3. 예비전원을 내장하는 비상조명등에는 평상시 점등여부를 확인할 수 있는 **점검스위치**를 설치하고 해당 조명등을 유효하게 작동시킬 수 있는 용량의 **축전지**와 **예비전원 충전장치**를 내장할 것.
4. 예비전원을 내장하지 아니하는 비상조명등의 비상전원은 **자가발전설비, 축전지설비** 또는 **전기저장장치**(외부 전기에너지를 저장해 두었다가 필요한 때 전기를 공급하는 장치)를 다음 각 목의 기준에 따라 설치하여야 한다.
    가. 점검에 편리하고 화재 및 침수 등의 재해로 인한 피해를 받을 우려가 없는 곳에 설치할 것
    나. 상용전원으로부터 전력의 공급이 중단된 때에는 자동으로 비상전원으로부터 전력을 공급받을 수 있도록 할 것
    다. 비상전원의 설치장소는 다른 장소와 방화구획 할 것. 이 경우 그 장소에는 비상전원의 공급에 필요한 기구나 설비외의 것(열병합발전설비에 필요한 기구나 설비는 제외한다)을 두어서는 아니 된다.
    라. 비상전원을 실내에 설치하는 때에는 그 실내에 비상조명등을 설치할 것
5. 비상전원은 비상조명등을 **20분 이상** 유효하게 작동시킬 수 있는 용량으로 할 것. 다만, 다음 각 목의 특정소방대상물의 경우에는 그 부분에서 피난층에 이르는 부분의 비상조명등을 **60분 이상** 유효하게 작동시킬 수 있는 용량으로 하여야 한다.
    가. 지하층을 제외한 층수가 11층 이상의 층
    나. 지하층 또는 무창층으로서 용도가 도매시장·소매시장·여객자동차터미널·지하역사 또는 지하상가

문제 07 광전식 공기흡입형감지기에 대한 다음 각 물음에 답하시오.

(1) 공기흡입형 감지기의 동작원리를 설명하시오.
(2) 공기흡입형광전식감지기의 공기흡입장치는 공기배관망에 설치된 가장 먼 샘플링지점에서 감지부분까지 (　) 이내에 연기를 이송할 수 있어야 한다. 괄호 안에 알맞은 답을 답안지에 쓰시오.

답안작성

(1) 감지기 내부에 장착된 공기흡입장치로 감지하고자 하는 위치의 공기를 흡입하고 흡입된 공기에 일정한 농도의 연기가 포함된 경우 작동하는 것을 말한다.
(2) 120초

▼해설

감지기의 형식승인기준
1. 연기감지기 구분
   가. "이온화식스포트형"이란 주위의 공기가 일정한 농도의 연기를 포함하게 되는 경우에 작동하는 것으로서 일국소의 연기에 의하여 이온전류가 변화하여 작동하는 것을 말한다.
   나. "광전식스포트형"이란 주위의 공기가 일정한 농도의 연기를 포함하게 되는 경우에 작동하는 것으로서 일국소의 연기에 의하여 광전소자에 접하는 광량의 변화로 작동하는 것을 말한다.
   다. "광전식분리형"이란 발광부와 수광부로 구성된 구조로 발광부와 수광부 사이의 공간에 일정한 농도의 연기를 포함하게 되는 경우에 작동하는 것을 말한다.
   라. "공기흡입형"이란 감지기 내부에 장착된 공기흡입장치로 감지하고자 하는 위치의 공기를 흡입하고 흡입된 공기에 일정한 농도의 연기가 포함된 경우 작동하는 것을 말한다.
2. 공기흡입형광전식감지기의 공기흡입장치는 공기배관망에 설치된 가장 먼 샘플링지점에서 감지부분까지 120초 이내에 연기를 이송할 수 있어야 하며 아날로그식 이외의 것은 제2항을, 아날로그식은 제5항의 시험을 준용한다.

문제 08 층의 바닥면적이 500[m²], 부착높이가 4.5[m]인 특정소방대상물에 차동식스포트형(1종) 감지기를 설치하고자 한다. 최소수량을 산출하시오. (단, 내화구조임)

답안작성

감지기의 수량 $\dfrac{500\text{m}^2}{45\text{m}^2} = 11.11 = 12$개

▼해설

특정소방대상물에 따른 감지기 필요수량 (단위 : [m²])

부착높이 및 특정소방대상물의 구분		감지기의 종류				
		차동식, 보상식 스포트형		정온식 스포트형		
		1종	2종	특종	1종	2종
4[m] 미만	주요구조부를 내화구조로 한 특정소방대상물 또는 그 부분	90	70	70	60	20
	기타 구조의 특정소방대상물 또는 그 부분	50	40	40	30	15
4[m] 이상 8[m] 미만	주요구조부를 내화구조로 한 특정소방대상물 또는 그 부분	45	35	35	30	
	기타 구조의 특정소방대상물 또는 그 부분	30	25	25	15	

★★★ 출제년도 「19.」 •점수 : 10

문제 09 다음은 자동화재탐지설비 및 시각경보장치의 화재안전기준 중 공기관식 차동식분포형감지기의 설치기준을 나타낸 것이다. 괄호 안의 번호에 알맞은 답을 쓰시오.

- 공기관의 노출부분은 감지구역마다 (①)이 되도록 할 것
- 검출부는 바닥으로부터 0.8[m] 이상 1.5[m] 이하의 위치에 설치할 것
- 공기관은 도중에서 (②) 할 것
- 하나의 검출부분에 접속하는 공기관의 길이는 (③)로 할 것
- 검출부는 5° 이상 (④) 부착할 것
- 공기관과 감지구역의 각 변과의 수평거리는 (⑤)가 되도록 하고, 공기관 상호간의 거리는 6[m](주요 구조부를 내화구조로 한 특정소방대상물 또는 그 부분에 있어서는 9[m]) 이하가 되도록 할 것

답안작성

① 20[m] 이상　　② 분기하지 아니하도록
③ 100[m] 이하　　④ 경사되지 아니하도록
⑤ 1.5[m] 이하

▼해설

공기관식 차동식분포형감지기 설치기준
가. 공기관의 노출부분은 감지구역마다 20[m] 이상이 되도록 할 것
나. 공기관과 감지구역의 각 변과의 수평거리는 1.5[m] 이하가 되도록 하고, 공기관 상호간의 거리는 6[m](주요 구조부를 내화구조로 한 특정소방대상물 또는 그 부분에 있어서는 9[m]) 이하가 되도록 할 것

다. 공기관은 도중에서 분기하지 아니하도록 할 것
라. 하나의 검출부분에 접속하는 공기관의 길이는 100[m] 이하로 할 것
마. 검출부는 5° 이상 경사되지 아니하도록 부착할 것
바. 검출부는 바닥으로부터 0.8[m] 이상 1.5[m] 이하의 위치에 설치할 것

문제 10

★★ 출제 년도 「19.」 •점수 : 3

자동화재탐지설비의 수신기에서 실시하는 동시작동시험의 목적을 쓰시오.

답안작성

감지기가 동시에 수회선이 동작하더라도 수신기의 기능에 이상이 없는가를 확인

▼해설

시험방법	① 화재표시 작동시험스위치를 시험의 위치에 놓는다. ② 회로선택스위치를 차례로 회전시킨다. ③ 복구시킴 없이 5회선을 동시에 작동시킨다.
가부판정의 기준	5회선을 동시에 작동시켰을 때 화재표시등, 지구표시등, 주경종, 지구경종의 작동 여부를 확인한다.

문제 11

★★★ 출제 년도 「96. 97. 00. 01. 02. 19.」 •점수 : 7

그림은 플로우트 스위치에 의한 펌프 모터의 레벨 제어에 관한 미완성 도면이다. 이 도면을 보고 다음 각 물음에 답하시오.

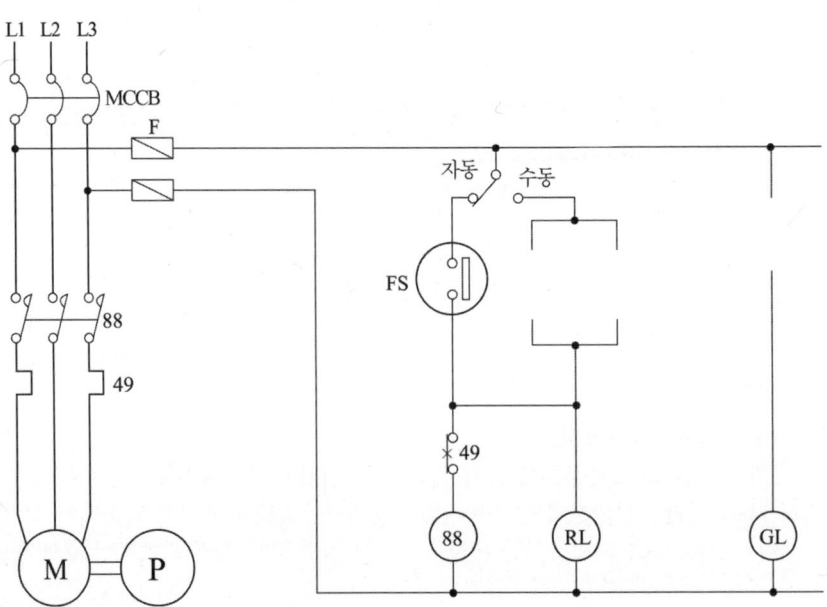

(1) MCCB의 우리말 명칭을 쓰고 이 차단기의 특징을 쓰시오.
(2) 제어회로 "49"의 명칭은 무엇인가?
(3) 동작 접점을 "수동"으로 연결하였을 때 누름버튼스위치(PB-on, PB-off)와 접촉기 접점으로 제어회로를 구성하시오. 단, 전원을 투입하면 GL 램프는 점등되나 PB-on 스위치를 ON하면 GL 램프는 소등되고 RL 램프는 점등된다.

답안작성

(1) ① 명칭 : 배선용 차단기
    ② 특징 : 배선용 차단기는 fuse가 필요 없는 구조로서 과전류를 차단한 후에도 반복하여 재투입이 가능하며 반영구적이다.
(2) 회전기 온도계전기(또는 열동계전기)
(3)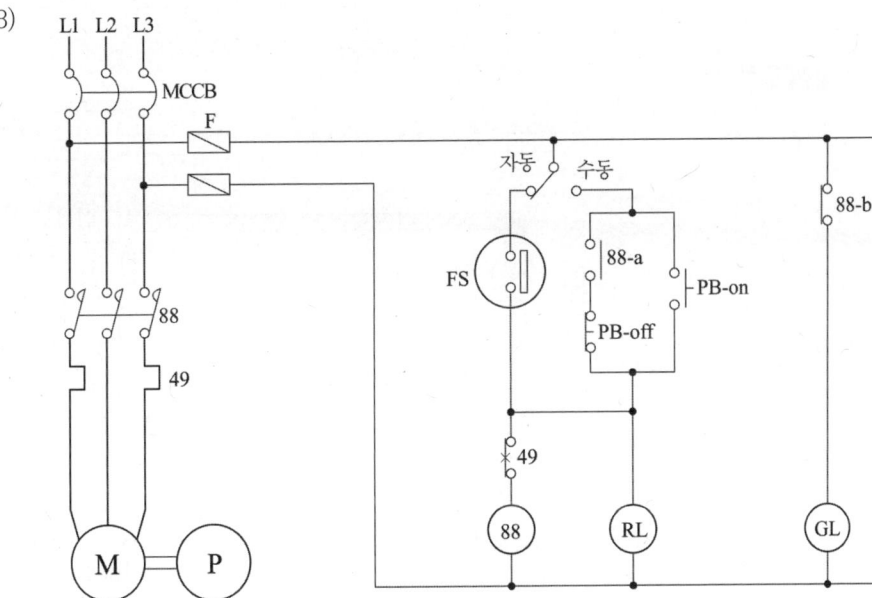

해설

(1) MCCB(Molded Case Circuit Breaker)
전자작용 또는 바이메탈의 작용에 의하여 과전류를 검출하고 자동으로 차단하는 과전류차단기로서 Fuse가 없는 구조로 과전류에 의해 차단기가 동작한 후에도 반복하여 재사용이 가능하다.
※ 과거에 배선용차단기를 NFB(No Fuse Breaker)라고 하였으나 현재는 사용하지 않습니다.
(2) 회전기 온도계전기(열동 계전기 : Thermal relay)
　• 49 : 회전기 온도계전기
　• 49A : 공기냉각용 온도계전기
　• 49R : 회전자 온도계전기

문제 12
옥내소화전설비의 배선기준을 다음의 그림에 표시하시오.
(단, ■■■ : 내화배선, ▨▨▨ : 내열배선, ─── : 일반배선, ------ : 배관으로 표시한다)

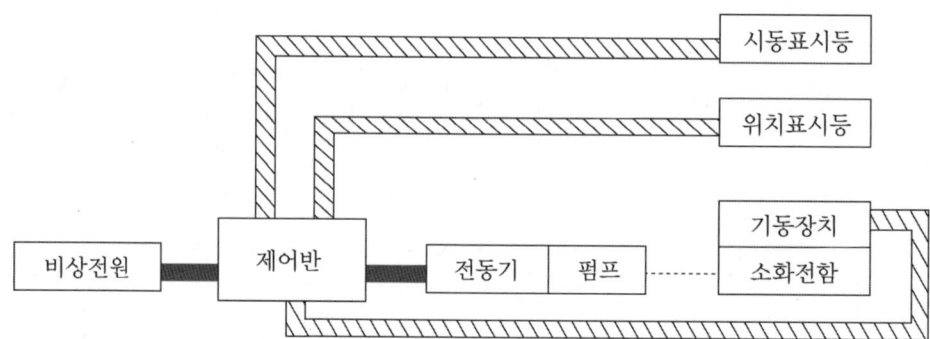

답안작성

▼해설
1. **비상전원으로부터 동력제어반 및 가압송수장치**에 이르는 전원회로배선은 **내화배선**으로 할 것.
2. 상용전원으로부터 동력제어반에 이르는 배선, 그 밖의 옥내소화전설비의 감시 · 조작 또는 표시등회로의 배선은 내화배선 또는 내열배선으로 할 것.

문제 13
3상 380[V], 30[kW] 스프링클러 펌프용 유도전동기 기동방식은 일반적으로 어떤 방식이 이용되며 전동기의 역률이 60[%]일 때 역률을 90[%]로 개선할 수 있는 전력용 콘덴서의 용량은 몇 [kVA] 이겠는가?

답안작성

(1) 기동방식 : Y-△ 기동방식
(2) 전력용 콘덴서 용량

계산 : 콘덴서 용량 $Q_c = 30 \times \left(\dfrac{\sqrt{1-0.6^2}}{0.6} - \dfrac{\sqrt{1-0.9^2}}{0.9} \right) = 25.47 [kVA]$

답 : 25.47 [kVA]

▼해설

(1) 전동기의 기동방식
  ① 전전압 기동방식
  ② Y-△ 기동방식
  ③ 리액터기동방식
  ④ 기동보상기법

(2) 전력용 콘덴서의 용량(Q_c)

$$Q_c = P(\tan\theta_1 - \tan\theta_2) = P\left(\frac{\sin\theta_1}{\cos\theta_1} - \frac{\sin\theta_2}{\cos\theta_2}\right) = P\left(\frac{\sqrt{1-\cos^2\theta_1}}{\cos\theta_1} - \frac{\sqrt{1-\cos^2\theta_2}}{\cos\theta_2}\right)[\text{kVA}]$$

여기서, P : 유효전력 [kW], $\cos\theta_1$: 개선 전 역률, $\cos\theta_2$: 개선 후 역률

$$Q_c = 30\left(\frac{\sqrt{1-0.6^2}}{0.6} - \frac{\sqrt{1-0.9^2}}{0.9}\right) = 25.47[\text{kVA}]$$

★ 출제년도 「19.」 •점수 : 4

문제 14 다음의 용어에 대한 약어를 쓰시오.

(1) 누전차단기
(2) 누전경보기
(3) 영상변류기
(4) 전자접촉기

답안작성

(1) 누전차단기 : ELB 또는 ELCB
(2) 누전경보기 : ELD
(3) 영상변류기 : ZCT
(4) 전자접촉기 : MC

▼해설

(1) 누전차단기 : ELB(Earth Leakage Breaker) 또는 ELCB(Earth Leakage Circuit Breaker)
(2) 누전경보기 : ELD(Earth Leakage Detector)
(3) 영상변류기 : ZCT(Zero Current Transformer)
(4) 전자접촉기 : MC(Magnet Contact)

★★★ 출제년도 「19.」 •점수 : 3

문제 15 다음은 금속관 공사용 재료의 용도를 설명한 것이다. 각 물음에 해당하는 답을 답안지에 쓰시오.

(1) 금속전선관 상호간을 접속하는데 사용되는 부품
(2) 금속관 배관 공사에서 박스에 금속관을 고정할 때 사용하며, 6각형과 톱니형이 있다.
(3) 전선의 절연 피복을 보호하기 위하여 금속관 끝에 취부하여 사용

답안작성

(1) 커플링   (2) 로크너트   (3) 부싱

▼해설

금속전선관 상호간을 접속하는데 사용되는 부품
① 관이 고정되어 있을 때 사용하는 것 : 유니온 커플링
② 관이 고정되어 있지 않을 때 사용하는 것 : 커플링

★★★ 출제년도 「19.」 •점수 : 6

문제 **16** 다음은 R형 수신기와 P형 수신기를 비교한 것이다. 표의 빈칸에 알맞은 답을 답안지에 쓰시오.

구분	신호전달방식	신호의 종류	수신완료까지의 소요시간
P형	개별신호방식	전회선 공통신호	5초
R형	①	②	③

답안작성

① 다중전송신호방식
② 회선별 고유신호
③ 5초

▼해설

(1)

구분	신호전달방식	신호의 종류	수신완료까지의 소요시간
P형	개별신호방식	전회선 공통신호	5초
R형	다중전송신호방식	회선별 고유신호	5초

(2) 수신기(1회선용은 제외한다)는 2회선이 동시에 작동하여도 화재표시가 되어야 하며, 감지기의 감지 또는 발신기의 발신개시로부터 P형, P형복합식, GP형 GP형복합식, R형, R형복합식, GR형 또는 GR형복합식 수신기의 수신완료까지의 소요시간은 5초(축적형의 경우에는 60초) 이내이어야 한다.

★★★ 출제년도 「11. 19.」 •점수 : 7

문제 **17** 다음은 자동화재탐지설비와 스프링클러 프리액션밸브의 간선계통도이다. "㉮"~"㉰"까지의 배선 가닥수를 쓰시오.(단, 프리액션밸브용 감지기공통선과 전원공통선은 분리해서 사용하고, 압력스위치, 탬퍼스위치 및 솔레노이드밸브용 공통선은 1가닥을 사용하는 조건임)

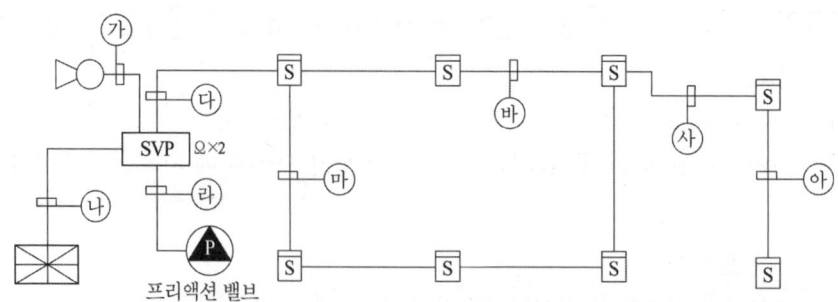

답란	㉮	㉯	㉰	㉱	㉲	㉳	㉴	㉵

답안작성

답란	㉮	㉯	㉰	㉱	㉲	㉳	㉴	㉵
	2	10	8	4	4	4	8	4

해설

구분	가닥수	배선의 용도
㉮	2	사이렌2
㉯	10	전원+, 전원-, 전화, 사이렌, 밸브기동(SV), 밸브개방확인(PS), 밸브주의(TS), 감지기 A, 감지기 B, 감지기 공통
㉰	8	지구4, 지구공통4
㉱	4	밸브기동(SV), 밸브개방확인(PS), 밸브주의(TS), 공통
㉲	4	지구2, 지구공통2
㉳	4	지구2, 지구공통2
㉴	8	지구4, 지구공통4
㉵	4	지구2, 지구공통2

※ 지구=회로, 지구공통=회로공통=감지기 공통=발신기공통

문제 18 ★★★ 출제년도 「99, 01, 04, 05, 19」 •점수 : 8

주어진 조건을 이용하여 자동화재탐지설비의 수동발신기간 연결 간선수와 각 선로의 용도를 [물음]의 표의 빈칸에 쓰시오.

◀조건▶
- 선로의 수는 최소로 하고 발신기 공통선은 1선, 경종 및 표시등 공통선을 1선으로 하고 7경계구역이 넘을 시 발신기공통선, 경종 및 표시등 공통선은 각각 1선씩 추가하는 것으로 한다.
- 건물의 규모는 지상 6층, 지하 2층으로 연면적은 3,500[m²]인 것으로 한다.
- 수신기 내부에 경종단락보호장치를 설치한다.

[답안작성 예시(7선)]
- 수동발신기 지구선 : 2선
- 수동발신기 공통선 : 1선
- 표시등선 : 1선
- 수동발신기 응답선 : 1선
- 경종선 : 1선
- 경종 및 표시등 공통선 : 1선

[물음]

연결간선의 용도 \ 기호	①	②	③	④	⑤	⑥
수동발신기 지구선						
수동발신기 응답선	1선	1선	1선	1선	1선	1선
수동발신기 공통선						
경 종 선						
표시등선						
경종 및 표시등 공통선						
계						

답안작성

연결간선의 용도 \ 기호	①	②	③	④	⑤	⑥
수동발신기 지구선	1선	2선	3선	4선	5선	8선
수동발신기 응답선	1선	1선	1선	1선	1선	1선
수동발신기 공통선	1선	1선	1선	1선	1선	2선
경 종 선	1선	2선	3선	4선	5선	8선
표시등선	1선	1선	1선	1선	1선	1선
경종 및 표시등 공통선	1선	1선	1선	1선	1선	2선
계	6선	8선	10선	12선	14선	22선

▼해설

(1) 우선경보방식
　① 경보방법 : 화재발생시 안전하고 신속한 대피를 위하여 화재가 발생한 층과 그 직상층부터 우선하여 별도로 경보하는 방식

화재층	경보층(11층(공동주택인 경우 16층) 이상인 경우)	경보층(30층 이상인 경우)
1층	발화층, 그 직상 4개층, 지하층	발화층, 그 직상 4개층, 지하층
2층 이상	발화층, 그 직상 4개층	발화층, 그 직상 4개층
지하층	발화층, 그 직상층, 기타의 지하층	발화층, 그 직상층, 기타의 지하층

　② 특정소방대상물 규모 : 11층(공동주택인 경우 16층) 이상
　③ 우선경보방식의 최소 전선 가닥수 : 기본 6가닥 + 추가 2가닥(지구선1, 벨(경종)1)

전 선	내 용	추 가	비 고
1	응답선		
2	지구선(회로선)	*	경계구역 수 증가분만큼 추가
3	지구 공통선		
4	지구 경종선	*	층마다 추가
5	표시등선		
6	지구경종·표시등 공통선		

　※ 지구경종 및 표시등 공통선은 조건에 따라서 추가 가능

(2) 일제경보방식(발신기세트마다 경종단락보호장치 설치시)
　① 경보방법 : 화재 발생시 모든 층에 동시에 경보하는 방식
　② 특정소방대상물 규모 : 11층(공동주택인 경우 16층) 미만
　③ 일제경보방식의 최소전선 가닥수 : 기본 6가닥+추가 1가닥(지구선 1)

전 선	내 용	추 가	비 고
1	응답선		
2	지구선(회로선)	*	경계구역 수 증가분만큼 추가
3	지구 공통선		
4	지구 경종선		
5	표시등선		
6	지구경종·표시등 공통선		

　※ 지구경종 및 표시등 공통선은 조건에 따라서 추가 가능

(3) 11층 미만으로 일제경보방식이나 조건에 따라서 층마다 지구경종선을 1선씩 추가

2020 기출문제

소방설비기사 실기 (전기분야)

2020년 기사 제1회 실기시험

자격종목	시험시간	시행일	수험번호	성명
소방설비기사(전기분야)	3시간	2020.5.24		

※ 다음 물음의 답을 해당 답란에 답하시오.(배점 : 100점)

문제 01

★★★ 출제년도 「14. 20.」 •점수 : 4점

누전경보기의 구성요소 4가지와 각각의 기능에 대하여 답란의 빈칸에 알맞은 답을 쓰시오.

구성요소	기능

답안작성

구성요소	기능
변류기(또는 영상변류기)	경계전로의 누설전류를 자동적으로 검출
수신기	누설전류를 증폭하는 역할
음향장치	누설전류 발생시 관계인에게 음향으로 경보
차단기구	경계전로에 누설전류가 흐르는 경우 이를 수신하여 그 경계전로의 전원을 자동적으로 차단

▼해설

⟨누전경보기의 화재안전성능기준 제2조⟩
1. "누전경보기"란 내화구조가 아닌 건축물로서 벽, 바닥 또는 천장의 전부나 일부를 불연재료 또는 준불연재료가 아닌 재료에 철망을 넣어 만든 건물의 전기설비로부터 누설전류를 탐지하여 경보를 발하며 변류기와 수신부로 구성된 것
2. "수신부"란 변류기로부터 검출된 신호를 수신하여 누전의 발생을 해당 특정소방대상물의 관계인에게 경보하여 주는것(차단기구를 갖는 것을 포함한다)
3. "변류기"란 경계전로의 누설전류를 자동적으로 검출하여 이를 누전경보기의 수신부에 송신하는 것

⟨누전경보기의 형식승인 및 제품검사의 기술기준 제2조⟩
1. "누전경보기의 변류기"(이하 "변류기"라 한다)란 경계전로의 누설전류를 자동적으로 검출하여 이를 누전경보기의 수신부에 송신하는 것
2. "누전경보기"란 사용전압 600 V이하인 경계전로의 누설전류를 검출하여 당해 소방 대상물의 관계자에게 경보를 발하는 설비로서 변류기와 수신부로 구성된 것
3. "누전경보기의 수신부"(이하 "수신부"라 한다)란 변류기로부터 검출된 신호를 수신하여 누전의 발생을 당해 소방대상물의 관계자에게 경보하여 주는 것(차단기구를 갖는 것은 이를 포함한다)

4. "집합형 누전경보기의 수신부"란 2개이상의 변류기를 연결하여 사용하는 수신부로서 하나의 전원장치 및 음향장치 등으로 구성된 것
5. "누전경보기의 차단기구"란 경계전로에 누설전류가 흐르는 경우 이를 수신하여 그 경계전로의 전원을 자동적으로 차단하는 장치

★★★ 출제년도 「98. 00. 02. 05. 20.」 •점수 : 9점

문제 02 그림과 같은 논리회로를 보고 다음 각 물음에 답하시오.

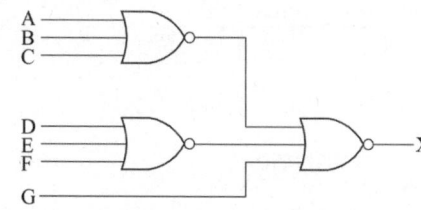

(1) 논리식으로 표현하시오.
(2) AND, OR, NOT 회로를 이용한 등가회로로 그리시오.
(3) 유접점(릴레이) 회로로 그리시오.

답안작성

(1) $X = (A+B+C) \cdot (D+E+F) \cdot \overline{G}$
(2)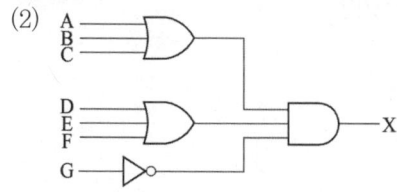
(3)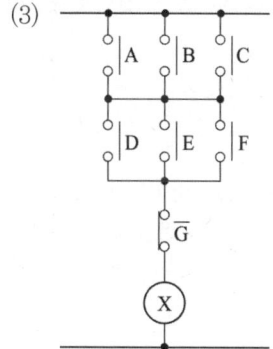

해설

(1) De Morgan의 정리
$\overline{A+B} = \overline{A}\,\overline{B}$ $A+B = \overline{\overline{A}\,\overline{B}}$ $\overline{AB} = \overline{A}+\overline{B}$ $AB = \overline{\overline{A}+\overline{B}}$

(2) 동일 법칙
$A \cdot A = A$ $\overline{A} \cdot A = 0$ $\overline{A} \cdot \overline{A} = \overline{A}$ $A \cdot \overline{A} = 0$

(3) 논리식으로 표현하면
$X = \overline{\overline{(A+B+C)} + \overline{(D+E+F)} + G}$
$= \overline{(\overline{A} \cdot \overline{B} \cdot \overline{C}) + (\overline{D} \cdot \overline{E} \cdot \overline{F}) + G}$
$= (A+B+C) \cdot (D+E+F) \cdot \overline{G}$

★★★ 출제년도 「20.」 •점수 : 4점

문제 03 유량 1.6 m³/min, 양정 80m인 스프링클러 펌프 전동기의 용량은 몇 kW인가?
단, 펌프효율은 75 %, 설계상의 여유율은 10 % 이다.
- 계산 :
- 답 :

답안작성

- 계산 : 전동기 용량
$$P = \frac{0.163QHK}{\eta} = \frac{0.163 \times 1.6 \times 80 \times (1+0.1)}{0.75} = 30.6 \text{kW}$$
- 답 : 30.6 kW

▼해설

전동기 용량 $P = \dfrac{0.163QHK}{\eta}$ kW

Q : 유량(양수량) m³/min, H : 양정 m, K : 여유계수
η : 전효율[%](=수력효율 × 체적효율 × 기계효율)

★★★ 출제년도 「20.」 •점수 : 3점

문제 04 비상방송설비의 화재안전기술기준(NFTC 202)에 따른 음향장치는 정격전압의 몇 % 전압에서 음향을 발할 수 있는 것으로 하여야 하는가?

답안작성

80 %

▼해설

비상방송설비의 음향장치는 다음 각 목의 기준에 따른 구조 및 성능의 것으로 하여야 한다.
가. 정격전압의 80 % 전압에서 음향을 발할 수 있는 것을 할 것
나. 자동화재탐지설비의 작동과 연동하여 작동할 수 있는 것으로 할 것

★★★ 출제년도 「09. 12. 20.」 •점수 : 5점

문제 05 자동화재탐지설비의 P형1급 수신기에 연결되는 발신기와 감지기간 미완성 결선도이다. 수신기–발신기–감지기간 결선 관계를 고려하여 결선도를 완성하시오.
단, 발신기 단자는 좌측으로부터 응답, 지구, 전화, 지구공통 단자이다.

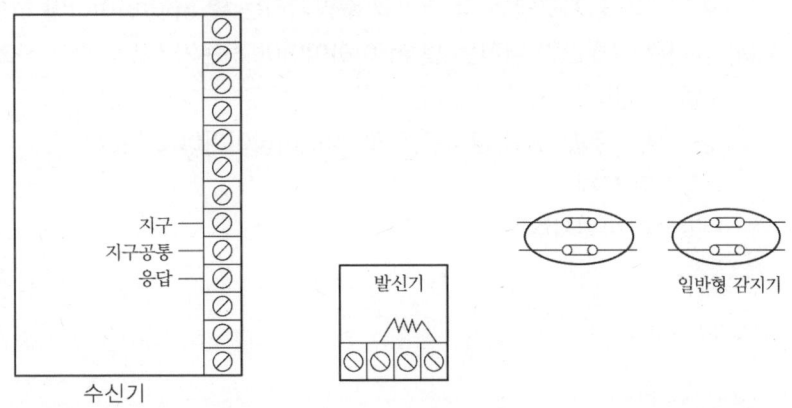

답안작성

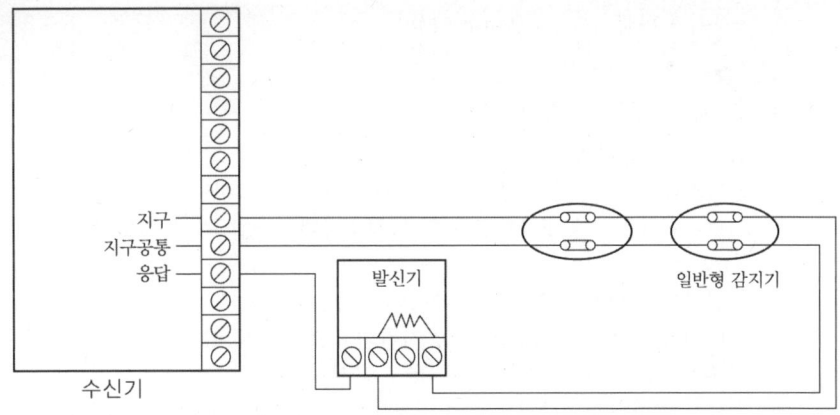

해설 ● P형 1급 수신기와 P형 1급 발신기 및 감지기간 결선도

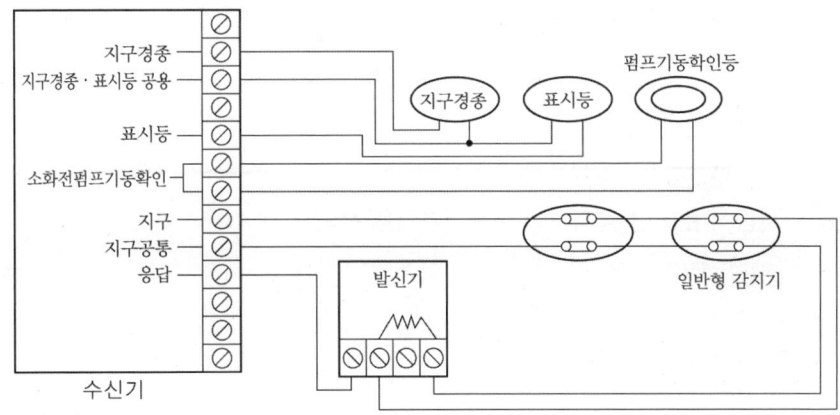

문제 06

★★★ 출제년도 「97. 04. 11. 20.」 •점수 : 5점

공기관식 차동식분포형 감지기의 공기관을 가설할 때 다음 물음에 답하시오.
(1) 감지구역마다 공기관의 노출부분의 길이는 몇 m 이상이어야 하는가?
(2) 하나의 검출부분에 접속하는 공기관의 길이는 몇 m 이하이어야 하는가?
(3) 공기관과 감지구역의 각 변과의 수평거리는 몇 m 이하이어야 하는가?
(4) 공기관 상호간의 거리는 몇 m 이하이어야 하는가? (단, 주요 구조부는 비내화구조인 경우로 한다.)
(5) 공기관의 두께 및 바깥지름은 몇 mm 이상이어야 하는가?
   • 공기관 두께 :
   • 공기관 바깥지름 :

답안작성

(1) 20 m 이상
(2) 100 m 이하
(3) 1.5 m 이하
(4) 6 m 이하
(5) • 공기관 두께 : 0.3 mm 이상
   • 공기관 바깥지름 : 1.9 mm 이상

해설

공기관식 차동식분포형 감지기 설치기준
① 공기관의 노출부분은 감지구역마다 20 m 이상이 되도록 할 것
② 공기관과 감지구역의 각변과의 수평거리는 1.5 m 이하가 되도록 하고, 공기관 상호간의 거리는 6 m(주요구조부를 내화구조로 한 특정소방대상물 또는 그 부분에 있어서는 9 m) 이하가 되도록 할 것
③ 공기관은 도중에서 분기하지 아니하도록 할 것
④ 하나의 검출 부분에 접속하는 공기관의 길이는 100 m 이하로 할 것
⑤ 검출부는 5° 이상 경사되지 아니하도록 부착할 것
⑥ 검출부는 바닥으로부터 0.8 m 이상 1.5 m 이하의 위치에 설치할 것
⑦ 공기관의 규격
   • 외경 : 1.9 mm 이상
   • 두께 : 0.3 mm 이상

문제 07

★★★ 출제년도 「20.」 •점수 : 4점

차동식 분포형 감지기의 종류 3가지를 쓰시오.

답안작성

① 공기관식
② 열전대식
③ 열반도체식

▼ 해설
주위온도가 일정 상승율 이상이 되는 경우에 작동하는 것으로서 넓은 범위 내에서의 열 효과의 누적에 의하여 작동되는 것으로서 감열부의 종류에 따라 분류하면 공기관식, 열전대식, 열반도체식으로 구분된다.

문제 08 ★★★ 출제 년도 「20.」 •점수 : 4점

200V용 소방설비에 접지공사를 하고자 한다. 접지선의 굵기와 접지저항 값은 얼마인가?
- 접지선의 굵기 :
- 접지저항 값 :

답안작성
- 접지선의 굵기 : 2.5 mm^2 이상
- 접지저항 값 : $100 \, \Omega$ 이하

▼ 해설
한국전기설비규정(KEC)이 2021.1.1.시행됨에 따라 현재 기준에는 맞지 않는 문제입니다.

문제 09 ★★★ 출제 년도 「15. 16. 19. 20.」 •점수 : 6점

청각장애인용 시각경보장치의 설치기준 3가지를 쓰시오.(단, 화재안전기준 각 호의 내용을 1가지로 한다.)

답안작성
1. 복도·통로·청각장애인용 객실 및 공용으로 사용하는 거실(로비, 회의실, 강의실, 식당, 휴게실, 오락실, 대기실, 체력단련실, 접객실, 안내실, 전시실, 기타 이와 유사한 장소를 말한다)에 설치하며, 각 부분으로부터 유효하게 경보를 발할 수 있는 위치에 설치할 것
2. 공연장·집회장·관람장 또는 이와 유사한 장소에 설치하는 경우에는 시선이 집중되는 무대부 부분 등에 설치할 것
3. 설치높이는 바닥으로부터 2 m 이상 2.5 m 이하의 장소에 설치할 것 다만, 천장의 높이가 2 m 이하인 경우에는 천장으로부터 0.15 m 이내의 장소에 설치하여야 한다.
4. 시각경보장치의 광원은 전용의 축전지설비 또는 전기저장장치(외부 전기에너지를 저장해 두었다가 필요한 때 전기를 공급하는 장치)에 의하여 점등되도록 할 것. 다만, 시각경보기에 작동전원을 공급할 수 있도록 형식승인을 얻은 수신기를 설치한 경우에는 그러하지 아니하다. 중 3가지 선택

문제 10

★★★ 출제년도 「97. 98. 99. 00. 03. 04. 05. 06. 20.」 •점수 : 6점

차동식 스포트형, 보상식 스포트형 및 정온식 스포트형 감지기는 부착높이 및 특정소방대상물에 따라 다음 표에 의한 바닥면적마다 1개 이상을 설치하여야 한다. 표의 빈칸 ①~⑫에 해당되는 면적기준을 쓰시오.

(단위 : m²)

부착높이 및 특정소방대상물의 구분		감지기의 종류						
		차동식 스포트형		보상식 스포트형		정온식 스포트형		
		1종	2종	1종	2종	특종	1종	2종
4 m 미만	주요구조부를 내화구조로 한 특정소방대상물 또는 그 부분	90	70	①	②	③	60	20
	기타 구조의 특정소방대상물 또는 그 부분	50	④	⑤	⑥	⑦	30	15
4 m 이상 8 m 미만	주요구조부를 내화구조로 한 특정소방대상물 또는 그 부분	45	⑧	⑨	⑩	⑪	⑫	
	기타 구조의 특정소방대상물 또는 그 부분	30	25	30	25	25	15	

답안작성

① 90 ② 70 ③ 70 ④ 40 ⑤ 50 ⑥ 40
⑦ 40 ⑧ 35 ⑨ 45 ⑩ 35 ⑪ 35 ⑫ 30

해설

특정소방대상물의 부착높이에 따른 감지기의 종류

(단위 : m²)

부착높이 및 특정소방대상물의 구분		감지기의 종류						
		차동식 스포트형		보상식 스포트형		정온식 스포트형		
		1종	2종	1종	2종	특종	1종	2종
4 m 미만	주요구조부를 내화구조로 한 특정소방대상물 또는 그 부분	90	70	90	70	70	60	20
	기타 구조의 특정소방대상물 또는 그 부분	50	40	50	40	40	30	15
4 m 이상 8 m 미만	주요구조부를 내화구조로 한 특정소방대상물 또는 그 부분	45	35	45	35	35	30	
	기타 구조의 특정소방대상물 또는 그 부분	30	25	30	25	25	15	

★★★ 출제년도 「01.15.20.」 •점수 : 8점

문제 11 다음은 P형 1급 수동발신기의 내부결선을 나타낸 것이다. 주어진 단자(①~④)의 명칭을 쓰고 내부결선을 완성하여 각 단자와 연결하시오.

• 내부결선 :

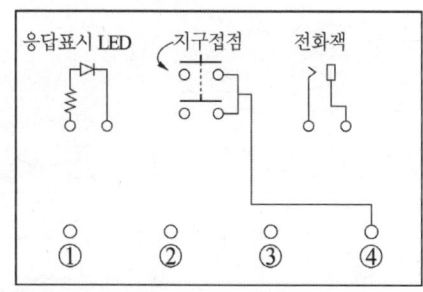

답안작성

(1) 단자의 명칭
　　① : 응답선
　　② : 지구선(회로선 또는 표시선)
　　③ : 전화선
　　④ : 지구공통선(회로공통선 또는 발신기공통선)

(2) 완성된 내부결선도

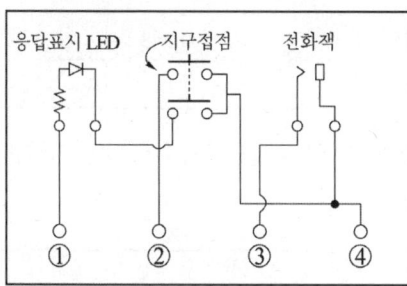

★★★ 출제년도 「10. 14. 16. 20.」 •점수 : 8점

문제 12 그림은 자동화재탐지설비와 준비작동식 스프링클러설비의 프리액션밸브(준비작동식밸브)를 연동시키기 위한 간선 계통도이다. 다음 각 물음에 답하시오.
(단, 전화선은 사용하지 않는다.)

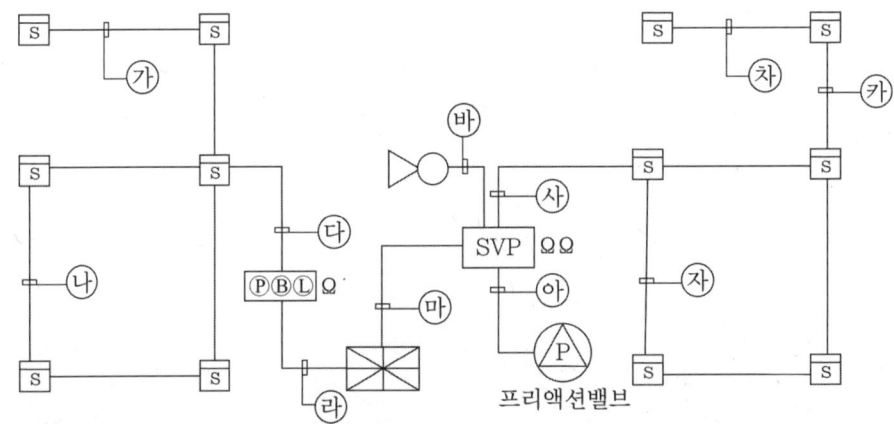

(1) "㉮"~"㉷"까지의 배선 가닥수를 쓰시오.(단, 프리액션밸브용 감지기공통선과 전원 공통선은 분리해서 사용하고, 프리액션밸브용 압력스위치, 탬퍼스위치 및 솔레노이드 밸브용 공통선은 1가닥을 사용하는 조건이다.)

㉮	㉯	㉰	㉱	㉲	㉳	㉴	㉵	㉶	㉷	㉸

(2) "㉲"에 소요되는 배선의 용도를 쓰시오.(단, 해당 가닥수까지만 기록한다.)

답안작성

(1)

㉮	㉯	㉰	㉱	㉲	㉳	㉴	㉵	㉶	㉷	㉸
4	2	4	6	9	2	8	4	4	4	8

(2) "㉲"에 소요되는 배선의 용도

배선의 용도	
전원+	압력스위치
전원-	탬퍼스위치
감지기A	솔레노이드밸브
감지기B	사이렌
감지기 공통	

▼해설

기호	가닥수	굵기 mm²	용도
㉮	4	1.5	지구2, 지구공통2
㉯	2	1.5	지구, 지구공통
㉰	4	1.5	지구2, 지구공통2
㉱	6	2.5	응답, 지구, 지구공통, 경종, 표시등, 경종표시등 공통
㉲	9	2.5	전원+, 전원-, 감지기A, 감지기B, 감지기 공통, 압력스위치, 탬퍼스위치, 솔레노이드밸브, 사이렌
㉳	2	2.5	사이렌2
㉴	8	1.5	지구4, 지구공통4
㉵	4	2.5	압력스위치, 탬퍼스위치, 솔레노이드밸브, 공통
㉶	4	1.5	지구2, 지구공통2
㉷	4	1.5	지구2, 지구공통2
㉸	8	1.5	지구4, 지구공통4

★★★ 출제년도 「12. 20.」 •점수 : 6점

문제 13 그림은 자동방화문설비의 자동방화문 결선도 및 계통도이다. 다음 물음에 답하시오.
(단, 방화문 감지기회로는 제외한다.)

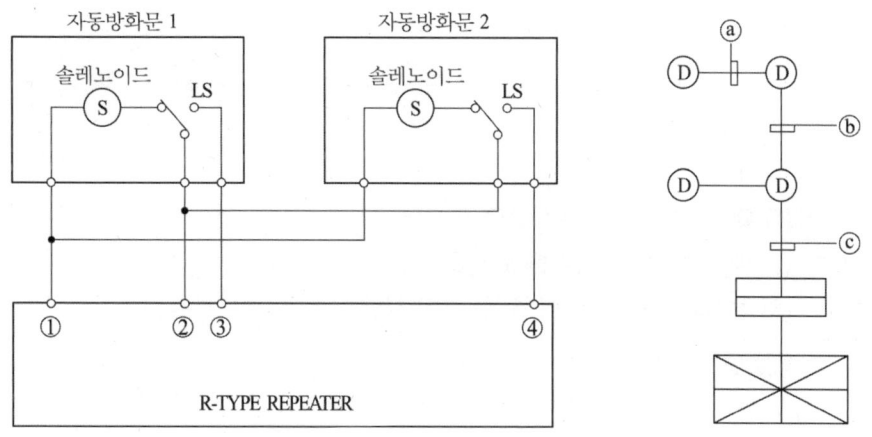

(1) ①~④까지 배선의 용도를 답란에 쓰시오.

①	②	③	④

(2) ⓐ~ⓒ의 전선 가닥수와 배선의 용도를 답란에 쓰시오.

기호	전선 가닥수	배선의 용도
ⓐ		
ⓑ		
ⓒ		

답안작성

(1)

①	②	③	④
기동	공통	기동확인 1	기동확인 2

(2)

기호	전선 가닥수	배선의 용도
ⓐ	3	기동, 기동확인, 공통
ⓑ	4	기동, 기동확인 2, 공통
ⓒ	7	기동 2, 기동확인 4, 공통

★★★ 출제년도 「99. 05. 20.」 •점수 : 5점

문제 14 그림과 같이 1개의 등을 2개소에서 점멸이 가능하도록 하려고 한다. 다음 각 물음에 답하시오.

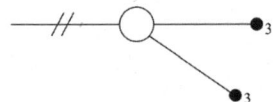

(1) ●₃의 명칭을 구체적으로 쓰시오.
(2) 배선에 배선가닥수를 표시하시오.
(3) 전선접속도(실제배선도)를 그리시오.

답안작성

(1) 3로 점멸기(스위치)

(2) (3)

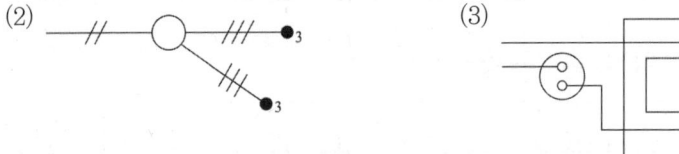

문제 15

LCX 케이블(LCX-FR-SS-20D-14-6)의 표시사항을 빈칸의 번호에 알맞게 쓰시오.

표시	의미
LCX	①
FR	②
SS	③
20	④
D	⑤
14	⑥
6	결합손실

답안작성

① 누설동축케이블   ② 난연성(내열성)
③ 자기지지   ④ 절연체의 외경(20mm)
⑤ 특성임피던스   ⑥ 사용주파수(1 : 150MHz, 4 : 450MHz 전용)

해설

① LCX : 누설동축케이블(Leaky Coaxial Cable)
② FR : Flame Resistance, 난연성(내열성)
③ SS : Self Supporting, 메신저 와이어로 자기 지지
④ 20 : 절연체의 외경이 20mm
⑤ 특성임피던스 50Ω
⑥ 사용주파수(1 : 150MHz, 4 : 450MHz 대역 전용)
⑦ 결합손실 6dB

문제 16

P형 1급 수신기와 감지기와의 사이에 종단저항이 20 kΩ, 릴레이 저항이 500 Ω, 회로의 전압이 DC 24 V이며, 감시전류는 1.17mA이다. 감지기가 작동할 때 흐르는 전류는 몇 mA인가?

• 계산 :   • 답 :

답안작성

• 계산 : 감시전류 $1.17\ mA = \dfrac{24V}{20k\Omega + 500\Omega + 선로저항}$

$선로저항 = \dfrac{24}{1.17 \times 10^{-3}} - 20{,}000 - 500 = 12.82\ \Omega$

$작동전류 = \dfrac{회로전압}{릴레이저항 + 선로저항} = \dfrac{24}{500 + 12.82} = 0.0468A = 46.8mA$

• 답 : 46.8mA

▼해설

(1) 감시전류 = $\dfrac{\text{회로전압}}{\text{종단저항} + \text{릴레이저항} + \text{선로저항}}$ [A]

(2) 작동전류 = $\dfrac{\text{회로전압}}{\text{릴레이저항} + \text{선로저항}}$ [A]

★★★ 출제년도 「20.」 •점수 : 6점

문제 17 납 축전지에 대한 다음 각 물음에 답하시오.

(1) 납 축전지의 정격용량은 200 Ah, 사용하고자 하는 설비의 상시부하는 6 kW, 부하의 정격전압은 100 V일 때 필요한 축전지의 수량은 몇 cell인가?
(2) 납 축전지를 방전상태로 장시간 방치하였을 때 극판의 황산납이 회백색으로 바뀌고, 축전지의 내부저항이 대단히 상승하여 전해액의 온도상승이 크고 황산의 비중상승이 낮으며 가스가 심하게 발생하고 축전지의 용량이 감퇴 및 수명이 단축되는 현상을 무엇이라 하는가?
(3) (2)의 현상이 발생할 때 발생되는 가스는 무슨 가스인가?

답안작성

(1) 축전지의 수량 $N = \dfrac{V}{V_B} = \dfrac{100\text{ V}}{2\text{ V/cell}} = 50\text{ cell}$

(2) 설페이션(Sulphation) 현상
(3) 수소가스

▼해설

(1) 셀 수 $N = \dfrac{V}{V_B}$

V : 부하의 정격전압(표준전압)
V_B : 1셀(cell)당 축전지의 공칭전압(연축전지 2 V/cell, 알칼리 축전지 1.2 V/cell)

(2) 설페이션(Sulphation) 현상
  1) 원인
    ① 방전상태에서 오랫동안 방치할 때
    ② 방전전류가 대단히 클 때
    ③ 불충분 충전을 반복할 때
  2) 현상
    ① 충전시 전해액의 온도상승이 크다.
    ② 충전시 전해액의 비중 상승이 낮으며 다량의 가스가 발생한다.
    ③ 극판이 백색으로 되거나 백색 반점이 생긴다.

★★★ 출제년도 「20.」 •점수 : 5점

문제 18 다음은 PB-ON 스위치를 ON한 후 일정시간이 지난 다음에 MC가 작동하여 전동기 M이 운전하는 회로를 나타낸 것이다. 여기에 사용한 타이머 Ⓣ는 입력 신호가 소멸했을 때 열려서 이탈되는 형식으로 전동기가 회전하면 릴레이 Ⓧ가 복구되어 타이머에 입력 신호가 소멸되고 전동기는 계속 회전할 수 있도록 이 시퀀스를 수정하여 다시 그리시오.

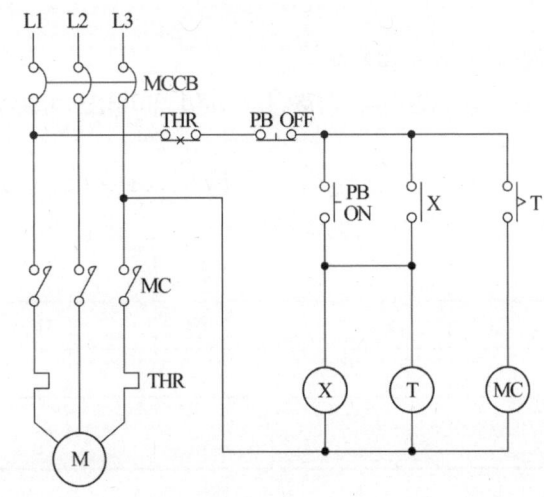

답안작성

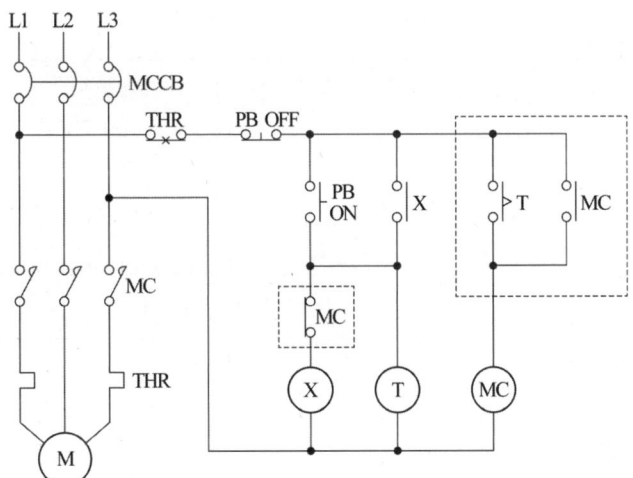

▼해설

PB-ON 스위치를 ON하면 릴레이 X가 여자, 타이머 T가 여자, X-a에 의해 자기유지되고 타이머 T의 설정시간후에 T-a 접점이 폐로되어 전자접촉기 MC가 여자되어 전동기 M은 회전하게 되고 MC-b 접점에 의해 릴레이 X와 타이머 T는 소자되어 복구하게 된다. 전동기 M은 MC-a 접점에 의해 자기유지되어 계속 회전하게 된다.

PB-OFF를 누르거나 열동계전기 THR이 작동하게 되면 MC는 소자되고 전동기 M은 정지하게 된다.

2020년 기사 제2회 실기시험

자격종목	시험시간	시행일	수험번호	성명
소방설비기사(전기분야)	3시간	2020.7.25		

※ 다음 물음의 답을 해당 답란에 답하시오.(배점 : 100점)

문제 01 ★★★ 출제년도「07. 10. 20.」 •점수 : 5

배선용 차단기의 심벌이다. 기호 ①~③이 의미하는 바를 답란에 쓰시오.

$$\boxed{B} \begin{array}{l} 3P \leftarrow ① \\ 225AF \leftarrow ② \\ 150A \leftarrow ③ \end{array}$$

• 답란

①	②	③

▶답안작성

①	②	③
극수(3극)	프레임의 크기(225 [A])	정격전류(150 [A])

▼해설

명칭	그림기호	적요
배선용 차단기	$\boxed{B}$	(1) 상자들이인 경우는 상자의 재질 등을 표기한다. (2) 극수, 프레임의 크기, 정격전류 등을 표기한다. [보기] $\boxed{B}\begin{array}{l}3P\\225AF\\150A\end{array}$ (3) 모터브레이커를 표시하는 경우 $\boxed{B}$ 를 사용한다. (4) $\boxed{B}$ 를 $\boxed{B}_{MCB}$ 로서 표시하여도 좋다.

문제 02 ★★★ 출제년도「20.」 •점수 : 6점

다음은 자동화재탐지설비의 중계기 설치기준에 대한 것이다. 괄호안에 알맞은 내용을 답란에 쓰시오.

(1) 수신기에서 직접 감지기회로의 (①)을 행하지 아니하는 것에 있어서는 수신기와 감지기 사이에 설치할 것.

(2) 조작 및 점검에 편리하고 화재 및 침수 등의 재해로 인한 피해를 받을 우려가 없는 장소에 설치할 것

(3) 수신기에 따라 감시되지 아니하는 배선을 통하여 전력을 공급받는 것에 있어서는 전원 입력측의 배선에 (②)을(를) 설치하고, 해당전원의 정전은 즉시 수신기에 표시되는 것으로 하며, (③) 및 (④)의 시험을 할 수 있도록 할 것.

답안작성
① 도통시험
② 과전류차단기
③ 상용전원
④ 예비전원

해설
중계기 설치기준
① 수신기에서 직접 감지기회로의 도통시험을 행하지 아니하는 것에 있어서는 수신기와 감지기 사이에 설치할 것
② 조작 및 점검에 편리하고 화재 및 침수 등의 재해로 인한 피해를 받을 우려가 없는 장소에 설치할 것
③ 수신기에 따라 감시되지 아니하는 배선을 통하여 전력을 공급받는 것에 있어서는 전원 입력 측의 배선에 과전류 차단기를 설치하고 당해 전원의 정전이 즉시 수신기에 표시되는 것으로 하며, 상용전원 및 예비전원의 시험을 할 수 있도록 할 것

문제 03 ★★★ 출제년도 「20」 •점수 : 9점

논리식 $Y = (A \cdot B \cdot C) + (A \cdot \overline{B} \cdot \overline{C})$ 에 대한 진리표를 완성하고 릴레이회로(유접점회로)와 논리회로(무접점회로)로 바꾸어 그리시오.

(1) 진리표

A	B	C	Y
0	0	0	
0	0	1	
0	1	0	
0	1	1	
1	0	0	
1	0	1	
1	1	0	
1	1	1	

(2) 릴레이회로
(3) 논리회로

답안작성

(1) 진리표

A	B	C	Y
0	0	0	0
0	0	1	0
0	1	0	0
0	1	1	0
1	0	0	1
1	0	1	0
1	1	0	0
1	1	1	1

(2) 릴레이회로

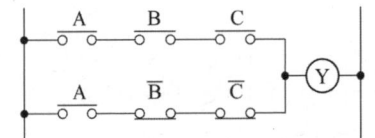

(3) 논리회로

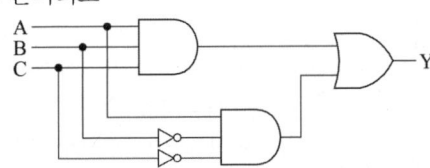

★★★ 출제년도 「12. 20.」 •점수 : 3점

문제 04 40[W] 중형 피난구 유도등이 AC 220[V] 상용전원에 연결되어 있다. 전원에 연결된 유도등은 10개이며, 유도등의 역률은 60[%]이다. 공급전류[A]를 계산하시오. 단, 유도등의 배터리 충전전류는 무시하며, 전원공급방식은 단상 2선식이다.
• 계산 :   • 답 :

답안작성

• 계산 : 전류 $I = \dfrac{P}{V\cos\theta} = \dfrac{40 \times 10}{220 \times 0.6} = 3.03\text{A}$

• 답 : 3.03A

해설

전류 $I = \dfrac{P}{V\cos\theta}$[A], P : 소비전력[W], $\cos\theta$: 역률

★★★ 출제년도 「20.」 •점수 : 6점

문제 05 옥내소화전의 비상전원에 대한 다음 각 물음에 답하시오.
(1) 옥내소화전설비의 비상전원 설치대상을 나타낸 것이다. ( )안의 번호에 알맞은 답을 답안지에 쓰시오.

1. 층수가 7층 이상으로서 연면적이 (①) m² 이상인 것
2. 지하층의 바닥면적의 합계가 (②) m² 이상인 것.

(2) 다음은 비상전원의 설치기준을 나타낸 것이다. ( )안의 번호에 알맞은 답을 답안지에 쓰시오.
1. 점검에 편리하고 화재 및 침수 등의 재해로 인한 피해를 받을 우려가 없는 곳에 설치할 것
2. 옥내소화전설비를 유효하게 (③) 이상 작동할 수 있어야 할 것
3. 상용전원으로부터 전력의 공급이 중단된 때에는 (④)으로 비상전원으로부터 전력을 공급받을 수 있도록 할 것
4. 비상전원(내연기관의 기동 및 제어용 축전기를 제외한다)의 설치장소는 다른 장소와 (⑤)할 것. 이 경우 그 장소에는 비상전원의 공급에 필요한 기구나 설비외의 것(열병합발전설비에 필요한 기구나 설비는 제외한다)을 두어서는 아니 된다.
5. 비상전원을 실내에 설치하는 때에는 그 실내에 (⑥)을 설치할 것

답안작성

(1) ① 2,000   ② 3,000
(2) ③ 20분   ④ 자동   ⑤ 방화구획   ⑥ 비상조명등

해설

옥내소화전설비의 전원
(1) 비상전원 설치대상
  1. 층수가 7층 이상으로서 연면적이 2,000 m² 이상인 것
  2. 지하층의 바닥면적의 합계가 3,000 m² 이상인 것.
(2) 비상전원 설치제외
  2 이상의 변전소에서 전력을 동시에 공급받을 수 있거나 하나의 변전소로부터 전력의 공급이 중단되는 때에는 자동으로 다른 변전소로부터 전원을 공급받을 수 있도록 상용전원을 설치한 경우와 가압수조방식인 경우
(3) 비상전원의 종류 : 자가발전설비, 축전지설비, 전기저장장치
(4) 비상전원 설치기준
  1. 점검에 편리하고 화재 및 침수 등의 재해로 인한 피해를 받을 우려가 없는 곳에 설치할 것
  2. 옥내소화전설비를 유효하게 20분 이상 작동할 수 있어야 할 것
  3. 상용전원으로부터 전력의 공급이 중단된 때에는 자동으로 비상전원으로부터 전력을 공급받을 수 있도록 할 것
  4. 비상전원(내연기관의 기동 및 제어용 축전기를 제외한다)의 설치장소는 다른 장소와 방화구획할 것. 이 경우 그 장소에는 비상전원의 공급에 필요한 기구나 설비외의 것(열병합발전설비에 필요한 기구나 설비는 제외한다)을 두어서는 아니 된다.
  5. 비상전원을 실내에 설치하는 때에는 그 실내에 비상조명등을 설치할 것

문제 06

예비전원설비에 대한 다음 각 물음에 답하시오.
(1) 부동충전방식에 대한 회로(개략적인 그림)를 간단히 그리시오.
(2) 축전지의 과방전 또는 방치상태에서 기능회복을 위하여 실시하는 것은 어떤 충전방식인가?
(3) 연축전지의 정격용량은 250 [Ah]이고, 상시부하가 8 [kW]이며 표준전압이 100 [V]인 부동충전방식의 충전기 2차 충전전류는 몇 [A]인가? 단, 축전지의 방전율은 10시간율로 한다.
  • 계산 :
  • 답 :

답안작성

(1)

(2) 회복충전방식

(3) 계산 : 충전기 2차전류 $I_2 = \dfrac{250}{10} + \dfrac{8 \times 10^3}{100} = 105$ **답** : 105 A

해설

(1) 부동충전방식 : 축전지와 부하를 충전기에 병렬로 접속하여 사용하는 충전방식으로 축전지의 자기방전을 보충함과 동시에 상용부하에 대한 전원공급은 충전기가 부담하고 충전기가 부담하기 어려운 일시적인 대전류 부하는 축전지가 부담토록 하는 방식
(3) 충전기 2차 충전 전류[A]

$$I_2 = \dfrac{축전지\ 용량[Ah]}{정격\ 방전율[h]} + \dfrac{상시\ 부하\ 용량[VA]}{표준전압[V]}$$

연축전지의 정격 방전율은 10시간율, 알칼리 축전지의 정격 방전율은 5시간율이다.
∴ 2차 충전전류 = 축전지 충전전류 + 상시 부하전류

$$I_2 = \dfrac{250[Ah]}{10[h]} + \dfrac{8 \times 10^3[W]}{100[V]} = 105[A]$$

문제 07

통로유도등의 설치제외 기준 2가지를 쓰시오.

답안작성

1) 구부러지지 아니한 복도 또는 통로로서 길이가 30 m 미만인 복도 또는 통로
2) 구부러진 복도 또는 통로로서 보행거리가 20 m 미만이고 그 복도 또는 통로와 연결된 출입구 또는 그 부속실의 출입구에 피난구유도등이 설치된 복도 또는 통로

★★★ 출제년도 「96. 05. 20.」 •점수 : 3점

문제 08 길이 18 m의 통로에 객석유도등을 설치하려고 한다. 이때 필요한 객석유도등의 수량은 몇 개인가?
• 계산 :
• 답 :

답안작성

• 계산 : 수량 = $\frac{18}{4} - 1 = 3.5$
• 답 : 4개

▼해설

객석유도등의 수량 = $\frac{객석통로의\ 직선부분의\ 길이[m]}{4} - 1$

★★★ 출제년도 「97. 04. 20.」 •점수 : 8점

문제 09 주요구조부가 내화구조인 특정소방대상물에 자동화재탐지설비용 공기관식 차동식분포형감지기를 설치하려고 한다. 다음 각 물음에 답하시오.
(1) 공기관의 노출부분은 감지구역마다 몇 [m] 이상이 되도록 하여야 하는가?
(2) 공기관과 감지구역의 각 변과의 수평거리는 몇 [m] 이하가 되어야 하는가?
(3) 하나의 검출부분에 접속하는 공기관의 길이는 몇 [m] 이하로 하여야 하는가?
(4) 공기관 상호간의 거리는 몇 [m] 이하이어야 하는가?
(5) 검출부는 몇 도 이상 경사되지 아니하도록 부착하여야 하는가?

답안작성

(1) 20[m]
(2) 1.5 [m]
(3) 100 [m]
(4) 9[m]
(5) 5도

▼해설

공기관식 차동식 분포형 감지기의 설치기준
(1) 공기관의 노출부분은 감지구역마다 20 [m] 이상이 되도록 할 것
(2) 공기관과 감지구역의 각변과의 수평거리는 1.5 [m] 이하가 되도록 하고, 공기관 상호간의 거리는 6 [m](주요구조부를 내화구조로 한 특정소방대상물 또는 그 부분에 있어서는 9 [m]) 이하가 되도록 할 것
(3) 하나의 검출부분에 접속하는 공기관의 길이는 100 [m] 이하로 할 것
(4) 검출부는 5° 이상 경사되지 아니하도록 부착할 것
(5) 공기관은 도중에서 분기하지 아니하도록 할 것

★★★ 출제년도 「20.」 •점수 : 6점

문제 10 다음은 자동화재탐지설비 및 시각경보장치의 화재안전기술기준에 따른 경계구역 설정기준을 나타낸 것이다. ( )안의 번호에 알맞은 내용을 쓰시오.

(1) 하나의 경계구역의 면적은 (①) m² 이하로 하고 한변의 길이는 (②)m 이하로 할 것. 다만, 해당 특정소방대상물의 주된 출입구에서 그 내부 전체가 보이는 것에 있어서는 한 변의 길이가 (②) m의 범위 내에서 (③) m² 이하로 할 수 있다.
(2) 지하구의 경우 하나의 경계구역의 길이는 (④) m 이하로 할 것
(3) 스프링클러설비·물분무등소화설비 또는 (⑤)의 화재감지장치로서 화재감지기를 설치한 경우의 경계구역은 해당 소화설비의 방사구역 또는 (⑥)과 동일하게 설정할 수 있다.

답안작성

① 600   ② 50   ③ 1,000   ④ 700   ⑤ 제연설비   ⑥ 제연구역

▼해설

자동화재탐지설비 및 시각경보장치의 경계구역
① 자동화재탐지설비의 경계구역은 다음 각호의 기준에 따라 설정하여야 한다. 다만, 감지기의 형식승인 시 감지거리, 감지면적 등에 대한 성능을 별도로 인정받은 경우에는 그 성능인정범위를 경계구역으로 할 수 있다.
  1. 하나의 경계구역이 2개 이상의 건축물에 미치지 아니하도록 할 것
  2. 하나의 경계구역이 2개 이상의 층에 미치지 아니하도록 할 것. 다만, 500 m² 이하의 범위안에서는 2개의 층을 하나의 경계구역으로 할 수 있다
  3. 하나의 경계구역의 면적은 600 m² 이하로 하고 한변의 길이는 50 m 이하로 할 것. 다만, 해당 특정소방대상물의 주된 출입구에서 그 내부 전체가 보이는 것에 있어서는 한 변의 길이가 50 m의 범위 내에서 1,000 m² 이하로 할 수 있다.
  4. 지하구의 경우 하나의 경계구역의 길이는 700 m 이하로 할 것 → 2021.1.15. 개정으로 삭제된 조항입니다.
② 계단(직통계단외의 것에 있어서는 떨어져 있는 상하계단의 상호간의 수평거리가 5m 이하로서 서로 간에 구획되지 아니한 것에 한한다. 이하 같다)·경사로(에스컬레이터 경사로 포함)·엘리베이터 승강로(권상기실이 있는 경우에는 권상기실)·린넨슈트·파이프 피트 및 덕트 기타 이와 유사한 부분에 대하여는 별도로 경계구역을 설정하되, 하나의 경계구역은 높이 45 m 이하(계단 및 경사로에 한한다)로 하고, 지하층의 계단 및 경사로(지하층의 층수가 1경우는 제외한다)는 별도로 하나의 경계구역으로 하여야 한다.
③ 외기에 면하여 상시 개방된 부분이 있는 차고·주차장·창고 등에 있어서는 외기에 면하는 각 부분으로부터 5 m 미만의 범위안에 있는 부분은 경계구역의 면적에 산입하지 아니한다.
④ 스프링클러설비·물분무등소화설비 또는 제연설비의 화재감지장치로서 화재감지기를 설치한 경우의 경계구역은 해당 소화설비의 방사구역 또는 제연구역과 동일하게 설정할 수 있다.

★★★ 출제년도 「20.」 •점수 : 6점

문제 11 지상 11층, 지하 4층의 건축물에 비상콘센트를 설치하려고 한다. 다음 각 물음에 답하시오. (단, 지하 각 층의 바닥면적은 300 m², 각 층의 출입구는 1개소, 계단에서 가장 먼 부분까지의 수평거리는 20 m 이다.)

(1) 비상콘센트의 설치대상에 관한 기준이다. (   )안의 번호에 알맞은 내용을 쓰시오.
   • 지하층의 층수가 (①) 이상이고 지하층의 바닥면적의 합계가 (②) m² 이상인 것은 지하층의 모든 층

(2) 이 건축물에 설치하여야 하는 비상콘센트의 설치개수는?

답안작성

(1) ① 3층   ② 1,000
(2) 5개

해설

(1) 비상콘센트를 설치하여야 하는 특정소방대상물
   ① 층수가 11층 이상인 특정소방대상물의 경우에는 11층 이상의 층
   ② 지하층의 층수가 3층 이상이고 지하층의 바닥면적의 합계가 1천 m² 이상인 것은 지하층의 모든 층
   ③ 지하가 중 터널로서 길이가 500 m 이상인 것

(2) 비상콘센트를 설치하여야 하는 층
   ① 지상 : 11층 이상의 층에 설치하므로 11층
   ② 지하 : 지하층 바닥면적의 합계가 4개층 × 300 m² = 1,200 m² 으로 1천 m² 이상인 것에 해당하므로 지하 모든 층에 설치
   ③ 지상 1개 + 지하 4개 = 5개

★★★ 출제년도 「15. 20.」 •점수 : 6점

문제 12 그림은 Y-△ 시동 제어회로의 미완성 도면이다. 주어진 조건을 따라 다음 물음에 답하시오.

◀조건▶
• 소방관계법령 및 화재안전기준에 따른 제연설비를 설치한다.
• 배출기 주덕트(흡입, 배출측 포함)의 폭은 1,000mm
• 제연구역의 설계풍량은 43,200m³/h
• 배출기는 원심식 터보형 송풍기를 사용
• 기타 조건은 무시한다.
• Ⓐ : 전류계   • ㉮ : 표시등   • Ⓣ : 스타델타타이머
• 19-1 : 전자접촉기(Y)
• 19-2 : 전자접촉기(△)

소방설비기사 실기 (전기분야)

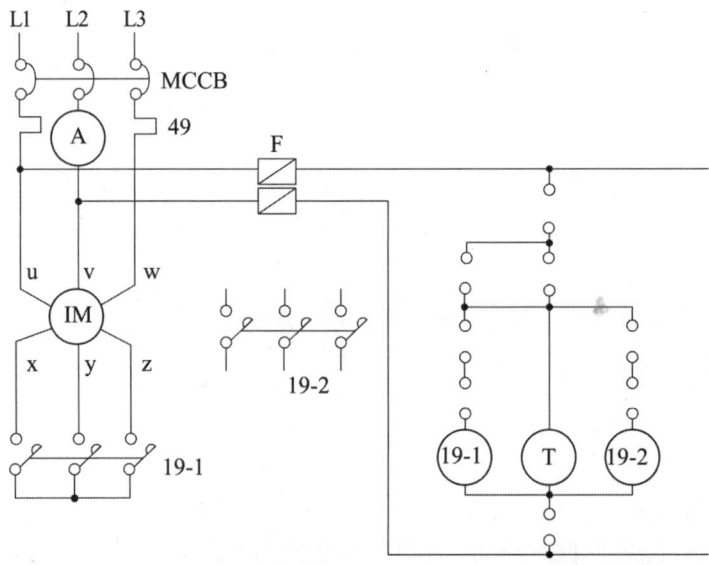

(1) Y-△ 운전이 가능하도록 주회로의 미완성부분을 도면에 완성하시오.
(2) Y-△ 운전이 가능하도록 보조회로 미완성 부분을 도면에 완성하시오.
(3) MCCB를 투입하면 표시등 ⓟ이 점등되도록 미완성 도면에 회로를 추가하여 그리시오.

답안작성

(1) (2) (3)

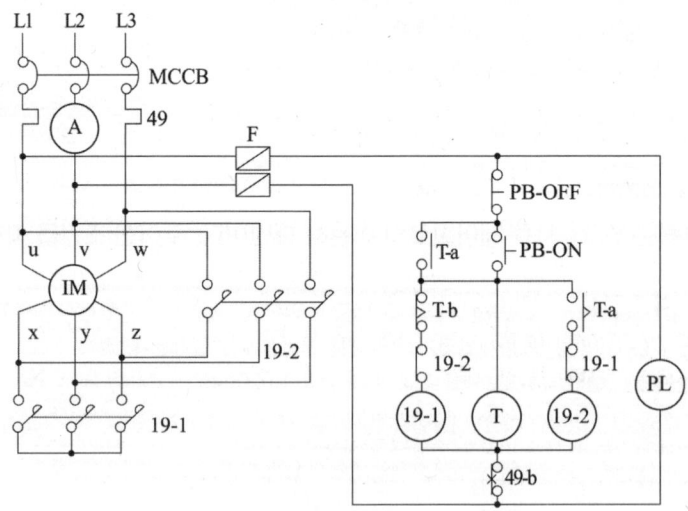

▼해설

(1) 주회로 중 △회로 결선시 아래와 같이 둘 중 하나의 방법으로 결선하면 된다.

문제 13 ★★★ 출제년도「20.」 •점수 : 4점

차동식 스포트형 감지기는 환경에 따라 감지기의 동작특성이 달라지게 된다. 리크구멍이 축소되었을 경우와 리크구멍이 확대되었을 때 나타나는 작동 특성현상에 대하여 쓰시오.

• 리크구멍이 축소 되었을 경우 :

• 리크구멍이 확대 되었을 경우 :

답안작성

• 리크구멍이 축소 되었을 경우 : 비화재보(작동시간 빨라짐, 오작동) 발생
• 리크구멍이 확대 되었을 경우 : 실보(작동시간 지연) 발생

▼해설

리크(leak)저항시험
1. 시험목적
   ① 리크저항이 작으면(리크구멍이 크면) 실보(지연작동)의 원인이 된다.
   ② 리크저항이 크면(리크구멍이 작으면) 비화재보(오작동, 빠른작동)의 원인이 된다.
2. 감지기의 리크구멍(리크공) 기능
   ① 비화재보의 방지
   ② 작동속도의 조절
   ③ 공기유통에 대해 저항을 가짐

문제 14 ★★★ 출제년도「09. 15. 20.」 •점수 : 4점

유량 2,400 [lpm], 양정 100 [m]인 스프링클러설비용 펌프 전동기의 용량을 계산하시오. (단, 펌프의 효율은 0.6이고, 전달계수는 1.1이다.)

• 계산 :

• 답 :

답안작성

• 계산 : 전동기 용량 $P = \dfrac{0.163QHK}{\eta} = \dfrac{0.163 \times 2.4 \times 100 \times 1.1}{0.6} = 71.72$

• 답 : 71.72 kW

▼해설

전동기 용량 $P = \dfrac{0.163QHK}{\eta}$ [kW]

Q : 유량 [m³/min], H : 양정 [m], K : 전달계수
여기에서, [lpm] = [l/min], 1[m³] = 1,000[l]

문제 15

★★★ 출제년도 「97. 01. 02. 14. 17. 20.」 •점수 : 9점

도면은 어느 사무실 건물의 1층 자동화재탐지설비의 미완성 평면도를 나타낸 것이다. 이 건물은 지상 3층으로 각 층의 평면은 1층과 동일하다고 할 경우 평면도 및 주어진 조건을 이용하여 다음 각 물음에 답하시오.

◀조건▶
- 계통도 작성 시 각 층의 수동발신기는 1개씩 설치하는 것으로 한다.
- 계단실의 감지기는 설치를 제외한다.
- 간선의 사용전선은 HFIX 전선 2.5 [mm²]이며, 공통선은 발신기 공통 1선, 경종·표시등 공통 1선을 각각 사용한다.
- 계통도 작성 시 전선수는 최소로 한다. 수신기 내부에 경종단락보호장치를 설치한다.
- 전선관 공사는 후강전선관으로 콘크리트 내 매입 시공한다.
- 각 실은 이중천장이 없는 구조이며, 천장에 감지기를 바로 취부한다.
- 각 실의 바닥에서 천장까지의 높이는 2.8 [m] 이다.
- 후강전선관의 굵기 표는 다음과 같다.

도체 단면적 [mm²]	전선 본 수									
	1	2	3	4	5	6	7	8	9	10
	전선관의 최소 굵기 [mm]									
2.5	16	16	16	16	22	22	22	28	28	28
4	16	16	16	22	22	22	28	28	28	28
6	16	16	22	22	22	28	28	28	36	36
10	16	22	22	28	28	36	36	36	36	36

[도면]

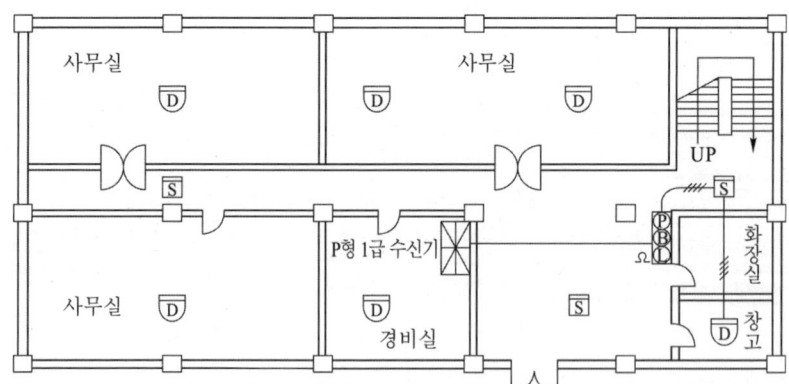

(1) 도면의 P형 1급 수신기는 최소 몇 회로용을 사용하여야 하는지 쓰시오.
(2) 수신기에서 발신기 세트까지의 배선가닥수는 몇 가닥이며, 여기에 사용되는 후강전선관은 몇 [mm]를 사용하는지 쓰시오.
   • 전선가닥수 :
   • 배관 :
(3) 주어진 평면도에 배관 및 배선을 하여 자동화재탐지설비의 도면을 완성하시오.
   (단, 배선 가닥수도 표기하도록 하시오.)
(4) 본 설비에 대한 간선계통도를 그리시오.(단, 계통도에는 배선 가닥수도 표시하도록 하시오.)

답안작성
(1) 5회로
(2) ① 10가닥   ② 28[mm]
(3)
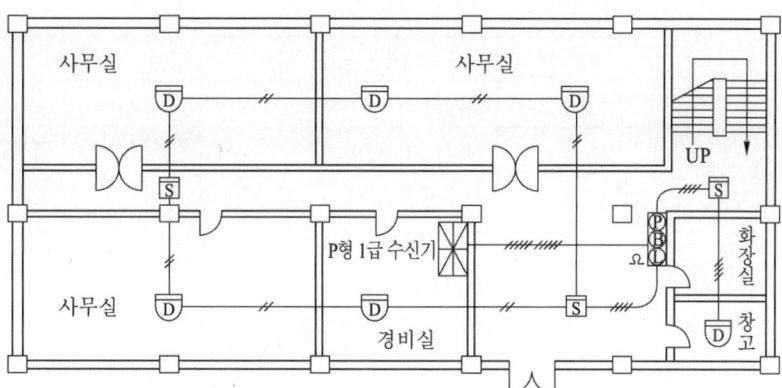

(4)
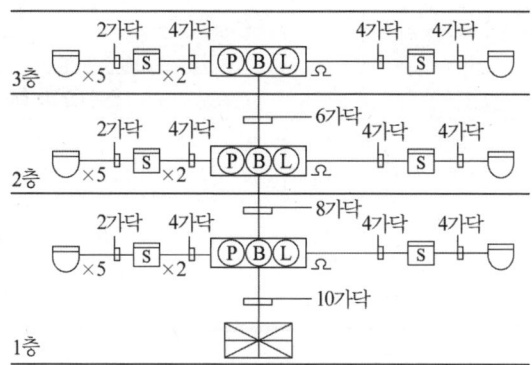

▼해설

(1) 각 층에 수동발신기를 1개 설치하므로 최소 3회로용(지상 3층)의 P형 1급 수신기를 사용하여야 하나 P형 1급 수신기의 최소 회로수인 5회로용을 선정

(2) 1) 우선경보방식

① 경보방법 : 화재발생시 안전하고 신속한 대피를 위하여 화재가 발생한 층과 그 직상층부터 우선하여 별도로 경보하는 방식

화재층	경보층(11층(공동주택인 경우 16층) 이상인 경우)	경보층(30층 이상인 경우)
1층	발화층, 그 직상 4개층, 지하층	발화층, 그 직상 4개층, 지하층
2층 이상	발화층, 그 직상 4개층	발화층, 그 직상 4개층
지하층	발화층, 그 직상층, 기타의 지하층	발화층, 그 직상층, 기타의 지하층

② 특정소방대상물 규모 : 11층(공동주택인 경우 16층) 이상

③ 우선경보방식의 최소 전선 가닥수 : 기본 6가닥 + 추가 2가닥(지구선 1, 벨(경종) 1)
수신기 내부에 경종단락보호장치를 설치한 경우 :

전 선	내 용	추 가	비 고
1	응답선		
2	지구선(회로선)	*	경계구역 수 증가분만큼 추가
3	지구 공통선		
4	지구 경종선	*	층마다 추가
5	표시등선		
6	지구경종·표시등 공통선		

2) HFIX 전선 2.5[mm^2] 10가닥이므로 후강전선관 표에서 28[mm] 선정

도체 단면적 [mm^2]	전 선 본 수									
	1	2	3	4	5	6	7	8	9	10
	전선관의 최소 굵기 [mm]									
2.5	16	16	16	16	22	22	22	28	28	28
4	16	16	16	22	22	22	28	28	28	28
6	16	16	22	22	22	28	28	28	36	36
10	16	22	22	28	28	36	36	36	36	36

문제 **16** 다음은 자동화재탐지설비의 P형 1급 수신기의 미완성 결선도이다. 다음 각 물음에 답하시오.

(1) 수신기의 단자에 알맞게 각 기기장치를 연결하시오.(단, 발신기의 단자는 왼쪽으로부터 응답, 지구공통, 전화, 지구이다.)

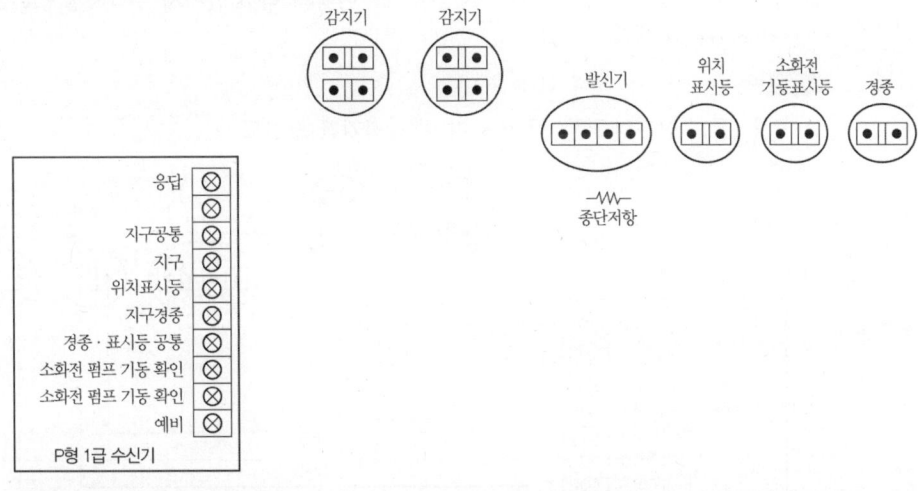

(2) 종단저항을 연결하여야 하는 기기의 명칭과 단자의 명칭을 답안지에 쓰시오.

기기의 명칭	
단자의 명칭	

(3) 소화전 기동표시등의 색깔은?

(4) 발신기 위치 표시등에 대한 다음 각 물음에 답하시오.
 ① 불빛의 식별범위 :
 ② 표시등의 색깔 :

답안작성

(1)
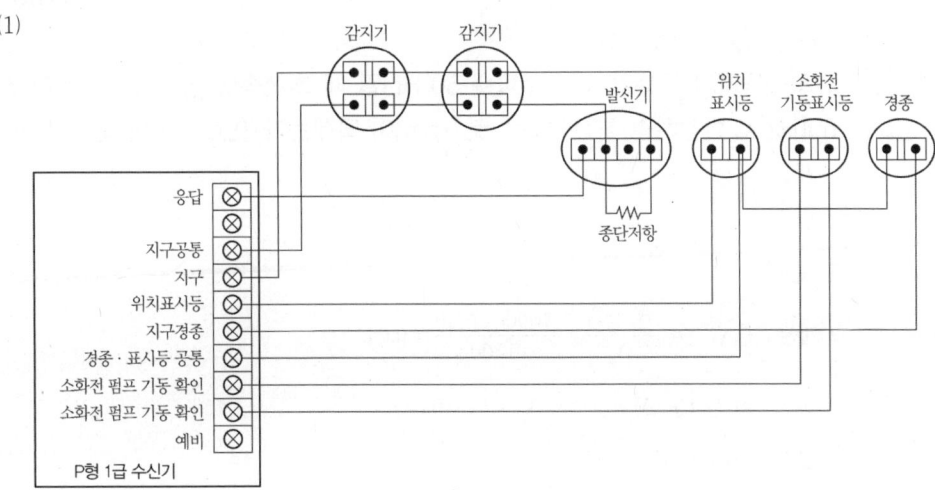

(2)

기기의 명칭	발신기
단자의 명칭	지구, 지구공통

(3) 적색

(4) ① 불빛의 식별범위 : 부착면으로부터 15° 이상의 범위 안에서 부착지점으로부터 10m 이내
  ② 표시등의 색깔 : 적색

▼해설

(1) P형 1급 수신기와 P형 1급 발신기 및 감지기간 결선도

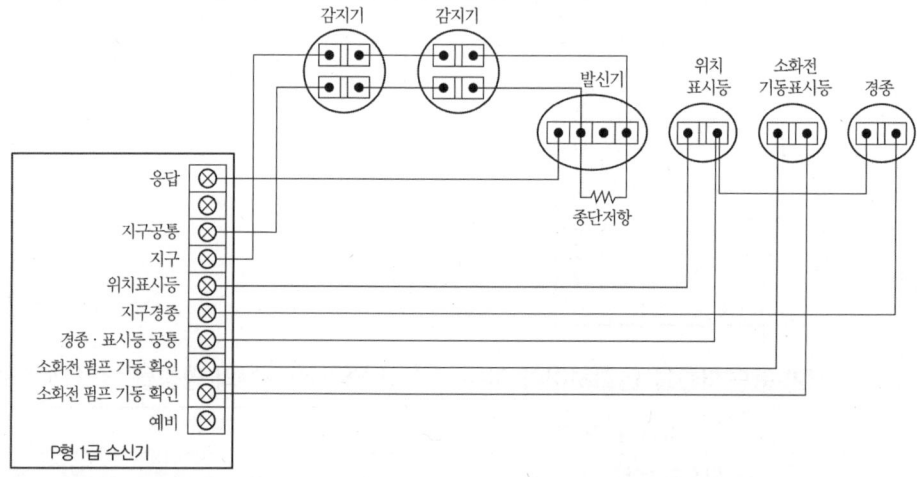

[보충설명] 종단저항은 발신기의 지구와 지구공통 단자에 접속한다.

(2) 자동화재탐지설비 및 시각경보장치의 발신기
  발신기의 위치를 표시하는 표시등은 함의 상부에 설치하되, 그 불빛은 부착면으로부터 15° 이상의 범위 안에서 부착지점으로부터 10 m 이내의 어느 곳에서도 쉽게 식별할 수 있는 적색등으로 하여야 한다.

★★★ 출제년도「10. 20.」 •점수 : 4점

문제 17 유도전동기의 극수가 4극, 주파수 50[Hz]일 때 회전속도가 1,440[rpm]이었다. 주파수를 60[Hz]로 변경하면 회전속도는 몇 [rpm]이 되겠는가?(단, 슬립은 일정하다)

• 계산 :

• 답 :

답안작성

• 계산 : 슬립 $s = \dfrac{N_s - N}{N_s} = \dfrac{1500 - 1440}{1500} = 0.04$

  회전속도 $N = (1-s)N_s = (1-0.04) \times \dfrac{120 \times 60}{4} = 1,728$

• 답 : 1,728[rpm]

▼해설

슬립계산 $s = \dfrac{N_s - N}{N_s}$

N_s : 동기속도($= \dfrac{120f}{P}$, f : 주파수, P : 극수)

★★★ 출제년도 「98. 12. 20.」 •점수 : 4점

문제 18
자동화재속보설비의 절연저항 측정에 대한 것이다. ①~④의 빈 칸에 적당한 수치를 기입하시오.

> 절연된 (①)와 외함간의 절연저항은 DC 500[V]의 절연저항계로 측정한 값이 (②)[MΩ] 이상이어야 하고, 교류입력측과 외함간에는 (③)[MΩ] 이상이어야 한다. 그리고 절연된 선로간의 절연저항은 DC 500[V]의 절연저항계로 측정한 값이 (④)[MΩ] 이상이어야 한다.

▶답안작성

① 충전부 ② 5 ③ 20 ④ 20

▼해설

자동화재속보설비 속보기의 성능인증 및 제품검사의 기술기준 제10조(절연저항시험)
① 측정계기 : 직류 500 [V] 절연저항계
② 절연저항값
 • 충전부와 외함간 : 5 [MΩ] 이상
 • 교류입력측과 외함간 : 20 [MΩ] 이상
 • 절연된 선로간 : 20 [MΩ] 이상

2020년 기사 제3회 실기시험

Engineer Fire Protection System

자격종목	시험시간	시행일	수험번호	성명
소방설비기사(전기분야)	3시간	2020.10.17		

※ 다음 물음의 답을 해당 답란에 답하시오. (배점 : 100점)

문제 01 ★★★ 출제년도 「20.」 · 점수 : 3점

비상콘센트설비의 화재안전기준에 따라 비상콘센트의 플러그접속기의 칼받이의 접지극에는 접지공사를 하여야 한다. 접지공사의 종류와 접지 저항값을 쓰시오.

• 접지공사의 종류 :

• 접지 저항값 :

답안작성

• 접지공사의 종류 : 제3종 접지공사
• 접지 저항값 : 100 Ω 이하

▼해설

한국전기설비규정(KEC)이 2021.1.1. 시행됨에 따라 현재기준에는 맞지 않는 문제입니다.

문제 02 ★★★ 출제년도 「20.」 · 점수 : 5점

주요구조부가 내화구조이고 감지기의 부착높이가 바닥으로부터 4[m], 바닥면적이 700 [m²]인 실에 자동화재탐지설비용으로 차동식 스포트형 2종 감지기를 설치할 때 필요한 감지기의 최소 개수는?

• 계산 :

• 답 :

답안작성

• 계산 : 경계구역 : $\dfrac{700\text{m}^2}{600\text{m}^2} = 1.17 = 2$개

  최소 감지기 수량 : $\dfrac{700\text{m}^2}{35\text{m}^2} = 20$개

  경계구역 적용 감지기 수량 : $\dfrac{350\text{m}^2}{35\text{m}^2}(=10개) + \dfrac{350\text{m}^2}{35\text{m}^2}(=10개) = 20$개

• 답 : 20개

▼해설

부착높이 및 특정소방대상물에 따른 감지기의 종류   (단위 : m²)

부착높이 및 특정소방대상물의 구분		감지기의 종류						
		차동식 스포트형		보상식 스포트형		정온식 스포트형		
		1종	2종	1종	2종	특종	1종	2종
4m 미만	주요구조부를 내화구조로 한 특정소방대상물 또는 그 부분	90	70	90	70	70	60	20
	기타 구조의 소방대상물 또는 그 부분	50	40	50	40	40	30	15
4m 이상 8m 미만	주요구조부를 내화구조로 한 특정소방대상물 또는 그 부분	45	35	45	35	35	30	
	기타 구조의 특정소방대상물 또는 그 부분	30	25	30	25	25	15	

★★★ 출제년도 「96. 02. 05. 20.」 •점수 : 8점

문제 03 그림은 습식 스프링클러 설비의 전기적 계통도이다. 그림을 보고 답란표의 Ⓐ~Ⓓ까지의 배선수와 각 배선의 용도를 쓰시오.

◀조건▶
① 각 유수검지장치에는 밸브 개폐 감시용 스위치는 부착되어 있지 않는 것으로 한다.
② 사용전선은 HFIX 전선이다.
③ 배선 수는 운전조작 상 필요한 최소 전선수를 쓰도록 한다.

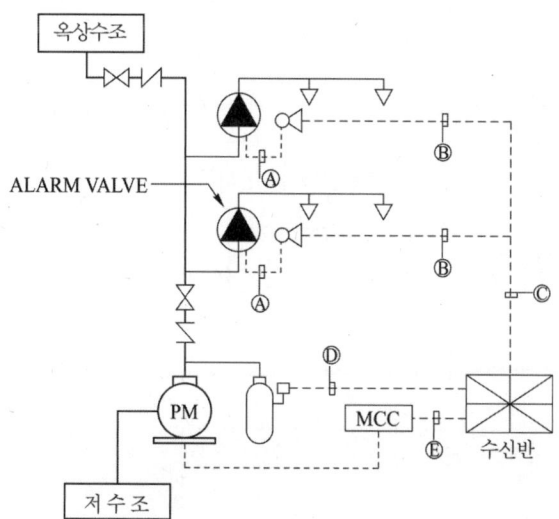

기호	구분	배선 수	배선 굵기	배선의 용도
Ⓐ	알람밸브 ↔ 사이렌		2.5 [mm²] 이상	
Ⓑ	사이렌 ↔ 수신반		〃	
Ⓒ	2개 구역일 경우		〃	
Ⓓ	압력탱크 ↔ 수신반		〃	
Ⓔ	MCC ↔ 수신반	5	〃	공통, ON, OFF, 운전표시, 정지표시

답안작성

기호	구분	배선 수	배선 굵기	배선의 용도
Ⓐ	알람밸브 ↔ 사이렌	2	2.5 [mm²] 이상	압력(유수검지) 스위치 2
Ⓑ	사이렌 ↔ 수신반	3	〃	압력(유수검지) 스위치 1, 사이렌 1, 공통 1
Ⓒ	2개 구역일 경우	5	〃	압력(유수검지) 스위치 2, 사이렌 2, 공통 1
Ⓓ	압력탱크 ↔ 수신반	2	〃	압력 스위치 2
Ⓔ	MCC ↔ 수신반	5	〃	공통, ON, OFF, 운전표시, 정지표시

▼해설

(1) 조건 ① 에 따라 탬퍼스위치(밸브 개폐 감시용 스위치)의 가닥수는 제외

(2)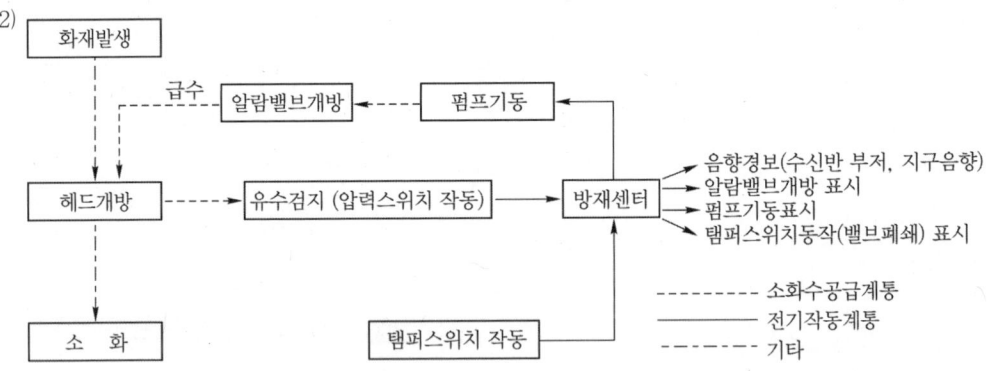

〈습식 스프링클러 설비 작동흐름도〉

(3)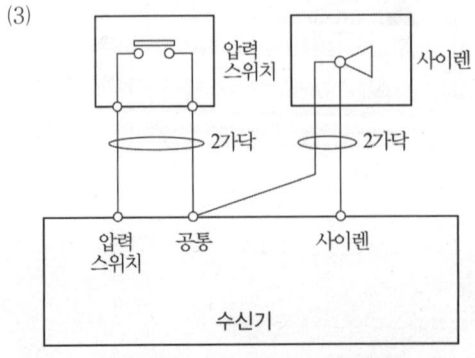

〈압력스위치 및 사이렌 결선도〉

★★★ 출제년도 「96. 02. 05. 20.」 •점수 : 7점

문제 04

그림은 플로트 스위치에 의한 펌프모터의 레벨제어에 대한 미완성 도면이다. 다음 각 물음에 답하시오.

(1) 다음 조건을 이용하여 도면을 완성하시오.

[동작조건]
- 전원이 인가되면 ⒼⓁ 램프가 점등된다.
- 자동일 경우 플로트 스위치가 붙으면(동작하면) ⓇⓁ 램프가 점등되고, 전자접촉기 ⑧⑧이 여자되어 ⒼⓁ 램프가 소등되며, 펌프모터가 동작한다.
- 수동일 경우 누름버튼스위치 PB-on을 on시키면 전자접촉기 ⑧⑧이 여자되어 ⓇⓁ 램프가 점등되고 ⒼⓁ 램프가 소등되며, 펌프모터가 동작한다.
- 수동일 경우 누름버튼스위치 PB-off를 off시키거나 계전기 49가 동작하면 ⓇⓁ 램프가 소등되고, ⒼⓁ 램프가 점등되며, 펌프모터가 정지한다.

[기구 및 접점 사용조건]
⑧⑧ 1개, 88-a 접점 1개, 88-b 접점 1개, PB-on 접점 1개
PB-off 접점 1개, ⓇⓁ 램프 1개, ⒼⓁ 램프 1개, 계전기 49 b접점 1개
플로트 스위치 FS 1개 (심벌 ⌐|⌐)

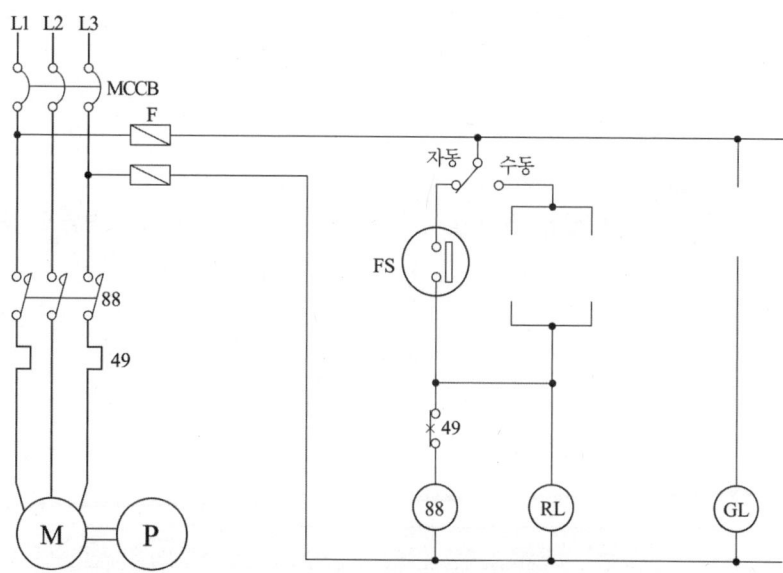

(2) 49와 MCCB의 우리말 명칭은 무엇인가?

답안작성

(1)

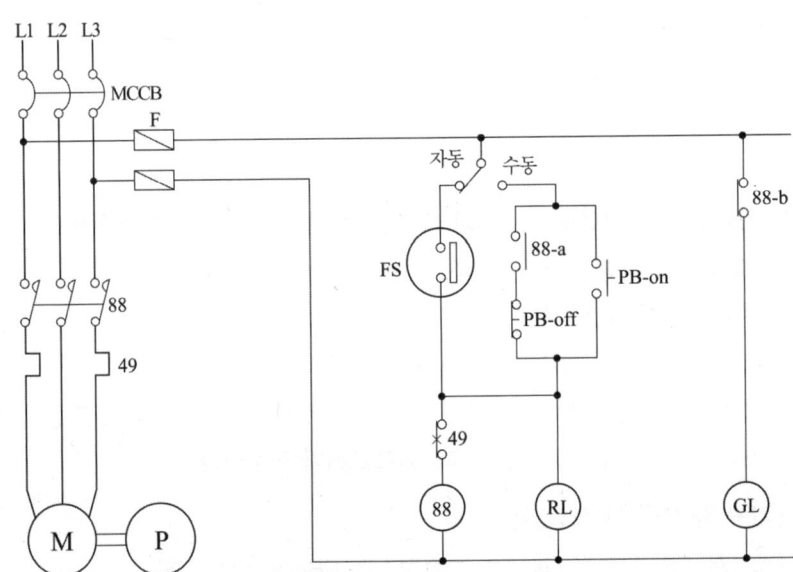

(2) 49 : 회전기 온도계전기(열동계전기)
    MCCB : 배선용 차단기

▼해설

과거에는 배선용차단기를 NFB(No Fuse Breaker)로 표기하였으나 현재에는 MCCB(Molded Case Circuit Breaker)로 표기한다.

★★★ 출제년도 「15. 20.」 •점수 : 3점

문제 05 거실의 높이가 20 m 이상인 곳에 설치할 수 있는 감지기의 종류 2가지를 쓰시오.
①
②

답안작성

① 불꽃감지기
② 광전식(분리형, 공기흡입형) 중 아날로그 방식

▼해설

부착높이	감지기의 종류
4m 미만	• 차동식 (스포트형, 분포형)　　　• 보상식 스포트형, • 정온식 (스포트형, 감지선형) • 이온화식 또는 광전식 (스포트형, 분리형, 공기흡입형) • 열복합형,　　　　　　　　　　• 연기복합형 • 열연기복합형 , 불꽃감지기

부착높이	감지기의 종류
4m 이상 8m 미만	• 차동식 (스포트형, 분포형) • 보상식 스포트형 • 정온식 (스포트형, 감지선형) 특종 또는 1종 • 이온화식 1종 또는 2종 • 광전식(스포트형, 분리형, 공기흡입형) 1종 또는 2종 • 열복합형 • 연기복합형 • 열연기복합형 • 불꽃감지기
8m 이상 15m 미만	• 차동식 분포형 • 이온화식 1종 또는 2종 • 광전식(스포트형, 분리형, 공기흡입형) 1종 또는 2종 • 연기복합형 • 불꽃감지기
15m 이상 20m 미만	• 이온화식 1종 • 광전식(스포트형, 분리형, 공기흡입형) 1종 • 연기복합형 • 불꽃감지기
20m 이상	• 불꽃감지기 • 광전식(분리형, 공기흡입형)중 아날로그방식

★★★ 출제년도 「15, 20.」 •점수 : 6점

문제 06

소화전 가압 펌프 용도로 적용된 3상 유도전동기가 있다. 이 유도전동기 구동을 위한 3상 전원 주파수는 60 [Hz], 전동기 정격용량은 55 [kW], 정상 상태 슬립이 5 [%], 극수가 4극일 경우, 정상상태 운전을 가정한 유도전동기의 동기속도[rpm] 및 회전속도[rpm]를 계산하시오.

(1) 동기속도
 • 계산 :   • 답 :
(2) 회전속도
 • 계산 :   • 답 :

답안작성

(1) 동기속도
 • 계산 : $N_s = \dfrac{120f}{P} = \dfrac{120 \times 60}{4} = 1,800$
 • 답 : 1,800[rpm]

(2) 회전속도
 • 계산 : $N = (1-s)N_s = (1-0.05) \times \dfrac{120 \times 60}{4} = 1,710$
 • 답 : 1,710[rpm]

▼해설 ◯●

(1) 동기속도 $N_s = \dfrac{120f}{P}$, f : 주파수, P : 극수

(2) 회전속도 $N = (1-s)N_s$

(3) 슬립계산 $s = \dfrac{N_s - N}{N_s}$

★★★ 출제년도 「11. 18. 20.」 •점수 : 6점

문제 07 다음은 휴대용 비상조명등을 설치하여야 하는 특정소방대상물의 기준을 나타낸 것이다. ( )안에 알맞은 내용을 답안지에 쓰시오.

(1) ( )시설
(2) 수용인원 ( ) 이상의 영화상영관, 판매시설 중 ( ), 철도 및 도시철도시설 중 지하역사, 지하가 중 ( )

(1) 숙박
(2) 100명, 대규모점포, 지하상가

답안작성 ▪▪

(1) 휴대용비상조명등 설치대상(소방시설법 시행령 별표4)
 ① 숙박시설
 ② 수용인원 100명 이상의 영화상영관, 판매시설 중 대규모 점포, 철도 및 도시철도시설 중 지하역사, 지하가 중 지하상가

(2) 휴대용비상조명등 적합기준(국가화재안전기술기준)
 1. 다음 각 목의 장소에 설치할 것
  가. 숙박시설 또는 다중이용업소에는 객실 또는 영업장안의 구획된 실마다 잘 보이는 곳(외부에 설치시 출입문 손잡이로부터 1m 이내 부분)에 1개 이상 설치
  나. 대규모점포(지하상가 및 지하역사는 제외한다)와 영화상영관에는 보행거리 50m 이내마다 3개 이상 설치
  다. 지하상가 및 지하역사에는 보행거리 25m 이내마다 3개 이상 설치
 2. 설치높이는 바닥으로부터 0.8m 이상 1.5m 이하의 높이에 설치할 것
 3. 어둠속에서 위치를 확인할 수 있도록 할 것
 4. 사용 시 자동으로 점등되는 구조일 것
 5. 외함은 난연성능이 있을 것
 6. 건전지를 사용하는 경우에는 방전방지조치를 하여야 하고, 충전식 밧데리의 경우에는 상시 충전되도록 할 것
 7. 건전지 및 충전식 밧데리의 용량은 20분 이상 유효하게 사용할 수 있는 것으로 할 것

★★★ 출제년도 「13. 20.」 •점수 : 4점

문제 08
다음은 공기관식 감지기 시험방법이다. ㉮와 ㉯에 들어갈 공통적인 내용을 답란에 쓰시오.

- 공기관의 한쪽 끝에 (㉮)을(를) 접속하고, 다른 끝에 (㉯)을(를) 접속시킨다.
- (㉯)(으)로 공기를 공기관에 주입하고 (㉮) 수위를 눈금의 0점으로부터 100[mm] 상승시켜 수위를 정지시킨다.
- 수위가 정지 후 레버핸들을 조작하여 송기구를 열고 공기를 뺀다. 이 경우 마노미터의 수위가 1/2 정도 저하하는 시간을 측정한다.

답안작성

㉮ 마노미터   ㉯ 테스트 펌프

▼해설

(1) 유통시험 목적 : 공기를 유입시켜 공기관이 누설, 변형, 막힘 등의 유무 및 공기관의 길이가 적합한지 여부를 확인하는 시험
(2) 사용되는 기구 : 마노미터, 테스트 펌프(공기주입시험기), 고무관, 초시계(stop watch)
(3) 시험방법
  ① 공기관의 한쪽 끝에 마노미터 접속하고, 다른 끝에 테스트펌프를 접속 시킨다.
  ② 테스트펌프로 공기를 공기관에 주입하고 마노미터의 수위를 눈금의 0점으로부터 100[mm] 상승시켜 수위를 정지시킨다.
  ③ 수위가 정지 후 레버핸들을 조작하여 송기구를 열고 공기를 뺀다. 이 경우 마노미터의 수위가 1/2 정도 저하하는 시간을 측정한다.

★★★ 출제년도 「20.」 •점수 : 4점

문제 09
P형 1급 수신기와 감지기와의 배선회로에 종단저항은 10[KΩ], 릴레이 저항은 10[Ω], 배선회로의 저항은 20[Ω]이며 회로전압이 DC 24[V]일 때 다음 각 물음에 답하시오.
(1) 평상시 감시전류[mA]를 구하시오.
  • 계산과정 :   • 답 :
(2) 감지기가 작동할 때 (화재 시)의 전류[mA]를 구하시오.
  • 계산과정 :   • 답 :

답안작성

(1) • 계산과정 : 감시전류 $= \dfrac{24}{10 \times 10^3 + 10 + 20} \times 10^3 = 2.3928$
  • 답 : 2.39[mA]
(2) • 계산과정 : 작동전류 $= \dfrac{24}{10 + 20} \times 10^3 = 800$
  • 답 : 800[mA]

▼해설

(1) 감시전류 = $\dfrac{\text{회로전압}}{\text{종단저항}+\text{릴레이저항}+\text{선로저항}}$ [A]

(2) 작동전류 = $\dfrac{\text{회로전압}}{\text{릴레이저항}+\text{선로저항}}$ [A]

문제 10 ★★★ 출제년도 「20」 •점수 : 4점

구부러지지 않은 복도 길이 31[m]에 복도통로유도표지를 설치하고자 할 때 최소 설치수량은 몇 개인가?

• 계산 :   • 답 :

답안작성

• 계산 : $\dfrac{31\,m}{15\,m} - 1 = 1.06666$ • 답 : 2개

▼해설

유도등 및 유도표지의 화재안전기술기준 중 유도표지 설치기준
① 유도표지는 다음 각 호의 기준에 따라 설치하여야 한다.
  1. 계단에 설치하는 것을 제외하고는 각층마다 복도 및 통로의 각 부분으로부터 하나의 유도표지까지의 보행거리가 15m 이하가 되는 곳과 구부러진 모퉁이의 벽에 설치할 것
  2. 피난구유도표지는 출입구 상단에 설치하고, 통로유도표지는 바닥으로부터 높이 1m 이하의 위치에 설치할 것
  3. 주위에는 이와 유사한 등화ㆍ광고물ㆍ게시물 등을 설치하지 아니할 것
  4. 유도표지는 부착판 등을 사용하여 쉽게 떨어지지 아니하도록 설치할 것
  5. 축광방식의 유도표지는 외광 또는 조명장치에 의하여 상시 조명이 제공되거나 비상조명등에 의한 조명이 제공되도록 설치할 것

문제 11 ★★★ 출제년도 「20」 •점수 : 6점

다음은 통로유도등에 대한 기준을 나타낸 것이다. 각 물음에 답하시오.
(1) 통로유도등은 구부러지지 않은 모퉁이 및 보행거리 몇 m 마다 설치하여야 하는가?
(2) 복도통로유도등의 설치높이는 몇 m 인가?(단, 바닥에 설치하는 것은 제외한다.)
(3) 거실통로유도등의 설치높이는 몇 m 인가?(단, 기둥에 설치하는 것은 제외한다.)

답안작성

(1) 20 m
(2) 바닥으로부터 높이 1 m 이하
(3) 바닥으로부터 높이 1.5 m 이상

▼해설
유도등 및 유도표지의 화재안전기술기준 중 통로유도등 설치기준
1. 복도통로유도등은 다음의 기준에 따라 설치할 것
   가. 복도에 설치하되 피난구유도등이 설치된 출입구의 맞은편 복도에는 입체형으로 설치하거나, 바닥에 설치할 것
   나. 구부러진 모퉁이 및 통로유도등을 기점으로 보행거리 20 m마다 설치할 것
   다. 바닥으로부터 높이 1 m 이하의 위치에 설치할 것. 다만, 지하층 또는 무창층의 용도가 도매시장·소매시장·여객자동차터미널·지하역사 또는 지하상가인 경우에는 복도·통로 중앙부분의 바닥에 설치하여야 한다.
   라. 바닥에 설치하는 통로유도등은 하중에 따라 파괴되지 아니하는 강도의 것으로 할 것
2. 거실통로유도등은 다음의 기준에 따라 설치할 것
   가. 거실의 통로에 설치할 것. 다만, 거실의 통로가 벽체 등으로 구획된 경우에는 복도통로유도등을 설치하여야 한다.
   나. 구부러진 모퉁이 및 보행거리 20 m마다 설치할 것
   다. 바닥으로부터 높이 1.5 m 이상의 위치에 설치할 것. 다만, 거실통로에 기둥이 설치된 경우에는 기둥부분의 바닥으로부터 높이 1.5 m 이하의 위치에 설치할 수 있다.
3. 계단통로유도등은 다음의 기준에 따라 설치할 것
   가. 각층의 경사로 참 또는 계단참마다(1개층에 경사로 참 또는 계단참이 2 이상 있는 경우에는 2개의 계단참마다)설치할 것
   나. 바닥으로부터 높이 1 m 이하의 위치에 설치할 것

문제 12
★★★ 출제년도 「98. 00. 03. 11. 18. 20.」 •점수 : 5점

지상 20 m 되는 곳에 500 m³의 저수조가 있다. 이 저수조에 양수하기 위하여 15 kW의 전동기를 사용한다면 몇 분 후에 저수조에 물이 가득 차겠는가? (단, 펌프효율은 70 %이고, 여유계수는 1.1이다.)

• 계산 :

• 답 :

▦답안작성

• 계산 : 시간 $[\min] = \dfrac{0.163 Q[\mathrm{m}^3] HK}{P \times \eta} = \dfrac{0.163 \times 500 \times 20 \times 1.1}{15 \times 0.7} = 170.7619$

• 답 : 170.76 [min]

▼해설

전동기 용량 $P = \dfrac{0.163 QHK}{\eta}$ [kW]

여기서, Q : 양수량 [m³/min], H : 전양정 [m], K : 전달계수, η : 효율 [%]

★★★ 출제년도 「20」 •점수 : 7점

문제 13 비상용전원설비의 축전지설비를 하고자 한다. 사용부하의 방전전류-시간특성곡선이 그림과 같을 때 다음 각 물음에 답하시오. (단, 용량환산시간 값은 $K_1 = 0.85(30분)$, $K_2 = 0.53(10분)$, $K_3 = 0.7(20분)$이다.)

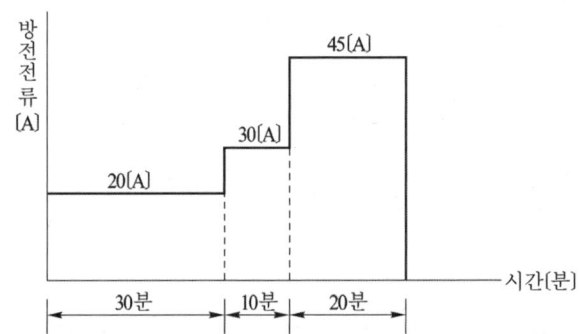

(1) 보수율의 의미를 설명하고 이 값은 보통 얼마로 하는지를 밝히시오.
(2) 연축전지와 알칼리 축전지의 공칭전압을 쓰시오.
(3) 축전지의 용량을 계산하시오.
   • 계산 :   • 답 :

답안작성

(1) ① 의미 : 사용연수나 사용조건의 변화에 따라 축전지 용량의 변동을 보상하며, 소정의 부하특성을 만족시키기 위하여 사용하는 보정치
   ② 값(수치) : 0.8
(2) 연축전지 : 2.0[V/cell], 알칼리 축전지 : 1.2[V/cell]
(3) • 계산 : $C = \dfrac{1}{0.8}(0.85 \times 20 + 0.53 \times 30 + 0.7 \times 45) = 80.5[Ah]$ • 답 : 80.5[Ah]

해설

(1) 보수율(Maintenance Factor) : 축전지를 설계하는 경우, 필요로 하는 용량(축전지의 크기)을 산출할 때 사용연수나 사용조건의 변화에 따라 축전지 용량의 변동을 보상하며, 소정의 부하특성을 만족시키기 위하여 사용하는 보정치로서 일반적으로 0.8을 채택한다.(보수율 $L = 0.8$)
(3) 축전지 용량은 방전특성곡선의 면적을 구하면 된다.

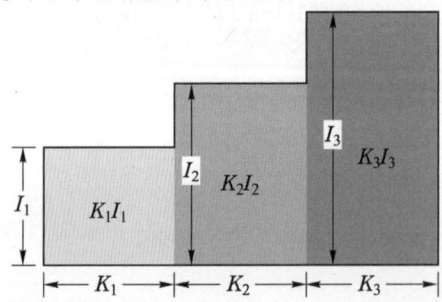

축전지의 용량 $C = \dfrac{1}{L}(K_1 I_1 + K_2 I_2 + K_3 I_3)[Ah]$

문제 14

지하 5층, 지상 15층 연면적 7,000 m²의 특정소방대상물에 자동화재탐지설비의 음향장치를 설치하고자 한다. 다음 각 물음에 답하시오.

(1) 지상 1층에서 발화한 경우 경보를 발하여야 하는 층을 구체적으로 모두 쓰시오.
(2) 지상 11층에서 발화한 경우 경보를 발하여야 하는 층을 구체적으로 모두 쓰시오.
(3) 지하 1층에서 발화한 경우 경보를 발하여야 하는 층을 구체적으로 모두 쓰시오.

답안작성

(1) 지상 1층, 지상 2층, 지상 3층, 지상4층, 지상 5층, 지하 5층, 지하 4층, 지하 3층, 지하 2층, 지하 1층
(2) 지상 11층, 지상 12층, 지상 13층, 지상 14층, 지상 15층
(3) 지하 1층, 지상 1층, 지하 2층, 지하 3층, 지하 4층, 지하 5층

해설

11층(공동주택인 경우 16층) 이상인 특정소방대상물

발화층	경보
2층 이상의 층에서 발화	발화층 및 그 직상 4개층에 경보
1층에서 발화	발화층·그 직상 4개층 및 지하층에 경보
지하층에서 발화	발화층·그 직상층 및 기타의 지하층에 경보

문제 15

다음과 같은 자동화재탐지설비의 평면도에서 "㉮"~"㉲"의 전선가닥수를 주어진 표의 빈칸에 쓰시오.

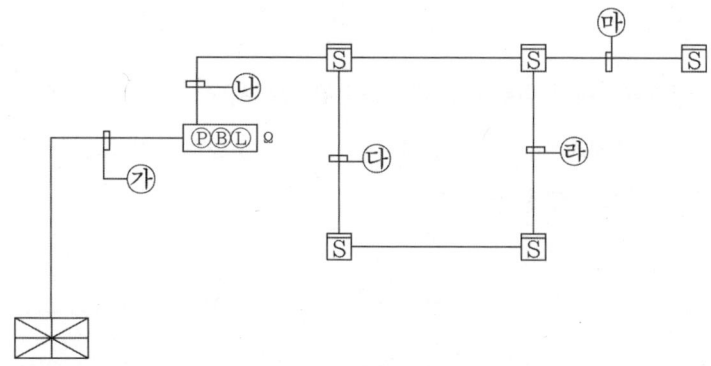

• 전선가닥수

답란	㉮	㉯	㉰	㉱	㉲

답안작성

답란	㉮	㉯	㉰	㉱	㉲
	6	4	2	2	4

해설

기호	가닥수	내역
㉮	6	회로선(1), 회로공통선(1), 경종선(1), 경종표시등공통선(1), 응답선(1), 표시등선(1)
㉯	4	회로선(2), 회로공통선(2)
㉰	2	회로선(1), 회로공통선(1)
㉱	2	회로선(1), 회로공통선(1)
㉲	4	회로선(2), 회로공통선(2)

★★★ 출제년도 「20.」 •점수 : 8점

문제 16 다음은 3입력 인터록 유접점 회로를 나타낸 것이다. 각 물음에 답하시오.

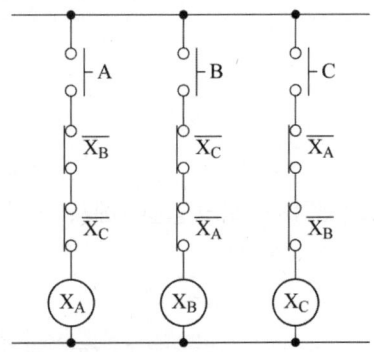

(1) 유접점 제어 회로도를 무접점으로 그리시오.

　(단, AND(⊐D⊢), NOT(─▷∘─) 심벌로만 그린다. 기타는 틀린 것으로 한다)

(2) 타임 차트를 완성하시오.

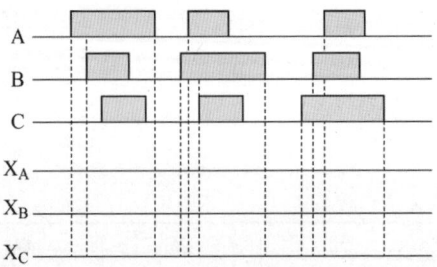

답안작성

(1)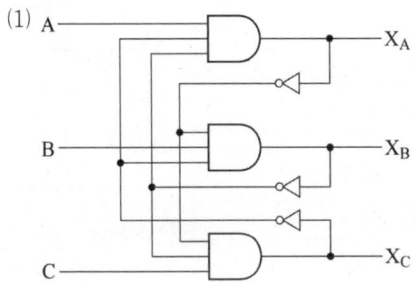

(2)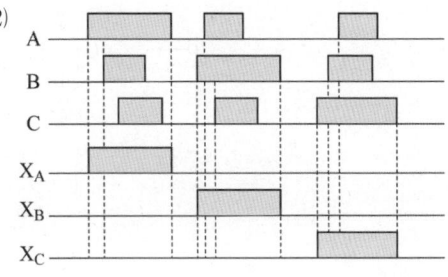

해설

(1) 출력식(논리식)

$X_A = A \cdot \overline{X_B} \cdot \overline{X_C}$, $X_B = B \cdot \overline{X_A} \cdot \overline{X_C}$, $X_C = C \cdot \overline{X_A} \cdot \overline{X_B}$

(2) 작동설명

먼저 푸시버튼 A를 누르고 있는 상태에서 릴레이 X_A가 작동, 먼저 푸시버튼 B를 누르고 있는 상태에서 릴레이 X_B가 작동, 먼저 푸시버튼 C를 누르고 있는 상태에서 릴레이 X_C가 작동한다. 하나의 릴레이가 먼저 작동 중에 다른 푸시버튼을 누르더라도 인터록 접점에 의해 다른 릴레이는 작동하지 않는다.

★★★ 출제년도 「98. 09. 11. 16. 20.」 •점수 : 8점

문제 17 다음 그림은 3상 교류에 설치된 누전경보기의 결선도이다. 정상상태와 누전발생 시 a점, b점 및 c점에 키르히호프의 제1법칙을 적용하여 다음의 각 물음에 답하시오.

(1) 정상상태

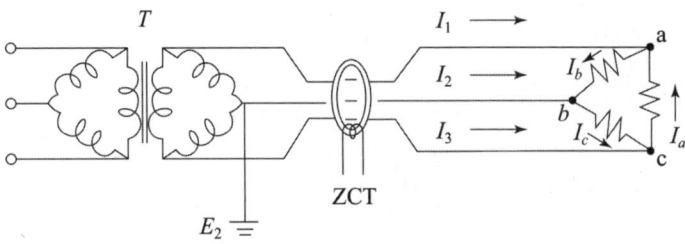

1) 정상상태 시 선전류

① a점 전류 : $I_1 = ($ $)$

② b점 전류 : $I_2 = ($ $)$

③ c점 전류 : $I_3 = ($ $)$

2) 정상상태 시 선전류의 벡터 합

$I_1 + I_2 + I_3 = ($ $)$

(2) 누전상태

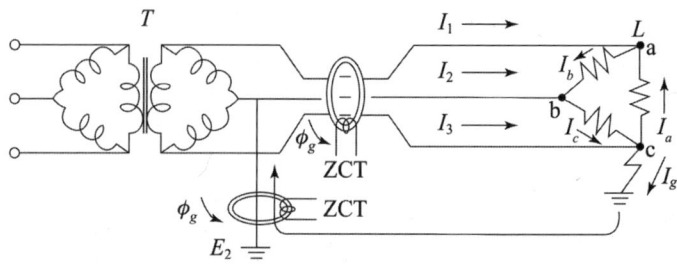

1) 누전 시 선전류
   ① a점 전류 : $I_1 = ($ $)$
   ② b점 전류 : $I_2 = ($ $)$
   ③ c점 전류 : $I_3 = ($ $)$
2) 누전 시 선전류의 벡터 합
   $I_1 + I_2 + I_3 = ($ $)$

답안작성

(1) 정상상태
   1) 정상상태 시 선전류
      ① a점 전류 : $I_1 = \dot{I}_b - \dot{I}_a$
      ② b점 전류 : $I_2 = \dot{I}_c - \dot{I}_b$
      ③ c점 전류 : $I_3 = \dot{I}_a - \dot{I}_c$
   2) 정상상태 시 선전류의 벡터 합
      $I_1 + I_2 + I_3 = 0$
(2) 누전상태
   1) 누전 시 선전류
      ① a점 전류 : $I_1 = \dot{I}_b - \dot{I}_a$
      ② b점 전류 : $I_2 = \dot{I}_c - \dot{I}_b$
      ③ c점 전류 : $I_3 = \dot{I}_a - \dot{I}_c + \dot{I}_g$
   2) 누전 시 선전류의 벡터 합
      $I_1 + I_2 + I_3 = \dot{I}_g$

해설

(1) 정상상태
   1) 정상상태 시 선전류
      ① a점에서 들어가는 전류의 합과 나가는 전류의 합은 같아야 한다.
         $\dot{I}_1 + \dot{I}_a = \dot{I}_b, \quad \dot{I}_1 = \dot{I}_b - \dot{I}_a$
      ② b점에서 들어가는 전류의 합과 나가는 전류의 합은 같아야 한다.
         $\dot{I}_2 + \dot{I}_b = \dot{I}_c, \quad \dot{I}_2 = \dot{I}_c - \dot{I}_b$

③ c점에서 들어가는 전류의 합과 나가는 전류의 합은 같아야 한다.

$$\dot{I_3}+\dot{I_c}=\dot{I_a}, \quad \dot{I_3}=\dot{I_a}-\dot{I_c}$$

2) 정상상태 시 선전류의 벡터 합

$$I_1+I_2+I_3=\dot{I_b}-\dot{I_a}+\dot{I_c}-\dot{I_b}+\dot{I_a}-\dot{I_c}=0$$

(2) 누전상태

1) 누전 시 선전류

① a점에서 들어가는 전류의 합과 나가는 전류의 합은 같아야 한다.

$$\dot{I_1}+\dot{I_a}=\dot{I_b}, \quad \dot{I_1}=\dot{I_b}-\dot{I_a}$$

② b점에서 들어가는 전류의 합과 나가는 전류의 합은 같아야 한다.

$$\dot{I_2}+\dot{I_b}=\dot{I_c}, \quad \dot{I_2}=\dot{I_c}-\dot{I_b}$$

③ c점에서 들어가는 전류의 합과 나가는 전류의 합은 같아야 한다.

$$\dot{I_3}+\dot{I_c}=\dot{I_a}+\dot{I_g}, \quad \dot{I_3}=\dot{I_a}-\dot{I_c}+\dot{I_g}$$

2) 누전 시 선전류의 벡터 합

$$I_1+I_2+I_3=\dot{I_b}-\dot{I_a}+\dot{I_c}-\dot{I_b}+\dot{I_a}-\dot{I_c}+\dot{I_g}=\dot{I_g}$$

[주의사항] 교류전류는 벡터이므로 문자위에 dot(점)표시를 하는 것이 원칙이다. 그러나 문제에서는 별도의 dot표시를 하지 않았으므로 답안작성시 dot 표시를 하지 않아도 된다. 만일 문제에서 전류가 dot 표시가 되어 주어진다면 반드시 답안작성시에도 dot 표시를 하여야 한다.

문제 18 ★★★ 출제년도 「20.」 •점수 : 6점

자동화재탐지설비에 대한 다음 각 물음에 답하시오.

(1) 감지기의 절연된 단자간의 절연저항 및 단자와 외함간의 절연저항은 직류 500[V]의 절연저항계로 측정한 값이 얼마이어야 하는가?(단, 정온식감지선형감지기는 제외)
(2) 피(P)형 수신기 및 지피(G.P.)형 수신기의 감지기 회로의 배선에 있어서 하나의 공통선에 접속할 수 있는 경계구역은 몇 개로 하여야 하는가?
(3) 종단저항 설치기준 중 2가지를 쓰시오.

답안작성

(1) 50 MΩ 이상   (2) 7개 이하

(3) ① 점검 및 관리가 쉬운 장소에 설치할 것.
  ② 전용함을 설치하는 경우 그 설치 높이는 바닥으로부터 1.5 m 이내로 할 것.
  ③ 감지기 회로의 끝부분에 설치하며, 종단감지기에 설치할 경우에는 구별이 쉽도록 해당감지기의 기판 등에 별도의 표시를 할 것. 중 2가지 선택

해설

(1) 감지기의 형식승인 및 제품검사의 기술기준
제35조(절연저항시험) 감지기의 절연된 단자간의 절연저항 및 단자와 외함간의 절연저항은 직류 500 V의 절연저항계로 측정한 값이 50 MΩ(정온식감지선형감지기는 선간에서 1 m당 1,000 MΩ) 이상이어야 한다.

(2) 피(P)형 수신기 및 지피(G.P.)형 수신기의 감지기 회로의 배선에 있어서 하나의 공통선에 접속할 수 있는 경계구역은 7개 이하로 할 것

2020년
기사 제4회 실기시험

Engineer Fire Protection System

자격종목	시험시간	시행일	수험번호	성명
소방설비기사(전기분야)	3시간	2020.11.15		

※ 다음 물음의 답을 해당 답란에 답하시오. (배점 : 100점)

문제 01 ★★★ 출제년도「20」 •점수 : 3점

50 m 길이의 통로에 객석유도등을 설치하고자 한다. 이 때 필요한 객석유도등의 수량은 최소 몇 개인가?
- 계산 :
- 답 :

답안작성

- 계산 : $\dfrac{50\,\text{m}}{4} - 1 = 11.5$
- 답 : 12개

▼ 해설

객석유도등의 설치수량 $= \dfrac{\text{객석통로의 직선부분의 길이(m)}}{4} - 1$

문제 02 ★★★ 출제년도「20」 •점수 : 6점

비상콘센트설비에 대한 다음 각 물음에 답하시오.

(1) 하나의 전용회로에 설치하는 비상콘센트가 7개 이다. 이 경우에 전선의 용량은 비상콘센트 몇 개의 공급용량을 합한 용량 이상의 것으로 하여야 하는가?

(2) 비상콘센트함 상부에 설치하는 표시등의 색상은?

(3) 비상콘센트설비의 전원부와 외함 사이의 절연저항을 500V 절연저항계로 측정하였더니 30 MΩ이었다. 그렇다면 절연저항의 적합성 여부를 판단(적합, 부적합)하고 그 이유를 설명하시오.
- 판단 :
- 이유 :

답안작성

(1) 3개
(2) 적색
(3) • 판단 : 적합
    • 이유 : 전원부와 외함 사이를 500 V 절연저항계로 측정할 때 20 MΩ 이상일 것으로 규정하고 있으므로 30 MΩ은 적합하다.

▼해설
비상콘센트설비의 전원부와 외함 사이의 절연저항 및 절연내력
1. 절연저항은 전원부와 외함 사이를 500 V 절연저항계로 측정할 때 20 MΩ 이상일 것
2. 절연내력은 전원부와 외함 사이에 정격전압이 150 V 이하인 경우에는 1,000 V의 실효전압을, 정격전압이 150 V 초과인 경우에는 그 정격전압에 2를 곱하여 1,000을 더한 실효전압을 가하는 시험에서 1분 이상 견디는 것으로 할 것

문제 03 ★★★ 출제년도 「12. 15. 20.」 •점수 : 3점

청각장애인용 시각경보장치의 설치 기준에 대한 다음 각 물음에 답하시오.
- 공연장·집회장·관람장 또는 이와 유사한 장소에 설치하는 경우에는 시선이 집중되는 (①) 부분 등에 설치할 것
- 설치높이는 바닥으로부터 (②)의 장소에 설치할 것
- 천장의 높이가 2 m 이하인 경우에는 천장으로부터 (③)의 장소에 설치하여야 한다.

답안작성
① 무대부
② 2 m 이상 2.5 m 이하
③ 0.15 m 이내

▼해설
(1) 시각경보장치
"시각경보장치"라 함은 자동화재탐지설비에서 발하는 화재신호를 받아 청각장애인에게 점멸 형태로 경보하는 것을 말한다.
(2) 청각장애인용 시각경보장치 설치기준
① 복도·통로·청각장애인용 객실 및 공용으로 사용하는 거실(로비, 회의실, 강의실, 식당, 휴게실, 오락실, 대기실, 체력단련실, 접객실, 안내실, 전시실, 기타 이와 유사한 장소를 말한다)에 설치하며, 각 부분으로부터 유효하게 경보를 발할 수 있는 위치에 설치할 것
② 공연장·집회장·관람장 또는 이와 유사한 장소에 설치하는 경우에는 시선이 집중되는 무대부 부분 등에 설치할 것
③ 설치높이는 바닥으로부터 2 m 이상 2.5 m 이하의 장소에 설치할 것 다만, 천장의 높이가 2 m 이하인 경우에는 천장으로부터 0.15 m 이내의 장소에 설치하여야 한다.
④ 시각경보장치의 광원은 전용의 축전지설비에 의하여 점등되도록 할 것. 다만, 시각경보기에 작동전원을 공급할 수 있도록 형식승인을 얻은 수신기를 설치 한 경우에는 그러하지 아니하다.

문제 04 다음은 공기관식 차동식분포형감지기의 설치도면이다. 다음 각 물음에 답하시오.

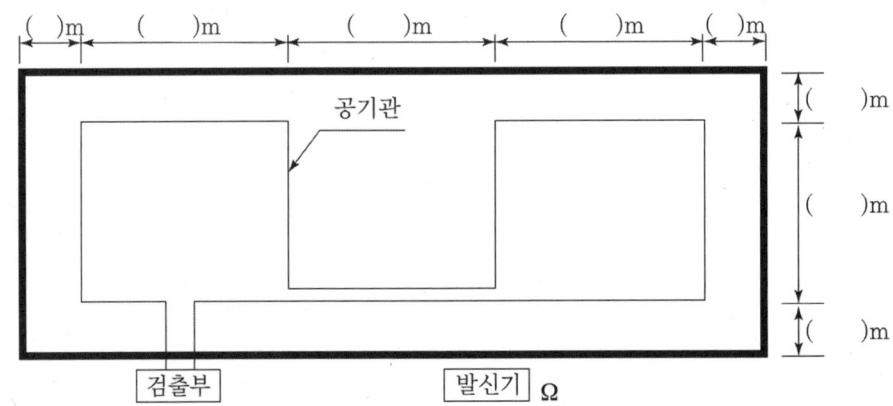

(1) 공기관의 노출부분의 길이는 몇 m 이상이 되어야 하는가?
(2) 검출부의 설치높이는?
(3) 내화구조일 경우 공기관 상호간의 거리와 감지구역의 각 변과의 거리는 몇 m 이하가 되도록 하여야 하는지 도면의 ( )안에 수치를 기입하시오.
(4) 검출부분에 접속하는 공기관의 길이는 몇 m 이하로 하여야 하는가?
(5) 종단저항을 발신기에 설치할 경우 차동식 분포형 감지기의 검출부와 발신기간에 연결해야 하는 전선의 가닥수를 도면에 표기하시오.
(6) 공기관의 재질을 쓰시오.
(7) 검출부의 경사도는 몇 도 이하이어야 하는가?

답안작성

(1) 20 m 이상
(2) 바닥으로부터 0.8 m 이상 1.5 m 이하
(3)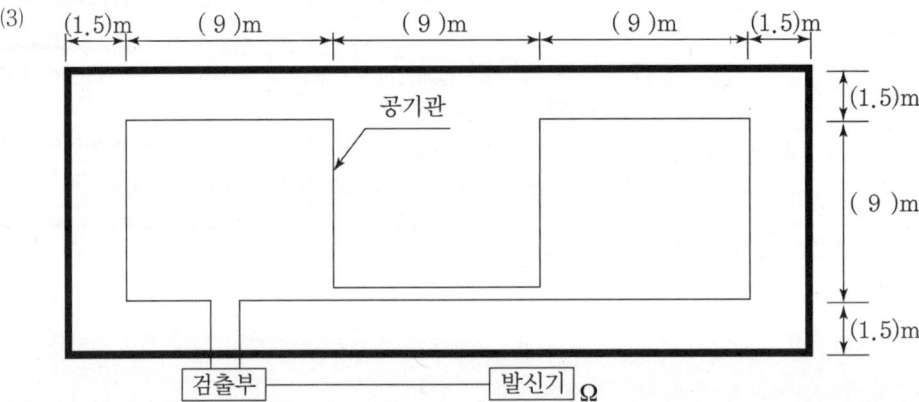
(4) 100 m 이하

(5)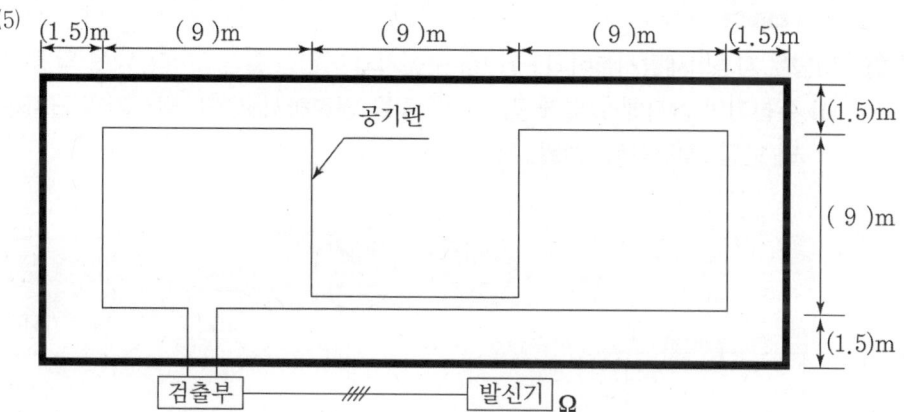

(6) 동관 또는 중공동관
(7) 5도 이하

해설

(1) 공기관식 차동식분포형 감지기 설치기준
　① 공기관의 노출부분은 감지구역마다 20 m 이상이 되도록 할 것
　② 공기관과 감지구역의 각변과의 수평거리는 1.5 m 이하가 되도록 하고, 공기관 상호간의 거리는 6 m(주요구조부를 내화구조로 한 특정소방대상물 또는 그 부분에 있어서는 9 m) 이하가 되도록 할 것

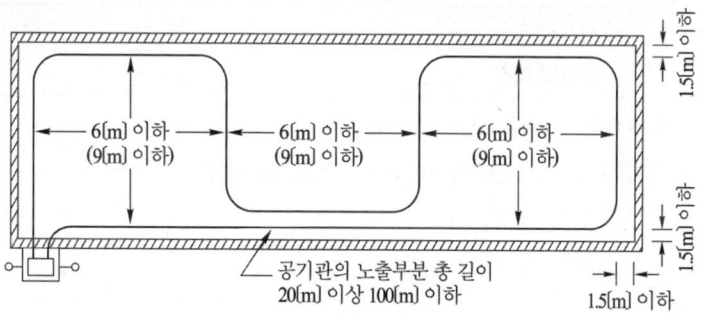

( ) : 주요구조부를 내화구조로 한 경우의 거리
(내화구조인 경우)

　③ 공기관은 도중에서 분기하지 아니하도록 할 것
　④ 하나의 검출 부분에 접속하는 공기관의 길이는 100 m 이하로 할 것
　⑤ 검출부는 5° 이상 경사되지 아니하도록 부착할 것
　⑥ 검출부는 바닥으로부터 0.8 m 이상 1.5 m 이하의 위치에 설치할 것
　⑦ 공기관의 규격
　　• 외경 : 1.9 mm 이상
　　• 두께 : 0.3 mm 이상
　⑧ 공기관의 재질 : 동관 또는 중공동관
(2) 검출부와 발신기사이의 가닥수는 4가닥이다.

★★★ 출제년도 「18. 20.」 •점수 : 10점

문제 05

다음은 자동화재탐지설비의 P형 1급 수신기의 미완성 결선도이다. 다음 각 물음에 답하시오.

(1) 수신기의 단자에 알맞게 각 기기장치를 연결하시오.(단, 발신기의 단자는 왼쪽으로부터 응답, 지구공통, 전화, 지구이다.)

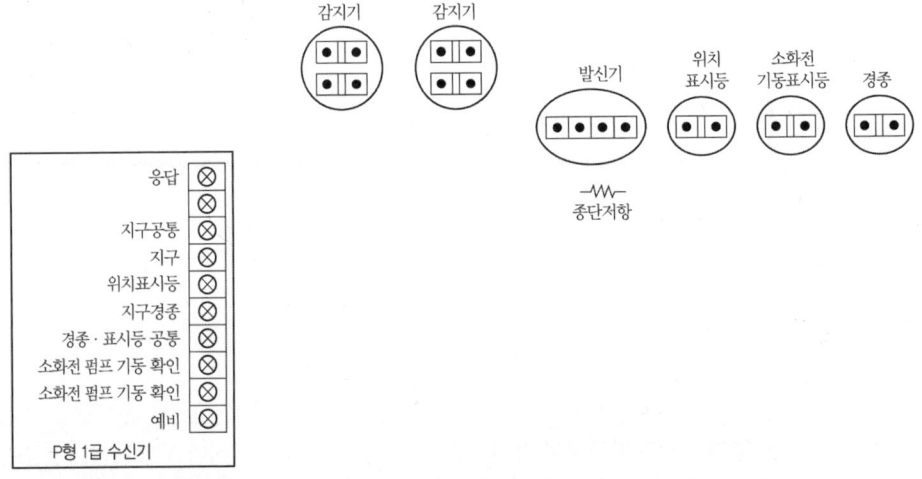

(2) 종단저항을 연결하여야 하는 기기의 명칭과 단자의 명칭을 답안지에 쓰시오.

기기의 명칭	
단자의 명칭	

(3) 소화전 기동표시등의 색깔은?

(4) 발신기 위치 표시등에 대한 다음 각 물음에 답하시오.
   ① 불빛의 식별범위 :
   ② 표시등의 색깔 :

답안작성

(1)
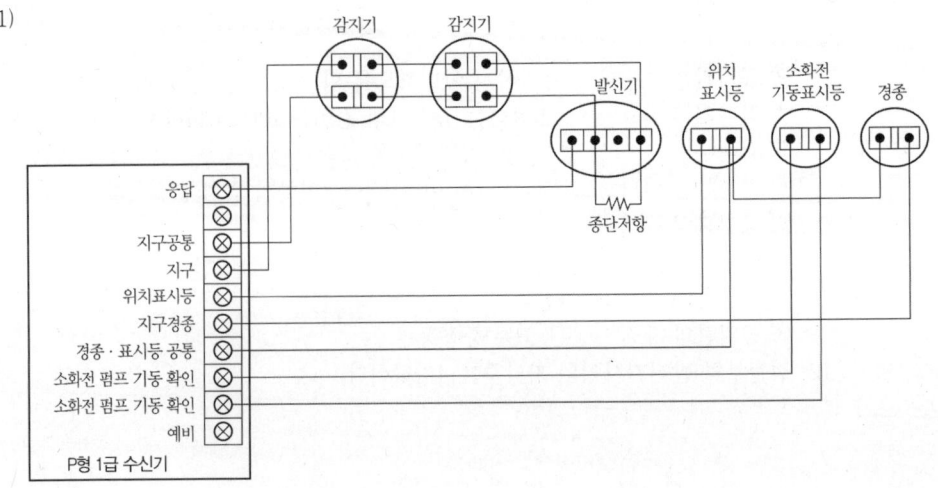

(2)

기기의 명칭	발신기
단자의 명칭	지구, 지구공통

(3) 적색
(4) ① 불빛의 식별범위 : 부착면으로부터 15° 이상의 범위 안에서 부착지점으로부터 10m 이내
　② 표시등의 색깔 : 적색

▼해설

(1) P형 1급 수신기와 P형 1급 발신기 및 감지기간 결선도

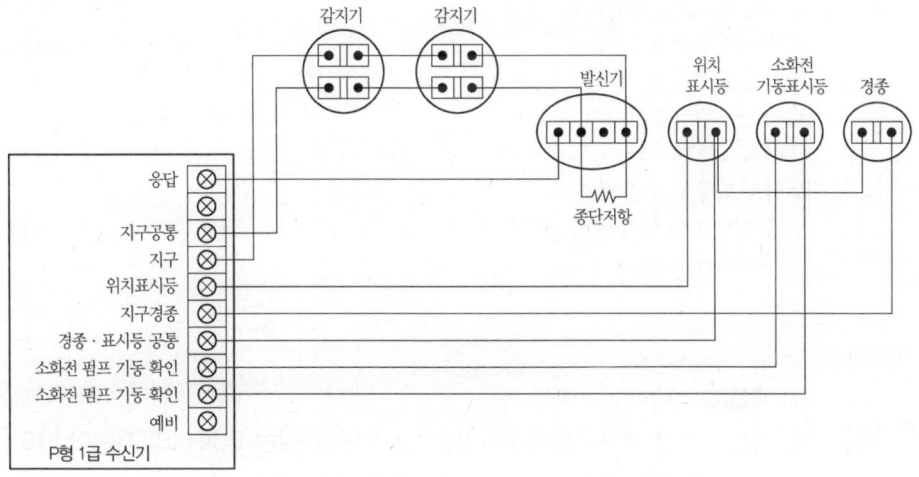

[보충설명] 종단저항은 발신기의 지구와 지구공통 단자에 접속한다.

(2) 발신기 기준
발신기의 위치를 표시하는 표시등은 함의 상부에 설치하되, 그 불빛은 부착면으로부터 15° 이상의 범위 안에서 부착지점으로부터 10 m 이내의 어느 곳에서도 쉽게 식별할 수 있는 적색등으로 하여야 한다.

★★★ 출제년도 「20.」 •점수 : 6점

문제 06 광전식분리형 감지기의 설치기준 3가지를 쓰시오.

답안작성

① 감지기의 수광면은 햇빛을 직접 받지 않도록 설치할 것
② 광축(송광면과 수광면의 중심을 연결한 선)은 나란한 벽으로부터 0.6m 이상 이격하여 설치할 것
③ 감지기의 송광부와 수광부는 설치된 뒷벽으로부터 1 m 이내 위치에 설치할 것
④ 광축의 높이는 천장 등 높이의 80 % 이상일 것
⑤ 감지기의 광축의 길이는 공칭감시거리 범위이내 일 것 중 3가지 선택

문제 07

★★★ 출제년도 「20.」 •점수 : 5점

지하층·무창층 등으로서 환기가 잘되지 아니하거나 실내면적이 40 m² 미만인 장소, 감지기의 부착면과 실내바닥과의 거리가 2.3 m 이하인 곳으로서 일시적으로 발생한 열·연기 또는 먼지 등으로 인하여 화재신호를 발신할 우려가 있는 장소에 설치하여야 하는 감지기의 종류 5가지를 쓰시오.

답안작성

① 불꽃감지기
② 정온식감지선형감지기
③ 분포형감지기
④ 복합형감지기
⑤ 광전식분리형감지기
⑥ 아날로그방식의 감지기
⑦ 다신호방식의 감지기
⑧ 축적방식의 감지기 중 5가지 선택

문제 08

★★★ 출제년도 「09. 10. 20.」 •점수 : 4점

상온 20 ℃에서 저항온도계수 $\alpha_{20} = 0.00393$을 갖는 경동선의 저항이 100 Ω 이었다. 화재로 인하여 온도가 100 ℃로 상승하였을 때 경동선의 저항 Ω을 구하시오.

• 계산 :

• 답 :

답안작성

• 계산 : $R_2 = 100[1 + 0.00393(100 - 20)] = 131.44$
• 답 : 131.44 Ω

▼해설

$$R_2 = R_1[1 + \alpha_{t1}(t_2 - t_1)][\Omega]$$

단, R_2 : $t_2[℃]$일 때의 저항
　　R_1 : $t_1[℃]$일 때의 저항
　　α_{t1} : $t_1[℃]$일 때의 온도계수

문제 09

다음의 표는 어느 특정소방대상물의 자동화재탐지설비 공사에 소요되는 자재의 물량을 나타낸 것이다. 주어진 품셈을 이용하여 내선전공의 노임요율과 공량의 빈칸을 채우고 인건비를 산출하시오.

◀조건▶
1. 콘크리트박스는 매입을 원칙으로 하며, 박스커버의 내선전공은 적용하지 않는다.
2. 공구손료는 인건비의 3%, 내선전공의 M/D는 100,000원을 적용
3. 빈칸에 숫자를 적을 필요가 없을 때는 공란으로 둔다.

(1) 내선전공의 노임요율 및 공량

품명	규격	단위	수량	노임요율	공량
수신기	P형 1급 5회로	EA	1	6	6
발신기	P형 1급	EA	5	0.9	4.5
경종	DC-24V	EA	5	0.15	0.75
표시등	DC-24V	EA	5	0.2	1.0
차동식감지기	스포트형	EA	60	0.13	7.8
전선	1.5 mm²	m	10,000	0.010	100
전선	2.5 mm²	m	15,000	0.010	150
전선관(후강)	steel 16호	m	70	0.08	5.6
전선관(후강)	steel 22호	m	100	0.11	11
전선관(후강)	steel 28호	m	400	0.14	56
콘크리트 박스	4각	EA	5	0.12	0.6
콘크리트 박스	8각	EA	55	0.12	6.6
박스커버	4각	EA	5		
박스커버	8각	EA	55		
계					349.85

(2) 인건비

품명	단위	공량	단가(원)	금액(원)
내선전공	인	349.85	100,000	34,985,000
공구손료	식			1,049,550
계				36,034,550

[품셈표 1] 자동화재경보장치 설치

공종	단위	내선전공	비고
Spot형 감지기(차동식, 정온식, 보상식) 노출형	개	0.13	(1) 천장높이 4m 기준 1m 증가시마다 5% 가산 (2) 매입형 또는 특수구조인 경우 조건에 따라 선정
시험기(공기관 포함)	개	0.15	(1) 상동 (2) 상동
분포형의 공기관	m	0.025	(1) 상동 (2) 상동
검출기	개	0.30	
공기관식의 Booster	개	0.10	
발신기 P-1 발신기 P-2 발신기 P-3	개 개 개	0.30 0.30 0.20	1급(방수형) 2급(보통형) 3급(푸시버튼만으로 응답확인이 없는 것)
회로시험기	개	0.10	
수신기 P-1(기본공수) (회선수 공수 산출 가산요)	대	6.0	[회선수에 대한 산정] 매1회선에 대해서 | 형식\\직종 | 내선전공 | |---|---| | P-1 | 0.3 | | P-2 | 0.2 | | R형 | 0.2 |
수신기 P-2(기본공수) (회선수 공수 산출 가산요)	대	4.0	
부수신기(기본공수)	대	3.0	※ R형은 수신반 인입감시 회선수 기준 [참고] 산정예 : [P-1의 10회분 기본공수는 6인, 회선당 할증수는 (10×0.3)=3] ∴ 6+3=9인
소화전 기동 릴레이	대	1.5	
경종	개	0.15	
표시등	개	0.20	
표지판	개	0.15	

[품셈표 2] 옥내배선 (m당, 직종 : 내선전공)

규격	관내배선	규격	관내배선
6 mm² 이하	0.010	120 mm² 이하	0.077
16 mm² 이하	0.023	150 mm² 이하	0.088
38 mm² 이하	0.031	200 mm² 이하	0.107
50 mm² 이하	0.043	250 mm² 이하	0.130
60 mm² 이하	0.052	300 mm² 이하	0.148
70 mm² 이하	0.061	325 mm² 이하	0.160
100 mm² 이하	0.064	400 mm² 이하	0.197

[품셈표 3] 전선관 배관 (m 당)

합성수지 전선관		금속(후강)전선관		금속가요전선관	
관의 호칭	내선전공	관의 호칭	내선전공	관의 호칭	내선전공
14	0.04	–	–	–	–
16	0.05	16	0.08	16	0.044
22	0.06	22	0.11	22	0.059
28	0.08	28	0.14	28	0.072
36	0.10	36	0.20	36	0.087
42	0.13	42	0.25	42	0.104
54	0.19	54	0.34	54	0.136
70	0.28	70	0.44	70	0.156

[품셈표 4] 박스(Box)신설 (개당)

층별	내선전공
8각 콘크리트 박스	0.12
4각 콘크리트 박스	0.12
8각 아웃렛 박스	0.20
중형 4각 아웃렛 박스	0.20
대형 4각 아웃렛 박스	0.20
1개용 스위치 박스	0.20
2~3개용 스위치 박스	0.20
4~5개용 스위치 박스	0.25
노출형 박스(콘크리트 노출기준)	0.29
플로어박스	0.20

답안작성

(1) 내선전공의 노임요율 및 공량

품명	규격	단위	수량	노임요율	공량
수신기	P형 1급 5회로	EA	1	6+5×0.3=7.5	1×7.5=7.5
발신기	P형 1급	EA	5	0.3	5×0.3=1.5
경종	DC-24V	EA	5	0.5	5×0.15=0.75
표시등	DC-24V	EA	5	0.20	5×0.20=1.0
차동식감지기	스포트형	EA	60	0.13	60×0.13=7.8
전선	1.5 mm^2	m	10,000	0.010	10,000×0.010=100
전선	2.5 mm^2	m	15,000	0.010	15,000×0.010=150
전선관(후강)	steel 16호	m	70	0.08	70×0.08=5.6
전선관(후강)	steel 22호	m	100	0.11	100×0.11=11
전선관(후강)	steel 28호	m	400	0.14	400×0.14=56
콘크리트 박스	4각	EA	5	0.12	5×0.12=0.6
콘크리트 박스	8각	EA	55	0.12	55×0.12=6.6
박스커버	4각	EA	5	0	0
박스커버	8각	EA	55	0	0
계					348.35

(2) 인건비

품명	단위	공량	단가(원)	금액(원)
내선전공	인	348.35	100,000	348.35×100,000=34,835,000
공구손료	식			34,835,000×0.03=1,045,050
계				34,835,000+1,045,050=35,880,050

▼해설

내선전공의 노임요율 결정
(1) [품셈표 1] 자동화재 경보장치 설치

공종	단위	내선전공	비고
Spot형 감지기 (차동식, 정온식, 보상식) 노출형	개	0.13	(1) 천장높이 4m 기준 1m 증가시마다 5% 가산 (2) 매입형 또는 특수구조인 경우 조건에 따라 선정
시험기(공기관 포함)	개	0.15	(1) 상동 (2) 상동
분포형의 공기관	m	0.025	(1) 상동 (2) 상동
검출기	개	0.30	
공기관식의 Booster	개	0.10	
발신기 P-1	개	0.30	1급(방수형)
발신기 P-2	개	0.30	2급(보통형)
발신기 P-3	개	0.20	3급(푸시버튼만으로 응답확인이 없는 것)
회로시험기	개	0.10	
수신기 P-1(기본공수) (회선수 공수 산출 가산요)	대	6.0	[회선수에 대한 산정] 매1회선에 대해서 <table><tr><th>형식 \ 직종</th><th>내선전공</th></tr><tr><td>P-1</td><td>0.3</td></tr><tr><td>P-2</td><td>0.2</td></tr><tr><td>R형</td><td>0.2</td></tr></table>※ R형은 수신반 인입감시 회선수 기준 [참고] 산정예 : [P-1의 10회분 기본공수는 6인, 회선당 할증수는 (10×0.3)=3] ∴ 6+3=9인
수신기 P-2(기본공수) (회선수 공수 산출 가산요)	대	4.0	
부수신기(기본공수)	대	3.0	
소화전 기동 릴레이	대	1.5	
경종	개	0.15	
표시등	개	0.20	
표지판	개	0.15	

※ 수신기의 공량 계산 : 상기표에서 P-1급 수신기는 6인(기본공수)+회로당 0.3×5회로를 적용하므로 7.5인이 된다.

(2) [품셈표 2] 옥내배선   (m당, 직종 : 내선전공)

규격	관내배선	규격	관내배선
6 mm² 이하	0.010	120 mm² 이하	0.077
16 mm² 이하	0.023	150 mm² 이하	0.088
38 mm² 이하	0.031	200 mm² 이하	0.107
50 mm² 이하	0.043	250 mm² 이하	0.130
60 mm² 이하	0.052	300 mm² 이하	0.148
70 mm² 이하	0.061	325 mm² 이하	0.160
100 mm² 이하	0.064	400 mm² 이하	0.197

※ 사용전선은 1.5 mm² 및 2.5 mm²로 6 mm² 이하이므로 전선은 0.010을 적용한다.

(3) [품셈표 3] 전선관 배관 (m 당)

합성수지 전선관		금속(후강)전선관		금속가요전선관	
관의 호칭	내선전공	관의 호칭	내선전공	관의 호칭	내선전공
14	0.04	–	–	–	–
<u>16</u>	0.05	16	<u>0.08</u>	16	0.044
<u>22</u>	0.06	22	0.11	22	0.059
<u>28</u>	0.08	28	0.14	28	0.072
36	0.10	36	0.20	36	0.087
42	0.13	42	0.25	42	0.104
54	0.19	54	0.34	54	0.136
70	0.28	70	0.44	70	0.156

(4) [품셈표 4] 박스(Box)신설 (개당)

층별	내선전공
<u>8각 콘크리트 박스</u>	<u>0.12</u>
<u>4각 콘크리트 박스</u>	<u>0.12</u>
8각 아웃렛 박스	0.20
중형 4각 아웃렛 박스	0.20
대형 4각 아웃렛 박스	0.20
1개용 스위치 박스	0.20
2~3개용 스위치 박스	0.20
4~5개용 스위치 박스	0.25
노출형 박스(콘크리트 노출기준)	0.29
플로어박스	0.20

※ 조건 1.에 의거하여 박스커버의 내선전공은 적용하지 않는다.

(5) 직접노무비(인건비)=공량 × 노임단가
    공구손료=직접노무비(인건비) × 3 %

★★★ 출제년도 「07. 10. 20.」 •점수 : 4점

문제 10

다음은 브리지 정류회로(전파정류회로)의 미완성 회로도이다. 정류 다이오드 4개를 이용하여 회로도를 완성하고, 회로상의 콘덴서(C)의 역할을 쓰시오.

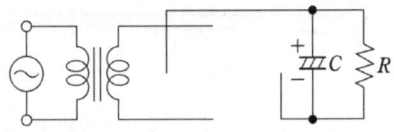

(1) 회로도
(2) 콘덴서(C)의 역할

답안작성

(1) 회로도

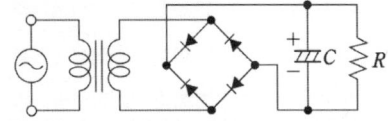

(2) 직류전압을 일정하게 유지하기 위하여

★★★ 출제년도 「10. 20.」 •점수 : 6점

문제 11 자동화재탐지설비의 음향장치의 설치기준에 대한 사항이다. 11층 이상으로서 연면적이 3,000 m²를 초과하는 특정소방대상물 또는 그 부분에 있어서 화재발생으로 인하여 경보가 발하여야 하는 층을 찾아 빈칸에 표시하시오. (단, 경보 표시는 ●를 사용한다)

6층					
5층					
4층					
3층					
2층	화재발생, ●				
1층		화재발생, ●			
지하 1층			화재발생, ●		
지하 2층				화재발생, ●	
지하 3층					화재발생, ●

답안작성

6층	●				
5층	●	●			
4층	●	●			
3층	●	●			
2층	화재발생, ●	●			
1층		화재발생, ●	●		
지하 1층		●	화재발생, ●	●	●
지하 2층			●	화재발생, ●	●
지하 3층			●	●	화재발생, ●

해설

(1) 특정소방대상물 규모 : 11층 이상으로서 연면적이 3,000 m²를 초과
(2) 우선경보방식 : 화재발생시 안전하고 신속한 대피를 위하여 화재가 발생한 층과 그 직상층부터 우선하여 별도로 경보하는 방식

화재층	경보층(11층(공동주택인 경우 60층) 이상인 경우)	경보층(30층 이상인 경우)
1층	발화층, 그 직상 4개층, 지하층	발화층, 그 직상 4개층, 지하층
2층 이상	발화층, 그 직상 4개층	발화층, 그 직상 4개층
지하층	발화층, 그 직상층, 기타의 지하층	발화층, 그 직상층, 기타의 지하층

★★★ 출제년도 「16, 20.」 •점수 : 8점

문제 12 그림과 같은 유접점 시퀀스 회로에 대해 다음 각 물음에 답하시오.

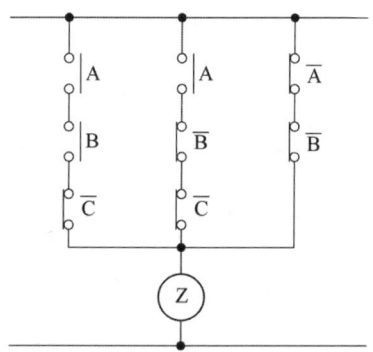

(1) 상기 그림의 시퀀스도를 가장 간략화한 논리식으로 표현하시오.(단, 최초의 논리식을 쓰고 이것을 간략화 하는 과정을 기술하시오.)
(2) '(1)' 항에서 가장 간략화한 논리식을 무접점 논리회로로 그리시오.
(3) 타임차트를 완성하시오.

A		■	■			■	■	
B				■	■		■	■
C						■	■	■
Z								

답안작성

(1) $Z = AB\overline{C} + A\overline{B}\overline{C} + \overline{A}\overline{B} = A\overline{C}(B+\overline{B}) + \overline{A}\overline{B} = A\overline{C} + \overline{A}\overline{B}$

(2)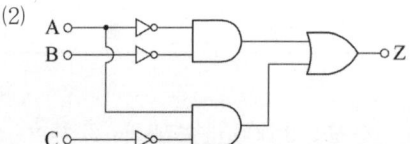

(3)

A									
B									
C									
Z									

▼해설

불대수의 정리

논 리 합	논 리 곱	법 칙
$X+0=X$	$X \cdot 0 = 0$	
$X+1=1$	$X \cdot 1 = X$	
$X+X=X$	$X \cdot X = X$	
$\overline{X}+X=1$	$\overline{X} \cdot X = 0$	
$X+Y=Y+X$	$X \cdot Y = Y \cdot X$	교환법칙
$X+(Y+Z)=(X+Y)+Z$	$X(YZ)=(XY)Z$	결합법칙
$X(Y+Z)=XY+XZ$	$(X+Y)(Z+W)=XZ+XW+YZ+YW$	분배법칙
$X+XY=X$	$X+\overline{X}Y=X+Y$	흡수법칙
$\overline{(X+Y)}=\overline{X} \cdot \overline{Y}$	$\overline{(X \cdot Y)}=\overline{X}+\overline{Y}$	드모르간의 정리

★★★ 출제년도 「97, 00, 03, 05, 20.」 •점수 : 6점

문제 13 지상 31 m 되는 곳에 수조가 있다. 이 수조에 분당 12 m³의 물을 양수하는 펌프용 전동기를 설치하여 3상 전력을 공급하려고 한다. 펌프효율이 65 %이고, 펌프측 동력에 10 %의 여유를 둔다고 할 때 다음 각 물음에 답하시오. 단, 펌프용 3상 농형 유도전동기의 역률은 100 %로 가정한다.

(1) 펌프용 전동기의 용량은 몇 [kW]인가?
　•계산 :　　　　　　　　　　　　•답 :

(2) 3상 전력을 공급하고자 단상변압기 2대를 V결선하여 이용하고자 한다. 단상변압기 1대의 용량은 몇 [kVA]인가?
　•계산 :　　　　　　　　　　　　•답 :

답안작성

(1) •계산 : 전동기 용량 $P = \dfrac{0.163\,QHK}{\eta} = \dfrac{0.163 \times 12 \times 31 \times (1+0.1)}{0.65} = 102.61$

　•답 : 102.61 kW

(2) •계산 : 1대 용량 $\dfrac{P}{\sqrt{3} \times \cos\theta} = \dfrac{102.61}{\sqrt{3} \times 1} = 59.24$

　•답 : 59.24 kVA

▼해설

(1) 전동기 용량 $P = \dfrac{0.163\,QHK}{\eta}$ [kW]

　Q : 유량(양수량)[m³/min], H : 양정[m], K : 여유계수
　η : 전효율[%](= 수력효율 × 체적효율 × 기계효율)

(2) V결선 시 변압기 출력 $P_V = \sqrt{3}\,P_1$

　여기서, P_1 : 단상변압기 1대 용량 kVA

$$P_1 = \dfrac{P_V}{\sqrt{3}} = \dfrac{P}{\sqrt{3}\cos\theta} = \dfrac{102.61}{\sqrt{3}\times 1} = 59.24 \text{ kVA}$$

문제 14 ★★★ 출제년도 「20.」 •점수 : 4점

유도등에 대한 다음 각 물음에 답하시오.
(1) 비상전원의 종류를 쓰시오.
(2) 지하층 또는 무창층으로서 용도가 지하상가인 경우에는 유도등을 몇 분 이상 유효하게 작동시킬 수 있는 용량으로 하여야 하는가?

답안작성

(1) 축전지
(2) 60분 이상

▼해설

① 유도등의 전원은 축전지, 전기저장장치(외부 전기에너지를 저장해 두었다가 필요한 때 전기를 공급하는 장치) 또는 교류전압의 옥내간선으로 하고, 전원까지의 배선은 전용으로 하여야 한다.
② 비상전원은 다음 각 호의 기준에 적합하게 설치하여야 한다.
　1. 축전지로 할 것
　2. 유도등을 20분 이상 유효하게 작동시킬 수 있는 용량으로 할 것. 다만, 다음 각 목의 특정소방대상물의 경우에는 그 부분에서 피난층에 이르는 부분의 유도등을 60분 이상 유효하게 작동시킬 수 있는 용량으로 하여야 한다.
　　가. 지하층을 제외한 층수가 11층 이상의 층
　　나. 지하층 또는 무창층으로서 용도가 도매시장·소매시장·여객자동차터미널·지하역사 또는 지하상가

문제 15 ★★★ 출제년도 「20.」 •점수 : 4점

수신기로부터 90m 떨어진 위치에 솔레노이드밸브가 접속되어 있다. 솔레노이드 밸브가 작동할 때 단자전압을 계산하시오.(단, 수신기의 출력전압은 26V, 사용전선은 HFIX 2.5 mm², 솔레노이드에 흐르는 정격전류는 2 A, 2.5 mm²의 전기저항은 0.008 Ω/m 이다)

답안작성

단자전압 $= 26\,\text{V} - 2 \times 2\,\text{A} \times 0.008\,\Omega/\text{m} \times 90\,\text{m} = 23.12\,\text{V}$

▼해설
① 솔레노이드 단자전압=솔레노이드 입력전압−전압강하
② 수신기의 출력전압=솔레노이드 입력전압
③ 전압강하 $e = 2IR$, I : 전류[A], R : 저항[Ω]

★★★ 출제 년도 「20.」 •점수 : 4점

문제 16 P형 수신기와 R형 수신기의 신호전송방식에 대하여 쓰시오.

형식	P형 수신기	R형 수신기
신호전송방식	(1)	(2)

답안작성
(1) 개별전송방식
(2) 다중전송방식

▼해설

항목	P형 수신기	R형 수신기
신호전달방식(전송)	개별신호방식	다중전송신호방식(고유신호)
배관배선공사	• 선로수가 많아 복잡하다. • 공사비가 많이 소요된다.	• 선로수가 적어 간단하다. • 공사비가 저렴하다.
유지 관리	어렵다.	쉽다.
수신반 가격	저가	고가

★★★ 출제 년도 「20.」 •점수 : 4점

문제 17 금속관 공사의 시공이 어렵거나 굴곡장소가 많은 경우에 전동기와 옥내배선을 연결시 사용하는 공사방법은?

답안작성
가요전선관 공사

▼해설
가요전선관 공사 : 곡면이 많은 곳이나 전동기의 동력선을 보호하고, 유연성이 있어 작업이 쉬운 배관공사 방법

★★★ 출제 년도 「07. 12. 20.」 •점수 : 5점

문제 18 주어진 동작설명에 적합하도록 미완성된 시퀀스 제어회로를 완성하시오.
(단, 각 접점 및 스위치에는 접점 명칭을 반드시 기입하도록 한다.)

◀작동설명▶

- 전원을 투입하면 표시램프 ⓖⓛ이 점등되도록 한다.
- 전동기 운전용 누름버튼 스위치인 PBS_1-a를 누르면 전자접촉기 ⓜⓒ가 여자되어 전동기가 기동되며, 동시에 전자접촉기 보조 a접점인 MC-a 접점에 의하여 전동기 운전등인 ⓡⓛ이 점등된다. 이때 전자접촉기 보조 b접점인 MC-b에 의하여 ⓖⓛ이 소등되며, 또한 타이머 ⓣ가 여자되어 타이머 설정시간 후에 타이머 b접점 T-b가 떨어지므로 전자접촉기 ⓜⓒ가 소자되어 전동기가 정지하고, 모든 접점은 PBS_1-a를 누르기 전의 상태로 복귀한다.
- 전동기가 정상운전 중이라도 정지용 누름버튼 스위치 PBS_2-b를 누르면 PBS_1-a를 누르기 전의 상태로 된다.
- 전동기에 과전류가 흐르면 열동계전기 접점인 THR-b 접점이 떨어져서 전동기는 정지하고 모든 접점은 PBS_1-a를 누르기 전의 상태로 복귀한다. 이때 경고등 ⓨⓛ이 점등된다.

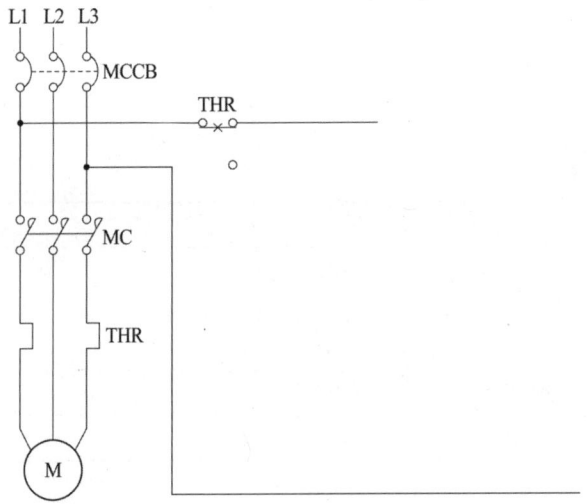

답안작성

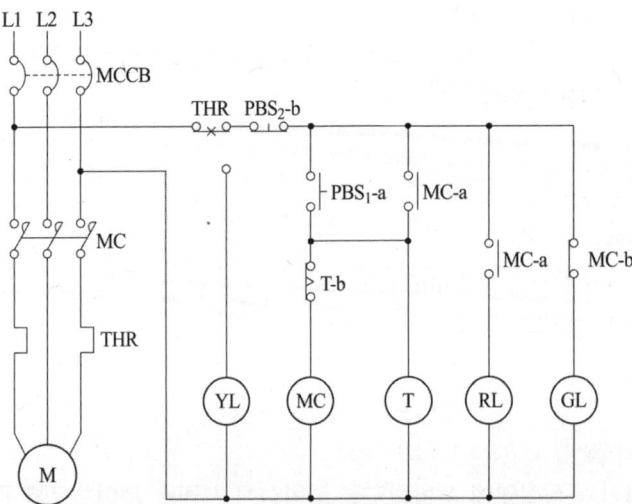

Engineer
Fire Protection System

2021 기출문제
소방설비기사 실기 (전기분야)

2021년 기사 제1회 실기시험

자격종목	시험시간	시행일	수험번호	성명
소방설비기사(전기분야)	3시간	2021.5.24		

※ 다음 물음의 답을 해당 답란에 답하시오.(배점 : 100점)

문제 01 ★★ 출제년도 「16. 21.」 •점수 : 5점

다음 그림은 스프링클러소화설비의 블록다이어그램을 나타낸 것이다. 각 구성요소 간 배선을 내화배선, 내열배선, 일반배선으로 구분하여 블록다이어그램을 완성하시오.

(단, 내화배선 : ▬▬, 내열배선 : ▭, 일반배선 : ▥▥▥)

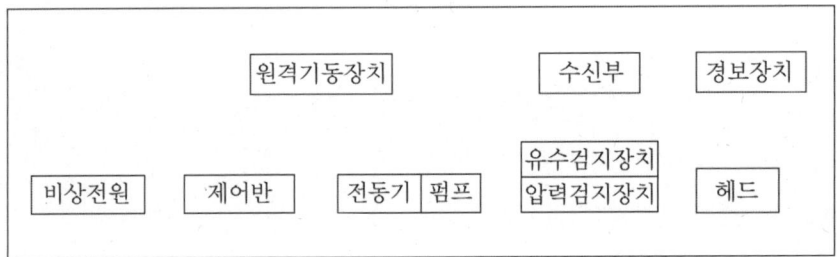

답안작성

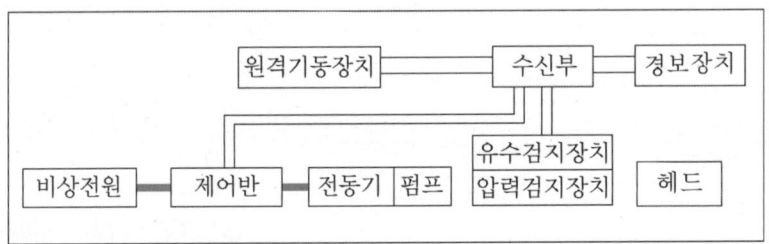

▼해설

스프링클러설비의 화재안전기준 중 배선
1. 비상전원으로부터 동력제어반 및 가압송수장치에 이르는 전원회로배선은 내화배선으로 할 것. 다만, 자가발전설비와 동력제어반이 동일한 실에 설치된 경우에는 자가발전기로부터 그 제어반에 이르는 전원회로배선은 그러하지 아니하다.
2. 상용전원으로부터 동력제어반에 이르는 배선, 그 밖의 스프링클러설비의 감시·조작 또는 표시등회로의 배선은 내화배선 또는 내열배선으로 할 것. 다만, 감시제어반 또는 동력제어반 안의 감시·조작 또는 표시등회로의 배선은 그러하지 아니하다.
   [주의사항] 헤드는 전기장치가 아니므로 별도의 배선을 하지 않는다.

문제 02

★★★ 출제년도 「21.」 •점수 : 3점

P형 발신기의 누름버튼(푸시버튼)을 손으로 눌러 경보를 발생시킨 뒤 수신기에서 화재복구 스위치를 눌러도 화재신호가 복구되지 않았다. 이에 대한 원인과 해결방법을 쓰시오.

• 원인 :

• 해결방법 :

답안작성

- 원인 : P형 발신기의 누름버튼(푸시버튼)이 복구되지 않았다.
- 해결방법 : P형 발신기의 누름버튼(푸시버튼)을 다시 눌러 복구시킨 다음 수신기의 화재복구 스위치를 누른다.

문제 03

★ 출제년도 「21.」 •점수 : 4점

3상 380[V], 100[HP] 스프링클러 펌프용 유도전동기가 있다. 전동기의 역률이 60[%]일 때 역률을 90[%]로 개선할 수 있는 전력용 콘덴서의 용량은 몇 [kVA] 이겠는가?

• 계산과정 :

• 답 :

답안작성

• 계산과정 : 콘덴서 용량

$$Q_c = P\left(\frac{\sin\theta_1}{\cos\theta_1} - \frac{\sin\theta_2}{\cos\theta_2}\right) = 100 \times 0.746 \left(\frac{\sqrt{1-0.6^2}}{0.6} - \frac{\sqrt{1-0.9^2}}{0.9}\right)$$

$$= 63.336 = 63.34$$

• 답 : 63.34[kVA]

▼해설

1마력[HP] = 746[W] = 0.746[kW]

문제 04

★★ 출제년도 「21.」 •점수 : 4점

유도등에 대한 다음 각 물음에 답하시오.

(1) 피난구유도등과 통로유도등의 표시면의 색상은?

(2) 거실통로유도등의 설치 높이를 바닥으로부터 높이 1.5[m] 이하의 위치에 설치할 수 있는 경우는?

답안작성

(1) 피난구유도등 : 녹색바탕에 백색문자
  통로유도등 : 백색바탕에 녹색문자

(2) 거실통로에 기둥이 설치된 경우

▼해설

1. 유도등의 표시면 색상은 **피난구유도등인 경우 녹색바탕에 백색문자**로, **통로유도등인 경우는 백색바탕에 녹색문자**를 사용하여야 한다.(유도등의 형식승인 및 제품검사의 기술기준)
2. 거실통로유도등은 다음 각 목의 기준에 따라 설치할 것
    가. 거실의 통로에 설치할 것. 다만, 거실의 통로가 벽체 등으로 구획된 경우에는 복도통로유도등을 설치하여야 한다.
    나. 구부러진 모퉁이 및 보행거리 20[m] 마다 설치할 것
    다. 바닥으로부터 높이 1.5 [m] 이상의 위치에 설치할 것. 다만, 거실통로에 기둥이 설치된 경우에는 기둥부분의 바닥으로부터 높이 1.5 [m] 이하의 위치에 설치할 수 있다.

★★★ 출제년도 「21.」 •점수 : 7점

문제 05 다음은 특정소방대상물의 평면도를 나타낸 것이다. 건축물의 구조는 비내화구조, 층 높이는 3.8[m] 이다. 다음 각 물음에 답하시오.

```
|  10 m  |    20 m    |  10 m  |
┌────────┬────────────┬────────┐
│   A    │            │        │ 7 m
├────────┤     C      │   D    │
│        │            │        │ 8 m
│   B    ├────────────┴────────┤
│        │         E           │ 8 m
└────────┴─────────────────────┘
```

(1) 차동식 스포트형 감지기 제1종을 설치하는 경우 각 실에 설치되는 감지기의 최소 수량을 구하시오.

구분	계산과정	수량(개)
A		
B		
C		
D		
E		

(2) 최소 경계구역의 수를 구하시오.

답안작성

(1)

구분	계산과정	수량(개)
A	$\dfrac{10\text{m} \times 7\text{m}}{50\text{m}^2} = 1.4$	2
B	$\dfrac{10\text{m} \times (8\text{m} + 8\text{m})}{50\text{m}^2} = 3.2$	4
C	$\dfrac{20\text{m} \times (7\text{m} + 8\text{m})}{50\text{m}^2} = 6$	6
D	$\dfrac{10\text{m} \times (7\text{m} + 8\text{m})}{50\text{m}^2} = 3$	3
E	$\dfrac{(20\text{m} + 10\text{m}) \times 8\text{m}}{50\text{m}^2} = 4.8$	5

(2) 경계구역 수

$$\dfrac{(10\text{m} + 20\text{m} + 10\text{m}) \times (7\text{m} + 8\text{m} + 8\text{m})}{600\text{m}^2} = 1.533 = 2\text{구역}$$

해설

(1) 특정소방대상물에 따른 감지기 필요수량

부착높이 및 특정소방대상물의 구분		감지기의 종류				
		차동식, 보상식 스포트형		정온식 스포트형		
		1종	2종	특종	1종	2종
4[m] 미만	주요구조부를 내화구조로 한 특정소방대상물 또는 그 부분	90	70	70	60	20
	기타 구조의 특정소방대상물 또는 그 부분	50	40	40	30	15
4[m] 이상 8[m] 미만	주요구조부를 내화구조로 한 특정소방대상물 또는 그 부분	45	35	35	30	
	기타 구조의 특정소방대상물 또는 그 부분	30	25	25	15	

(2) 자동화재탐지설비의 경계구역 설정기준
 1. 하나의 경계구역이 2개 이상의 건축물에 미치지 아니하도록 할 것
 2. 하나의 경계구역이 2개 이상의 층에 미치지 아니하도록 할 것. 다만, 500 m² 이하의 범위안에서는 2개의 층을 하나의 경계구역으로 할 수 있다.
 3. 하나의 경계구역의 면적은 600 m² 이하로 하고 한변의 길이는 50 m 이하로 할 것. 다만, 해당 특정소방대상물의 주된 출입구에서 그 내부 전체가 보이는 것에 있어서는 한 변의 길이가 50 m의 범위 내에서 1,000 m² 이하로 할 수 있다.

문제 06

★ 출제년도 「09. 15. 21.」 •점수 : 2점

다음에 설명하는 감지기의 명칭을 쓰시오.(단, 감지기의 종별은 쓰지 않도록 한다.)
- 공칭작동온도 : 75 [℃]
- 작동 방식 : 반전 바이메탈식, 60 [V], 0.1 [A]
- 부착높이 : 8 [m] 미만

답안작성

정온식 스포트형 감지기

문제 07

★★★ 출제년도 「07. 12. 21.」 •점수 : 4점

공기관식 차동식분포형감지기를 설치하려고 한다. 공기관의 길이가 370[m]인 경우 검출부는 몇 개가 소요되는지 구하시오. 단, 하나의 검출부에 접속하는 공기관은 최대 길이를 적용한다.
- 계산 :
- 답 :

답안작성

- 계산 : $\dfrac{370\text{m}}{100\text{m}} = 3.7$
- 답 : 4[개]

▼해설

공기관식 차동식 분포형 감지기 설치기준
① 공기관의 노출부분은 감지구역마다 20 [m] 이상이 되도록 할 것
② 공기관은 도중에서 분기하지 아니하도록 할 것
③ 하나의 검출부분에 접속하는 공기관의 길이는 100 [m] 이하로 할 것
④ 검출부는 5° 이상 경사되지 아니하도록 부착할 것
⑤ 검출부는 바닥으로부터 0.8 [m] 이상 1.5 [m] 이하의 위치에 설치할 것

문제 08

★★★ 출제년도 「21.」 •점수 : 6점

자동화재탐지설비 및 시각경보장치의 화재안전성능기준에 따른 다음의 용어 정의를 쓰시오.

구 분	정 의
경계구역	
감 지 기	
시각경보장치	

답안작성

구 분	정 의
경계구역	특정소방대상물 중 화재신호를 발신하고 그 신호를 수신 및 유효하게 제어할 수 있는 구역
감지기	화재시 발생하는 열, 연기, 불꽃 또는 연소생성물을 자동적으로 감지하여 수신기에 발신하는 장치
시각경보장치	자동화재탐지설비에서 발하는 화재신호를 시각경보기에 전달하여 청각장애인에게 점멸형태의 시각경보를 하는 것

해설

자동화재탐지설비 및 시각경보장치의 화재안전성능기준 정의

1. "경계구역"이란 특정소방대상물 중 화재신호를 발신하고 그 신호를 수신 및 유효하게 제어할 수 있는 구역을 말한다.
2. "수신기"란 감지기나 발신기에서 발하는 화재신호를 직접 수신하거나 중계기를 통하여 수신하여 화재의 발생을 표시 및 경보하여 주는 장치를 말한다.
3. "중계기"란 감지기·발신기 또는 전기적접점 등의 작동에 따른 신호를 받아 이를 수신기의 제어반에 전송하는 장치를 말한다.
4. "감지기"란 화재시 발생하는 열, 연기, 불꽃 또는 연소생성물을 자동적으로 감지하여 수신기에 발신하는 장치를 말한다.
5. "발신기"란 화재발생 신호를 수신기에 수동으로 발신하는 장치를 말한다.
6. "시각경보장치"란 자동화재탐지설비에서 발하는 화재신호를 시각경보기에 전달하여 청각장애인에게 점멸형태의 시각경보를 하는 것을 말한다.

★★★ 출제년도 「13. 15. 21.」 ·점수 : 7점

문제 09 다음은 자동화재탐지설비의 배선 공사방법 중 내화배선의 공사방법을 나타낸 것이다. 괄호 안의 번호에 알맞은 답을 쓰시오.

> 내화배선의 공사방법에 대한 괄호안의 번호에 알맞은 답을 쓰시오.
> 금속관·(①) 또는 (②)에 수납하여 (③)로 된 벽 또는 바닥 등에 벽 또는 바닥의 표면으로부터 (④)의 깊이로 매설하여야 한다.
> 가. 배선을 내화성능을 갖는 배선전용실 또는 배선용 샤프트·피트·덕트 등에 설치하는 경우
> 나. 배선전용실 또는 배선용 샤프트·피트·덕트 등에 다른 설비의 배선이 있는 경우에는 이로 부터 15[cm] 이상 떨어지게 하거나 소화설비의 배선과 이웃하는 다른 설비의 배선사이에 배선지름(배선의 지름이 다른 경우에는 가장 큰 것을 기준으로 한다)의 1.5배 이상의 높이의 불연성 격벽을 설치하는 경우

답안작성

① 2종 금속제 가요전선관 ② 합성수지관
③ 내화구조 ④ 25mm 이상

▼해설

내화배선 공사방법

사용 전선의 종류	공사 방법
1. 450/750V 저독성 난연 가교 폴리올레핀 절연전선 2. 0.6/1KV 가교 폴리에틸렌 절연 저독성 난연폴리올레핀 시스 전력케이블 3. 6/10kV 가교 폴리에틸렌 절연 저독성 난연폴리올레핀 시스 전력용 케이블 4. 가교 폴리에틸렌 절연 비닐시스 트레이용 난연 전력 케이블 5. 0.6/1kV EP 고무절연 클로로프렌시스 케이블 6. 300/500V 내열성 실리콘 고무 절연전선(180℃) 7. 내열성 에틸렌-비닐아세테이트 고무 절연 케이블 8. 버스덕트(Bus Duct)	금속관·2종 금속제 가요전선관 또는 합성수지관에 수납하여 내화구조로 된 벽 또는 바닥 등에 벽 또는 바닥의 표면으로부터 25mm 이상의 깊이로 매설하여야 한다. 다만 다음 각목의 기준에 적합하게 설치하는 경우에는 그러하지 아니하다. 가. 배선을 내화성능을 갖는 배선전용실 또는 배선용 샤프트·피트·덕트 등에 설치하는 경우 나. 배선전용실 또는 배선용 샤프트·피트·덕트 등에 다른 설비의 배선이 있는 경우에는 이로부터 15cm 이상 떨어지게 하거나 소화설비의 배선과 이웃하는 다른 설비의 배선사이에 배선지름(배선의 지름이 다른 경우에는 가장 큰 것을 기준으로 한다)의 1.5배 이상의 높이의 불연성 격벽을 설치하는 경우
내화전선	케이블공사의 방법에 따라 설치하여야 한다.

★★★ 출제년도 「97. 00. 03. 05. 12. 21.」 •점수 : 6점

문제 10 지상 31 [m] 되는 곳에 수조가 있다. 이 수조에 분당 12 [m³]의 물을 양수하는 펌프용 전동기를 설치하여 3상 전력을 공급하려고 한다. 펌프 효율이 65[%]이고, 펌프측 동력에 10[%]의 여유를 둔다고 할 때 다음 각 물음에 답하시오. 단, 펌프용 3상 농형 유도전동기의 역률은 100[%]로 가정한다.

(1) 펌프용 전동기의 용량은 몇 [kW]인가?
 •계산 : •답 :
(2) 3상 전력을 공급하고자 단상변압기 2대를 V결선하여 이용하고자 한다. 단상변압기 1대의 용량은 몇 [kVA]인가?
 •계산 : •답 :

답안작성

(1) 계산 : $P = \dfrac{0.163 \times 12\text{m}^3/\min \times 31\text{m} \times (1+0.1)}{0.65} = 102.6147 [\text{kW}]$ 답 : 102.61[kW]

(2) 계산 : $P_1 = \dfrac{P_V}{\sqrt{3}} = \dfrac{102.61}{\sqrt{3} \times 1} = 59.2419 [\text{kVA}]$ 답 : 59.24[kVA]

▼해설

(1) 전동기 용량 $P = \dfrac{0.163 QHK}{\eta}$

여기서, P : 전동기 용량 [kW], Q : 양수량 [m³/min], H : 전양정 [m]
K : 전달계수, η : 효율 [%]

(2) V결선 시 변압기 출력 $P_V = \sqrt{3} P_1$ [kVA]

여기서, P_V : V결선시 변압기 출력
P_1 : 단상변압기 1대 용량

문제 11 ★★★ 출제년도 「98. 00. 03. 17. 21.」 · 점수 : 8점

다음은 할론(HALON) 소화설비의 수동조작함에서 할론제어반까지의 결선도 및 계통도(3 zone)에 대한 것이다. 주어진 도면과 조건을 참조하여 각 물음에 답하시오.

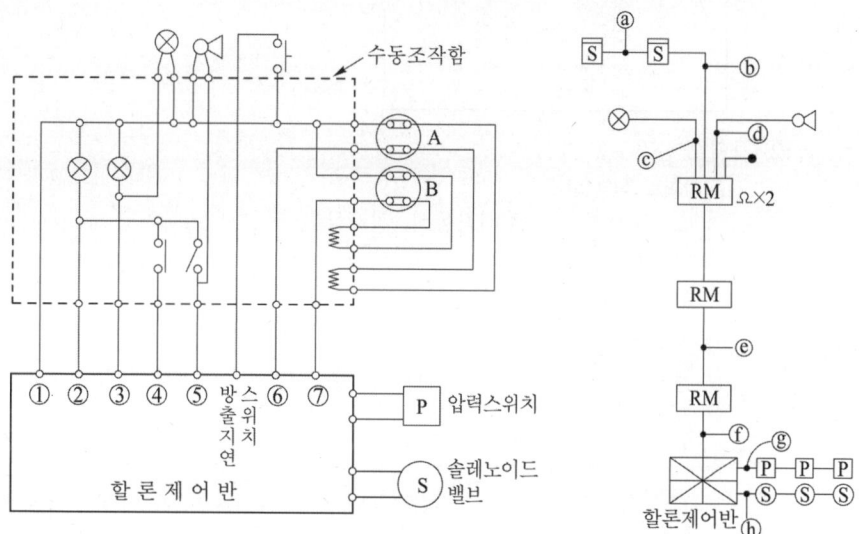

◀조건▶
- 전선의 가닥수는 최소 가닥수로 한다.
- 복구스위치 및 도어스위치는 없는 것으로 한다.
- 번호표기가 없는 것은 방출지연 스위치이다.

(1) ①~⑦의 전선 명칭은?
(2) ⓐ~ⓗ의 전선가닥수는?

답안작성
(1) ① 전원⊖   ② 전원⊕   ③ 방출표시등   ④ 기동스위치
    ⑤ 사이렌   ⑥ 감지기 A   ⑦ 감지기 B

(2) ⓐ 4가닥   ⓑ 8가닥   ⓒ 2가닥   ⓓ 2가닥
    ⓔ 13가닥 ⓕ 18가닥 ⓖ 4가닥   ⓗ 4가닥

▼해설

(1)

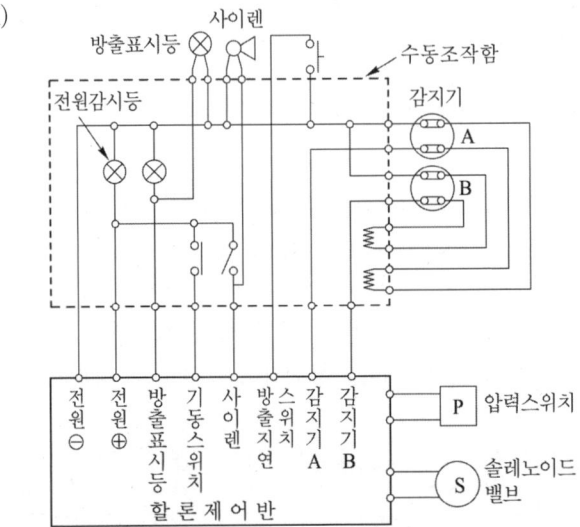

(2) 가닥수 산정
　① 교차회로 적용설비
　　㉠ 스프링클러설비 (준비작동식, 일제살수식)
　　㉡ 이산화탄소소화설비
　　㉢ **할론소화설비**
　　㉣ 분말소화설비
　　㉤ 물분무소화설비
　　㉥ 할로겐화합물 및 불활성기체 소화설비
　② 가닥수 산정

내 용	추가	ⓐ	ⓑ	ⓒ	ⓓ	ⓔ	ⓕ	ⓖ	ⓗ
전원 ⊕ · ⊖						2	2		
방출지연 스위치						1	1		
감지기 A	*	4	4			2	3		
감지기 B	*		4			2	3		
기동 스위치	*					2	3		
사이렌	*				2	2	3		
방출표시등	*			2		2	3		
압력스위치	*							4	
솔레노이드 밸브	*								4
합 계		4	8	2	2	13	18	4	4

　　ⓐ : 감지기 (2) +종단저항 (2) : 4가닥
　　ⓑ : 감지기 A (2)+감지기 A 종단저항 (2)+감지기 B (2)+감지기 B 종단저항 (2) : 8가닥

★ 출제년도 「99. 02. 21.」 •점수 : 4점

문제 12 이산화탄소 소화설비에 음향경보장치를 설치하려고 할 때 방호구역 또는 방호대상물이 있는 구획의 각 부분으로부터 하나의 확성기까지의 수평거리는 몇 [m] 이하로 하여야 하며, 또 소화약제의 방사 개시 후 음향경보장치는 몇 분 이상 경보를 계속할 수 있게 하여야 하는가?

답안작성

(1) 수평거리 : 25 [m]
(2) 경보시간 : 1분

▼해설

이산화탄소소화설비의 음향경보장치 기준
(1) 수동식 기동장치를 설치한 것에 있어서는 그 기동장치의 조작과정에서, 자동식 기동장치를 설치한 것에 있어서는 화재감지기와 연동하여 자동으로 경보를 발하는 것으로 할 것
(2) 소화약제의 방사개시 후 **1분 이상** 경보를 계속할 수 있는 것으로 할 것
(3) 방호구역 또는 방호대상물이 있는 구획 안에 있는 자에게 유효하게 경보할 수 있는 것으로 할 것
(4) 방송에 따른 경보장치를 설치할 경우에는 다음 각 호의 기준에 따라야 한다.
  ① 증폭기 재생장치는 화재시 연소의 우려가 없고, 유지관리가 쉬운 장소에 설치할 것
  ② 방호구역 또는 방호대상물이 있는 구획의 각 부분으로부터 하나의 확성기까지의 수평거리는 **25 [m] 이하**가 되도록 할 것
  ③ 제어반의 복구스위치를 조작하여도 경보를 계속 발할 수 있는 것으로 할 것

★★ 출제년도 「21.」 •점수 : 4점

문제 13 20[W] 중형 피난구 유도등이 AC 220[V] 상용전원에 연결되어 있다. 전원에 연결된 유도등은 30개이며, 유도등의 역률은 70[%]이다. 공급전류[A]를 계산하시오. 단, 유도등의 배터리 충전전류는 무시하며, 전원공급방식은 단상 2선식이다.

•계산 :

•답 :

답안작성

• 계산 : 공급전류 $I = \dfrac{P}{V\cos\theta} = \dfrac{20\,W \times 30\,개}{220\,V \times 0.7} = 3.896[A]$

• 답 : 3.9[A]

★★ 출제년도 「21.」 •점수 : 9점

문제 14 다음은 3입력 인터록 유접점 회로를 나타낸 것이다. 논리식을 참고하여 각 물음에 답하시오.

◀논리식▶
- $X_A = A \cdot \overline{X_B} \cdot \overline{X_C}$ • $X_B = B \cdot \overline{X_A} \cdot \overline{X_C}$ • $X_C = C \cdot \overline{X_A} \cdot \overline{X_B}$

(1) 논리식을 참고하여 유접점회로를 그리시오.
(2) 논리식을 참고하여 무접점회로를 그리시오.
(단, AND(⊐⊃—), NOT(—▷o—) 심벌로만 그린다.)
(3) 타임차트를 완성하시오.

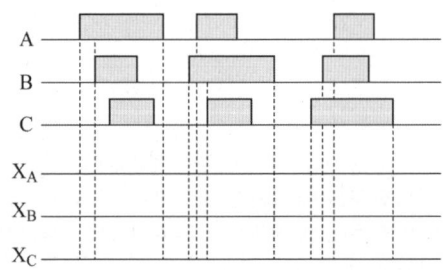

답안작성

(1)
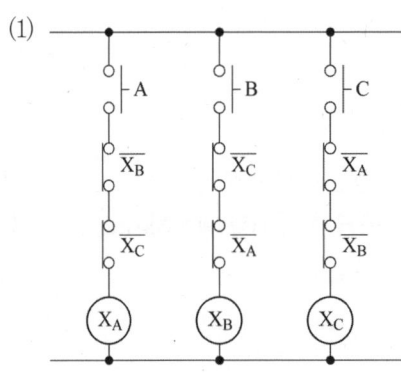

(2)
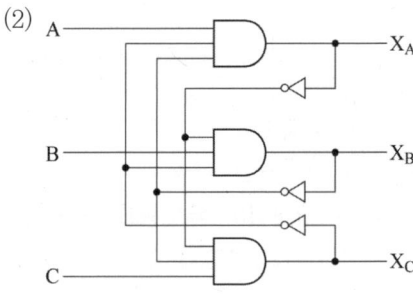

(3)
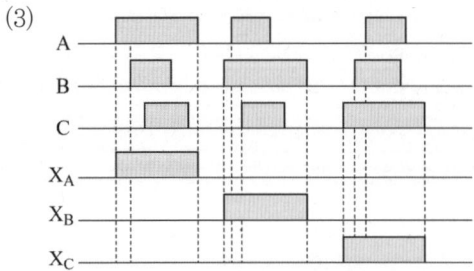

▼해설 ●●

작동설명

먼저 푸시버튼 A를 누르고 있는 상태에서 릴레이 X_A가 작동, 먼저 푸시버튼 B를 누르고 있는 상태에서 릴레이 X_B가 작동, 먼저 푸시버튼 C를 누르고 있는 상태에서 릴레이 X_C가 작동한다. 하나의 릴레이가 먼저 작동 중에 다른 푸시버튼을 누르더라도 인터록 접점에 의해 다른 릴레이는 작동하지 않는다.

★★★ 출제년도 「18, 21」 •점수 : 6점

문제 15

비상콘센트설비를 설치하여야 하는 특정소방대상물(위험물 저장 및 처리 시설 중 가스시설 또는 지하구는 제외한다) 기준 3가지를 쓰시오.

답안작성

① 층수가 11층 이상인 특정소방대상물의 경우에는 11층 이상의 층
② 지하층의 층수가 3층 이상이고 지하층의 바닥면적의 합계가 1천 m^2 이상인 것은 지하층의 모든 층
③ 지하가 중 터널로서 길이가 500 m 이상인 것

★★★ 출제년도 「21」 •점수 : 5점

문제 16

그림은 Y-△ 기동에 대한 시퀀스도를 나타낸 것이다. 그림을 보고 다음 각 물음에 답하시오.

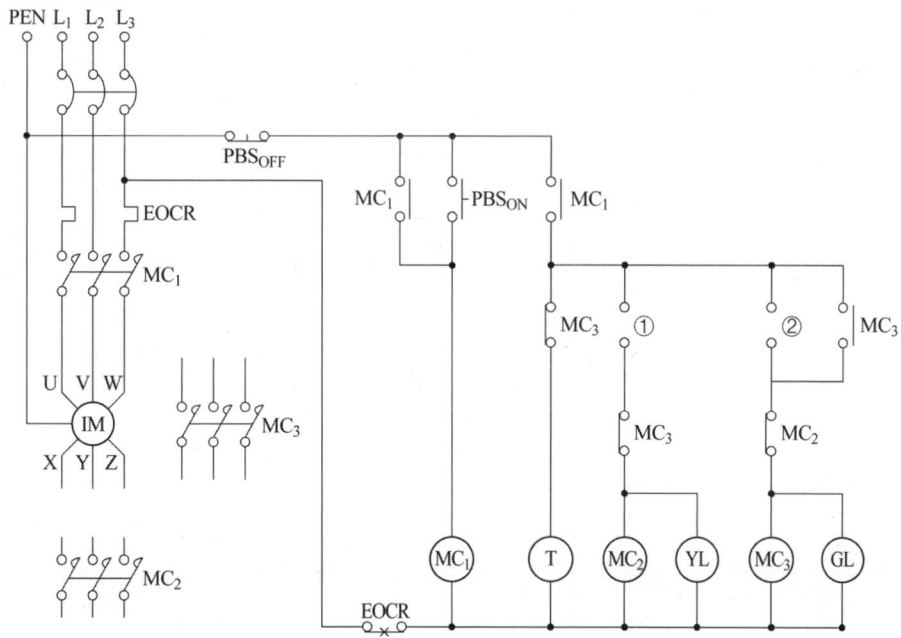

(1) 미완성된 주회로 부분의 Y-△ 기동회로를 완성하시오.
(2) 제어회로의 미완성 부분 ①, ②에 운전이 가능하도록 알맞은 접점 및 접점기호를 그리시오.
(3) ①, ② 접점의 명칭을 쓰시오.

답안작성

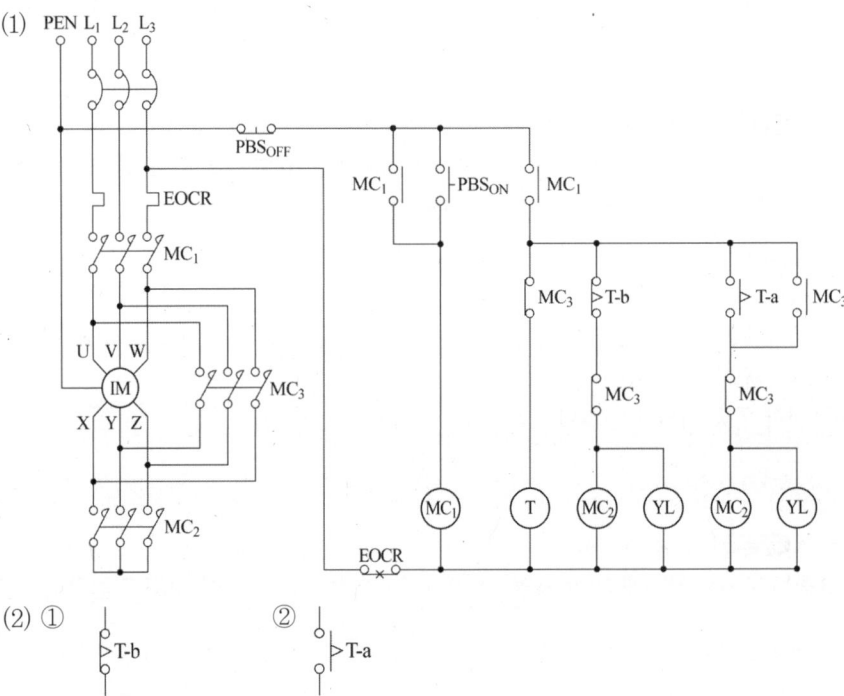

(3) 접점의 명칭
  ① 한시동작 순시복귀 a접점
  ② 한시동작 순시복귀 b접점

★ 출제년도 「21.」 •점수 : 6점

문제 17 다음의 도면은 타이머를 이용하여 전동기 M_1, M_2를 교대운전이 가능하도록 설계된 전동기의 시퀀스도이다. 도면을 보고 다음 각 물음에 답하시오.

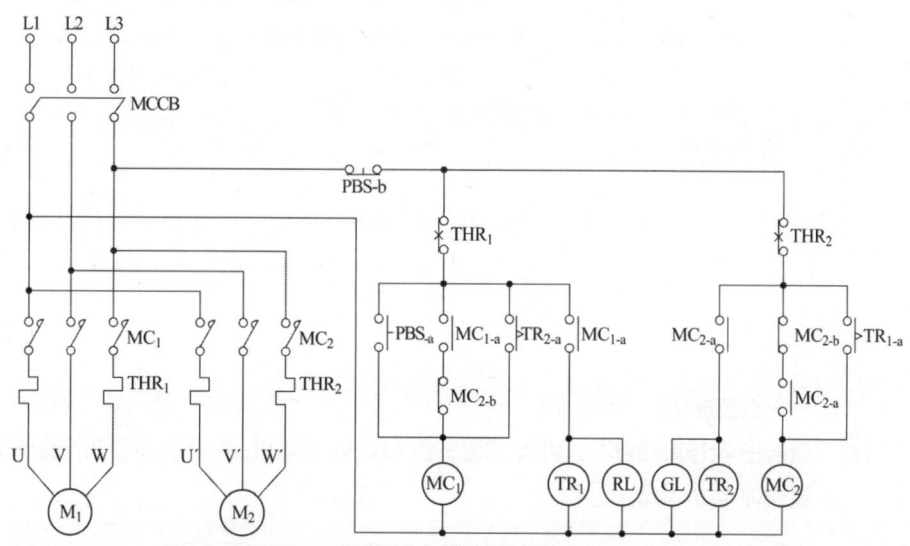

(1) 제어회로 중에 잘못된 부분을 지적하여 어떻게 수정해야 하는지 쓰시오.
(2) 타이머의 설정시간 TR_1이 2시간, TR_2가 4시간으로 각각 설정되어 있다면 하루에 전동기 M_1, M_2는 몇 시간씩 운전하게 되는지 쓰시오.
(3) 표시등 RL, GL의 용도를 쓰시오.

[답안작성]
(1) MC_2 회로의 MC_{2-b} 접점을 MC_{1-b} 접점으로 수정해야 한다.
(2) 전동기 M_1 : 8시간, 전동기 M_2 : 16시간
(3) RL : 전동기 M_1 운전표시등, GL : 전동기 M_2 운전표시등

▼해설
(1) 잘못된 부분 수정
   MC_{2-b} 접점을 쓰면 자기유지가 되지 않는다. MC_{1-b} 접점을 써야 정상적으로 작동하며 인터록이 설정된다.

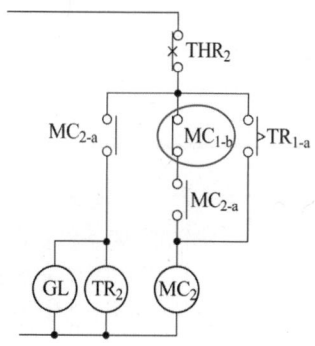

(2) 1) 동작설명

　　PBS-a ON → MC_1 여자, 전동기 M_1 운전,
　　타이머 TR_1 여자, RL 점등
　　TR_1 설정시간(2시간) 후 → MC_2 여자, 전동기 M_2 운전, TR_2 여자, GL 점등
　　　　　　　　　　　　　　MC_1 소자, 전동기 M_1 정지, 타이머 TR_1 소자, RL 소등
　　TR_2 설정시간(4시간) 후 → MC_1 여자, 전동기 M_1 운전, TR_1 여자, RL 점등
　　　　　　　　　　　　　　MC_2 소자, 전동기 M_2 정지, 타이머 TR_2 소자, GL 소등
　　PBS-b를 누르기 전까지는 계속 반복운전

2) 운전시간 계산
- 전동기 M_1 : 2시간 운전 → 4시간 정지 → 2시간 운전 → 4시간 정지 → 2시간 운전 → 4시간 정지 → 2시간 운전 → 4시간 정지
- 전동기 M_2 : 2시간 정지 → 4시간 운전 → 2시간 정지 → 4시간 운전 → 2시간 정지 → 4시간 운전 → 2시간 정지 → 4시간 운전

★★★ 출제년도 「21.」 •점수 : 10점

문제 18 다음은 자동화재탐지설비의 계통도를 나타낸 것이다. 주어진 조건과 계통도를 이용하여 각 물음에 답하시오.

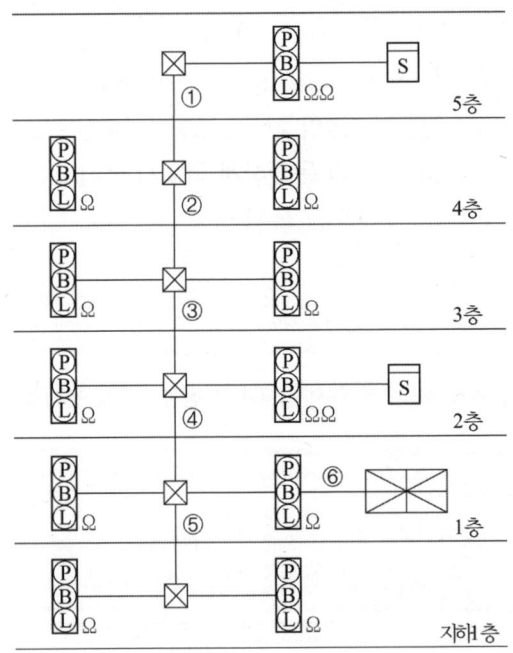

◀조건▶
① 지하 1층, 지상 5층 규모로서 연면적은 5,000 m² 이다.
② 감지기의 공통선은 별도로 한다.
③ 간선설계시 경제성을 고려하여 산정한다.
④ 수신기 내부에 경종단락보호장치를 설치한다.

(1) ①~⑥의 전선가닥수를 쓰시오.
(2) 발신기세트 옥내소화전 내장형을 사용하는 경우 추가되는 전선의 가닥수와 용도를 쓰시오.(단, 기동용 수압개폐장치를 이용하는 경우이다)
(3) 발신기세트 옥내소화전 내장형을 사용하는 경우 ON-OFF 방식을 적용할 때 전선의 가닥수와 용도를 쓰시오.(단, 소화전 기동스위치의 공통선과 기동확인표시등의 공통선을 별도로 사용하는 경우이다.)

답안작성

(1) ① 7가닥 ② 10가닥 ③ 13가닥 ④ 18가닥 ⑤ 7가닥 ⑥ 24가닥
(2) 가닥수 : 2가닥 용도 : 기동확인표시등
(3) 가닥수 : 11가닥
    용도 : 회로공통선, 경종표시등공통선, 경종선, 표시등선, 발신기응답선, 회로선,
          기동선, 정지선, 기동스위치 공통선, 기동확인표시등선, 기동확인표시등공통선

해설

(1) 가닥수 산정
   11층 미만으로 일제경보방식이나 조건 ④에 의해 층마다 경종선을 1선 추가한다.

구분	회로 공통선	경종표시등 공통선	경종선	표시등선	발신기 응답선	회로선	가닥수
①	1	1	1	1	1	2	7
②	1	1	2	1	1	4	10
③	1	1	3	1	1	6	13
④	2	1	4	1	1	9	18
⑤	1	1	1	1	1	2	7
⑥	2	1	6	1	1	13	24

7경계구역(회로수)마다 회로공통선 1선 추가

(3) 기동확인표시등 = 소화전기동확인표시등 = 펌프기동표시등
    기본 6가닥 + 수동기동방식(5가닥)

2021년 기사 제2회 실기시험

Engineer Fire Protection System

자격종목	시험시간	시행일	수험번호	성명
소방설비기사(전기분야)	3시간	2021.7.10		

※ 다음 물음의 답을 해당 답란에 답하시오.(배점 : 100점)

★★★ 출제년도 「21」 •점수 : 8점

문제 01 3개의 독립된 1층 건물에 P형 1급 발신기를 그림과 같이 설치하고, P형 1급 수신기는 경비실에 설치하였다. 경보방식은 동별 구분 경보방식을 적용하였으며, 옥내소화전의 가압송수장치는 기동용 수압개폐장치를 사용하는 방식을 사용할 경우에 다음 물음에 답하시오.
(단, 수신기 내부에 경종단락보호장치를 설치한다.)

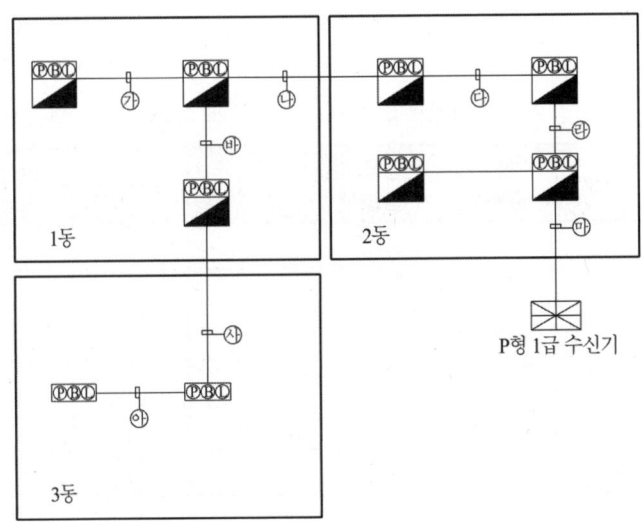

(1) 다음은 기호 ㉮~㉶에 들어갈 가닥수의 일부를 나타낸 표이다. 표의 공란에 알맞은 숫자를 쓰시오.(단, 가닥수가 필요 없는 곳은 공란으로 둔다.)

항목	회로선	회로공통선	경종선
㉮			
㉯			
㉰			
㉱			
㉲			
㉳			
㉴			
㉵			

(2) 다음은 자동화재탐지설비 및 시각경보장치의 화재안전기술기준에 따른 수신기 설치기준 중 일부를 나타낸 것이다. 괄호 안의 번호에 알맞은 답을 쓰시오.
- 수위실 등 상시 사람이 근무하는 장소에 설치할 것. 다만, 사람이 상시 근무하는 장소가 없는 경우에는 관계인이 쉽게 접근할 수 있고 관리가 용이한 장소에 설치할 수 있다.
- 수신기가 설치된 장소에는 (①)를 비치할 것. 다만, 모든 수신기와 연결되어 각 수신기의 상황을 감시하고 제어할 수 있는 수신기(이하 "주수신기"라 한다)를 설치하는 경우에는 주수신기를 제외한 기타 수신기는 그러하지 아니하다.
- 수신기의 (②)는 그 음량 및 음색이 다른 기기의 소음 등과 명확히 구별될 수 있는 것으로 할 것
- 수신기는 (③) · (④) 또는 (⑤)가 작동하는 경계구역을 표시할 수 있는 것으로 할 것

답안작성

(1)

항목	회로선	회로공통선	경종선
㉮	1	1	1
㉯	5	1	2
㉰	6	1	3
㉱	7	1	3
㉲	9	2	3
㉳	3	1	2
㉴	2	1	1
㉵	1	1	1

(2) ① 경계구역 일람도 ② 음향기구 ③ 감지기 ④ 중계기 ⑤ 발신기

해설

(1) 전선 가닥수 및 전선의 용도

항목	가닥수	용도1	용도2	용도3	용도4	용도5	용도6	용도7
㉮	8	응답	지구	지구공통	경종	표시등	경종표시등공통	소화전기동확인2
㉯	13	응답	지구5	지구공통	경종2	표시등	경종표시등공통	소화전기동확인2
㉰	15	응답	지구6	지구공통	경종3	표시등	경종표시등공통	소화전기동확인2
㉱	16	응답	지구7	지구공통	경종3	표시등	경종표시등공통	소화전기동확인2
㉲	19	응답	지구9	지구공통2	경종3	표시등	경종표시등공통	소화전기동확인2

항목	가닥수	용도1	용도2	용도3	용도4	용도5	용도6	용도7
㉤	11	응답	지구3	지구공통	경종2	표시등	경종 표시등공통	소화전기동확인2
㉥	7	응답	지구2	지구공통	경종	표시등	경종 표시등공통	
㉦	6	응답	지구	지구공통	경종	표시등	경종 표시등공통	

(2) 자동화재탐지설비 및 시각경보장치의 화재안전기술기준 수신기 설치기준
　1. 수위실 등 상시 사람이 근무하는 장소에 설치할 것. 다만, 사람이 상시 근무하는 장소가 없는 경우에는 관계인이 쉽게 접근할 수 있고 관리가 용이한 장소에 설치할 수 있다.
　2. 수신기가 설치된 장소에는 **경계구역 일람도**를 비치할 것. 다만, 모든 수신기와 연결되어 각 수신기의 상황을 감시하고 제어할 수 있는 수신기(이하 "주수신기"라 한다)를 설치하는 경우에는 주수신기를 제외한 기타 수신기는 그러하지 아니하다.
　3. 수신기의 **음향기구**는 그 음량 및 음색이 다른 기기의 소음 등과 명확히 구별될 수 있는 것으로 할 것
　4. 수신기는 **감지기·중계기 또는 발신기**가 작동하는 경계구역을 표시할 수 있는 것으로 할 것
　5. 화재·가스 전기등에 대한 종합방재반을 설치한 경우에는 해당 조작반에 수신기의 작동과 연동하여 감지기·중계기 또는 발신기가 작동하는 경계구역을 표시할 수 있는 것으로 할 것
　6. 하나의 경계구역은 **하나의 표시등 또는 하나의 문자**로 표시되도록 할 것
　7. 수신기의 조작 스위치는 바닥으로부터의 높이가 **0.8m 이상 1.5m 이하**인 장소에 설치할 것
　8. 하나의 특정소방대상물에 **2 이상**의 수신기를 설치하는 경우에는 수신기를 상호간 연동하여 화재발생 상황을 각 수신기마다 확인할 수 있도록 할 것

★★ 출제년도 「21.」 •점수 : 10점

문제 02 주어진 진리표를 참고하여 다음 각 물음에 답하시오.

A	B	C	Y_1	Y_2
0	0	0	1	0
0	0	1	0	1
0	1	0	1	1
0	1	1	0	1
1	0	0	1	0
1	0	1	0	1
1	1	0	0	1
1	1	1	0	1

(1) 간략화된 논리식을 쓰시오.
- Y_1 :
- Y_2 :

(2) 간략화된 논리식을 이용하여 무접점 논리회로를 그리시오.

(3) 간략화된 논리식을 이용하여 유접점 회로를 그리시오.

답안작성

(1) 논리식
- Y_1 : $\overline{A}\,\overline{B}C+\overline{A}BC+A\overline{B}C = \overline{A}C(\overline{B}+B)+\overline{B}C(\overline{A}+A) = \overline{A}C+\overline{B}C$
  $=(\overline{A}+\overline{B})C$

- Y_2 : $\overline{A}\,\overline{B}C+\overline{A}B\overline{C}+\overline{A}BC+A\overline{B}C+AB\overline{C}+ABC$
  $=\overline{A}C(\overline{B}+B)+AC(\overline{B}+B)+\overline{A}B(\overline{C}+C)+AB(\overline{C}+C)$
  $=C(\overline{A}+A)+B(\overline{A}+A)=B+C$

(2)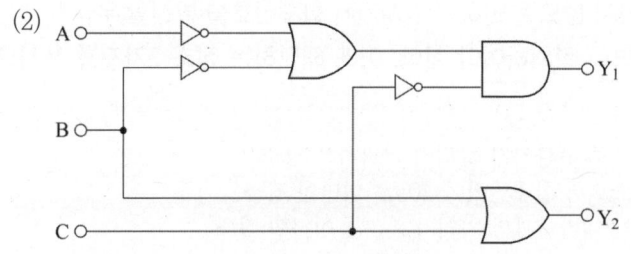

(3)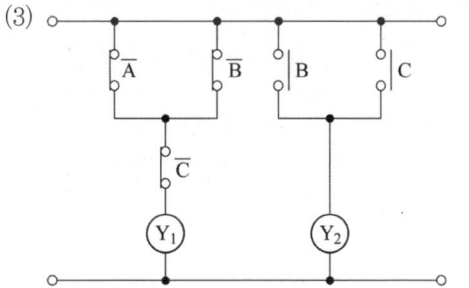

★★★ 출제년도 「21.」 •점수 : 6점

문제 03 P형 1급 수신기와 감지기와의 배선회로에서 종단저항은 11 [kΩ], 릴레이 저항은 950 [Ω], 회로전압이 24 [V]일 때 각 물음에 답하시오.(단, 감시전류는 2 [mA] 이다)

(1) 배선저항[Ω]을 구하시오.
- 계산   • 답

(2) 감지기가 작동할 때의 전류는 몇 [mA]인가?
- 계산   • 답

답안작성

(1) • 계산 : 감시전류 = $\dfrac{회로전압}{릴레이저항+배선저항+종단저항}$

$2\times 10^{-3} = \dfrac{24}{950+배선저항+11\times 10^3}$, 배선저항 = 50[Ω]

• 답 : 50[Ω]

(2) • 계산 : 작동전류 = $\dfrac{회로전압}{릴레이저항+배선저항} = \dfrac{24}{950+50} = 0.024[A] = 24[mA]$

• 답 : 24[mA]

★★★ 출제년도 「21.」 • 점수 : 5점

문제 04 자동화재탐지설비의 수신기는 특정소방대상물 또는 그 부분이 특정장소로서 일시적으로 발생한 열·연기 또는 먼지 등으로 인하여 감지기가 화재신호를 발신할 우려가 있는 때에는 축적기능 등이 있는 것으로 설치하여야 한다. 이에 해당하는 장소 3가지를 쓰시오.

답안작성

① 지하층·무창층 등으로서 환기가 잘되지 아니하는 장소
② 지하층·무창층 등으로서 실내면적이 40 m² 미만인 장소
③ 감지기의 부착면과 실내바닥과의 거리가 2.3 m 이하인 장소

▼해설

자동화재탐지설비의 수신기는 특정소방대상물 또는 그 부분이 지하층·무창층 등으로서 환기가 잘되지 아니하거나 실내면적이 40 m² 미만인 장소, 감지기의 부착면과 실내바닥과의 거리가 2.3 m 이하인 장소로서 일시적으로 발생한 열·연기 또는 먼지 등으로 인하여 감지기가 화재신호를 발신할 우려가 있는 때에는 축적기능 등이 있는 것으로 설치하여야 한다.

★★★ 출제년도 「21.」 • 점수 : 4점

문제 05 다음 도시기호에 따른 명칭을 번호 ①~④에 알맞게 쓰시오.

①	②	③	④

답안작성

① 감지선
② 정온식스포트형감지기
③ 중계기
④ 화재경보벨

문제 06

★ 출제년도 「21.」 •점수 : 5점

다음은 특정소방대상물의 관계인이 규모·용도 및 수용인원 등을 고려하여 갖추어야 하는 소방시설 중 자동화재탐지설비를 설치하여야 하는 특정소방대상물의 일부를 나타낸 것이다. 연면적 또는 바닥면적 등의 기준을 쓰시오.(단, 면적제한이 없는 경우에는 전부라고 쓴다)

(1) 근린생활시설(목욕장은 제외한다)
(2) 근린생활시설 중 목욕장
(3) 의료시설(의료기관 또는 요양병원은 제외한다)
(4) 정신의료기관(창살이 설치되지 않음)
(5) 요양병원(정신병원과 의료재활시설은 제외)

답안작성

(1) 근린생활시설(목욕장은 제외한다) : 연면적 600 m² 이상
(2) 근린생활시설 중 목욕장 : 연면적 1,000 m² 이상
(3) 의료시설(의료기관 또는 요양병원은 제외한다) : 연면적 600 m² 이상
(4) 정신의료기관(창살이 설치되지 않음) : 바닥면적의 합계가 300 m² 이상
(5) 요양병원(정신병원과 의료재활시설은 제외) : 전부

▼해설

자동화재탐지설비를 설치하여야 하는 특정소방대상물

1) **근린생활시설(목욕장은 제외한다)**, **의료시설(정신의료기관 또는 요양병원은 제외한다)**, 위락시설, 장례시설 및 복합건축물로서 **연면적 600 m² 이상**인 것
2) 공동주택, **근린생활시설 중 목욕장**, 문화 및 집회시설, 종교시설, 판매시설, 운수시설, 운동시설, 업무시설, 공장, 창고시설, 위험물 저장 및 처리 시설, 항공기 및 자동차 관련 시설, 교정 및 군사시설 중 국방·군사시설, 방송통신시설, 발전시설, 관광 휴게시설, 지하가(터널은 제외한다)로서 **연면적 1천 m² 이상**인 것
3) 교육연구시설(교육시설 내에 있는 기숙사 및 합숙소를 포함한다), 수련시설(수련시설 내에 있는 기숙사 및 합숙소를 포함하며, 숙박시설이 있는 수련시설은 제외한다), 동물 및 식물 관련 시설(기둥과 지붕만으로 구성되어 외부와 기류가 통하는 장소는 제외한다), 분뇨 및 쓰레기 처리시설, 교정 및 군사시설(국방·군사시설은 제외한다) 또는 묘지 관련 시설로서 연면적 2천 m² 이상인 것
4) 지하구
5) 지하가 중 터널로서 길이가 1천m 이상인 것
6) 노유자 생활시설
7) 6)에 해당하지 않는 노유자시설로서 연면적 400 m² 이상인 노유자시설 및 숙박시설이 있는 수련시설로서 수용인원 100명 이상인 것
8) 2)에 해당하지 않는 공장 및 창고시설로서 「소방기본법 시행령」 별표 2에서 정하는 수량의 500배 이상의 특수가연물을 저장·취급하는 것
9) 의료시설 중 정신의료기관 또는 요양병원으로서 다음의 어느 하나에 해당하는 시설
   가) **요양병원(정신병원과 의료재활시설은 제외한다)**
   나) 정신의료기관 또는 의료재활시설로 사용되는 바닥면적의 합계가 300 m² 이상인 시설
   다) 정신의료기관 또는 의료재활시설로 사용되는 바닥면적의 합계가 300 m² 미만이고, 창살(철재·플라스틱 또는 목재 등으로 사람의 탈출 등을 막기 위하여 설치한 것을 말하며, 화재

시 자동으로 열리는 구조로 되어 있는 창살은 제외한다)이 설치된 시설
10) 판매시설 중 전통시장
11) 1)에 해당하지 않는 근린생활시설 중 조산원 및 산후조리원
12) 2)에 해당하지 않는 발전시설 중 전기저장시설

문제 07

★ 출제년도 「21.」 •점수 : 5점

무선통신보조설비에서 무반사종단저항의 설치위치와 설치목적을 쓰시오.
(1) 설치위치 :
(2) 설치목적 :

답안작성

(1) 설치위치 : 누설동축케이블의 끝부분
(2) 설치목적 : 전송로로 전송되는 전자파 신호가 전송로의 말단에서 반사되어 교신을 방해하는 것을 방지하기 위함

▼해설

- 종단저항 : 감지기 회로의 말단에 도통시험을 용이하게 하기 위하여 설치한다.
- 무반사 종단저항 : 전송로로 전송되는 전자파 신호가 전송로의 말단에서 반사되어 교신을 방해하는 것을 방지하기 위하여 누설동축케이블의 끝부분에 설치하는 저항

문제 08

★★★ 출제년도 「19. 21.」 •점수 : 4점

다음은 자동화재탐지설비 및 시각경보장치의 화재안전기준의 일부를 나타낸 것이다. 괄호 안의 번호에 알맞은 답을 답안지에 쓰시오.

> ◦ 감지기(차동식 분포형은 제외)는 실내로의 공기유입구로부터 (①) 이상 떨어진 위치에 설치할 것
> ◦ 보상식 스포트형 감지기는 정온점이 감지기 주위의 평상시 최고온도보다 (②) 이상 높은 것으로 설치할 것
> ◦ 스포트형 감지기는 (③)이상 경사되지 아니하도록 부착할 것
> ◦ (④)는 주방, 보일러실 등으로서 다량의 화기를 취급하는 장소에 설치하되, 공칭작동온도가 최고주위온도보다 20℃ 이상 높은 것으로 설치할 것

답안작성

① 1.5[m]   ② 20[℃]   ③ 45°   ④ 정온식 감지기

▼해설

- 감지기(차동식 분포형은 제외)는 실내로의 공기유입구로부터 (1.5[m]) 이상 떨어진 위치에 설치할 것
- 보상식 스포트형 감지기는 정온점이 감지기 주위의 평상시 최고온도보다 (20[℃]) 이상 높은 것으로 설치할 것
- 스포트형 감지기는 (45°)이상 경사되지 아니하도록 부착할 것
- (정온식 감지기)는 주방, 보일러실 등으로서 다량의 화기를 취급하는 장소에 설치하되, 공칭작동온도가 최고주위온도보다 20[℃] 이상 높은 것으로 설치할 것

문제 09

★★ 출제 년도「21.」·점수 : 5점

비상방송설비의 설치기준에 대한 다음 각 물음에 답하시오.

(1) 기동장치에 의한 화재신고를 수신한 후 필요한 음량으로 방송이 개시될 때까지의 소요시간은 몇 초 이하로 하여야 하는가?
(2) 지상10층, 연면적 3,500 m²인 특정소방대상물의 5층에서 화재가 발생할 때에 우선적으로 경보를 발하여야 할 층을 쓰시오.
(3) 확성기를 실내에 설치할 때 그 음성입력은 몇 [W] 이상이어야 하는가?
(4) 음향장치는 정격전압의 몇 [%] 전압에서 음향을 발할 수 있어야 하는가?

답안작성

(1) 10초 (2) 지상5층, 지상6층
(3) 1 [W] 이상 (4) 80 [%]

▼해설

비상방송설비 설치기준

(1) 확성기의 음성입력은 3[W](실내에 설치하는 것에 있어서는 1[W]) 이상일 것
(2) 확성기는 각층마다 설치하되, 그 층의 각 부분으로부터 하나의 확성기까지의 **수평거리가 25[m] 이하**가 되도록 하고, 해당층의 각 부분에 유효하게 경보를 발할 수 있도록 설치할 것
(3) 음량조정기를 설치하는 경우 **음량조정기의 배선은 3선식**으로 할 것
(4) 조작부의 **조작스위치**는 바닥으로부터 **0.8[m] 이상 1.5[m] 이하의 높이에 설치**할 것
(5) 다른 방송설비와 공용하는 것에 있어서는 화재 시 비상경보외의 방송을 차단할 수 있는 구조로 할 것
(6) 다른 전기회로에 따라 유도장애가 생기지 아니하도록 할 것
(7) 하나의 특정소방대상물에 2 이상의 조작부가 설치되어 있는 때에는 각각의 조작부가 있는 장소 상호간에 동시통화가 가능한 설비를 설치하고, 어느 조작부에서도 해당 특정소방대상물의 전 구역에 방송을 할 수 있도록 할 것
(8) 기동장치에 따른 **화재신고를 수신한 후** 필요한 음량으로 화재발생 상황 및 피난에 유효한 방송이 자동으로 개시될 때까지의 **소요시간은 10초 이하**로 할 것
(9) 음향장치는 다음 각 목의 기준에 따른 구조 및 성능의 것으로 하여야 한다.
  ① 정격전압의 80[%] 전압에서 음향을 발할 수 있는 것을 할 것
  ② 자동화재탐지설비의 작동과 연동하여 작동할 수 있는 것으로 할 것

★★ 출제년도「21.」•점수 : 5점

문제 10 비상경보용으로 방송설비를 설치시 음량조정기를 설치하는 경우에는 3선식 배선으로 하여야 한다. 음량조정기 3선식 배선도를 완성하시오.

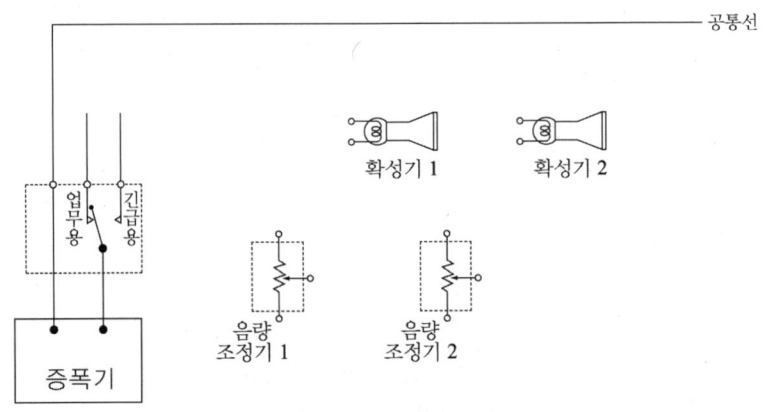

답안작성

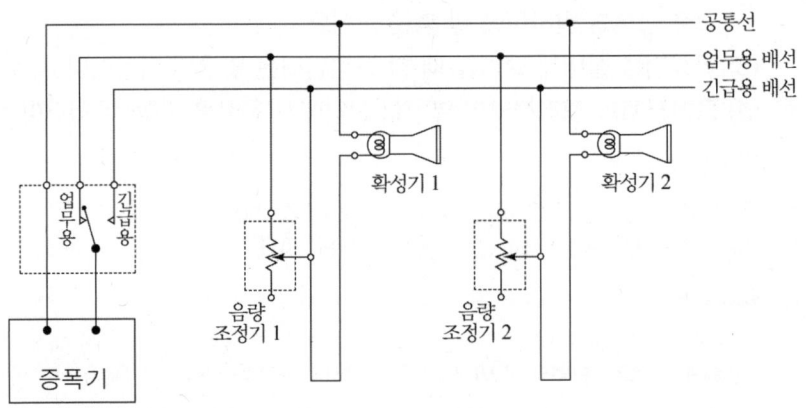

▼해설

음량조정기를 설치하는 경우 음량조정기의 배선은 3선식으로 하여야 한다.

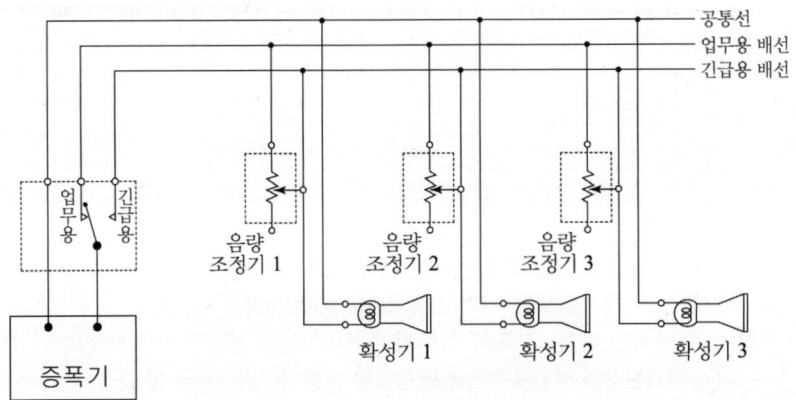

문제 11 급수용 유도전동기의 운전을 현장인 전동기 앞에서도 할 수 있고, 멀리 떨어진 제어실에서도 할 수 있는 시퀀스 회로를 구성하시오. 단, 사용기구는 누름버튼스위치 ON용(PB-on) 2개, 누름버튼스위치 OFF용(PB-off) 2개, 전자접촉기의 코일, 그 보조 a접점 1개를 사용한다.

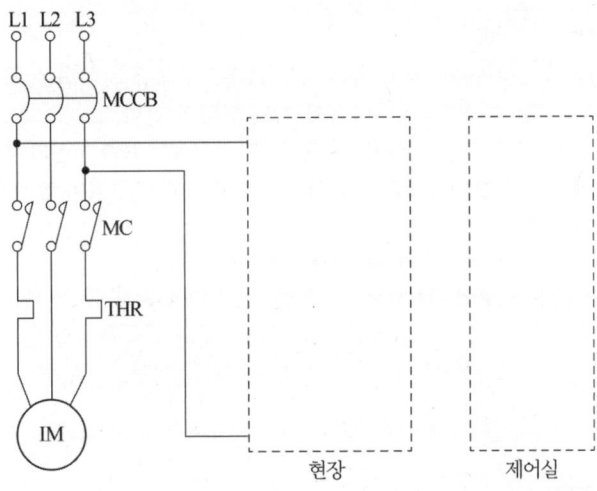

답안작성

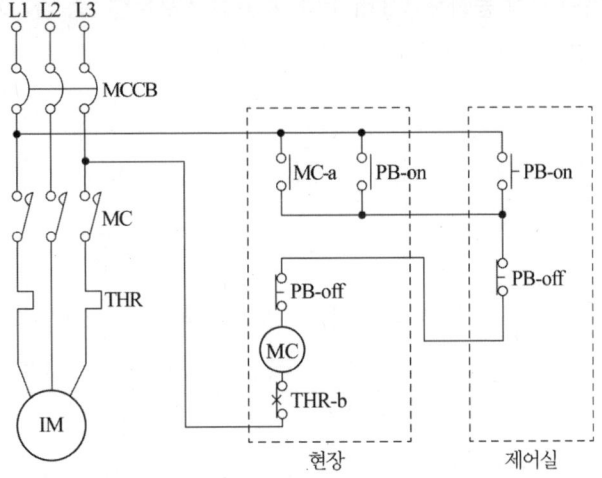

문제 12 지상 31층인 특정소방대상물에 비상콘센트를 설치하고자 한다. 각 층에 하나의 비상콘센트를 설치한다고 할 때 전원회로는 최소 몇 회로가 필요한가?

• 계산 :   • 답 :

답안작성

- **계산** : 11층 이상의 층부터 비상콘센트를 설치하므로 설치수량은 21개,

  하나의 전용회로에 설치하는 비상콘센트수량은 10개 이하, $\dfrac{21개}{10개/회로} = 2.1 = 3$

- **답** : 3회로

해설

1. 비상콘센트설비를 설치하여야 하는 특정소방대상물(위험물 저장 및 처리 시설 중 가스시설 또는 지하구는 제외한다)은 다음의 어느 하나와 같다.
   1) **층수가 11층 이상인 특정소방대상물의 경우에는 11층 이상의 층**
   2) 지하층의 층수가 3층 이상이고 지하층의 바닥면적의 합계가 1천 m^2 이상인 것은 지하층의 모든 층
   3) 지하가 중 터널로서 길이가 500 m 이상인 것
2. **하나의 전용회로에 설치하는 비상콘센트는 10개 이하로 할 것**. 이 경우 전선의 용량은 각 비상콘센트(비상콘센트가 3개 이상인 경우에는 3개)의 공급용량을 합한 용량 이상의 것으로 하여야 한다.

★★★ 출제년도 「21.」 •점수 : 8점

문제 13 다음은 어느 특정소방대상물의 평면도를 나타낸 것이다. 건축물의 주요구조부는 내화구조, 감지기의 부착 높이는 4.3 m 이다. 차동식 스포트형 1종 감지기를 설치한다. 다음 각 물음에 답하시오.

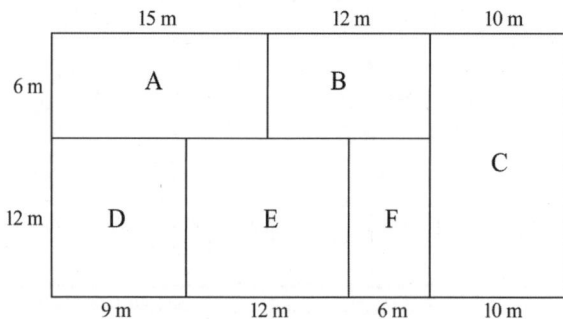

(1) 각 실별로 설치하여야 하는 감지기의 최소수량을 산출하시오.

구분	계산과정	수량(개)
A		
B		
C		
D		
E		
F		

(2) 해당 특정소방대상물의 경계구역의 최소 수량을 산출하시오.
- 계산 :
- 답 :

답안작성

(1)

구분	계산과정	수량(개)
A	$\dfrac{15\text{m} \times 6\text{m}}{45\text{m}^2} = 2$	2
B	$\dfrac{12\text{m} \times 6\text{m}}{45\text{m}^2} = 1.6 = 2$	2
C	$\dfrac{10\text{m} \times (6\text{m}+12\text{m})}{45\text{m}^2} = 4$	4
D	$\dfrac{9\text{m} \times 12\text{m}}{45\text{m}^2} = 2.4 = 3$	3
E	$\dfrac{12\text{m} \times 12\text{m}}{45\text{m}^2} = 3.2 = 4$	4
F	$\dfrac{6\text{m} \times 12\text{m}}{45\text{m}^2} = 1.6 = 2$	2

(2) 경계구역의 최소수량
- 계산 : $\dfrac{(15\text{m}+12\text{m}+10\text{m}) \times (6\text{m}+12\text{m})}{600\text{m}^2} = 1.11 = 2$
- 답 : 2경계구역

해설

(1) 특정소방대상물에 따른 감지기 필요수량

(단위 : m²)

부착높이 및 특정소방대상물의 구분		감지기의 종류				
		차동식, 보상식 스포트형		정온식 스포트형		
		1종	2종	특종	1종	2종
4[m] 미만	주요구조부를 내화구조로 한 특정소방대상물 또는 그 부분	90	70	70	60	20
	기타 구조의 특정소방대상물 또는 그 부분	50	40	40	30	15
4[m] 이상 8[m] 미만	주요구조부를 내화구조로 한 특정소방대상물 또는 그 부분	45	35	35	30	
	기타 구조의 특정소방대상물 또는 그 부분	30	25	25	15	

(2) • 하나의 경계구역의 면적은 600[m²] 이하로 하고 한 변의 길이는 50[m] 이하로 할 것. 다만, 당해 특정소방대상물의 주된 출입구에서 그 내부 전체가 보이는 것에 있어서는 한 변의 길이가 50[m] 범위 내에서 1,000[m²] 이하로 할 수 있다.

• 계단·경사로(에스컬레이터 경사로 포함)·엘리베이터승강로(권상기실이 있는 경우에는 권상기실)·린넨슈트·파이프 피트 및 덕트 기타 이와 유사한 부분에 대하여는 별도로 경계구역을 설정하되, 하나의 경계구역은 높이 45[m] 이하(계단 및 경사로에 한한다)로 하고, 지하층의 계단 및 경사로(지하층의 층수가 1일 경우는 제외한다)는 별도로 하나의 경계구역으로 하여야 한다.

문제 14

★★★ 출제년도 「15, 16, 19, 21.」 •점수 : 6점

자동화재탐지설비 및 시각경보장치의 화재안전기술기준에서 정하고 있는 청각장애인용 시각경보장치의 설치기준 3가지를 쓰시오.(단, 화재안전기술기준 각 호의 내용을 1가지로 한다.)

답안작성

1. 복도·통로·청각장애인용 객실 및 공용으로 사용하는 거실(로비, 회의실, 강의실, 식당, 휴게실, 오락실, 대기실, 체력단련실, 접객실, 안내실, 전시실, 기타 이와 유사한 장소를 말한다)에 설치하며, 각 부분으로부터 유효하게 경보를 발할 수 있는 위치에 설치할 것
2. 공연장·집회장·관람장 또는 이와 유사한 장소에 설치하는 경우에는 시선이 집중되는 무대부 부분 등에 설치할 것
3. 설치높이는 바닥으로부터 2 m 이상 2.5 m 이하의 장소에 설치할 것 다만, 천장의 높이가 2 m 이하인 경우에는 천장으로부터 0.15 m 이내의 장소에 설치하여야 한다.
4. 시각경보장치의 광원은 전용의 축전지설비 또는 전기저장장치(외부 전기에너지를 저장해 두었다가 필요한 때 전기를 공급하는 장치)에 의하여 점등되도록 할 것. 다만, 시각경보기에 작동전원을 공급할 수 있도록 형식승인을 얻은 수신기를 설치 한 경우에는 그러하지 아니하다. 중 3가지 선택

문제 15

★★★ 출제년도 「21.」 •점수 : 3점

금속관 공사에서 사용하는 부속품에 대한 용도를 간단히 쓰시오.

명 칭	용 도
유니온 커플링	
유니버설 엘보	
부싱	

답안작성

명 칭	용 도
유니온 커플링	금속관 상호 접속용으로 관이 고정되어 있을 때 사용
유니버설 엘보	노출 배관 공사에서 관을 직각으로 굽히는 곳에 사용
부싱	전선의 절연 피복을 보호하기 위하여 금속관 끝에 취부하여 사용

▼해설

유니온 커플링		금속관 상호 접속용으로 관이 고정되어 있을 때 사용
유니버설 엘보		노출 배관 공사에서 관을 직각으로 굽히는 곳에 사용
부싱		전선의 절연 피복을 보호하기 위하여 금속관 끝에 취부하여 사용

★★★ 출제년도 「14. 21.」 •점수 : 5점

문제 16 단독경보형 감지기의 설치기준이다. ( ) 안에 들어갈 알맞은 내용을 채우시오.

- 각 실마다 설치하되, 바닥면적 (①) m²를 초과하는 경우에는 (①) m² 마다 1개 이상을 설치하여야 한다.
- 각 실(이웃하는 실내의 바닥면적이 각각 (②)이고 벽체 상부의 전부 또는 일부가 개방되어 이웃하는 실내와 공기가 상호 유통되는 경우에는 이를 (③)의 실로 본다.
- (④)를 주전원으로 사용하는 단독경보형 감지기는 정상적인 작동상태를 유지할 수 있도록 (④)를 교환할 것
- 상용전원을 주전원으로 사용하는 단독경보형 감지기의 (⑤)는 제품검사에 합격한 것을 사용할 것

답안작성

① 150   ② 30 m²   ③ 1개   ④ 건전지   ⑤ 2차전지

▼해설

단독경보형 감지기 설치기준
1. 각 실(이웃하는 실내의 바닥면적이 각각 30 m² 미만이고 벽체의 상부의 전부 또는 일부가 개방되어 이웃하는 실내와 공기가 상호유통되는 경우에는 이를 1개의 실로 본다)마다 설치하되, 바닥면적이 150 m²를 초과하는 경우에는 150 m²마다 1개 이상 설치할 것
2. 최상층의 계단실의 천장(외기가 상통하는 계단실의 경우를 제외한다)에 설치할 것
3. 건전지를 주전원으로 사용하는 단독경보형감지기는 정상적인 작동상태를 유지할 수 있도록 건전지를 교환할 것
4. 상용전원을 주전원으로 사용하는 단독경보형감지기의 2차전지는 제품검사에 합격한 것을 사용할 것

★★★ 출제년도 「21.」 •점수 : 6점

문제 17

다음은 브리지 정류회로(전파정류회로)의 미완성 회로도이다. 정류 다이오드 4개를 이용하여 회로도를 완성하고, 출력전압의 파형을 그리시오.(단, 입력은 교류전원이며 변압기의 권수비는 1:1, 평활회로는 무시한다.)

(1) 전파정류회로를 완성하시오.
(2) 다음은 정류전 출력전압의 파형을 나타낸 것이다. 정류후의 출력전압파형을 그리시오.

〈정류 전 출력전압의 파형〉 〈정류 후의 출력전압파형〉

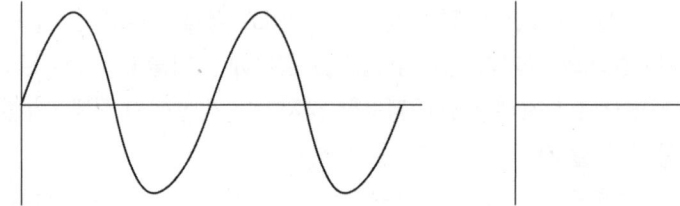

답안작성

(1)
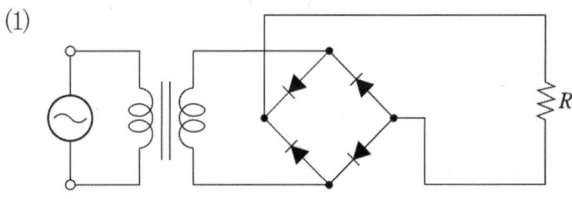

(2)
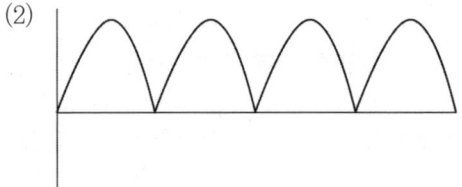

▼해설

1. 평활회로의 구성

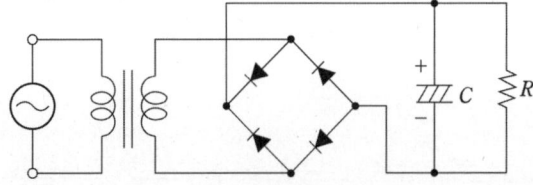

콘덴서 C의 역할 : 직류전압을 일정하게 유지하기 위하여

문제 18

누전경보기의 화재안전기술기준에 대한 다음 각 물음에 답하시오.

(1) 변류기의 용어정의를 쓰시오.
(2) 1급 누전경보기와 2급 누전경보기를 구분하는 경계전로의 정격전류는 몇 [A]인지 쓰시오.
(3) 전원은 분전반으로부터 전용회로로 하고, 각 극을 개폐할 수 있는 무엇을 설치해야 하는가?(단, 배선용차단기는 제외한다.)

답안작성

(1) 경계전로의 누설전류를 자동적으로 검출하여 이를 누전경보기의 수신부에 송신하는 것
(2) 60[A]
(3) 개폐기 및 15[A] 이하의 과전류차단기

해설

① 설치방법 등
  1. **경계전로의 정격전류가 60 A를 초과하는 전로에 있어서는 1급 누전경보기를, 60 A 이하의 전로에 있어서는 1급 또는 2급 누전경보기를 설치할 것.** 다만, 정격전류가 60 A를 초과하는 경계전로가 분기되어 각 분기회로의 정격전류가 60 A 이하로 되는 경우 당해분기회로마다 2급 누전경보기를 설치한 때에는 당해 경계전로에 1급 누전경보기를 설치한 것으로 본다.
  2. 변류기는 특정소방대상물의 형태, 인입선의 시설방법 등에 따라 옥외 인입선의 제1지점의 부하측 또는 제2종 접지선측의 점검이 쉬운 위치에 설치할 것. 다만, 인입선의 형태 또는 특정소방대상물의 구조상 부득이한 경우에는 인입구에 근접한 옥내에 설치할 수 있다.
  3. 변류기를 옥외의 전로에 설치하는 경우에는 옥외형으로 설치할 것

② 전원
  1. 전원은 분전반으로부터 전용회로로 하고, 각극에 **개폐기 및 15 A 이하의 과전류차단기(배선용차단기에 있어서는 20 A 이하의 것으로 각극을 개폐할 수 있는 것)를** 설치할 것
  2. 전원을 분기할 때에는 다른 차단기에 따라 전원이 차단되지 아니하도록 할 것
  3. 전원의 개폐기에는 누전경보기용임을 표시한 표지를 할 것

2021년 기사 제4회 실기시험

Engineer Fire Protection System

자격종목	시험시간	시행일	수험번호	성명
소방설비기사(전기분야)	3시간	2021.11.14		

※ 다음 물음의 답을 해당 답란에 답하시오. (배점 : 100점)

문제 01

★★★ 출제 년도 「21.」 •점수 : 5점

다음은 유도등 및 유도표지의 화재안전성능기준(유도등 및 유도표지의 종류)를 나타낸 것이다. 표의 번호에 들어갈 알맞은 내용을 쓰시오.

설치장소	유도등 및 유도표지의 종류
1. 공연장·집회장(종교집회장 포함)·관람장·운동시설	(1)
2. 유흥주점영업시설(손님이 춤을 출 수 있는 무대가 설치된 카바레 나이트클럽 또는 그 밖에 이와 비슷한 영업시설만 해당한다.)	
3. 위락시설·판매시설·운수시설·관광숙박업·의료시설·장례식장·방송통신시설·전시장·지하상가·지하철 역사	(2)
4. 숙박시설(관광숙박업 외의 것을 말한다)·오피스텔	(3)
5. 지하층·무창층 또는 층수가 11층 이상인 특정소방대상물	
6. 근린생활시설·노유자시설·업무시설·발전시설·종교시설·(집회장 용도로 사용하는 부분 제외)·교육연구시설·수련시설·공장·교정 및 군사시설(국방·군사시설제외)·자동차정비공장·운전학원 및 정비학원·다중이용업소·복합건축물	(4)

답안작성

(1) 대형피난구유도등, 통로유도등, 객석유도등 (2) 대형피난구유도등, 통로유도등
(3) 중형피난구유도등, 통로유도등   (4) 소형피난구유도등, 통로유도등

해설

설치장소	유도등 및 유도표지의 종류
1. 공연장·집회장(종교집회장 포함)·관람장·운동시설	• 대형피난구유도등 • 통로유도등 • 객석유도등
2. 유흥주점영업시설(손님이 춤을 출 수 있는 무대가 설치된 카바레 나이트클럽 또는 그 밖에 이와 비슷한 영업시설만 해당한다.)	
3. 위락시설·판매시설·운수시설·관광숙박업·의료시설·장례식장·방송통신시설·전시장·지하상가·지하철 역사	• 대형피난구유도등 • 통로유도등
4. 숙박시설(관광숙박업 외의 것을 말한다)·오피스텔	• 중형피난구유도등 • 통로유도등
5. 지하층·무창층 또는 층수가 11층 이상인 특정소방대상물	
6. 근린생활시설·노유자시설·업무시설·발전시설·종교시설·(집회장 용도로 사용하는 부분 제외)·교육연구시설·수련시설·공장·교정 및 군사시설(국방·군사시설제외)·자동차정비공장·운전학원 및 정비학원·다중이용업소·복합건축물	• 소형피난구유도등 • 통로유도등

문제 02 다음과 같은 장소에 화재감지기를 설치하는 경우 소요되는 감지기의 최소 수량을 산출하시오. (단, 주요구조부는 내화구조, 감지기의 부착높이는 6.5m임)

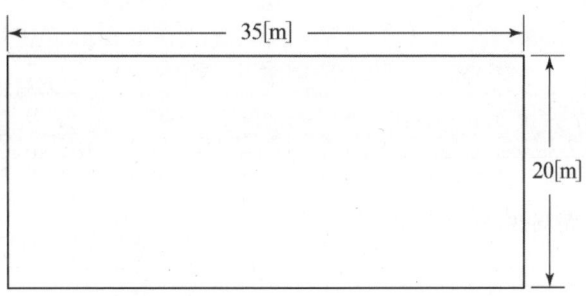

(1) 차동식 스포트형 감지기(2종) 수량(개)
- 계산 :
- 답 :

(2) 광전식 스포트형 감지기(2종) 수량(개)
- 계산 :
- 답 :

답안작성

(1) • 계산 : 경계구역 : $\dfrac{35\text{m} \times 20\text{m}}{600\text{m}^2} = 1.17 = 2$개

최소 감지기 수량 : $\dfrac{35\text{m} \times 20\text{m}}{35\text{m}^2} = 20$개

경계구역 적용 감지기 수량 : $\dfrac{350\text{m}^2}{35\text{m}^2}(=10개) + \dfrac{350\text{m}^2}{35\text{m}^2}(=10개) = 20$개

- 답 : 20개

(2) • 계산 : 경계구역 : $\dfrac{35\text{m} \times 20\text{m}}{600\text{m}^2} = 1.17 = 2$개

최소 감지기 수량 : $\dfrac{35\text{m} \times 20\text{m}}{75\text{m}^2} = 10$개

경계구역 적용 감지기 수량 : $\dfrac{350\text{m}^2}{75\text{m}^2}(=4.67=5개) + \dfrac{350\text{m}^2}{75\text{m}^2}(=4.67=5개) = 10$개

- 답 : 10개

▼해설

1. 특정소방대상물에 따른 감지기 필요수량

(단위 : [m²])

부착높이 및 특정소방대상물의 구분		감지기의 종류						
		차동식 스포트형		보상식 스포트형		정온식 스포트형		
		1종	2종	1종	2종	특종	1종	2종
4[m] 미만	주요구조부를 내화구조로 한 특정소방대상물 또는 그 부분	90	70	90	70	70	60	20
	기타 구조의 특정소방대상물 또는 그 부분	50	40	50	40	40	30	15
4[m] 이상 8[m] 미만	주요구조부를 내화구조로 한 특정소방대상물 또는 그 부분	45	35	45	35	35	30	
	기타 구조의 특정소방대상물 또는 그 부분	30	25	30	25	25	15	

2. 연기감지기의 부착높이에 따라 다음 표에 따른 바닥면적마다 1개 이상으로 할 것

(단위 : [m²])

부착높이	연기감지기의 종류	
	1종 및 2종	3종
4[m] 미만	150	50
4[m] 이상 20[m] 미만	75	

★★★ 출제년도 「99. 21.」 •점수 : 10점

문제 03 자동화재탐지설비의 평면을 나타낸 도면이다. 이 도면을 보고 다음 각 물음에 답하시오. (각 실은 이중 천장이 없는 구조이며, 전선관은 16[mm] 후강 스틸전선관을 사용하여 콘크리트 내 매입 시공한다.)

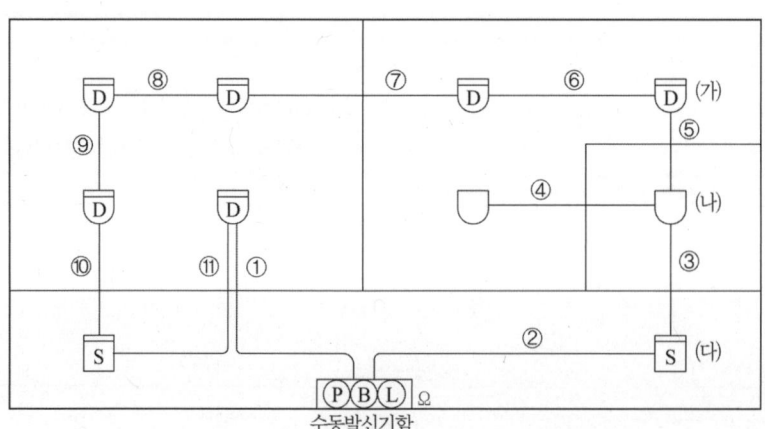

(1) 시공에 소요되는 부싱과 로크너트의 소요 개수는?
(2) 각 감지기 간과 감지기와 수동발신기 세트간 (①~⑪)에 배선되는 전선의 가닥수는?
(3) 본 설비에 사용되는 전선의 종류는 무엇인지 그 명칭을 쓰시오.
(4) 도면에 그려진 심벌 (가)~(다)의 명칭은?

답안작성

(1) ① 부싱 : 22개 ② 로크너트 : 44개
(2) ① 2가닥 ② 2가닥 ③ 2가닥 ④ 4가닥 ⑤ 2가닥
    ⑥ 2가닥 ⑦ 2가닥 ⑧ 2가닥 ⑨ 2가닥 ⑩ 2가닥 ⑪ 2가닥
(3) 450/750 [V] 저독성 난연 가교 폴리올레핀 절연 전선
(4) ㈎ 차동식 스포트형 감지기   ㈏ 정온식 스포트형 감지기   ㈐ 연기 감지기

▼해설

(1) 부싱과 로크너트 수량

적용개소	박스수량	부싱수량	로크너트수량
1방출	1	1×1=1	1×2=2
2방출	9	9×2=18	18×2=36
3방출	1	1×3=3	3×2=6
합 계	11	22	44

* 로크너트 수량 = 부싱수량 × 2

(2) 송배선 방식
    ① 루프 구간 : 2가닥
    ② 기타(왕복) 구간 : 4가닥

(3) 450/750 [V] 저독성 난연 가교 폴리올레핀 절연 전선 1.5 [mm^2] : 감지기 회로 배선에 사용

(4) 감지기 옥내 배선기호

명칭	그림기호	적요
차동식 스포트형 감지기		필요에 따라 종별을 표기한다.
보상식 스포트형 감지기		필요에 따라 종별을 표기한다.
정온식 스포트형 감지기		(1) 필요에 따라 종별을 표기한다. (2) 방수인 것은 ▽ 로 한다. (3) 내산인 것은 ▽ 로 한다. (4) 내알칼리인 것은 ▽ 로 한다. (5) 방폭인 것은 EX를 표기한다.
연기 감지기	S	(1) 필요에 따라 종별을 표기한다. (2) 점검 박스 붙이인 경우는 S 로 한다. (3) 매입인 것은 S 로 한다.

문제 04

다음은 화재안전기술기준 내화배선의 공사방법에 관한 내용을 나타낸 것이다. 괄호 안의 번호에 알맞은 답을 쓰시오.

> 금속관·2종 금속제 가요전선관 또는 합성수지관에 수납하여 내화구조로 된 벽 또는 바닥 등에 벽 또는 바닥의 표면으로부터 (①) 이상의 깊이로 매설하여야 한다. 다만 다음 각목의 기준에 적합하게 설치하는 경우에는 그러하지 아니하다.
> 가. 배선을 (②)을 갖는 배선전용실 또는 배선용 샤프트·피트·덕트 등에 설치하는 경우
> 나. 배선전용실 또는 배선용 샤프트·피트·덕트 등에 다른 설비의 배선이 있는 경우에는 이로 부터 (③) 이상 떨어지게 하거나 소화설비의 배선과 이웃하는 다른 설비의 배선사이에 배선지름(배선의 지름이 다른 경우에는 가장 큰 것을 기준으로 한다)의 (④) 이상의 높이의 (⑤)을 설치하는 경우

답안작성

① 25 mm   ② 내화성능   ③ 15cm   ④ 1.5배   ⑤ 불연성 격벽

해설

내화배선

사용전선의 종류	공사방법
1. 450/750V 저독성 난연 가교 폴리올레핀 절연 전선 2. 0.6/1KV 가교 폴리에틸렌 절연 저독성 난연 폴리올레핀 시스 전력 케이블 3. 6/10kV 가교 폴리에틸렌 절연 저독성 난연 폴리올레핀 시스 전력용 케이블 4. 가교 폴리에틸렌 절연 비닐시스 트레이용 난연 전력 케이블 5. 0.6/1kV EP 고무절연 클로로프렌 시스 케이블 6. 300/500V 내열성 실리콘 고무 절연전선(180℃) 7. 내열성 에틸렌-비닐아세테이트 고무 절연케이블 8. 버스덕트(Bus Duct)	금속관·2종 금속제 가요전선관 또는 합성수지관에 수납하여 **내화구조**로 된 벽 또는 바닥 등에 벽 또는 바닥의 표면으로부터 **25 mm 이상**의 깊이로 매설하여야 한다. 다만 다음 각목의 기준에 적합하게 설치하는 경우에는 그러하지 아니하다. 가. 배선을 내화성능을 갖는 배선전용실 또는 배선용 샤프트·피트·덕트 등에 설치하는 경우 나. 배선전용실 또는 배선용 샤프트·피트·덕트 등에 다른 설비의 배선이 있는 경우에는 이로 부터 15 cm 이상 떨어지게 하거나 소화설비의 배선과 이웃하는 다른 설비의 배선사이에 배선지름(배선의 지름이 다른 경우에는 가장 큰 것을 기준으로 한다)의 1.5배 이상의 높이의 불연성 격벽을 설치하는 경우
내화전선	케이블공사의 방법에 따라 설치하여야 한다.

★ 출제 년도 「21.」 •점수 : 4점

문제 05 3상 380[V], 정격출력이 100kW인 전기기구의 부하전류를 측정하기 위하여 변류비 300/5인 변류기를 사용하였다. 이때 2차 전류를 산출하시오.(단, 역률은 70%, 효율은 100%이다.)
• 계산 :   • 답 :

답안작성

• 계산 : 정격전류 $I = \dfrac{P}{\sqrt{3}\,V\cos\theta\,\eta} = \dfrac{100 \times 10^3}{\sqrt{3} \times 380 \times 0.7 \times 1} = 217.05[A]$

 2차전류 $I_2 = I \times \dfrac{1}{\text{변류비}} = 217.05 \times \dfrac{1}{\dfrac{300}{5}} = 3.6175 \fallingdotseq 3.62[A]$

• 답 : 3.62[A]

★★★ 출제 년도 「21.」 •점수 : 7점

문제 06 비상전원설비로 축전지설비를 사용하고자 한다. 방전전류-시간 특성곡선이 다음과 같을 때 각 물음에 답하시오.(단, 축전지 수량은 83개, 셀당 허용최저전압은 1.06[V/Cell], 축전지 형식은 AH형이다.)

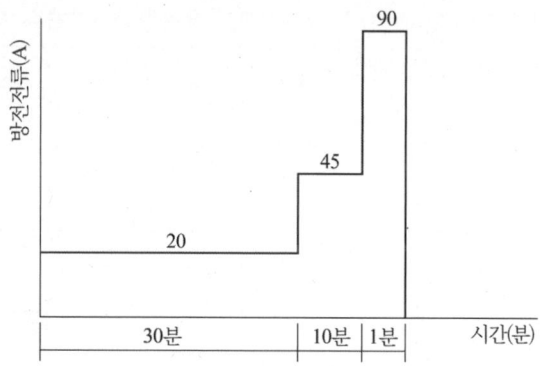

〈방전전류-시간 특성곡선〉

[표] 용량환산시간계수(K)

형식	셀당 허용최저전압 [V/Cell]	0.1분	1분	5분	10분	20분	30분	60분
AH	1.10	0.30	0.46	0.56	0.66	0.87	1.04	1.56
	1.06	0.24	0.33	0.45	0.53	0.70	0.85	1.40
	1.00	0.20	0.27	0.37	0.45	0.60	0.77	1.30

[물음]
(1) 축전지의 용량은 이론상 몇 [Ah] 이상의 것을 사용해야 하는지 산출하시오.
(단, 보수율은 0.8이다.)
(2) 축전지의 전해액이 변색되고, 충전하지 않고 정치중에도 다량으로 가스가 발생하는 원인이 무엇인지 쓰시오.
(3) 부동충전방식을 정류기, 축전지, 부하를 포함하여 그림으로 그리시오.

답안작성

(1) 축전지의 용량

$$C = \frac{1}{0.8}(0.85 \times 20 + 0.53 \times 45 + 0.33 \times 90) = 88.187 = 88.19[Ah]$$

(2) 불순물 혼입
(3)

해설

(1) 축전지의 용량

① 방전시간이 30분, 10분, 1분이므로 용량환산시간계수 $K_1 = 0.85$, $K_2 = 0.53$, $K_3 = 0.33$

형식	셀당 허용최저전압 [V/Cell]	0.1분	1분	5분	10분	20분	30분	60분
AH	1.10	0.30	0.46	0.56	0.66	0.87	1.04	1.56
	1.06	0.24	0.33	0.45	0.53	0.70	0.85	1.40
	1.00	0.20	0.27	0.37	0.45	0.60	0.77	1.30

② 축전지 용량은 방전특성곡선의 면적을 구하면 된다.

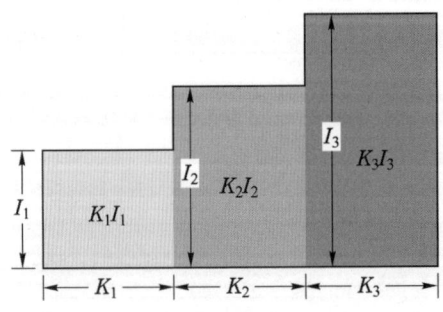

축전지의 용량 $C = \frac{1}{L}(K_1 I_1 + K_2 I_2 + K_3 I_3)[Ah]$

(2) 축전지 고장의 원인과 현상

	현 상	추정 원인
초기 고장	• 전체 셀 전압의 불균형이 크고 비중이 낮다.	• 사용 개시시의 충전 보충 부족
	• 단전지 전압의 비중 저하, 전압계의 역전	• 역접속
사용 중 고장	• 전체 셀 저압의 불균형이 크고 비중이 낮다.	• 부동충전전압이 낮다. • 균등 충전의 부족 • 방전후의 회복충전 부족
	• 어떤 셀만의 전압, 비중이 극히 낮다.	• 국부단락
	• 전체 셀의 비중이 높다(전압은 정상)	• 액면 저하 • 보수시 묽은 황산의 혼입
	• 충전 중 비중이 낮고 전압은 높다. • 방전 중 전압은 낮고 용량이 감퇴한다.	• 방전 상태에서 장기간 방치 • 충전 부족의 상태에서 장기간 사용 • 극판 노출 • 불순물 혼입
	• 전해액의 변색, 충전하지 않고 방치 중에도 다량으로 가스가 발생한다.	• 불순물 혼입
	• 전해액의 감소가 빠르다.	• 충전 전압이 높다. • 실온이 높다.
	• 축전지의 현저한 온도 상승 또는 소손	• 충전방치의 고장 • 과충전 • 액면 저하로 인한 극판의 노출 • 교류 전류의 유입이 크다.

(3) 부동충전방식 : 축전지와 부하를 충전기에 병렬로 접속하여 사용하는 충전방식으로 축전지의 자기방전을 보충함과 동시에 상용부하에 대한 전원공급은 충전기가 부담하고 충전기가 부담하기 어려운 일시적인 대전류 부하는 축전지가 부담토록 하는 방식

★★★ 출제년도 「12. 21.」 •점수 : 6점

문제 07 두 입력 상태가 같을 때 출력이 없고, 두 입력 상태가 다를 때 출력이 생기는 회로를 배타적 논리합(exclusive OR)회로라 한다. 그림과 같은 배타적 논리합회로에서 다음 각 물음에 답하시오.

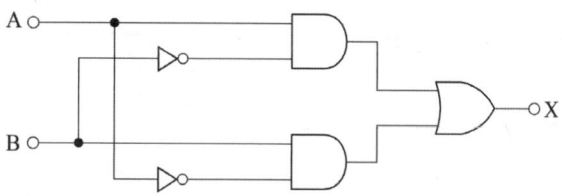

(1) 이 회로의 논리식을 쓰시오.
(2) 이 회로에 대한 유접점 릴레이(계전기) 회로를 그리시오.

(3) 이 회로의 타임차트를 완성하시오.

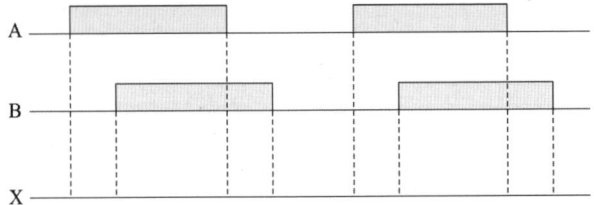

(4) 이 회로의 진리표를 완성하시오.

A	B	X

답안작성

(1) $X = A\overline{B} + \overline{A}B = A \oplus B$

(2)

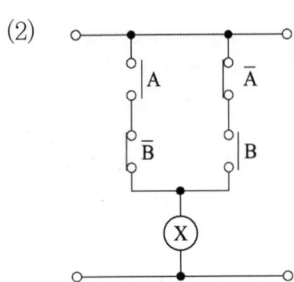

(3)

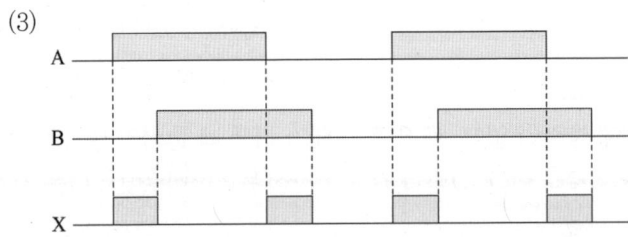

(4)

A	B	X
0	0	0
0	1	1
1	0	1
1	1	0

▼해설

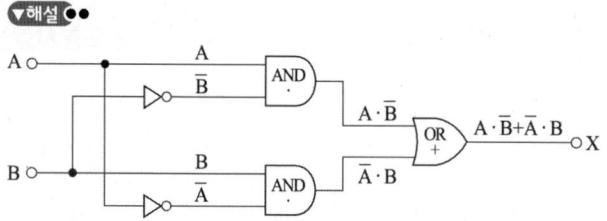

★★★ 출제년도 「96. 00. 01. 04. 07. 14. 21.」 •점수 : 5점

문제 08 3선식 배선에 의하여 상시 충전되는 유도등의 전기회로에 점멸기를 설치하는 경우에는 어느 때에 점등되도록 하여야 하는지 그 기준을 5가지 쓰시오.

답안작성
① 자동화재탐지설비의 감지기 또는 발신기가 작동되는 때
② 비상경보설비의 발신기가 작동되는 때
③ 상용전원이 정전되거나 전원선이 단선되었을 때
④ 방재업무를 통제하는 곳 또는 전기실의 배전반에서 수동으로 점등하는 때
⑤ 자동소화설비가 작동되는 때

▼해설

유도등의 전원
① 유도등의 배선기준
  1. 유도등의 인입선과 옥내배선은 직접 연결할 것
  2. 유도등은 전기회로에 점멸기를 설치하지 아니하고 항상 점등상태를 유지할 것. 다만, 특정소방대상물 또는 그 부분에 사람이 없거나 다음 각 목의 어느 하나에 해당하는 장소로서 3선식 배선에 따라 상시 충전되는 구조인 경우에는 그러하지 아니하다.
    가. 외부광(光)에 따라 피난구 또는 피난방향을 쉽게 식별할 수 있는 장소
    나. 공연장, 암실(暗室) 등으로서 어두워야 할 필요가 있는 장소
    다. 특정소방대상물의 관계인 또는 종사원이 주로 사용하는 장소
② 3선식 배선으로 상시 충전되는 유도등의 전기회로에 점멸기를 설치하는 경우에는 다음 각 호의 어느 하나에 해당되는 경우에 점등되도록 하여야 한다.
  1. 자동화재탐지설비의 감지기 또는 발신기가 작동되는 때
  2. 비상경보설비의 발신기가 작동되는 때
  3. 상용전원이 정전되거나 전원선이 단선되는 때
  4. 방재업무를 통제하는 곳 또는 전기실의 배전반에서 수동으로 점등하는 때
  5. 자동소화설비가 작동되는 때

문제 09 ★★★ 출제 년도 「18, 21.」 •점수 : 4점

자동화재탐지설비 및 시각경보장치의 화재안전기준 중 감지기 회로의 도통시험을 위한 종단저항 설치기준을 쓰시오.

답안작성
① 점검 및 관리가 쉬운 장소에 설치할 것
② 전용함을 설치하는 경우 그 설치 높이는 바닥으로부터 1.5m 이내로 할 것
③ 감지기 회로의 끝부분에 설치하며, 종단감지기에 설치할 경우에는 구별이 쉽도록 해당감지기의 기판 및 감지기 외부 등에 별도의 표시를 할 것

문제 10 ★★★ 출제 년도 「21.」 •점수 : 4점

누전경보기의 공칭작동전류치란 무엇인지 간략하게 쓰고 그 값은 얼마 이하로 하여야 하는지 쓰시오.

답안작성
(1) 공칭작동전류치 : 누전경보기를 작동시키기 위하여 필요한 누설전류의 값으로서 제조자에 의하여 표시된 값
(2) 값 : 200 mA 이하

▼해설
누전경보기의 형식승인 및 제품검사의 기술기준
제7조(공칭작동전류치)
① 누전경보기의 공칭작동전류치(누전경보기를 작동시키기 위하여 필요한 누설전류의 값으로서 제조자에 의하여 표시된 값을 말한다. 이하 같다)는 200 mA 이하이어야 한다.

문제 11 ★★ 출제 년도 「21.」 •점수 : 4점

어느 건축물에 자동화재탐지설비의 P형 수신기를 보니 예비전원감시등이 점등되어 있었다. 어떤 경우에 점등되는지 4가지만 쓰시오.

답안작성
① 예비전원 연결 커넥터 분리 또는 접속불량
② 예비전원이 불량인 경우
③ 예비전원용 퓨즈의 단선
④ 예비전원 충전부(또는 충전단자) 불량
⑤ 예비전원이 방전되어 완충상태에 도달하지 않은 경우 4가지 선택

문제 12

피난유도선은 햇빛이나 전등불에 따라 축광하거나 전류에 따라 빛을 발하는 유도체로서 어두운 상태에서 피난을 유도할 수 있도록 띠 형태로 설치되는 피난유도시설이다. 축광방식의 피난유도선의 설치기준 3가지를 쓰시오.

답안작성

① 구획된 각 실로부터 주출입구 또는 비상구까지 설치할 것
② 바닥으로부터 높이 50 [cm] 이하의 위치 또는 바닥 면에 설치할 것
③ 피난유도 표시부는 50 [cm] 이내의 간격으로 연속되도록 설치할 것
④ 부착대에 의하여 견고하게 설치할 것
⑤ 외광 또는 조명장치에 의하여 상시 조명이 제공되거나 비상조명등에 의한 조명이 제공되도록 설치할 것 중 3가지 선택

해설

피난유도선 설치기준
① 축광방식의 피난유도선 설치기준
  1. 구획된 각 실로부터 주출입구 또는 비상구까지 설치할 것
  2. 바닥으로부터 높이 50 cm 이하의 위치 또는 바닥 면에 설치할 것
  3. 피난유도 표시부는 50 cm 이내의 간격으로 연속되도록 설치
  4. 부착대에 의하여 견고하게 설치할 것
  5. 외광 또는 조명장치에 의하여 상시 조명이 제공되거나 비상조명등에 의한 조명이 제공되도록 설치할 것
② 광원점등방식의 피난유도선 설치기준
  1. 구획된 각 실로부터 주출입구 또는 비상구까지 설치할 것
  2. 피난유도 표시부는 바닥으로부터 높이 1 m 이하의 위치 또는 바닥 면에 설치할 것
  3. 피난유도 표시부는 50 cm 이내의 간격으로 연속되도록 설치하되 실내장식물 등으로 설치가 곤란할 경우 1 m 이내로 설치할 것
  4. 수신기로부터의 화재신호 및 수동조작에 의하여 광원이 점등되도록 설치할 것
  5. 비상전원이 상시 충전상태를 유지하도록 설치할 것
  6. 바닥에 설치되는 피난유도 표시부는 매립하는 방식을 사용할 것
  7. 피난유도 제어부는 조작 및 관리가 용이하도록 바닥으로부터 0.8 m 이상 1.5 m 이하의 높이에 설치할 것

문제 13

할론소화설비에 설치되는 방출표시등과 사이렌의 설치위치와 설치목적을 설명하시오.

설비	설치위치	설치목적
방출표시등		
사이렌		

답안작성

설비	설치위치	설치목적
방출표시등	방호구역 외부 출입구 부근 상부	소화약제의 방출을 알려 외부인의 출입을 금지시키기 위하여
사이렌	방호구역 내부 상부	음향으로 경보하여 실내의 사람을 안전한 곳으로 대피시키기 위하여

★★★ 출제년도 「16. 21.」 •점수 : 7점

문제 14 각 층의 높이가 4 m인 지하 2층, 지상 4층 소방대상물에 자동화재탐지설비의 경계구역을 설정하는 경우에 대하여 다음 물음에 답하시오.

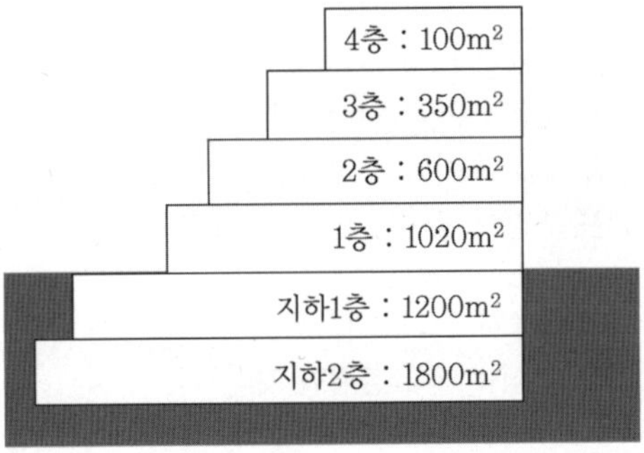

층	산출식	경계구역수
4층		
3층		
2층		
1층		
지하1층		
지하2층		
경계구역의 합계		

4층 : 100m²
3층 : 350m²
2층 : 600m²
1층 : 1020m²
지하1층 : 1200m²
지하2층 : 1800m²

(1) 층별 바닥면적이 그림과 같을 경우에 자동화재탐지설비 경계구역은 최소 몇 개로 구분하여야 하는지 산출식과 경계구역을 빈칸에 쓰시오.(단, 경계구역은 면적기준 만을 적용하며 계단, 경사로 및 피트 등의 수직경계구역의 면적을 제외한다.)

(2) 본 소방대상물에 계단과 엘리베이터가 각각 1개씩 설치되어 있는 경우 P형 1급 수신기는 몇 회로용을 설치해야 하는지 구하시오.

답안작성

(1)

층	산출식	경계구역수
4층	$\dfrac{100\text{m}^2}{600\text{m}^2} = 0.17$	1
3층	$\dfrac{350\text{m}^2}{600\text{m}^2} = 0.58$	1
2층	$\dfrac{600\text{m}^2}{600\text{m}^2} = 1$	1

층	산출식	경계구역수
1층	$\dfrac{1020\text{m}^2}{600\text{m}^2}=1.7$	2
지하1층	$\dfrac{1200\text{m}^2}{600\text{m}^2}=2$	2
지하2층	$\dfrac{1800\text{m}^2}{600\text{m}^2}=3$	3
경계구역의 합계		10

(2) 15회로용

▼해설

(1) 경계구역
  ① 자동화재탐지설비의 경계구역 설정기준
   1. 하나의 경계구역이 2개 이상의 건축물에 미치지 아니하도록 할 것
   2. 하나의 경계구역이 2개 이상의 층에 미치지 아니하도록 할 것. 다만, **500 m² 이하의 범위 안에서는 2개의 층을 하나의 경계구역**으로 할 수 있다.
   3. **하나의 경계구역의 면적은 600 m² 이하**로 하고 **한변의 길이는 50 m 이하**로 할 것. 다만, 해당 특정소방대상물의 주된 출입구에서 그 내부 전체가 보이는 것에 있어서는 한 변의 길이가 50 m의 범위 내에서 1,000 m² 이하로 할 수 있다.
  ② 계단(직통계단외의 것에 있어서는 떨어져 있는 상하계단의 상호간의 수평거리가 5 m 이하로서 서로 간에 구획되지 아니한 것에 한한다. 이하 같다)·경사로(에스컬레이터경사로 포함)·엘리베이터 승강로(권상기실이 있는 경우에는 권상기실)·린넨슈트·파이프 피트 및 덕트 기타 이와 유사한 부분에 대하여는 별도로 경계구역을 설정하되, 하나의 경계구역은 높이 45 m 이하(계단 및 경사로에 한한다)로 하고, 지하층의 계단 및 경사로(지하층의 층수가 1일 경우는 제외한다)는 별도로 하나의 경계구역으로 하여야 한다.
  ③ [주의사항]
   3층과 4층의 면적합계가 450 m²(100 m² + 350 m²)으로 500 m² 이하이므로 2개의 층을 하나의 경계구역을 설정할 수 있으나 문제에서 표를 제시였으므로 3층과 4층을 별도의 경계구역으로 해석하여야 한다.
   표의 구분없이 최소 경계구역 산정일 경우에는 3층과 4층을 묶어서 경계구역을 산출한다.
   $\dfrac{(100\,\text{m}^2+350\,\text{m}^2)}{500\,\text{m}^2}=0.9 \rightarrow$ 1개

(2) 수신기의 회로수
  ① 면적에 따른 경계구역의 수 : 10회로
  ② 엘리베이터 : 1회로
  ③ 계단은 지상층과 지하층을 분리하여 경계구역을 설정하여야 하므로 2회로
  ④ 회로수 합계 : 10+1+2 = 13회로
  ⑤ 수신기의 회로수는 5회로, 10회로, 15회로, 20회로, 25회로, 30회로 등 5의 배수로 제작되므로 이 건축물에는 15회로용의 수신기를 설치하여야 한다.

★★★ 출제년도 「97. 99. 03. 21.」 •점수 : 6점

문제 15 그림과 같은 시퀀스 회로에서 X접점이 닫혀서 폐회로가 될 때 타이머 T_1(설정시간 : t_1), T_2(설정시간 : t_2), 릴레이 R, 신호등 PL에 대한 타임차트를 완성하시오. 단, 설정시간 이외의 시간지연은 없다고 본다.

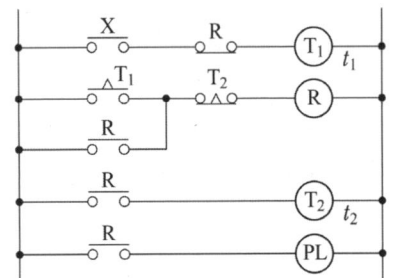

답안작성

★★★ 출제년도 「21.」 •점수 : 6점

문제 16 P형 수신기와 감지기 사이에 연결된 선로에 배선저항 10[Ω], 종단저항 10[kΩ], 릴레이저항 950[Ω]이고 감시전류가 2.4[mA]일 때 다음 각 물음에 답하시오.
(1) 수신기의 단자전압[V]을 산출하시오.
(2) 작동전류[mA]를 산출하시오.

답안작성

(1) 수신기의 단자전압[V]
$$2.4 \times 10^{-3} = \frac{V}{10 + 950 + 10 \times 10^3}$$
$$V = 26.304 = 26.3[V]$$

(2) 작동전류[mA] $= \frac{26.3}{10 + 950} \times 10^3 = 27.395 = 27.4[mA]$

▼해설 ●●

감시전류 : $\dfrac{\text{전압}}{\text{배선저항}+\text{릴레이저항}+\text{종단저항}}$

작동전류 : $\dfrac{\text{전압}}{\text{배선저항}+\text{릴레이저항}}$

★★★ 출제년도 「21」 •점수 : 5점

문제 17 지하3층, 지상5층인 특정소방대상물에 자동화재탐지설비를 설치하는 경우 경보방식을 우선경보방식으로 할 때 경보가 정상적으로 작동할 수 있도록 다이오드를 추가하여 미완성된 도면을 완성하시오.(단, 여기서 ⒷB는 경종이다.)

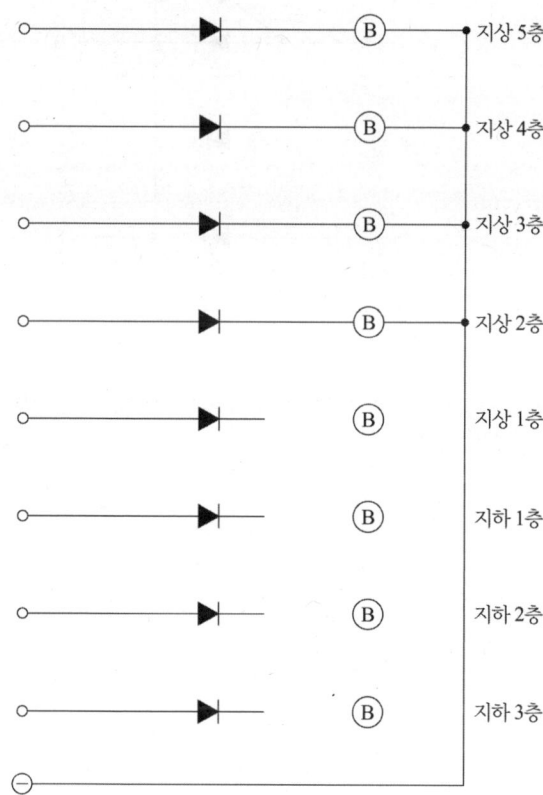

답안작성

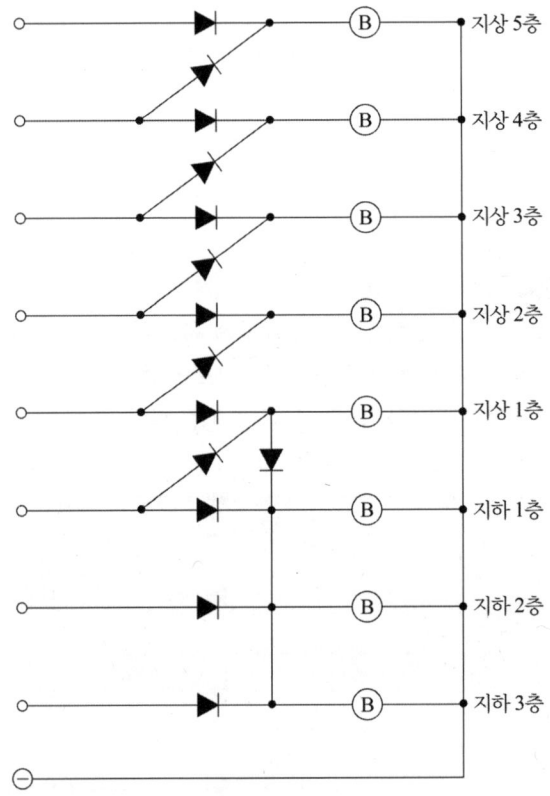

해설

우선경보방식이 11층(공동주택인 경우 16층) 이상인 특정소방대상물로 변경되어 현재 기준에는 맞지 않는 문제입니다.

★★★ 출제년도 「21.」 •점수 : 7점

문제 18 다음은 Y-△기동에 대한 시퀀스도를 나타낸 것이다. 도면을 보고 다음 각 물음에 답하시오.

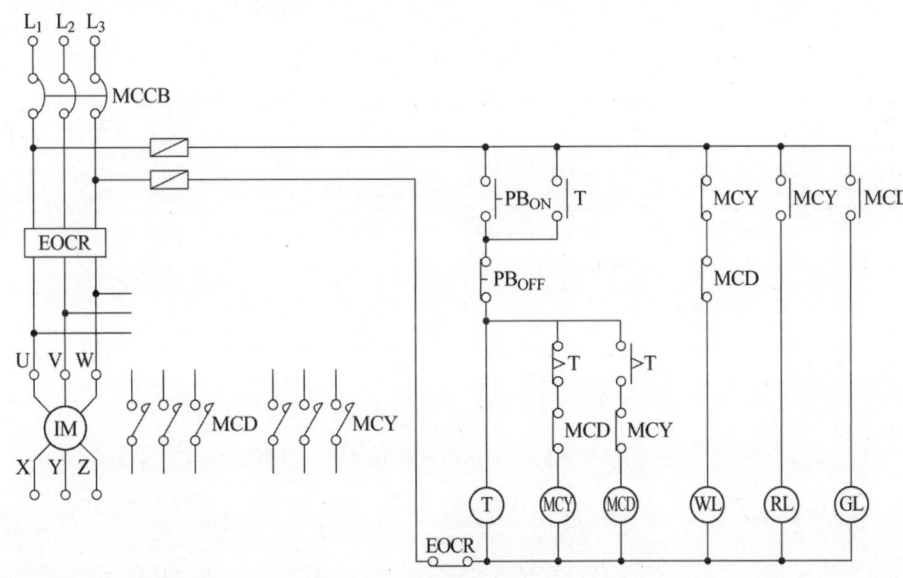

(1) 도면의 미완성부분을 결선하고 접점을 표시하시오.
(2) 회로에서 표시등 WL, RL, GL은 각각 전동기의 어떤 상태를 나타내는지 쓰시오.

답안작성

(1)
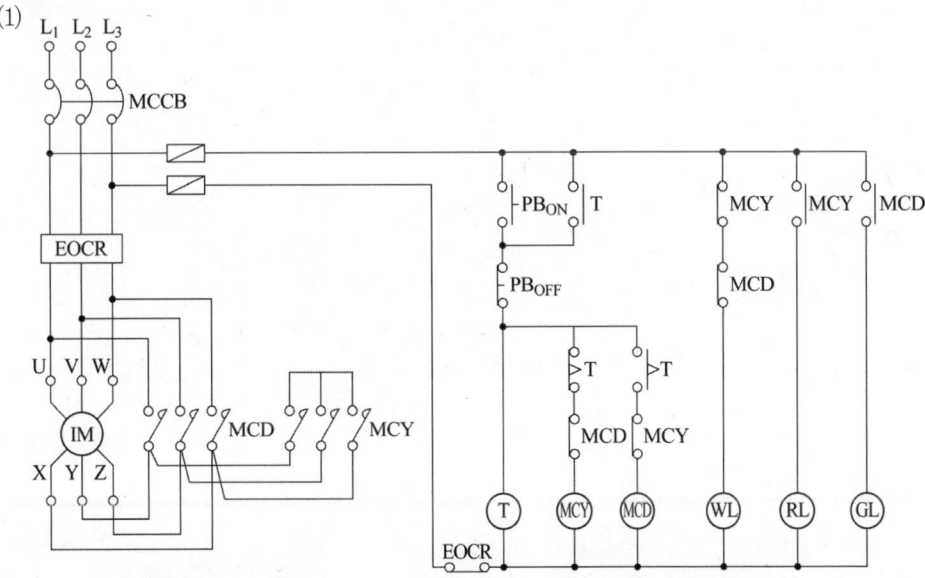

(2) WL : 전동기 정지표시
  RL : Y기동 표시
  GL : △운전 표시

Engineer
Fire Protection System

2022 기출문제
소방설비기사 실기 (전기분야)

2022년 기사 제1회 실기시험

Engineer Fire Protection System

자격종목	시험시간	시행일	수험번호	성명
소방설비기사(전기분야)	3시간	2022.5.7		

※ 다음 물음의 답을 해당 답란에 답하시오.(배점 : 100점)

문제 01 ★★★ 출제년도 「22」 •점수 : 5점

다음은 특정소방대상물의 관계인이 특정소방대상물에 설치・관리해야 하는 소방시설의 종류 중 자동화재탐지설비를 설치하여야 하는 특정소방대상물의 일부를 나타낸 것이다. 연면적 또는 바닥면적 등의 기준을 쓰시오.(단, 면적제한이 없는 경우에는 전부라고 쓴다.)

(1) 판매시설
(2) 판매시설 중 전통시장
(3) 복합건축물
(4) 업무시설
(5) 교육연구시설

답안작성

(1) 판매시설 : 연면적 1000m² 이상
(2) 판매시설 중 전통시장 : 전부
(3) 복합건축물 : 연면적 600m² 이상
(4) 업무시설 : 연면적 1000m² 이상
(5) 교육연구시설 : 연면적 2000m² 이상

▼해설

자동화재탐지설비를 설치하여야 하는 특정소방대상물
1) 공동주택 중 아파트등・기숙사 및 숙박시설의 경우에는 모든 층
2) 층수가 6층 이상인 건축물의 경우에는 모든 층
3) **근린생활시설(목욕장은 제외한다)**, **의료시설(정신의료기관 및 요양병원은 제외한다)**, 위락시설, 장례시설 및 **복합건축물로서 연면적 600m² 이상**인 경우에는 모든 층
4) **근린생활시설 중 목욕장**, 문화 및 집회시설, 종교시설, **판매시설**, 운수시설, 운동시설, **업무시설**, 공장, 창고시설, 위험물 저장 및 처리 시설, 항공기 및 자동차 관련 시설, 교정 및 군사시설 중 국방・군사시설, 방송통신시설, 발전시설, 관광 휴게시설, 지하가(터널은 제외한다)로서 **연면적 1천m² 이상**인 경우에는 모든 층
5) **교육연구시설**(교육시설 내에 있는 기숙사 및 합숙소를 포함한다), 수련시설(수련시설 내에 있는 기숙사 및 합숙소를 포함하며, 숙박시설이 있는 수련시설은 제외한다), 동물 및 식물 관련 시설(기둥과 지붕만으로 구성되어 외부와 기류가 통하는 장소는 제외한다), 자원순환 관련 시설, 교정 및 군사시설(국방・군사시설은 제외한다) 또는 묘지 관련 시설로서 **연면적 2천m² 이상**인 경우에는 모든 층
6) 노유자 생활시설의 경우에는 모든 층
7) 6)에 해당하지 않는 노유자 시설로서 연면적 400m² 이상인 노유자 시설 및 숙박시설이 있는 수

련시설로서 수용인원 100명 이상인 경우에는 모든 층
8) 의료시설 중 정신의료기관 또는 요양병원으로서 다음의 어느 하나에 해당하는 시설
   가) 요양병원(의료재활시설은 제외한다)
   나) 정신의료기관 또는 의료재활시설로 사용되는 바닥면적의 합계가 300m² 이상인 시설
   다) 정신의료기관 또는 의료재활시설로 사용되는 바닥면적의 합계가 300m² 미만이고, 창살(철재·플라스틱 또는 목재 등으로 사람의 탈출 등을 막기 위하여 설치한 것을 말하며, 화재 시 자동으로 열리는 구조로 되어 있는 창살은 제외한다)이 설치된 시설
9) 판매시설 중 전통시장
10) 지하가 중 터널로서 길이가 1천m 이상인 것
11) 지하구
12) 3)에 해당하지 않는 근린생활시설 중 조산원 및 산후조리원
13) 4)에 해당하지 않는 공장 및 창고시설로서 「화재의 예방 및 안전관리에 관한 법률 시행령」 별표 2에서 정하는 수량의 500배 이상의 특수가연물을 저장·취급하는 것
14) 4)에 해당하지 않는 발전시설 중 전기저장시설

문제 02 ★★★ 출제년도 「22.」 •점수 : 4점

비상콘센트설비에 대한 다음 각 물음에 답하시오.
(1) 비상콘센트설비의 전원회로의 배선은 무슨 배선인가?
(2) 전원회로의 종류, 전압 및 그 공급용량을 쓰시오.
(3) 전원으로부터 각 층의 비상콘센트에 분기되는 경우에는 보호함안에 무엇을 설치해야 하는가?

답안작성

(1) 내화배선
(2) 전원회로의 종류 : 단상교류, 전압 : 220V, 공급용량 : 1.5kVA 이상
(3) 분기배선용차단기

▼해설

① 비상콘센트설비의 전원회로의 배선은 내화배선으로, 그 밖의 배선은 내화배선 또는 내열배선으로 할 것
② 비상콘센트설비의 전원회로는 단상교류 220V인 것으로서, 그 공급용량은 1.5kVA 이상인 것으로 할 것
③ 전원으로부터 각 층의 비상콘센트에 분기되는 경우에는 분기배선용 차단기를 보호함 안에 설치할 것

문제 03 ★★ 출제년도 「99. 02. 22.」 •점수 : 3점

가요전선관 공사에서 다음에 사용되는 재료의 명칭은 무엇인가?
(1) 가요전선관과 박스의 연결
(2) 가요전선관과 금속전선관의 연결

(3) 가요전선관과 가요전선관의 연결

답안작성
(1) 스트레이트박스 커넥터
(2) 컴비네이션 커플링
(3) 스프리트 커플링

해설

스트레이트박스 커넥터	컴비네이션 커플링	스프리트 커플링

문제 04 ★★★ 출제년도 「22.」 •점수 : 3점

길이 60m의 통로에 객석유도등을 설치하려고 한다. 이때 필요한 객석유도등의 수량은 최소 몇 개인가?

답안작성

$$\text{설치수량} = \frac{\text{객석통로의 직선부분의 길이(m)}}{4} - 1 = \frac{60\text{m}}{4} - 1 = 14\text{개}$$

문제 05 ★★★ 출제년도 「22.」 •점수 : 4점

다음 소방시설의 도시기호에 대한 명칭을 쓰시오.

도시기호	명칭	도시기호	명칭
⊠	(1)	▭	(2)
▭	(3)	⊠	(4)

답안작성
(1) 수신기   (2) 표시반   (3) 부수신기   (4) 제어반

해설

도시기호	명칭	도시기호	명칭
⊠	수신기	▭	표시반
▭	부수신기	⊠	제어반

문제 06 ★★★ 출제년도 「22.」 •점수 : 5점

3선식 배선으로 상시 충전되는 유도등의 전기회로에 점멸기를 설치하는 경우에는 어느 때에 점등되도록 해야 하는지 그 기준을 5가지 쓰시오.

답안작성
① 자동화재탐지설비의 감지기 또는 발신기가 작동되는 때
② 비상경보설비의 발신기가 작동되는 때
③ 상용전원이 정전되거나 전원선이 단선되는 때
④ 방재업무를 통제하는 곳 또는 전기실의 배전반에서 수동으로 점등하는 때
⑤ 자동소화설비가 작동되는 때

문제 07 ★★★ 출제년도 「22.」 •점수 : 6점

자동화재탐지설비 및 시각경보장치의 화재안전기준 중 중계기 설치기준 3가지를 쓰시오.

답안작성
① 수신기에서 직접 감지기회로의 도통시험을 하지 않는 것에 있어서는 수신기와 감지기 사이에 설치할 것
② 조작 및 점검에 편리하고 화재 및 침수 등의 재해로 인한 피해를 받을 우려가 없는 장소에 설치할 것
③ 수신기에 따라 감시되지 않는 배선을 통하여 전력을 공급받는 것에 있어서는 전원입력측의 배선에 과전류차단기를 설치하고 해당 전원의 정전이 즉시 수신기에 표시되는 것으로 하며, 상용전원 및 예비전원의 시험을 할 수 있도록 할 것

문제 08 ★ 출제년도 「22.」 •점수 : 4점

다음은 비상전원수전설비의 화재안전기준 중 큐비클형 설치기준의 일부를 나타낸 것이다. 괄호 안의 번호에 알맞은 답을 쓰시오.

- (①) 또는 공용큐비클식으로 설치할 것
- 외함은 두께 (②) mm 이상의 강판과 이와 동등 이상의 강도와 (③)이 있는 것으로 제작해야 하며, 개구부에는 「건축법 시행령」 제64조에 따른 방화문으로서 (④) 방화문, (⑤) 방화문 또는 30분 방화문으로 설치할 것
- 외함의 바닥에서 (⑥) cm(시험단자, 단자대 등의 충전부는 (⑦) cm) 이상의 높이에 설치할 것

답안작성
① 전용큐비클 ② 2.3 ③ 내화성능 ④ 60분+ ⑤ 60분 ⑥ 10 ⑦ 15

▼해설
큐비클형 적합 설치기준
① 전용큐비클 또는 공용큐비클식으로 설치할 것

② 외함은 두께 2.3mm 이상의 강판과 이와 동등 이상의 강도와 내화성능이 있는 것으로 제작해야 하며, 개구부(2.2.3.3의 각 기준에 해당하는 것은 제외한다)에는 「건축법 시행령」 제64조에 따른 방화문으로서 60분+ 방화문, 60분 방화문 또는 30분 방화문으로 설치할 것
③ 외함의 바닥에서 10 cm(시험단자, 단자대 등의 충전부는 15 cm) 이상의 높이에 설치할 것

★★★ 출제년도 「22.」 •점수 : 4점

문제 09 수신기로부터 배선거리 100m의 위치에 제연설비의 제연댐퍼가 설치되어 있다. 제연댐퍼가 동작할 때 댐퍼의 단자전압을 구하시오.(단, 수신기의 전압은 24V, 사용전선은 HFIX이며, 전선의 직경은 1.5mm, 전류는 1A이다.)

답안작성

전선의 단면적 $A = \frac{\pi}{4}d^2 = \frac{\pi}{4} \times 1.5^2 = 1.77 \text{mm}^2$

전압강하 $e = \frac{35.6LI}{1000A} = \frac{35.6 \times 100 \times 1}{1000 \times 1.77} = 2.01\text{V}$

댐퍼의 단자전압 $= 24\text{V} - 2.01\text{V} = 21.99\text{V}$

★★★ 출제년도 「22.」 •점수 : 6점

문제 10 다음은 누전경보기의 형식승인 및 제품검사의 기술기준을 나타낸 것이다. 다음 각 물음에 답하시오.
(1) 변류기의 절연저항을 측정할 때 사용하는 기구의 명칭을 쓰시오.
(2) 변류기의 절연저항을 측정하였을 경우 절연저항값은 몇 [MΩ] 이상이어야 하는가?
(3) 감도조정장치의 조정범위의 최소수치 및 최대수치를 쓰시오.
(4) 누전경보기의 공칭작동전류치는 몇 [mA]이어야 하는가?

답안작성

(1) DC 500 V의 절연저항계
(2) 5 MΩ 이상
(3) 최소수치 200 mA, 최대수치 1 A(또는 1000 mA)
(4) 200 mA 이하

▼해설

1. 제7조(공칭작동전류치)
   ① 누전경보기의 공칭작동전류치(누전경보기를 작동시키기 위하여 필요한 누설전류의 값으로서 제조자에 의하여 표시된 값을 말한다. 이하 같다)는 **200 mA 이하**이어야 한다.
   ② 제1항의 규정은 감도조정장치를 가지고 있는 누전경보기에 있어서도 그 **조정범위의 최소치에 대하여 이를 적용**한다.
2. 제8조(감도조정장치) 감도조정장치를 갖는 누전경보기에 있어서 감도조정장치의 조정범위는 **최대치가 1 A** 이어야 한다.

3. 제19조(절연저항시험) 변류기는 **DC 500 V의 절연저항계**로 다음 각 호에 의한 시험을 하는 경우 5 MΩ 이상이어야 한다.
   ① 절연된 1차권선과 2차권선간의 절연저항
   ② 절연된 1차권선과 외부금속부간의 절연저항
   ③ 절연된 2차권선과 외부금속부간의 절연저항

문제 11 비상경보용으로 방송설비를 설치시 음량조정기를 설치하는 경우에는 3선식 배선으로 하여야 한다. 음량조정기 3선식 배선도를 완성하시오.

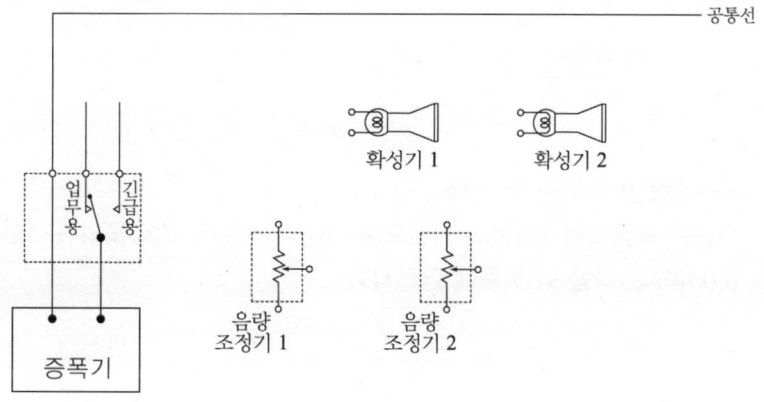

답안작성

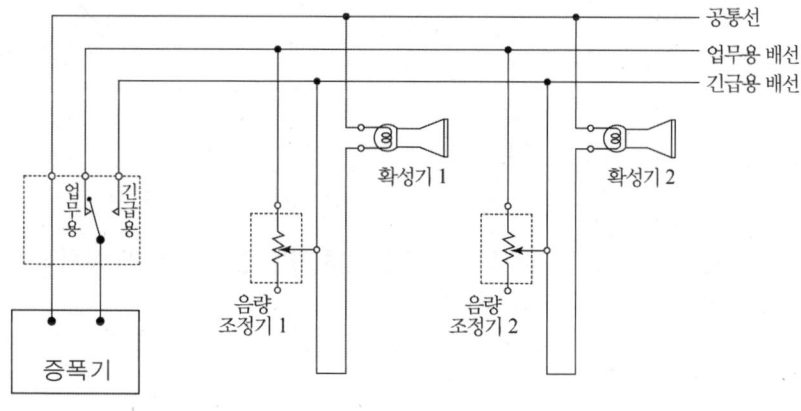

▼해설

음량조정기를 설치하는 경우 음량조정기의 배선은 3선식으로 하여야 한다.

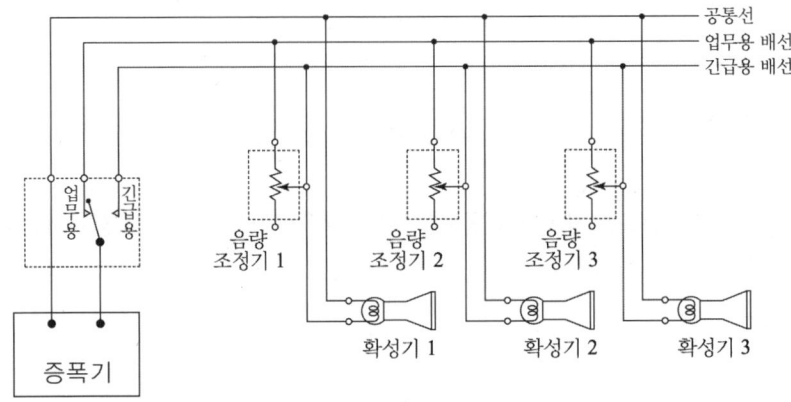

문제 12 ★★★ 출제년도 「21, 22」 •점수 : 7점

다음은 특정소방대상물의 평면도를 나타낸 것이다. 건축물의 구조는 내화구조, 층 높이는 5.0m이다. 다음 각 물음에 답하시오.

```
   | 10 m |    20 m    | 10 m |
   ┌──────┬────────────┬──────┐
   │  A   │            │      │  7 m
   │      │     C      │  D   │
   ├──────┤            │      │
   │      ├────────────┴──────┤  8 m
   │  B   │                   │
   │      │        E          │
   │      │                   │  8 m
   └──────┴───────────────────┘
```

(1) 광전식 스포트형 감지기 제2종을 설치하는 경우 각 실에 설치되는 감지기의 최소 수량을 구하시오.

구분	계산과정	수량(개)
A		
B		
C		
D		
E		

(2) 최소 경계구역의 수를 구하시오.

답안작성

(1)

구분	계산과정	수량(개)
A	$\dfrac{10\text{m} \times 7\text{m}}{75\text{m}^2} = 0.93$	1
B	$\dfrac{10\text{m} \times (8\text{m}+8\text{m})}{75\text{m}^2} = 2.13$	3
C	$\dfrac{20\text{m} \times (7\text{m}+8\text{m})}{75\text{m}^2} = 4$	4
D	$\dfrac{10\text{m} \times (7\text{m}+8\text{m})}{75\text{m}^2} = 2$	2
E	$\dfrac{(20\text{m}+10\text{m}) \times 8\text{m}}{75\text{m}^2} = 3.2$	4

(2) 경계구역 수

$$\frac{(10\text{m}+20\text{m}+10\text{m}) \times (7\text{m}+8\text{m}+8\text{m})}{600\text{m}^2} = 1.533 = 2\text{구역}$$

해설

(1) 부착높이에 따른 연기감지기의 종류

부착높이	감지기의 종류(단위 : m²)	
	1종 및 2종	3종
4m 미만	150	50
4m 이상 20m 미만	75	—

(2) 자동화재탐지설비의 경계구역 설정기준
　1. 하나의 경계구역이 2개 이상의 건축물에 미치지 아니하도록 할 것
　2. 하나의 경계구역이 2개 이상의 층에 미치지 아니하도록 할 것. 다만, 500 m² 이하의 범위안에서는 2개의 층을 하나의 경계구역으로 할 수 있다.
　3. 하나의 경계구역의 면적은 600 m² 이하로 하고 한변의 길이는 50 m 이하로 할 것. 다만, 해당 특정소방대상물의 주된 출입구에서 그 내부 전체가 보이는 것에 있어서는 한 변의 길이가 50 m의 범위 내에서 1,000 m² 이하로 할 수 있다.

문제 13

★★★ 출제년도 「07. 12. 20. 22.」 •점수 : 5점

주어진 동작설명에 적합하도록 미완성된 시퀀스 제어회로를 완성하시오.
(단, 각 접점 및 스위치에는 접점 명칭을 반드시 기입하도록 한다.)

◀작동설명▶

- 전원을 투입하면 표시램프 ⓖⓛ이 점등되도록 한다.
- 전동기 운전용 누름버튼 스위치인 PBS_1-a를 누르면 전자접촉기 ⓜⓒ가 여자되어 전동기가 기동되며, 동시에 전자접촉기 보조 a접점인 MC-a 접점에 의하여 전동기 운전등인 ⓡⓛ이 점등된다. 이때 전자접촉기 보조 b접점인 MC-b에 의하여 ⓖⓛ이 소등되며, 또한 타이머 ⓣ가 여자되어 타이머 설정시간 후에 타이머 b접점 T-b가 떨어지므로 전자접촉기 ⓜⓒ가 소자되어 전동기가 정지하고, 모든 접점은 PBS_1-a를 누르기 전의 상태로 복귀한다.
- 전동기가 정상운전 중이라도 정지용 누름버튼 스위치 PBS_2-b를 누르면 PBS_1-a를 누르기 전의 상태로 된다.
- 전동기에 과전류가 흐르면 열동계전기 접점인 THR-b 접점이 떨어져서 전동기는 정지하고 모든 접점은 PBS_1-a를 누르기 전의 상태로 복귀한다. 이때 경고등 ⓨⓛ이 점등된다.

★★★ 출제년도 「07. 17. 22.」 •점수 : 9점

문제 14 다음의 도면은 준비작동식 스프링클러 소화설비에 사용되는 슈퍼비조리(Supervisory) 판넬의 결선 회로도의 미완성 도면이다. 다음 물음에 답하시오.

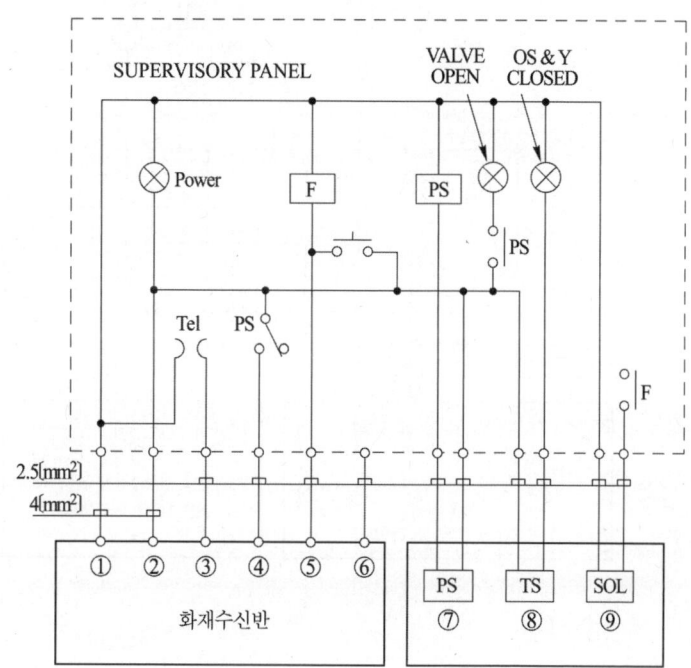

(1) ①~⑥ 단자의 단자명은 각각 무엇인가?
   ①   ②
   ③   ④
   ⑤   ⑥

(2) ⑦~⑨에 표기된 심벌은 각각 무엇인가?
   ⑦
   ⑧
   ⑨

(3) 미완성 도면을 완성하시오.

답안작성

(1) ① 전원 ⊖   ② 전원 ⊕
    ③ 전화   ④ 밸브개방확인
    ⑤ 밸브기동   ⑥ 밸브주의
(2) ⑦ 압력스위치 (Pressure Switch)
    ⑧ 탬퍼 스위치 (Tamper Switch)
    ⑨ 솔레노이드 밸브(Solenoid Valve)

(3)

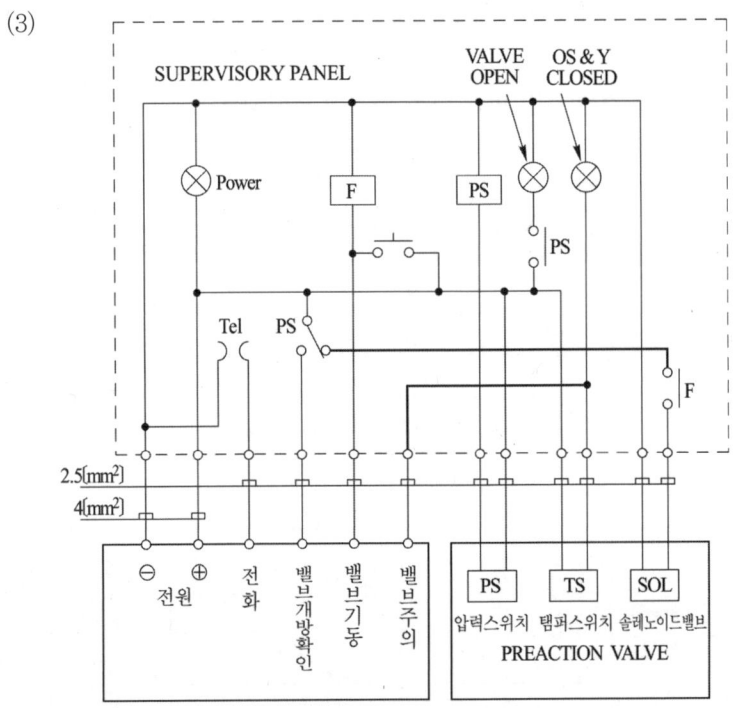

★ 출제 년도 「22.」 •점수 : 10점

문제 15 다음 각 물음에 답하시오.

1) 다음 회로에서 램프 L의 작동을 주어진 타임차트(Time Chart)에 표시하시오.
(단, PB : 누름버튼스위치, LS : 리미트스위치, X : 릴레이)

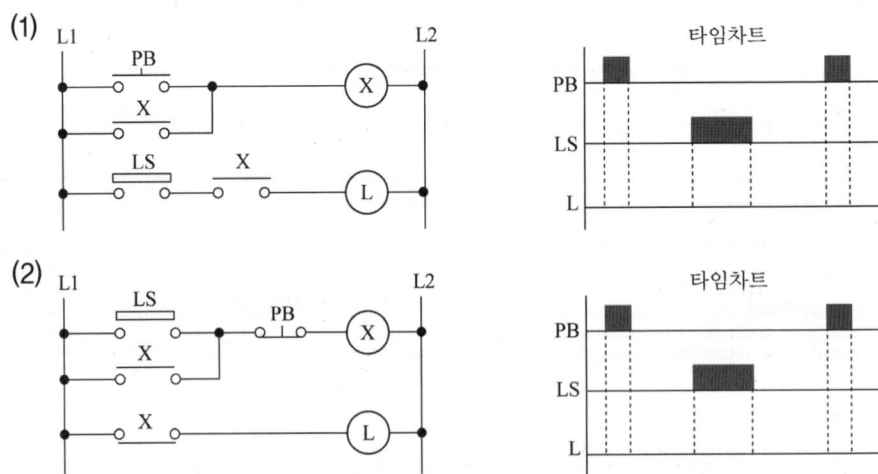

2) 1)의 유접점회로를 참고하여 무접점 회로를 그리시오.

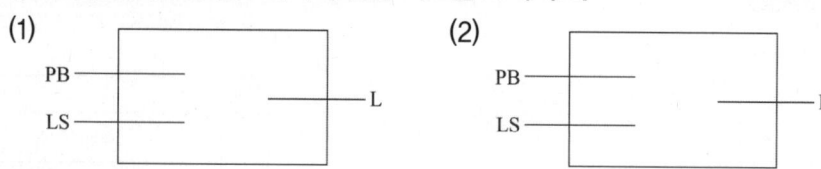

답안작성

1) (1) (2)

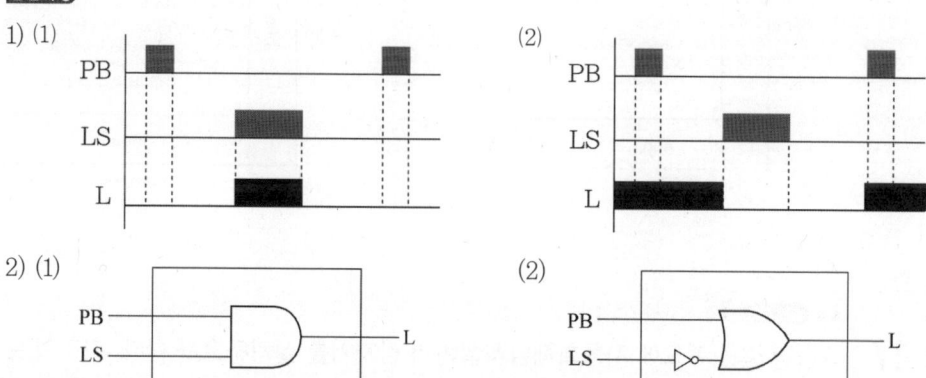

2) (1) (2)

해설

⑴ 누름버튼스위치 PB를 누르면 릴레이 X가 여자된 상태에서 리미트스위치 LS가 폐로되면 램프 L이 점등된다.
  논리식 $L = LS \cdot X = LS \cdot (PB+X)$

⑵ 평상시 램프 L이 점등상태에 있다가 리미트스위치 LS가 폐로되면 릴레이 X가 여자되어 램프 L은 소등된다. 리미트스위치 LS가 개로 되어도 자기유지에 의하여 램프 L은 소등상태를 유지한다. 누름버튼스위치 PB를 누르면 릴레이 X는 소자, 램프 L은 점등된다.
  논리식 $L = \overline{(LS+X) \cdot \overline{PB}} = \overline{LS} + \overline{X} + PB$

★★★ 출제년도 「22.」 •점수 : 6점

문제 16 다음 그림과 같은 건축물의 최소 경계구역 수를 산출하시오.

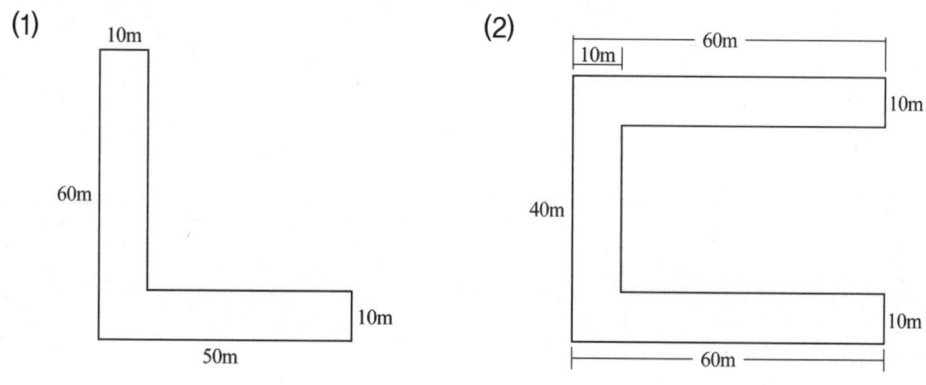

(1) 2개

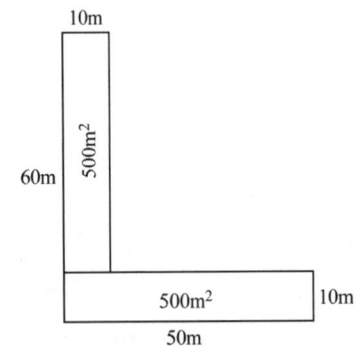

(2) 3개

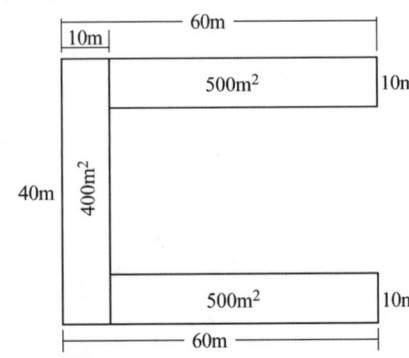

★★ 출제년도 「22.」 •점수 : 6점

문제 17 그림과 같은 복도에 자동화재탐지설비의 감지기를 설치하고자 한다. 각각의 도면에 연기감지기 2종과 연기감지기 3종을 배치하고 감지기 간 및 복도와 감지기 간 거리를 각각 표시하시오.

(1) 연기감지기 2종

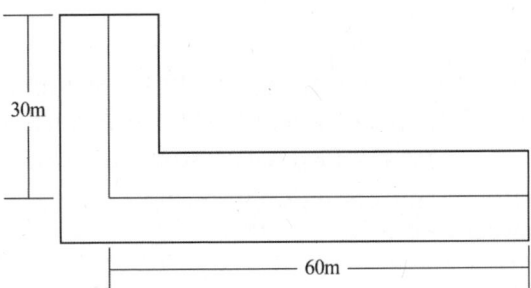

(2) 연기감지기 3종

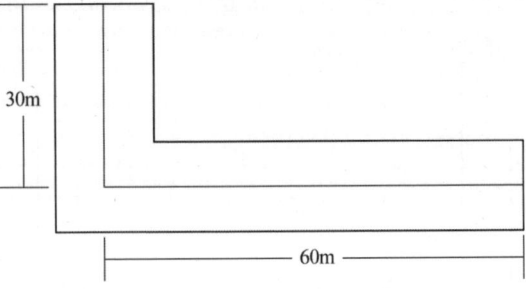

답안작성

(1) 연기감지기 2종

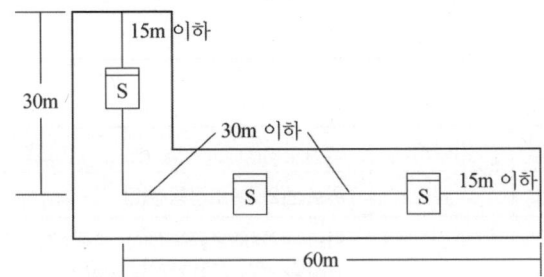

(2) 연기감지기 3종

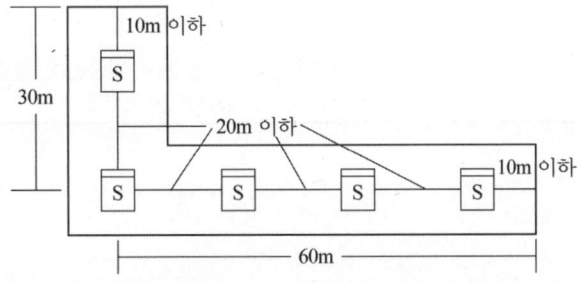

▼해설

감지기는 복도 및 통로에 있어서는 **보행거리 30 m(3종에 있어서는 20 m)**마다, 계단 및 경사로에 있어서는 수직거리 15 m(3종에 있어서는 10 m)마다 1개 이상으로 할 것

★★★ 출제년도 「11. 14. 22.」 •점수 : 5점

문제 18 다음은 옥내소화전설비를 겸용한 자동화재탐지설비의 계통도이다. "㉮"~"㉲"의 전선가닥수를 주어진 표의 빈칸에 쓰시오.(단, 옥내소화전은 기동용 수압개폐장치를 이용하는 방식이다.)

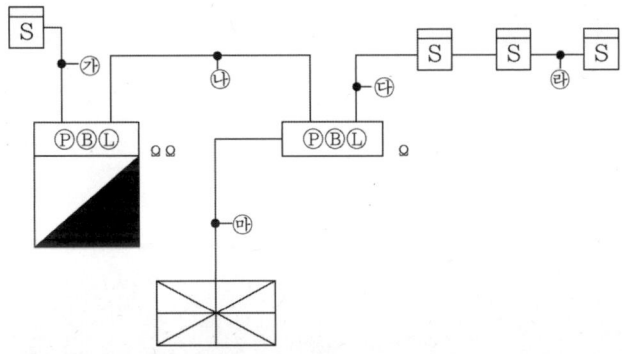

㉮	㉯	㉰	㉱	㉲

답안작성

㉮	㉯	㉰	㉱	㉲
4	9	4	4	10

해설

기호	가닥수	내역
㉮	4	회로선(2), 회로공통선(2)
㉯	9	회로선(2), 회로공통선(1), 경종선(1), 경종표시등공통선(1), 응답선(1), 표시등선(1), 기동확인표시등(2)
㉰	4	회로선(2), 회로공통선(2)
㉱	4	회로선(2), 회로공통선(2)
㉲	10	회로선(3), 회로공통선(1), 경종선(1), 경종표시등공통선(1), 응답선(1), 표시등선(1), 기동확인표시등(2)

2022년
기사 제2회 실기시험

Engineer Fire Protection System

자격종목	시험시간	시행일	수험번호	성명
소방설비기사(전기분야)	3시간	2022.7.24		

※ 다음 물음의 답을 해당 답란에 답하시오.(배점 : 100점)

★★★ 출제년도 「22.」 •점수 : 6점

문제 01 다음 그림과 같은 건축물의 최소 경계구역 수를 산출하시오.

(1)
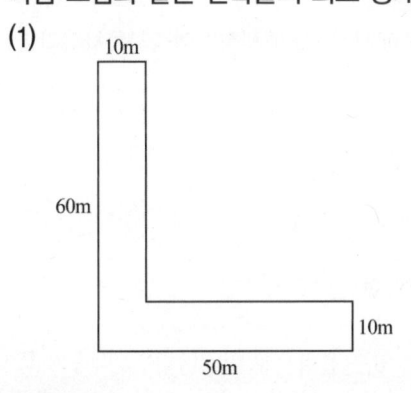

(2)
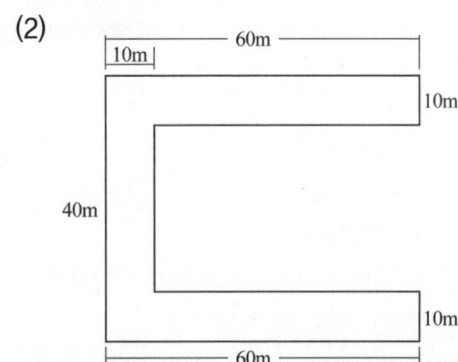

답안작성

(1) 2개

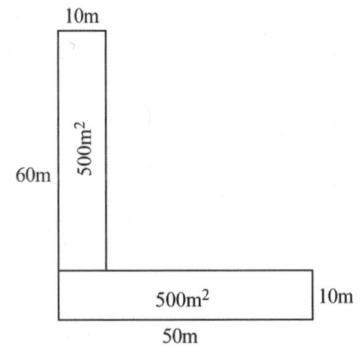

(2) 3개

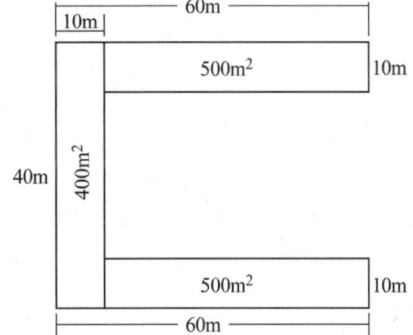

문제 02

★★★ 출제년도 「22.」 •점수 : 4점

다음은 유도등의 비상전원에 대한 설치기준을 나타낸 것이다. 괄호 안의 번호에 알맞은 답을 쓰시오.

> 비상전원은 다음의 기준에 적합하게 설치해야 한다.
> 1. (①)로 할 것
> 2. 유도등을 (②)분 이상 유효하게 작동시킬 수 있는 용량으로 할 것. 다만, 다음의 특정소방대상물의 경우에는 그 부분에서 피난층에 이르는 부분의 유도등을 (③)분 이상 유효하게 작동시킬 수 있는 용량으로 해야 한다.
>   가. 지하층을 제외한 층수가 11층 이상의 층
>   나. 지하층 또는 무창층으로서 용도가 도매시장·소매시장·여객자동차터미널·지하역사 또는 지하상가

답안작성

① 축전지   ② 20   ③ 60

▼해설

비상전원은 다음의 기준에 적합하게 설치해야 한다.
1. 축전지로 할 것
2. 유도등을 20분 이상 유효하게 작동시킬 수 있는 용량으로 할 것. 다만, 다음의 특정소방대상물의 경우에는 그 부분에서 피난층에 이르는 부분의 유도등을 60분 이상 유효하게 작동시킬 수 있는 용량으로 해야 한다.
   가. 지하층을 제외한 층수가 11층 이상의 층
   나. 지하층 또는 무창층으로서 용도가 도매시장·소매시장·여객자동차터미널·지하역사 또는 지하상가

문제 03

★★★ 출제년도 「22.」 •점수 : 5점

다음은 비상방송설비의 설치기준 중 일부분을 나타낸 것이다. 괄호 안의 번호에 알맞은 답을 쓰시오.

> – 확성기의 음성입력은 실내에 설치하는 것에 있어서는 (①) W 이상일 것
> – 확성기는 각 층마다 설치하되, 그 층의 각 부분으로부터 하나의 확성기까지의 수평거리가 (②) m 이하가 되도록 하고, 해당 층의 각 부분에 유효하게 경보를 발할 수 있도록 설치할 것
> – 음량조정기를 설치하는 경우 음량조정기의 배선은 (③)으로 할 것
> – 조작부의 조작스위치는 바닥으로부터 (④) m 이상 (⑤) m 이하의 높이에 설치할 것

답안작성

① 1   ② 25   ③ 3선식   ④ 0.8   ⑤ 1.5

▼해설●●

① 확성기의 음성입력은 3 W(실내에 설치하는 것에 있어서는 1 W) 이상일 것
② 확성기는 각 층마다 설치하되, 그 층의 각 부분으로부터 하나의 확성기까지의 수평거리가 25 m 이하가 되도록 하고, 해당 층의 각 부분에 유효하게 경보를 발할 수 있도록 설치할 것
③ 음량조정기를 설치하는 경우 음량조정기의 배선은 3선식으로 할 것
④ 조작부의 조작스위치는 바닥으로부터 0.8 m 이상 1.5 m 이하의 높이에 설치할 것
⑤ 조작부는 기동장치의 작동과 연동하여 해당 기동장치가 작동한 층 또는 구역을 표시할 수 있는 것으로 할 것
⑥ 증폭기 및 조작부는 수위실 등 상시 사람이 근무하는 장소로서 점검이 편리하고 방화상 유효한 곳에 설치할 것

문제 04

다음의 소방시설 도시기호에 따른 명칭을 쓰시오.

Ⓑ	◁∈	∪	⑤

답안작성

Ⓑ	◁∈	∪	⑤
비상벨	싸이렌	정온식스포트형감지기	연기감지기

문제 05

3상 380V, 60[Hz], 15[kW] 스프링클러설비 펌프용 유도전동기의 역률이 85%일 때 역률을 95%로 개선하려 전력용 콘덴서를 설치하고자 한다. 다음 각 물음에 답하시오.

(1) 역률 개선시 필요한 전력용콘덴서의 용량[kVA] 산출하시오.
(2) 전력용콘덴서를 △결선으로 접속하여 (1)의 용량이 되게 하려면 커패시터 1개의 정전용량[μF]은 얼마로 하면 되는가?

답안작성

(1) 전력용콘덴서 용량

$$Q_c = P(\tan\theta_1 - \tan\theta_2) = 15(\frac{\sqrt{1-0.85^2}}{0.85} - \frac{\sqrt{1-0.95^2}}{0.95}) = 4.37[kVA]$$

(2) 1개의 정전용량

$$C = \frac{Q_c}{6\pi f E^2} = \frac{4.37 \times 10^3}{6\pi \times 60 \times 380^2} \times 10^6 = 26.76[\mu F]$$

▼해설

정전용량 C의 계산

- △ 결선 : $C = \dfrac{Q_c}{3 \times 2\pi f E^2} = \dfrac{Q_c}{3 \times 2\pi f V^2} \times 10^6 [\mu F]$
- Y 결선 : $C = \dfrac{Q_c}{3 \times 2\pi f E^2} = \dfrac{Q_c}{2\pi f V^2} \times 10^6 [\mu F]$

★★ 출제 년도 「22.」 • 점수 : 4점

문제 06 유량이 2,400[Lpm]이고, 양정 100[m]인 스프링클러 펌프 전동기의 용량은 몇 [kW]인가? 단, 펌프효율은 65[%]이며, 설계상의 여유계수는 1.1이다.

- 계산 :
- 답 :

답안작성

- 계산 : 전동기 용량 $P = \dfrac{0.163 QHK}{\eta} = \dfrac{0.163 \times 2.4 \text{m}^3/\text{min} \times 100\text{m} \times 1.1}{0.65} = 66.203 ≒ 66.2 \text{ kW}$
- 답 : 66.2 kW

▼해설

전동기 용량 $P = \dfrac{0.163 QHK}{\eta}$

여기서, P : 전동기 용량[kW], Q : 양수량[m³/min], H : 전양정[m], K : 여유계수, η : 효율[%]

★★★ 출제 년도 「22.」 • 점수 : 6점

문제 07 P형 1급 수신기와 감지기와의 배선회로에서 종단저항은 11 [kΩ], 릴레이 저항은 500 [Ω], 배선저항은 40 [Ω], 회로전압이 DC 24 [V]일 때 각 물음에 답하시오.

(1) 감시전류[mA]를 구하시오.
- 계산 :   • 답 :

(2) 감지기가 작동할 때의 작동전류는 몇 [mA]인가?
- 계산 :   • 답 :

답안작성

(1) • 계산 : 감시전류 $= \dfrac{\text{회로전압}}{\text{릴레이저항} + \text{배선저항} + \text{종단저항}}$

$= \dfrac{24}{500 + 40 + 11 \times 10^3} \times 10^3 = 2.08$

- 답 : 2.08mA

(2) • 계산 : 작동전류 = $\dfrac{\text{회로전압}}{\text{릴레이저항}+\text{배선저항}} = \dfrac{24}{500+40} = 0.04444[A] = 44.44[mA]$

　　• 답 : 44.44[mA]

★★★ 출제년도 「22.」 •점수 : 6점

문제 08

특정소방대상물의 바닥면적이 700m² 인 곳에 차동식스포트형감지기 2종 및 광전식스포트형감지기 2종을 설치하려고 할 때 감지기의 최소 수량을 산출하시오.(단, 내화구조이고 천장의 높이는 3m임)

(1) 차동식스포트형감지기 2종 설치시
　• 계산 :
　• 답 :

(2) 광전식스포트형감지기 2종 설치시
　• 계산 :
　• 답 :

▶답안작성◀

(1) • 계산 : 경계구역 : $\dfrac{700\text{m}^2}{600\text{m}^2} = 1.17 = 2$개

　　　최소 감지기 수량 : $\dfrac{700\text{m}^2}{70\text{m}^2} = 10$개

　　　경계구역 적용 감지기 수량 : $\dfrac{350\text{m}^2}{70\text{m}^2}(=5\text{개}) + \dfrac{350\text{m}^2}{70\text{m}^2}(=5\text{개}) = 10$개

　• 답 : 10개

(2) • 계산 : 경계구역 : $\dfrac{700\text{m}^2}{600\text{m}^2} = 1.17 = 2$개

　　　최소 감지기 수량 : $\dfrac{700\text{m}^2}{150\text{m}^2} = 4.67 = 5$개

　　　경계구역 적용 감지기 수량 : $\dfrac{350\text{m}^2}{150\text{m}^2}(=2.33=3\text{개}) + \dfrac{350\text{m}^2}{150\text{m}^2}(=2.33=3\text{개}) = 6$개

　• 답 : 6개

▼해설◀

(1) 부착높이에 따른 연기감지기의 종류

부착높이	감지기의 종류(단위 : m²)	
	1종 및 2종	3종
4m 미만	150	50
4m 이상 20m 미만	75	–

문제 09 ★★★ 출제년도 「22.」 •점수 : 6점

다음은 옥내소화전설비의 비상전원 설치기준에 대한 내용이다. 괄호 안의 번호에 알맞은 답을 쓰시오.

> 1. 다음의 어느 하나에 해당하는 특정소방대상물의 옥내소화전설비에는 비상전원을 설치해야 한다.
>   ① 층수가 (㉠) 이상으로서 연면적 (㉡) m² 이상인 것
>   ② ①에 해당하지 않는 특정소방대상물로서 지하층의 바닥면적 합계가 (㉢) m² 이상인 것
> 2. 비상전원은 자가발전설비, 축전지설비(내연기관에 따른 펌프를 사용하는 경우에는 내연기관의 기동 및 제어용 축전지를 말한다) 또는 전기저장장치(외부 전기에너지를 저장해 두었다가 필요한 때 전기를 공급하는 장치)로서 다음의 기준에 따라 설치해야 한다.
>   ① 점검에 편리하고 화재 및 (㉣) 등의 재해로 인한 피해를 받을 우려가 없는 곳에 설치할 것
>   ② 옥내소화전설비를 유효하게 (㉤) 이상 작동할 수 있어야 할 것
>   ③ 상용전원으로부터 전력의 공급이 중단된 때에는 (㉥)으로 비상전원으로부터 전력을 공급받을 수 있도록 할 것
>   ④ 비상전원(내연기관의 기동 및 제어용 축전기를 제외한다)의 설치장소는 다른 장소와 (㉦) 할 것. 이 경우 그 장소에는 비상전원의 공급에 필요한 기구나 설비 외의 것(열병합발전설비에 필요한 기구나 설비는 제외한다)을 두어서는 안 된다.
>   ⑤ 비상전원을 실내에 설치하는 때에는 그 실내에 (㉧)을 설치할 것

답안작성

㉠ 7층   ㉡ 2,000   ㉢ 3,000   ㉣ 침수   ㉤ 20분   ㉥ 자동   ㉦ 방화구획   ㉧ 비상조명등

해설

1. 다음의 어느 하나에 해당하는 특정소방대상물의 옥내소화전설비에는 비상전원을 설치해야 한다.
   ① 층수가 **7층 이상**으로서 연면적 **2,000 m² 이상**인 것
   ② ①에 해당하지 않는 특정소방대상물로서 지하층의 바닥면적 합계가 **3,000 m² 이상**인 것
2. 비상전원은 **자가발전설비, 축전지설비**(내연기관에 따른 펌프를 사용하는 경우에는 내연기관의 기동 및 제어용 축전지를 말한다) 또는 전기저장장치(외부 전기에너지를 저장해 두었다가 필요한 때 전기를 공급하는 장치)로서 다음의 기준에 따라 설치해야 한다.
   ① 점검에 편리하고 화재 및 **침수** 등의 재해로 인한 피해를 받을 우려가 없는 곳에 설치할 것
   ② 옥내소화전설비를 유효하게 **20분 이상** 작동할 수 있어야 할 것
   ③ 상용전원으로부터 전력의 공급이 중단된 때에는 **자동**으로 비상전원으로부터 전력을 공급받을 수 있도록 할 것
   ④ 비상전원(내연기관의 기동 및 제어용 축전기를 제외한다)의 설치장소는 다른 장소와 **방화구획** 할 것. 이 경우 그 장소에는 비상전원의 공급에 필요한 기구나 설비 외의 것(열병합발전설비에 필요한 기구나 설비는 제외한다)을 두어서는 안 된다.
   ⑤ 비상전원을 실내에 설치하는 때에는 그 실내에 **비상조명등**을 설치할 것

문제 10 다음은 비상방송설비의 화재안전성능기준에서 정하는 용어정의를 설명한 것이다. 괄호 안의 번호에 알맞은 답을 쓰시오.

- (①)란 소리를 크게 하여 멀리까지 전달될 수 있도록 하는 장치로써 일명 스피커를 말한다.
- (②)란 가변저항을 이용하여 전류를 변화시켜 음량을 크게 하거나 작게 조절할 수 있는 장치를 말한다.
- (③)란 전압전류의 진폭을 늘려 감도를 좋게 하고 미약한 음성전류를 커다란 음성전류로 변화시켜 소리를 크게 하는 장치를 말한다.

답안작성

① 확성기   ② 음량조절기   ③ 증폭기

문제 11 주어진 진리표를 참고하여 다음 각 물음에 답하시오.

A	B	C	Y_1	Y_2
0	0	0	1	0
0	0	1	0	1
0	1	0	1	1
0	1	1	0	1
1	0	0	1	0
1	0	1	0	1
1	1	0	0	1
1	1	1	0	1

(1) 간략화된 논리식을 쓰시오.
  · Y_1 :
  · Y_2 :
(2) 간략화된 논리식을 이용하여 무접점 논리회로를 그리시오.
(3) 간략화된 논리식을 이용하여 유접점 회로를 그리시오.

답안작성

(1) 논리식
  · Y_1 : $\overline{A}\,\overline{B}\,\overline{C} + \overline{A}B\overline{C} + A\overline{B}\,\overline{C} = \overline{A}\,\overline{C}(\overline{B}+B) + \overline{B}\,\overline{C}(\overline{A}+A) = \overline{A}\,\overline{C} + \overline{B}\,\overline{C} = (\overline{A}+\overline{B})\overline{C}$
  · Y_2 : $\overline{A}\,\overline{B}C + \overline{A}BC + \overline{A}B\overline{C} + A\overline{B}C + AB\overline{C} + ABC$
    $= \overline{A}C(\overline{B}+B) + AC(\overline{B}+B) + \overline{A}B(\overline{C}+C) + AB(\overline{C}+C)$
    $= C(\overline{A}+A) + B(\overline{A}+A) = B + C$

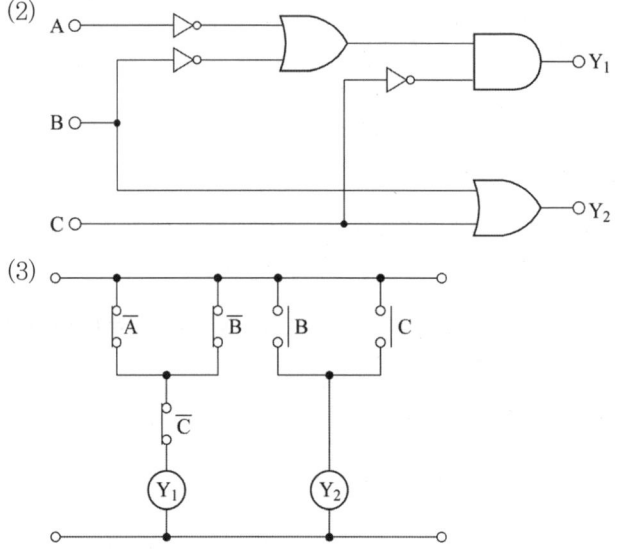

★★★ 출제 년도 「98. 01. 11. 22.」 •점수 : 5점

문제 12 P형 1급 수신기의 예비전원을 시험하는 방법과 양부판단의 기준에 대하여 설명하시오.

답안작성

(1) 시험방법
　① 예비전원 시험 스위치를 누른다.
　② 전압계의 지시치가 지정치의 범위 내에 있을 것
　③ 교류전원을 개로하고 자동절환 릴레이의 작동상황을 조사한다.
(2) 양부판단의 기준
　예비전원의 전압, 용량, 절환상황 및 복구동작이 정상일 것

★★ 출제 년도 「22.」 •점수 : 4점

문제 13 답안지에 주어진 도면은 유도전동기 기동 정지회로의 미완성 도면이다. 다음과 같이 주어진 기구를 이용하여 미완성 도면을 완성하시오. (단, 기동운전 시 자기유지가 되어야 하며, 기구의 개수 및 접점을 최소로 할 것)

• 전자접촉기　 (MC)　　　　　　　• 기동용표시등　 (GL)

• 정지용표시등　 (RL)　　　　　　• 열동계전기　 THR

• 누름버튼 스위치 ON용　 PBS-ON　• 누름버튼 스위치 OFF용　 PBS-OFF

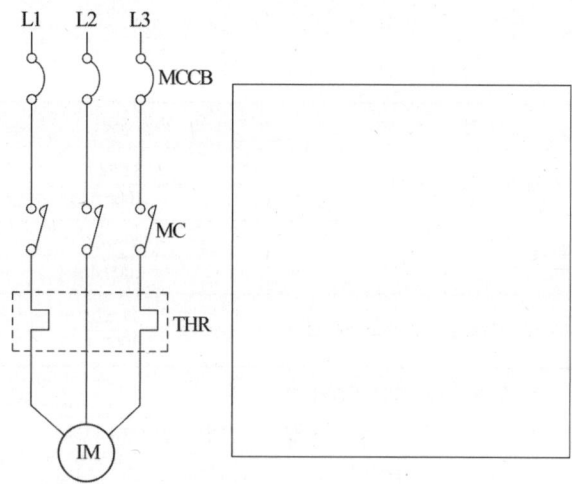

답안작성

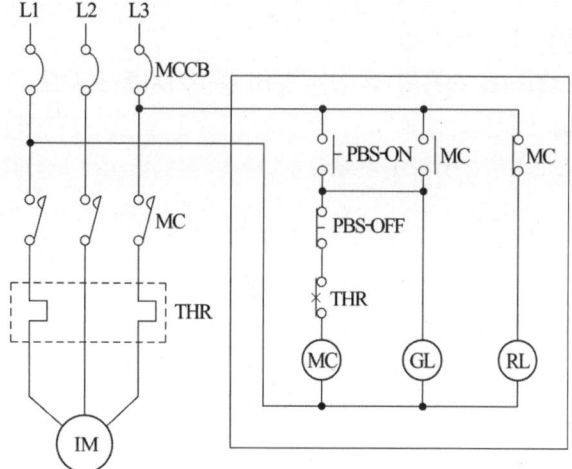

★★★ 출제 년도 「22.」 •점수 : 4점

문제 14 수신기에서 60[m] 떨어진 장소의 감지기가 작동될 때 소모된 전류가 400[mA]이다. 배선의 직경이 1.5[mm]일 때 전압강하를 계산하시오.

· 계산과정 :

· 답 :

답안작성

· 계산과정 : 전압강하 $e = \dfrac{35.6LI}{1000A} = \dfrac{35.6 \times 60 \times 400 \times 10^{-3}}{1000 \times \dfrac{\pi}{4} \times 1.5^2} = 0.4834 = 0.48\text{V}$

· 답 : 0.48V

▼해설
전압강하 및 전선단면적 공식

전 기 방 식	전압강하	전선 단면적
단상 2선식 및 직류 2선식	$e = \dfrac{35.6LI}{1000A}$	$A = \dfrac{35.6LI}{1000e}$
3상 3선식	$e = \dfrac{30.8LI}{1000A}$	$A = \dfrac{30.8LI}{1000e}$
단상 3선식, 직류 3선식, 3상 4선식	$e' = \dfrac{17.8LI}{1000A}$	$A = \dfrac{17.8LI}{1000e'}$

여기서, e : 각 선간의 전압강하 [V]
 e' : 각 선간의 1선과 중성선 사이의 전압강하 [V]
 L : 전선 1본의 길이 [m], A : 전선의 단면적 [mm^2], I : 전류 [A]

문제 15
★★ 출제년도 「22.」 •점수 : 5점

교차회로방식을 적용할 수 있는 설비 중 5가지를 쓰시오.

답안작성
① 이산화탄소소화설비
② 분말소화설비
③ 할론소화설비
④ 할로겐화합물 및 불활성기체 소화설비
⑤ 미분무소화설비
⑥ 준비작동식 스프링클러설비
⑦ 일제살수식 스프링클러설비 중 5가지 선택

문제 16
★★ 출제년도 「12. 22.」 •점수 : 5점

다음은 옥내소화전설비의 감시제어반의 기능에 대한 기준이다. 다음 ( )안에 알맞은 내용을 쓰시오.
(1) 각 펌프의 작동여부를 확인할 수 있는 (①) 및 (②)기능이 있어야 할 것
(2) 수조 또는 물올림탱크가 (③)로 될 때 표시등 및 음향으로 경보할 것
(3) 각 확인회로(기동용 수압 개폐장치의 압력스위치 회로·수조 또는 물올림탱크의 감시 회로를 말한다.) 마다 (④) 시험 및 (⑤)시험을 할 수 있어야 할 것

(1)		(2)	(3)	
①	②	③	④	⑤

답안작성

(1)		(2)	(3)	
①	②	③	④	⑤
표시등	음향경보	저수위	도통	작동

▼해설

옥내소화전설비 감시제어반의 기능 적합기준
① 각 펌프의 작동여부를 확인할 수 있는 **표시등 및 음향경보기능**이 있어야 할 것
② 각 펌프를 **자동 및 수동**으로 작동시키거나 중단시킬 수 있어야 한다.
③ 비상전원을 설치한 경우에는 **상용전원 및 비상전원의 공급여부**를 확인할 수 있어야 할 것
④ 수조 또는 물올림탱크가 **저수위**로 될 때 표시등 및 음향으로 경보할 것
⑤ 각 확인회로(기동용수압개폐장치의 압력스위치회로 · 수조 또는 물올림탱크의 감시회로를 말한다)마다 **도통시험 및 작동시험**을 할 수 있어야 할 것
⑥ **예비전원**이 확보되고 예비전원의 적합여부를 시험할 수 있어야 할 것

문제 17 ★★★ 출제년도 「13. 17. 22.」 •점수 : 5점

다음과 같이 발신기, 수신기 및 감지기가 배치되어 있다고 할 때, 실제배관도를 그리시오.

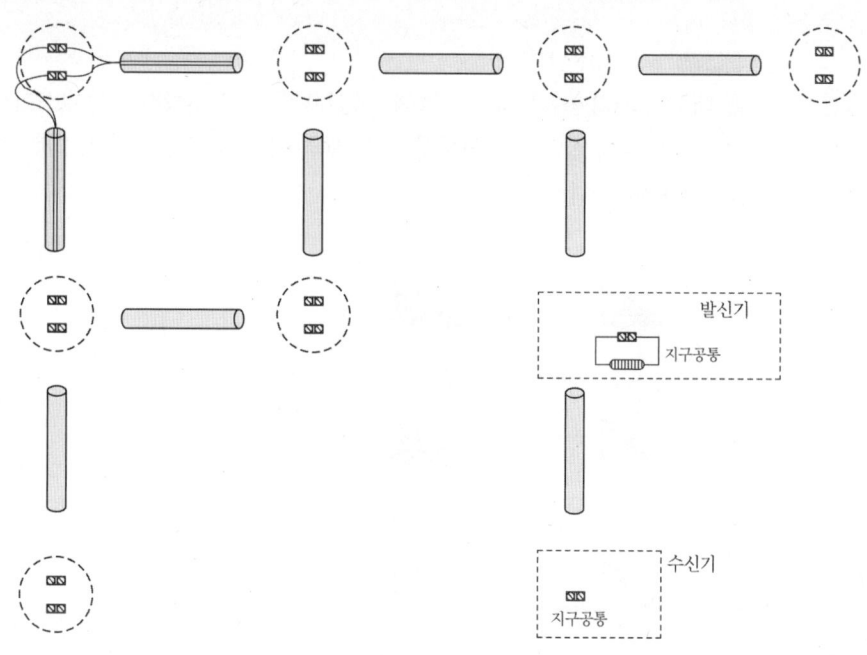

답안작성

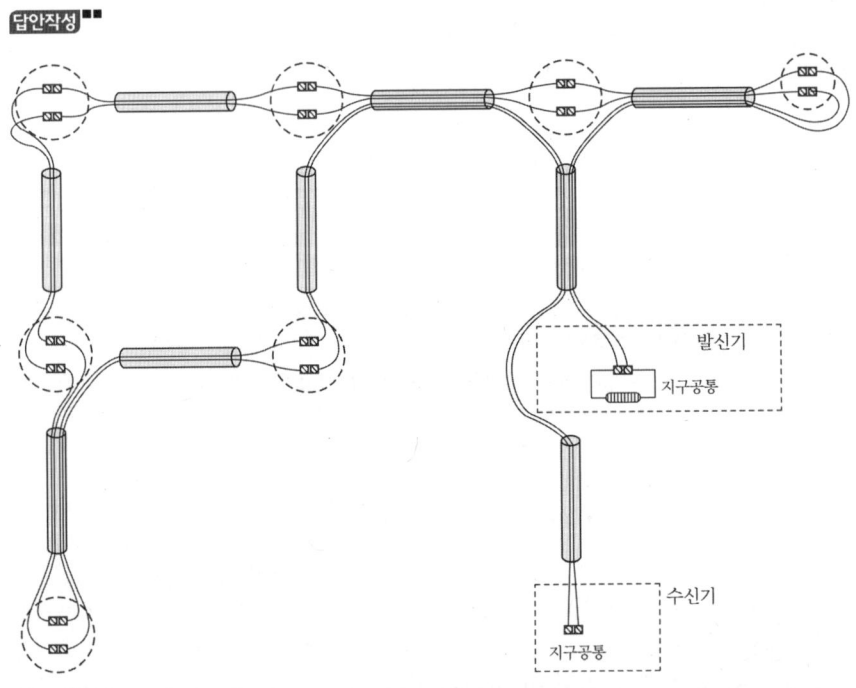

★★★ 출제년도 「22.」 •점수 : 11점

문제 18 건축물 내부의 가압송수장치를 기동용 수압개폐장치로 사용하는 옥내소화전함과 P형 1급 발신기세트를 다음과 같이 설치하였을 때 아래의 각 물음에 답하시오. (단, 발신기세트에 경종단락보호장치를 설치)

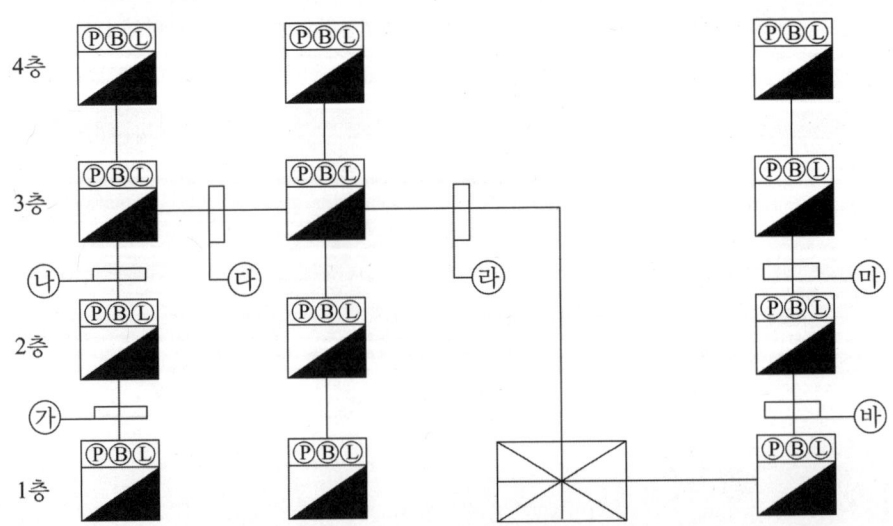

(1) ㉮~㉺의 전선 가닥수를 쓰시오.

㉮	㉯	㉰	㉱	㉲	㉳

(2) 감지기회로의 도통시험을 위한 종단저항 설치기준 3가지를 쓰시오.
(3) 감지기회로의 전로저항은 몇 Ω 이하이어야 하는가?

답안작성

(1) 전선 가닥수

㉮	㉯	㉰	㉱	㉲	㉳
8	9	11	16	9	10

(2) 종단저항 설치기준
  ① 점검 및 관리가 쉬운 장소에 설치할 것
  ② 전용함을 설치하는 경우 그 설치 높이는 바닥으로부터 1.5m 이내로 할 것
  ③ 감지기 회로의 끝부분에 설치하며, 종단감지기에 설치할 경우에는 구별이 쉽도록 해당감지기의 기판 및 감지기 외부 등에 별도의 표시를 할 것

(3) 50[Ω] 이하

해설

구분	가닥수	내역
㉮	8	회로, 회로공통, 응답, 경종, 표시등, 경종표시등공통, 소화전기동확인2
㉯	9	회로2, 회로공통, 응답, 경종, 표시등, 경종표시등공통, 소화전기동확인2
㉰	11	회로4, 회로공통, 응답, 경종, 표시등, 경종표시등공통, 소화전기동확인2
㉱	16	회로8, 회로공통2, 응답, 경종, 표시등, 경종표시등공통, 소화전기동확인2
㉲	9	회로2, 회로공통, 응답, 경종, 표시등, 경종표시등공통, 소화전기동확인2
㉳	10	회로3, 회로공통, 응답, 경종, 표시등, 경종표시등공통, 소화전기동확인2

① 자동화재탐지설비의 수신기는 다음 각 호의 기준에 적합한 것으로 설치하여야 한다.
1. 해당 특정소방대상물의 경계구역을 각각 표시할 수 있는 회선수 이상의 수신기를 설치할 것
2. **삭제 〈2022. 5. 9.〉**→전화선이 삭제되었습니다.
3. 해당 특정소방대상물에 가스누설탐지설비가 설치된 경우에는 가스누설탐지설비로부터 가스누설신호를 수신하여 가스누설경보를 할 수 있는 수신기를 설치할 것(가스누설탐지설비의 수신부를 별도로 설치한 경우에는 제외한다)

2022년 기사 제4회 실기시험

Engineer Fire Protection System

자격종목	시험시간	시행일	수험번호	성명
소방설비기사(전기분야)	3시간	2022.11.19		

※ 다음 물음의 답을 해당 답란에 답하시오.(배점 : 100점)

★★★ 출제년도 「97. 02. 05. 16. 22.」 •점수 : 5점

문제 01 그림은 10개의 접점을 가진 스위칭회로이다. 이 회로의 접점수를 최소화하여 스위칭회로를 그리시오. (단, 주어진 스위칭회로의 논리식을 최소화하는 과정을 모두 기술하고 최소화된 스위칭회로를 그리도록 한다.)
- 논리식 :
- 최소화 한 스위칭회로 :

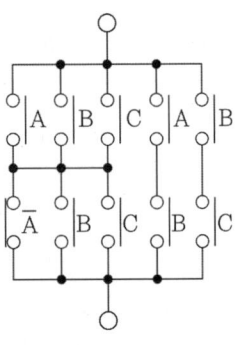

답안작성

- 논리식 : $(A+B+C) \cdot (\overline{A}+B+C)+AB+BC$
  $= \overline{A}A+AB+AC+\overline{A}B+BB+BC+\overline{A}C+BC+CC+AB+BC$
  $= AB+AC+\overline{A}B+B+BC+\overline{A}C+C$
  $= (AB+\overline{A}B+B+BC)+(AC+\overline{A}C+C)$
  $= B(A+\overline{A}+1+C)+C(A+\overline{A}+1)$
  $= B+C$

- 최소화 한 스위칭회로 :

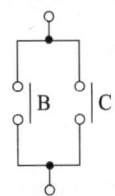

★★★ 출제년도 「07. 17. 22.」 •점수 : 4점

문제 02 소방용 케이블과 다른 용도의 케이블을 배선전용실에 함께 배선할 때 다음 각 물음에 답하시오.

(1) 소방용 케이블을 내화성능을 갖는 배선전용실 등의 내부에 소방용이 아닌 케이블과 함께 노출하여 배선할 때 소방용 케이블과 다른 용도의 케이블간의 피복과 피복간의 이격거리는 몇 [cm] 이상이어야 하는가?

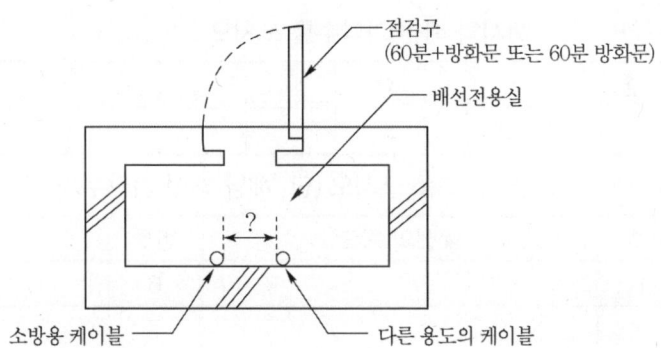

(2) 부득이하여 (1)과 같이 이격시킬 수 없어 불연성 격벽을 설치한 경우에 격벽의 높이는 굵은 케이블 지름의 몇 배 이상이어야 하는가?

답안작성

(1) 15[cm] 이상   (2) 1.5배 이상

▼해설

배선전용실 또는 배선용 샤프트·피트·덕트 등에 다른 설비의 배선이 있는 경우에는 이로부터 **15센티미터 이상** 떨어지게 하거나 소화설비의 배선과 이웃하는 다른 설비의 배선사이에 배선지름(배선의 지름이 다른 경우에는 가장 큰 것을 기준으로 한다)의 **1.5배 이상**의 높이의 불연성 격벽을 설치하는 경우

★★★ 출제년도 「15. 18. 22.」 •점수 : 13점

문제 03 아래의 그림은 이산화탄소 소화설비의 간선계통도이다. 다음 각 물음에 답하시오.
(단, 감지기공통선과 전원공통선은 각각 분리해서 사용하는 조건이다.)

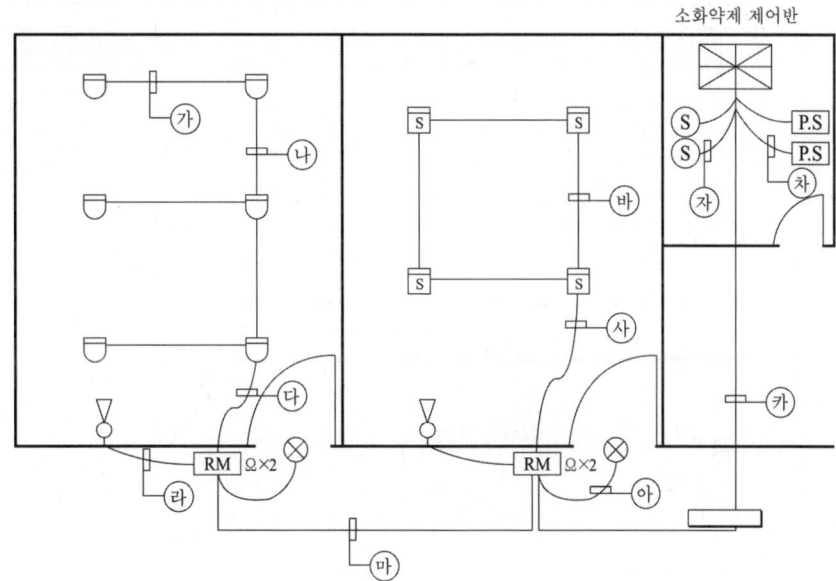

(1) "㉮"~"㉶"까지의 배선 가닥수를 쓰시오.

㉮	㉯	㉰	㉱	㉲	㉳	㉴	㉵	㉶	㉷	㉸

(2) "㉲"의 배선별 용도를 쓰시오.(단, 해당 배선 가닥수까지만 기록)

번호	배선의 용도	번호	배선의 용도
1		6	
2		7	
3		8	
4		9	
5		10	

(3) "㉸"의 배선 중 "㉲"의 배선과 병렬로 접속하지 않고 추가해야 하는 배선의 명칭은?

번호	배선의 용도
1	
2	
3	
4	
5	

답안작성

(1)

㉮	㉯	㉰	㉱	㉲	㉳	㉴	㉵	㉶	㉷	㉸
4	8	8	2	9	4	8	2	2	2	14

(2)

번호	배선의 용도	번호	배선의 용도
1	전원 +	6	감지기 A
2	전원 −	7	감지기 B
3	기동스위치 (솔레노이드밸브)	8	비상스위치 (방출지연스위치)
4	방출표시등	9	감지기공통
5	사이렌	10	

(3)

번호	배선의 용도
1	기동스위치
2	방출표시등
3	사이렌
4	감지기A
5	감지기B

▼해설

(1) 제어반 결선도

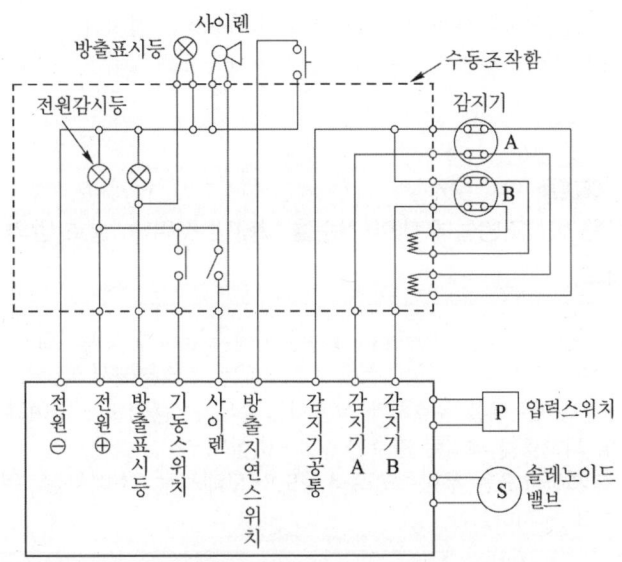

(2)

번 호	㉱	㉮
1	전원 +	전원 +
2	전원 -	전원 -
3	방출지연스위치	방출지연스위치
4	감지기 공통	감지기 공통
5	기동스위치	기동스위치 2
6	방출표시등	방출표시등 2선
7	사이렌	사이렌 2선
8	감지기 A	감지기 A 2선
9	감지기 B	감지기 B 2선
간선수	9선	14선

★★★ 출제년도 「15. 22.」 •점수 : 4점

문제 04 화재발생 시 화재를 검출하기 위하여 감지기를 설치한다. 이 때 축적기능이 없는 감지기를 설치하여야 하는 경우 3가지를 쓰시오.

①
②
③

답안작성
① 교차회로방식에 사용되는 감지기
② 급속한 연소확대가 우려되는 장소에 사용되는 감지기
③ 축적기능이 있는 수신기에 연결하여 사용하는 감지기

문제 05 ★★★ 출제년도 「22.」 •점수 : 3점

다음은 비상조명등에 대한 기준을 나타낸 것이다. 괄호 안의 번호에 알맞은 답을 답안지에 쓰시오.

> 비상전원은 비상조명등을 (①)분 이상 유효하게 작동시킬 수 있는 용량으로 할 것. 다만, 다음 각 목의 특정소방대상물의 경우에는 그 부분에서 피난층에 이르는 부분의 비상조명등을 (②)분 이상 유효하게 작동시킬 수 있는 용량으로 하여야 한다.
> 가. 지하층을 제외한 층수가 (③) 이상의 층
> 나. 지하층 또는 무창층으로서 용도가 도매시장·소매시장·여객자동차터미널·지하역사 또는 지하상가

답안작성
① 20   ② 60   ③ 11층

▼해설

비상조명등 설치기준
1) 특정소방대상물의 각 거실과 그로부터 지상에 이르는 **복도·계단** 및 그 밖의 **통로**에 설치할 것
2) 조도는 비상조명등이 설치된 장소의 각 부분의 바닥에서 **1 lx 이상**이 되도록 할 것
3) 예비전원을 내장하는 비상조명등에는 평상시 점등 여부를 확인할 수 있는 **점검스위치**를 설치하고 해당 조명등을 유효하게 작동시킬 수 있는 용량의 **축전지와 예비전원 충전장치**를 내장할 것
4) 예비전원을 내장하지 않은 비상조명등의 비상전원은 **자가발전설비, 축전지설비 또는 전기저장장치**(외부 전기에너지를 저장해 두었다가 필요한 때 전기를 공급하는 장치)를 다음의 기준에 따라 설치해야 한다.
   ① 점검에 편리하고 화재 및 침수 등의 재해로 인한 피해를 받을 우려가 없는 곳에 설치할 것
   ② 상용전원으로부터 전력의 공급이 중단된 때에는 자동으로 비상전원으로부터 전력을 공급받을 수 있도록 할 것
   ③ 비상전원의 설치장소는 다른 장소와 **방화구획** 할 것. 이 경우 그 장소에는 비상전원의 공급에 필요한 기구나 설비 외의 것(열병합발전설비에 필요한 기구나 설비는 제외한다)을 두어서는 아니 된다.
   ④ 비상전원을 실내에 설치하는 때에는 그 실내에 **비상조명등**을 설치할 것
5) 예비전원과 비상전원은 비상조명등을 **20분 이상** 유효하게 작동시킬 수 있는 용량으로 할 것. 다만, 다음의 특정소방대상물의 경우에는 그 부분에서 피난층에 이르는 부분의 비상조명등을 **60분 이상** 유효하게 작동시킬 수 있는 용량으로 해야 한다.
   ① 지하층을 제외한 층수가 **11층 이상**의 층
   ② 지하층 또는 무창층으로서 용도가 도매시장·소매시장·여객자동차터미널·지하역사 또는 지하상가

문제 06 아래 그림과 같이 방전 전류가 시간과 함께 감소하는 패턴의 축전지 용량을 계산하시오. 이 때 용량환산시간계수 K는 아래 표와 같으며 보수율은 0.8을 적용한다.

시간	10분	20분	30분	60분	100분	110분	120분	170분	180분	200분
용량환산시간계수 [K]	1.30	1.45	1.75	2.55	3.45	3.65	3.85	4.85	5.05	5.30

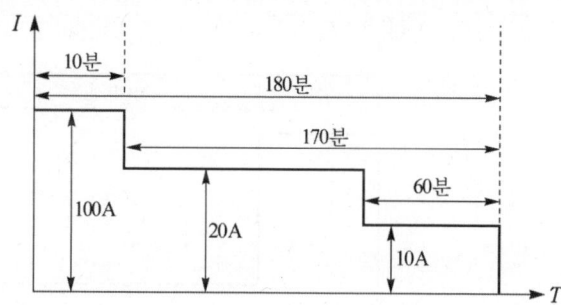

답안작성

① $C_1 = \dfrac{1}{L}K_1 I_1 = \dfrac{1}{0.8} \times 1.30 \times 100 = 162.5[\text{Ah}]$

② $C_2 = \dfrac{1}{L}[K_1 I_1 + K_2(I_2 - I_1)] = \dfrac{1}{0.8}[3.85 \times 100 + 3.65(20-100)] = 116.25[\text{Ah}]$

③ $C_3 = \dfrac{1}{L}[K_1 I_1 + K_2(I_2 - I_1) + K_3(I_3 - I_2)]$

$= \dfrac{1}{0.8}[5.05 \times 100 + 4.85(20-100) + 2.55(10-20)] = 114.375 = 114.38[\text{Ah}]$

중 큰 값을 결정하여야 하므로 답은 162.5[Ah]

해설

(1) 시간에 따라서 감소되는 부하
  ① C_1 용량

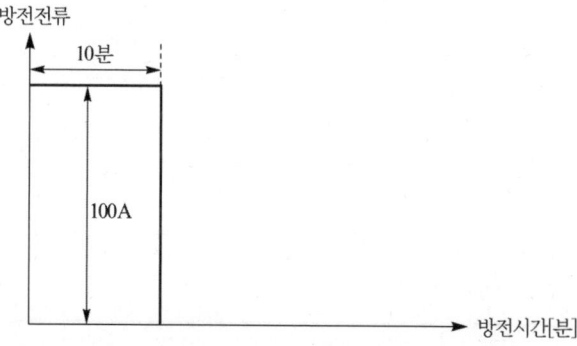

표에서 용량환산시간계수는 10분일 때 $K_1 = 1.30$, 방전전류는 $I_1 = 100\text{A}$이므로 대입하면

시간	10분	20분	30분	60분	100분	110분	120분	170분	180분	200분
용량환산 시간계수[K]	1.30	1.45	1.75	2.55	3.45	3.65	3.85	4.85	5.05	5.30

$$C_1 = \frac{1}{L} K_1 I_1 = \frac{1}{0.8} \times 1.30 \times 100 = 162.5 [\text{Ah}]$$

② C_2 용량

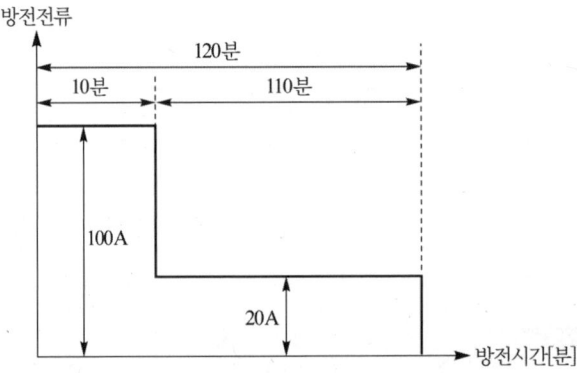

표에서 용량환산시간계수는 120분일 때 $K_1 = 3.85$, 110분일 때 $K_2 = 3.65$

시간	10분	20분	30분	60분	100분	**110분**	**120분**	170분	180분	200분
용량환산 시간계수[K]	1.30	1.45	1.75	2.55	3.45	**3.65**	**3.85**	4.85	5.05	5.30

방전전류는 $I_1 = 100\text{A}$, $I_2 = 20\text{A}$이므로 대입하면

$$C_2 = \frac{1}{L}[K_1 I_1 + K_2 (I_2 - I_1)] = \frac{1}{0.8}[3.85 \times 100 + 3.65(20 - 100)] = 116.25 [\text{Ah}]$$

③ C_3 용량

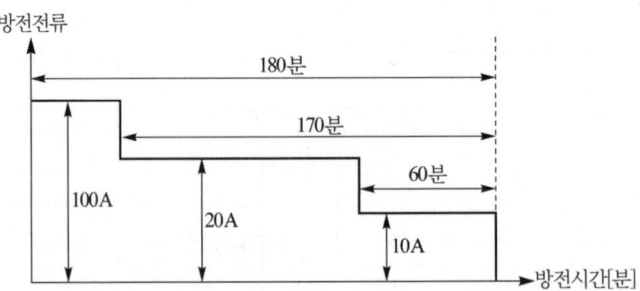

표에서 용량환산시간계수는 180분일 때 $K_1 = 5.05$, 170분일 때 $K_2 = 4.85$, 60분일 때 $K_3 = 2.55$

시간	10분	20분	30분	**60분**	100분	110분	120분	**170분**	**180분**	200분
용량환산 시간계수[K]	1.30	1.45	1.75	**2.55**	3.45	3.65	3.85	**4.85**	**5.05**	5.30

방전전류는 $I_1 = 100\text{A}$, $I_2 = 20\text{A}$, $I_3 = 10\text{A}$이므로 대입하면

$$C_3 = \frac{1}{L}[K_1 I_1 + K_2(I_2 - I_1) + K_3(I_3 - I_2)]$$

$$= \frac{1}{0.8}[5.05 \times 100 + 4.85(20 - 100) + 2.55(10 - 20)] = 114.375 = 114.38[\text{Ah}]$$

(2) 시간에 따른 순차 기동되는 부하의 경우 축전지 용량 계산은 다음과 같다.

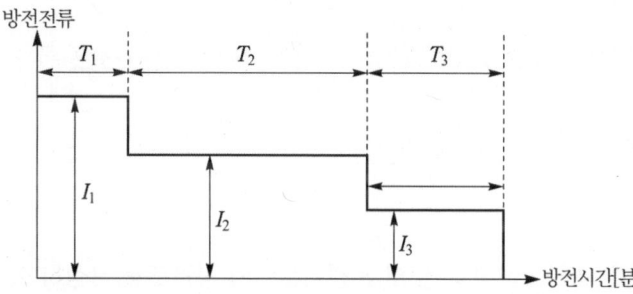

축전지 용량 $C = \frac{1}{L}[K_1 I_1 + K_2 I_2 + K_3 I_3][\text{Ah}]$

문제의 그림에서 시간을 산출하면 $T_1 = 10$분, $T_2 = 110$분, $T_3 = 60$분이 된다.

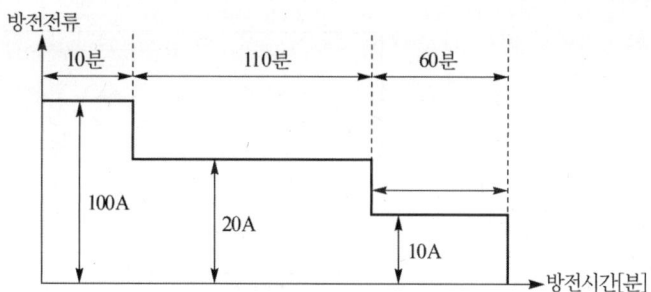

표에서 용량환산시간계수는 10분일 때 $K_1 = 1.30$, 110분일 때 $K_2 = 3.65$, 60분일 때 $K_3 = 2.55$, 방전전류는 $I_1 = 100\text{A}$, $I_2 = 20\text{A}$, $I_3 = 10\text{A}$이므로 대입하면

시간	10분	20분	30분	60분	100분	110분	120분	170분	180분	200분
용량환산 시간계수[K]	1.30	1.45	1.75	2.55	3.45	3.65	3.85	4.85	5.05	5.30

축전지 용량 $C = \frac{1}{L}[K_1 I_1 + K_2 I_2 + K_3 I_3]$

$$= \frac{1}{0.8}[1.30 \times 100 + 3.65 \times 20 + 2.55 \times 10]$$

$$= 285.625 = 285.63[\text{Ah}]$$

★★★ 출제년도 「18. 22.」 •점수 : 5점

문제 07 다음의 도면은 할론소화설비의 평면도를 나타낸 것이다. 주어진 도면을 이용하여 다음 각 물음에 답하시오.

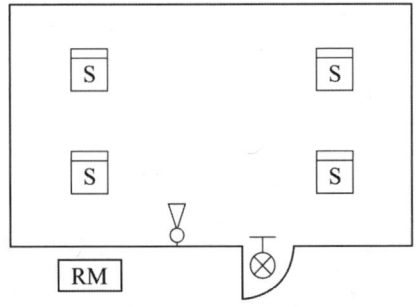

(1) 할론소화설비에 대한 부대 전기설비의 평면도를 완성하고, 각 개소마다 전선의 가닥수를 표시하시오.
(2) 수동조작함과 수신반 사이의 배선 내역에 대한 명칭을 쓰시오.

답안작성

(1)
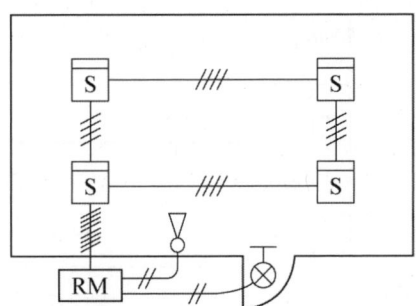

(2) 전원⊕, 전원⊖, 방출지연 스위치(비상스위치), 감지기 A, 감지기 B, 기동 스위치(SV), 사이렌, 방출표시등

★★★ 출제년도 「22.」 •점수 : 4점

문제 08 토출량 3,000[Lpm], 양정이 80[m]인 스프링클러설비용 펌프 전동기의 용량을 계산하시오.(단, 펌프의 효율은 70%이고, 전달계수는 1.15이다.)
• 계산 :
• 답 :

답안작성

• 계산 : 전동기 용량 $P = \dfrac{0.163\,QHK}{\eta} = \dfrac{0.163 \times 3.0\text{m}^3/\text{min} \times 80\text{m} \times 1.15}{0.7} = 64.2685 ≒ 64.27$ kW

• 답 : 64.27 kW

▼해설

전동기 용량 $P = \dfrac{0.163QHK}{\eta}$

여기서, P : 전동기 용량[kW], Q : 토출량[m³/min]
H : 전양정[m], K : 여유계수, η : 효율[%]

토출량 3,000 [Lpm] = 3,000 L/min = 3 m³/min

문제 09 ★★★ 출제년도 「97. 04. 11. 20. 22.」 •점수 : 5점

공기관식 차동식분포형 감지기의 공기관을 가설할 때 다음 물음에 답하시오.
(1) 감지구역마다 공기관의 노출부분의 길이는 몇 m 이상이어야 하는가?
(2) 하나의 검출부분에 접속하는 공기관의 길이는 몇 m 이하이어야 하는가?
(3) 공기관과 감지구역의 각 변과의 수평거리는 몇 m 이하이어야 하는가?
(4) 공기관 상호간의 거리는 몇 m 이하이어야 하는가? (단, 주요 구조부는 비내화구조인 경우로 한다.)
(5) 공기관의 두께 및 바깥지름은 몇 mm 이상이어야 하는가?
 • 공기관 두께 :
 • 공기관 바깥지름 :

▣답안작성

(1) 20 m 이상
(2) 100 m 이하
(3) 1.5 m 이하
(4) 6 m 이하
(5) • 공기관 두께 : 0.3 mm 이상
   • 공기관 바깥지름 : 1.9 mm 이상

▼해설

공기관식 차동식분포형감지기 설치기준
① 공기관의 노출 부분은 감지구역마다 20 m 이상이 되도록 할 것
② 공기관과 감지구역의 각 변과의 수평거리는 1.5 m 이하가 되도록 하고, 공기관 상호 간의 거리는 6 m(주요구조부가 내화구조로 된 특정소방대상물 또는 그 부분에 있어서는 9 m) 이하가 되도록 할 것
③ 공기관은 도중에서 분기하지 않도록 할 것
④ 하나의 검출 부분에 접속하는 공기관의 길이는 100 m 이하로 할 것
⑤ 검출부는 5° 이상 경사되지 않도록 부착할 것
⑥ 검출부는 바닥으로부터 0.8 m 이상 1.5 m 이하의 위치에 설치할 것

★★ 출제년도 「21. 22.」 •점수 : 5점

문제 10 무선통신보조설비에서 무반사종단저항의 설치목적을 쓰시오.

[답안작성]

전송로로 전송되는 전자파 신호가 전송로의 말단에서 반사되어 교신을 방해하는 것을 방지하기 위함

[해설]

종단저항과 무단사종단저항의 설치목적
- 종단저항 : 감지기 회로의 말단에 도통시험을 용이하게 하기 위하여 설치한다.
- 무반사 종단저항 : 전송로로 전송되는 전자파 신호가 전송로의 말단에서 반사되어 교신을 방해하는 것을 방지하기 위하여 누설동축케이블의 끝부분에 설치하는 저항

★ 출제년도 「99. 12. 13. 22.」 •점수 : 5점

문제 11 다음과 같이 총 길이가 2,800 [m]인 지하구에 자동화재탐지설비를 설치하는 경우 다음 물음에 답하시오.

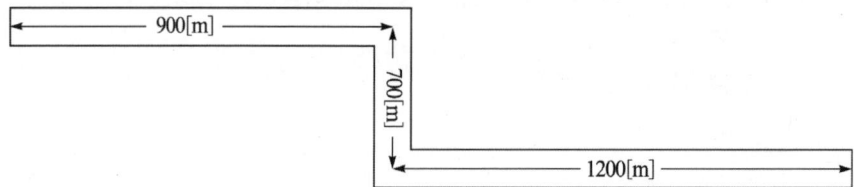

(1) 최소 경계구역은 몇 개로 구분해야 하는지 계산하시오.
   •계산   •답
(2) 지하구에 설치하는 감지기는 먼지·습기 등의 영향을 받지 아니하고 무엇을 확인할 수 있는 감지기를 설치하여야 하는가?
(3) 지하구에 설치할 수 있는 감지기의 종류를 3가지만 쓰시오.

[해설]

(1) • 계산 : $\dfrac{2800\text{m}}{700\text{m}} = 4\text{개}$ • 답 : 4개

(2) 발화지점
(3) ① 불꽃감지기
    ② 정온식감지선형감지기
    ③ 분포형감지기
    ④ 복합형감지기
    ⑤ 광전식분리형감지기
    ⑥ 아날로그방식의 감지기
    ⑦ 다신호방식의 감지기
    ⑧ 축적방식의 감지기 중 3가지 선택

▼해설

① 자동화재탐지설비의 경계구역은 다음 각호의 기준에 따라 설정하여야 한다.
　1. 하나의 경계구역이 2개 이상의 건축물에 미치지 아니하도록 할 것
　2. 하나의 경계구역이 2개 이상의 층에 미치지 아니하도록 할 것. 다만, 500m² 이하의 범위안에서는 2개의 층을 하나의 경계구역으로 할 수 있다
　3. 하나의 경계구역의 면적은 600m² 이하로 하고 한변의 길이는 50m 이하로 할 것. 다만, 해당 특정소방대상물의 주된 출입구에서 그 내부 전체가 보이는 것에 있어서는 한 변의 길이가 50m의 범위 내에서 1,000m² 이하로 할 수 있다.
　4. 지하구의 경우 하나의 경계구역의 길이는 700m 이하로 할 것〈삭제 2021.1.15.〉됨에 따라 (1)의 물음은 현재는 맞지 않는 문제입니다.

문제 12

★★ 출제 년도 「22.」 •점수 : 5점

3상 380V, 30[kW] 스프링클러설비 펌프용 유도전동기의 역률이 60%일 때 역률을 90%로 개선할 수 있는 전력용콘덴서의 용량[kVA] 산출하시오.

답안작성

$$Q_c = P(\tan\theta_1 - \tan\theta_2) = 30\left(\frac{\sqrt{1-0.6^2}}{0.6} - \frac{\sqrt{1-0.9^2}}{0.9}\right) = 25.47[kVA]$$

문제 13

★★ 출제 년도 「09. 10. 15. 22.」 •점수 : 10점

다음의 도면은 내화구조(철근콘크리트)로 된 건물의 공장이다. 다음 각 물음에 답하시오.
(1) 각 실에 설치하여야 하는 감지기의 수량을 산출하시오.

기호	설치높이[m]	적용감지기	산출과정	설치 수량[개]
㉮	3.5	연기감지기 2종		
㉯	3.5	연기감지기 2종		
㉰	4.5	연기감지기 2종		
㉱	3.8	정온식 스포트형 감지기 1종		
㉲	5.5	차동식 스포트형 감지기 2종		

(2) 각 실별로 산출한 감지기 수량을 주어진 평면도에 배치하시오.
[평면도]

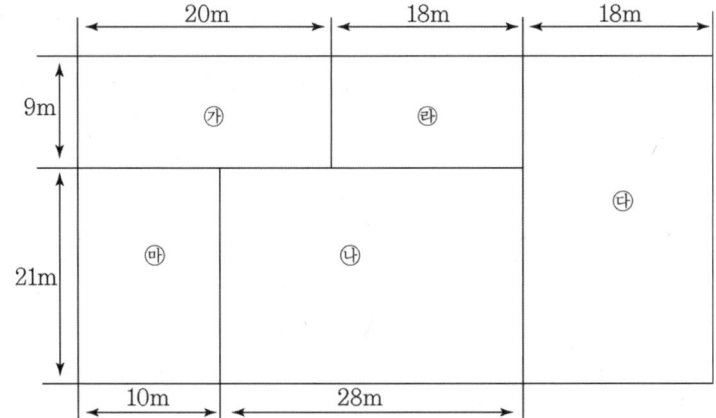

답안작성

(1)

기호	설치높이[m]	적용감지기	산출과정	설치수량[개]
㉮	3.5	연기감지기 2종	$\dfrac{20m \times 9m}{150m^2} = 1.2$	2
㉯	3.5	연기감지기 2종	$\dfrac{28m \times 21m}{150m^2} = 3.92$	4
㉰	4.5	연기감지기 2종	$\dfrac{18m \times 30m}{75m^2} = 7.2$	8
㉱	3.8	정온식 스포트형 감지기 1종	$\dfrac{18m \times 9m}{60m^2} = 2.7$	3
㉲	5.5	차동식 스포트형 감지기 2종	$\dfrac{10m \times 21m}{35m^2} = 6$	6

(2)

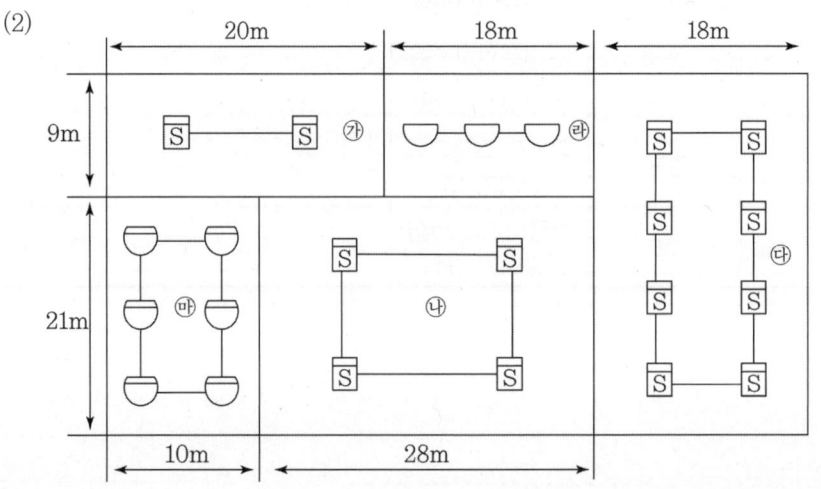

▼해설

• 부착높이에 따른 연기 감지기 설치 면적 (단위 : [m²])

부 착 높 이	감지기의 종류	
	1종 및 2종	3종
4 [m] 미만	150	50
4 [m] 이상 20 [m] 미만	75	

• 차동식, 보상식 및 정온식 스포트형 감지기 설치면적 (단위 : [m²])

부착높이 및 소방대상물의 구분		감지기의 종류				
		차동식, 보상식 스포트형		정온식 스포트형		
		1종	2종	특종	1종	2종
4 [m] 미만	주요구조부를 내화구조로 한 소방대상물 또는 그 부분	90	70	70	60	20
	기타 구조의 소방대상물 또는 그 부분	50	40	40	30	15
4 [m] 이상 8 [m] 미만	주요구조부를 내화구조로 한 소방대상물 또는 그 부분	45	35	35	30	
	기타 구조의 소방대상물 또는 그 부분	30	25	25	15	

★★★ 출제년도 「16, 22,」 •점수 : 7점

문제 14 아래 그림과 같이 지하 1층에서 지상 5층까지 각 층의 평면이 동일하고, 각 층의 높이가 4m인 특정소방대상물에 자동화재탐지설비를 설치하는 경우 다음 각 물음에 답하시오.

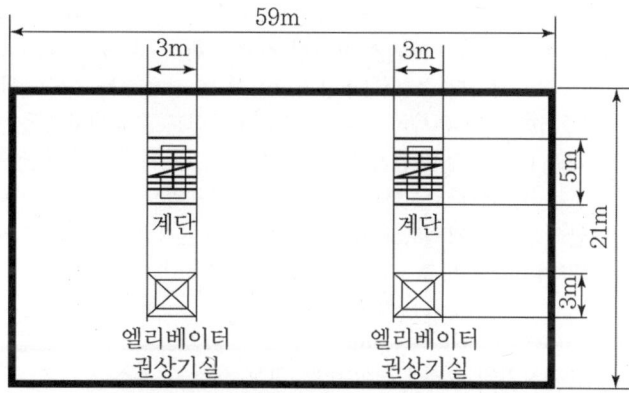

(1) 하나의 층에 대한 자동화재탐지설비의 수평 경계구역의 수는?
(2) 본 특정소방대상물의 자동화재탐지설비의 수직 및 수평 경계구역의 수는?

① 수직 경계구역
② 수평 경계구역
(3) 계단감지기는 각각 몇 층에 설치해야 하는가?
(4) 엘리베이터 권상기실 상부에 설치해야 하는 감지기의 종류는?
(5) 본 특정소방대상물에 설치해야 하는 수신기의 형별은?

답안작성

(1) ① 경계면적 = 전체면적-계단 면적-엘리베이터 권상기실 면적
　　　　　　 = 59m×21m-3m×5×2개소-3m×3m×2개소 = 1,191[m²]
　② 경계구역의 수 = $\dfrac{1{,}191m^2}{600m^2}$ = 1.985 ≒ 2회로
(2) ① 수직 경계구역 : 계단 2회로+엘리베이터 권상기실 2회로 = 4회로
　② 수평 경계구역 : 층당 2회로×5개층 = 10회로
(3) 지상 5층, 지상 2층
(4) 연기감지기
(5) P형

▼해설

(1) ① 경계면적 = 전체면적-계단 면적-엘리베이터 권상기실 면적
　　　　　　 = 59m×21m-3m×5×2개소-3m×3m×2개소=1,191[m²]
　② 경계구역의 수 = $\dfrac{1{,}191m^2}{600m^2}$ = 1.985 ≒ 2회로
　③ 하나의 경계구역의 면적은 **600m² 이하**로 하고 한변의 길이는 **50m 이하**로 할 것. 다만, 해당 특정소방대상물의 주된 출입구에서 그 내부 전체가 보이는 것에 있어서는 한 변의 길이가 **50m**의 범위 내에서 **1,000m² 이하**로 할 수 있다.
(2) ① 수직 경계구역 : 계단 2회로+엘리베이터 권상기실 2회로 = 4회로
　② 수평 경계구역 : 층당 2회로×5개층 = 10회로
　③ 계단(직통계단외의 것에 있어서는 떨어져 있는 상하계단의 상호간의 수평거리가 5m 이하로서 서로 간에 구획되지 아니한 것에 한한다. 이하 같다)·경사로(에스컬레이터경사로 포함)·엘리베이터 승강로(권상기실이 있는 경우에는 권상기실)·린넨슈트·파이프 피트 및 덕트 기타 이와 유사한 부분에 대하여는 별도로 경계구역을 설정하되, **하나의 경계구역은 높이 45m 이하(계단 및 경사로에 한한다)**로 하고, 지하층의 계단 및 경사로(지하층의 층수가 1일 경우는 제외한다)는 별도로 하나의 경계구역으로 하여야 한다.
(3) ① 계단에는 수직거리 15[m]이하가 되도록 연기감지기를 설치하여야 한다.
　② 수직거리 : 지하1층×4[m]+지상 5층×4[m] = 24[m]
　③ 연기감지기의 수량 : $\dfrac{24m}{15m}$ = 1.6 ≒ 2개
　④ 계단감지기의 설치 : 지상 5층, 지상 2층
(4) 연기감지기의 설치장소
　1. 계단·경사로 및 에스컬레이터 경사로
　2. 복도(30m 미만의 것을 제외한다)
　3. 엘리베이터 승강로(권상기실이 있는 경우에는 권상기실)·린넨슈트·파이프 피트 및 덕트 기타 이와 유사한 장소

4. 천장 또는 반자의 높이가 15m 이상 20m 미만의 장소
5. 다음 각 목의 어느 하나에 해당하는 특정소방대상물의 취침·숙박·입원 등 이와 유사한 용도로 사용되는 거실
   가. 공동주택·오피스텔·숙박시설·노유자시설·수련시설
   나. 교육연구시설 중 합숙소
   다. 의료시설, 근린생활시설 중 입원실이 있는 의원·조산원
   라. 교정 및 군사시설
   마. 근린생활시설 중 고시원

문제 15

아래의 조건을 참고하여 배선을 그림기호로 나타내시오.

◀조건▶
- 배선은 천장은폐배선이다.
- 전선은 450/750V 저독성 난연 가교 폴리올레핀 절연전선 2.5mm² 4가닥이다.
- 전선관은 후강전선관 22mm이다.

[답안작성]

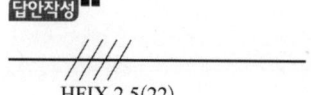

HFIX 2.5(22)

문제 16

층수가 6층, 연면적이 4000m²인 특정소방대상물에 비상방송설비를 설치하려고 한다. 다음 각 물음에 답하시오.

(1) 우선경보방식에 대한 기준을 나타낸 것이다. 괄호 안의 번호에 알맞은 답을 쓰시오.

층수가 (①)층 이상이고, 연면적이 (②)m²를 초과하는 특정소방대상물

(2) 발화층에 대한 경보층의 구체적인 경우를 표의 빈칸에 알맞은 답을 쓰시오.

발화층	경보를 발하여야 하는 층
2층 이상의 층	
1층	
지하층	

[답안작성]

(1) ① 5, ② 3,000

(2)

발화층	경보를 발하여야 하는 층
2층 이상의 층	발화층 및 그 직상층
1층	발화층·그 직상층 및 지하층
지하층	발화층·그 직상층 및 기타의 지하층

▼해설◎◎

기준 개정으로 현재는 맞지 않는 문제입니다.
층수가 11층(공동주택인 경우에는 16층) 이상 특정소방대상물은 다음의 기준에 따라 경보를 발할 수 있도록 해야 한다. 〈개정 2023.2.10.〉
① 2층 이상의 층에서 발화한 때에는 발화층 및 그 직상 4개층에 경보를 발할 것
② 1층에서 발화한 때에는 발화층·그 직상 4개층 및 지하층에 경보를 발할 것
③ 지하층에서 발화한 때에는 발화층·그 직상층 및 기타의 지하층에 경보를 발할 것

★★★ 출제년도 「22.」 •점수 : 5점

문제 17 다음은 할론(HALON) 소화설비의 수동조작함에서 할론제어반까지의 결선도이다. 주어진 도면과 조건을 참조하여 각 물음에 답하시오.

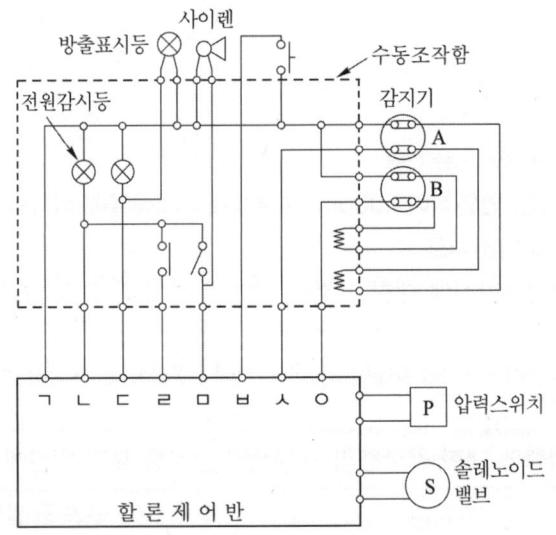

◀조건▶
• 전선의 가닥수는 최소 가닥수로 한다.
• 복구스위치 및 도어스위치는 없는 것으로 한다.

(1) "ㄱ~ㅇ"까지의 전선명칭을 쓰시오.

ㄱ	ㄴ	ㄷ	ㄹ	ㅁ	ㅂ	ㅅ	ㅇ

(2) ⓟ에 사용되는 배선의 굵기를 쓰시오.

답안작성

(1)

ㄱ	ㄴ	ㄷ	ㄹ	ㅁ	ㅂ	ㅅ	ㅇ
전원⊖	전원 ⊕	방출표시등	기동스위치	사이렌	방출지연 스위치	감지기 A	감지기 B

(2) 2.5mm^2

해설

(1) 할론 제어반과 수동조작함사이의 결선도

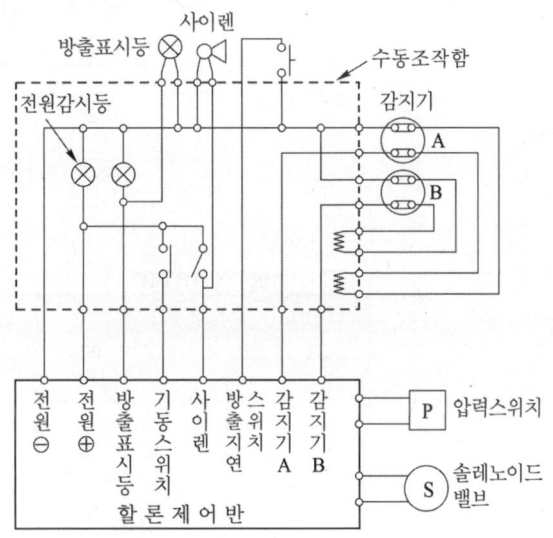

(2) 배선의 굵기
- 감지기 A, 감지기 B : 1.5mm^2
- 전원⊖, 전원 ⊕, 방출표시등, 사이렌, 기동스위치, 방출지연스위치, 압력스위치, 솔레노이드밸브 : 2.5mm^2

★★★ 출제년도 「20. 22.」 •점수 : 5점

문제 18 다음은 PB-ON 스위치를 ON한 후 일정시간이 지난 다음에 MC가 작동하여 전동기 M이 운전하는 회로를 나타낸 것이다. 여기에 사용한 타이머 Ⓣ는 입력신호가 소멸했을 때 열려서 이탈되는 형식으로 전동기가 회전하면 릴레이 Ⓧ가 복구되어 타이머에 입력신호가 소멸되고 전동기는 계속 회전할 수 있도록 이 시퀀스를 수정하여 다시 그리시오.

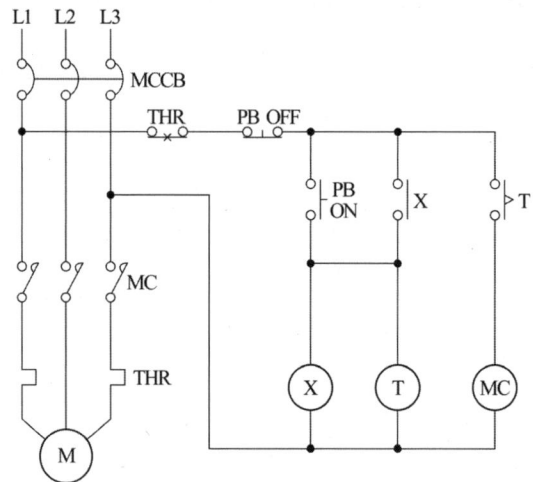

답안작성

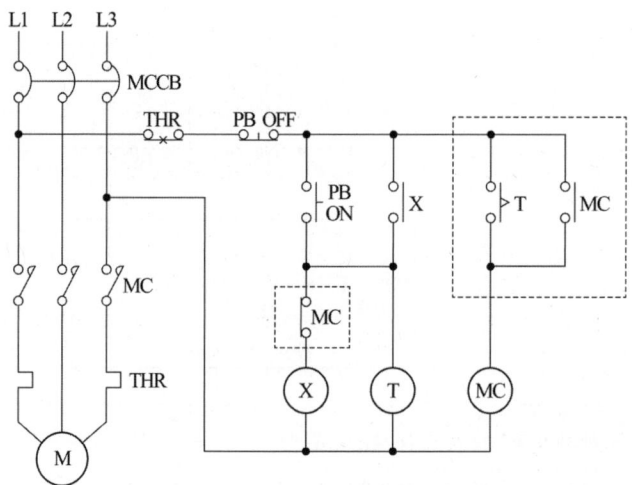

▼해설

PB-ON 스위치를 ON하면 릴레이 X가 여자, 타이머 T가 여자, X-a에 의해 자기유지되고 타이머 T의 설정시간후에 T-a 접점이 폐로되어 전자접촉기 MC가 여자되어 전동기 M은 회전하게 되고 MC-b 접점에 의해 릴레이 X와 타이머 T는 소자되어 복구하게 된다. 전동기 M은 MC-a 접점에 의해 자기유지되어 계속 회전하게 된다.

PB-OFF를 누르거나 열동계전기 THR이 작동하게 되면 MC는 소자되고 전동기 M은 정지하게 된다.

Engineer
Fire Protection System

2023 기출문제
소방설비기사 실기 (전기분야)

2023년 기사 제1회 실기시험

Engineer Fire Protection System

자격종목	시험시간	시행일	수험번호	성명
소방설비기사(전기분야)	3시간	2023.4.23		

※ 다음 물음의 답을 해당 답란에 답하시오.(배점 : 100점)

문제 01 ★★★ 출제년도 「23」 •점수 : 5점

다음은 비상조명등에 대한 기준을 나타낸 것이다. 괄호 안의 번호에 알맞은 답을 답안지에 쓰시오.

> ○ 예비전원을 내장하는 비상조명등에는 평상시 점등 여부를 확인할 수 있는 (①)를 설치하고 해당 조명등을 유효하게 작동시킬 수 있는 용량의 (②)와 (③)를 내장할 것
> ○ 비상전원은 비상조명등을 (④)분 이상 유효하게 작동시킬 수 있는 용량으로 할 것. 다만, 다음 각 목의 특정소방대상물의 경우에는 그 부분에서 피난층에 이르는 부분의 비상조명등을 (⑤)분 이상 유효하게 작동시킬 수 있는 용량으로 하여야 한다.
> 　가. 지하층을 제외한 층수가 11층 이상의 층
> 　나. 지하층 또는 무창층으로서 용도가 도매시장·소매시장·여객자동차터미널·지하역사 또는 지하상가

답안작성

① 점검스위치
② 축전지
③ 예비전원 충전장치
④ 20
⑤ 60

해설

비상조명등 설치기준
1) 특정소방대상물의 각 거실과 그로부터 지상에 이르는 **복도·계단** 및 그 밖의 **통로**에 설치할 것
2) 조도는 비상조명등이 설치된 장소의 각 부분의 바닥에서 **1 lx 이상**이 되도록 할 것
3) 예비전원을 내장하는 비상조명등에는 평상시 점등 여부를 확인할 수 있는 **점검스위치**를 설치하고 해당 조명등을 유효하게 작동시킬 수 있는 용량의 **축전지와 예비전원 충전장치**를 내장할 것
4) 예비전원을 내장하지 않은 비상조명등의 비상전원은 **자가발전설비, 축전지설비 또는 전기저장장치**(외부 전기에너지를 저장해 두었다가 필요한 때 전기를 공급하는 장치)를 다음의 기준에 따라 설치해야 한다.
　① 점검에 편리하고 화재 및 침수 등의 재해로 인한 피해를 받을 우려가 없는 곳에 설치할 것
　② 상용전원으로부터 전력의 공급이 중단된 때에는 자동으로 비상전원으로부터 전력을 공급받을 수 있도록 할 것
　③ 비상전원의 설치장소는 다른 장소와 **방화구획** 할 것. 이 경우 그 장소에는 비상전원의 공급에 필요한 기구나 설비 외의 것(열병합발전설비에 필요한 기구나 설비는 제외한다)을 두어서는 아니 된다.
　④ 비상전원을 실내에 설치하는 때에는 그 실내에 **비상조명등**을 설치할 것

5) 예비전원과 비상전원은 비상조명등을 **20분 이상** 유효하게 작동시킬 수 있는 용량으로 할 것. 다만, 다음의 특정소방대상물의 경우에는 그 부분에서 피난층에 이르는 부분의 비상조명등을 **60분 이상** 유효하게 작동시킬 수 있는 용량으로 해야 한다.
   ① 지하층을 제외한 층수가 **11층 이상의 층**
   ② 지하층 또는 무창층으로서 용도가 도매시장·소매시장·여객자동차터미널·지하역사 또는 지하상가

문제 02

비상방송설비 및 단독경보형감지기의 화재안전성능기준 및 화재안전기술기준에 대한 내용이다. 다음 각 물음에 답하시오.

(1) 증폭기의 정의를 쓰시오.
(2) 비상방송설비에서 조작부의 조작스위치는 바닥으로부터 몇 m 높이에 설치해야 하는가?
(3) 지하 2층, 지상 7층인 특정소방대상물의 5층에서 단선이 된 경우 화재 시 비상방송설비가 경보를 해야 하는 층을 모두 쓰시오.(단, 일제경보방식이다.)
(4) 바닥면적 600 m²인 특정소방대상물에 단독경보형감지기를 설치하고자 한다. 최소 몇 개 이상을 설치해야 하는가?

답안작성

(1) 전압전류의 진폭을 늘려 감도를 좋게 하고 미약한 음성전류를 커다란 음성전류로 변화시켜 소리를 크게 하는 장치
(2) 0.8m 이상 1.5m 이하
(3) 지하 2층, 지하 1층, 지상 1층, 지상 2층, 지상 3층, 지상 4층, 지상 6층, 지상 7층
(4) 최소수량 : $\dfrac{600 \text{ m}^2}{150 \text{ m}^2} = 4$개

해설

(3) 화재로 인하여 하나의 층의 확성기 또는 배선이 단락 또는 단선되어도 다른 층의 화재 통보에 지장이 없도록 해야 하므로, 단선이 발생한 지상 5층을 제외한 모든 층에 경보를 해야 한다.
(4) 각 실(이웃하는 실내의 바닥면적이 각각 30 m² 미만이고 벽체의 상부의 전부 또는 일부가 개방되어 이웃하는 실내와 공기가 상호 유통되는 경우에는 이를 1개의 실로 본다)마다 설치하되, 바닥면적이 150 m²를 초과하는 경우에는 150 m²마다 1개 이상 설치할 것
   수량산출 : $\dfrac{600 \text{ m}^2}{150 \text{ m}^2} = 4$개

문제 03

감지기의 형식승인 및 제품검사의 기술기준에 따른 감지기에 대한 내용이다. 각 설명에 해당되는 알맞은 답을 쓰시오.

(1) 화재시 발생하는 열, 연기, 불꽃을 자동적으로 감지하는 기능 중 두 가지 이상의 성능(동일 생성물이나 다른 연소생성물의 감지 기능)을 가진 것으로서 두 가지 이상의 성능이 함께 작동할 때 화재신호를 발신하거나 두 개 이상의 화재신호를 각각 발신하는 감지기
(2) 주위의 온도 또는 연기의 양의 변화에 따른 화재정보신호값을 출력하는 방식의 감지기

답안작성

(1) 복합형감지기
(2) 아날로그식(감지기)

▼해설

감지기의 형식승인 및 제품검사의 기술기준
제2조(용어의 정의)
7. "복합형 감지기"란 화재시 발생하는 열, 연기, 불꽃을 자동적으로 감지하는 기능 중 두 가지 이상의 성능(동일 생성물이나 다른 연소생성물의 감지 기능)을 가진 것으로서 두 가지 이상의 성능이 함께 작동할 때 화재신호를 발신하거나 두 개 이상의 화재신호를 각 각 발신하는 감지기를 말한다.

제4조(감지기의 형식)
6. "아날로그식"이란 주위의 온도 또는 연기의 양의 변화에 따른 화재정보신호값을 출력하는 방식의 감지기를 말한다.

★★★ 출제년도 「23」 •점수 : 5점

문제 04 비상방송설비의 화재안전성능기준 및 화재안전기술기준에 대한 내용이다. 다음 각 물음에 답하시오.
(1) 음량조절기의 정의를 쓰시오.
(2) 괄호 안의 번호에 알맞은 답을 쓰시오.

> ○ 확성기의 음성입력은 3 W(실내에 설치하는 것에 있어서는 (①) W) 이상일 것
> ○ 확성기는 각 층마다 설치하되, 그 층의 각 부분으로부터 하나의 확성기까지의 수평거리가 (②) m 이하가 되도록 하고, 해당 층의 각 부분에 유효하게 경보를 발할 수 있도록 설치할 것
> ○ 음량조정기를 설치하는 경우 음량조정기의 배선은 (③)선식으로 할 것

(3) 기동장치에 따른 화재신호를 수신한 후 필요한 음량으로 화재발생상황 및 피난에 유효한 방송이 자동으로 개시될 때까지의 소요시간은 몇 초 이내로 해야 하는가?

답안작성

(1) 가변저항을 이용하여 전류를 변화시켜 음량을 크게 하거나 작게 조절할 수 있는 장치
(2) ① 1   ② 25   ③ 3
(3) 10초

▼해설

(3) 기동장치에 따른 화재신호를 수신한 후 필요한 음량으로 화재발생상황 및 피난에 유효한 방송이 자동으로 개시될 때까지의 소요시간은 10초 이내로 할 것

문제 05

★★★ 출제년도 「97. 00. 23.」 •점수 : 6점

예비전원설비에 대한 다음 각 물음에 답하시오.
(1) 부동충전방식에 대한 회로(개략적인 그림)를 간단히 그리시오.
(2) 축전지의 과방전 또는 방치상태에서 기능회복을 위하여 실시하는 것은 어떤 충전방식인가?
(3) 연축전지의 정격용량은 250 [Ah]이고, 상시부하가 8 [kW]이며 표준전압이 100 [V]인 부동충전방식의 충전기 2차 충전전류는 몇 [A]인가? 단, 축전지의 방전율은 10시간율로 한다.

답안작성

(1)

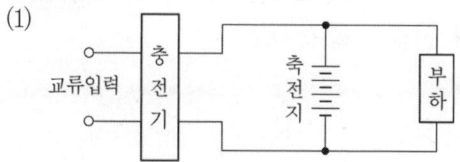

(2) 회복충전방식
(3) 충전기 2차 충전전류
$$I_2 = \frac{250}{10} + \frac{8 \times 10^3}{100} = 105 [A]$$

▼해설

(1) 부동충전방식 : 축전지와 부하를 충전기에 병렬로 접속하여 사용하는 충전방식으로 축전지의 자기방전을 보충함과 동시에 상용부하에 대한 전원공급은 충전기가 부담하고 충전기가 부담하기 어려운 일시적인 대전류 부하는 축전지가 부담토록 하는 방식

(2) 충전기 2차 충전전류 $I_2 = \dfrac{축전지의\ 용량[Ah]}{정격방전율[h]} + \dfrac{상시부하[VA]}{표준전압[V]}$

(3) 정격방전율 : 연축전지 10 h, 알칼리축전지 5 h

★★★ 출제년도 「20. 23.」 •점수 : 7점

문제 06 비상용전원설비의 축전지설비를 하고자 한다. 사용부하의 방전전류-시간특성곡선이 그림과 같을 때 다음 각 물음에 답하시오. (단, 용량환산시간 값은 K_1=0.85(30분), K_2=0.53(10분), K_3=0.7(20분)이다.)

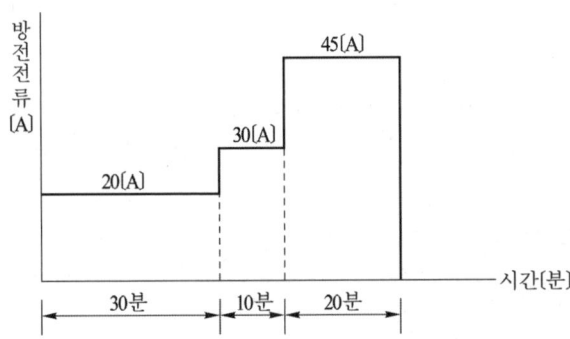

(1) 보수율의 의미를 설명하고 이 값은 보통 얼마로 하는지를 밝히시오.
(2) 연축전지와 알칼리 축전지의 공칭전압[V]을 쓰시오.
(3) 축전지의 용량[Ah]을 계산하시오.
  • 계산 :   • 답 :

답안작성

(1) ① 의미 : 사용연수나 사용조건의 변화에 따라 축전지 용량의 변동을 보상하며, 소정의 부하특성을 만족시키기 위하여 사용하는 보정치
   ② 값(수치) : 0.8
(2) 연축전지 : 2.0[V/cell], 알칼리 축전지 : 1.2[V/cell]
(3) • 계산 : $C = \dfrac{1}{0.8}[0.85 \times 20 + 0.53 \times 30 + 0.7 \times 45] = 80.5$[Ah]
   • 답 : 80.5[Ah]

★★★ 출제년도 「23.」 •점수 : 5점

문제 07 피난구유도등에 대한 다음 각 물음에 답하시오.
(1) 피난구유도등을 설치해야 할 장소 3가지 쓰시오.
(2) 피난구유도등은 피난구의 바닥으로부터 높이 몇 [m] 이상의 곳에 설치하여야 하는가?
(3) 피난구유도등 표시면의 색상은?

답안작성

(1) ① 옥내로부터 직접 지상으로 통하는 출입구 및 그 부속실의 출입구
   ② 직통계단・직통계단의 계단실 및 그 부속실의 출입구
   ③ 제①호, ②에 따른 출입구에 이르는 복도 또는 통로로 통하는 출입구

④ 안전구획된 거실로 통하는 출입구
(2) 1.5 [m] 이상
(3) 녹색바탕에 백색문자

문제 08

시각경보기를 설치하는 특정소방대상물을 3가지 쓰시오.

답안작성

① 근린생활시설
② 종교시설
③ 판매시설

해설

① 근린생활시설, 문화 및 집회시설, 종교시설, 판매시설, 운수시설, 운동시설, 위락시설, 물류터미널
② 의료시설, 노유자시설, 업무시설, 숙박시설, 발전시설 및 장례식장
③ 교육연구시설 중 도서관, 통신촬영시설 중 방송국
④ 지하상가 중 3가지만 선택하여 답안을 작성하면 된다.

문제 09

유도등 및 유도표지의 화재안전성능기준에 따른 복도통로유도등의 설치기준 4가지를 쓰시오.

답안작성

1. 복도에 설치하되 피난구유도등이 설치된 출입구의 맞은편 복도에는 입체형으로 설치하거나, 바닥에 설치할 것
2. 구부러진 모퉁이 및 1목에 따라 설치된 통로유도등을 기점으로 보행거리 20미터 마다 설치할 것
3. 바닥으로부터 높이 1미터 이하의 위치에 설치할 것. 다만, 지하층 또는 무창층의 용도가 도매시장·소매시장·여객자동차터미널·지하역사 또는 지하상가인 경우에는 복도·통로 중앙부분의 바닥에 설치하여야 한다.
4. 바닥에 설치하는 통로유도등은 하중에 따라 파괴되지 않는 강도의 것으로 할 것

해설

유도등 및 유도표지의 화재안전성능기준 제6조
1. 복도통로유도등 설치기준
   가. 복도에 설치하되 제5조제1항제1호 또는 제2호에 따라 피난구유도등이 설치된 출입구의 맞은편 복도에는 입체형으로 설치하거나, 바닥에 설치할 것
   나. 구부러진 모퉁이 및 1목에 따라 설치된 통로유도등을 기점으로 보행거리 20미터마다 설치할 것

다. 바닥으로부터 높이 1미터 이하의 위치에 설치할 것. 다만, 지하층 또는 무창층의 용도가 도매시장·소매시장·여객자동차터미널·지하역사 또는 지하상가인 경우에는 복도·통로 중앙부분의 바닥에 설치하여야 한다.
라. 바닥에 설치하는 통로유도등은 하중에 따라 파괴되지 않는 강도의 것으로 할 것
2. 거실통로유도등 설치기준
    가. 거실의 통로에 설치할 것. 다만, 거실의 통로가 벽체 등으로 구획된 경우에는 복도통로유도등을 설치하여야 한다.
    나. 복도구부러진 모퉁이 및 보행거리 20미터 마다 설치할 것
    다. 복도바닥으로부터 높이 1.5미터 이상의 위치에 설치할 것. 다만, 거실통로에 기둥이 설치된 경우에는 기둥부분의 바닥으로부터 높이 1.5미터 이하의 위치에 설치할 수 있다.

★★★ 출제 년도 「18. 23.」 •점수 : 4점

문제 10
비상콘센트설비의 화재안전성능기준에 따른 비상콘센트 설치기준의 일부 내용이다. 괄호 안의 번호에 알맞은 답을 쓰시오.

> ○ 하나의 전용회로에 설치하는 비상콘센트는 (①)개 이하로 할 것. 이 경우 전선의 용량은 각 비상콘센트(비상콘센트가 (②)개 이상인 경우에는 (②)개)의 공급용량을 합한 용량 이상의 것으로 해야 한다.
> ○ 전원회로의 배선은 (③)으로, 그 밖의 배선은 (③) 또는 (④)으로 설치해야 한다.

답안작성
① 10   ② 3   ③ 내화배선   ④ 내열배선

해설
① 하나의 전용회로에 설치하는 비상콘센트는 10개 이하로 할 것. 이 경우 전선의 용량은 각 비상콘센트(비상콘센트가 3개 이상인 경우에는 3개)의 공급용량을 합한 용량 이상의 것으로 해야 한다.
② 전원회로의 배선은 내화배선으로, 그 밖의 배선은 내화배선 또는 내열배선으로 설치해야 한다.

★★★ 출제 년도 「23.」 •점수 : 5점

문제 11
펌프용 전동기로 매분당 5[m³]의 물을 높이가 30[m]인 탱크에 양수하려고 한다. 이때 필요한 펌프용 전동기의 용량은 몇 kW 인가? (단, 펌프용 전동기의 효율은 70[%], 여유계수는 1.15이다.)

• 계산 :   • 답 :

답안작성
• 계산 : $P = \dfrac{0.163 QHK}{\eta} = \dfrac{0.163 \times 5 \times 30 \times 1.15}{0.7} = 40.1678 = 40.17$
• 답 : 40.17 kW

▼해설

$$P = \frac{9.8QHK}{\eta} = \frac{9.8 \times 5/60 \times 30 \times 1.15}{0.7} = 40.25 \text{ kW}$$

문제 12

★★★ 출제년도 「18. 23.」 •점수 : 8점

비상콘센트설비에 대한 다음 각 물음에 답하시오.(단, 사용전압은 단상교류 220[V] 이다.)
(1) 비상콘센트설비의 플러그접속기는 어떤 접지공사를 해야 하는가?
(2) 비상콘센트를 설치하는 목적은?
(3) 2[kW]용 송풍기를 비상콘센트에 연결하여 운전하면 몇 [A]의 전류가 흐르는지 계산하시오.(단, 송풍기의 역률은 70[%]이다.)
(4) 전원회로는 단상교류 220V인 것으로서 공급용량은 몇 kVA 이상이어야 하는가?

답안작성

(1) 보호접지
(2) 화재 시 소화활동 등에 필요한 전원을 전용회선으로 공급
(3) 전류 $I = \frac{P}{V\cos\theta} = \frac{2 \times 10^3}{220 \times 0.7} = 12.99[A]$
(4) 1.5 kVA 이상

▼해설

비상콘센트설비의 전원회로는 단상교류 220 V인 것으로서, 그 공급용량은 1.5 kVA 이상인 것으로 할 것

문제 13

★ 출제년도 「23.」 •점수 : 4점

자동화재탐지설비에서 P형 수신기와 R형 수신기의 기능을 각각 2가지씩 쓰시오.
(1) P형 수신기의 기능 2가지
(2) R형 수신기의 기능 2가지

답안작성

(1) P형 수신기의 기능 2가지
　　① 주/예비전원 정전 및 복구시 자동절환 기능
　　② 수신기와 감지기와의 외부회로 도통시험 기능
　　③ 예비전원 양부시험 기능
　　④ 화재표시등이나 각종 경종 작동시험 기능 중 2가지 선택
(2) R형 수신기의 기능 2가지
　　① 주/예비전원 정전 및 복구시 자동절환 기능
　　② 예비전원 양부시험 기능
　　③ 수신기와 감지기와의 외부회로 도통시험 기능
　　④ 화재표시등이나 각종 경종 작동시험 기능

⑤ 광전식 감지기의 광원 차단, 전력공급회로의 퓨즈 용단 시 고장신호장치가 있을 것 중 2가지 선택

문제 14

★★★ 출제년도 「23.」 •점수 : 5점

다음 각 물음에 답하시오.
(1) 공기관식 차동식분포형 감지기의 공기관의 재질은?
(2) 그림과 같이 차동식 스포트형 감지기 A, B, C, D가 있다. 배선을 전부 송배선식(보내기 배선방식)으로 할 경우 풀박스와 감지기 C 사이의 배선은 몇 가닥인가?

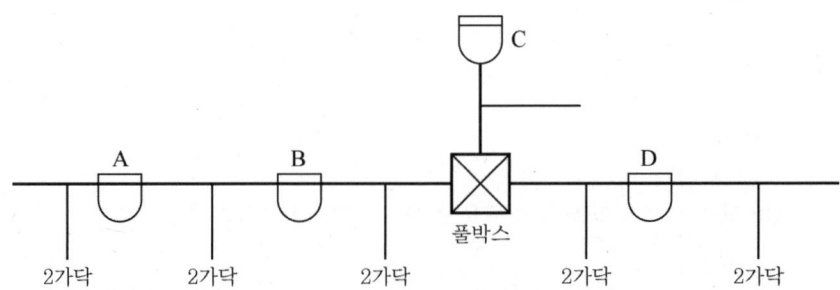

답안작성

(1) 동관(또는 중공동관)
(2) 4가닥

해설

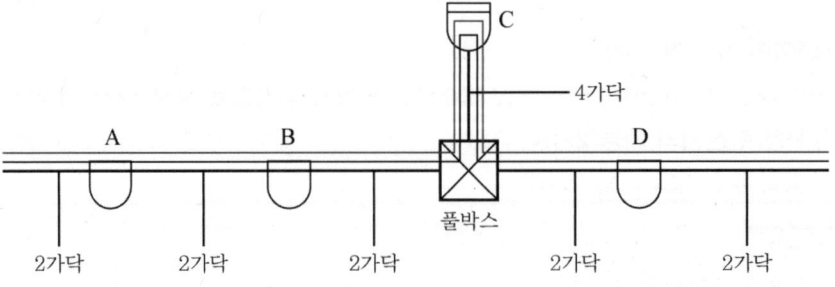

문제 15

다음은 단상 2선식 회로도이다. 공급전압 V_A가 100 V일 때, V_B와 V_C의 단자전압을 계산하시오.(단, 한선당의 저항은 $R_{AB} = 0.03\Omega$, $R_{BC} = 0.06\Omega$ 이다.)

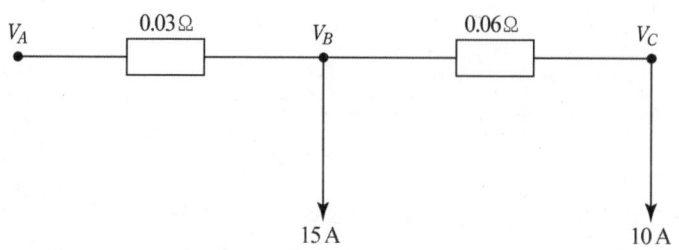

(1) V_B
  - 계산과정 :
  - 답 :

(2) V_C
  - 계산과정 :
  - 답 :

답안작성

(1) V_B
  - 계산과정 : $V_B = V_A - 2IR = 100 - 2 \times (15+10) \times 0.03 = 98.5$
  - 답 : 98.5 V

(2) V_C
  - 계산과정 : $V_C = V_B - 2IR = 98.5 - 2 \times 10 \times 0.06 = 97.3$
  - 답 : 97.3 V

문제 16

무선통신보조설비의 화재안전성능기준에 대한 내용이다. 괄호 안의 번호에 알맞은 답을 쓰시오.

> ○ 누설동축케이블 및 동축케이블은 화재에 따라 해당 케이블의 피복이 소실된 경우에 케이블 본체가 떨어지지 아니하도록 (①)m이내마다 금속제 또는 자기제등의 지지금구로 벽·천장·기둥 등에 견고하게 고정시킬 것. 다만, 불연재료로 구획된 반자 안에 설치하는 경우에는 그러하지 아니하다.
> ○ 누설동축케이블 및 안테나는 고압의 전로로부터 (②)m 이상 떨어진 위치에 설치할 것. 다만, 해당 전로에 정전기 차폐장치를 유효하게 설치한 경우에는 그러하지 아니하다.
> ○ 누설동축케이블의 끝부분에는 (③)을 견고하게 설치할 것
> ○ 증폭기의 전면에는 주회로의 전원이 정상인지의 여부를 표시할 수 있는 (④) 및 (⑤)를 설치할 것

답안작성
① 4
② 1.5
③ 무반사 종단저항
④ 표시등
⑤ 전압계

★★★ 출제년도 「23.」 •점수 : 4점

문제 17 가스누설경보기에 관한 다음 각 물음에 답하시오.
(1) 가스누설경보기는 가스누설신호를 수신한 경우에는 누설등이 점등되어 가스의 발생을 자동적으로 표시하고 있다. 이 경우 점등되는 누설 표시등의 색상을 쓰시오.
(2) 경보기는 구조에 따라 (   )형, (   )형으로 구분한다. (   )에 들어갈 내용을 쓰시오.
(3) 가스누설경보기 중 가스누설을 검지하여 중계기 또는 수신부에 가스누설의 신호를 발신하는 부분 또는 가스누설을 검지하여 이를 음향으로 경보하고 동시에 중계기 또는 수신부에 가스누설의 신호를 발신하는 부분은 무엇인지 쓰시오.

답안작성
(1) 황색
(2) 단독, 분리
(3) 탐지부

▼해설
가스누설경보기의 형식승인 및 제품검사의 기술기준
(1) 제3조(경보기의 분류)
　　경보기는 구조에 따라 단독형과 분리형으로 구분하며, 용도에 따라 단독형은 가정용으로, 분리형은 영업용과 공업용으로 구분한다. 이 경우 영업용은 1회로용으로 하며 공업용은 1회로 이상의 용도로 한다.
(2) 제8조(부품의 구조 및 기능) 제2호
　　가스의 누설을 표시하는 표시등(누설등) 및 가스가 누설된 경계구역의 위치를 표시하는 표시등(지구등)은 등이 켜질 때 황색으로 표시되어야 한다. 다만, 누설등을 설치한 수신부의 지구등 및 수신기와 병용하지 아니하는 지구등은 그러하지 아니하다.

★★★ 출제년도 「18. 20. 23.」 •점수 : 6점

문제 18 다음은 자동화재탐지설비의 P형 1급 수신기의 미완성 결선도이다. 수신기의 단자에 알맞게 각 기기장치를 연결하시오.(단, 발신기의 단자는 왼쪽으로부터 응답, 지구공통, 전화, 지구이다.)

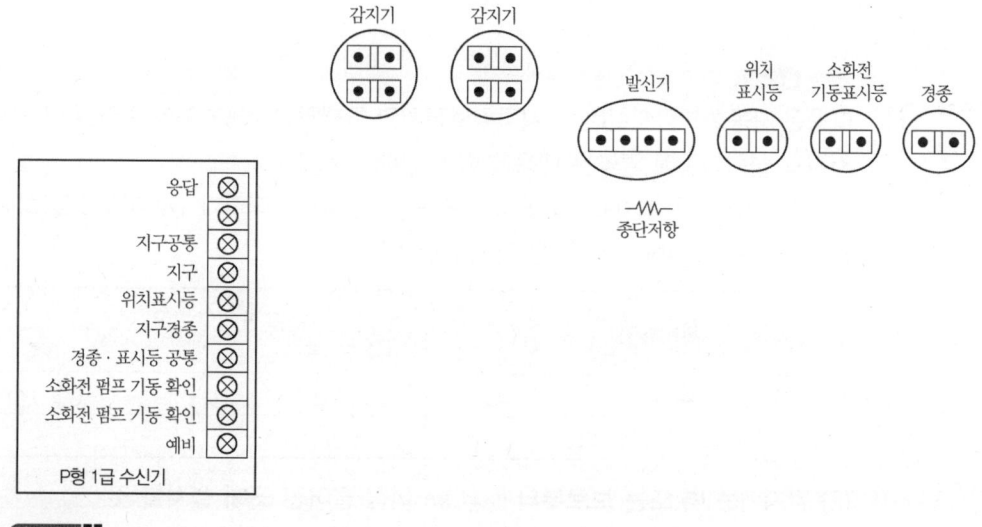

답안작성

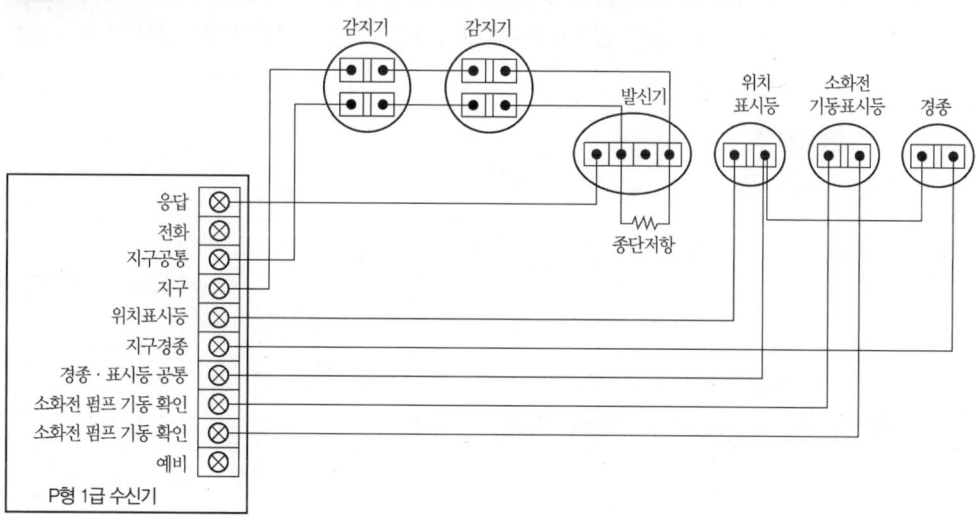

2023년 기사 제2회 실기시험

Engineer Fire Protection System

자격종목	시험시간	시행일	수험번호	성명
소방설비기사(전기분야)	3시간	2023.7.22		

※ 다음 물음의 답을 해당 답란에 답하시오.(배점 : 100점)

문제 01 ★★★ 출제년도 「99. 01. 23.」 •점수 : 4점

다음은 자동화재탐지설비 및 시각경보장치의 화재안전성능기준에 관련된 내용이다. 연기감지기의 설치기준에 알맞은 내용을 괄호 안에 쓰시오.

(1) 감지기의 부착 높이에 따라 다음 표에 의한 바닥면적마다 1개 이상으로 하여야 한다. ①~③에 해당되는 면적은 몇 [m²]인가?

부착높이	감지기의 종류	
	1종 및 2종	3종
4m 미만	(①) m²	(②) m²
4m 이상 (③)m 미만	75 m²	–

(2) 감지기는 벽 또는 보로부터 (④)m 이상 떨어진 곳에 설치할 것

(3) 감지기는 복도 및 통로에 있어서는 보행거리 (⑤) [m] (3종에 있어서는 (⑥)m)마다, 계단 및 경사로에 있어서는 수직거리 (⑦) [m](3종에 있어서는 (⑧)m)마다 1개 이상으로 할 것

답안작성

(1) ① 150   ② 50   ③ 20
(2) ④ 0.6
(3) ⑤ 30   ⑥ 20   ⑦ 15   ⑧ 10

문제 02 ★★★ 출제년도 「23.」 •점수 : 4점

다음 소방시설도시기호의 명칭을 쓰시오.

(1) RM   (2) PAC
(3) SVP (4) AMP

답안작성

(1) 가스계소화설비의 수동조작함
(2) 소화가스패키지
(3) 프리액션밸브수동조작함
(4) 증폭기

문제 03

전원공급방식은 단상 2선식, 공급전압 220 V, 2.2 kW인 분전반이 있다. 분전반으로부터 60 m 떨어진 거리에 전기히터를 설치하려고 한다. 전압강하를 1 % 이내로 하려면 전선의 최소단면적(mm²)은 얼마 이상으로 해야 하는지 계산하시오.(단, 역률은 무시한다)

• 계산과정 :

• 답 :

답안작성

• 계산과정 : 전류계산 $I = \dfrac{P}{V} = \dfrac{2.2 \times 10^3}{220} = 10$ A

단면적 $A = \dfrac{35.6LI}{1000e} = \dfrac{35.6 \times 60 \times 10}{1000 \times 220 \times 0.01} = 9.71$ mm²

• 답 : 9.71 mm²

해설

공칭단면적인 경우 10 mm² 적용

문제 04

그림은 자동화재탐지설비와 준비작동식(프리액션)스프링클러설비를 연동시키기 위한 간선계통이다. 각 물음에 답하시오.(단, 발신기의 경우 화재가 발생하여 단락되었을 경우 경보에 지장을 주지 않을 유효한 조치를 했으며, 수신기와 SVP 사이 전화선은 없다고 가정한다.)

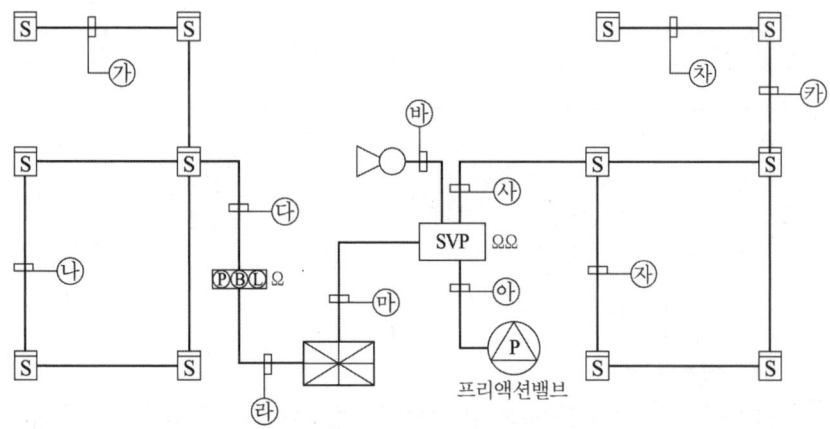

(1) "㉮"~"㉷"까지의 배선 가닥수를 쓰시오.(단, 프리액션밸브용 감지기공통선과 전원 공통선은 분리해서 사용하고, 프리액션밸브용 압력스위치, 탬퍼스위치 및 솔레노이드 밸브용 공통선은 1가닥을 사용하는 조건이다.)

㉮	㉯	㉰	㉱	㉲	㉳	㉴	㉵	㉶	㉷	㉸

(2) "㉲"에 소요되는 배선의 용도를 쓰시오.(단, 해당 가닥수까지만 기록한다.)

답안작성

(1)
㉮	㉯	㉰	㉱	㉲	㉳	㉴	㉵	㉶	㉷	㉸
4	2	4	6	9	2	8	4	4	4	8

(2) 전원+, 전원-, 감지기 공통, 감지기 A, 감지기 B, 압력스위치, 탬퍼스위치, 솔레노이드밸브, 사이렌

해설

기호	가닥수	굵기[mm²]	용도
㉮	4	1.5	지구2, 지구공통2
㉯	2	1.5	지구, 지구공통
㉰	4	1.5	지구2, 지구공통2
㉱	6	2.5	응답, 지구, 지구공통, 경종, 표시등, 경종표시등 공통
㉲	9	2.5	전원+, 전원-, 감지기A, 감지기B, 감지기 공통, 압력스위치, 탬퍼스위치, 솔레노이드밸브, 사이렌
㉳	2	2.5	사이렌2
㉴	8	1.5	지구4, 지구공통4
㉵	4	2.5	압력스위치, 탬퍼스위치, 솔레노이드밸브, 공통
㉶	4	1.5	지구2, 지구공통2
㉷	4	1.5	지구2, 지구공통2
㉸	8	1.5	지구4, 지구공통4

※ 압력스위치(PS) = 밸브개방확인
  탬퍼스위치(TS) = 밸브주의
  솔레노이드밸브(SOL) = 밸브기동
  지구 = 회로, 지구공통 = 회로공통

★★★ 출제년도 「23.」 •점수 : 6점

문제 05 금속관 공사에서 사용하는 부속품이다. 용도에 따른 명칭을 번호에 알맞게 쓰시오.

명칭	용도
①	금속관 상호 접속용으로 관이 고정되어 있을 때 사용
②	배관의 직각 굴곡 부분에 사용(매입된 금속관)
③	노출 배관 공사에서 관을 직각으로 굽히는 곳에 사용, 강제전선관 공사중 노출배관 공사에서 관을 직각으로 굽히는 곳에 사용한다.
④	전선의 절연 피복을 보호하기 위하여 금속관 끝에 취부하여 사용

답안작성

① 유니온 커플링
② 노멀밴드
③ 유니버셜 엘보
④ 부싱

문제 06 ★★★ 출제년도 「04. 12. 19. 23.」 •점수 : 5점

무선통신보조설비에 사용되는 분배기, 분파기, 혼합기의 기능에 대하여 설명하시오.
(1) 분배기
(2) 분파기
(3) 혼합기

답안작성

(1) 분배기 : 신호의 전송로가 분기되는 장소에 설치하는 것으로 임피던스 매칭(Matching)과 신호 균등분배를 위해 사용하는 장치를 말한다.
(2) 분파기 : 서로 다른 주파수의 합성된 신호를 분리하기 위해서 사용하는 장치를 말한다.
(3) 혼합기 : 두 개 이상의 입력신호를 원하는 비율로 조합한 출력이 발생하도록 하는 장치를 말한다.

▼해설

(1) 누설동축케이블 : 동축케이블의 외부도체에 가느다란 홈을 만들어서 전파가 외부로 새어 나갈 수 있도록 한 케이블
(2) 증폭기 : 신호 전송 시 신호가 약해져 수신이 불가능해지는 것을 방지하기 위해서 증폭하는 장치

문제 07 ★★ 출제년도 「11. 19. 23.」 •점수 : 6점

다음은 상용전원 정전시 예비(비상)전원으로 전환하고 정전복구시에는 상용전원으로 전환되도록 구성한 기동회로의 미완성 회로도이다. 아래의 시퀀스제어 절차에 따른 누락된 접점 및 소자의 명칭과 접점기호를 표시하여 회로도를 완성하시오.

가. PB_1을 누르면 전자개폐기 MC_1이 여자되고 ⓇⓁ이 점등되며 전자접촉기 보조접점 MC_{1-a}가 폐로되어 자기유지 되면서 전자접촉기 MC_1의 주접점이 닫혀서 유도전동기는 상용전원으로 운전된다.

나. 상용전원으로 운전 중 PB_3를 누르면 MC_1이 소자되어 유도전동기는 정지하고 상용전원 운전표시등 ⓇⓁ은 소등된다.

다. 상용전원 정전시 예비전원으로 전환하기 위하여 PB_2를 누르면 전자접촉기 MC_2가 여자되어 ⒼⓁ이 점등되며, 전자접촉기 보조접점 MC_{2-a}가 폐로되어 자기유지됨과 동시에 전자접촉기 MC_2의 주접점이 닫혀 유도전동기는 예비전원으로 운전된다.

라. 예비전원으로 운전 중 상용전원으로 전환하기 위하여 PB$_4$를 누르면 MC$_2$가 소자되어 유도전동기는 정지하고 예비전원 운전표시등 ⓖⓛ은 소등한다.
마. 열동계전기(THR$_1$, THR$_2$)가 동작하면 MC$_1$ 또는 MC$_2$를 소자시켜 운전중인 유도전동기는 정지한다.
바. 예비전원과 상용전원이 동시에 공급되지 않도록 인터록회로가 구성되어 있다.

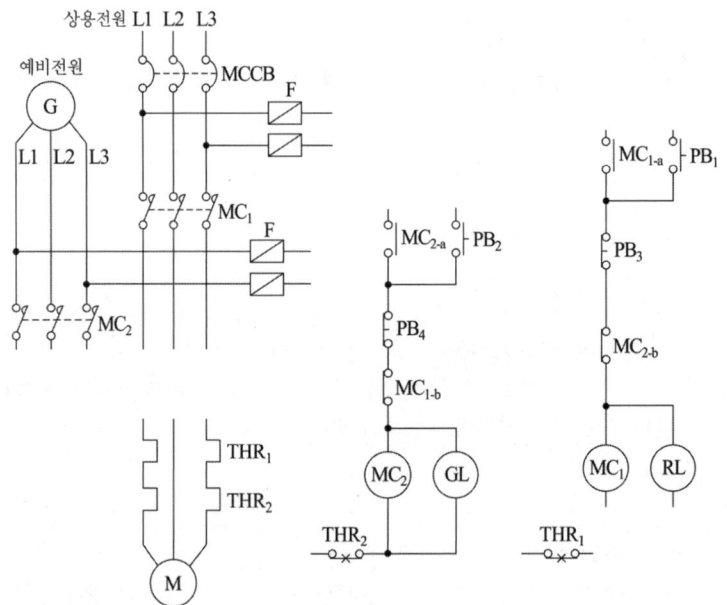

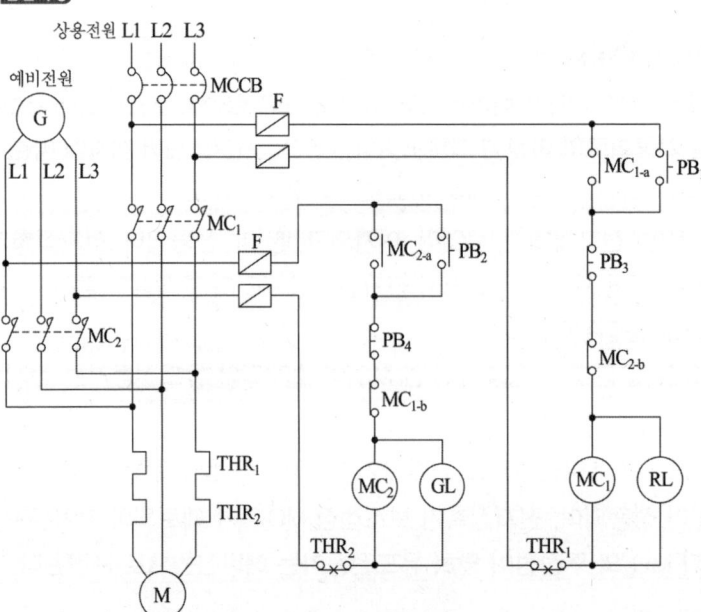

★★★ 출제년도 「20, 23.」 •점수 : 6점

문제 08 납 축전지에 대한 다음 각 물음에 답하시오.

(1) 납 축전지의 정격용량은 200 Ah, 사용하고자 하는 설비의 상시부하는 6 kW, 부하의 정격전압은 100 V일 때 필요한 축전지의 수량은 몇 cell인가?(단, 1셀의 여유를 둔다)
  • 계산과정 :
  • 답 :

(2) 납 축전지를 방전상태로 장시간 방치하였을 때 극판의 황산납이 회백색으로 바뀌고, 축전지의 내부저항이 대단히 상승하여 전해액의 온도상승이 크고 황산의 비중상승이 낮으며 가스가 심하게 발생하고 축전지의 용량이 감퇴 및 수명이 단축되는 현상을 무엇이라 하는가?

(3) (2)의 음극에 발생하는 가스의 명칭은?

답안작성

(1) • 계산과정 : 셀수 $= \dfrac{100\text{V}}{2\text{V/cell}} = 50 \text{ cell} + 1 = 51 \text{ cell}$
  • 답 : 51셀(cell)
(2) 설페이션(Sulphation) 현상
(3) 수소가스

해설

(1) 셀 수 $N = \dfrac{V}{V_B}$

  V : 부하의 정격전압(표준전압)
  V_B : 1셀(cell)당 축전지의 공칭전압(연축전지 2 V/cell, 알칼리 축전지 1.2 V/cell)

(2) 설페이션(Sulphation) 현상
  1) 원인
    ① 방전상태에서 오랫동안 방치할 때
    ② 방전전류가 대단히 클 때
    ③ 불충분 충전을 반복할 때
  2) 현상
    ① 충전시 전해액의 온도상승이 크다.
    ② 충전시 전해액의 비중 상승이 낮으며 다량의 가스가 발생한다.
    ③ 극판이 백색으로 되거나 백색 반점이 생긴다.

★★★ 출제년도 「23.」 •점수 : 9점

문제 09 다음 무접점회로를 보고 물음에 답하시오.

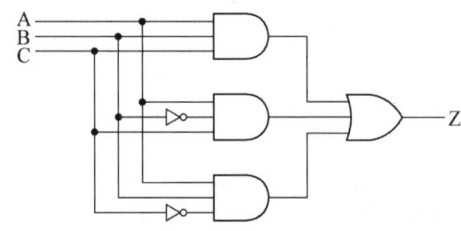

(1) 그림의 논리식을 가장 간략화하여 표현하시오.
(2) (1)의 논리식으로 유접점 시퀀스회로를 완성하시오.
(3) (1)의 논리식으로 무접점 논리회로를 그리시오.

답안작성

(1) $Z = ABC + AB\overline{C} + A\overline{B}C$
     $= AB(C+\overline{C}) + AC(B+\overline{B})$
     $= AB + AC = A(B+C)$

(2)

(3)

★★★ 출제년도 「21. 23.」 •점수 : 7점

문제 10 다음은 특정소방대상물의 평면도를 나타낸 것이다. 건축물의 구조는 비내화구조, 층 높이는 3.8[m] 이다. 다음 각 물음에 답하시오.

(1) 차동식 스포트형 감지기 제1종을 설치하는 경우 각 실에 설치되는 감지기의 최소 수량을 구하시오.

구분	계산과정	수량(개)
A		
B		
C		
D		
E		

(2) 최소 경계구역의 수를 구하시오.

답안작성

(1)

구분	계산과정	수량(개)
A	$\dfrac{10m \times 7m}{50m^2} = 1.4$	2
B	$\dfrac{10m \times (8m+8m)}{50m^2} = 3.2$	4
C	$\dfrac{20m \times (7m+8m)}{50m^2} = 6$	6
D	$\dfrac{10m \times (7m+8m)}{50m^2} = 3$	3
E	$\dfrac{(20m+10m) \times 8m}{50m^2} = 4.8$	5

(2) 경계구역 수 : $\dfrac{(10m+20m+10m) \times (7m+8m+8m)}{600m^2} = 1.533 = 2$구역

해설

(1) 특정소방대상물에 따른 감지기 필요수량

부착높이 및 특정소방대상물의 구분		감지기의 종류				
		차동식, 보상식 스포트형		정온식 스포트형		
		1종	2종	특종	1종	2종
4[m] 미만	주요구조부를 내화구조로 한 특정소방대상물 또는 그 부분	90	70	70	60	20
	기타 구조의 특정소방대상물 또는 그 부분	50	40	40	30	15
4[m] 이상 8[m] 미만	주요구조부를 내화구조로 한 특정소방대상물 또는 그 부분	45	35	35	30	
	기타 구조의 특정소방대상물 또는 그 부분	30	25	25	15	

(2) 자동화재탐지설비 및 시각경보장치의 화재안전기술기준 (경계구역)
　① 자동화재탐지설비의 경계구역 설정기준
　　1. 하나의 경계구역이 2개 이상의 건축물에 미치지 아니하도록 할 것
　　2. 하나의 경계구역이 2개 이상의 층에 미치지 아니하도록 할 것. 다만, 500 m² 이하의 범위 안에서는 2개의 층을 하나의 경계구역으로 할 수 있다.
　　3. 하나의 경계구역의 면적은 600 m² 이하로 하고 한변의 길이는 50 m 이하로 할 것. 다만, 해당 특정소방대상물의 주된 출입구에서 그 내부 전체가 보이는 것에 있어서는 한 변의 길이가 50 m의 범위 내에서 1,000 m² 이하로 할 수 있다.

문제 11
다음 그림과 같은 건축물의 최소 경계구역 수를 산출하시오.(단, 각 경계구역의 계산과정을 쓰시오.)

(1)
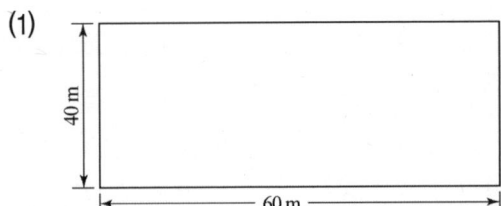

(2)
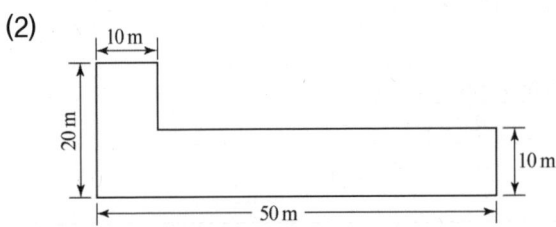

답안작성

(1) 경계구역 수 : $\dfrac{40\,\text{m} \times 60\,\text{m}}{600\,\text{m}^2} = 4$개

(2) 경계구역 수 : $\dfrac{(10\,\text{m} \times 20\,\text{m}) + (40\,\text{m} \times 10\,\text{m})}{600\,\text{m}^2} = 1$개

해설

(2) [별해] $\dfrac{(10\,\text{m} \times 10\,\text{m}) + (50\,\text{m} \times 10\,\text{m})}{600\,\text{m}^2} = 1$개

문제 12
다음은 특정소방대상물의 관계인이 규모·용도 및 수용인원 등을 고려하여 갖추어야 하는 소방시설 중 자동화재탐지설비를 설치하여야 하는 특정소방대상물의 일부를 나타낸 것이다. 연면적 또는 바닥면적 등의 기준을 쓰시오.(단, 면적제한이 없는 경우에는 전부라고 쓴다.)

(1) 근린생활시설(목욕장은 제외한다)
(2) 장례시설
(3) 묘지관련시설
(4) 노유자 생활시설
(5) 노유자시설(단, 노유자 생활시설은 제외)

답안작성

(1) 근린생활시설(목욕장은 제외한다) : 연면적 600 m² 이상
(2) 장례시설 : 연면적 600 m² 이상
(3) 묘지관련시설 : 연면적 2000 m² 이상
(4) 노유자 생활시설 : 전부
(5) 노유자시설(단, 노유자 생활시설은 제외) : 연면적 400 m² 이상

▼해설

자동화재탐지설비를 설치하여야 하는 특정소방대상물

1) **근린생활시설(목욕장은 제외한다)**, 의료시설(정신의료기관 또는 요양병원은 제외한다), 위락시설, **장례시설** 및 복합건축물로서 연면적 600 m² 이상인 것
2) 공동주택, 근린생활시설 중 목욕장, 문화 및 집회시설, 종교시설, 판매시설, 운수시설, 운동시설, 업무시설, 공장, 창고시설, 위험물 저장 및 처리 시설, 항공기 및 자동차 관련 시설, 교정 및 군사시설 중 국방·군사시설, 방송통신시설, 발전시설, 관광 휴게시설, 지하가(터널은 제외한다)로서 연면적 1천 m² 이상인 것
3) 교육연구시설(교육시설 내에 있는 기숙사 및 합숙소를 포함한다), 수련시설(수련시설 내에 있는 기숙사 및 합숙소를 포함하며, 숙박시설이 있는 수련시설은 제외한다), 동물 및 식물 관련 시설(기둥과 지붕만으로 구성되어 외부와 기류가 통하는 장소는 제외한다), 분뇨 및 쓰레기 처리시설, 교정 및 군사시설(국방·군사시설은 제외한다) 또는 **묘지 관련 시설**로서 연면적 2천 m² 이상인 것
4) 지하구
5) 지하가 중 터널로서 길이가 1천 m 이상인 것
6) **노유자 생활시설**
7) 6)에 해당하지 않는 노유자시설로서 연면적 400 m² 이상인 노유자시설 및 숙박시설이 있는 수련시설로서 수용인원 100명 이상인 것
8) 2)에 해당하지 않는 공장 및 창고시설로서「소방기본법 시행령」별표 2에서 정하는 수량의 500배 이상의 특수가연물을 저장·취급하는 것
9) 의료시설 중 정신의료기관 또는 요양병원으로서 다음의 어느 하나에 해당하는 시설
   가) 요양병원(정신병원과 의료재활시설은 제외한다)
   나) 정신의료기관 또는 의료재활시설로 사용되는 바닥면적의 합계가 300 m² 이상인 시설
   다) 정신의료기관 또는 의료재활시설로 사용되는 바닥면적의 합계가 300 m² 미만이고, 창살(철재·플라스틱 또는 목재 등으로 사람의 탈출 등을 막기 위하여 설치한 것을 말하며, 화재 시 자동으로 열리는 구조로 되어 있는 창살은 제외한다)이 설치된 시설
10) 판매시설 중 전통시장
11) 1)에 해당하지 않는 근린생활시설 중 조산원 및 산후조리원
12) 2)에 해당하지 않는 발전시설 중 전기저장시설

문제 13

★★★ 출제 년도 「10. 15. 23.」 •점수 : 4점

다음 표는 설비별로 사용할 수 있는 비상전원의 종류를 나타낸 것이다. 각 설비별로 설치하여야 하는 비상전원을 찾아 빈칸에 ●표 하시오.

설비별 비상전원의 종류

설 비 명	자가발전설비	축전지설비	비상전원 수전설비
옥내소화전설비, 물분무소화설비, CO_2소화설비, 할론 소화설비, 비상조명등, 제연설비, 연결송수관설비			
스프링클러설비, 포소화설비			
자동화재탐지설비, 비상경보설비, 유도등, 비상방송설비			
비상콘센트설비			

답안작성

설 비 명	자가발전설비	축전지설비	비상전원 수전설비
옥내소화전설비, 물분무소화설비, CO_2소화설비, 할론 소화설비, 비상조명등, 제연설비, 연결송수관설비	●	●	
스프링클러설비, 포소화설비	●	●	●
자동화재탐지설비, 비상경보설비, 유도등, 비상방송설비		●	
비상콘센트설비	●	●	●

▼해설

유도등은 설치기준상 비상전원이 축전지이나, 문제상에서 축전지설비 밖에 없으므로 유사한 축전지설비를 선택

문제 14

★★★ 출제 년도 「23.」 •점수 : 6점

감지기회로의 배선에 대한 다음 물음에 답하시오.
(1) 송배선식에 대하여 설명하시오.
(2) 교차회로방식에 대하여 설명하시오.
(3) 교차회로방식을 적용해야 하는 설비 2가지만 쓰시오.

답안작성

(1) 수신기 2차측 외부배선의 도통시험 시 누락된 부분 없이 하기 위하여 배선의 도중에서 분기하지 않도록 하는 배선방식

(2) 하나의 방호구역 내에 2 이상의 화재감지기회로를 설치하고 인접한 2 이상의 화재감지기가 동시에 감지되는 때에는 소화설비가 작동하여 소화약제가 방출되는 방식
(3) ① 이산화탄소소화설비
② 분말소화설비

▼해설●●

(3) 교차회로방식 적용설비
① 이산화탄소소화설비
② 분말소화설비
③ 할론소화설비
④ 할로겐화합물 및 불활성기체 소화설비
⑤ 미분무소화설비, 물분무소화설비
⑥ 준비작동식 스프링클러설비
⑦ 일제살수식 스프링클러설비

★★★ 출제년도 「23.」 •점수 : 6점

문제 15 다음은 제연설비의 화재안전성능기준 상 제연설비의 설치장소에 대한 내용이다. 괄호 안의 번호에 알맞은 답을 쓰시오.

> ① 제연설비의 설치장소는 다음 각 호에 따른 제연구역으로 구획해야 한다.
> 1. 하나의 제연구역의 면적은 (㉠)제곱미터 이내로 할 것
> 2. 거실과 통로(복도를 포함한다. 이하 같다)는 각각 제연구획 할 것
> 3. 통로상의 제연구역은 보행중심선의 길이가 (㉡)미터를 초과하지 않을 것
> 4. 하나의 제연구역은 직경 (㉢)미터 원내에 들어갈 수 있을 것
> 5. 하나의 제연구역은 (㉣) 이상의 층에 미치지 않도록 할 것. 다만, 층의 구분이 불분명한 부분은 그 부분을 다른 부분과 별도로 제연구획 해야 한다.
> ② 제연구역의 구획은 보·제연경계벽(이하 "제연경계"라 한다) 및 벽(화재 시 자동으로 구획되는 가동벽·방화셔터·방화문을 포함한다. 이하 같다)으로 하되, 다음 각호의 기준에 적합해야 한다.
> 1. 재질은 (㉤), (㉥) 또는 제연경계벽으로 성능을 인정받은 것으로서 화재 시 쉽게 변형·파괴되지 아니하고 연기가 누설되지 않는 기밀성 있는 재료로 할 것
> 2. 제연경계는 제연경계의 폭이 (㉦)미터 이상이고, 수직거리는 (㉧)미터 이내일 것

답안작성 ••

㉠ 1,000   ㉡ 60
㉢ 60   ㉣ 둘
㉤ 내화재료 ㉥ 불연재료
㉦ 0.6   ㉧ 2

문제 16 ★★★ 출제년도 「23.」 •점수 : 3점

피난유도선의 종류 중 광원점등방식 피난유도선 설치기준 중 3가지를 쓰시오.

답안작성

1. 구획된 각 실로부터 주출입구 또는 비상구까지 설치할 것
2. 피난유도 표시부는 바닥으로부터 높이 1 m 이하의 위치 또는 바닥 면에 설치할 것
3. 피난유도 표시부는 50 cm 이내의 간격으로 연속되도록 설치하되 실내장식물 등으로 설치가 곤란할 경우 1 m 이내로 설치할 것
4. 수신기로부터의 화재신호 및 수동조작에 의하여 광원이 점등되도록 설치할 것
5. 비상전원이 상시 충전상태를 유지하도록 설치할 것
6. 바닥에 설치되는 피난유도 표시부는 매립하는 방식을 사용할 것
7. 피난유도 제어부는 조작 및 관리가 용이하도록 바닥으로부터 0.8 m 이상 1.5 m 이하의 높이에 설치할 것 중 3가지 선택

문제 17 ★★★ 출제년도 「23.」 •점수 : 5점

P형 1급 수신기와 감지기와의 배선회로에 선로저항은 50[Ω], 릴레이 저항은 1000[Ω], 감시전류가 2 mA, 회로전압이 DC 24[V]일 때 다음 각 물음에 답하시오.

(1) 종단저항 값을 계산하시오.
  • 계산과정 :   • 답 :

(2) 감지기가 작동할 때 화재 시의 전류[mA]를 구하시오.
  • 계산과정 :   • 답 :

답안작성

(1) • 계산과정 : (선로저항+릴레이 저항+종단저항) = $\dfrac{V}{I}$

$$(50\Omega+1000\Omega+종단저항) = \dfrac{24}{2\times 10^{-3}} = 12{,}000 \ \Omega$$

종단저항 = 12,000 − 1050 = 10,950 Ω

• 답 : 10,950 Ω

(2) • 계산과정 : 화재시의 전류 $I = \dfrac{V}{선로저항+릴레이\ 저항}$

$$= \dfrac{24}{50+1000} \times 10^3 = 22.857 = 22.86 \ \text{mA}$$

• 답 : 22.86 mA

★★ 출제년도 「23.」 •점수 : 5점

문제 18 다음은 P형 1급 수신기 1개의 경계구역에 대한 결선도이다. ①~⑤에 알맞은 답을 쓰시오.

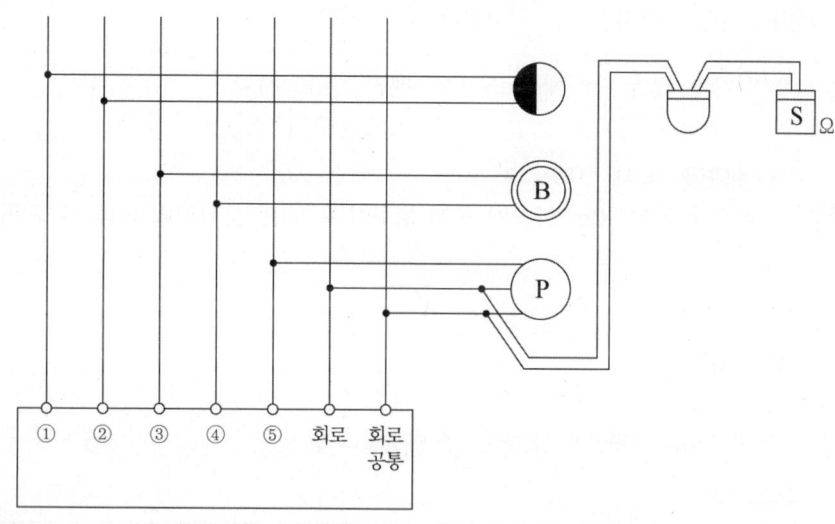

답안작성

① 표시등
② 표시등 공통
③ 경종
④ 경종 공통
⑤ 발신기 또는 응답

해설

①, ② : 표시등, 표시등 공통 〈순서무관〉
③, ④ : 경종, 경종 공통 〈순서무관〉

2023년 기사 제4회 실기시험

Engineer Fire Protection System

자격종목	시험시간	시행일	수험번호	성명
소방설비기사(전기분야)	3시간	2023.11.5		

※ 다음 물음의 답을 해당 답란에 답하시오. (배점 : 100점)

문제 01 ★★ 출제 년도 「15, 23.」 •점수 : 3점

거실의 높이가 20m 이상인 곳에 설치할 수 있는 감지기의 종류 2가지를 쓰시오.
①
②

답안작성
① 불꽃감지기
② 광전식(분리형, 공기흡입형) 중 아날로그 방식

해설

부착높이	감지기의 종류
4m 미만	차동식 (스포트형, 분포형) 보상식 스포트형, 정온식 (스포트형, 감지선형) 이온화식 또는 광전식 (스포트형, 분리형, 공기흡입형) 열복합형, 연기복합형 열연기복합형 , 불꽃감지기
4m 이상 8m 미만	차동식 (스포트형, 분포형) 보상식 스포트형 정온식 (스포트형, 감지선형) 특종 또는 1종 이온화식 1종 또는 2종 광전식(스포트형, 분리형, 공기흡입형) 1종 또는 2종 열복합형 연기복합형 열연기복합형 불꽃감지기
8m 이상 15m 미만	차동식 분포형 이온화식 1종 또는 2종 광전식(스포트형, 분리형, 공기흡입형) 1종 또는 2종 연기복합형 불꽃감지기
15m 이상 20m 미만	이온화식 1종 광전식(스포트형, 분리형, 공기흡입형) 1종 연기복합형 불꽃감지기
20m 이상	**불꽃감지기** **광전식(분리형, 공기흡입형)중 아날로그방식**

문제 02

★★★ 출제년도 「20. 23.」 •점수 : 6점

LCX 케이블의 표시사항을 보기에서 찾아 번호에 알맞게 쓰시오.
예시) ⑦ 결합손실

$$LCX - FR - SS - 20\ D - 14\ 6$$
$$\quad\ \ \ ①\quad\ \ ②\quad\ \ ③\quad\ \ ④⑤\quad ⑥⑦$$

◀보기▶

난연성(내열성), 누설동축케이블, 자기지지, 절연체의 외경, 특성임피던스, 사용주파수

답안작성

① 누설동축케이블   ② 난연성(내열성)
③ 자기지지   ④ 절연체의 외경
⑤ 특성임피던스   ⑥ 사용주파수

해설

① LCX : 누설동축케이블(Leaky Coaxial Cable)
② FR : Flame Resistance, 난연성(내열성)
③ SS : Self Supporting, 메신저 와이어로 자기 지지
④ 20 : 절연체의 외경이 20mm
⑤ 특성임피던스 50Ω
⑥ 사용주파수(1 : 150MHz, 4 : 450MHz 대역 전용)
⑦ 결합손실 6dB

문제 03

★★★ 출제년도 「15. 18. 23.」 •점수 : 6점

특정소방대상물에 설치된 소방시설 중 일부 또는 전부를 교체하거나 보수할 때에 착공신고의 대상이 되는 공사를 3가지 쓰시오.(단, 고장 또는 파손 등으로 인해 작동시킬 수 없는 소방시설을 긴급하게 교체하거나 보수하여야 하는 경우를 제외한다)

답안작성

① 수신반
② 소화펌프
③ 동력(감시)제어반

해설

소방시설공사업법 시행령 제4조 (소방시설공사의 착공신고 대상)
법 제13조제1항에서 "대통령령으로 정하는 소방시설공사"란 다음 각 호의 어느 하나에 해당하는 소방시설공사를 말한다.
특정소방대상물에 설치된 소방시설등을 구성하는 다음 각 목의 어느 하나에 해당하는 것의 전부 또는 일부를 개설(改設), 이전(移轉) 또는 정비(整備)하는 공사. 다만, 고장 또는 파손 등으로 인하여 작동시킬 수 없는 소방시설을 긴급히 교체하거나 보수하여야 하는 경우에는 신고하지 않을 수 있다.

가. 수신반(受信盤)
나. 소화펌프
다. 동력(감시)제어반

★★★ 출제년도 「14, 23」 •점수 : 6점

문제 04 극수변환식 3상 농형 유도전동기가 있다. 고속 측은 4극이고 정격출력은 90kW이다. 저속측은 1/3속도라면 저속측의 극수와 정격출력은 몇 kW인지 계산하시오. (단, 슬립 및 정격토크는 저속측과 고속측이 같다고 본다.)

(1) 극수
 • 계산과정 :   • 답 :
(2) 정격출력
 • 계산과정 :   • 답 :

답안작성

(1) 극수
 • 계산과정 : 동기속도 $N_s = \dfrac{120f}{P}$ 에서 속도는 극수에 반비례한다.

$$N_s : \dfrac{1}{4} = \dfrac{1}{3}N_s : \dfrac{1}{P}, \quad \dfrac{1}{P}N_s = \dfrac{1}{4} \times \dfrac{1}{3}N_s = \dfrac{1}{12}N_s, \quad \dfrac{1}{P} = \dfrac{1}{12}$$

 • 답 : 극수 $P = 12$

(2) 정격출력
 • 계산과정 : 출력은 속도에 비례하므로

$$90 : N = P' : \dfrac{1}{3}N$$

$$P' = \dfrac{90 \times \dfrac{1}{3}N}{N} = 30 \text{ kW}$$

 • 답 : 30 kW

★★★ 출제년도 「23」 •점수 : 5점

문제 05 정온식스포트형 감지기의 열 감지방식을 5가지 쓰시오.

답안작성

① 바이메탈의 활곡을 이용한 것
② 금속의 팽창계수를 이용한 것
③ 액체의 팽창을 이용한 것
④ 감열반도체 소자를 이용한 것
⑤ 가용절연물을 이용한 것

▼해설

(1) 정온식 스포트형
   일국소의 주위온도가 일정한 온도 이상이 되는 경우에 작동하는 것으로서 외관이 전선으로 되어 있지 아니한 것

(2) 종류
   정온식 스포트형 감지기는 일국소의 주위온도가 일정한 온도 이상이 되었을 경우에 작동하는 것으로 종류는 다음과 같다.
   ① 바이메탈의 활곡을 이용한 것
   ② 금속의 팽창계수를 이용한 것
   ③ 액체(기체)의 팽창을 이용한 것
   ④ 감열반도체 소자를 이용한 것
   ⑤ 가용절연물을 이용한 것
   ⑥ 바이메탈의 반전을 이용한 것

문제 06 ★★ 출제년도「23」 •점수 : 6점

다음은 무선통신보조설비의 중계기회로를 나타낸 것이다. 다음 물음에 답하시오.
(단, V_S : 전원전압, R_S : 전원내부저항, R_L : 부하저항)

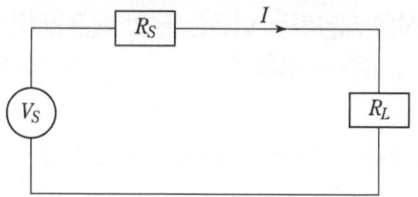

(1) 최대전력을 부하저항에 걸리게 하기 위한 식을 쓰시오.
(2) 부하저항에 흐르는 최대전력은?

답안작성

(1) $R_S = R_L$

(2) 최대전력 $P_m = \dfrac{V_S^2}{4R_L}$

▼해설

(1) 최대전력 전송조건 : 내부저항 = 부하저항($R_S = R_L$)

(2) 전력 $P = I^2 R_L = \left(\dfrac{V_S}{R_S + R_L}\right)^2 \times R_L$, 최대전력 전송조건($R_S = R_L$)을 대입하면

최대전력 $P_m = \left(\dfrac{V_S}{R_L + R_L}\right)^2 \times R_L = \dfrac{V_S^2}{4R_L^2} \times R_L = \dfrac{V_S^2}{4R_L}$

★★★ 출제년도 「96. 00. 01. 23.」 •점수 : 8점

문제 07
도면은 3상 농형 유도전동기의 Y-△ 기동 방식의 미완성 시퀀스 도면이다. 이 도면을 보고 다음 각 물음에 답하시오.

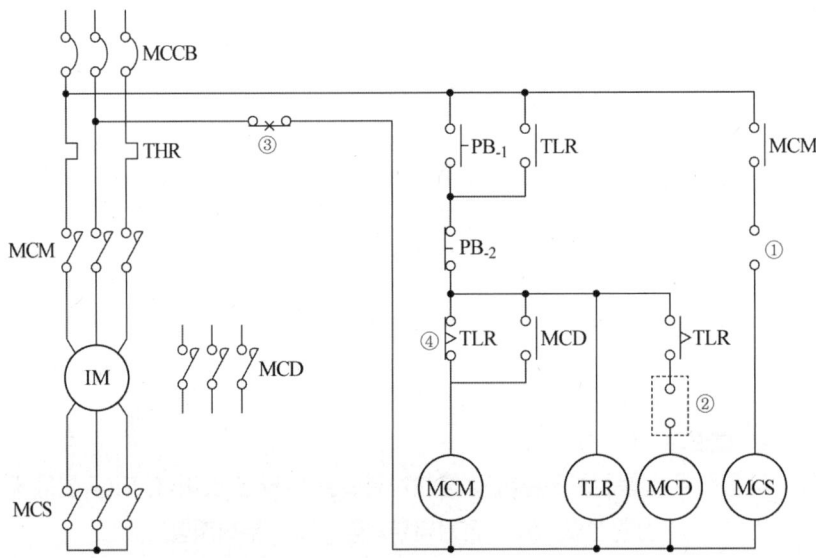

(1) 이 기동방식을 채용하는 이유는 무엇 때문인가?
(2) 제어 회로의 미완성 부분 ①, ②에 Y-△ 운전이 가능하도록 접점 및 접점기호를 표시하시오.
(3) ③과 ④의 접점 명칭은? (우리말로 쓰시오.)
(4) 주접점 부분의 미완성 부분(MCD 부분)의 회로를 완성하시오.

답안작성

(1) 기동전류를 작게하기 위하여(△결선으로 기동할 때의 1/3로 감소)
(2) ① MCD-b ② MCS-b
(3) ③ 열동계전기 b접점 ④ 한시동작 b접점

(4)

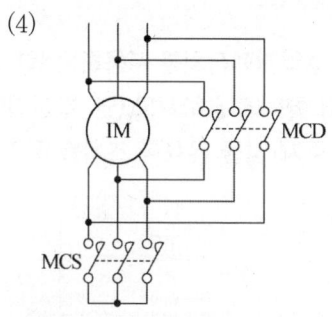

 ▼해설

(1) ① Y-△ 기동방식은 전동기의 기동전류를 줄이기 위한 기동방법으로 전동기를 Y결선으로 기동하여 기동완료 후 △결선으로 운전하는 방식

② • Y기동시 상전류 : $I_{YP} = \dfrac{\frac{V}{\sqrt{3}}}{Z} = \dfrac{V}{\sqrt{3}\,Z}$

• Y기동시 선전류 : $I_{Yl} = I_{YP} = \dfrac{V}{\sqrt{3}\,Z}$

• △운전시 상전류 : $I_{\triangle P} = \dfrac{V}{Z}$

• △운전시 선전류 : $I_{\triangle l} = \sqrt{3}\,I_{\triangle P} = \dfrac{\sqrt{3}\,V}{Z}$

$\dfrac{I_{Yl}}{I_{\triangle l}} = \dfrac{\frac{V}{\sqrt{3}\,Z}}{\frac{\sqrt{3}\,V}{Z}} = \dfrac{1}{3}$, $I_{Yl} = \dfrac{1}{3} I_{\triangle l}$

(2) ①의 접점 (MCD-b 접점) : 인터록 접점으로서 MCD가 개방되어 있을 때에만 MCS가 투입될 수 있도록 하기 위한 접점

②의 접점 (MCS-b 접점) : 인터록 접점으로서 MCS가 개방되어 있을 때에만 MCD가 투입될 수 있도록 하기 위한 접점

문제 08 ★★★ 출제년도 「23.」 •점수 : 10점

8층 규모의 건물 내부에 가압송수장치로 기동용 수압개폐장치를 사용하는 옥내소화전함과 P형1급 발신기세트를 다음과 같이 설치하였다. 각 물음에 답하시오.(단, 발신기에는 화재가 발생하여 단락되었을 때 다른 층 경보에 지장을 주지 않을 유효한 조치를 하였다.)

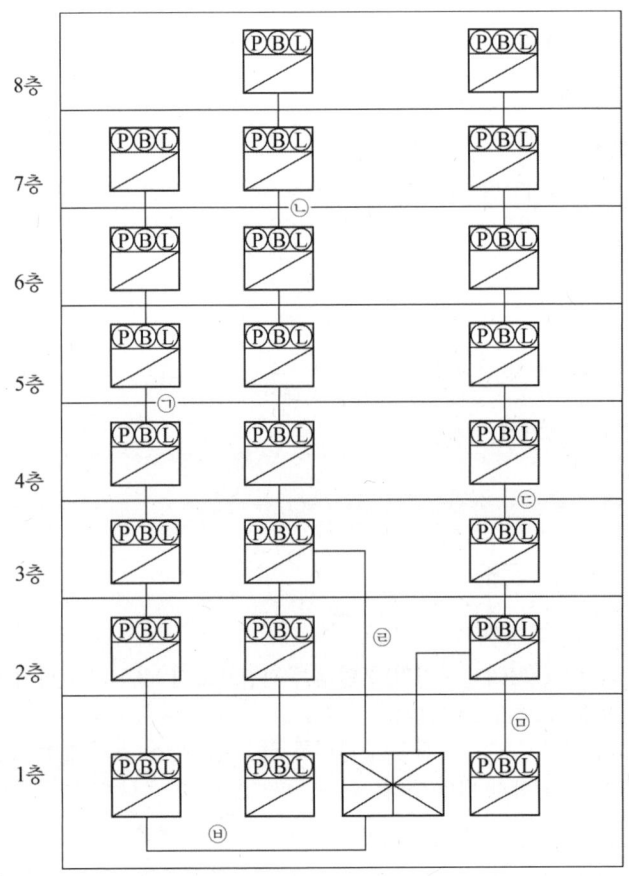

(1) "㉠"~"㉥"의 전선 가닥수를 명시하시오.

구분	㉠	㉡	㉢	㉣	㉤	㉥
전선가닥수						

(2) 설치된 수신기는 몇 회로용인가?
(3) 5층에서 단락사고시 경보를 발해야 하는 층을 모두 쓰시오.
(4) 음향장치의 구조 및 성능기준에 대한 다음 물음에 답하시오.
 ① 정격전압의 몇 % 전압에서 음향을 발할 수 있는 것으로 해야 하는가?
 ② 음향의 크기는 부착된 음향장치의 중심으로부터 1m 떨어진 위치에서 몇 dB 이상이 되는 것으로 해야 하는가?

답안작성

(1)

구분	㉠	㉡	㉢	㉣	㉤	㉥
전선가닥수	10	9	12	16	8	14

(2) 25회로용

(3) 1층~4층, 6층~8층

(4) ① 80% ② 90dB

해설

(1) 간선내역

구분	회로공통	경종·표시등 공통	경종	표시등	응답	회로	소화전기동확인	합계
㉠	1	1	1	1	1	3	2	10
㉡	1	1	1	1	1	2	2	9
㉢	1	1	1	1	1	5	2	12
㉣	2	1	1	1	1	8	2	16
㉤	1	1	1	1	1	1	2	8
㉥	1	1	1	1	1	7	2	14

① 문제의 조건상 발신기 세트마다 지구경종단락보호장치를 설치한 것으로 해석되므로 경종선의 추가는 없다. 또한, 층수가 11층 이상이 아니므로 일제경보방식을 적용한다.

② P형 수신기 및 G.P형 수신기의 감지기 회로의 배선에 있어서 하나의 공통선에 접속할 수 있는 경계구역은 7개 이하로 할 것

③ "㉣"의 경우 회로선이 8개로 7 경계구역을 초과하므로 회로공통선이 2선이 된다.

④ 화재로 인하여 하나의 층의 지구음향장치 또는 배선이 단락되어도 다른 층의 화재통보에 지장이 없도록 각 층 배선 상에 유효한 조치를 할 것

  5층에서 단락사고시 다른 층에 화재통보에는 지장이 없어야 하므로 5층을 제외한 나머지 층에 경보를 해야 한다.

⑤ 기동용수압개폐장치는 자동방식이므로 소화전기동확인 2선이 추가된다.

(2) 회로수(경계구역수)가 23회로이므로 25회로용을 선정한다.

문제 09

주요구조부가 내화구조인 건축물의 거실에는 차동식 스포트형 1종 감지기를, 복도에는 연기감지기 2종을 설치하려고 한다. 각 구역에 필요한 감지기의 개수를 계산하시오. (단, 감지기 설치 높이는 3.4[m], 복도의 보행거리는 50m이다.)

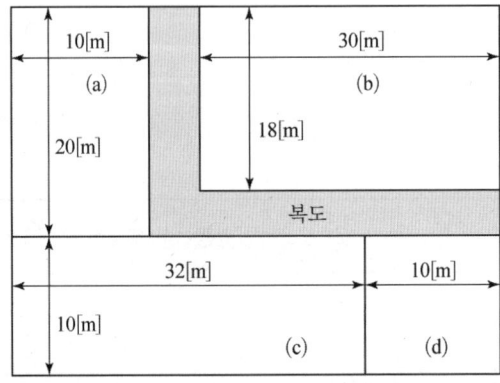

구분	계산과정	수량(개)
(a)		
(b)		
(c)		
(d)		
복도		

답안작성

구분	계산과정	수량(개)
(a)	$\dfrac{10\,\text{m} \times 20\,\text{m}}{90\,\text{m}^2} = 2.22$	3
(b)	$\dfrac{30\,\text{m} \times 18\,\text{m}}{90\,\text{m}^2} = 6$	6
(c)	$\dfrac{10\,\text{m} \times 32\,\text{m}}{90\,\text{m}^2} = 3.56$	4
(d)	$\dfrac{10\,\text{m} \times 10\,\text{m}}{90\,\text{m}^2} = 1.11$	2
복도	$\dfrac{50\,\text{m}}{30\,\text{m}} = 1.67$	2

▼해설

(1) 특정소방대상물에 따른 감지기 필요수량

부착높이 및 소방대상물의 구분		감지기의 종류				
		차동식, 보상식 스포트형		정온식 스포트형		
		1종	2종	특종	1종	2종
4[m] 미만	주요구조부를 내화구조로 한 소방대상물 또는 그 부분	90	70	70	60	20
	기타 구조의 소방대상물 또는 그 부분	50	40	40	30	15
4[m] 이상 8[m] 미만	주요구조부를 내화구조로 한 소방대상물 또는 그 부분	45	35	35	30	
	기타 구조의 소방대상물 또는 그 부분	30	25	25	15	

(2) 감지기는 복도 및 통로에 있어서는 보행거리 30[m] (3종에 있어서는 20m)마다, 계단 및 경사로에 있어서는 수직거리 15[m](3종에 있어서는 10m)마다 1개 이상으로 할 것

★★★ 출제년도 「99. 21. 23.」 •점수 : 7점

문제 10
자동화재탐지설비의 평면을 나타낸 도면이다. 이 도면을 보고 다음 각 물음에 답하시오.
(각 실은 이중 천장이 없는 구조이며, 전선관은 16[mm] 후강 스틸전선관을 사용하여 콘크리트 내 매입 시공한다.)

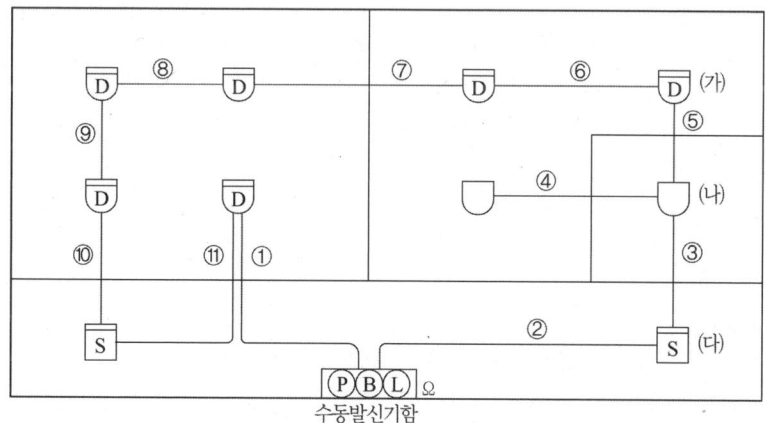

(1) 시공에 소요되는 부싱과 로크너트의 소요 개수는?
 ① 부싱 :
 ② 로크너트 :
(2) 각 감지기 간과 감지기와 수동발신기 세트간 (①~⑪)에 배선되는 전선의 가닥수는?

답안작성

(1) ① 부싱 : 22개 ② 로크너트 : 44개
(2) ① 2가닥 ② 2가닥 ③ 2가닥 ④ 4가닥 ⑤ 2가닥
    ⑥ 2가닥 ⑦ 2가닥 ⑧ 2가닥 ⑨ 2가닥 ⑩ 2가닥 ⑪ 2가닥

▼해설

(1) 부싱과 로크너트 수량

적용개소	박스수량	부싱수량	로크너트수량
1방출	1	1 × 1 = 1	1 × 2 = 2
2방출	9	9 × 2 = 18	18 × 2 = 36
3방출	1	1 × 3 = 3	3 × 2 = 6
합 계	11	22	44

※ 로크너트 수량 = 부싱수량 × 2

★★★ 출제년도 「23.」 •점수 : 5점

문제 11 유도등 및 유도표지의 화재안전성능기준에 따른 광원점등방식 피난유도선 설치기준 5가지를 쓰시오.

답안작성

1. 구획된 각 실로부터 주출입구 또는 비상구까지 설치할 것
2. 피난유도 표시부는 바닥으로부터 높이 1미터 이하의 위치 또는 바닥 면에 설치할 것
3. 피난유도 표시부는 50센티미터 이내의 간격으로 연속되도록 설치하되 실내장식물 등으로 설치가 곤란할 경우 1미터 이내로 설치할 것
4. 수신기로부터의 화재신호 및 수동조작에 의하여 광원이 점등되도록 설치할 것
5. 비상전원이 상시 충전상태를 유지하도록 설치할 것
6. 바닥에 설치되는 피난유도 표시부는 매립하는 방식을 사용할 것
7. 피난유도 제어부는 조작 및 관리가 용이하도록 바닥으로부터 0.8미터 이상 1.5미터 이하의 높이에 설치할 것 중 5가지 선택

★★★ 출제년도 「23.」 •점수 : 4점

문제 12 유도등 및 비상조명등의 화재안전기술기준에서 비상전원을 60분 이상으로 유효하게 작동시킬 수 있어야 하는 특정소방대상물 2가지를 쓰시오.
①
②

답안작성

① 지하층을 제외한 층수가 11층 이상의 층

② 지하층 또는 무창층으로서 용도가 도매시장·소매시장·여객자동차터미널·지하역사 또는 지하상가

▼해설
20분 이상 유효하게 작동시킬 수 있는 용량으로 할 것. 다만, 다음의 특정소방대상물의 경우에는 그 부분에서 피난층에 이르는 부분의 유도등을 60분 이상 유효하게 작동시킬 수 있는 용량으로 해야 한다.
① 지하층을 제외한 층수가 11층 이상의 층
② 지하층 또는 무창층으로서 용도가 도매시장·소매시장·여객자동차터미널·지하역사 또는 지하상가

문제 13 ★★★ 출제년도 「23.」 •점수 : 8점

다음은 자동화재탐지설비 및 시각경보장치의 화재안전기술기준에 따른 감지기의 설치 제외 장소에 대한 내용이다. 괄호 안의 번호에 알맞은 답을 쓰시오.
(1) 천장 또는 반자의 높이가 (①) m 이상인 장소. 다만, 2.4.1 단서의 감지기로서 부착 높이에 따라 적응성이 있는 장소는 제외한다.
(2) 헛간 등 외부와 기류가 통하는 장소로서 감지기에 따라 (②)을 유효하게 감지할 수 없는 장소
(3) (③)가 체류하고 있는 장소
(4) 고온도 및 (④)로서 감지기의 기능이 정지되기 쉽거나 감지기의 유지관리가 어려운 장소
(5) 목욕실·욕조나 샤워시설이 있는 화장실·기타 이와 유사한 장소
(6) 파이프덕트 등 그 밖의 이와 비슷한 것으로서 (⑤)개 층마다 방화구획된 것이나 수평단면적이 (⑥) m² 이하인 것
(7) 먼지·가루 또는 (⑦)가 다량으로 체류하는 장소 또는 주방 등 평상시 연기가 발생하는 장소(연기감지기에 한한다)
(8) 프레스공장·주조공장 등 (⑧)로서 감지기의 유지관리가 어려운 장소

답안작성
① 20
② 화재 발생
③ 부식성가스
④ 저온도
⑤ 2
⑥ 5
⑦ 수증기
⑧ 화재 발생의 위험이 적은 장소

문제 14

★★ 출제년도「23.」 •점수: 4점

다음은 이산화탄소소화설비의 화재안전성능기준에 따른 음향장치의 설치기준을 나타낸 것이다. 괄호 안에 알맞은 답을 쓰시오.

(1) (①)를 설치한 것은 그 기동장치의 조작과정에서, (②)를 설치한 것은 화재감지기와 연동하여 (③)으로 경보를 발하는 것으로 할 것
(2) 소화약제의 방출개시 후 (④) 이상 경보를 계속할 수 있는 것으로 할 것

답안작성

① 수동식 기동장치　　② 자동식 기동장치
③ 자동　　　　　　　　④ 1분

▼해설

이산화탄소소화설비의 화재안전성능기준(NFPC 106) 제13조(음향경보장치)
① 이산화탄소소화설비의 음향경보장치는 다음 각 호의 기준에 따라 설치해야 한다.
　1. 수동식 기동장치를 설치한 것은 그 기동장치의 조작과정에서, 자동식 기동장치를 설치한 것은 화재감지기와 연동하여 자동으로 경보를 발하는 것으로 할 것
　2. 소화약제의 방출개시 후 1분 이상 경보를 계속할 수 있는 것으로 할 것
　3. 방호구역 또는 방호대상물이 있는 구획 안에 있는 자에게 유효하게 경보할 수 있는 것으로 할 것
② 방송에 따른 경보장치를 설치할 경우에는 다음 각 호의 기준에 따라야 한다.
　1. 증폭기 재생장치는 화재 시 연소의 우려가 없고, 유지관리가 쉬운 장소에 설치할 것
　2. 방호구역 또는 방호대상물이 있는 구획의 각 부분으로부터 하나의 확성기까지의 수평거리는 25미터 이하가 되도록 할 것
　3. 제어반의 복구스위치를 조작하여도 경보를 계속 발할 수 있는 것으로 할 것

문제 15

★★★ 출제년도「23.」 •점수: 5점

다음은 자동화재탐지설비 및 시각경보장치의 화재안전성능기준에 따른 배선에 대한 내용이다. 괄호 안에 알맞은 답을 쓰시오.

(1) 감지기 상호간 또는 감지기로부터 수신기에 이르는 감지기회로의 배선의 경우에는 아날로그방식, R형수신기용 등으로 사용되는 것은 (①)의 방해를 받지 않는 것으로 배선하고, 그 외의 일반배선을 사용할 때에는 내화배선 또는 내열배선으로 할 것
(2) 자동화재탐지설비의 감지기회로의 전로저항은 (②) 이하가 되도록 해야 하며, 수신기의 각 회로별 종단에 설치되는 감지기에 접속되는 배선의 전압은 감지기 정격전압의 80퍼센트 이상이어야 할 것
(3) 감지기 사이의 회로의 배선은 (③)으로 할 것
(4) 전원회로의 전로와 대지 사이 및 배선 상호간의 절연저항은 「전기사업법」 제67조에 따른 기술기준이 정하는 바에 의하고, 감지기회로 및 부속회로의 전로와 대지 사이 및 배선 상호간의 절연저항은 1경계구역마다 (④)의 절연저항측정기를 사용하여 측정한 절연저항이 (⑤) 이상이 되도록 할 것

답안작성

① 전자파   ② 50옴   ③ 송배선식
④ 직류 250볼트   ⑤ 0.1메가옴

해설

자동화재탐지설비 및 시각경보장치의 화재안전성능기준(NFPC 203) 제11조(배선)
1. 전원회로의 배선은 **내화배선**으로 하고, 그 밖의 배선은 **내화배선 또는 내열배선**에 따를 것
2. 감지기 상호간 또는 감지기로부터 수신기에 이르는 감지기회로의 배선의 경우에는 **아날로그방식, R형수신기용** 등으로 사용되는 것은 **전자파**의 방해를 받지 않는 것으로 배선하고, 그 외의 일반배선을 사용할 때에는 내화배선 또는 내열배선으로 할 것
3. 감지기회로에는 도통시험을 위한 **종단저항**을 설치할 것
4. 감지기 사이의 회로의 배선은 **송배선식**으로 할 것
5. 전원회로의 전로와 대지 사이 및 배선 상호간의 절연저항은 「전기사업법」 제67조에 따른 기술기준이 정하는 바에 의하고, 감지기회로 및 부속회로의 전로와 대지 사이 및 배선 상호간의 절연저항은 1경계구역마다 **직류 250볼트의 절연저항측정기**를 사용하여 측정한 절연저항이 **0.1메가옴 이상**이 되도록 할 것
6. 자동화재탐지설비의 배선은 다른 전선과 별도의 관·덕트(절연효력이 있는 것으로 구획한 때에는 그 구획된 부분은 별개의 덕트로 본다)·몰드 또는 풀박스 등에 설치할 것. 다만, **60볼트 미만**의 약 전류회로에 사용하는 전선으로서 각각의 전압이 같을 때에는 그러하지 아니하다.
7. 피(P)형 수신기 및 지피(G.P.)형 수신기의 감지기 회로의 배선에 있어서 하나의 공통선에 접속할 수 있는 경계구역은 **7개 이하**로 할 것
8. 자동화재탐지설비의 감지기회로의 전로저항은 **50옴 이하**가 되도록 해야 하며, 수신기의 각 회로별 종단에 설치되는 감지기에 접속되는 배선의 전압은 감지기 정격전압의 **80퍼센트 이상**이어야 할 것

문제 16 ★★ 출제년도 「23.」 ·점수 : 6점

무선통신보조설비의 화재안전기술기준에 대한 다음 각 물음에 답하시오.
(1) 증폭기의 상용전원의 종류 및 전원까지의 배선에 대한 기준을 쓰시오.
(2) 증폭기에는 비상전원이 부착된 것으로 하고 해당 비상전원 용량은 무선통신보조설비를 유효하게 몇 분 이상 작동시킬 수 있는 것으로 해야 하는가?
(3) 증폭기의 전면에는 주 회로 전원의 정상 여부를 표시할 수 있는 무엇을 설치해야 하는지 2가지를 쓰시오.

답안작성

(1) 상용전원은 전기가 정상적으로 공급되는 축전지설비, 전기저장장치(외부 전기에너지를 저장해 두었다가 필요한 때 전기를 공급하는 장치) 또는 교류전압의 옥내 간선으로 하고, 전원까지의 배선은 전용으로 할 것
(2) 30분
(3) ① 표시등, ② 전압계

▼해설
무선통신보조설비의 화재안전기술기준(NFTC 505) 증폭기 등
2.5.1 증폭기 및 무선중계기를 설치하는 경우에는 다음의 기준에 따라 설치해야 한다.
2.5.1.1 상용전원은 전기가 정상적으로 공급되는 축전지설비, 전기저장장치(외부 전기에너지를 저장해 두었다가 필요한 때 전기를 공급하는 장치) 또는 교류전압의 옥내 간선으로 하고, 전원까지의 배선은 전용으로 할 것
2.5.1.2 증폭기의 전면에는 주 회로 전원의 정상 여부를 표시할 수 있는 표시등 및 전압계를 설치할 것
2.5.1.3 증폭기에는 비상전원이 부착된 것으로 하고 해당 비상전원 용량은 무선통신보조설비를 유효하게 30분 이상 작동시킬 수 있는 것으로 할 것
2.5.1.4 증폭기 및 무선중계기를 설치하는 경우에는 「전파법」 제58조의2에 따른 적합성평가를 받은 제품으로 설치하고 임의로 변경하지 않도록 할 것
2.5.1.5 디지털 방식의 무전기를 사용하는데 지장이 없도록 설치할 것

★ 출제년도 「23.」 •점수 : 3점

문제 17 경보설비에 대한 다음 각 물음에 답하시오.
(1) 경보설비의 정의를 쓰시오.
(2) 경보설비의 종류 6가지를 쓰시오.

답안작성
(1) 화재발생 사실을 통보하는 기계·기구 또는 설비
(2) ① 단독경보형 감지기　　② 자동화재탐지설비
　　③ 시각경보기　　　　　④ 누전경보기
　　⑤ 비상방송설비　　　　⑥ 자동화재속보설비

▼해설
경보설비의 종류
가. 단독경보형 감지기
나. 비상경보설비
　　1) 비상벨설비
　　2) 자동식사이렌설비
다. 자동화재탐지설비
라. 시각경보기
마. 화재알림설비
바. 비상방송설비
사. 자동화재속보설비
아. 통합감시시설
자. 누전경보기
차. 가스누설경보기

★★★ 출제년도 「13. 15. 23.」 •점수 : 3점

문제 18 이산화탄소소화설비에서 자동식 기동장치의 화재감지기는 교차회로방식으로 설치하여야 한다. 감지기 A, B를 교차회로방식으로 구성하는 경우 다음 각 물음에 답하시오.

(1) 작동신호 출력을 C라 했을 경우 논리식을 쓰시오.
(2) 상기 논리식에 대응하는 논리기호를 그리시오.
(3) 상기 논리식에 의한 진리표를 작성하시오.

입력신호		출력신호
A	B	C

답안작성

(1) $C = A \cdot B$

(2)
```
A ─┐
   |‾D─ C
B ─┘
```

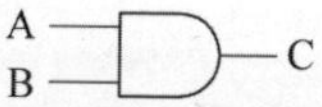

(3)

입력신호		출력신호
A	B	C
0	0	0
0	1	0
1	0	0
1	1	1

Engineer
Fire Protection System

2024 기출문제
소방설비기사 실기 (전기분야)

2024년 기사 제1회 실기시험

Engineer Fire Protection System

자격종목	시험시간	시행일	수험번호	성명
소방설비기사(전기분야)	3시간	2024.4.27		

※ 다음 물음의 답을 해당 답란에 답하시오.(배점 : 100점)

문제 01 ★★★ 출제년도「24.」 •점수 : 4점

가로 20 m, 세로 10 m인 방재센터에 동일한 크기의 조명을 40개 설치하였다. 층고 3.6 m, 평균조도 200 lx, 조명률 50%, 유지율은 85 %라고 하면, 이때의 광속을 계산하시오.

• 계산 :

• 답 :

답안작성

• 계산 : 광속 $F = \dfrac{DAE}{UN} = \dfrac{\frac{1}{0.85} \times 20 \times 10 \times 200}{0.5 \times 40} = 2,352.9411 = 2,352.94$

• 답 : 2,352.94 lm

▼해설

광속 $F = \dfrac{DAE}{UN}$ [lm]

여기서 D : 감광보상률(1/유지율), A : 면적[m²], E : 조도[lx], U : 조명률, N : 등수

문제 02 ★★★ 출제년도「24.」 •점수 : 4점

지상 20 m 되는 곳에 1000 m³의 저수조가 있다. 이 저수조에 양수하기 위하여 15 kW의 전동기를 사용한다면 몇 분 후에 저수조에 물이 가득 차겠는가? (단, 펌프효율은 70 %이고, 여유계수는 1.1이다. 답을 적을 때 소수점 이하 절삭한다.)

• 계산 :

• 답 :

답안작성

• 계산 : $t = \dfrac{0.163 \times Q \times H \times K}{P \times \eta} = \dfrac{0.163 \times 1000 \times 20 \times 1.1}{15 \times 0.7} = 341.52$분

• 답 : 341분

▼해설

전동기 용량 $P = \dfrac{0.163 \times Q \times H \times K}{\eta}$ [kW]

여기서, Q : 토출유량[m³/min], H : 전양정[m], K : 전달계수, η : 전효율

문제 03

감지기의 부착높이가 15 m 이상 20 m 미만인 곳에 설치할 수 있는 감지기의 종류 4가지를 쓰시오.

답안작성

① 이온화식 1종
② 광전식(스포트형, 분리형, 공기흡입형) 1종
③ 연기복합형
④ 불꽃감지기

▼해설

부착높이	감지기의 종류
8 m 이상 15 m 미만	• 차동식 분포형 • 이온화식 1종 또는 2종 • 광전식(스포트형, 분리형, 공기흡입형) 1종 또는 2종 • 연기복합형 • 불꽃감지기
15 m 이상 20 m 미만	• 이온화식 1종 • 광전식(스포트형, 분리형, 공기흡입형) 1종 • 연기복합형 • 불꽃감지기
20 m 이상	• 불꽃감지기 • 광전식(분리형, 공기흡입형)중 아날로그방식

문제 04

예비전원용 연축전지와 알칼리 축전지에 대한 다음 각 물음에 답하시오.(8점)

(1) 다음은 연축전지의 화학 반응식을 나타낸 것이다. ( )에 알맞은 답을 쓰시오.

$$PbO_2 + 2H_2SO_4 + Pb \underset{충전}{\overset{방전}{\rightleftarrows}} (\ \ ) + 2H_2O + PbSO_4$$

(2) 연축전지와 알칼리축전지의 공칭전압은 각각 셀당 몇 V 인가?

　① 연축전지 :

　② 알칼리축전지 :

(3) 일반적으로 그림과 같이 구성되는 충전방식은 무슨 충전방식인가?

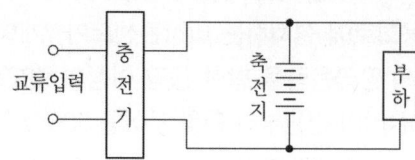

(4) 비상용조명부하 200[V]용 60[W] 100등, 30[W] 70등이 있다. 방전시간 30분 축전지 HS형 100셀, 허용최저전압 195[V], 최저축전지온도 5[℃]일 때 축전지용량은 몇 [Ah]인가? 단, 조건에 따른 경년 용량 저하율 : 0.8, 용량환산시간 : 1.2로 계산한다.

• 계산 :

• 답 :

답안작성

(1) $PbSO_4$
(2) ① 연축전지 : 2 V, ② 알칼리축전지 : 1.2 V
(3) 부동충전방식
(4) 방전전류 $I = \dfrac{P}{V} = \dfrac{60 \times 100 + 30 \times 70}{200} = 40.5$ A

축전지 용량 $C = \dfrac{1}{L}KI = \dfrac{1}{0.8} \times 1.2 \times 40.5 = 60.75$ Ah

해설

(1) 반응식 : $PbO_2 + 2H_2SO_4 + Pb \underset{\text{충전}}{\overset{\text{방전}}{\rightleftarrows}} (PbSO_4) + 2H_2O + PbSO_4$

(2) 부동충전방식 : 축전지와 부하를 충전기에 병렬로 접속하여 사용하는 충전방식으로 축전지의 자기방전을 보충함과 동시에 상용부하에 대한 전원공급은 충전기가 부담하고 충전기가 부담하기 어려운 일시적인 대 전류 부하는 축전지가 부담토록 하는 방식

(3) 알칼리축전지와 연축전지의 비교

구분	연축전지		알칼리 축전지	
형식명	클래드식 (CS형)	페이스트식 (HS형)	포켓식 (AL,AM,AMH형)	소결식 (AH, AHH형)
공칭전압	2.0 [V/cell]		1.2 [V/cell]	
방전종지전압	1.6[V/cell]		0.96 [V/cell]	
방전시간율	10 [h]		5 [h]	
기 전 력	2.05~2.08 [V/cell]		1.32 [V/cell]	
충전시간	길다		짧다	

★★ 출제년도 「24.」 •점수 : 6점

문제 05 비상콘센트설비의 화재안전기술기준(NFTC 504)에 대한 내용이다. 다음 각 물음에 답하시오.

(1) 비상콘센트의 보호함 상부에 설치하는 표시등의 색상은?

(2) 하나의 전용회로에 설치하는 비상콘센트가 7개이다. 이 경우에 전선의 용량은 비상콘센트 몇 개의 공급용량을 합한 용량 이상의 것으로 하는가?

(3) 비상콘센트설비의 전원부와 외함 사이를 500 V 절연저항측정기로 측정한 결과 30 MΩ이 측정되었다. 절연저항의 적합여부와 그 이유를 설명하시오.

답안작성

(1) 적색   (2) 3개
(3) 적합여부 : 적합
   이유 : 절연저항은 전원부와 외함 사이를 500 V 절연저항측정기로 측정한 결과 20메가옴 이상일 것

해설

(1) 보호함 상부에 **적색**의 표시등을 설치할 것. 다만, 비상콘센트의 보호함을 옥내소화전함 등과 접속하여 설치하는 경우에는 옥내소화전함 등의 표시등과 겸용할 수 있다.
(2) 하나의 전용회로에 설치하는 비상콘센트는 10개 이하로 할 것. 이 경우 전선의 용량은 각 비상콘센트(비상콘센트가 **3개 이상인 경우에는 3개**)의 공급용량을 합한 용량 이상의 것으로 해야 한다.
(3) 비상콘센트설비의 전원부와 외함 사이의 절연저항 및 절연내력
   ① 절연저항은 전원부와 외함 사이를 **500 V 절연저항계로 측정할 때 20 MΩ** 이상일 것
   ② 절연내력은 전원부와 외함 사이에 정격전압이 150 V 이하인 경우에는 1,000 V의 실효전압을, 정격전압이 150 V 초과인 경우에는 그 정격전압에 2를 곱하여 1,000을 더한 실효전압을 가하는 시험에서 1분 이상 견디는 것으로 할 것

★★★ 출제년도 「97. 99. 03. 21. 24.」 •점수 : 6점

문제 06

그림과 같은 시퀀스 회로에서 X접점이 닫혀서 폐회로가 될 때 타이머 T₁(설정시간 : t_1), T₂(설정시간 : t_2), 릴레이 R, 표시등 PL에 대한 타임차트를 완성하시오. 단, 설정시간 이외의 시간 지연은 없다고 본다.

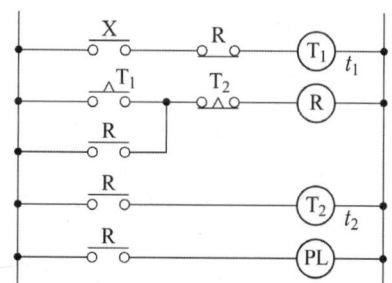

답안작성

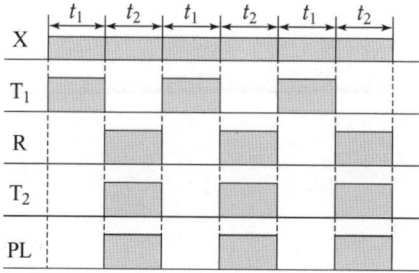

문제 07
★★★ 출제 년도 「18. 21. 24.」 •점수 : 4점

자동화재탐지설비 및 시각경보장치의 화재안전기술기준(NFTC 203) 중 감지기 회로의 도통시험을 위한 종단저항 설치기준을 쓰시오.

답안작성
① 점검 및 관리가 쉬운 장소에 설치할 것
② 전용함을 설치하는 경우 그 설치 높이는 바닥으로부터 1.5m 이내로 할 것
③ 감지기 회로의 끝부분에 설치하며, 종단감지기에 설치할 경우에는 구별이 쉽도록 해당감지기의 기판 및 감지기 외부 등에 별도의 표시를 할 것

문제 08
★★★ 출제 년도 「24.」 •점수 : 6점

다음은 누전경보기의 화재안전기술기준 중 설치방법에 대한 내용이다. ( )에 들어갈 내용을 답안지에 쓰시오.

> 경계전로의 정격전류가 (①)를 초과하는 전로에 있어서는 (②) 누전경보기를, (③) 이하의 전로에 있어서는 (④) 또는 (⑤) 누전경보기를 설치할 것. 다만, 정격전류가 (⑥)를 초과하는 경계전로가 분기되어 각 분기회로의 정격전류가 (⑦) 이하로 되는 경우 당해 분기회로마다 (⑧) 누전경보기를 설치한 때에는 당해 경계전로에 (⑨) 누전경보기를 설치한 것으로 본다.

답안작성
① 60 A   ② 1급   ③ 60 A   ④ 1급   ⑤ 2급
⑥ 60 A   ⑦ 60 A   ⑧ 2급   ⑨ 1급

▼해설
누전경보기의 설치방법 등
① 경계전로의 정격전류가 60 A를 초과하는 전로에 있어서는 1급 누전경보기를, 60 A 이하의 전로에 있어서는 1급 또는 2급 누전경보기를 설치할 것. 다만, 정격전류가 60 A를 초과하는 경계전로가 분기되어 각 분기회로의 정격전류가 60 A 이하로 되는 경우 당해 분기회로마다 2급 누전경보기를 설치한 때에는 당해 경계전로에 1급 누전경보기를 설치한 것으로 본다.
② 변류기는 특정소방대상물의 형태, 인입선의 시설방법 등에 따라 옥외 인입선의 제1지점의 부하측 또는 제2종 접지선 측의 점검이 쉬운 위치에 설치할 것. 다만, 인입선의 형태 또는 특정소방대상물의 구조상 부득이한 경우에는 인입구에 근접한 옥내에 설치할 수 있다.
③ 변류기를 옥외의 전로에 설치하는 경우에는 옥외형으로 설치할 것

문제 09

★★★ 출제년도 「24.」 • 점수 : 7점

아래의 표와 같이 두 입력 A와 B가 주어질 때 주어진 논리소자 ①~⑦의 명칭과 출력에 대한 진리표를 답안지에 완성하시오.

명칭	AND	①	②	③	④	⑤	⑥	⑦
입력 A B								
0 0	0							
0 1	0							
1 0	0							
1 1	1							

답안작성

명칭	AND	① NAND	② OR	③ NOR	④ NOR	⑤ OR	⑥ NAND	⑦ AND
입력 A B								
0 0	0	1	0	1	1	0	1	0
0 1	0	1	1	0	0	1	1	0
1 0	0	1	1	0	0	1	1	0
1 1	1	0	1	0	0	1	0	1

▼해설

명칭	논리회로	논리식(출력식)
AND(논리곱)		$X = A \cdot B = \overline{\overline{A} + \overline{B}}$
OR(논리합)		$X = A + B = \overline{\overline{A} \cdot \overline{B}}$
NAND(부정논리곱)		$X = \overline{A \cdot B} = \overline{A} + \overline{B}$
NOR(부정논리합)		$X = \overline{A + B} = \overline{A} \cdot \overline{B}$

문제 10

★★ 출제년도 「14, 24,」 •점수 : 5점

다음은 비상경보설비 및 단독경보형감지기의 화재안전기술기준 중 단독경보형감지기의 설치기준을 나타낸 것이다. ( ) 안에 들어갈 알맞은 내용을 채우시오.

> ○ 각 실마다 설치하되, 바닥면적 (①) m^2를 초과하는 경우에는 (①) m^2마다 1개 이상을 설치하여야 한다.
> ○ 각 실(이웃하는 실내의 바닥면적이 각각 (②)이고 벽체 상부의 전부 또는 일부가 개방되어 이웃하는 실내와 공기가 상호유통되는 경우에는 이를 (③)의 실로 본다.
> ○ (④)를 주전원으로 사용하는 단독경보형 감지기는 정상적인 작동상태를 유지할 수 있도록 (④)를 교환할 것
> ○ 상용전원을 주전원으로 사용하는 단독경보형 감지기의 (⑤)는 제품검사에 합격한 것을 사용할 것

답안작성

① 150   ② 30 m^2 ③ 1개   ④ 건전지   ⑤ 2차전지

해설

단독경보형감지기의 설치기준
① 각 실(이웃하는 실내의 바닥면적이 각각 **30 m^2** 미만이고 벽체의 상부의 전부 또는 일부가 개방되어 이웃하는 실내와 공기가 상호 유통되는 경우에는 이를 1개의 실로 본다)마다 설치하되, 바닥면적이 **150 m^2**를 초과하는 경우에는 **150 m^2**마다 1개 이상 설치할 것
② 계단실은 최상층의 **계단실** 천장(외기가 상통하는 계단실의 경우를 제외한다)에 설치할 것
③ **건전지**를 주전원으로 사용하는 단독경보형감지기는 정상적인 작동상태를 유지할 수 있도록 주기적으로 건전지를 교환할 것
④ 상용전원을 주전원으로 사용하는 단독경보형감지기의 **2차전지**는 법 제40조에 따라 제품검사에 합격한 것을 사용할 것

문제 11

★★ 출제년도 「24,」 •점수 : 3점

비상콘센트설비의 화재안전기술기준(NFTC 504)에 대한 내용이다. ( )에 알맞은 내용을 쓰시오.

> ○ 비상콘센트설비의 전원회로는 단상교류 (①)인 것으로서, 그 공급용량은 1.5 kVA 이상인 것으로 할 것
> ○ 비상콘센트의 플러그접속기는 (②) 플러그접속기(KS C 8305)를 사용해야 한다.
> ○ 비상콘센트의 플러그접속기의 (③)에는 접지공사를 해야 한다.

답안작성

① 220 V   ② 접지형2극   ③ 칼받이의 접지극

▼해설
① 비상콘센트설비의 전원회로는 단상교류 **220 V**인 것으로서, 그 공급용량은 **1.5 kVA** 이상인 것으로 할 것
② 하나의 전용회로에 설치하는 비상콘센트는 **10개 이하**로 할 것. 이 경우 전선의 용량은 각 비상콘센트(비상콘센트가 3개 이상인 경우에는 3개)의 공급용량을 합한 용량 이상의 것으로 해야 한다.
③ 비상콘센트의 플러그접속기는 **접지형2극** 플러그접속기(KS C 8305)를 사용해야 한다.
④ 비상콘센트의 플러그접속기의 **칼받이의 접지극**에는 접지공사를 해야 한다.

문제 12

특정소방대상물에 차동식분포형(공기관식) 감지기를 자동화재탐지설비 및 시각경보장치의 화재안전기술기준에 따라 설치하고자 한다. 다음 각 물음에 답하시오.
(1) 하나의 검출 부분에 접속하는 공기관의 길이는 몇 m 이하이어야 하는가?
(2) 공기관의 노출 부분은 감지구역마다 몇 m 이상이어야 하는가?
(3) ( )에 들어갈 내용을 쓰시오.

> 공기관 상호 간의 거리는 (①) m(주요구조부가 내화구조로 된 특정소방대상물 또는 그 부분에 있어서는 (②) m) 이하가 되도록 할 것

(4) 검출부의 설치높이를 구체적으로 쓰시오.

답안작성
(1) 100 m 이하
(2) 20 m 이상
(3) ① 6 ② 9
(4) 바닥으로부터 0.8 m 이상 1.5 m 이하의 위치에 설치

▼해설
공기관식 차동식분포형감지기 설치기준
① 공기관의 노출 부분은 감지구역마다 20 m 이상이 되도록 할 것
② 공기관과 감지구역의 각 변과의 수평거리는 1.5 m 이하가 되도록 하고, 공기관 상호 간의 거리는 6 m(주요구조부가 내화구조로 된 특정소방대상물 또는 그 부분에 있어서는 9 m) 이하가 되도록 할 것
③ 공기관은 도중에서 분기하지 않도록 할 것
④ 하나의 검출 부분에 접속하는 공기관의 길이는 100 m 이하로 할 것
⑤ 검출부는 5° 이상 경사되지 않도록 부착할 것
⑥ 검출부는 바닥으로부터 0.8 m 이상 1.5 m 이하의 위치에 설치할 것

문제 13 ★★ 출제년도「24.」 •점수 : 5점

누전경보기의 화재안전기술기준 중 전원에 대한 기준 3가지를 쓰시오.

답안작성

① 전원은 분전반으로부터 전용회로로 하고, 각 극에 개폐기 및 15 A 이하의 과전류차단기(배선용 차단기에 있어서는 20 A 이하의 것으로 각 극을 개폐할 수 있는 것)를 설치할 것
② 전원을 분기할 때는 다른 차단기에 따라 전원이 차단되지 않도록 할 것
③ 전원의 개폐기에는 "누전경보기용"이라고 표시한 표지를 할 것

문제 14 ★★ 출제년도「24.」 •점수 : 8점

주위상황이 대부분 순간적으로 화재와 같은 상태(실제 화재와 유사한 환경이나 상황)로 되었다가 정상상태로 복귀하는 경우를 일과성 비화재보(Nuisance Alarm)라 한다. 일과성 비화재보(Nuisance Alarm)에 대한 방지대책 4가지를 쓰시오.

답안작성

① 축적기능(비화재보 방지 기능)이 있는 수신기 설치
② 일과성 비화재보 방지 기능이 있는 감지기 설치
③ 환경 적응성이 있는 감지기 설치
④ 절연저항이 불량한 선로를 교체

▼해설

비화재보의 발생을 방지할 수 있는 대책
① 축적기능(비화재보 방지 기능)이 있는 수신기 설치
② 일과성 비화재보 방지 기능이 있는 감지기 설치
③ 환경 적응성이 있는 감지기 설치
④ 절연저항이 불량한 선로를 교체
⑤ 경년 변화에 따른 유지보수

문제 15 ★★ 출제년도「24.」 •점수 : 6점

3로스위치 2개를 이용하여 1개의 전등을 2개소에서 점멸이 가능하도록 아래의 미완성 실제 배선도를 답안지에 완성하시오.

답안작성

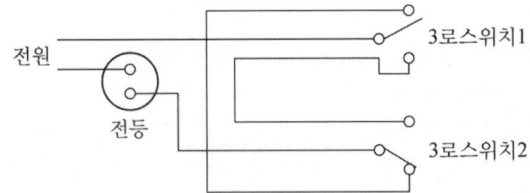

▼해설

가닥수 표기

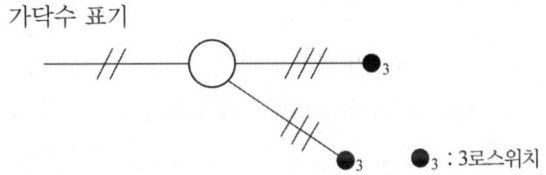 ● : 3로스위치

★★ 출제년도 「97. 00. 24.」 •점수 : 5점

문제 16 비상방송을 할 때에는 자동화재탐지설비의 지구음향장치의 작동을 정지시킬 수 있는 미완성 결선도를 완성하시오.

[범례]   ─o o─ : 발신기 스위치   o/o : 절환스위치
        o|o : 복구 스위치   Ⓡ : 계전기
        ▨ : 감지기   Ⓑ : 지구경종

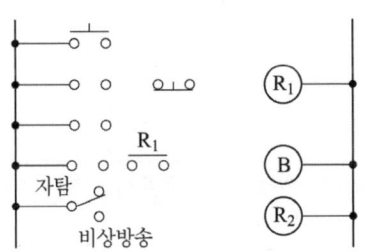
〈자동화재탐지설비〉

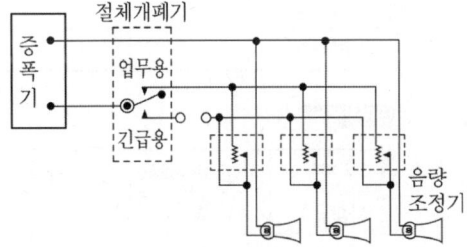
〈비상방송설비〉

답안작성

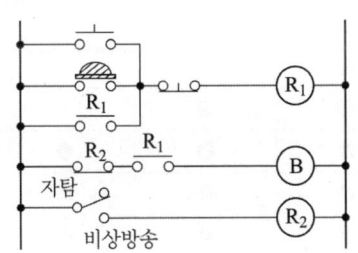

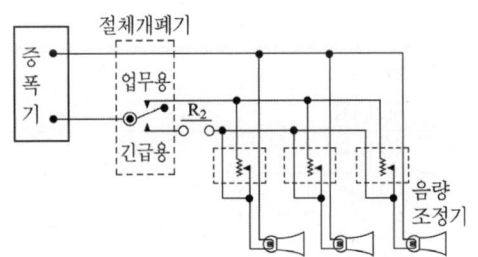

▼해설 ●●

발신기 스위치를 ON시키거나 화재감지기가 작동되면 릴레이 R_1이 여자 되고 동시에 R_1의 보조 접점에 의해 자기 유지된다. 이때 절환 스위치가 자탐쪽으로 되어 있으면 R_2 릴레이가 무여자 상태이므로 R_1의 보조접점에 의해 지구경종이 작동된다.
이때 복구스위치에 의해 R_1이 무여자 상태로 되거나 또는 절환스위치에 의해 비상방송 쪽의 접점이 ON되면 릴레이 R_2가 여자 되어 지구경종의 작동이 정지되고 비상방송설비 회로의 접점이 ON 되어 비상방송이 가능하다.

문제 17 ★★★ 출제 년도 「24.」 •점수 : 5점

다음은 특정소방대상물(지하 3층, 지상 11층)에 설치된 자동화재탐지설비의 음향장치가 화재발생 시에 경보를 해야 하는 층을 나타낸 표이다. 화재 층별 경보를 해야 하는 층을 답안지에 표시하시오.(단, 특정소방대상물은 공동주택이 아님, 경보표시는 ●를 사용)

구분	지상 3층 화재	지상 2층 화재	지상 1층 화재	지하 1층 화재	지하 2층 화재	지하 3층 화재
지상 7층						
지상 6층						
지상 5층						
지상 4층						
지상 3층	●					
지상 2층		●				
지상 1층			●			
지하 1층				●		
지하 2층					●	
지하 3층						●

답안작성 ■■

구분	지상 3층 화재	지상 2층 화재	지상 1층 화재	지하 1층 화재	지하 2층 화재	지하 3층 화재
지상 7층	●					
지상 6층	●	●				
지상 5층	●	●	●			
지상 4층	●	●	●			
지상 3층	●	●	●			
지상 2층		●	●			
지상 1층			●	●		
지하 1층			●	●	●	●
지하 2층			●	●	●	●
지하 3층			●	●	●	●

▼해설

음향장치
1) 주음향장치는 수신기의 내부 또는 그 직근에 설치할 것
2) 층수가 11층(공동주택의 경우에는 16층) 이상의 특정소방대상물은 다음의 기준에 따라 경보를 발할 수 있도록 할 것
   ① 2층 이상의 층에서 발화한 때에는 발화층 및 그 직상 4개 층에 경보를 발할 것
   ② 1층에서 발화한 때에는 발화층·그 직상 4개 층 및 지하층에 경보를 발할 것
   ③ 지하층에서 발화한 때에는 발화층·그 직상층 및 기타의 지하층에 경보를 발할 것

문제 18 ★★ 출제 년도「24.」 •점수 : 5점

옥내소화전 가압 펌프 용도로 적용된 3상 유도전동기가 있다. 이 유도전동기 구동을 위한 3상 전원 주파수는 60 Hz, 전동기 정격용량은 55 kW, 극수가 4극일 경우, 정상상태 운전을 가정한 유도전동기의 동기속도(r/min) 및 회전속도가 1,730(r/min)일 때, 슬립(%)을 계산하시오.

(1) 동기속도
   • 계산 :
   • 답 :

(2) 슬립
   • 계산 :
   • 답 :

▣답안작성

(1) 동기속도
   • 계산 : $N_s = \dfrac{120f}{P} = \dfrac{120 \times 60}{4} = 1,800$ • 답 : 1,800 r/min

(2) 슬립
   • 계산 : $s = \dfrac{N_s - N}{N_s} \times 100 = \dfrac{1,800 - 1,730}{1,800} \times 100 = 3.89$ • 답 : 3.89 %

▼해설

(1) 동기속도 $N_s = \dfrac{120f}{P}$, f : 주파수, P : 극수

(2) 회전속도 $N = (1-s)N_s$

(3) 슬립계산 $s = \dfrac{N_s - N}{N_s}$

2024년 기사 제2회 실기시험

자격종목	시험시간	시행일	수험번호	성명
소방설비기사(전기분야)	3시간	2024.7.28		

※ 다음 물음의 답을 해당 답란에 답하시오.(배점 : 100점)

문제 01
★★★ 출제년도 「21, 24.」 •점수 : 7점

다음은 어느 특정소방대상물의 평면도를 나타낸 것이다. 건축물의 주요구조부는 내화구조, 감지기의 부착 높이는 4.3 m 이다. 차동식 스포트형 1종 감지기를 설치한다. 다음 각 물음에 답하시오.

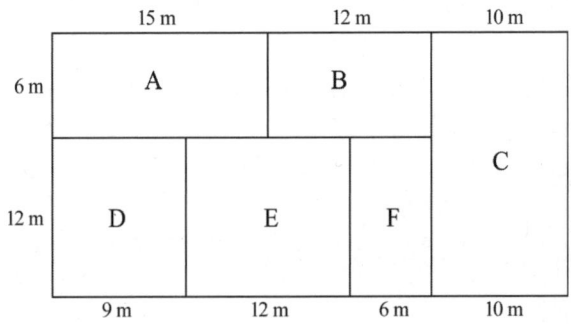

(1) 각 실별로 설치하여야 하는 감지기의 최소수량을 산출하시오.

구분	계산과정	수량(개)
A		
B		
C		
D		
E		
F		

(2) 해당 특정소방대상물의 경계구역의 최소 수량을 산출하시오.
  • 계산 :
  • 답 :

답안작성

(1)

구분	계산과정	수량(개)
A	$\dfrac{15\text{m} \times 6\text{m}}{45\text{m}^2} = 2$	2
B	$\dfrac{12\text{m} \times 6\text{m}}{45\text{m}^2} = 1.6 = 2$	2
C	$\dfrac{10\text{m} \times (6\text{m} + 12\text{m})}{45\text{m}^2} = 4$	4
D	$\dfrac{9\text{m} \times 12\text{m}}{45\text{m}^2} = 2.4 = 3$	3
E	$\dfrac{12\text{m} \times 12\text{m}}{45\text{m}^2} = 3.2 = 4$	4
F	$\dfrac{6\text{m} \times 12\text{m}}{45\text{m}^2} = 1.6 = 2$	2

(2) • 계산 : $\dfrac{(15\text{m} + 12\text{m} + 10\text{m}) \times (6\text{m} + 12\text{m})}{600\text{m}^2} = 1.11 = 2$

• 답 : 2경계구역

해설

(1) 특정소방대상물에 따른 감지기 필요수량

(단위 : m²)

부착높이 및 특정소방대상물의 구분		감지기의 종류				
		차동식, 보상식 스포트형		정온식 스포트형		
		1종	2종	특종	1종	2종
4[m] 미만	주요구조부를 내화구조로 한 특정소방대상물 또는 그 부분	90	70	70	60	20
	기타 구조의 특정소방대상물 또는 그 부분	50	40	40	30	15
4[m] 이상 8[m] 미만	주요구조부를 내화구조로 한 특정소방대상물 또는 그 부분	45	35	35	30	
	기타 구조의 특정소방대상물 또는 그 부분	30	25	25	15	

(2) • 하나의 경계구역의 면적은 600[m²] 이하로 하고 한 변의 길이는 50[m] 이하로 할 것. 다만, 당해 특정소방대상물의 주된 출입구에서 그 내부 전체가 보이는 것에 있어서는 한 변의 길이가 50[m] 범위 내에서 1,000[m²] 이하로 할 수 있다.

• 계단·경사로(에스컬레이터 경사로 포함)·엘리베이터승강로(권상기실이 있는 경우에는 권상기실)·린넨슈트·파이프 피트 및 덕트 기타 이와 유사한 부분에 대하여는 별도로 경계구역을 설정하되, 하나의 경계구역은 높이 45[m] 이하(계단 및 경사로에 한한다)로 하고, 지하층의 계단 및 경사로(지하층의 층수가 1일 경우는 제외한다)는 별도로 하나의 경계구역으로 하여야 한다.

문제 02

★★★ 출제년도 「08. 17. 24.」 •점수 : 5점

옥내소화전설비의 비상전원으로 자가발전설비, 축전지설비 또는 전기저장장치를 설치하려고 한다. 비상전원의 설치기준 중 3가지를 쓰시오.

답안작성

① 점검에 편리하고 화재 및 침수 등의 재해로 인한 피해를 받을 우려가 없는 곳에 설치할 것
② 옥내소화전설비를 유효하게 20분 이상 작동할 수 있어야 할 것
③ 상용전원으로부터 전력의 공급이 중단된 때에는 자동으로 비상전원으로부터 전력을 공급받을 수 있도록 할 것
④ 비상전원의 설치장소는 다른 장소와 방화구획 할 것. 이 경우 그 장소에는 비상전원의 공급에 필요한 기구나 설비외의 것(열병합발전설비에 필요한 기구나 설비는 제외한다)을 두어서는 아니된다.
⑤ 비상전원을 실내에 설치하는 때에는 그 실내에 비상조명등을 설치할 것
중 3가지 선택

문제 03

★★ 출제년도 「98. 24.」 •점수 : 6점

자동화재탐지설비의 화재안전기술기준에 따른 배선 방법에 대한 다음 각 물음에 답하시오.
(1) 감지기 회로 및 부속회로의 전로와 대지 사이 및 배선 상호간의 절연저항은 1경계구역마다 직류 250 V의 절연저항측정기를 사용하여 측정하였을 때 몇 $M\Omega$ 이상이 되어야 하는가?
(2) P형 수신기의 감지기회로 배선에서 하나의 공통선에 접속할 수 있는 경계구역은 몇 개 이하로 하여야 하는가?
(3) 감지기 회로의 도통시험을 위한 종단저항의 설치기준을 2가지만 쓰시오. 단, 설치장소, 전용함 안에 설치할 경우의 설치높이, 설치위치 등에 대하여 상세히 설명할 것

답안작성

(1) 0.1 $M\Omega$ 이상
(2) 7개 이하
(3) ① 점검 및 관리가 쉬운 장소에 설치할 것
② 전용함을 설치하는 경우 그 설치 높이는 바닥으로부터 1.5 m 이내로 할 것

해설

자동화재탐지설비의 배선
(1) 전원회로의 배선은 내화배선에 따르고, 그 밖의 배선(감지기 상호간 또는 감지기로부터 수신기에 이르는 감지기회로의 배선을 제외한다)은 내화배선 또는 내열배선에 따라 설치할 것
(2) 감지기 상호간 또는 감지기로부터 수신기에 이르는 감지기회로의 배선은 다음의 기준에 따라 설치할 것
① 아날로그식, 다신호식 감지기나 R형수신기용으로 사용되는 것은 전자파 방해를 받지 아니하는 실드선 등을 사용해야 하며, 광케이블의 경우에는 전자파 방해를 받지 아니하고 내열성능이 있는 경우 사용할 것. 다만, 전자파 방해를 받지 않는 방식의 경우에는 그렇지 않다.

② 일반배선을 사용할 때는 내화배선 또는 내열배선으로 사용할 것
(3) 감지기회로의 도통시험을 위한 종단저항은 다음의 기준에 따를 것
① 전용함을 설치하는 경우 그 설치 높이는 바닥으로부터 1.5 m 이내로 할 것
② 감지기 회로의 끝부분에 설치하며, 종단감지기에 설치할 경우에는 구별이 쉽도록 해당감지기의 기판 등에 별도의 표시를 할 것
③ 점검 및 관리가 쉬운 장소에 설치할 것
(4) 감지기회로 및 부속회로의 전로와 대지 사이 및 배선 상호간의 절연저항은 1경계구역 마다 직류 250 V의 절연저항측정기를 사용하여 측정한 절연저항이 0.1 MΩ 이상이 되도록 할 것

문제 04

★★★ 출제 년도 「24.」 •점수 : 5점

지상 25 m 되는 곳에 저수조가 있다. 이 수조에 분당 12 m³의 물을 양수하는 펌프용 전동기를 설치하여 3상 전력을 공급하려고 한다. 펌프효율이 70 %이고, 펌프측 동력에 15 %의 여유를 둔다고 한다. 3상 전력을 공급하고자 단상변압기 2대를 V결선하여 이용하고자 한다면, 단상 변압기 1대의 용량은 몇 kVA 인가?(단, 펌프용 3상 농형 유도전동기의 역률은 85 %로 가정한다.)

• 계산 :   • 답 :

답안작성

• 계산 : 전동기 용량 $P = \dfrac{0.163QH}{\eta} = \dfrac{0.163 \times 12 \times 25 \times (1+0.15)}{0.7} = 80.34$ kW

변압기 1대 용량 $P_1 = \dfrac{P}{\sqrt{3} \times \cos\theta} = \dfrac{80.34}{\sqrt{3} \times 0.85} = 54.5697 = 54.57$ kVA

• 답 : 54.57 kVA

문제 05

★★★ 출제 년도 「16. 24.」 •점수 : 8점

다음은 공기관식 차동식분포형감지기의 설치도면이다. 다음 각 물음에 답하시오.

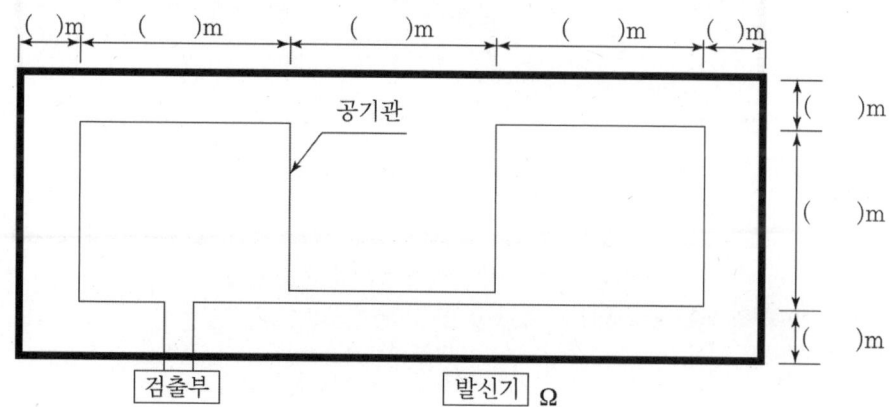

(1) 공기관의 노출부분의 길이는 몇 m 이상이 되어야 하는가?
(2) 검출부의 설치높이는?
(3) 내화구조일 경우 공기관 상호간의 거리와 감지구역의 각 변과의 거리는 몇 m 이하가 되도록 하여야 하는지 도면의 ( ) 안에 수치를 기입하시오.
(4) 검출부분에 접속하는 공기관의 길이는 몇 m이하로 하여야 하는가?
(5) 종단저항을 발신기에 설치할 경우 차동식 분포형 감지기의 검출부와 발신기간에 연결해야 하는 전선의 가닥수를 도면에 표기하시오.
(6) 공기관의 재질을 쓰시오.
(7) 검출부의 경사도는 몇 도 이하이어야 하는가?

답안작성

(1) 20m 이상
(2) 바닥으로부터 0.8m 이상 1.5m 이하
(3)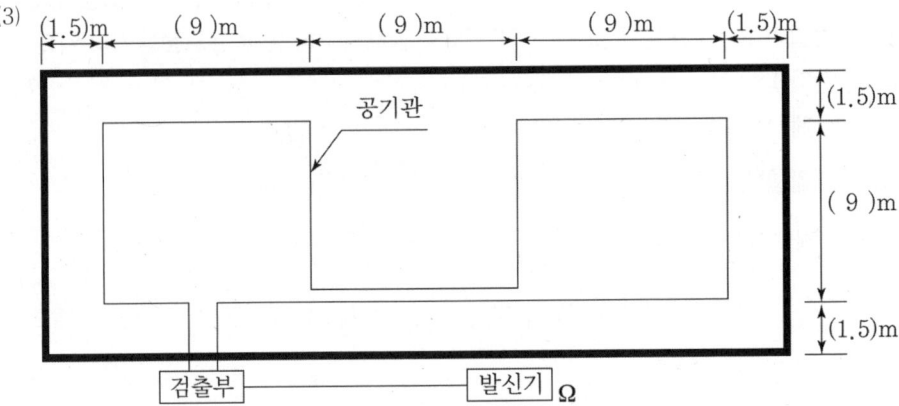
(4) 100 m 이하
(5)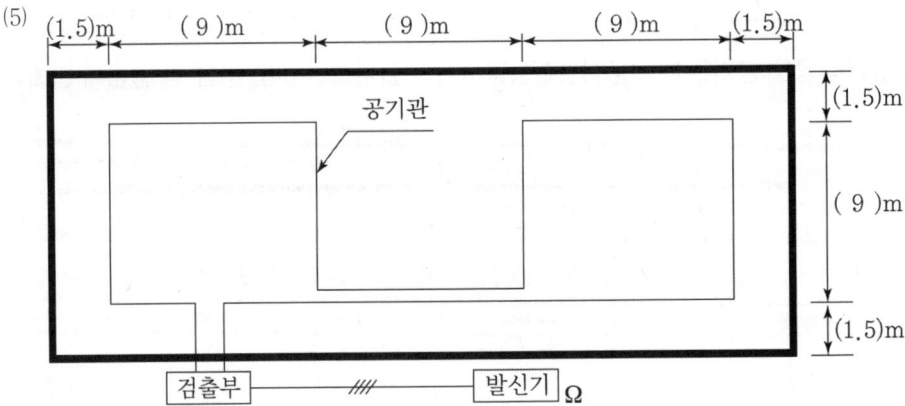
(6) 동관 또는 중공동관
(7) 5도 이하

▼해설

(1) 공기관식 차동식분포형 감지기 설치기준
① 공기관의 노출부분은 감지구역마다 20 [m] 이상이 되도록 할 것
② 공기관과 감지구역의 각변과의 수평거리는 1.5 [m] 이하가 되도록 하고, 공기관 상호간의 거리는 6 [m](주요구조부를 내화구조로 한 소방대상물 또는 그 부분에 있어서는 9 [m]) 이하가 되도록 할 것

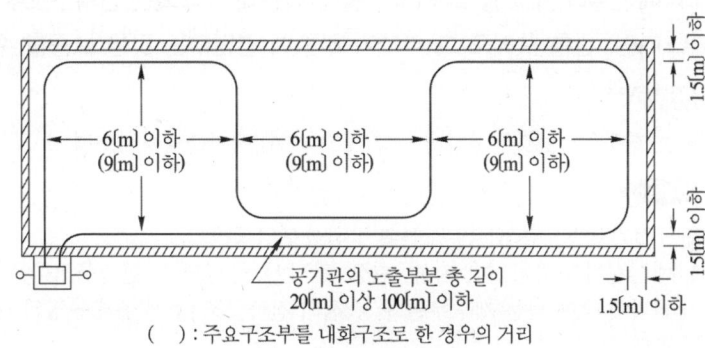

(내화구조인 경우)

③ 공기관은 도중에서 분기하지 아니하도록 할 것
④ 하나의 검출 부분에 접속하는 공기관의 길이는 100[m] 이하로 할 것
⑤ 검출부는 5° 이상 경사되지 아니하도록 부착할 것
⑥ 검출부는 바닥으로부터 0.8[m] 이상 1.5[m] 이하의 위치에 설치할 것
⑦ 공기관의 규격
 • 외경 : 1.9[mm] 이상
 • 두께 : 0.3[mm] 이상
⑧ 공기관의 재질 : 동관 또는 중공동관
(2) 검출부와 발신기 사이의 가닥수는 4가닥(회로 2, 회로공통 2)이다.

문제 06

다음은 한국전기설비규정(KEC)에서 규정한 전기적 접속에 대한 내용이다. ( )에 알맞은 답을 쓰시오.

(1) 배선설비가 바닥, 벽, 지붕, 천장, 칸막이, 중공벽 등 건축구조물을 관통하는 경우, 배선설비가 통과한 후에 남는 개구부는 관통 전의 건축구조 각 부재에 규정된 (①)에 따라 밀폐하여야 한다.

(2) 내화성능이 규정된 건축구조부재를 관통하는 (②)는 제 (1)에서 요구한 외부의 밀폐와 마찬가지로 관통 전에 각 부의 내화등급이 되도록 내부도 밀폐하여야 한다.

(3) 관련 제품 표준에서 자기소화성으로 분류되고 최대 내부단면적이 (③) mm² 이하인 전선관, 케이블트렁킹 및 (④)은 다음과 같은 경우라면 내부적으로 밀폐하지 않아도 된다.

- 보호등급 IP33에 관한 KS C IEC 60529(외곽의 방진 보호 및 방수 보호 등급)의 시험에 합격한 경우
- 관통하는 건축 구조체에 의해 분리된 구획의 하나 안에 있는 배선설비의 단말이 보호등급 IP33에 관한 KS C IEC 60529(외함의 밀폐 보호등급 구분(IP코드))의 시험에 합격한 경우

(4) 배선설비는 그 용도가 (⑤)을 견디는데 사용되는 건축구조부재를 관통해서는 안 된다. 다만, 관통 후에도 그 부재가 하중에 견딘다는 것을 보증할 수 있는 경우는 제외한다.

답안작성

① 내화등급　② 배선설비　③ 710　④ 케이블덕팅시스템　⑤ 하중

해설

한국전기설비규정(KEC) 배선설비 관통부의 밀봉
1. 배선설비가 바닥, 벽, 지붕, 천장, 칸막이, 중공벽 등 건축구조물을 관통하는 경우, 배선설비가 통과한 후에 남는 개구부는 관통 전의 건축구조 각 부재에 규정된 내화등급에 따라 밀폐하여야 한다.
2. 내화성능이 규정된 건축구조부재를 관통하는 배선설비는 제1에서 요구한 외부의 밀폐와 마찬가지로 관통 전에 각 부의 내화등급이 되도록 내부도 밀폐하여야 한다.
3. 관련 제품 표준에서 자기소화성으로 분류되고 최대 내부단면적이 710 mm² 이하인 전선관, 케이블트렁킹 및 케이블덕팅시스템은 다음과 같은 경우라면 내부적으로 밀폐하지 않아도 된다.
   ⑴ 보호등급 IP33에 관한 KS C IEC 60529(외곽의 방진 보호 및 방수 보호 등급)의 시험에 합격한 경우
   ⑵ 관통하는 건축 구조체에 의해 분리된 구획의 하나 안에 있는 배선설비의 단말이 보호등급 IP33에 관한 KS C IEC 60529(외함의 밀폐 보호등급 구분(IP코드))의 시험에 합격한 경우
4. 배선설비는 그 용도가 하중을 견디는데 사용되는 건축구조부재를 관통해서는 안 된다. 다만, 관통 후에도 그 부재가 하중에 견딘다는 것을 보증할 수 있는 경우는 제외한다.

★★★ 출제년도 「15. 19. 24.」 •점수 : 4점

문제 07 다음은 차동식 스포트형 감지기의 구조를 나타낸 것이다. 각 부분의 명칭(①~④)을 쓰고 ①의 기능에 대하여 간단히 설명하시오.

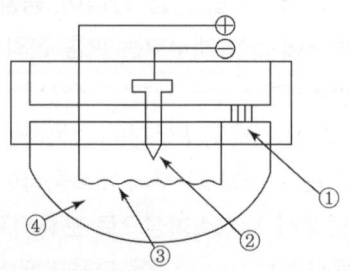

(1) ①~④ 부분의 명칭

①		②	
③		④	

(2) ①의 기능 :

답안작성

(1) 주어진 번호의 명칭 :

①	리크구멍	②	(고정)접점
③	다이어프램	④	감열실

(2) ①의 기능 : 감지기의 오동작 방지

해설

공기팽창식 차동식 스포트형 감지기
(1) 공기팽창식 차동식 스포트형 감지기의 구성
  ① **감열실** : 열을 유효하게 받을 수 있는 것
  ② **다이어프램**
  ③ **leak 구멍** : 난방 등에 따른 실내온도가 완만하게 변화할 때에는 leak 구멍의 공기압력조절 작용에 따라 외부압력과 평형을 유지하여 화재신호를 발하지 않도록 하여 오동작을 방지한다.
  ④ 전기신호 전송에 필요한 **접점과 배선**

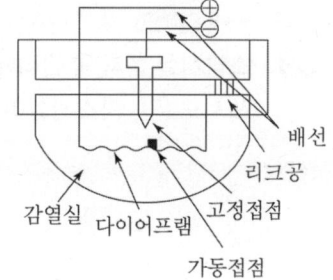

(2) 동작원리
화재가 발생하여 감지기가 급격한 온도상승을 받게 되면 감열실내의 온도가 일정한 온도상승률 이상으로 상승되어 공기가 팽창되면 다이어프램을 밀어올리게 되어 가동접점이 고정접점에 접촉하여 전기회로를 만들게 되며 이에 따라 수신기로 신호를 발신하게 된다.

★★ 출제 년도 「99. 02. 21. 24.」 •점수 : 4점

문제 08 이산화탄소소화설비에 음향경보장치를 설치하려고 할 때 방호구역 또는 방호대상물이 있는 구획의 각 부분으로부터 하나의 확성기까지의 수평거리는 몇 m 이하로 하여야 하며, 또한 소화약제의 방사 개시 후 음향경보장치는 몇 분 이상 경보를 계속할 수 있게 하여야 하는가?

① 수평거리 :

② 경보시간 :

답안작성

① 25 m
② 1분

▼해설

이산화탄소소화설비의 음향경보장치 기준
(1) 수동식 기동장치를 설치한 것에 있어서는 그 기동장치의 조작과정에서, 자동식 기동장치를 설치한 것에 있어서는 화재감지기와 연동하여 자동으로 경보를 발하는 것으로 할 것
(2) 소화약제의 방사개시 후 1분 이상 경보를 계속할 수 있는 것으로 할 것
(3) 방호구역 또는 방호대상물이 있는 구획 안에 있는 자에게 유효하게 경보할 수 있는 것으로 할 것
(4) 방송에 따른 경보장치를 설치할 경우에는 다음 각 호의 기준에 따라야 한다.
　① 증폭기 재생장치는 화재시 연소의 우려가 없고, 유지관리가 쉬운 장소에 설치할 것
　② 방호구역 또는 방호대상물이 있는 구획의 각 부분으로부터 하나의 확성기까지의 수평거리는 25[m] 이하가 되도록 할 것
　③ 제어반의 복구스위치를 조작하여도 경보를 계속 발할 수 있는 것으로 할 것

문제 09

★★★ 출제년도 「24.」 •점수 : 5점

소방시설 설치 및 관리에 관한 법률 시행령상 가스누설경보기를 설치해야 하는 대상 5가지를 쓰시오.(단, 가스시설이 설치된 경우만 해당)

①
②
③
④
⑤

답안작성

① 판매시설
② 운수시설
③ 의료시설
④ 노유자 시설
⑤ 숙박시설

▼해설

가스누설경보기를 설치해야 하는 특정소방대상물(가스시설이 설치된 경우만 해당한다)
1) 문화 및 집회시설, 종교시설, 판매시설, 운수시설, 의료시설, 노유자 시설
2) 수련시설, 운동시설, 숙박시설, 공장, 창고시설 중 물류터미널, 장례시설
※ 12가지의 설치대상 중 5가지를 선택하여 답안을 작성

문제 10

비상콘센트보호함의 설치기준으로 ( ) 안에 알맞은 말을 써 넣으시오.

> ○ 보호함에는 쉽게 개폐할 수 있는 (㉮)을 설치할 것
> ○ 보호함 (㉯)에 "비상콘센트"라고 표시한 표시를 할 것
> ○ 보호함 상부에 (㉰)의 (㉱)을 설치할 것. 다만, 비상콘센트의 보호함을 옥내소화전함 등과 접속하여 설치하는 경우에는 (㉲) 등의 표시등과 겸용할 수 있다.

답안작성

㉮	㉯	㉰	㉱	㉲
문	표면	적색	표시등	옥내소화전함

해설

비상콘센트설비의 보호함
① 보호함에는 쉽게 개폐할 수 있는 문을 설치할 것
② 보호함 표면에 "비상콘센트"라고 표시한 표지를 할 것
③ 보호함 상부에 적색의 표시등을 설치할 것. 다만, 비상콘센트의 보호함을 옥내소화전함 등과 접속하여 설치하는 경우에는 옥내소화전함 등의 표시등과 겸용할 수 있다.

문제 11

다음은 옥내소화전설비의 화재안전기술기준에 따른 내화배선의 공사방법에 대한 내용이다. ( )에 알맞은 내용을 쓰시오.

> (1) 금속관·2종 금속제 가요전선관 또는 (①)에 수납하여 내화구조로 된 벽 또는 바닥 등에 벽 또는 바닥의 표면으로부터 (②) 이상의 깊이로 매설해야 한다. 다만 다음의 기준에 적합하게 설치하는 경우에는 그렇지 않다.
>   가. 배선을 내화성능을 갖는 배선전용실 또는 배선용 샤프트·피트·덕트 등에 설치하는 경우
>   나. 배선전용실 또는 배선용 샤프트·피트·덕트 등에 다른 설비의 배선이 있는 경우에는 이로부터 (③) 이상 떨어지게 하거나 소화설비의 배선과 이웃하는 다른 설비의 배선 사이에 배선지름(배선의 지름이 다른 경우에는 가장 큰 것을 기준으로 한다)의 (④) 이상의 높이의 불연성 격벽을 설치하는 경우
> (2) 내화전선의 경우 (⑤)의 방법에 따라 설치해야 한다.

답안작성

① 합성수지관   ② 25 mm   ③ 15 cm   ④ 1.5배   ⑤ 케이블공사

▼해설●●

내화배선의 공사방법

사용 전선의 종류	공사 방법
1. 450/750 V 저독성 난연 가교 폴리올레핀 절연전선 2. 0.6/1 kV 가교 폴리에틸렌 절연 저독성 난연폴리올레핀 시스 전력케이블 3. 6/10 kV 가교 폴리에틸렌 절연 저독성 난연폴리올레핀 시스 전력용 케이블 4. 가교 폴리에틸렌 절연 비닐시스 트레이용 난연 전력 케이블 5. 0.6/1 kV EP 고무절연 클로로프렌시스 케이블 6. 300/500 V 내열성 실리콘 고무 절연전선(180℃) 7. 내열성 에틸렌-비닐아세테이트 고무 절연 케이블 8. 버스덕트(Bus Duct)	금속관·2종 금속제 가요전선관 또는 합성수지관에 수납하여 내화구조로 된 벽 또는 바닥 등에 벽 또는 바닥의 표면으로부터 25 mm 이상의 깊이로 매설하여야 한다. 다만 다음의 기준에 적합하게 설치하는 경우에는 그렇지 않다. 가. 배선을 내화성능을 갖는 배선전용실 또는 배선용 샤프트·피트·덕트 등에 설치하는 경우 나. 배선전용실 또는 배선용 샤프트·피트·덕트 등에 다른 설비의 배선이 있는 경우에는 이로부터 15 cm 이상 떨어지게 하거나 소화설비의 배선과 이웃하는 다른 설비의 배선 사이에 배선지름(배선의 지름이 다른 경우에는 가장 큰 것을 기준으로 한다.)의 1.5배 이상의 높이의 불연성 격벽을 설치하는 경우
내화전선	케이블공사의 방법에 따라 설치해야 한다.

문제 12 ★★ 출제년도「24.」 •점수 : 6점

다음은 누전경보기의 형식승인 및 제품검사의 기술기준을 나타낸 것이다. 다음 각 물음에 답하시오.

(1) 전구는 사용전압의 몇 %인 교류전압을 20시간 연속하여 가하는 경우 단선, 현저한 광속변화, 흑화, 전류의 저하 등이 발생하지 않아야 하는가?
(2) 전구는 몇 개 이상을 병렬로 접속하여야 하는가?
(3) 누전경보기의 공칭작동전류치는 몇 [mA] 이하이어야 하는가?

답안작성**

(1) 130 %
(2) 2개 이상
(3) 200 mA

▼해설●●

① 전구는 사용전압의 **130 %**인 교류전압을 20시간 연속하여 가하는 경우 단선, 현저한 광속변화, 흑화, 전류의 저하 등이 발생하지 아니하여야 한다.
② 전구는 **2개** 이상을 병렬로 접속하여야 한다. 다만, 방전등 또는 발광다이오드의 경우에는 그러하지 아니한다.
③ 누전경보기의 공칭작동전류치(누전경보기를 작동시키기 위하여 필요한 누설전류의 값으로서 제조자에 의하여 표시된 값을 말한다. 이하 같다)는 **200 mA 이하**이어야 한다.

문제 13

★★★ 출제년도 「20, 24」 •점수 : 4점

비상콘센트 설비의 상용전원회로의 배선은 다음의 경우에 어느 곳에서 분기하여 전용배선으로 하여야 하는가?

(1) 저압수전이 경우 :

(2) 고압수전 또는 특고압수전인 경우 :

답안작성

(1) 인입개폐기의 직후
(2) 전력용 변압기 2차측의 주차단기 1차측 또는 2차측

해설

비상콘센트설비 상용전원회로의 배선은 저압수전인 경우에는 인입개폐기의 직후에서, 고압수전 또는 특고압수전인 경우에는 전력용변압기 2차 측의 주차단기 1차 측 또는 2차 측에서 분기하여 전용배선으로 할 것

문제 14

★★★ 출제년도 「98, 00, 02, 05, 20, 24」 •점수 : 9점

그림과 같은 논리회로를 보고 다음 각 물음에 답하시오.

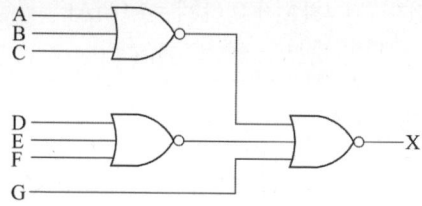

(1) 논리식으로 표현하시오.(단, 간소화과정도 쓰도록 한다.)
(2) AND, OR, NOT 회로를 이용한 등가회로로 그리시오.
(3) 유접점(릴레이) 회로로 그리시오.

답안작성

(1) $X = (A+B+C) \cdot (D+E+F) \cdot \overline{G}$

(2)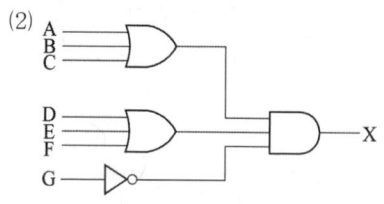

$X = \overline{\overline{(A+B+C)} + \overline{(D+E+F)} + G}$
$= \overline{(\overline{A} \cdot \overline{B} \cdot \overline{C}) + (\overline{D} \cdot \overline{E} \cdot \overline{F}) + G}$
$= (A+B+C) \cdot (D+E+F) \cdot \overline{G}$

(3)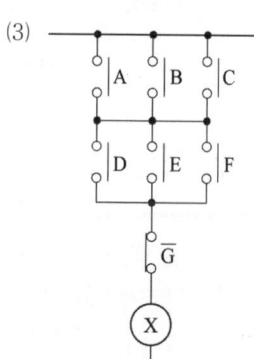

★★★ 출제년도 「16. 24.」 •점수 : 8점

문제 15 자동화재탐지설비의 발신기에서 1회로당 90 mA[표시등(1개당 소비전류 40 mA), 경종(1개당 소비전류 50 mA)]의 전류가 소모되며, 지하1층, 지상5층의 각 층별로 2회로씩 총 12회로인 공장에서 P형 수신반 최말단 발신기까지의 거리가 500 m 떨어진 경우 다음 각 물음에 답하시오.(단, 수신기의 정격전압은 24 V이다.)

(1) 표시등 및 경종의 최대소요전류와 총전류를 계산하시오.
 ① 표시등의 최대 소요전류
 ② 경종의 최대 소요전류
 ③ 총 소요전류

(2) 최말단 경종이 작동하는 경우 전압강하를 계산하시오.(단, 2.5 mm²의 전선을 사용한다.)

(3) "(2)"항의 계산에 의거 경종의 작동여부를 설명하시오.

(4) 자동화재탐지설비의 음향장치는 정격전압의 몇 % 전압에서 음향을 발할 수 있어야 하는가?

답안작성

(1) ① 표시등의 최대 소요전류 : 40[mA] × 12회로 = 480[mA] = 0.48[A]
 ② 경종의 최대 소요전류 : 50[mA] × 12회로 = 600[mA] = 0.6[A]
 ③ 총 소요전류 : 0.48[A] + 0.6[A] = 1.08[A]

(2) $e = \dfrac{35.6LI}{1,000A} = \dfrac{35.6 \times 500 \times 1.08}{1,000 \times 2.5} = 7.69[V]$

(3) 최말단 경종의 전압은
  24 V−7.69 V=16.31 V로 정격전압의 80 % 미만(24 V×0.8=19.2 V)이 되어 정상작동이 불가

(4) 80 %

해설

(1) 우선경보방식
 ① 경보방법 : 화재발생시 안전하고 신속한 대피를 위하여 화재가 발생한 층과 그 직상층부터 우선하여 별도로 경보하는 방식

화재층	경보층(11층(공동주택인 경우 16층) 이상인 경우)	경보층(30층 이상인 경우)
1층	발화층, 그 직상 4개층, 지하층	발화층, 그 직상 4개층, 지하층
2층 이상	발화층, 그 직상 4개층	발화층, 그 직상 4개층
지하층	발화층, 그 직상층, 기타의 지하층	발화층, 그 직상층, 기타의 지하층

 ② 특정소방대상물 규모 : 11층(공동주택인 경우 16층) 이상인 특정소방대상물

(2) ① 최말단 경종이 동작하는 경우 설치된 12개의 경종이 작동하므로
  전류 I = 표시등 전류 + 경종 소요전류 = 0.48[A] + 50[mA] × 12개 = 1.08[A]
  전압강하 $e = \dfrac{35.6LI}{1000A} = \dfrac{35.6 \times 500 \times 1.08}{1000 \times 2.5} = 7.6896 = 7.69[V]$

② 전압강하 및 전선단면적 공식

전 기 방 식	전압강하	전선 단면적
단상 2선식 및 직류 2선식	$e = \dfrac{35.6LI}{1000A}$	$A = \dfrac{35.6LI}{1000e}$
3상 3선식	$e = \dfrac{30.8LI}{1000A}$	$A = \dfrac{30.8LI}{1000e}$
단상 3선식, 직류 3선식, 3상 4선식	$e' = \dfrac{17.8LI}{1000A}$	$A = \dfrac{17.8LI}{1000e'}$

여기서, e : 각 선간의 전압강하 [V]
　　　　e' : 각 선간의 1선과 중성선 사이의 전압강하 [V]
　　　　L : 전선 1본의 길이 [m]
　　　　A : 전선의 단면적 [mm^2]
　　　　I : 전류 [A]

(3) 사용할 수 있는 전선의 종류

> 1. 450/750V 저독성 난연 가교 폴리올레핀 절연 전선
> 2. 0.6/1kV 가교 폴리에틸렌 절연 저독성 난연 폴리올레핀 시스 전력 케이블
> 3. 6/10kV 가교 폴리에틸렌 절연 저독성 난연 폴리올레핀 시스 전력용 케이블
> 4. 가교 폴리에틸렌 절연 비닐시스 트레이용 난연 전력 케이블
> 5. 0.6/1kV EP 고무절연 클로로프렌 시스 케이블
> 6. 300/500V 내열성 실리콘 고무 절연전선(180℃)
> 7. 내열성 에틸렌-비닐아세테이트 고무 절연 케이블
> 8. 버스덕트(Bus Duct)

(4) 음향장치의 구조 및 성능기준
　① 정격전압의 **80% 전압**에서 음향을 발할 수 있는 것으로 할 것
　② 음량은 부착된 음향장치의 중심으로부터 **1m** 떨어진 위치에서 **90dB 이상**이 되는 것으로 할 것
　③ **감지기 및 발신기의 작동과 연동**하여 작동할 수 있는 것으로 할 것

★★★ 출제년도 「24.」 • 점수 : 3점

문제 16 공구손료는 일반공구 및 시험용 계측기구류의 손료로서 공사중 상시 일반적으로 사용하는 것을 말한다. 공구손료의 적용범위를 쓰시오.

답안작성

직접노무비의 3% 이내

해설

① 공구손료 : 공구손료는 **일반공구 및 시험용 계측기구류의 손료**로서 공사중 상시 일반적으로 사용하는 것을 말하며 인력품(노임할증과 작업시간 증가에 의하지 않은 품할증 제외)의 **3%**까지 계상하며 특수 공구(철골공사, 석공사 등) 및 검사용 특수계측기류의 손료는 별도 계상한다.
② 공구손료 : 직접노무비(인건비) × 3%

문제 17 ★★★ 출제년도 「24.」 •점수 : 6점

열전대식 차동식 분포형 감지기는 제어백효과(Seebeck effect)를 이용한 감지기이다. 다음 각 물음에 답하시오.
(1) 제어백효과에 대해 설명하시오.
(2) 열전대(thermocouple)의 정의를 쓰시오.
(3) 열전대의 재료로 가장 우수한 금속은 무엇인가?

답안작성
(1) 2종류의 금속을 접속하고 접속점에 온도의 차이를 주면 열기전력이 발생
(2) 열기전력을 발생시킬 목적으로 2종류의 도체의 한 끝을 전기적으로 접속한 것.
(3) 백금

▼해설
열전대의 종류 :
백금-백금 로듐, 크로멜-알루멜, 철-콘스탄탄, 구리-콘스탄탄

문제 18 ★★★ 출제년도 「20. 24.」 •점수 : 5점

P형 1급 수신기와 감지기와의 배선회로에 종단저항은 10[KΩ], 릴레이 저항은 10[Ω], 배선회로의 저항은 20[Ω]이며 회로전압이 DC 24[V]일 때 다음 각 물음에 답하시오.
(1) 평상시 감시전류[mA]를 구하시오.
  • 계산과정 :
  • 답 :
(2) 감지기가 작동할 때 (화재 시)의 전류[mA]를 구하시오.
  • 계산과정 :
  • 답 :

답안작성
(1) • 계산과정 : 감시전류 $= \dfrac{24}{10 \times 10^3 + 10 + 20} \times 10^3 = 2.3928$
  • 답 : 2.39[mA]
(2) • 계산과정 : 작동전류 $= \dfrac{24}{10 + 20} \times 10^3 = 800$
  • 답 : 800[mA]

▼해설
(1) 감시전류 $= \dfrac{회로전압}{종단저항 + 릴레이저항 + 선로저항}$ [A]
(2) 작동전류 $= \dfrac{회로전압}{릴레이저항 + 선로저항}$ [A]

2024년 기사 제3회 실기시험

자격종목	시험시간	시행일	수험번호	성명
소방설비기사(전기분야)	3시간	2024.11.2		

※ 다음 물음의 답을 해당 답란에 답하시오.(배점 : 100점)

문제 01

★★ 출제년도 「19. 24.」 •점수 : 3점

자동화재탐지설비 수신기의 동시작동시험을 하는 목적을 쓰시오.

답안작성

감지기가 동시에 수회선 동작하더라도 수신기의 기능에 이상을 주지 않는 것을 확인

▼해설

수신기의 동시작동시험
(1) 목적
  감지기가 동시에 수회선 동작하더라도 수신기의 기능에 이상을 주지 않는 것을 확인하기 위한 시험
(2) 시험방법 및 가부판정의 기준

시험방법	① 화재표시 작동시험스위치를 시험의 위치에 놓는다. ② 회로선택스위치를 차례로 회전시킨다. ③ 복구시킴 없이 5회선을 동시에 작동시킨다.
가부판정의 기준	5회선을 동시에 작동시켰을 때 화재표시등, 지구표시등, 주경종, 지구경종의 작동 여부를 확인한다.

문제 02

★★★ 출제년도 「24.」 •점수 : 5점

다음은 KEC(한국전기설비규정)에 따른 금속관 공사에 대한 내용을 나타낸 것이다. ( )에 들어갈 내용을 쓰시오.

> 1. 전선은 절연전선((①)을 제외한다)일 것.
> 2. 전선은 (②)일 것. 다만, 다음의 것은 적용하지 않는다.
>   가. 짧고 가는 금속관에 넣은 것.
>   나. 단면적 (③) mm² (알루미늄선은 단면적 16 mm²) 이하의 것.
> 3. 전선은 금속관 안에서 (④)이 없도록 할 것.
> 4. 관의 끝 부분에는 전선의 피복을 손상하지 아니하도록 적당한 구조의 (⑤)을 사용할 것.

답안작성

① 옥외용 비닐절연전선   ② 연선   ③ 10   ④ 접속점   ⑤ 부싱

▼해설

금속관 공사(KEC 기준)
1.1 시설조건
1. 전선은 절연전선(옥외용 비닐절연전선을 제외한다)일 것.
2. 전선은 연선일 것. 다만, 다음의 것은 적용하지 않는다.
   가. 짧고 가는 금속관에 넣은 것.
   나. 단면적 10 mm² (알루미늄선은 단면적 16 mm²) 이하의 것.
3. 전선은 금속관 안에서 접속점이 없도록 할 것.
1.2 금속관 및 부속품의 시설
1. 관 상호 간 및 관과 박스 기타의 부속품과는 나사접속 기타 이와 동등 이상의 효력이 있는 방법에 의하여 견고하고 또한 전기적으로 완전하게 접속할 것.
2. 관의 끝 부분에는 전선의 피복을 손상하지 아니하도록 적당한 구조의 부싱을 사용할 것. 다만, 금속관공사로부터 애자사용공사로 옮기는 경우에는 그 부분의 관의 끝부분에는 절연부싱 또는 이와 유사한 것을 사용하여야 한다.
3. 습기가 많은 장소 또는 물기가 있는 장소에 시설하는 경우에는 방습 장치를 할 것.

문제 03 ★★★ 출제년도 「15. 18. 23. 24.」 •점수 : 5점

특정소방대상물에 설치된 소방시설 중 일부 또는 전부를 교체하거나 보수할 때에 착공신고의 대상이 되는 공사를 3가지 쓰시오.(단, 고장 또는 파손 등으로 인해 작동시킬 수 없는 소방시설을 긴급하게 교체하거나 보수하여야 하는 경우를 제외한다)

답안작성

① 수신반   ② 소화펌프   ③ 동력(감시)제어반

▼해설

소방시설공사업법 시행령 제4조 (소방시설공사의 착공신고 대상)
특정소방대상물에 설치된 소방시설등을 구성하는 다음 각 목의 어느 하나에 해당하는 것의 전부 또는 일부를 개설(改設), 이전(移轉) 또는 정비(整備)하는 공사. 다만, 고장 또는 파손 등으로 인하여 작동시킬 수 없는 소방시설을 긴급히 교체하거나 보수하여야 하는 경우에는 신고하지 않을 수 있다.
① 수신반 ② 소화펌프 ③ 동력(감시)제어반

문제 04 ★ 출제년도 「24.」 •점수 : 8점

소방시설 설치 및 관리에 관한 법률에 따른 소방시설 중 경보설비의 종류 8가지를 쓰시오.

답안작성

① 단독경보형 감지기   ② 자동화재탐지설비
③ 가스누설경보기   ④ 화재알림설비
⑤ 비상방송설비   ⑥ 자동화재속보설비
⑦ 통합감시시설   ⑧ 누전경보기

▼해설

경보설비: 화재발생 사실을 통보하는 기계·기구 또는 설비로서 다음 각 목의 것
가. 단독경보형 감지기
나. 비상경보설비
   1) 비상벨설비
   2) 자동식사이렌설비
다. 자동화재탐지설비
라. 시각경보기
마. 화재알림설비
바. 비상방송설비
사. 자동화재속보설비
아. 통합감시시설
자. 누전경보기
차. 가스누설경보기

문제 05

★★★ 출제년도 「24.」 · 점수 : 6점

직입 기동 시 기동전류가 135 A, 기동토크가 150 %인 3상 380 V의 유도전동기가 있다. 이 전동기를 Y-△ 기동할 때, 기동전류(A)와 기동토크(%)를 계산하시오.

(1) 기동전류
   · 계산과정 :
   · 답 :

(2) 기동토크
   · 계산과정 :
   · 답 :

▶답안작성

(1) 기동전류
   · 계산과정 : $135\,\text{A} \times \dfrac{1}{3} = 45\,\text{A}$ · 답 : 45 A

(2) 기동토크
   · 계산과정 : $150\,\% \times \dfrac{1}{3} = 50\,\%$ · 답 : 50 %

▼해설

Y-△ 기동하는 경우 전전압(직입) 기동에 비해 기동전류 및 기동토크는 $\dfrac{1}{3}$ 배로 감소, 상전압은 $\dfrac{1}{\sqrt{3}}$ 배로 감소

1) Y 결선 기동시

   기동전류 $I_Y = \dfrac{V}{\sqrt{3}\,Z}$, 상전압 $V_Y = \dfrac{V}{\sqrt{3}}$

기동토크는 상전압의 제곱에 비례하므로 $T_Y = (\dfrac{V}{\sqrt{3}})^2 = \dfrac{V^2}{3}$

2) △ 결선 기동시

  기동전류 $I_Y = \sqrt{3}\dfrac{V}{Z}$, 상전압 $V_\triangle = V$

  기동토크는 상전압의 제곱에 비례하므로 $T_\triangle = (V)^2 = V^2$

3) Y 결선과 △ 결선시의 상전압, 기동전류 및 기동토크 비교

  $\dfrac{V_Y}{V_\triangle} = \dfrac{1}{\sqrt{3}}$, $\dfrac{I_Y}{I_\triangle} = \dfrac{1}{3}$, $\dfrac{T_Y}{T_\triangle} = \dfrac{1}{3}$

★★★ 출제년도 「14, 24,」 •점수 : 5점

문제 06 단독경보형 감지기의 설치기준이다. ( ) 안에 들어갈 알맞은 내용을 채우시오.

○ 각 실마다 설치하되, 바닥면적 (①) m²를 초과하는 경우에는 (①) m²마다 1개 이상을 설치하여야 한다.
○ 각 실(이웃하는 실내의 바닥면적이 각각 (②)이고 벽체 상부의 전부 또는 일부가 개방되어 이웃하는 실내와 공기가 상호유통되는 경우에는 이를 (③)의 실로 본다.
○ (④)를 주전원으로 사용하는 단독경보형 감지기는 정상적인 작동상태를 유지할 수 있도록 (④)를 교환할 것
○ 상용전원을 주전원으로 사용하는 단독경보형 감지기의 (⑤)는 제품검사에 합격한 것을 사용할 것

답안작성

① 150
② 30 m²
③ 1개
④ 건전지
⑤ 2차전지

▼해설

단독경보형감지기의 화재안전기술기준
1. 각 실(이웃하는 실내의 바닥면적이 각각 30 m² 미만이고 벽체의 상부의 전부 또는 일부가 개방되어 이웃하는 실내와 공기가 상호유통되는 경우에는 이를 1개의 실로 본다)마다 설치하되, 바닥면적이 150 m²를 초과하는 경우에는 150 m²마다 1개 이상 설치할 것
2. 최상층의 계단실의 천장(외기가 상통하는 계단실의 경우를 제외한다)에 설치할 것
3. 건전지를 주전원으로 사용하는 단독경보형감지기는 정상적인 작동상태를 유지할 수 있도록 건전지를 교환할 것
4. 상용전원을 주전원으로 사용하는 단독경보형감지기의 2차전지는 법 제39조에 따라 제품검사에 합격한 것을 사용할 것

문제 07

비상조명등의 화재안전성능기준(NFPC 304)에 대한 내용이다. 다음 각 물음에 답하시오.

(1) ( )에 들어갈 내용을 쓰시오.

> ○ 조도는 비상조명등이 설치된 장소의 각 부분의 바닥에서 (①) 이상이 되도록 할 것
> ○ 예비전원을 내장하는 비상조명등에는 평상시 점등 여부를 확인할 수 있는 (②)를 설치하고 해당 조명등을 유효하게 작동시킬 수 있는 용량의 축전지와 예비전원 충전장치를 내장할 것

(2) 예비전원을 내장하지 아니하는 비상조명등의 비상전원 설치기준 중 2가지를 쓰시오.

답안작성

(1) ① 1럭스, ② 점검스위치

(2) 가. 점검에 편리하고 화재 및 침수 등의 재해로 인한 피해를 받을 우려가 없는 곳에 설치할 것
나. 상용전원으로부터 전력의 공급이 중단된 때에는 자동으로 비상전원으로부터 전력을 공급받을 수 있도록 할 것
다. 비상전원의 설치장소는 다른 장소와 방화구획 할 것
라. 비상전원을 실내에 설치하는 때에는 그 실내에 비상조명등을 설치할 것 중 2가지 선택

해설

비상조명등 설치기준
1. 특정소방대상물의 각 **거실**과 그로부터 지상에 이르는 **복도·계단** 및 그 밖의 **통로**에 설치할 것
2. 조도는 비상조명등이 설치된 장소의 각 부분의 바닥에서 **1럭스** 이상이 되도록 할 것
3. 예비전원을 내장하는 비상조명등에는 평상시 점등 여부를 확인할 수 있는 **점검스위치**를 설치하고 해당 조명등을 유효하게 작동시킬 수 있는 용량의 **축전지와 예비전원 충전장치**를 내장할 것
4. 예비전원을 내장하지 아니하는 비상조명등의 비상전원은 **자가발전설비, 축전지설비 또는 전기저장장치**(외부 전기에너지를 저장해 두었다가 필요한 때 전기를 공급하는 장치)를 다음 각 목의 기준에 따라 설치하여야 한다.
   가. 점검에 편리하고 화재 및 침수 등의 재해로 인한 피해를 받을 우려가 없는 곳에 설치할 것
   나. 상용전원으로부터 전력의 공급이 중단된 때에는 자동으로 비상전원으로부터 전력을 공급받을 수 있도록 할 것
   다. 비상전원의 설치장소는 다른 장소와 방화구획 할 것
   라. 비상전원을 실내에 설치하는 때에는 그 실내에 비상조명등을 설치할 것

문제 08

사무실의 바닥면적이 700 m², 천장높이가 4 m로서 내화구조이다. 이 사무실에 차동식 스포트형(2종) 감지기는 최소 몇 개가 필요하겠는가?

• 계산과정 :

• 답 :

답안작성

- 계산과정 : 최소 감지기 수량 : $\dfrac{\text{전체면적}}{\text{기준면적}} = \dfrac{700\ \text{m}^2}{35\ \text{m}^2/\text{개}} = 20$개

  경계구역 적용 감지기 수량 : $\dfrac{\text{적용면적}}{\text{기준면적}} = \dfrac{350\ \text{m}^2}{35\ \text{m}^2/\text{개}} + \dfrac{350\ \text{m}^2}{35\ \text{m}^2/\text{개}} = 20$개

- 답 : 20개

▼해설

특정소방대상물에 따른 감지기 필요수량

부착높이 및 특정소방대상물의 구분		감지기의 종류				
		차동식, 보상식 스포트형		정온식 스포트형		
		1종	2종	특종	1종	2종
4[m] 미만	주요구조부를 내화구조로 한 특정소방대상물 또는 그 부분	90	70	70	60	20
	기타 구조의 특정소방대상물 또는 그 부분	50	40	40	30	15
4[m] 이상 8[m] 미만	주요구조부를 내화구조로 한 특정소방대상물 또는 그 부분	45	35	35	30	
	기타 구조의 특정소방대상물 또는 그 부분	30	25	25	15	

경계구역의 면적을 500 m², 200 m²으로 설정할 경우에
경계구역 적용 감지기 수량 :
$\dfrac{\text{적용면적}}{\text{기준면적}} = \dfrac{500\ \text{m}^2}{35\ \text{m}^2/\text{개}}(= 14.29 ≒ 15) + \dfrac{200\ \text{m}^2}{35\ \text{m}^2/\text{개}}(= 5.71 ≒ 6) = 21$개가 되어
최소 기준을 만족하지 못하므로 경계구역은 균등하게 350 m², 350 m²로 설정한다.

★★★ 출제년도 「99. 19. 24.」 · 점수 : 8점

문제 09 답안지에 주어진 도면은 유도전동기 기동정지회로의 미완성 도면이다. 다음 각 물음에 답하시오.

◀동작설명▶

- MCCB를 투입하면 정지용표시등 GL이 점등된다.
- 누름버튼 스위치 PBS-ON을 누르면 전자접촉기 MC가 여자, 전동기 IM이 기동한다. MC-a 접점에 의해 기동용표시등 RL이 점등되고, MC-b 접점에 의해 GL이 소등된다.
- 전동기가 정상운전 중에 누름버튼 스위치 PBS-OFF를 누르거나 열동계전기가 작동하면 전동기는 정지한다.

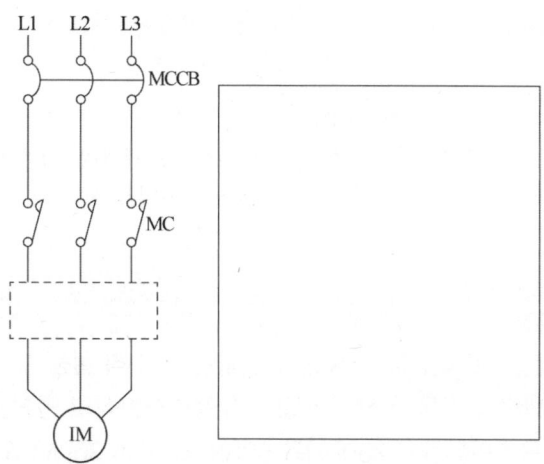

(1) 다음과 같이 주어진 기구를 이용하여 보조회로(제어회로)를 답안지에 완성하시오.
(단, 기구의 개수 및 접점을 최소로 할 것)

- 전자접촉기 (MC)
- 기동용표시등 (GL)
- 정지용표시등 (RL)
- 열동계전기 THR
- 누름버튼 스위치 ON용 PBS-ON
- 누름버튼 스위치 OFF용 PBS-OFF

(2) 주회로에 대한 점선 내부를 답안지의 도면에 완성하시오.
(3) 열동계전기는 어떤 경우에 작동하는지 쓰시오.

답안작성

(1) (2)

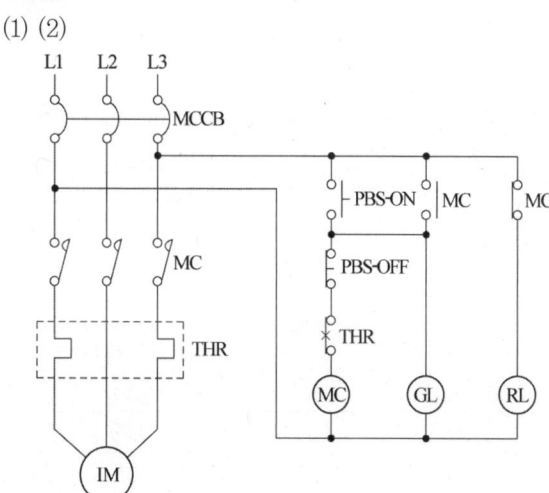

(3) 전동기에 과부하가 걸릴 때

▼해설

열동계전기(THR)가 동작이 되는 경우
① 전동기에 과부하가 걸릴 때
② 열동계전기의 전류정정값이 정격전류보다 낮게 되어 있을 때
③ 접촉불량으로 열동계전기의 단자가 과열 되었을 때

★★★ 출제 년도 「16, 24.」 ・점수 : 6점

문제 10 예비전원설비로 이용되는 축전지에 대한 다음 각 물음에 답하시오.
(1) 자기방전량 만을 항상 충전하는 부동충전방식의 명칭은?
(2) 비상용조명부하가 200[V]용 50[W] 80등과 30[W] 70등이 있다. 방전시간은 30분이고, 축전지는 HS형 110셀(cell)이며, 허용최저전압은 190[V], 최저 축전지 온도가 5[℃] 일 때 축전지 용량[Ah]을 구하시오. (단, 경년용량저하율은 0.8, 용량환산시간은 1.2[h]이다.)
(3) 연축전지와 알칼리축전지의 공칭전압은 몇 V 인지 쓰시오.
① 연축전지 :
② 알칼리축전지 :

답안작성

(1) 트리클충전 또는 세류충전
(2) 축전지 용량[Ah]
① 방전전류 $I = \dfrac{P}{V} = \dfrac{50\text{W} \times 80\text{등} + 30\text{W} \times 70\text{등}}{200\text{V}} = 30.5[\text{A}]$
② 축전지 용량 $C = \dfrac{1}{L}KI = \dfrac{1}{0.8} \times 1.2 \times 30.5 = 45.75[\text{Ah}]$
(3) ① 연축전지 : 2 V, ② 알칼리축전지 : 1.2 V

▼해설

(1) 세류충전 및 부동충전방식
① 세류충전(트리클 충전) : 전지를 장시간 보존하게 되면 자기 방전에 의해 용량이 감소하게 된다. 이때 자기방전량 만을 항상 충전하는 부동충전방식의 일종이다.
② 부동충전 : 축전지와 부하를 충전기에 병렬로 접속하여 사용하는 충전방식으로 축전지의 자기방전에 대한 충전과 상용부하(직류부하)에 대한 전원공급은 충전기가 부담하고 충전기가 부담하기 어려운 일시적인 대전류 부하는 축전지가 공급하는 방식
(2) 연축전지와 알칼리축전지의 비교

구 분	연축전지	알칼리 축전지
기 전 력	2.05~2.08V	1.32V
공칭전압	2.0V	1.2V
방전시간율	10h	5h
방전종지전압	1.6V	0.96V

문제 11

다음은 누전경보기의 형식승인 및 제품검사의 기술기준을 나타낸 것이다. 다음 각 물음에 답하시오.

(1) 변류기는 DC 500 V의 절연저항계로 시험을 하는 경우 5 MΩ 이상이어야 한다. 이에 해당하는 측정위치 3가지를 쓰시오.

(2) (   )에 들어갈 내용을 쓰시오.

> (전로개폐시험)
> 변류기는 출력단자에 부하저항을 접속하고, 경계전로에 당해 변류기의 정격전류의 150 %인 전류를 흘린 상태에서 경계전로의 개폐를 (   )회 반복하는 경우 그 출력전압치는 공칭작동전류치의 42 %에 대응하는 출력전압치 이하이어야 한다.

(3) 감도조정장치의 조정범위의 최대수치를 쓰시오.

답안작성

(1) ① 절연된 1차권선과 2차권선간의 절연저항
    ② 절연된 1차권선과 외부금속부간의 절연저항
    ③ 절연된 2차권선과 외부금속부간의 절연저항
(2) 5
(3) 1 A

해설

1. 제7조(공칭작동전류치)
    ① 누전경보기의 공칭작동전류치(누전경보기를 작동시키기 위하여 필요한 누설전류의 값으로서 제조자에 의하여 표시된 값을 말한다. 이하 같다)는 **200 mA 이하**이어야 한다.
    ② 제1항의 규정은 감도조정장치를 가지고 있는 누전경보기에 있어서도 그 조정범위의 최소치에 대하여 이를 적용한다.
2. 제8조(감도조정장치) 감도조정장치를 갖는 누전경보기에 있어서 감도조정장치의 조정범위는 **최대치가 1 A** 이어야 한다.
3. 제12조(전로개폐시험)
    변류기는 출력단자에 부하저항을 접속하고, 경계전로에 당해 변류기의 정격전류의 150 %인 전류를 흘린 상태에서 경계전로의 개폐를 **5회** 반복하는 경우 그 출력전압치는 공칭작동전류치의 42 %에 대응하는 출력전압치 이하이어야 한다.

★★★ 출제년도 「16. 24.」 •점수 : 6점

문제 12 다음 도면을 보고 각 물음에 답하시오.

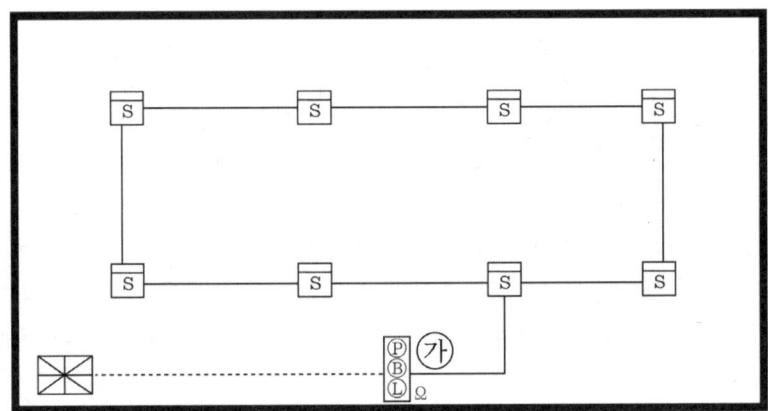

(1) ㉮는 수동으로 화재신호를 발신하는 P형 1급 발신기세트이다. 발신기세트와 수신기간의 배선 길이가 15 m라면 전선은 총 몇 m가 필요한지 산출하시오. (단, 층고, 할증 및 여유율 등은 고려하지 않는다.)
 • 계산과정 :
 • 답 :

(2) 상기 건물에 설치된 감지기가 2종이라 할 때 8개의 감지기가 최대로 감지할 수 있는 감지구역의 바닥면적(m^2) 합계를 구하시오.(단, 천장 높이는 5 m인 경우이다.)
 • 계산과정 :
 • 답 :

(3) 감지기와 감지기간, 감지기와 P형 1급 발신기세트 간의 길이가 각각 10m일 때 전선관 및 전선의 물량을 산출과정과 함께 쓰시오.(단, 층고, 할증 및 여유율 등은 고려하지 않는다.)

품명	규격	산출과정	물량(m)
전선관	16C		
전선	2.5mm^2		

답안작성

(1) • 계산과정 : 15 m × 6 가닥 = 90 m
 • 답 : 90 m
(2) • 계산과정 : 8개 × 75 m^2/개 = 600 m^2
 • 답 : 600 m^2

(3)

품명	규격	산출과정	물량(m)
전선관	16C	10m×9개소 = 90m	90m
전선	2.5mm²	① 감지기와 감지기간 : 10m×8개소×2가닥 = 160m ② 감지기와 P형 1급 발신기 세트간 : 10m×1개소×4가닥 = 40m ③ 합계 : 160m+40m = 200m	200m

▼해설

(1) 수신기와 발신기 세트 간의 가닥수 : 6가닥
(2) ① 연기감지기의 부착높이에 따라 다음 표에 따른 바닥면적마다 1개 이상으로 할 것

부착높이	연기감지기의 종류	
	1종 및 2종	3종
4[m] 미만	150[m²]	50[m²]
4[m] 이상 20[m] 미만	75[m²]	

② 천장 높이가 5 m이므로 감지기의 1개당 감지면적은 75 m² 이상이어야 한다. 부착된 감지기의 수량이 8개이므로 감지면적을 산출하면 8개×75 m²/개 = 600 m²이 된다.

(3) 감지기와 감지기간의 가닥수는 2가닥, 감지기와 발신기 세트는 4가닥, 수신기와 발신기 세트간의 가닥수는 6가닥이 된다.

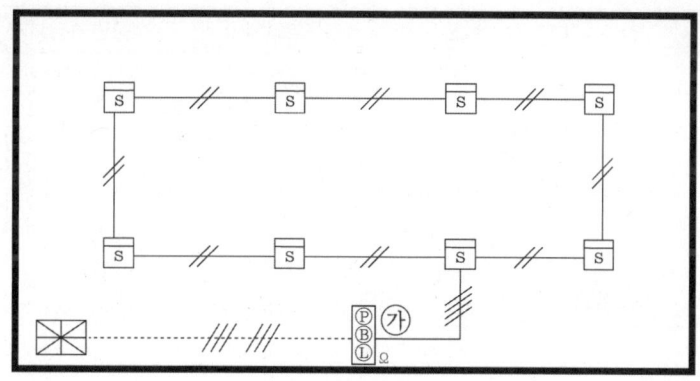

★★★ 출제년도 「24.」 •점수 : 6점

문제 13

연기감지기에 대한 다음 각 물음에 답하시오.
(1) 광전식스포트형 감지기(산란광식)의 작동원리를 쓰시오.
(2) 광전식분리형 감지기(감광식)의 작동원리를 쓰시오.
(3) 광전식스포트형감지기의 적용장소 2가지를 쓰시오.(단, 환경은 연기가 멀리 이동해서 감지기에 도달하는 장소이다)

답안작성

(1) 주위의 공기가 일정한 농도의 연기를 포함하게 되는 경우에 작동하는 것으로서 일국소의 연기에 의하여 광전소자에 접하는 광량의 변화로 작동하는 것
(2) 발광부와 수광부로 구성된 구조로 발광부와 수광부 사이의 공간에 일정한 농도의 연기를 포함하게 되는 경우에 작동하는 것
(3) 계단, 경사로

해설

1. 연기감지기의 구분(감지기의 형식승인 및 제품검사의 기술기준)
   가. "이온화식스포트형"이란 주위의 공기가 일정한 농도의 연기를 포함하게 되는 경우에 작동하는 것으로서 일국소의 연기에 의하여 이온전류가 변화하여 작동하는 것을 말한다.
   나. "광전식스포트형"이란 주위의 공기가 일정한 농도의 연기를 포함하게 되는 경우에 작동하는 것으로서 일국소의 연기에 의하여 광전소자에 접하는 광량의 변화로 작동하는 것을 말한다.
   다. "광전식분리형"이란 발광부와 수광부로 구성된 구조로 발광부와 수광부 사이의 공간에 일정한 농도의 연기를 포함하게 되는 경우에 작동하는 것을 말한다.
   라. "공기흡입형"이란 감지기 내부에 장착된 공기흡입장치로 감지하고자 하는 위치의 공기를 흡입하고 흡입된 공기에 일정한 농도의 연기가 포함된 경우 작동하는 것을 말한다.
2. 자동화재탐지설비 및 시각경보장치의 화재안전기술기준 중 [표] 일시적으로 발생한 열·연기 또는 먼지 등으로 인하여 화재신호를 발신할 우려가 있는 장소

설치장소		적응열감지기					적응연기감지기					불꽃감지기	비고
환경상태	적응장소	차동식스포트형	차동식분포형	보상식스포트형	정온식	열아날로그식	이온화식스포트형	광전식스포트형	이온아날로그식스포트형	광전아날로그식스포트형	광전식분리형	광전아날로그식분리형		
연기가 멀리 이동해서 감지기에 도달하는 장소	계단, 경사로							○		○	○	○		광전식스포트형감지기 또는 광전아날로그식스포트형감지기를 설치하는 경우에는 당해 감지기회로에 축적기능을 갖지 않는 것으로 할 것.

문제 14 역률 1.0, 전부하시의 출력이 8 kW, 출력 2 kW에서의 효율이 80 %가 되는 변압기가 있다. 다음 각 물음에 답하시오.

(1) 전부하시의 출력 8 kW와 출력 2 kW 변압기의 동손의 관계는?
- 계산과정 :
- 답 :

(2) 전부하시의 철손(kW)과 동손(kW)을 계산하시오.
- 계산과정 :
- 답 :

답안작성

(1) • **계산과정** : 전부하시의 출력 8 kW의 동손을 P_c
출력 2 kW 변압기의 동손을 P_c'로 할 때 동손은 부하의 제곱에 비례하므로

$$P_c = \left(\frac{8}{2}\right)^2 = 16 P_c', \quad P_c' = \frac{1}{16} P_c$$

- **답** : 출력 8 kW의 동손은 출력 2 kW 동손의 16배

(2) • **계산과정** : 철손 P_i, 출력 8 kW의 동손을 P_c, 2 kW 변압기의 동손을 P_c'

효율 $0.8 = \dfrac{8}{8+P_i+P_c} = \dfrac{2}{2+P_i+\frac{1}{16}P_c}$

$P_i + P_c = \dfrac{8}{0.8} - 8 = 2$ kW → ①식

$P_i + \dfrac{1}{16}P_c = \dfrac{2}{0.8} - 2 = 0.5$ kW → ②식

①식 − ②식을 하면

$P_i + P_c - P_i - \dfrac{1}{16}P_c = 2 - 0.5$ kW, $\left(1 - \dfrac{1}{16}\right)P_c = 1.5$ kW

$\dfrac{15}{16} P_c = 1.5$ kW, 동손 $P_c = 1.5 \times \dfrac{16}{15} = 1.6$ kW, 동손을 ①식에 대입하면

$P_i + 1.6 = 2$ kW, 철손 $P_i = 2 - 1.6 = 0.4$ kW

- **답** : 철손 0.4 kW, 동손 1.6 kW

▼해설

변압기의 효율 $\eta = \dfrac{출력}{출력 + 철손 + 동손}$

★★★ 출제년도 「24」 •점수 : 3점

문제 15 특정소방대상물(가로 15 m, 세로 5 m)에 이산화탄소소화설비를 설치하려고 한다. 이 때 필요한 연기감지기의 최소 수량을 산출하시오.(단, 감지기의 부착높이는 3 m임)
- 계산과정 :
- 답 :

답안작성

- 계산과정 : 수량 $= \dfrac{15\,\text{m} \times 5\,\text{m}}{150\,\text{m}^2/\text{개}} = 0.5 = 1$개

  교차회로방식을 적용하므로 최소 수량은 1개×2회로 = 2개

- 답 : 2개

해설

1. 연기감지기의 수량

(단위 : [m^2])

부 착 높 이	감지기의 종류	
	1종 및 2종	3종
4 [m] 미만	150	50
4 [m] 이상 20 [m] 미만	75	

2. 교차회로 적용설비
   ㉠ 스프링클러설비 (준비작동식, 일제살수식)
   ㉡ 이산화탄소소화설비
   ㉢ 할론 소화설비
   ㉣ 분말소화설비
   ㉤ 물분무소화설비, 미분무소화설비
   ㉥ 할로겐화합물 및 불활성기체 소화설비

문제 16 ★★★ 출제년도「24.」・점수 : 6점

역률 80%, 용량 100 kVA의 펌프용전동기가 있다. 여기에 역률 60 %, 용량 50 kVA의 전동기를 추가로 설치하였다. 전동기의 합성 역률을 90 %로 개선하고자 할 때 필요한 전력용 콘덴서의 용량(kVA)을 구하시오.

- 계산과정 :
- 답 :

답안작성

- 계산과정 : 개선 전 합성 유효전력 $P = 100\,\text{kVA} \times 0.8 + 50\,\text{kVA} \times 0.6 = 110\,\text{kW}$

  개선 전 합성 무효전력 $P_r = 100\,\text{kVA} \times 0.6 + 50\,\text{kVA} \times 0.8 = 100\,\text{kVar}$

  개선 전 합성 역률 : $\cos\theta_1 = \dfrac{P}{P_a} = \dfrac{110}{\sqrt{110^2 + 100^2}} = 0.7399 = 0.74$

  전력용 콘덴서의 용량 $Q_c = 110 \left(\dfrac{\sqrt{1-0.74^2}}{0.74} - \dfrac{\sqrt{1-0.9^2}}{0.9} \right) = 46.71\,\text{kVA}$

- 답 : 46.71 kVA

▼해설

① 유효전력 $P = P_a \times \cos\theta$

② 무효전력 $P_r = P_a \times \sin\theta$

③ 피상전력 $P_a = \sqrt{P^2 + P_r^2}$

④ 전력용 콘덴서의 용량 계산

$$Q_c = P(\tan\theta_1 - \tan\theta_2) = P\left(\frac{\sin\theta_1}{\cos\theta_1} - \frac{\sin\theta_2}{\cos\theta_2}\right) = P\left(\frac{\sqrt{1-\cos^2\theta_1}}{\cos\theta_1} - \frac{\sqrt{1-\cos^2\theta_2}}{\cos\theta_2}\right) [\text{kVA}]$$

여기서, P : 유효전력 [kW], $\cos\theta_1$: 개선 전 역률, $\cos\theta_2$: 개선 후 역률

★★★ 출제년도 「24.」 •점수 : 5점

문제 17 다음 그림은 휘스톤브리지 평형회로를 나타낸 것이다. 평형조건을 만족하는 R_2의 조건을 구하시오.

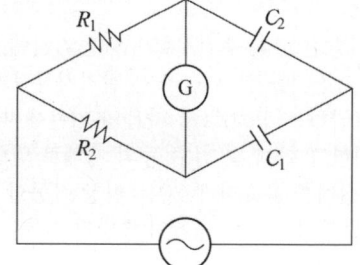

• 계산과정 :

• 답 :

답안작성

• 계산과정 : $R_1 \times \dfrac{1}{jwC_1} = R_2 \times \dfrac{1}{jwC_2}$, $\dfrac{R_1}{C_1} = \dfrac{R_2}{C_2}$, $R_2 = \dfrac{C_2}{C_1}R_1$

• 답 : $R_2 = \dfrac{C_2}{C_1}R_1$

▼해설

휘스톤브리지 평형조건 : 대각선의 곱이 같아야 하므로

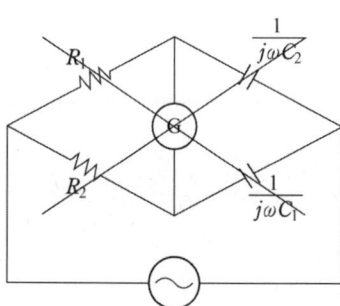

$$R_1 \times \frac{1}{jwC_1} = R_2 \times \frac{1}{jwC_2}$$

문제 18

다음은 옥내소화전설비의 화재안전기술기준 중 전원 및 비상전원에 대한 내용을 나타낸 것이다. ( )에 알맞은 답을 쓰시오.

(1) 옥내소화전설비를 유효하게 (   )분 이상 작동할 수 있어야 할 것
(2) 비상전원을 실내에 설치하는 때에는 그 실내에 (   )을(를) 설치할 것
(3) 저압수전인 경우에는 (   )의 직후에서 분기하여 전용배선으로 해야 하며, 전용의 전선관에 보호되도록 할 것

답안작성

(1) 20
(2) 비상조명등
(3) 인입개폐기

해설

1. 저압수전인 경우에는 인입개폐기의 직후에서 분기하여 전용배선으로 해야 하며, 전용의 전선관에 보호되도록 할 것
2. 비상전원은 자가발전설비, 축전지설비(내연기관에 따른 펌프를 사용하는 경우에는 내연기관의 기동 및 제어용 축전지를 말한다) 또는 전기저장장치(외부 전기에너지를 저장해 두었다가 필요한 때 전기를 공급하는 장치)로서 다음의 기준에 따라 설치해야 한다.
   ① 점검에 편리하고 화재 및 침수 등의 재해로 인한 피해를 받을 우려가 없는 곳에 설치할 것
   ② 옥내소화전설비를 유효하게 20분 이상 작동할 수 있어야 할 것
   ③ 상용전원으로부터 전력의 공급이 중단된 때에는 자동으로 비상전원으로부터 전력을 공급받을 수 있도록 할 것
   ④ 비상전원(내연기관의 기동 및 제어용 축전기를 제외한다)의 설치장소는 다른 장소와 방화구획 할 것. 이 경우 그 장소에는 비상전원의 공급에 필요한 기구나 설비 외의 것(열병합발전설비에 필요한 기구나 설비는 제외한다)을 두어서는 안 된다.
   ⑤ 비상전원을 실내에 설치하는 때에는 그 실내에 비상조명등을 설치할 것

2025 기출문제
소방설비기사 실기 (전기분야)

2025년 기사 제1회 실기시험

자격종목	시험시간	시행일	수험번호	성명
소방설비기사(전기분야)	3시간	2025.4.20		

※ 다음 물음의 답을 해당 답란에 답하시오.(배점 : 100점)

문제 01

다음 도시기호에 따른 명칭을 번호 ①~④에 알맞게 쓰시오.

①	②	③	④

답안작성
① 감지선
② 정온식스포트형감지기
③ 중계기
④ 화재경보벨

문제 02

유도등 및 유도표지의 화재안전기술기준(NFTC 303)에 따른 피난구유도등에 대한 다음 각 물음에 답하시오.

(1) 피난구유도등을 설치해야 하는 장소 기준 4가지를 쓰시오.
(2) (   )에 들어갈 내용을 쓰시오.

○ 피난구유도등은 피난구의 바닥으로부터 높이 (①)미터 이상으로서 출입구에 인접하도록 설치하여야 한다.
○ 피난층으로 향하는 피난구의 위치를 안내할 수 있도록 (②) 인근 천장에 설치된 피난구유도등의 면과 수직이 되도록 피난구유도등을 추가로 설치해야 한다.

답안작성
(1) ① 옥내로부터 직접 지상으로 통하는 출입구 및 그 부속실의 출입구
② 직통계단·직통계단의 계단실 및 그 부속실의 출입구
③ 제1)호와 제2)호에 따른 출입구에 이르는 복도 또는 통로로 통하는 출입구
④ 안전구획된 거실로 통하는 출입구
(2) ① 1.5 ② 출입구

★★ 출제년도 「19. 24. 25.」 •점수 : 5점

문제 03 광전식 공기흡입형감지기에 대한 다음 각 물음에 답하시오.
(1) 공기흡입형 감지기의 동작원리를 설명하시오.
(2) 공기흡입형 광전식감지기의 공기흡입장치는 공기배관망에 설치된 가장 먼 샘플링지점에서 감지부분까지 (   ) 이내에 연기를 이송할 수 있어야 한다. 괄호 안에 알맞은 답을 답안지에 쓰시오.

답안작성

(1) 감지기 내부에 장착된 공기흡입장치로 감지하고자 하는 위치의 공기를 흡입하고 흡입된 공기에 일정한 농도의 연기가 포함된 경우 작동하는 것을 말한다.
(2) 120초

▼해설

감지기의 형식승인 및 제품검사의 기술기준
1. 연기감지기 구분
   가. "이온화식스포트형"이란 주위의 공기가 일정한 농도의 연기를 포함하게 되는 경우에 작동하는 것으로서 일국소의 연기에 의하여 이온전류가 변화하여 작동하는 것을 말한다.
   나. "광전식스포트형"이란 주위의 공기가 일정한 농도의 연기를 포함하게 되는 경우에 작동하는 것으로서 일국소의 연기에 의하여 광전소자에 접하는 광량의 변화로 작동하는 것을 말한다.
   다. "광전식분리형"이란 발광부와 수광부로 구성된 구조로 발광부와 수광부 사이의 공간에 일정한 농도의 연기를 포함하게 되는 경우에 작동하는 것을 말한다.
   라. "공기흡입형"이란 감지기 내부에 장착된 공기흡입장치로 감지하고자 하는 위치의 공기를 흡입하고 흡입된 공기에 일정한 농도의 연기가 포함된 경우 작동하는 것을 말한다.
2. 공기흡입형광전식감지기의 공기흡입장치는 공기배관망에 설치된 가장 먼 샘플링지점에서 감지부분까지 120초 이내에 연기를 이송할 수 있어야 한다.

★★★ 출제년도 「25.」 •점수 : 7점

문제 04 부착높이에 따른 감지기의 종류를 쓰시오.

부착높이	감지기의 종류
15 m 이상 20 m 미만	① ② ③ ④
20 m 이상	⑤ ⑥

답안작성

① 이온화식 1종 ② 광전식(스포트형, 분리형, 공기흡입형) 1종
③ 연기복합형 ④ 불꽃감지기
⑤ 불꽃감지기 ⑥ 광전식(분리형, 공기흡입형)중 아날로그방식

▼해설

부착높이	감지기의 종류
4 m 미만	차동식 (스포트형, 분포형) 보상식 스포트형, 정온식 (스포트형, 감지선형) 이온화식 또는 광전식 (스포트형, 분리형, 공기흡입형) 열복합형, 연기복합형 열연기복합형, 불꽃감지기
4 m 이상 8 m 미만	차동식 (스포트형, 분포형) 보상식 스포트형 정온식 (스포트형, 감지선형) 특종 또는 1종 이온화식 1종 또는 2종 광전식(스포트형, 분리형, 공기흡입형) 1종 또는 2종 열복합형 연기복합형 열연기복합형 불꽃감지기
8 m 이상 15 m 미만	차동식 분포형 이온화식 1종 또는 2종 광전식(스포트형, 분리형, 공기흡입형) 1종 또는 2종 연기복합형 불꽃감지기
15 m 이상 20 m 미만	이온화식 1종 광전식(스포트형, 분리형, 공기흡입형) 1종 연기복합형 불꽃감지기
20 m 이상	불꽃감지기 광전식(분리형, 공기흡입형)중 아날로그방식

★★★ 출제년도 「25.」 •점수 : 4점

문제 05 유도등 및 유도표지의 화재안전기술기준(NFTC 303)에 따른 거실통로유도등의 설치 기준 중 2가지를 쓰시오.

답안작성

1. 거실의 통로에 설치할 것. 다만, 거실의 통로가 벽체 등으로 구획된 경우에는 복도통로유도등을 설치할 것
2. 구부러진 모퉁이 및 보행거리 20 m마다 설치할 것

▼해설

거실통로유도등의 설치기준
1. 거실의 통로에 설치할 것. 다만, 거실의 통로가 벽체 등으로 구획된 경우에는 복도통로유도등을 설치할 것

2. 구부러진 모퉁이 및 보행거리 20 m마다 설치할 것
3. 바닥으로부터 높이 1.5 m 이상의 위치에 설치할 것. 다만, 거실통로에 기둥이 설치된 경우에는 기둥 부분의 바닥으로부터 높이 1.5 m 이하의 위치에 설치할 수 있다.

★★★ 출제년도 「15. 22. 25.」 •점수 : 5점

문제 06 화재발생 시 화재를 검출하기 위하여 감지기를 설치한다. 이 때 축적기능이 없는 것으로 설치해야 하는 감지기 3가지를 쓰시오.

①
②
③

답안작성

① 교차회로방식에 사용되는 감지기
② 급속한 연소 확대가 우려되는 장소에 사용되는 감지기
③ 축적기능이 있는 수신기에 연결하여 사용하는 감지기

▼해설

자동화재탐지설비 및 시각경보장치의 화재안전기술기준(NFTC 203)
2.4.3 감지기는 다음의 기준에 따라 설치해야 한다. 다만, 교차회로방식에 사용되는 감지기, 급속한 연소 확대가 우려되는 장소에 사용되는 감지기 및 축적기능이 있는 수신기에 연결하여 사용하는 감지기는 축적기능이 없는 것으로 설치해야 한다.

★★ 출제년도 「25.」 •점수 : 6점

문제 07 자동화재탐지설비의 경계구역 설정기준에 대한 다음 각 물음에 답하시오.

(1) 자동화재탐지설비 및 시각경보장치의 화재안전기술기준에 따른 수직적 경계구역을 나타낸 것이다. ( )에 알맞은 답을 쓰시오.

> 계단(직통계단외의 것에 있어서는 떨어져 있는 상하계단의 상호간의 수평거리가 (①) m 이하로서 서로 간에 구획되지 아니한 것에 한한다. 이하 같다)·경사로(에스컬레이터경사로 포함)·엘리베이터 승강로(권상기실이 있는 경우에는 권상기실)·린넨슈트·파이프 피트 및 덕트 기타 이와 유사한 부분에 대하여는 별도로 경계구역을 설정하되, 하나의 경계구역은 높이 (②)m 이하(계단 및 경사로에 한한다)로 하고, 지하층의 계단 및 경사로(지하층의 층수가 (③)일 경우는 제외한다)는 별도로 하나의 경계구역으로 해야 한다.

(2) ( )에 알맞은 답을 쓰시오.

> ○ 외기에 면하여 상시 개방된 부분이 있는 차고·주차장·창고 등에 있어서는 외기에 면하는 각 부분으로부터 (①) 미만의 범위 안에 있는 부분은 경계구역의 면적에 산입하지 아니한다.
> ○ 스프링클러설비·물분무등소화설비 또는 (②)의 화재감지장치로서 화재감지기를 설치한 경우의 경계구역은 해당 소화설비의 방호구역 또는 (③)과 동일하게 설정할 수 있다.

답안작성

(1) ① 5 ② 45 ③ 1
(2) ① 5 m ② 제연설비 ③ 제연구역

문제 08

★★★ 출제년도 「25.」 •점수 : 6점

무선통신보조설비의 화재안전기술기준(NFTC 505)에 따른 증폭기 및 무선중계기를 설치하는 경우 설치기준 중 2가지를 쓰시오.

답안작성

1. 상용전원은 전기가 정상적으로 공급되는 축전지설비, 전기저장장치(외부 전기에너지를 저장해 두었다가 필요한 때 전기를 공급하는 장치) 또는 교류전압의 옥내 간선으로 하고, 전원까지의 배선은 전용으로 할 것
2. 증폭기의 전면에는 주 회로 전원의 정상 여부를 표시할 수 있는 표시등 및 전압계를 설치할 것

▼해설

증폭기 및 무선중계기 설치기준
1. 상용전원은 전기가 정상적으로 공급되는 축전지설비, 전기저장장치(외부 전기에너지를 저장해 두었다가 필요한 때 전기를 공급하는 장치) 또는 교류전압의 옥내 간선으로 하고, 전원까지의 배선은 전용으로 할 것
2. 증폭기의 전면에는 주 회로 전원의 정상 여부를 표시할 수 있는 표시등 및 전압계를 설치할 것
3. 증폭기에는 비상전원이 부착된 것으로 하고 해당 비상전원 용량은 무선통신보조설비를 유효하게 30분 이상 작동시킬 수 있는 것으로 할 것
4. 증폭기 및 무선중계기를 설치하는 경우에는 「전파법」 제58조의2에 따른 적합성평가를 받은 제품으로 설치하고 임의로 변경하지 않도록 할 것
5. 디지털 방식의 무전기를 사용하는데 지장이 없도록 설치할 것 중 2가지 선택

문제 09

자동화재탐지설비와 관련된 내용이다. ( )에 들어갈 내용을 쓰시오.

(1) "( )"란 감지기 또는 발신기로부터 발하여지는 신호를 직접 또는 중계기를 통하여 공통신호로서 수신하여 화재의 발생을 당해 소방대상물의 관계자에게 경보하여 주는 것을 말한다.

(2) "( )"란 감지기 또는 발신기로부터 발하여지는 신호를 직접 또는 중계기를 통하여 고유신호로서 수신하여 화재의 발생을 당해 소방대상물의 관계자에게 경보하여 주는 것을 말한다.

(3) "( )"란 감지기 또는 발신기로부터 발하여지는 신호를 직접 또는 중계기를 통하여 공통신호로서 수신하여 화재의 발생을 해당 소방대상물의 관계자에게 경보하여 주고 자동 또는 수동으로 옥내·외소화전설비, 스프링클러설비, 물분무소화설비, 포소화설비, 이산화탄소소화설비, 할로겐화물소화설비, 분말소화설비, 배연설비 등의 가압송수장치 또는 기동장치 등을 제어하는(이하 "제어기능"이라 한다) 것을 말한다.

(4) "( )"란 감지기 또는 발신기로부터 발하여지는 신호를 직접 또는 중계기를 통하여 고유신호로서 수신하여 화재의 발생을 해당 소방대상물의 관계자에게 경보하여 주고 제어기능을 수행하는 것을 말한다.

(5) "( )"이란 특정소방대상물 중 화재신호를 발신하고 그 신호를 수신 및 유효하게 제어할 수 있는 구역을 말한다.

(6) "( )"란 감지기·발신기 또는 전기적인 접점 등의 작동에 따른 신호를 받아 이를 수신기에 전송하는 장치를 말한다.

(7) "( )"란 자동화재탐지설비에서 발하는 화재신호를 시각경보기에 전달하여 청각장애인에게 점멸형태의 시각경보를 하는 것을 말한다.

답안작성

(1) P형수신기 (2) R형수신기
(3) P형복합식수신기 (4) R형복합식수신기
(5) 경계구역 (6) 중계기
(7) 시각경보장치

해설

1) 수신기의 형식승인 및 제품검사의 기술기준
  1. "P형수신기"란 감지기 또는 발신기로부터 발하여지는 신호를 직접 또는 중계기를 통하여 공통신호로서 수신하여 화재의 발생을 당해 소방대상물의 관계자에게 경보하여 주는 것을 말한다.
  2. "R형수신기"란 감지기 또는 발신기로부터 발하여지는 신호를 직접 또는 중계기를 통하여 고유신호로서 수신하여 화재의 발생을 당해 소방대상물의 관계자에게 경보하여 주는 것을 말한다.

3. "P형복합식수신기"란 감지기 또는 발신기로부터 발하여지는 신호를 직접 또는 중계기를 통하여 공통신호로서 수신하여 화재의 발생을 해당 소방대상물의 관계자에게 경보하여 주고 자동 또는 수동으로 옥내·외소화전설비, 스프링클러설비, 물분무소화설비, 포소화설비, 이산화탄소소화설비, 할로겐화물소화설비, 분말소화설비, 배연설비 등의 가압송수장치 또는 기동장치 등을 제어하는(이하 "제어기능"이라 한다) 것을 말한다.
4. "R형복합식수신기"란 감지기 또는 발신기로부터 발하여지는 신호를 직접 또는 중계기를 통하여 고유신호로서 수신하여 화재의 발생을 해당 소방대상물의 관계자에게 경보하여 주고 제어기능을 수행하는 것을 말한다.

2) 자동화재탐지설비 및 시각경보장치의 화재안전성능기준
1. "경계구역"이란 특정소방대상물 중 화재신호를 발신하고 그 신호를 수신 및 유효하게 제어할 수 있는 구역을 말한다.
2. "수신기"란 감지기나 발신기에서 발하는 화재신호를 직접 수신하거나 중계기를 통하여 수신하여 화재의 발생을 표시 및 경보하여 주는 장치를 말한다.
3. "중계기"란 감지기·발신기 또는 전기적인 접점 등의 작동에 따른 신호를 받아 이를 수신기에 전송하는 장치를 말한다.
4. "감지기"란 화재 시 발생하는 열, 연기, 불꽃 또는 연소생성물을 자동적으로 감지하여 수신기에 화재신호 등을 발신하는 장치를 말한다.
5. "발신기"란 수동누름버턴 등의 작동으로 화재 신호를 수신기에 발신하는 장치를 말한다.
6. "시각경보장치"란 자동화재탐지설비에서 발하는 화재신호를 시각경보기에 전달하여 청각장애인에게 점멸형태의 시각경보를 하는 것을 말한다.

문제 10 ★★ 출제년도「16. 25.」 •점수 : 5점

정온식 감지선형 감지기는 외피에 공칭작동온도를 색상으로 나타내고 있다. 색상별 공칭작동온도를 쓰시오.

(1) 백색 :

(2) 청색 :

(3) 적색 :

답안작성

(1) 백색 : 80 ℃ 미만
(2) 청색 : 80 ℃ 이상 120 ℃ 미만
(3) 적색 : 120 ℃ 이상

▼해설

정온식 감지선형감지기 공칭작동온도에 따른 감지기의 색상

공칭작동온도	색상
80 ℃ 미만	백색
80 ℃ 이상 120 ℃ 미만	청색
120 ℃ 이상	적색

문제 11

그림과 같이 전선의 굵기가 균일하고 부하가 송전단에서부터 말단에 이르기까지 균등하게 분포되고 있는 평등 부하 분포의 경우에 있어서 다음 각 물음에 답하시오.

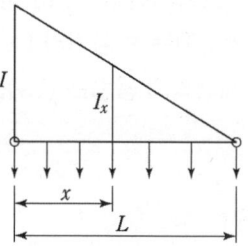

(1) 송전단으로부터 거리가 x인 점에서의 전류 I_x를 구하시오.
(2) 전선의 단위길이당의 저항을 r이라 할 때, 전력손실 P를 구하시오.

답안작성

(1) 전류 I_x
비례식을 이용하면 $I : L = I_x : (L-x)$의 관계에서
$I_x \times L = I \times (L-x)$
$I_x = \dfrac{I}{L} \times (L-x) = I(1 - \dfrac{x}{L})$

(2) 전력손실
$P = \displaystyle\int_0^L I_x^2\, rdx = \int_0^L I^2(1-\dfrac{x}{L})^2\, rdx = I^2 r [x - \dfrac{x^2}{L} + \dfrac{x^3}{3L^2}]_0^L = \dfrac{1}{3} I^2 r L$

해설

$(1 - \dfrac{x}{L})^2 = 1 - \dfrac{2x}{L} + (\dfrac{x}{L})^2$

$\displaystyle\int [1 - \dfrac{2x}{L} + (\dfrac{x}{L})^2] dx = x - \dfrac{2}{L} \times \dfrac{1}{2} x^2 + \dfrac{1}{L^2} \times \dfrac{1}{3} x^3 = x - \dfrac{x^2}{L} - \dfrac{x^3}{3L^2}$

문제 12

전부하시의 회전속도 1,000 rpm, 동기속도(4극, 50 Hz)가 1,500 rpm인 3상 유도전동기의 정격출력이 35 kW 일 때, 이 전동기의 토크(kg · m)를 계산하시오.

답안작성

토크 $T = 0.975 \times \dfrac{P_m}{N} = 0.975 \times \dfrac{35 \times 10^3}{1,000} = 34.125 = 34.13$ kg · m

★★ 출제년도 「25.」 •점수 : 3점

문제 13 다음은 휴대용비상조명등의 설치기준 일부를 나타낸 것이다. ( )에 들어갈 내용을 쓰시오.
(1) 「유통산업발전법」 제2조제3호에 따른 대규모점포(지하상가 및 지하역사는 제외한다) 와 영화상영관에는 보행거리 (   ) m 이내마다 3개 이상 설치
(2) 지하상가 및 지하역사에는 보행거리 (   ) m 이내마다 3개 이상 설치
(3) 건전지 및 충전식 배터리의 용량은 (   )분 이상 유효하게 사용할 수 있는 것으로 할 것

답안작성

(1) 50   (2) 25   (3) 20

해설

휴대용비상조명등 설치기준
1. 다음 각 기준의 장소에 설치할 것
   1) 숙박시설 또는 다중이용업소에는 객실 또는 영업장 안의 구획된 실마다 잘 보이는 곳(외부에 설치시 출입문 손잡이로부터 1 m 이내 부분)에 1개 이상 설치
   2) 「유통산업발전법」 제2조제3호에 따른 대규모점포(지하상가 및 지하역사는 제외한다)와 영화상영관에는 보행거리 50 m 이내마다 3개 이상 설치
   3) 지하상가 및 지하역사에는 보행거리 25 m 이내마다 3개 이상 설치
2. 설치높이는 바닥으로부터 0.8 m 이상 1.5 m 이하의 높이에 설치할 것
3. 어둠속에서 위치를 확인할 수 있도록 할 것
4. 사용 시 자동으로 점등되는 구조일 것
5. 외함은 난연성능이 있을 것
6. 건전지를 사용하는 경우에는 방전 방지조치를 해야 하고, 충전식 배터리의 경우에는 상시 충전 되도록 할 것
7. 건전지 및 충전식 배터리의 용량은 20분 이상 유효하게 사용할 수 있는 것으로 할 것

★★★ 출제년도 「13. 17. 25.」 •점수 : 8점

문제 14 조건과 도면을 참조하여 다음 각 물음에 답하시오.

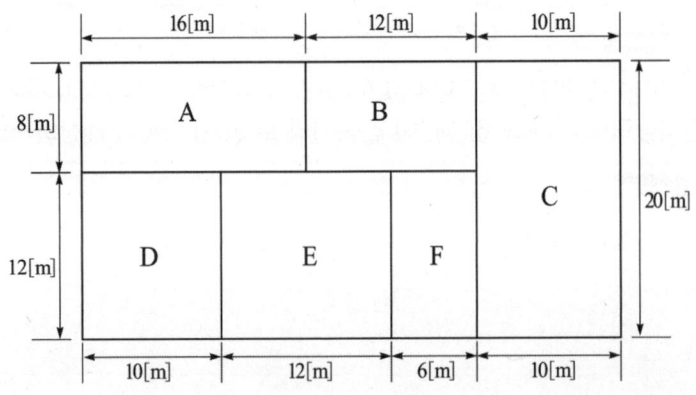

◀조건▶
- 주요 구조부는 내화구조이다.
- 감지기 부착높이는 4.3[m]이다.
- 사용되는 감지기는 차동식스포트형 감지기 1종으로 한다.

(1) 감지기의 개수를 쓰시오.

구분	계산과정	수량(개)
A실		
B실		
C실		
D실		
E실		
F실		
총 설치 개수		

(2) 최소 경계구역수를 쓰시오.
- 계산 :
- 답 :

답안작성

(1)

구분	계산과정	수량(개)
A실	$\dfrac{16\text{m} \times 8\text{m}}{45\text{m}^2} = 2.84$	3
B실	$\dfrac{12\text{m} \times 8\text{m}}{45\text{m}^2} = 2.13$	3
C실	$\dfrac{10\text{m} \times 20\text{m}}{45\text{m}^2} = 4.44$	5
D실	$\dfrac{10\text{m} \times 12\text{m}}{45\text{m}^2} = 2.67$	3
E실	$\dfrac{12\text{m} \times 12\text{m}}{45\text{m}^2} = 3.2$	4
F실	$\dfrac{6\text{m} \times 12\text{m}}{45\text{m}^2} = 1.6$	2
총 설치 개수	$3+3+5+3+4+2=20$	20

(2) • 계산 : 경계구역 N은

$$N = \frac{38[\text{m}] \times 20[\text{m}]}{600[\text{m}^2]} = 1.27$$

• 답 : 2 경계구역

★★ 출제년도 「97, 98, 03, 05, 06, 21, 25」 •점수 : 5점

문제 15 급수용 유도전동기의 운전을 현장인 전동기 앞에서도 할 수 있고, 멀리 떨어진 제어실에서도 할 수 있는 시퀀스 회로를 구성하시오. 단, 사용기구는 누름버튼스위치 ON용(PB-on) 2개, 누름버튼스위치 OFF용(PB-off) 2개, 전자접촉기의 코일, 그 보조 a접점 1개를 사용한다.

답안작성

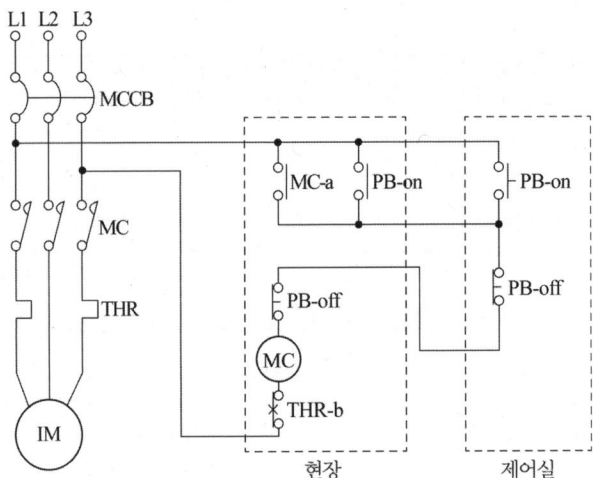

★★★ 출제년도 「25」 •점수 : 5점

문제 16 바닥으로부터 2 m 높이에 설치된 피난구유도등의 바닥면 조도가 20 lx로 측정될 때 밑으로 0.5 m를 내려 바닥으로부터 1.5 m 높이로 변경 설치한다면 바닥면 조도는 얼마가 되겠는지 산출하시오.

답안작성

직하조도(법선조도) $E = \dfrac{I}{r^2}$ 에서 광도 $I = E \times r^2 = 20 \times 2^2 = 80$ cd

거리가 1.5 m일 때 조도 $E = \dfrac{I}{r^2} = \dfrac{80}{1.5^2} = 35.555 = 35.56$ lx

해설

[별해] 비례식을 이용하는 방법

$E = \dfrac{I}{r^2}$ 에서 조도(E)는 거리(r)의 제곱에 반비례하므로

$E : \dfrac{1}{r^2} = E' : \dfrac{1}{r'^2}$

$E' = E \times \dfrac{r^2}{r'^2} = 20 \times \dfrac{2^2}{1.5^2} = 35.56$ lx

---

문제 17 ★ 출제년도 「25.」 •점수 : 5점

아래와 같은 회로에서 c 점과 d 점사이의 전압 V_{cd} 값을 계산하시오. 단, 주파수 $f = 60$ Hz 이다.

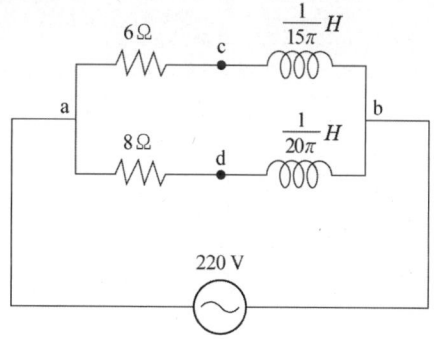

답안작성

유도성 리액턴스

$jX_{L1} = j2\pi fL_1 = j2\pi \times 60 \times \dfrac{1}{15\pi} = j8$ Ω

$jX_{L2} = j2\pi fL_2 = j2\pi \times 60 \times \dfrac{1}{20\pi} = j6$ Ω

c 점에 걸리는 전압 $V_c = \dfrac{6}{6+j8} \times 220 = 79.2 - j105.6$ V

d 점에 걸리는 전압 $V_d = \dfrac{8}{8+j6} \times 220 = 140.8 - j105.6$ V

c 점과 d 점 사이의 전압
$V_{cd} = |V_c - V_d| = |(79.2 - j105.6) - (140.8 - j105.6)| = 61.6$ V

▼해설

임피던스의 형태로 표현

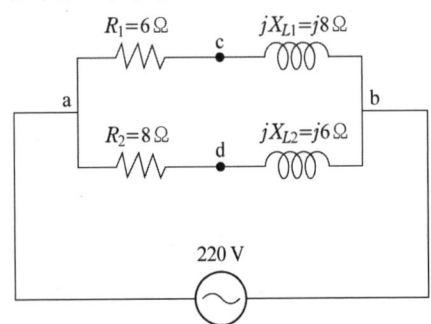

$$V_c = \frac{R_1}{R_1 + jX_{L1}} \times V$$

$$V_d = \frac{R_2}{R_2 + jX_{L2}} \times V$$

★★ 출제년도 「15, 25.」 •점수 : 6점

문제 18 아래 그림과 같은 Y-△ 등가회로에서 Y결선회로의 A, B, C의 저항값을 계산하시오.

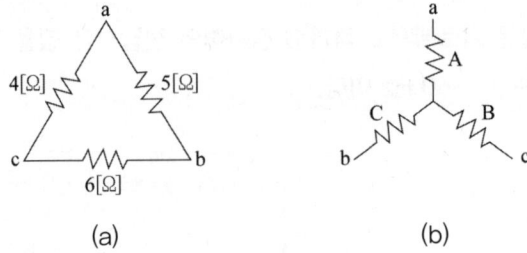

- A :
- B :
- C :

▶답안작성

(1) A : $\dfrac{4 \times 5}{4+5+6} = \dfrac{20}{15} = 1.33[\Omega]$

(2) B : $\dfrac{6 \times 5}{4+5+6} = \dfrac{30}{15} = 2[\Omega]$

(3) C : $\dfrac{4 \times 6}{4+5+6} = \dfrac{24}{15} = 1.6[\Omega]$

▼해설

△에서 Y로 등가변환

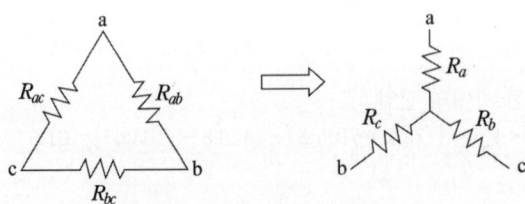

① $R_a = \dfrac{R_{ab} \times R_{ac}}{R_{ab} + R_{bc} + R_{ac}}$

② $R_b = \dfrac{R_{bc} \times R_{ab}}{R_{ab} + R_{bc} + R_{ac}}$

③ $R_c = \dfrac{R_{bc} \times R_{ac}}{R_{ab} + R_{bc} + R_{ac}}$

2025년 기사 제2회 실기시험

Engineer Fire Protection System

자격종목	시험시간	시행일	수험번호	성명
소방설비기사(전기분야)	3시간	2025.7.19		

※ 다음 물음의 답을 해당 답란에 답하시오.(배점 : 100점)

문제 01 ★★★ 출제년도「97. 99. 00. 03. 04. 22. 25.」 •점수 : 4점

자동화재탐지설비 및 시각경보장치의 화재안전기준 중 중계기 설치기준 3가지를 쓰시오.

답안작성

(1) 수신기에서 직접 감지기회로의 도통시험을 행하지 아니하는 것에 있어서는 수신기와 감지기 사이에 설치할 것
(2) 조작 및 점검에 편리하고 화재 및 침수 등의 재해로 인한 피해를 받을 우려가 없는 장소에 설치할 것
(3) 수신기에 따라 감시되지 아니하는 배선을 통하여 전력을 공급받는 것에 있어서는 전원 입력 측의 배선에 과전류 차단기를 설치하고 당해 전원의 정전이 즉시 수신기에 표시되는 것으로 하며, 상용전원 및 예비전원의 시험을 할 수 있도록 할 것

문제 02 ★★★ 출제년도「25.」 •점수 : 5점

다음은 누전경보기의 화재안전성능기준에 따른 용어 정의에 관한 사항이다. ( )에 들어갈 내용을 쓰시오.

> ○ (①)란 내화구조가 아닌 건축물로서 벽, 바닥 또는 천장의 전부나 일부를 불연재료 또는 준불연재료가 아닌 재료에 철망을 넣어 만든 건물의 전기설비로부터 누설전류를 탐지하여 경보를 발하는 기기로서, 변류기와 수신부로 구성된 것을 말한다.
> ○ (②)란 변류기로부터 검출된 신호를 수신하여 누전의 발생을 해당 특정소방대상물의 관계인에게 경보하여 주는 것(차단기구를 갖는 것을 포함한다)을 말한다.
> ○ (③)란 경계전로의 누설전류를 자동적으로 검출하여 이를 누전경보기의 수신부에 송신하는 것을 말한다.

답안작성

① 누전경보기
② 수신부
③ 변류기

문제 03

★★★ 출제년도 「25.」 •점수 : 4점

층의 바닥면적이 500 m², 부착높이가 3.5 m인 특정소방대상물에 차동식스포트형(2종) 감지기를 설치하고자 한다. 최소수량을 산출하시오.(단, 내화구조임)

답안작성

감지기의 수량 : $\dfrac{500\,\mathrm{m}^2}{70\,\mathrm{m}^2} = 7.14 = 8$개

▼해설

특정소방대상물의 **부착높이에 따른 감지기의 종류** (단위 : [m²])

부착높이 및 특정소방대상물의 구분		감지기의 종류						
		차동식 스포트형		보상식 스포트형		정온식 스포트형		
		1종	2종	1종	2종	특종	1종	2종
4 [m] 미만	주요구조부를 내화구조로 한 특정소방대상물 또는 그 부분	90	70	90	70	70	60	20
	기타 구조의 특정소방대상물 또는 그 부분	50	40	50	40	40	30	15

문제 04

★★★ 출제년도 「14. 25.」 •점수 : 6점

다음의 진리표를 논리식으로 나타내고, 유접점 회로와 무접점 회로를 그리시오.

입 력			출 력
A	B	C	X
0	0	0	0
0	0	1	0
0	1	0	1
0	1	1	0
1	0	0	1
1	0	1	1
1	1	0	1
1	1	1	0

(1) 상기 출력을 아래의 카르노맵에 표시하고 간략화된 논리식을 쓰시오.
  • 카르노맵

A \ BC	00	01	11	10
0				
1				

- 논리식 :
(2) 간략화된 논리식을 이용하여 유접점 회로를 그리시오.
(3) 간략화된 논리식을 이용하여 무접점 회로를 그리시오.

답안작성

(1) 상기 출력을 아래의 카르노맵에 표시하고 간략화된 논리식을 쓰시오.
- 카르노맵

A \ BC	00	01	11	10
0				1
1	1	1		1

- 논리식 : $X = B\overline{C}(\overline{A}+A) + A\overline{B}(\overline{C}+C) = A\overline{B} + B\overline{C}$

(2) 유접점 회로

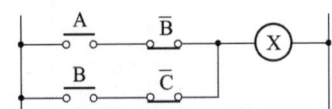

(3) 무접점 회로

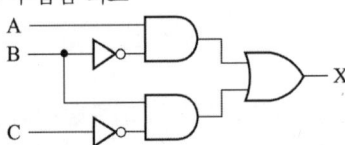

해설

(1) 카르노맵

A \ BC	00	01	11	10
0				1
1	1	1		1

논리식 : $X = A\overline{B} + B\overline{C}$ $A\overline{B}$ $B\overline{C}$

★★★ 출제년도 「10. 15. 25.」 •점수 : 6점

문제 05 다음은 자동화재탐지설비의 평면도이다. 조건을 참고하여 다음 각 물음에 답하시오.

◀산출조건▶

층고는 3.5 [m]이고 반자는 없는 조건이며, 발신기와 수신기는 바닥으로부터 1.2 [m]의 높이에 설치한다. 배관 할증은 5%, 배선의 할증은 10 [%]를 적용한다.

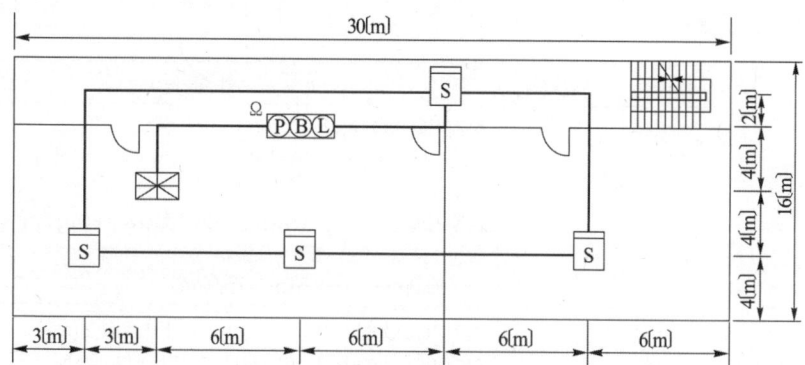

(1) 감지기와 감지기 간, 감지기와 발신기 간에 대한 배관, 배선물량을 다음의 양식에 준하여 산출하시오.

품명	규격	산 출 식	수량[m]
전선관	16 [mm]		
전선	1.5 [mm²]		

(2) 수신기와 발신기 간을 연결하는 배관, 배선물량을 산출하시오.

품명	규격	산 출 식	수량[m]
전선관	22C		
전선	2.5 [mm²]		

답안작성

(1)

품명	규격	산 출 식	수량[m]
전선관	16 [mm]	감지기와 발신기간 : 6+2+(3.5−1.2)=10.3 [m] 감지기와 감지기간 : (6+10)+12+9+(10+15)=62 [m] 할증 : (10.3+62)×5%=3.62m	75.92
전선	1.5 [mm²]	감지기와 발신기간 : 10.3 [m]×4가닥=41.2 [m] 감지기와 감지기간 : 62 [m]×2가닥=124 [m] 10 [%] 할증하면 165.2 [m]×1.1=181.72 [m]	181.72

(2)

품명	규격	산 출 식	수량[m]
전선관	22 C	6+4+(3.5−1.2)×2=14.6 [m] 할증 14.6m×5%=0.73m	15.33
전선	2.5 [mm²]	14.6 [m]×6가닥=87.6 [m] 10 [%] 할증하면 87.6 [m]×1.1=96.36 [m]	96.36

▼해설

(1)

품명	규격	산 출 식	수량 [m]
전선관	16 [mm]	감지기와 발신기간 : 6m + 2m + (감지기 설치 높이 3.5 [m]−발신기 설치 높이 1.2 [m]) = 10.3m 감지기와 감지기간 : (6m+6m+6m+3m+4m+4m+2m)×2=62[m] 할증 : (10.3+62)×5% = 3.62m 합 : 10.3m+62m+3.62m=75.92m	75.92
전선	1.5 [mm²]	감지기와 발신기간 : 10.3 [m]×4가닥 = 41.2 [m] 감지기와 감지기간 : 62 [m]×2가닥 = 124 [m] 합 : 41.2m+124m = 165.2 [m] 10 [%] 할증하면 165.2 [m]×1.1 = 181.72 [m]	181.72

(2)

품명	규격	산 출 식	수량 [m]
전선관	22 C	6+4+(3.5−1.2)×2=14.6 [m] 할증 14.6m×5%=0.73m 합 : 14.6m+0.73m=15.33m	15.33
전선	2.5 [mm²]	14.6 [m]×6가닥=87.6 [m] 10 [%] 할증하면 87.6 [m]×1.1=96.36 [m]	96.36

★ 출제 년도 「25」 •점수 : 6점

문제 06
다음은 상주공사감리대상 중 일부를 나타낸 것이다. ( )에 들어갈 내용을 쓰시오.

1. 연면적 (①) 이상의 특정소방대상물(아파트는 제외한다)에 대한 소방시설의 공사
2. 지하층을 포함한 층수가 (②) 이상으로서 (③)세대 이상인 아파트에 대한 소방시설의 공사

답안작성

① 3만제곱미터
② 16층
③ 500

▼해설

상주공사감리대상
1. 연면적 3만제곱미터 이상의 특정소방대상물(아파트는 제외한다)에 대한 소방시설의 공사
2. 지하층을 포함한 층수가 16층 이상으로서 500세대 이상인 아파트에 대한 소방시설의 공사

문제 07
★★★ 출제년도 「18. 21. 25.」 • 점수 : 6점

비상콘센트설비를 설치하여야 하는 특정소방대상물(위험물 저장 및 처리 시설 중 가스시설 또는 지하구는 제외한다) 기준 3가지를 쓰시오.

답안작성
① 층수가 11층 이상인 특정소방대상물의 경우에는 11층 이상의 층
② 지하층의 층수가 3층 이상이고 지하층의 바닥면적의 합계가 1천 m^2 이상인 것은 지하층의 모든 층
③ 지하가 중 터널로서 길이가 500 m 이상인 것

문제 08
★★ 출제년도 「25.」 • 점수 : 6점

자동화재탐지설비 및 시각경보장치의 화재안전기술기준(NFTC 203)에 따라 지구음향장치의 작동시험시 양부판정을 위한 기준을 나타낸 것이다. (   )에 들어갈 내용을 쓰시오.

> ○ 주음향장치는 (①) 또는 그 직근에 설치할 것
> ○ 지구음향장치는 특정소방대상물의 (②) 설치하되, 해당 층의 각 부분으로부터 하나의 음향장치까지의 (③)가 25 m 이하가 되도록 하고, 해당 층의 각 부분에 유효하게 경보를 발할 수 있도록 설치할 것.
> ○ 음향의 크기는 부착된 음향장치의 중심으로부터 (④) 떨어진 위치에서 (⑤) 이상이 되는 것으로 할 것

답안작성
① 수신기의 내부
② 층마다   ③ 수평거리
④ 1 m   ⑤ 90 dB

문제 09
★★★ 출제년도 「16. 24. 25.」 • 점수 : 10점

자동화재탐지설비의 발신기에서 1회로당 90 mA[표시등(1개당 소비전류 40 mA), 경종(1개당 소비전류 50 mA)]의 전류가 소모되며, 지하1층, 지상5층의 각 층별로 2회로씩 총 12회로인 공장에서 P형 수신반 최말단 발신기까지의 거리가 500 m 떨어진 경우 다음 각 물음에 답하시오.(단, 수신기의 정격전압은 24 V이다.)

(1) 표시등 및 경종의 최대소요전류와 총전류를 계산하시오.
　　① 표시등의 최대 소요전류
　　② 경종의 최대 소요전류
　　③ 총 소요전류

(2) 최말단 경종이 작동하는 경우 전압강하를 계산하시오.(단, 2.5 mm^2의 전선을 사용한다.)

(3) "(2)"항의 계산에 의거 경종의 작동여부를 설명하시오.
(4) 자동화재탐지설비의 음향장치는 정격전압의 몇 % 전압에서 음향을 발할 수 있어야 하는가?
(5) 층수가 11층(공동주택인 경우 16층) 이상인 특정소방대상물의 1층에서 화재시 경보를 발해야 하는 층은?

답안작성

(1) ① 표시등의 최대 소요전류 : 40[mA] × 12회로 = 480[mA] = 0.48[A]
    ② 경종의 최대 소요전류 : 50[mA] × 12회로 = 600[mA] = 0.6[A]
    ③ 총 소요전류 : 0.48[A] + 0.6[A] = 1.08[A]

(2) $e = \dfrac{35.6LI}{1,000A} = \dfrac{35.6 \times 500 \times 1.08}{1,000 \times 2.5} = 7.69[\text{V}]$

(3) 최말단 경종의 전압은
    24 V−7.69 V = 16.31 V로 정격전압의 80 % 미만(24 V×0.8 = 19.2 V)이 되어 정상작동이 불가

(4) 80 %

(5) 발화층, 그 직상 4개층, 지하층

해설

(1) 우선경보방식
    ① 경보방법 : 화재발생시 안전하고 신속한 대피를 위하여 화재가 발생한 층과 그 직상층부터 우선하여 별도로 경보하는 방식

화재층	경보층(11층(공동주택인 경우 16층) 이상인 경우)	경보층(30층 이상인 경우)
1층	발화층, 그 직상 4개층, 지하층	발화층, 그 직상 4개층, 지하층
2층 이상	발화층, 그 직상 4개층	발화층, 그 직상 4개층
지하층	발화층, 그 직상층, 기타의 지하층	발화층, 그 직상층, 기타의 지하층

    ② 특정소방대상물 규모 : 11층(공동주택인 경우 16층) 이상인 특정소방대상물

(2) ① 최말단 경종이 동작하는 경우 설치된 12개의 경종이 작동하므로
    전류 I = 표시등 전류 + 경종 소요전류 = 0.48[A] + 50[mA] × 12개 = 1.08[A]
    전압강하 $e = \dfrac{35.6LI}{1000A} = \dfrac{35.6 \times 500 \times 1.08}{1000 \times 2.5} = 7.6896 = 7.69[\text{V}]$

    ② 전압강하 및 전선단면적 공식

전 기 방 식	전압강하	전선 단면적
단상 2선식 및 직류 2선식	$e = \dfrac{35.6LI}{1000A}$	$A = \dfrac{35.6LI}{1000e}$
3상 3선식	$e = \dfrac{30.8LI}{1000A}$	$A = \dfrac{30.8LI}{1000e}$
단상 3선식, 직류 3선식, 3상 4선식	$e' = \dfrac{17.8LI}{1000A}$	$A = \dfrac{17.8LI}{1000e'}$

여기서, e : 각 선간의 전압강하 [V]
e' : 각 선간의 1선과 중성선 사이의 전압강하 [V]
L : 전선 1본의 길이 [m]
A : 전선의 단면적 [mm^2]
I : 전류 [A]

(3) 사용할 수 있는 전선의 종류

> 1. 450/750V 저독성 난연 가교 폴리올레핀 절연 전선
> 2. 0.6/1KV 가교 폴리에틸렌 절연 저독성 난연 폴리올레핀 시스 전력 케이블
> 3. 6/10kV 가교 폴리에틸렌 절연 저독성 난연 폴리올레핀 시스 전력용 케이블
> 4. 가교 폴리에틸렌 절연 비닐시스 트레이용 난연 전력 케이블
> 5. 0.6/1kV EP 고무절연 클로로프렌 시스 케이블
> 6. 300/500V 내열성 실리콘 고무 절연전선(180℃)
> 7. 내열성 에틸렌-비닐아세테이트 고무 절연 케이블
> 8. 버스덕트(Bus Duct)

(4) 음향장치의 구조 및 성능기준
① 정격전압의 **80% 전압**에서 음향을 발할 수 있는 것으로 할 것
② 음량은 부착된 음향장치의 중심으로부터 **1m** 떨어진 위치에서 **90dB 이상**이 되는 것으로 할 것
③ **감지기 및 발신기의 작동과 연동**하여 작동할 수 있는 것으로 할 것

(5) 층수가 11층(공동주택의 경우에는 16층) 이상의 특정소방대상물은 다음의 기준에 따라 경보를 발할 수 있도록 할 것
① 2층 이상의 층에서 발화한 때에는 발화층 및 그 직상 4개 층에 경보를 발할 것
② 1층에서 발화한 때에는 발화층·그 직상 4개 층 및 지하층에 경보를 발할 것
③ 지하층에서 발화한 때에는 발화층·그 직상층 및 기타의 지하층에 경보를 발할 것

★★★ 출제년도 「21. 25.」 •점수 : 5점

문제 10 P형 1급 수신기와 감지기와의 배선회로에서 종단저항은 11 kΩ, 릴레이 저항은 950 Ω, 회로전압이 24 V일 때 각 물음에 답하시오.(단, 감시전류는 2 mA 이다)

(1) 배선저항[Ω]을 구하시오.
 • 계산 :   • 답 :

(2) 감지기가 작동할 때의 전류는 몇 [mA]인가?
 • 계산 :   • 답 :

답안작성

(1) • 계산 : 감시전류 = $\dfrac{회로전압}{릴레이저항 + 배선저항 + 종단저항}$

$2 \times 10^{-3} = \dfrac{24}{950 + 배선저항 + 11 \times 10^3}$, 배선저항 = 50[Ω]

 • 답 : 50[Ω]

(2) • 계산 : 작동전류 = $\dfrac{회로전압}{릴레이저항 + 배선저항} = \dfrac{24}{950 + 50} = 0.024[A] = 24[mA]$

 • 답 : 24[mA]

★★ 출제년도 「25.」 •점수 : 6점

문제 11 자동화재탐지설비 및 시각경보장치의 화재안전기술기준(NFTC 203)에 따른 열반도체식 차동식분포형감지기의 설치기준을 나타낸 표이다. 표의 빈칸에 알맞은 답을 쓰시오.

부착높이 및 특정소방대상물의 구분		감지기의 종류	
		1종	2종
8 m 미만	주요구조부가 내화구조로된 특정소방대상물 또는 그 구분	①	④
	기타 구조의 특정소방대상물 또는 그 부분	②	⑤
8 m 이상 15 m 미만	기타 구조의 특정소방대상물 또는 그 부분	③	⑥

답안작성

① 65
② 40
③ 30
④ 36
⑤ 23
⑥ 23

해설

(단위 m^2)

부착높이 및 특정소방대상물의 구분		감지기의 종류	
		1종	2종
8 m 미만	주요구조부가 내화구조로된 특정소방대상물 또는 그 구분	65	36
	기타 구조의 특정소방대상물 또는 그 부분	40	23
8 m 이상 15 m 미만	주요구조부가 내화구조로 된 특정소방대상물 또는 그 부분	50	36
	기타 구조의 특정소방대상물 또는 그 부분	30	23

★★ 출제년도 「07. 12. 20. 25.」 •점수 : 5점

문제 12 주어진 동작설명에 적합하도록 미완성된 시퀀스 제어회로를 완성하시오.(단, 각 접점 및 스위치에는 접점 명칭을 반드시 기입하도록 한다.)

◀작동설명▶

- 전원을 투입하면 표시램프 ⓖⓛ이 점등되도록 한다.
- 전동기 운전용 누름버튼 스위치인 PBS₁-a를 누르면 전자접촉기 ⓜⓒ가 여자되어 전동기가 기동되며, 동시에 전자접촉기 보조 a접점인 MC-a 접점에 의하여 전동기 운전등인 ⓡⓛ이 점등된다. 이때 전자접촉기 보조 b접점인 MC-b에 의하여 ⓖⓛ이 소등되며, 또한 타이머 ⓣ가 여자되어 타이머 설정시간 후에 타이머 b접점 T-b가 떨어지므로 전자접촉기 ⓜⓒ가 소자되어 전동기가 정지하고, 모든 접점은 PBS₁-a를 누르기 전의 상태로 복귀한다.
- 전동기가 정상운전 중이라도 정지용 누름버튼 스위치 PBS₂-b를 누르면 PBS₁-a를 누르기 전의 상태로 된다.
- 전동기에 과전류가 흐르면 열동계전기 접점인 THR-b 접점이 떨어져서 전동기는 정지하고 모든 접점은 PBS₁-a를 누르기 전의 상태로 복귀한다. 이때 경고등 ⓨⓛ이 점등된다.

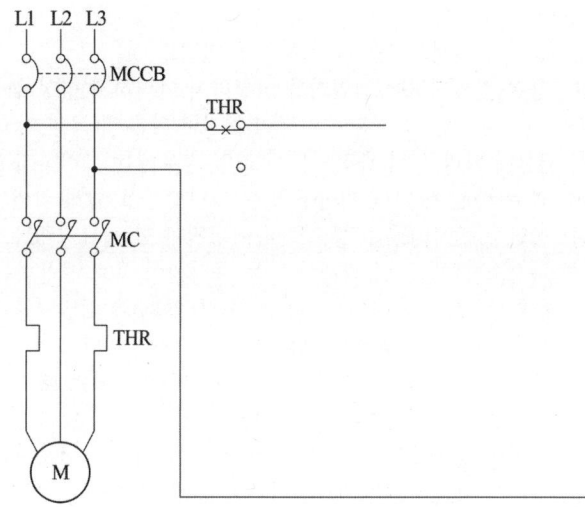

답안작성

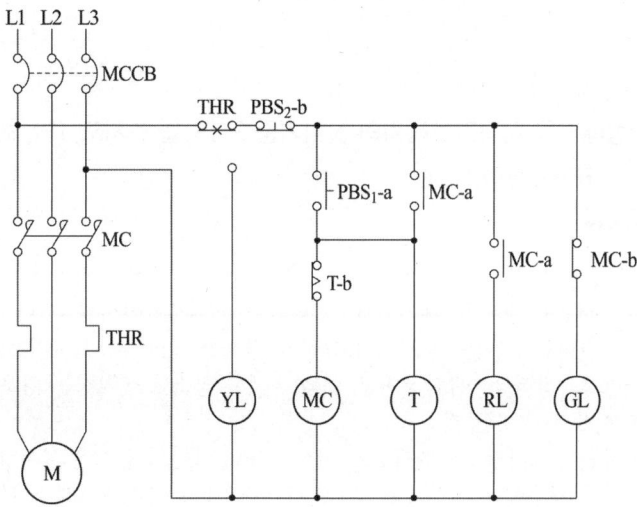

문제 13

★★★ 출제년도 「96. 00. 01. 04. 07. 14. 21. 25.」 •점수 : 5점

3선식 배선에 의하여 상시 충전되는 유도등의 전기회로에 점멸기를 설치하는 경우에는 어느 때에 점등되도록 하여야 하는지 그 기준을 5가지 쓰시오.

답안작성

① 자동화재탐지설비의 감지기 또는 발신기가 작동되는 때
② 비상경보설비의 발신기가 작동되는 때
③ 상용전원이 정전되거나 전원선이 단선되었을 때
④ 방재업무를 통제하는 곳 또는 전기실의 배전반에서 수동으로 점등하는 때
⑤ 자동소화설비가 작동되는 때

해설

유도등의 전원
① 유도등의 배선기준
  1. 유도등의 인입선과 옥내배선은 직접 연결할 것
  2. 유도등은 전기회로에 점멸기를 설치하지 아니하고 항상 점등상태를 유지할 것. 다만, 특정소방대상물 또는 그 부분에 사람이 없거나 다음 각 목의 어느 하나에 해당하는 장소로서 3선식 배선에 따라 상시 충전되는 구조인 경우에는 그러하지 아니하다.
     가. 외부광(光)에 따라 피난구 또는 피난방향을 쉽게 식별할 수 있는 장소
     나. 공연장, 암실(暗室) 등으로서 어두워야 할 필요가 있는 장소
     다. 특정소방대상물의 관계인 또는 종사원이 주로 사용하는 장소
② 3선식 배선으로 상시 충전되는 유도등의 전기회로에 점멸기를 설치하는 경우에는 다음 각 호의 어느 하나에 해당되는 경우에 점등되도록 하여야 한다.
  1. 자동화재탐지설비의 감지기 또는 발신기가 작동되는 때
  2. 비상경보설비의 발신기가 작동되는 때
  3. 상용전원이 정전되거나 전원선이 단선되는 때
  4. 방재업무를 통제하는 곳 또는 전기실의 배전반에서 수동으로 점등하는 때
  5. 자동소화설비가 작동되는 때

문제 14

★★★ 출제년도 「15. 16. 19. 25.」 •점수 : 6점

청각장애인용 시각경보장치의 설치기준 3가지를 쓰시오. (단, 화재안전기술기준 각 호의 내용을 1가지로 한다.)

답안작성

1. 복도·통로·청각장애인용 객실 및 공용으로 사용하는 거실(로비, 회의실, 강의실, 식당, 휴게실, 오락실, 대기실, 체력단련실, 접객실, 안내실, 전시실, 기타 이와 유사한 장소를 말한다)에 설치하며, 각 부분으로부터 유효하게 경보를 발할 수 있는 위치에 설치할 것
2. 공연장·집회장·관람장 또는 이와 유사한 장소에 설치하는 경우에는 시선이 집중되는 무대부 부분 등에 설치할 것
3. 설치높이는 바닥으로부터 2 m 이상 2.5 m 이하의 장소에 설치할 것 다만, 천장의 높이가 2 m 이하인 경우에는 천장으로부터 0.15 m 이내의 장소에 설치하여야 한다.

▼해설 ●●

청각장애인용 시각경보장치 설치기준
1. 복도・통로・청각장애인용 객실 및 공용으로 사용하는 거실(로비, 회의실, 강의실, 식당, 휴게실, 오락실, 대기실, 체력단련실, 접객실, 안내실, 전시실, 기타 이와 유사한 장소를 말한다)에 설치하며, 각 부분으로부터 유효하게 경보를 발할 수 있는 위치에 설치할 것
2. 공연장・집회장・관람장 또는 이와 유사한 장소에 설치하는 경우에는 시선이 집중되는 무대부 부분 등에 설치할 것
3. 설치높이는 바닥으로부터 2 m 이상 2.5 m 이하의 장소에 설치할 것 다만, 천장의 높이가 2 m 이하인 경우에는 천장으로부터 0.15 m 이내의 장소에 설치해야 한다.
4. 시각경보장치의 광원은 전용의 축전지설비 또는 전기저장장치(외부 전기에너지를 저장해 두었다가 필요한 때 전기를 공급하는 장치)에 의하여 점등되도록 할 것. 다만, 시각경보기에 작동전원을 공급할 수 있도록 형식승인을 얻은 수신기를 설치한 경우에는 그렇지 않다.

문제 15

★★★ 출제 년도 「25.」 •점수 : 3점

1종 및 2종 연기감지기 설치기준에 알맞은 내용을 ( ) 안에 쓰시오.
(1) 감지기는 벽 또는 보로부터 (   ) [m] 이상 떨어진 곳에 설치할 것
(2) 천장 또는 반자부근에 (   )가 있는 경우에는 그 부근에 설치할 것

답안작성 ■■

(1) 0.6
(2) 배기구

문제 16

★★★ 출제 년도 「25.」 •점수 : 5점

3상 380 V, 60 Hz, 500 kW 소화설비 펌프용 유도전동기의 역률이 82 %이다. 용량이 200 kVA인 전력용 콘덴서를 설치하여 역률을 개선할 경우 개선후의 역률(%)을 산출하시오.

답안작성 ■■

전력용 콘덴서의 용량

$$Q_c = P\left(\frac{\sin\theta_1}{\cos\theta_1} - \frac{\sin\theta_2}{\cos\theta_2}\right)$$

$$Q_c = P\left(\frac{\sqrt{1-\cos^2\theta_1}}{\cos\theta_1} - \frac{\sqrt{1-\cos^2\theta_2}}{\cos\theta_2}\right)$$ 에서

$P = 500$, $Q_c = 200$, $\cos\theta_1 = 0.82$를 대입하면

$$200 = 500\left(\frac{\sqrt{1-0.82^2}}{0.82} - \frac{\sqrt{1-\cos^2\theta_2}}{\cos\theta_2}\right)$$

개선 후의 역률 $\cos\theta_2 = 0.95835 = 95.835\ \% = 98.84\ \%$

문제 17

★★★ 출제년도 「25.」 •점수 : 5점

다음은 유도등 및 유도표지의 화재안전기술기준(NFTC 303)에 따른 유도표지 설치기준의 일부를 나타낸 것이다. ( )에 들어갈 내용을 쓰시오.

> ○ 계단에 설치하는 것을 제외하고는 각층마다 복도 및 통로의 각 부분으로부터 하나의 유도표지까지의 보행거리가 (①) m 이하가 되는 곳과 구부러진 모퉁이의 벽에 설치할 것
> ○ 피난구유도표지는 (②)에 설치하고, (③)는 바닥으로부터 높이 1 m 이하의 위치에 설치할 것
> ○ (④)의 유도표지는 외광 또는 조명장치에 의하여 상시 조명이 제공되거나 (⑤)에 의한 조명이 제공되도록 설치할 것

답안작성

① 15
② 출입구 상단
③ 통로유도표지
④ 축광방식
⑤ 비상조명등

해설

유도표지 설치기준
1) 계단에 설치하는 것을 제외하고는 각층마다 복도 및 통로의 각 부분으로부터 하나의 유도표지까지의 보행거리가 15 m 이하가 되는 곳과 구부러진 모퉁이의 벽에 설치할 것
2) 피난구유도표지는 출입구 상단에 설치하고, 통로유도표지는 바닥으로부터 높이 1 m 이하의 위치에 설치할 것
3) 주위에는 이와 유사한 등화·광고물·게시물 등을 설치하지 아니할 것
4) 유도표지는 부착판 등을 사용하여 쉽게 떨어지지 아니하도록 설치할 것
5) 축광방식의 유도표지는 외광 또는 조명장치에 의하여 상시 조명이 제공되거나 비상조명등에 의한 조명이 제공되도록 설치할 것

문제 18

★★★ 출제년도 「25.」 •점수 : 5점

아래의 조건을 이용하여 1층 간선의 최소굵기를 산출하시오.

◀조건▶

- 사용전압은 단상 220 V, 각 층별 간선은 별도로 한다.
- 수신기에서 1층 접속점까지의 거리는 45 m
- 전압강하는 6 V 이하로 한다.
- 층별 부하 및 역률은 다음과 같다.

1층	유도등 20 W 15개	역률 0.9
	펌프 전동기 3500 VA	역률 0.85
2층	유도등 20 W 20개	역률 0.9
	펌프 전동기 4500 VA	역률 0.85

- 기타 주어지지 않은 조건은 무시한다.

답안작성

1층 부하전류 $I = \dfrac{20 \times 15}{220 \times 0.9} + \dfrac{3500}{220} = 17.42$ A

전선의 굵기 $A = \dfrac{35.6LI}{1000e} = \dfrac{35.6 \times 45 \times 17.42}{1000 \times 6} = 4.65$ mm^2

2025년 기사 제3회 실기시험

Engineer Fire Protection System

자격종목	시험시간	시행일	수험번호	성명
소방설비기사(전기분야)	3시간	2025.11.30		

※ 다음 물음의 답을 해당 답란에 답하시오.(배점 : 100점)

문제 01 ★★★ 출제년도 「20. 25.」 •점수 : 4점

자동화재탐지설비 및 시각경보장치의 화재안전기술기준에 따른 차동식 분포형감지기의 종류 3가지를 쓰시오.

답안작성
① 공기관식   ② 열전대식   ③ 열반도체식

▼해설
차동식분포형감지기 : 주위온도가 일정 상승율 이상이 되는 경우에 작동하는 것으로서 넓은 범위 내에서의 열 효과의 누적에 의하여 작동되는 것으로서 감열부의 종류에 따라 분류하면 공기관식, 열전대식, 열반도체식으로 구분된다.

문제 02 ★★★ 출제년도 「22. 25.」 •점수 : 6점

그림과 같은 복도에 자동화재탐지설비의 감지기를 설치하고자 한다. 각각의 도면에 연기감지기 2종과 연기감지기 3종을 배치하고 감지기 간 및 복도와 감지기 간 거리를 각각 표시하시오.

(1) 연기감지기 2종

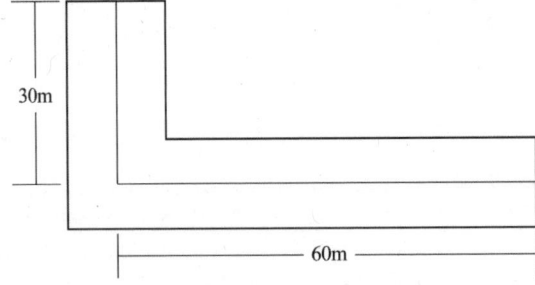

(2) 연기감지기 3종

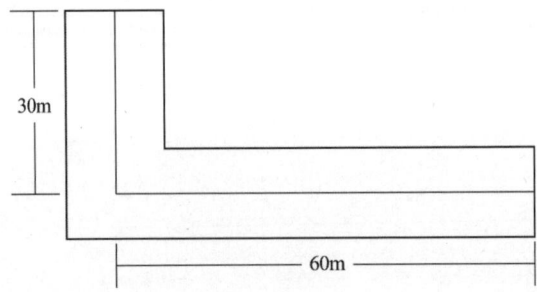

답안작성

(1) 연기감지기 2종

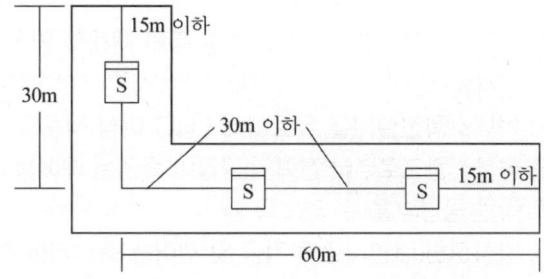

(2) 연기감지기 3종

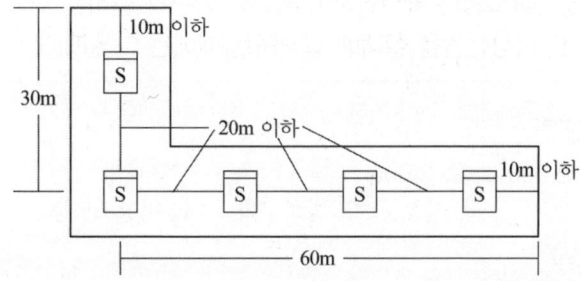

▼해설

감지기는 복도 및 통로에 있어서는 보행거리 30 m(3종에 있어서는 20 m)마다, 계단 및 경사로에 있어서는 수직거리 15 m(3종에 있어서는 10 m)마다 1개 이상으로 할 것

★★★ 출제 년도 「15. 25.」 •점수 : 4점

문제 03 제어백효과(Seebeck effect)에 대해 설명하시오.

답안작성

2종류의 금속을 접속하고 접속점에 온도의 차이를 주면 열기전력이 발생

★★★ 출제 년도 「20. 25.」 •점수 : 6점

문제 04 옥내소화전의 비상전원에 대한 다음 각 물음에 답하시오.
(1) 옥내소화전설비의 비상전원 설치대상을 나타낸 것이다. ( )안의 번호에 알맞은 답을 답안지에 쓰시오.

> 1. 층수가 7층 이상으로서 연면적이 (①) m^2 이상인 것.
> 2. 지하층의 바닥면적의 합계가 (②) m^2 이상인 것.

(2) 다음은 비상전원의 설치기준을 나타낸 것이다. ( )안의 번호에 알맞은 답을 답안지에 쓰시오.

> 1. 점검에 편리하고 화재 및 침수 등의 재해로 인한 피해를 받을 우려가 없는 곳에 설치할 것
> 2. 옥내소화전설비를 유효하게 (③) 이상 작동할 수 있어야 할 것
> 3. 상용전원으로부터 전력의 공급이 중단된 때에는 (④)으로 비상전원으로부터 전력을 공급받을 수 있도록 할 것
> 4. 비상전원(내연기관의 기동 및 제어용 축전기를 제외한다)의 설치장소는 다른 장소와 (⑤)할 것. 이 경우 그 장소에는 비상전원의 공급에 필요한 기구나 설비외의 것(열병합 발전설비에 필요한 기구나 설비는 제외한다)을 두어서는 아니 된다.
> 5. 비상전원을 실내에 설치하는 때에는 그 실내에 (⑥)을 설치할 것

답안작성

(1) ① 2,000   ② 3,000
(2) ③ 20분   ④ 자동   ⑤ 방화구획   ⑥ 비상조명등

해설

옥내소화전설비의 전원
(1) 비상전원 설치대상
  1. 층수가 7층 이상으로서 연면적이 2,000 m² 이상인 것
  2. 지하층의 바닥면적의 합계가 3,000 m² 이상인 것.
(2) 비상전원 설치제외
  2 이상의 변전소에서 전력을 동시에 공급받을 수 있거나 하나의 변전소로부터 전력의 공급이 중단되는 때에는 자동으로 다른 변전소로부터 전원을 공급받을 수 있도록 상용전원을 설치한 경우와 가압수조방식인 경우
(3) 비상전원의 종류 : 자가발전설비, 축전지설비, 전기저장장치
(4) 비상전원 설치기준
  1. 점검에 편리하고 화재 및 침수 등의 재해로 인한 피해를 받을 우려가 없는 곳에 설치할 것
  2. 옥내소화전설비를 유효하게 20분 이상 작동할 수 있어야 할 것
  3. 상용전원으로부터 전력의 공급이 중단된 때에는 자동으로 비상전원으로부터 전력을 공급받을 수 있도록 할 것
  4. 비상전원(내연기관의 기동 및 제어용 축전지를 제외한다)의 설치장소는 다른 장소와 방화구획할 것. 이 경우 그 장소에는 비상전원의 공급에 필요한 기구나 설비외의 것(열병합발전설비에 필요한 기구나 설비는 제외한다)을 두어서는 아니 된다.
  5. 비상전원을 실내에 설치하는 때에는 그 실내에 비상조명등을 설치할 것

★★★ 출제년도 「99. 01. 23. 25.」 •점수 : 8점

문제 05 다음은 자동화재탐지설비 및 시각경보장치의 화재안전성능기준에 관련된 내용이다. 연기감지기의 설치기준에 알맞은 내용을 괄호 안에 쓰시오.

(1) 감지기의 부착 높이에 따라 다음 표에 의한 바닥면적마다 1개 이상으로 하여야 한다. ①~③에 해당되는 면적은 몇 m²인가?

부착높이	감지기의 종류	
	1종 및 2종	3종
4m 미만	(①) m²	(②) m²
4m 이상 (③)m 미만	75 m²	-

(2) 감지기는 벽 또는 보로부터 (④)m 이상 떨어진 곳에 설치할 것
(3) 감지기는 복도 및 통로에 있어서는 보행거리 (⑤) [m] (3종에 있어서는 (⑥)m)마다, 계단 및 경사로에 있어서는 수직거리 (⑦) [m](3종에 있어서는 (⑧)m)마다 1개 이상으로 할 것

답안작성

(1) ① 150   ② 50   ③ 20
(2) ④ 0.6
(3) ⑤ 30   ⑥ 20   ⑦ 15   ⑧ 10

▼해설

(1) 연기감지기 설치기준
① 감지기의 부착높이에 따라 다음 표에 따른 바닥면적마다 1개 이상으로 할 것

(단위 : m²)

부착높이	연기감지기의 종류	
	1종 및 2종	3종
4 [m] 미만	150	50
4 [m] 이상 20 [m] 미만	75	

② 거리별 감지기의 설치개수

설치장소	복도 및 통로		계단 및 경사로 (에스컬레이터 경사로 포함)	
	1종, 2종	3종	1종, 2종	3종
설치거리	보행거리 30 [m]	보행거리 20 [m]	수직거리 15 [m]	수직거리 10 [m]

문제 06 ★★★ 출제년도 「25.」 •점수 : 6점

다음은 화재감지기 중 스포트형감지기의 구조를 나타낸 것이다. 해당 감지기의 명칭을 쓰시오.

(1) (2)

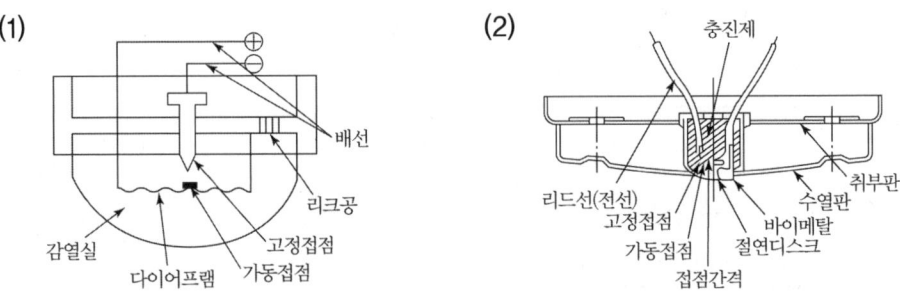

(3)

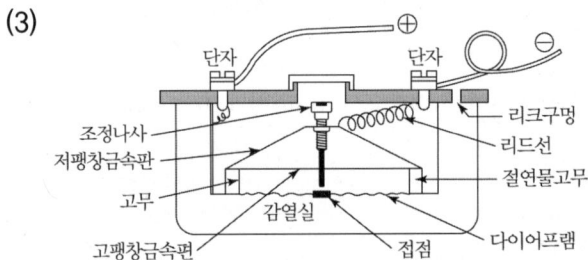

답안작성

(1) 차동식
(2) 정온식
(3) 보상식

해설

(1) 차동식스포트형 : 주위온도가 일정 상승율 이상이 되는 경우에 작동하는 것으로서 일국소(一局所)에서의 열 효과에 의하여 작동되는 것
(2) 정온식스포트형 : 일국소의 주위온도가 일정한 온도 이상이 되는 경우에 작동하는 것으로서 외관이 전선과 같이 선형으로 되어 있지 않은 것
(3) 보상식스포트형 : 차동식스포트형과 정온식스포트형의 성능을 겸한 것으로서 차동식스포트형의 성능 또는 정온식스포트형의 성능 중 어느 한 기능이 작동되면 작동신호를 발하는 것

문제 07 ★★★ 출제년도 「21. 25.」 •점수 : 5점

자동화재탐지설비의 수신기는 특정소방대상물 또는 그 부분이 특정장소로서 일시적으로 발생한 열·연기 또는 먼지 등으로 인하여 감지기가 화재신호를 발신할 우려가 있는 때에는 축적기능 등이 있는 것으로 설치하여야 한다. 이에 해당하는 장소 3가지를 쓰시오.

답안작성

① 지하층·무창층 등으로서 환기가 잘되지 아니하는 장소
② 지하층·무창층 등으로서 실내면적이 40 m^2 미만인 장소
③ 감지기의 부착면과 실내바닥과의 거리가 2.3 m 이하인 장소

▼해설

자동화재탐지설비의 수신기는 특정소방대상물 또는 그 부분이 지하층·무창층 등으로서 환기가 잘되지 아니하거나 실내면적이 40 m² 미만인 장소, 감지기의 부착면과 실내바닥과의 거리가 2.3 m 이하인 장소로서 일시적으로 발생한 열·연기 또는 먼지 등으로 인하여 감지기가 화재신호를 발신할 우려가 있는 때에는 축적기능 등이 있는 것으로 설치하여야 한다.

문제 08 ★★★ 출제년도 「25.」 •점수 : 6점

아래의 보기 중에서 소방시설공사업법 시행령에 따른 하자보수 보증기간이 2년인 설비를 모두 쓰시오.

◀보기▶

옥내소화전설비, 비상경보설비, 자동화재탐지설비, 비상방송설비, 피난기구, 비상조명등, 무선통신보조설비, 스프링클러설비, 유도등

답안작성

유도등, 비상경보설비, 비상방송설비, 비상조명등, 피난기구, 무선통신보조설비

▼해설

하자보수 대상 소방시설과 하자보수 보증기간

2년	비상경보설비, 비상방송설비, 피난기구, 유도등, 비상조명등 및 무선통신보조설비
3년	자동소화장치, 옥내소화전설비, 스프링클러설비등, 물분무등소화설비, 옥외소화전설비, 자동화재탐지설비, 화재알림설비, 소화용수설비 및 소화활동설비(무선통신보조설비는 제외한다)

문제 09 ★★★ 출제년도 「22. 25.」 •점수 : 6점

다음 그림과 같은 건축물의 최소 경계구역 수를 산출하시오.

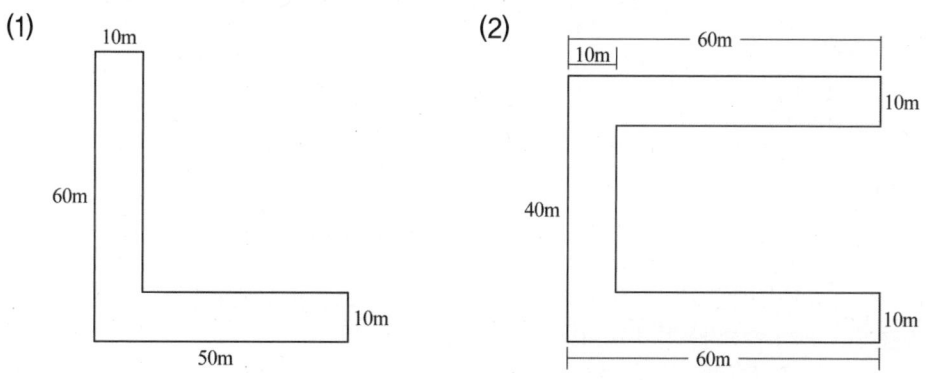

답안작성

(1) 2개

(2) 3개

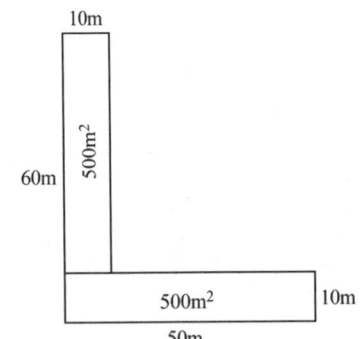
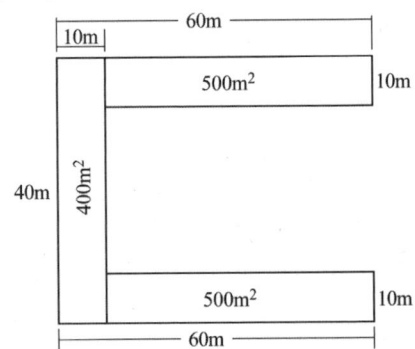

해설

하나의 경계구역의 면적은 600 m² 이하로 하고 한 변의 길이는 50 m 이하로 할 것. 다만, 해당 특정소방대상물의 주된 출입구에서 그 내부 전체가 보이는 것에 있어서는 한 변의 길이가 50 m의 범위 내에서 1,000 m² 이하로 할 수 있다.

문제 10 ★★★ 출제 년도 「25.」 •점수 : 5점

어떤 보호장치를 통해 흐를 수 있는 예상 고장전류의 실효값은 1,300[A]이고, 사용되는 보호도체, 절연, 기타 부위의 재질 및 초기온도와 최종온도에 따라 정해지는 계수는 140이다. 자동차단을 위한 보호장치의 동작시간이 0.4초일 때 보호도체의 단면적은 몇 mm² 이상으로 해야 하는지 계산하고 공칭단면적으로 답하시오.(단, 차단시간이 5초 이하인 경우임)

보호도체의 공칭단면적 : 2.5 mm², 4 mm², 6 mm²

답안작성

$$S = \frac{\sqrt{I^2 t}}{k} = \frac{\sqrt{1300^2 \times 0.4}}{140} = 5.87 \text{ mm}^2 \rightarrow 6 \text{ mm}^2$$

해설

보호도체의 단면적 계산(단, 차단시간이 5초 이하인 경우에만 다음의 계산식을 적용함)

$$S = \frac{\sqrt{I^2 t}}{k}$$

여기서, S : 단면적 mm²
I : 보호장치를 통해 흐를 수 있는 예상 고장전류 실효값 A
t : 자동차단을 위한 보호장치의 동작시간 s
k : 보호도체, 절연, 기타 부위의 재질 및 초기온도와 최종온도에 따라 정해지는 계수

★ 출제년도 「25.」 •점수 : 5점

문제 11 다음은 전기방식에 따른 전압강하의 계산식을 나타낸 표이다. 표의 (α)에 들어갈 내용을 풀이과정을 포함하여 답을 작성하시오. (단, 각상의 부하는 평형이고 연동선의 고유저항은 $\frac{1}{58}$, 도전율은 97%이다.)

전기방식	전압강하
단상 2선식 및 직류 2선식	$e = \dfrac{(\alpha) \times LI}{1000A}$
3상 3선식	$e = \dfrac{30.8 \times LI}{1000A}$
3상 4선식	$e = \dfrac{17.8 \times LI}{1000A}$

• 풀이과정 :
• 답 :

답안작성

풀이과정 : 전압강하 $e = 2IR = 2I \times \rho \dfrac{L}{A} = 2I \times \dfrac{1}{58} \times \dfrac{100}{97} \times \dfrac{L}{A} = 0.035549 \dfrac{LI}{A}$

$0.035549 \times \dfrac{LI \times 1000}{A \times 1000} = \dfrac{35.549 LI}{1000A} ≒ \dfrac{35.6 LI}{1000A}$

답 : 35.6

▼해설

전기방식에 따른 전압강하 계산

전 기 방 식	전압강하	전선 단면적
단상 2선식 및 직류 2선식	$e = \dfrac{35.6LI}{1000A}$	$A = \dfrac{35.6LI}{1000e}$
3상 3선식	$e = \dfrac{30.8LI}{1000A}$	$A = \dfrac{30.8LI}{1000e}$
단상 3선식, 직류 3선식, 3상 4선식	$e' = \dfrac{17.8LI}{1000A}$	$A = \dfrac{17.8LI}{1000e'}$

여기서, e : 각 선간의 전압강하 [V]
 e' : 각 선간의 1선과 중성선 사이의 전압강하 [V]
 L : 전선 1본의 길이 [m]
 A : 전선의 단면적 [mm^2]
 I : 전류 [A]

★★ 출제년도 「25.」 •점수 : 5점

문제 12 길이 30 m, 폭 25 m인 방재센터의 조명률은 60%, 전광속 2400 lm의 40W 형광등이 몇 등 있어야 150 lx 조도가 될 수 있는가? (단, 층고 3.6 [m]이며, 조명유지율은 80% 이다.)
•계산 :
•답 :

> 답안작성

•계산 : 등수 $N = \dfrac{DAE}{FU} = \dfrac{\dfrac{1}{0.8} \times (30 \times 25) \times 150}{2400 \times 0.6} = 97.65 = 98$

•답 : 98등

▼해설

$FUN = DAE$

F : 광속[lm], U : 조명률, N : 등수, D : 감광보상률($= \dfrac{1}{조명유지율}$)
A : 면적[m²], E : 조도[lx]

★★★ 출제년도 「12, 22, 25.」 •점수 : 5점

문제 13 다음은 옥내소화전설비의 감시제어반의 기능에 대한 기준이다. 다음 ( )안에 알맞은 내용을 쓰시오.
(1) 각 펌프의 작동여부를 확인할 수 있는 (①) 및 (②)기능이 있어야 할 것
(2) 수조 또는 물올림탱크가 (③)로 될 때 표시등 및 음향으로 경보할 것
(3) 각 확인회로(기동용 수압 개폐장치의 압력스위치 회로·수조 또는 물올림탱크의 감시 회로를 말한다.) 마다 (④) 시험 및 (⑤)시험을 할 수 있어야 할 것

(1)		(2)	(3)	
①	②	③	④	⑤

> 답안작성

(1)		(2)	(3)	
①	②	③	④	⑤
표시등	음향경보	저수위	도통	작동

▼해설

옥내소화전설비 감시제어반의 기능에 대한 적합기준★★
1. 각 펌프의 작동여부를 확인할 수 있는 표시등 및 음향경보기능이 있어야 할 것
2. 각 펌프를 자동 및 수동으로 작동시키거나 중단시킬 수 있어야 할 것
3. 비상전원을 설치한 경우에는 상용전원 및 비상전원의 공급여부를 확인할 수 있어야 할 것

4. 수조 또는 물올림수조가 저수위로 될 때 표시등 및 음향으로 경보할 것
5. 각 확인회로(기동용수압개폐장치의 압력스위치 회로·수조 또는 물올림수조의 감시회로, 개폐밸브의 폐쇄상태 확인회로)마다 도통시험 및 작동시험을 할 수 있어야 할 것
6. 예비전원이 확보되고 예비전원의 적합여부를 시험할 수 있어야 할 것

문제 14 다음은 습식 스프링클러설비의 화재발생부터 소화까지의 블록 다이어그램(동작 순서도)를 나타낸 것이다. ( )의 해당 번호(㉠~㉥)에 들어갈 내용을 보기에서 골라 쓰시오.

◀보기▶
폐쇄형 헤드 개방, 알람체크밸브 개방, 경보용 압력스위치 작동, 배관내 유수, 기동용수압개폐장치 압력스위치 작동, 펌프기동

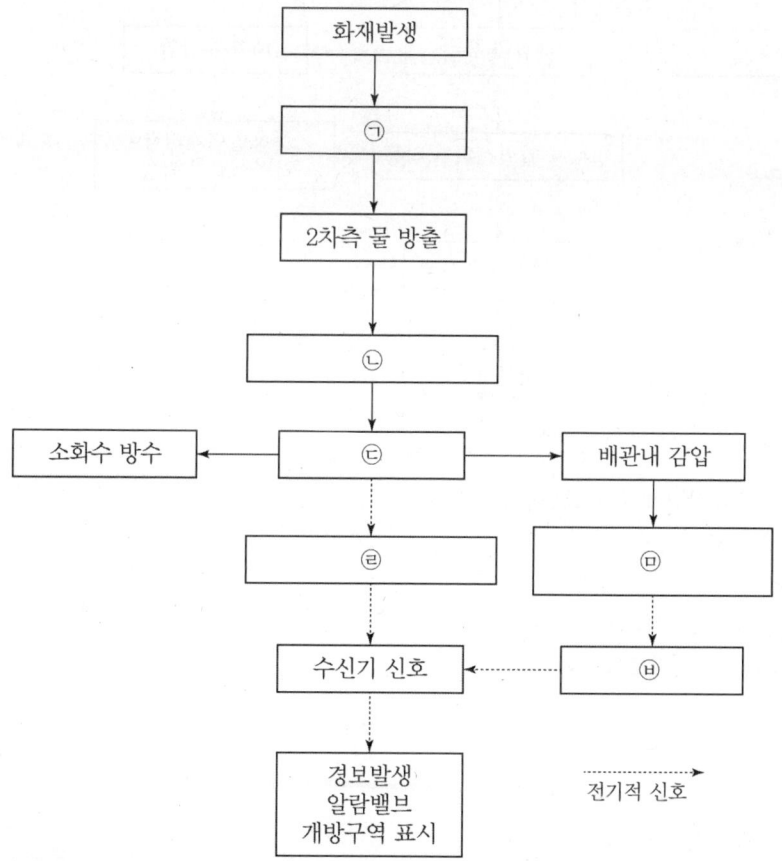

답안작성
㉠ 폐쇄형 헤드개방, ㉡ 알람체크밸브 개방, ㉢ 배관내 유수, ㉣ 경보용 압력스위치 작동,
㉤ 기동용압력개폐장치 압력스위치 작동, ㉥ 펌프기동

▼해설

블록 다이아그램(동작순서도)

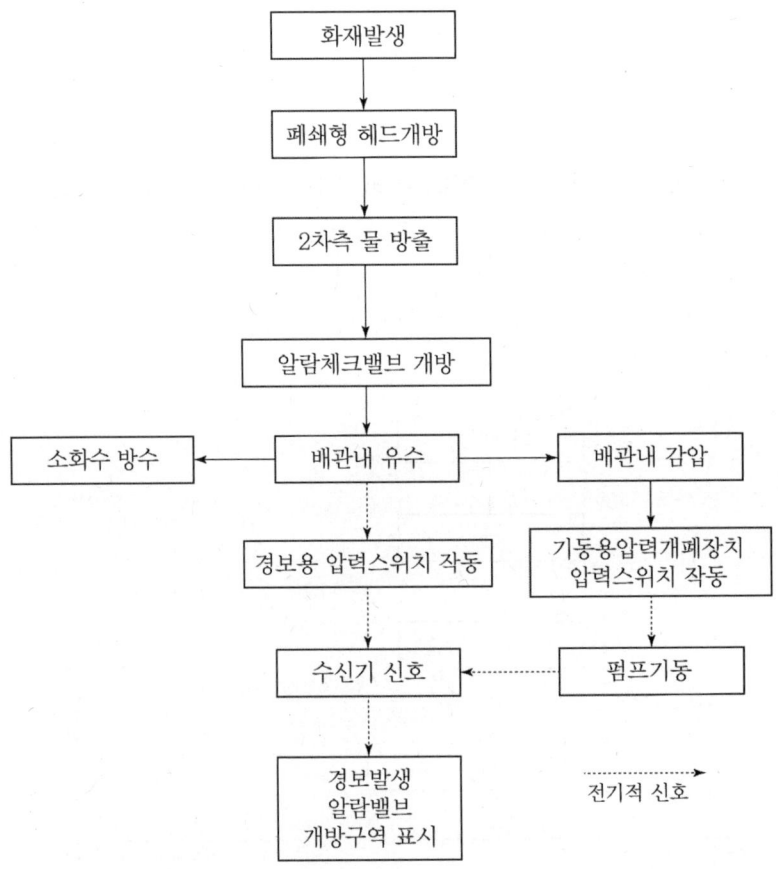

※ 알람밸브 = 알람체크밸브 = 습식밸브

★★★ 출제년도 「25.」 •점수 : 5점

문제 15 다음 도시기호의 명칭을 쓰시오.

(1) →   (2) S_I   (3) S_P

답안작성

(1) 통로유도등
(2) 이온화식감지기(스포트형)
(3) 광전식연기감지기(스포트형)

▼해설 ●●

명 칭	도시기호
통로유도등	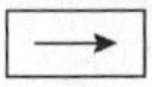 →
피난구유도등	 ⊗
이온화식감지기 (스포트형)	 $\boxed{S}_I$
광전식연기감지기 (아나로그)	 $\boxed{S}_A$
광전식연기감지기 (스포트형)	 $\boxed{S}_P$

★★★ 출제년도 「96. 02. 05. 20. 25.」 •점수 : 7점

문제 16

그림은 플로트 스위치에 의한 펌프모터의 레벨제어에 대한 미완성 도면이다. 다음 각 물음에 답하시오.

(1) 다음 조건을 이용하여 도면을 완성하시오.

[동작조건]
- 전원이 인가되면 ⒼⓁ 램프가 점등된다.
- 자동일 경우 플로트 스위치가 붙으면(동작하면) ⓇⓁ 램프가 점등되고, 전자접촉기 ⑧⑧이 여자되어 ⒼⓁ 램프가 소등되며, 펌프모터가 동작한다.
- 수동일 경우 누름버튼스위치 PB-on을 on시키면 전자접촉기 ⑧⑧이 여자되어 ⓇⓁ 램프가 점등되고 ⒼⓁ 램프가 소등되며, 펌프모터가 동작한다.
- 수동일 경우 누름버튼스위치 PB-off를 off시키거나 계전기 49가 동작하면 ⓇⓁ 램프가 소등되고, ⒼⓁ 램프가 점등되며, 펌프모터가 정지한다.

[기구 및 접점 사용조건]
⑧⑧ 1개, 88-a 접점 1개, 88-b 접점 1개, PB-on 접점 1개
PB-off 접점 1개, ⓇⓁ 램프 1개, ⒼⓁ 램프 1개, 계전기 49 b접점 1개

플로트 스위치 FS 1개 (심벌 ⚬╎╎⚬)

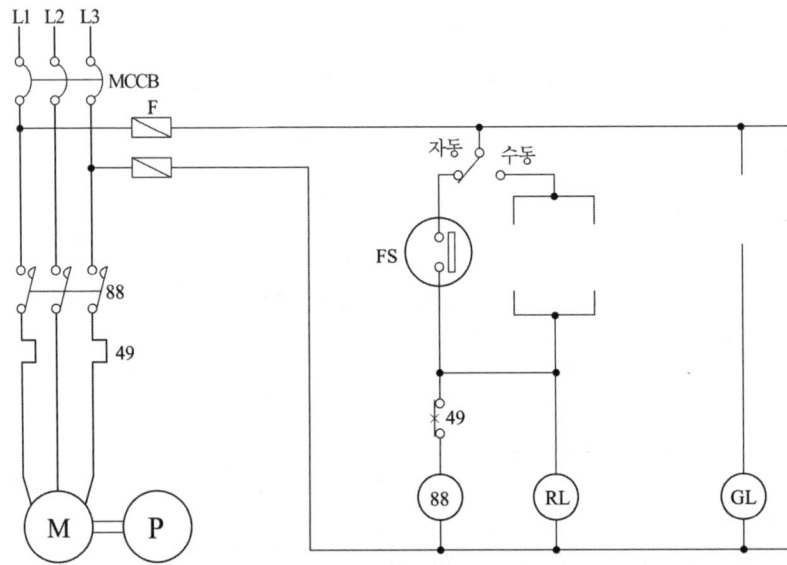

(2) 49(THR)과 MCCB의 우리말 명칭은 무엇인가?

답안작성

(1)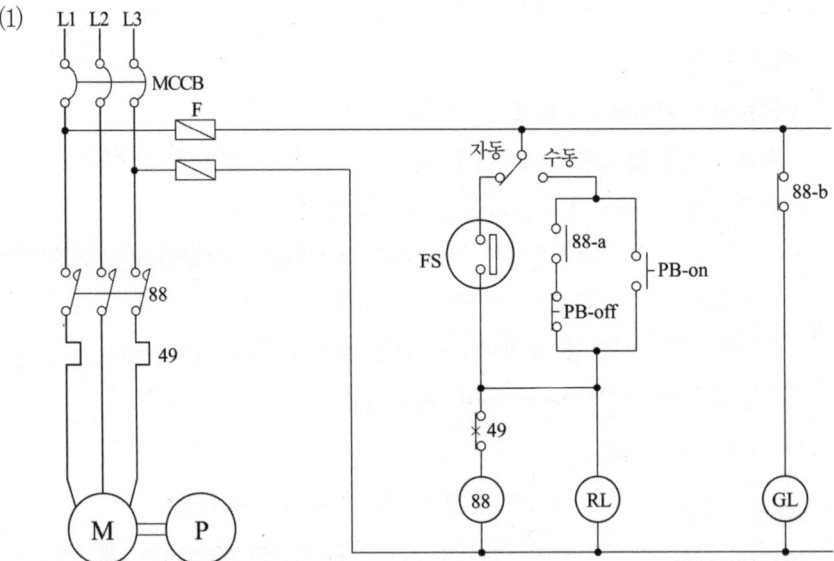

(2) • 49(THR) : 열동계전기
   • MCCB : 배선용 차단기

해설

(1) 배선용차단기 : MCCB(Molded Case Circuit Breaker)
(2) 열동계전기 : THR(Thermal Relay)

열동계전기(THR)가 동작이 되는 경우
① 전동기에 과부하가 걸릴 때
② 열동계전기의 전류정정값이 정격전류보다 낮게 되어 있을 때
③ 접촉 불량으로 열동계전기의 단자가 과열 되었을 때

문제 17 ★★★ 출제년도 「25.」 •점수 : 6점

다음은 자동화재탐지설비 및 시각경보장치의 화재안전기술기준에서의 배선 관련 내용이다. ( )에 들어갈 내용을 쓰시오.

(1) 전원회로의 배선은「옥내소화전설비의 화재안전기술기준(NFTC 102)」2.7.2의 표 2.7.2(1)에 따른 (㉠)에 따르고, 그 밖의 배선(감지기 상호간 또는 감지기로부터 수신기에 이르는 감지기회로의 배선을 제외한다)은「옥내소화전설비의 화재안전기술기준(NFTC 102)」2.7.2의 표 2.7.2(1) 또는 표 2.7.2(2)에 따른 (㉠) 또는 (㉡)에 따를 것
(2) P형 수신기 및 G.P형 수신기의 감지기 회로의 배선에 있어서 하나의 공통선에 접속할 수 있는 경계구역은 ( )개 이하로 할 것
(3) 자동화재탐지설비의 감지기회로의 전로저항은 (㉠) 이하가 되도록 해야 하며, 수신기의 각 회로별 종단에 설치되는 감지기에 접속되는 배선의 전압은 감지기 정격전압의 (㉡) 이상이어야 할 것
(4) 감지기회로의 도통시험을 위한 ( )은 다음의 기준에 따를 것
 ① 점검 및 관리가 쉬운 장소에 설치할 것
 ② 전용함을 설치하는 경우 그 설치 높이는 바닥으로부터 1.5 m 이내로 할 것
 ③ 감지기 회로의 끝부분에 설치하며, 종단감지기에 설치할 경우에는 구별이 쉽도록 해당 감지기의 기판 및 감지기 외부 등에 별도의 표시를 할 것

답안작성

(1) ㉠ 내화배선, ㉡ 내열배선
(2) 7
(3) ㉠ 50 Ω, ㉡ 80 %
(4) 종단저항

★★ 출제년도 「25.」 •점수 : 5점

문제 18 시퀀스(릴레이 접점)회로가 다음과 같을 때 각 물음에 답하시오.

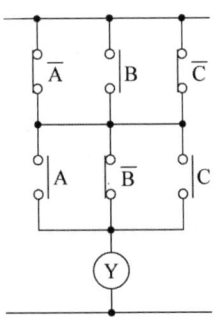

(1) 이 회로의 논리식(출력식)을 쓰시오.
(2) 논리식을 NAND 회로만을 사용하여 논리(무접점)회로를 그리시오.

답안작성

(1) 논리식 $Y = (\overline{A} + B + \overline{C})(A + \overline{B} + C)$
(2)
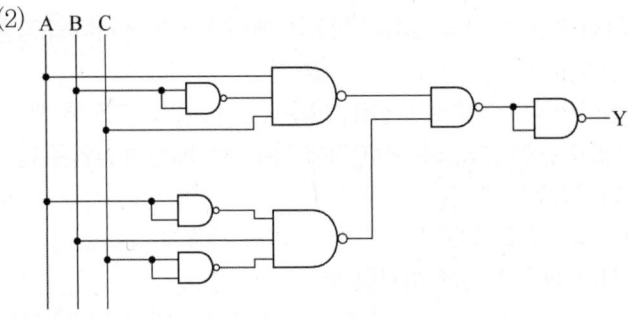

▼해설

논리식 $Y = (\overline{A} + B + \overline{C})(A + \overline{B} + C)$을 로직회로로 그리면

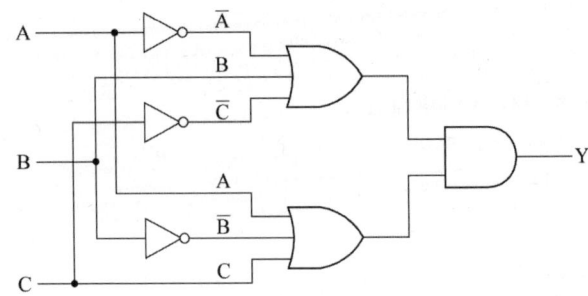

등가회로를 이용하여 변환하면

NOT 회로 ─▷─ (= ─D̄─), 3입력 OR 회로 ─D─ (= ─D̄─)

AND 회로 ─D─ (= ─D̄─▷─)

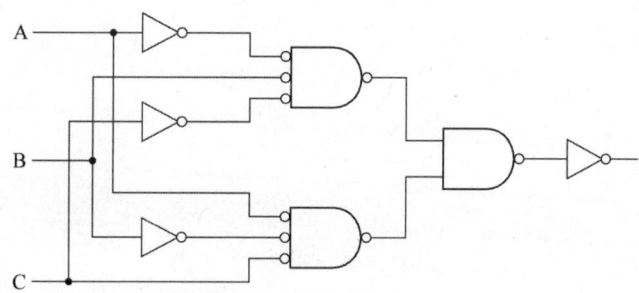

정리하면

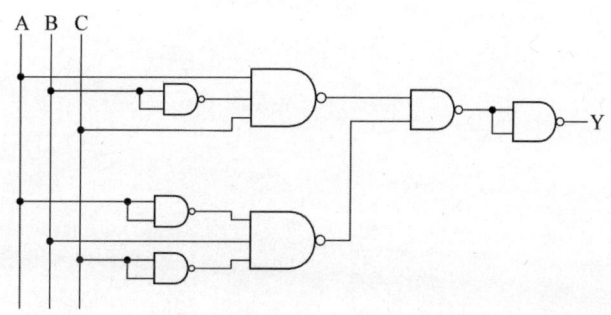

Non-Stop High-Pass
소방설비기사실기 (전기분야)

발　　행 / 2026년 1월 20일	판 권
	소 유

저　　자 / 김상현
펴 낸 이 / 정창희
펴 낸 곳 / 동일출판사
주　　소 / 서울시 강서구 곰달래로31길7 (2층)
전　　화 / 02) 2608-8250
팩　　스 / 02) 2608-8265
등록번호 / 제109-90-92166호

ISBN 978-89-381-1753-3 13530
값 / 34,000원

이 책은 저작권법에 의해 저작권이 보호됩니다. 동일출판사 발행인의 승인자료 없이 무단 전재하거나 복제하는 행위는 저작권법 제136조에 의해 5년 이하의 징역 또는 5,000만원 이하의 벌금에 처하거나 이를 병과(倂科)할 수 있습니다.